Die Entwicklung der Flugzeugapparate

an Hand der deutschen Patentliteratur
vom Jahre 1879-1911

Neue Ausgabe
der deutschen Patente über Flugapparate

Mit 924 Abbildungen

Herausgegeben von
Patentanwalt Dr. B. Alexander-Katz

BERLIN W
Verlag von M. Krayn

Vorwort.

Die technische Bedeutung, welche das Flugwesen auch in Deutschland in neuerer Zeit erlangt hat, die rastlose, vorwärtsdrängende Arbeit auf diesem Gebiete, das Suchen nach Verbesserungen und immer neuen Lösungen, sowie endlich das allgemeine Interesse an diesem Zweige der Technik gaben dem Verfasser Veranlassung, nach den zahlreichen Arbeiten, die über Flugzeuge und die Theorie der Flugtechnik erschienen sind, **die Entwicklung des Flugwesens an Hand der deutschen Patentschriften unter Wiedergabe des wesentlichen Inhalts** derselben **darzustellen.** Die Patentliteratur gibt ein getreues Spiegelbild des Standes der Technik, und man kann an ihr erkennen, wie sich die einzelnen Konstruktionen auseinander und nacheinander entwickelt und zu der jetzigen Vollendung herausgebildet haben. Der Bearbeitung sind sämtliche bis Ende Juni 1911 erschienenen deutschen Patentschriften zu Grunde gelegt. Da die Aufnahme des ausländischen Materials der Vollständigkeit wegen auch die Berücksichtigung der Patentschriften erfordert hätte, welche in nicht oder nicht umfassend prüfenden Ländern erschienen sind, so wurde von der Benutzung der ausländischen Patentschriften Abstand genommen, um so mehr als die wichtigen ausländischen Erfindungen auch in der deutschen Literatur Aufnahme gefunden haben.

Sowohl dem erfahrenen Flugtechniker und Konstrukteur, wie insbesondere dem Anfänger, der sich über die bereits patentierten Erfindungen orientieren will, wird eine solche Darstellung des umfangreichen Stoffes willkommen sein.

Bei der Bearbeitung des Materials ist die sich an die verschiedenen Systeme anpassende Gliederung gewählt worden, welche das Patentamt aufgestellt hat:

I. Drachenflieger,
II. Gleitflieger,
III. Schraubenflieger,
IV. Flieger mit Schlagflügeln,
V. Flieger mit Wendeflügeln,
VI. Durch Reaktionswirkung betriebene Flieger,
VII. Verschiedene Systeme,
VIII. Propeller, Flügel und Antriebe,
IX. Absprung- und Landungsvorrichtungen u. dergl.,
X. Verschiedenes.

Das Inhaltsverzeichnis ist in drei Teile geteilt und bringt ein Verzeichnis der Patentnummern, der Erfinder und **ein ausführliches Sachverzeichnis.**

Berlin, / Görlitz, im April 1912.

Dr. B. Alexander-Katz.

I. Drachenflieger.

Die Drachenflieger sind Flugapparate, bei denen Tragflächen, die gegen die Bewegungsrichtung geneigt sind, mit maschinellen Antriebsvorrichtungen zusammenwirken. Die Drachenflächen sollen hierbei den Auftrieb vermitteln, die Stabilität in der Luft sichern und einen sanften Abstieg ermöglichen.

Die Drachenflieger sind von allen Flugapparaten heute die erfolgreichsten. In diese Gruppe gehören jedenfalls die meisten ausprobierten Apparate.

1. Das älteste deutsche Schutzrecht betrifft einen Drachenflieger mit einem flachen, langgestreckten Hohldach, das mit einem beweglichen Flügelpaar verbunden und in seiner Richtung verstellbar ist. Dieser Flugapparat ist in der

Patentschrift Nr. 7352

G. Fischer in Rühle bei Bevern (Holzminden),

angemeldet am 24. März 1879, ausgegeben am 8. November 1879, beschrieben.

Der Flugapparat, der ungefähr 20 m lang gedacht war, hatte nach Angabe der Patentschrift vier Hauptteile:

1. Ein flaches, langgestrecktes Hohldach, welches die mit Gas zu füllenden Schläuche aufnimmt;

2. ein Flügelpaar, das zu beiden Seiten des Daches von vorn nach hinten schlägt, seine Flächen beim Zuschlagen entfaltet und beim Wiedervorgehen elastisch zusammenbiegt;

3. eine Antriebsvorrichtung für die Flügel, und

4. einen zum Aufenthalt des Flugtechnikers und zur Aufnahme etwaiger Ladung dienenden Räderkorb, in welchem der Schwerpunkt des ganzen Systems liegt und über dem sich die Richtung des Daches und der Flügel zum Zweck der Lenkung verstellen läßt.

Das Dachgestell besteht aus Stangen von steifem Bambus, welche durch Eisenblechhülsen bzw. durch Drahtumwindungen miteinander verbunden sind. An den Hauptkreuzungspunkten werden die horizontalen Stäbe durch Vertikalstäbe auseinandergehalten. Am Rande des Daches, welcher durch besondere Stäbe gebildet wird, sind die Stäbe der oberen und unteren Dachfläche zusammengebogen und verbunden, so daß der ganze Behälter vorn und an den Seiten keilförmig abgeschrägt ist. Nur auf den Strecken Q — R, Q_1 — R^1 und S — S^1 finden sich auch vertikale Außenflächen. Der Schnabel A J sowie der Doppelschwanz L B und L^1 B^1 sind flach. Von besonderer Stärke muß der Boden

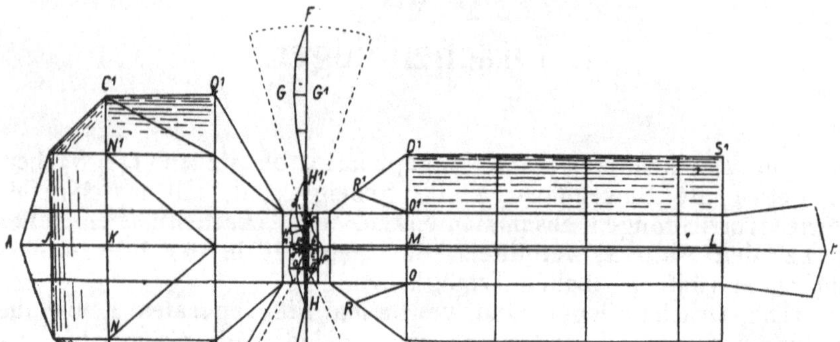

Fig. 1.

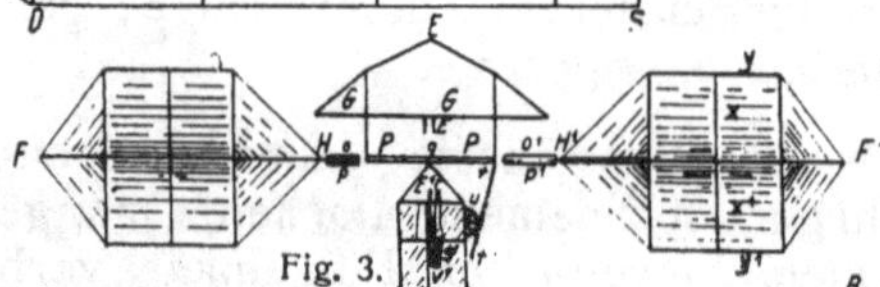

Fig. 3.

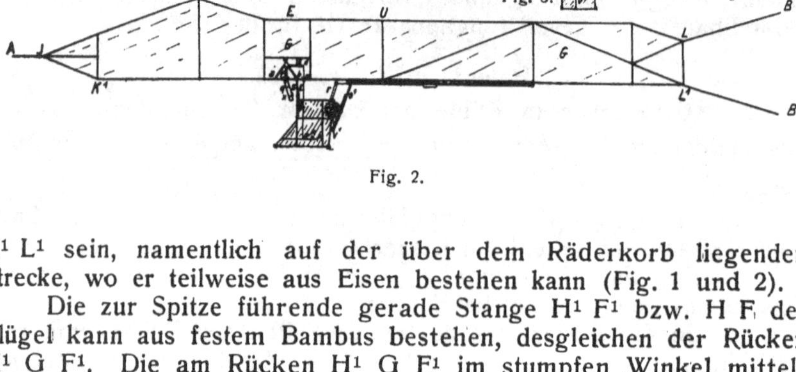

Fig. 2.

K^1 L^1 sein, namentlich auf der über dem Räderkorb liegenden Strecke, wo er teilweise aus Eisen bestehen kann (Fig. 1 und 2).

Die zur Spitze führende gerade Stange H^1 F^1 bzw. H F der Flügel kann aus festem Bambus bestehen, desgleichen der Rücken H^1 G F^1. Die am Rücken H^1 G F^1 im stumpfen Winkel mittels Metallhülsen befestigten Rippen x, x^1 bestehen aus elastischem Rohr oder Fischbein und sind durch Schnüre miteinander verbunden. Die Verbindungsstäbe y y^1 (Fig. 3) sind biegsam, die Stäbe G G^1 steif. Die Flügelflächen werden durch eine Ueberspannung aus starkem gefirnißten Drell gebildet. Die Flügelarme drehen sich auf Zapfen, die in Gleitblöcken lagern. Durch eine mit den Gleitblöcken fest verbundene Zahnstange lassen sich die Blöcke und somit auch die Flügelachsen nach rechts und links verschieben. Auf der Seite, nach welcher hin die Verschiebung stattfindet, wird der Flügelschlag schwächer, auf der entgegengesetzten Seite stärker, so daß durch diese Verschiebung eine Wendung des Fahrzeuges nach rechts bzw. links bewirkt werden kann.

Die Bewegung der Gleitstücke und damit der Flügelschlag wird durch Menschenkraft mittels einer Tretvorrichtung erzielt.

Der Räderkorb hängt in Kreuz- oder Kugelgelenken am Boden K^1 L^1 bzw. dem Querbaum P. An der Zahnstange v v^1 kann mittels des Rades w die Dachfläche nach vorn oder hinten geneigt werden, während an der Zahnstange t t^1 durch das Rad u eine Neigung zur rechten oder linken Seite bewirkt werden kann. Unter dem hinteren Dache befindet sich ein Gewicht, welches an zwei Flaschenzügen bei Herabwindung des hinteren Dachteils nach hinten, bei Hinaufwindung desselben (Senkung des Vorderteils) nach vorn läuft und so die entsprechende Neigung des Daches befördert.

Das Aufsteigen geschieht unter mäßigem Winkel in schräger Richtung. Man begibt sich in den zu dem Zwecke leicht zu öffnenden Räderkorb, steckt die Füße unter die Riemen der Tretbretter und hält sich mit den Händen am Räderkorbe fest.

Patentansprüche:

Das vorbeschriebene Flügel-Luftschiff, insbesondere:

1. Das flache, langgestreckte Hohldach, welches mit dem beweglichen Flügelpaare verbunden und in seiner Richtung über dem Räderkorbe (dem Platze des Fahrenden) verstellbar ist.
2. Die Einrichtung der Flügel, wonach dieselben beim Vorschnellen sich elastisch zusammenbiegen, während sie zum Schlage sich entfalten.
3. Die eigentümliche Verwendung der Federkraft zum Vorschnellen der Flügel.
4. Die Vorrichtung zur seitlichen Verschiebung der Flügelachsen.
5. Der Mechanismus zum Fassen und Loslassen des die Flügelbewegung vermittelnden Zahnhebels.

2. Einen als Spielzeug gedachten Flugapparat betrifft die

Patentschrift Nr. 8706
Wilhelm Kreß in Wien.

Angemeldet am 18. Juli 1879, ausgegeben am 4. Februar 1880.

Dieser Flugapparat wird durch zwei mittels eines geeigneten Motors, z. B. durch Kautschukbänder, in entgegengesetzter Richtung gedrehte elastische Propeller zunächst auf dem Lande oder Wasser fortbewegt, bei genügender Geschwindigkeit der Schrauben angehoben und durch eine verstellbare Schrägfläche auf der verdichteten Luft schwebend erhalten. Zur Steuerung dient eine wagerechte und eine senkrechte Fläche am Rückende des Apparates. Die Figur 4 läßt alle Einzelheiten deutlich erkennen.

Patentanspruch:

Ein lenkbarer Flugapparat, der durch zwei mittels eines entsprechenden Motors in entgegengesetzter Richtung gedrehte elastische Luftpropeller, je nachdem der Rumpf ein Boot, Schlitten oder Wagen darstellt, auf dem Wasser oder Lande fortbewegt, nach erzielter gewisser Geschwindigkeit durch einen unbeweglichen Flügel, der eine mittels eines Stellrades regulierbare schräge Fläche

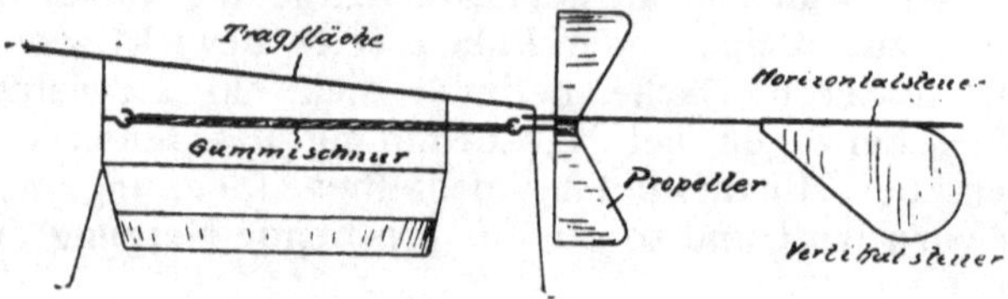

Fig. 4.

bildet, auf schiefer Ebene der verdichteten Luft gehoben und getragen, sowie durch ein horizontales und ein zweites vertikal liegendes Steuer gelenkt wird.

3. Das Flugzeug nach Patentschrift Nr. 7352 erfährt durch die

Patentschrift 10 224

G. Fischer in Rühle bei Bevern (Holzminden),

angemeldet am 20. September 1879, ausgegeben am 19. Juli 1880, eine weitere Ausbildung. Die Aenderungen betreffen den Mechanismus der Flügelbewegung, die Vorrichtung zum Verstellen des Fahrkorbes unter dem Dache und die Konstruktion des Daches selbst. Doch ist auch jetzt noch das Dach mit Gas gefüllt.

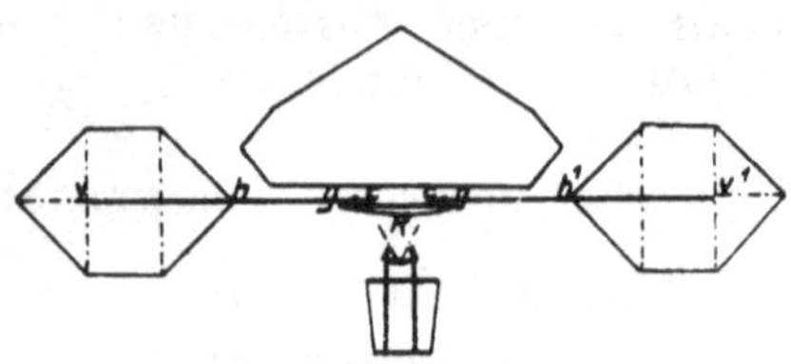
Fig. 5.

Der den Dachkiel kreuzende Lagerstock trägt auf feststehenden senkrechten Zapfen die Flügelarme c h c^1 h^1 (Fig. 5). Die Flügel werden durch Schnüre, Riemen, Drähte oder dergl. bewegt, welche an den inneren Hebelenden der Flügel bei c und c^1 befestigt sind und von da nach vorn und hinten laufen. Die vorderen Schnüre, welche den eigentlichen Flügelschlag vermitteln, laufen über Rollen zu den Enden von eigentümlich gebogenen Kurbeln; die hinteren Schnüre, welche den Zweck haben, die Flügel nach erfolgtem Schlage wieder vorzuziehen, werden über Rollen nach vorn herum und zu den entgegengesetzten Enden der Kurbeln geführt. Werden die Kurbeln gedreht, so tritt in regelmäßiger Abwechslung ein Anziehen und Nachgeben der in entgegengesetzter Richtung auf die Flügelhebel wirkenden Schnüre ein, und man wird so ohne bedeutende Ermüdung die Flügel

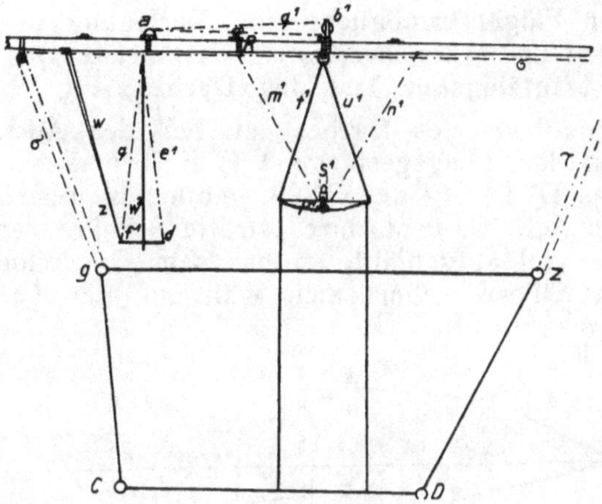

Fig. 6.

lange Zeit sehr geschwind bewegen können. Da für jeden Flügel eine besondere Kurbel vorhanden ist, so kann man, indem man die Verbindung der Kurbeln löst, auch jeden Flügel für sich bewegen, und wird sich dann das Fahrzeug nach derjenigen Seite hin wenden,

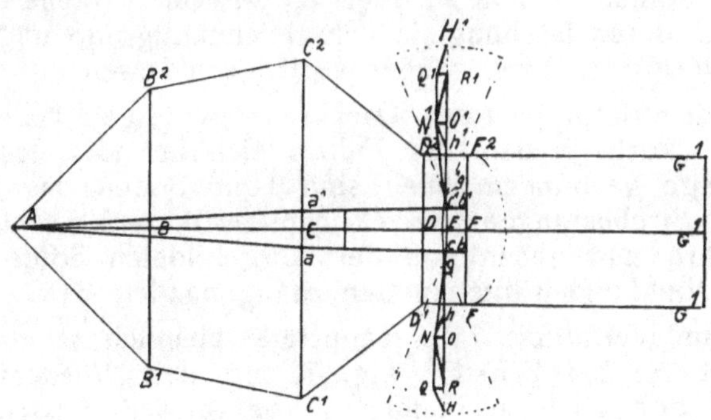

Fig. 7.

an welcher man den Flügel ruhen läßt. Auch können zwei Personen nebeneinander bei der Bewegung der Flügel tätig sein.

Der Fahrkorb C D (Fig. 6), welcher am Boden des Daches in einem Oesengelenk E hängt, wird durch Schnüre in der angenommenen Stellung zum Dache festgehalten, und es kann durch diese Schnüre die Richtung des Daches und der Flügel über dem

Fahrkorbe verändert werden, die Schnüre wirken direkt auf den Vorderteil des Daches ein, der Hinterteil macht jedesmal die entgegengesetzte Bewegung.

Die Lenkbarkeit des im Fluge befindlichen Daches kann dadurch erhöht werden, daß man den biegsamen Doppelschwanz unter Anwendung von Zugschnüren zum Auf- und Abwärtssteuern mit benutzt. Die Anwendung von Schnüren bzw. Drähten zum Bewegen der Flügel ermöglicht eine Verlegung des Platzes für den Fahrenden unter den breitesten, das meiste Gas enthaltenden und mithin tragfähigsten Teil des Daches; Fig. 7, 8.

Die Grundlage des Daches ist bei der Ausführung nach Fig. 7 ein aus dem Längsgestänge A F, F G, und den Querstangen $B^1 B^2$, $C^1 C^2$, $D^1 D^2$, $F^1 F^2$, $G^1 G^2$ gebildetes mehrfaches Kreuz, dessen Enden A B^1 C^1 usw. durch straffe Schnüre verbunden sind. Ist das Dach voll aufgebläht, so hat sein Querschnitt die Form einer halben Ellipse. Um auch während der Fahrt noch die

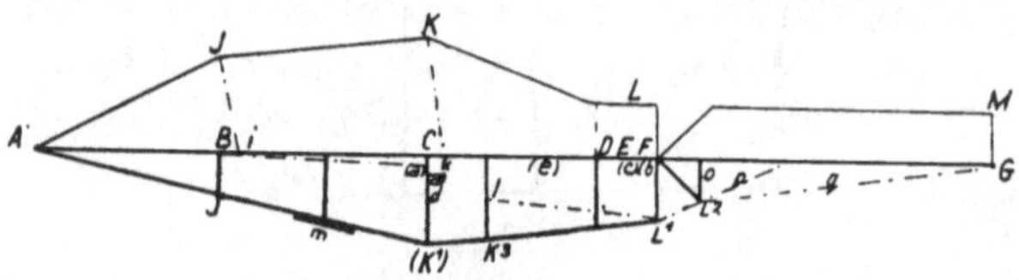

Fig. 8.

Spannung der oberen Dachdecke in gewissem Maße regeln zu können, sind von einer über den Kamm des Daches hingehenden Längsschnur aus besondere Schnüre durch in die Gasbehälter eingelegte Kanäle I i, K k, Fig. 8, zu einer Welle bei k geleitet, durch deren Drehung sie sich gleichmäßig auf- und abwickeln und also verkürzen bzw. wieder verlängern lassen.

Um dem leichtgebauten Dachkreuz gehörigen Halt zu geben, ist der Fahrkorb, in dem der Fahrer sich befindet, fest mit dem Dachgestänge verbunden, auch sind vom Boden des Korbes K^1 K^2 K^3 aus Strebestangen zur Dachspitze A und nach hinten K^3 L^1 F geführt, und gehen von der so gebildeten Sohle des Fahrzeuges Verbindungsdrähte zu den Stangenenden B^1 C^1 usw.

Der im Verhältnis zum Hauptteile ziemlich schmale Hinterteil F G M ist bei F F^1 F^2, Fig. 7, mit dem Vorderteile durch Scharniere beweglich verbunden. Von diesen Scharnieren ausgehende Stangen vereinigen sich bei L^2, Fig. 8, mit der Vertikalstange o und den Drähten p q; ferner führt von L^2 eine Schnur durch einen bei L^1 befindlichen glatten Ring zu der Welle 1, mittels welcher sie angezogen und locker gelassen werden kann. Geschieht letzteres, so zieht das Gewicht des Fahrenden den Teil des Schiffes bei F um ein gewisses Stück nach unten, während die Spitze A und das Ende G sich heben; der Flug wird dadurch aufwärts gelenkt. Wird dagegen durch die Schnur der Hinterteil abwärts gezogen, so bewirkt der darauf gerichtete Luftdruck eine Lenkung des Schiffsschnabels A nach unten.

Die Neigung des Daches kann auch durch geeignete Verschiebung von Gewichten geregelt werden.

Patentansprüche:

1. Die Anordnung an den Flügelhebeln befestigter und durch Kurbeln hin- und hergezogener Schnüre bzw. Drähte zum Bewegen der Flügel.

2. Die Anordnung sich kreuzender, wellenförmig ausgeränderter Radsegmente, an denen durch Vermittlung von Schnüren das Flugdach über dem Fahrkorbe in seiner Richtung festgehalten bzw. verstellt wird.

3. Die beschriebene Art der Verbindung des Flügeldaches mit den Gasbehältern und dem Fahrkorbe, der zufolge das haltende Dachgestell, welchem der Fahrkorb fest eingefügt worden, unter die Tragfläche des Daches verlegt erscheint, während die Gasbehälter sich unter einer über der Tragfläche gewölbten Zeugdecke befinden, welche nach Bedürfnis erweitert und verengert werden kann.

4. Die Anbringung eines beweglichen, zur Auf- und Abwärtslenkung dienenden Hinterteils an dem Hauptteil des Daches.

4. Die Gasfüllung des Daches, die bei den Flugapparaten nach den Patentschriften Nr. 7352 und 10 224 verwendet wurde, kommt bei dem in der

Patentschrift Nr. 11 044

Gustav Fischer in Rühle bei Bevern (Holzminden),

angemeldet am 8. März 1880, ausgegeben am 27. September 1880,

beschriebenen Drachenflieger in Fortfall.

Das Flugdach stellt eine von vorn nach hinten lang ausgedehnte dünne Fläche dar, deren Querschnitt einen nach unten geöffneten stumpfen Winkel bildet. Die leichten Dachstangen er-

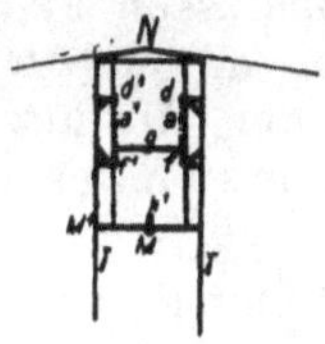

Fig. 9.

halten mittels fester Drähte die nötige Stütze von der unterhalb der Mittelstange des Daches laufenden, mit dieser durch Vertikalstäbe verbundenen Sohlenstange aus. Auch sind die Seitenstangen des Daches zur Gewinnung weiteren Haltes untereinander und mit der Hauptstange durch feine Drähte oder Schnüre zu verbinden. Die eigentliche Dachfläche besteht aus ganz leichtem Zeuge. Unterhalb des zu berechnenden Punktes des mittleren Luftdruckes auf die Dachfläche ist zwischen Sohle und Dach das Gestell für die Flügel, innerhalb dessen auch der Fahrer seinen Aufenthalt nimmt, fest eingefügt.

Die Flügel sind im wesentlichen dieselben, wie in der Patentschrift Nr. 7352 beschrieben. Die Flügelbewegung, insofern sie nicht durch einen Motor, sondern vom Fahrenden selbst ausgeübt

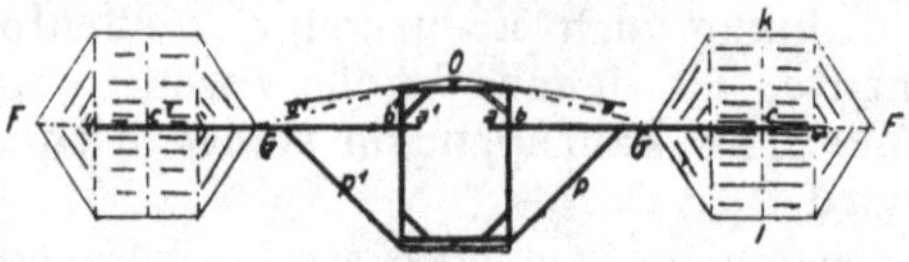

Fig. 10.

wird, geschieht durch an den inneren kurzen Hebelenden der Flügel befestigte Riemen oder Schnüre, welche über Rollen so geleitet werden, daß sie die kurz auf- und abgehende Bewegung des auf diese Riemen wirkenden Oberkörpers als Horizontalbewegung auf die Flügelhebel übertragen.

Die Fig. 9—11 lassen die Einzelheiten deutlich erkennen. Um ein den Aufflug behinderndes Hinschleifen des Luftschiffes auf der Erde zu vermeiden, sind unter dem Boden desselben drei

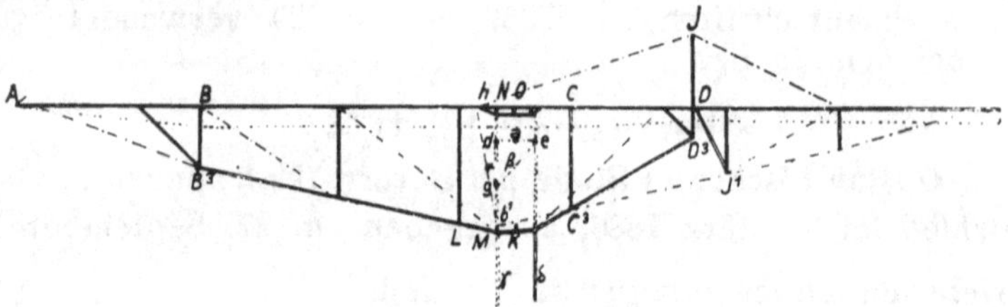

Fig. 11.

bewegliche Stangen angebracht, welche das Fahrzeug von vornherein über den Erdboden erheben, und welche man beim Aufflug mitnehmen oder auch zurücklassen kann. Man tut gut, zum Orte des Auffliegens eine kleine Anhöhe zu wählen. Ist etwas Gegenwind vorhanden, so wird der Aufflug dadurch befördert werden und man kann den Auffahrtswinkel des Daches um so spitzer nehmen.

Patentanspruch:

Das vorbeschriebene Luftfahrzeug, im besonderen:

1. Die Kombination des einfachen Tragdaches mit den auf Vorwärtsbewegung hinarbeitenden Flügeln, und

2. die Anordnung von Zugriemen, um durch geradlinige Auf- und Abbewegung des Oberkörpers ein Vor- und Rückbewegen der Ruderflügel zu erzielen.

5. Einen in seinen wesentlichen Teilen der Form der Vögel nachgeahmten Drachenflieger zeigt die

Patentschrift Nr. 14 019
Joens in Kiel.
Angemeldet am 9. August 1880, ausgegeben am 8. Juli 1881.

Diese in Fig. 12 und 13 dargestellte Flugmaschine besteht aus einem halbzylindrischen oder elliptischzylindrischen Ballon, den

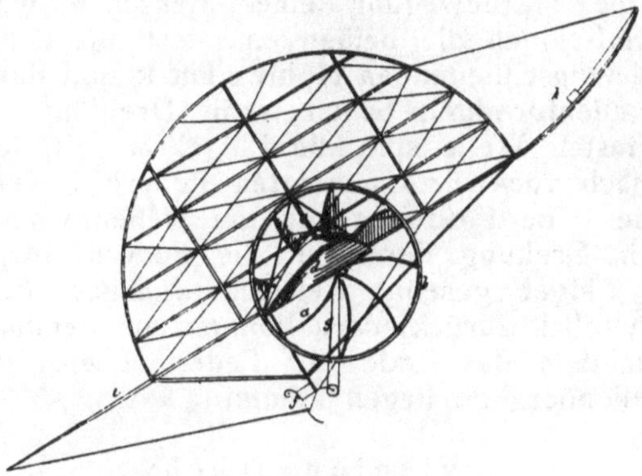

Fig. 12.

Windrädern a, welche gleichzeitig die Funktion eines Schwungrades erfüllen, und damit verbundenen wellenförmigen Scheiben b, den Federn c, den Flügeln d, dem Schwanz e, dem zur Aufnahme

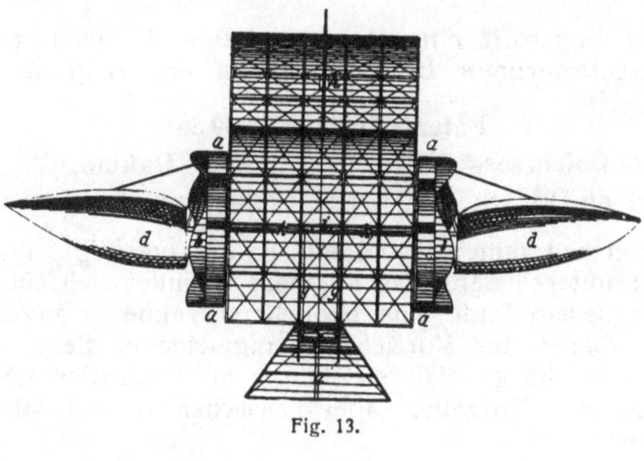

Fig. 13.

der Last bzw. des Motors (Arbeit des menschlichen Körpers) dienenden Stuhl f, einer Transmission g und einem Gegengewicht h.

Der mit Taffet beschlagene, aus einem leichten Stahlgestell gearbeitete und mit Wasserstoffgas angefüllte Ballon hat den Zweck, das Gewicht der gesamten Maschine inklusive Belastung nicht zu heben, sondern nur auf Null zu reduzieren, während eine Aufwärts- und fortschreitende Bewegung durch die Flügel, die schiefe Ebene des Ballons und den gleichzeitig zur Steuerung dienenden Schwanz erstrebt werden soll.

Das vom Stuhl aus regulierbare Gegengewicht h ermöglicht bei jeder beliebigen Windstärke eine konstante Neigung der Maschine gegen den Horizont und soll sich bei absolut ruhiger Luft im Anfangspunkt der Kurve befinden, wobei der Neigungswinkel der Maschine gegen den Horizont etwa 30° betragen mag.

Durch die Tretbewegung eines Menschen werden mittels zweier Transmissionen die beiden eine fest mit dem Ballon verbundene Welle umschließenden Hohlwellen k und damit die Windräder und wellenförmigen Scheiben in Drehung versetzt. An der inneren festen Welle sind die Flügel mittels Scharniere und der festen, nach rückwärts geneigten Federn c verbunden, und legen sich die Federn oben gegen die wellenförmigen Scheiben, so daß durch Drehung derselben die Federn vorgedrückt und demnach die Flügel gesenkt werden, während die Federn im nächsten Augenblick zurückfedern können und demnach die Flügel heben, je nachdem das Ende der Feder in ein Wellental oder auf einen Wellenberg zu liegen kommt.

Patentanspruch:

Die Anordnung der Bewegung der Flügel mittels je einer wellenförmigen, an einem Rade befestigten Scheibe und einer sich gegen die Scheibe anlegenden Feder, indem bei der Drehung des Rades dem Flügel eine Bewegung erteilt wird, die der des Flügels eines fliegenden Vogels ähnlich ist.

6. Ein Luftschiff mit einem versteiften Rahmen, welcher mit einem fallschirmartigen Ballon versehen ist, zeigt die

Patentschrift Nr. 59 851

Stewart Cairncross in Grafton, North Dakota, V. St. A.

Angemeldet am 21. Juli 1890, ausgegeben am 21. November 1891.

An einem Rahmen A ist ein Ballon befestigt, Fig. 14 und 15. An der unteren Seite des Rahmens befindet sich eine Welle B, an deren äußerem Ende eine Propellerschraube D angebracht ist. Diese wird durch eine Vorrichtung angetrieben, die so in Lagern an dem Ballon hängt, daß sie immer in vertikaler Lage bleibt, der Ballon mit Propeller aber zwischen 0 und 90° gedreht werden kann.

Der Auftrieb des Ballons ist so bemessen, daß das Eigengewicht desselben und etwa ein Teil der Nutzlast ausgeglichen ist.

Ueber dem Führerstand mit der Plattform F ist in den Stangen e e eine Kurbelwelle G gelagert, die durch die Kurbeln g^1 g^1 mit der Hand oder durch Kurbelmechanismus mittels der

Trittbretter I I oder durch irgend eine Kraftmaschine in Drehung versetzt werden kann.

Das auf der Welle G befestigte Rad J treibt mittels der Kette k ein anderes, auf der Welle c^1 befestigtes, und diese Welle setzt durch das Kegelzahnradpaar L M die Propellerwelle B in Drehung. Ein Steuerruder O ist seitlich von der Mittelachse um o drehbar angebracht, die Bewegung desselben erfolgt durch eine Schnur, die über passend angebrachte Leitrollen 30, 40, 50 nach der Gondel führt, wo sie über die mit einem Handgriff 70 versehene Rolle 60 läuft.

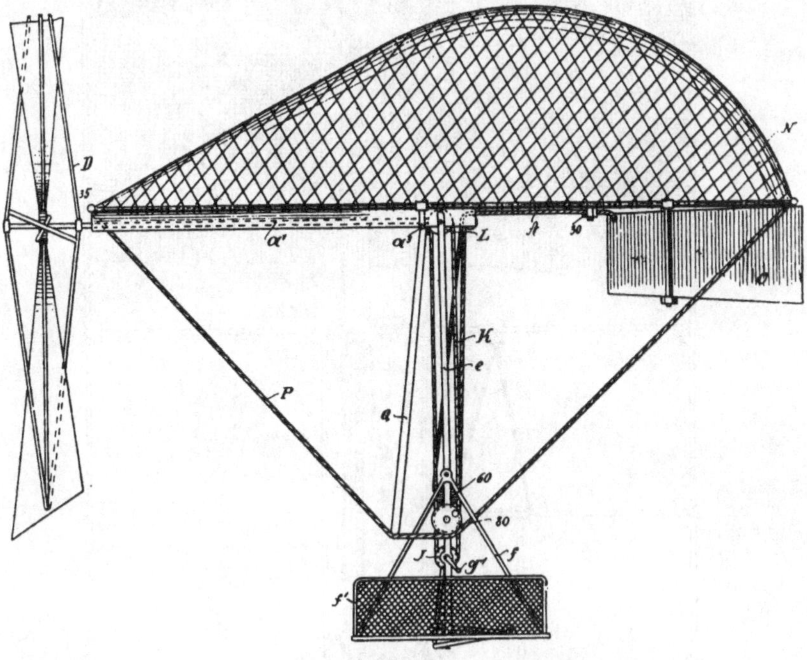

Fig. 14.

Das Seil P ist an dem vorderen und hinteren Ende des Rahmens befestigt und läuft über die Rolle 80, die dem Führer leicht zugänglich in einer der Tragstangen e gelagert ist. Die Strebe Q soll bewirken, daß das Seil P während der Schwingungen des Rahmens seine bestimmte Lage und Spannung beibehält. Um den Rahmen A in eine vertikale Lage bringen zu können, z. B. beim Aufsteigen, ist er am hinteren Ende mit einem Ausschnitt versehen, wie Fig. 15 zeigt.

Zum Aufsteigen wird der Ballon so eingestellt, daß die Propellerachse senkrecht steht. Hat nun das Luftschiff sich genügend von der Erde erhoben, so wird durch Drehung des Rades 80 der Rahmen mehr oder weniger gegen die Horizontale geneigt.

Patentanspruch:

Ein lenkbares Luftschiff, gekennzeichnet durch einen an seinem hinteren Teil ausgeschnittenen versteiften Rahmen, welcher mit einem fallschirmartig ausgebildeten Ballon versehen ist, in sich die Propellerwelle in festen Lagern trägt, von der Gondel aus vermittels an seinen beiden Enden befestigter Taue (P) um

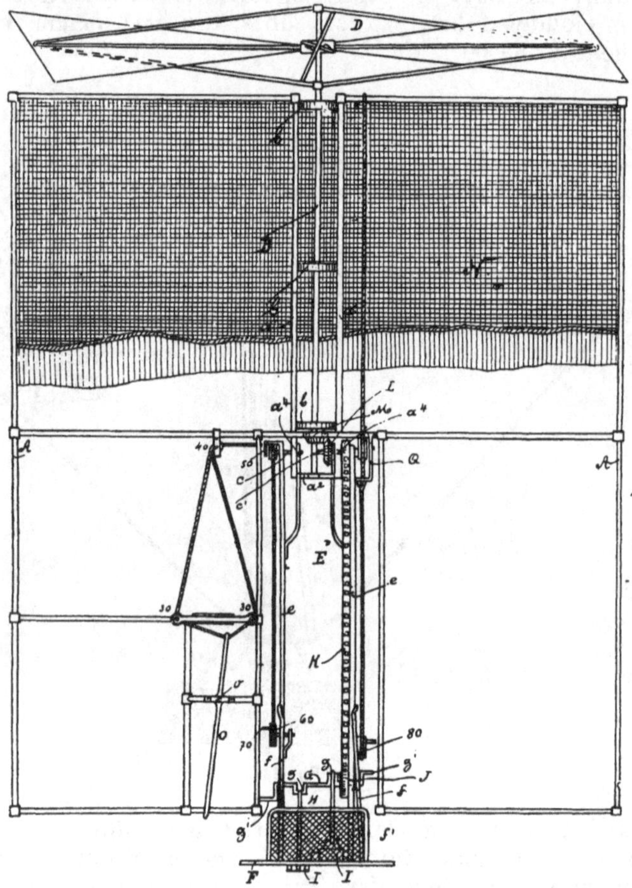

Fig. 15.

seine senkrecht zur Propellerachse gerichtete Schwerpunktsachse in jede beliebige Richtung gedreht und durch Feststellen des Taues gehalten werden kann, wobei die in genannter Schwerpunktsachse mittels steifer Arme aufgehängte Gondel immer ihre vertikale Lage beibehält.

7. Ein Flugfahrzeug mit einem Dampfmotor ausgerüstet, behandelt die

Patentschrift Nr. 59 879
Hiram Stevens Maxim in London.

Angemeldet am 1. Juli 1890, ausgegeben am 3. Dezember 1891.

Ueber die zugrunde liegende Idee und Konstruktion ist folgendes zu bemerken.

Bei einigen der bisher (d. h. bis 1890) erdachten Luftfahrzeuge hat man eine schräg stehende Fläche nach Art eines Papierdrachens angewendet, und durch Schraubenpropeller eine Fortbewegung mit solcher Geschwindigkeit erzielt, daß die Maschine durch die gegen die schiefe Fläche wirkende Luft vom Boden

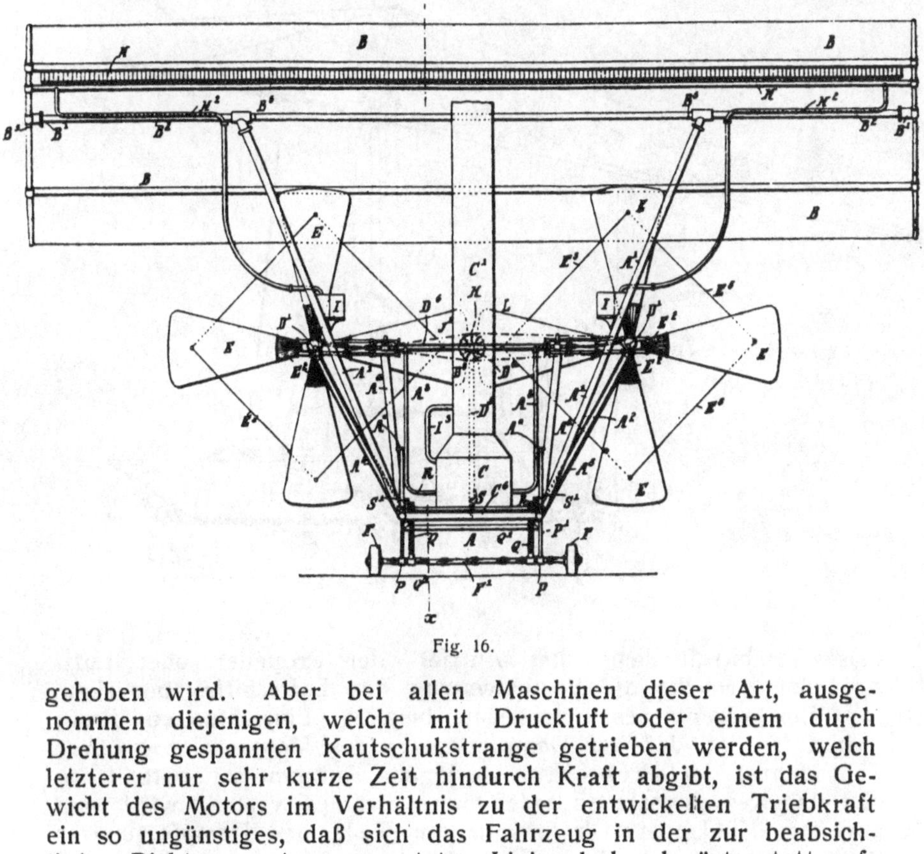

Fig. 16.

gehoben wird. Aber bei allen Maschinen dieser Art, ausgenommen diejenigen, welche mit Druckluft oder einem durch Drehung gespannten Kautschukstrange getrieben werden, welch letzterer nur sehr kurze Zeit hindurch Kraft abgibt, ist das Gewicht des Motors im Verhältnis zu der entwickelten Triebkraft ein so ungünstiges, daß sich das Fahrzeug in der zur beabsichtigten Richtung entgegengesetzten Linie, d. h. abwärts statt aufwärts bewegte oder zu bewegen strebte.

Die Erfindung soll nun die bisher für die Fortbewegung von Luftschiffen bestehenden Schwierigkeiten überwinden und die Möglichkeit bieten, während der Fort- und Vorwärtsbewegung in der Luft mit beliebiger Geschwindigkeit höher zu steigen oder abwärts zu fahren, oder in bestimmter Höhe über dem Boden gleichmäßig weiterzusegeln.

Zur Verwirklichung dieser Idee wird ein Traggestell oder Fahrzeugkörper gebaut und von einem bezogenen Rahmen, einer Art Drachen, von großer Flächenausdehnung überdeckt; dieser Rahmen ist auf geeignete Weise an einem Querstab drehbar, der starr am oberen Ende von Tragstangen oder Röhren befestigt ist, die vom Fahrgestell aufrecht getragen werden, jedoch in jede beliebige Steigung umgelegt und eingestellt werden können. Der bezogene Rahmen sei in folgendem als „Luftschirm" bezeichnet; mit diesem Luftschirm wird nun eine Triebkraft verbunden, deren Leistung möglichst groß und deren Gewicht möglichst klein ist;

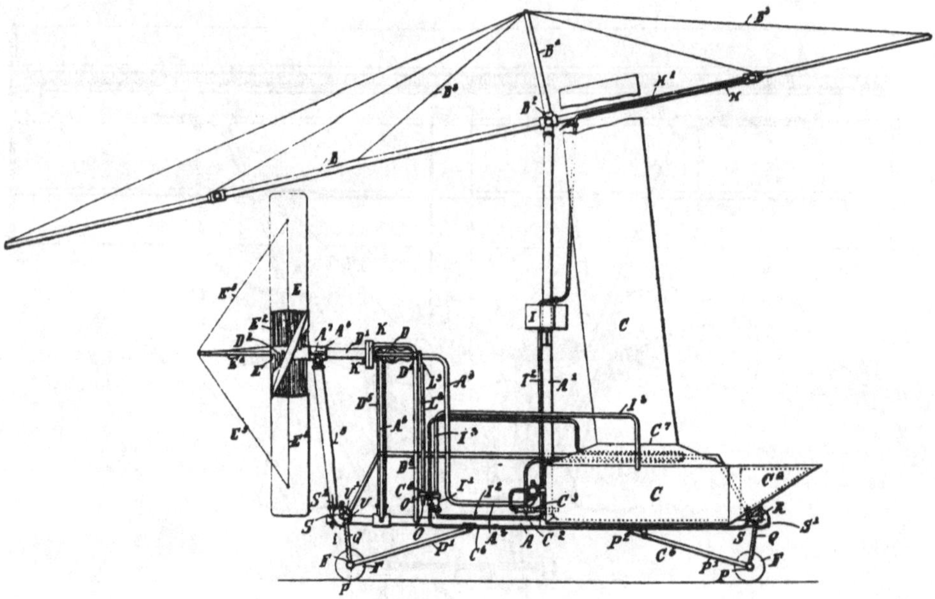

Fig. 17.

diese Triebkraft dient zum Antrieb der Propeller oder Luftschrauben, welche die Fortbewegung des Luftschiffes bewirken.

Ein wesentliches Erfordernis bei den Einrichtungen dieses Luftschiffes ist, daß der Dampferzeuger des Motors eine größere Zahl dünner Metallrohre von geringem Durchmesser enthält, so daß das Kesselwasser in fadendünne Strahlen verteilt wird und aus dem Kühlapparat in die heißen Teile des Dampferzeugers fließt, um dort schnell in Dampf verwandelt zu werden. Auf diese Weise wird eine im Verhältnis zur Wassermenge sehr große Heizfläche dargeboten, während der Heizapparat bzw. Dampfkessel viel kleiner und leichter gebaut sein und mit einer geringeren Wassermenge arbeiten kann, als Dampfkessel für Maschinen von gleicher Stärke sonst allgemein gebrauchen.

Eine andere wichtige Einrichtung bei der Dampferzeugung ist die, daß die Heizröhren in wagerechter oder ungefähr wagerechter Lage in Reihen oder Gruppen übereinander und über dem Feuerraum angeordnet und so eingeteilt sind, daß das Wasser die Gruppen nacheinander quer zum Feuerraum abwechselnd von

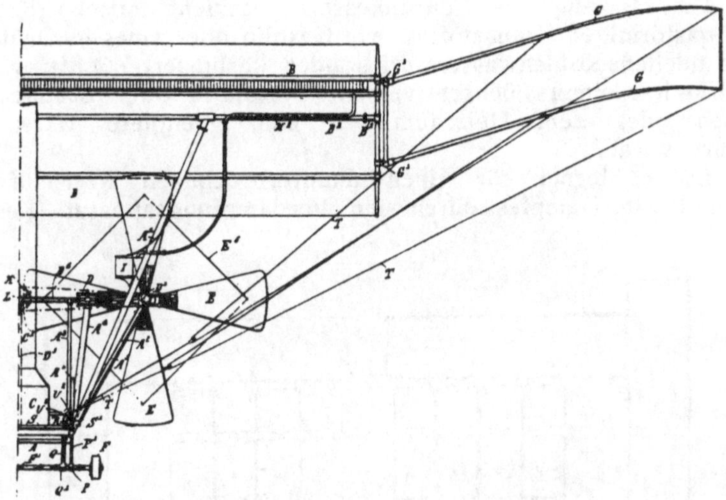

Fig. 18.

einer Seite zur anderen durchströmt. Es ist dabei zweckmäßig, die Röhren jeder Gruppe etwas größer im Durchmesser als diejenigen der vorhergehenden Gruppe zu machen, oder aber in

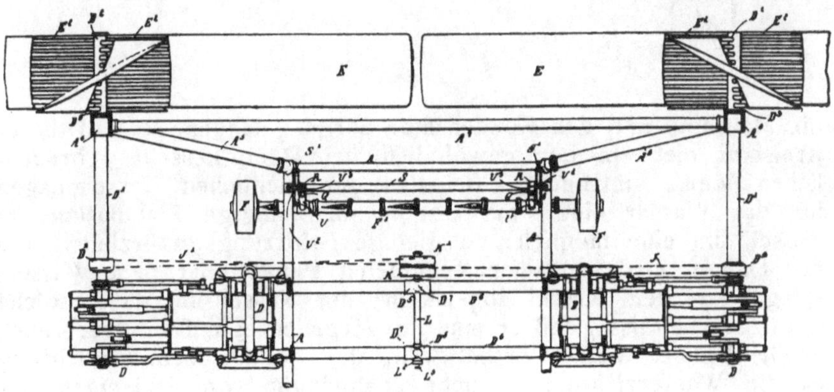

Fig. 19.

jeder Gruppe mehr Röhren als in der zunächst vorhergehenden einzustellen; es soll also der Gesamtquerschnitt der Röhren jeder Gruppe größer sein als derjenige der vorausgehenden Gruppe, so daß der Raum für den Durchgang von Wasser und Dampf sich von einer Röhrengruppe zur anderen erweitert, je näher die

Flüssigkeit den heißesten Teilen des Feuerraumes zueilt. Die letzte Gruppe der kleinen Röhren steht mit einem Dampfrohr in Verbindung, das sich direkt über dem Feuer befindet und aus dem der Dampf nach der Maschine geführt wird.

Die Heizung des Röhrenkessels geschieht mittels flüssigen oder gasförmigen Brennstoffes, wie Gasolin oder eines in Oeldampf verwandelten Kohlenwasserstoffes oder karburierter Luft, welche durch mit kleinen Löchern versehene Röhren oder Brenner getrieben oder dem Heizraum auf eine geeignete Weise zugeführt wird.

Es ist ferner für einen ununterbrochenen Kreislauf des Wassers und Dampfes durch den Verdampfungsapparat (Kessel),

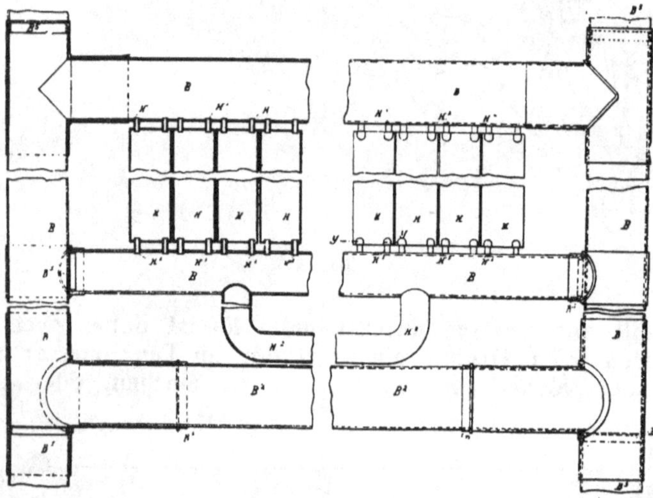

Fig. 20.

die Maschine und den Kondensator Sorge getragen, so daß dieser Kreislauf nicht in der gewöhnlich bei Dampfkesseln gebräuchlichen Weise stattfindet. Bei den gebräuchlichen Kesselanlagen hat das Wasser eine vom Dampf unabhängige Zirkulation im Kessel, um eine möglichst ausgiebige Erhitzung zu erzielen, und der Dampf wird an einem geeigneten Punkt über dem Wasserspiegel aus dem Kessel abgelassen; der Kessel hat dabei solche Größenverhältnisse, daß er eine im Vergleich zum Dampfverbrauch große Menge Wasser enthält. In der Maximschen Einrichtung ist die Wasserzirkulation nicht unabhängig von derjenigen des Dampfes; die Speisepumpe ist mit dem einen Ende des zusammenhängenden, den Kessel bildenden Röhrensystems in Verbindung gebracht und die zu treibende Maschine mit dem anderen Ende; der Dampf wird aus dem Röhrensystem unterhalb des Wasserspiegels entnommen. Der Raumgehalt des Kessels kann infolge dieser Einrichtung auf ein äußerst geringes herabgemindert werden, da der Kessel nur so viel Wasser zu enthalten braucht, um den

Dampf für wenige Kolbenhube oder Umdrehungen zu liefern. Die Pumpe führt bei jedem Kolbengang der Maschine dem oberen Ende des Kessels wieder so viel Wasser zu, als zum Antrieb dieses Kolbenganges verbraucht wurde; dieses Wasser wird wiederum in Dampf verwandelt, der einen neuen Kolbengang in der Maschine bewirkt, dann im Kondensator wieder verdichtet

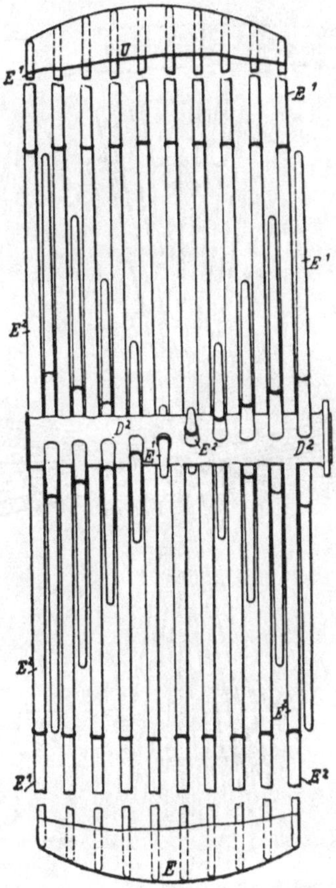

Fig. 21.

und durch die Pumpe in das obere Ende des Röhrensystems zurückgeführt wird. Die ganze oder nahezu die ganze zur Verwendung kommende Wassermenge wird also während weniger Kolbengänge bzw. Umdrehungen der Maschine in Dampf verwandelt und zum Antrieb benutzt, das Wasser nebst dem Dampf befindet sich in beständigem Kreislauf durch den Röhrenkessel, die Maschine und den Kondensator. Es braucht deshalb nur eine sehr geringe Wassermenge mitgeführt zu werden, da das Wasser immer wieder in Dampf verwandelt, kondensiert und in den Kessel zurückgepumpt wird. Der Vorrat braucht deshalb nur die geringe, zum Ersatz der durch Undichtigkeiten entstehenden kleinen Verluste dienende Menge zu umfassen.

Eine andere Einrichtung besteht in einer solchen Verbindung der den Kessel mit Wasser speisenden und der die Feuerung mit flüssigem oder gasförmigem Brennstoff versorgenden Pumpen untereinander, daß der Feuerung kein Brennstoff zugeführt werden

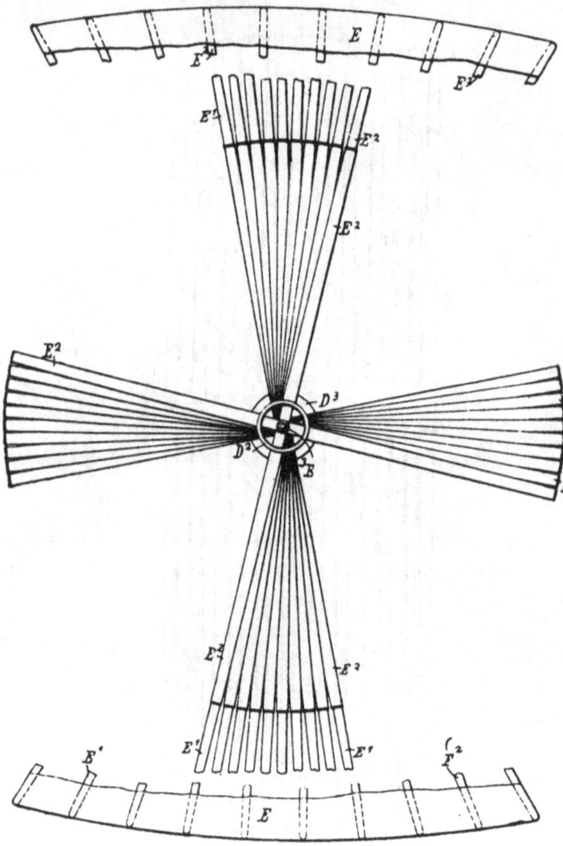

Fig. 22.

kann, ohne daß gleichzeitig eine entsprechende Menge Wasser in das Röhrensystem des Kessels gepumpt wird; ein Ueberhitzen der Röhren wird dadurch wirksam verhütet.

Die Brennstoffzufuhr zur Feuerung wird überdies auch noch selbsttätig geregelt durch einen Wärmeregler, d. h. eine Vorrichtung, die aus einem Ventil besteht, das von seinem Sitze durch eine Feder abgehoben wird. Diese Feder drückt gegen eine Scheidewand, welche unter dem Druck der Flüssigkeit eines in unmittelbarer Nähe des Brenners angeordneten Rohres steht.

Um die Höhe, in welcher das Luftschiff über dem Boden sich fortbewegen soll, einzustellen bzw. die Fortbewegung in einer bestimmten, gleichmäßigen Höhe zu sichern, kann ein

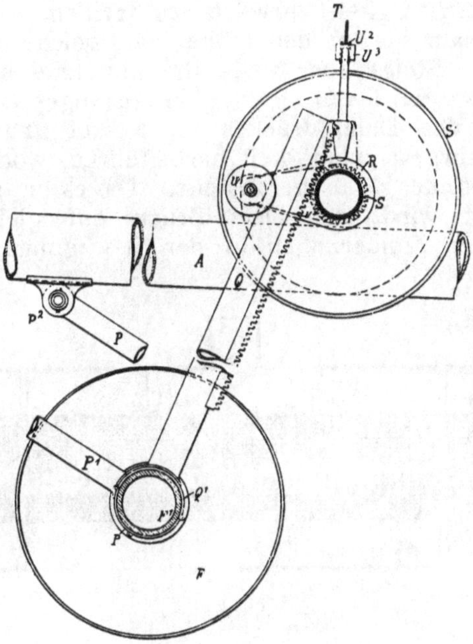

Fig. 23.

barometischer Regler Anwendung finden. Es wird z. B. ein Barometer mit einem Organ in Verbindung gebracht, welches die Länge des Kolbenhubes für das Kesselspeisewasser wie für die

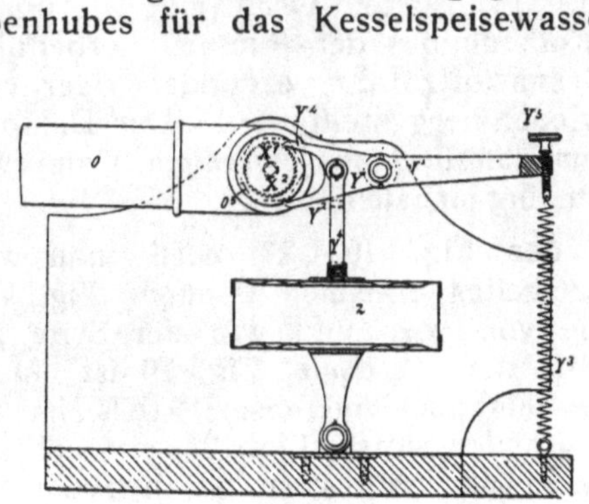

Fig. 24.

Brennstoffzufuhr beherrscht, so daß, wenn der Luftschirm in derjenigen Neigung eingestellt ist, welche die Maschine im Gleichgewicht hält, d. h. weder steigen noch fallen läßt, eine etwa eintretende Schwankung des Barometerstandes, z. B. eine Erhöhung des Luftdrucks infolge der Annäherung an die Erde, die Länge des Kolbenhubes entsprechend vergrößert, die Dampfentwicklung und den Dampfdruck im Kessel entsprechend erhöht. Wenn dann dieser Dampfdruck genügend gestiegen ist, um die Maschine mit größerer Geschwindigkeit vorwärts zu treiben, so hebt sich das Luftschiff langsam bis zu der Höhe, auf welche der Regler eingestellt wurde. Steigt aber z. B. die Maschine höher, als beabsichtigt war, so wird der Regler entgegengesetzt wirken, eine Verminderung des Dampfdruckes im Kessel und eine Verlangsamung der Fahrgeschwindigkeit herbeiführen, wodurch das Schiff auf die gewünschte Höhe herabsinkt. Da es in manchen Fällen erwünscht sein wird, den Dampfdruck auf gleicher Höhe zu halten trotz der Aenderungen in der Bewegungsgeschwindigkeit

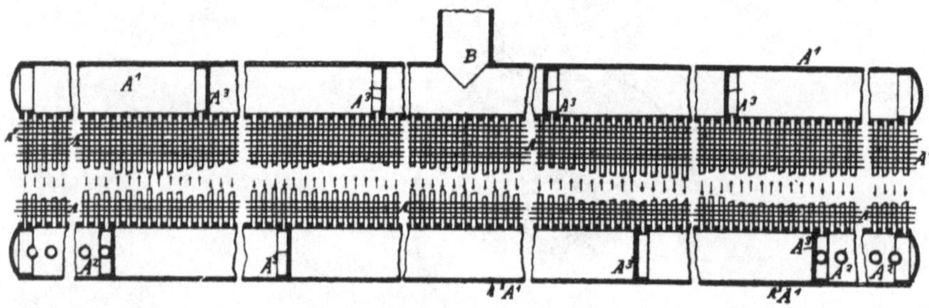

Fig. 25.

der Maschine, ist ein Dampfregler angebracht, der auf die in Verbindung miteinander wirkenden Wasser- und Brennstoffpumpen so einwirkt, daß ein Steigen oder Fallen des Dampfdruckes über bzw. unter den gewünschten Grad eine Verkürzung oder Verlängerung des Kolbenhubes der Pumpen herbeiführt, wodurch die Wasser- bzw. Brennstoffzufuhr vermindert oder vermehrt und das Gleichgewicht wieder hergestellt wird. Der Dampfdruck im Kessel wird alsdann unabhängig vom jeweiligen Dampfverbrauch in der Maschine gleichmäßig erhalten.

An Hand der Fig. 16—27 wird man alle in Betracht kommenden Einzelheiten erkennen können. Fig. 16 und 17 zeigen die Flugmaschine von vorn und von der Seite gesehen, Fig. 18 ist die eine Hälfte der Maschine, Fig. 19 ist eine teilweise Oberansicht, Fig. 20 zeigt in Unteransicht teils im Längsschnitt die Anordnung des Kondensators, Fig. 21 und 22 stellen einen der Propeller von oben und von vorn gesehen dar, Fig. 23 zeigt in Seitenansicht die Vorrichtung zur Abschwächung des Stoßes beim Landen, Fig. 24 veranschaulicht den barometrischen Höhenfahrtregler und Fig. 25 einen Schnitt durch den Kessel, Fig. 26 und 27 sind Darstellungen der Antriebs-Dampfmaschine.

Patentansprüche:

1. Eine Luftfahrtmaschine, gekennzeichnet dadurch, daß die folgenden Einrichtungen in Verbindung miteinander vorgesehen sind:

a) ein Dampferzeuger, welcher, um im Verhältnis zu seinem Gewicht eine möglichst große Kraftleistung zu haben, aus

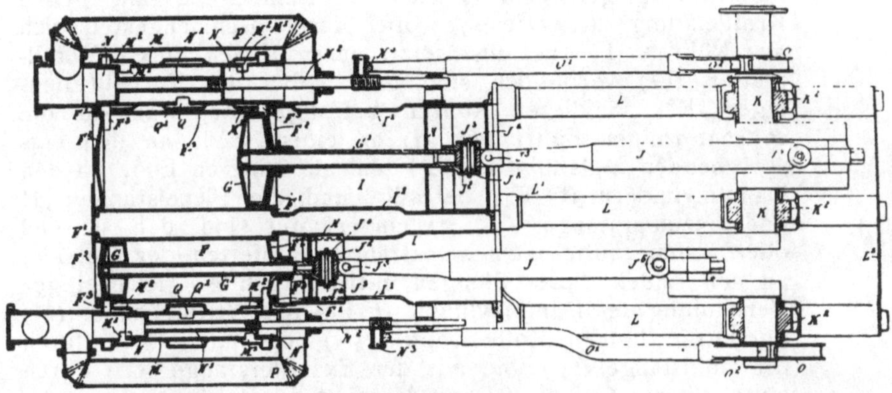

Fig. 26.

dünnwandigen, engen Metallröhren (A) zusammengesetzt ist, durch welche die Verdampfungsflüssigkeit in feinsten, fadenförmigen Strahlen hindurchgetrieben wird und die in annähernd wagerechten Reihen oder Gruppen übereinander gelegt und in Abteilungen geschieden sind, welche derart untereinander in Verbindung stehen, daß sie von der Flüssig-

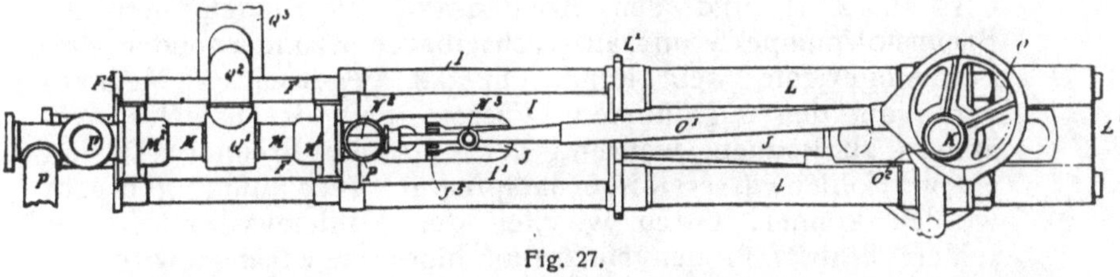

Fig. 27.

keit der Reihe nach durchströmt werden, wobei die letzte Gruppe mit einem Dampfrohr verbunden ist und die zu unterst befindliche Gruppe mit anderen, den Feuerraum umgebenden und mit einem Dampfrohr verbundenen Röhrengruppen kommunizieren kann, während der Gesamtquerschnitt aller Röhren je einer Abteilung zweckmäßig größer ist, als in der vorhergehenden Abteilung, und wärmeleitende Platten oder Streifen (A^4) vorgesehen sein können, welche zum Zwecke der Vergrößerung der Heizfläche an den Rohren (A) angebracht und um den Feuerraum herum gebogen und zu einer geschlossenen Fläche verbunden sind, wobei der Dampferzeuger mit einem vorn offenen, mit dem Raum unter den Brennern oder unter dem Rost des Feuerraumes in Verbindung stehenden Luftfang versehen sein kann, um den bei der Bewegung der Maschine durch die Luft hervorgerufenen Luftzug für die Verbrennung nutzbar zu machen;

b) eine Dampfmaschine, welche so eingerichtet ist, um bei verhältnismäßig geringem Gewicht der Einzelteile eine große Kraftleistung zu erzielen, wobei das Maschinengestell sich aus Röhren (L) zusammensetzt, deren Enden durch Metallplatten (L^1) verbunden sind und wobei die Kurbelwellenlager (K^2) an diesen Röhren befestigt sind, während die röhrenförmigen Führungen (I) an einem Ende an den entsprechenden Metallplatten (L^1) und am anderen Ende an den Dampfzylindern (F F*) befestigt und die Pleuelstange (J) und Exzenterstange (O^1) so eingerichtet sind, daß sie Oel oder Schmiermittel zum selbsttätigen Einfetten der Gelenke an den Enden dieser Stangen enthalten, unter gleichzeitiger Verbindung der Dampfzylinder (F F*) und Ventilgehäuse (M) durch die hohlen Kolbenventile (N), die unter sich durch die Hohlstange (N^1) und mit der Exzenterstange (O^1) durch ein stellbares Gelenk (N^3) in Verbindung stehen;

c) die Verbindung des Kondensators und des aus dünnen Metallröhren zusammengesetzten, nur eine geringe Menge Wasser enthaltenden Dampferzeugers mit Pumpen (R, S), welche in Zusammenhang miteinander arbeiten, um dem Dampfkessel Wasser und flüssigen oder gasförmigen Brennstoff in regelmäßigen, richtig zu einander abgemessenen Mengen zuzuführen, wobei eine ununterbrochene Zirkulation von Wasser und Dampf durch den Dampferzeuger, den Dampfzylinder der Maschine und den Kondensator stattfindet, und die Brennstoffpumpe S mit auswechselbaren Zylindern oder Kolben eingerichtet sein kann, um das gegenseitige Mengenverhältnis des zugeführten Wassers und Brennstoffes verändern zu können, während der oder die Brenner (D) mit einem Kohlenwasserstoffverdampfer in Verbindung gebracht werden können, durch welchen der Kohlenwasserstoff vor seinem Eintritt in den Heizraum hindurchgedrängt wird;

d) die Verbindung des aus einem bezogenen Rahmen bestehenden Luftschirms (B), der Schraubenpropeller (E), der Zwillingsmaschine (D D) und des aus engen, dünnwandigen Röhren bestehenden Dampferzeugers (C) mit einem Sitz oder Stand (A) für den Maschinisten und die mitfahrenden Personen, welcher Stand so angeordnet ist, daß ein unter der Widerstandsebene hängendes Gewicht (ganz oder teilweise) gebildet wird, welches das Luftschiff in der richtigen Stellung erhält;

e) die Verbindung der Zwillingsmaschine und des Dampferzeugers mit dem doppelten Absperrventil (E), dessen Handhaben von einem Maschinisten gleichzeitig erfaßt werden können, um die Bewegungen des Luftschiffes zu lenken;

f) die Verbindung der Speisewasserpumpe (R) mit der Vorrichtung, welche aus dem im Zylinder V beweglichen, an einem Ende mit dem Saugrohr W und am anderen Ende mit dem Druckrohr W^1 der Pumpe verbundenen Kolben U und einer auf diesen wirkenden Feder U^1 besteht und als Ersatz für einen Luftbehälter dient, dabei aber viel leichter ist, als ein solcher von der gleichen Leistungsfähigkeit sein würde;

g) die Verbindung des Dampferzeugers und der Zwillingsmaschine mit den Speisewasser- und Brennstoffpumpen (R S) und einer aus den Antriebsscheiben (K K^1) bestehenden Vorrichtung, welche bewirkt, daß die beiden Pumpen immer von der Maschine betrieben werden, die zeitweilig schnelleren Gang hat, und gleichzeitig von beiden Maschinen, solange dieselben mit gleicher Geschwindigkeit arbeiten;

h) die Einrichtung des Luftschirms (B) mit seitlichen Flügeln (G) und einer als Steuer dienenden Verlängerung nach hinten, sowie mit Vorrichtungen zum Einstellen des Luftschirms in verschiedene Neigungen zur Horizontalen und zur Bewegung des Steuers behufs Lenkung des Luftschirms;

i) die Verbindung des mit seitlichen Flügeln versehenen Luftschirms (B) mit einer Vorrichtung zur Vermeidung des heftigen Aufstoßens des Luftschiffes auf den Boden beim Landen, bestehend aus den Rädern (F), den Hebeln oder Armen (P), den Zahnstangen (Q), den Getrieben (R), den Rollen oder Scheiben (S^1) und Seilen, Schnüren oder Ketten (T), welche die Flügel mit den Rollen oder Scheiben verbinden, derart, daß beim Landen der Maschine die Flügel plötzlich niederschwingen und die Maschine ohne heftigen Stoß landen kann;

j) die Anbringung eines stellbaren Gegengewichts für den Luftschirm, um die Lage des Schwerpunktes zu verändern und den Neigungswinkel des Luftschirms gegen die Horizontale größer oder kleiner zu machen;

k) ein Schraubenpropeller, welcher zur Erzielung größter Leichtigkeit bei möglichster Widerstandsfähigkeit mit Metallröhren (E^2) oder Muffen versehen ist, die quer durch eine Hohlwelle (D^2) in Winkelstellung zueinander hindurchgehen und die darin befestigten Propellerspeichen (E^1) von Holz oder anderem Material aufnehmen, die der Steigung der Schraube entsprechen und mit Seide oder anderem Stoff bezogen sind;

l) ein Kondensator (H), welcher bei der Fortbewegung des Luftschiffes den Dampf kondensiert und zugleich zum Ansteigen oder Verbleiben der Maschine in der Luft mitwirkt, welcher Kondensator aus dünnen, flachen Röhrenkörpern zusammengesetzt ist, um die Kondensation des Dampfes wirksamer fördern zu können;

m) die Zusammensetzung des Haupttraggestells (A) des Luftfahrzeuges aus Röhren, welche den Maschinendampf zum Kondensationsapparat leiten.

2. An der durch den Anspruch 1 gekennzeichneten Luftfahrtmaschine ein thermostatischer Regulator zum selbsttätigen Regeln oder Beherrschen der Brennstoffzuführung nach dem Dampferzeuger, bestehend aus einem geschlossenen, eine wässerige Lösung von Salzen oder eine Mischung von Glyzerin und Wasser oder anderer Flüssigkeit enthaltenden Rohr (Z^3), wobei durch die Erhitzung der Flüssigkeit in dem geschlossenen Raum ein Druck entsteht, welcher die Regelung bewirkt und die gegenseitigen Mengenverhältnisse des zugeführten Wassers und Brennmaterials regelt.

3. An der durch den Anspruch 1 gekennzeichneten Luftfahrtmaschine ein barometrischer Regulator, welcher aus einer vom Luftdruck betätigten Vorrichtung (Z) besteht und mit der Brennstoffpumpe (S) oder mit der Speisewasser- und der Brennstoffpumpe (R S) verbunden ist, um die Bewegung der Luftfahrtmaschine durch Verändern der Brennstoffzuführung oder des Wasser- und Brennstoffzuflusses nach dem Dampferzeuger zum Antrieb der Maschine beherrschen zu können.

4. An der durch den Anspruch 1 gekennzeichneten Luftfahrtmaschine ein Dampfregulator, welcher aus einem Kolben (Z^1) und einer Scheidewand (Z^3) besteht, die vom Druck im Dampferzeuger beeinflußt werden, wobei der Regulator mit der Brennstoffpumpe (S) oder mit der Speisewasser- oder Brennstoffpumpe (R S) verbunden ist, um die Brennstoffzuführung oder den Wasser- und Brennstoffzufluß nach dem Dampferzeuger nach Maßgabe des wechselnden Dampfdruckes im Dampferzeuger verändern zu können.

8. Die

Patentschrift Nr. 73 603
Gustav Koch in München,

angemeldet am 28. März 1892, ausgegeben am 10. März 1894,

bringt nach ausführlichen allgemeinen flugtechnischen Betrachtungen die Beschreibung eines Flugapparates mit einem direkt auf die Schaufelräderwelle wirkenden Motor und federnd gelagerten Flügeln der Schaufelräder.

Die mehrfach angeregten Vorschläge aus flugtechnischen Kreisen in bezug auf Erhebungen in die Luft mittels vogelähnlichen Flügelschlages erscheinen um so weniger sachförderlich, als einesteils das rechnerisch zu belegen versuchte, gegenüber den früheren Annahmen überaus gering taxierte Krafterfordernis sich in der Praxis stets als unzureichend erwiesen hat, und anderseits ein solcher Apparat den berechtigten Anforderungen an ein einen Verkehr durch die Luft ermöglichendes Fahrzeug infolge des Umstandes, daß beim Flügelschlag der größere Teil der aufgewendeten Kraft zur Hebung und nur eine kleinere Komponente zur Beschleunigung der Bewegung des Flugkörpers dient, nur unvollkommen entspricht, indem der eigentliche Zweck und die Zweckdienlichkeit einer Flugmaschine doch hauptsächlich in der Möglichkeit eines Schnellverkehrs liegt, welche Eigenschaft ja allein die Gewähr für Lenkbarkeit und Ueberwindung starker Luftströmungen bietet.

Dies und die bedeutenden technischen Schwierigkeiten in der Ausführung größerer Flügelschlagwerke lassen daher die meisten Projektanten von Aviationsapparaten die Luftschraube als den allein zweckentsprechenden Fortbewegungsmechanismus für solche Fahrzeuge betrachten; allein auch gegen diese stellen sich gewichtige Bedenken ein.

Einmal wird ihre Wirkung durch in der Luft viel häufiger als im Wasser vorkommende seitliche Strömungen wesentlich beeinträchtigt.

Außerdem hat die zweckmäßige Placierung der Schrauben, da solche immer paarweise angeordnet werden, ebenfalls konstruktive Schwierigkeiten, zum mindesten Kraftverluste; die Wirkungsweise derselben hat insofern Unzuträglichkeiten im Gefolge, als der an der Vorderkante der Tragflächen (Flügel) vorüberstreichende Teil des niedergehenden Schraubenflügels die von ihm getroffene Luft auf die obere Fläche der Flügel wirft, dieselbe von dem betreffenden Teil der Unterseite der letzteren aber, wo richtigerweise eine Luftkompression stattfinden soll, wegzieht.

Bei den sich in aufsteigender Richtung bewegenden Schraubenflügeln ist zwar das Gegenteil der Fall, wodurch der vorerwähnte Nachteil in seiner Wirkung wieder ausgeglichen wird, immerhin erfährt aber der Nutzeffekt der motorischen Kraft der Flugmaschine einen wesentlichen Verlust, indem einerseits ein Nachteil motorisch erzeugt wird, der auf der anderen Seite wieder durch den Motor aufgehoben werden muß.

In der möglichst vollkommenen Ausnutzung der motorischen Kraft, insbesondere auch in der Verwertung der in der motorisch bewegten Luft enthaltenen Kraft liegt mit die Lösung des Flugproblems.

Hauptsächlich bietet die unumgänglich notwendige Herbeiführung und Beibehaltung der Flügelstellung mit Neigung nach hinten bei Schraubenäroplanen Schwierigkeiten, deren Bedeutung besonders in neuerer Zeit (d. h. um 1892) durch Versuche in dieser Richtung an das Licht getreten ist.

Ohne nach hinten geneigte, drachenartige Flügelstellung fliegt bzw. schwebt ein Aeroplan, durch Luftschraube bewegt, überhaupt nicht; wird aber zur Erzielung einer solchen Flügelstellung der Schwerpunkt des Apparates nach hinten, hinter die Resultierende der Tragflächen gerückt (und auf andere Weise läßt sich dieser Zweck bei Schraubenäroplanen überhaupt nicht erreichen), so benötigt das Vehikel zu seiner Fortbewegung und Beschleunigung in der Luft genau so viel Kraft — in Verneinung der hierüber bestehenden Theorien — als erforderlich ist, dessen ganzes Gewicht direkt vom Boden zu erheben und schwebend zu erhalten.

Der Grund, warum dies geschieht, wird in der Folge klar werden. Liegt aber der Schwerpunkt mehr hinten und ist der Vorderteil des Luftschiffes nicht dem auf dasselbe entfallenden Teil der Tragflächen gegenüber mehr belastet als der Hinterteil, so ist zudem noch jede Luftwelle im Stande, das Fahrzeug aus seiner Bahn zu werfen; ein Schraubenäroplan erfordert also nicht nur mehr Kraft, als herausgerechnet zu werden pflegt, sondern entbehrt auch der Stabilität.

Es ist daher geboten, das Augenmerk auf einen anderen, neuen Fortbewegungsmechanismus und motorischen Apparat zu richten.

Obwohl zunächstliegend, scheint doch das Schaufelrad bis jetzt noch wenige dazu veranlaßt zu haben, dasselbe mit einem Flugapparat in geeignete Verbindung zu bringen, den Gedanken konstruktiv auszuarbeiten und die Wirkungsweise einer solchen Maschine in Erwägung zu ziehen. Der Grund hierfür dürfte hauptsächlich in dem Umstande zu suchen sein, daß es bis jetzt noch an einer zweckentsprechenden Schaufel- oder Segelradkonstruktion fehlte. Die unter den Namen Oldham-, Cowan-Page-Räder usw. bekannten Systeme haben den die Anwendung derselben in der Flugtechnik ausschließenden Fehler, daß die Drehung der Schaufeln, um solche beim Vorlauf des Rades mit der Kante voran durch die Luft zu führen, damit letzterer während dieser Phase der Rotation keine Widerstandsfläche geboten ist, zu plötzlich erfolgt, so daß, da solche Schaufelräder, sofern es sich um Flug handelt, sehr schnell rotieren und an ihrem Umfang eine Geschwindigkeit von mindestens 40 m/sec haben müssen, jene Drehung der Schaufeln in weniger als $^1/_{40}$ sec stattzufinden hätte.

Es leuchtet ein, daß in solchem Falle fast die Hälfte der Kraft des Motors durch das Drehen der Schaufeln nutzlos absorbiert würde und für die Flugarbeit verloren wäre.

Nimmt man nun diesen Uebelstand als gehoben an und verfolgt man die Wirkung von richtig wirkenden und richtig angeordneten Schaufelrädern im Verein mit einem Aeroplan, so eröffnen sich nicht nur in bezug auf die Anwendbarkeit derselben an und für sich die günstigsten Aussichten, sondern es erscheint auch, wie sich in der Folge zeigen wird, mit der Adoption des Schaufelrades zu Flugzwecken das zuletzt erörterte Haupthemmnis gegen eine ersprießliche Entwicklung dynamischer Luftschiffahrt, die Schwierigkeit der Steuerung in der Längsrichtung, in einfacher dem Vorgang in der Natur entsprechender Weise hinweggeräumt.

Die Hauptaufgabe des Flugtechnikers muß also in erster Linie die Konstruktion eines richtig funktionierenden Schaufel- oder Segelrades sein.

Wie aus Fig. 28 und im Zusammenhange hiermit aus Fig. 29 und 30 ersichtlich, ist auf beiden Seiten der Achse a, der Breite des Rades entsprechend weit auseinander gerückt, je eine mit einer flantschenartigen Scheibe b versehene Hülse c aufgekeilt. An den Scheiben b sind die aus flachgedrückten, konisch verlaufenden Stahlröhren oder dergl. bestehenden Radspeichen d angeordnet, in deren unter sich steif verbundenen äußeren Enden mit Segeltuch oder dergl. überspannte Rahmen e^1 mittels ihrer Achsen e drehbar gelagert sind.

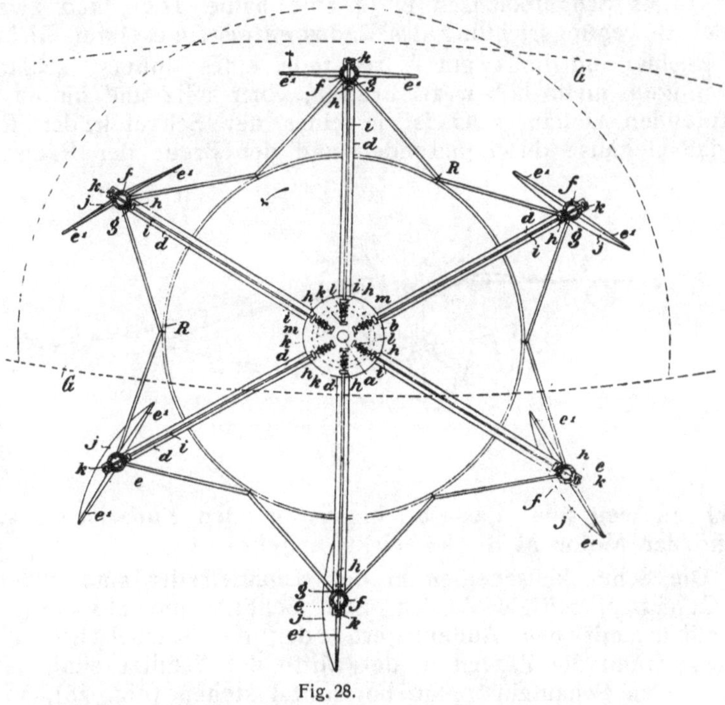

Fig. 28.

Während die Schaufelachsen e an ihrem einen Ende mit der betreffenden Speiche d durch Stellringe ihren Abschluß finden, ist an deren anderen Enden, außerhalb des Speichenkranzes, je ein kleines konisches Zahnrad f angebracht, welches von dem genau halb so großen Zahnrad g seinen Antrieb erhält.

Am inneren Ende der Stahlröhren i ist je ein kurzer Schraubengang l angebracht, in deren Windungen die auf der Radachse lose sitzende Schneckenscheibe m derart eingreift, daß bei einer gedachten Umdrehung dieser letzteren auch die Schraubengänge l (die Steigung beider Teile geht in der Richtung der Rotation des Rades) je eine Umdrehung machen.

Bei der Montierung des Schaufelrades ist darauf zu achten, daß, während die zu oberst befindliche Schaufel horizontal und die unterste vertikal steht, die anderen in eine derartige Stellung gebracht werden, daß sie bei der Drehung des Rades, wenn sie den Scheitel- oder Tiefpunkt erreicht haben, ebenfalls horizontal bzw. vertikal zu stehen kommen.

Bei einer vollen Umdrehung des Rades machen also die Schaufeln e e^1 j dadurch, daß die an den Stangen i angebrachten Schraubengewinde l an dem steigenden Gang der Schneckenscheibe m hingleiten und infolge des Umstandes, daß die am äußeren Ende der Stangen i befindlichen kleinen Zahnräder g nur halb so groß sind, als die durch sie angetriebenen Zahnräder f der Schaufelachsen e, je eine halbe Tour, und zwar in der der Bewegungsrichtung des Rades entgegengesetzten Richtung.

Rechts und links am Vorderteile eines äußerst schlanken, vierkantigen, mehr hohen als breiten, vorn spitz und hinten flach verlaufenden Gehäuses G ist je eines der Schaufelräder R auf der das Gehäuse durchquerenden und der Breite der Räder ent-

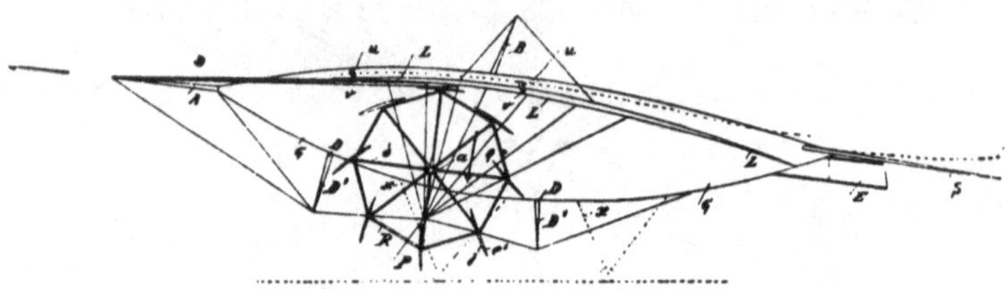

Fig. 29.

sprechend weit über dasselbe hinausragenden Kurbelachse a, auf welche der Motor M direkt wirkt, angebracht.

Die Schneckenscheiben m der Schaufelräder sind außerhalb des Gehäuses, mittels Zapfen und Schlitze um etwa $^1/_8$ Tour verstellbar, mit den Außenlagern oder der Kurbelachse a verbunden; wenn die Zapfen in der Mitte der Schlitze sind, müssen die obersten Schaufeln genau horizontal stehen (Fig. 28), so daß die Schneckenscheiben durch den Führer des Fahrzeuges mittels einer Hebelvorrichtung je um etwa $^1/_{16}$ Tour vor- und zurückgedreht werden können und dadurch der mit der Horizontalstellung der Schaufeln zusammenfallende Punkt der Peripherie der Räder entsprechend vor- und zurückverlegt werden kann.

Ueber und hinter den Schaufelrädern befindet sich je ein dem Gewichte des Ganzen entsprechend großer, nach oben leicht gewölbter Flügel L, während am hinteren Ende ein vogelschwanzartiges vor- und zurückschiebbares, nach oben sowie nach rechts und links drehbares Steuersegel S und darunter ein ebensolches E, vertikal stehend behufs Aenderungen in der Bewegungsrichtung, angebracht sind.

Eine weitere Steuerungsmöglichkeit ist durch die Verstellbarkeit der Schneckenscheiben m an den Schaufelrädern geboten.

B ist ein einfaches Stahl- oder Bambusrohr, welches im Ruhestand des Fahrzeuges die Flügel mittels gezogener Drähte hält, während der Fahrt aber eingezogen werden kann.

Die Flügel sind miteinander durch die das Gehäuse G durchbohrenden und in Schlitzen u laufenden Stangen v verbunden; dieselben können durch den Luftdruck von unten nach oben gedrückt werden, wobei sie die im Innern des Gehäuses G zunächst vor den Schlitzen u angebrachten Federn u^1 nach oben spannen und vordrücken.

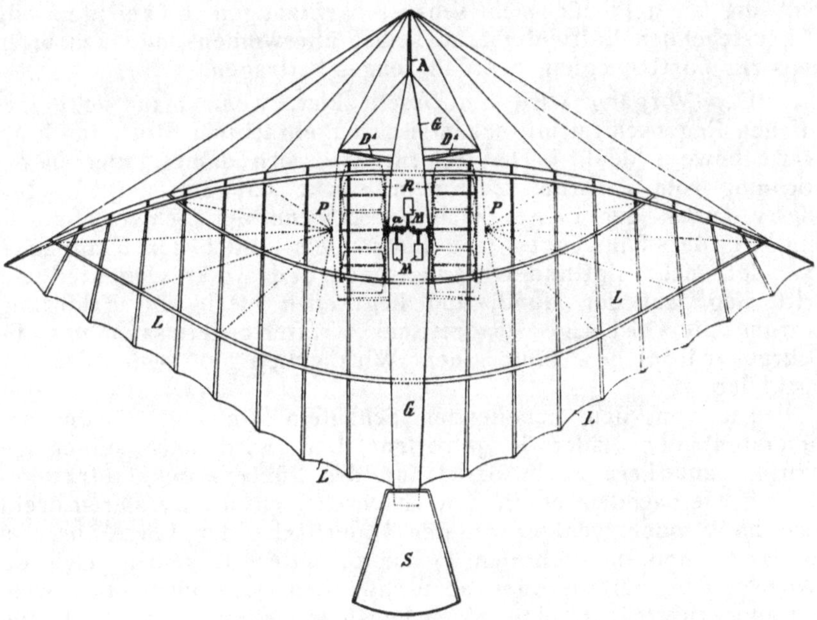

Fig. 30.

Zur Fixierung der Stellung der Flügel L und behufs Sicherung derselben gegen Bruch sind am Vorderrande der beiden Tragflächen nach dem Ende einer die Spitze des Gehäuses G verlängernden Stange A, Fig. 30, Drähte gezogen; außerdem sind zu dem gleichen Zwecke, unter Wahrung der Charakteristik des Vogelflügels, noch folgende Vorkehrungen getroffen.

Vor und hinter den Schaufelrädern sind bei D seitlich am Gehäuse, abwärts und nach außen gerichtet, zwei Paar flachgedrückte, mit den scharfen Kanten nach vorn stehende Stahlröhren D^1 vorgesehen, welche mittels starker Stahldrähte sowohl unter sich, als auch mit der Spitze und dem hinteren Unterteil des Gehäuses G verbunden sind.

Von den Punkten P der die vorderen mit den hinteren Stahlröhrenpaaren verbindenden Drähte gehen schwächere Drähte nach der Unterseite der Flügel L, Fig. 29 und 30. Bei den nach den hinteren Tragstangen derselben abzweigenden Drähten können entsprechend starke Spiralfedern zwischengeschaltet werden.

Denkt man sich nun den ganzen Apparat freischwebend bzw. in horizontaler Lage niedersinkend, so erfahren die Flügel L in ihrer ganzen Fläche einen Druck der Luft von unten nach oben, der nicht nur das Fallen des Körpers verzögert, sondern infolge der Lage des Sammelpunktes P der Unterstützungsdrähte, des Schwerpunktes des Ganzen (letzterer befindet sich bei Q, Fig. 29, also vor dem Mittel der Tragflächen), und indem durch den Druck der Luft von unten diese auch vorwärts wirkt, auch veranlaßt, daß die an und für sich sehr scharfkantigen Flügel den entgegenstehenden Luftwiderstand selbst überwinden und auch ihrerseits zur Fortbewegung des Fahrzeuges beitragen.

Der Vorgang wird am besten klar, wenn man sich einen offenen Regenschirm mit exzentrisch angebrachtem Stock rasch abwärts bewegt denkt. Der Schirm wird sich dann immer in der Richtung vom Zentrum nach dem Stocke seitwärts neigen. Daß dieser Druck der Flügel nach vorn, wenn der Schwerpunkt Q, Fig. 29, des Fahrzeuges sich hinter dem Mittel der Tragflächen befindet, nicht stattfinden kann, sondern daß das Gegenteil eintritt, liegt auf der Hand, und liegt auch hierin die Erklärung, warum die bisherige theoretische Krafterfordernisannahme für Schraubenäroplanen hinter der Wirklichkeit so bedeutend zurückblieb.

Die von den arbeitenden Schaufeln (in Fig. 28 die drei untersten) der Räder R getroffene Luft wird nach hinten geworfen, und liegt es in der Hand des Führers des Fahrzeuges, dieselbe, je nachdem er die Schneckenscheiben m an ersteren dreht, sich mehr oder weniger an der Unterfläche der Flügel brechen zu lassen und dadurch den Luftdruck unter denselben nach Belieben zu verstärken oder abzuschwächen, was nicht nur, wenn einseitig ausgeführt, eine Steuerungsmöglichkeit nach rechts und links in sich schließt, sondern auch im Vereine mit einer Drehung der Schwanzfläche S nach rechts oder links behufs Regulierung von Störungen des Gleichgewichtes des Fahrzeuges durch etwa im Inneren desselben stattfindenden Verkehr der Insassen von Wert sein wird.

Bei den obwaltenden Schwerpunktsverhältnissen, der ungleichmäßigen Verteilung von Gewicht und Tragflächen würde ein solcher Apparat nicht, wie oben angenommen, in horizontaler Lage niedersinken, sondern sofort sich mit der Spitze nach unten neigen und in steiler Richtung der Gravitation folgen. Durch die Wirkung der durch den Motor M getriebenen Schaufelräder R ist jedoch ein solch jäher Niedergang des Fahrzeuges ausgeschlossen; die Flugbahn wird sich vielmehr bedeutend verflachen, jedoch würde sie, in Anbetracht der erwähnten Verhältnisse bei normaler Stellung der Schneckenscheiben m, nie eine horizontale oder aufwärtszielende Richtung erlangen, wenn nicht neben der Möglichkeit der Veränderung der Wirkungsweise der Schaufelräder durch

Drehung der Schneckenscheiben nach rückwärts noch ein weiterer Faktor bei dem Flugmaschinensystem in Betracht käme.

Es ist dies die „Reaktionskraft des Motors", deren höchst wichtige Wirkung und Benutzung bis heute von allen Flugtechnikern übersehen zu sein scheint.

Diese Reaktionskraft bzw. der Rückstoß des Motors ist im gegenwärtigen Falle bestrebt, den Apparat um die Achse der Schaufelräder nach hinten zu drehen, indem sie den Vorderteil des Fahrzeuges hebt und den Hinterteil niederdrückt. Die unter den Flügeln und dem Schwanze vorhandene Luft drückt jedoch dagegen, da sie durch die von den Schaufelrädern nach hinten geworfenen Luftmassen verdichtet wird.

Dadurch nun, daß die Achse der Schaufelräder bzw. der Punkt, an dem die rückwärts drehende Reaktionskraft des Motors ansetzt, im Vorderteile des Gehäuses sich befindet, wird der Hebel von diesem Punkt bis zum Schwanzende sehr lang, und es erscheint absolut unmöglich, daß der Apparat in eine nach hinten geneigte Lage kommen kann.

Während bei der vorgedachten Schiefabwärtsbewegung des Vehikels die jeweils unter den Flügeln befindliche und durch dieselben belastete, daher verdichtete Luft verhältnismäßig leicht nach hinten ausweichen und sich dem auf ihr lastenden Druck entziehen kann, wird dies, nachdem die Reaktionskraft des Motors hinzutritt und den Apparat in die Horizontale zwingt, sogar noch unter die letztere nach hinten neigen will, immer schwieriger, da die stattfindende Kompression der Luft unter den Tragflächen immer intensiver, widerstands- und tragfähiger wird, so daß bei normalem Gange, sobald das Fahrzeug aus seiner gedachten Abwärtsbewegung in die Horizontale gebracht ist, der Drehwirkung der Reaktionskraft des Motors durch den Gegendruck der Luft ein Ziel gesetzt wird.

Durch die Reaktionskraft des Motors empfängt der Hinterteil des Fahrzeuges und damit auch die hinteren Teile der Tragflächen, Flügel und Schwanz, einen Druck nach unten und werden dieselben infolge des durch die Wirkung der Schaufelräder erhöhten Gegendruckes der Luft und infolge der Elastizität des Materials und der konstruktiven Anordnungen, normal so ⌒⌣ stehend, umgeformt, so daß sie von der Seite gesehen, sich etwa so —/ präsentieren. Es erinnert diese Wellenform sofort an die von oben betrachtete Gestalt eines in Vorwärtsbewegung befindlichen Fisches.

Durch den infolge der Bewegung des Fahrzeuges stattfindenden steten Wechsel der unter den Flügeln befindlichen und durch die von den Schaufelrädern zurückgeworfenen Luftmassen verdichteten Luftschichten tritt aber diese fischschwanzähnliche Umformung der elastischen und sowohl dem Angriffspunkt der Reaktionskraft, wie auch dem Schwerpunkt exzentrisch gegenüberstehenden Tragflächen in Permanenz und ergibt sich hieraus, da die Luft sich nur nach hinten dem auf ihr lastenden Druck entziehen und ausweichen kann, eben jener oben erwähnte, unter Anwendung des Beispiels mit dem Regenschirm nachgewiesene Vortrieb durch die Flügel als die Wirkung der Reaktionskraft des Motors.

Der übrige Teil dieser bedeutenden Kraft wirkt in der Richtung des Hubes, die zu leistende Schwebearbeit unterstützend.

Man könnte sonach im vorliegenden Falle und in Anbetracht der verwandten Beziehungen von Fisch und Vogel die ganze Tragflächenanordnung gewissermaßen als einen von der Kurbelwelle des Motors aus permanent in der effektreichsten Phase des Niederschlages befindlichen doppelten Vogelflügel betrachten, wobei an Stelle der Bewegung des Flügels die darunter befindliche (durch die infolge der Rotation der Schaufelräder nach hinten geworfenen Luftmassen) verdichtete Luft bewegt erscheint. Die Reaktionskraft des Motors im Vereine mit der durch Rotation der Schaufelräder nach hinten geworfenen Luft wirkt in diesem Falle hebend mit einer Komponente nach vorn.

Die vortreibenden Kräfte greifen somit bei der vorliegenden Konstruktion einer Flugmaschine sowohl am unteren wie auch am Oberteile des Rumpfes derselben an und erscheinen solcherart die Flügel des Apparates als unterscheidendes Merkmal gegenüber den bekannten Aeroplanen nicht nur als Tragflächen, sondern auch, wie beim ohne Flügelschlag schwebenden Vogel, als Teile des motorischen Apparates des Fahrzeuges. Hierdurch erst findet die bisher noch immer ungenügende Erklärung des Schwebefluges der großen Vögel ihre Vervollständigung.

Zur Vermittlung des Kontaktes der Flugmaschine mit dem festen Boden ist dieselbe auf Rädern oder Rollen montiert, welche an einem wohl am besten ebenfalls aus flachgedrückten Stahlröhren bestehenden Gestell angebracht sind. Die Vorderteile x der Rollenständer laufen in Scharnieren, während die Hinterteile derselben eine kurze, einfach gezahnte Fortsetzung im Inneren des Gehäuses G haben, dazu dienend, die Stellung der Ständer bei der Fahrt am Boden zu fixieren, eventuell sie nach Beginn des Fluges zur Vermeidung schädlichen Luftwiderstandes einzuziehen.

Die Abfahrt des Luftschiffes erfolgt von einer schiefen Ebene aus. Da zur Beschleunigung der Schiefabwärtsbewegung, wobei die Flügel eine leicht nach vorn geneigte Stellung haben, sowohl das Gewicht des Apparates, als auch der Motor und außerdem noch die Flügel beitragen, so ist eine solche Geschwindigkeit in wenig Sekunden erreicht, und kann daher die schiefe Ebene der Abfahrtsstation verhältnismäßig kurz sein. Bei der Landung werden zunächst die Rollenständer aus dem Rumpfe des Fahrzeuges niedergelassen und dann die Schneckenscheiben m der Schaufelräder R nach hinten gedreht, so daß letztere weniger beschleunigend, sondern mehr in der Richtung von Hub wirken. Das Ganze kommt dadurch in eine stark nach hinten geneigte Lage, verliert seine Geschwindigkeit und geht allmählich in solcher Stellung zu Boden.

Sollte aber doch einmal der ganze motorische Apparat während der Fahrt außer Funktion treten, so ist es die Aufgabe des Führers, das Fahrzeug schnellmöglichst in einen Fallschirm zu verwandeln, und zwar ist dies dadurch herbeizuführen, daß ein Teil des mobilen Gewichtsinhaltes desselben nach hinten verlegt wird, was sehr einfach und eventuell sogar automatisch funktionierend bewirkt werden kann. Den alsdann erfolgenden Niedergang des Vehikels ist der Führer in der Lage, durch entsprechende Manöver mit der Schwanzfläche zu dirigieren.

Patentansprüche:

1. Ein Flugapparat, dessen Fortbewegung einesteils durch zwei rechts und links des Vorderteiles des Fahrzeuges auf einer dasselbe durchquerenden Kurbelwelle montierten Schaufel- oder Segelrädern (R), zwischen welchen der Motor gelagert ist, erfolgt, so daß letzterer direkt (ohne Uebersetzung) auf die ihm und den Schaufelrädern gemeinschaftliche Achse und Kurbelwelle wirkt, wobei die Reaktionskraft des Motors nicht aufgehoben wird, vielmehr im Verein mit der Wirkung der Schaufelräder, welche die unterhalb der beiden seitlich angebrachten Flügel des Fahrzeuges befindliche Luft verdichtet und tragfähiger macht, ungeachtet der im Vorderteil desselben und vor dem Mittel der Tragflächen befindlichen Schwerpunktslage nicht nur die Horizontalstellung des Fahrzeuges herbeizuführen ermöglicht, sondern auch zur Fortbewegung desselben dienstbar gemacht ist, indem infolge dieser eigenartigen Schwerpunktslage und dadurch, daß die Flügel federnd gelagert und von einem mit der Achse des Motors und der Schaufelräder zusammenfallenden Punkt (P) aus verspannt sind, die Flügel durch den Luftdruck von unten hoch- und vorgedrückt werden.

2. Bei dem unter I gekennzeichneten Flugapparat die Anordnung von zum Zwecke der Steuerung verstellbaren Schneckenscheiben (m), welche die Drehung der Schaufeln (e j) der Schaufelräder (R) durch Eingreifen in die mit Zahngetrieben versehenen Schraubenwellen derart bewirken, daß dieselben bei einer Umdrehung der Schaufelräder je eine halbe Tour in der der Rotationsrichtung der letzteren entgegengesetzten Richtung zurücklegen.

9. Eine Flugmaschine, deren Gondel nach allen Richtungen hin zu pendeln vermag und somit eine beliebige Verstellung der Tragfläche gegen den Horizont gestattet, beschreibt die

Patentschrift Nr. 78 295
E. de la Sauce in Berlin.

Angemeldet am 21. Oktober 1893, ausgegeben am 10. Dezember 1894.

Diese auf dem Drachenprinzip beruhende Flugmaschine, Fig. 31 und 32, besteht aus einer möglichst ebenen Tragfläche a, deren Abmessungen so berechnet sind, daß auf 1 qm Fläche nur etwa 1 kg Belastung kommt. Zum Spannen dieser Tragfläche dienen zwei Bügel b, welche diagonal zwei gegenüberliegende Ecken der Fläche a verbinden. Am Kreuzungspunkt b[1] sind die Bügel b zur Erhöhung der Festigkeit miteinander verbunden. Zur

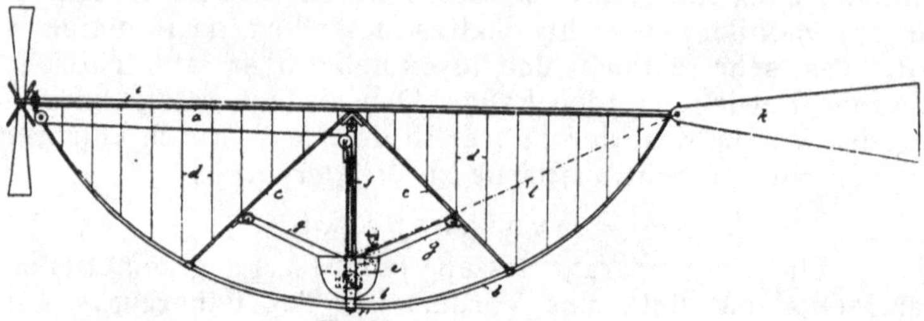

Fig. 31.

weiteren Versteifung des Gerüstes gehen von der Mitte der Fläche a nach den Bügeln b vier radiale Streben c. Um das Ausbauchen der Fläche zu verhindern, können Schnüre d, in angemessenen Abständen an der Fläche befestigt, zwischen dieser und den Bügeln b bzw. Streben c gespannt sein.

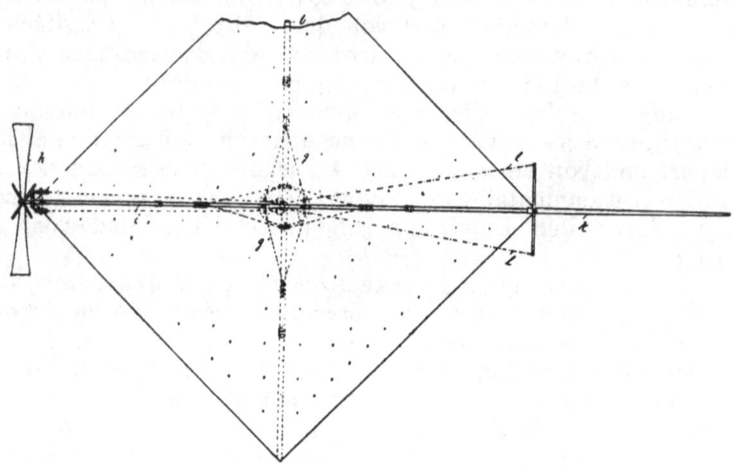

Fig. 32.

Die Gondel e hängt pendelartig an einem Rohr f, welches von der Mitte der Fläche a, dem Ausgangspunkt der Streben c, herabreicht; die Gondel kann innerhalb des von den vier Streben begrenzten Raumes frei pendeln, und bei genau wagerechter Lage der Fläche a wird sie lotrecht unter der Mitte der letzteren hängen. Wird die Gondel seitlich aus dieser Lage abgezogen, so neigt sich die Tragfläche entsprechend nach dieser Richtung.

Um von der Gondel aus der Fläche a nach jeder Richtung hin jede beliebige Neigung geben zu können, ist eine Lenkschnur g angebracht, welche endlos über Laufrollen von der Gondel nach jeder der Streben c und wieder zurückgeführt ist und an jeder der Rollen mittels einer Klemme festgestellt werden kann. Will man die Gondel nach einer der Streben hin bewegen, so klemmt man den nach dieser Strebe hin führenden Teil der Schnur g fest und zieht den von der Strebe zurückführenden Teil so viel an, bis die Gondel die gewünschte Lage hat, dann klemmt man auch diesen Teil der Schnur fest, um die Lage beizubehalten.

Zum Heben und Fortbewegen des Luftschiffes dient das Flügelrad h, welches auf der Achse i drehbar ist und von der Gondel aus mittels Trittkurbel, Schnurscheibe und Schnur in Drehung gesetzt wird. Damit das Luftschiff stets gegen den Wind gerichtet bleibt, ist in der Verlängerung der Achse i ein Steuer k angebracht, welches mittels der Schnur l von der Gondel aus lenkbar ist.

Bevor mit der Auffahrt begonnen wird, setzt man das Luftschiff auf einen leichten hochrädrigen Wagen, dem Winde entgegen. Die Gondel wird mittels der Lenkschnur so gerichtet, daß die Tragfläche a eine geringe Neigung nach hinten erhält, das Flügelrad h also vorn höher liegt. Man setzt nun das Flügelrad in Drehung, während gleichzeitig der Wagen nach rückwärts oder vorwärts bewegt wird, je nachdem das Luftschiff durch den Wind rückwärts oder durch das Flügelrad vorwärts getrieben wird. Bei Windstille soll sich das Luftschiff, je nach der mehr oder weniger geneigten Stellung der Tragfläche a, in einem größeren oder kleineren Winkel nach vorwärts von der Erde erheben. Bei Wind wird es sich dagegen nur senkrecht oder rückwärts gehend erheben. Ist der Wind so stark, daß man gegen denselben nicht vorwärts kommen kann, so ist man mittels der Tragfläche a und des Steuers k imstande, gegen den Wind zu kreuzen, indem man die Fläche a nach einer Seite neigt und das Steuer scharf einsetzt und so abwechselnd rechts und links verfährt.

Bei weiteren Fahrten wird man zweckmäßig zuerst möglichst hoch auffahren und dann der Tragfläche eine Neigung nach der gewünschten Richtung hin geben; der Apparat wird dann mit großer Geschwindigkeit wie auf einer schiefen Ebene vorwärts gleiten und sich langsam der Erde nähern.

Patentanspruch:

Luftschiff mit Tragfläche, dadurch gekennzeichnet, daß die an Streben (c) innerhalb der die Tragfläche versteifenden Bügel (b) aufgehängte Gondel (e) nach allen Richtungen hin zu pendeln vermag und somit eine beliebige Verstellung der Tragfläche gegen den Horizont gestattet.

10. Bei dem in der

Patentschrift Nr. 83 034
Raphael Ernst May, Hamburg,

angemeldet am 1. Oktober 1894, ausgegeben am 14. September 1895, beschriebenen Luftschiff können die um einen Mast drehbaren

Tragflächen durch eine Windfahne gegen die jeweilige Luftströmung eingestellt werden.

An einem steuerbaren Luftschiff ist ein Hohlmast angeordnet, um den sich eine Anzahl parallel zueinander liegender Tragflächen drehen können. Die Anordnung der Tragflächen am Mast ist derart, daß ihre Schräglage leicht und kurz hintereinander vom Luftschiffer geändert werden kann und die Drehung gegen die Windrichtung, d. h. um den Mast, selbsttätig durch den Wind bewirkt wird, wie Fig. 33 veranschaulicht.

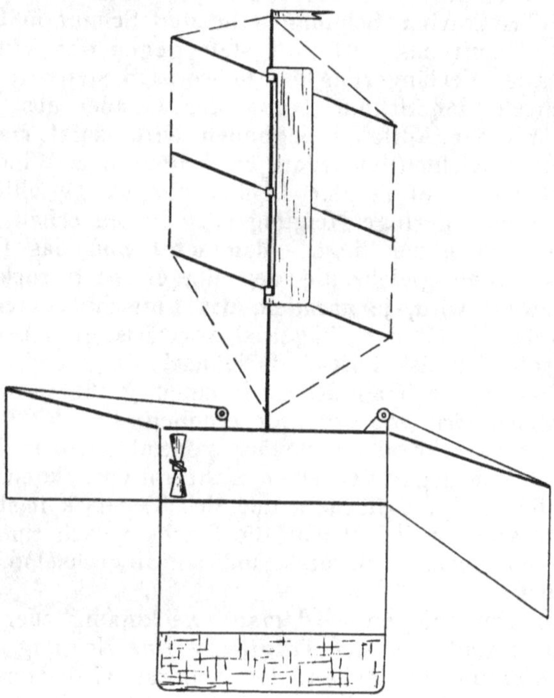

Fig. 33.

Patentanspruch:

Luftschiff mit parallel übereinander um einen Mast drehbar angeordneten Tragflächen, welche durch eine Windfahne (g) gegen die jeweilige Luftströmung eingestellt werden.

11. Ein Drachenflieger mit stufenartig gegeneinander versetzten wagrechten Flächen, die durch senkrechte Scheidewände mit einander verbunden sind, ist Gegenstand der

Patentschrift Nr. 138 494

Victor Tarczal, Dr. Edmund Roheim und **Josef Simko in Budapest.**

Angemeldet am 5. Mai 1902, ausgegeben am 9. Februar 1903.

Dieser Drachenflieger soll den Vorteil haben, weder nach vorn noch nach rückwärts oder seitlich umzukippen. Zu diesem Zweck sind die wagerechten Flächen stufenartig gegeneinander versetzt. Zwischen diesen Tragflächen sind mehrere senkrechte Scheidewände symmetrisch angeordnet. Der Drachen kann deshalb weder nach

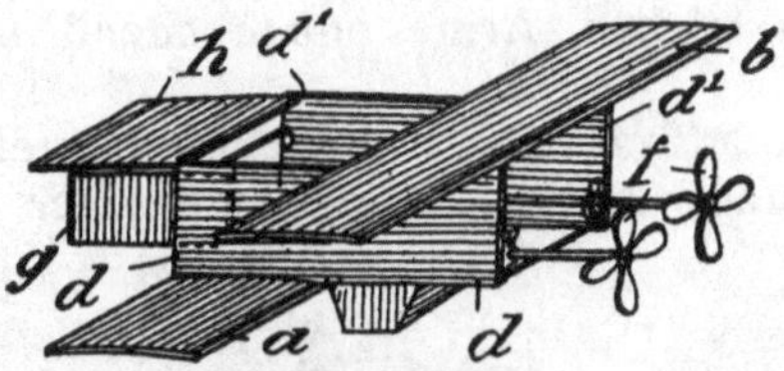

Fig. 34.

vorn noch nach rückwärts umkippen, weil die parallelen Flächen stufenartig angeordnet sind, auch wird derselbe vor dem seitlichen Umstürzen durch die senkrechten Scheidewände bewahrt.

Die beistehende Fig. 34 läßt alles Wesentliche deutlich erkennen.

Patentanspruch:

Drachen aus senkrechten und wagerechten, übereinander angeordneten Flächen bestehend, dadurch gekennzeichnet, daß die wagerechten Flächen stufenartig gegeneinander versetzt und durch symmetrisch zwischen ihnen angeordnete senkrechte Scheidewände miteinander verbunden sind.

12. Die

Patentschrift Nr. 173 596

Armand Dufaux und **Henri Dufaux in Genf** (Schweiz),

angemeldet am 25. Februar 1905, ausgegeben am 24. Juli 1906, behandelt eine Flugmaschine, bei welcher an einer zylindrischen,

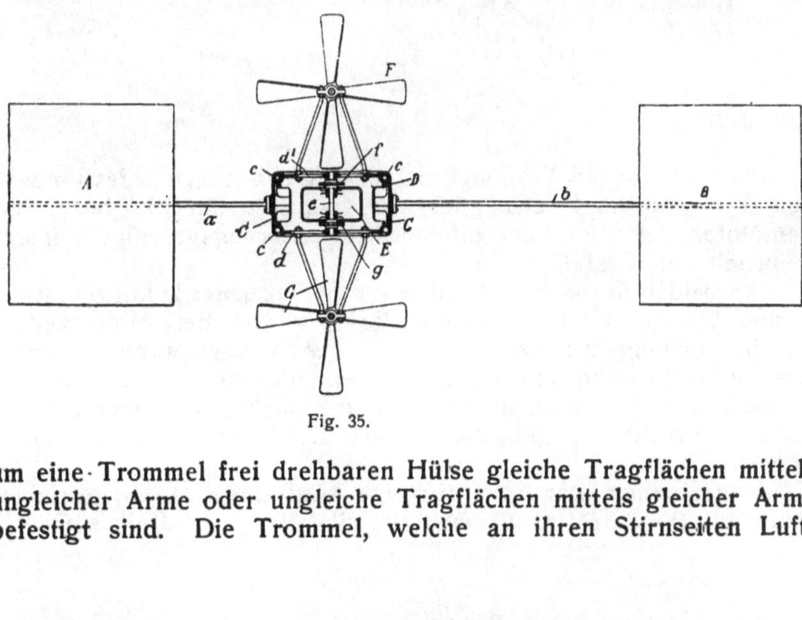

Fig. 35.

um eine Trommel frei drehbaren Hülse gleiche Tragflächen mittels ungleicher Arme oder ungleiche Tragflächen mittels gleicher Arme befestigt sind. Die Trommel, welche an ihren Stirnseiten Luftschrauben trägt, ist in bezug auf einen an ihrer Achse pendelnd aufgehängten Motor verstellbar, derart, daß zum Zwecke einer Aenderung der Fahrrichtung die Luftschrauben mehr oder weniger geneigt werden können, wobei sich die Tragflächen selbsttätig infolge ihrer ungleichen Arme entsprechend mehr oder weniger neigen.

A und B sind Tragflächen bildende Flügel (Fig. 35—39), die durch ungleich lange Arme a und b mit einer zylindrischen Hülse

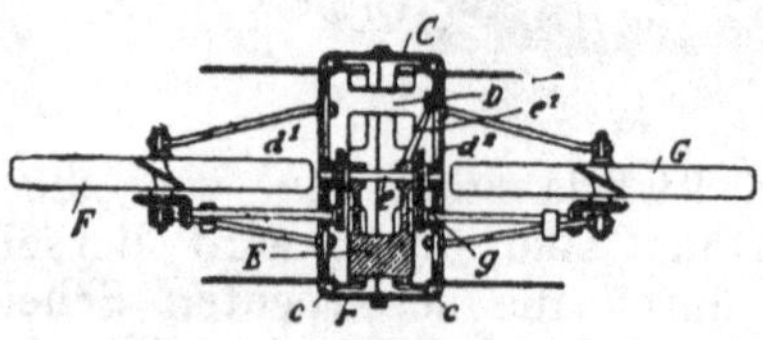

Fig. 36.

C verbunden sind, die mittels Kugeln c auf einer ebenfalls zylindrischen Trommel D frei drehbar gelagert ist. In der Trommel D ist eine Motorwelle e zentrisch gelagert, an welcher zwischen den Wänden d^1, d^2 ein Gewicht E, beispielsweise Motor und Korb, pendelnd aufgehängt ist (Fig. 36). Das Gewicht E besitzt einen Arm e^1, dessen freies Ende mit einem Stift versehen ist, der in

Fig. 37.

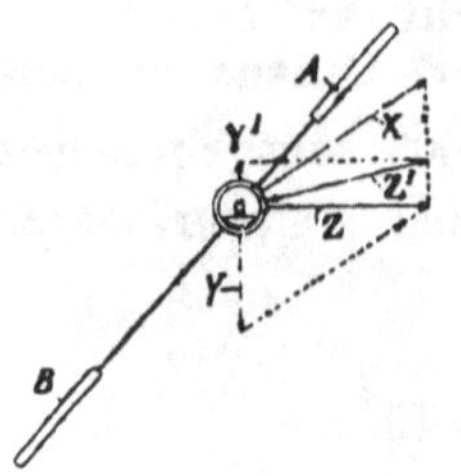

Fig. 38.

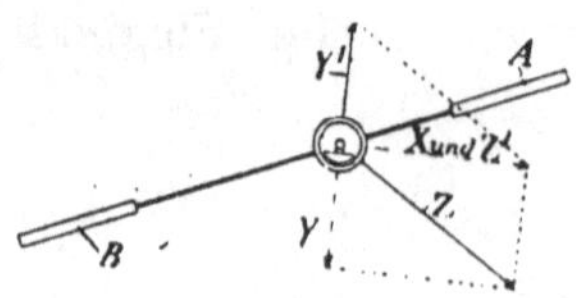

Fig. 39.

konzentrisch an der Trommel angebrachten Löchern befestigt werden kann, wodurch ermöglicht ist, die Trommel in bezug auf den Motor, der seine Lage infolge des Beharrungsvermögens immer beibehält, zu verstellen.

An beiden Stirnseiten d^1, d^2 trägt die Trommel D Luftschrauben F und G, die durch Rädergetriebe f, g von der Motorwelle e aus in Drehung versetzt werden. Durch Verstellen der Trommel werden auch diese Luftschrauben verstellt, so daß ihre Achsen je nach der gewünschten Fahrrichtung mehr oder weniger aus ihrer senkrechten gegen die wagerechte Lage gebracht werden können.

Angenommen, der Apparat steige, von seinem Motor getrieben, senkrecht (Fig. 37), so nehmen die Flügel A und B ihre Gleichgewichtsstellung ein, d. h. der Flügel B, dessen Hebelarm b länger ist als a, bleibt vertikal unter der Achse der Trommel D und des Motors E, welcher die in Fig. 36 angedeutete Stellung inne hat. Wenn der Apparat senkrecht steigen soll, sind die Wellen der Schrauben F und G senkrecht.

Während dieser Bewegung nun wird der Apparat einzig von den Schrauben F und G getragen.

Verändert man nun (mit Hilfe des Hebelarmes e^1) die Lage des Gehäuses D mit bezug auf den Motor E derart, daß die Achsen der Schrauben F und G die durch die Linie X angedeutete Richtung annehmen (Fig. 38), wobei die durch die Achse e und den Schwerpunkt des Motors E gehende Ebene stets als vertikal angenommen wird, so wird die Linie X die Richtung bezeichnen, nach welcher der Motor die Achse e des Apparates zu verschieben strebt; aber bei der Bewegung nach dieser neuen Richtung werden die Schrauben eine geringere Tragkraft haben als in vertikaler Richtung.

Wenn vorausgesetzt wird, daß die von den Schrauben ausgeübte Zugkraft dem Gewicht Y des gesamten Apparates überlegen ist, so wird dieser eine Bewegung auszuführen streben, welche gleich der Resultierenden Z ist; der Widerstand der unter den Flügeln A und B befindlichen Luft wirkt aber in B auf einen längeren Hebelarm als in A, so daß die Flügel A, B ähnlich wie ein zweiflächiger Drache eine Neigung anzunehmen suchen, wie z. B. in Fig. 38 angedeutet. In dieser Stellung werden die Flügel zu Tragflächen; es sei Y^1 (Fig. 38) die senkrechte Komponente der Tragkraft, so ist die Resultierende von Z und Y^1 gleich Z^1, und die durch Z^1 bezeichnete Richtung wird diejenige sein, nach welcher der Apparat sich bewegen wird.

Stellt man die Schraubenachse X wagerecht (Fig. 39), so ergibt sich die Resultierende Z, und die Flügelachse wird sich der Horizontalen nähern, die erhöhte Tragkraft y^1 ergibt mit Z eine Resultierende Z^1, die bei der in Fig. 39 dargestellten Lage mit der Achse X zusammenfällt, und welche auch die Richtung des Apparates bestimmt.

Bei genügender Flächenausdehnung der Flügel kann man also die ganze Kraft der Luftschrauben zur Fortbewegung benutzen.

Die verschiedenen, während der Bewegung des Gehäuses unter Einwirkung der Luftschrauben F und G selbsttätig geregelten Stellungen der Flügel A und B hängen vollständig von dem Grade des von der Luft auf sie ausgeübten Druckes ab, d. h. von der Fluggeschwindigkeit und von der Richtung, unter welcher der Wind die Tragflächen trifft, also von der Stellung der Schrauben.

Anstatt den Hebelarm b länger zu gestalten als a, kann man dem Flügel B eine größere Oberfläche geben als A; die sich ergebende Wirkung ist dieselbe.

Man könnte auch Flügel A und B von ungleicher Flächenausdehnung mit Armen a und b von ungleicher Länge kombinieren.

E könnte infolge des Beharrungsvermögens bei rascher Geschwindigkeitsänderung des Apparates abweichen und das Gehäuse D mit sich ablenken. Um diesem Uebelstande vorzubeugen, kann man oberhalb E ein Flächensystem anbringen und es parallel zur Bewegungsrichtung halten.

Patentanspruch:

Flugmaschine mit Schrauben und Tragflächen sowie mit Vorrichtung zum Aendern der Flugrichtung, dadurch gekennzeichnet, daß eine zylindrische Trommel, an deren wagerechter Achse ein Motor pendelnd aufgehängt ist und an deren beiden Stirnwänden Luftschrauben mit senkrechter Achse sitzen, frei drehbar angeordnet ist in einer zylindrischen Hülse, an der zwei ungleiche Tragflächen mittels gleich langer Arme oder zwei gleiche Tragflächen mittels ungleich langer Arme einander diametral gegenüber befestigt sind.

13. Einen Drachenflieger mit nach allen Richtungen verstellbarer Schraube beschreibt die

Patentschrift Nr. 187 862
Anton Joseph Westlake in London.

Angemeldet am 22. Dezember 1905, ausgegeben am 6. Juli 1907.

Die Erfindung bezieht sich auf einen Drachenflieger, dessen Schraube nach allen Richtungen verstellbar ist. Die Schraubenwelle ist in einem Gleitstück gelagert, das in den Schlitzen zweier senkrecht zueinander beweglicher Schlitten ruht. Näheres ergibt sich aus Fig. 40.

Fig. 40.

Patentanspruch:

Drachenflieger mit nach allen Richtungen verstellbarer Schraube, dadurch gekennzeichnet, daß die Schraubenwelle in einem Gleitstück (e^2) gelagert ist, das in den Schlitzen zweier senkrecht zueinander beweglichen Schlitten (F, F^1) ruht.

14. Die in der

Patentschrift Nr. 202 333
William Henry Fauber in Chicago,

angemeldet am 24. Februar 1906, ausgegeben am 1. Oktober 1908, niedergelegte Erfindung besteht in einer derartigen Ausbildung der Tragfläche, daß in ihrer Mitte eine in der Flugrichtung

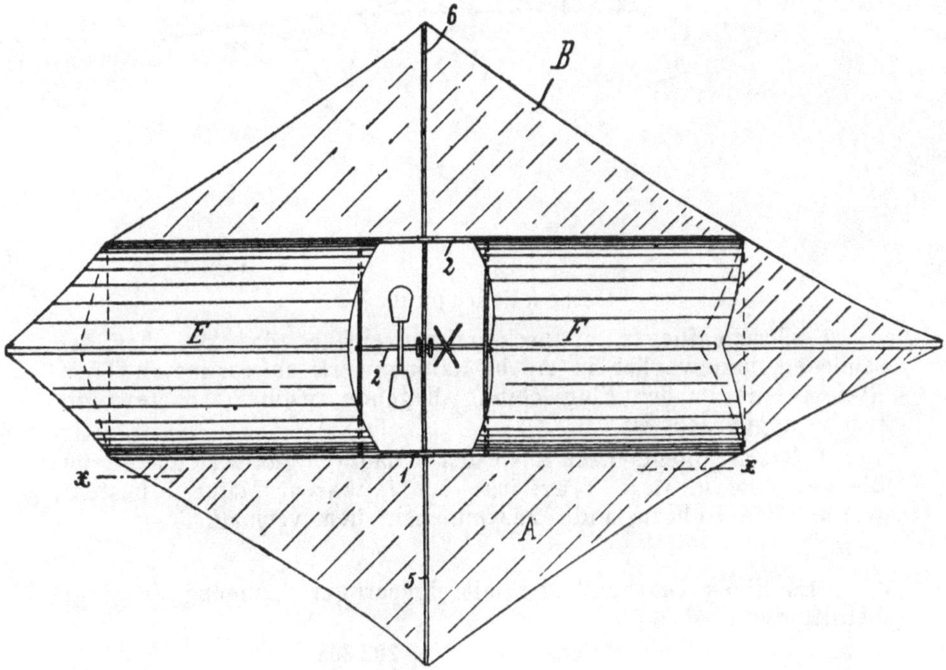

Fig. 41.

liegende, nach oben gewölbte Fläche angebracht ist, mit welcher nach Art eines Kieles die Stetigkeit des Fluges bezüglich der Flugrichtung erheblich verbessert werden soll. Die Fig. 41 und 42 zeigen den Apparat.

Die Haupttragflächen des Drachenfliegers werden von den ebenen Flächen A und B gebildet, die aus Gewebe, wie Seide, Leinen oder dergl., oder aus einem dünnen Blech, z. B. Aluminium, bestehen. Zwischen den beiden Flächen A und B befindet sich eine nach oben gewölbte, in der Längsrichtung liegende Fläche E, F, die zweckmäßig aus solchem Stoff hergestellt wird, daß sie im Ruhezustande zusammenfällt und sich also nur beim Fluge durch den Druck der Luft spannt. Die Flugflächen sind auf einem Rahmenwerk befestigt, das aus leichten Metallröhren oder sonst passenden Stäben besteht und durch Drähte, Seidenschnüre oder Kabel so verspannt ist, daß es steif und widerstandsfähig wird. Die ebenen Flächen A und B sind auf den Teilen 1,5 und 2,6 des Rahmens aufgespannt, so daß also zwischen ihnen ein längsgerichteter freier Raum verbleibt.

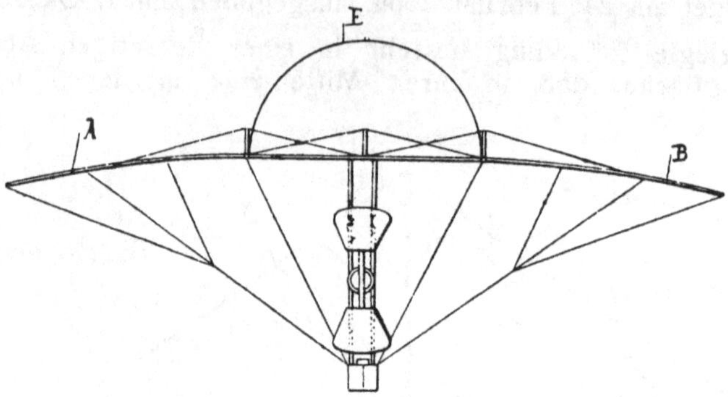

Fig. 42.

Patentansprüche:

1. Drachenflieger, dadurch gekennzeichnet, daß zwischen den seitlichen, unbeweglich in einem Rahmenwerk angeordneten Tragflächen eine in der Flugrichtung liegende, nach oben gewölbte Fläche angebracht ist.

2. Drachenflieger nach Anspruch 1, dadurch gekennzeichnet, daß die gewölbte mittlere Tragfläche aus faltbarem Material besteht, welches im Ruhezustande zusammenzufallen vermag.

15. Einen Drachenflieger mit eigenartiger Spannung der Segel betrifft die

Patentschrift Nr. 202 335

Raymond d'Equevilley-Montjustin in Kiel.

Angemeldet am 21. August 1907, ausgegeben am 1. Oktober 1908.

Die Erfindung liegt darin, daß das Gerüst aus zwei oder mehr kreisförmigen oder ovalen Reifen aus dünnem Stahlrohr, Bambus oder dergleichen besteht, die unter sich in wagerechter Richtung mittels dünner Stahlrohre oder dergleichen miteinander verbunden und versteift, nach innen mittels dünner Stahldrähte oder dergleichen mit entsprechend kleineren Reifen, die unter sich wagerecht ebenfalls gegenseitig versteift sind, verspannt sind. In dem Raum zwischen den äußeren und inneren Reifen sind an beiden Seiten je eine größere Anzahl einzelner Segelflächen gespannt bezw. befestigt, wogegen innerhalb der kleineren inneren Reifen der die Luftschraube antreibende Motor in einem besonderen noch kleineren Reifring befestigt ist, der seinerseits wieder in den inneren Reifen mittels Stahldrähten oder dergleichen verspannt bezw. aufgehängt ist.

Diese Anordnung hat zum Zweck, einerseits auf einem möglichst kleinen Raum eine möglichst große Gesamtsegelfläche anbringen zu können und anderseits den Antriebsmotor innerhalb des Flugapparates derart federnd aufzuhängen, daß die durch den Gang des Motors hervorgerufenen Vibrationen sich gleichmäßig auf das ganze Gerüst verteilen und etwaige beim Landen oder im Falle von Abstürzen die äußeren Reifen treffenden Stöße sich nicht unmittelbar auf den Motor und den Luftschiffer übertragen.

Fig. 43 und 44 stellen alle in Betracht kommenden Einzelheiten dar.

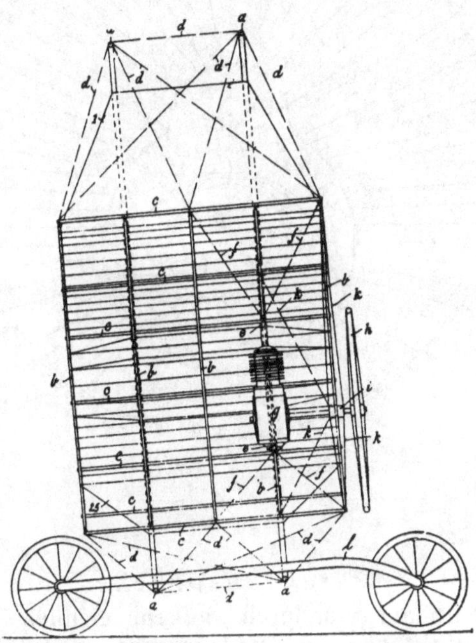

Fig. 43.

Soll die Maschine aufsteigen, so wird der Motor g angelassen, wobei die Maschine durch die Saug- oder Druckwirkung der Luftschraube h in beschleunigte Vorwärtsbewegung gesetzt wird, bis die Geschwindigkeit der Maschine so groß geworden ist, daß sich dieselbe vom Erdboden hebt.

Das fernere Steigen oder Sinken des Drachenfliegers sowie dessen Steuerung wird durch den veränderten Stand des Führers oder der Mannschaft innerhalb der Reifen b bewirkt, d. h. die Maschine wird höher steigen oder sich in gewünschter Richtung fortbewegen, je nachdem die Segelflächen 1 bis 25 mehr oder weniger geneigt zur Horizontalen stehen.

Soll sich die Maschine dem Erdboden nähern, so läßt man den Motor g entsprechend langsamer laufen. Die Segelflächen 1 bis 25 wirken alsdann nach Art eines Fallschirmes, so daß der

Abstieg mit geringer Geschwindigkeit sicher erfolgen kann. Nötigenfalls kann im Augenblick des Abstiegs im oberen Teil der Reifen a noch ein Fallschirm in Wirksamkeit treten, dessen wirksame Fläche so groß bemessen sein kann, daß die Maschine nahezu in der Schwebe erhalten wird.

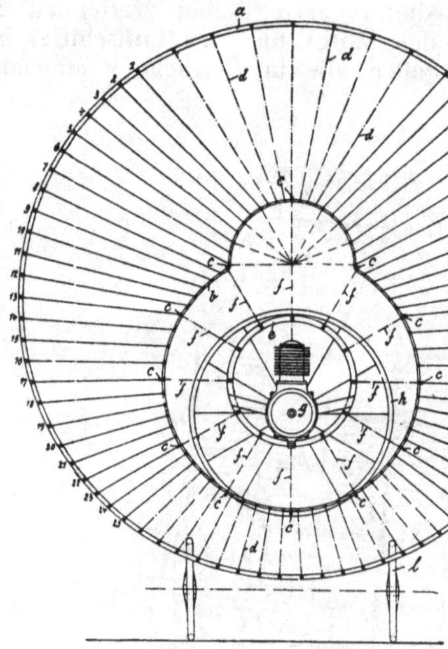

Fig. 44.

Patentansprüche:

1. Drachenflieger, dadurch gekennzeichnet, daß zwischen mittels Horizontalstreben (c) und Zugstreben (d) voneinander in Abstand gehaltenen und gegeneinander verspannten Reifen (a, b) eine geeignete Anzahl entsprechend gestellter Segel (1 bis 25) gespannt sind und daß die inneren Reifen (b) mit einer Plattform versehen sind.

2. Drachenflieger nach Anspruch 1, dadurch gekennzeichnet, daß der Betriebsmotor mittels eines oder mehrerer Reifen (e), welche durch Zugstreben (f) mit den inneren Reifen (b) verspannt sind, aufgehängt ist.

16. Die in der

Patentschrift Nr. 206 440
Herbert Schultze in Kiel,

angemeldet am 8. Januar 1908, ausgegeben am 5. Februar 1909, beschriebene Erfindung bezieht sich auf einen Drachenflieger mit verstellbaren Hubschrauben und besteht darin, daß die Hubschrauben um den gleichen Winkel wie das Höhensteuer verstellt werden. Dadurch wird erreicht, daß auch bei geneigter Lage des Fliegers die Schrauben immer senkrecht stehen.

Die Schrauben a, a_1, die durch die Motoren c getrieben werden, können gemäß Fig. 45 in der Kulisse h, h_1 durch das Gestänge i, das mit dem Höhensteuer d in Verbindung steht, um den gleichen

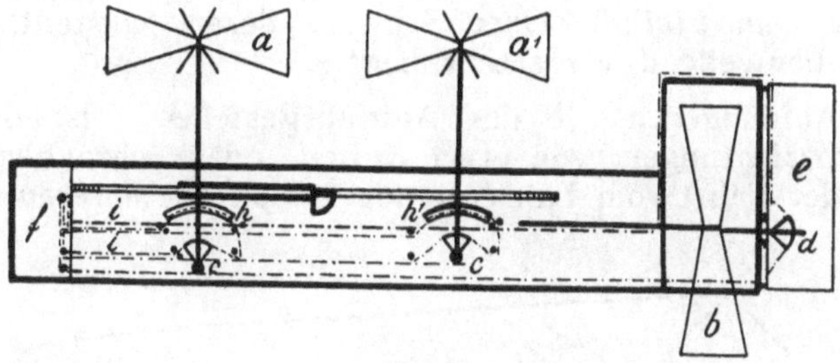

Fig. 45.

Winkel wie das Ruder gedreht werden. Die Schraube b dient zur Fortbewegung und ist aus losem Zeug hergestellt; e ist das Seitensteuer, f ist der Führerstand für sämtliche Apparate und Anlaßvorrichtungen.

Patentanspruch:

Drachenflieger mit verstellbaren Hubschrauben, dadurch gekennzeichnet, daß die Wellen der Hubschrauben derart mit dem Höhensteuer verbunden sind, daß sie um den gleichen Winkel wie dieses verstellt werden.

17. Die

Patentschrift Nr. 209 261

Dr. Ing. Hans Reiszner in Aachen,

angemeldet am 4. Juli 1907, ausgegeben am 23. April 1909, betrifft einen Drachenflieger mit pendelnd an den Drachenflächen angeordnetem Antriebsgestell. Das Antriebsgestell kann mitsamt der Schraube längs den Drachenflächen verschoben werden, zu dem Zweck, die Hubkraft und die Geschwindigkeit des Drachenfliegers zu ändern.

Hierdurch wird gegenüber den bekannten Drachenfliegern und Flugmaschinen, bei denen eine Aenderung der Auftriebskraft und der Fluggeschwindigkeit durch zwangläufige Verstellung von Drachenflächen gegen das Antriebsgestell, durch Verschiebung von Gewichten innerhalb des Antriebsgestelles oder dergleichen erzielt wird und bei denen infolgedessen störende Schwingungen der Flugmaschine auftreten können, der Vorteil erreicht, daß die Aenderung der Auftriebskraft und der Geschwindigkeit des Drachenfliegers ohne jede Störung des Gleichgewichtszustandes, d. h. der absoluten Lage des Antriebsgestelles möglich ist, da bei Verschiebung desselben die Richtung der Resultierenden aus seinem Gewicht und dem Schraubenschub ihre Lage relativ zur Schwerkraft beibehält.

Fig. 46 zeigt schematisch ein Ausführungsbeispiel dieser Bauart des Drachenfliegers. Das Antriebsgestell a ist z. B. mittels der Achse b, durch welche die verlängerte Schraubenachse geht, pendelnd an der unteren Drachenfläche c aufgehängt, so daß es sich unter dem Einfluß seiner Schwere derart einstellt, daß die Luftschraubenwelle d wagerecht liegt.

Die Aufhängeachse b des Antriebsgestelles a ist durch geeignete Vorrichtungen, wie etwa Ketten- oder Schraubengetriebe, während der Fahrt vom Führerstande aus an der unteren Drachen-

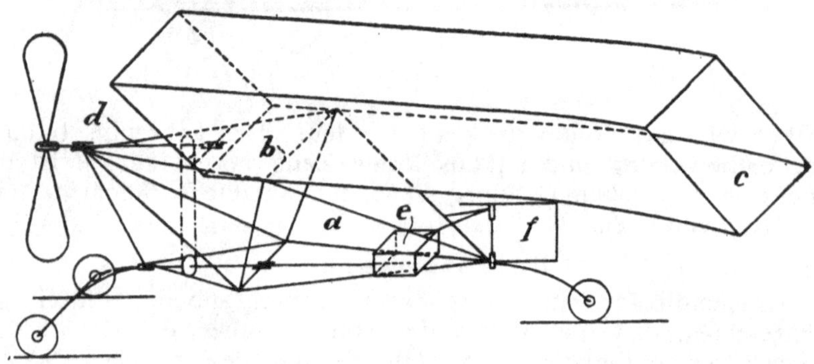

Fig. 46.

fläche längsverschieblich gemacht. Durch Verschieben der Achse a läßt sich die Höhensteuerung und Geschwindigkeitsregelung auf einfachste Weise bewirken.

Diese Wirkung beruht auf der bekannten Tatsache, daß eine durch Luft gezogene Fläche sich senkrecht zur Bewegungsrichtung stellt, wenn die bewegende Kraft durch den Druckmittelpunkt geht, daß dieser Winkel von 90° zwischen Fläche und Bewegungsrichtung kleiner wird, wenn die Kraft nach vorn rückt, und schließlich gleich Null wird, wenn die Kraft der Flächenvorderkante nahe genug liegt. Bei Verschiebung der Achse b wird also bei in Bewegung befindlichem Drachenflieger eine entsprechende Aenderung der Neigung der Drachenflächen eintreten, die entweder die Hubkraft des Drachens oder seine Geschwindigkeit verändert.

Patentanspruch:

Drachenflieger mit pendelnd an den Drachenflächen angeordnetem Antriebsgestell, dadurch gekennzeichnet, daß das Antriebsgestell mit Schraube längs den Drachenflächen verschoben werden kann, zu dem Zweck, die Hubkraft und die Geschwindigkeit des Drachenfliegers zu ändern.

18. Einen Drachenflieger mit einer Vorrichtung zum Einstellen des Höhensteuers während des Falles beschreibt die

Patentschrift Nr. 209 844
Ernst Wilhelm Brackelsberg in Ohligs (Rheinland).
Angemeldet am 26. September 1907, ausgegeben am 12. Mai 1909.

Diese Flugmaschine mit beweglichem Höhensteuer ist so ausgebildet, daß beim senkrechten Fall, der beispielsweise beim Versagen des Motors eintritt, das Höhensteuer derart gestellt werden kann, daß es kein Drehmoment in bezug auf den Schwerpunkt der Flugmaschine ergibt. Dadurch kann die Flugmaschine wie ein Fallschirm senkrecht herunterfallen.

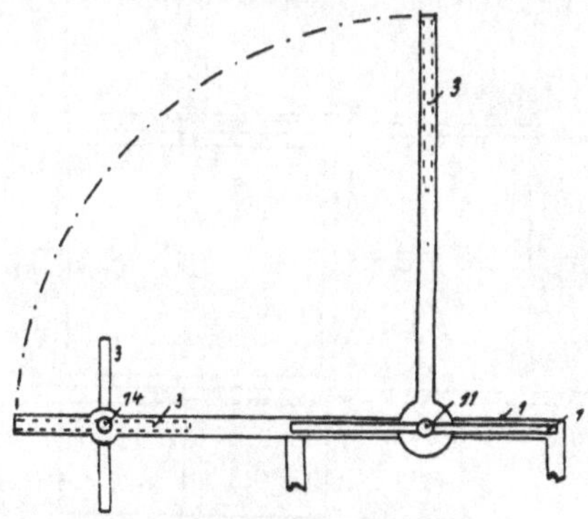

Fig. 47.

Die Flugmaschine besteht gemäß Fig. 47 und 48 aus Tragflächen 1, unterhalb deren Zentrum 2 der Schwerpunkt der ganzen Maschine liegt, und aus einer in gleichem Niveau mit den Tragflächen angeordneten horizontalen Schwanzfläche 3, welche hinter der Schraube 5 angebracht ist und als Höhensteuer dient.

Um unter allen Umständen ein glattes und gefahrloses Landen der Flugmaschine herbeizuführen, sind die Tragflächen 1 von solcher Größe, daß die größte damit mögliche Fallgeschwindigkeit so gering ist, daß beim Landen kein Schaden entstehen kann.

Da das Höhensteuer im allgemeinen beim senkrechten Fallen der Maschine ein Drehmoment ergibt, so ist es erforderlich, es zuvor auszuschalten und so die Flugmaschine für senkrechtes Landen geeignet zu machen. Dies kann in mehrfacher Weise geschehen, nämlich:

1. durch vertikales Hochstellen des Höhensteuers über das Zentrum der Tragflächen,
2. durch Umlegen des Höhensteuers auf die mittlere Tragfläche,
3. durch Vertikalstellen der Schwanzfläche mittels Drehung um eine Achse ihrer Mitte und

4. durch schubladenartiges Ueberschieben der Schwanzfläche über die Tragfläche.

Die unter 1. bis 3. angeführten Ausschaltungen der Schwanzfläche sind in den beiden Figuren dargestellt.

Zu 1.: Die beiden Arme 6 und 7, welche die horizontale Schwanzfläche 3 halten, sind mit Oesen 8 und 9 an den Achsen 10 und 11 der Tragfläche 1 so gelagert, daß sie nach oben um 90° aufklappbar sind. Hierdurch kann die Schwanzfläche beliebig horizontal ein- und vertikal ausgeschaltet werden. Diese Ausführungsform hat den Vorteil, daß die vertikale Schwanzfläche alsdann als Steuer beim senkrechten Fallen wirkt.

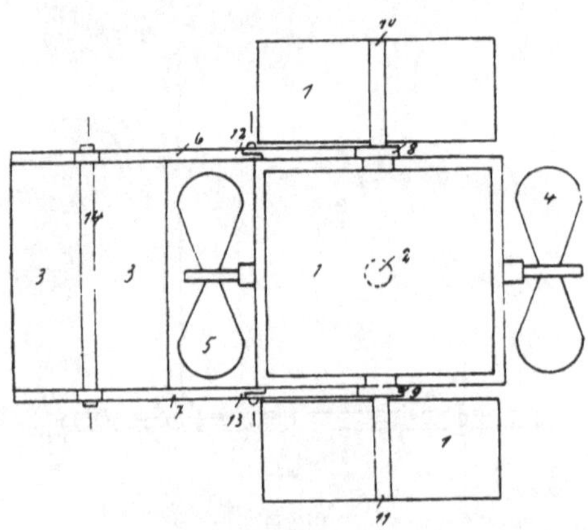

Fig. 48.

Zu 2.: Die beiden Arme 6 und 7 sind bei 12 und 13 mit Scharnieren versehen. Durch Umlegen der Schwanzfläche kommt diese auf die mittlere Tragfläche zu liegen und ist alsdann ausgeschaltet.

Zu 3.: Die Schwanzfläche ist mit Achse 14 in den Armen 6 und 7 drehbar gelagert, so daß sie, vertikal gestellt, ausgeschaltet wird.

Patentansprüche:

1. Flugmaschine mit beweglichem Höhensteuer, dadurch gekennzeichnet, daß das Steuer beim senkrechten Fall so gestellt werden kann, daß es kein Drehmoment in bezug auf den Schwerpunkt der Flugmaschine erzeugt.

2. Flugmaschine nach Anspruch 1, dadurch gekennzeichnet, daß das Höhensteuer um die Mittelachse der Tragflächen drehbar ist.

3. Flugmaschine nach Anspruch 1, dadurch gekennzeichnet, daß das Höhensteuer auf die Tragflächen umgeklappt oder über dieselben geschoben wird.

19.

Patentschrift Nr. 211 372
Clara Lindner in Hannover,

angemeldet am 28. Mai 1907, ausgegeben am 28. Juni 1909, stellt eine eigenartige Befestigungsweise der Tragflächen und der Gondel eines Drachenfliegers dar.

Unter vielen anderen Drachenfliegern sind auch solche mit einem im Verhältnis zur Breite sehr langgestreckten Gerüst zur Befestigung der Tragflächen und der Gondel samt Antriebsvorrichtung bekannt, wobei dieses bekannte Gerüst, welches ebenfalls den Längsverband des Drachenfliegers darstellt, aus mehreren einzelnen langen Stangen zusammengesetzt ist. Bei diesen bekannten Einrichtungen richten sich die Gewichte an den verschiedenen Teilen lediglich danach, welche Abmessungen den einzelnen Verbandteilen gegeben werden müssen, um den Beanspruchungen gewachsen zu sein.

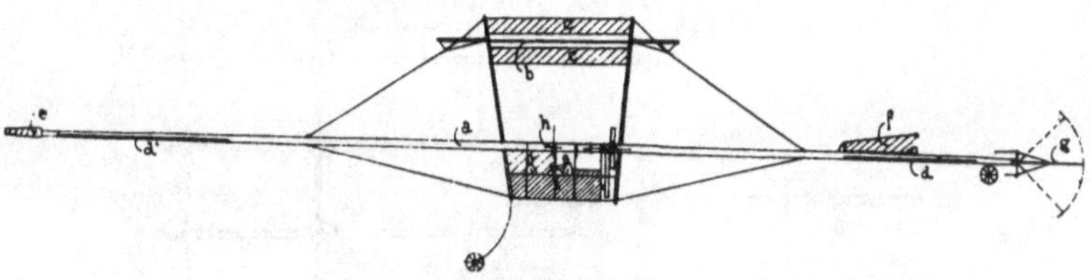

Fig. 49.

Die Folge hiervon ist, daß die Enden eines solchen Apparates im Vergleich zum Mittelteil ein den geringeren Verbandstärken entsprechendes kleineres Gewicht erhalten, und daß daher der Drachenflieger verhältnismäßig leicht aus einer Flugrichtung in eine andere gebracht werden kann, also z. B. unter der Einwirkung von Steuervorrichtungen leicht die Flugrichtung ändert. Der Drachenflieger soll einerseits einfacher gestaltet werden, indem als Längsverband sowie zur Befestigung der Tragflächen und der Gondel nebst Antriebsvorrichtung eine einzige durchgehende Stange gemäß Fig. 49 benutzt wird. Anderseits wird das Fahrzeug künstlich so belastet, daß das vordere Ende ein größeres Gewicht erhält.

Patentanspruch:

Drachenflieger mit über der Gondel angeordneten Tragflächen und mit Steuerflächen, dadurch gekennzeichnet, daß als Längsverband sowie zur Befestigung der Tragflächen und der Gondel nebst Antriebsvorrichtung eine einzige durchgehende Stange (a) dient, die an ihrer Spitze durch ein besonderes Gewicht (e) belastet ist.

20. Die

Patentschrift Nr. 212 168
Rudolf Chillingworth in Nürnberg,

angemeldet am 2. März 1908, ausgegeben am 24. Juli 1909, bezieht sich auf solche Flugmaschinen, die durch eine Flügelschraube vorwärts bewegt und hierbei durch den gegen schräg

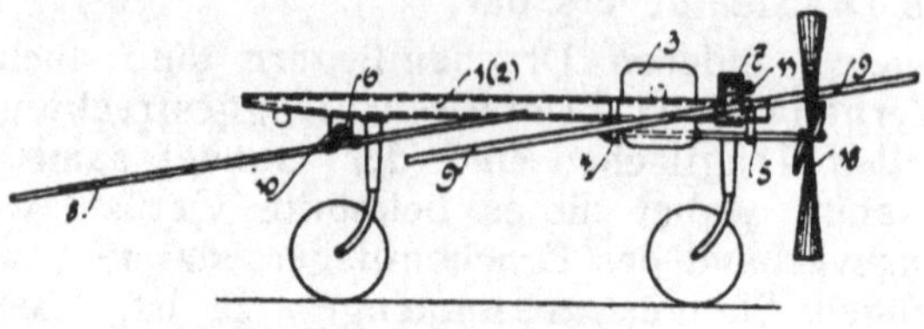

Fig. 50.

zur wagerechten Ebene gestellte Segel wirkenden Luftdruck gehoben werden. Bei derartigen Flugmaschinen ist es von Wichtigkeit, die Segel leicht in jede beliebige Schräglage sowie gegebenen-

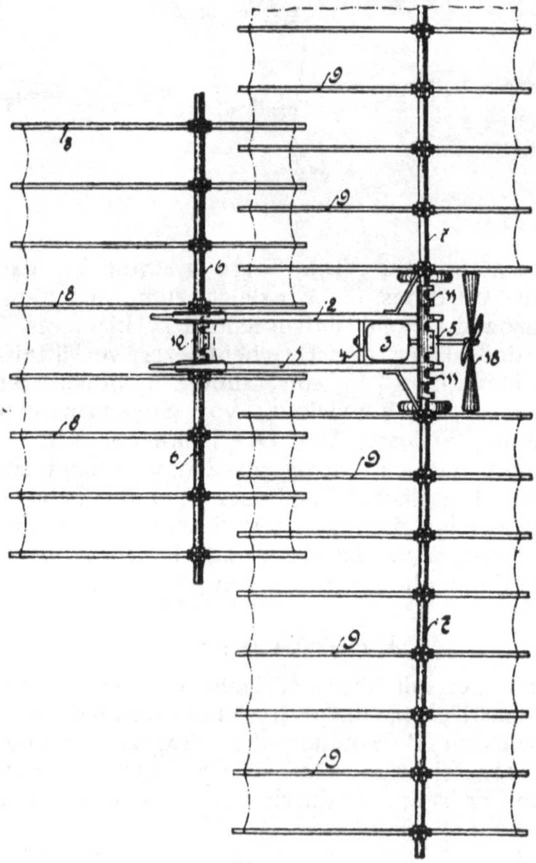

Fig. 51.

falls nach einer gekrümmten Fläche einstellen zu können. Dies ist nach der Erfindung dadurch bewirkt, daß auf am Fluggerüst angebrachten Flügelstangen die zur Aufnahme der Bespannung

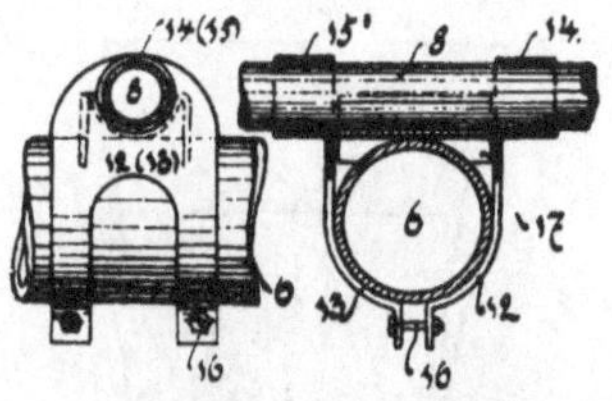

Fig. 52. Fig. 53.

dienenden Rippen durch eine lösbare Klemmvorrichtung befestigt sind, nach deren Lösen die Rippen um die Flügelstangen gedreht und quer zu diesen verschoben werden können.

Die Fig. 50—54 erläutern das Vorstehende.

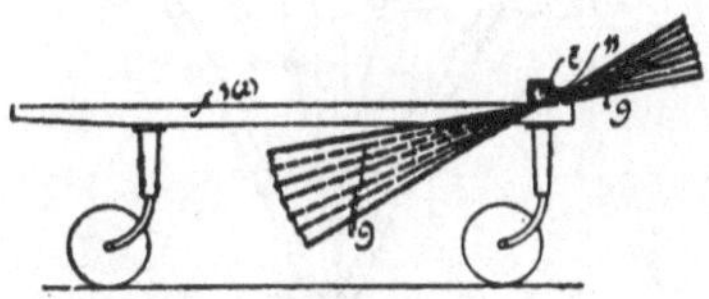

Fig. 54.

Patentanspruch:

Tragfläche für Flugmaschinen, dadurch gekennzeichnet, daß die zur Befestigung der Bespannung dienenden Rippen (8, 9) mittels lösbarer Klemmvorrichtungen (12, 13, 16) an den Flügelstangen (6, 7) befestigt sind, so daß die Rippen um die Flügelstangen gedreht und zu diesen verschoben werden können, zum Zwecke, die Form der Tragfläche zu verändern.

21. Gegenstand der in der

Patentschrift Nr. 215 159
Robert Krause in Cöln,

angemeldet am 22. Mai 1908, ausgegeben am 22. Oktober 1909, dargestellten Erfindung ist eine Flugvorrichtung mit wagerechter, vorn zugespitzter, mit seitlichen Umbiegungen versehener Tragfläche, die in einer Schwanzfläche endet und unter welcher ein hohler, kegel- oder doppelkegelförmiger, vollkommen geschlossener Körper in der Längsrichtung angeordnet ist, der zur Aufnahme aller Belastung und Ausrüstung mit Motor usw. dient und es gestattet, daß selbst Flügelschrauben und Steuer teilweise verdeckt werden.

Die Flugvorrichtung zeichnet sich von den bisher bekannten durch ihre Form, besonders den kegel- oder doppelkegelförmigen, unter der Tragfläche angeordneten Hohlraum aus, der mit dieser starr verbunden ist. Dieser kegel- oder doppelkegelförmige, ge-

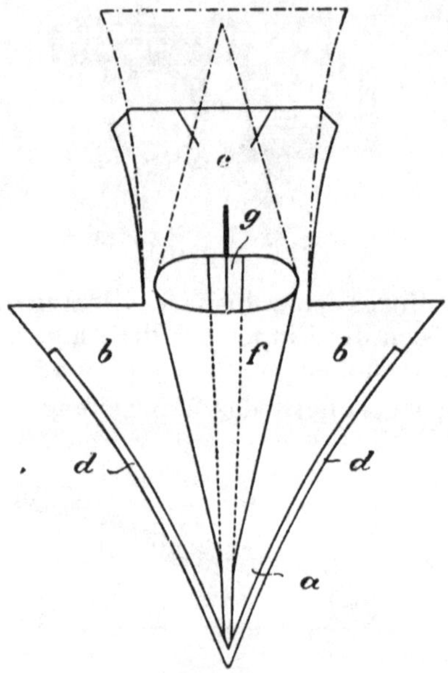

Fig. 55.

schlossene Hohlkörper bewirkt eine günstige, auf die wagerechte Tragfläche hebend oder tragend einwirkende Luftverteilung.

Die Flugvorrichtung kann als Lehrmittel für die Darstellung der Fluggesetze, als Fahrzeug, als Spielzeug und als Geschoß Verwendung finden.

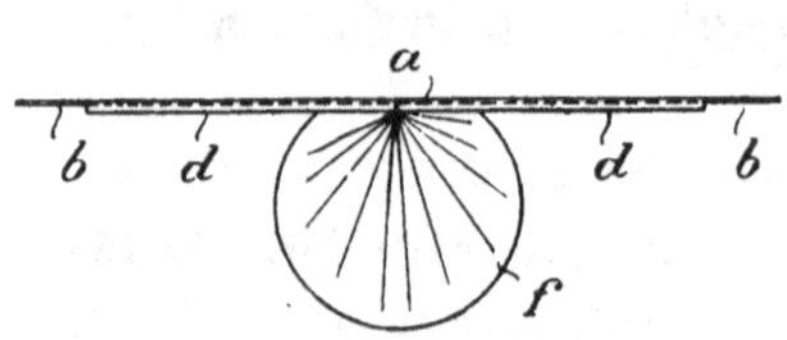

Fig. 56.

Wie die Fig. 55 und 56 erkennen lassen, ist unter einer wagerechten, vorn zugespitzten und mit seitlichen Umbiegungen oder Verstärkungen d versehenen, aus Kopf-, Flügel- und Schwanzflächen a, b und c bestehenden Tragfläche ein hohler, kegel- oder doppelkegelförmiger, vollkommen geschlossener Körper f in der Längsrichtung angeordnet und mit der Tragfläche starr verbunden. Durch die Fläche des starren Hohlkörpers f wird die keilförmig durchschnittene Luft zur Seite gepreßt und verdichtet, wodurch sie eine hebende Wirkung auf die Tragfläche ausübt. Der Innenraum des Hohlkörpers f soll ganz oder nur zum Teil in Form eines abgeteilten, parallel zu seiner Längsachse liegenden Raumes engeren Querschnittes zu besonderen Be- oder Entlastungszwecken dienen.

Patentanspruch:

Flugvorrichtung mit vorn zugespitzten und mit seitlichen Umbiegungen oder Verstärkungen versehenen Tragflächen, dadurch gekennzeichnet, daß an den in einer Schwanzfläche endenden Tragflächen ein hohler, kegel- oder doppelkegelförmiger, vollkommen geschlossener Körper in der Längsrichtung angeordnet ist, der zur Aufnahme aller Belastung und Ausrüstung mit Motor usw. dient und es gestattet, daß selbst Flügelschraube und Steuer teilweise verdeckt werden.

22. Die Erfindung nach

Patentschrift Nr. 216 182

Carl Gimmy und **Heinrich Gimmy in Rheingönheim** (Pfalz),

angemeldet am 11. Mai 1908, ausgegeben am 8. November 1909,

betrifft einen Flugapparat mit einer Tragfläche in Verbindung mit einem Motorrad und zwei Propellern und besteht darin, daß das Motorrad durch zwei Gelenkstangen mit der Tragfläche verbunden ist und mittels einer Schraubenspindel zur Tragfläche verschoben werden kann, wobei die Bewegung der Steuerschraube unter Benutzung der Gelenke der hinteren Gelenkstange zur Anbringung der Uebertragungsmittel und die Bewegung der Antriebsschraube von dem unteren Gelenk der hinteren Gelenkstange aus erfolgen.

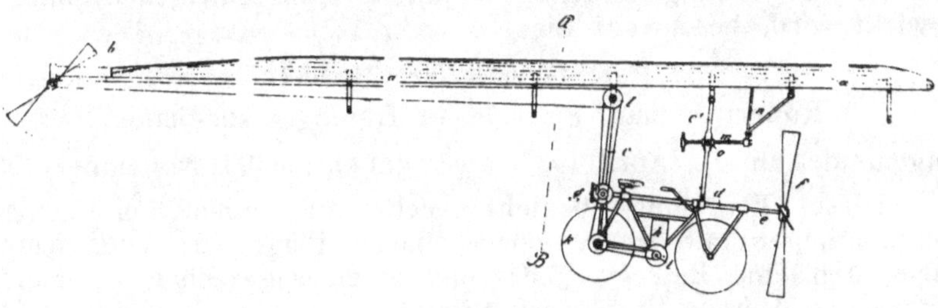

Fig. 57.

Wie Fig. 57 zeigt, ist an der aus einem Rohr a bestehenden Achse der Tragfläche am hinteren Ende eine Steuerschraube b und an dem Schwerpunkt des Drachens mittels zwei Gelenkstangen c und c¹ frei hängend ein Motorrad mit einer Antriebsschraube f angeordnet. Mittels der Schraubenspindel m, deren Drehlager sich in dem an der Drachenachse a befestigten Lagerbock n und deren Mutter o sich in der Gelenkstange c¹ befindet, wird das Motorrad aus dem Schwerpunkt der Tragfläche verschoben.

Diese Verschiebung hat den Zweck, die Tragfläche in ihrer Lage zu verändern, um dadurch die Richtung für Auf- oder Abstieg zu regulieren.

In bekannter Weise ist die Kraft des Radmotors h auf das Tretkurbellager i und das Hinterrad k übertragen. Der Antrieb und die Umsteuerung der Steuerschraube b erfolgt durch die am unteren Ende der Gelenkstange c mit dem Hinterrad k verbundene Umsteuervorrichtung und das am oberen Gelenkstangenende befindliche Rad l. Der Antrieb der vorderen Antriebsschraube f erfolgt von dem an dem unteren Gelenk der Gelenkstange c angebrachten, mit dem Hinterrad k verbundenen Uebertragungsmittel, durch welches das konische Zahnrad g und die in der obersten, hohlen, wagerechten Verbindungsstange d des Motorrades gelagerte Welle e mit der vorderen Antriebsscheibe f in Umdrehung gesetzt wird.

Patentanspruch:

Drachenflieger mit Motorrad und zwei Propellern, dadurch gekennzeichnet, daß die am hinteren Ende mit einer Steuerschraube (b) ausgerüstete Tragfläche durch zwei Gelenkstangen (c, c^1) mit dem Motorrad verbunden ist, das mittels einer Schraubenspindel (m) zur Tragfläche verschoben werden kann, wobei der Antrieb und die Umsteuerung der Steuerschraube unter Benutzung der Gelenke der hinteren Gelenkstange zur Anbringung der Uebertragungsmittel und der Antrieb der vorn angeordneten Antriebsschraube (f) von dem auf dem unteren Gelenk der hinteren Gelenkstange befindlichen Uebertragungsmittel aus erfolgen.

23. Einen Drachenflieger, bei welchem die Bewegung des Steuers und die Verwindung der Flächen mittels eines einzigen Stellhebels bewirkt wird, beschreibt die

Patentschrift Nr. 216 650

Robert Esnault-Pelterie in Boulogne-sur-Seine.

Angemeldet am 12. April 1907, ausgegeben am 30. November 1909.

Diese Erfindung bezieht sich auf einen einflächigen Drachenflieger mit einem verwindbaren Flügelpaar und besteht darin, daß eine Bewegung des um zwei wagerechte, zueinander senkrechte Achsen drehbaren Steuers und die Verwindung der Flügelflächen durch die gleiche Uebertragung gleichzeitig oder unabhängig voneinander ausgeführt werden kann. Hierdurch wird eine größere Sicherheit in der Lenkung der Flugmaschine und der Erhaltung der Stabilität erzielt.

Dieser Drachenflieger (Fig. 58—60) besteht aus einem Gerüst a aus metallenen oder armierten Längsstangen. Diese sind durch Querstangen miteinander verbunden, welche einen trapezförmigen, rechteckigen oder dreieckigen Querschnitt zusammensetzen. Das Gerüst a ist von einer Umhüllung b umgeben, welche durch Seitenwände bildende Kreise c gehalten wird, und welche aus glattem Stoff hergestellt ist. Vorn ist die Einhüllung in der vertikalen Ebene nach Art eines Messers d abgeflacht und hinten nach einem sich verjüngenden Rotationskörper e ausgebildet.

Auf dem Vorderteil des Traggerüstes ist das Flügelpaar f angebracht. Die Flügel können leicht gekrümmt sein und eine gewölbte Oberfläche haben. Sie sind starr an dem Traggerüst befestigt, und der vordere rechteckige Teil ist an seinen äußeren Ecken mit vorderen Spannseilen g und hinteren Spannseilen g^1 verbunden, die an den Enden eines Längsträgers h befestigt sind,

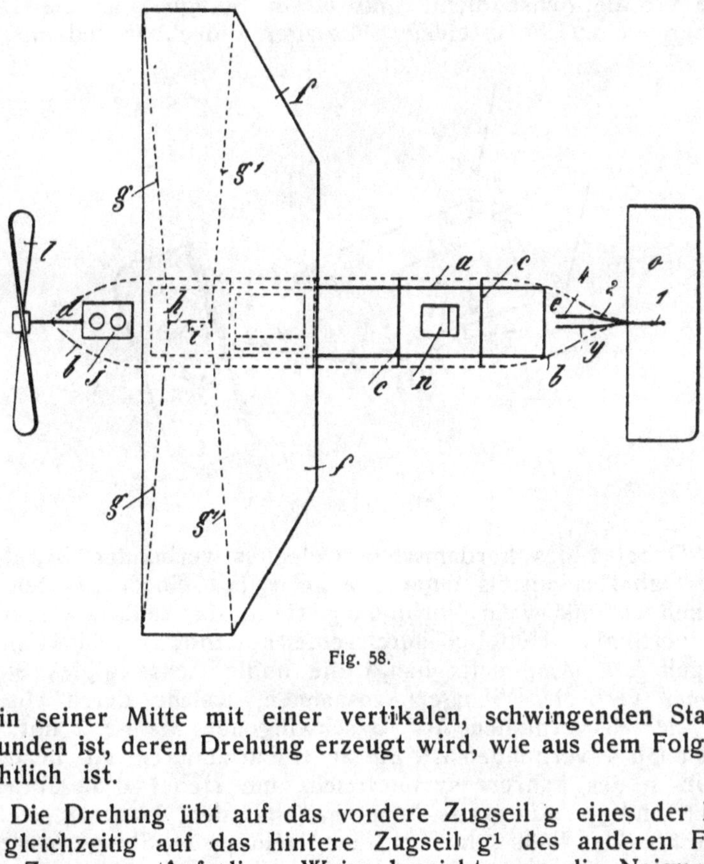

Fig. 58.

der in seiner Mitte mit einer vertikalen, schwingenden Stange i verbunden ist, deren Drehung erzeugt wird, wie aus dem Folgenden ersichtlich ist.

Die Drehung übt auf das vordere Zugseil g eines der Flügel und gleichzeitig auf das hintere Zugseil g^1 des anderen Flügels einen Zug aus. Auf diese Weise bewirkt man die Neigung des vorderen Teiles des einen und die Neigung des hinteren Teiles des anderen Flügels. Daraus ergibt sich, wie leicht verständlich, ein windschiefes Verziehen der Oberfläche, wodurch der Apparat um seine horizontale Längsachse und gleichzeitig um eine senkrechte Achse gedreht wird. Auf diese Weise kann man sowohl Steuerung als auch eine Veränderung des seitlichen Gleichgewichts erzielen.

Vor den Flügeln ist in dem Gestell a der Motor j eingesetzt, welcher mittels einer wagerechten, geeignet gelagerten Längswelle die vorn befindliche Schraube l antreibt. Im Traggestell a ist der Behälter für die Verbrennungsflüssigkeit vorgesehen. Hinten ist der Sitz n des Fahrers angeordnet. Die Gewichte sind so ausgeglichen, daß das Gestell bei horizontalem Fluge wagerecht liegt.

Am hinteren Teil der Umhüllung e ist das durch eine ebene oder gewölbte horizontale Fläche gebildete Steuer o doppelgelenkig angesetzt. Dieses Steuer ist derart angebracht, daß es sich um seine horizontale Längsachse q drehen kann, welche hohl ausgebildet sein und eine feste zylindrische Stange r umgeben kann, welche ihr als Achse dient. Mit dieser Stange r ist eine Achse s verbunden, welche in einem Stützlager z drehbar und mit einer

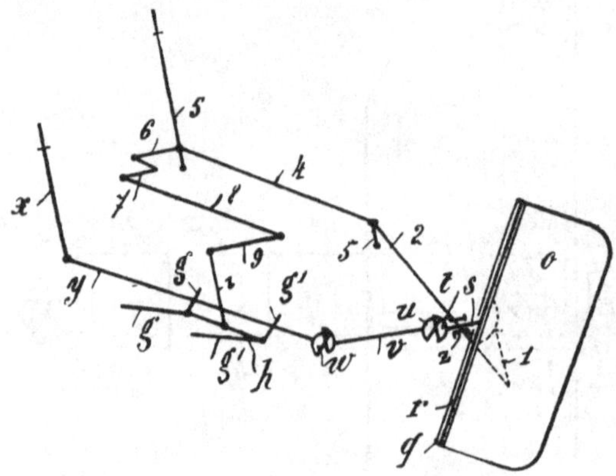

Fig. 59.

ersten Gabel t des kardanischen Gelenkes verbunden ist, dessen zweite Gabel u mittels einer Stange v mit einem zweiten kardanischen Gelenk w in Verbindung steht, das selbst wieder mit einem vertikalen Hebel x durch eine horizontale Längsstange y gekuppelt ist. Anderseits hängt die hohle Achse q des Steuers mit einer vertikalen Stange 1 zusammen, welche durch eine auf einem kleinen vertikalen Arm 3 schwingende Stange 2 mit einer Längsstange 4 verbunden ist, die an einem anderen, mit bezug auf den Sitz n des Fahrers symmetrisch zum Hebel x angebrachten Hebel 5 endigt. Einerseits kann man mit dem Hebel x, welchen man rechts oder links schwingt, eine Drehung der Stange y erzielen und folglich eine solche der kardanischen Gelenkstange v der Achse s und so das Steuer o um die erwähnte Achse s sich drehen lassen und das Steuer folglich auf der einen Seite senken und auf der anderen Seite heben. Dieses Ausschlagen des Steuers hat die Wirkung, eine entsprechende Neigung um die Achse r vorausgesetzt, eine horizontale Kraft zu erzeugen, welche den Apparat dreht und gestattet, Wendungen in der Horizontalen zu machen.

Indem man anderseits den Hebel 5 von vorn nach hinten oder umgekehrt neigt, veranlaßt man das Steuer, um seine Achse q zu schwingen, derart, daß sein hinterer Teil gesenkt oder gehoben wird. Auf diese Weise bewirkt man das Steigen und Fallen des Fliegers. Weiter ist der Hebel 5 durch eine horizontale Stange 6 mit einem Kniehebel 7, mit einer auf diesem Kniehebel gelenkig angebrachten Stange 8 und mit einem Arm 9 verbunden, welcher senkrecht zur Stange i steht und mit derselben fest verbunden ist. Wie ersichtlich, erzielt man die Drehung der Stange i und folglich der Querstange h durch Neigen des Hebels 5, welcher

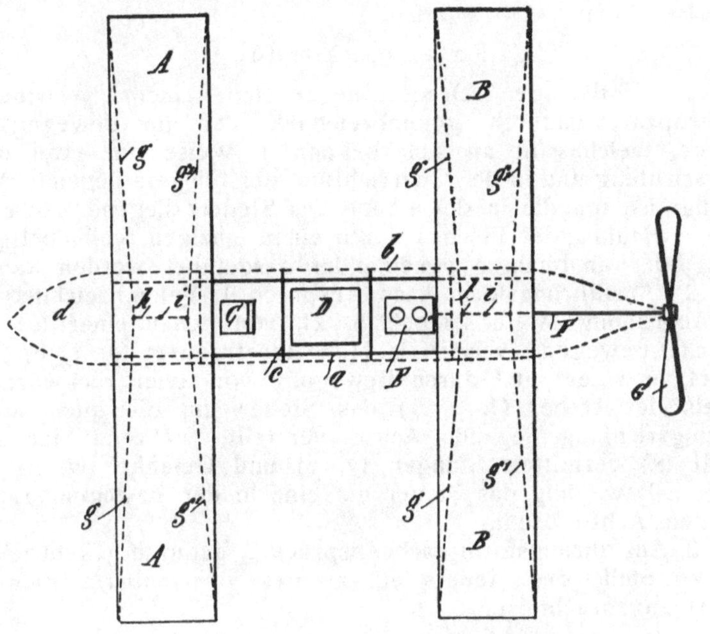

Fig. 60.

an seinem unteren Teil drehbar gelagert ist, nach rechts oder links, was die Verwindung des vorderen Flügelpaares zur Folge hat, wie oben erwähnt.

Der in Fig. 60 in Oberansicht dargestellte Drachenflieger zeigt den Ersatz des Steuers durch ein zweites verwindbares Flügelpaar. Da bei der Verwindung die Kanten sich nach auf- und abwärts biegen, so tritt eine Drehung um eine wagerechte Querachse des Fliegers ein. Bei der Verwindung geht aber auch eine Kante des einen Flügels aufwärts, die entsprechende Kante des anderen Flügels abwärts, so daß auch eine Drehung um eine wagerechte Längsachse vorhanden ist. Der Drachenflieger trägt also zwei Paare von Flügeln A und B, welche auf einen armierten, von einer Umhüllung von geeigneter Form umgebenen Hauptträger gesetzt sind.

C ist der Sitz des Führers, D der Behälter für die Verbrennungsflüssigkeit. E ist der Motor, welcher vermittels der horizontalen Welle F den Antrieb der hinten angeordneten Schraube G übernimmt. Die Gewichte sind wieder ausgeglichen.

Die Verwindung der beiden Flügelpaare kann gleichmäßig oder entgegengesetzt sein, d. h. beispielsweise der vordere Teil der auf derselben Seite gelegenen und der hintere Teil der auf der anderen Seite gelegenen Flügel neigen sich in demselben Sinne oder aber die vorderen Teile auf derselben Seite und die hinteren Teile der anderen Seite neigen sich entgegengesetzt. Man sieht, daß man damit sowohl die Seiten- als auch die Höhensteuerung bewirken kann.

Patentansprüche:

1. Einflächiger Drachenflieger mit einem verwindbaren Flächenpaar, dadurch gekennzeichnet, daß die Bewegung des Steuers, welches in an sich bekannter Weise um zwei in der Längsrichtung und in der Querrichtung des Fliegers liegende Achsen drehbar ist, um die in der Ebene des Steuers liegende Achse und die Verwindung der Flächen durch einen einzigen Stellhebel gleichzeitig oder unabhängig voneinander ausgeführt werden kann.

2. Ausführungsform nach Anspruch 1, gekennzeichnet durch die Anordnung zweier Hebel (5, x), von denen einer (5) durch seitliche Bewegung vermittels Hebelübertragung (6, 7, 8, 9) die Flügel verwindet und durch Bewegung vor- oder rückwärts vermittels der Hebel (4, 2, 1) das Steuer um die quer zur Bewegungsrichtung liegende Achse verstellt, während der zweite Hebel (x) vermittels Stangen (y, v) und Gelenke (w, u) durch seitliche Bewegung das Steuer um eine in der Bewegungsrichtung liegende Achse dreht.

3. Ausführungsform nach Anspruch 1, dadurch gekennzeichnet, daß an Stelle des Steuers ein zweites verwindbares Flügelpaar (B, B) angebracht ist.

24. In der

Patentschrift Nr. 220 976

Jacob Christian Hansen-Ellehammer in Frederiksberg (Dänemark),
angemeldet am 22. Juni 1908, ausgegeben am 16. April 1910,

handelt es sich um eine Flugmaschine mit zusammenlegbaren Tragflächen.

Am Maschinengestell 1 (Fig. 61 und 62) ist an jeder Seite eine kurze Stange 2 mit einem Gelenk 3 angeordnet, um das die Stütze 4 sich in horizontaler Ebene drehen kann. An Gleitmuffen 5 ist die untere Fläche 6 befestigt. Wenn mehrere Flächen vorhanden sind, so können diese zwischen dem Oberteil des Rohres 7 des Maschinengestells und einem losen Galgen 8 an der äußeren Muffe 5 ausgespannt sein. Die Flächen werden in ihrer ausgespannten Lage mittels des Seils 9 gehalten, welches in einen Haken

10 der mit dem Rohr 4 verbundenen Spannvorrichtung 11 greift. Die Spannvorrichtung besteht aus einer Schraubenspindel mit Kurbel.

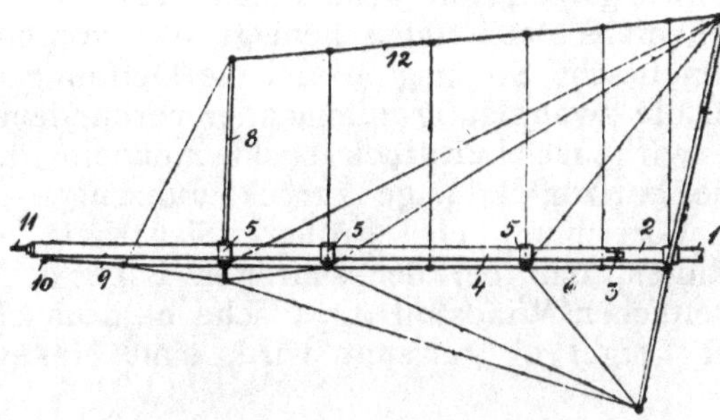

Fig. 61.

Patentanspruch:

Flugmaschine mit zusammenlegbaren Tragflächen, dadurch gekennzeichnet, daß die Hauptrippe der Tragflächen an ihrem äußeren Ende mit einer Spannvorrichtung für sämtliche auf einer Seite der Maschine liegende Segelflächen und in der Nähe ihres inneren Endes mit einem Gelenk in solcher Entfernung von ihrer Befestigungsstelle am Maschinengestell versehen ist, daß die die Trag-

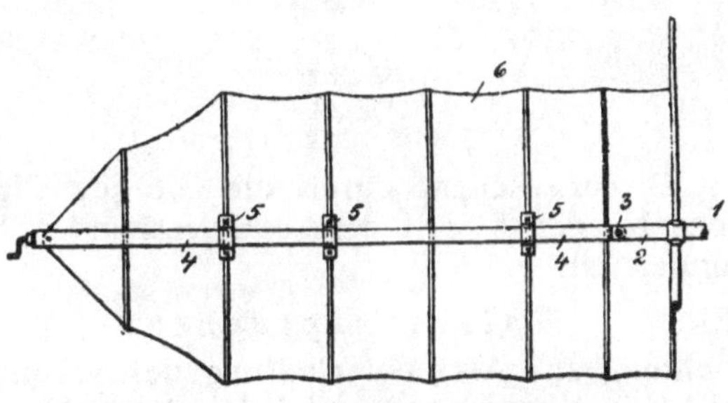

Fig. 62.

flächen mit der Hauptrippe verbindenden Gleitmuffen vor dem Umklappen der Hauptrippe bis hinter das Gelenk geschoben werden können.

25. Eine Flugmaschine, bei welcher der mit einer schräggestellten Flächenseite gesenkte Flügel selbsttätig den anderen niederzieht, ist in der

Patentschrift Nr. 221 328
Oskar Heeren in Paris,

angemeldet am 25. Januar 1908, ausgegeben am 25. April 1910, beschrieben.

Angenommen, die Flächen b, b^1 (Fig. 63) neigen sich bei einer Drehung der Flugmaschine oder durch einen seitlichen Windstoß in die in gestrichelten Linien gezeichnete Stellung, dann wird gleichzeitig der rechte Klappflügel e^1 durch die auf ihn drückende Fläche b^1 geneigt, und da dieser Klappflügel e^1 durch die Gelenkstangen f, f^1 zwangläufig mit dem linken Flügel e verbunden ist, wird dieser ebenfalls nach unten geneigt und kommt in die zum Flügel e^1 symmetrische Stellung, wobei die Oeffnung d aufgedeckt wird. Der auf die zwangläufig miteinander verbundenen Klappen e, e^1 von unten wirkende Luftdruck sucht nunmehr die sämtlichen Flächen in die horizontale Lage zurückzuführen.

Um der Vorrichtung eine größere Sicherheit zu geben, um z. B. zu verhüten, daß bei der schrägen Lage der Tragflächen durch einen seitlichen Windstoß die Fläche b^1 nach oben gedrückt und von dem Flügel e^1 getrennt wird, sind Haken k, k^1 und

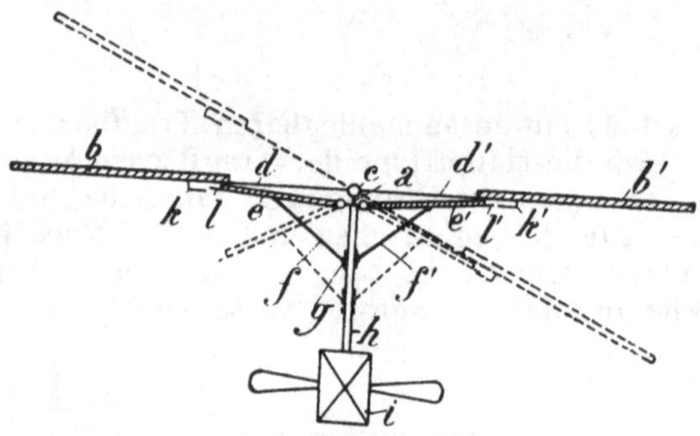

Fig. 63.

Vorsprünge l, l^1 vorgesehen, durch die die jeweilig nach unten geneigte Fläche b oder b^1 mit dem entsprechenden Flügel e oder e^1 fest verbunden ist.

Patentansprüche:

1. Vorrichtung zur Aufrechterhaltung der Stabilität von Flugmaschinen, gekennzeichnet durch auf jeder der beiden Tragflächenseiten angebrachte, zur Flächenvergrößerung dienende Flügel, welche zwangläufig derart miteinander verbunden sind, daß bei Schrägstellung der ganzen Tragfläche der mit der einen Flächenseite gesenkte Flügel selbsttätig den anderen niederzieht und dadurch eine Oeffnung auf der anderen Tragflächenseite herbeiführt.

2. Vorrichtung nach Anspruch 1, gekennzeichnet durch beiderseits an der Längsachse der Tragflächen (b, b^1) befestigte, zum Verschließen von Tragflächenöffnungen (d, d^1) dienende Klappflügel (e, e^1), welche durch Gelenkstangen (f, f^1) mit einer auf der senkrechten Tragstange gleitenden Hülse (g) verbunden sind.

3. Vorrichtung nach Anspruch 1, dadurch gekennzeichnet, daß bei Schrägstellung der Tragflächen (b, b^1) die jeweilig nach unten gerichtete Fläche (b oder b^1) sich selbsttätig mit dem zugehörigen Klappflügel (e oder e^1) mittels entsprechend angeordneter Haken (k, k^1) und Vorsprünge (l, l^1) oder dergleichen kuppelt.

26. Die

Patentschrift Nr. 222 674

Robert Esnault-Pelterie in Billancourt (Frankreich),

angemeldet am 24. Dezember 1908, ausgegeben am 9. Juni 1910, betrifft einen Drachenflieger mit verwindbarer Tragfläche, bei welchem die gegenseitige Neigung der vorderen und der hinteren Stange, zwischen welchen der die Tragfläche bildende Stoff gespannt ist, geändert wird, ohne dabei die Stangen selbst zu biegen.

Die vordere Stange a^1 (Fig. 64) ist gelenkig auf zwei Armen c^1, c^2 befestigt, die nach oben hin konvergieren, während die hintere Stange b^1 gleichfalls gelenkig auf den Armen m^1, m^2 mon-

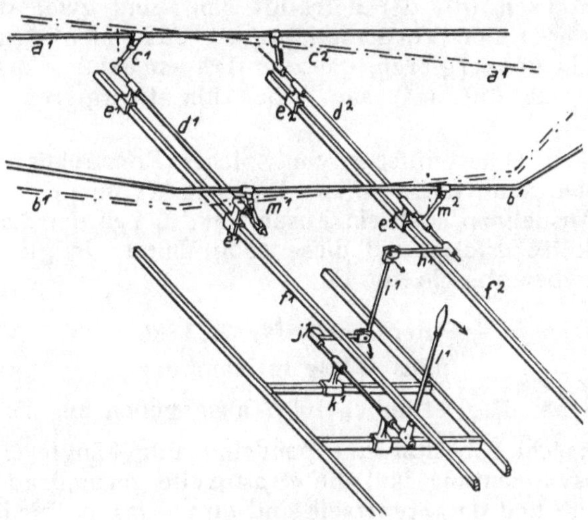

Fig. 64.

tiert ist, die nach oben hin divergieren. Die Arme c^1, c^2, m^1 und m^2 sind an ihrem unteren Ende auf den in Traglagern e^1, e^2 ruhenden Achsen d^1, d^2 aufgekeilt. Auf dem Ende der rechts liegenden Achse d^2 ist ein Kurbelarm h^1 aufgekeilt, der durch eine Verbindungsstange i^1 an einen Kurbelarm j^1 angelenkt ist, der auf der unverschiebbaren, aber drehbaren Achse k^1 mit dem Stellhebel l^1 sitzt.

Wenn man den Hebel l^1 z. B. im Sinne des in der Zeichnung angegebenen Pfeiles bewegt, dreht sich die Achse d^2 umgekehrt wie der Hebel l^1; dasselbe findet natürlich ebenfalls statt für die Arme c^2 und m^2 und für die Arme c^1, m^1 und die Achse d^1. Infolge der konvergierenden Anordnung der Arme c^1, c^2 nimmt die vordere Stange d^1 die in der Zeichnung strichpunktiert dargestellte Stellung a^1 ein. Die Stange neigt sich auf der rechten Seite und hebt sich auf der linken Seite. Die hintere Stange b^1 nimmt die umgekehrte, in der Zeichnung mit strichpunktierten

Linien angegebene Stellung b^1 ein. Hierbei hebt sich die Stange rechts, und sie neigt sich auf der linken Seite. Durch eine solche. Verwindung der Tragfläche wird die Flugmaschine sich rechts wieder senken und links heben.

Patentansprüche:

1. Drachenflieger mit verwindbarer Tragfläche, dadurch gekennzeichnet, daß die vordere und hintere Stange, zwischen welche der Stoff der Tragfläche gespannt ist, an Armen gelenkig befestigt sind, durch deren Drehung eine gegenläufige Neigung der beiden Stangen herbeigeführt wird.

2. Drachenflieger nach Anspruch 1, dadurch gekennzeichnet, daß die Gelenkarme auf im Gestell des Drachenfliegers drehbar gelagerten Achsen (d^1, d^2) befestigt sind, und zwar derart, daß die zum Tragen der Vorderstange (a^1) dienenden Arme (c^1, c^2) nach oben hin konvergieren, die zum Tragen der Hinterstange (b^1) dienenden Arme (m^1, m^2) nach oben hin divergieren.

27. Einen Drachenflieger von solcher Konstruktion, daß beim Ausschwingen der nach allen Richtungen pendelnden Gondel weder ein Ausdehnen noch ein Zusammendrücken der Antriebswelle und Steuerkette erfolgt und diese somit immer in gleicher Weise wirksam bleiben, beschreibt die

Patentschrift Nr. 223 586
Julius Wiese in Hamburg.

Angemeldet am 31. Dezember 1907, ausgegeben am 25. Juni 1910.

Die Maschine besitzt eine pendelnd aufgehängte Gondel. Die die Antriebsvorrichtung und die Kraftquelle verbindende biegsame Antriebswelle und das Steuerseil sind durch das Verbindungsgelenk zwischen dem Gestell und der Gondel hindurchgeführt.

Der Tragschirm besteht aus einem Rahmen a (Fig. 65), der durch Querverbindungen a^1 versteift ist. Auf den Rahmen ist ein Ueberzug b aus Segelleinen oder dergleichen über Stützen b^1 derart gespannt, daß er sich nach Art eines flachen Schirmes über dem Rahmen a wölbt. Das Steuer h dreht sich um den Zapfen i, der an der Querversteifung des Rahmens a befestigt ist. Das Ende des Steuers ist mit einer Kette oder einem Seil m verbunden, das über Rollen k läuft. Letztere sind in Böckchen l gelagert, die an der Querversteifung des Rahmens a festsitzen. Mit den Querversteifungen des letzteren ist ferner ein Rahmengestell c verbunden, in dem die Antriebsschraube d gelagert ist. Auf der Achse der Treibschraube sitzt das Kegelrad e, das mit dem Kegelrad f in Eingriff steht, das auf der biegsamen Antriebswelle g festsitzt. Das Höhensteuer n ist in einem an der Querversteifung des Rahmens a befestigten Bock o drehbar gelagert und mit einer Stange p gelenkig verbunden, die in den Löchern p^1 in verschiedener Höhe festgestellt werden kann. Der

Rahmen a ist mit dem unteren Teil des Rahmengestells c durch Stricke q verbunden.

Das Rahmengestell c ist analog dem Rahmen a durch Querverbindungen versteift, an denen die Kugelschale r befestigt ist, in der das hohle Gelenk s auf Kugeln s^1 laufend angeordnet ist (Fig. 66). Das Gelenk s, durch welches die biegsame Welle g und das Seil m frei hindurchgeht, ist an der Gondel t befestigt, die an der Vorderseite spitz zuläuft und oben mit einem mehrarmigen Bügel t^1 versehen ist, der in der Mitte einen freien

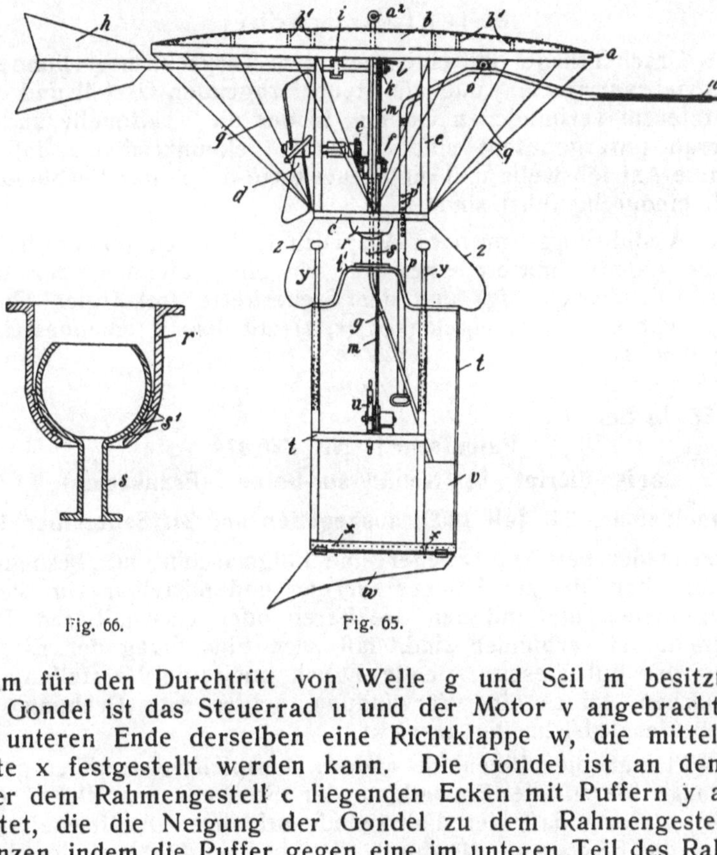

Fig. 66. Fig. 65.

Raum für den Durchtritt von Welle g und Seil m besitzt. In der Gondel ist das Steuerrad u und der Motor v angebracht, und am unteren Ende derselben eine Richtklappe w, die mittels der Stifte x festgestellt werden kann. Die Gondel ist an den vier unter dem Rahmengestell c liegenden Ecken mit Puffern y ausgestattet, die die Neigung der Gondel zu dem Rahmengestell begrenzen, indem die Puffer gegen eine im unteren Teil des Rahmengestelles angeordnete Schiene c^1 stoßen. Um die Drehung der Gondel um ihre Achse zu begrenzen, ist sie durch Stricke z, die genügenden Spielraum lassen, mit dem Rahmengestell c verbunden.

Der Flugapparat wird mit der am Rahmen a befestigten Oese a^2 aufgehängt. Nachdem die Stange p heruntergezogen und festgestellt und dadurch das Höhensteuer n nach oben gerichtet ist, wird die Treibschraube d in Drehung versetzt, worauf der

Apparat hochgehoben wird, dem man durch Drehen des Ruders h die gewünschte Richtung gibt. Beim Verschieben der Stange p nach oben senkt sich das Höhensteuer n wieder und dementsprechend auch der Flugapparat.

Die Klappe w hat den Zweck, die Gondel bei der Fortbewegung des Flugapparates in der Flugrichtung einzustellen. Die Stricke zur Begrenzung der Drehung der Gondel um ihre Achse können auch durch federnde Arme ersetzt werden, die unten an dem Rahmengestell befestigt werden und bis über den oberen Rand der Gondel herabgehen.

Patentansprüche:

1. Drachenflieger mit einem mit dem Tragschirm verbundenen, die Antriebsvorrichtung und die Steuer tragenden Gestell und einer mit letzterem verbundenen Gondel, in der die Kraftquelle und das Steuerrad untergebracht sind, dadurch gekennzeichnet, daß die biegsame Antriebswelle und die Steuerkette durch das Verbindungsgelenk hindurchgeführt sind.

2. Ausführungsform nach Anspruch 1, dadurch gekennzeichnet, daß die Gondel mittels eines auf Kugeln laufenden, der biegsamen Antriebswelle (g) und der Steuerkette (m) freien Durchgang gewährenden Kugelgelenkes (r, s) mit dem Rahmengestell (c) verbunden ist.

28. In der

Patentschrift Nr. 226 074

Louis Blériot in Neuilly-sur-Seine (Frankreich),

angemeldet am 24. Juli 1908, ausgegeben am 24. September 1910,

beschreibt der bekannte Flieger eine Flugmaschine mit besonderen Einstellflächen, die zur Höhensteuerung und mittelbar zur Stabilisierung dienen und mit den drehbaren oder verwindbaren Tragflächen derart verbunden sind, daß nach Einstellung der Einstellflächen der auf diesen lastende Druck auch die Verstellung der Tragflächen, sei es eine Verwindung, sei es eine Drehung oder auch beides, gleichzeitig bewirkt.

Will man die Höhenlage ändern, beispielsweise höher gehen, so genügt hierzu die Einstellung der Steuerflächen d^1, d^2 (Fig. 67—70), derart, daß der Fahrtwind auf ihre Oberfläche trifft. Da nun die Flächen d^1, d^2 durch die Streben f^1, f^2 auf der Achse b drehbar angeordnet sind, so können sie dieser Einwirkung des Luftdruckes folgen und sich mit den Streben f^1, f^2 um die Achse b drehen; da ferner die Flügel a^1, a^2 starr mit den Streben f^1, f^2 verbunden sind, so werden hierbei die Flügel a^1, a^2 mit ihrer Vorderkante nach aufwärts gedreht (Fig. 69), so daß das Fahrzeug, da der Auftrieb erhöht ist, steigt. Will man das Fahrzeug abwärts lenken, so werden die Einstellflächen in entgegengesetztem Sinne gedreht, so daß der hintere Teil des Flugzeuges sich hebt, die vordere Kante der Tragflächen sich also senkt und das Flugzeug mithin nach abwärts fährt.

Will man eine Schwenkung ausführen, so werden die Einstellflächen d^1, d^2 so gedreht, daß sie eine voneinander verschiedene

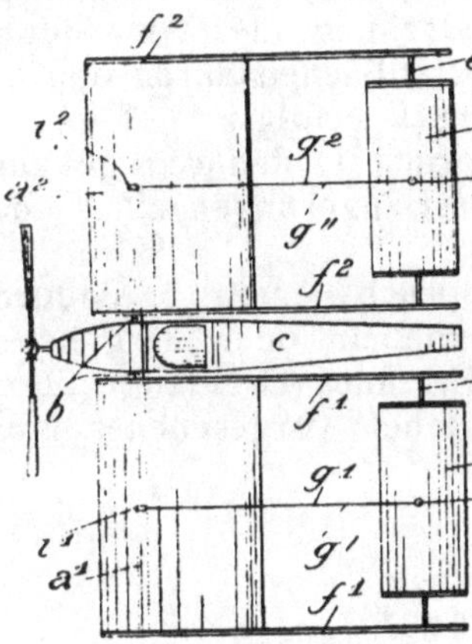

Fig. 67.

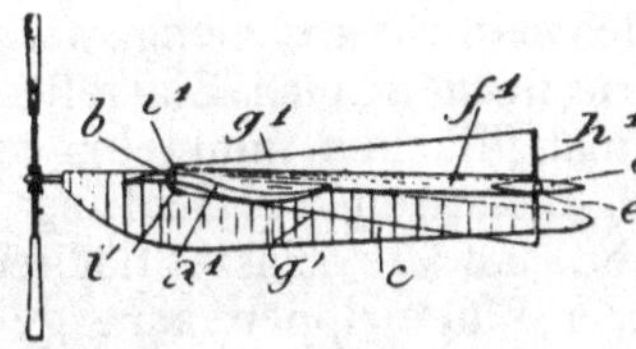

Fig. 68.

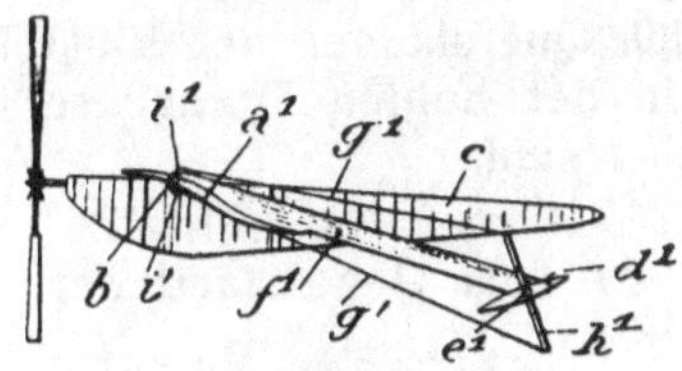

Fig. 69.

Neigung einnehmen, wodurch die Tragflächen entsprechend gedreht werden. Es wird also auf der einen Seite ein größerer Luftwiderstand eintreten als auf der anderen, das Flugzeug mithin eine Schwenkung in wagerechter Ebene ausführen.

Werden bei der Einrichtung nach Fig. 70 die Einstellflächen d^1, d^2 um ihre Achsen e^1, e^2 gedreht, so werden die Tragflächen durch die Streben der Einwirkung des auf die Einstellflächen wirkenden Luftdruckes ausgesetzt, wodurch die Seiten des Flugzeuges gehoben oder gesenkt werden. Da die Tragflächen hier elastisch sind, so werden sie dieser Einwirkung folgen und es entsteht dadurch das Verwinden derselben, wie es Fig. 70 zeigt, bei der

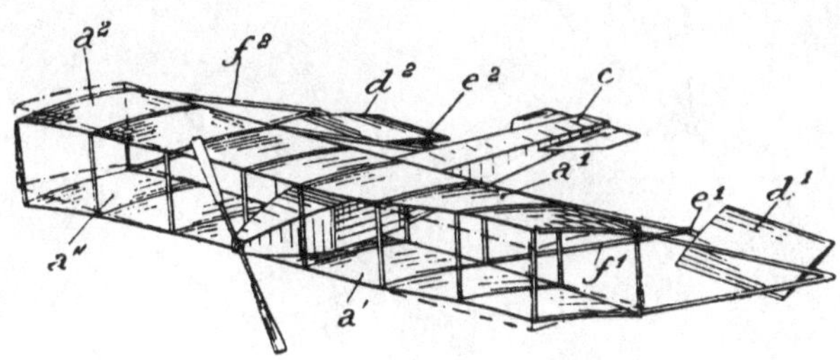

Fig. 70.

zwecks Vornahme einer Schwenkung die linke Einstellfläche d^1 mit ihrer Vorderkante erheblich gesenkt und die rechte Einstellfläche d^2 mit ihrer Vorderkante gehoben ist. Die Einstellflächen können an irgend einer Stelle, z. B. auch vor den Tragflächen, angeordnet sein.

Patentansprüche:

1. Steuerungsvorrichtung für Flugzeuge, Luftschiffe und dergleichen mit drehbaren oder verwindbaren Tragflächen (Flügeln), dadurch gekennzeichnet, daß die Tragflächen mit Einstellflächen derart verbunden sind, daß die zur Aenderung der Höhenlage oder des seitlichen Gleichgewichts nötige Drehung oder Verwindung der Tragflächen nach Einstellung der Einstellflächen durch den auf den Einstellflächen nunmehr lastenden Druck erfolgt.

2. Steuerungsvorrichtung nach Anspruch 1, dadurch gekennzeichnet, daß die Einstellflächen in den Verlängerungen eines oder mehrerer Flügelrippenpaare gelagert sind.

3. Steuerungsvorrichtung nach Anspruch 1 und 2, dadurch gekennzeichnet, daß die von den Steuerhebeln oder dergleichen zu den Querstangen der Einstellflächen führenden Drahtzüge durch ein in der hohlen Drehachse der Tragflächen vorgesehenes Loch geführt sind.

29. Den Gegenstand der

Patentschrift Nr. 226 597

Robert Esnault-Pelterie in Billancourt, Seine (Frankreich),

angemeldet am 24. Dezember 1908, ausgegeben am 6. Oktober 1910, bildet eine Steuerungseinrichtung für Flugzeuge, die sich dadurch kennzeichnet, daß die zu verstellende Steuerfläche durch zwei verschiedene Handhebel verstellt werden kann, die das Steuer mit verschiedener Uebersetzung beeinflussen, so daß beim Schwingen des einen Steuerhebels das Steuer beträchtlich, beim Schwingen des anderen aber nur wenig verstellt wird. Hierdurch soll die Führung des Flugzeuges erleichtert werden, denn es ist durch

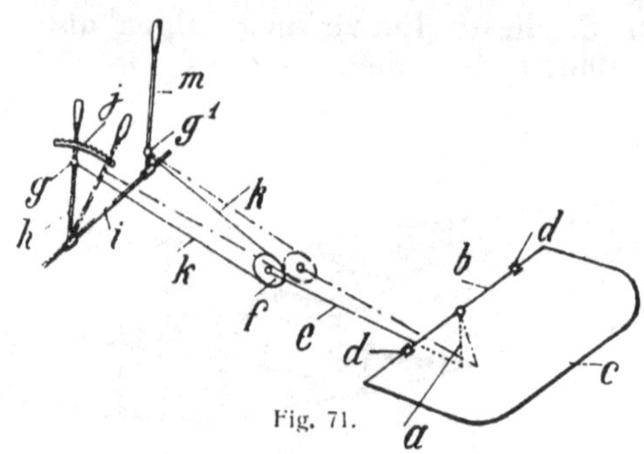

Fig. 71.

Nacheinanderbenutzen der beiden Steuerhebel eine sehr genaue Einstellung des Steuers ermöglicht, ohne daß die Handhebel weit ausgeschwungen werden müssen, wie es bei Benutzung nur eines Hebels mit geringer Uebersetzung erforderlich ist, während bei der Benutzung eines Hebels mit großer Uebersetzung wiederum die Feineinstellung auf Schwierigkeiten stößt.

Bei dieser Steuerung (Fig. 71) ist ein an der in den Lagern d drehbaren Achse b des Steuers c festsitzender Hebel a durch ein Gestänge e mit einem Rad f verbunden. Ueber dieses Rad geht ein Seil k, das mit einem Ende an dem Handhebel h bei g und mit dem anderen Ende an dem Handhebel m bei g^1 befestigt ist. Da die Befestigungspunkte g und g^1 des Seiles von derjenigen

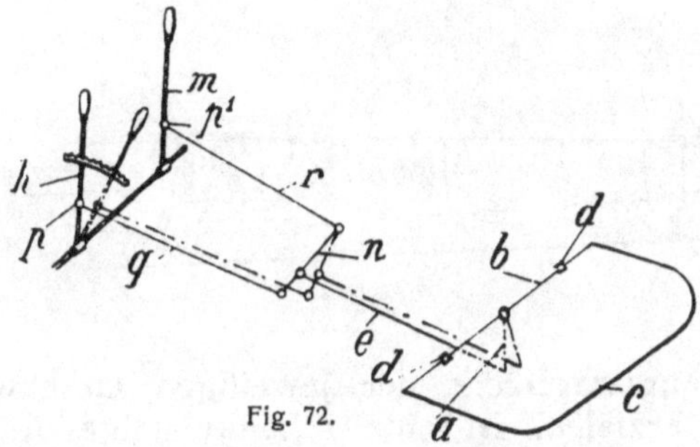

Fig. 72.

der Achse i verschieden weit entfernt sind, so muß bei der gleichen Schwingung des einen Hebels das Steuer um einen größeren Winkel gedreht werden als bei der Schwingung des anderen.

Bei der Ausführungsform der Steuerung nach Fig. 72 sind an den Handhebeln h und m in gleicher Entfernung von der Achse i zwei Gestänge q und r befestigt, die anderseits an einen Hebel n angelenkt sind. An diesen Hebel greift außerhalb seiner Mitte die Stange e an, wodurch auch hier die verschiedene Beeinflussung des Steuers erreicht wird.

Patentansprüche:

1. Die Steuerungseinrichtung für Flugzeuge, dadurch gekennzeichnet, daß die zu steuernde Fläche von zwei Handhebeln aus verstellt werden kann, die mit verschiedener Uebersetzung das Steuer beeinflussen, so daß zum Grobeinstellen der eine, und nach dessen Feststellung zum Feineinstellen der andere Handhebel benutzt werden kann.

2. Ausführungsform der Steuerungseinrichtung nach Anspruch 1, dadurch gekennzeichnet, daß ein das Steuer beeinflussender Seilzug mit seinen Enden an den beiden auf der gleichen Achse sitzenden Hebeln in verschiedener Entfernung von der Achse angreift.

3. Ausführungsform der Steuerungseinrichtung nach Anspruch 1, dadurch gekennzeichnet, daß ein das Steuer verstellendes Gestänge an einem von den beiden Handhebeln gleichmäßig geschwungenen Zwischenhebel außerhalb der Mitte des letzteren angreift.

30. Bei dem Drachenflieger nach

Patentschrift Nr. 226 932
Karl Hipssich in Bremen,

angemeldet am 4. November 1907, ausgegeben am 12. Oktober 1910, wird bezweckt, durch bestimmte Form und Anordnung der Tragflächen das Gleichgewicht zu sichern. Um ein selbsttätiges Ein-

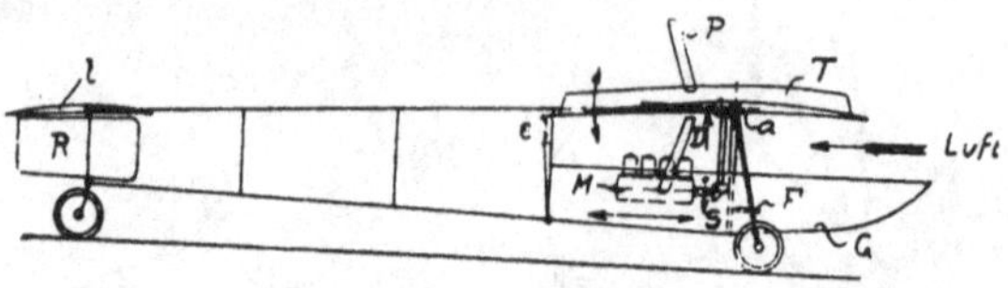

Fig. 73.

stellen der Haupttragfläche der jeweiligen Geschwindigkeit entsprechend zu erzielen, ist eine schaukelartige Aufhängung der Gondel mit starr verbundener Stabilitätsfläche, durch welche die Neigung der Haupttragfläche wenig beeinflußt wird, vorgesehen.

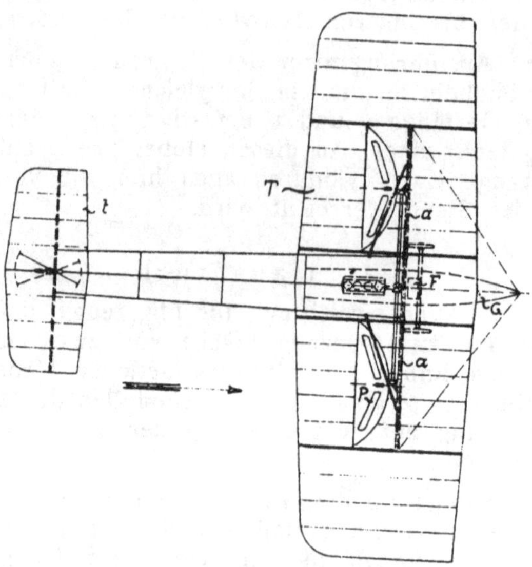

Fig. 74.

Ferner kann der Gondelschwerpunkt durch Verschieben des Motors mit Zubehör in der Flugrichtung behufs Höhensteuerung verlegt werden, und es ist eine gemeinsame Seitensteuerung auf der Erde und in der Luft vorhanden.

Das Gleichgewicht in der Flugrichtung wird gesichert, indem die Haupttragfläche T (Fig. 73 und 74) um eine horizontale Achse a drehbar gelagert ist, wobei der Drehpunkt dieser Tragfläche vor ihrem Druckmittelpunkt D nahezu in gleicher Höhe liegt. Im Ruhezustand hängt diese Tragfläche infolge des Uebergewichts hinten herab. Bei der Fahrt fängt sich die Luft unterhalb der gewölbten, mit Stoff bespannten Tragfläche und erzeugt hinten einen größeren Auftrieb wie vorn. Der Neigungswinkel, den diese Tragfläche mit der Horizontalen einschließt, wird bei zunehmender Geschwindigkeit abnehmen und die Haupttragfläche der Geschwindigkeit entsprechend sich selbsttätig einstellen. Federn e, Puffer oder andere elastische Zug- oder Druckorgane, welche die Vorder- oder Hinterkante der Tragfläche T mit der Gondel G verbinden, verhindern zu weites Ausschwingen.

Das bootsförmige, schwimmfähige Traggestell G ist schaukelartig an der Achse a aufgehängt. S ist der Schwerpunkt des Traggestelles (Gondel), D der Druckmittelpunkt der Tragfläche T, F ist beispielsweise der Sitz des Fliegers und P der Propeller. Um das Schaukeln der Gondel einzuschränken, sind hinten in entsprechendem Abstand eine oder mehrere kleine Tragflächen t angeordnet, die mit dem Traggestell G starr verbunden sind und als Dämpfer dienen.

Patentansprüche:

1. Drachenflieger, dadurch gekennzeichnet, daß die Haupttragfläche um eine vor ihrem Druckmittelpunkt liegende horizontale Achse drehbar ist, an der das mit Stabilitätsflächen starr verbundene Traggestell schaukelartig hängt, wobei durch Federn oder andere elastische Zug- oder Druckorgane die Größe des Ausschlags der Haupttragfläche zum Traggestell geregelt wird.

2. Drachenflieger nach Anspruch 1, dadurch gekennzeichnet, daß der Motor mit Zubehör in dem Traggestell in der Flugrichtung verschiebbar gelagert ist zur Einstellung der Neigung der Haupttragfläche und des Traggestells zueinander.

31. Einen eigenartigen Drachenflieger beschreibt die

Patentschrift Nr. 226 933
Gustav Nowka in Steglitz.

Angemeldet am 29. April 1909, ausgegeben am 11. Oktober 1910.

Diese Flugmaschine hat einen hohlen Mittelkörper, an dem Tragflächen, Steuerflächen und die Gondel nebst Zubehör angebracht sind. Nach oben ist der Mittelkörper offen und mit jalousieartigen verstellbaren Flächen versehen, durch die die Luft mittels Luftschrauben durchgesaugt wird, welche in zylinderförmigen Ansätzen des Mittelkörpers arbeiten. Durch diese Ansätze tritt die Luft wieder aus.

Der Mittelkörper a (Fig. 75 und 76) dient als Begrenzungskörper des von einer oder mehreren Luftschrauben e angesaugten Luftstromes. Der Luftstrom tritt zwischen den im verstellbaren

Rahmen b angeordneten Jalousieflächen c hindurch in den Körper a. Der Begrenzungskörper a wird nach Art der Schiffe nach dem Quer- und Längsspantensystem gebaut, um ihm eine hohe Wider-

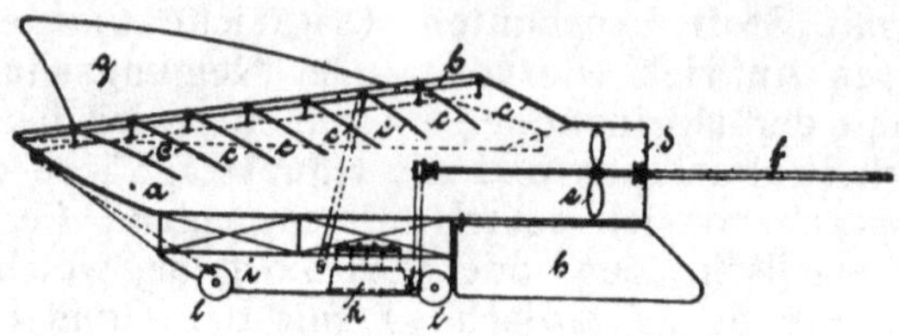

Fig. 75.

standskraft zu geben, und endet in einem oder mehreren zylindrischen Ansätzen d, deren jeder eine Luftschraube e aufnimmt.

Infolge des Ansaugens der Luft durch die Jalousieflächen und des Austritts der Luft aus den Rohren wird eine hebende Kraft und eine Vortriebskraft erzeugt.

Patentansprüche:

1. Flugmaschine mit seitlich angeordneten Tragflächen, dadurch gekennzeichnet, daß die in einem verstellbaren Rahmen (b) jalousieartig angeordneten und verstellbaren Flächen (c) die obere Begrenzung eines schiffsförmigen Mittelkörpers (a) bilden, der am hinteren Ende in einen oder mehrere zylinderförmige Ansätze (d) ausläuft, in denen Luftschrauben (e) angeordnet sind.

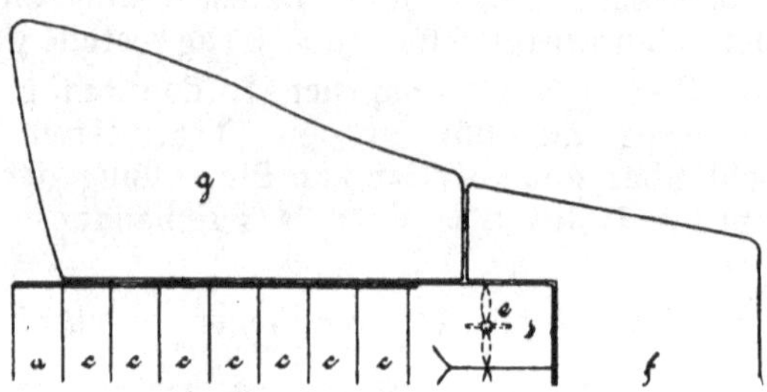

Fig. 76.

2. Flugmaschine nach Anspruch 1, dadurch gekennzeichnet, daß die jalousieartig angeordneten Flächen seitlich durch die Seitenwände des Mittelkörpers begrenzt werden und in diese hineinreichen, zwecks Führung der durchstreichenden Luft.

32. Bei dem Drachenflieger nach der

Patentschrift Nr. 227 081
Paul Schneider in Tegel,

angemeldet am 6. April 1908, ausgegeben am 13. Oktober 1910, sind rings um einen senkrechten Mittelschaft schirmartige, durch

Luftzwischenräume getrennte elastische Tragflächen, deren Wölbungsscheitel außerhalb der Fahrzeugachse liegen, angeordnet. Hierdurch soll das Gleichgewicht der Flugmaschine, insbesondere beim Fall, erhalten werden. Die mittels Fahrgestells oder anderer bekannter Einrichtungen eingeleitete Anfangsbewegung wird bei der Flugmaschine durch eine Luftschraube gesteigert, bis das Fahrzeug unter dem alleinigen Einfluß der letzteren seinen Weg in der Luft fortsetzen kann.

Die Tragflächen können gemeinsam durch einen in der senkrechten Fahrzeugachse angeordneten Segelschaft sowohl in beliebigen Winkeln gegen die Horizontalebene fest eingestellt als auch zwangläufig schwingend bewegt werden. Sie bieten somit dem Luftwiderstande der Flugbahn in allen Richtungen des Fluges eine symmetrische Form bei unveränderter Schwerpunktslage des Fahrzeuges durch die Anordnung aller maschinellen Bestandteile unter dem Mittelpunkt des Segelkörpers.

Die Einleitung des Fluges erfolgt nach Einstellung des senkrecht unbewegten Segelkörpers im wirksamsten Winkel gegen die Flugbahn, wobei die der Flugrichtung gegenüberstehenden, schräg aufgerichteten Tragflächenteile unter dem Einfluß der Luftschraube bei flacherer Einstellung einen langsameren, bei steilerer Einstellung einen schnelleren Auftrieb des Fahrzeuges herbeiführen müssen.

Hieraus erklärt sich die Befähigung dieses Segelkörpers zur Flugtätigkeit sowie zur Höhensteuerung des Fahrzeuges ohne weiteres, ebenso auch seine bezweckte hohe Widerstandsentfaltung zum gesteigerten Tragkraftvermögen und zur Landung durch die fallschirmartige Wirkung.

Die motorische Kraft kann auch dazu benutzt werden, durch den zwangläufigen Schwingungsantrieb des Segelkörpers den Auftrieb zu steigern. Hierzu wird indessen ausdrücklich bemerkt, daß der Antrieb des senkrecht unbewegten Segelkörpers durch die Luftschraube eine für sich abgeschlossene Arbeitsform des Erfindungsgegenstandes bilden soll, so daß die senkrechte Bewegung des Segelkörpers lediglich als unterstützendes Arbeitsmittel zur Steigerung des Fahrzeugauftriebes während der Fahrt anzusehen ist.

Die während des Fluges bezweckten Richtungsveränderungen werden durch den jeweiligen Auszug eines Segels auf der Drehungsseite bewirkt, dessen Rückzug nach vollendeter Drehung zu erfolgen hat, während für den Geradflug unter der rückseitigen Tragfläche über der Steuerschraube ein Kielsegel angeordnet wird. Zur Unterstützung des Auftriebes kann unter dem luftigen Korbboden eine Hubschraube angeordnet werden.

Auf dem starren Bodengestell b (Fig. 77) ruht das elastische Fahrgestell f und das feste Gestell g zur Lagerung des Motors M und zur Aufnahme aller Triebwerkteile. Den oberen Abschluß des Gestells bildet die Kopfplatte p mit dem Führungsmast m zur Aufnahme des senkrechten Segelschaftes s. Die Kopfplatte p dient zugleich zur festen Lagerung des Tragwerkes T für den Segelkörper H.

Der Segelkörper H besteht aus einer Anzahl gebogener Segelstäbe o und u mit Hebelarmen h, welche mit dem Kopfe k des Segelschaftes s sowie mit den Gelenkstücken G des Tragwerkes T gelenkig verbunden sind, wobei die Segelstäbe o eine obere, die Segelstäbe u eine untere Stabschicht bilden. Von u aus wird die Wölbung der Tragflächen hergestellt und es erfolgt die flachere oder tiefere Krümmung der Segelstäbe durch Zugdrähte z und z_1. Je nach der bezweckten Segellage wird diese Spannung durch die Zugdrähte z_1 vom Führungsmast m aus gemeinsam bewirkt. Der Motor M treibt die Schraube S und ferner eine Hubschraube S_1 an.

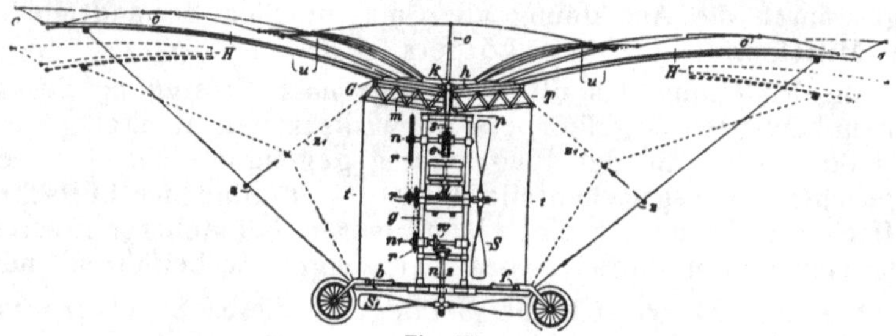

Fig. 77.

Patentansprüche:

1. Drachenflieger, gekennzeichnet durch rings um einen senkrechten Mittelschaft schirmartig angeordnete Tragflächen (H) mit außerhalb der Fahrzeugachse liegenden Wölbungsscheiteln sowie durch ihre zur Höhensteuerung und Landung dienende gemeinsame Einstellbarkeit in verschiedenen Winkeln gegen die Horizontalebene.

2. Drachenflieger nach Anspruch 1, dadurch gekennzeichnet, daß sämtliche Tragflächen zur Unterstützung des Fahrzeugauftriebes mit einem senkrecht auf und abbeweglichen Antriebsgestänge verbunden sind.

33. Die Vorrichtung zum Verwinden der Tragflächen an Flugzeugen nach

Patentschrift Nr. 228 604

Robert Esnault-Pelterie in Billancourt (Frankreich),

angemeldet am 11. April 1907, ausgegeben am 17. November 1910, unterscheidet sich von den bekannten Anordnungen dieser Art dadurch, daß die Verwindung durch zwei Paar Spannseile bewirkt wird, die von den Enden eines wagerechten, unterhalb der Tragflächen angeordneten, um eine senkrechte Achse drehbaren Doppelhebels in schräger Richtung nach oben nach den entsprechenden Ecken der Tragflächen gehen.

Der Körper des Drachenfliegers wird von einem Traggerüst aus vier Längsstücken a gebildet (Fig. 78), welche durch Spreizen b verbunden sind. Um diesen Träger ist ein weiteres Gerippe von kreisförmigem Querschnitt gelegt, das mit einem glatten und dichten Stoff bekleidet ist. An diesem Körper sitzen seitlich zwei Flügel e, e, von deren Ecken Spannseile g und f nach den Enden einer wagrechten Stange h gehen. Diese Stange sitzt an einer senkrechten drehbaren Stütze i, die von einem Handgriff l aus unter Zwischenschaltung eines beliebigen Gestänges gedreht werden kann und hierdurch die Verwindung der Flächen bewirkt, ohne daß dadurch, abgesehen von der Verschiebung des Gestänges

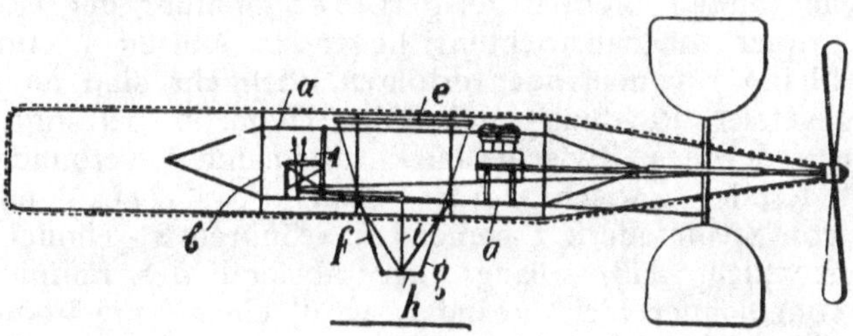

Fig. 78.

und der Flächenänderung, eine wesentliche Verschiebung des Schwerpunktes eintritt.

Patentanspruch:

Vorrichtung zum Verwinden der Tragflächen von Drachenfliegern, dadurch gekennzeichnet, daß von den Enden eines wagerechten, unterhalb der Tragflächen angeordneten, um eine senkrechte Achse drehbaren Doppelhebels je zwei Seile nach den entsprechenden Ecken der Tragflächen geführt werden.

34. Gegenstand der Erfindung nach

Patentschrift Nr. 232 250

Alexander Baumann in Charlottenburg und Ernst Emil Freytag in Zwickau i. Sa.,

angemeldet am 30. Juli 1908, ausgegeben am 11. März 1911,

ist ein Drachenflieger, bei welchem die Einstellung in die Gleichgewichtslage sowohl bezogen auf die Querachse als auch auf die Längsachse desselben selbsttätig erfolgt.

Das Wesen der Erfindung besteht darin, daß die Tragflächen der Flugvorrichtung am Gestell um Querachsen und samt ihren Querachsen um eine gemeinsame Längsachse drehbar angeordnet sind. Die Drehungen der Tragflächen um die Längsachse können unabhängig voneinander erfolgen und dienen zur Verstellung von an den Enden der Tragflächen parallel zur Ebene derselben drehbar oder verschiebbar angeordneten, die Stabilität um die Längsachse sichernden Flügel; die Drehungen der Tragflächen um die Querachsen sind dagegen so voneinander in Abhängigkeit gebracht, daß bei unverändertem Abstand der Endpunkte der Drehhebel der Tragflächen eine Aufwärtsdrehung der einen Tragfläche einer Abwärtsdrehung der anderen Tragfläche entspricht, wodurch die Stabilität der Flugvorrichtung um die Querachse erreicht wird.

In Fig. 79 sind an den Enden des Gestells 1 der Flugvorrichtung zur Aufnahme des Führerstandes, des Motors und des Propellers um eine Längsachse 2 drehbare Rahmen 3 angeordnet. An diesen Rahmen sind die Tragflächen 5, die an sich beliebig als einfache oder mehrfache, ebene oder gekrümmte Tragflächen ausgeführt sein können, drehbar gelagert. Die Drehung der Tragflächen 5 um ihre quer zur Fahrtrichtung liegenden Achsen 4 kann jedoch nicht unabhängig voneinander erfolgen, vielmehr sind an ihnen in entgegengesetzter Richtung zueinander Hebel 6 befestigt, welche durch ein federndes Zwischenstück miteinander verbunden sind. Dieses federnde Zwischenstück kann etwa aus unter der Wirkung von Spannfedern 7 stehenden Schnüren 8 gebildet werden. Es ist ersichtlich, daß, solange der Abstand der Endpunkte der Hebel 6 voneinander nicht geändert wird, einer Aufwärtsbewegung der einen Tragfläche eine Abwärtsbewegung der anderen Tragfläche entsprechen muß, während bei Vergrößerung dieses Abstandes einer Aufwärtsdrehung der einen Tragfläche eine Aufwärtsdrehung der anderen Tragfläche, bei Verkürzung desselben einer Abwärtsdrehung der einen Tragfläche eine Abwärtsdrehung der anderen Tragfläche entspricht. Bei Bewegung der Flugvorrichtung gegen die ruhende Luft müssen sich die Tragflächen 5 genau parallel zueinander unter dem gleichen, von der Geschwindigkeit der Flugvorrichtung und der Spannung der Federn 7 abhängigen Winkel einstellen, weil nur dann das System 5, 6, 7, 8 infolge des gleichen Winddruckes auf die Flächen 5 sich im Gleichgewicht befinden kann. Wirkt dagegen ein plötzlicher Windstoß von schräg unten (Pfeilrichtung 10) etwa gegen die vordere Tragfläche 5, so vergrößert sich zunächst der Winddruck auf die Fläche 5, wodurch diese etwas nach aufwärts gedreht wird. Dieser Aufwärtsdrehung der vorderen Tragfläche 5 entspricht aber infolge der Verbindung 6, 7, 8 eine gleich große Abwärtsdrehung der hinteren Tragfläche 5; während also der Winkel der vorderen Fläche 5 zur Flugrichtung verkleinert wird, wird der der hinteren Tragfläche 5 um den gleichen Betrag vergrößert; der Auftrieb auf die vordere Tragfläche nimmt daher ab, der Auftrieb auf die hintere Fläche entsprechend zu, wodurch die Wirkung des Windstoßes in Richtung der Pfeile 10, welcher die Flugvorrichtung um die Querachse zu kippen sucht, aufgehoben wird. In der gleichen Weise wird jeder beliebige auf eine der Tragflächen auftreffende Windstoß, welcher die Flugvorrichtung um eine Querachse zu kippen sucht, aufgehoben.

Soll dagegen etwa zu der Aenderung der absoluten Flughöhe eine Einstellung der Tragflächen 5 erfolgen, so kann dies dadurch geschehen, daß der Abstand der Endpunkte der Hebel 6 voneinander

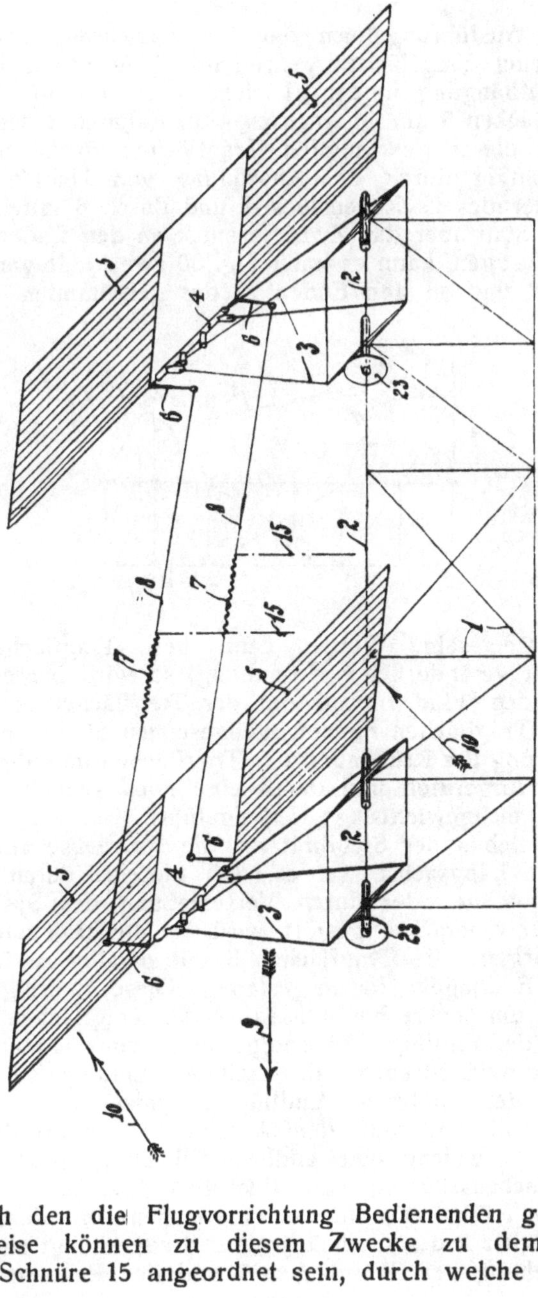

Fig. 79.

etwa durch den die Flugvorrichtung Bedienenden geändert wird. Beispielsweise können zu diesem Zwecke zu dem Führerstand reichende Schnüre 15 angeordnet sein, durch welche die Spannung der Federn 7 geändert werden kann. Dadurch wird die Anordnung eines besonderen Höhensteuers überflüssig. Macht man unter Einwirkung des Motors oder von Hand den Abstand der Hebel 6 voneinander periodisch veränderlich, so ist sogenannter Wellenflug erzielbar.

Bei der Ausführungsform der Flugvorrichtung nach Fig. 80 sind statt ebener Tragflächen gekrümmte Tragflächen 16 angeordnet, deren Aufhängung in der gleichen Weise erfolgt, wie die der ebenen Tragflächen 5 um Querachsen 4 an Rahmen 3 des Gestells 1. Die Drehung dieser gekrümmten Tragflächen 16 ist wieder voneinander abhängig durch die Anordnung von Hebeln 6, welche durch ein federndes Zwischenstück 7 und durch 8 miteinander verbunden sind. Statt aber das Zwischenstück an den Enden der Hebel 6 starr zu befestigen, kann es nach Fig. 80 zweckmäßigerweise über Rollen geführt und an den Enden 17 der gekrümmten Tragflächen

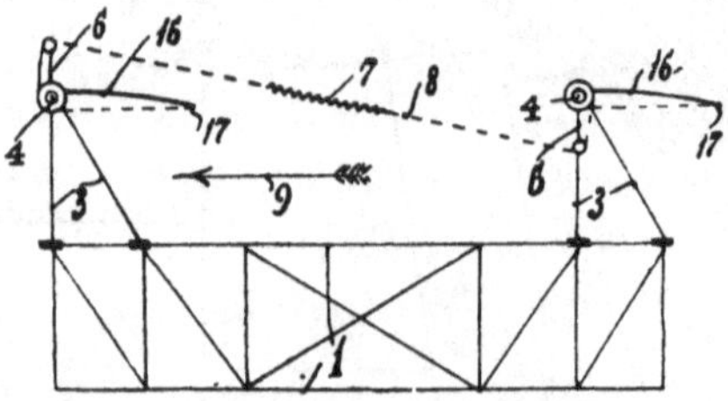

Fig. 80.

16 angeschlossen sein. Werden dann diese Tragflächen federnd ausgeführt mit veränderlicher Krümmung, so wird bei einem plötzlich auftreffenden Windstoß auf eine der Tragflächen nicht nur eine Drehung der Tragflächen im entgegengesetzten Sinne, sondern auch eine Veränderung der Krümmung der Tragflächen im entgegengesetzten Sinne hervorgerufen und damit eine noch schnellere Rückführung in die Gleichgewichtslage herbeigeführt.

Um nun neben der Stabilität um die Querachse auch die Stabilität um die Längsachse, sei es, daß dieselbe durch schrägauftreffende Windstöße oder durch Verschiebung des Systemschwerpunktes in der Querachse gestört wird, zu sichern, sind, wie aus Fig. 81 hervorgeht, die Tragflächen 5 mit parallel zu ihrer Ebene verstellbaren Endflügeln 18 ausgestattet. Diese Endflügel 18 sind beispielsweise um senkrechte Achsen 19 der Tragflächen 5 drehbar. Die Drehung der Endflügel 18 erfolgt derart voneinander abhängig, daß dem Einwärtsdrehen des einen Endflügels ein Auswärtsdrehen des anderen Endflügels entspricht. Dies wird dadurch erreicht, daß auf den Achsen 19 Schnurrollen 20 befestigt sind, um welche eine endlose Schnur 21 geschlungen ist, die unter Zwischenschaltung von Hilfsrollen 22 zu einer festen Rolle 23 des Gestells 1 führt. Da nun die Tragflächen 5 mit dem Rahmen 3 an der Längsachse 2 des Gestells pendelnd aufgehängt sind, so wird bei einer Drehung der Tragflächen 5 und des Rahmens 3 um die

Achse 2 etwa im Pfeilsinne 24 das Trum 25 der Schnur 22 auf die feste Rolle 23 aufgewickelt, das Trum 26 dagegen von dieser festen Rolle 23 um den gleichen Betrag abgewickelt. Es werden dadurch die Rollen 19 im entgegengesetzten Sinne gedreht, der rechte Flügel 18 also nach außen, der linke Flügel 18 dagegen um den gleichen Betrag nach innen geschwenkt. Die Wirkungsweise dieser Vorrichtung ist folgende:

Trifft plötzlich in der Richtung des Pfeiles 27 einseitig ein Windstoß auf die Tragfläche 5, so wird infolge der Trägheit des

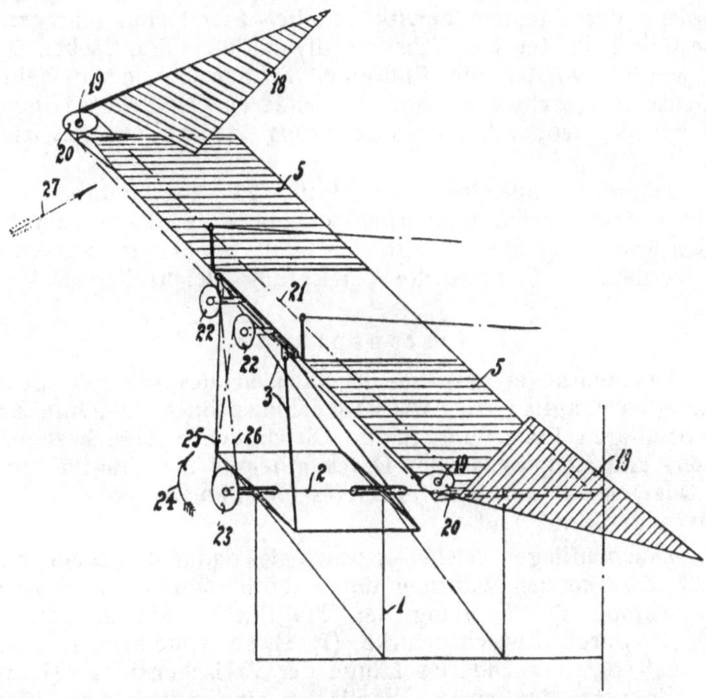

Fig. 81.

Gestells 1 die Tragfläche 5 in Richtung des Pfeiles 24 um die Längsachse des Gestells 1 etwas gedreht. Der linke Flügel 18 wird daher nach einwärts, der rechte Flügel 18 dagegen um den gleichen Betrag nach auswärts geschwenkt. Die Fläche der linken Hälfte der Tragfläche 5 wird also verringert, die der rechten Hälfte vergrößert, der Auftrieb auf die linke Hälfte der Tragfläche verkleinert, der auf die rechte Hälfte der Tragfläche vergrößert und dadurch die Wirkung des Windstoßes in Richtung des Pfeiles 27 auf die linke Hälfte der Tragfläche 5 aufgehoben. Gleichzeitig verringert sich der Hebelarm auf der linken Seite für den Angriff des Winddruckes, während er sich auf der rechten vergrößert, wodurch dieselbe Wirkung erzielt wird wie durch die gleichzeitige Vergrößerung und Verkleinerung der Tragflächen auf der linken und rechten Seite. Die Empfindlichkeit der Regulierung ist dabei eine sehr große, weil die auftreffenden Trägheitskräfte um so bedeutender sind, je heftiger eine Störung der Gleichgewichtslage angestrebt wird, d. h. je heftiger ein Windstoß einsetzt, und weil sie gleich in Wirkung treten. Zu diesen Trägheitskräften addieren sich noch die rein statischen Kräfte, die bei einer angestrebten Störung des Gleichgewichts dadurch auftreten, daß der Schwerpunkt der pendelnden Brücke tiefer liegt als der Drehpunkt.

In der gleichen Weise wird auch eine Verschiebung des Systemschwerpunktes in der Querachse der Flugvorrichtung ausgeglichen. Eine solche Verschiebung bewirkt nämlich zuerst eine Schrägstellung des Gestells 1 in der Querachse relativ zu den Tragflächen 5. Dadurch werden wieder die Endflügel 18 auf der einen Seite der Längsachse eingeschwenkt, auf der anderen Seite der Längsachse ausgeschwenkt, wodurch die Rückführung in die Gleichgewichtslage erfolgt.

Macht man außerdem noch Rolle 23 vom Führerstand aus gegenüber dem Gestell willkürlich verstellbar, so kann vom Führer eine Schrägstellung der Tragflächen und damit ein Kurvenfahren erzielt werden. Es dient so die Vorrichtung gleichzeitig als Vertikalsteuer.

Patentansprüche:

1. Drachenflieger mit um Querachsen des Gestells pendelnd aufgehängten Tragflächen, dadurch gekennzeichnet, daß, zum Zwecke der selbsttätigen Einstellung in die Gleichgewichtslage bezogen, auf die Quer- und Längsachse des Drachenfliegers die Tragflächen samt ihren Querachsen um eine gemeinsame Längsachse des Gestells drehbar angeordnet sind.

2. Drachenflieger nach Anspruch 1, dadurch gekennzeichnet, daß zum Zwecke der Wahrung der Stabilität um die Querachse der Flugvorrichtung die Drehung der Tragflächen (5) um die Querachsen (4) durch Zwischenstücke (7, 8) so voneinander abhängig erfolgt, daß bei ungeänderter Länge der Zwischenstücke (7, 8) der Aufwärtsdrehung der einen Tragfläche eine selbsttätige Abwärtsdrehung der anderen entspricht, während durch eine Aenderung der Länge des Zwischenstückes von Hand beide Tragflächen um den gleichen Winkel nach auf- oder abwärts gedreht werden.

3. Drachenflieger nach Anspruch 1 mit an den Tragflächen angeordneten einstellbaren Endflügeln zum Zwecke der Wahrung der Stabilität der Flugvorrichtung um die Längsachse, dadurch gekennzeichnet, daß deren Bewegung im entgegengesetzten Sinne zueinander derart, daß der eine Flügel ein-, der gegenüberliegende Flügel ausgeschwenkt wird, durch die Drehung der Tragflächen (5) um die Längsachse (2) des Gestells (1) bewirkt wird.

4. Drachenflieger nach Anspruch 1, 2 und 3, dadurch gekennzeichnet, daß die Verstellung der um Achse (19) drehbaren Endflügel (18) mittels einer um Rollen (20 und 22) zu einer festen Rolle (23)

führenden endlosen Schnur (21) erfolgt, wobei die feste Rolle (23) zum Zwecke der Verstellung der Endflügel beim Kurvenfahren vom Führerstande aus gesteuert werden kann.

35. Flugmaschinen, wie z. B. Drachenflieger, bedürfen Dämpfungsflächen, die einen im Verhältnis zur Größe des Apparates sehr beträchtlichen Flächeninhalt besitzen müssen. Die Erfindung nach der

Patentschrift Nr. 233 267

Gaetano Arturo Crocco und Ottavio Rigaldoni in Rom,

angemeldet am 20. März 1909, ausgegeben am 5. April 1911,

hat den Zweck, die zur Erhaltung der Stabilität der Fahrzeuge nötige Fläche zu verkleinern, indem man hinten oder zugleich vorn und hinten gesteigerte Wirkung besitzende Flächen so anbringt, daß sie sowohl bei der Vor- als auch bei der Rückwärtsfahrt stets im nämlichen Sinne wirken.

Nach der Erfindung ordnet man nun die Dämpfungsflächen beweglich anstatt fest, nämlich mittels Zapfen um eine Achse drehbar, welche sich quer zur Richtung der Bewegung und hinter dem gesamten Widerstand der Fläche befindet.

Es genügt, eine ebene Fläche auf einer durch den Schwerpunkt führenden Querachse zu lagern, um sicher zu sein, daß diese bei jedem Neigungswinkel stets hinter dem Widerstand bleibt.

Wenn es sich um krumme Flächen handelt, muß man von Fall zu Fall die richtige Lage der Achse ermitteln, da die Lage und die Wanderung des resultierenden Luftwiderstandes von der Form der Fläche abhängig ist.

Wenn man hintere und vordere Flächen so anwenden will, daß sie in gleichem Sinne wirken, werden die Hinterflächen drehbar auf einer Achse in dem hintersten Viertel der Flächenlänge angeordnet, und zwar am besten in nächster Nähe des hinteren, nicht des vorderen Endes des genannten Längenviertels.

Die Vorderflächen werden dagegen drehbar auf einer im vordersten Viertel befindlichen Achse angeordnet, und zwar am besten in der Nähe der Vorderkante selbst. Mit dieser Einrichtung erlangt man, daß sowohl bei der Vorwärts- als auch bei der Rückwärtsfahrt die jeweilige Hinterfläche bei Schwankungen des Fahrzeuges darauf hinstrebt, einen größeren Neigungswinkel einzunehmen, wodurch ein starkes aufrichtendes Moment erzeugt wird, während die jeweilige Vorderfläche im wesentlichen ihre Lage beibehält, wobei nur sehr geringe Störungen hervorgerufen werden.

Um die Störungen zu vermeiden, die bei dem Auftrieb durch die energische Wirkung der elastischen Flächen hervorgerufen werden, kann man dieselben mit Vordersteuern mit umgekehrter Wirkung verbinden, wie aus dem Schema der Fig. 82 ersichtlich.

In derselben stellen 19 und 20 den Schwanz und den Kopf des Körpers eines Drachenfliegers dar; am Schwanz ist die elastische, durch die Feder 13 zurückgehaltene und eine senkrechte Stange 21 besitzende Fläche 2 angebracht; am Kopf ist das eine senkrechte Stange 23 besitzende entlastete Steuer 21a vorgesehen. Die beiden Stangen sind durch gekreuzte Drähte 24 miteinander verbunden, so daß die Drehungen der beiden Flächen in umgekehrter Richtung erfolgen. Es kann irgendwelches andere Draht-, Hebel- oder Triebwerksystem, das denselben Zweck erreicht, verwendet werden.

Während die elastische Fläche eine gewisse niederdrückende Kraft erzeugt, erzeugt das Vordersteuer gleichzeitig eine gewisse hebende Kraft oder umgekehrt. Die beiden Kräfte können im Werte gleich oder die Steigkraft überwiegend sein, falls dies besser passend ist.

Auf diese Weise wird das Aufrichtpaar ohne Beeinträchtigung der Hubwirkung des Ganzen gesteigert.

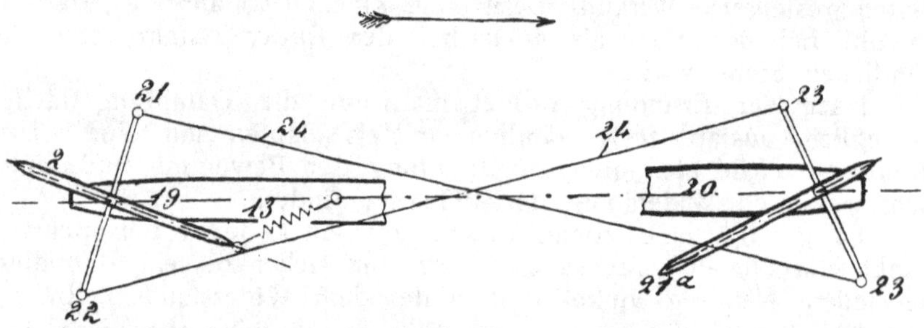

Fig. 82.

In der Figur sind der Klarheit halber die Tragflächen und der Propeller weggelassen worden.

Patentansprüche:

1. Dämpfungsvorrichtung für Luft- und Wasserfahrzeuge, dadurch gekennzeichnet, daß die Flächen derartig drehbar angeordnet sind, daß, in der Fahrtrichtung gerechnet, die Drehachse hinter dem Widerstande der Fläche liegt, und daß die Beweglichkeit der Flächen durch Federn beschränkt wird.

2. Dämpfungsvorrichtung gemäß Anspruch 1, dadurch gekennzeichnet, daß die elastischen Verbindungen entweder senkrecht oder parallel zur Fläche, auf die sie einwirken, angeordnet sind.

3. Dämpfungsvorrichtung gemäß Anspruch 1, dadurch gekennzeichnet, daß die Flächen willkürlich bewegt werden können, so daß man sie als Steuer benutzen kann.

4. Dämpfungsvorrichtung nach Anspruch 1 für Wasserfahrzeuge, dadurch gekennzeichnet, daß die Federn im Schiffsinnern untergebracht sind und an mit der Welle der Flächen verbundenen Armen angreifen.

5. Dämpfungsvorrichtung nach den Ansprüchen 1 und 3, dadurch gekennzeichnet, daß der Befestigungspunkt der Feder verschiebbar ist.

6. Dämpfungsvorrichtung nach Anspruch 1 für Drachenflieger, dadurch gekennzeichnet, daß elastisch gehaltene Hinterflächen derart mit vorderen Flächen verbunden sind, daß die Flächen entgegengesetzte Neigung einnehmen.

7. Dämpfungsvorrichtung nach Anspruch 1, gekennzeichnet durch die gleichzeitige Anwendung einer hinteren und vorderen Fläche, deren Drehachsen an den den Enden des Fahrzeuges zugewendeten Kanten der Flächen liegen, während die anderen inneren Kanten der Dämpfungsflächen mit dem Schiffskörper elastisch verbunden sind.

8. Dämpfungsvorrichtung nach Anspruch 7, dadurch gekennzeichnet, daß die Befestigungspunkte der Federn der Vorder- und Hinterflächen derartig verschiebbar angeordnet sind, daß die Befestigungspunkte beider Federn gleichzeitig gegen Bug oder Heck verlegt werden können.

36. Die

Patentschrift Nr. 233 505
Paul Brendel in Breslau,

angemeldet am 5. August 1909, ausgegeben am 11. April 1911,

zeigt eine Tragfläche, bei der die Gestellrippen in verschiedenen Richtungen schräg zur Fahrrichtung derart angeordnet sind, daß die dadurch entstehenden Tragflächenteile mit der Spitze gegeneinanderstoßende Rhomben und zwischen den Rhomben liegende Vierecke bilden.

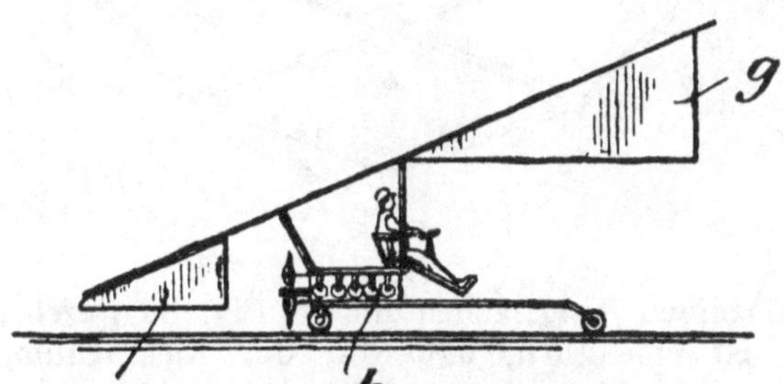

Fig. 83.

Die diese Fläche überspannende Leinwand baucht sich naturgemäß in der Mitte der Flächen mehr aus als an deren Spitzen, und da die einzelnen Flächen mit ihren Spitzen zusammenstoßen, geht die Kurve, welche die Leinwand beim Fluge bildet, allmählich von dem einen Flächenteil zu dem anderen über, so daß auch bei großer Geschwindigkeit des Apparates die Luft mit gleichem Druck an allen Teilen der Tragfläche anliegt und schädliche luftverdünnte Räume bei der Bewegung des Apparates nicht entstehen können.

Die Tragfläche wird aus den schräg zur Fahrrichtung angeordneten Stäben a gebildet, welche bei b vorteilhaft drehbar miteinander verbunden sind, so daß man das Gestell zusammenlegen kann.

Die einzelnen Flächenteile c, d, e bilden gegeneinanderstoßende Rhomben und zwischen den Rhomben liegende Vierecke (Fig. 85).

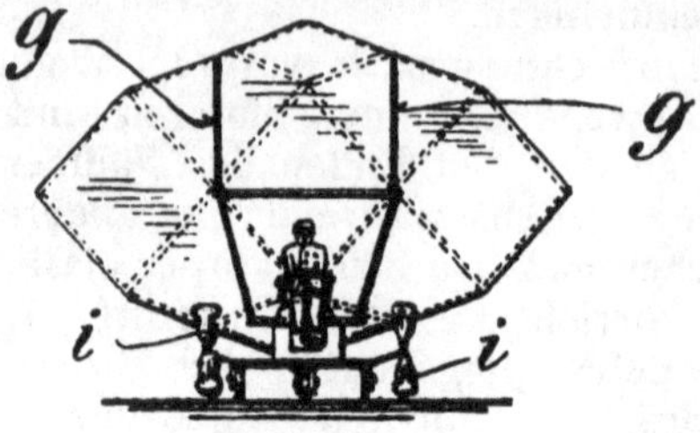

Fig. 84.

Da in jeder der einzelnen Flächen die Breite der tragenden Leinwand von der Spitze nach der Mitte zu allmählich von Null ansteigt und die Ausbuchtung der Leinwand proportional der Entfernung zwischen den Unterstützungspunkten ist, so nehmen beim

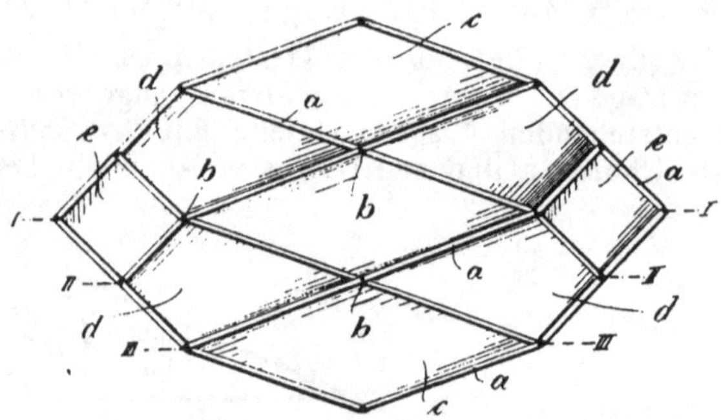

Fig. 85.

Fluge die einzelnen Tragflächen die in Fig. 86 gezeichnete Gestalt an, und es ist ersichtlich, daß von der Ausbuchtung der einen Tragfläche zu derjenigen der anstoßenden anderen ein allmählicher Uebergang stattfindet, so daß auch bei schnellem Fluge eine plötz-

Fig. 86.

liche Ablenkung der unter die Tragflächen gelangenden Luft durch die Gestellrippen nicht stattfindet und daher die gesamte Fläche voll zur Ausnutzung kommt.

Bei dem in Fig. 83 und 84 gezeichneten Ausführungsbeispiel der Erfindung erfolgt der Antrieb von dem Motor h aus auf zwei Schrauben i, i und die Seitensteuerung durch das Steuer f. Die Höhensteuerung kann durch entsprechende Einstellung des Schwerpunktes gegen die Tragfläche bewirkt werden. Die mit g in Fig. 83 und 84 bezeichneten Teile sind an sich bekannte Stabilitätsflächen.

Patentanspruch:

Gestell für Tragflächen von großer Ausdehnung, dadurch gekennzeichnet, daß die über der Tragfläche liegenden Gestellrippen in verschiedenen Richtungen schräg zur Fahrrichtung angeordnet sind, so daß die dadurch entstehenden einzelnen Tragflächenteile mit der Spitze gegengeinanderstoßende Rhomben und zwischen den Rhomben liegende Vierecke bilden.

II. Gleitflieger.

Bei den Gleitfliegern wiederholt sich die bereits bei den Drachenfliegern gemachte Beobachtung, daß die Erfinder sich bei den ersten Versuchen noch des Gasraumes bedienten und erst allmählich dazu übergingen, das Schweben bzw. Gleiten rein dynamisch ohne Zuhilfenahme eines Ballons zu erzielen.

37. So beschreibt die

Patentschrift Nr. 11 490
William Augustus Leggo in Lachute (Canada),
angemeldet am 2. Oktober 1879, ausgegeben am 6. November 1880,

einen Gleitflieger, bei welchem drei Faktoren bei der Erzeugung der diagonal gleitenden Bewegung mitwirken, nämlich eine Kraft zur Bewegung in senkrechter Richtung, eine schiefe Ebene und der Widerstand der Luft.

Die diagonale gleitende Bewegung des Apparates wird dadurch hervorgebracht, daß man das Schiff schief stellt, d. h. seine Längsachse aus der horizontalen Ebene bringt. Auf diese Weise werden der Luft, welche sich der Auf- und Abbewegung des Schiffes entgegenstellt, schiefe Flächen dargeboten und hierdurch der Widerstand der Luft dazu benutzt, um das Schiff vor- oder zurückzubewegen. Um eine diagonale Vorwärtsbewegung zu erlangen, hebt man den Bug, während das Schiff steigt, und senkt ihn, während das Schiff sinkt, und umgekehrt, wenn man eine diagonale Rückwärtsbewegung erhalten will. Um auf diese Weise Strecken zurücklegen zu können, muß das Schiff beständig steigen und fallen, welche Bewegung mit irgend einem Mittel erzeugt wird.

Am besten wird diese Bewegung dadurch erzeugt, daß man das Schiff mit einer oder mehr Abteilungen oder Kammern versieht, welche, in dem oberen Teile angebracht, beständig mit Wasserstoff oder einem anderen geeigneten Gase gefüllt sind und einen solchen Rauminhalt haben, daß ihre ganze Hebekraft etwas weniger beträgt, als nötig ist, um das Schiff samt Rüstung und Ladung zu heben. Um dem Schiffe die für die diagonale Bewegung erforderliche Neigung zu geben, kann man verschiedene Mittel anwenden. Das einfachste ist, Laufgewichte unter dem Schiffe anzubringen.

Gemäß der beistehenden Fig. 87 bildet das Tragdach A eine horizontale, flache Ebene und besteht aus einem Stoffe, welcher größte Widerstandsfähigkeit und größte Leichtigkeit verbindet. Auf der oberen Seite dieses Gerüstes sind Kammern B B, B^1 B^1 und B^2 z. B. aus Kanevas angebracht. Diese Kammern sind von solchem Umfange, daß sie, wenn sie vollständig mit Wasserstoff gefüllt sind, weniger Hebekraft besitzen, als nötig ist, um das Schiff samt Rüstung und Last in die Höhe zu heben. C ist die Neben- oder

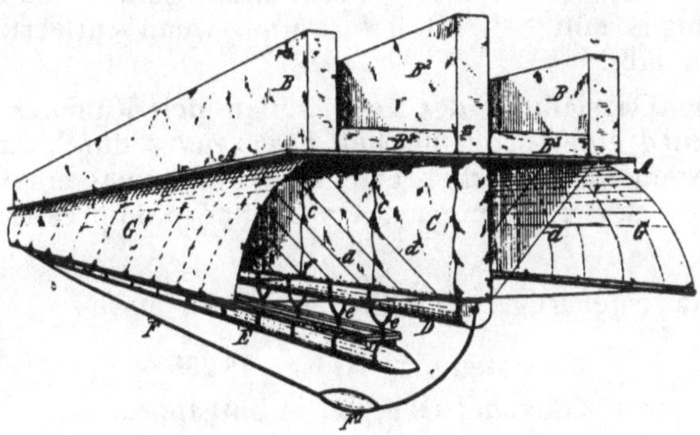

Fig. 87.

Expansionskammer. Dieselbe hängt von dem Gerüste A herunter und besteht entweder ganz oder teilweise aus nicht brennbarem Stoffe. Wenn dieselbe ganz aufgeblasen ist, so verstärkt sie die Hebekraft der Kammern B, B^1 und B^2 in dem Maße, daß das Schiff in die Höhe gehoben wird. Dagegen sinkt dasselbe, wenn diese Kammer auf ihren gewöhnlichen Umfang zusammenfällt. Die Kammer C ist mit Gas oder einer Flüssigkeit gefüllt (z. B. Ammoniakgas oder Ammoniakflüssigkeit), welche sehr schnell unter dem Einflusse der Hitze expandieren kann. Die Hitze wird durch die Verbrennung irgend eines Brennstoffes, wie z. B. Kohlenwasserstoff, erzeugt, der sich in Gefäßen oder Feuerkammern in dem Behälter D befindet. Der Behälter D besteht aus beliebigem Stoffe und hängt am Rahmen des Behälters C, sowie an den von A niedergehenden Stangen d. Die Feuerkammern müssen natürlich derart angelegt sein, daß eine Feuersgefahr ausgeschlossen ist. Das zu expandierende Gas oder die Flüssigkeit, von welcher Gas erzeugt werden soll, befindet sich in gesonderten Behältern.

Die Last oder Gondel E ist mit Tauen e an dem Gerüst A aufgehängt, und zwar so, daß sie, am Orte der Bestimmung angelangt, leicht abgehängt und durch eine neu beladene ersetzt werden kann. Das Laufgewicht F^1 ist an einem endlosen Seile befestigt, welches durch die Kammer D hindurchgeht und mittels einer Trommel hin- und hergekurbelt werden kann. G G sind Segel oder Flächen, welche oben an dem Gerüst A befestigt sind, während ihre unteren Ränder durch Taue mit der Kammer D in Verbindung stehen. Die Flächen können mit Hilfe dieser Taue verstellt werden und auf diese Weise zum Steuern des Schiffes dienen.

Patentansprüche:

1. Die Verwendung von zweierlei bewegender Kraft zum Heben eines Luftschiffes, welche Kraft geliefert wird erstens von den permanent mit Gas gefüllten Kammern B B^1 B^2, welche nie entleert zu werden brauchen und deren Auftrieb nicht ganz hinreicht, um das Luftschiff zu heben, und zweitens von der nur zeitweilig mit Gas gefüllten Kammer C, welche, wenn gefüllt, die zum Heben des Fahrzeuges nötige Kraft liefert und, wenn entleert, das Fahrzeug sinken läßt.

2. Die Darstellung des zum Füllen der Kammer C nötigen Gases an Bord eines äronautischen Fahrzeuges durch Erhitzen von flüssigem Ammoniak durch brennenden Kohlenwasserstoff, und das Kondensieren der entstandenen Gase ohne Kompression.

38. Ein eigenartiger Gleitflieger ist der nach

Patentschrift Nr. 48 205
Giovanni Gaggino in Singapore.

Angemeldet am 24. Dezember 1887, ausgegeben am 24. August 1889.

Interessant ist hier u. a. der Vorschlag, die Hülle des Ballons aus Aluminium herzustellen.

Fig. 88, 89 und 90 stellen einen Flugapparat mit fischförmigem Ballon S dar, dessen Größe dem zu hebenden Gewichte entspricht. Die Umhüllung J besteht aus gasdichtem Stoffe, welcher viel stärker sein muß als der gewöhnlich für Ballons verwendete Stoff, damit er bei der Fortbewegung mit größter Geschwindigkeit dem Luftdruck zu widerstehen vermöge. Auch kann die Umhüllung aus ganz dünnem Aluminiumblech hergestellt werden, in welchem Falle sie selbst bei größter Bewegungsgeschwindigkeit Widerstand leistet.

In Höhe des Mittelpunktes des fischförmigen Ballons ist rings um denselben ein großer, aus Stoff hergestellter ebener Schirm C angebracht, welcher mit entsprechenden Versteifungen und nach oben und unten abgehenden Verstrebungen aus Stahlröhrchen versehen ist, so daß er seine Lage mit bezug auf den Ballon unverändert beibehalten muß. Dieser Schirm bildet die Luftwiderstandsfläche des Apparates und läuft vorn in eine Spitze P aus, während er nach hinten sich verbreitert und durch einen geradlinigen Rand P^1 begrenzt wird. Zum Schutze gegen Verletzung durch Stöße usw. ist der Ballon mit einem Stahldrahtnetz überdeckt.

Am Rückteil des Schirmes C ist ein wagerechtes Steuerruder T angebracht, mittels dessen man die Bewegungsrichtung des Luftschiffes auf- oder abwärts verändern oder die Geschwindigkeit mäßigen kann. Statt eines solchen Steuers könnten auch deren zwei vorhanden sein, wie Fig. 90 zeigt.

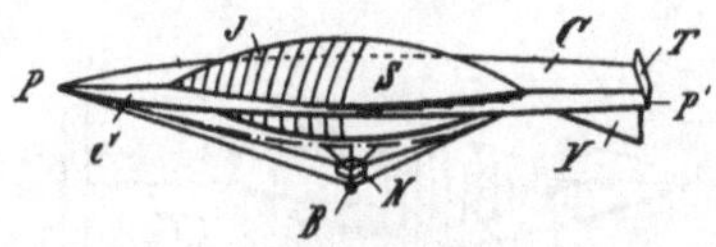

Fig. 88.

Unterhalb des Hinterendes des Schirmes C ist ein lotrechtes Steuerruder V angebracht. Von der Gondel N aus, welche unterhalb des Schirmes C, und zwar entweder wie in Fig. 88 an dem Luftschiffe hängend oder wie in Fig. 90 in dasselbe eingeschlossen angebracht ist, kann der Luftschiffer mittels Zugstangen oder Seile die Steuer leicht verstellen. Unterhalb der Gondel N hängt ein Laufgewicht B, mit welchem die Lage des Schwerpunktes des ganzen Systems gegen den Mittelpunkt des Auftriebes so verändert werden kann, daß die Spitze P des Schirmes C sich senken oder heben muß.

Die Bewegung geschieht in folgender Weise: Der Ballon wird erst mit jener Gasmenge gefüllt, welche erforderlich ist, um sich bis zu einer gewissen Höhe, z. B. bis auf 3000 m über dem Meeresspiegel, zu erheben. Sobald man die Höhe erreicht hat, in welcher der Auftrieb dem Gewichte des Luftschiffes das Gleichgewicht hält, so daß das Luftschiff stehen bleibt, verschiebt man das Laufgewicht B gegen die Spitze P, um dem ganzen System eine Neigung nach vorn zu geben, und läßt dann soviel

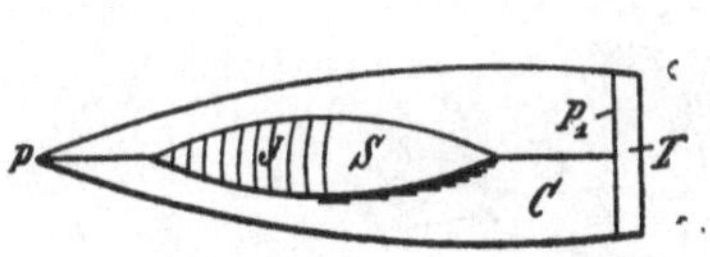

Fig. 89.

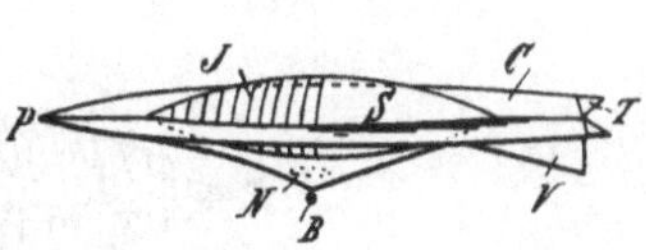

Fig. 90.

Gas ausströmen, daß der Ballon um ein Maß fallen muß, welches die Verwertung der Fallbewegung für Zwecke des Lenkens ermöglicht, z. B. auf 500 m.

Das auf diese Weise in geeignete Lage gebrachte und eines Teils seines Gases beraubte Luftschiff beginnt mit wachsender, jedoch durch die Fallschirmwirkung des Schirmes und durch das wagerechte Steuer gemäßigter Geschwindigkeit zu sinken und bewegt sich mit um so größerer Geschwindigkeit vorwärts, je stärker geneigte Lage man dem System gegeben hat; doch darf dabei ein gewisser Winkel nicht überschritten werden und der Widerstandsschirm keine zu steile Stellung erhalten, damit nicht die dem Luftwiderstande im lotrechten Sinne gebotene Flächenprojektion zu klein und der Luftwiderstand auf die obere oder vordere Fläche zu groß werde.

Nachdem auf diese Weise durch die gleichzeitige Fallbewegung und Einwirkung des Luftwiderstandes auf eine Schrägfläche

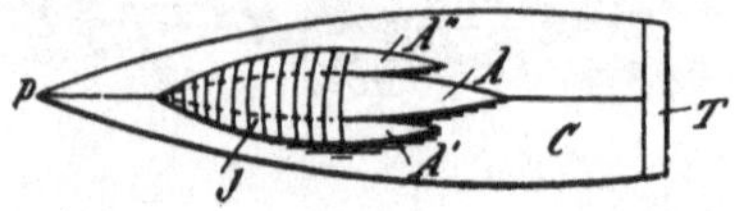

Fig. 91.

eine rasche Vorwärtsbewegung des Luftschiffes erzielt wird, entsteht längs der Unterfläche des Luftschiffes eine von der Spitze P nach dem Teil P1 gerichtete Strömung der verdrängten und ausweichenden Luft, und es kann daher der in der Gondel Befindliche mittels des Steuers T nach Belieben die Neigung des Systems verstärken oder verringern, um die Fallgeschwindigkeit zu erhöhen oder zu vermindern und mittels des Steuers V das Luftschiff nach rechts oder links ablenken.

Sobald das Luftschiff infolge seiner Fallbewegung eine gewisse Geschwindigkeit erlangt hat, wird das Laufgewicht B von vorn nach hinten verstellt, und zwar erst bis unter die Mitte und dann unter den Teil P1, so daß der Luftwiderstandsschirm sich erst wagerecht stellt und dann die Spitze P hebt, und bei der durch die lebendige Kraft veranlaßten Weiterbewegung das Luftschiff wieder in schräger Richtung aufsteigt. Verringert sich dann die Geschwindigkeit beträchtlich, so stellt man das Laufgewicht B abermals nach vorn um, was schräges Sinken des Sy-

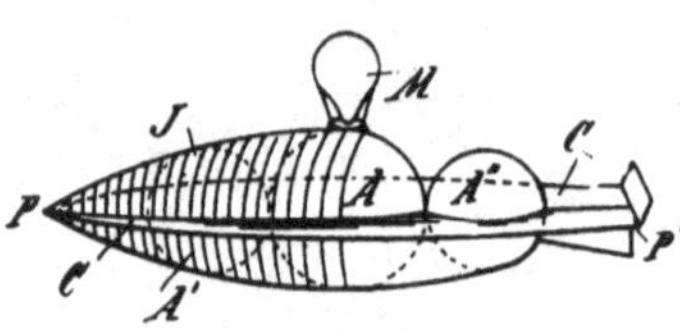

Fig. 92.

stems zur Folge hat usw. Auf diese Weise erzielt man eine Fortbewegung längs einer Wellenlinie, ähnlich wie Fig. 98 das versinnlicht, und zwar in einer Richtung, welche durch das senkrechte Steuer V vom Luftschiffer nach Belieben beeinflußt wird.

Ein anderes Mittel zum abwechselnden Fallen- und Steigenlassen des Luftschiffes besteht in einer in der Gondel unterzubringenden Pumpe, mittels deren man das Gas aus dem Ballon pumpen und in gepreßtem Zustande in einen Behälter schaffen kann, um es dann wieder in den Ballon strömen zu lassen. Beim Auspumpen und Zusammenpressen von Gas verringert sich das Volumen, der Auftrieb wird also kleiner und der Ballon sinkt. Während des Sinkens arbeitet man wieder mit dem Laufgewicht und den Steuerrudern in der beschriebenen Weise. Nimmt dann die Fallgeschwindigkeit ab, so läßt man das ausgepumpte Gas wieder in den Ballon strömen, so daß dieser sich erhebt und man ihn neuerdings fallen lassen kann, um während des Fallens mit den beschriebenen Mitteln eine gewünschte Ortsveränderung in wagerechtem Sinne auszuführen usw.

Fig. 91 zeigt ein Luftschiff, bei welchem statt des einen in Fig. 88 bis 90 dargestellten Fischballons S drei solche miteinander verbundene Ballons vorhanden sind, nämlich ein größerer mittlerer A und zwei kleinere seitliche A' und A".

Das in Fig. 92 dargestellte Luftschiff besitzt auch drei Ballons A, A', A", aber nicht fischförmige, sondern kugelige, einen größeren in der Mitte und zwei kleinere vorn und hinten, wobei wieder ein großer Luftwiderstandsschirm C samt Mantel J die

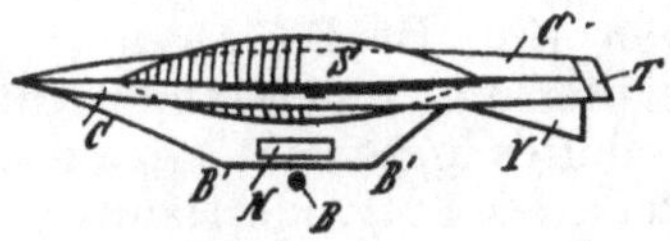

Fig. 93.

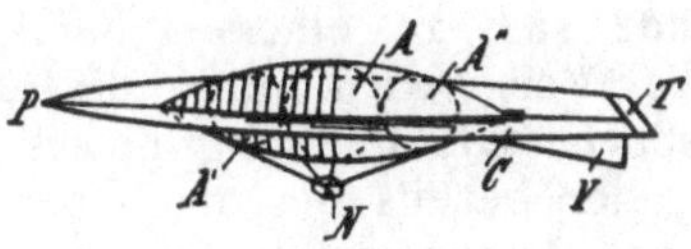

Fig. 94.

Ballons zusammenhält und dem Ganzen eine ähnliche Form gibt, wie den in vorstehendem beschriebenen Luftschiffen, mit dem Unterschiede, daß das Laufgewicht fehlt. Vom höchsten Punkt des mittleren Ballons A bis an die Spitze P reicht ein Mantel J aus widerstandsfähigem Stoff, der sich auch unterhalb der Ballons hin erstreckt und dem Ganzen Fischform gibt. Oberhalb des Mittelteiles ist ein mit erwärmter Luft zu füllender Hilfsballon M angebracht, dessen Inhalt so berechnet ist, daß er allein das ganze Luftschiff auf eine gewisse Höhe zu heben vermag. Ist nun das Luftschiff unter der Einwirkung seiner drei Ballons A, A', A" bis auf die größte Höhe aufgestiegen, in welcher sein Gewicht dem Auftriebe das Gleichgewicht hält, so setzt man den Hilfsballon M in Tätigkeit, welcher dasselbe um ein weiteres Maß, z. B. um 500 m, hebt. Der vordere und hintere Ballon A' und A" sind jeder nur etwa zur Hälfte gefüllt, und wenn das Luftschiff in seiner höchsten Stellung ist, pumpt man vom Inhalt des vorderen Ballons A' so viel in den hinteren A", daß das hintere Ende P^1 des Luftwiderstandsschirmes C sich um das gewünschte Maß hebt und die Spitze P sich senkt.

Nachdem man diese geneigte Lage hervorgebracht, öffnet man das Ventil des Hilfsballons M, so daß die Warmluft entweichen kann, was ein sofortiges Fallen des Luftschiffes auf die frühere Höhe zur Folge hat, und zwar nicht senkrecht oder in irgend einer unbestimmten Richtung, sondern infolge der erzielten Neigung des Schirmes C in schräger Richtung mit Spitze P voraus. Die erzielte schnelle Bewegung gestattet nun wieder die Verwendung des wagerechten und lotrechten Steuers in der beschriebenen Weise, woraus der bereits erklärte Wellenflug erfolgt. Statt des Verstellens des hier nicht vorhandenen Laufgewichts

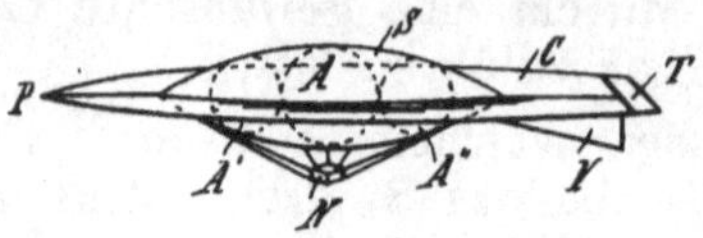

Fig. 95.

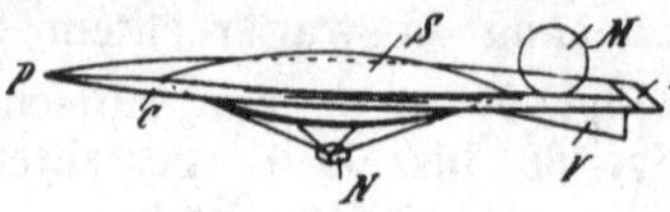

Fig. 96.

pumpt man zum Wechseln der Neigung des Schirmes C das Gas abwechselnd aus Ballon A' in Ballon A'', und umgekehrt.

Fig. 93 ist eine Ausführungsform dieses Luftschiffes, die aus ganz dünnem Aluminiumblech besteht und dieselbe Form wie das durch Fig. 90 dargestellte besitzt. Nur ist hier die Gondel N in den unteren Teil des Luftschiffes eingeschlossen, wo die Seitenwände sich zu einem scharfkantigen Kiel B^1 B^1 vereinigen; auf diese Weise wird durch die Gondel der Luftwiderstand nicht vergrößert. Die Lenkung dieses Luftschiffes geschieht genau so wie jene der bereits beschriebenen mittels des Luftwiderstandsschirmes C, des Laufgewichtes B und der Steuer T und V.

Bei Fig. 94 sind zu beiden Seiten des größeren mittleren Ballons A, welcher mit einem Gase, z. B. mit Wasserstoffgas, gefüllt ist, zwei kleinere, beständig mit Warmluft betriebene Ballons A' A'' angebracht. Das Neigen des Luftwiderstandsschirmes C wird nicht durch ein Laufgewicht, sondern dadurch hervorgebracht, daß man aus dem einen oder dem anderen der Ballons A' und A'' die warme Luft durch ein Ventil entweichen läßt.

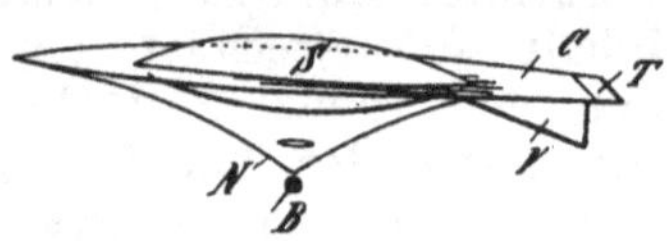

Fig. 97.

Fig. 95 zeigt ein Luftschiff, dessen drei in ein Gehäuse S eingeschlossene Ballons aus Metall erzeugt sind und mit erwärmter Luft betrieben werden. Der mittlere Ballon A allein muß genügenden Auftrieb haben, um das ganze System auf eine gewisse Höhe, z. B. auf 1000 m zu heben, während der vordere und hintere Ballon zusammen die Kraft haben, den Ballon gleichfalls auf diese Höhe zu heben, so daß er also z. B. auf 2000 m gehoben wird. Durch Neigen des Luftwiderstandsschirmes C und Oeffnen der Ventile von A' und A'' ruft man dann den schräg nach vorwärts und abwärts gerichteten Flug der Maschine hervor, wobei man die Flugrichtung mittels des lotrechten Steuers V nach Belieben ändert.

Bei dem durch Fig. 96 dargestellten Luftschiff ist nur ein aus Metall erzeugter Fischballon S vorhanden, welcher mit heißen Verbrennungsgasen oder heißer Luft betrieben wird, wobei man den Erhitzungs- oder Verdünnungsgrad der Luft, also das spezifische Gewicht des Ballons, durch Regelung der Heizvorrichtung (z. B. mittels ähnlicher Mittel wie für die Flammen von Petroleumlampen) entsprechend ändern kann.

Um die Neigung des Luftschiffes hervorzubringen, ist statt des Laufgewichtes ein am Rückteil des Luftwiderstandsschirmes angeordneter Hilfsballon M vorhanden, der mit Wasserstoff oder einem anderen weniger leicht entzündlichen Gase gefüllt wird. Sobald man diesen Ballon füllt, erteilt er dem Luftschiff die gewünschte Neigung, worauf man durch Oeffnen der Ventile des großen Ballons den Fall veranlaßt und während des Fallens dem Luftschiff mittels der Steuer T und V die gewünschte Richtung

Fig. 98.

gibt. Um dann wieder aufzusteigen, füllt man den großen Ballon mit Heißluft oder heißen Verbrennungsgasen und wiederholt hierauf den beschriebenen Vorgang.

Das Luftschiff nach Fig. 97 ist gerade so eingerichtet wie das nach Fig. 96, nur besitzt es statt des Hilfsballons M zur Verlegung des Schwerpunktes ein Laufgewicht B.

Patentanspruch:

Ein lenkbares Luftschiff, an dem folgende Teile vereinigt vorhanden sind:

a) ein zigarrenförmiges Gehäuse aus starkem Gewebe mit Drahtgerippe oder aus dünnem Blech;

b) ein in der Längsmitte des Gehäuses angebrachter großer Ballon und je ein kleiner Ballon zu beiden Seiten desselben in den Enden des Gehäuses;

c) eine Pumpe, mittels deren der Inhalt des einen kleinen Ballons schnell in den anderen befördert werden kann;

d) ein Luftwiderstandsschirm, welcher das Gehäuse in einer zum Schwerpunkt des Systems symmetrischen Ebene umschließt und an einem Ende ein vertikales und ein horizontales Steuer besitzt,

zu dem Zwecke, dem ganzen System nach dem Aufsteigen geneigte Lage in der Richtung seiner Längenachse geben und beim folgenden Fallenlassen in schräger Richtung die Neigung behufs Erzielung eines Wellenflugs wiederholt wechseln zu können.

39. Ein Gleitflieger ohne Ballon bildet den Gegenstand der

Patentschrift Nr. 61 510
Federico Capone in Altavilla Irpina (Italien).

Angemeldet am 13. November 1890, ausgegeben am 26. März 1892.

Das Prinzip dieser Flugmaschine ist der Theorie des Vogelfluges entnommen, namentlich in bezug auf die Anordnung und Wirkungsweise der Flügel nach der Art, daß der Stützpunkt des Körpers in der Luft immer dessen Schwerpunkt vorangehen muß, so daß also in dem Körper während des Durchganges durch die Luft das Gleichgewicht beständig gestört bleibt. Durch diesen Umstand bringt der Schwerpunkt, welcher das Bestreben hat, sich vertikal unter den Unterstützungspunkt zu stellen, ein Vorwärtsgehen des Körpers hervor, dessen Bahn aus ebenso vielen Kurven zusammengesetzt ist, wie dem Schlage der Flügel entspricht. Jede dieser Kurven, welche die Laufbahn darstellen, die durch den Schwerpunkt des in der Fortbewegung begriffenen Körpers beschrieben wird, hat den Stützpunkt des Körpers selbst als Drehpunkt. Hieraus folgt, daß die zur horizontalen Fortbewegung eines Körpers in der Luft benötigte Kraft geringer ist als diejenige, welche zur Ausgleichung seines Gesamtgewichtes notwendig ist.

Bei der Vorwärtsbewegung eines Körpers in der Luft beschreibt dieser aufeinander folgende Kurven, in denen das Gewicht des Körpers während des Niederganges nur insoweit ausgeglichen ist, als es zur Verhinderung des vertikalen Abwärtsfallens nötig ist; während des Aufwärtsganges ist das Gewicht

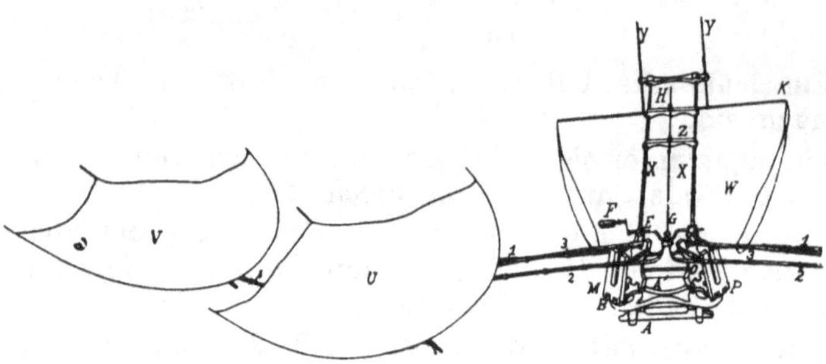

Fig. 99.

des Körpers als Pendel gedacht, zum guten Teil ausgeglichen durch die lebendige Kraft, welche der Körper bei seinem vorhergehenden Niedergang aufgenommen hat. Die Wirkung der Flügel, die während des Aufwärtsganges ihre Oberflächen der Schwere und ihren aufsteigenden Rand der aufsteigenden Bahn des Körpers entgegensetzen, trägt dazu bei, diesen wieder nach aufwärts zu heben.

Der Apparat besteht aus einem Zentralkörper, einem Schwanz und zwei Flügeln, welche vollständig identisch und symmetrisch auf beiden Seiten des Zentralkörpers gelagert sind. Der Zentralkörper wird aus einem Rahmen A gebildet, welcher die Hauptebene des Apparates darstellt, Fig. 99 und 100. Oberhalb des Rahmens und auf dem Vorderteil des Apparates ist eine Plattform B angeordnet, welche den Zweck hat, die Parallelogramme der Flügel zu tragen.

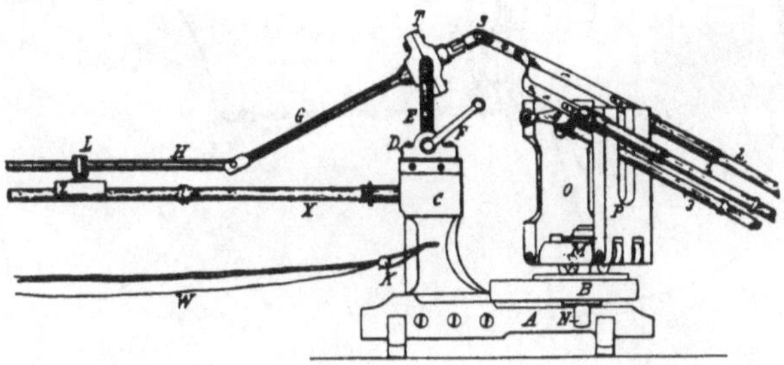

Fig. 100.

Auf demselben Rahmen sind zwei Ständer C (Fig. 100) angebracht, welche die Lager D D für die gekröpfte Welle E tragen. Durch eine Kurbel F wird die Welle E gedreht. Die Welle kann auch durch einen Dampfmotor, Elektromotor oder dergleichen angetrieben werden. In der Kröpfung der Welle E ist die Schubstange G gelagert, die an einer in passenden Führungen L gleitenden Stange H angelenkt ist. Auf der Plattform B sind die Flügelparallelogramme gelagert. Jedes dieser Parallelogramme wird aus einer Grundplatte M gebildet, welche sich mittels dreier Rollen auf die Plattform B stützt und sich um einen Zapfen N drehen kann. An diese Grundplatte sind die beiden Seitenflächen O und P angelenkt, welche an ihrem oberen Teil durch Bänder miteinander verbunden sind. Auf der Seite P des Parallelogramms sind mit Hilfe derselben Zapfen, welche die Bänder miteinander verbinden, die Flügelhebel 1 und 2 befestigt. Diese Hebel sind aus Bambusrohr hergestellt und unter Vermittlung ihrer metallbeschlagenen Enden mittels doppelter Gelenke D an den Kopf T der Stange G angelenkt.

Ein dritter ebenfalls aus Bambusrohr angefertigter Lenker 3 ist in der Seite O des Parallelogramms gelagert. Die Anordnung der Stangen 1, 2, 3 an dem anderen Ende ist in Fig. 101 dargestellt. Der Hebel 3 ist mittels des Bolzens 6 mit Stangen 4 und 5 gelenkig verbunden, ebenso sind die Hebel 1 und 2 mittels des Bolzens 7 an die Stangen 4 und 5 angelenkt. Mit den Enden dieser Stangen 4 und 5 ist die Traverse 8 der Flügel verbunden (Fig. 102). Die Stangen 4 und 5 bilden in Verbindung mit den Bolzen 6 und 7 ein Rechteck, dessen Ebene beständig der Hauptebene A des Apparates parallel bleibt.

Der Lenker 3 endigt in einer Verlängerung 9, welche aus einem gebogenen Metallstück gebildet wird. Die Traverse 8 ist aus Bambus und hat Metallgabeln 10 und 11, deren einer Teil eine Verlängerung der Traverse bildet und deren anderer Teil nach oben umgebogen ist. Auf den umgebogenen Teilen sitzen

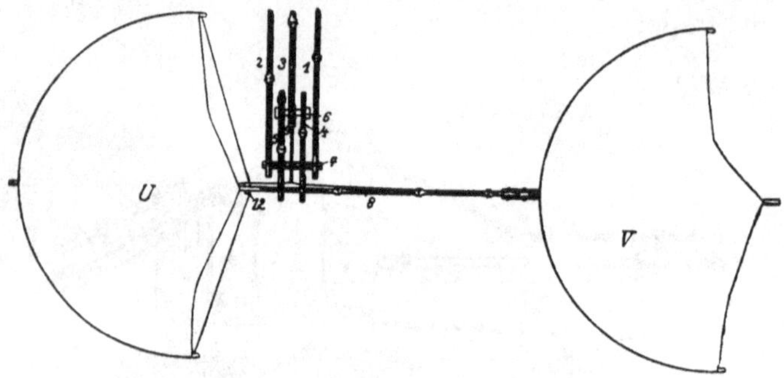

Fig. 101.

mittels Zapfen oder Schrauben die Flächen U und V des Flügels. Diese Flächen bestehen aus leichter Leinwand oder dergleichen, welche auf einem Rahmen aus Bambusrohr aufgespannt ist.

Fig. 102 stellt die Flächen U und V in der Stellung dar, welche sie einnehmen, wenn Luftdruck auf die untere Flügelseite ausgeübt wird, was bei dem Niedergang der Flügel eintritt, während bei der Aufwärtsbewegung die Flächen sich umlegen, wobei die mittlere Stange der Fläche V sich gegen die Knagge 13 lehnt. Diese Bewegung der Flügelflächen wird durch die Klinken 14 und 15 ermöglicht, welche durch Federn 16 und 17 oder elastische Bänder usw. aufrecht gehalten und durch die Bewegung der Stange 9 gezwungen werden, sich niederzulegen. Diese Bewegungen werden mit Hilfe der Kordeln 18 und 19 übertragen.

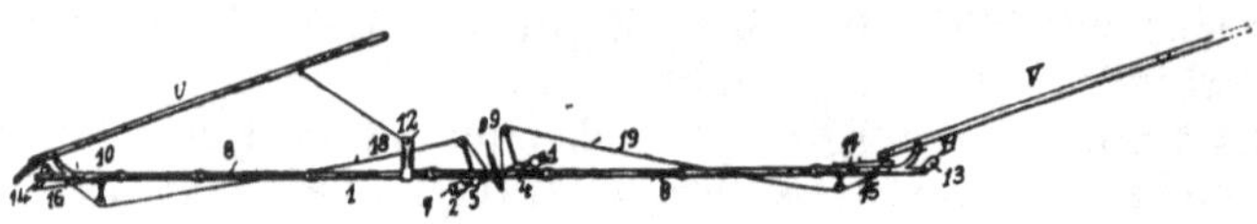

Fig. 102.

Auf den beiden Ständern C C des Zentralkörpers befinden sich die beiden den Schwanz tragenden Stangen X X. Diese bestehen ebenfalls aus Bambusrohr, sind durch Querstäbe miteinander verbunden, auf welchen die Führungen L angebracht sind, und enden in den Stangen Y Y. An diesen Stangen einerseits und an den Ständern C C anderseits ist der Schwanz W befestigt, welcher aus leichter, an zwei hölzernen Stangen K K befestigter Leinwand besteht. Die Stangen Y Y haben verschiedene Löcher, um die Neigung des Schwanzes regeln zu können.

Der Arbeitsgang des Mechanismus ist nun folgender: Während der ersten Hälfte der Abwärtsbewegung der Flügel bewahren deren Flächen eine beständige horizontale Lage, wodurch der Körper des Apparates unterstützt und vertikal aufwärts bewegt wird. Während der zweiten Hälfte derselben Flügelbewegung nehmen die Flächen selbsttätig durch die Wirkung der eben beschriebenen Anordnung eine gegen den Horizont von hinten nach vorn geneigte Lage ein; in dieser wird der Körper des Apparates nach vorwärts getrieben. Während dieser Bewegung durchläuft der Flügel eine Bahn, welche umgekehrt zu der Bahn des Körpers ist, und da die Oberfläche des Flügels geneigt gegen den Horizont ist, so folgt daraus, daß der Flügel, um keinen negativen Widerstand anzutreffen, eine nach hinten gerichtete Geschwindigkeit haben muß, die mindestens so groß ist als die Vorwärtsbewegung des Körpers.

Während des Aufwärtsganges der Flügel neigen sich die Flächen, indem sie dem auf die oberen Seiten wirkenden Luftdruck gehorchen, so daß ihr vorderer Rand nach oben gerichtet ist.

Patentanspruch:

Eine Flugmaschine, welche die Bewegungen des Vogelflugs dadurch nachahmt, daß die auf Gelenkparallelogrammen (O M P) ruhenden Flügelarme (1, 2) vom Rumpf (A) aus innerhalb gewisser Grenzen in gleichzeitig vor- und rückwärts und auf- und abgehende Schwingungen versetzt werden, während die an einer schräg gelagerten Querstange (8) der Arme befestigten Flügelflächen beim Aufschlag durch Schubstangen (3) ebenfalls schräg gehalten werden, beim Niedergang sich dagegen selbsttätig wagerecht stellen, so daß die Flügelflächen in kurzen Schraubenbögen vorwärts und aufwärts gehen, während der Rumpf der Maschine um jede neu gewonnene Unterstützungslage pendelnd nachfolgt.

40. Den Namen des mit der Geschichte des Gleitfluges enge verknüpften Ingenieurs Lilienthal trägt die

Patentschrift Nr. 77 916
Otto Lilienthal, Berlin.

Angemeldet am 1. September 1893, ausgegeben am 10. November 1894.

Dieser Flugapparat soll zur Ausübung des freien Fluges für den Menschen dienen und sowohl den Segelflug ohne Flügelschlag als auch den Ruderflug mit bewegten Flügeln bewirken. Der Apparat besteht aus einer leicht gewölbten Fläche, die aus einem Holzgerüst mit Stoffbespannung hergestellt ist.

Zwei ein spitzwinkliges Kreuz bildende Hölzer a (Fig. 103 bis 106) tragen an ihren oberen Enden durch zwei Brettchen hergestellte Taschen d. In diesen sind die hölzernen Flügelrippen e drehbar befestigt. Eine an den Spitzen der Rippen herumführende Schnur f und ein Draht g, der an der ersten Flügelrippe befestigt und an dem Bügel h eingehakt ist, spannen diese Rippen in der Horizontalrichtung. Die Spannung nach unten erhalten die Rippen durch Drähte i, die nach den untersten Enden

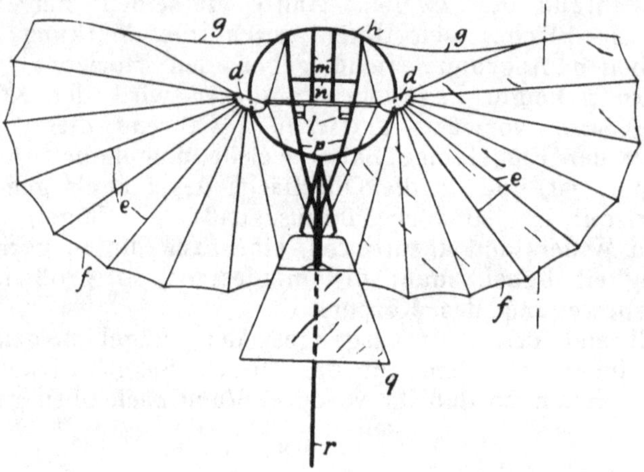

Fig. 103.

des Kreuzholzes a führen, so daß ein umgekehrtes Hängewerk gebildet wird. Zwischen den Kreuzhölzern a sind die Polster l befestigt. Außerdem sind mit dem Kreuzholz a der Bügel h sowie die Stangen m fest verbunden, an denen vorn das Quer-

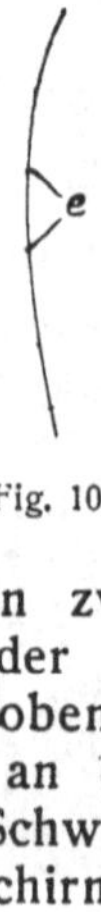

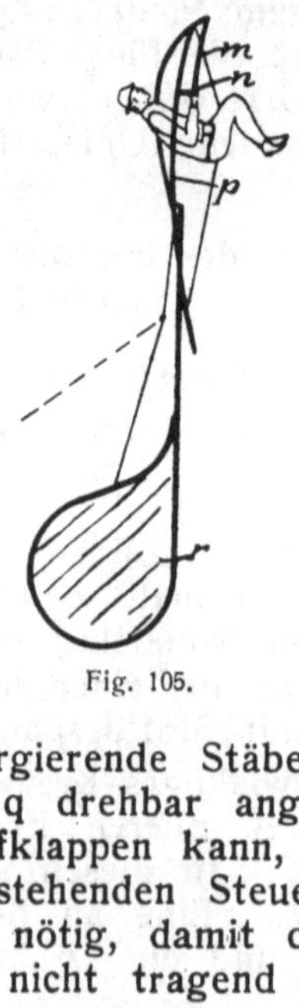

Fig. 104. Fig. 105.

holz n und hinten zwei divergierende Stäbe p befestigt sind. An letzteren ist der Schweif q drehbar angebracht, und zwar so, daß er nach oben frei aufklappen kann, nach unten jedoch einen Stützpunkt an dem feststehenden Steuer r findet. Diese Befestigung des Schweifes ist nötig, damit derselbe, wenn der Apparat als Fallschirm dient, nicht tragend wirken kann, und dadurch das Ueberkippen des Apparates nach vorn verhindert wird. Das Steuer r, welches zur selbsttätigen Einstellung des Apparates gegen den Wind beim Absprung dient, ist ebenfalls an den Stangen m und dem Bügel h lösbar befestigt.

Zur Benutzung des Apparates bringt man die Unterarme zwischen die an dem Kreuzholz a (Fig. 106) befestigten Polster l und erfaßt mit den Händen das Querholz n, so daß man in

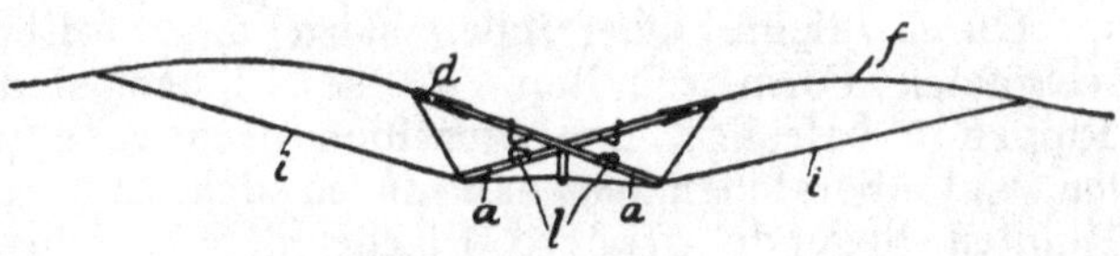

Fig. 106.

sehr bequemer Weise, ohne die aufrechte Körperhaltung zu verändern, den Apparat beim Anlauf tragen und einstellen, und beim Fluge in dem Apparat hängend durch entsprechende Bewegung des Körpers (Verschiebung des Körperschwerpunktes) im Gleichgewicht halten und lenken kann. Da hierbei die Beine stets frei nach unten hängen, so ist auch die Landung durch Aufsetzen der Füße sicher zu bewirken.

Die Zusammenlegung des Apparates wird gemäß Fig. 107 bewirkt, indem man die vorderen Spanndrähte g aus dem Bügel h aushakt, die Rippen um ihre Stifte in den Taschen d nach hinten dreht und die Spanndrähte g in die an den Stangen m befindlichen Oesen einhakt. Der Apparat bildet dann wieder ein festes Ganzes.

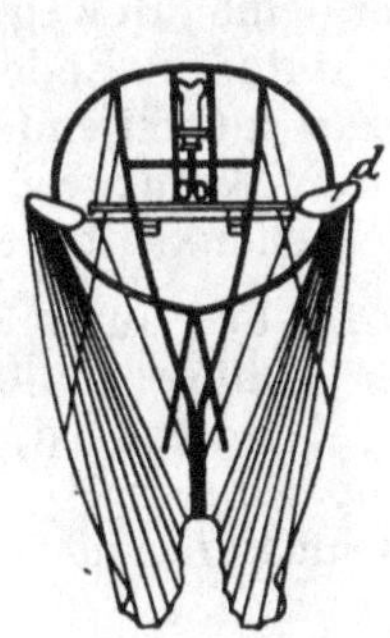

Fig. 107.

Um bei einem Apparat die Flügel auf- und niederzuschlagen, werden die Spanndrähte i nicht an den festen Punkten c, sondern an den Endpunkten von Hebeln befestigt, so daß durch Zusammenziehen dieser Hebel beide Flügel federnd heruntergezogen werden können.

Die Bewegung kann entweder durch den mit dem Apparat fliegenden Menschen oder durch eine besondere Maschine hervorgebracht werden. Für eine Bewegung der Flügel durch Menschenkraft steckt man die Füße in pantoffelartige Leder und ruft durch Anziehen und Ausstoßen der Beine die Bewegung hervor. Bei Maschinenantrieb führen zwei über Rollen laufende mit den Kolbenstangen der Maschine verbundene Ketten nach den erwähnten Hebeln.

Damit der auf- und niederbewegte Teil des Flügels sich ventilartig öffnen und schließen kann, ist das Ende des Flügels gegliedert. Durch kleine Querrippen wird die Stoffbespannung in der geeigneten Form erhalten. Diese Rippen sind derartig auf den Rippen e befestigt, daß dieselben nach vorn wenig und nach hinten viel überstehen, so daß durch den Luftdruck selbst die nach hinten liegende größere Fläche der einzelnen Flügelteile auf- und niederbewegt wird.

Patentansprüche:

1. Ein Flugapparat, dessen Flügelrippen (e e...) mit den behufs Aufnahme der Unterarme des Fliegenden gekreuzten Flügelrippenträgern (b b) durch Drähte (i) derartig verbunden sind, daß ein umgekehrtes Hängewerk gebildet wird, wobei die Flügelrippen (e e...) zusammenlegbar eingerichtet sein können.

2. An dem unter 1. gekennzeichneten Flugapparat ein feststehendes, die Einstellung desselben nach der Windrichtung bewirkendes Vertikalsteuer und ein Horizontalsteuer, welches unter dem Druck der Luft nach oben ausschwingen kann, um ein Ueberschlagen des Apparates zu verhindern.

3. Eine Ausführungsform des unter 1. und 2. gekennzeichneten Flugapparates, bei welcher eine Bewegung der Flügel dadurch erfolgt, daß zwischen die unteren Enden (c) des Kreuzgerüstes und die an den Flügelspitzen angreifenden Spanndrähte (i) Hebel eingeschaltet werden, die am Kreuzgerüst drehbar befestigt und durch Maschinen- oder Menschenkraft bewegt werden.

4. Eine Ausführungsform des unter 3. gekennzeichneten Flugapparates, bei welcher der äußere Flügelteil in einzelne, ventilklappenartig wirkende Flügel zerlegt ist, welche mit Hilfe kleiner Querrippen an den Hauptrippen befestigt, und deren vor den Hauptrippen gelegene Flächen schmäler sind als die hinter den Hauptrippen befindliche.

41. Eine Verbesserung der beschriebenen Konstruktion bringt **Lilienthal** in seiner

Patentschrift Nr. 84 417.

Angemeldet am 28. Mai 1895, ausgegeben am 7. Dezember 1895.

Bei dem unter Nr. 77 916 geschützten Flugapparat hat sich der Uebelstand gezeigt, daß, wenn der Apparat die Luft unter sehr spitzem Winkel durchschneidet, die Vorderkante infolge der gewölbten Flächenform Druck von oben erhalten kann. Dadurch wird ein stabiles Durchsegeln der Luft gefährdet, und der Apparat aus seiner Flugrichtung gedrängt.

Um dieses zu vermeiden, wird die vordere Flächenpartie derart beweglich gemacht, daß dieselbe um die Vorderkante drehbar sich nach unten richten kann. Das in Fig. 108 schraffierte Flächenstück kann sich um die Achse a b nach unten, etwa bis in die Lage c d (Fig. 109), herabsenken, durch einen Luftdruck von unten aber wieder bis in die Lage c e erheben. Durch federnde Organe ff hat das schraffierte Flächenstück das Bestreben, die gesenkte Lage c d einzunehmen, und zwar ist der normale, auf diese bewegliche Fläche entfallende Luftdruck gerade ausreichend, um die Federn ff soweit zu spannen, daß das vordere Flächen-

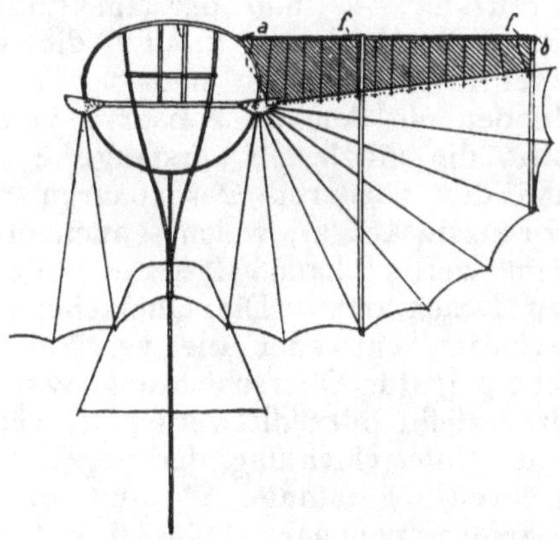

Fig. 108.

Fig. 109.

stück in die gehobene Lage c e gelangt und dadurch ein Teil der ganzen geschlossenen Flügelfläche wird. Hierdurch ergibt sich die Wirkungsweise insofern, als bei einer Luftdruckverminderung unter der schraffierten Fläche c e die federnden Organe die Fläche selbst nach unten drücken, wodurch der verminderte Luftdruck sich wieder ergänzt und aufrichtend auf den ganzen Apparat wirkt, bis die zu einem stabilen Fluge des Apparates erforderliche Lage wieder erreicht ist.

Patentanspruch:

Eine Ausführungsform des durch Patent Nr. 77 916 geschützten Flugapparates, bei welcher der vordere Teil der Flügelfläche um die Vorderkante (a b) nach unten drehbar ist und durch federnde Organe ff nach unten gedrückt wird, so daß er sich beim Nachlassen des von unten wirkenden Luftdruckes nach unten dreht und dadurch ein den Apparat aufrichtendes Moment erzeugt.

42. Sehr kompliziert erscheint der Flieger nach der

Patentschrift Nr. 110 832
Internationaler Verein zur rationellen Verwertung von Erfindungspatenten, E. G. m. b. H. in Berlin.

Angemeldet am 20. Juni 1898, ausgegeben am 6. Juni 1900.

Der Apparat besteht aus einem System von Segelflächen in fächerartiger Anordnung, welches durch die im Flächenschwerpunkte aufgehängte Belastung den erforderlichen Widerstand der unteren Luftschichten derart wirksam werden läßt, daß die im Ruhezustande schlaffen Segelflächen in treibender Richtung angespannt werden.

Die Achse des Flugapparates bildet gemäß Fig. 110 bis 112 die Langstange S mit dem auf ihrer Spitze sitzenden festen Oesenkopfe O, dem vorderen Kreuzstück k, dem mittleren Kreuzstück k^1, dem hinteren Kreuzstück k^2 und der am Ende befindlichen Oese z. In den Querschenkeln von k sitzt die vordere Querstange S^1 mit den seitlichen Oesen o und den vorderen Oesenpaaren r^3, r^4, r^5. In den mit dem Oesenpaar r versehenen Querschenkeln von k^1 sitzt die mittlere Querstange S^2 mit den seitlichen Oesen $o^\times$ und den vorderen Oesenpaaren r^1 r^2. In den Querschenkeln des Kreuzstückes k^2, welches auch drehbar auf der Langstange S gelagert werden kann, sitzt die hintere Querstange S^3 mit den seitlichen Oesen $o^{\times\times}$. Die Querschenkel der Kreuzstücke k und k^2 erhalten entweder die vertikal aufwärts gerichteten Gelenkbolzen g g^1 für Oberschichtung, wie auf der linken Seite von Fig. 110 dargestellt, oder die vertikal abwärts gerichteten Gelenkbolzen g^2 g^3 für Unterschichtung der Segel, Fig. 110 rechte Seite. Auf der vorderen Querstange S^1 sitzt das Segelpaar s, die Schichtung der Segelrippenpaare 1 bis 6 mit den Oesen o^1 bis o^6 und mit ihren Segeln s^1 bis s^6 erfolgt nach oben oder nach unten auf den zugehörigen Gelenkbolzen.

Bei der ersten Anordnung liegen die Segel s bis s^6 mit den Oesen ihrer äußeren Ecken a bis f und i und mit den Oesen ihrer inneren Ecken I bis VI stets unter der nächstfolgenden Segelrippe und Segelfläche. Bei der zweiten Anordnung läuft jede Segelfläche spitzwinklig mit dem zugehörigen Gelenkpunkte ihrer Segelrippe zusammen und zeigt demzufolge nur je eine äußere Segelecke. Die Segel s bis s^6 liegen hier mit den Oesen dieser äußeren Ecken a bis f und i stets über der nächstfolgenden Segelrippe und Segelfläche. Diese mit dem Kreuzstück k der vorderen Querstange S^1 verbundenen Segel s bis s^6 bilden in ihrer Gesamtheit die vordere Segelgruppe oder das Flugsegel.

Die Spreizung der Segelrippen erfolgt durch gegenseitige Verschnürung der der Langstange S zunächstliegenden Rippen 6 und von dort aus mit den Segelrippenpaaren 5, 4, 3, 2, 1 nach den Oesen der vorderen Querstange S^1. Die auf der linken Seite von Fig. 110 strichpunktierte Kurve, beginnend bei der mittleren Oese r^4 der vorderen Querstange S^1, endigend bei v, gibt ohne weitere Hinweisungsbuchstaben die Lage und Richtung dieser festen Verschnürung bis zur Langstange S. Dieselbc setzt sich in entgegengesetzter Richtung nach der mittleren Oese r^4 von S^1 fort. Es wird hierauf mittels der Schnüre t bis t^5 der gegenseitige Verband der Oesen o der Querstange S^1 mit den Oesenpaaren o^1 bis o^6 der entsprechenden Segelrippenpaare 1 bis 6 vorgenommen, bis die Oesen o^6 durch die Schnüre t^6 mit den Oesen r des mittleren Kreuzstückes k^1 verbunden sind. Der gegenseitige Abstand der Segelrippen ist alsdann gesichert.

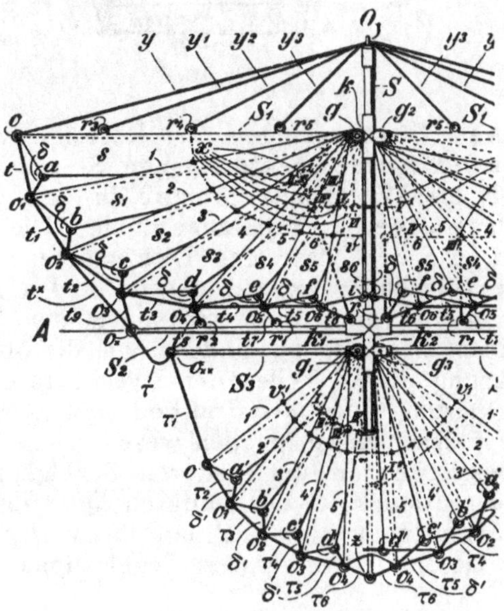

Fig. 110.

Die Oesen o^2 o^3 o^4 o^5 und o^6 der Segelrippen 2 bis 6 werden nunmehr zum Abfangen der Segelrippenenden durch die Schnüre $t^{\times}$ t^9 t^8 t^7 und t^6 mit den Oesen $o^{\times}$ r^2 r^1 und r der mittleren Querstange S^2 (bzw. des Kreuzstückes k^1) in der Weise schlaff verbunden, daß die Schnüre erst durch die (infolge der Belastung des Apparates) auf den Luftschichten eintretende Spannung der Segel straff werden. Sind die so abgefangenen Oesen sämtlicher beim Flugvorgange gespannter Segelrippen als feste Punkte zu betrachten, so dienen dieselben nunmehr zum gegenseitigen Abfangen der beim Flugvorgange in noch höherer Spannung befindlichen Segelecken, indem die Oesen a b c d e f mit den Oesen o^1 bis o^6 und die Oesen i gegenseitig verbunden werden. Diese Verbindungen werden durch die Schnüre d hergestellt und gleichfalls erst beim Flugvorgange straff.

Bei der für Oberschichtung dargestellten linken Flugsegelhälfte von Fig. 110 werden hiernach die Oesen I bis IV der inneren

Segelecken mittels Zugschnur nach der Oese r des Kreuzstückes k^1, die Oesen V bis VI dagegen mit den gleichnamigen Oesen der anderen gleichgeschichteten Flugsegelhälfte fest verschnürt. Während bei dieser Anordnung die als x I bis VI bezeichnete Dichtung gegen übermäßige Abflutung der Luftströme durch die inneren Segelecken selbst erfolgt, bedarf die für Unterschichtung dargestellte rechte Flugsegelhälfte von Fig. 110 zu demselben Zwecke

Fig. 111.

eines besonderen Dichtungssegels x. Dasselbe wird unter dem ersten Segel s der vorderen Querstange S^1 befestigt und durch seine Oesen I' bis IV' mittels Schnüre in den Oesen o^x r^2 r^1 und r der Querstange S^2 fest angezogen. Die Oese V' kann mit der entsprechenden Oese des Dichtungssegels für die linke Flugsegelhälfte verschnürt werden. Diese beiden Arten der Dichtungsverschnürung vermögen die Spannung der Segelrippen mit ihren Segeln eben so wenig zu hindern, wie die oben beschriebene feste Verschnürung dieser Teile zum Zwecke ihrer Spreizung.

Diese Erklärung über Konstruktion und Wirkungsweise des vorderen oder Flugsegels ist in allen wesentlichen Punkten auf die gleichartige Beschaffenheit der hinteren Segelgruppe anwendbar. Die mit dem Kreuzstück k^2 der hinteren Querstange S^3 gelenkig verbundenen Segelrippen 1' bis 5' mit ihren zugehörigen Segeln bilden in ihrer Gesamtheit die hintere Segelgruppe oder das Steuersegel.

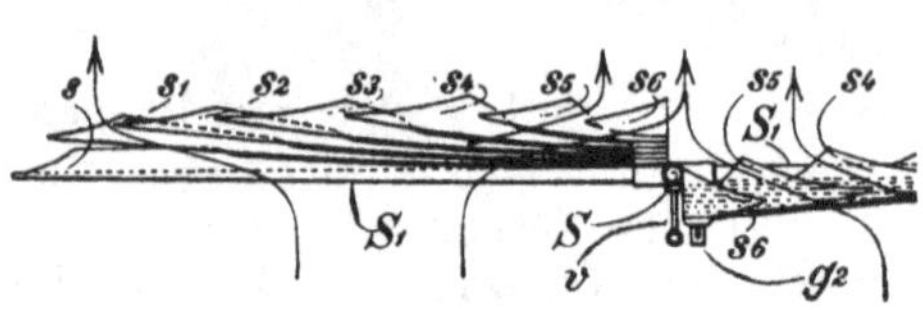

Fig. 112.

Wirkt durch die Belastung des Apparates die tragende Kraft der Luftströme unter der Flug- und Steuersegelgruppe in Richtung der senkrechten Pfeile spannend auf deren Segel, so kann die Abflutung dieser Ströme und damit deren Spannungsausgleich nur in schräger bzw. kurvenartiger Richtung nach oben stattfinden. Diese Abflutungsrichtung ist durch zwei schräg aufwärts gerichtete Pfeile angedeutet.

Patentansprüche:

1. Vorrichtung zur Vorwärtsbewegung von Körpern in der Luft durch die Schwerkraft mittels nach vorn geneigter zusammen-

gesetzter Segelflächen, gekennzeichnet durch die fächerförmige Anordnung mittels Schnüre verbundener elastischer Segelrippen mit Segeln in über oder unter einander geschichteter Lage, wobei die Segelflächen, im Ruhezustande schlaff, beim Fluge durch ein im Flächenschwerpunkte des Apparates aufgehängtes Gewicht derart gespannt werden, daß die Luft nur rückwärts abfließt.

2. An dem unter 1. gekennzeichneten Apparat die beliebige Anwendung der Oberschichtung für die Flugsegelgruppe und der Unterschichtung für die Steuersegelgruppe, beziehentlich die umgekehrte Schichtung für beide Segelgruppen.

3. An dem unter 1. gekennzeichneten Apparat die drehbare Lagerung einer besonderen Querstange auf der Langstange des Apparates für die Steuersegelgruppe zum Zwecke schwingender Beweglichkeit derselben.

43. Bei

Patentschrift Nr. 126 955
Emil Lehmann in Berlin,

angemeldet am 19. August 1898, ausgegeben am 10. Januar 1902, handelt es sich um künstliche Flügel für Gleitflieger, welche mit Hohlräumen so versehen sind, daß dieselben dem Einfluß der äußeren Luft unterliegen. Die Hohlräume sind so angeordnet, daß durch die vorüberstreichende Luft ein Absaugen der Luft aus dem Hohlraum ermöglicht wird, und ist der Zweck dieser Anordnung von absaugungsfähigen Hohlräumen der, das Eigengewicht des Flügels zu vermindern und beim Wechseln des Flügel-

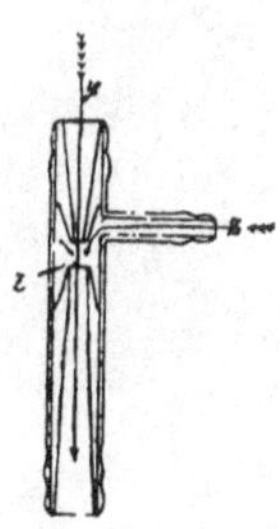

Fig. 113.

schlages durch Stoßwirkung einen Auftrieb zu erzielen. Hohlräume erleiden bekanntlich durch an ihnen vorüberstreichendes Wasser oder Luft eine gewisse Luftleere oder Luftverdünnung, wie z. B. der in Fig. 113 dargestellte Injektor. Die in Fig. 114 dargestellte Hohlfläche nach Lilienthal zeigt diese im Lichte der Wasser- bzw. Luftstrahlpumpenwirkung gesehen. Der Pfeil y bedeutet die vorüberstreichende, absaugend wirkende, und die Pfeile z z... die absaugende, das Vakuum hinterlassende Luft. Die nach der Hohlfläche zu abzweigenden Ausstrahlungen des Pfeiles y sollen die Spannungswirkung zwischen Luftdruck und Vakuum anzeigen, d. h. die entstehende Pression durch den Luftdruck. Dieser Lilienthalsche Flügel ist nicht mit Luft oder Hohlräumen ausgestattet, sondern zeigt nur Hohlflächen.

Fig. 114.

Der in Fig. 115 und 116 dargestellte, die Erfindung zeigende Apparat hat derartige Hohlräume zwischen Ober- und Unterflügelteil. Fig. 115 zeigt den Flügel beim Niederschlagen. Die Flügelfläche ist unter Spannung infolge des durch die untere Luft ausgeübten Druckes. Der untere Flügelteil, welcher kürzer ist wie der obere, befindet sich in einer gewissen Entfernung von dem letzteren und endigt frei an seiner Hinterkante, so daß ein hinten offener Hohlraum entsteht.

Aus diesem Hohlraum wird nun infolge der Eigengeschwindigkeit des Flügels gegen die Luft, welche in der Richtung des Pfeiles y (Fig. 115) strömt, die Luft abgesaugt und es entsteht ein Vakuum in diesem Hohlraum. Die Stellung von Ober- und Unterflügelteil bleibt während des Niederschlages unverändert, d. h.

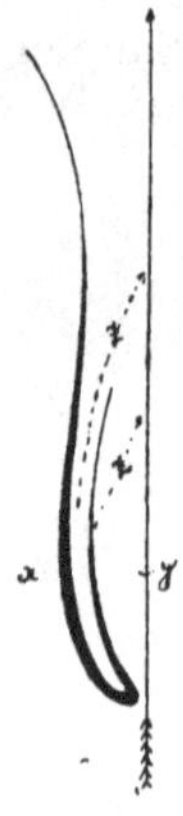

Fig. 115.

Fig. 116.

die Hinterkante des Flügelunterteiles bleibt in gewisser Entfernung vom Oberflügel.

Hat der Flügelschlag sein Ende erreicht und beginnt die Aufwärtsbewegung des Flügels, so nimmt dieser die in Fig. 116 gezeichnete Lage ein. Der unnachgiebige obere Teil des Oberflügels behält seine ursprüngliche Form, der untere Flügelteil dagegen wird infolge der veränderten Flügelform des oberen Flügelteiles jetzt nicht mehr ein Absaugen der Luft aus dem Hohlraum bewirken können. Der untere Flügelteil wird durch Stoßwirkung an den oberen gedrückt und es ergibt sich eine Stoßwirkung von unten auf den oberen Flügelteil durch den schnell nach aufwärts gedrückten unteren Flügelteil, wodurch das Heben des Flügels (vergl. Luftwirkung Y Y, Fig. 116) befördert wird. Dieser Wechsel in dem von beiden Flügelteilen gebildeten Hohlraum erklärt sich dadurch, daß beim Niederschlagen des Flügels die Flügelvorderkante eine Geschwindigkeit besitzt, welche gleich der Mittelkraft ist aus der Eigenbewegung des Apparates gegen die Luft und aus der Bewegung des niederschlagenden Flügels.

Diese über die Eigenbewegung des Apparates hinausgehende Bewegung des Flügels gegen die Luft hört beim Wechsel des Schlages auf, es verbleibt, da der Flügel nicht durch Muskel- oder Maschinenkraft gehoben wird, auch nicht gehoben werden darf, um nicht ein Niederdrücken des ganzen Apparates herbeizuführen, nur eine verminderte Bewegung der Flügel gegen den Luftstrom, entsprechend der Bewegung des ganzen Apparates. Diese verminderte Bewegung befördert aber ein Verschwinden des Vakuums in dem zwischen den Flügeln befindlichen, nach hinten offenen Hohlraum und führt von unten die erwähnte Stoßwirkung herbei.

Patentanspruch:

Ein von Anhöhen aus in Betrieb zu setzender Flugapparat, dadurch gekennzeichnet, daß die Flügel mit Hohlräumen versehen sind, welche ein Absaugen der in ihnen enthaltenen Luft durch die vorüberstreichende Außenluft gestatten.

44. Die

Patentschrift Nr. 129 146
Friedrich Jung in Stolp (Pommern),

angemeldet am 19. Februar 1900, ausgegeben am 20. März 1902,

bezieht sich auf einen mit Ruderflügeln ausgerüsteten Gleitflieger, der ein vorgebautes Kopfsteuer hat, das von dem Fliegenden in beliebig geneigte Lage gebracht werden kann, wobei besondere Flügel zum Vorwärtstreiben der Vorrichtung dienen. Der Erfinder hat die Erfahrung gemacht, daß Flugvorrichtungen, bei welchen lediglich Flügel nach Art der gewöhnlichen Vogelflügel angeordnet sind, die sowohl das Tragen als auch das Vorwärtstreiben der Flugvorrichtung besorgen sollen, wie eine solche durch die Patentschrift 84 417 bekannt geworden ist, ihren Zweck nicht erreichen, sondern daß eine feste Tragfläche vorhanden sein muß, welche die Vorrichtung trägt, während besonderen kleinen Organen (Flügeln) die Aufgabe des Vorwärtstreibens zuzuerteilen ist. Bei der Flugvorrichtung gemäß dem genannten Patente sind an den beiden Flügeln vordere neigbare Teile angebracht, welche bei sich veränderndem Luftdruck sich selbsttätig umlegen und dadurch ein stabiles Durchsegeln der Luft ermöglichen sollen.

Im Gegensatz hierzu bietet ein von dem Fliegenden zu steuerndes bewegliches Kopfsteuer demselben ein von seinem Willen abhängendes Mittel, mit welchem er der Flugvorrichtung ganz nach Wunsch und Erfordernis eine mehr oder weniger geneigte Lage zu erteilen vermag. Der Zweck dieses Kopfsteuers erklärt sich aus Folgendem:

Bei zunehmender Geschwindigkeit des Fluges in horizontaler Richtung hat die Tragfläche der Flugvorrichtung wegen des alsdann stärker auftretenden horizontalen Luftwiderstandes das Bestreben, sich mit dem vorderen Ende aufzurichten, wodurch der Flug gehemmt wird. Man ist daher genötigt, die Last in die Nähe der

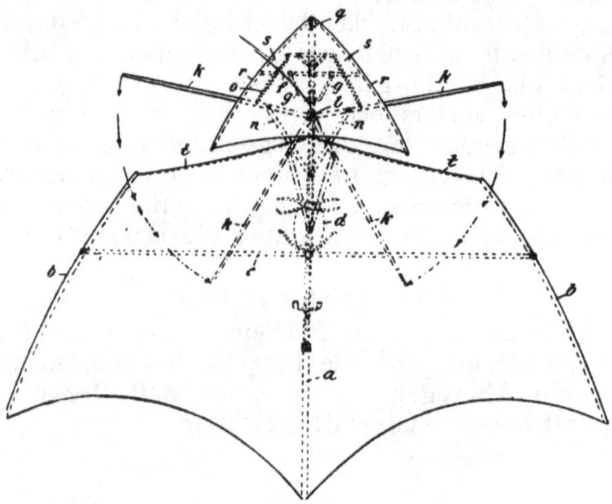

Fig. 117.

Vorderkante des Apparates zu verlegen, um durch vornehmliches Belasten des vorderen Endes das Aufrichten desselben zu verhindern. Nun tritt aber der Uebelstand auf, daß bei abnehmender Geschwindigkeit das Luftschiff die Neigung hat, kopfüber zu schießen, weil infolge der geringeren Geschwindigkeit die Tragfläche desselben an Tragfähigkeit verliert, das Luftschiff infolgedessen sinkt, und hierbei, da der hinter dem Schwerpunkt befindliche größere Flächenteil an der tragenden Luft größeren Widerstand findet, vornüberkippt.

Mittels des Kopfsteuers kann man durch rechtzeitige Schaffung eines Widerstandes vor dem Schwerpunkt der Flugvorrichtung ein unbeabsichtigtes Senken derselben an dem vorderen Ende verhüten, dem Luftschiff die bestgeeignete Lage dauernd erhalten, sowie auch die Lage willkürlich verändern, z. B. das Luftschiff zum Zweck einer sicheren Landung behufs Hemmung des Fluges aufrichten.

Die Haupttragfläche dieser Flugvorrichtung besteht aus luftdichtem Stoff, welcher an dem Mittelstab a (Fig. 117) sowie an beiden Seitenstäben b b befestigt ist und durch eine versteifte Querstange c (Fig. 117 und 119) Spannung erhält. Durch die Spannung hält sich die Fläche in einer Ebene. In der Vorderkante t ist eine Schnur oder dergleichen lose eingenäht, durch deren Anspannung erreicht wird, daß der hintere Teil der Fläche recht straff gespannt ist, während der vordere Teil, außer der Kante selbst, ziemlich lose bleibt und im Luftdruck eine geringe Wölbung annimmt. Unter dieser Haupttragfläche ist ein schräges Gestell

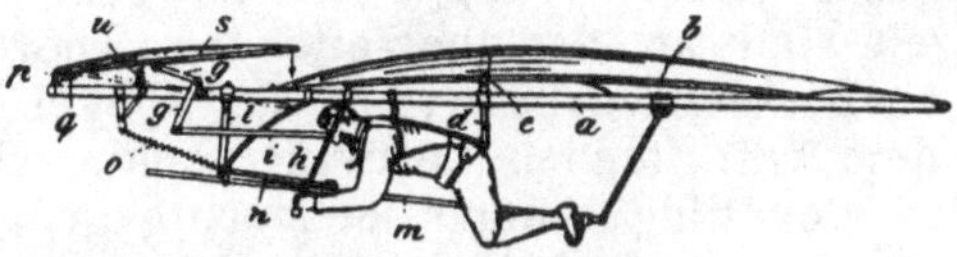

Fig. 118.

d mit den nötigen Riemen zur Befestigung des Fliegenden angebracht (Fig. 118 und 119).

An dem vorderen Ende der vortretenden Mittelstange a ist das Kopfsteuer s (Fig. 117 und 118) um sein vorderes Ende drehbar angebracht, und zwar ist dasselbe zweckmäßig mit einer Oese p auf einen erhöhten wagerechten Dorn q gleitend aufgesteckt. Das Kopfsteuer besteht am besten aus zwei winklig verbundenen Stäben r (Fig. 117), zwischen denen der Stoff befestigt ist, welch' letzterer durch einen Querstab f Spannung erhält. Letzterer ist mit einem an der Mittelstange a drehbar gelagerten Winkelhebel g (Fig. 117 und 118) verbunden, dessen oberer gegabelter Arm an den Querstab f angreift. Durch Anziehen des an der Mittelstange a drehbar befestigten Handhebels h (Fig. 118), mit welchem der untere Arm des Winkelhebels g durch eine Stange i verbunden ist, wird

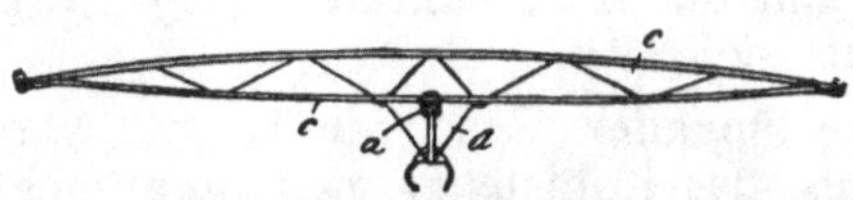

Fig. 119.

das sonst durch eine Feder u hochgehaltene Kopfsteuer s niedergezogen, und zwar, da die Spitze des Steuers in derselben Höhe bleibt, in eine nach hinten schräg abfallende, also nach vorn offene Stellung, wie in Fig. 118 strichpunktiert angedeutet. In der gehobenen mit vollen Linien gezeichneten Lage bietet das Kopfsteuer s einem horizontalen Luftwiderstand, wie er bei schnellem Fluge auftritt, keinen Angriffspunkt, während in der geneigten strichpunktiert gezeichneten Stellung die Luft an demselben Widerstand findet und dadurch das Kopfsteuer und damit die Flugvorrichtung an seinem vorderen Ende trägt, wodurch das Kopfüberschießen desselben verhindert ist. Das Kopfsteuer könnte auch in anderer geeigneter Weise verschieden neigbar angeordnet sein.

An der Mittelstange a befindet sich die Fortbewegungsvorrichtung, bestehend aus dreieckig geformten Flügeln k (Fig. 117 und 120), welche sich um eine zur Ebene des Apparates senkrechte Achse l (Fig. 117 und 120) drehen (in Fig. 117 sind die Flügel in zwei verschiedenen Stellungen ausgezogen bzw. strichpunktiert gezeichnet). Die Flügel sind mit einem Schnur- oder anderen Netzwerk (Fig. 120 links) versehen, welches als Widerlager für die sich deckenden hängenden Klappen (Fig. 120 rechts) dient. Die Klappen sind Stoffstreifen, deren Längskanten mit Drahteinlage versehen sind. Die oberste Klappe ist an dem oberen Flügelstab, die übrigen sind an den betreffenden Knotenpunkten des Netzes befestigt. Bei der Vorbewegung der Flügel öffnen sich die Klappen unter dem betreffenden Luftwiderstand, während sie sich beim Rückschlag der Flügel unter dem entgegengesetzten Luftwiderstand schließen und hierbei also die Fortbewegung der Flugvorrichtung bewirken.

Am unteren Ende der Flügeldrehachse l (Fig. 118) ist eine Oese angebracht zur Führung der Stange m, welche mit dem hinteren Ende an der Mittelstange hängt. Diese Stange m ist

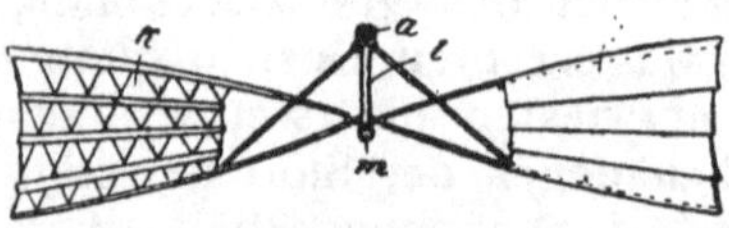

Fig. 120.

durch Schnüre oder dergleichen n n (Fig. 117 und 118) mit beiden Flügeln verbunden und mit Handgriffen und Pedalen versehen. Durch Zug an der Stange m werden die Flügel nach hinten geschlagen, wobei sie vermöge der hängenden Klappen geschlossen sind. Bei dem dann durch Federkraft o (Fig. 118) erfolgenden Vorgehen öffnen sie sich.

Da bei zunehmender Geschwindigkeit, wie beim Anlauf zu Beginn des Fluges, das Kopfsteuer nicht gebraucht wird, kann man die Armkraft zur Erzielung einer tragfähigen Geschwindigkeit mitbenutzen.

Nach Entfernung der Querstücke der Haupttragfläche, des Kopfsteuers und der Flügel können dieselben zusammengeklappt und gerollt werden, so daß sich die Flugvorrichtung auf einen kleinen Raum zusammenpacken läßt.

Patentanspruch:

Eine Flugvorrichtung, gekennzeichnet durch eine unbewegliche Haupttragfläche und ein dieser vorgebautes Kopfsteuer, das von dem Fliegenden in beliebig geneigte Lage gebracht werden kann, wobei das Vorwärtstreiben der Flugvorrichtung durch besondere Flügel erfolgt.

45. Einen Gleitflieger, bei welchem schräg über den Hauptflügeln ein kleineres Flügelpaar liegt, behandelt die

Patentschrift Nr. 139 725
Emil Lehmann in Berlin.

Angemeldet am 14. Januar 1902, ausgegeben am 28. März 1903.

Bei Flügelflächen, die derart durch die Luft bewegt werden, daß ihre Grundfläche annähernd parallel zur Bewegungsrichtung liegt, entsteht immer ein Auftrieb, und zwar durch Absaugung der über der Flügelfläche befindlichen Luft. Dieser Auftrieb ist ungefähr in der Mitte der Flügelfläche angreifend zu denken und

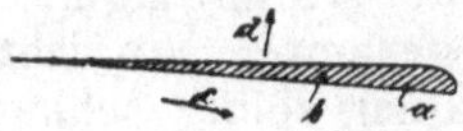

Fig. 121.

wird deshalb ein Kippen des Fahrzeuges hervorrufen, wenn, wie dies bei allen Luftfahrzeugen der Fall ist, der Schwerpunkt verhältnismäßig weit nach vorn liegt.

In Fig. 121 ist a der Querschnitt eines an der vorderen Kante verdickten Flügels, dessen Schwerpunkt bei b liegen soll. Wenn nun der bei der Bewegung des Flügels in Richtung des Pfeiles c entstehende Auftrieb im Sinne des Pfeiles d wirkt, so ist klar, daß dadurch ein Kippen des Fahrzeuges nach vorn veranlaßt wird. Dies ist durch Anordnung eines zweiten Flügelpaares

Fig. 122.

vor bzw. schräg über den Hauptflügeln vermieden, wie dies Fig. 122 zeigt. Hier ist a ebenso wie in Fig. 121 der Querschnitt durch den Hauptflügel, der sich in Richtung des Pfeiles c bewegt, wobei ein Auftrieb im Sinne des Pfeiles d entsteht. e ist der Querschnitt durch einen Flügel des vor dem Hauptflügelpaar angeordneten Hilfsflügelpaares. An diesem Hilfsflügelpaar wirkt nun ein allerdings entsprechend kleinerer Auftrieb im Sinne des Pfeiles f, der aber an einem bedeutend größeren Hebelarm und auf der anderen Seite des Schwerpunktes b des Hauptflügels angreift, derart, daß der auf letzteren wirkende Auftrieb d dadurch annähernd ausgeglichen wird.

Man kann nun dieses Hilfsflügelpaar gleichzeitig auch zur Steuerung des Luftschiffes benutzen, indem man dasselbe, wie aus Fig. 123 ersichtlich, an einer drehbaren Achse g anordnet derart, daß es in beliebiger Neigung zum Hauptflügelpaar eingestellt werden kann (s. die punktierten Linien Fig. 123). Dies hat zur

Folge, daß der bei diesen Hilfsflügeln entstehende Auftrieb in schräger Richtung zur Wirkung kommt und den ganzen Apparat nach der einen oder anderen Seite ablenkt.

Gegenüber den bis jetzt benutzten Mitteln zur Steuerung von Luftfahrzeugen hat die beschriebene Einrichtung den Vorzug, daß dabei keine besondere, während des geraden Fluges als tote Last mitzuschleppende Planfläche zur Verwendung kommt, während anderseits auch die bisweilen zu diesem Zweck benutzte Veränderung der Schwerpunktlage vermieden ist, welche namentlich in Anbetracht der bei Flugvorrichtungen sehr erheblichen Gewichte bzw. der dadurch verursachten Trägheit der Vorrichtung einer Regelung der einmal eingeleiteten Schwenkung hinderlich ist.

Das Kippmoment der Hauptflügel entsteht stets durch die Vorwärtsbewegung der gesamten Vorrichtung, und es können die Flügel entweder ruhen oder selbst schlagend sein, es bleibt dies für die Wirkung der Vorrichtung und für das Auftreten des Kippmomentes nebensächlich. Die Einrichtung ist also sowohl bei nicht schlagenden wie bei schlagenden Flügeln anwendbar.

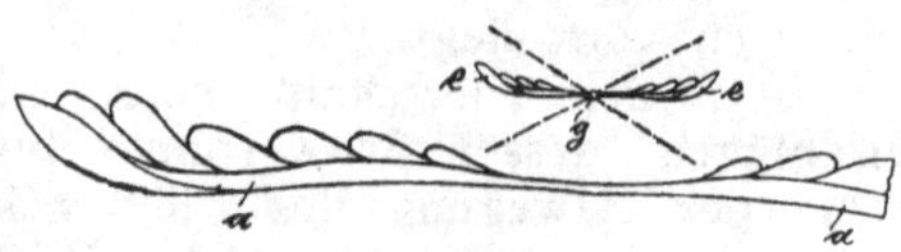

Fig. 123.

Patentansprüche:

1. Flugvorrichtung mit zwei Flügelpaaren, dadurch gekennzeichnet, daß das eine kleinere Flügelpaar vor bzw. schräg über den Hauptflügeln liegt, um ein bei der Bewegung der Hauptflügel entstehendes Kippmoment durch den entgegengesetzt wirkenden Auftrieb des Hilfsflügelpaares auszugleichen.

2. Vorrichtung nach Anspruch 1, dadurch gekennzeichnet, daß das Hilfsflügelpaar um seine in der Längsrichtung der Flugvorrichtung liegende Achse gedreht werden kann, so daß der nunmehr in schräger Richtung wirkende Flügeldruck die Flugvorrichtung nach der einen oder anderen Seite ablenkt.

46. Die allgemein bekannt gewordene Wrightsche Flieger-Konstruktion bildet den Gegenstand der

Patentschrift Nr. 173 378

Orville Wright und **Wilbur Wright in Dayton** (V. St. A.).

Angemeldet am 23. März 1904, ausgegeben am 16. Juli 1906.

Gleitflugmaschinen sind beim Fluge durch die freie Luft Gleichgewichtsstörungen ausgesetzt, welche sie um drei Achsen zu drehen streben: eine in der Richtung von vorn nach hinten sich erstreckende Achse, eine wagerechte Querachse und eine senkrechte Achse. Die Erfindung bezweckt die Regelung der erstgenannten Drehungsart und erreicht dieselbe mittels der in Fig. 124 dargestellten Anordnung.

Die übereinander angeordneten wagerechten Flächen I sind miteinander durch gelenkig an den Längssparren 4 der Rahmen befestigte Ständer 2 verbunden, zwischen denen kreuzweis Drähte 3 eingespannt sind. Die gelenkige Verbindung zwischen Ständer und Rahmen gestattet Bewegung sowohl durch Biegung wie durch Verdrehung. Sie kann mittels Universalgelenke oder durch eine andere die erforderlichen Bewegungen zulassende Gelenkart hergestellt werden. Der Zweck dieser so gestalteten gelenkigen Verbindung ist, den Tragflächen bzw. Teilen derselben eine schraubenförmige Verdrehung erteilen zu können.

Von der hinteren linksseitigen Ecke der oberen Tragfläche I aus ist ein daselbst befestigtes Tau 5 diagonal nach der linken vorderen Ecke der unteren Tragfläche I um eine hier angeordnete Rolle 6, dann längs der Vorderseite der unteren Tragfläche hin und an deren rechtsseitiger Vorderecke um eine Rolle 6 diagonal aufwärts nach der hinteren rechtsseitigen Ecke der oberen Tragfläche geführt, wo es wieder befestigt ist. Anderseits ist von der vorderen linksseitigen Ecke der oberen Tragfläche I aus ein daselbst befestigtes Tau 8 diagonal nach der hinteren linksseitigen Ecke der unteren Tragfläche I um eine hier angeordnete Rolle 7, dann längs der Hinterseite der unteren Tragfläche nach deren hinterer rechtsseitiger Ecke und hier um eine Rolle 7 nach der vorderen rechtsseitigen Ecke der oberen Tragfläche geführt und hier wieder befestigt.

An das Tau 5 ist an der Stelle, welche vom Flieger eingenommen wird, ein Schlitten 9 befestigt, welcher die Hüftengegend des auf der unteren Tragfläche I lang ausgestreckt liegenden Fliegers aufnimmt, der mit den Händen die zur Verstellung eines Kopfruders dienende Rolle 10 gefaßt hält. Die beiden Taue 5 und 8 dienen, wie weiterhin beschrieben, dazu, beiden Tragflächen eine übereinstimmende (schraubenförmige) Verdrehung zu erteilen.

Dadurch, daß die beiden Tragflächen I durch Querversteifungen 3, Taue 5, 8 und Ständer 2 in der beschriebenen Weise miteinander verbunden sind, ist ein System geschaffen, welches eine große Last zu tragen vermag, ohne Verzerrung zu erfahren. Verschiebt dagegen der Flieger den Schlitten 9 mittels entsprechender Bewegung seiner Hüften nach rechts oder links, so erfahren die Tragflächen Verdrehung. Man betrachte Fig. 124 und stelle sich vor, der Schlitten 9 werde nach rechts verschoben. Der links vom Schlitten belegene Teil des Taues 5 wird entsprechend nach rechts gezogen und übt infolgedessen auf die Rolle 6 in der linksseitigen Vorderecke der unteren Tragfläche einen aufwärts gerichteten Zug aus, dagegen einen abwärts gerichteten Zug auf das obere Ende des linksseitigen hinteren Ständers 2 mit der

Wirkung, daß der letztere Ständer gesenkt, der linksseitige vordere Ständer dagegen gehoben wird. Letztere Bewegung zieht das am oberen Ende des linksseitigen vorderen Ständers befestigte Tau 8 nach oben; dieser Zug überträgt sich auf das rechtsseitige Ende der Maschine mit der Wirkung, daß hier entgegengesetzt der vordere Ständer 2 gesenkt, dagegen der hintere Ständer 2 gehoben wird. Hieraus ergibt sich eine übereinstimmende schraubenlinienartige Verdrehung der beiden Tragflächen I um eine wagerechte Achse, die quer zur Flugrichtung gerichtet ist, mit der Wirkung, daß die rechte Maschinenseite sich in der Flugrichtung unter einem kleineren Winkel einstellt als die linke Seite. Das Umgekehrte tritt ein, wenn der Schlitten 9 nach links hin verschoben wird.

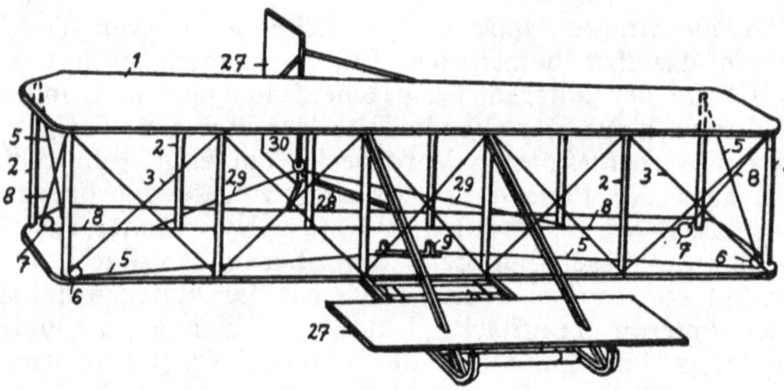

Fig. 124.

Das wagerecht angeordnete Kopfruder 17 ist so einstellbar, daß es den Luftdruck je nachdem mit seiner Oberseite oder seiner Unterseite aufnehmen kann, um die Maschine um eine wagerechte Querachse zu drehen.

Das um eine senkrechte Achse verstellbare Schwanzruder 27, welches vermittels Paare von Streben 28 mit beiden Tragflächen I verbunden ist, ist durch Steuerleinen 29 mit dem Tau 8 beiderseits der Mitte gekuppelt. Hierdurch wird es bei der Verschiebung des Schlittens zugleich mit den Tragflächen verstellt, und zwar so, daß es dem Winde diejenige Seite darbietet, welche der unter dem kleineren Winkel eingestellten Tragflächenseite zugekehrt ist, indem es bei der Schlittenverschiebung nach rechts dem Winde seine rechte Seite und umgekehrt bei der Schlittenverschiebung nach links seine linke Seite zukehrt.

Bisher wurden von den Flugtechnikern zweierlei Methoden zur Regelung von Bewegungen der Flugmaschinen befolgt, um die Drehung um eine in der Flugrichtung liegende Achse zu beherrschen. Nach der einen Methode wird der Schwerpunkt der Maschine aus deren Mitte nach rechts oder links verschoben, so daß das Gewicht stärker auf derjenigen Seite zur Wirkung kommt, welche sich zu heben strebt. Für sehr große Maschinen ist diese

Methode indes ungeeignet wegen der Schwierigkeit, ein genügend hohes Gewicht in kurzer Zeit um den erforderlichen Abstand zu verschieben. Die zweite Methode besteht darin, die beiden Seiten (rechte und linke Seite) der Tragflächen aufwärts zu drehen, so daß sie sich unter einem Winkel zueinander stellen, dessen Scheitel mit einer in der Flugrichtung liegenden Achse zusammenfällt. Wird nun die ganze Maschine durch Windstoß um letztere Achse gedreht, so werden dadurch die Flugwinkel der in fester Stellung angeordneten Tragflächen auf beiden Seiten geändert: Die eine Seite stellt sich unter einem sehr kleinen Winkel ein, während die andere sich fast senkrecht stellt. Diejenige Seite, welche sich mehr der Horizontallage nähert, empfängt einen stärkeren Vertikaldruck als die steiler stehende Seite, und sie wird infolgedessen so lange gehoben, bis die Neigungswinkel auf beiden Seiten wieder gleich groß geworden sind. Da dieses Drehungsmoment erst dann zur Wirkung kommt, wenn die Maschine aus ihrer natürlichen Lage gebracht ist, so vollzieht sich seine Rückwirkung gegen den Windstoß nur langsam. Um diesen Uebelstand zu beseitigen, wurden die Tragflächen drehbar um Achsen angeordnet, die in den Winkelscheiteln lagen, so daß der Flieger sie mit Hilfe mechanischer Vorrichtungen augenblicklich beiderseits der Maschine unter verschiedenen Winkeln einstellen konnte, wenn die Maschine Neigung zum Kippen nach der Seite zeigte. Die Versuche haben jedoch ergeben, daß derartig eingerichtete Maschinen bedeutend empfindlicher gegen seitliche Windschwankungen sind als Maschinen, bei denen die Enden in gleicher Höhe wie die Mitte liegen.

Um nun die Unvollkommenheiten zu beseitigen, welche mit den bisherigen Einrichtungen verknüpft sind, wurde die beschriebene neue Anordnung getroffen, gemäß welcher die Seiten der Tragflächen zur Veränderung der Flugwinkel um eine Querachse verdreht werden, so zwar, daß die verstellten Seitenteile nach vorwärts gerichtet sind. Wenn eine Flugmaschine, deren Tragflächen gemäß vorliegender Erfindung eingestellt sind, durch die Luft vorwärts bewegt wird, ohne daß ein Drehungsmoment sie um eine Vertikalachse zu drehen strebt, so empfängt die unter dem größeren Winkel eingestellte Seite den größeren Auftrieb und strebt zu steigen, während die andere Seite das Bestreben hat, zu fallen; da aber die erstere zugleich auch den größeren Horizontaldruck in Richtung nach hinten empfängt, so strebt sie sich nach rückwärts zu bewegen, so daß nicht nur die ganze Maschine um die in der Flugrichtung liegende Achse gedreht, sondern auch eine Drehung um eine vertikale Achse erfahren würde, welche den Flugapparat aus seiner Bahn herausbringt. Um nun diese letztere Drehung zu verhüten, ist es nötig, dieser Drehung durch ein in entgegengesetzter Richtung wirkendes Drehungsmoment zu begegnen. Hierzu stehen verschiedene Mittel zu Gebote, als zweckmäßigstes hat sich jedoch das beschriebene Schwanzruder erwiesen. Da es ferner zur Erzielung der erstrebten Wirkung wesentlich ist, daß dem Winde diejenige Seite des Ruders dargeboten wird, welche der unter dem kleineren Winkel eingestellten Tragflächenseite zugekehrt ist, so ist es von größter Bedeutung, daß beide Verstellungen gleichzeitig bewirkt werden können, was durch Verbindung der Tragflächen und des Schwanzruders mit dem Schlitten 9 erzielt ist. Hierdurch kann mittels Verdrehung der Tragflächen um eine wagerechte Querachse die Drehung der ganzen Maschine um eine von vorn nach hinten gerichtete Achse nach Belieben geregelt werden, ohne daß auf die Maschine ein Antrieb zur Drehung um eine Vertikalachse ausgeübt würde.

Patentansprüche:

1. Mit wagerechtem Kopfruder und senkrechtem Schwanzruder versehener Gleitflieger, bei welchem die beiden übereinander angeordneten Tragflächen an entgegengesetzten Seiten unter verschiedenen Winkeln zum Winde eingestellt werden können, dadurch gekennzeichnet, daß die Tragflächen biegsam gestaltet sind behufs schraubenförmigen, mittels einer Stellvorrichtung zu bewirkenden Verdrehens um eine quer zur Flugrichtung gedachte Achse, derart, daß die entgegengesetzten Seiten der Tragflächen sich in der Flugrichtung unter verschiedenem Winkel einstellen und daß das Schwanzruder mit der Stellvorrichtung derart gekuppelt ist, daß es dem Winde mit derjenigen Seite dargeboten wird, welche den unter dem kleineren Winkel eingestellten Tragflächenseiten zugekehrt ist, zum Zwecke, den ganzen Gleitflieger um die in der Flugrichtung liegende Mittelachse zu drehen, ohne daß eine gleichzeitige Drehung des Apparates um seine senkrechte Mittelachse erfolgt.

2. Gleitflieger nach Anspruch 1, dadurch gekennzeichnet, daß zwischen den beiden durch längsseitig versteifte Ständer (2) verbundenen Tragflächenrahmen zwei Seile derart gespannt sind, daß das eine (5) von der rechten hinteren Oberecke über die rechte vordere und linke vordere Unterecke zur linken hinteren Oberecke geführt ist und in der Mitte zwischen beiden Unterecken einen Schlitten (9) zur Aufnahme des Luftfahrers enthält, während das andere Seil (8) in entsprechender Weise von der rechten vorderen zur linken vorderen Oberecke geführt ist.

3. Gleitflieger nach Anspruch 1, dessen Schwanzruder mittels Universalgelenkes in starr mit dem Tragflächengerüst verbundenen Streben gelagert ist, dadurch gekennzeichnet, daß die Steuerleinen dieses Ruders mit dem hinteren Seil (8) gekuppelt sind.

47. In der

Patentschrift Nr. 202 334

Dennis L. Moorhead in St. Louis (V. St. A.),

angemeldet am 29. Januar 1907, ausgegeben am 1. Oktober 1908, handelt es sich um einen Gleitflieger aus gefaltetem Material, welcher so gestaltet ist, daß zwei Flügel entstehen und daß der

Gleitflieger nach der Spitze zu verjüngt ist. In der Mitte zwischen den Flügeln befindet sich ein Längssteg, welcher zur Erhaltung der Flugrichtung dient. Gemäß der Erfindung ist das durch Uebereinanderfalten der Flügel gebildete dreieckige vordere Ende des

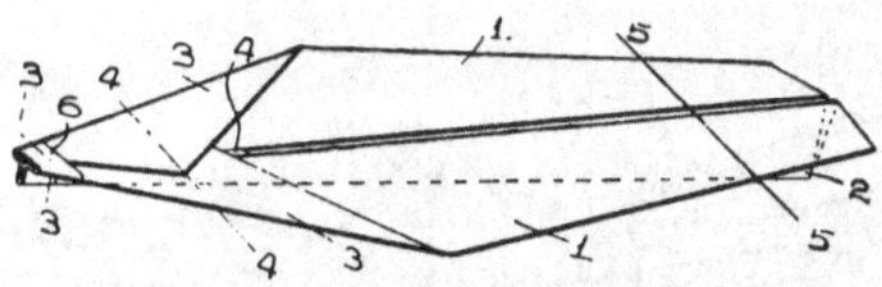

Fig. 125.

Gleitfliegers durch eine den Längssteg verstärkende, im Schnitt T-förmige Einlage versteift, wodurch der Spitze des Gleitfliegers eine besondere Widerstandsfähigkeit gegeben wird. Fig. 125 und 126 lassen alles Wesentliche erkennen.

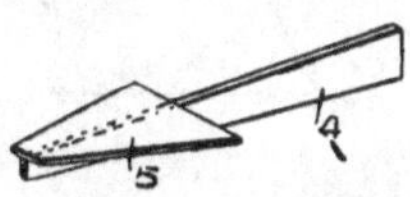

Fig. 126.

Patentanspruch:

Gleitflieger aus gefaltetem Material, dadurch gekennzeichnet, daß das vordere dreieckige Ende des Gleitfliegers durch eine den Längssteg (2) verstärkende, im Schnitt T-förmige Einlage (4, 5) versteift ist.

48. Einen Flugapparat, dessen Motor auf einer festen Tragfläche angeordnet ist, über welcher die Tragflügel sich befinden, betrifft die

Patentschrift Nr. 216 181
Herman Tieszen in Meldorf.

Angemeldet am 11. Mai 1907, ausgegeben am 6. November 1909.

Für die Bewegung dieser Flugmaschine sollen Schlagflügel benutzt werden, welche aus federartig gestalteten schmalen, um eine unsymmetrisch liegende Längsachse drehbaren Flächen bestehen, die sich bei der Abwärtsbewegung öffnen. Bei dieser Oeffnung entweicht die durch den Flügelschlag komprimierte Luft und treibt somit die Flugmaschine vorwärts. Die zum Abwärtsbewegen dieser Schlagflügel notwendige Kraft muß naturgemäß von einem Motor erzeugt werden.

Während des Flügelschlages, d. h. bei Oeffnung der federartigen Flächen und Entweichen der Luft, gleitet der Gleitflieger der Hauptsache nach auf der den Motor tragenden festen Tragfläche. Bei Beendigung des Arbeitsganges der Schlagflügel schließen

8*

sich dann die federartigen Flächen und wirken ihrerseits ebenfalls als Tragflächen. Eine unmittelbare Verbindung zwischen den Schlagflügeln und dem Motor in der Weise, daß etwa die Hin- und Herbewegung der Schlagflügel von der Motorwelle abgeleitet würde, ist hierbei nicht möglich, denn unter diesen Umständen

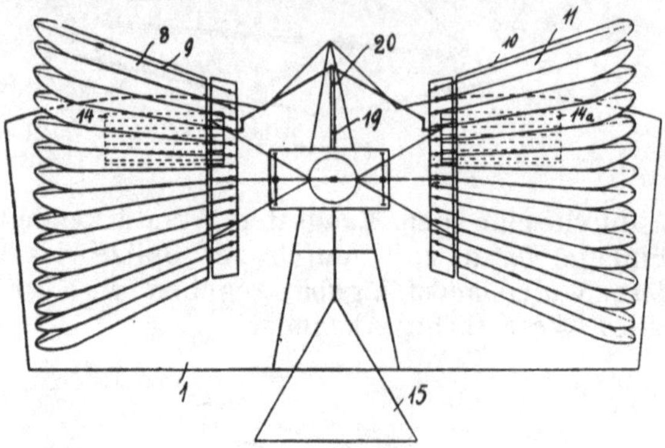

Fig. 127.

würde der durch den Motor veranlaßten Abwärtsbewegung der Schlagflügel regelmäßig eine ebenso rasche von ihm erzeugte Aufwärtsbewegung entsprechen, die die beabsichtigte Wirkung aufheben würde. Infolgedessen muß der Motor einen ungleichmäßigen Gang haben, nämlich einen schnellen Hub zum Abwärtsbewegen der Schlagflügel und einen verhältnismäßig langsamen Rückwärts-

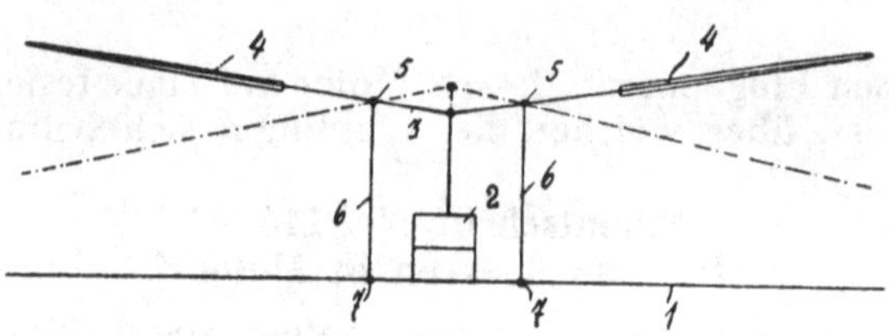

Fig. 128.

hub, während dessen die zu Gleitflächen gewordenen Schlagflügel sich langsamer durch den Druck der unter ihnen hindurchstreichenden Luft heben.

Zu diesem Zweck wird gemäß der vorliegenden Erfindung der Kolben des Motors mit den Schlagflügeln in Verbindung gebracht, so daß bei einer Explosion in dem Motor die Schlagflügel abwärts bewegt werden. Der Rückwärtsgang des Kolbens wird durch die sich langsam hebenden Schlagflügel bewirkt. Hierbei wird erreicht, daß die langsame Aufwärtsbewegung der Schlagflügel durch die von dem Kolben zu leistende Kompressionsarbeit verzögert wird. Es empfiehlt sich hierbei die Benutzung von Viertaktmotoren mit zwei Arbeitszylindern, welche jedoch hintereinandergeschaltet sind, so daß ihre Kolben an einer und derselben Kolbenstange sitzen. Zur seitlichen Steuerung des Gleitfliegers dienen jalousieartige Flächen in der festen Tragfläche, welche entweder von Hand oder von einer beweglichen Steuerfläche über der Gleitfläche geöffnet werden können, um die Seitensteuerung und eventuell bei dauernder Oeffnung einer dieser Jalousieflächen einen schraubenartig sich senkenden Landungsflug zu erzielen.

Dieser Gleitflieger besteht der Hauptsache nach aus einer luftdichten, festen, etwas nachgiebigen, im übrigen gegen die weiteren Teile des Gleitfliegers unveränderlichen Gleitfläche I, auf welcher ein Motor 2 angeordnet ist. Mit der Kolbenstange dieses Motors sind die inneren Hebelarme 3 der Schlagflügel 4 ver-

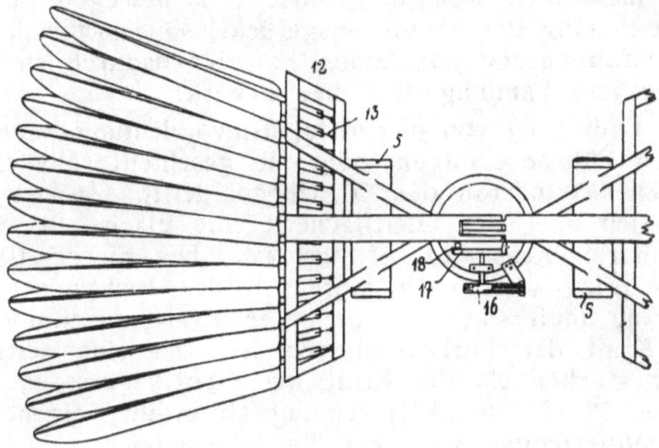

Fig. 129.

bunden, wie Fig. 127 und 128 zeigen. Die Schlagflügel schwingen um die Drehpunkte 5, welche von den Stangen oder Rahmen 6 unterstützt werden. Letztere sind ihrerseits bei 7 auf der festen Gleitfläche I (Fig. 127 bis 129) ebenfalls drehbar, um die erforderliche Beweglichkeit des Systems hervorzubringen. Die Schlagflügel bestehen, wie Fig. 127 und 129 erkennen lassen, aus einer Mehrzahl schwungfederartiger Flächen 8, welche in bekannter Weise nach Art des Federkiels eine Stange 9 besitzen, durch die jede einzelne Fläche 8 in zwei getrennte Flächen 10 und 11 geteilt wird. Die Stangen 9 sind, wie Fig. 129 zeigt, in beliebiger Weise in einem Rahmen 12 angeordnet, und zwar sind sie an der Innenseite dieses Rahmens nicht direkt, sondern mit Hilfe von senkrecht stehenden Blattfedern 13 befestigt, welche eine gewisse Verdrehung der Stangen 9 ermöglichen. Diese Federn sind so stark zu wählen, daß sie nur eine verhältnismäßig geringe Verdrehung der Stange zulassen (vielleicht um 10°). Die weitere Drehung wird durch Anordnen von Anschlägen oder durch andere beliebige, hier nicht dargestellte Hilfsmittel verhindert. Dem weiteren Druck der Luft auf die breitere Seite der Schlagflügel weicht diese um weitere 15° bis 20° dadurch aus, daß die breitere Seite der Schlagflügel aus einem federnden Material hergestellt ist. Die größte Abweichung der Flächen der Schlagflügel von der Horizontalen würde so etwa 30° betragen können. An der Gleitfläche I ist hinten eine beliebige Steuerfläche 15 in bekannter Weise angeordnet, welche zur Höhensteuerung dient.

Die seitliche Steuerung wird durch Oeffnen oder Schließen je eines Systems jalousieartiger Flächen 14 und 14a in der Gleitfläche I bewirkt. Beim Oeffnen dieser jalousieartigen Flächen 14 senkt sich diese Seite des Gleitfliegers etwas, weil die Luft durch die Oeffnungen von 14 entweicht. Diese durchströmende Luft drückt auf die schrägen Flächen der Jalousien 14 und dreht den ganzen Gleitflieger, so daß bei längerem Oeffnen der Gleitflieger sich in einem mehr oder weniger großen Kreis bewegen würde. Wird dabei gleichzeitig der Motor ausgerückt, so senkt sich der Gleitflieger schraubenartig zur Erde. Es wird dadurch eine sehr viel ungefährlichere Landung desselben bewirkt.

Die Bedienung von dieser Jalousievorrichtung kann entweder durch den Führer erfolgen, oder sie geschieht selbsttätig, wenn ein seitlicher Windstoß den Gleitflieger trifft. Zu diesem Zweck befindet sich über der Gleitfläche I eine Fläche 19, die fest an der drehbaren Achse 20 befestigt ist. Die Fläche 19 steht bei normalem Flug stets nach hinten in der Richtung des Fluges. Dieser Flug muß stets mit größerer Kraftentwicklung erfolgen, als die Kraft der Luftströmungen ist. Ist eine seitliche Luftströmung stärker als die Kraft des Gleitfliegers, so dreht sich die Fläche 19 aus der Flugrichtung ab in ihre eigene Richtung. Diese Drehbewegung wird auf die Jalousieflächen 14 übertragen, und der Gleitflieger macht diese Drehung sofort mit und stellt sich dabei je nach Bedarf etwas schräg zur Horizontalen, genau in derselben Art, wie die Vögel es in solchem Falle machen.

Angenommen, die Schlagflügel befinden sich in der in Fig. 128 voll ausgezogenen Lage, und der Motor oder der eine Zylinder desselben ist mit dem komprimierten Gasgemisch gefüllt. Wenn nun die Explosion stattfindet, so wird der Kolben aufwärts geschleudert und bewegt die Schlagflügelflächen 4, so daß sie in die punktierte Stellung der Fig. 128 gelangen. Hierbei wird unter den Schlagflügeln die Luft zusammengedrückt. Die einzelnen federartigen Flächen drehen sich in bekannter Weise um ihre Stangen 9, wobei die größeren Teile 11 dieser Flächen etwas nach aufwärts gerichtet werden. Die unter den Schlagflügeln zusammengedrückte Luft kann entweichen und drückt dabei die federnden Flächen 11 noch weiter nach oben, so daß sie um etwa 30° nach oben ausweichen. Durch das Durchströmen der zusammengedrückten Luft erhält die Vorrichtung einen Antrieb, der den Gleitflieger nach vorn bewegt. Wenn die Abwärtsbewegung der Schlagflügel ihr Ende erreicht, so stellen diese sich wieder horizontal und sind Gleitflächen.

Die in der punktiert angedeuteten Stellung (Fig. 128) befindlichen Schlagflügel 8 werden nun durch die darunter hinweg streichenden Luftmengen gehoben und gelangen langsamer wieder in die in Fig. 128 in vollen Linien ausgezogene Stellung zurück. Dabei wird der Kolben des Zylinders in seine Anfangsstellung zurückgeführt. Da nun zwei Zylinder übereinander angeordnet sind, deren Kolben an einer einzigen Kolbenstange sitzen, so können Viertaktmotoren benutzt werden, wobei die Explosion abwechselnd in jedem Zylinder stattfindet, so daß bei jedem Hub der Kolben eine Explosion erfolgt. Dabei leisten die sich hebenden Schlagflügel die Arbeit des Herausdrückens der Verbrennungsgase aus dem einen Zylinder und die Kompression des angesaugten Gasluftgemisches in dem anderen Zylinder.

Patentansprüche:

1. Gleitflieger mit aus federartig gestalteten, schmalen, um eine unsymmetrisch liegende Längsachse drehbaren, bei der Abwärtsbewegung sich öffnenden Flächen als Schlagflügeln, dadurch gekennzeichnet, daß die Schlagflügel über einer festen Tragfläche angeordnet sind, wobei die einzelnen federartigen Flächenteile, welche sich entgegen der Wirkung von Federn bei der Abwärtsbewegung in bekannter Weise etwas öffnen, bei Beendigung der Abwärtsbewegung sich sofort schließen und sodann bei ihrer Aufwärtsbewegung den Kolben der auf der festen Tragfläche angeordneten Kraftmaschine in die Anfangsstellung zurückführen.

2. Gleitflieger nach Anspruch 1, dadurch gekennzeichnet, daß in der festen Tragfläche jalousieartig zu öffnende Flächen angeordnet sind, die entweder von Hand oder von einer beweglichen Steuerfläche oberhalb der Gleitfläche durch Hebelübersetzung gesteuert werden, um die Seitensteuerung und Stabilität sowie einen sich schraubenartig senkenden Landungsflug zu erzielen.

49. Sowohl für Gleit- wie für Drachenflieger hat die

Patentschrift Nr. 220 752
Dr. Walther Lobach in Charlottenburg,

angemeldet am 7. Januar 1908, ausgegeben am 7. April 1910, Bedeutung, die sich auf die besondere Ausbildung der Tragfläche bezieht.

Es ist bekannt, bei Flugflächen die Seitenkanten aufzubiegen, auch hat man die Hinterkante etwas nach oben aufgebogen, und Flächen mit nach oben aufgebogener Vorderkante sind ebenfalls vorgeschlagen.

Nach der Erfindung soll die Tragfläche aus einzelnen nebeneinander liegenden Flächen mit aufgebogenen Kanten zusammengesetzt werden, derart, daß zwischen den einzelnen Flächenstücken schlitzartige Lufträume entstehen, zwischen welchen die Luft hindurchstreichen kann. Die Schlitze sollen in erster Linie in der

Flugrichtung liegen, doch können auch senkrecht dazu Schlitze angebracht werden, deren Kanten nach oben, und zwar, um Luftwiderstand zu vermeiden, zweckmäßig schräg nach hinten aufgebogen sind. Hierdurch wird erreicht, daß, da stets ein Luftdruck von unten auf die Tragfläche ausgeübt wird, Luft von unten durch die Schlitze nach oben hindurchströmt und dadurch die Fläche stabil erhält. Noch verstärkt wird diese Wirkung, wenn man die aufgebogenen Kanten längs den Schlitzen nicht ganz senkrecht, sondern dachförmig verlaufen läßt. Dann wird die Luft

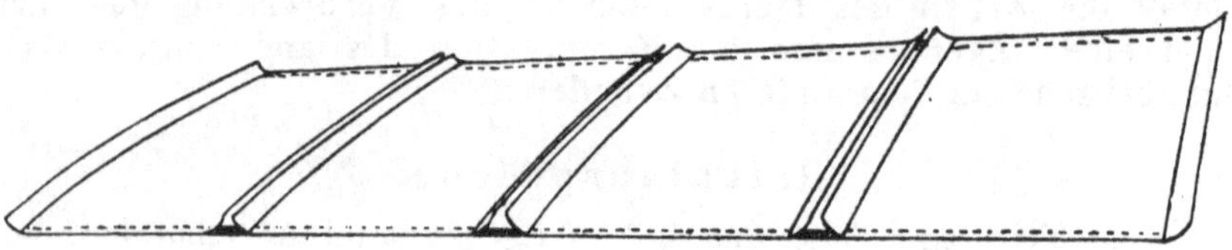

Fig. 130.

beim Hindurchströmen durch die Schlitze zusammengepreßt, ehe sie an dem oberen engeren Teil der Schlitze entweicht. Um das Durchströmen möglichst gleichmäßig zu machen, wird es zweckmäßig sein, die Kanten in Kurven aufzubiegen. Gleichzeitig können dieselben auch federnd angeordnet sein, so daß sie durch den Luftdruck auseinandergebogen werden, um so bei böigem Wind gewissermaßen als Ventil zu dienen. Um zu starken Winddruck abzuschwächen, möge man die dachförmigen Schlitzflächen auch von Hand öffnen können, um so der Luft freieren Durchtritt

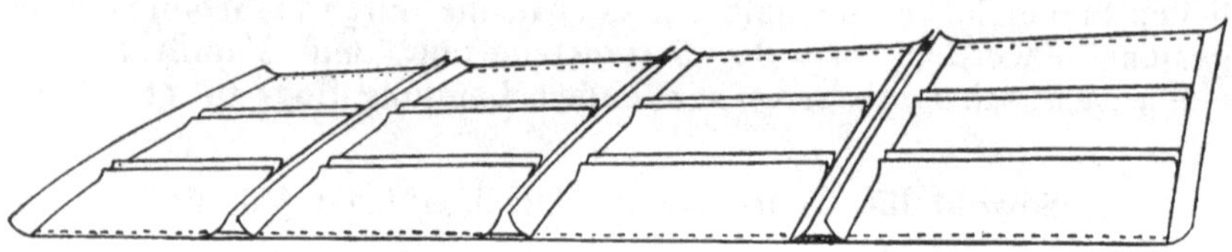

Fig. 131.

zu gewähren. Die Anzahl der Schlitze wird natürlich, ebenso wie ihre Größe, durch die Erfahrung bestimmt werden und kann von einem einzigen bis zu einer großen Zahl gehen. Auch bleibt es vorbehalten, die Schlitze in der Bewegungsrichtung oder senkrecht dazu ohne Unterbrechung durchzuführen oder aus konstruktiven Rücksichten nur stückweise mit Unterbrechungen anzuordnen, und endlich soll die Bezeichnung „in der Bewegungsrichtung oder senkrecht dazu" keine genau mathematisch definierte sein, sondern eine durch die Erfahrung zu bestimmende Abweichung von dieser Richtung für den Verlauf der Schlitze gestatten.

Fig. 130 zeigt eine perspektivische Ansicht einer Tragfläche mit Schlitzen in der Bewegungsrichtung, und Fig. 131 ein Schaubild einer Tragfläche mit Schlitzen in der Bewegungsrichtung und solchen senkrecht dazu.

Patentansprüche:

1. Tragfläche für Flugmaschinen und dergleichen, dadurch gekennzeichnet, daß in der Bewegungsrichtung der Tragfläche schlitzartige, durch die aufgebogenen Kanten der Tragfläche begrenzte Zwischenräume angeordnet sind, zwischen denen die Luft hindurchstreichen kann.

2. Tragfläche nach Anspruch 1, dadurch gekennzeichnet, daß die schlitzartigen Zwischenräume durch Zusammensetzen der Tragfläche aus einzelnen, mit aufgebogenen Kanten versehenen Flächen gebildet werden, so daß sowohl in der Bewegungsrichtung wie senkrecht dazu Zwischenräume entstehen, zwischen denen die Luft hindurchstreichen kann.

3. Tragfläche nach Anspruch 1, dadurch gekennzeichnet, daß die die Zwischenräume begrenzenden aufgebogenen Kanten dachförmig angeordnet und gegebenenfalls drehbar oder federnd sind, so daß die aufgebogenen Kanten beim Durchstreichen der Luft von selbst auseinandergepreßt werden oder von Hand aufgebogen werden können, um der Luft freieren Durchtritt zu gestatten.

50. Eine eigenartige Gleitfläche beschreibt die

Patentschrift Nr. 222 266
Dr. Ing. Hans Reißner in Aachen.

Angemeldet am 4. November 1908, ausgegeben am 21. Mai 1910.

Die zum Gleiten in Luft oder Wasser bestimmten Flächen, d. h. Drachenflächen, Steuerflächen, Propellerflächen und dergleichen sind bisher entweder aus vollen Holzplanken und Metallblechen oder aus Quer- und Längsrippen mit Stoffbezug hergestellt worden. Beide Ausführungen leiden an dem Uebelstand, daß sie infolge ihrer Dicke oder der aus der Fläche hervortretenden Rippen einen hohen schädlichen Widerstand besitzen, daß sie, aus Holz angefertigt, nicht formbeständig sind, aus Metallprofilen schwierig herstellbar sind.

Der Stoffüberzug zeigt ferner große elastische und bleibende Formänderungen an der unrechten Stelle, große Oberflächenreibung und erfordert besondere Diagonalversteifungen.

Eine gewellte dünne Platte c (Fig. 132 bis 134), bei der die Wellenberge und -täler in der Bewegungsrichtung verlaufen, erhält die quer zur Bewegungsrichtung notwendigen Hauptrippen durch beiderseitig auf den Wellen befestigte Bänder a, so daß zwei Bänder mit den dazwischenliegenden Wellen eine zug-, druck-, biegungs- und knickfeste Gurtung bilden.

In der Bewegungsrichtung entstehen so nur sehr kleine Widerstände, und die Diagonalversteifung von einer Rippe zur anderen wird schon durch die gewellte Platte selbst besorgt.

Die so gebildete Gurtung kann entweder als biegungsfeste Hauptrippe eines Einflächendrachens oder als Stabkräfte aufnehmender Gurt des Gerippes eines Zweiflächners dienen.

Im Falle, daß die zwischen den Gurtungsbändern liegenden, als Vergitterung dieser Gurtung wirkenden Wellen für die Aufnahme der Querkräfte der Gurtung zu schwach sind, ist eine

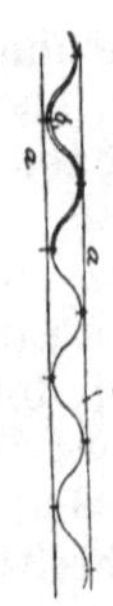

Fig. 132.

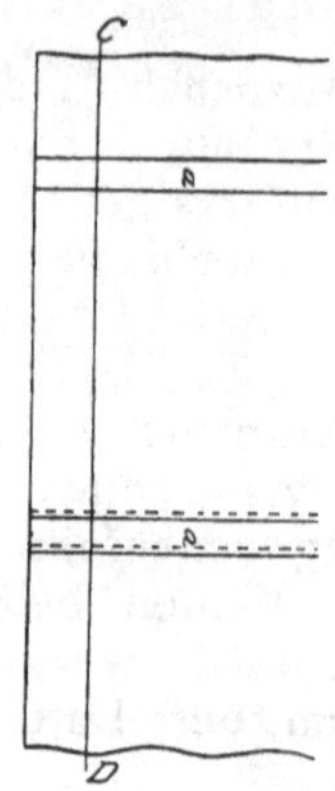

Fig. 133.

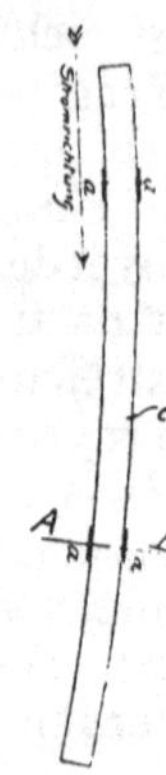

Fig. 134.

Verstärkung der Wellen an der betreffenden Stelle durch ein aufgelegtes Wellenband b beabsichtigt. Die Wellen können runde oder eckige Form haben.

Patentanspruch:

Gleitfläche für Luft- oder Wasserfahrzeuge, dadurch gekennzeichnet, daß eine gewellte, dünne Platte, bei der die Wellenberge und -täler in der Bewegungsrichtung verlaufen, quer zur Bewegungsrichtung auf beiden Seiten mit Bändern verbunden wird, um die Gleitfläche ohne erhebliche Vergrößerung des Bewegungswiderstandes zu versteifen.

51. Bei der

Patentschrift Nr. 236 029
Johannes Köhler in Stettin,

angemeldet am 1. Februar 1910, ausgegeben am 28. Juni 1911,

nehmen die schräg zur Flugrichtung mit nach vorn offenem Winkel am Flugzeuggestell angeordneten Achsen b nur einen Teil der Tragflächenbreite ein, so daß die Tragflächen sowohl in der Längswie in der Querrichtung elastisch gestaltet werden können, wodurch die Stabilität günstig beeinflußt werden soll.

In den Fig. 135 und 136 ist die Erfindung dargestellt. Die beiden Tragflächenhälften c sind an den Achsen b schwingbar gelagert und werden durch die Federn f, die an den Armen d angreifen, in ihrer Lage gehalten. Die Achsen b bilden einen nach vorn offenen Winkel und nehmen nur einen Teil der Breite der Tragflächen ein, so daß diese neben ihrer elastischen Lagerung auch selbst nach den hinteren

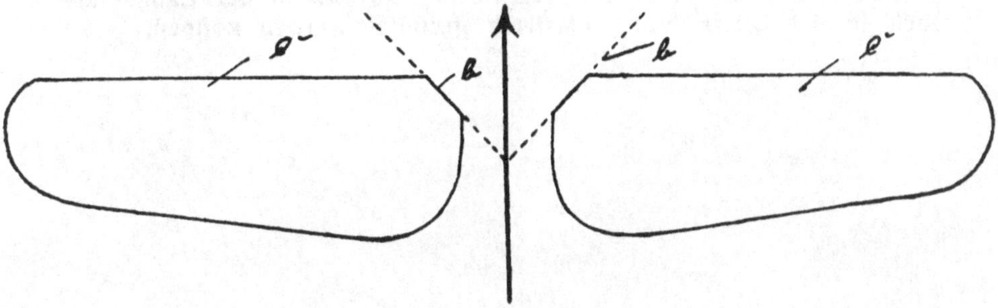

Fig. 135.

und seitlichen Enden zu elastisch ausgebildet werden können. Bei Schwankungen pendeln daher die Tragflächen nicht nur, sondern ihre Enden biegen sich auch ab und sind bestrebt, das Flugzeug in seiner Lage zu erhalten.

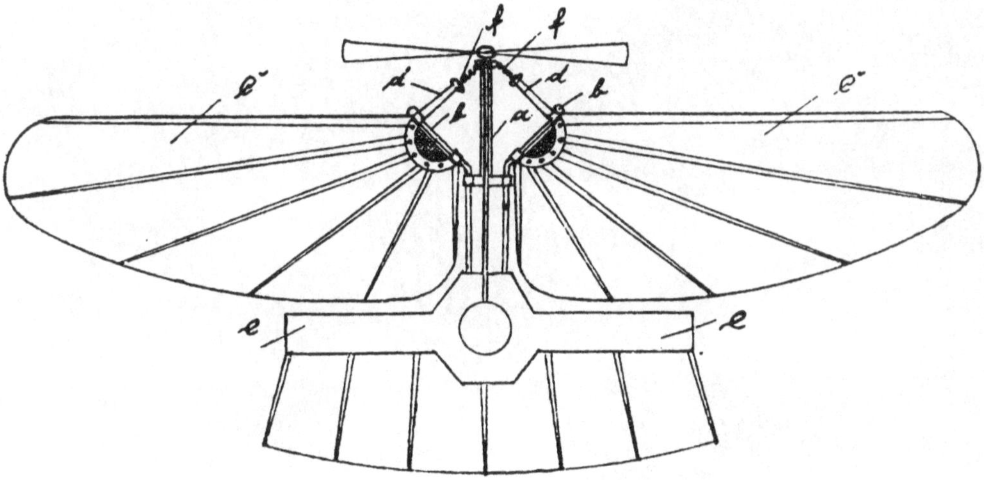

Fig. 136.

Bei Ausführung des Flugzeuges in großen Abmessungen glaubt der Erfinder, daß die Stabilität groß genug sein wird, daß der Führer sich auf einer hinteren Plattform e bewegen kann, ohne daß das Fahrzeug kippt. Bei Motorschaden würde man also allseitig an den Motor heran können.

Patentanspruch:

Flugzeug mit an dem Flugzeugkörper schwingbar angeordneten Tragflächen, dadurch gekennzeichnet, daß die nur einen Teil der Breite der Tragflächen einnehmenden Schwingachsen derart schräg zur Flugrichtung angeordnet sind, daß sie einen nach vorn offenen Winkel bilden, wodurch die Tragflächen sowohl in der Längs- als auch in der Querrichtung elastisch gestaltet werden können.

III. Schraubenflieger.

Die Flugapparate dieser Gruppe sind sehr wichtig. Sie erheben sich mittels Schrauben in die Luft, wie denn auch ihre Vorwärtsbewegung mittels Schrauben erfolgt. Die Schraubenflieger haben den Vorteil, daß ihre Tragschrauben mit vertikaler Welle ein Auffliegen direkt vom Stand ermöglichen, während die Drachenflieger bekanntlich einen Anlauf erfordern. Infolge ihrer besonderen Eignung für den Vertikalflug würden die Schraubenflieger nach weiterer Vervollkommnung die Luftballons ersetzen können.

52. Die Reihe der Patentschriften dieser Gruppe beginnt mit der

Patentschrift Nr. 9665
Herm. Blume in Hamburg.

Angemeldet am 29. Juli 1879, ausgegeben am 13. August 1880.

Die Erfindung bezweckt, durch Anbringung von Gassäcken über den Flügeln einer Schraube, Luftschiffe in Bewegung zu setzen.

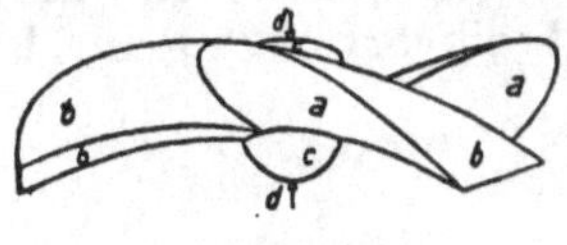

Fig. 137.

Die Flügelschraube a besteht gemäß Fig. 137 aus einem Gestell von Stahldraht, über welches luftdichtes Segeltuch oder Blech gespannt ist. Ueber den Flügeln sind Gassäcke b angeordnet, welche aus leichtem luftdichten Stoff ohne Gestell hergestellt sind, und welche, durch Gas aufgebläht, die in der Zeichnung dargestellte Form annehmen. Auf der Achse d der Schraube ist ein kleiner Ballon c angebracht, welcher mit den Gassäcken in Verbindung steht. Durch den Ballon wird das Gas in die Gassäcke durch einen Schlauch geleitet, der nach der Füllung an der Achse fest zugebunden wird. Bei der in Fig. 138 dargestellten Kombination werden zwei mit Gassäcken versehene Flügelschrauben in entgegen-

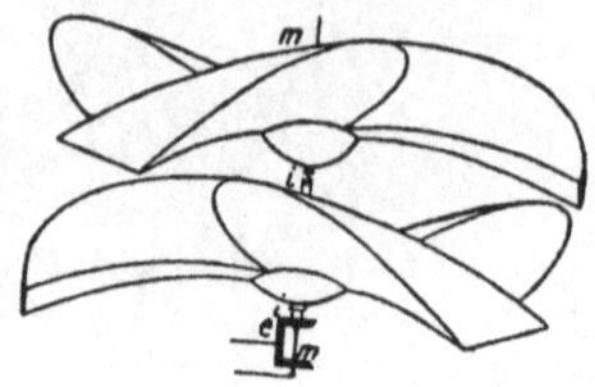

Fig. 138.

gesetzter Richtung bewegt. Die Achse i der unteren Schraube ist durch eine Büchse gebildet, welche die Achse m der oberen Schraube nur in ihren Endpunkten berührt, um die Reibung möglichst zu verringern. Der Flugapparat nach Fig. 139 hat auf jeder Seite zwei Doppelschrauben und an der scharf auslaufenden Spitze zur seitlichen Bewegung eine vertikal gestellte Schraube, welche durch eine Doppelschraube ersetzt werden kann. Die Seitenwände sind an den Stellen, wo sich die Flügelschrauben befinden, nach innen eingebogen, um die Breite des Apparates zu verringern.

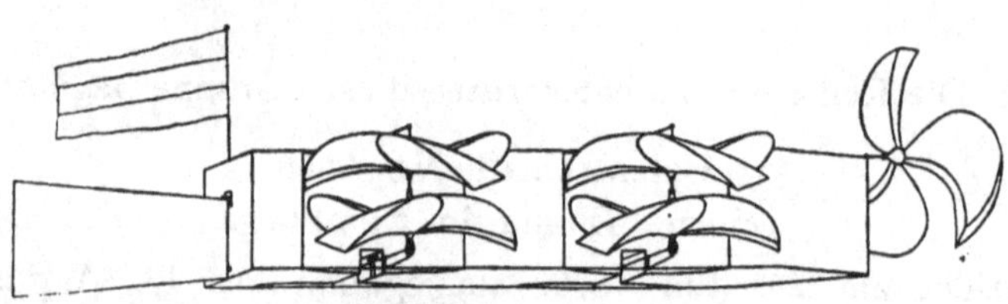

Fig. 139.

Patentanspruch:

Die Anbringung von Gassäcken über den Flügeln einer Schraube, welche als Treibvorrichtung für Luftschiffe bestimmt ist.

53. Der in der

Patentschrift Nr. 10 842
Julius Griese in Kolberg,

angemeldet am 6. Dezember 1879, ausgegeben am 21. September 1880,

beschriebene Flugapparat besteht:

1. aus den beiden Windrädern a o, deren jedes acht Speichen hat, die mittels der Stützen b b zur Befestigung der aus leichtem Gewebe bestehenden Flugflächen, von denen eine c d angedeutet ist, dienen. Zur Befestigung der Radachsen dient das rhomboi-

dische Gestell m m, mit dem das Fußgestell r r^1 durch Seile und die festen Stangen p p verbunden ist;

2. aus den beiden um die Achse v z drehbaren Auslegern k z k. Dieselben dienen zunächst zur Vergrößerung der horizontalen Fläche, sodann auch als Steuer, bei treibendem Winde als Segel, zur Regulierung des Schwerpunktes und als Hilfe beim Landen;

3. aus der sich um die Scheiben s s legenden und bis zum Fußgestell r r^1 reichenden Strickleiter n n, welche bei t t die

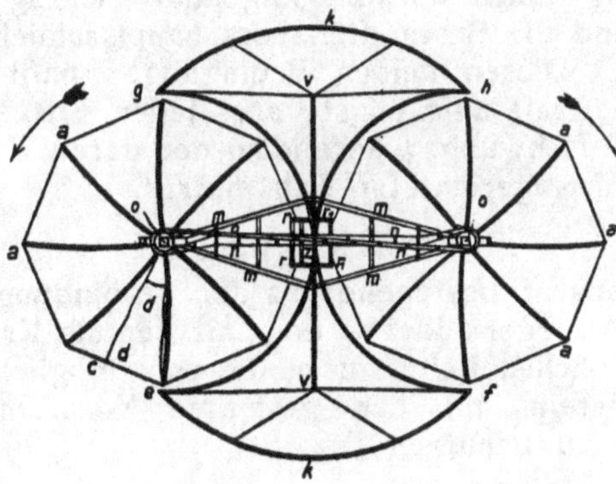

Fig. 140.

Kraft aufnimmt und durch die Wellen s s auf die Windräder überträgt. Diese Leiter ermöglicht es, bei aufrechter Stellung des Körpers und der dabei zur vollen Geltung gelangenden Körperschwere sowohl die Kraft der Beinmuskel wie des Oberkörpers in einfachster und günstigster Art zu benutzen.

Der Apparat ist in den Fig. 140 und 141 dargestellt.

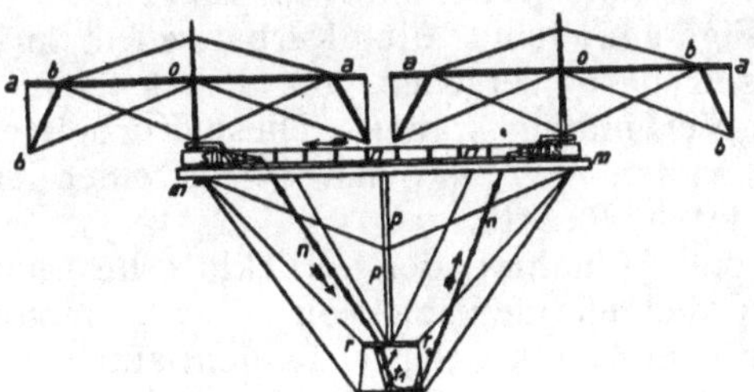

Fig. 141.

Durch Besteigen der Leiter bei t t wird diese etwa wie ein Tretrad bewegt und überträgt ihre Bewegung auf die Windräder a o. Die Pfeile zeigen die Richtungen dieser Bewegungen an. Den Auslegern k z wird ihre Stellung mittels der Hände gegeben.

Die Benutzung des Apparates als Flugmittel beginnt damit, die Lage des Schwerpunktes durch Verlegung der Tretstelle oder der Ausleger so zu regulieren, daß die Windradebene zur Horizontebene um ein geringes geneigt ist. Der durch Drehung der Windräder eingeleitete Flug erfolgt dadurch in schräger Richtung nach oben, und durch Herabminderung der Tretbewegung unter das zum Schweben erforderliche Maß wird ein schräg abwärts gerichteter Fall und so die gewünschte horizontale Fortbewegung erreicht, deren Größe von der in der Zeiteinheit zu erlangenden Flughöhe abhängig ist.

Aufschwung und darauf folgender schräg abwärts gerichteter Fall sind die Bestandteile des hauptsächlich zu erstrebenden Fernfluges. Diesen beiden Bedingungen paßt sich die Wirkungsweise der Kraft aufs engste an. Jeder Tritt auf die Leiterstufe bewirkt Aufschwung, während in der darauf folgenden Pause ein schräg abwärts gerichteter Fall eintritt.

Patentanspruch:

Ein Flugapparat, bestehend aus der Verbindung zweier Windräder mit den Auslegern k z k und mit der als Krafttransmission dienenden beweglichen Leiter n n, die es ermöglicht, die Körperschwere im Verein mit der gesamten Körpermuskulatur als treibende Kraft zu benutzen.

54. Der Schraubenflieger nach der

Patentschrift Nr. 14 771
Ludwig Klein in Charlottenburg,

angemeldet am 8. Dezember 1880, ausgegeben am 3. Oktober 1881,

besteht aus zwei Luftschrauben, die sich in wagerechter Ebene um ihre Achse in Richtung der Pfeile Fig. 142 drehen; die Drehung soll unter Vermittlung des Kolbenzylinders a durch Druckluft bewirkt werden. Behufs regelmäßigen Eingreifens der Flügel ineinander (s. Fig. 142) sind die Kurbelwellen an ihrem unteren Ende mit Kegelrädern versehen, die durch eine Kurbeltretwelle miteinander in Verbindung stehen. Diese Kurbeltretwelle, die dem Luftschiffer zu Füßen liegt, hat den Zweck einer leichteren Ueberwindung der toten Punkte.

Der für die Aufnahme der Druckluft bestimmte Behälter b soll aus einem dichten Gewebe von etwa 1 mm starkem Stahldraht mit einer dem Zweck entsprechenden, stark gummierten Zeugausfütterung bestehen. Die Luft wird durch Gummischläuche c c den Arbeitszylindern a a zugeführt, durch einen Hahn regelbar; sie tritt bei f f in die hohle Kolbenstange und gelangt durch die Oeffnungen h h, Fig. 143, in den Zylinder. Der Kolben steht mit dem Schiebersystem in Verbindung, das sich im Innern des Zylinders befindet; es besteht aus zwei kreisförmigen Platten k k, Fig. 143, deren äußere Peripherie zu einem Ring aufgebogen ist, welcher luftdicht an die innere Wandung des Zylinders anschließt oder auch manschettiert sein kann; die äußere, ebene Fläche dieser Platten ist mit einer Gummiplatte verbunden.

Diese Schieberplatten, von welchen an jedem Ende des Zylinders eine liegt, sind miteinander durch Stäbe i i, welche luftdicht durch den Kolben gehen, verbunden, und zwar so, daß ihre Entfernung voneinander um ein solches Stück kürzer ist, als die innere Länge des Zylinders und als die Breite der Einströmungsöffnungen h h, Fig. 143, beträgt. Auch die Zylinderwandung ist an jedem Ende um ein solches Stück kürzer, um der verbrauchten Luft einen schnellen Austritt durch die Oeffnungen 1 1 1, Fig. 143 und 144, zu gewähren. Hat nun der Kolben seinen Weg zurückgelegt, so verschließt derselbe zunächst durch Berührung

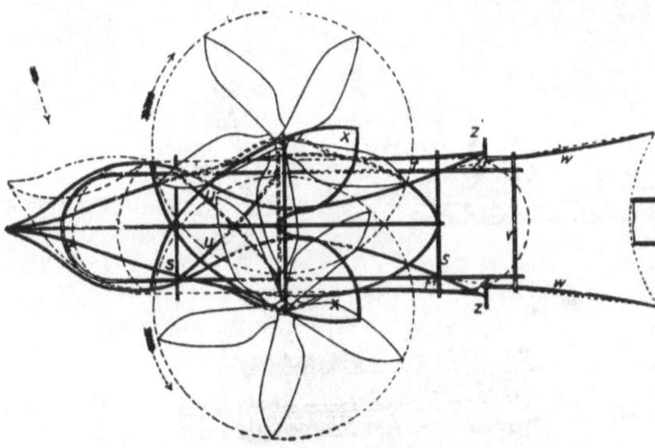

Fig. 142.

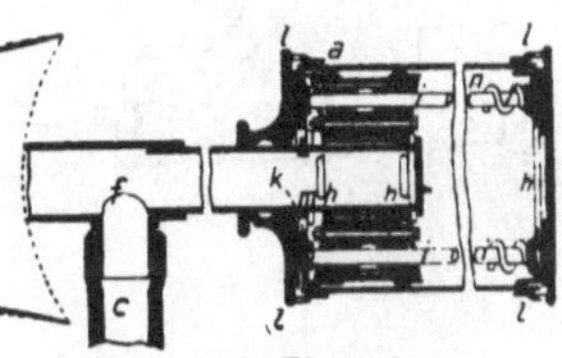

Fig. 143.

mit der einen Schieberplatte jene Oeffnungen auf dem einen Ende des Zylinders, öffnet aber gleichzeitig die auf dem anderen Ende; demnächst schiebt sich aber die Kolbenstange um die Breite einer Einströmungsöffnung durch den Kolben und läßt neue Luft auf der anderen Seite des Kolbens eintreten.

Der Stoßapparat besteht im Prinzip aus zwei Schirmen o o nach Art der Regenschirme, Fig. 144, die durch die Kolbenbewegung abwechselnd geöffnet und geschlossen werden. Dies geschieht auf folgende Weise: An dem Kolbenzylinder a, Fig. 144, befindet sich in der Verlängerung desselben ein fester Rahmen p p, welcher zwei Stirnrädchen trägt; diese greifen in entsprechende Löcher der verlängerten hohlen Kolbenstange, an welcher sich der untere Schirm befindet, und des Teiles q q, an dem der obere Schirm befestigt ist, und auf diese Weise die Stelle der (sonst schwereren) Zahnstange versehen. Das andere Ende dieses Stoßapparates sitzt bei r, Fig. 145, in einem Kugelgelenk, so daß derselbe nach jeder Richtung hin verstellbar ist. Der Stoßapparat soll nur dann Anwendung finden, wenn Luftbewegung von der Seite stattfindet, wo derselbe alsdann auch nach der entgegengesetzten Seite gerichtet wird; unter normalen Luftverhältnissen aber soll die Fortbewegung des ganzen Flugapparates lediglich durch die oberen Flügelluftschrauben bewirkt werden.

Das Skelett des Apparates besteht aus drei Ringen s s s, von denen der mittelste doppelt ist, Fig. 145 und 146. Diese Ringe umschließen den Ballon und sind durch Längsstäbe derart miteinander verbunden, daß eine Dreieckskonstruktion zur Geltung kommt, um dem Ganzen mehr Stabilität zu verleihen.

Der von diesem Skelett umschlossene Ballon ist nur punktiert angedeutet, ebenso das Netzwerk, das ihn umschließt. Letzteres ist an einem Rahmen t t t, Fig. 142, 145 und 146, befestigt. An diesem Rahmen befestigt befindet sich außerdem noch ein Kreuz u u, Fig. 142 und 145, in dessen Kreuzungspunkt das Kugelgelenk

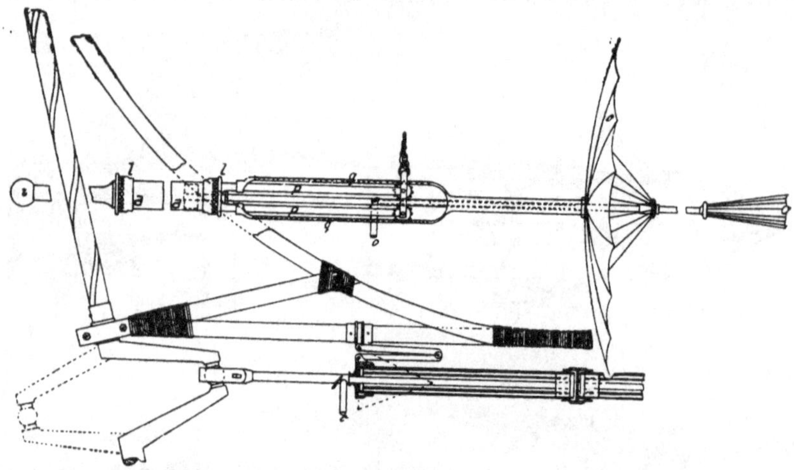

Fig. 144.

für den Stoßapparat sitzt, ferner am hinteren Ende ein Querstück v, an welchem die Schwanzhebel w w, Fig. 142, 145 und 146, beweglich angebracht sind. Dieser Rahmen mit Ballon und Netz bildet den Träger für den unterhalb befindlichen Luftbehälter b, der auf seiner Oberseite gleichzeitig mit Sitz für den Luftschiffer eingerichtet ist. Er ruht unterhalb auf einem dreiseitigen Rahmen, Fig. 147 und 148, dieser hängt an punktiert angedeuteten, am Rahmen t befestigten Seilen. Diese Vorrichtung hält stets nur die vertikale Stellung zum Ballon inne; nicht so das Skelett, an welchem sich die Flügel, die Flügeldeckel x und das Kopfsegel befinden. Dieses Skelett ist mit seiner ganzen maschinellen Einrichtung teilweise um den Ballon drehbar, damit, wenn eine Schwenkung nach rechts oder links stattfinden soll, die Flügel sowohl, als auch das Schwanzsegel eine der zu beschreibenden Kurve entsprechende Lage einzunehmen imstande ist. Eine solche Stellung ist beispielsweise in Fig. 145 durch die punktierten Linien a angedeutet.

Die Drehung des Skeletts wird durch ein Steuerrad bewirkt, welches dem Luftschiffer vorn zur Hand liegt. Diese Drehung

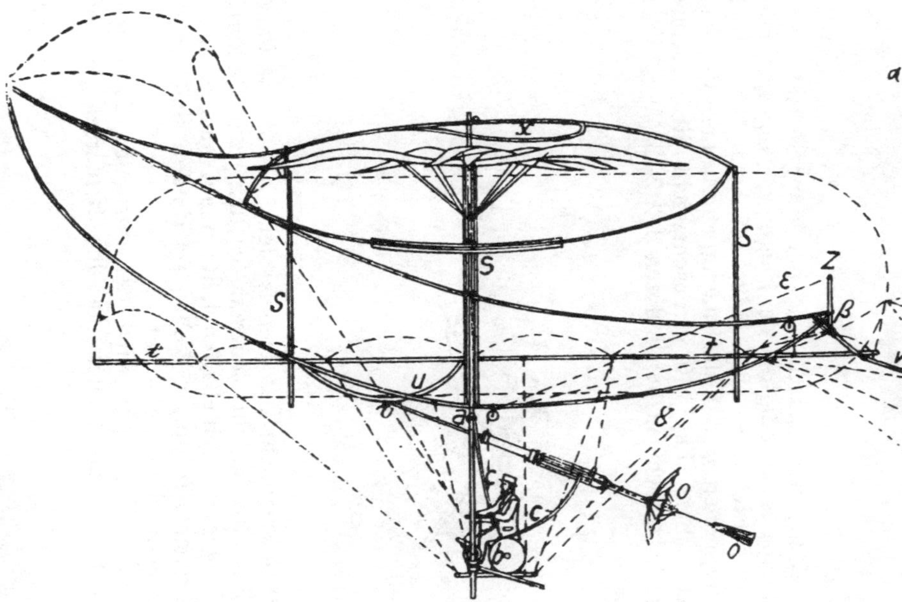

Fig. 145.

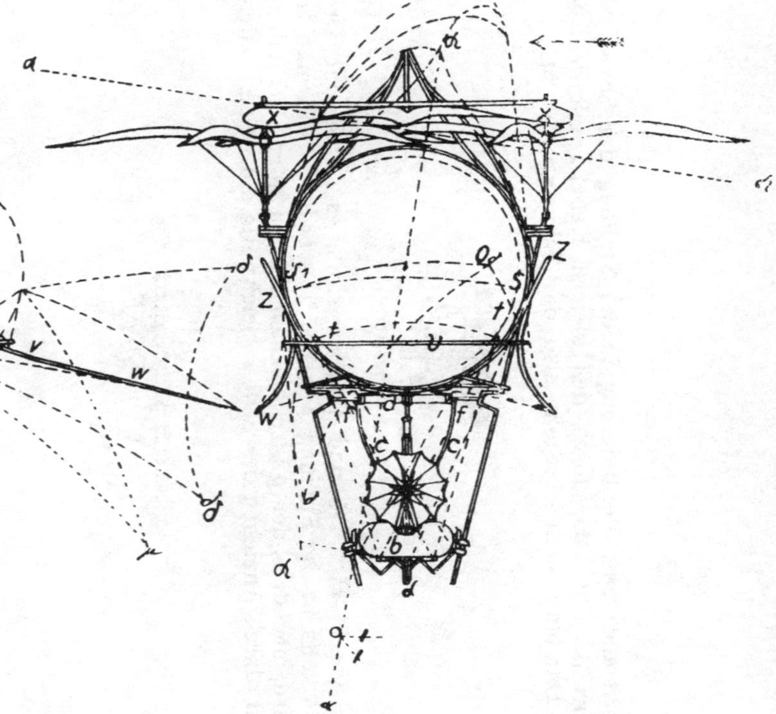

Fig. 146.

bewirkt auch eine Veränderung in der Stellung der Schwanzhebel, die bei β, Fig. 145, durch den kleinen Hebel z mit dem Skelett in Verbindung stehen. Steht also das Schwanzsegel in normaler

Fig. 147.

Lage, wie in Fig. 145 und 146, so würde es durch eine Drehung des Skeletts in die Stellung δ gebracht werden. Will man landen, so wird, nachdem der ganze Mechanismus in normale Stellung gebracht, durch Anziehen der Seile ε gleichzeitig auf beiden Seiten dem

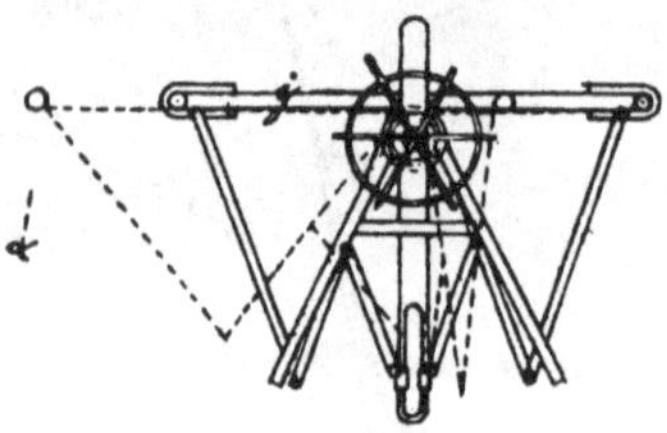

Fig. 148.

Schwanz eine Stellung nach unten, wie bei μ angedeutet, gegeben und die Umdrehungsgeschwindigkeit der Flügel verlangsamt. Hierbei wirken die Flügeldeckel x x, Fig. 142, 145 und 146, als Fallschirme; sie sind denen der Käfer nachgeahmt, bei welchen sie denselben Zweck haben. Fig. 149 veranschaulicht die verschiedenartigen Stellungen der Schwanzhebel durch 1 2 2^1 3.

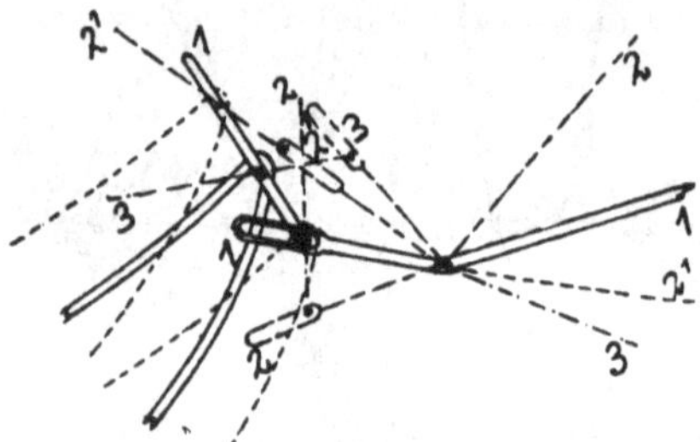

Fig. 149.

Fig. 148 veranschaulicht das Hebelsystem, das durch Parallelbewegung der Flügelwellen ihre normale Stellung zur Ballonachse bei einer Seitenbewegung beibehalten läßt; damit auch keine Verschiebung der Trapezform dieser Wellen stattfindet, sind dieselben durch sich kreuzende Seile verstrebt.

Das dreieckige Kopfsegel wird bei normaler Stellung des Flugapparates fest auf das Skelett an den beiderseitigen Seilen niedergezogen und bildet so eine schiefe Ebene zur wagerechten Flugrichtung, ähnlich der vorderen Spitze eines Papierdrachens. Ist man aber genötigt, beim Winde zu segeln, d. h. wenn der Wind halb rechts oder halb links von vorn weht, so muß das Kopfsegel so gestellt werden, daß der Wind, welcher sich in dem Segel fängt, noch so viel als möglich nach vorn wirkt. In solchem Falle soll auch der Stoßapparat in Tätigkeit treten, indem derselbe, seitwärts gestellt, dem Wind entgegenwirkt.

Patentansprüche:

1. Die Anordnung der Flügelluftschrauben oberhalb eines zylinderförmigen Ballons, in Verbindung mit einem aus Rohrstäben konstruierten, um die horizontale Achse des Ballons drehbaren Gestell, wie in der Zeichnung dargestellt und durch Beschreibung erläutert.

2. Die Anordnung des Flügelbewegungsmechanismus mit oszillierendem Zylinder, wie in der Zeichnung dargestellt.

3. Der Kolbenzylinder mit dem Kolben und dem Schiebersystem und die Zuführung der komprimierten Luft durch die hohle Kolbenstange als Motor, wie in der Zeichnung dargestellt.

4. Der Stoßapparat in seiner in der Zeichnung, Fig. 144, dargestellten Konstruktion.

5. Der aus Stahldraht gewebte Luftsack mit luftdichter Ausfütterung.

55. Eine eigenartige Anordnung der Lagerung der Schraubenwelle zeigt die

Patentschrift Nr. 26 930
Otto Hartung in Leipzig.

Angemeldet am 5. September 1883, ausgegeben am 9. Mai 1884.

Ein Ballon wird durch ein Gurtnetz an den Balken A und A_1 befestigt (Fig. 150 bis 152). Auf den Balken A und A_1 sind

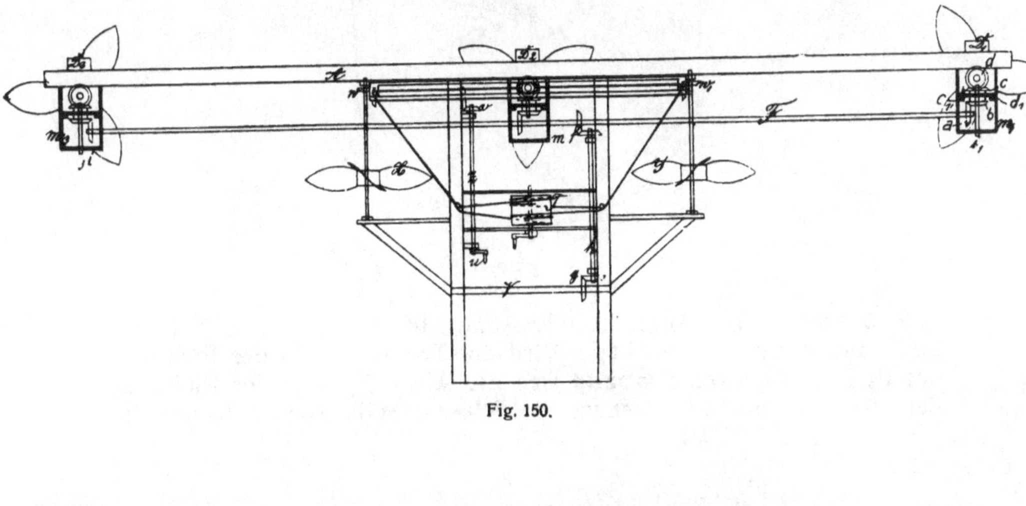

Fig. 150.

die Querbalken D_1, D_2 und D_3 befestigt, welche zugleich als Lagerbalken für die Schraubenwellen E_1, E_2 und E_3 dienen.

Die Welle E_2 ist in der Mitte in dem drehbaren Lager L und an den Enden in den in den Gleitbahnen G_1 und G_2 liegenden

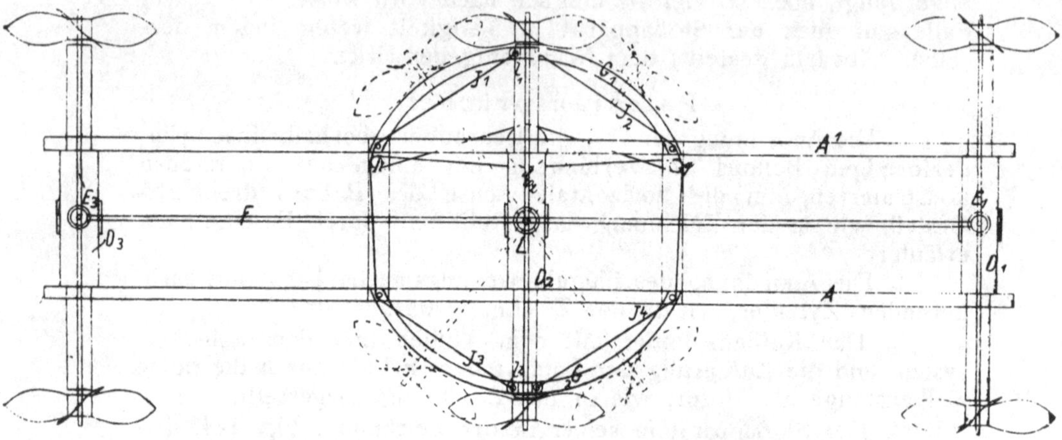

Fig. 151.

Lagern 1_1 und 1_2 gelagert. Die Lager 1_1 und 1_2 haben seitliche Rippen, an welchen die Zugseile J_1, J_2, J_3 und J_4 befestigt werden. Die Seile, Fig. 152, haben an den Lagern 1_1 und 1_2 in den Punkten

Fig. 152.

1, 2, 3 und 4 ihre Angriffspunkte und auf der Trommel T in 1_1, 2_1, 3_1 und 4_1 ihre Endpunkte. Wird die Trommel T in der Richtung des Pfeiles H gedreht, so muß sich die Welle E_2 nach der Richtung der Pfeile M und M_1 drehen, da sich die Seile J_2 und J_3 auf die

Trommel T auf- und J_1 und J_4 von derselben abwickeln. Dreht man die Trommel T in der Richtung des Pfeiles K, so nimmt die Welle E_2 den Weg in der Richtung der Pfeile N und N_1.

Das Steigen und Sinken wird durch die zu beiden Seiten der Gondel stehenden Schrauben X und Y bewirkt, deren Antrieb von der Kurbel U ausgeht. Diese sitzt fest auf Welle Z, durch welche die Drehung mittels des Räderpaares v und einer horizontalen Welle auf die Räderpaare w und w_1 übertragen wird. Durch die Verstellung der Schraubenwelle E_2 soll das Schiff horizontal gelenkt werden.

Patentanspruch:

Die Anordnung der konzentrischen Gleitbahnen G_1 und G_2 auf den Balken A A_1 und D_2 und die Lagerung der Enden der Schraubenwelle E_2 in denselben, um die genannte Schraubenwelle in beliebiger Richtung einstellen zu können.

56. Bei der

Patentschrift Nr. 28 934
Otto Hartung in Leipzig,

angemeldet am 13. Februar 1884, ausgegeben am 10. Oktober 1884, handelt es sich um eine weitere Ausbildung des Flugapparates nach Patent 26 930. Unter dem länglichen Ballon B hängen mittels Gurtnetzes die durch Spreizen verbundenen Balken A A_1, mit Maschinerie und Gondel. Zu beiden Seiten der Gondel sind in der Richtung der Balken A A_1 die Wellen W und W_1 angebracht, auf denen die Luftschrauben S_1, S_2, S_3 und S_4 befestigt sind (Fig. 153, 154). Außerdem ist unter den Balken A und A_1 rechtwinklig zu diesen der Balken D fest mit diesen verbunden, an dem die Gleitbahnen G_5 und G_6 mit der in denselben gelagerten Schraubenwelle W_2 angebracht sind.

Die Wellen W W_1 und W_2 sind in den Gleitbahnen G_1, G_2, G_3, G_4, G_5 und G_6 und außerdem in den drehbaren Lagern L L_1 und L_2 gelagert.

In den Gleitbahnen G_1, G_2, G_3 und G_4 werden die Wellenlager l_1, l_2, l_3 und l_4 geführt, und zwar von der Mitte, also von l_2 und l_3 aus. Diese Lager haben seitliche Rippen, welche durchlöchert sind und die Angriffspunkte für die Seile C_1, C_2, C_3 und C_4 bilden, die zum Festhalten und zum Hin- und Herbewegen der Lager dienen.

Die Seile C_1, C_2, C_3 und C_4, Fig. 155, werden auf die Trommel T auf- oder von dieser abgewickelt, haben ihre Angriffspunkte an den Lagern l_2 und l_3 in 1, 2, 3 und 4 und ihre Endpunkte auf der Trommel T in den Punkten 1_1, 2_1, 3_1 und 4_1. Wird die Trommel T in der Richtung des Pfeiles E herumgedreht, so wickeln sich die Seile C_1 und C_3 auf, während sich gleichzeitig die Seile C_2 und C_4 abwickeln. Es werden sonach die Lager l_2 und l_3 in der Richtung des Pfeiles J fortbewegt und die Wellen W und W_1 um die Lager L und L_1 gedreht.

Die Welle W_2 ist in der Mitte in dem drehbaren Lager L_2 und an den Enden in den in den Gleitbahnen G_5 und G_6 liegenden Lagern 1_5 und 1_6 gelagert. An diesen Lagern sind

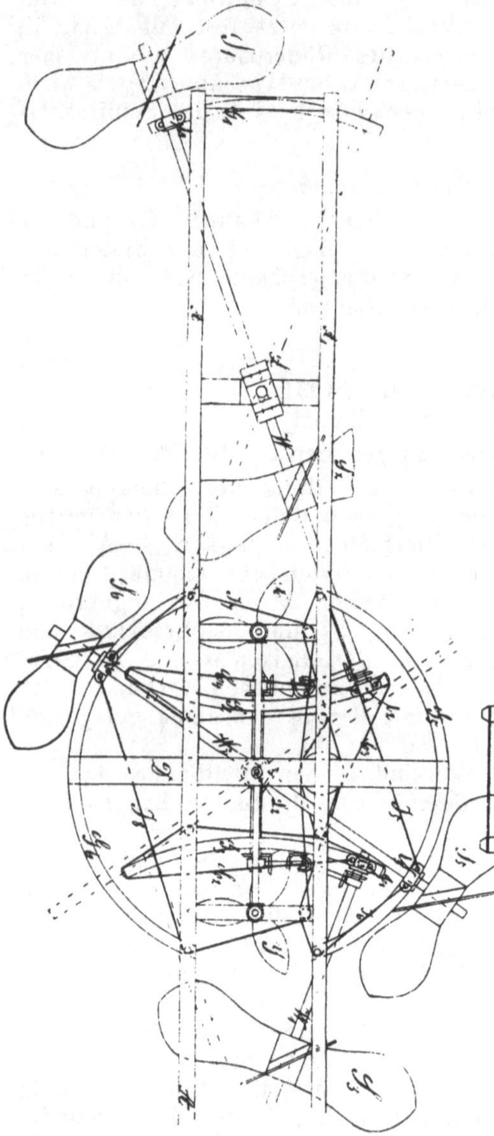

Fig. 154.

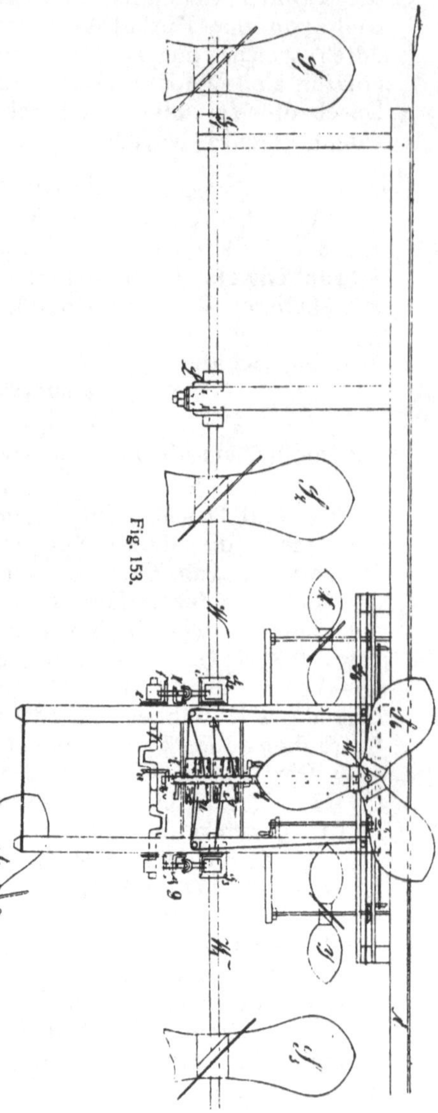

Fig. 153.

die Zugseile J_5, J_6, J_7 und J_8, Fig. 156, in den Punkten 5, 6, 7 und 8 und auf der Trommel U in den Punkten 5_1, 6_1, 7_1 und 8_1 befestigt. Wird die Trommel U in der Richtung des Pfeiles H gedreht, so muß sich die Welle W_2 in der Richtung der Pfeile

M und M_1 drehen, da sich die Seile J_6 und J_7 auf die Trommel U auf- und J_5 und J_8 gleichzeitig von derselben abwickeln. Dreht man die Trommel U in der Richtung des Pfeiles K, so bewegt sich die Welle W_2 in der Richtung der Pfeile N und N_1. Die

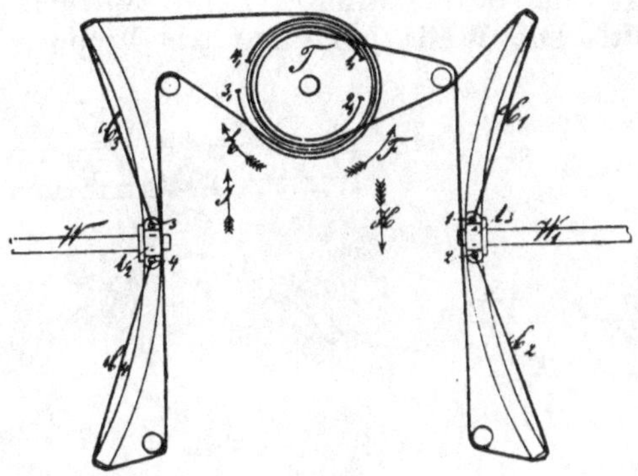

Fig. 155.

beiden Trommeln T und U sind auf einer Welle befestigt, wie Fig. 153 zeigt, jedoch jede für sich besonders einzustellen.

Die Bewegung der Kurbelwelle V, Fig. 153, geschieht durch einen Motor oder Handbetrieb und wird auf die Welle W_2 durch

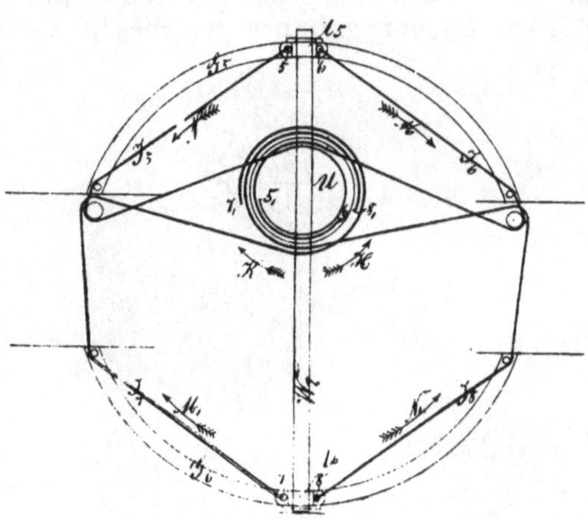

Fig. 156.

das Rad a übertragen, welches in das Rad b greift. Dieses letztere sitzt fest auf der Welle E, die am oberen Ende (s. Fig. 157) in dem drehbaren Lager L_2 gelagert und genau auf dessen Mittelpunkt gerichtet ist. Auf der Welle E ist das Rad c befestigt, das in das auf der Welle W_2 befestigte Rad d greift. Wird nun die Welle W_2 horizontal verschoben, so dreht sich das Lager L_2 und das Rad d wälzt sich auf dem Rad c ab.

Fig. 158 bezeichnet den Antrieb von der Kurbelwelle V aus auf die Schraubenwellen W und W_1. Auf der Welle V ist das Rad e befestigt; dieses greift in das Rad f ein, welches fest auf der Welle g sitzt, und diese ist durch das Universalgelenk o mit der Welle h verbunden. Die Welle h trägt das Rad i, welches in das auf der Schraubenwelle W oder W_1 befestigte Rad k eingreift. Die Welle g ist auf der Welle V in dem Lager

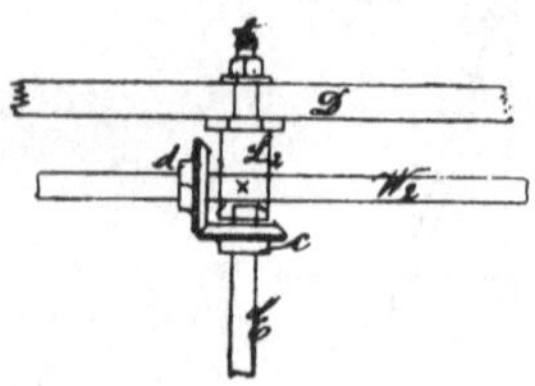

Fig. 157.

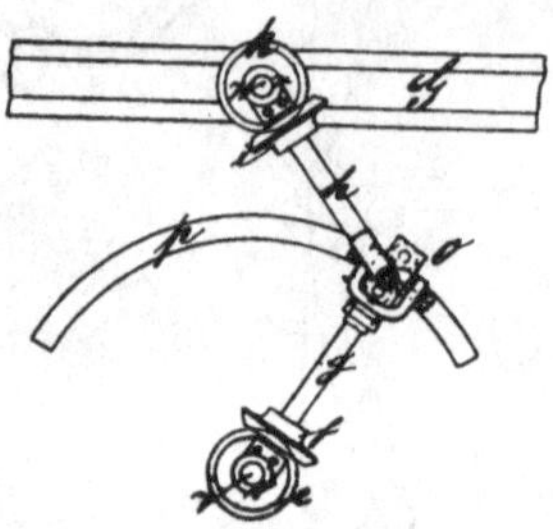

Fig. 158.

Fig. 159.

r gelagert. Dieses Lager, Fig. 159, ist ein Kniestück und dreht sich mit der horizontalen Bohrung auf der Welle V; in der vertikalen Bohrung desselben hingegen ist die Welle g drehbar. Damit nun diese sich nicht nach oben oder unten verändern kann, sind in das Lager zwei Löcher gebohrt, welche in einer Horizontalen

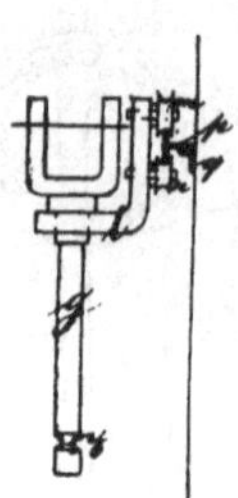

Fig. 160.

liegen. In die Welle g, Fig. 160, ist eine Nut y eingedreht, welche den eingebohrten Löchern des Lagers entspricht, so daß, wenn in letztere die beiden Stifte x und x_1 eingeschlagen sind, die Welle G sich leicht in dem Lager r drehen läßt.

Genau wie die Welle g mit der Welle V ist auch die Welle h mit der Welle W verbunden. Es läßt sich demnach die Welle W in der Gleitbahn G, Fig. 158, soviel nach rechts und nach links schieben, bis die beiden Wellen g und h in einer geraden Linie liegen.

Die Welle g ist durch den Bügel 1, Fig. 160, an welchem die Rollen m und n befestigt sind, mit der T-Schiene p verbunden. Diese ist kreisförmig gebogen und hat mit der Welle V denselben Mittelpunkt, während sie durch die Winkelstücke q an den Gondelständern befestigt ist. Die Rollen m und n sind so eng zueinander gestellt, daß sie über die T-Schiene p gleiten, aber durch ihre Einschnitte den Bügel 1 und damit die Welle g festhalten.

Fig. 161 veranschaulicht die Uebertragung der Kraft von der Welle V durch das Räderpaar r auf die Welle X. Auf dieser sitzt das große Rad v, welches in das Rad w eingreift, welches seinerseits wieder auf der quer liegenden Schraubenwelle W_2 befestigt ist. Direkt über dem Rad v auf der Welle X liegt das kleine Rad s_1; dieses greift in das Rad s auf Welle Y ein, die die Drehung mittels der Räderpaare t und t_1 auf die Wellen Z und

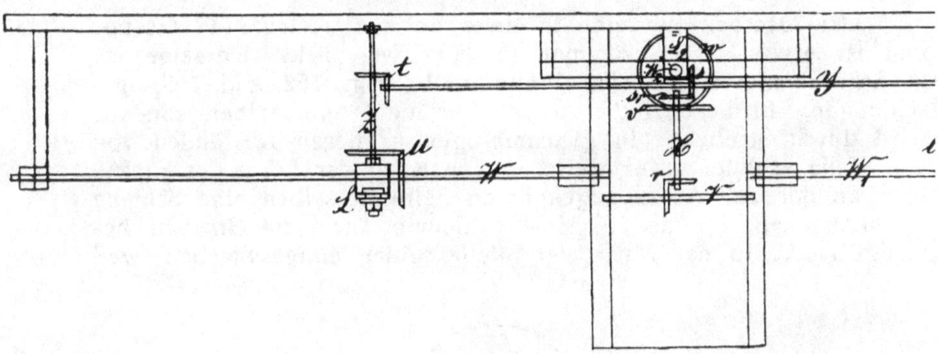

Fig. 161.

Z_1 und von da durch die Räderpaare u und u_1 auf die Wellen W und W_1 überträgt. Die Wellen Z und Z_1 sind an den oberen Enden im Balken und mit den unteren Enden in den Deckeln der drehbaren Lager L und L_1 gelagert und genau auf deren Mittelpunkte eingestellt. Die Räderpaare u und u_1 müssen so groß sein, daß sie über die drehbaren Lager hinausgehen, um sich bei einer horizontalen Verschiebung der Wellen W und W_1 genau aufeinander abwickeln zu können, ohne an das Lager zu stoßen. Auch die Räder v und w müssen so groß sein, daß bei einer Verschiebung der Welle W_2 das Rad w weder auf das drehbare Lager L_2, noch auf das Rad s störend einwirkt.

Die Einstellung der Schraubenwellen W W_1 und W_2 als gleichzeitig mehrfach wirkendes Steuer erfolgt bei dieser Anordnung auf dieselbe Weise, wie unter Fig. 155 und 156 beschrieben.

Patentansprüche:

1. Zwei horizontal verstellbare, als doppeltwirkendes Steuer dienende Schraubenwellen W W_1.

2. Die Lagerung der Schraubenwellen W und W_1 in den drehbaren Lagern L und L_1 und in den an den Enden der Wellen angebrachten Gleitbahnen.

3. Der aus den Fig. 158 bis 160 ersichtliche Antrieb auf die Schraubenwellen W und W_1 in Verbindung mit den in den Fig. 155 und 156 dargestellten Dreh- und Reguliervorrichtungen, um die Schraubenwellen W W_1 und W_2 gleichzeitig als dreifach wirkendes Steuer einstellen zu können.

57. Ein schraubenförmiger Luftballon mit lang gestrecktem Gassack ist in der

Patentschrift Nr. 58 092
E. Hankwitz in Czemlewo bei Damerau,

angemeldet am 9. Januar 1891, ausgegeben am 6. August 1891, beschrieben.

Der Gassack hat eine in zwei Spitzen auslaufende Gestalt und ist etwa 15 bis 20 mal so lang wie dick. Derselbe ist in Schraubenform um eine Welle a, b, Fig. 162 und 163, geschlungen. Er berührt die Achse aber nicht unmittelbar, sondern wird durch Streben c in gleichmäßigen größeren Abständen von der Welle erhalten. Zur weiteren Erhaltung der Form des Sackes läuft an der der Achse zugekehrten Seite desselben eine Schiene d entlang, an der der Sack sowohl wie auch die Streben befestigt sind. In der Mitte der Welle fehlen einige Streben, weil

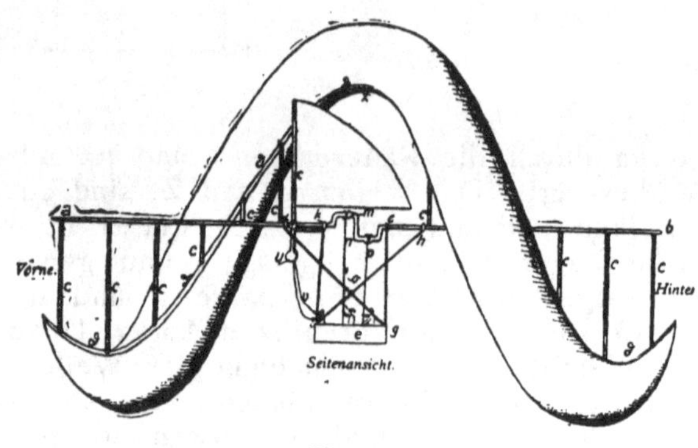

Fig. 162.

hier Platz für den Fahrkorb bleiben muß. Der Fahrkorb e hängt in der Mitte an der Welle in der Hauptsache an zwei Paar sich kreuzenden, an der Welle in Ringen befestigten Stricken f g und h i. Die Stricke k i und l g sind nicht straff angespannt und dienen nur zur Sicherung des Korbes gegen etwaiges Umkippen. Gerade über dem Korb hat die Welle zwei Kröpfungen m und n, in deren Mitte an je einem Ring zwei Stricke o und p befestigt sind, mittels deren durch Anziehen und Nachlassen von dem Fahrkorb aus die Welle und damit auch der schraubenförmige Gasballon in Umdrehung versetzt werden soll, wodurch derselbe wegen seiner Gestalt eine Vorwärtsbewegung in der Luft machen muß. Zum Lenken dient das Steuer r; dasselbe ist an der Stange s drehbar befestigt. Diese wiederum ist auf einem Ring t befestigt, welcher lose um die Achswelle liegt und nach unten eine Verlängerung mit einem Gewicht u hat, welches dazu dient, durch seine Schwere das Steuer in senkrechter Richtung zu erhalten.

Ansicht von hinten.

Fig. 163.

Das Steuer ist vom Korb aus mittels zweier Stricke v nach rechts und links drehbar, um eine seitliche Richtungnahme des Ballons zu bewirken. Die Ventilklappen wären zweckmäßig in der Mitte des Gassackes an der nach der Welle zugekehrten Seite anzubringen, wo sie vom Korb aus vermittels starker Drahthaken geöffnet und wieder geschlossen werden könnten, nachdem die Umdrehung verlangsamt oder eingestellt und dieser Teil in die Nähe des Korbes gebracht worden ist.

Patentanspruch:

Ein schraubenförmiger Luftballon, bestehend aus einem langgestreckten Gassack, welcher schraubenförmig um eine Welle gewunden und von dieser durch Streben in gleichmäßiger Entfernung gehalten wird, während in der Mitte an der Welle ein Korb hängt, aus dem die Welle und damit der Gasbehälter in Umdrehung versetzt werden kann.

58. Der Grundkörper des in der

Patentschrift Nr. 70 746
C. F. Billwiller in Hottingen-Zürich,

angemeldet am 14. Januar 1893, ausgegeben am 30. August 1893,

beschriebenen Apparates besitzt die Form eines mit der Spitze nach abwärts weisenden Trichters A B C, Fig. 164. Um den nach oben gerichteten Basiskranz dieses Kegels ist ein zweiter ringförmiger Hohlraum D angeordnet, dessen untere Bodenfläche v w beim Herabsinken des Schiffes als Fallschirm dient und daher rings um den Grundkörper herum etwas geneigt (14°) zur Horizontalebene liegt. Im Zentrum des trichterförmigen Raumes ist ein zylinderförmiger Raum E F G H abgetrennt, welcher wiederum durch Querwände in drei Abteilungen J K und L zerlegt ist, die etagenförmig über einander liegen. Unter diesen befindet sich ein vierter Raum M. Die Räume J und L dienen zur Aufnahme einer Betriebsmaschine bzw. maschineller Teile, M soll als Gepäckraum und K als Passagierraum benutzt werden. Ueber die oberste Abteilung ist ein Glasaufbau N gesetzt, welcher eine Steuereinrichtung enthält. Die einzelnen Räume J K L und M werden entweder durch Oberlicht beleuchtet

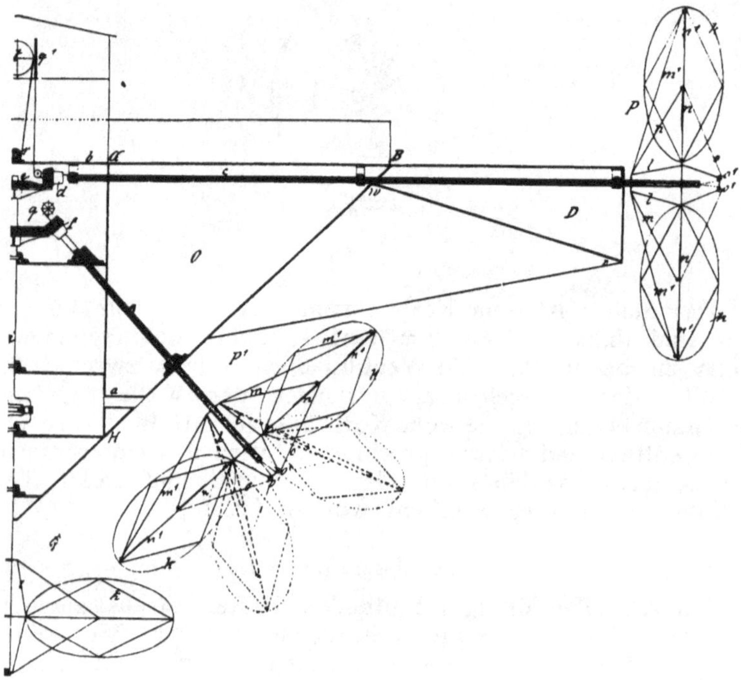

Fig. 164.

oder es führen von ihnen nach Bedarf den trichterförmigen Raum durchsetzende Rohre a nach außen, durch welche Licht in die Räume gelangt. Zugänglich sind die Räume durch Luken b, welche in den Trennungsböden angebracht sind. Die für den Aufenthalt von Personen zu einem Deck ausgebildete Basisfläche A B des Trichterkörpers wird zweckmäßig mit einem Geländer umgeben.

Der noch freibleibende Hohlraum O des Trichters A B C sowie der Ringraum D dienen zur Aufnahme des den Auftrieb bewirkenden Gases und werden durch geeignete, zeichnerisch nicht besonders dargestellte und hermetisch verschließbare Oeffnungen mit dem Gas gefüllt.

Als Bewegungsmechanismen besitzt das Luftschiff drei Gruppen von Flügeln, nämlich zwei Flügel P zum Fortbewegen in horizontaler Richtung, fünf Flügel p[1] zum Bewegen in vertikaler Richtung und zwei Steuerflügel p[2]. Jeder Flügel der ersten beiden Gruppen sitzt an dem einen Ende einer in der Längsrichtung durchbohrten Welle, deren anderes Ende ein Kegelrad trägt. Die Wellen durchdringen die Kammern und werden in entsprechend angebrachten Lagern festgehalten. Die beiden Wellen c c der Horizontalbewegungsflügel fassen mit ihren Kegelrädern d d in

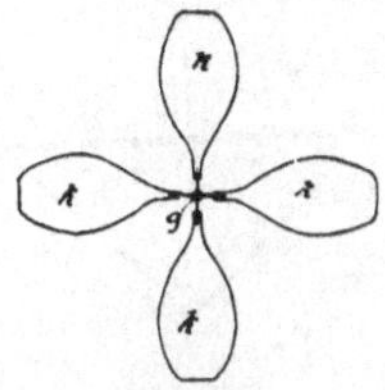

Fig. 165.

ein Kegelrad e, und die vier Kegelräder f der Wellen g für die Vertikalbewegungsflügel stehen mit einem Kegelrad h der Hauptwelle i im Eingriff, welch' letztere von einer Maschine im Maschinenraum J Drehbewegung erhält. Die Flügel P und P[1] haben folgende gleichartige Konstruktion. Sie besitzen mehrere schrau-

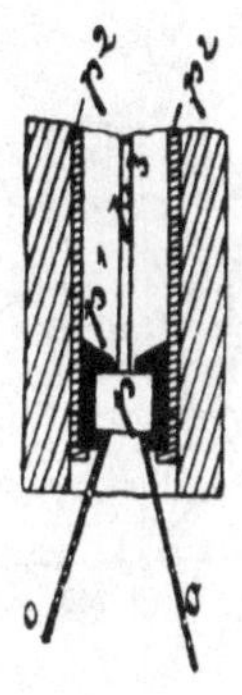

Fig. 166.

benförmig gestaltete Schaufeln k, Fig. 165, welche bis auf die Flügelschaufeln der Hauptwelle i gelenkig an je einem Gestänge l befestigt sind. Jedes Gestänge l ist auf der zugehörigen Welle c bzw. g festgemacht.

In der Fig. 164 sind die Schaufelflächen nur schematisch angedeutet, um die sonstige Einrichtung deutlicher erkennen zu lassen. Zu den gelenkigen Schaufelflächen führen von den Traggestängen l aus Stützstangen m m[1], deren Enden mittels Rollen in Schienenbahnen n n[1] der Flächen gleiten können. Ferner ist jede Schaufel mittels eines Seiles o, welches über eine Rolle o[1] gelegt ist, mit dem Kolben p verbunden, der in einem Lager p^1 im Innern der betreffenden Hohlwelle liegt (Fig. 166). Das Lager läßt sich zwischen Längsschienen p^2 im Innern der Welle achsial verschieben und dreht sich mit der Welle; dagegen macht der Kolben p die Drehbewegung nicht mit, sondern erhält nur eine Verschiebungsbewegung, indem das andere Ende seiner längs durch die Hohlwelle gehenden Stange p^3 durch ein Seil mit einem Handrad q bzw. q^1 verbunden ist. Rechtwinklig zu den beiden Wellen

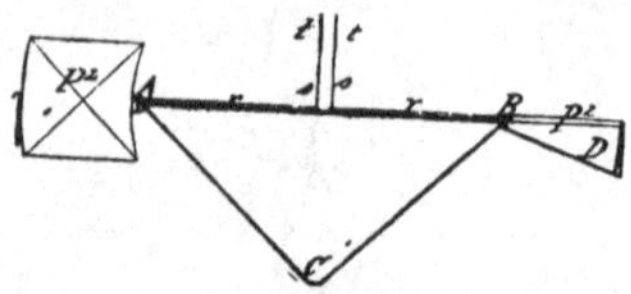

Fig. 167.

c c liegen auf der Plattform A B gelagert die beiden Wellen r r für die Steuerflügel P^2 P^2, Fig. 167. Letztere bilden große Platten, für deren Unterbringung je ein besonderer Raum in dem ringförmigen Gasraum D abgetrennt ist. Die Steuerwellen können mittels Seilübertragungen s s von Handrädern t t aus gedreht werden (Fig. 164 und 167). Je nachdem durch eine solche Drehung eine der Platten P^2 mehr oder weniger mit ihrer Breitfläche der

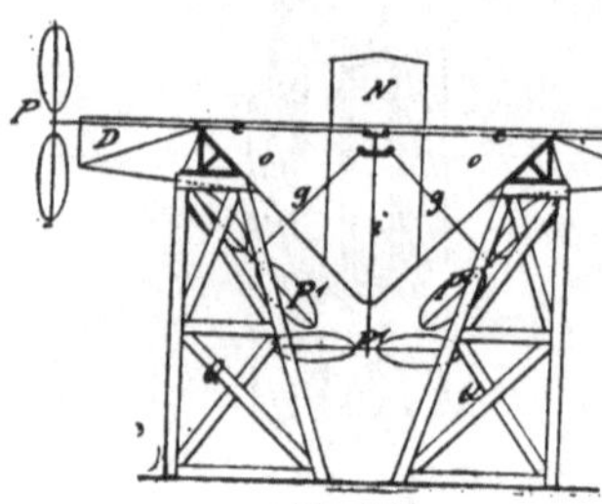

Fig. 168.

Fahrrichtung des Luftschiffes entgegengestellt wird, findet durch den Luftdruck auf diese Breitfläche eine entsprechende Ablenkung des Schiffes statt.

Für den Aufstieg des Schiffes liegt dasselbe zweckmäßig auf einem geeignet konstruierten, die freie Bewegung der Flügel nicht hindernden Bockgerüst Q, Fig. 168, von welchem aus es infolge der Steigkraft des Gases und der sich drehenden Flügel P^1 angehoben wird. Infolge der Zentrifugalkraft stellen sich die gelenkigen Flügelschaufeln k selbsttätig rechtwinklig zu den Wellen ein, so daß sie als je eine Flügelschraube wirken, und zwar je nach dem Drehsinne ihrer Wellen in der einen oder anderen Fortbewegungsrichtung, d. h. die Flügelschrauben P in einer horizontalen und die Flügelschrauben P^1 in einer vertikalen Richtung.

Will man eine Bewegungswirkung ausschalten, um dem Schiff diese oder jene bestimmte Fahrrichtung zu geben, so werden die betreffenden Flügelschaufeln k mittels der Handräder q bzw. q^1 und der Zugvorrichtungen p^3 p^2 p^1 p o gegen die Wellen herangezogen, wie in Fig. 164 punktiert angedeutet ist, so daß sie keine Flügelschrauben mehr bilden und daher unwirksam geworden sind. Hierbei gleiten die mit Rollen versehenen Enden der Druckstangen m m^1 in den Führungsschienen n n^1 entlang. Gibt man die Handräder wieder frei, so nehmen auch die Flügelschaufeln infolge ihrer Zentrifugalkraft die wirksame Lage wieder ein.

Patentanspruch:

Luftschiff mit Lenkvorrichtung, bestehend aus einem mit der Spitze nach abwärts weisenden Hohlkegel (A B C) als Grundkörper, welcher im wesentlichen in Passagier-, Gepäck-, Maschinen- und Gasaufnahmeräume abgeteilt ist, aus einem zweiten, um den Basiskranz des Kegels liegenden ringförmigen, mit Gas zu füllenden Hohlraum (D), dessen rings um den Kegel herum etwas geneigt liegende Bodenfläche (v w) als Fallschirm dient, aus von einer Hauptwelle (i) her umzutreibenden Flügelschrauben (P P^1), welche in horizontalen und vertikalen Fortbewegungsrichtungen wirken und teilweise durch Verdrehung ihrer Schaufeln (k) aus der Normallage heraus unwirksam gemacht werden können, und aus zwei seitlichen Steuerplatten (P^2), welche je nach ihren Breitflächeneinstellungen zur Fahrrichtung eine seitliche Schiffsablenkung bewirken.

59. Bei dem in der

Patentschrift Nr. 76 315
J. H. Homeister in Hamburg,

angemeldet am 25. Mai 1893, ausgegeben am 24. Juli 1894,

beschriebenen Flugapparat ist von der Anwendung eines mit Gas gefüllten Ballons Abstand genommen, und soll das Luftschiff sowohl in vertikaler als in horizontaler Richtung nur durch motorische Kraft bewegt werden.

Dem Schiffskörper a ist die in den Fig. 169, 170 und 171 dargestellte, an den Enden zugespitzte Form zu geben. Das hintere Ende des Luftschiffes wird mit einem Vertikalruder B zum Regeln der Seitenrichtung versehen.

In dem Luftschiff a ist auf einer geeigneten Gleitbahn mittels Stellvorrichtung in der Längsrichtung des Schiffes verstellbar ein Bock b angeordnet, welcher das die Windflügel C in Umdrehung versetzende Propellerrohr c trägt. Letzteres ruht mit einem Zapfen von eckigem Querschnitt in einem mit Kugelgelenk im Bock b gelagerten Rohrstutzen d (Fig. 172), so daß sich bei Verschiebung des Bockes b z. B. in die punktierte Lage Fig. 169 das eigentliche Propellerrohr c behufs Verlängerung aus dem

Rohr d herausziehen bzw. letzteres von dem Zapfen des Rohres c abziehen kann (Fig. 169 und 172). Das Rohr d und damit das Propellerrohr c erhält seine Umdrehung mit Hilfe einer von einem geeigneten, auf der Platte e aufzustellenden Motor betätigten Räderübersetzung f.

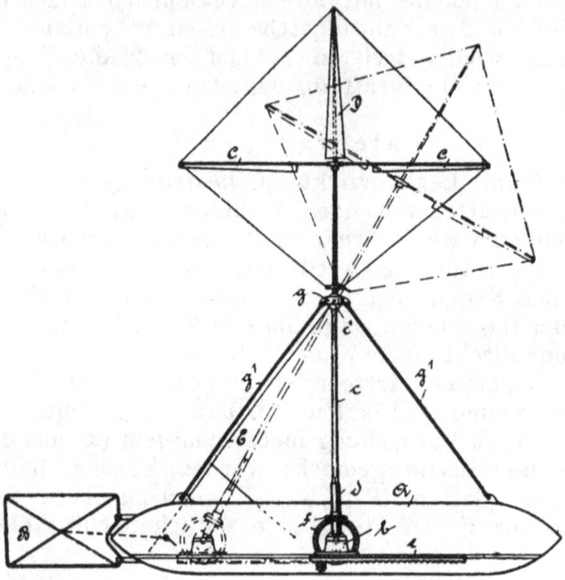

Fig. 169.

Das Rohr c hat an seinem mittleren Teile eine kugelförmige Verdickung oder Erweiterung c^1, welche von einem Ringlager g umfaßt wird, an welches der Schiffskörper durch Tragseile g^1 derart aufgehängt ist, daß er stets in horizontaler Lage bleibt (s. Fig. 169). Oberhalb des Ringlagers für die Tragseile trägt das Rohr c die als Propeller dienenden Windflügel C. Diese sind in ihrer äußeren Form den amerikanischen Windflügeln für Pumpwerke ähnlich, jedoch ist die platte Arbeitsfläche nicht nach oben,

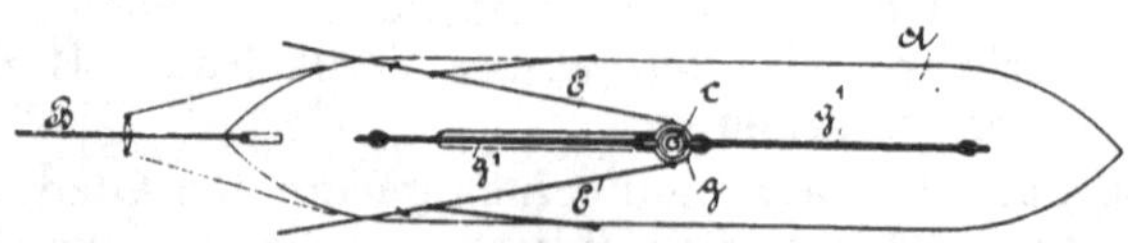

Fig. 170.

sondern nach unten zu verlegt worden. An der Spitze des Rohres c über den Windflügeln ist ein geeigneter Fallschirm D, dessen Gestell in bekannter Weise aus den Rippen h h^1 gebildet wird, angebracht.

Beim Nichtgebrauch wird der Fallschirm, wie in Fig. 169 gezeigt, an das Rohr c dicht angeklappt und durch geeignete Vorrichtungen in dieser Stellung zusammengehalten.

Um den Aufstieg des vorliegenden Luftschiffes zu bewirken, ist das Propellerrohr c zuerst ziemlich lotrecht einzustellen, wodurch der Schiffskörper senkrecht durch die in Umdrehung versetzten Windflügel in die Höhe gehoben werden kann. Ist eine genügende Höhe erreicht, so wird das Propellerrohr entsprechend geneigt, um unter Beibehaltung der gewünschten Höhe die horizontale Fortbewegung zu erzielen. Das Niedergehen des Luftschiffes wird

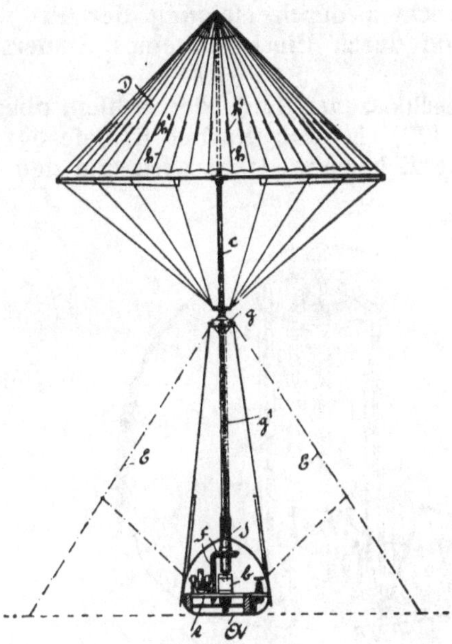

Fig. 171.

Fig. 172.

durch langsamere Umdrehung der Windflügel bzw. durch größere Neigung derselben zum Horizont bewirkt. Nur beim etwaigen Versagen der motorischen Kraft kann der Abstieg auch mit Hilfe des Fallschirmes stattfinden. Es ist hierbei nur zu beachten, daß das Propellerrohr nicht ganz senkrecht gestellt wird, um ein Drehen des ganzen Luftschiffes durch die von unten durch die windschiefen Windflügel streichende Luft zu verhindern. Das Landen muß stets gegen den Wind geschehen, besonders wenn dieser mit größerer Stärke weht. Nach erfolgter Landung ruht der Schiffskörper mit seiner abgeflachten Unterseite auf dem Boden auf; seitlich ausklappbare Stützen E sichern hierbei seine aufrechte Lage (Fig. 171).

Patentanspruch:

Ein Luftschiff, bei welchem die den Schiffskörper treibenden Windflügel zwecks Regelung der Vorwärtsbewegung und Aenderung der Höhenrichtung auf einer in der Vertikalebene verstellbaren Treibwelle (c) befestigt sind, wobei die an die Treibwelle mittels Ringlager (g) angehängten Tragseile (g^1) dem Schiffskörper eine horizontale Lage sichern.

60. Die

Patentschrift Nr. 80151
R. Czygan in Hermeskeil,
angemeldet am 17. April 1893, ausgegeben am 7. März 1895,

betrifft ein von einem Drehpropeller gehobenes Luftschiff, dessen Bewegung in der Wagrechten durch Neigung der Propellerachse gegenüber dem Korb und durch Einstellen eines Steuers bewirkt wird.

An dem unteren geschlossenen Ende der hohlen, oben offenen Propellerachse A, Fig. 173, ist die Kurbel B befestigt, welche von der Betriebsmaschine E herumgedreht wird und den Propeller

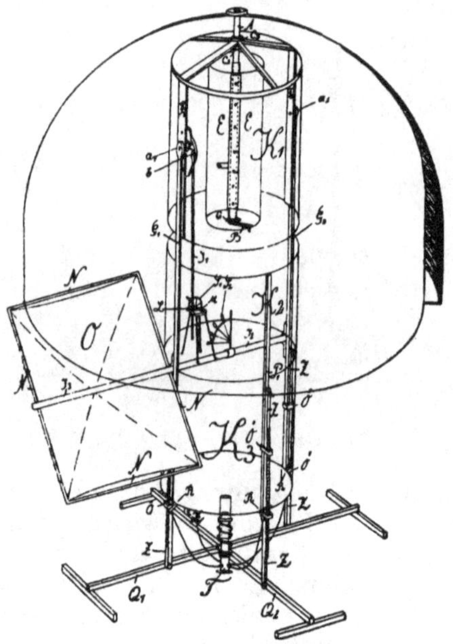

Fig. 173.

bewegt. E ist zylindrisch gestaltet und umfaßt die Achse A mit einem Rohre, welches nur oben und unten mittels zweier hineingeschobener Ringe an A anliegt. Seitlich mündet das Ende des Rauch- und Dampfrohres in den Zwischenraum zwischen Achse und Umfassungsrohr, welcher durch Löcher in der Achse mit der Außenluft verbunden ist. Steht die Maschine, so wirkt A als Schornstein, dreht die Maschine den Propeller, so bläst die im

Innern des Propellers verdichtete Luft die Heizungsgase noch schärfer durch A heraus. Auf der Achse A sind drei feste Ringe C_1, C_2 und C_3 angebracht, C_1 unter dem Boden der Kajüte K_1, C_2 unter dem Dache dieser Kajüte und C_3 über dem Dache, das ebenso wie der Kajütenboden eine zentrale Oeffnung hat, in welcher die Achse A sich drehen kann. Der stillstehende Propeller ruht mittels C_3 auf dem Kajütendache, wird er gedreht, so hebt er sich und zieht mittels C_1 und C_2 die Kajüte K_1 in die Höhe.

Die Kajüte K_1 hat an ihren beiden Seiten zwei starke, lotrechte Balken F_1 und F_2, an deren Seitenzapfen a_1 und a_2 die langen Ständer G_1 und G_2 drehbar befestigt sind, die bis zum Boden der untersten Kajüte K_3 führen, und auf welchen beim Stehen des Schiffes die Kajüte K_1 ruht, während beim Fahren die unteren Kajüten K_2 und K_3 durch G_1 und G_2 emporgehoben werden. F_1 hat eine seitliche Verstärkung H, aus der ein Zapfen b hervorragt, an welchem die Steuerstange J_1 drehbar befestigt ist. J_1 ist unten rund abgedreht und hat Gewinde, auf dem die Mutter L sitzt. Die Mutter L ist als Zahnrad ausgebildet, dessen Zähne in die Steuerspindel M eingreifen, an der das Steuerrad S_1 sitzt. Die Mutter L sowie die Steuerspindel M sind auf dem vierbeinigen Steuertische drehbar befestigt, so daß die Stange J_1 durch die Mutter L und den Tisch hindurchgeht. Die Beine des Steuertisches sind an dem Boden der Steuerkajüte K_2 angeschraubt, so daß bei Drehung des Steuers S_1 die Mutter L sich nicht auf die Stange J_1 heraufschraubt, sondern vielmehr die Stange J_1 nach unten oder nach oben gezogen wird, wodurch die Kajüte K_1 mit dem Propeller sich in den Zapfen a_1 und a_2 dreht und nach vorn oder hinten neigt. Unter dem Boden der Kajüte K_2 liegt die zweite Steuerstange J_2, welche an den Ständern G_1 und G_2 drehbar befestigt ist. Durch einen Schlitz des Kajütenbodens tritt ein auf J_2 befestigter Hebel in die Kajüte K_2 hinein, auf dem der Steuerquadrant S_2 sitzt, welcher das Seitensteuer bedient. An der Verlängerung von S_2 ist nämlich der Rahmen N befestigt, an welchem ein von Diagonalstricken unterstütztes Segel O aufgespannt ist. Bei Drehung des Steuers S_2 dreht sich auch das Segel O um die Stange J_2.

Die Passagierkajüte K_3 ist mit K_2 außer durch G_1 und G_2 noch durch zwei weitere Längsstangen P_1 und eine nicht gezeichnete hintere Stange verbunden. Auf allen vier Längsstangen G_1 G_2 P_1 und der nicht gezeichneten sitzen Oesen O", in denen die vier Zahnstangen Z frei auf und nieder gleiten. Die Stangen Z haben oben einen Beschlag mit vorstehender Nase, die beim Herabgehen der Zahnstangen gegen die obere Oese stößt und ein Herausfallen der Zahnstangen aus den Oesen hindert. Das unterste Ende der Zahnstangen ist mit den Querbalken Q_1 und Q_2 gelenkig verbunden. In die einseitigen Zähne der Zahnstangen Z werden die an dem Boden von K_3 befestigten galgenförmigen Sperrklinken R R von vier nicht gezeichneten Federn hineingedrückt, während sie nach außen hin einen nicht gezeichneten Anschlag haben. Die vier Sperrklinken sind durch Seile mit dem Taster T verbunden, welcher aus einer mit einer Fußplatte versehenen Stange besteht, die in einem am Boden der Kajüte K_3 angebrachten Rohre auf und nieder gleitet, ohne die Balken Q_1 und Q_2 zu berühren. Eine Spiralfeder drückt den Taster T abwärts und spannt im Verein mit der Schwere des Tasters die vier Seile, die zu den Sperrklinken R R führen, so daß die Sperrklinken ausgehoben auf ihren Anschlägen liegen, sobald der Taster T frei herabhängt und nicht durch den Erdboden in sein Führungsrohr hineingedrückt ist, wie in Fig. 173. (Um zu verhindern, daß die vom Propeller ausgestoßene Luft am Boden der untersten Kajüte saugend wirkt, kann dieser Boden mit einem Zeugmantel umgeben werden, der kegelförmig herabgeht und an der Platte des Tasters T endet, so daß er von dem Taster mit den vier Seilen zugleich gespannt wird.) An den vier Enden der beiden Querbalken Q_1 und Q_2 sind nochmals kleine Querbalken angebracht, welche auf dem Erdboden aufliegen und das Luftschiff tragen. Alle drei Kajüten haben Fenster und sind durch Bodenluken und Steigleitern miteinander verbunden, K_1 und K_2 auch durch Sprachrohr oder Signalapparat.

Fig. 174 zeigt das Luftschiff stehend auf der Abgangsstation. Der Taster berührt die Erde, die von ihm ausgehenden Seile sind nicht gespannt. Wird die Betriebsmaschine E in Tätigkeit gesetzt, so dreht sich der Propeller und hebt das Luftschiff senkrecht in die Höhe (Fig. 175). Der Taster T verläßt den Boden, spannt die Seile und hebt die Sperrklinke R (Fig. 173) aus, so daß die Balken Q_1 und Q_2 mit den Zahnstangen Z herabsinken, bis die am oberen Ende der Stangen Z angebrachten Nasen auf den vier oberen Oesen O" in Fig. 173 liegen. Die vom Propeller ausgestoßene Luft trifft das Segel O und verhindert im Verein mit dem Beharrungsvermögen des Luftschiffes kurze Zeit hindurch eine Drehung des Schiffes. Nun wird das Steuer S_1 gedreht und dadurch die Kajüte K_1 mit dem Propeller schräg gestellt, was zugleich eine entgegengesetzte Schrägstellung des Zylinders K_2 und K_3 zur Folge hat und das Luftschiff nach der Seite hin fortbewegt (Fig. 176). Die Vorwärtsbewegung des Luftschiffes verursacht einen Luftanprall von vorn, der dem Schiffe die in Fig. 177 gezeichnete Stellung gibt, aber auch auf das Segel O so stark wirkt, daß er nicht nur die Drehung hindert, die als Reaktion gegen die Propellerdrehung eintritt, sondern sogar das Schiff in der Richtung der Propellerdrehung drehen würde, wenn nicht durch Bewegung des Steuers S_2 das Segel O die in Fig. 177 gezeichnete Stellung erhielte, in der es dem Luftanprall weniger ausgesetzt ist. Durch das beständige Weiterarbeiten des Propellers in schräger Richtung wird die seitliche Bewegung des Schiffes schneller und der Luftanprall gegen den Zylinder K_2 und K_3 stärker, so daß die Stellung Fig. 178 eintritt, in der das Segel O noch weniger dem Luftanprall ausgesetzt ist als in Fig. 177, während das Steuer S_1 zurückgedreht wird, damit die Propellerachse nicht zu sehr vom Loth abweicht, wodurch das Schiff sinken würde. In der in der Fig. 178 gezeichneten Stellung fährt das Luftschiff nun weiter so lange fort, bis die Station in Sicht kommt. Alsdann wird das Steuer S_1 in entgegengesetzter Richtung wie früher bewegt, wodurch die Kajüte K_1 mit dem Propeller sich nach der Gegenseite neigt (Fig. 179). Da jetzt eine vorwärtstreibende Kraft nicht vorhanden ist, wird die Weiterbewegung des Schiffes allmählich langsamer, der Luftanprall trifft mehr den umfangreichen Propeller als den Zylinder, so daß die Stellung Fig. 180 eintritt. Gibt man jetzt das Steuer S_1 frei (wobei der Propeller wieder

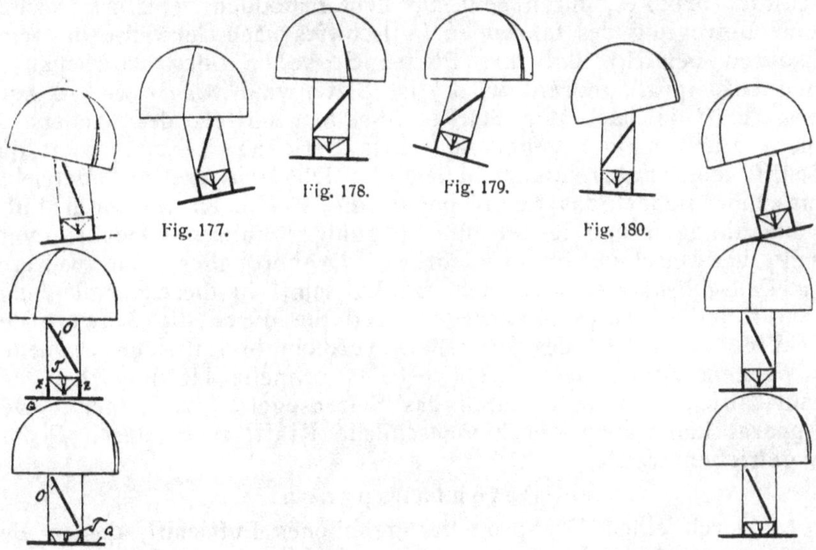

Fig. 174. Fig. 175. Fig. 176. Fig. 177. Fig. 178. Fig. 179. Fig. 180. Fig. 181. Fig. 182. Fig. 183.

seine ursprüngliche Stellung einnimmt), so tritt damit keine Rückwärtsbewegung ein. Gleichzeitig muß aber auch die Maschine E schwächer arbeiten, weil das Schiff sich senken soll. So entsteht die in Fig 181 gezeichnete Stellung, die bei der allmählichen Verlangsamung der Vorwärtsbewegung in die Stellung Fig. 182 übergeht. In Fig. 182 ist eine Vorwärtsbewegung des Schiffes und also auch ein Luftanprall von vorn nicht mehr vorhanden; das Schiff würde im Kreise gedreht werden, wenn das Segel O jetzt nicht dem vom Propeller kommenden rotierenden Luftstrom mehr ausgesetzt würde, wie dies in Fig. 182 dargestellt ist. Das Schiff senkt sich jetzt senkrecht dadurch, daß die Maschine weiter schwach arbeitet, bis endlich die Querbalken Q auf der Erde liegen und die Zahnstangen Z in den Oesen O" aufwärts schieben, und zwar alle vier gleichmäßig, wenn der Erdboden horizontal ist, verschieden hoch, wenn er geneigt ist, immer jedoch so, daß das Luftschiff oberhalb der auf dem Boden liegenden Balken Q lotrecht hängt. Die Entlastung des Schiffes durch das Aufliegen der Balken Q und der Zahnstange Z auf dem Erdboden verlangsamt die Senkung des Schiffes im entscheidenden Augenblicke und beugt einem Aufstoßen vor. Das Schiff senkt sich jetzt noch weiter, während die Zahnstangen sich einschieben, bis der Taster T auf die Erde aufstößt und in sein Führungsrohr hineingedrückt wird. Jetzt werden die vom Taster ausgehenden vier Seile schlaff, die vier Sperrklinken R werden durch ihre Federn in die Zähne der Zahnstangen Z hineingedrückt, die Zahnstangen können sich deshalb nicht mehr in den Oesen aufwärts schieben und das Luftschiff steht fest auf den Sperrklinken R, den Zahnstangen Z, den Querbalken Q und dem Erdboden (Fig. 183). Ist Wind vorhanden, so muß das Schiff jetzt, während die Maschine noch schwach arbeitet, durch Seile auf dem Erdboden befestigt werden. Eine Bewegung des fahrenden Luftschiffes nach der Seite hin wird dadurch bewirkt, daß das Steuer S_2 voller oder schwächer in den Luftanprall gedreht wird. Ist Seitenwind vorhanden, so muß das Schiff je nach der Stärke desselben mittels des Steuers S_2 mehr oder weniger gegen denselben gerichtet werden, damit das Schiff seine Fahrrichtung beibehält. Die Schwere der Betriebsmaschine sichert das Schiff gegen die vielfachen kleineren Luftschwankungen und leistet für ein ruhiges Fahren Gewähr. Versagt die Maschine E, so dient der Drehpropeller ohne weiteres als Fallschirm, und wird sich das Luftschiff in diesem Falle langsam rotierend abwärts bewegen, weil die durch die Schwere des Schiffes im Innern des Propellers verdichtete Luft den Propeller samt dem Schiff herumdreht. Jedes schnelle Herumdrehen des Luftschiffes aber wird durch das Seitensegel O verhindert. Der Apparat kann auch durch menschliche Kraft, z. B. durch Pedale angetrieben werden.

Patentanspruch:

Durch einen Drehpropeller gehobenes Luftschiff, dessen Bewegung in der Wagerechten durch Neigung der Propellerachse gegenüber dem Korbe und durch Einstellen eines Steuers (O) bewirkt wird.

61. Die Erfindung nach

Patentschrift Nr. 84 394
Carl Friedrich Billwiller in Zürich,

angemeldet am 15. Dezember 1894, ausgegeben am 30. November 1895, betrifft eine Aenderung an dem Getriebe in vertikaler Richtung des Luftschiffes nach Patent 70 746.

Der Grundkörper hat die Form eines abgestumpften Kegels A B C C^1. Unter dem senkrechten Schachte M^1 ist ein Flügelrad P^1 angebracht, das mit den in O und D befindlichen Gasballons den Auftrieb besorgen soll (Fig. 184 bis 186). Um den Grundkörper des Luftschiffes ist der ringförmige Hohlraum D angeordnet, dessen untere Bodenfläche als Fallschirm dient. Die vordere Fallschirmfläche v v^1 ist im vorliegenden Falle nicht senkrecht, sondern etwa unter

30° geneigt, weil auf eine solche der Stirnwiderstand sowohl, als auch die Wirkung der Seitenwinde ganz wesentlich kleiner ist als auf eine senkrecht abfallende Fläche. Die Bewegung der Flügel P erfolgt durch Wellen c' von der Hauptwelle i aus. Der untere

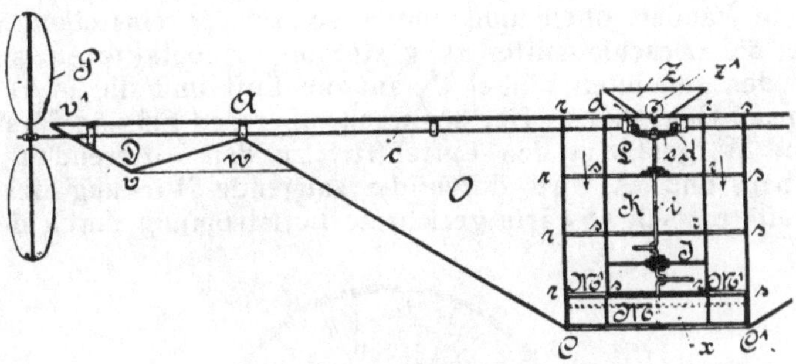

Fig. 184.

Teil der Welle i trägt ein trommelartiges Gehäuse x; die Flügel P^1 sind an radialen Stiften der Trommel x so aufgehängt, daß sie sich beim Drehen derselben unter dem Einflusse des Luft-

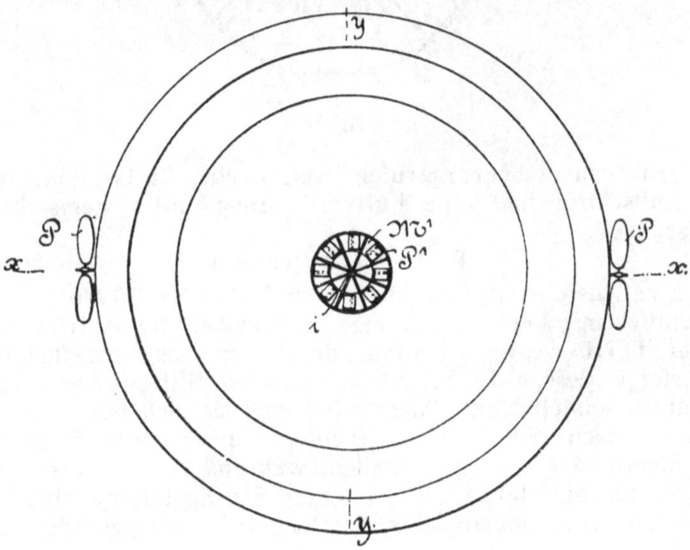

Fig. 185.

widerstandes nach irgend einer Richtung schräg einstellen. Hierbei werden die Flügel P^1 an einer Drehung über die für die Hebearbeit geeignete Schrägstellung hinaus durch auf der Trommel x zu beiden Seiten der Flügel P^1 befestigte Anschlagstifte x^1 gehindert. Die Flügel P^1 sind so aufgehängt, daß $^2/_3$ ihrer Fläche unter und $^1/_3$ über der Drehachse sich befindet, damit sie beim

Stillstande der Trommel von selbst in die vertikale Stellung zurücksinken.

Die Hebearbeit der fünf Schrauben nach dem Hauptpatent übernimmt das Rad P^1x, dessen um radiale Achsen drehbare Flügel P^1 sich beim Umlaufe der Trommel x infolge des ungleichmäßigen Luftwiderstandes oben und unten so schräg einstellen werden, als es die Anschlagstifte x^1 gestatten. Hebefaktoren sind der Druck der geneigten Flügel P^1 auf die Luft und die in D O aufbewahrten Gasballons. Der senkrecht über den Flügeln P^1 stehende Schacht M^1 gestattet den Luftzutritt zu den rotierenden Flügeln von oben, und es wird durch die saugende Wirkung der Flügel eine heftige, nach abwärts gerichtete Luftströmung durch den ringförmigen Schacht hervorgerufen, welche eine Luftverdünnung über dem Luftschiffe und eine Luftverdichtung unter demselben veranlassen soll.

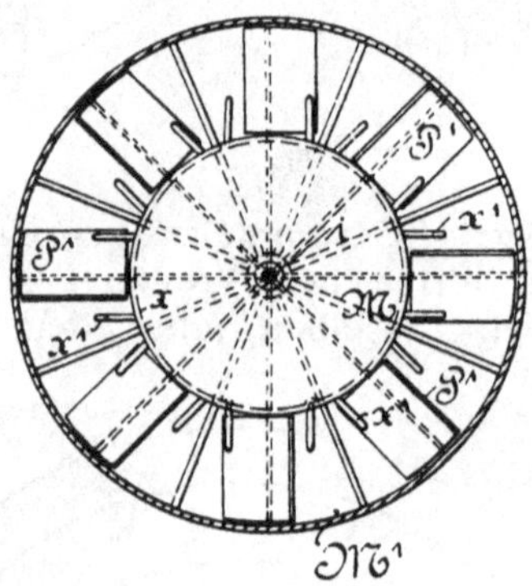

Fig. 186.

Patentanspruch:

Eine Ausführungsform des durch Patent Nr. 70 746 geschützten Luftschiffes mit Lenkvorrichtung, bei welcher der Antrieb in senkrechter Fortbewegungsrichtung durch ein Schraubenflügelrad (x P^1) erfolgt, dessen Flügel P^1 an radialen Stiften einer Trommel (x) derart pendelnd aufgehängt sind, daß sie sich beim Drehen der Trommel nach irgend einer Richtung unter dem Einflusse des Luftwiderstandes schräg einstellen, während sie an einer Drehung über die für die Hebearbeit geeignete Schrägstellung hinaus durch auf beiden Seiten angeordnete Anschlagstifte (x^1) gehindert werden.

62. Eine eigenartige Vorrichtung zum Vorwärtstreiben und Lenken einer Flugmaschine bringt die

Patentschrift Nr. 85 903
August Boehm in Breslau.

Angemeldet am 26. Februar 1894, ausgegeben am 10. März 1896.

Wie die Fig. 187, 188 und 189 zeigen, werden die Steuerungseinrichtungen k behufs Lenkung um Achsen, welche parallel zu den Wellen der Steigschrauben stehen, gedreht. Sie sind durch Leitungen r untereinander verbunden, wobei die Hauptleitung auf ein drehbares Scheibenrad r¹ übertragen ist. Mit diesem Rade

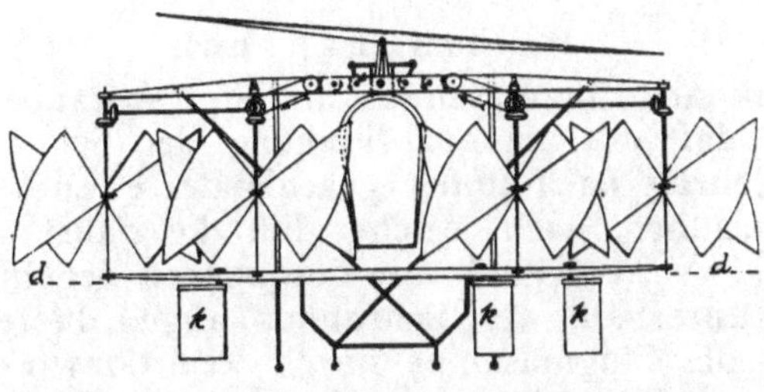

Fig. 187.

führt der Luftschiffer während der Fahrt die Lenkungen bzw. die Drehungen der Segeleinrichtungen k aus. Die Traversen, an denen

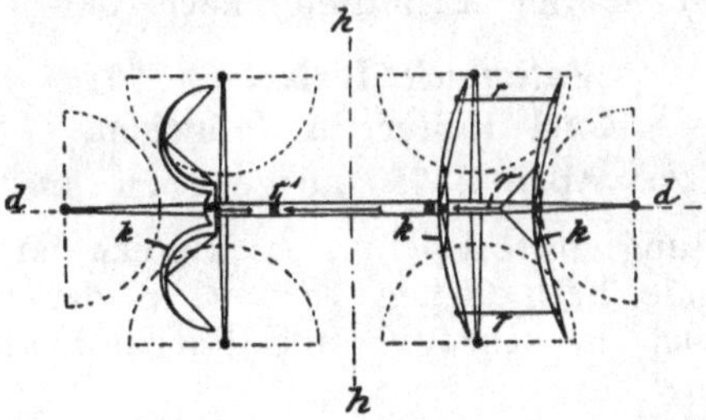

Fig. 188.

die Segel befestigt sind, sollen aber auch gleichzeitig die letzteren vor Gegenwind schützen, damit die Antriebskraft der Segel nicht

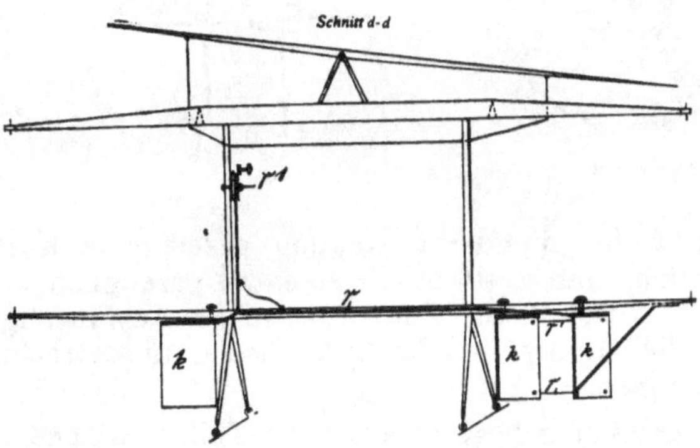

Fig. 189.

durch Luftwiderstand illusorisch gemacht werden kann. Die Segelflächen kommen nun in der Weise zur Wirkung, daß sie mit ihrer konkaven Seite die Luft, welche durch die Drehung der

Schrauben um jede herum schräg nach unten geschleudert wird, auf einer Seite der Schraube auffangen und zurückwerfen, so daß das Fahrzeug in der der Segelstellung entsprechenden Richtung durch Reaktion vorwärts getrieben werden soll.

Patentanspruch:

Eine lenkbare Flugmaschine, mit Steigschrauben, dadurch gekennzeichnet, daß die bei der Drehung der Schrauben rings um jede herum schräg nach unten geschleuderte Luft auf derjenigen Seite der Schrauben, nach welcher hin die Fahrt stattfinden soll, gegen die konkave, eventuell mit besonderen Segeln besetzte Seite gekrümmter, unterhalb der Schrauben angeordneter Flächen (k) prallt und so die Flugmaschine durch Reaktionwirkung vorwärtstreiben soll, wobei die Lenkung des Schiffes durch Drehung der Flächen (k) um zu den Schraubenwellen parallele Achsen erfolgen soll.

63. Gegenstand der Erfindung nach der

Patentschrift Nr. 89 890
Carl Reiter in München,

angemeldet am 26. April 1895, ausgegeben am 2. Januar 1897, ist eine Vorrichtung, mit welcher es möglich ist, einen in einem gaserfüllten Raume befindlichen Körper in demselben sowohl in vertikaler als auch in schräger und horizontaler Richtung fort-

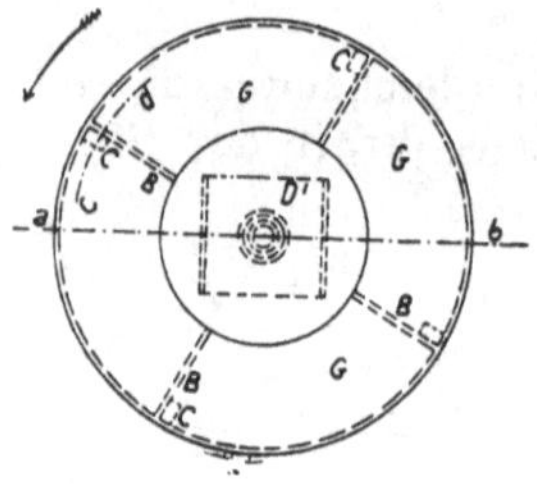

Fig. 190.

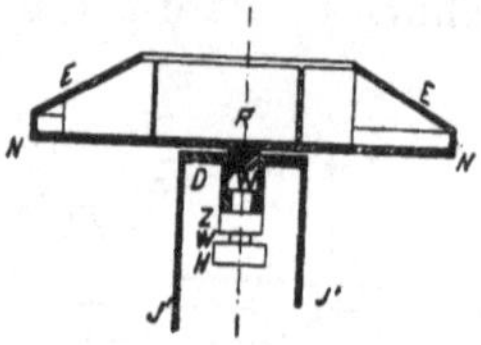

Fig. 191.

Fig. 192.

zubewegen, wobei die die Bewegung erzeugende Kraft einerseits durch Reaktion, anderseits durch einen zu erzeugenden Ueberdruck des Gases bewirkt wird. Zur praktischen Ausführung dieser Erfindung ist die atmosphärische Luft als das in Betracht kommende Gas angenommen.

Die Vorrichtung besteht aus zwei Teilen, welche sowohl jeder gesondert für sich als auch beide vereint zur Erhöhung der Wirkung angewendet werden können. Der Teil zur Erzeugung der Reaktion (Fig. 190 bis 192) besteht aus einem kegelstumpfförmigen Hohlkörper R, welcher oben offen ist. Der Kegelstumpf ist durch radiale Wände B in mehrere Kammern G geteilt. Gegen den äußeren Umfang der Bodenfläche zu ist in derselben für jede Kammer G eine Oeffnung C vorgesehen. Dieser Kegelstumpf ist mittels der Welle W in einem bügelartigen Körper D[1] gelagert, welcher durch seine Schenkel J[1] mit dem zu bewegenden Körper (z. B. Fahrzeug) in Verbindung steht. Die Lagerung der Welle W ist durch den Bund Z gewährleistet. Der kegelstumpfförmige Hohlkörper kann mit Hilfe einer Riemscheibe H oder sonst zweckentsprechend von einem geeigneten Motor in Umdrehung versetzt

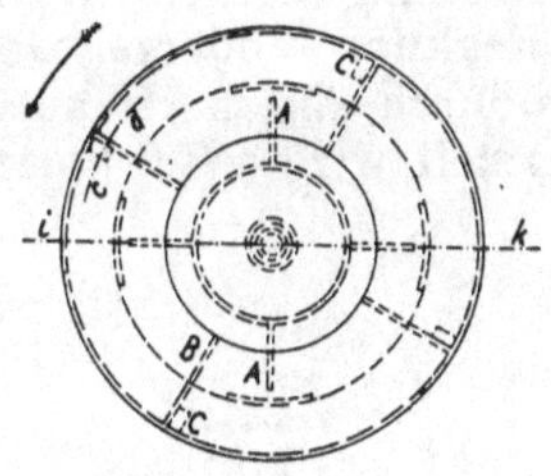

Fig. 193.

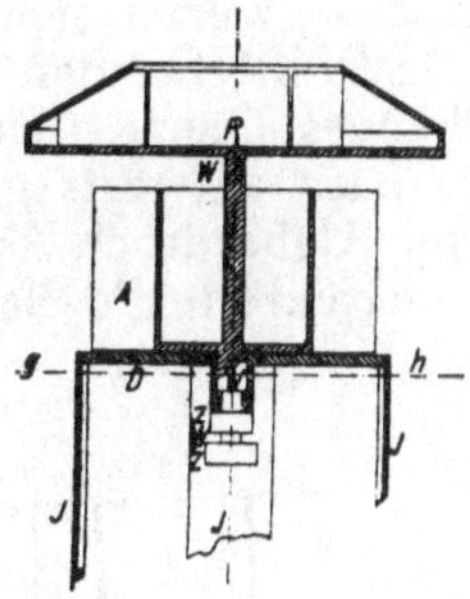

Fig. 194.

werden. Die Luft strömt durch den offenen Kegelstumpf in diesen ein und wird durch die Zentrifugalkraft an die Peripherie des Bodens geschleudert, woselbst sie durch die Ringwandung N in ihrer Bewegung gehemmt ist. Die Luft verdichtet sich und gelangt durch die Oeffnungen C zur Ausströmung. Die hierdurch ein-

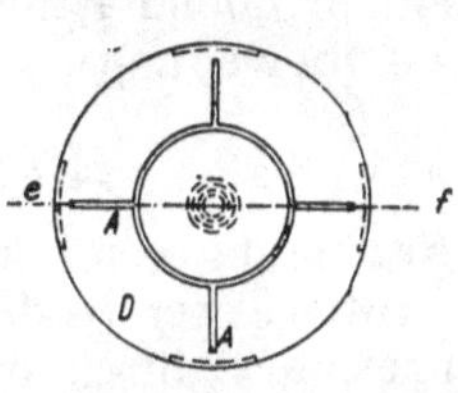

Fig. 195.

tretende Reaktion wirkt auf die den Oeffnungen C gegenüberliegenden Teile E des Kegelmantels und sucht denselben bei der vorausgesetzten vertikalen Lagerung der Welle W nach aufwärts zu heben, wobei durch Z und D[1] und J[1] die daran befestigte Last mitgehoben wird. Der in den Fig. 195 bis 197 dargestellte Teil zur Erzeugung eines nach aufwärts gerichteten Ueberdruckes besteht aus mehreren radial gerichteten Schaufeln A, welche an dem Bügel D mit Hilfe der Welle W in gleicher Weise gelagert und angetrieben gedacht sind, wie in den Fig. 190 bis 192 dargestellt. Durch die Schaufeln A wird die Luft aus denselben herausgeschleudert und sind die Verhältnisse derart zu bestimmen, daß mehr Luft radial hinausgeschleudert wird, als zwischen den

Schaufeln von oben in die Räume zwischen dieselben einzutreten vermag. Hierdurch wird oberhalb von D eine Luftverdünnung, also ein geringerer Druck nach abwärts entstehen als der an der Unterseite von D herrschende normale Atmosphärendruck, und wird die Differenz dieser beiden Drucke dem Bügel D und der mit demselben vermittels der Schenkel J in Verbindung stehenden Last eine Bewegung nach aufwärts verleihen.

Diese beiden in Vorstehendem beschriebenen Teile werden übereinander derart angeordnet (Fig. 193 und 194), daß der erste oberhalb des zweiten sich befindet oder umgekehrt. Beide Teile werden fest miteinander verbunden und bilden ein gleichzeitig anzutreibendes Ganze. Durch die Drehung desselben wird einerseits eine nach aufwärts gerichtete Reaktion, anderseits ein gleichgerichteter Ueberdruck erzeugt, wodurch die nach aufwärts gerichtete fortschreitende Bewegung erzielt wird. Bei horizontal ge-

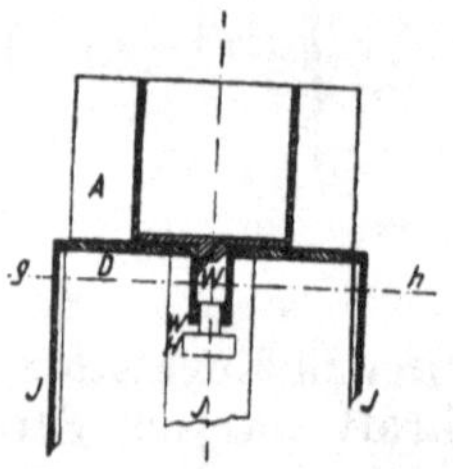

Fig. 196.

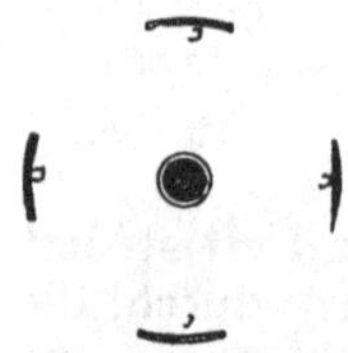

Fig. 197.

lagerter Welle W wirkt die so erzeugte Bewegung ebenfalls horizontal, während durch entsprechend geneigte Lagerung eine dementsprechende schräge Fortbewegung erzeugt wird.

Patentansprüche:

1. Vorrichtung zur Erzeugung einer fortschreitenden Bewegung mittels um eine Achse rotierender radialer oder nahezu radial gestellter Flügel, gekennzeichnet durch die Anordnung der Flügel über einer zur Drehungsachse normalen Platte (D, Fig 195 und 196), um durch die Zentrifugalkraft oberhalb dieser Platte eine Luftverdünnung zu erzeugen, zu dem Zwecke, daß der auf der Unterseite wirkende Ueberdruck der Atmosphäre die fortschreitende Bewegung bewirkt.

2. Eine Ausführungsform der unter 1. gekennzeichneten Einrichtung, bei welcher die Platte durch eine konzentrisch abgestufte oder kegelförmige Scheibe ersetzt ist.

3. Eine Ausführungsform der unter 1. gekennzeichneten Einrichtung, bei welcher die Platte mit den Flügeln und mit einem diese bedeckenden Kegelring (E, Fig. 191) fest verbunden ist, während im äußeren Umfang der Platte zwischen je zwei Flügeln Löcher angeordnet sind, um durch die Zentrifugalkraft die in der Mitte angesaugte Luft am Umfange zu komprimieren

und dieselbe dadurch zum Austritte aus diesen Oeffnungen zu zwingen, so daß auf diese Weise auf die gegenüberliegende Wand eine die fortschreitende Bewegung bewirkende Reaktion entsteht.

4. Eine Ausführungsform der unter 3. gekennzeichneten Einrichtung, bei welcher die Platte durch einen Kegelmantel oder einen Kegelring ersetzt ist.

5. Die Verbindung der unter 1. und 3. gekennzeichneten Ausführungsform in der Weise, daß diese beiden übereinander angeordnet und durch eine gemeinschaftliche Drehungsachse fest verbunden sind, um sich gegenseitig in ihrer Wirkung zu unterstützen.

64. Der Schraubenflieger nach der

Patentschrift Nr. 95 963
Alexander Schörke in Dresden,

angemeldet am 21. April 1896, ausgegeben am 21. Januar 1898, hat Schraubenflügel, die in jeder Ebene einstellbar sind; ein weiteres Merkmal dieses Flugzeuges ist das Fehlen eines Steuers.

Wie Fig. 198 zeigt, ist die zwangläufig gelagerte Triebwelle d auf einer Kreisbahn beweglich und nach allen möglichen Punkten des entsprechenden Kugelabschnittes räumlich verstellbar. Die zwangläufige Führung für die Triebwelle läßt sich so ausführen, daß die Welle d entweder in einer im Kreise zu drehenden Ebene gemäß der Zeichnung oder in zwei sich rechtwinklig kreuzenden Ebenen eingestellt werden kann. Die Schraubenflügel e führen sich in einer Kurvennut und werden infolgedessen bei ihrer Drehung zugleich auf- und abwärts geschwungen.

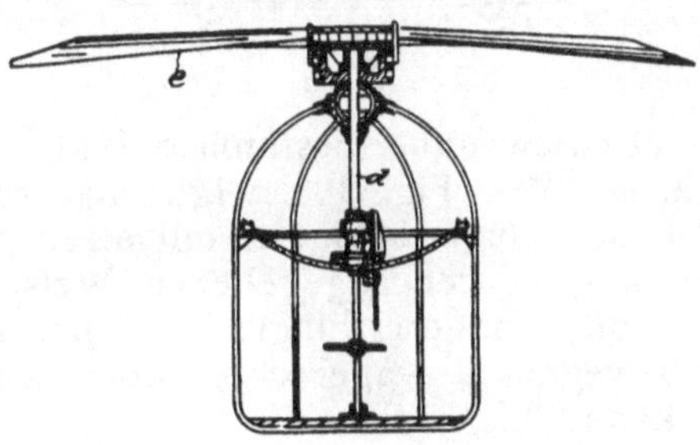

Fig. 198.

Patentansprüche:

1. Ein lenkbares Luftfahrzeug ohne Steuer, dessen zwangläufig eingelagerte Triebwelle nach allen möglichen Punkten des entsprechenden Kugelabschnittes räumlich verstellbar ist.

2. Ein Luftfahrzeug der unter 1. gekennzeichneten Art mit der Einrichtung, daß die Propellerwelle d mittels zwangläufiger Führung entweder in einer im Kreise zu drehenden Ebene oder

in zwei sich rechtwinklig kreuzenden Ebenen nach allen Richtungen eingestellt werden kann.

3. Ein Luftschiff der unter 1. gekennzeichneten Art, bei welchem das Merkmal hinzukommt, daß die Schraubenflügel zugleich mit der Drehbewegung um die Triebachse eine Schwingbewegung um eine zur Propellerwelle senkrechte Achse erhalten.

65. Bei dem Schraubenflieger nach der

Patentschrift Nr. 98 109

Dr. R. Beenen in Dresden,

angemeldet am 5. Mai 1896, ausgegeben am 13. Juli 1898,

lassen sich die Flugräder verschiedenartig so einstellen, daß das Hubrad auch zur Quer- und Längsbewegung und umgekehrt das

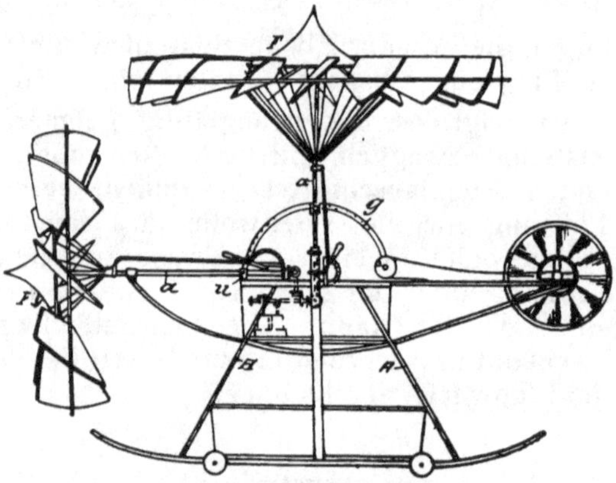

Fig. 199.

zur wagerechten Fortbewegung bestimmte Rad auch als Hubrad benutzt werden kann. Wie Fig. 199 zeigt, sind zu diesem Zweck die Flugräder F, F der Flugmaschine A mit ihren Achsen a mittels eines Stellwerkes u, g in der angegebenen Weise umlegbar derart, daß das eine oder andere Flugrad F zum Heben und das andere zum Fortbewegen in wagerechter oder schräger Richtung benutzt werden kann.

Patentanspruch:

Eine Umstellvorrichtung für Flugvorrichtungen, dadurch gekennzeichnet, daß die zur Fortbewegung dienenden Flügelräder mit ihren Achsen mittels eines entsprechenden Stellwerkes derart zu verstellen sind, daß das für gewöhnlich nur zur horizontalen Fortbewegung dienende Rad mit zur Bewegung in transversaler oder vertikaler Richtung und somit zum Heben und das für gewöhnlich nur zur Bewegung in vertikaler Richtung bestimmte Rad zur Bewegung in transversaler Richtung herangezogen werden kann.

66. Eine leichte Verstellbarkeit der Schraubenachse aus der horizontalen in die vertikale Lage gestattet die Vorrichtung nach der

Patentschrift Nr. 121 278
Heinrich Suter in Kappel (Kant. Zürich).

Angemeldet am 23. Januar 1899, ausgegeben am 19. Juni 1901.

An einem zigarrenförmigen Ballon 1, Fig. 200, 201, hängt ein Tragrahmen 2, der sich um seine vertikale Mittelachse drehen läßt. In diesem Tragrahmen 2 ist unten eine durch Drähte versteifte Säule 3 eingebaut, welche in Aussparungen die Kettenräder

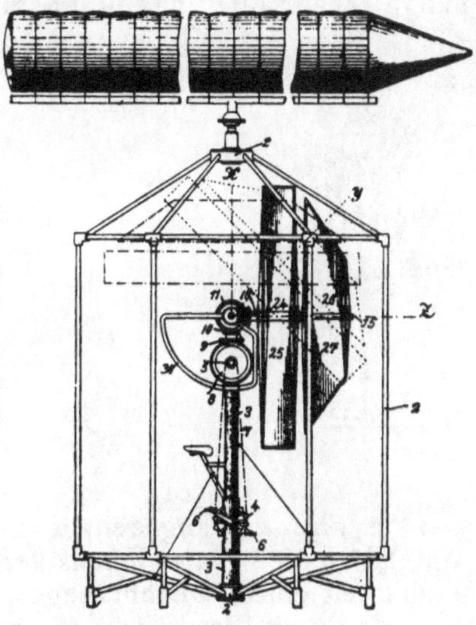

Fig. 200.

4, 5 trägt, von denen 4 durch Pedale 6 angetrieben, mittels Kette 7 seine Drehung auf Rad 5 überträgt. Auf der Achse des Rades 5 (Fig. 202) sitzt ein Kegelrad 8, welches in Kegelrad 9, das mit Kegelrad 10 gemeinschaftliche Nabe hat, eingreift. Kegelrad 10 ist mit Kegelrad 11 in Eingriff, das, auf gleicher Achse mit Kegelrad 12 sitzend, einmal durch dieses seine Bewegung auf Kegelrad 13 und auch direkt auf Kegelrad 14 überträgt. Die Achse 15 des Kegelrades 13 liegt in einem Lagerkopf 16, der, zu einer Hülse 17 fortgesetzt, die Nabe 18 des Kegelrades 14 aufnimmt. Die Reibung wird durch Kugellager vermindert. Achse 15 und Nabe 18 sind soweit gegen den Tragrahmen verlängert, daß auf ihnen die Flügelräder 19, 20, 21, 22 in solchen Abständen Platz finden, daß zwischen 19 und 20 sowie zwischen 21 und 22 je zwei zur Mittelachse in entgegengesetzter Richtung schief gestellte Flügel 24, 25 und 26, 27 befestigt werden können. Der Lagerkopf 16 ist gelenkig mit dem Säulenzapfen 28 verbunden, welch letzterer wieder in der Säule 3 drehbar gelagert ist. Am Lagerkopf 16 sind zwei quadrantenförmige Hebel 29, 30 angebracht, mittels welcher der Lagerkopf 16 samt der in ihm gelagerten Achse 15 und Nabe 18 mit den auf ihnen befindlichen Flügelrädern 19 bis 22 in vertikaler und horizontaler Ebene verstellt werden kann. Beim Treten der Pedale drehen durch Vermittelung der Transportkette Räder und Kegelräder die Flügelpaare 24, 25 und 26, 27 je in entgegengesetzter Richtung und wirken infolge der entgegengesetzten Schrägstellung der Flügelpaare doch gleichartig, jedoch wird bei der in Fig. 200 punktierten Stellung x ein Mitdrehen des Traggestelles 2 verhindert, durch die Aufhebung der Drehrückwirkung auf das Traggestell, infolge der entgegengesetzten Flügelstellung und Drehung. Die Flügelachse kann in alle durch punk-

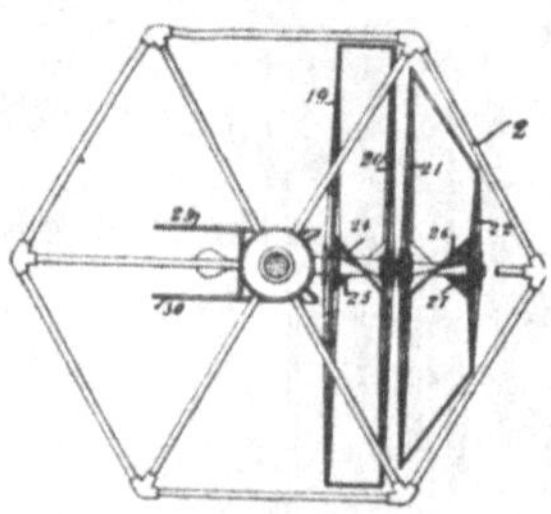

Fig. 201.

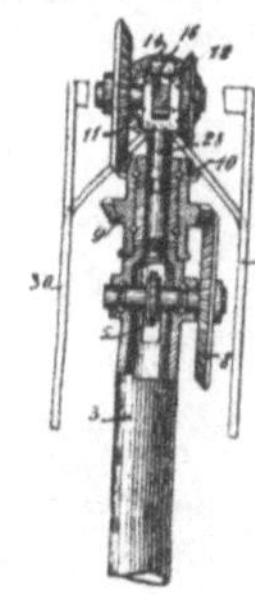

Fig. 202.

tierte Linien x—y—z in Fig. 200 angedeutete Stellungen gebracht und auch um die Mittelachse des Tragrahmens verstellt werden, was für die Bewegungsfähigkeit eines Luftfahrzeuges von großer Wichtigkeit ist, namentlich da durch diese leicht einstellbare Einrichtung nur ein Ballon, der das Gewicht des Fahrzeuges nebst Ladung ausgleicht, nötig ist.

Patentanspruch:

Fortbewegungsvorrichtung für Luftfahrzeuge, bei welcher zwei übereinander angeordnete, entgegengesetzt drehbare Flügelpaare sowohl horizontal und vertikal wirkend, als auch zur vertikalen Mittelachse des Traggestells radial verstellbar sind, dadurch gekennzeichnet, daß ein Kegelradgetriebe, welches in einem dreh- und neigbaren Support angeordnet ist, mit einer Achse (15), welche das eine Flügelpaar trägt, in Verbindung steht, über welche eine etwas kürzere, das freie Achsende nicht verdeckende, mit dem Kegelradgetriebe ebenfalls in Verbindung stehende Hülse (18), auf welcher das andere Flügelpaar sitzt, geschoben ist, wobei die Verbindungen mit dem Kegelradgetriebe derart sind, daß sich die Achse und Hülse entgegengesetzt drehen.

67. Die

Patentschrift Nr. 128 658
Emanuel Kalisch in Budapest,

angemeldet am 23. Juni 1900, ausgegeben am 11. März 1902, beschreibt eine eigenartige Anordnung der Schraubenflügel, die das Gleichgewicht der Flugmaschine günstig beeinflußt.

Das doppelte Schraubenflügelpaar besteht aus zwei hintereinander bzw. übereinander angeordneten, sich um eine gemeinsame Achse a, Fig. 203, nach entgegengesetzten Richtungen drehenden Flügelpaaren, welche mit zwei oder mehreren, beliebig gestalteten Flügeln b versehen sind, deren Unterseiten c gegen die Dreh-

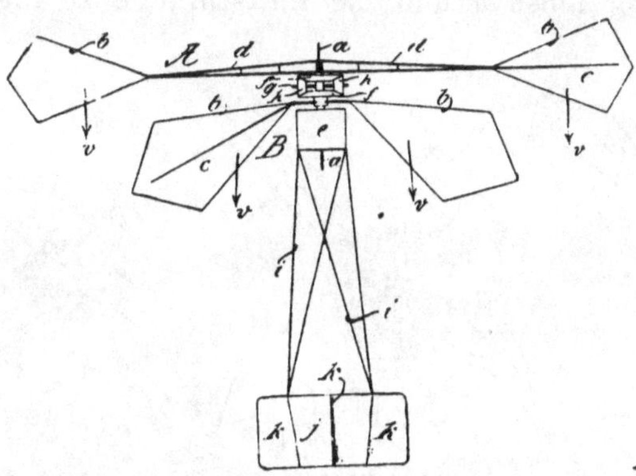

Fig. 203.

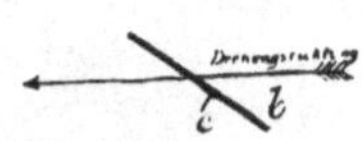

Fig. 204.

richtung hin ansteigend geneigt sind, so daß sie mit der durch die Drehrichtung gelegten Ebene auf der Drehrichtungsseite einen Winkel von höchstens 45° einschließen (s. Fig. 204). Dieser Winkel kann innerhalb 45° schwanken, muß jedoch immer kleiner sein als 45°. Da bei einfacher Anordnung zweier Flügelpaare übereinander bzw. hintereinander der Luftstrom, den das obere, bzw. vordere Schraubenflügelpaar zurückstößt, das untere bzw. hintere Flügelpaar trifft und es in seiner Wirkung schädlich beeinflußt, so ist, um diesen Uebelstand zu vermeiden, folgende Einrichtung getroffen: die Flügel werden derart angeordnet, daß ihre Längsachsen x—x, wie aus Fig. 205 und 206 ersichtlich ist, zur Drehungsachse a in einem Winkel von beiläufig 45°, jedoch zueinander in einem Winkel von ungefähr 90° geneigt sind. In diesem Falle wird das obere bzw. vordere Schraubenflügelpaar die Luft in den Pfeilrichtungen y und das untere bzw. hintere Flügelpaar die Luft in den Pfeilrichtungen z zurückstoßen, somit können die Flügel der einen Schraube niemals durch den Luftstrom, den die andere erzeugt, getroffen und in ihrer Wirkung schädlich beeinflußt werden. Derselbe Zweck wird auch durch die Anordnung in Fig. 203 erreicht, wobei die Flügel b der oberen bzw. vorderen Schraube durch radiale Arme d soweit hinaus verlegt werden, daß der von diesen langarmigen Flügeln zurückgeworfene Luftstrom die Flügel der anderen Schraube nicht treffen kann, wie dies die Pfeile v in Fig. 203 veranschaulichen. Da die kurzarmigen Flügel eine kleinere Bahn durchlaufen, muß ihre Gesamtfläche größer sein, als diejenige der langarmigen Flügel.

Die entgegengesetzte Drehungsrichtung kann den beiden Luftschrauben auf verschiedene Weise erteilt werden, und zwar, indem man, wie aus Fig. 205 ersichtlich, entweder die eine Luftschraube A fest mit der Drehungsachse a und die andere Luftschraube B fest mit dem Motorgehäuse oder Gestell e verbindet, oder wie Fig. 203, 206 und 207 zeigen, indem man die Luftschraube A wieder fest mit der Drehungsachse a und die Luftschraube B aber fest

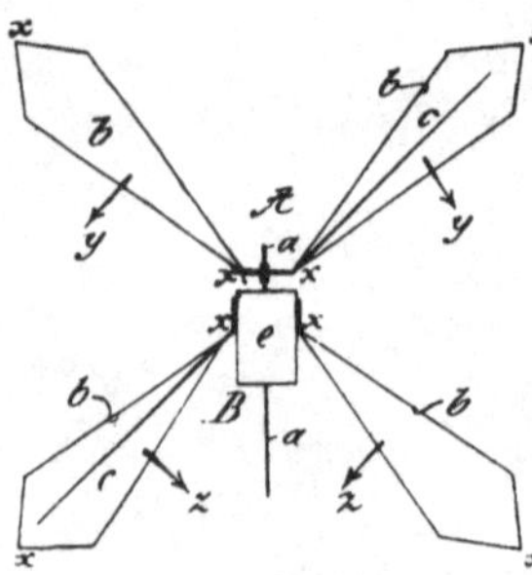

Fig. 205.

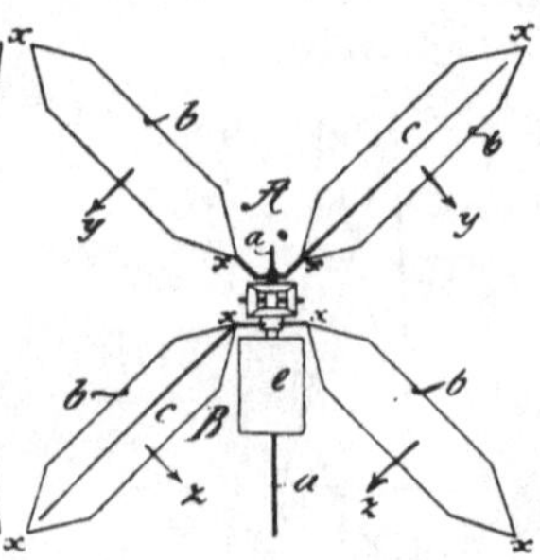

Fig. 206.

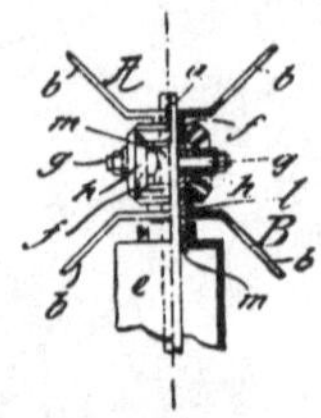

Fig. 207.

mit einer um die Drehungsachse a lose und entgegengesetzt laufenden Hülse 1 verbindet. Im ersteren Falle kommen die beiden Schrauben deshalb in entgegengesetzte Drehungsrichtung, weil der Motor mit Gehäuse oder Gestell als in der Luft frei hängender Körper das Bestreben hat, sich in entgegengesetztem Sinne zur Drehungsrichtung der Schraube A zu drehen und die mit ihm fest verbundene Schraube B mitnimmt, während im zweiten Falle die entgegengesetzte Drehungsrichtung der beiden Schrauben durch eine bekannte Uebersetzung, z. B. durch ein konisches Rädergetriebe, ein sogenanntes Differentialgetriebe, wie es Fig. 207 zeigt, zustande gebracht wird, bei welchem die Zwischenräder h um seitliche Zapfen g einer lose zwischen Welle a und Hülse l laufenden, mit dem Motor oder dessen Gehäuse e fest verbundenen Büchse m laufen, während eines der Treibräder f mit der einen und das andere Treibrad f mit der anderen Luftschraube in fester Verbindung steht. In diesem Falle wird der Motor bzw. sein Gehäuse oder Gestell nicht genötigt sein, die Drehungen mitzumachen, sondern bleibt gegenüber den sich drehenden Flügeln unbeweglich. Fig. 203 zeigt, wie dieses doppelte Schraubenflügelpaar mit einer Flugmaschine in Verbindung gebracht werden kann. Das Gestell i der Flugmaschine kann z. B. als langgestreckter Körper rund um die Drehungsachse a bzw. um deren Verlängerung angeordnet werden, so daß der Zug der Schraubenflügel, in der Mitte der Flugmaschine wirkend, diese zwingt, sich in achsialer Richtung fortzubewegen und vermöge dieser Anordnung die Gleichgewichtslage sichert, zumal die Flügel am oberen Ende der Flugmaschine befestigt werden und der Schwerpunkt tief unten zu liegen kommt. Die Lenkbarkeit eines solchen Luftschiffes kann gleichfalls auf leichte Weise erzielt werden, indem man beispielsweise eine oder mehrere Steuerflächen, ähnlich dem Schiffssteuer, an entsprechender Stelle anbringt, oder in geeigneter Weise das Flugwerk nach allen Richtungen hin verstellbar macht. Etwaige pendelnde Bewegungen des Apparates können behoben werden, indem man an dem Gestell i oder dem Korbe j radiale Flächen k anbringt.

Patentansprüche:

1. Schraubenflügelanordnung mit zwei hintereinander bzw. übereinanderliegenden, um eine gemeinsame Achse (a) nach entgegengesetzten Richtungen drehenden Flügelpaaren (A B), dadurch gekennzeichnet, daß die Unterflächen (c) der Flügel (b) mit der durch ihre Drehungsrichtung gehenden Ebene einen Winkel von höchstens 45° einschließen (Fig. 204) und daß die Flügel derart gegeneinander gerichtet sind, daß die Normale der einen wirkenden schrägen Flügelfläche die Flächen der anderen Flügel nicht trifft, so daß sich beide Flügelpaare in ihrer Wirkung nicht stören können.

2. Vorrichtung nach 1., dadurch gekennzeichnet, daß behufs Verhütung gegenseitiger schädlicher Beeinflussung der beiden Flügelpaare durch die von ihnen verdrängte Luft die beiden Schraubenflügel derart angeordnet sind, daß ihre Längsachsen (x—x) (Fig. 205 und 206) in einen Winkel von ungefähr 45° zur Drehungsachse (a), also zueinander in einem Winkel von 90° geneigt sind, oder daß die Flügelflächen (b) (Fig. 203) des einen Schraubenflügelpaares an langen Armen (d) über die beiden anderen Flügelflächen (b) herausragen.

68. Eine Vorrichtung, bei welcher die Flügel der Schrauben mit Hilfe kreisförmiger Gleitstücke befestigt und durch an ihren Enden aufgewickelte, über Rollen gezogene Stahlbänder verstellt werden, so daß die Neigungen der Flügel der einen oder der anderen Schraube veränderlich sind, bringt die

Patentschrift Nr. 141 019

Maurice Léger in Monaco.

Angemeldet am 20. Februar 1901, ausgegeben am 22. Mai 1903.

Die Vorrichtung besteht aus einem leichten Metallrohrgerüst 13, in dem ein aus durchsichtigen Wänden hergestellter Raum 14 für den Reisenden angeordnet ist. Im hinteren Teil dieses Raumes ist das um eine schräge Achse drehbare Steuer 15, 16 angeordnet.

In der Achse des Gerüstes 13 ist ein hydraulischer Bremskolben 17 angeordnet. Das Gerüst 13 ist an seinem oberen Teile mit einem

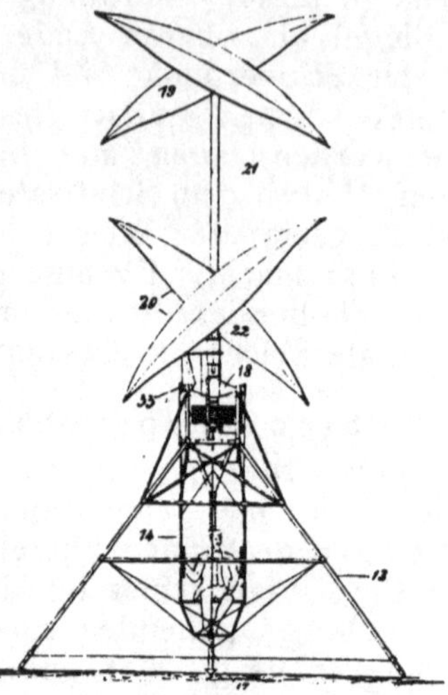

Fig. 208.

Querträger 18 versehen, dessen zapfenförmig ausgebildete Enden in Lagern des Gerüstes 13 ruhen. Dieser Träger dient dem oberen

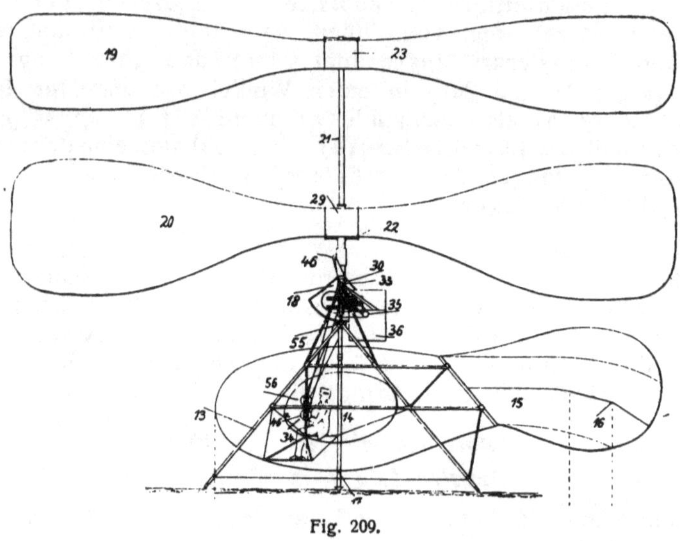

Fig. 209.

Teile der Vorrichtung als Stütze, der aus zwei an hohlen konachsialen Wellen 21, 22 befestigten Flügelschrauben 19, 20 besteht (Fig. 208 bis 211). Zur Befestigung der Schraubenflügel trägt die Welle 21 an ihrem oberen Ende ein zylindrisches, zur Achse der Welle senkrecht liegendes und mit derselben die Gestalt eines T bildendes Rohrstück 23, an welches sich zu beiden Seiten je ein an der Verbindungsstelle ebenfalls zylindrischer Flügel mittels kreisförmiger Führungen 24 drehbar anschließt. Auf dem Rohrstück 23 ist parallel zu seiner Achse eine Welle 25 drehbar gelagert, die zweiteilige Seilrollen 26, 27, 28 trägt (Fig. 210 und 211). Auf die Rillen dieser letzteren sind in entgegengesetzter Richtung Stahlbänder 27 a und 28 a gewickelt, von denen jene

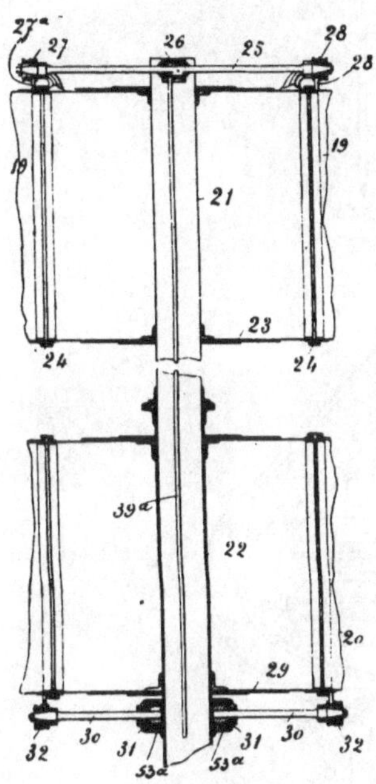

Fig. 210.

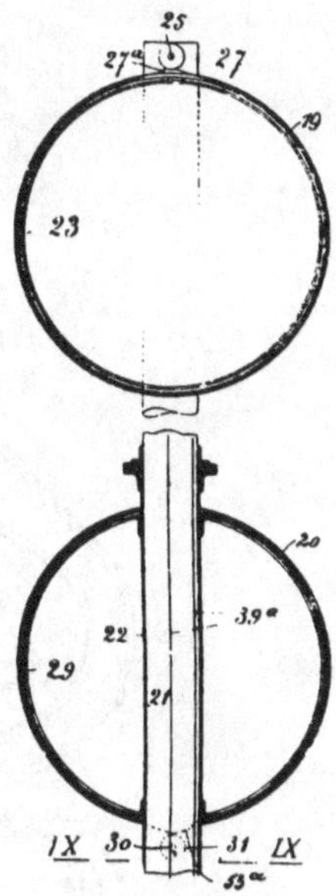

Fig. 211.

der Rollen 27 und 28 mit ihren Enden an je einer Seite des Flügels 19 befestigt sind, so daß, da die Stahlbänder der Rollen 27 und 28 entgegengesetzte Winkelrichtung haben, durch Drehung der Welle 25 den beiden Flügeln 19 Drehungen um ihre Horizontalachse in entgegengesetzter Richtung bei Drehung der Welle 25 in irgend einer Richtung erteilt werden.

Dic hohle Welle 22 trägt oben ebenfalls ein in Gestalt eines Kreuzes sich anschließendes zylindrisches Rohrstück 29, an welchem die Flügel 20 der unteren Schraube drehbar gelagert sind. An der Unterseite dieses Rohrstückes 29 sind parallel zu seiner Achse zwei Wellen 30 gelagert, die ebenso wie die Welle 25 Rollen 32 tragen. Um diese letzteren sind Stahlbänder gewunden, die in derselben Weise an den Flügeln 20 befestigt sind, wie die Bänder der Rollen 27, 28 an jenen der oberen Flügelschraube 19. Auf dem Zapfen des Trägers 18 ist eine Doppelrolle 33 drehbar angeordnet, die einerseits mittels eines doppelten Stahlbandes 33 a mit einer Antriebrolle 34 (Fig. 209) und anderseits mittels eines Stahlbandes 35 a mit der an dem Motorgestell 36 angeordneten Rolle 35 (Fig. 209) verbunden ist. Diese Rolle 35 ist mittels eines Stahlbandes 37 a mit einer Rolle 37 verbunden, deren Achse eine andere, in der Mitte des unteren Endes der Hohlwelle 21 angeordnete Rolle 38 trägt. Um diese letztere sind in entgegengesetztem Sinne zwei Stahlbänder 38 a und 38 b (Fig. 212) gewickelt, die anderseits an den Enden eines Gleit-

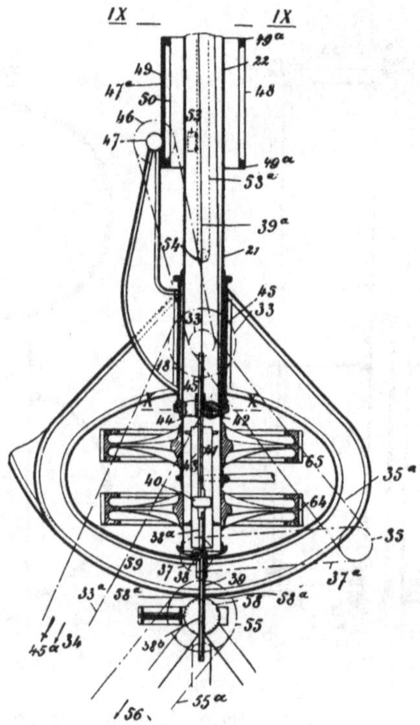

Fig. 212.

stückes 39 befestigt sind, so daß durch Drehen der Rolle 38 dieses letztere vertikal bewegt wird. Das Gleitstück 39 ist mittels eines Kugeldrehzapfens 40 an eine Stange 41 angeschlossen, deren freies Ende mit einem um die Leitrolle 42 geschlungenen Stahlband 39 a fest verbunden ist. Daraus folgt, daß durch Vertikalbewegung des Gleitstückes 39 die mit der Welle 21 umlaufende Stange 41 in derselben Richtung bewegt wird. Zur Führung des Kugeldrehzapfens ist im Innern der Hohlwelle 21 ein Rohr 43 angeordnet.

Zwei durch Zahnräder 62, 63 verbundene Motoren 36 (Fig. 209) treiben mittels der Zahnräder 60, 61 die an den beiden Schraubenwellen 22 bzw. 21 übereinander angeordneten Zahnräder 64 bzw. 65 derart an, daß die Wellen 21, 22 und somit auch die Flügelschraube

19, 20 in entgegengesetzten Richtungen gedreht werden. Die beiden gleich starken, vollkommen unabhängig voneinander arbeitenden Motoren, die derart berechnet sind, daß einer von ihnen genügt, um den Flugapparat schwebend in der Luft zu erhalten, sind untereinander und mit den Uebersetzungsrädern durch Sperräder und Klinken verbunden, so daß bei zufälligem Stillstand des einen dieser Motore der andere seine Bewegung ohne Aufenthalt fortsetzen kann.

Bei normalem Gange werden die in entgegengesetzten Richtungen sich drehenden Flügelschrauben durch die Motore vermittels der Uebersetzungsräder 60, 61, 64 und 65 angetrieben. Die beiden gleich großen und in derselben Achse liegenden Flügelschrauben arbeiten in derselben Zone; sie würden in zwei konzentrischen Zonen arbeiten, wenn die eine Flügelschraube einen kleineren Durchmesser hätte und die zweite Schraube an Armen angeordnete Flügel trüge. Jede Schraube könnte mit mehr als zwei Flügeln ausgestattet sein. Die Regelung der Fluggeschwindigkeit nach aufwärts kann entweder durch Regelung der Arbeitsleistung der Antriebsvorrichtung oder durch Veränderung der Steigung der Flügelschrauben erfolgen.

Die Flugvorrichtung kann folgende Bewegungen ausführen: 1. Senkrechte, aufwärts oder abwärts gerichtete Bewegungen. 2. Durch ungleiche Steigung der Schrauben wird die Vorrichtung um sich selbst gedreht, indem in diesem Falle die das Fahrzeug drehende Rückwirkung der Schraube mit kleinerer Steigung geringer ist als die Rückwirkung der Schraube mit größerer Steigung. 3. Durch Schrägstellung der Schraubenwellen im Sinne der Vorwärtsbewegung wird der Flugapparat in wagerechter oder geneigter Richtung vorwärts bewegt. 4. Man kann mittels des Erfindungsgegenstandes in einem gegebenen Punkte des Raumes ruhig verbleiben.

Patentanspruch:

Flugvorrichtung mit zwei in entgegengesetzter Richtung umlaufenden konachsialen Schrauben, deren Achse beliebig geneigt werden kann, dadurch gekennzeichnet, daß die Flügel der Schrauben mit Hilfe kreisförmiger Gleitstücke befestigt und durch an ihren Enden aufgewickelte, über Rollen (27, 28 und 32, 32) gezogene Stahlbänder verstellt werden, so daß die Neigungen der Flügel einer oder der anderen Schraube für sich veränderlich sind, zum Zweck, nach Belieben die Wirkung jeder Schraube vergrößern oder verringern zu können, um eine Drehung der Vorrichtung in jedem Sinne sowohl bei Stillstand als auch in Bewegung ohne Zuhilfenahme des Steuerruders zu ermöglichen.

69. Die Erfindung nach der

Patentschrift Nr. 141 948
Emil Edmund Burkhardt in Stadt Sulza,

angemeldet am 9. Mai 1901, ausgegeben am 27. Juni 1903,

betrifft einen mit Schraubenflächen versehenen drehbaren Luftballon, der durch Seiltrieb von der Gondel aus in Umdrehung versetzt wird.

Das Wesen der Erfindung besteht darin, daß das zum Antrieb des Ballons dienende Kraftübertragungsseil gleichzeitig zur Aufhängung der Gondel nebst Antriebsvorrichtung dient.

Der Ballon 1 (Fig. 213) ist fest mit der Achse 2 verbunden und besitzt in der Mitte einen mit einer Schraubenfläche 5 versehenen Kranz 4, der durch Speichen 3 versteift ist. Der in Um-

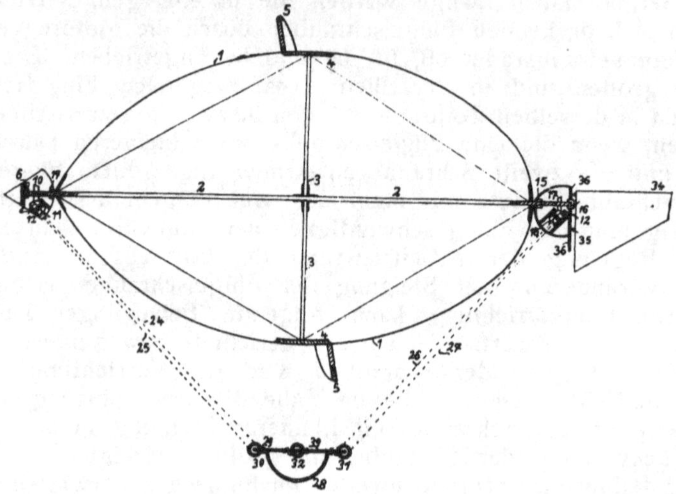

Fig. 213.

drehung versetzte Ballon soll sich mittels dieser Schraubenfläche 5 fortbewegen. Die Drehbewegung erhält der Ballon von der Gondel 28 aus mittels der Seilzüge 24, 25 bzw. 26, 27 (Fig. 214). Diese Seilzüge werden von der Antriebsvorrichtung 32 unter Vermittlung der von den Seilzügen 29, 39 bewegten Doppelseilrollen 30, 31 angetrieben und durch das Gewicht der Gondel gespannt. Sie versetzen

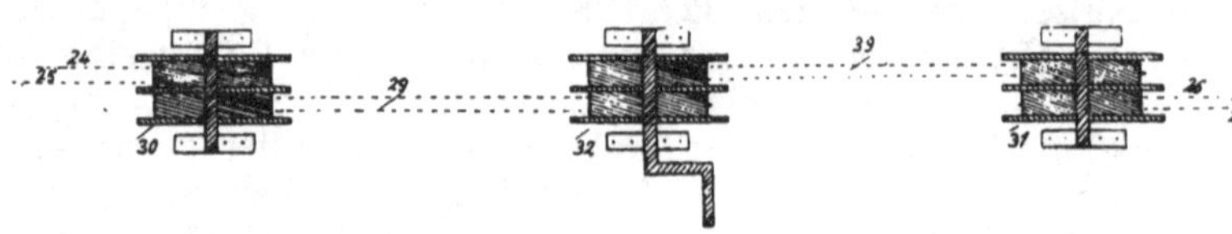

Fig. 214.

die Seilrollen 19 bzw. 13 in Umdrehung, welche in den lose drehbar auf den Enden der Ballonachse sitzenden Rädergehäusen 6 bzw. 36 gelagert sind. Von diesen Rollen soll alsdann die Drehbewegung mittels der Winkelräder 10, 11 bzw. 17, 18 auf die Ballonachse und auf den mit dieser fest verbundenen Ballon übertragen werden. An der hinteren Wand 36 des einen entsprechend gestalteten Rädergehäuses hängt in den Angeln 35 ein senkrechtes Steuerruder 34, das von der Gondel aus in geeigneter Weise bewegt wird.

Patentanspruch:

Luftballon mit Schraubenfläche, welcher von der Gondel aus durch Seiltrieb in Umdrehung versetzt wird, dadurch gekennzeichnet, daß das Kraftübertragungsseil gleichzeitig zur Aufhängung der Gondel nebst Antriebsvorrichtung dient.

70. Gegenstand der

Patentschrift Nr. 142 761
Josef Seiberl in Bremen,

angemeldet am 24. März 1902, ausgegeben am 1. August 1903, ist eine Einstellvorrichtung für unter dem Fahrzeugboden angeordnete Segelflächen bei Schraubenfliegern. Diese Einstellvorrichtung gestattet jede beliebige Segelflächenlage schräg zur Längs- oder Querachse bzw. beiden Achsen des Fahrzeuges, so daß die Segelflächen zur Unterstützung des Auftriebes bei jeder beliebigen Fahrtrichtung und auch beim Fahren im Bogen benutzt werden können. Dieser

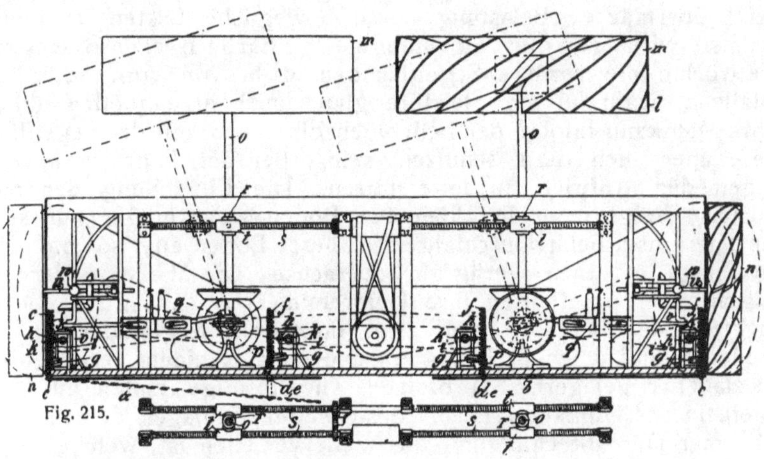

Fig. 215.

Fig. 216.

Zweck wird dadurch erreicht, daß die Segelflächen sowohl um ihre Längs- als auch ihre Querachse drehbar an Hängearmen befestigt sind, deren jeder für sich in der Länge einstellbar ist.

Die Fortbewegung des in Fig. 215 und 216 dargestellten Luftfahrzeuges in senkrechter und wagerechter Richtung geschieht in bekannter Weise durch Tragschrauben m und Treibschrauben n, die gleichzeitig infolge Einstellbarkeit ihrer Wellen in senkrechter bzw. wagerechter Ebene zur Steuerung des Fahrzeuges benutzbar sind. Die unter dem Fahrzeugboden angeordneten Segelflächen a und b dienen zur Unterstützung des Auftriebs. Um nun die Segelflächen a und b bei jeder beliebigen Fahrtrichtung zur Mitwirkung beim Auftriebe heranziehen zu können, ist die Einstellvorrichtung vorgesehen.

Dieselbe besteht aus mehreren, beim Ausführungsbeispiel drei, Hängearmen oder Hängeeisen c, d und e für jedes der Flachsegel. Die Flachsegel sind mit diesen Hängearmen derart verbunden, daß sie sowohl um ihre Längsachse, als auch um die Querachse drehbar sind, und die Hängearme sind jeder einzeln durch eine geeignete Vorrichtung in ihrer Länge regelbar. Diesem Zwecke dient eine in eine entsprechende Verzahnung f der Hängearme c, d, e greifende Schnecke g, welche mit einem Schneckenrade h auf einer gemeinsamen Welle i befestigt ist, die durch eine in das Rad h eingreifende Schnecke k Antrieb erhält. Der Antrieb der Welle der Schnecke k kann von Hand oder vermittels Maschinenkraft erfolgen.

Sollen beide Flachsegel a und b gleichmäßig zur Unterstützung des Auftriebs bei der Vorwärtsbewegung des Luftfahrzeuges herangezogen werden, so erhalten sie eine solche Stellung, in welcher beide eine durchlaufende Tragfläche bilden. Soll dagegen nur beim Kippen des vorderen Fahrzeuges nach oben dieser vordere Teil einen größeren Auftrieb erhalten, so wird man die vordere Segelfläche a allein schräg zur Längsachse des Fahrzeuges einstellen.

Senkt sich das Fahrzeug durch irgendwelche Einflüsse, beispielsweise übermäßige Belastung durch bewegliche Lasten im hinteren Teil, so wird man nur die hintere Segelfläche b ebenso einstellen, wie vorhin die vordere Segelfläche a, d. h. von vorn nach hinten abfallend, während man letztere glatt am Fahrzeugboden anliegen läßt. Man kann infolge der beliebigen Einstellbarkeit der Segelflächen diese aber auch dazu benutzen, selbst bei der Fahrt in kürzesten Bogen den Auftrieb zu unterstützen. Die Einstellung der Segelflächen erfolgt dann bei kleinsten Bogen zweckmäßig nur schräg zur Querachse, beim Durchfahren größerer Bogen aber sowohl schräg zur Längs- als auch schräg zur Querachse. Die Wellen o der Tragluftschrauben m erhalten ihre Umdrehung von der mittels Motor q angetriebenen Welle p, und zwar durch ein Kegelräderpaar. Die Wellen o sind unten in Fußlagern und oben in einem verschiebbaren Halslager r gelagert. Sie besitzen kugelförmige Enden und ruhen in einem aus Halbkugelschalen bestehenden Fußlager, dessen Deckel mit einer Durchbrechung für die Welle versehen ist, welche so groß bemessen wird, daß die Welle genügend Spielraum zur schrägen Einstellung besitzt, um die Tragschrauben zur Steuerung beim Aufstieg in schräger Richtung benutzen zu können. Die Verschiebung der Halslager r zur Einstellung der Schraubenwellen m in eine beliebige, zur Senkrechten geneigte Lage erfolgt beim Ausführungsbeispiele durch zwei Schraubenspindeln s und bewegliche Muttern t, welche gelenkig mit den Halslagern r verbunden sind. Die eine der beiden Schraubenspindeln erhält ihren Antrieb von den Motorwellen p aus durch Riementriebe und überträgt ihre Drehung auf die andere durch Zahnräderübersetzung. Der Fortbewegung des Fahrzeuges in horizontaler Richtung dienen die Schrauben n. Die Wellen u dieser Schrauben sind in einem um die Achse der Antriebswelle v drehbaren Lager w unverschiebbar und in einem zweiten verschiebbaren Lager gelagert. Letzteres ist mit einer Schraubenmutter gelenkig verbunden, welche auf einer quer im Schiffskörper fest gelagerten Schraubenspindel beweglich ist. Beim Ausführungsbeispiele sind sämtliche Luftschrauben von derjenigen Art, deren Flügel außen von einem festen Kranze l umgeben sind, der an ihnen befestigt ist und das radiale Entweichen der gepreßten Luft verhindert, wodurch der volle Druck für die Fortbewegung ausgenutzt wird.

Patentanspruch:

Einstellvorrichtung für unter dem Fahrzeugboden angeordnete Segelflächen an Luftfahrzeugen, dadurch gekennzeichnet, daß die Segelflächen (a und b) sowohl um ihre Längsachse, als auch um die Querachse drehbar an Hängearmen bzw. Hängeeisen (c, d, e) befestigt sind, deren jeder bzw. jedes für sich in der Länge einstellbar ist.

71. Die Flugvorrichtung nach der

Patentschrift Nr. 144 236
Adrian Baumann in Zürich,

angemeldet am 13. September 1902, ausgegeben am 7. November 1903, wird durch den Druckunterschied der Luft ober- und unterhalb von Schirmen von vorwiegend wagerechter Ausdehnung getragen und

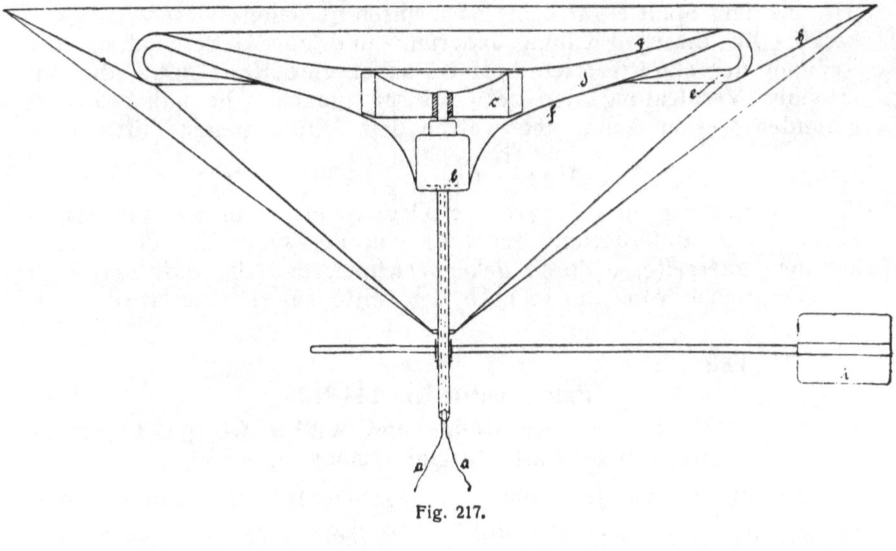

Fig. 217.

bezweckt eine neue Führung der Luft, wobei deren Druckunterschied über und unter der Vorrichtung, besonders aber die Verdichtung der Luft unter der Tragfläche möglichst groß gemacht wird.

Eine kreisrunde, durch zwei Leitungsdrähte a an den Boden gefesselte Tragfläche (Schirm [Fig. 217]) ist mit dem Elektromotor b und dem Ventilator c, der die Luft über dem Schirm ansaugt und dieselbe durch den Raum d und den kreisförmigen Spalt e preßt, verbunden. d und e werden durch die angegebene Form des unteren Schirmes f und des oberen Schirmes g gebildet. Unter dem Schirm f verdichtet sich die ungefähr wagerecht nach innen streichende Luft infolge des nach der Mitte zu enger werdenden Raumes, indem die Luftströme sich gegenseitig hemmen und durch ihre lebendige Kraft verdichten. Durch diese Verdichtung in Verbindung mit der im Ventilator erzeugten Luftpressung und der Luftverdünnung über der Vorrichtung wird diese selbst getragen. Der äußere Schirm h verstärkt die Tragkraft, indem er den Druckausgleich der Luft über und unter der Vorrichtung erschwert. Durch die außen nach oben gerichtete Form von h wird die Stabilität der Flugvorrichtung erhöht. Eine Drehung derselben kann verhindert werden durch das um eine vertikale Achse zu drehende Steuer i. Im Raume d und an der unteren Fläche von f können Leitschaufeln und Rippen befestigt sein, um die Strömung der Luft in gewünschter Weise zu leiten. Der untere Schirm f ist gekrümmt angeordnet, so daß die nach innen strömende Luft, von allen Seiten daran stoßend, nach unten abgelenkt wird und durch Rückwirkung einen Druck nach oben ausübt. Durch diese Anordnung kann die unter der Mitte der Vorrichtung noch etwa vorhandene lebendige Kraft der ausgeströmten Luft vorteilhaft zum Auftrieb des Schirmes teilweise ausgenutzt werden. Die Wirkungsweise des Luftschirmes läßt sich auch folgendermaßen erklären: Die Luft unter dem Schirm entweicht nach unten, obwohl sie beim Austritt aus dem Spalt e gar keine nach unten gerichtete Geschwindigkeit besaß. Zu dieser Richtungsänderung und zur Ueberwindung der Reibung der abgeströmten Luft ist daher eine Kraft nötig, die nur in einer Verdichtung der dem Schirm zunächst befindlichen Luft gefunden werden kann, und welche den Schirm tragen hilft.

Patentanspruch:

Vorrichtung zum Tragen von Gegenständen mittels einer Tragfläche durch Beförderung der Luft von der Oberseite der Fläche auf die Unterseite, dadurch gekennzeichnet, daß die Luft unterhalb der Tragfläche vom Rande nach der Mitte zu geblasen wird.

72. Die

Patentschrift Nr. 144 912

Charles Tuckfield, Frederick Hodge und Walker George de Forges Garland in East Moseley Surrey, England,

angemeldet am 23. Juni 1902, ausgegeben am 19. Oktober 1903,

bezieht sich auf einen Fesselflieger derjenigen, unter dem Namen Kaptivschraube bekannten Art, bei welchem der Auftrieb durch zwei wagerechte, in entgegengesetzter Richtung umlaufende Luftschrauben bewirkt wird. Die Erfindung besteht darin, daß diese wagerechten Luftschrauben vom Boden aus durch ein endloses Seil angetrieben werden, dessen Spannung durch eine unter Federwirkung stehende

Trommel selbsttätig geregelt werden kann. Dieser Fesselflieger soll insbesondere zu Beobachtungszwecken beim Landheer und bei der Marine verwendet werden.

Es sind eine mit der Luftschraube B (Fig. 218) versehene volle Welle A und eine mit der Luftschraube D versehene hohle Welle C gleichachsig ineinander gesteckt. Die an beiden Enden aus der Hohlwelle hervortretende Welle A wird vor Verschiebung gegen die Hohlwelle durch die zweckmäßig auf Kugeln laufenden Bunde E bewahrt. Die Luftschrauben B und D sind zweckmäßig von gleicher Größe und Leistungsfähigkeit, aber von entgegengesetzter Schrägstellung der Flügel, so daß die eine Schraube bei der Rechtsdrehung, die andere bei der Linksdrehung emporstrebt. Die unteren Enden

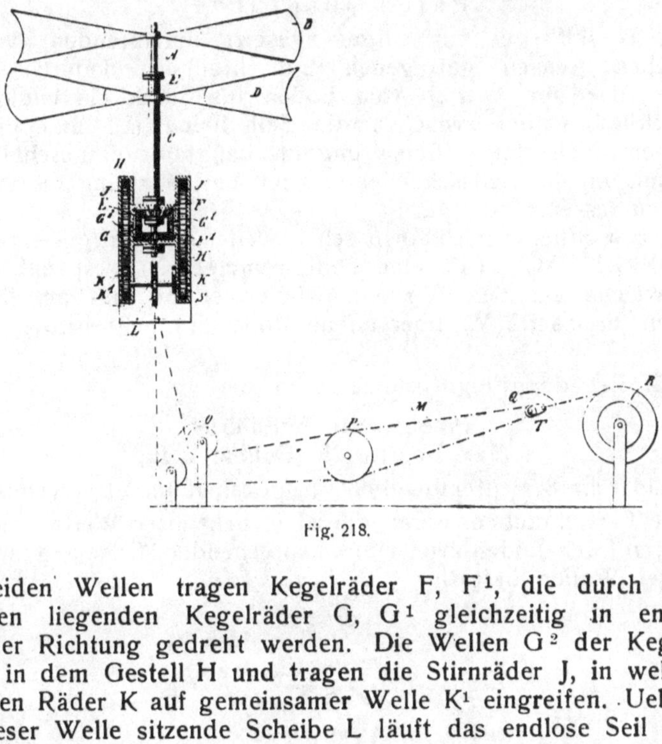

Fig. 218.

der beiden Wellen tragen Kegelräder F, F¹, die durch die dazwischen liegenden Kegelräder G, G¹ gleichzeitig in entgegengesetzter Richtung gedreht werden. Die Wellen G² der Kegelräder lagern in dem Gestell H und tragen die Stirnräder J, in welche die kleineren Räder K auf gemeinsamer Welle K¹ eingreifen. Ueber eine auf dieser Welle sitzende Scheibe L läuft das endlose Seil M. Die Uebersetzung ins Langsame ist aus dem Grunde zweckmäßig, weil man so das Seil M mit einer großen Geschwindigkeit, aber um so kleinerer Zugkraft laufen lassen und auf diese Weise eine große Maschinenarbeit bei verhältnismäßig geringer Spannung des Seiles — also auch bei geringem Zug — übertragen kann. Das Treibseil M läuft über Führungsrollen O, über die antreibende Scheibe P und über eine Rolle im Kloben T. Diesen verbindet das Seil Q mit der Trommel R, welche eine Feder oder ein Gegengewicht im Sinne des Anspannens des Treibseiles zu drehen strebt, damit das Treibseil immer genügend straff gehalten wird, eine Spannvorrichtung, die an sich bei Seiltrieben nicht neu ist. Die doppelte Anordnung des Getriebes ist der gleichmäßigen Gewichtsverteilung wegen gewählt. Ein einfaches und deshalb einseitig angeordnetes Getriebe wäre entsprechend auszubalancieren. Aus dem gleichen Grunde soll auch die Scheibe L in der Mittelachse und zugleich Schwerlinie der Flugmaschine angebracht sein. Statt zweier Luftschrauben könnten auch deren mehrere angeordnet sein, doch immer in Gruppen von je zwei in entgegengesetztem Sinne umlaufenden Schrauben. Eine Gondel für den Luftschiffer oder ein Traggestell für eine photographische Kamera oder Signalvorrichtungen und dergl. kann an dem eigentlichen Maschinengestell aufgehängt werden, zweckmäßig unter Einschaltung einer leicht drehbaren Verbindung zwischen beiden Gestellen.

Patentansprüche:

1. Fesselflieger mit entgegengesetzt umlaufenden, von konzentrischen Achsen getragenen Luftschrauben, dadurch gekennzeichnet, daß der Antrieb vom Boden aus durch ein endloses Seil (M) erfolgt, wobei zwischen die Seilscheibe (L) und die Luftschraubenwellen eine Uebersetzung ins Langsame eingeschaltet werden kann, um das Seil schneller und mit um so geringerer Spannung laufen zu lassen.

2. Fesselflieger nach Anspruch 1, weiter dadurch gekennzeichnet, daß das Seil (M) durch eine Federtrommel (R) gespannt erhalten wird, welche ein Seil (Q) aufzuwinden strebt, das an eine vom endlosen Treibseil (M) überlaufene Rolle (T) angreift.

73. Bei der Flugmaschine nach der

Patentschrift Nr. 145 547
Max Bourcart in Colmar i. E.,

angemeldet am 8. September 1902, ausgegeben am 19. November 1903, sind die Luftschrauben, deren Flügel in bekannter Weise ineinandergreifen, auf den Enden zweier in entsprechender Weise gegeneinander geneigter Wellen befestigt.

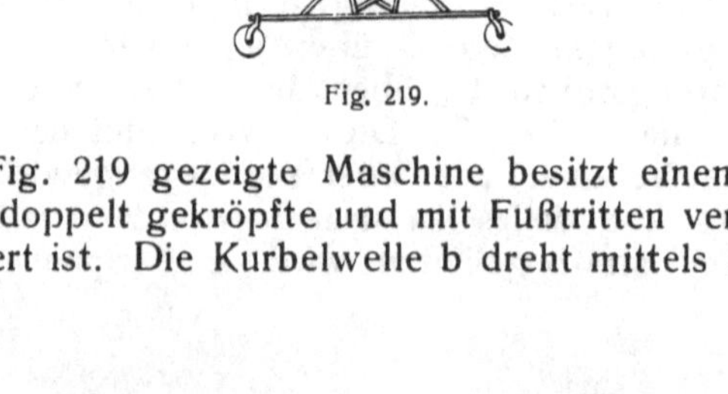

Fig. 219.

Die in Fig. 219 gezeigte Maschine besitzt einen Rahmen a, in welchem eine doppelt gekröpfte und mit Fußtritten versehene Kurbelwelle b gelagert ist. Die Kurbelwelle b dreht mittels Zahnräder zwei gegeneinander geneigte Wellen c. Auf dem freien Ende jeder dieser Wellen ist eine aus zwei Flügeln bestehende Luftschraube derart befestigt, daß ihre Drehungsebene senkrecht zu der Welle liegt. Um eine ungehinderte Drehbewegung der beiden Luftschrauben zu sichern, sind dieselben um 90° gegeneinander verstellt, so daß die Flügel ineinandergreifen.

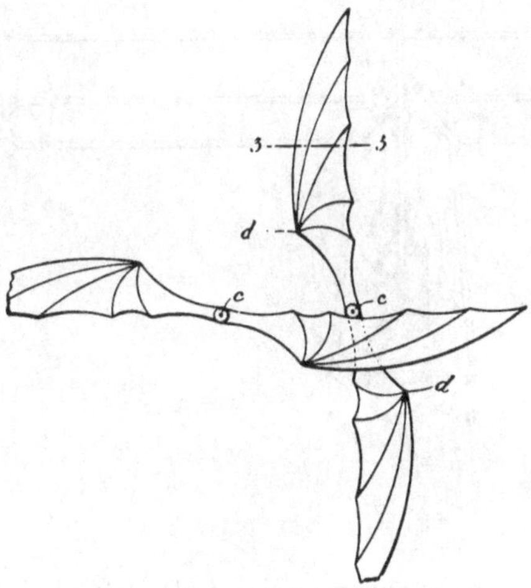

Fig. 220.

Fig. 221.

Wie die Fig. 220 und 221 zeigen, hält sich die Flügelform an diejenige der Vögel. Sie haben einen starren und gewölbten Vorderrand und können wie die Flügel der Vögel in d gelenkig angeordnet sein, so daß jeder Flügel zusammengeklappt werden kann.

Patentanspruch:

Flugmaschine mit zwei Luftschrauben, deren Flügel ineinandergreifen, dadurch gekennzeichnet, daß der Abstand der Schraubenmittelpunkte kleiner ist als die Länge der Schraubenflügel, deren ungehinderte Drehbewegung ermöglicht wird durch eine entsprechende geneigte Lage der beiden Schraubenwellen, so daß beim Umlauf die Flügel der einen Schraube über das Wellenende der anderen hinwegstreichen.

74. Nach der

Patentschrift Nr. 153 027
René de Saussure in Genf,

angemeldet am 21. September 1903, ausgegeben am 11. Juli 1904, erhält die Luftschraube außer ihrer einfachen ständigen Drehbewegung noch eine auf- und abgehende achsiale Bewegung, wobei diese zwei Bewegungen so gewählt sind, daß die sich daraus ergebende Bewegungsrichtung mit einer Schraubenlinie gleichen oder entgegengesetzten Ganges wie derjenige der Luftschraube zusammenfällt. Es dreht sich zuerst bei der achsialen Vorwärtsbewegung der Luftschraube in der einen Richtung jede Schaufel ohne Widerstand nach vorwärts, um dann bei der achsialen Bewegung der Luftschraube

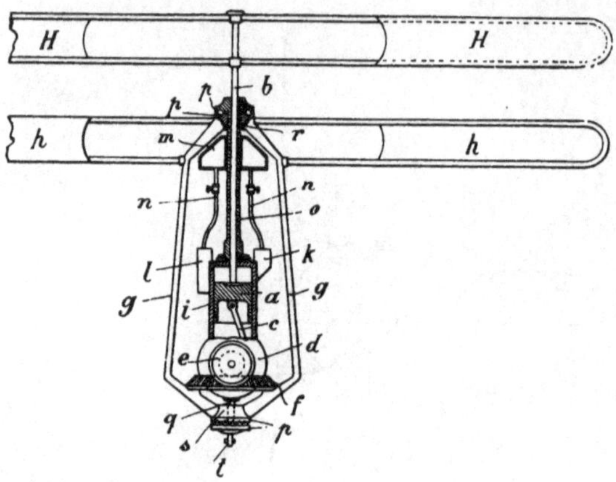

Fig. 222.

in der entgegengesetzten Richtung die Luft plötzlich mehr oder weniger voll zu treffen und zusammenzudrücken und diese zusammengedrückte Luft wieder bei der nächstfolgenden achsialen Verschiebung der Luftschraube ohne Widerstand zu verlassen.

Ein Explosionsmotor i (Fig. 222) ist in den Lagern r, s des Gestells g drehbar angeordnet. Der Kolben a ist mit einer Stange b

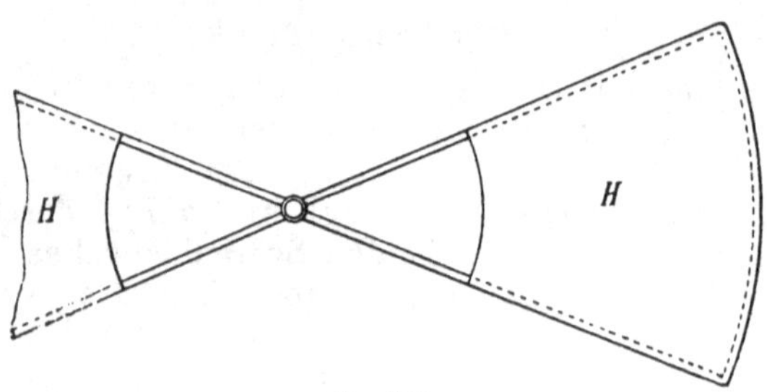

Fig. 223.

versehen, welche sich im Rohre undrehbar hin- und herbewegen kann. Diese Stange b trägt die Luftschraube H (Fig. 223). Anderseits ist die Welle des Motors mit einem Zahnrad e versehen, welches in einen auf dem Gestelle g befestigten Zahnkranz f eingreift. Bei Ingangsetzung des Motors wird also das Rad e auf dem Zahnkranz f rollen, und erhält somit der ganze Motor eine Drehbewegung durch und um sich selbst, welche auf die Stange b und die Luftschraube H übertragen wird. Es erhält dabei ferner die Stange b eine Hin- und Herbewegung im Innern des Rohres o, wodurch der Luftschraube H ihre zweite Bewegung übertragen wird. Die Wirkungsweise dieser Vorrichtung ist wie folgt (s. Fig. 224):

Es sei α der Neigungswinkel des Flügels P zur Wagerechten. Wenn x die Umdrehungsgeschwindigkeit und y die Fortbewegungsgeschwindigkeit von unten nach oben bedeutet, so ergeben diese beiden Geschwindigkeiten eine Resultante z, welche tangential zum Flügel P gerichtet ist. Wenn letzterer am oberen Ende seines Hubes in P^1 anlangt, so wechselt die Fortbewegungsgeschwindigkeit ihr Zeichen und bildet mit der Umdrehungsgeschwindigkeit x eine Resultante z^1, welche mit P^1 einen Winkel 2α bildet. Es wirkt also

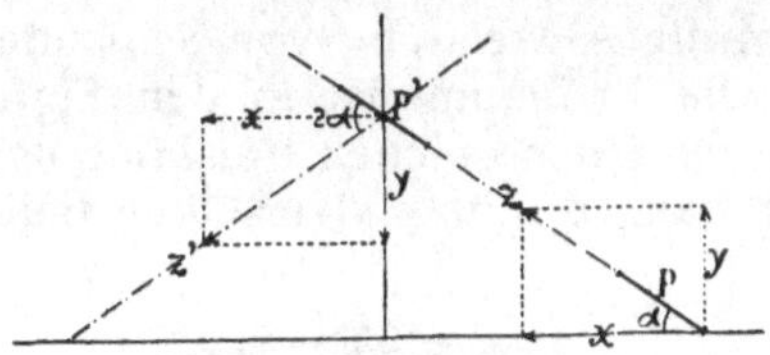

Fig. 224.

die Schaufel beim Niedergang unter einem Winkel auf die Luft, welcher zweimal so groß ist als derjenige, welchen die Fläche oder Schaufel mit der Wagerechten bildet.

Beim dargestellten Ausführungsbeispiel besteht die zur Hochhebung eines schweren Körpers dienende Antriebsvorrichtung aus zwei Luftschrauben, und zwar ist das Gestell g mit der zweiten Luftschraube h fest verbunden, deren Schaufeln gegenüber derjenigen der anderen Luftschraube entgegengesetzt geneigt sind. Beim Betrieb der Vorrichtung erhält das Gestell g und die Luftschraube h durch Rückwirkung eine Drehbewegung in einem dem Sinne der Drehung des Motors und der Luftschraube H entgegengesetzten Sinne. Da die Schaufeln der beiden Luftschrauben entgegengesetzt geneigt sind, so wirken dabei beide Luftschrauben in demselben Sinne, und zwar von unten nach oben. Das Uebersetzungsverhältnis der Räder e und f ist nach der Anzahl der Schaufeln der Luftschrauben so bestimmt, daß die plötzliche Druckwirkung von oben nach unten der Schaufeln der oberen Luftschraube in dem Augenblick erfolgt, in dem sich diese Schaufeln oberhalb der Zwischenräume zwischen den Schaufeln der anderen Luftschraube befinden. Z. B bei Luftschrauben mit je zwei Schaufeln werden zwei Druckbewegungen der Luftschraube H pro Umdrehung erfolgen, indem der Durchmesser des Zahnkranzes f doppelt so groß als derjenige des Rades e sein wird.

Patentansprüche:

1. Flugvorrichtung mit einer oder mehreren Luftschrauben, dadurch gekennzeichnet, daß die Luftschraube oder die Luftschrauben zugleich mit ihrer Drehbewegung eine auf- und abgehende Bewegung in Richtung ihrer Drehachsen erhalten.

2. Flugvorrichtung nach Anspruch 1, dadurch gekennzeichnet, daß zur Erzeugung der Doppelbewegung der Luftschraube eine um ihre Zylinderachse drehbare Kolbenmaschine verwendet wird, die einerseits vermittels eines Getriebes der Luftschraube die Drehbewegung erteilt, während der Kolben anderseits mit der Achse der Luftschraube fest verbunden ist und deren auf- und abgehende Bewegung in Richtung ihrer Achse bewirkt.

75. Bei dem Apparat nach der

Patentschrift Nr. 174 837
Antoine Padoue Filippi in Paris,

angemeldet am 10. Dezember 1902, ausgegeben am 9. August 1906, handelt es sich um die Anwendung von Schleuderrädern zum Antrieb des Flugzeuges. Die Erfindung ist in den Fig. 225 und 226 dargestellt und besteht in einer solchen Ausbildung des Schleuderrades, daß bei seiner Drehung die über demselben befindliche Luft von der

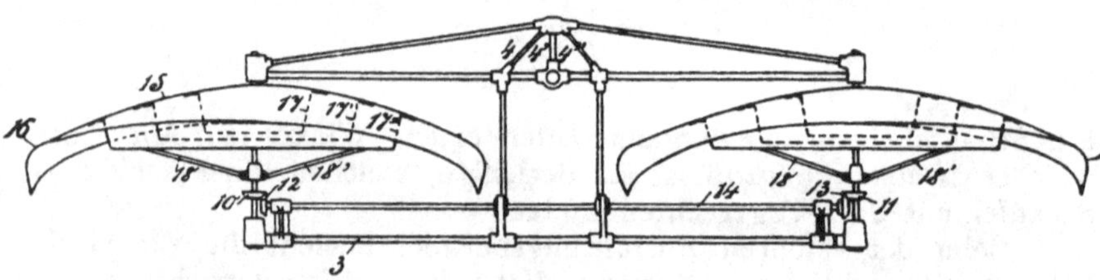

Fig. 225.

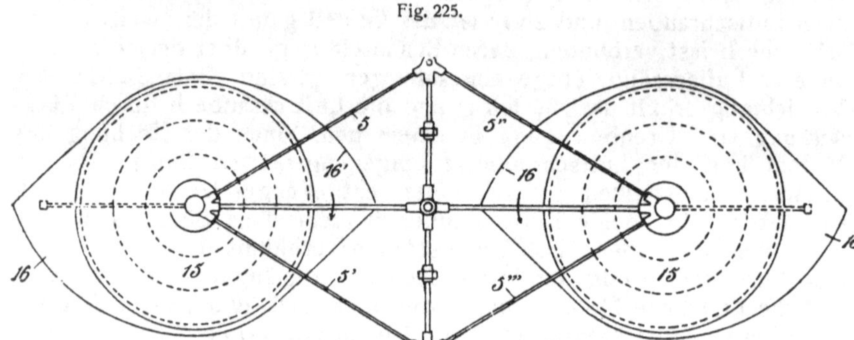

Fig. 226.

Mitte nach dem Rande zu weggesaugt und unter demselben vom Rande nach der Mitte hin zusammengepreßt wird, so daß also oben ein Unterdruck, unten ein Ueberdruck geschaffen wird. Das Schleuderrad ist an den gegenüberliegenden Seiten eines mit einem Boot vereinigten Gestelles angebracht. In diesem Boot ist die Antriebsvorrichtung (Motor oder dergl.) gelagert.

Jedes Schleuderrad 15 besitzt die Form einer kugelförmigen Kappe; daran sind am Rande zwei diametral gestellte, nach unten gebogene Flügel 16, 16' symmetrisch angeordnet, welche eine mehr oder weniger schnelle Drehbewegung in Richtung der eingezeichneten Pfeile erhalten. Der durch die Fliehkraft und durch das Abströmen der Luft über den Flügeln geschaffene Unterdruck und der zugleich unterhalb erzeugte Ueberdruck hebt das Gleichgewicht zwischen dem Druck der Luft über und unter der Kugelfläche auf, so daß eine aufsteigende Bewegung dieser Fläche und des mit derselben vereinigten Bootes in dem Falle veranlaßt wird, wenn dieser Druckunterschied größer als das Gesamtgewicht der Vorrichtung ist.

Die Kappen werden durch die Antriebswelle 14 entgegengesetzt zueinander in eine mehr oder minder schnelle Umdrehung versetzt; die Luft wird auf der oberen Flächenseite durch die gleichzeitige Wirkung der Fliehkraft und des ringsum hinter den senkrechten Flächen der Flügel 16, 16' entstehenden Unterdruckes vom Mittelpunkt nach dem Rande hin getrieben. Dadurch wird über der ganzen Oberseite jeder Kappe dauernd Unterdruck erhalten. Zugleich wird auf der Unterseite der Kappe ständig ein Ueberdruck erzeugt, da einerseits durch die senkrechten schaufelförmigen Flächen der Flügel die Luft dauernd von dem Rande schräg nach oben gegen die Mitte zusammengetrieben wird, anderseits ein durch die Schleuderkraft bedingtes Abströmen nach dem Rande hin durch die konzentrischen Rippen 17 gehemmt wird. Durch die symmetrische Verteilung der Flügelenden, die über die gemeinsame Antriebswelle 14 hinweggleiten, werden Schwingungen der gesamten Vorrichtung vermieden.

Patentanspruch:

Schleuderrad zum Bewegen von Luftschiffen, dadurch gekennzeichnet, daß es aus einer mittleren, schwach gewölbten, an ihrer Unterseite mit konzentrischen Ringen versehenen Fläche und aus am Rande derselben unterhalb der Randebene angeordneten Flügeln besteht, welche die Luft schräg aufwärts nach der Mitte hin unter die konzentrischen Ringe werfen.

76. Der Schraubenflieger nach der

Patentschrift Nr. 188564

Jules Cornu und Paul Cornu in Lisieux,

angemeldet am 27. August 1906, ausgegeben am 26. Juli 1907,

besitzt unter seinen Hubschrauben Flächen, die jalousieartig und beweglich angeordnet sind, so daß ein senkrechtes Steigen und Sinken, ein Vor- und Rückwärtsbewegen sowie ein schräges An- und Absteigen ohne Verstellung und Regulierung der Schrauben möglich ist.

Die Vorrichtung umfaßt eine oder mehrere Schrauben a (Fig. 227 und 228), deren aufrechte Drehachsen sich zwischen den Querbalken eines Rahmens b erstrecken, an welchem die die Antriebsvorrichtung und die Luftschiffer tragende Gondel hängt. Unterhalb dieser Schrauben, d. h. nahe ihrer Widerstandsflächen, sind Flächen c angeordnet, deren Länge dem Durchmesser der Schrauben gleich ist, und die mit ihren Enden an Stangen d angelenkt sind; diese werden in geeigneter Weise geführt und sind mit Hebeln e verbunden, welche sich in der Mitte um am Rahmen b befestigte Achsen f drehen. Die Gesamtheit der Flächen c bildet also eine Art Jalousie mit Stäbchen, deren Neigung man mit Hilfe eines auf der Schwenkachse des mittleren der Hebel e befestigten Hebels g verändern kann; letzterer umfaßt eine Verriegelungsvorrichtung, welche mit einem

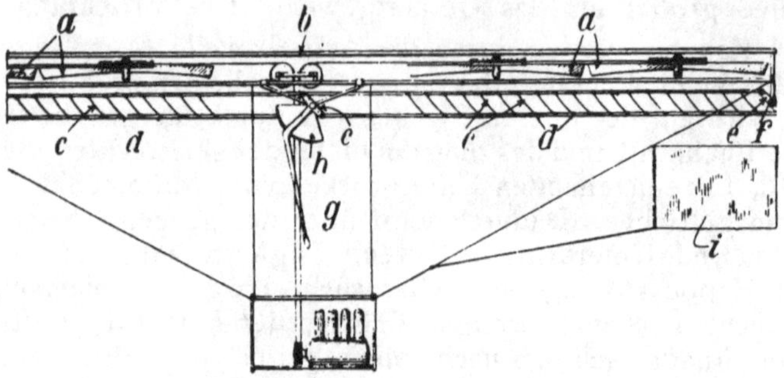

Fig. 227.

Kreisausschnitt h zusammen arbeitet, um die Flächen c in der gewünschten Lage zu halten. Durch die zwischen den Flächen c befindlichen Lücken tritt die mit Druck von den Schrauben a zurückgedrängte Luft hindurch.

Im Augenblicke des Ingangsetzens werden die Flächen c aufrecht gestellt. Sobald die Schrauben a durch die Antriebsvorrichtung in Bewegung gesetzt werden, erhebt sich die ganze Vorrichtung

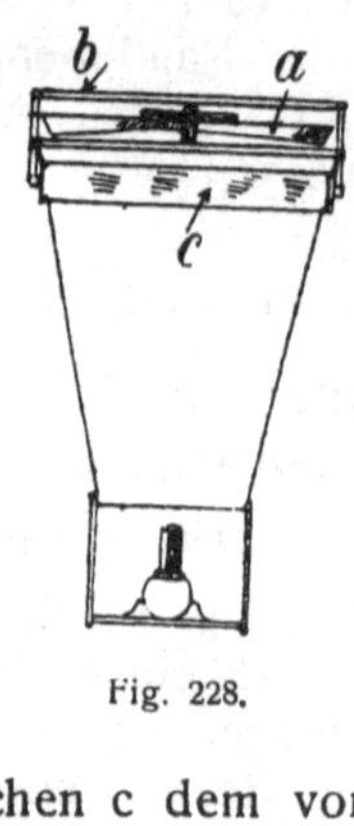

Fig. 228.

senkrecht, und da die Flächen c dem von den Schrauben a zurückgedrängten Luftstrom nur ihre Schneiden darbieten, so bringen sie keinen Widerstand hervor. Wünscht man, während die Vorrichtung gehoben ist, sich vorwärts zu bewegen, dabei aber in der Höhe schweben zu bleiben, so genügt es, die Flächen c schräg zu stellen, damit der zurückgedrängte Luftstrom auf sie wirkt und die Flugvorrichtung vorwärts treibt.

Durch die verschiedenartige Einstellung der Flächen c können folgende verschiedene Phasen in der Bewegung der Vorrichtung zustande gebracht werden:

1. Befinden die Flächen c sich in aufrechter Stellung, so ist die Treibwirkung der Luft auf sie gleich Null, und die Schrauben wirken allein für den Aufstieg.

2. Nehmen die Flächen c eine schräge Lage ein, so macht sich ihre Wirkung geltend, um den Antrieb der Vorrichtung hervorzurufen, deren wagerechte Geschwindigkeit je nach der mehr oder weniger ausgesprochenen Schräglage wechseln wird, wobei die Schwebewirkung durch die Tätigkeit der Schrauben erhalten bleibt.

3. Liegen die Flächen c flach, so daß sie die von den Schrauben a zurückgedrängte Luft nicht hindurchtreten lassen, so wird die Hubwirkung dieser Schrauben aufgehoben und die Vorrichtung sinkt, als wäre sie ein Fallschirm.

4. Wenn die Flächen c schräg gestellt sind, aber umgekehrt wie bei 2, so wirken sie zunächst als Bremse und hierauf in der Weise, daß sie die Vorrichtung rückwärts treiben und so die Bewegungsumkehr hervorbringen.

Patentanspruch:

Flugvorrichtung mit Hebeschrauben und unter denselben angeordneten Flächen, dadurch gekennzeichnet, daß diese Flächen jalousieartig angeordnet und verstellbar sind.

77. Einen Schraubenflieger mit verstellbarer Lagerung der Schrauben betrifft die

Patentschrift Nr. 202 812
Harry Martin Middleton in Cardiff, Engl.

Angemeldet am 14. Januar 1907, ausgegeben am 6. Oktober 1908.

Um eine leichte Verstellung der Schrauben zu erzielen, sind in Endringen, die durch Streben gehalten werden, mittels Kugellager Scheiben drehbar gelagert, die die Enden der Antriebswelle und die Querwellen für die Flügelschrauben tragen. Hierdurch wird erreicht, daß das Kraftgestänge nicht freischwebend ist und die einzelnen Teile somit bedeutend leichter gehalten werden können. Zu gleicher Zeit ist die Lagerung des Gestänges derart, daß sie einer Beanspruchung von jeder Seite Widerstand leisten kann und ein Ecken bei der Drehbewegung der Einstellschraube ausschließt.

Die Hauptstreben 2 und 3 sind an den äußeren Enden zusammengebogen und werden durch Querrohre 4 und 5 zusammengehalten. Die inneren Enden dieser Streben enden in einem besonderen Rahmen in der Mitte der Flugmaschine. Die Hauptantriebswelle 6 (Fig. 229 und 230) geht von der einen Seite zur anderen durch. Diese Welle wird von einem Kettenantrieb vom Motor 32 aus angetrieben. Die Enden der Streben 2, 3, 3 enden in Rohrschellen 9 (Fig. 229 bis 231), die ihrerseits an dem Endring 10 befestigt sind. Dieser Endring 10 (in Fig. 230 im Schnitt dargestellt) trägt an dem inneren Umfange einen ringförmigen Einschnitt, in welchem Tragringe 11 (Fig. 230 und 231) mit halbkreisförmigen Nuten an dem inneren Umfange befestigt werden. Dieser Ring 11 umschließt eine Scheibe 12 (Fig. 230 und 231), die mit entsprechenden

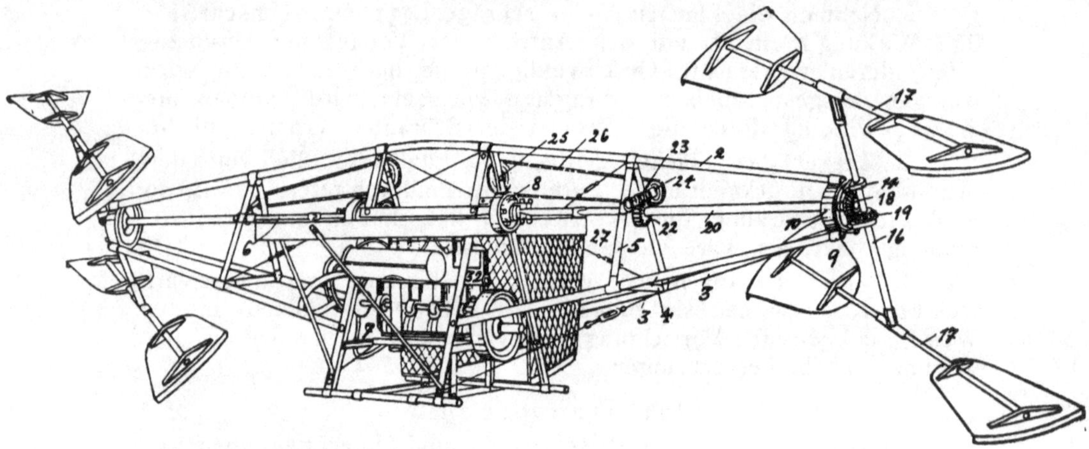

Fig. 229.

Nuten an ihrem äußeren Umfange versehen ist. Die Scheibe 12 trägt ein Achsenlager 15 (Fig. 230 und 231) für die Querwelle 16, und zwar so, daß die Welle 16 ein wenig von der Scheibe 12 absteht, während sie mit gleicher Länge nach beiden Seiten über die An-

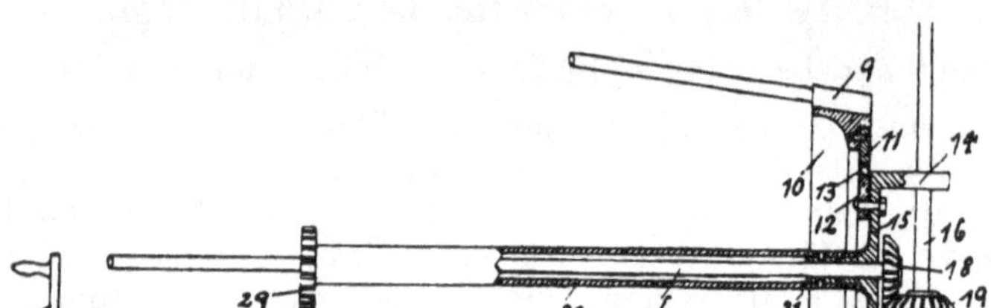

Fig. 230.

sätze 14 herausragt. Da die Scheibe 12 innerhalb des Tragringes 11 gedreht werden kann, so nimmt sie bei ihrer Drehung um die wagerechte Mittelachse der Flugmaschine auch die Querwelle 16 mit herum. Die Querwelle 16 trägt an jedem von ihren beiden Enden ein Flügelschraubenpaar 17 (Fig. 229). Das Ende der Hauptantriebswelle 6 durchdringt die Grundplatte 15 des Lagers, endet in einem konischen Zahnrad 18 (Fig. 229 und 230) und treibt auf diese Weise die Querwelle 16 zwangläufig und unabhängig von der jeweiligen Stellung der Scheibe 12 und des Wellenlagers 15. Für die Einstellung der Scheibe 12 dient ein Rohr 20, welches die Welle 6 konzentrisch umgibt. Die äußeren Enden dieses Rohres 20 sind in geeigneter Weise mit einem Flansch der Scheibe 12 oder der Lagerplatte 15 verbunden, während die nach der Maschinenmitte zu gelegenen Enden der Rohre 20 eine Antriebsvorrichtung 22, 23 tragen, die durch einen Kettenantrieb 24, 25, 26 unmittelbar von dem Fahrer von dem Stand 27 aus bewegt werden kann. Auf diese Art und Weise ist der Fahrer in der Lage, die Drehung der Querwelle 16 um die Mittellinie der Flugmaschine zu veranlassen und auf diese Art und Weise die Richtung der Kraftwirkung der Flügelschrauben 17

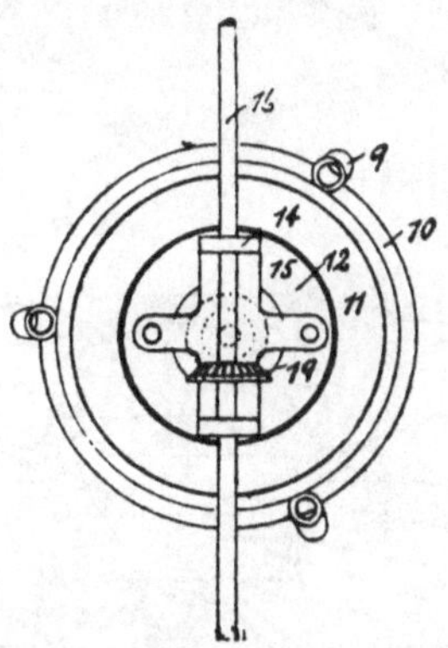

Fig. 231.

zu regeln. In Fig. 230 ist eine abgeänderte Ausführungsform für die Einstellung der Scheibe 12 angedeutet. Dort wird sie durch die die Antriebswelle 6 konzentrisch umgebende Einstellwelle 20 durch zwei Zahnräder 28, 29 und ein Handrad 30 bewirkt.

Patentanspruch:

Luftschraube, welche unabhängig von der Drehung der Antriebswelle verstellt werden kann, dadurch gekennzeichnet, daß in einem von mehreren Querstreben gehaltenen Endring mittels Kugellager eine Scheibe gelagert ist, die das Ende der Antriebswelle und rechtwinklig zu der letzteren die Querwelle für die Flügelschrauben trägt.

78. Die

Patentschrift Nr. 203 785
Louis Gathmann in Washington,

angemeldet am 24. August 1907, ausgegeben am 29. Oktober 1908, bezieht sich auf einen mit Luftschraube ausgerüsteten Flugapparat, bei dem jeder einzelne Schraubenflügel aus mehreren Schaufeln besteht, die so angeordnet sind, daß sich ihre hinteren Ränder überragen. Hierdurch wird die durch die Drehung der Flügel nach

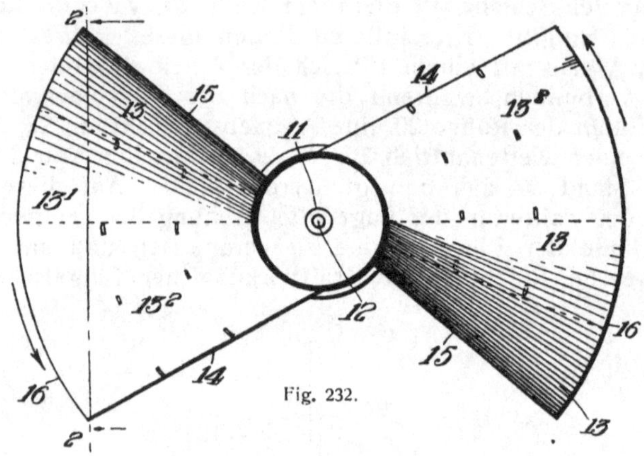

Fig. 232.

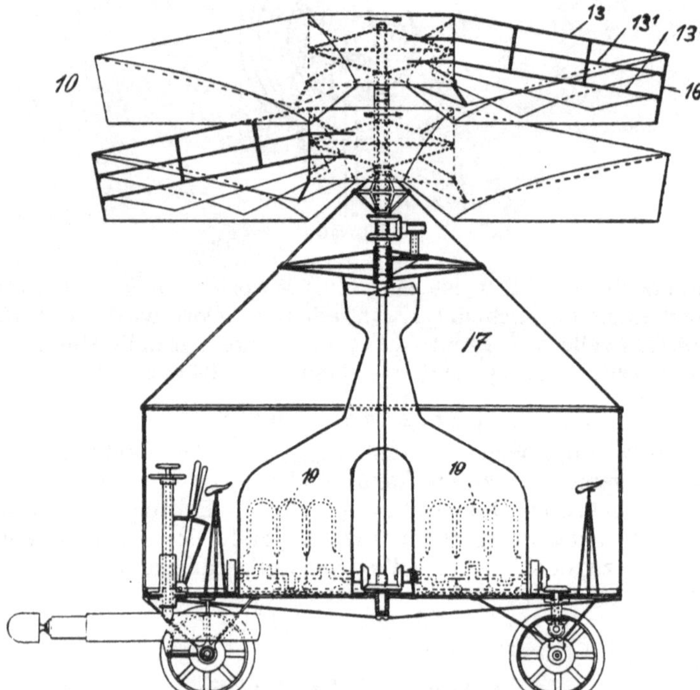

Fig. 233.

außen gedrängte und zusammengepreßte Luft von den Schaufeln festgehalten, so daß sie infolgedessen einen Druck gegen die Schaufeln ausüben muß.

Die hohe Wirkung der Luftschraube beruht auf der Anordnung der übereinander gelegten Luftschaufeln 13, 13^1, 13^2 und der dieselben umgebenden Abschlußwand 16 (Fig. 232 und 233). Die unter atmosphärischem Druck an dem vorderen Teil 14 zwischen die Luftschaufeln eintretende Luft wird infolge der Drehung der Flügel in der Richtung der Pfeile durch die Zentrifugalkraft gegen die Abschlußwand 16 gepreßt und wird daher, bevor sie die Austrittskanäle an dem hinteren Teil 15 der Luftschaufeln nach unten verläßt, komprimiert. Wenn diese komprimierte Luft aus den Ausströmungskanälen nach unten hin austritt, entsteht eine Reaktionswirkung, wodurch der Propeller in entgegengesetzter Richtung zu dem austretenden Luftstrom getrieben wird. Die Schaufeln 13, 13^1, 13^2 sind nach außen hin geneigt angeordnet, so daß bei deren Umlauf die infolge der Zentrifugalkraft in horizontaler Richtung nach außen strömende Luft gegen die ihr den Weg versperrenden Schaufeln drückt und die Triebkraft des Propellers erhöht.

Die oberste Luftschaufel 13 reicht über die hintere Kante der unteren Luftschaufel hinweg und die hintere Kante 15 der Luftschaufel 13 reicht weiter nach unten als die der darunter angeordneten Luftschaufeln. Dies verhindert, daß beim Rotieren die Luft aus den Schaufeln seitlich herausgeschleudert werden kann.

Patentanspruch:

Luftschraube, dadurch gekennzeichnet, daß der hintere Rand der ersten Schaufel die hinteren Ränder der folgenden Schaufeln so überragt, daß diese Schaufeln ganz von der ersten Schaufel gedeckt werden.

79. Die Erfindung nach der

Patentschrift Nr. 204 557
Erwin Geißler in Kassel-Wilhelmshöhe,

angemeldet am 22. Oktober 1906, ausgegeben am 25. November 1908,

betrifft eine Flugvorrichtung, bei welcher mehrere Tragflächen übereinander angeordnet sind, die eine gegenläufige Bewegung zueinander haben. Dabei sind die einzelnen Tragflächen mit voneinander unabhängigen Antrieben versehen. Besondere Antriebe und Steuervorrichtungen sind dadurch vermieden, daß den Tragflächen, welche sich entgegengesetzt der Flugrichtung bewegen, eine stärkere Neigung gegeben wird als den anderen. Hierdurch entsteht eine ruderähnliche Wirkung, welche die Flugvorrichtung vorwärts treibt und durch die sich gegebenenfalls eine Steuerung des Apparates der Flugvorrichtung erzielen läßt.

Es sind zwei Paar scheibenförmige Tragflächen e angeordnet, welche, an Gerüsten c, d befestigt (Fig. 234 und 235), um die Mittelachse des Flugapparates rotieren. Jede Tragfläche ist mit einem Motor h zum Antrieb der Schraubenflügel i versehen. Die Tragflächenpaare rotieren in entgegengesetzter Richtung und erhöhen dadurch die Stabilität des Flugapparates außerordentlich. Den nach hinten eilenden Tragflächen wird eine stärkere Neigung gegeben als den sich entgegengesetzt bewegenden, so daß eine ruderähnliche Wirkung bei gleichzeitigem Auftrieb erzielt wird. Der Pfeil A gibt die Bewegungsrichtung des Flugschiffes wieder, während die Pfeile

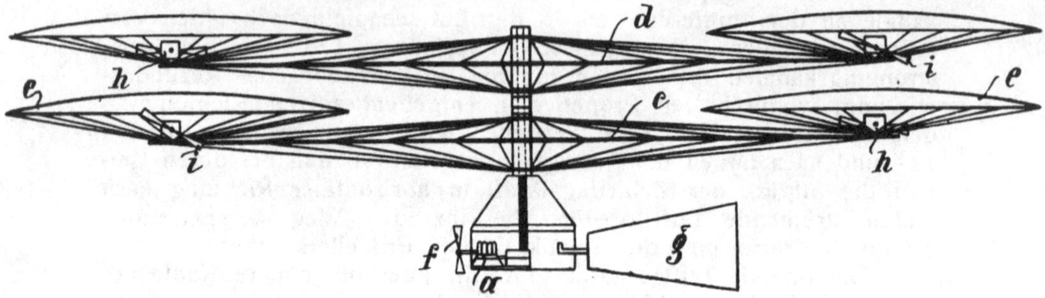

Fig. 234.

B und C die Bewegungsrichtung der beiden Tragflächen e erkennen lassen. Wenn man einem Tragflächenpaare eine schnellere Bewegung erteilt als dem anderen, so wird sofort eine entsprechende Wendung der Maschine eintreten. Durch diese Maßnahme werden die Steuervorrichtungen g des Luftschiffes wesentlich unterstützt, man dürfte

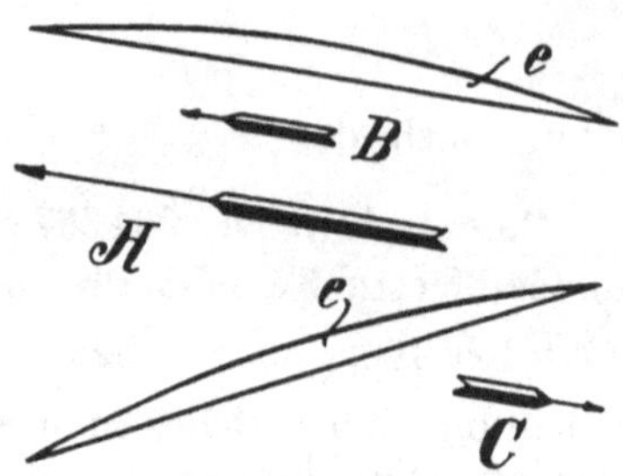

Fig. 235.

sogar so weit gehen können, sie vollständig fortzulassen. Die durch den Motor a angetriebene Luftschraube f dient lediglich zur Unterstützung der Vorwärtsbewegung.

Patentanspruch:

Flugvorrichtung mit angetriebenen Tragflächen, dadurch gekennzeichnet, daß den Tragflächen, welche sich entgegengesetzt der Flugrichtung bewegen, eine stärkere Neigung gegeben wird als den anderen, zum Zwecke durch die ruderähnliche Wirkung die Flugvorrichtung vorwärts zu bewegen.

80. Die Flugvorrichtung nach der

Patentschrift Nr. 214 228
P. F. Degn in Bremen,

angemeldet am 24. Oktober 1907, ausgegeben am 9. Oktober 1909, ist dadurch gekennzeichnet, daß die eintretende Kante der einzelnen Flügel mittels eines längeren Hebelarmes mit der Drehachse verbunden ist als die austretende Kante der Flügel.

An den röhrenförmigen konzentrischen Achsen a und b sind Räder c befestigt, die nach Art der Räder von Fahrzeugen ausgebildet sind. Mit diesen Rädern sind die eintretenden Kanten d der Flügel verbunden; die austretenden Kanten e der Flügel sind durch die

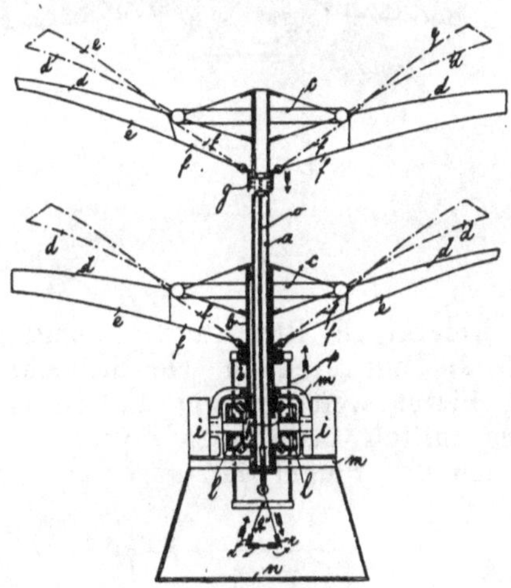

Fig. 236.

Seile f mit den Hülsen g und h verbunden. Aus Fig. 236 bis 238 ist ersichtlich, wie beim Heben eines Flügels sein Steigungswinkel verringert wird. Der linke Flügel der oberen Schraube und der rechte der unteren Schraube schlagen in Richtung des Fluges, sind daher etwas gehoben, wodurch der Steigungswinkel kleiner geworden ist als bei den beiden anderen Flügeln. Die zwei Motore i treiben durch vier Kegelräder k die beiden Achsen in umgekehrtem Sinne an. Zwischen den Motoren und den Kegelrädern sind Sperrhakenkupplungen l eingeschaltet. Mit dem Bügel m, der die Lager für die Achsen und für die Wellen der Kegelräder enthält, sind die Motore und die Gondel n starr verbunden. Die Hülsen g und h können mittels der Zugstange o, des Bügels p, des Seiles q und der Leitrollen r von der Plattform der Gondel aus verschoben werden. Bewegt z. B. der Flieger, der auf der Gondel zwischen den beiden parallelen Strängen des Seiles steht, letzteres in Richtung des Pfeiles l, so wird die Hülse g nach unten und die Hülse h nach oben geschoben, und die Gondel dreht sich in Richtung des Pfeiles II. Die strichpunktierten Linien zeigen die Stellung der Flügel, wenn der Apparat nach Versagen der Motore zu Boden sinkt.

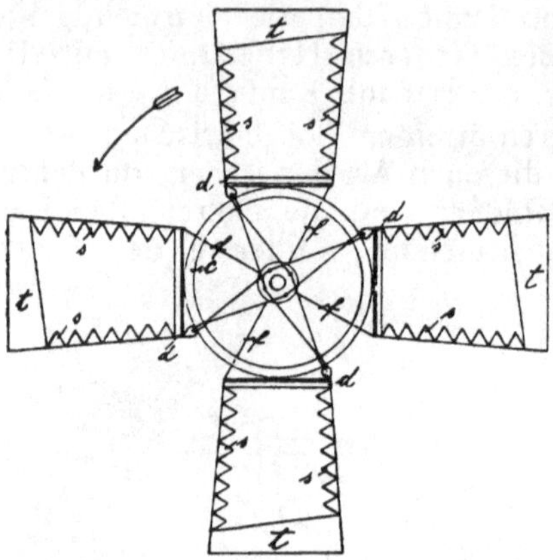

Fig. 237.

Durch die dreieckigen Blechstücke s sind die Flügelkanten, und zwar sowohl die austretenden wie die eintretenden versteift; diese Versteifung bietet weit weniger Luftwiderstand als die bekannte Versteifung mittels Seile oder Ketten. t stellt die trapezförmigen Blechenden der Flügel dar.

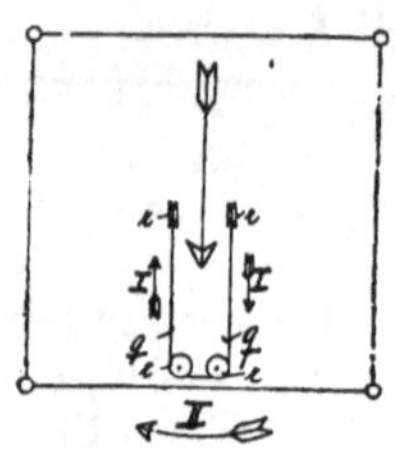

Fig. 238.

Patentansprüche:

1. Luftschraube mit unstarren Flügeln, dadurch gekennzeichnet, daß die eintretende Kante der einzelnen Flügel mittels eines längeren Hebelarmes mit der Drehachse verbunden ist als die austretende Kante der Flügel.

2. Luftschraube nach Anspruch 1, dadurch gekennzeichnet, daß die austretenden Kanten der Schraubenflügel mit einer Hülse verbunden sind, welche auf der Drehachse sitzt und von der Gondel des Flugapparates aus verschoben werden kann.

3. Luftschraube nach Anspruch 1, bei welcher infolge der Gewichtsverteilung der Flügel die Spannung der eintretenden Kanten größer als die der austretenden ist, dadurch gekennzeichnet, daß das hierzu dienende Schwunggewicht in Gestalt eines dünnen Blechstückes am Ende der Flügel angebracht ist und die übrigen Flügelkanten durch dünne Blechstücke versteift sind.

4. Luftschraube nach Anspruch 1, dadurch gekennzeichnet, daß ihre Verbindung mit dem Motor durch eine Kupplung bewirkt ist, die ein Weiterdrehen der Schraube im gleichen Sinne gestattet, wenn der Motor plötzlich zu langsam läuft oder ganz stehen bleibt.

81. Bei der

Patentschrift Nr. 214 229
P. F. Degn in Bremen,

angemeldet am 11. März 1908, ausgegeben am 9. Oktober 1909, handelt es sich um eine weitere Ausbildung der in dem Patent 214 228 beschriebenen Luftschraube. Bei Luftschrauben dieser Art verursacht es, besonders bei Wind, große Schwierigkeit, die Schraube in Bewegung zu setzen, da jeder Flügel nur an einem einzigen Punkte hängt und infolgedessen keine bestimmte Lage hat. Wenn aber die Schraube schon in Bewegung gesetzt ist, so macht jeder Flügel eine pendelnde Bewegung um seine Gleichgewichtslage.

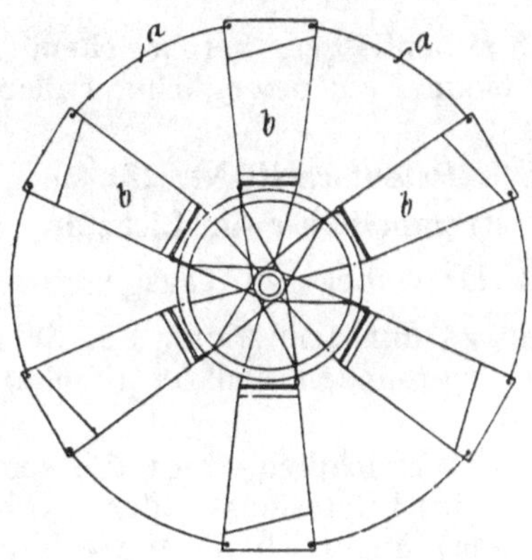

Fig. 239.

Um diese Nachteile zu beseitigen, sind die austretende und die eintretende Kante je zweier benachbarter Flügel b durch ein Seil oder eine Kette a miteinander verbunden (Fig. 239 und 240). Nach Belieben können selbstverständlich statt des einen auch mehrere Seile oder Ketten verwendet werden. Wird die Luftschraube gedreht, so werden die Seile oder Ketten a unter der Einwirkung der Zentrifugalkraft nach außen geschleudert und gespannt. Dadurch üben sie auf die Flügel b einen Zug in der Richtung des Umfanges aus, so daß die Flügel straff gespannt werden und das schädliche Flattern derselben verhindert wird. Im Falle der Fig. 240 sind die Seile oder Ketten nicht in der Ebene der Flügel, sondern mittels Hebelarme an den Flügeln b angeschlossen. Bei der Drehung werden die Seile oder Ketten nicht allein die Flügel b spannen, sondern ihnen zu gleicher Zeit eine Steigung geben, deren Größe natürlich von dem Hebelarm abhängig ist.

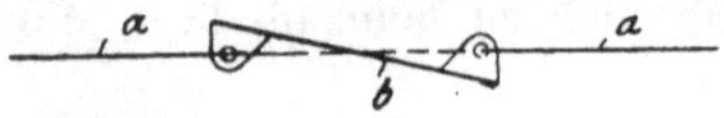

Fig. 240.

Patentansprüche:

1. Luftschraube mit unstarren Flügeln nach Patent 214 228, dadurch gekennzeichnet, daß die eintretenden und austretenden Kanten je zweier benachbarter Flügel durch ein oder mehrere Seile oder Ketten miteinander verbunden sind, welch letztere in der Drehungsebene der Flügel befestigt sind, zum Zwecke, ein Flattern der Flügel zu verhindern.

2. Luftschraube nach Anspruch 1, dadurch gekennzeichnet, daß die zur Verbindung der Flügel dienenden Seile oder Ketten an besonderen Armen an den Flügeln befestigt sind, um eine bestimmte Steigung zu erzielen.

82. Einen Schraubenflieger, bei welchem zwischen den Luftschrauben und der Gondel ein beweglicher Fallschirm angeordnet ist, betrifft die

Patentschrift Nr. 221 458

O. v. Krempelhuber in Eichstätt, Bayern.

Angemeldet am 18. Dezember 1907, ausgegeben am 29. April 1910.

Der Fallschirm ist mit dem Motor des Schraubenfliegers durch ein Gestänge derart verbunden, daß er regelnd auf den Gang des Motors wirkt.

Wie aus Fig. 241 ersichtlich, trägt die senkrecht angeordnete, vom Motor a (der ein Explosions- oder Verbrennungsmotor beliebiger Art sein kann) angetriebene Welle b an ihrer Spitze eine oder mehrere (in der Zeichnung beispielsweise zwei) Auftriebsschrauben d, welche in Schiffsschraubenform o. dgl. ausgebildet sein können. Diesen Luftschrauben fällt die Aufgabe zu, die Flugmaschine in die Höhe zu heben.

Die Achse b ist in einer am Gehäuse des Motors a befestigten Hülse e gelagert, welche zweckmäßig nahezu bis an die Auftriebsschrauben d heranreicht.

Unterhalb der letzteren befindet sich ein in bekannter Weise ausgebildeter Fallschirm f, der (ähnlich wie bei Regenschirmen oder dgl.) mit radial angelenkten Versteifungsstangen g versehen ist, die an einer auf der Hülse e achsial verschiebbaren Büchse h beweglich befestigt sind.

An der Büchse h ist ein Gestänge i befestigt, das in geeigneter Weise mit der Steuerung des Motors a in Verbindung gebracht ist. Durch diese Anordnung wird eine vom Fallschirm aus bewirkte automatische Regelung der Motorgeschwindigkeit erzielt, da, wie ohne weiteres klar ist, der Fallschirm mit dem Gestänge i ähnlich

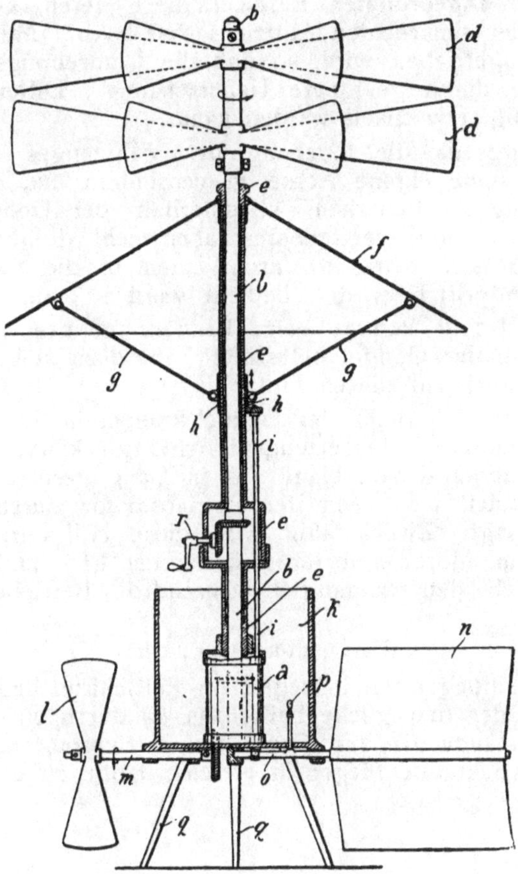

Fig. 241.

dem Zentrifugalregulator einer Dampfmaschine auf den Motor einwirkt. Jede noch so geringe Abwärtsbewegung des Luftschiffes hat eine entsprechende Verstellung des Fallschirmes zur Folge, der seinerseits wieder durch das Regulierungsgestänge den Betriebsmotor in schnelleren Gang versetzt, wodurch die Abwärtsbewegung des Fahrzeuges aufgehoben und ausgeglichen wird.

Der Fallschirm verhütet also nicht nur einen plötzlichen Sturz des Luftschiffes bei etwaigem Maschinendefekt, sondern ermöglicht auch ein gleichmäßiges Schweben in annähernd gleicher Höhe.

Unterhalb des Fallschirmes f ist die zur Aufnahme der Person oder der Personen bestimmte Gondel k angebracht, in welcher sich auch der Betriebsmotor a befindet. Die Gondel kann beliebigen Querschnitts sein, wird aber zweckmäßig nicht zu groß gehalten, um das Gewicht nach Möglichkeit zu verringern.

Die Seitenbewegung des Luftschiffes erfolgt mittels der unter der Gondel k angeordneten Luftschraube l, deren Achse m unabhängig von der senkrechten Auftriebsachse b vom Motor des Fahrzeuges aus angetrieben wird, so daß die Umdrehungszahl der Antriebsschraube durch geeignete Uebersetzungs-, Differentialgetriebe o. dgl. beliebig gewechselt werden kann.

Um einerseits die Drehung des Fahrzeuges während des Fliegens um seine eigene Achse zu verhindern und anderseits die Seitensteuerung zu bewirken, ist unterhalb der Gondel k ein im Winkel (bis zu 120°) verstellbares, aber nicht drehbares Steuer n angebracht, dessen Achse o durch einen in die Gondel hineinragenden Handgriff p o. dgl. bedient werden kann.

Das Luftschiff kommt beim Landen auf drei oder mehrere zweckmäßig in der Gondel befestigte Füße q zu stehen (bzw. ruht bei Nichtgebrauch auf diesen Füßen).

Durch eine oberhalb der Gondel k etwa in Schulterhöhe angebrachte geeignete Uebersetzungsvorrichtung r können die Achse b und die Schrauben d von Hand aus in Gang gesetzt werden, was dann von Vorteil ist, wenn der Betriebsmotor durch irgendeinen Umstand versagt. Zweckmäßig wird diese Hilfsantreibvorrichtung mit einer vom Motor selbsttätig bewirkten Ein- und Ausrückung versehen, welche den Handantrieb während des Betriebes des Motors ausschaltet.

Patentanspruch:

Schraubenflieger mit beweglichem Fallschirm, dadurch gekennzeichnet, daß der bewegliche Fallschirm (f) durch ein mit ihm verbundenes Gestänge (i) den Gang des Betriebsmotors regelt, zum Zwecke, den Schraubenflieger in gleicher Höhe zu erhalten.

83. Die

Patentschrift Nr. 222 868
Emil Neyen in Berlin,

angemeldet am 4. November 1907, ausgegeben am 7. Juni 1910,

betrifft einen Schraubenflieger, dessen Auftrieb durch eine Anzahl Hubschrauben erzeugt wird, die in einem starren Gerüst aus Gitterträgern zu beiden Seiten der Nabe gelagert sind. Durch die Konstruktion dieser Hubschrauben und im besonderen der Schraubenflügel, sowie durch die Anordnung zusammenlegbarer gewölbter Segel soll der Flieger eine große Sicherheit gegen gefahrvolles Abstürzen erhalten.

Den unteren Teil des Rahmengestells 1 Fig. 242 und 243 bilden die mit Wasserpropellern 43 und Automobilrädern 44 versehenen drei Schwimmkörper 28, 29 und 30, mit denen je drei vertikale Gitterträger 31, 32 und 33 verbunden sind. Diese vertikalen Gitterträger sind untereinander durch eine Anzahl beliebig geformter horizontaler Gitterträger 34 bis 38 und 42 verbunden,

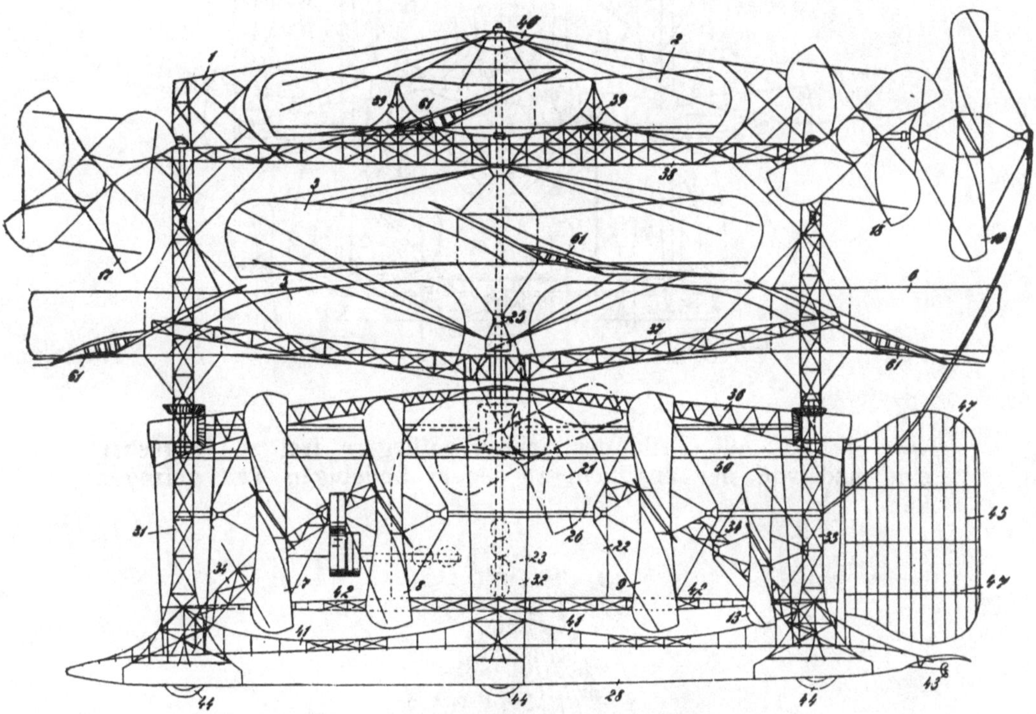

Fig. 242.

so daß durch die verschiedenen Träger eine Anzahl neben- und übereinanderliegender Rahmenzellen gebildet wird, in denen die fünf Hubschrauben 2 bis 6 zu beiden Seiten ihrer Nabe gelagert sind. Außerdem dient das Rahmengestell 1 zur Aufnahme der Treibschrauben 7 bis 16, die sich in den Fig. 242 und 243 zum Teil gegenseitig decken und zum Teil der Uebersichtlichkeit wegen weggelassen sind. Die Treibschrauben sind möglichst gleichmäßig über die Widerstandsfläche verteilt, um einen gleichmäßigen Vortrieb zu erzeugen. Zur Steuerung dienen die Schrauben 17 bis 22, deren Wirkung noch durch das Seitensteuer 45 unterstützt wird. In der Mitte des Rahmengestells I ist möglichst tief unter den Hubschrauben ein geschlossenes Führerhäuschen 22 eingebaut, welches zur Aufnahme der Antriebsmotoren und der Passagiere dient und durch die bogenförmigen Träger 34 und 35 gestützt wird. Rings um das Häuschen ist eine Laufgalerie angeordnet,

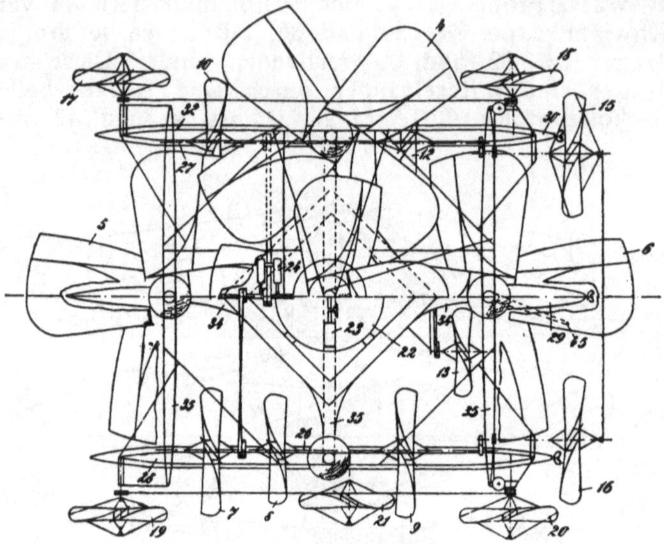

Fig. 243.

von der aus alle Teile des Schraubenfliegers frei zu übersehen sind und von der aus man zu jedem beliebigen Teil gelangen kann.

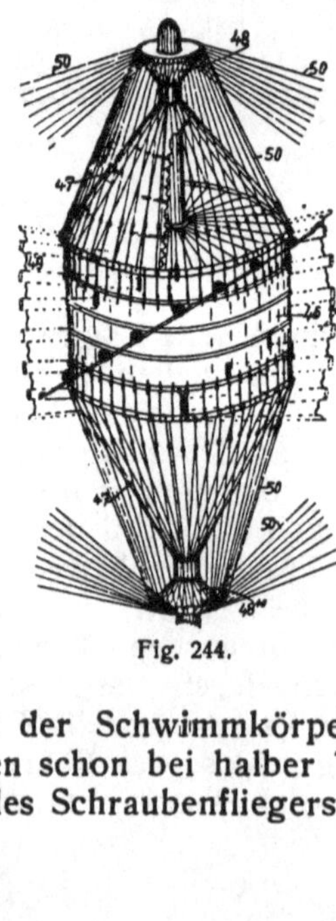

Fig. 244.

Das Deplacement der Schwimmkörper 28, 29 und 30 ist so bemessen, daß dieselben schon bei halber Tauchung imstande sind, das gesamte Gewicht des Schraubenfliegers zu tragen. Das Durchbiegen der Duralumin-Schwimmkörper zwischen den vertikalen Gitterträgern 31, 32 und 33 infolge des Wasserauftriebes ist dadurch verhindert, daß dieselben nach oben durch besondere Trägerkonstruktionen 41 versteift sind. Die Wasserpropeller 43 können mit dem Antriebsmotor der Treibschrauben gekuppelt werden.

In dem Führerhäuschen 22 befinden sich die Motoren 23 und 24, von denen der erste die Hubschrauben und der zweite die Treibschrauben antreibt. Mittels Wechselgetriebe kann indessen

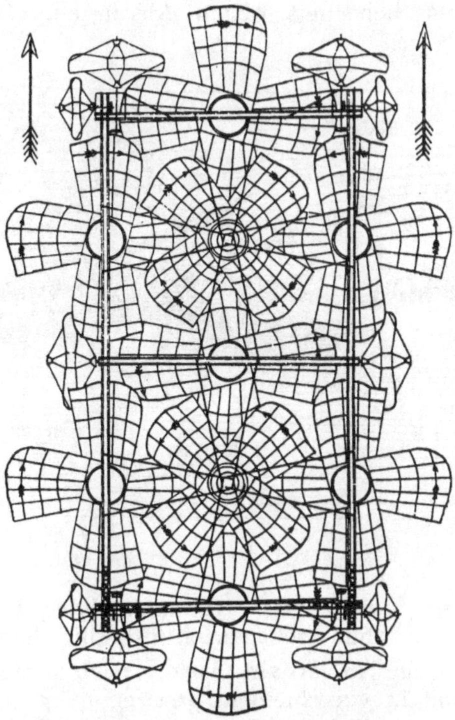

Fig. 245.

auch eine Umschaltung der Motoren erfolgen. Der Hauptmotor 23 treibt die Welle 25 der mittleren Hubschraube 2 an, von der aus die Wellen der übrigen Hubschrauben mittels Zahnradübertragungen paarweise entgegengesetzt zwangläufig angetrieben werden. Die Treibschrauben 7 bis 16 stehen untereinander ebenfalls in zwangläufiger Verbindung und werden wie die Hubschrauben paarweise entgegengesetzt angetrieben.

An dem hinteren Vertikalträger des mittleren Schwimmkörpers 29 ist das Seitensteuer 45 befestigt, das durch vertikale Streifen 47 jalousieartig unterteilt ist und vom Führerhäuschen 22 aus eingestellt werden kann.

Die Flügel sämtlicher Luftschrauben sind, wie Fig. 244 zeigt, mittels Stäben oder Röhren 49 an geschlossenen trommelförmigen

Naben, die aus dem innerhalb fahrradartig versteiften Hohlzylinder 46 und den beiden Hohlkegeln 47 gebildet werden, befestigt.

Die Treibschraubenflügel sind in bekannter Weise schwach gewölbte Schraubenflächen, während die Flügel der Hubschrauben an ihrer Hinterkante noch mit nahezu horizontalen Endflächen 61 versehen sind. Diese Endflächen 61 haben den Zweck, die Auflagefläche des Hubschraubenflügels auf der verdichteten Luft zu vergrößern, ohne den Vortriebswiderstand zu erhöhen. Sie dienen also gleichzeitig zur Erhöhung des Auftriebs und im Falle eines Motordefektes als Sicherheit gegen Abstürzen. Hierzu sind sie

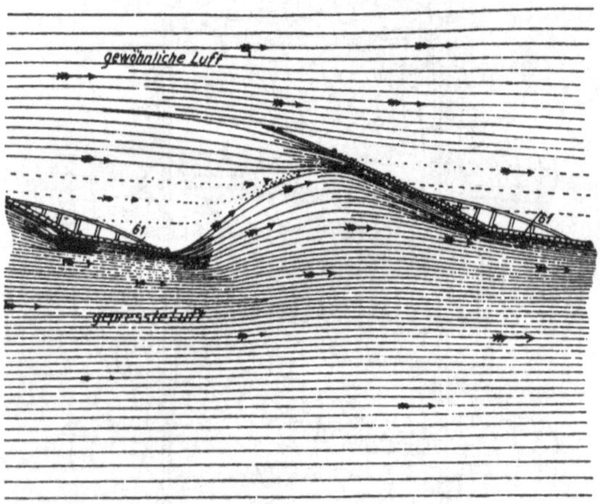

Fig. 246.

besonders geeignet, infolge der trommelartigen, kräftig gebauten und gut gelagerten und doch verhältnismäßig leichten Nabe.

Die Hauptfläche 48 ist als Ganzes nach hinten schwach abwärts geneigt und in verschiedene Streifen quer zur Flugrichtung unterteilt. Die Segelflächen können je nach Bedarf mittels der Handwinde 53 und der Zugseile 54 ausgespannt oder zusammengeholt werden, die an den äußersten Bügeln angreifen.

Fig. 245 ist ein Ausführungsbeispiel mit 9 Hubschrauben.

Fig. 246 zeigt die Verdichtung der Luft auf der unteren Flügelseite.

Patentansprüche:

1. Schraubenflieger mit einem Gerüst aus wagerechten und senkrechten Gitterträgern zur Aufnahme der Hubschrauben, Treibschrauben, Steuervorrichtungen und Schwimmkörper, dadurch gekennzeichnet, daß als Sicherheit gegen Abstürzen nicht nur gewölbte, zusammenlegbare Segel im Gerüst angeordnet, sondern auch die Hubschraubenflügel mit nahezu wagerecht abgebogenen Endflächen versehen sind.

2. Ausführungsform des Schraubenfliegers nach Anspruch 1, dadurch gekennzeichnet, daß die Flügel der Hubschrauben an Stäben oder Röhren befestigt sind, welche im Innern einer hohlen Nabe zur Aufnahme der Zentrifugalkraft in gegenseitiger Verbindung stehen.

3. Ausführungsform des Schraubenfliegers nach Anspruch 1, dadurch gekennzeichnet, daß die Wölbung der Segel durch Bügel aufrecht erhalten wird, die mit ihren Enden auf starr angeordneten parallelen Führungen laufen.

4. Ausführungsform des Schraubenfliegers nach Anspruch 1, dadurch gekennzeichnet, daß das Ausbreiten und Zusammenziehen der Segel durch Zugorgane bewirkt wird, die an den äußersten Bügeln angreifen.

84. Die

Patentschrift Nr. 223 552
P. F. Degn in Bremen,

angemeldet am 11. März 1908, ausgegeben am 23. Juni 1910, betrifft eine Verbesserung bzw. weitere Ausbildung der Luftschraube nach Patent Nr. 214 228. Wie schon in der älteren

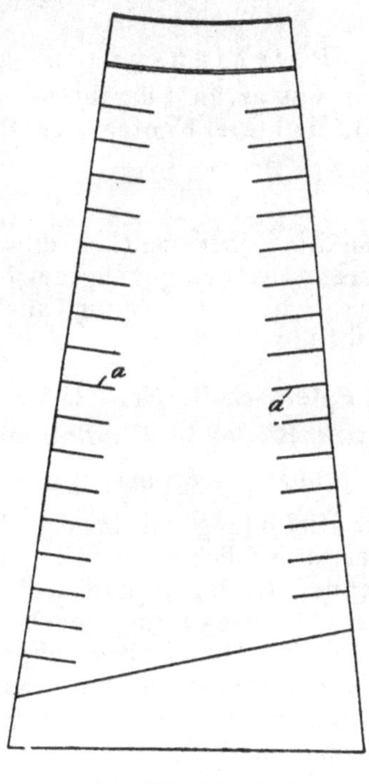

Fig. 247.

Patentschrift ausgeführt wurde, besteht der hauptsächlichste Widerstand in dem Stirnwiderstand der vorgehenden Flügelkante. Um diesen auf das geringste Maß zu bringen und um ferner das Umklappen der Flügelkanten zu verhindern, sind die letzteren in der aus Fig. 237 ersichtlichen Weise mit dünnen Blechstücken s versteift. Hierdurch wird beim Anlaufen der Schrauben, also bevor die Flügel durch die Zentrifugalkraft gespannt sind, und wenn die Flügel bei ruhender Schraube etwa durch den Wind bewegt werden, die an den Kanten auftretende Biegung infolge der Versteifung der Bleche auf die Stelle zwischen den Blechen beschränkt. Es folgt hieraus aber, daß sie eben an diesen Stellen besonders stark auftreten muß, und zwar um so heftiger, je kleiner der Zwischenraum zwischen den Blechen s ist. Es liegt also die Gefahr vor, daß die Leinewand der Flügel in diesen Zwischenräumen infolge ihrer großen Beanspruchungen sehr stark leidet, was gegebenenfalls nach längerer Zeit zum Zerreißen der Flügel führen könnte. Um solchen Beschädigungen vorzubeugen, werden gemäß vorliegender Erfindung statt der dreieckigen Blechstücke s Nadeln zur Versteifung der Flügelkanten angeordnet, so daß die vorhin gekennzeichneten Nachteile vermieden werden.

Zur Veranschaulichung der Erfindung ist in Fig. 247 ein in dieser Weise versteifter Flügel dargestellt, und zwar sind die Nadeln mit a bezeichnet.

Patentanspruch:

Luftschraube mit unstarren Flügeln nach Patent 214 228, dadurch gekennzeichnet, daß die Kanten der Flügel mittels Nadeln versteift sind.

85. Eine Flugmaschine, bei welcher die Fortbewegung durch zwei um eine neigbare Achse entgegengesetzt drehende und dabei gleichzeitig noch eine Schwingbewegung ausführende Flügelpaare bewirkt wird, beschreibt die

Patentschrift Nr. 223 633
Heinrich Riedel in Charlottenburg.

Angemeldet am 13. Januar 1908, ausgegeben am 27. Juni 1910.

Das Wesen der Erfindung ist in der bestimmten Art und Anordnung der Mittel zu erblicken, welche ein zuverlässiges, sich selbstätig wiederholendes Umlegen und Aufrichten der einzelnen Flügel während ihrer Drehbewegung herbeiführen. Zu diesem Zwecke sind an den Flügeln Hebel vorgesehen, welche mit Kurbelzapfen im Eingriff stehen, die an sich abrollenden Zahnrädern angebracht sind, deren Achsen auf den sich entgegengesetzt drehenden Flügelwellen befestigt sind.

Der freie Flug findet in der Weise statt, daß die übereinander angeordneten umlegbaren Flügelpaare um ihre vertikale Achse in entgegengesetzter Richtung in Umdrehung versetzt werden, wobei durch die ruderähnliche Bewegung der jeweilig aufgerichteten, sich rückwärts drehenden Flügel die Achse und damit die mit ihr verbundene, auf Rädern rollende Gondel vorwärts und gleichzeitig aufwärts getrieben wird, wobei die sich vorwärts drehenden, horizontal umgelegten Flügel nur den Auftrieb bezwecken.

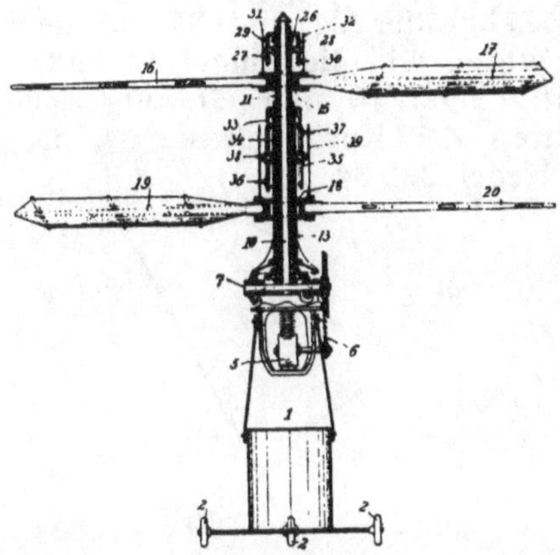

Fig. 248.

Die Gondel 1 (Fig. 248) ist mit Rädern 2 versehen und gelenkig mit der Achse 10 verbunden. Von dem Motor 5 wird mittels Kettentriebes 6 eine rotierende Bewegung auf die Welle 7 übertragen und hierdurch die die Flügelpaare tragenden Wellen 11 und 12 in entgegengesetzter Richtung um ihre vertikale Achse

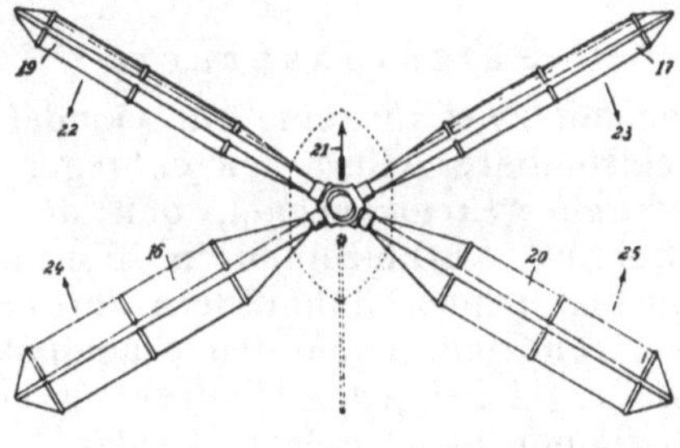

Fig. 249.

gedreht. An den Querzapfen 15 der Welle 11 sind die Flügel 16 und 17 und an den Querzapfen 18 der Welle 13 die Flügel 19 und 20 um ihre Längsachse drehbar angeordnet.

Bei einem Flug in der Richtung des Pfeiles 21 (Fig. 249) sind in der beispielsweise gezeichneten Stellung die Flügel 17 und 19 aufgerichtet und drehen sich in Richtung der Pfeile 22 und 23, wogegen sich die in die wagerechte Stellung umgelegten Flügel

16 und 20 in Richtung der Pfeile 24 und 25 drehen, der Luft also den geringsten Widerstand entgegensetzen.

Das Aufrichten und Umlegen der Flügel 16 und 17 erfolgt durch Vermittlung der Kegelräder 27 und 28 mit Kurbelzapfen 29 und 30 und der mit den Flügelnaben verbundenen Hebel 31 und 32. Die Zahnräder 27 und 28 rollen sich auf dem Kegelrad 26 und die Zahnräder 34 und 35 auf dem Kegelrad 33 ab. In der gleichen Weise, wie die Flügel 16 und 17 bewegt werden, werden auch die Flügel 19 und 20 aufgerichtet und umgelegt, und zwar vermittels der Kurbelscheibe 34, 35, der Kurbelzapfen 36, 37 und der Hebel 38, 39.

Fig. 250.

Die Schrägstellung der Flügelwellen wird durch einen mit der Achse 10 verbundenen, nach unten gerichteten Hebel herbeigeführt, wie dies in Fig. 250 angedeutet ist.

Patentanspruch:

Flugmaschine mit zwei um eine zur Gondel unter beliebigem Neigungswinkel einstellbare Achse sich entgegengesetzt drehenden Flügelpaaren, dadurch gekennzeichnet, daß die mit den Flügeln verbundenen Hebel mit Kurbelzapfen im Eingriff stehen, die an konischen, auf entsprechenden Zahnrädern abrollenden Zahnrädern angebracht sind, deren Achsen an den Flügelpaarwellen befestigt sind, wodurch die Flügel bei jeder Umdrehung zwangläufig einmal aufgerichtet und einmal niedergelegt werden.

86. Die in der

Patentschrift Nr. 223 732
Hugo Jungmann in Rixdorf,

angemeldet am 25. Juli 1908, ausgegeben am 1. Juli 1910,

beschriebene Vorrichtung bezweckt, mehreren, auf beiden Seiten liegenden Hubschrauben an Luftfahrzeugen eine gleichmäßige

Schwenkbarkeit und dabei dem ganzen Fahrzeug die nötige Festigkeit zu verleihen. Die horizontalen Betriebswellen sowie auch die senkrecht zu ihnen liegenden Propellerwellen sind in starren Rahmen gelagert, die durch einen mit Schalthebel versehenen gelenkigen Rahmen verbunden sind.

Hierdurch können die starren Rahmen zu gleicher Zeit um die Betriebswelle gedreht werden, wobei die in diesen Rahmen gelagerten Hubschrauben jede Schwenkung der starren Rahmen mitmachen.

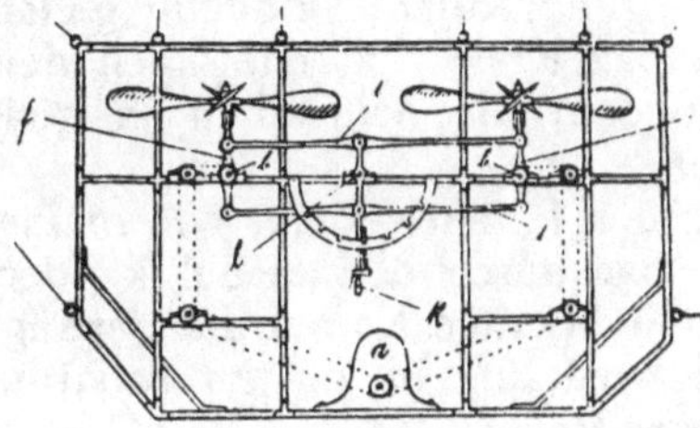

Fig. 251.

Jede Gondel ist mit einem Motor und vier schwenkbaren Hubschrauben ausgerüstet.

a ist der Motor, von welchem die Kraft vermittels Kettenräder oder Zahnradwellen nach den beiden Hauptbetriebswellen b, b hingeleitet wird (Fig. 251, 252). Die Betriebswellen b, b ruhen

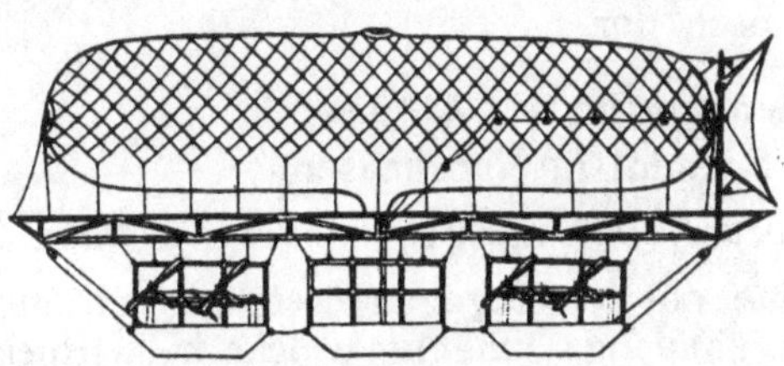

Fig. 252.

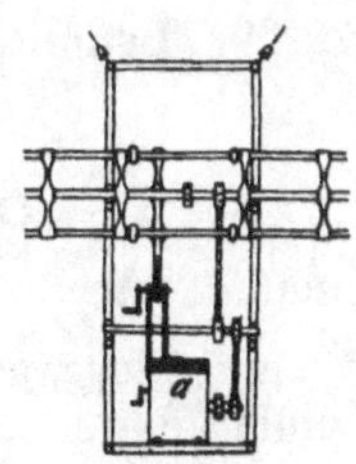

Fig. 253.

in den mit der Gondel verbundenen Lagern c, c und d, d und außerdem in den Lagern e, e des starren Rahmens f, an dessen Enden sich je ein Räderkasten g und darin die Hubschraubenwellen h, h befinden, welche durch Kegelräder mit der Hauptbetriebswelle b verbunden sind.

Die starren Rahmen f, f sind auf der Achse der Betriebswelle b, b drehbar und durch den gelenkigen Rahmen i miteinander verbunden.

Der gelenkige Rahmen i kann durch den Schalthebel k umgestellt werden, welcher in l gelagert ist und in zwei zu beiden Seiten angeordneten halbkreisförmigen Bogen mit Einschnitten festgestellt werden kann.

Wird der Schalthebel k z. B. nach rückwärts bewegt, so werden die mit ihm durch den gelenkigen Rahmen i verbundenen starren Rahmen f, f sich nach vorn neigen, wodurch die in denselben gelagerten Hubschrauben eine Schwenkung nach vorn machen.

Wird der Schalthebel k senkrecht gestellt (Fig. 251), dann stehen die Hubschraubenachsen ebenfalls senkrecht, und die Schrauben bewirken eine Aufwärtsbewegung, und zwar immer alle vier in gleicher Richtung und zu gleicher Zeit.

Die Einschnitte in den halbkreisförmigen Bogen sind bei allen zu einem Luftschiff gehörenden Gondeln gleichmäßig und mit gleichen Buchstaben bezeichnet, so daß nach dem Kommando des Führers in allen Gondeln die Schrauben in gleiche Richtung gestellt werden können.

Die Umstellung der Rahmen kann, wie in Fig. 251 und 252 angedeutet ist, unmittelbar durch den Hebel k oder, wie in Fig. 253 gezeigt ist, mittels eines kleinen Kammrades erfolgen, welches durch eine Kurbel gedreht wird und in ein am Schalthebel k befestigtes Zahnradsegment eingreift.

Patentanspruch:

Schwenkbare Hubschrauben für Luftfahrzeuge, dadurch gekennzeichnet, daß die auf beiden Seiten des Luftfahrzeuges liegenden Schrauben zu je zweien in starren Querrahmen gelagert sind, die mittels gelenkiger Längsrahmen um die Antriebswelle der Schrauben gedreht werden können.

87. Die Erfindung nach der

Patentschrift Nr. 232 066
Otto Schmidt in Nordhausen,

angemeldet am 1. Februar 1909, ausgegeben am 5. März 1911,

betrifft eine Flugmaschine mit in entgegengesetzter Richtung horizontal umlaufenden, ruderähnlichen Flügeln, welche beim Rückwärtsgang eine stärkere Neigung als beim Vorwärtsgang erhalten, und besteht darin, daß die die Verstellung der Neigung der Flügel bewirkenden Zugorgane einerseits mit einer in senkrechter Richtung verschiebbaren Büchse zur Aenderung des Auftriebes der Flügel und anderseits mit einem in horizontaler Richtung verschiebbaren Ring zur Aenderung des Vortriebes verbunden sind (Fig. 254—256).

1 ist der obere, 2 der untere Teil des Gestells der Flugmaschine. Zwischen beiden Gestellteilen ist in der Mittelachse des Gestells pendelnd ein Antriebsmotor 3 vorgesehen, der seine Kraft mit Hilfe einer Kette 4 auf eine unterhalb des oberen Gestellteils 1 gelagerte Hohlwelle 5 und mittels der Zahnräder 6 und 7 auf eine im oberen und unteren Gestellteil gelagerte hohle Welle 8 überträgt. Diese ist mit einer geraden Anzahl von Armen 9 versehen, an denen die zweckmäßig aus Segeltuch bestehenden Flügelflächen angeordnet sind.

Diese sind trapezförmig und an den Armen 9, an Streben 10, die an den Armen 9 angelenkt sind, und an einem das äußere Ende der Arme 9 mit dem äußeren Ende der Streben 10 verbindenden Draht 11 befestigt. Die Flügelfläche wird durch einen Draht 12 straff ge-

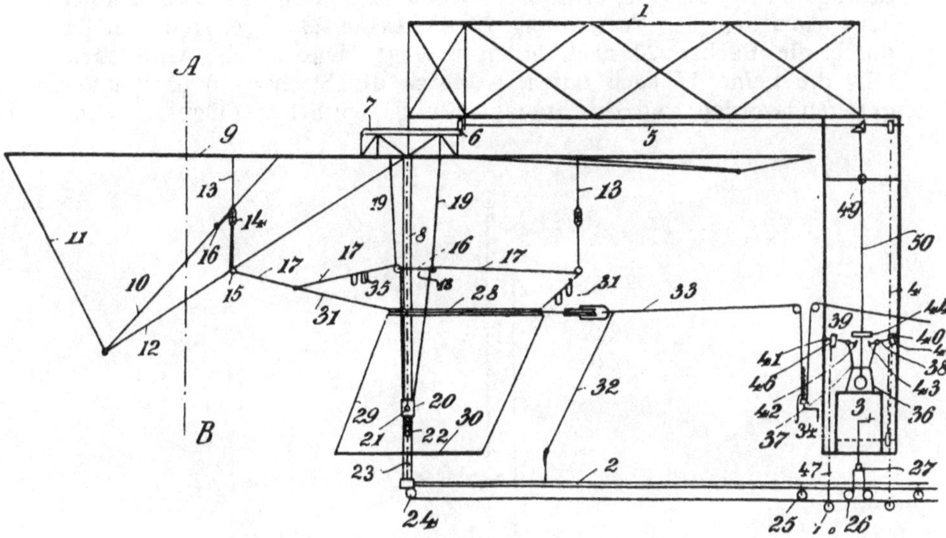

Fig. 254.

halten, der vom äußeren Ende der Streben 10 nach dem Schnittpunkt der Arme 9 führt.

An den Armen 9 ist eine zweite Stange 13 angeordnet, die an zwei Stellen mit Rollen 14, 15 versehen ist. Im Punkte 16 der

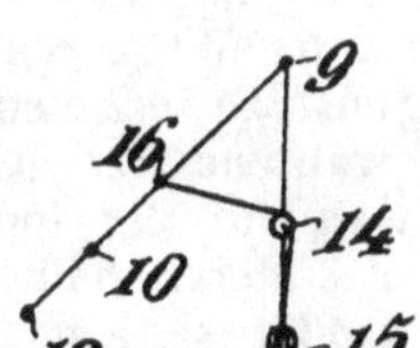

Fig. 255.

Strebe 10 ist eine Zugleine 17 befestigt, die über die Rollen 14, 15 und über Rollen eines auf der Welle 8 an Drähten 19 angeordneten Ringes 18 und von da nach einer auf der Welle 8 verschiebbaren Büchse 20 führt. Der Ring 18 kann sich exzentrisch zu der Welle 8 einstellen. Die Büchse greift mit einem Bolzen 21 in einen Schlitz 22 der Welle 8 ein und ist so gegen Verdrehen gesichert. Im Innern der Welle 8 greift am Bolzen 21 eine Zugleine 23 an, die mit dem Bolzen 21 derart verbunden ist, daß dieser mit seiner Welle 8 gedreht werden kann, ohne die Zugleine 23 mitzudrehen. Diese führt über drei am unteren Teil 2 angeordnete Rollen 24, 25, 26 nach einer Spannvorrichtung 27, die beispielsweise, wie in der Zeichnung dargestellt, aus einer Schraubenspindel mit Mutter bestehen kann.

Durch die eben beschriebene Einrichtung ist es möglich, die Schrägstellung der Flügel nach Belieben zu ändern. Es wird nämlich beim Anziehen der Vorrichtung 27 die Leine 23 angezogen und dadurch die Büchse 20 nach unten bewegt. Diese zieht dann ebenfalls die Leine 17 nach unten, wodurch die Streben 10 nach unten gezogen werden und die Schrägstellung sämtlicher Flügel in dem-

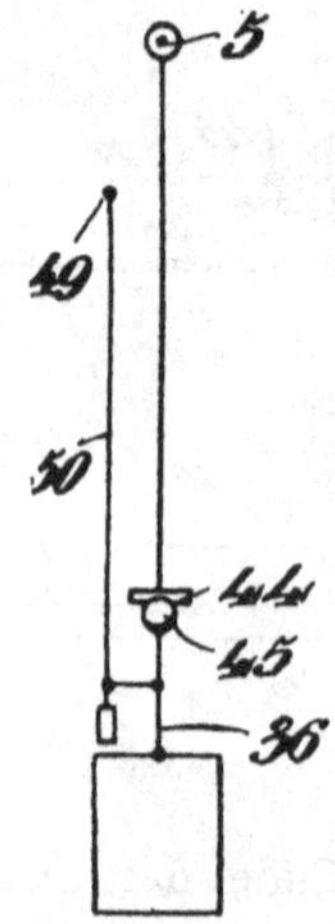

Fig. 256.

selben Sinne geändert wird, so daß der durch die Flügel erzeugte Auftrieb eine Aenderung erfährt.

Um nun durch die in einer Wagerechten sich drehenden Flügel auch eine Vorwärtsbewegung zu erzielen, ist die Einrichtung so getroffen, daß die Flügel während der äußeren halben Umdrehung stärker geneigt sind als während der inneren halben Umdrehung. Es wird daher der bei der äußeren halben Umdrehung der Flügel erzeugte Tangentialdruck größer sein als der während der inneren halben Umdrehung erzielte. Die Flugmaschine erhält daher eine bestimmte Bewegungsrichtung.

Auf der Welle 8 ist ein mit einer Rille versehener Ring 28 vorgesehen, der durch Drähte 29, die an einem auf der Welle 8 fest angeordneten Ring 30 angreifen, parallel geführt ist. Der Ring 28 ist durch Seile 31 mit den Zugleinen 17 verbunden, und zwar derart, daß, wenn der Ring zentrisch zur Welle 8 ist, alle Flügel dieselbe Schräglage haben. Wird aber der Ring 28 exzentrisch zur Welle 8 eingestellt, so werden diejenigen Flügel, die mit dem Teil des Ringes verbunden sind, der der Welle 8 am nächsten liegt, schräger eingestellt werden als die übrigen Flügel.

Die Verstellung des Ringes 28 wird durch nachstehend beschriebene Einrichtung bewirkt. In der Rille des Ringes ist ein Seil ohne Ende eingelegt, das über eine lose Rolle geführt ist, die durch ein Seil 32 von der Länge der Drähte 29 mit dem unteren Teil des Gestells verbunden ist, so daß sie mit dem Ring 28 auf gleicher Höhe steht. Diese Rolle steht ferner durch ein Seil 33 mit einer Spannvorrichtung 34 in Verbindung. Durch stärkeres oder weniger starkes Anziehen der Spannvorrichtung wird die Exzentrizität des Ringes 28 und somit die Schrägstellung der Flügel geändert. Bei der exzentrischen Einstellung des großen Ringes 28 rückt der kleine Ring 18 ebenfalls selbsttätig exzentrisch nach innen und läßt eine Einstellung des inneren Flügels in einem etwas spitzeren Winkel zur Rotationsebene zu als die des anderen, in der Zeichnung nicht dargestellten Flügelpaares.

In den Zugleinen 17 sind zweckmäßig Gummizüge oder Federn 35 angeordnet, durch welche die schlaffen Leinen gerafft und am Verwickeln gehindert werden.

Um ein Kippen des Luftschiffes durch plötzliche Windstöße, welche die eine Seite stärker treffen als die andere, zu vermeiden, ist folgende Anordnung getroffen.

In der Mitte des Luftschiffes ist am festen Gestell in 49 ein Pendel 50 angeordnet, das senkrecht zur Fahrtrichtung ausschlagen kann. Das Pendel steht mit zwei Kniehebelpaaren 36, 37 in Verbindung, an deren einem Ende die um Gelenke 40, 41 drehbaren Wellen 38 und 39 gelagert sind. Die Wellen 38, 39 tragen an dem einen Ende zwei Reibungsrollen 42, 43, die gegen eine in Drehung befindliche Reibungsscheibe 44 gedrückt werden können. An den anderen Enden tragen die Wellen 38, 39 Rollen 45, 46. Auf diesen ist ein Seil 47 befestigt, das mit einer Rolle 48 in Verbindung steht, über die die Zugleine 23 geführt ist.

Die Wirkungsweise dieser Einrichtung ist folgende:

Neigt sich beispielsweise das Luftschiff nach links, so wird auch das Pendel 50 nach links ausschlagen. Dieses drückt somit die Kniehebel 37 durch, was zur Folge hat, daß die Rolle 42 der Welle 39 gegen die Scheibe 44 gedrückt wird. Diese wird somit, da sie sich in Drehung befindet, ebenfalls die Rolle 42, die Welle 39 und die Rolle 46 in Drehung versetzen. Dadurch wird das Seil 47 auf der Rolle 46 aufgewickelt und die Zugleine 23 zwischen den beiden Führungsrollen 25, 26 auf der linken Seite des Luftschiffes hochgezogen. Infolgedessen wird die Büchse 20 auf der Welle 8 nach unten gezogen und die Schrägstellung sämtlicher Flügel vergrößert. Dies hat zur Folge, daß die Flügel einen größeren Auftrieb erzeugen und die linke Seite des Luftschiffes wieder in die wagerechte Lage zurückbringen. Sobald diese wieder eingenommen ist, nimmt das Pendel 50 seine Normallage wieder ein und hebt die Rolle 42 von der Scheibe 44 ab.

Neigt sich das Luftschiff dagegen nach rechts, so wird die Rolle 43 durch das Pendel 50 gegen die Scheibe 44 gedrückt und dadurch die rechte Scheibe des Luftschiffes in gleicher Weise beeinflußt wie vorher die linke Seite.

Patentansprüche:

1. Flugmaschine mit in entgegengesetzter Richtung horizontal umlaufenden, ruderähnlichen Schraubenflügeln, welche beim Rückwärtsgang eine stärkere Neigung erhalten als beim Vorwärtsgang, dadurch gekennzeichnet, daß die die Verstellung der Neigung der Flügel bewirkenden Zugorgane (17, 31) einerseits mit einer in senkrechter Richtung verschiebbaren Büchse (20) zur Aenderung des Auftriebes der Flügel und anderseits mit einem in horizontaler Richtung verschiebbaren Ring (28) zur Aenderung des Vortriebes verbunden sind.

2. Flugmaschine nach Anspruch 1, dadurch gekennzeichnet, daß die Flügelgruppen nebeneinander in derselben Ebene angeordnet sind, und daß die stärkere Neigung der Flügel während des außen liegenden Teiles des Umlaufes stattfindet, um einen störenden Luftdruck vor der Gondel zu vermeiden.

3. Reguliervorrichtungen mit einem bei seitlichen Schwankungen in die Gleichgewichtslage übergehenden Pendel für eine Flugmaschine nach Anspruch 1 und 2, dadurch gekennzeichnet, daß durch das Pendel der Antriebsmotor mit einer Aufwindevorrichtung für die die Flügelneigung bestimmenden Zugorgane der einen Flügelgruppe gekuppelt wird.

4. Flugmaschine nach Anspruch 1 bis 3, dadurch gekennzeichnet, daß die Kupplung des Antriebsmotors mit der Aufwindevorrichtung durch zwei mittels Kniehebel verstellbare Reibungsgetriebe bewirkt wird.

88. Einen Schraubenflieger mit einem unter den Hubschrauben angebrachten Fallschirm und unter diesem befindlichen Steuerflächen behandelt die

Patentschrift Nr. 233 097

Selden Allen Day in Bowling Green (Ohio),

angemeldet am 1. Oktober 1907, ausgegeben am 27. März 1911.

Die Hubschrauben 11 und 12 sitzen übereinander auf den beiden ineinander steckenden und in bekannter Weise von einem Motor 7 sowie von Hand drehbaren Wellen 9 und 10. Unterhalb der Hubschraube 11 ist der aus biegsamen Stäben 17 gebildete Fallschirm 14 angeordnet, der im Grundriß kreisförmig gestaltet ist. Am unteren Rande des Fallschirmes sind die an dem Gestell ringsum verteilten, mit wagerechten Drehachsen versehenen Steuerflächen 24 so angeordnet, daß ihnen die an der Außenfläche des geschlossenen Fallschirmes 14 entlangstreichende Abluft der Hubschrauben 11 und 12 zugeführt wird. Die Fig. 257 und 258 lassen alle Einzelheiten erkennen.

Patentanspruch:

Schraubenflieger mit einem unter den Hubschrauben angebrachten Fallschirm und unter diesem wiederum befindlichen Steuerflächen, dadurch gekennzeichnet, daß die Abluft der Hubschrauben

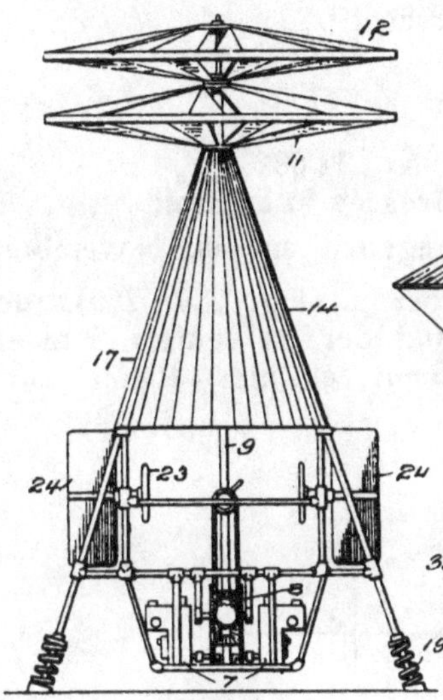

Fig. 257.

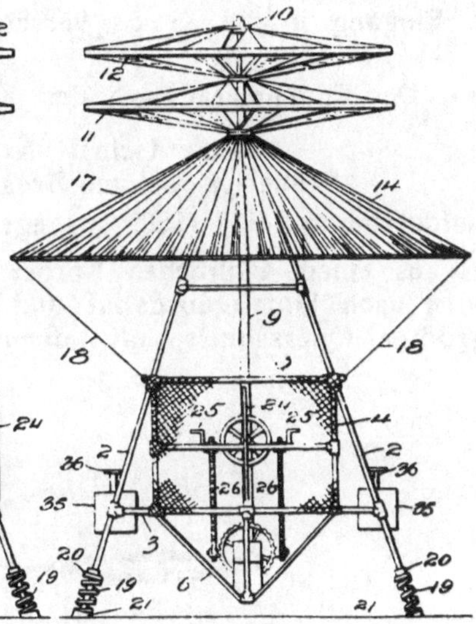

Fig. 258.

an der Außenfläche des geschlossenen Fallschirmes entlang zu den ringsum verteilten, mit wagerechten Drehachsen versehenen Steuerflächen geleitet wird.

IV. Flieger mit Schlagflügeln.

Bei dieser Gruppe von Flugzeugen geschieht das Fortbewegen und zugleich das Halten in der Luft durch Flügel, die eine schlagende bzw. auf- und niedergehende Bewegung wie bei einem Vogel machen. In dieser Gruppe finden sich Konstruktionen von verblüffender Einfachheit, doch haben sich solche Apparate bisher keinen Eingang in die Praxis verschafft.

89. Der Flugapparat nach der

Patentschrift Nr. 11 881
Frederick William Brearey in London,

angemeldet am 5. Mai 1880, ausgegeben am 30. November 1880,

besteht aus einem länglichen Körper a (Fig. 259, 260), der sich von vorn nach hinten ausdehnt und der an seinem Schwerpunkt den größten Querschnitt hat, damit er hier Raum zur Auf-

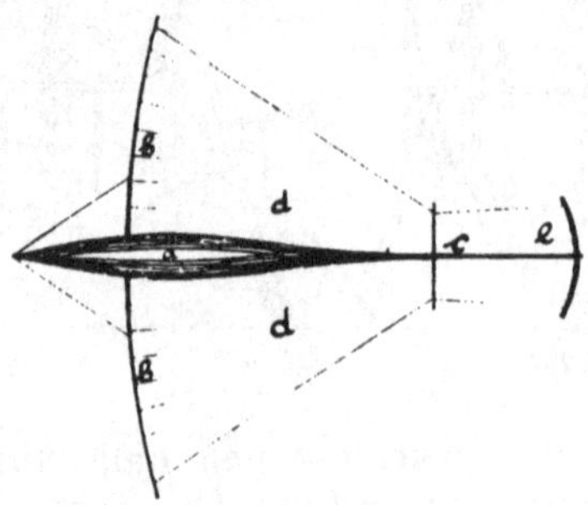

Fig. 259.

nahme für die nötige Triebkraft und andere Apparate, sowie für Passagiere erhält. Mit diesem länglichen Körper sind zwei oder mehrere Flügelarme b verbunden, die an dem Vorderrande desselben durch geeignete Maschinerie zum Schwingen gebracht werden.

Ein biegsamer Baum c ist mit dem hinteren Teile des Körpers a verbunden bzw. stellt eine Verlängerung des Körpers dar. Ein biegsames Gewebe d d von Seide, Leinwand, Baumwolle oder dergleichen ist mit dem Gestell verbunden und darüber ausgespannt. Die Vorderenden von d d schwingen deshalb mit den Flügelarmen b, wodurch das ganze Gewebe in wellenförmige Bewegung versetzt wird, die sich hauptsächlich in der Längsrichtung, in kleinerem Maße in seitlicher Richtung äußert. Diese wellen-

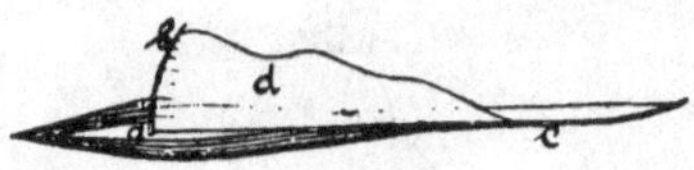

Fig. 260.

förmigen Schwingungen sollen, wenn sie mit genügender Kraft betrieben werden, bewirken, daß der Apparat sich in der Luft selbst trägt und fortbewegt. Der Vorderteil der Flügel d d ist durch kurze Streben, die an den Armen in gleichmäßigen Abständen über die ganze Länge derselben befestigt sind, versteift. An dem Baum c ist ein Steuer e befestigt, das durch Schnüre oder Seile bewegt wird. Der Apparat kann auf Räder gesetzt, ebenso kann er wasserdicht gemacht werden, um auf dem Wasser zu schwimmen.

Patentanspruch:

Die Erzeugung einer Tragkraft durch wellenförmige Bewegung von biegsamen Flügeln zur gleichzeitigen Fortbewegung von Apparaten in der Luft, wie vorher näher beschrieben.

90. Mehr eine Aufstiegvorrichtung als ein Flieger ist der Apparat nach der

Patentschrift Nr. 19 253
Aug. von Wedell in Göttingen,

angemeldet am 14. März 1882, ausgegeben am 9. September 1882.

Von einer auf der Erdoberfläche aufgestellten dynamoelektrischen Maschine geht der Strom durch den Draht a nach dem oben an dem Gestell A, welches die Person oder Personen aufnimmt, am Rohr B angebrachten Knopf b; dieser wird durch eine entsprechend starke Feder in seiner Stellung festgehalten. Gegenüber von b befindet sich ein Knopf b^1, welcher in dem Rohr B isoliert ist (Fig. 261, 262). Von b^1 gehen außen Leitungsdrähte rechts und links nach dem Flügelapparat C. C besteht aus einer Elektromagnetenkolonne, deren einzelne Glieder scharnierartig miteinander verbunden sind (Fig. 263, 264). An diesen Gliedern sind Drähte angebracht, über welche entsprechende Stoffe gespannt werden, so daß hierdurch die Flügel eines Vogels möglichst genau nachgeahmt werden. Der Strom gelangt durch

Drücken des Knopfes b gegen b¹ nach den Außendrähten und tritt in die Elektromagnetenkolonne ein, diese schließend, wodurch

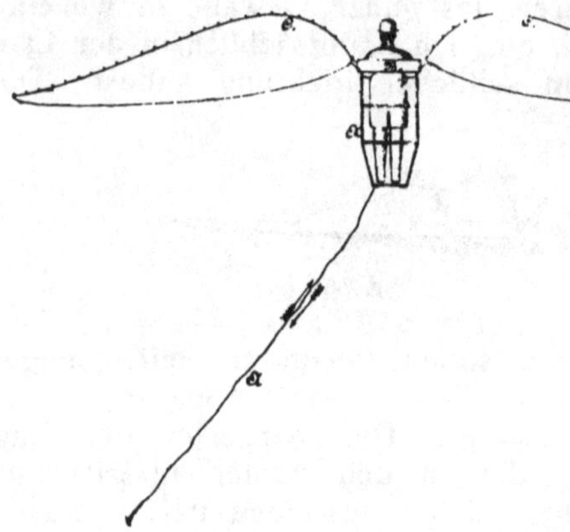

Fig. 261.

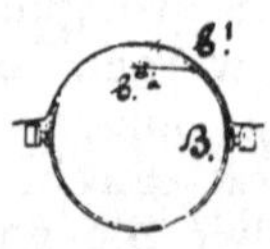

Fig. 262.

ein Flügelschlag herbeigeführt wird; durch weitere Drähte geht der Strom wieder zur Erde zurück. Hört der Druck auf b auf, so wird der Strom nach außen unterbrochen und die Flügel öffnen

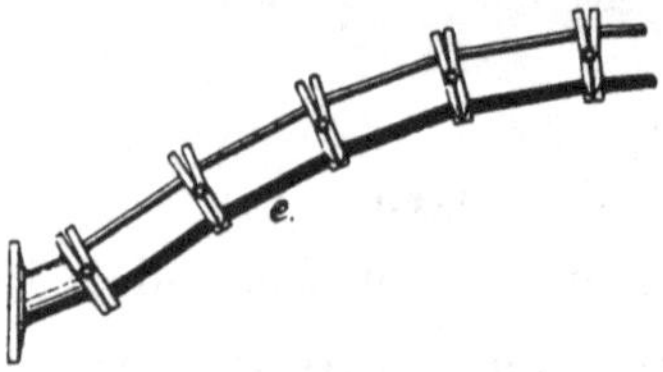

Fig. 263.

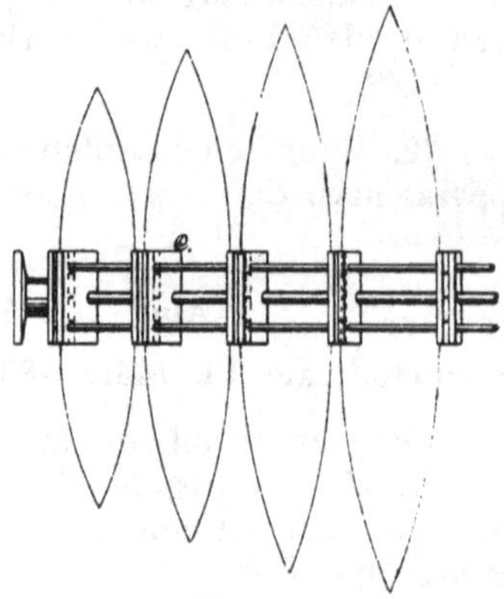

Fig. 264.

sich; schließt man wieder den Strom, so erfolgt ein neuer Flügelschlag.

Patentanspruch:

Ein Flugapparat, bestehend aus dem Gestell A, Rohr B mit Knöpfen b b¹ und dem Flügelapparat C, letzterer bestehend aus einer entsprechend angeordneten Elektromagnetenkolonne.

91. Durch die

Patentschrift Nr. 19 504
Frederick William Brearey in London,
angemeldet am 16. März 1882, ausgegeben am 29. September 1882,

hat der Apparat nach Patent 11 881 eine weitere Ausbildung erfahren. Der Flugapparat, Fig. 265 bis 267, besteht wieder aus dem hohlen Körper a, an dem durch Scharniere b die Flügel

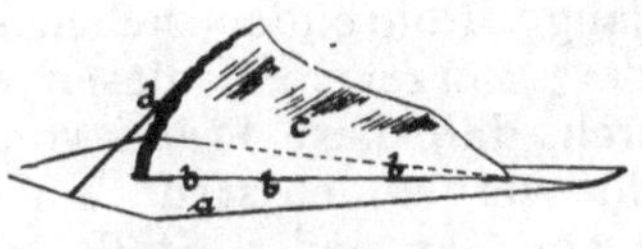

Fig. 265.

c befestigt sind; in die Oesen g und h greifen die Gummiseile d ein. Diese Gummiseile befinden sich, wenn die Flügel gesenkt sind, im ungespannten Zustand und haben dann auch das Bestreben, die Flügel in gesenkter Richtung zu halten. Soll nun

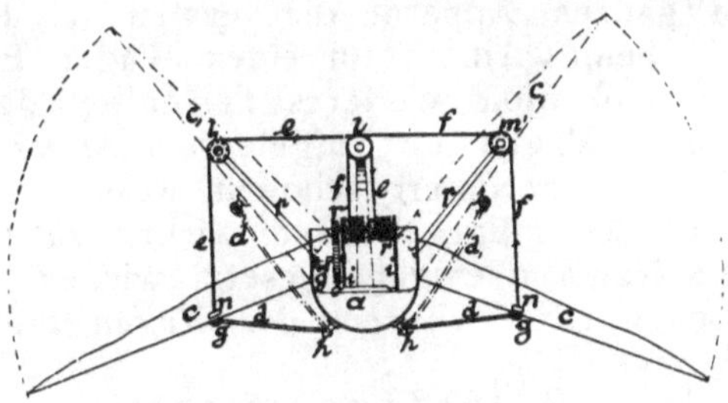

Fig. 266.

der zum Heben nötige Flügelschlag erfolgen, so wird dies auf folgende Weise bewirkt: Im Körper a ist eine Winde i mit Trommel k aufgestellt, von welcher Drahtseile e und f über Rollen l l^1 m m^1 laufen, die in ihrem Endpunkt mit Oesen n an den

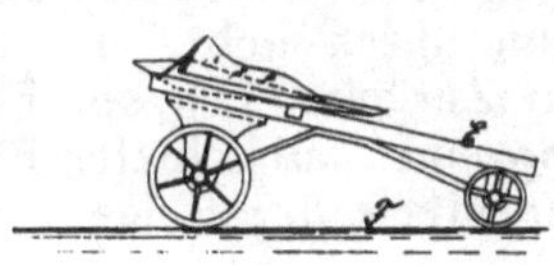

Fig. 267.

Flügeln c befestigt sind. Die Rollen l^1 m^1 sind um einen Bolzen o drehbar, welcher am Ende der Streben p gelagert ist. Sobald nun an der Kurbel q eine mechanische Kraft wirkt, bewirken die Räder r und s eine Drehung der Trommel k, wobei die Seile e und f in Richtung der Pfeile aufgewickelt werden. Je mehr sich aber die Seile e und f aufwickeln, desto mehr fangen die Gummischnüre d an, sich zu dehnen. Diese Spannung steigt so lange, bis der Flügel seine höchste Stellung c_1 d_1 erreicht hat; in demselben Augenblick ziehen sich die Gummischnüre d_1 dadurch, daß die Seile e und f mittels einer Ausrückvorrichtung wieder abrollen können, zusammen, bis sie in den ungespannten Zustand d kommen, und ziehen dabei zu gleicher Zeit die Flügel selbsttätig nach unten. Durch dasselbe Spiel, welches in sehr schneller Weise vor sich geht, erfolgen die nächstfolgenden Schwingungen.

Die Anfertigung eines Flügelarmes ist folgende: Es werden zuerst zwei gleich lange Rohrenden nebeneinandergelegt; diesen reihen sich zwei andere kürzere an, diesen ein drittes Paar noch kürzerer usw. Dadurch, daß diese Rohre von verschiedener Länge nebeneinandergebracht werden, entsteht ein Flügelarm, der zwar überall biegsam ist, aber an jeder Stelle eine andere Biegsamkeit besitzt als an der vorhergehenden. Je näher dem Körper, desto mehr Rohrenden im Flügelarm und desto geringer die Schwingungsfähigkeit. Diese verschiedenen Schwingungen teilen sich in bestimmten Schichten dem Stoffteile des Flügels mit, und erhält man so genau dieselben wellenartigen Schwingungsverhältnisse wie beim Flügel eines Vogels.

Um dem ganzen Apparat den ersten Impuls zum Flügelschwingen zu geben, wird er auf einen Wagen E gelegt, der so eingerichtet ist, daß ohne weiteres Festhalten der Apparat fest liegen bleibt. Der Wagen mit aufgelegtem Apparat wird alsdann eine schiefe Ebene F heruntergeschoben, wobei der Luftstrom auf die untere Seite der Flügel hebend wirkt, während die beiden Schnüre bzw. Spiralen d entgegengesetzt wirken. Es soll so der Apparat gehoben werden, während der Wagen unter ihm fortrollt.

Patentansprüche:

Bei Flugapparaten die Neuerungen, bestehend in:

a) der Konstruktion eines Flügelarmes aus mehreren Rohrteilen, wie in der Beschreibung besagt, behufs Erzielung verschiedener Schwingungsfähigkeiten im Flügel selbst;

b) der Aufwärtsbewegung der Flügel durch ein Hebelwerk oder eine Seilanordnung, die oberhalb des Körpers angebracht ist, die Flügel aber von unten hebt, und die Anbringung zweier Federn zum schnelleren Zurückziehen der Flügel;

c) der Verwendung eines auf schiefer Ebene laufenden Wagens zum ersten Inbewegungsetzen der Flügel.

92. Der Flugapparat nach der

Patentschrift Nr. 20811
Burchard Plate in Bremen,

angemeldet am 6. Mai 1882, ausgegeben am 12. Januar 1883,

nimmt einen Ballon zu Hilfe. Der Ballon B, Fig. 268 bis 270, ist durch die Schnüre T mit dem Teil C und dieser durch das

Kreuzgelenk o mit dem Teil D verbunden. D ist viereckig und paßt genau in eine eben solche Oeffnung des Kreuzstückes A. Letzteres teilt sich in die Arme E E, welche an ihren Enden wieder durch das Verbindungsstück G verbunden sind. Der Sitz H läßt sich zwischen den Armen E E auf- und niederbewegen, ebenso der Fußtritt J. Der Sitz H besteht aus zwei Teilen: einem Rollsitz und einer Unterlage.

Das Kreuzstück A ist oberhalb der Stelle, wo es sich in die Arme E E teilt, durchbohrt und mit der leicht drehbaren Achse P versehen. Die beiden Enden dieser Achse sind durch Gelenke g g mit den Flügeln F F verbunden. Der Flügel F, von welchen

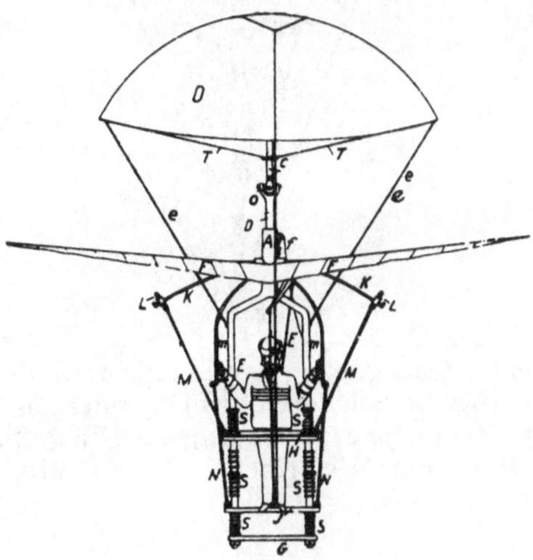

Fig. 268.

Fig. 271 ein Paar von oben gesehen zeigt, während in Fig. 272 ein solcher im Querschnitt abgebildet ist, hat eine Längsrippe R; an derselben sind in nach unten hin geneigter Stellung die Seitenrippen r' und r" befestigt, und zwar so, daß dieselben in mehr oder weniger senkrechter Richtung zur Hauptrippe stehen. Das Ganze ist mit leichtem, luftdichtem Material überspannt, in welchem sich Klappen (Ventile) befinden, welche sich beim Aufschlag des Flügels öffnen und beim Niederschlag desselben schließen. Die vorderen Seitenrippen r" sind kürzer als die hinteren Seitenrippen r'. An je einer Hauptrippe R eines Flügelpaares ist unten ein Hebelarm K befestigt. Diese beiden Hebelarme K liegen nicht in derselben Vertikalebene mit der Hauptrippe R, sondern kreuzen sich mit derselben und auch unter sich, wie in Fig. 271 durch punktierte Linien angedeutet. Durch die verschiebbaren Gelenke L, sowie durch die Stangen M M stehen die oberen Enden der beiden Hebelarme mit dem Sitz H in Verbindung, während die beiden anderen Enden, welche mit dem Handgriff m versehen sind, durch die Stange N mit dem Fußtritt J verbunden sind. Die verstellbaren Gelenke L an den Hebelarmen K haben den Zweck, durch das Vor- bzw. Rückwärtsstellen derselben das verschiedene Körpergewicht der Fliegenden auszu-

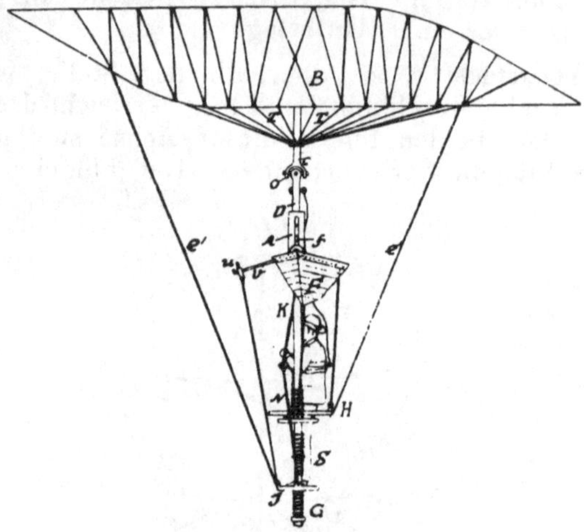

Fig. 269.

gleichen, indem der ganze Bewegungsmechanismus durch das Körpergewicht, also die Schwere des Fliegenden, in Tätigkeit gesetzt wird. An der Hauptrippe R eines jeden Flügelpaares oder auch an der Achse P ist der Winkelhebel V, Fig. 276, befestigt; durch

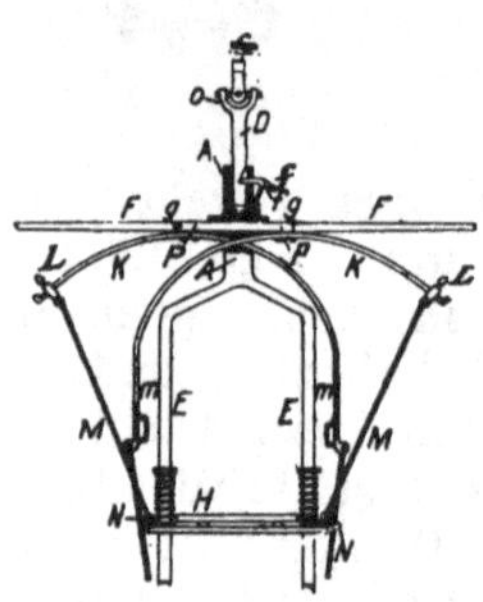

Fig. 270.

denselben wird die Drehung des Flügelpaares um die eigene Achse bewirkt, indem je ein Hebelarm durch das Gelenk U und eine Stange mit dem Sitz H bzw. dem Fußtritt J in Verbindung steht, Fig. 269. Dadurch, daß man die Gelenke U auf den Schenkelstangen V von dem Scheitelpunkte s mehr oder weniger entfernt, hat man es in der Hand, die Achsenumdrehung zu einer größeren oder geringeren zu machen, und somit, da durch dieselbe die Flügelbewegung bedingt ist, die Flügel mehr oder weniger nach vorn oder hinten ausschlagen zu lassen.

Der Ballon ist stets in der Weise mit Gas zu füllen, daß derselbe nur einen Teil der Gesamtbelastung trägt, das übrige Gewicht dagegen ausschließlich durch die Flügel sowie durch die veränderte Stellung des Ballons in der Längsrichtung gehoben event. in horizontalem Fluge erhalten wird.

Der Fliegende überträgt das Gewicht seines Körpers auf den Sitz und drückt dabei gleichzeitig die unteren Schenkel der Hebelarme K, welche er an den Griffen m gefaßt hat, von sich ab.

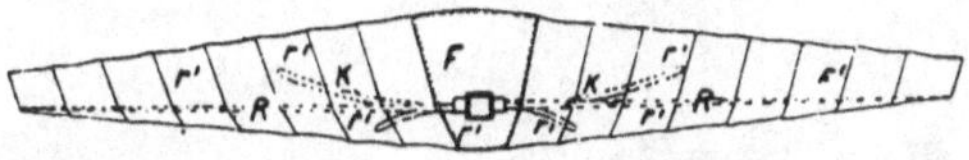

Fig. 271.

Hierdurch schlagen die Flügel nach unten. Durch den Winkelhebel v, Fig. 276, veranlaßt, schlagen dieselben gleichzeitig mehr oder weniger nach vorn. Das Trittbrett J wird gleichzeitig gehoben und nähert sich dem Sitze H; der Ballon nimmt eine mehr oder weniger schräge Stellung ein, indem der vordere Teil desselben hochgeht, der hintere Teil dagegen durch den Strick e' herabgezogen wird. Es wird sich das Ganze heben. Ueberträgt nun der Flieger das Gewicht seines Körpers auf das Trittbrett J, indem er sich gleichzeitig an den gefaßten Hebelarmen emporhebt

Fig. 272.

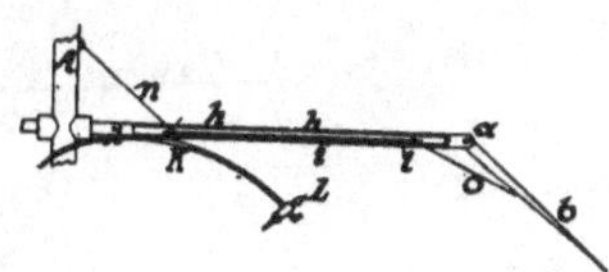

Fig. 273.

und diese hierdurch zusammendrückt, so schlagen die Flügel nach oben, indem sie gleichzeitig eine drehende Bewegung nach rückwärts machen. Der Ballon nimmt jetzt eine der vorigen entgegengesetzte schräge Stellung an, während der Sitz H in die Höhe geht.

Es ist wesentlich, daß während des Ueberganges vom Niederschlag zum Aufschlag, und umgekehrt, keine Pause eintritt, sondern daß vielmehr der eine in den anderen aufgeht. Dieses wird nun wesentlich durch die Spiralfedern S unterstützt, Fig. 268 und 269.

Das Wenden mit dem Luftschiff geschieht wie folgt: Soll eine allmähliche Wendung stattfinden, so genügt, daß der Fliegende seinen Sitz etwas nach rechts oder links verlegt. Dadurch wird eine Schrägstellung der Flügel und eine Bewegung des Ganzen in einer entsprechenden Kurve bewirkt. Soll die Wendung rasch erfolgen, so verändert der Fliegende durch die Schnüre e e die

Schrägstellung des Ballons in der Breite desselben; zieht er an der rechtsliegenden Schnur, so geht der rechte Teil des Ballons nach unten, während die andere Seite des Ballons sich hebt. Der Luftschiffer selbst verschiebt seinen Sitz ebenfalls nach rechts und nehmen dadurch die Flügel eine dem Ballon analoge Stellung an, infolge dessen das Ganze eine Kurve nach rechts beschreiben wird. Um eine Kurve nach links zu machen, hat man nur nötig, das Luftschiff eine der vorbeschriebenen entgegengesetzte Stellung einnehmen zu lassen.

Der Ballon kann nun so groß sein, daß nur noch für die Tätigkeit der Flügel ein geringes Gewicht zu heben übrig bleibt;

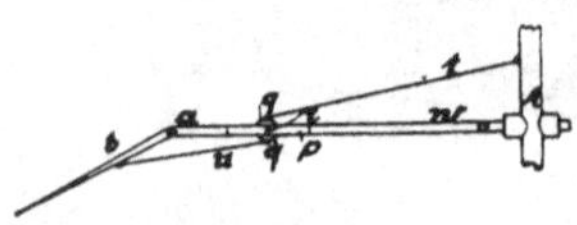

Fig. 274.

Fig. 275.

er kann auch kleiner sein, daß also ein größeres Gewicht durch die Funktion des Flugapparates zu heben bleibt; drittens kann der Ballon auch ganz fehlen und an dessen Stelle eine Flugfläche, ähnlich dem unteren Teile des Ballons, angebracht werden, und viertens kann auch diese Flugfläche ganz wegfallen. In diesen Fällen nun, wo die Tätigkeit der Flügel allein ein großes event. das ganze Gewicht des Apparates samt dem des Fliegenden usw. tragen und vorwärts bewegen soll, wird der gerade Flügel, wie

Fig. 276.

er in Fig. 268 dargestellt ist, nicht ausreichen, er muß anders geformt bzw. anders konstruiert sein. Der konkave Flügel, Fig. 272, wird schon wesentlich mehr heben, da er die Luft besser faßt. Besser aber noch als dieser Flügel ist ein solcher, der gemäß Fig. 273 und 274 mit dem Gelenk a versehen ist. Beim Niederschlage dieses Flügels treibt der Teil b des Flügels die Luft kräftig nach A zu unter den Flügel und wirkt dadurch stark hebend auf den ganzen Apparat.

In Fig. 273 ist die Hauptrippe hohl, in der sich die Stange l leicht hin und herbewegt; bei k und l sind in der Längsrichtung der Hauptrippe kleine Einschnitte gemacht, durch welche bei k die Stange i mittels entsprechender Gelenke und der Stange n an dem Kreuzstück A befestigt ist. Die Stange o verbindet ebenfalls durch Gelenke die Stange i mit dem durch das Scharnier a beweglichen Teil des Flügels b. Wird nun der Flügel durch den

Hebel k, Fig. 268, heruntergezogen, so bewegt sich die Stange i, durch die Stange n angezogen, nach A zu und der Teil b des Flügels schlägt, durch die Stange o angezogen, ebenfalls nach A zu, wodurch die oben näher beschriebene Wirkung auf die Luft hervorgerufen wird.

Bei Fig. 274 und 275 ist die Hauptrippe nicht hohl und flacher; bei p hat der Flügel event. die Rippe in der Längsrichtung einen Einschnitt; darauf bewegen sich unter und über der Rippe die Scheiben q q, welche durch den Stift r miteinander fest verbunden sind. Durch die Stange t ist die obere Scheibe q mit dem Kreuzstück A und durch die Stange u die untere Scheibe q mit dem Teil b des Flügels verbunden. Die Stangen haben an den Enden, wo sie befestigt sind, entsprechende Gelenke. Die Wirkungsweise dieses Flügels ist dieselbe wie die des unter Fig. 273 beschriebenen Flügels. Die Flügel oder eigentlich die Hauptrippen derselben sind bei Fig. 273 und 276 gerade gezeichnet, dieselben können jedoch ebenfalls, wie bei Fig. 272, konkav, oder es kann auch der dem Kreuzstück A zunächst liegende Teil gerade und der andere Teil konkav hergestellt werden.

Um den Fliegenden gegen einen Unfall möglichst sicherzustellen, empfiehlt es sich, dem Ballon eine solche Füllung von Gas zu geben, daß dadurch das Gewicht des Fliegers schwebend erhalten wird, der übrige Teil des Luftschiffes jedoch durch die Tätigkeit des Apparates gehoben event. schwebend erhalten werden kann. Von D aus, Fig. 268 und 269, geht eine feste Leine nach unten und ist an einem Gürtel, welchen der Fliegende umlegen kann, festgebunden. Ferner geht von dem Federhaken f eine Schnur nach unten in den Bereich des Fliegenden, so daß dieser die Schnur jederzeit mit Händen greifen kann.

Ist der Fliegende durch einen Umstand dazu gezwungen, die Tätigkeit einzustellen, was ein Herabfallen des Ganzen zur Folge haben würde, so schneidet er die vier Stricke e e e' e' durch; der Ballon hat mit dem übrigen Teil des Apparates jetzt nur noch durch das Stück D Verbindung. Jetzt genügt ein Zug an der Leine, welche mit dem Federhaken f in Verbindung steht; hierdurch tritt der Federhaken aus der Rast, die Verbindung zwischen Ballon und Apparat wird unterbrochen und letzterer fällt zur Erde. Der Fliegende jedoch hängt an dem an seinem Gürtel befestigten Strick freischwebend in der Luft und kann sich durch Oeffnen eines an dem Ballon angebrachten Ventils, welches Gas ausströmen läßt, langsam auf die Erde herablassen.

Noch auf andere Weise kann bei einem Unfalle für den Fliegenden und den Apparat Sicherheit geschaffen werden. Der Ballon wird dann so weit mit Gas gefüllt, daß derselbe sowohl den Fliegenden als auch den ganzen Apparat freischwebend in der Luft halten kann. Um dem Luftschiff eine mehr oder weniger große Schwere zu geben, bringt man am unteren Ende des Kreuzstückes A mehr oder weniger Ballast an, welchen der Fliegende von seinem Sitze aus auf zweckentsprechende Art leicht lösen kann. Bei irgend einer Störung an der Maschinerie löst der Fliegende den Ballast, wodurch dieser zur Erde fällt; der Apparat mit dem Fliegenden wird nun, da das Gewicht leichter ist, durch den Ballon schwebend erhalten. Durch Oeffnen des Ventils am Ballon läßt der Fliegende sich samt dem Apparate langsam zur Erde nieder.

Zur Mitbeförderung von anderen Personen, Gepäck usw. wird am unteren Teile des Kreuzstückes A eine Gondel usw. fest angebracht und ist dem Ballon dann eine entsprechende Größe zu geben. Die Hebelarme K K, Fig. 268 bis 271, sind an der Hauptrippe der Flügel möglichst nahe dem Drehpunkt derselben angebracht und befestigt. Die Kraft, um die Flügel zum Schlagen zu bringen, greift durch die Stange M bei L an. Die Stange M steht nicht direkt mit dem Flügel in Verbindung, weil in diesem Falle bei dem Heruntergehen der Stange M nur eine einfache Umstellung des Flügels stattfinden, ein eigentlicher Flügelschlag aber niemals erzeugt werden würde.

Patentansprüche:

Bei Luftschiffen:

1. Der Bewegungsmechanismus, bestehend aus dem Kreuzstück A in Verbindung mit dem Stück D, dem Gelenk o, dem Stück C, den Armen E E, dem Verbindungsstück G, dem Trittbrett J, dem Sitz H, den Spiralen S, den Hebelarmen K mit den Griffen m und den beweglichen Gelenken L, der Achse P und den Flügeln F.

2. Der Flügel F bestehend:

a) aus der geraden oder sichelförmig gekrümmten Hauptrippe R in Verbindung mit den Seitenrippen r' und r'', Fig. 271 und 272, oder

b) dem inwendig hohlen Stück h in Verbindung mit dem Stück b, dem Gelenk a, der Stange i und den mit dieser durch ein Gelenk verbundenen Stangen n und o, Fig. 273, oder

c) dem Stück w in Verbindung mit dem Stück b, dem Gelenk a, dem Schlitz p, den Scheiben q q und den Stangen A und u, Fig. 274 und 275; alle diese Modifikationen in Verbindung mit dem Winkelhebel v und den auf demselben verschiebbaren Gelenken u.

93. Bei dem Apparat nach der

Patentschrift Nr. 21 566

Eduard Nultsch in Hamburg,

angemeldet am 30. August 1882, ausgegeben am 24. März 1883,

sind Schlagflügel in eigenartiger Weise mit Hubschrauben und Tragflächen kombiniert.

Der Pfeil a (Fig. 277 bis 279), dessen Querschnitt die Form eines gleicharmigen Kreuzes zeigt, wird aus vier an einer Achse sitzenden Dreiecken gebildet und läßt sich in dem Universalgelenk a[1] mittels des die Verlängerung der Pfeilachse bildenden Hebels

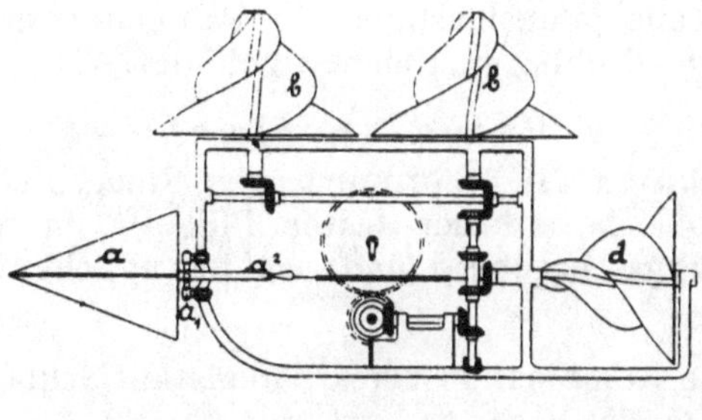

Fig. 277.

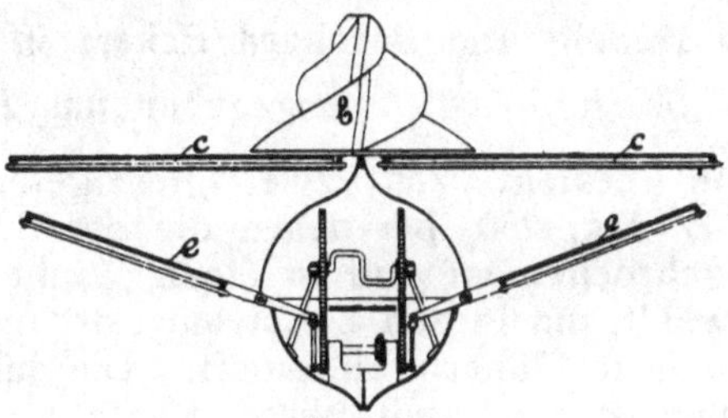

Fig. 278.

a[2] sowohl vertikal wie horizontal verstellen. Die von den Scheiteln der vier Dreiecke gebildete Spitze des Pfeiles a durchschneidet

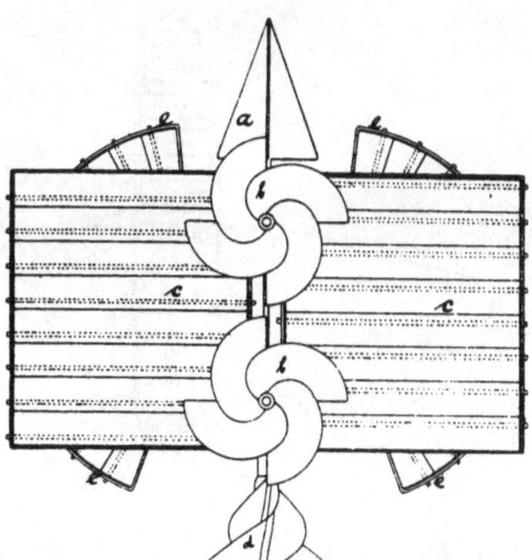

Fig. 279.

die Luft, wenn das Schiff durch die Rotation der Schraube d fortgetrieben wird, und wird je nach ihrer Stellung in Verbindung mit der herrschenden Luftströmung die Fahrtrichtung bestimmen.

Zur Aufwärtsbewegung des Schiffes dienen die Schrauben b, sowie die beweglichen, fächerartigen Flügel e, während die festen Flügel c die Funktion eines Fallschirmes verrichten. Die Flügel c und e werden aus jalousieartigen, in Rahmen von entsprechender Form gelagerten, drehbaren Flächen gebildet.

Patentanspruch:

An Luftschiffen die Anordnung des Steuerpfeiles a, der vertikalen Schrauben b und der festen Flügel c in Verbindung mit der Fortbewegungsschraube d und den beweglichen Flügeln e.

94. Um die Kombination eines Ballons mit Schlagflügeln handelt es sich auch bei der

Patentschrift Nr. 26077

Hugo Hennig und Bernhard Eckert in Berlin,

angemeldet am 14. Juni 1883, ausgegeben am 21. Februar 1884.

Der Ballon besteht aus zwei gleichgeformten keilartigen Hälften A und B, Fig. 280, bei denen die der Schärfe gegenüberliegende Seite gebrochen ist und in einen Winkel ausläuft. Diese Keilform ist gewählt, um in den Luftstrom einschneiden zu können; diese Ballons sind im Innern abgesteift. Die hier beschriebenen Ballonteile A und B sind mit ihrer Kante a und b an einem eisernen Gestell C, aus Gasröhren oder sonst beliebigem Material hergestellt, drehbar angebracht. Das Gestell ist durch be-

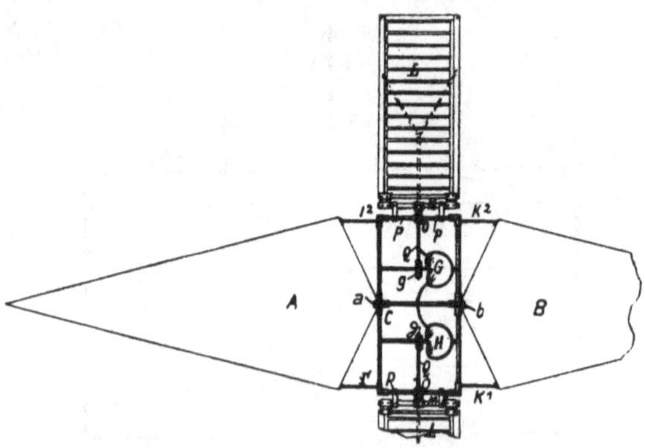

Fig. 280.

liebige Versteifungen zu einem festen Ganzen verbunden und trägt an den Verlängerungen der senkrechten Stützen den Korb D, der gleichzeitig für die Aufnahme des Beobachters (der auch die Richtung des Ballonfluges von hier aus reguliert), des Ballastes usw. dient. Um ein rascheres Steigen der Schärfen als der Breitteile der Keile zu verhindern, sind die Schärfen durch Taue E und F mit dem Korbe D verankert. Im Gestell C sind zwei Sitze G und H für die Bedienungsmannschaften der Flügel angebracht, und zwar so, daß der Druck der Flügel auf die widerstandgebende Windsäule stets durch den Zug der Mannschaften an Tauen hervorgerufen wird.

Die Steuerung des Luftschiffes geschieht durch den Beobachter, und zwar durch Anziehen von Tauen J^1 J^2 und K^1 K^2.

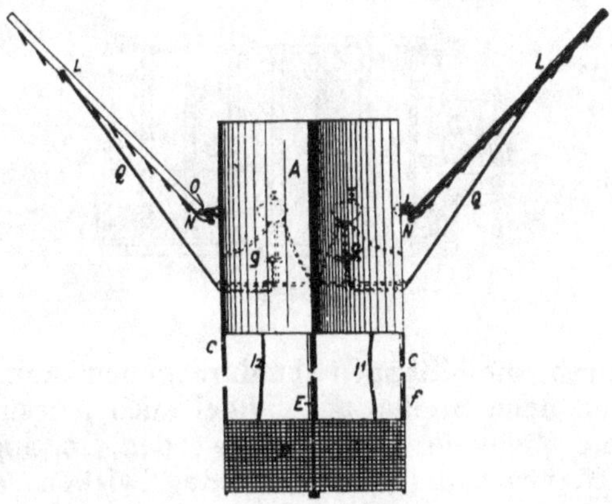

Fig. 281.

Es wird hierbei der nach vorn stehende Keil durch seine Taue, die seitlich an ihm angesetzt und die über Rollen nach dem Korbe geführt sind, festgestellt, während der hintere Keil nach dem Prinzip des Steuerruders mehr oder weniger in seitlicher Stellung durch seine betreffenden Taue gehalten wird.

Die Flügel L, Fig. 281 bis 284, bestehen aus einem Holzrahmen g, der in seinem Innern eine mit Oeffnungen d versehene Blechtafel aufnimmt. Diese Oeffnungen werden durch Klappen c, die durch Scharniere an der Blechtafel befestigt sind, geschlossen, wenn die Flügel zur Fortbewegung des Luftschiffes dienen sollen, während die Klappen beim Zurückgang der Flügel sich selbsttätig öffnen, um der Luft freien Durchgang zu gestatten. Der eigentliche Flügel sitzt an Scharnieren drehbar an einem Querbalken M. Um den Rückgang des Flügels selbständig herzustellen, sind an M Federn N angebracht, die mittels der Ziehtaue zusammengepreßt werden und beim Loslassen dieser in Funktion treten und den Flügel zurücktreiben.

Der Querbalken M ist mit einem Kugelgelenk O an C befestigt und wird mittels zweier Klammern P P festgestellt. In der Zeichnung zeigt die Flügelstellung gerade den Moment, wo die Flügel nach unten gezogen werden sollen und die Klappen im Begriff sind, sich zu schließen. An der unteren Seite der Flügel ist ein Tau Q befestigt, das, über Rollen weitergeführt, zu der Bedienungsmannschaft läuft und dort mit einer Handhabe q versehen ist.

Sollen die Flügel den Ballon nach vorwärts befördern, so werden die Klammern P gelöst, der Balken M mit Flügel L winklig oder senkrecht zur Flugrichtung eingestellt und wieder durch die Klammern mit dem Gestell, d. h. mit den eingesetzten Querversteifungen fest verbunden. Soll die Bewegung des Luftschiffes eine absteigende sein, so werden die Flügel auf die eben beschriebene Art derartig gestellt, daß die Luft beim Abwärtsgehen

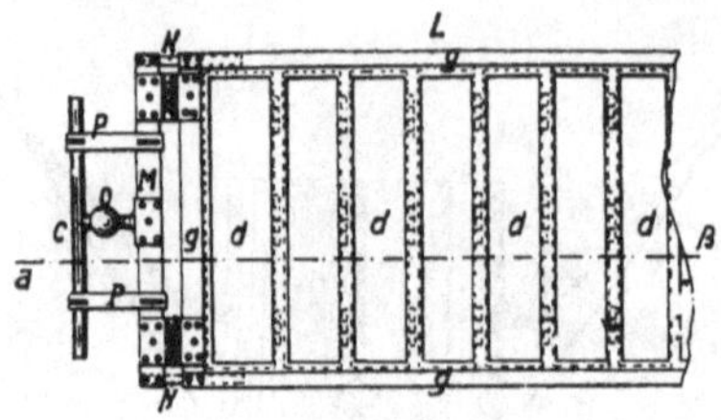

Fig. 282.

der Flügel durch die Klappen hindurchgehen kann. Selbstverständlich müssen beim Stellen der Flügel auch jedesmal die Rollen, über welche die Ziehtaue Q geführt werden, so angebracht werden, daß die Mannschaften stets auf Zug wirken, also z. B. bei der Abwärtsbewegung von oben nach unten ziehen.

Die Füllung des Ballons wird derartig berechnet, daß sie das Gestell mit Mannschaften, Observationskorb, Ballast usw. trägt, und wird das Aufsteigen des Ganzen durch Auswerfen von Uebergewicht hervorgerufen. Ist eine gewünschte Höhe erreicht, so wird der Ballon auch in dieser Lage verbleiben und kommen erst jetzt die Flügel in Anwendung. Soll eine Wendung des Luft-

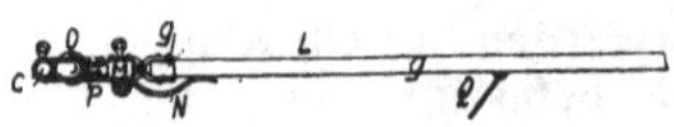

Fig. 283.

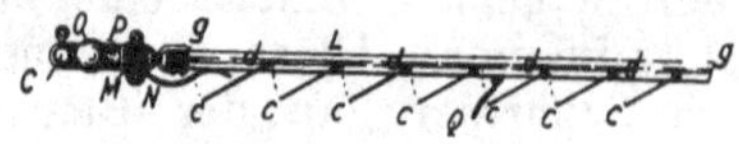

Fig. 284.

schiffes hervorgebracht werden, zu welcher der Ausschlag der Steuerungshälfte des Ballons zu gering ist, so wird mit den Flügeln analog den Rudern am Schiff gearbeitet.

Patentansprüche:

Bei Luftschiffen:

1. Die Anwendung zweier keilförmig gestalteter Ballons A und B, die je an einer senkrechten Achse a bzw. b drehbar mit einem Gestell verbunden sind, so daß der eine Ballonteil durch nach dem Observationskorbe D führende Taue analog einem Steuerruder gehandhabt wird, während der andere Ballonteil gleichsam als Kiel des Schiffes durch dazu gehörige Taue mit dem Gestell C und dem Korbe D fest verbunden ist.

2. Die Anwendung von verstellbaren Flügeln L zur Fortbewegung des Schiffes, der Luftströmung entgegen, und die Bewegung derselben durch Taue Q derart, daß auf Q in jeder Flügelstellung ein Zug ausgeübt wird, und zwar durch einfaches Einhaken der Rollkloben an die dazu erforderlichen Stellen des eisernen Gerüstes C; die Verstellvorrichtung der Flügel L, bestehend aus mit Scharnier verbundenen Balken M mit am Gestell C angebrachtem Kugelgelenk O und den zur jedesmaligen Feststellung des Balkens M notwendigen Klammern P.

95. Ohne Ballon glaubte auch der Erfinder der in der

Patentschrift Nr. 26 933
Robert Wiesendanger in Hamburg,

angemeldet am 17. September 1883, ausgegeben am 12. Mai 1884,

beschriebenen Flugmaschine nicht auskommen zu können. Der Ballon hat die Form einer Schildkröte, wodurch eine leichte Beweglichkeit in horizontaler Richtung, ein nur mit geringem Widerstand kämpfender Auftrieb und ein durch die Fallschirmwirkung verlangsamtes Sinken des Ballons erreicht werden soll. Der Luftschiffer sitzt unterhalb des Ballons auf einem Sitz a (s. Fig. 285 und 286) und steuert den Ballon mittels der Ruderflügel d und des Fächerschweifes c. Der letztere ist am Boden des Sitzes a aufgehängt und besteht aus einem leichten Winkel, zwischen dessen

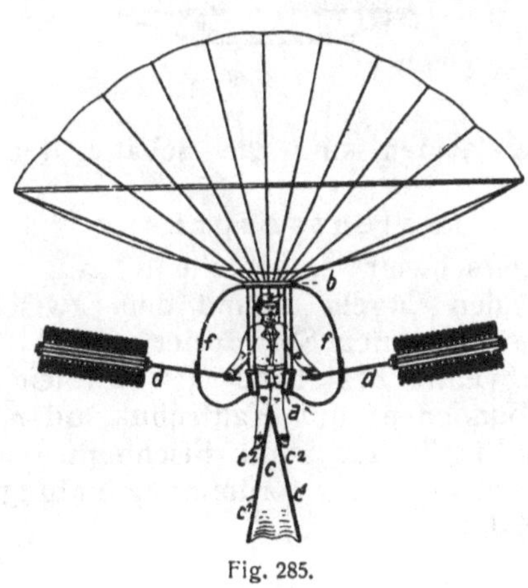

Fig. 285.

Schenkeln c^1 ein Stoffstreifen lose ausgespannt ist. An den Schenkeln befinden sich die Bügel c^2 zur Aufnahme der Füße des Luftschiffers, mit welchem dem Steuerschweif die der Fahrtrichtung entsprechende Stellung gegeben wird. Der Schweif wird, wenn er funktionieren soll, ausgebreitet und dann in die entsprechende Lage zur Horizontalen gebracht, um mittels der so erzeugten schiefen Fläche die gewünschte Ablenkung von der Windrichtung zu bewirken. Die Ruderflügel d werden wie die Riemen eines Bootes in Bewegung gesetzt, nur wirken sie nicht allein in horizontaler, sondern auch in vertikaler Richtung, da die Füllung des Ballons nur annähernd das Gewicht des Apparates und des Luftschiffers balancieren, der Auftrieb aber durch Bewegung der Flügel d von oben nach unten bewirkt werden soll. Um außerhalb des Sitzes a die Stützpunkte für die Flügel d zu erhalten, ist entweder ein leichter Bügel f von dem Ballonring b zum Sitz a geführt, oder es ist wie in Fig. 286 oben am Ballonring b und unterhalb des Sitzes a je eine Stange f^1 befestigt, zwischen deren Enden die Seile f^2 gespannt sind. In den letzteren

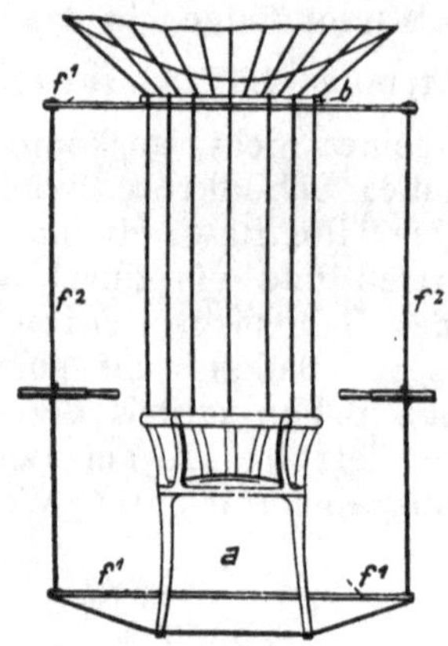

Fig. 286.

oder in den Bügelarmen sind die Schäfte der Ruderflügel gelagert.

Patentansprüche:

1. Der Steuerschweif c, bestehend aus den beweglichen Schenkeln c^1 mit den Bügeln c^2 und dem zwischen den Winkelschenkeln lose ausgespannten Stoffdreieck.

2. Das Ablaßventil, bestehend aus den leicht gebogenen, an ihren Enden verbundenen, mit Kautschuk oder einem ähnlichen Stoff überzogenen Bügeln aus Stahl, Fischbein usw., die beim Oeffnen des Ventils nach der ihrer Krümmung entgegengesetzten Seite durchgedrückt werden.

96. Der Flugapparat nach der

Patentschrift Nr. 49 093
A. Kupper in Naumburg,

angemeldet am 4. Januar 1889, ausgegeben am 14. Oktober 1889, besteht aus einem mit Wasserstoffgas gefüllten Ballon B, welcher nach vorn einen unten abgeflachten, oben bogenförmigen elliptischen

Körper und nach hinten einen zugespitzten zylindrischen Körper bildet. Der Mann, welcher mit dem Apparat fliegen soll, kommt in einen Gurt G (Fig. 287 bis 295) zu liegen, welcher mit Rollen e an einem Stab a verstellbar befestigt ist. Der Stab a ist vorn mit dem Netz und hinten mit dem Querstab q fest verbunden.

Die Flügelbewegungen sind die nachstehenden: Nachdem der Flügel ausgespreizt ist, erfolgt der Flügelschlag, indem der aus-

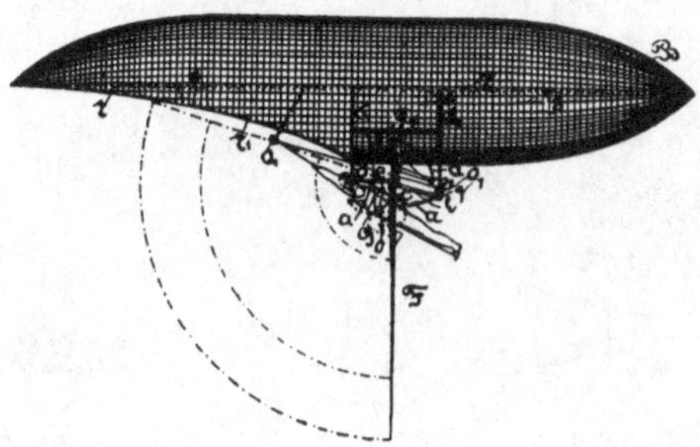

Fig. 287.

gespannte Flügel die in Fig. 287 punktiert dargestellte Bahn durchkreist, bis derselbe senkrecht am Apparat hängt; der Flügelarm f_1 dreht sich dabei mit der Pfanne p um die Zapfen z und die Rolle r_2 von f_1 läuft dabei am Kreisbogen k vom Dreieck d empor. Die zu dieser Bewegung nötige Kraft wird durch das Ausstrecken der

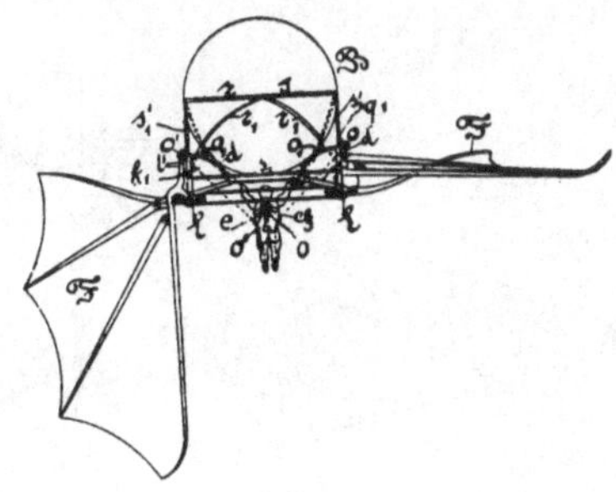

Fig. 288.

Beine hervorgebracht, wobei naturgemäß die größte Kraft vom Menschen entwickelt werden kann. Hat der Flügel die Schlagbahn bis zu der aus Fig. 287 und der an dem ausgespannten Flügel von Fig. 288 ersichtlichen Lage durchlaufen, so erfolgt das Zusammenfalten des Flügels durch das Anziehen der Spreizen g und g_1 und des Flügelarmes f_1 an den Flügelarm f mit den diese Teile mit verbindenden Gummischnüren bis in die am zweiten Flügel von Fig. 288 dargestellte Lage. Der Flügelarm f_1 dreht sich dabei in der Pfanne p um den Bolzen b, und die Rolle r_2 läuft am Kreisbogen k von oben nach unten.

Ist der Flügel zusammengefaltet, so zieht man mit den Händen an der über die Rolle o_1 und o'_1 geleiteten seidenen Schnur, bis der Flügel wieder ausgespannt und zum Schlag fertig ist. Dabei wird zunächst die nach oben stehende Oese i_1 nach unten gezogen, bis dieselbe in die Zugrichtung der Schnur kommt, dadurch wird der Flügelarm f_1 mit der Pfanne p um die Zapfen z bis in die in Fig. 289 dargestellte Lage und dann in der Pfanne um den Bolzen b

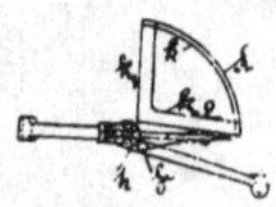

Fig. 289.

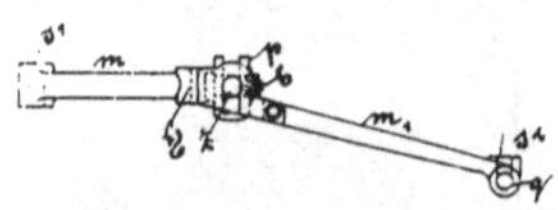

Fig. 290.

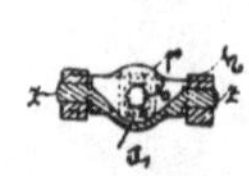

Fig. 291.

bis in die in Fig. 292 dargestellte Lage gedreht, wobei die Rolle r_2 an dem Kreisbogen k_2 von vorn nach hinten läuft.

Der gekrümmte Stab a, an welchem der Gurt G zur Aufnahme des Mannes mit den Rollen e befestigt ist, wird an der einen Seite durch Schnüre j mit dem Rahmen r oder dem Netz lose und durch das Auge a_1 mit dem Querstab q fest verbunden. Durch ein zweites Auge

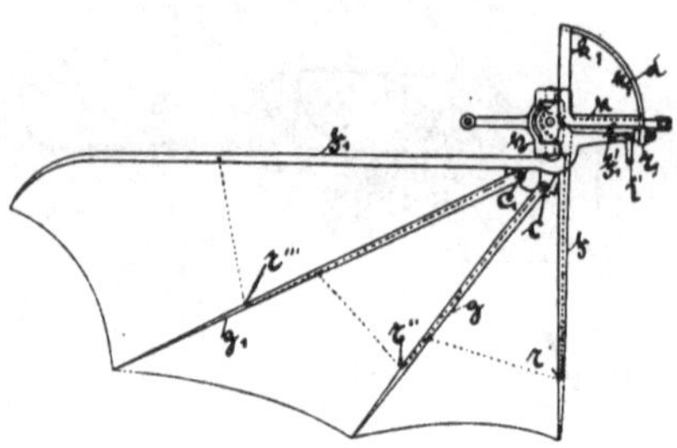

Fig. 292.

a_2 vom Stab a ist eine Welle w gesteckt (Fig. 293 bis 295), auf welche sich zu beiden Seiten Schnüre n aufwickeln, welche mit dem Bolzen p_1 der Rolle e so verbunden sind, daß man mittels der auf die Scheibe v aufgewickelten Schnur n_1, welche durch eine Klammer x am Gurt G befestigt ist, den Gurt G am Stab a heraufziehen oder herunterlassen kann, um durch das richtige Einstellen des Gewichtes des Mannes den Ballon in die entsprechende Lage einstellen zu können. Die Führung der Schnüre erfolgt über Rollen o_1, welche an einer den Rahmen r_1 breit haltenden Spreize s befestigt sind, nach Rollen o''_1, am Querstab q befestigt, und von da über Rollen o'_1, am Arm m_1

der Lager l befestigt, nach den Oesen i_1 vom Flügelarm f'_1, da bei der in Fig. 287 dargestellten Anordnung die Schnur leicht durch die vorstehende Oese i des Flügelarmes f'_1 erfaßt werden kann. Da die Schnüre beim Zurückgehen zumeist sehr lose gehen und auch auf

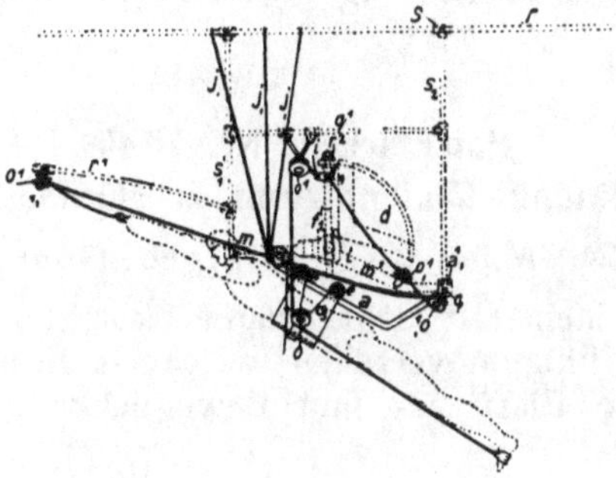

Fig. 293.

die Rollen o nicht genau auflaufen, sind sämtliche Rollen o sehr tief genutet und mit Sicherheitsbügeln versehen.

Patentansprüche:

An Flugvorrichtungen:

1. die Flügel, jeder bestehend aus einem feststehenden Arme f, einem beweglichen Arme f_1, sowie den Spreizen g und g_1, zwischen welche Seidenstoff gespannt ist, so daß die Flügel sich von selbst

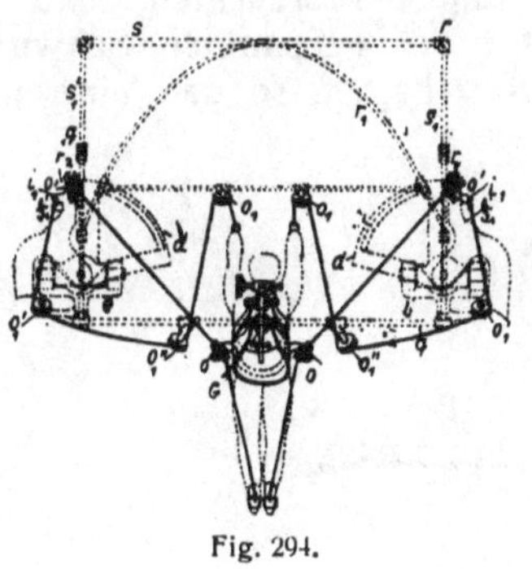

Fig. 294.

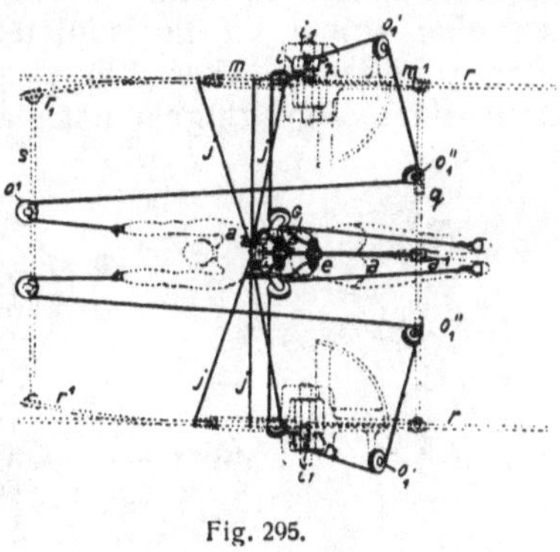

Fig. 295.

zusammenfalten, dann ausgespreizt werden und nachher den Schlag ausführen können, wobei der Flügelarm f_1 so gelagert ist, daß er sich im Lager l um den Bolzen b, sowie auch um die Zapfen z drehen kann und durch das aus Kreisbögen kk_1 und k_2 zusammengesetzte Dreieck d genau geführt wird;

2. die Uebertragung der Bewegung auf die Flügel durch Ziehen an einer an den Füßen und in der Oese i des Flügelarmes f'_1

befestigten und über die Rollen o und o' geleiteten Schnur beim Ausstrecken der Beine für den Flügelschlag und nach erfolgtem selbsttätigen Zusammenfalten des Flügels durch Ziehen an einer an den Händen und in der Oese i_1 des Flügelarmes f'_1 befestigten und über die Rollen o_1, o''_1 und o'_1 geleiteten Schnur beim Anziehen der Arme zwecks Wendens und Streckens der Flügel.

97. Die

Patentschrift Nr. 70 409
Rudolf Chillingworth in Nürnberg,

angemeldet am 24. März 1892, ausgegeben am 14. August 1893, betrifft wieder einen mit Schlagflügeln kombinierten Ballon. Das Fahrzeug ist mit Flügeln versehen, welche in bezug auf Beschaffenheit, insbesondere Elastizität und Beweglichkeit, den Vogelflügeln

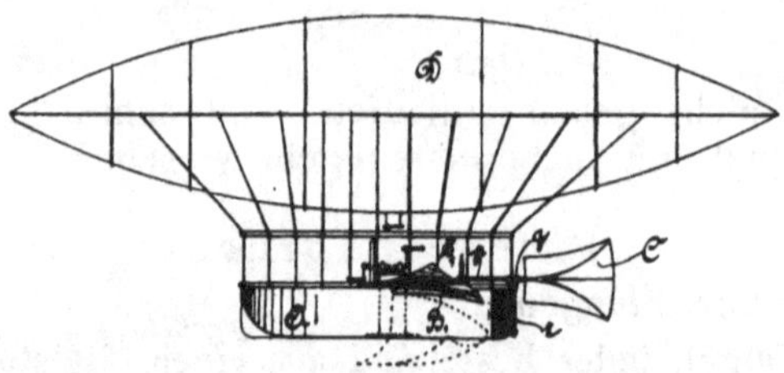

Fig. 296.

möglichst nahe kommen. Um ferner außer der Bewegung in vertikaler auch eine solche in horizontaler Richtung hervorzurufen, sind die hinteren Spitzen dieser Flügel nach Art der gespannten Schwungfedern eines Vogelflügels nach aufwärts gebogen, so daß eine nach

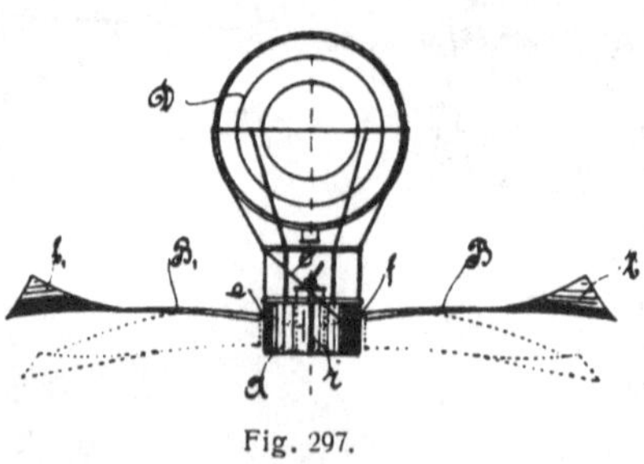

Fig. 297.

vorn geneigte schräge Fläche entsteht. Der dem Falle des Flugapparates entgegenwirkende vertikale Luftdruck trifft daher die Hauptfläche der Flügel senkrecht, die aufgebogenen Spitzen hingegen derart schräg, daß der spitze Einfallwinkel der Druckrichtung vorn liegt. Die Flügelspitzen erfahren daher, wie alle derart vom Luftdruck schräg getroffenen Flächen (z. B. ein Windmühlenflügel), eine Bewegung nach jenem Einfallwinkel, also nach vorwärts. Dieser Bewegung folgt naturgemäß auch der mit den Flügeln verbundene Apparat und erfährt dadurch unabhängig von der Windrichtung einen steten Zug nach vorwärts. Hieraus ergibt sich nach Ansicht des Erfinders, daß ein in dieser Weise bewegtes Luftfahrzeug lenkbar sein muß.

An der Gondel A (Fig. 296 und 297), welche zweckmäßig aus leichten Mannesmann-Rohren hergestellt wird, sind die Flügel B, B_1 befestigt. Dieselben sind aus Stahl oder einem sonst geeigneten elastischen Material angefertigt und hängen in der Ruhelage, d. h. in nicht gespanntem Zustande schlaff und nach innen hohl herab; die Spitzen b, b_1 sind hinten aufgebogen. Das Gerippe der Flügel

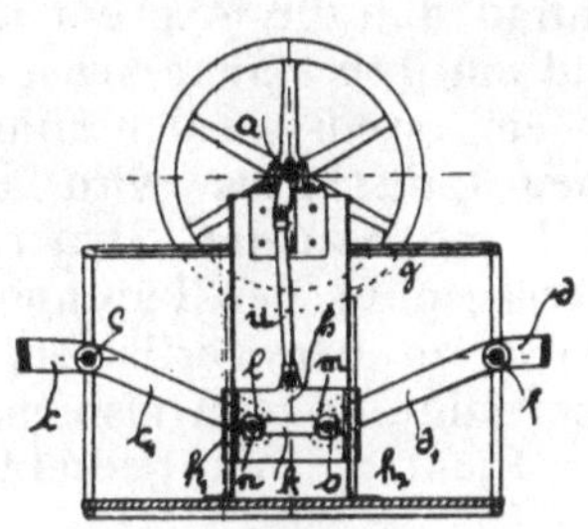

Fig. 298.

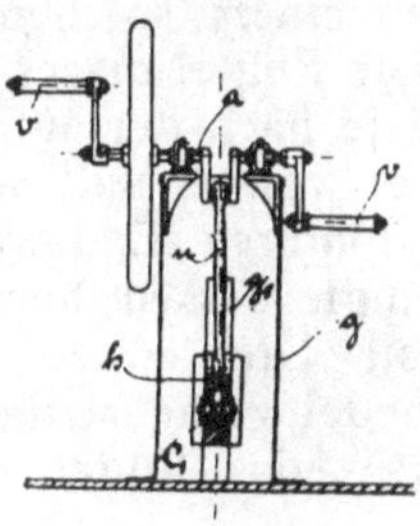

Fig. 299.

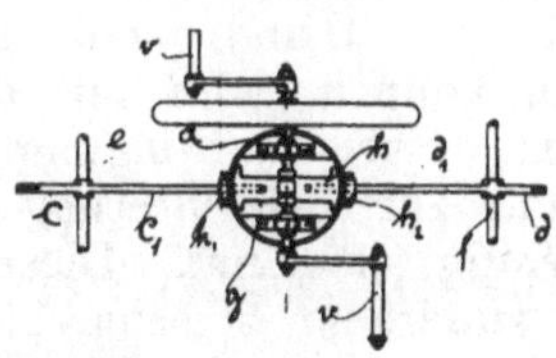

Fig. 300.

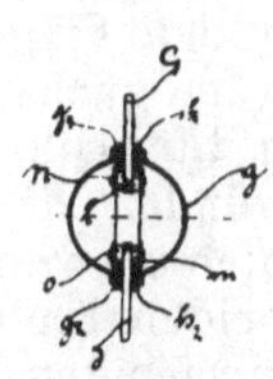

Fig. 301.

wird von je einem zweiarmigen Hebel c, c_1 bzw. d, d_1 getragen, welche Hebel um feste Punkte e und f des Gondelgehäuses drehbar sind. Der Flügelschlag wird nun dadurch hervorgerufen, daß die nach einwärts springenden kurzen Hebelarme c_1, d_1 auf- und abwärts bewegt werden.

In eine in der Gondel befestigte zylindrische Führung g ist ein Gleitstück h (Fig. 298 bis 301) eingepaßt und kann nach Art eines Kolbens darin hin- und herbewegt werden. In der Querrichtung wird dieses Gleitstück durch Ansätze h_1, h_2 geführt, welche in Längsschlitze g_1, g_2 des Zylinders g eingreifen. Die Bewegung erfolgt von einer gekröpften Welle a aus, die über dem Zylinder g gelagert und durch eine Pleuelstange u mit dem Kolben h verbunden ist. Dieser enthält einen horizontalen Schlitz k, in welchen die viereckigen Gleitstücke l, m eingreifen. In denselben sind die an den Enden der Hebelarme c_1, d_1 befestigten Zapfen n und o gelagert, so daß bei Drehung der Welle a mit dem Gleitstück h auch die Hebelarme c_1, d_1 auf- und abbewegt und dadurch die Flügel in Tätigkeit gesetzt werden. Die Welle a kann von einem in der Gondel angebrachten Motor oder auch mit Hilfe von Handkurbeln v in Umdrehung versetzt werden.

Es sei hier besonders der Verwendung des beschriebenen Luftfahrzeuges als Ersatz von Gebirgsbahnen usw., nämlich zur Beförderung auf hohe Aussichtspunkte Erwähnung getan. In diesem Falle würde die Bewegung der Flügel zweckmäßig vermittels eines in der Gondel angebrachten Elektromotors bewirkt werden können, der mit einer von der Auffahrtsstelle bis zu dem Zielpunkt in die Höhe geführten festen Leitung in Verbindung gebracht ist.

Um allenfalls (nach Ansicht des Erfinders) auch die starke Luftströmung der höheren Regionen zur Bewegung der Flügel nutzbar zu machen, kann an Stelle eines gewöhnlichen Schwungrades oder neben einem solchen ein Windrad auf die Achse a aufgesetzt werden. Die Flügel dieses Rades sind um ihre eigene Achse drehbar, so daß sie je nach der Windrichtung eingestellt werden können. Das Lenken des vorstehend beschriebenen Luftschiffes wird mit Hilfe eines am hinteren Ende der Gondel angebrachten Steuerruders C bewerkstelligt, dessen horizontale Achse p in der Führungshülse q drehbar ist. Die letztere ist ihrerseits an der vertikalen, drehbar an der Gondel gelagerten Achse r befestigt, so daß also mittels des Steuerrades s das Ruder nach jeder Richtung hin gedreht werden kann.

Um die Tragfähigkeit des vorliegenden Luftschiffes zu erhöhen bzw. die von den Flügeln zu leistende Arbeit und damit die Flügelabmessungen möglichst verringern zu können, wird mit der Flugmaschine ein Luftballon D verbunden, dessen Anbringung übrigens auch aus Gründen der Sicherheit und zur Erleichterung des Anfahrens empfehlenswert bzw. notwendig erscheint. Dieser Ballon verläuft an beiden Enden zugespitzt; außerdem ist seine Längsachse parallel zu derjenigen der Flugmaschine, so daß er in der Flugrichtung dem der Bewegung entgegenwirkenden Horizontalluftdruck die Spitze bietet.

Die Größe des Ballons und dementsprechend dessen Steigkraft ist so bemessen, daß er den größten Teil der Transportlast zu tragen vermag, so daß also von den Flügeln nur die Differenz zwischen der ganzen und vom Ballon gehobenen Last getragen werden muß. Das Aufsteigen erfolgt von einem erhöhten Punkte aus, von welchem das Fahrzeug in die freie Luft abgeleitet bzw. fallen gelassen wird. Durch die sofort eintretende Schwerkraftspannung werden sodann die eingangs erwähnten Wirkungen hervorgerufen.

Patentanspruch:

Eine Flugmaschine, deren Fortbewegung in horizontaler und vertikaler Richtung mit Hilfe zweier an derselben befestigten Flügel bewerkstelligt wird, welche nach Art der Vogelflügel beweglich und elastisch und an den hinteren Spitzen so aufgebogen sind, daß der dem Fall des Apparates entgegenwirkende vertikale Luftdruck diese Spitzen schräg unter einem nach vorn spitzen Einfallwinkel trifft.

98. Ohne jede Gasfüllung arbeitet der Flugapparat nach der

Patentschrift Nr. 70 783
Federico Capone in Altavilla (Irpina, Italien).

Angemeldet am 4. November 1891, ausgegeben am 2. September 1893.

Der Apparat besteht aus einem Rahmen a zur Aufnahme eines Motors (Fig. 302). Dieser Motor setzt die beiden Arme b, b¹ in Bewegung, welche in der Mitte, wo sie die Gestalt einer gekröpften

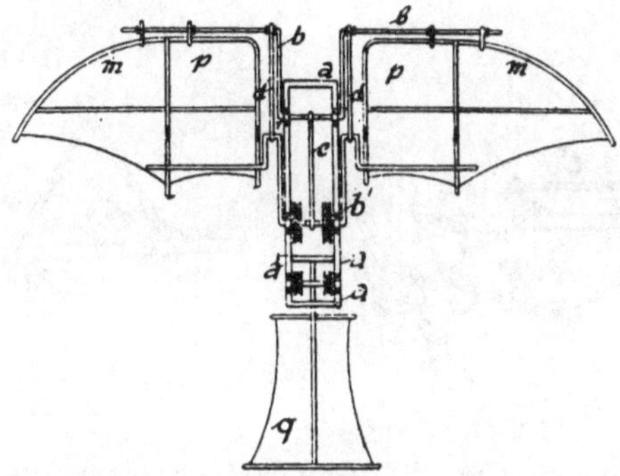

Fig. 302.

Welle besitzen, durch eine Stange c miteinander verbunden sind. Der Arm b ¹ ist zum Unterschied von dem Arm b doppelt umgebogen (Fig. 302). Beide Arme sind außerdem noch durch Stangen d, d miteinander verbunden. Die Flügel p, p sind an den Enden der Arme b, b angelenkt, von welchen sie frei herabhängen; die Arme

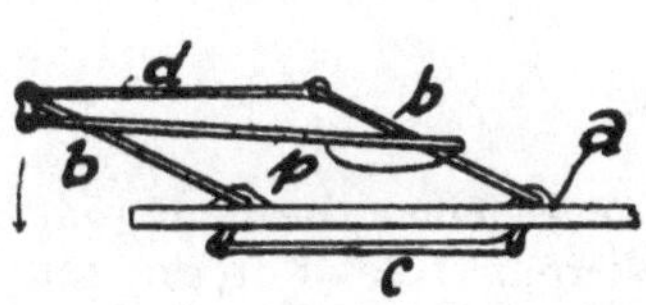

Fig. 303.

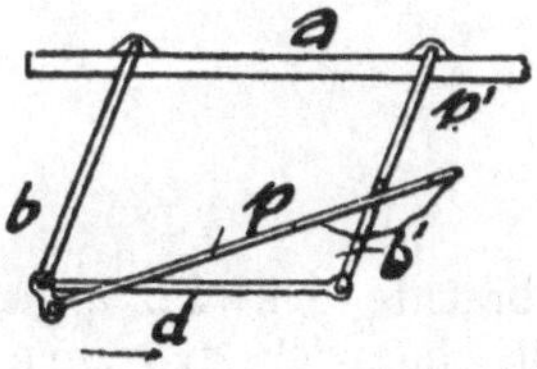

Fig. 304.

b ¹, b ¹ sind unabhängig von den Flügeln angeordnet und dienen dazu, die Stellung der Flügel während der Bewegung derselben mit Bezug auf den Horizont zu regeln. Wie aus den Fig. 303 bis 306 ersichtlich, resultieren die verschiedenen Neigungen der Flügel aus dem Luftdruck, der Wirkung der doppelt gebogenen Arme b ¹, b ¹ und der Wirkung des Verbindungsstückes f zwischen Flügeln und Armen b, wodurch eine Neigung des Flügels gegen den Horizont bewirkt wird, die während der ersten Hälfte der absteigenden Flugbahn der Flügel kleiner (Fig. 303), während der zweiten Hälfte derselben Bahn jedoch größer ist (Fig. 304).

Das Flügelgerippe besteht aus zwei sich kreuzenden und einer gekrümmten Stange. Ueber dieses Gerippe ist ein leichter und widerstandsfähiger Stoff gespannt. Wie aus Fig. 307 ersichtlich, besitzt der Flügel an dem freien hinteren Ende einen angelenkten Teil p^1, welcher beim Beginn des Aufsteigens eine größere Steigung annimmt, um für den Fall, daß die Steigung des Flügels nicht genügend sein sollte, dennoch ein günstiges Flugresultat zu erzielen (Fig. 305). Für die Bewegung des Teiles p^1 des Flügels ist der doppelt umgebogene Arm b^1 von Wichtigkeit, welcher den Flügel

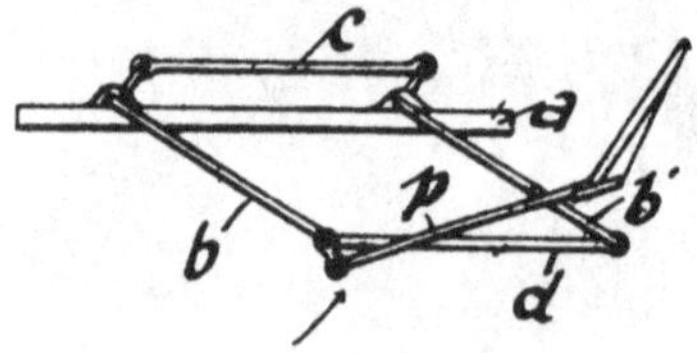

Fig. 305.

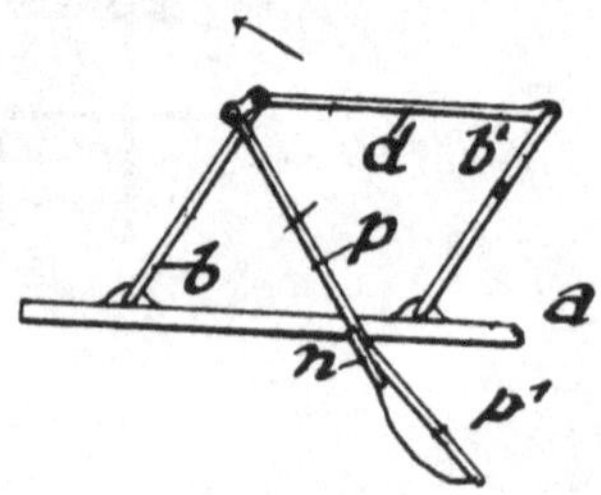

Fig. 306.

zunächst in den durch Fig. 303 und 304 veranschaulichten Stellungen erhält und ihn dann in die durch Fig. 305 veranschaulichte Stellung bringt. Außer dem Gelenk, mittels dessen der Teil p^1 an den Flügel p angelenkt ist, sind an der Verbindungsstelle ein Sperrklotz n und ein Faden o angeordnet. Der Sperrklotz n dient dazu, die Drehbewegung des Teiles p^1 nach der entgegengesetzten Seite zu verhindern, und der Faden o dient dazu, die Bewegung des Teiles p^1 nach der richtigen Seite hin zu begrenzen. Der an dem Rahmen a

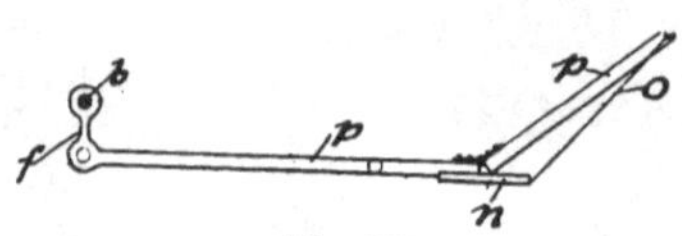

Fig. 307.

angebrachte Schwanz q hat den Zweck, einen beständigen Mangel an Gleichgewicht zwischen dem Schwerpunkt des Körpers und seinem Stützpunkt in der Luft zu unterhalten.

Fig. 308 veranschaulicht eine Anordnung des zur Bewegung der Flügelarme dienenden Getriebes. Eine Trommel r wird durch den Motor oder eine beständig gespannte Feder betätigt; bei ihrer Drehung zieht sie eine Kordel s, welche sich von einer elliptischen Trommel t abwickelt, mit sich. Hieraus resultieren mehr oder weniger lange Hebelarme, wodurch man, je nachdem die Stellung der Flügel es erfordert, eine größere oder kleinere Wirkung ausüben kann.

Es ist zu beachten, daß man bei dem vollkommensten Flug während des Fluges die Länge der Arme und die Neigung der Flügel der mehr oder weniger großen Menge an Kraft, über welche man verfügt, und der Geschwindigkeit des Fluges entsprechend muß einschränken können. Um die Arme verkürzen zu können, genügt es, dieselben in einer Kulisse endigen zu lassen, welche mittels einer Zahnstange und eines Getriebes bewegt wird, und um die Neigung der Flügel verändern zu können, braucht nur der Verbindungsteil f kulissenartig gestaltet zu sein.

Infolge der Umdrehung der Arme b und b[1] nimmt die Flügelfläche während des letzten Viertels der aufsteigenden Flugbahn und der ersten Hälfte der absteigenden Flugbahn eine gegen den Horizont von vorn nach hinten geneigte Lage ein (Fig. 303); während der zweiten Hälfte der Abwärtsbewegung und während des Beginns der Aufwärtsbewegung nimmt sie eine entgegengesetzte, d. h. eine gegen den Horizont von hinten nach vorn geneigte Lage ein (Fig. 304 und 305); während des Restes der Aufwärtsbewegung werden die Flügel von den Armen nicht mehr beeinflußt, und die Neigung der Flügelflächen wird nunmehr durch den Widerstand der infolge der Fortbewegung des Körpers und der Umdrehung der Flügel nach zwei verschiedenen Richtungen hin gedrängten Luft bestimmt.

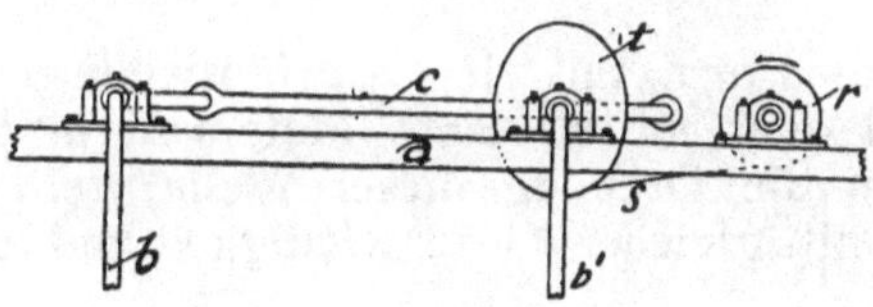

Fig. 308.

Es steht fest, daß die wesentlichen Bedingungen für den Flug, Mangel an Gleichgewicht und entsprechender Wechsel in der Neigung der Flügel sind. Beiden Bedingungen entspricht der beschriebene Apparat.

Patentanspruch:

Eine Flugmaschine, welche die Bewegungen des Vogelfluges dadurch nachahmt, daß die Flügel, welche auf im Rahmen a der Flugmaschine gelagerten, durch einen Motor in Drehung versetzten Kurbelarmen b b drehbar angeordnet sind, in vor- und rückwärts und auf- und abgehende Schwingungen versetzt und hierbei während eines Teiles der Bewegung durch gleichfalls im Rahmen a gelagerte, mit den Armen b b durch Kurbelstangen c d d[1] verbundene Arme b[1] b[1] schräg gehalten, während eines anderen Teiles der Bewegung aber dem Einfluß des Luftdruckes überlassen werden, so daß die Flügelflächen in kurzen Schraubenbogen vorwärts und aufwärts gehen, während der Rumpf der Maschine in jede neu gewonnene Unterstützungslage pendelnd nachfolgt.

99. Die

Patentschrift Nr. 71 799
Rudolf Chillingworth in Nürnberg,

angemeldet am 6. März 1893, ausgegeben am 1. November 1893, bezweckt eine Vervollkommnung des Patentes 70 409 in der Richtung, als eine für motorischen Betrieb besser geeignete Vorrichtung zur Bewegung der Flügel angewendet ist.

Die Flügelträger c und d (Fig. 309 bis 312) sind in Büchsen e und f befestigt, welche mit ineinander greifenden Zahnsegmenten g und h verbunden und um an dem Gondelgerippe angebrachte Achsen i und k drehbar sind. Das eine Segment steht durch einen

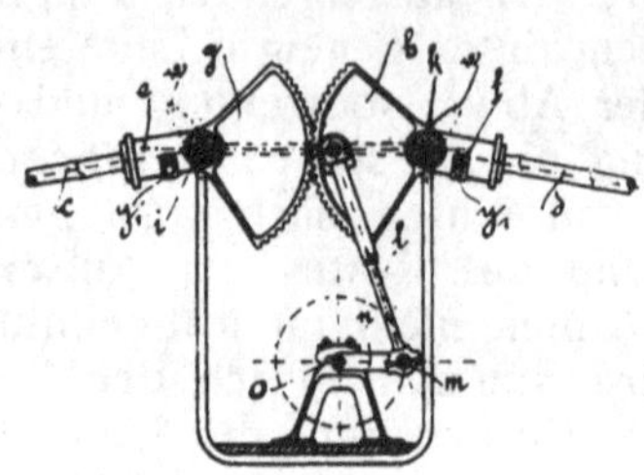

Fig. 309.

Kurbelmechanismus l m n mit der Antriebswelle o in Verbindung, welche von Hand oder mittels eines Motors M in Umdrehung versetzt wird. Durch die Drehung dieser Welle werden beide Flügel gleichzeitig und mit gleicher Geschwindigkeit auf und ab bewegt.

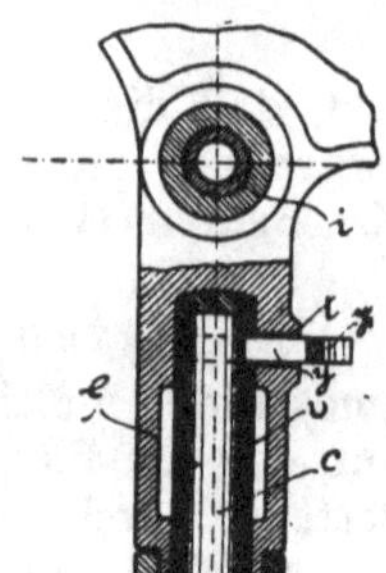

Fig. 311.

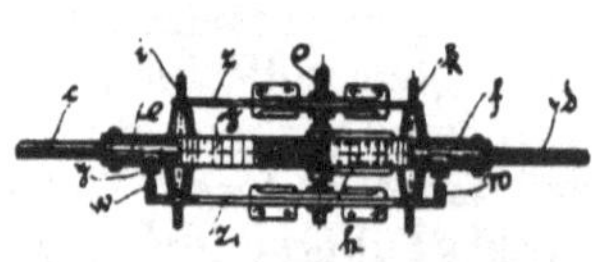

Fig. 310.

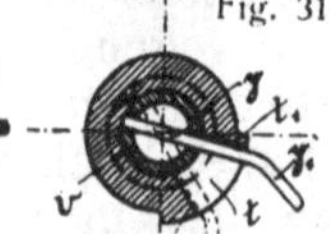

Fig. 312.

Durch kräftige Traversen werden die Achsen i und k gegeneinander versteift, und wird dadurch ein exaktes Eingreifen der Zahnsegmente gesichert.

Die Enden der Träger c bzw. d stecken gut befestigt in Hülsen v, welche lose drehbar in den Büchsen e, f befestigt sind. Jede dieser Hülsen ist mit einem Anschlaghebel y versehen, welcher durch einen Schlitz t der Büchsen nach außen ragt und durch Anschlagen an die Seiten t_1, t_2 dieses Schlitzes in seiner Bewegung begrenzt wird. Angenommen nun, der Flügel vollführe den Niederschlag, so wirkt der zu überwindende vertikale Luftdruck von unten nach oben; die Flügel werden dadurch bei der Mittelstellung in annähernd horizontaler Fläche ausgespannt, und es kommt daher deren ganze Fläche in bezug auf die vertikal nach aufwärts gerichtete Bewegung zur Wirkung. Durch Anschlagen des Hebels y (Fig. 311 und 312) an die obere Begrenzungskante t_1 des Schlitzes t wird dabei verhindert, daß der Flügel über die günstigste, d. h. die horizontale Mittelstellung emporgedreht wird.

Nach beendigtem Niederschlag wirkt bei dem nun beginnenden Aufschlag der Luftwiderstand senkrecht von oben nach unten auf die Flügelfläche. Der Flügel wird infolgedessen um die Längsachse des Trägers c bzw. d nach abwärts gedreht, und es ist die Flugfläche bei wagerechter Lage des Trägers, d. h. der Mittelstellung nach hinten geneigt. Infolgedessen hat nur eine kleinere, der Projektion des Flügels entsprechende Fläche den vertikalen Luftwiderstand zu überwinden. Dieser trifft zudem die Flügelfläche in der Längsrichtung in einem nach vorn spitzen Einfallwinkel, so daß der Flügel eine Bewegung nach jenem Winkel, also nach vorwärts erfährt.

Um die Drehung der Flügel sicher und stets im geeigneten Moment, d. h. bei der höchsten und tiefsten Stellung hervorzurufen, kann dieselbe unabhängig vom Luftwiderstand in der Weise mechanisch bewirkt bzw. gesichert und unterstützt werden, daß das vorspringende Ende y^1 des Anschlaghebels in den Endstellungen gegen einen an der Gondel befestigten Widerstand w anstößt und samt der Hülse v bzw. dem Flügelträger c gedreht wird (Fig. 310).

Patentansprüche:

1. Eine Ausführungsform der durch das Patent Nr. 70 409 geschützten Flugmaschine, dadurch gekennzeichnet, daß die Flügel außer der auf- und niedergehenden Bewegung auch noch in der Weise eine Drehbewegung um die Längsachse der Flügelträger erfahren, daß sie beim Flügelaufschlag schräg nach hinten geneigt sind, beim Niederschlag hingegen mit ihrer ganzen Fläche zur Wirkung gelangen.

2. Bei der im Anspruch 1 gekennzeichneten Flugmaschine eine Vorrichtung zur Bewegung der Flügel, bestehend aus zwei ineinander greifenden Zahnsegmenten g und h, welche vermittels eines Kurbelmechanismus l m n von der Antriebswelle o aus in Schwingung um feste Punkte i und k der Gondel versetzt werden und nach auswärts gerichtete Büchsen e und f tragen, in denen die Flügelträger c, d drehbar befestigt sind.

100. Eine Kombination von Ballon und Schlagflügel-Apparat behandelt die

Patentschrift Nr. 75 900
Hermann Ammann in Thailfingen i. Württ.

Angemeldet am 9. August 1893, ausgegeben am 25. Juni 1894.

Die Lenkbarkeit des Apparates wird durch zu beiden Seiten des Flugkörperschnabels angebrachte verschiebbare Steuerplatten bewirkt, die Fortbewegung durch den Vogelflug nachahmende Flügelbewegung und durch ein für diesen Zweck eingerichtetes vogelschwanzartiges, am Hinterteile des Flugkörpers in senkrechter Rich-

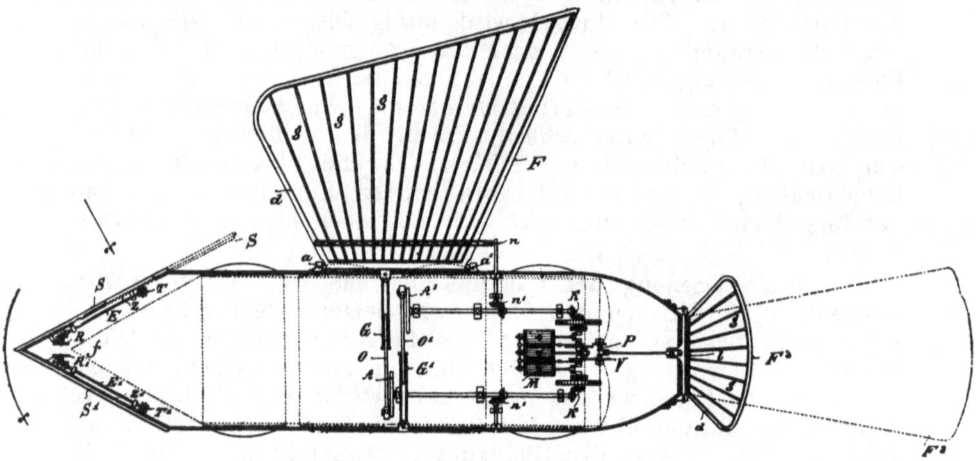

Fig. 313.

tung schwingendes Segel. Getragen wird der Flugkörper größtenteils von unter und gegebenenfalls über demselben angeordneten, entsprechend geformten Gasbehältern. Der Flugkörper hat eine die Luft gut schneidende, vorn zugespitzte, nach hinten etwas verjüngt verlaufende Form und ist oben und gegebenenfalls auch unten etwas gewölbt.

Fig. 313 zeigt einen Grundriß des Fahrzeuges. Wie ersichtlich, befinden sich zu beiden Seiten des Schiffsschnabels an der Außenseite desselben angebrachte, durch Handräder R R¹ und Zahnstangengetriebe verschiebbare Steuerplatten S S¹, deren Stellung vom Führerstande aus (der sich bei f befindet) geregelt werden kann.

Je nachdem die zu fahrende Kurve eine größere oder kleinere werden muß, bzw. die zu ändernde Richtung mehr oder weniger von der früheren abweichen soll, müssen diese Steuerplatten mehr oder weniger ausgeschoben bzw. eingezogen werden.

Zur Fortbewegung ist der Flugkörper seitlich mit zwei nach vorn etwas schräg abfallenden Flügeln F F' ausgerüstet (Fig. 314, Seitenansicht des vollständigen Fahrzeuges). Während nun die seitlichen Flügel F F' einesteils mit einer kleinen Komponente zum Tragen des Fahrzeuges, mit dem größten Teil ihrer Kraft aber zur Fortbewegung desselben beitragen, dient der hintere vogelschwanzartige, in senkrechter Richtung schwingende Flügel F^2 ausschließlich zur Fortbewegung desselben und wird nur zur Zeit eines Schwebefluges, z. B. beim Senken des Fahrzeuges, in die wagerecht punktierte Stellung (Fig. 314) gebracht. Für gewöhnlich führt dieser

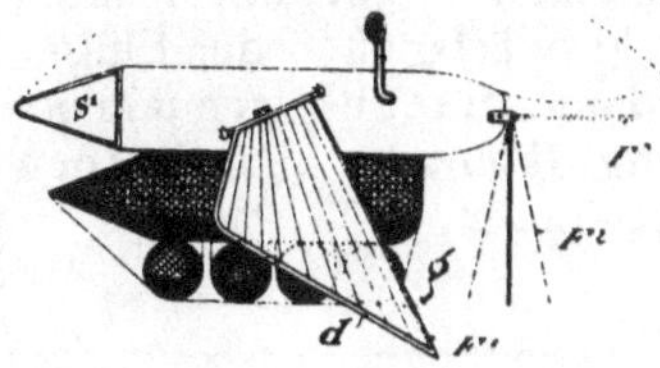

Fig. 314.

Flügel die mit strichpunktierten Linien gezeichnete Bewegung aus. Die Bewegung der Flügel geschieht unter Vermittlung geeigneter Zwischengetriebe durch einen Motor M (Fig. 313).

Die Kraftleitung zu den beiden Seitenflügeln F, F' erfolgt durch Kegelgetriebe K, welche mit der Maschinenwelle gekuppelt sind und deren Wellen an ihren anderen Enden Kurbelscheiben A A' tragen. Diese Kurbelscheiben A A' stehen mit den bei a a' und a^2 a^3 drehbar gelagerten Flügeln F F' in gelenkiger Verbindung, und zwar nehmen die Flügel mit hülsenartigen, nach dem Innern des Flugkörpers ragenden Armen G G' die mit den Kurbelscheiben schwingenden Zugstangen O O' auf, welche mit den Armen G G' einen einzigen Hebel bilden, so daß bei Bewegungen der Kurbelscheiben die Flügel eine den Armen G G' entsprechende auf- und

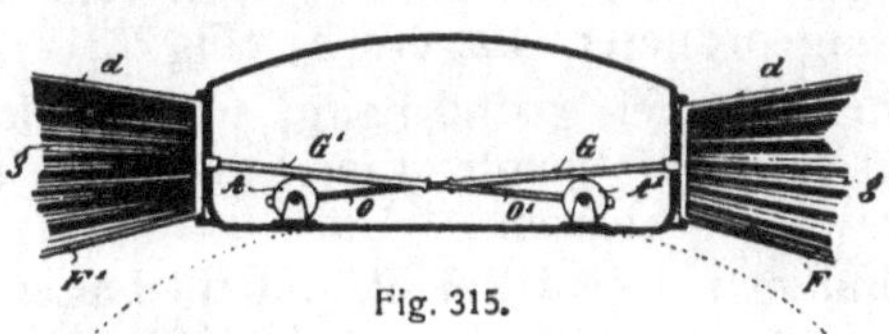

Fig. 315.

niedergehende Bewegung ausführen, wobei sich die Stangen O O' in den hülsenartigen Armen der Flügel F F' führen bzw. aus- und einschieben.

Damit der Hebelarm von O und G möglichst groß wird, wird die Zugstange O des rechten Flügels an der nächst der linken Seite des Flugkörpers befindlichen Kurbelscheibe gelagert und umgekehrt die Stange O' des linken Flügels an der rechts liegenden Kurbelscheibe, wie aus Fig. 315, Querschnitt des Flugkörpers, deutlich ersichtlich ist.

Die Bewegung des hinteren Flügels oder Segels F^2 erfolgt einfach mittels Kurbel und Kurbelstange. Die Einrichtung läßt sich so treffen, daß der hintere Flügel jederzeit außer Tätigkeit gesetzt werden kann, indem durch eine an dem Zahnrad V (Fig. 313) angebrachte Ausrückvorrichtung die Kurbelwelle P des Flügels F^2 vom Antriebsende der Maschinenwelle ausgeschaltet werden kann, z. B. bei Senkung des Fahrzeuges oder zum ruhigen Schwebeflug.

Die Flügel sind mit sich jalousieartig öffnenden Klappen versehen, damit sie bei ihrer Aufwärtsbewegung den ihnen hierbei hinderlichen Luftwiderstand leicht überwinden können. Zu diesem Zwecke werden beim Aufwärtsgehen der Flügel die einzelnen Klappen geöffnet, wobei sie dann die Luft schneiden, beim Abwärtsgehen, also bei Arbeitsleistung (Hebung und Fortbewegung bzw. Tragung des Fahrzeuges), geschlossen.

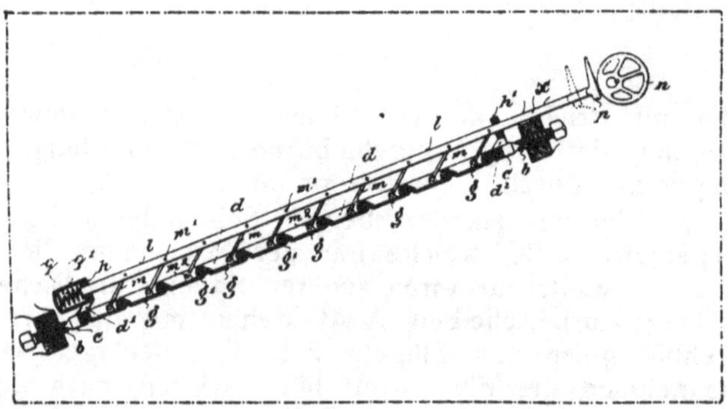

Fig. 316.

Fig. 316 zeigt einen solchen Flügel im Schnitt. Wie ersichtlich, bewegen sich dieselben mit ihren körnerartigen, am Flügelrahmen d angebrachten Lagerzapfen c zwischen je zwei verstellbaren, am Flugkörpergehäuse angeordneten Lagern b (Fig. 317).

Die einzelnen Klappen g sind bei g' am Flügelrahmen d drehbar und werden durch nachfolgende Einrichtung im richtigen Augenblick geöffnet bzw. geschlossen.

Am Flügelrahmen d sind bei d' und d^2 Lager h h' angebracht, in welchen sich eine gegabelte Stange l führt. Diese Stange l trägt bei m' Gelenkstücke m, welche bei m^2 mit je einer Klappe g in gelenkiger Verbindung stehen. Diese Gelenkstücke m sind so lang, daß sie, wenn die Klappen geschlossen sind (der Flügel sich also in Arbeitsstellung befindet), eine gegen die Stange l geneigte Lage einnehmen.

Wird die Stange l in Fig. 316 nach links verschoben, so gelangen die Klappen g mit ihren Gelenkstücken m in die punktierte Stellung; der Flügel befindet sich also in einer die Luft schneidenden Lage, d. h. er beginnt die Bewegung nach oben, wobei die gegenwirkende Luft durch die Klappen geschnitten wird. Die Stange l wird von einer Feder q gegen eine Exzenter- oder Nockenscheibe n gedrückt, welche durch ein Kegelgetriebe n' von der Hauptwelle aus in Umdrehung versetzt wird. Das mit der Scheibe n in Berührung stehende Ende der Stange l ist mit einer segmentförmigen Scheibe p versehen. Die Feder q ist in einem Gehäuse q' (Fig. 316) untergebracht, welches an dem am Flügelrahmen d angeordneten Lager h befestigt ist. Die Feder q kann auch zwischen der Segmentscheibe p und dem Lager h', also bei x, Fig. 317, angeordnet werden.

Wird die Scheibe n bewegt, so kommt die Scheibe p in die punktierte Stellung (Fig. 316), die Feder q wird gespannt und die Klappen g werden geöffnet. Durch weitere Drehung des Exzenters n in die mit vollen Linien gezeichnete Stellung (Fig. 316) erfolgt die

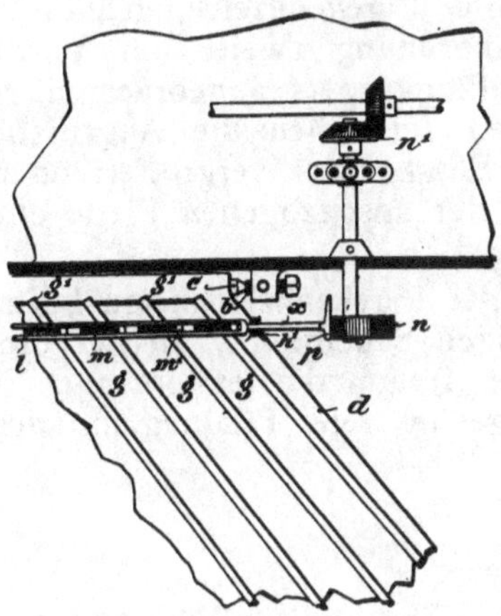

Fig. 317.

Entlastung der Feder q. Letztere schiebt dadurch die Stange l, die Klappen g schließend, wieder in ihre Ursprungslage. Selbstredend ist die Kraft der Feder q so groß, um die an und für sich sehr leichten Klappen g in Arbeitsstellung der Flügel geschlossen zu halten. Die Scheibe p der Stange l ist deshalb segmentförmig gestaltet, damit sie ungehindert der oszillierenden Bewegung der Flügel stets mit der Exzenterscheibe n in Berührung bleibt; sie nimmt, wenn die Flügel ihre oberste Stellung einnehmen und im Begriff sind, nach unten zu gehen, die aus Fig. 317 ersichtliche Stellung ein.

Das Verhältnis der die Schaltbewegung der Flügelklappen g übertragenden Kegelräderpaare n' n' ist so gewählt, daß im Augenblick der Aenderung der Bewegungsrichtung der Flügel F F' F² ihre Klappen entweder geöffnet oder geschlossen werden, d. h. in dem Augenblick, wo die Flügel ihre oberste Stellung einnehmen und im Begriff sind, nach unten zu gehen, muß die Exzenterscheibe n die aus Fig. 316 ersichtliche Stellung einnehmen, die Feder q also entlastet sein; nun bleiben die Klappen g geschlossen, bis der Flügel nahezu seine unterste Stellung erreicht hat, und im Augenblick des

Verlassens derselben öffnen sich die Klappen dadurch, daß unterdessen die Scheibe n die entgegengesetzte Stellung eingenommen hat, die Feder q also gespannt ist.

Patentansprüche:

1. Durch Flügel fortzubewegendes Luftschiff, dadurch gekennzeichnet, daß sowohl die nach vorn geneigt angeordneten Seitenflügel (F F') als auch das um eine wagerechte Achse pendelnde Schwanzsegel (F^2) aus jalousieartig sich öffnenden Klappen bestehen, die mittels einer von einem Exzenter (n) und einer Feder beeinflußten Stange (l) so bewegt werden, daß sie sich beim Leer- bzw. Hochgehen der Flügel öffnen und beim Arbeiten bzw. Niedergehen derselben schließen.

2. Bei dem unter 1 gekennzeichneten Luftschiff zum Zweck der Lenkbarkeit die Anordnung zweier am Vorderteile (Schnabel) zu beiden Seiten des Flugkörpers angebrachten verschiebbaren Platten (S S'), durch deren Ausziehen die Angriffsfläche der einen oder anderen Seite des Flugkörpers vergrößert oder verkleinert und das Fahrzeug nach der der ausgezogenen Platte entgegengesetzten Richtung abgelenkt wird.

3. Bei dem unter 1 gekennzeichneten Luftschiffe die Anordnung einer segmentförmigen Scheibe (p) an der die Klappen der Flügel bewegenden Stange (l), um die letztere auch bei der schwingenden Bewegung der Flügel in steter Fühlung mit der Exzenterscheibe (n) zu halten.

101. Der nach der

Patentschrift Nr. 77 871
Franz F. C. Dähn in Stralsund,

angemeldet am 11. Dezember 1893, ausgegeben am 6. November 1894,

gebaute Flugapparat mit Schlagflügeln nimmt noch Gasfüllung zu Hilfe und hat eine Flügelanordnung, deren Bewegungs- und Steuerorgane in Form und Anordnung denen eines Vogels nachgebildet sind.

Zwei aus Aluminium in kreisrundem oder ovalem Querschnitt hergestellte Gasbehälter a und b (Fig. 318 und 319) sind durch ein Gestell c miteinander unter bestimmtem Abstand verbunden. Der vordere, dem Kopf eines Vogels entsprechende Behälter a ist konisch und in eine Spitze auslaufend, während der hintere, den Rumpf bildende zylinderförmig oder mit nur schwacher Verjüngung hergestellt ist. Der Bewegungsmechanismus ist in dem Raum zwischen beiden Behältern untergebracht. Er besteht aus zwei zur Längsachse der Behälter rechtwinklig in horizontaler Lagerung angeordneten flachen Flügeln d, welche jalousieartig aus einzelnen Klappen derart zusammengesetzt sind, daß sich diese beim Hochgang der Flügel öffnen und beim Niedergange selbsttätig geschlossen bleiben. Die Flügel sind scharnierartig um die Achse e der Gabeln f der hohlen Wellen g schwingbar, die drehbar in den vom Gestell c gehaltenen Lagerkörpern h eingelagert sind. Eine in der Achse dieser Hohlwellen liegende Triebwelle i ist an ihren beiden freien Enden mit Kurbeln k versehen, welche mit ihren Zapfen in die mit der

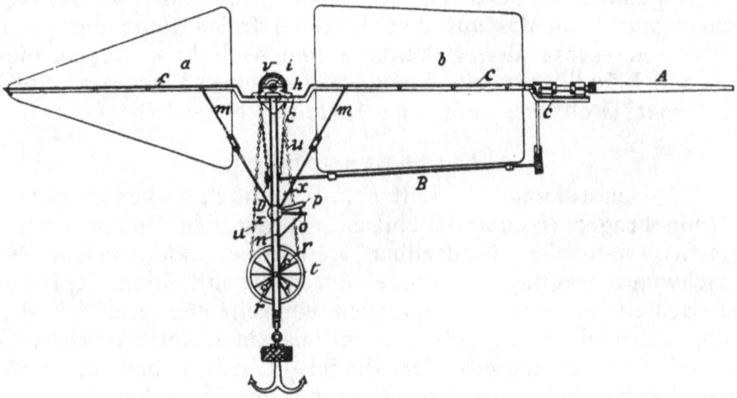

Fig. 318.

Hülse d der Flügel verbundenen Kurbelschleifen l greifen und bei einer Drehbewegung von i das Hin- und Herschwingen der Flügel um die Achse e bewirken.

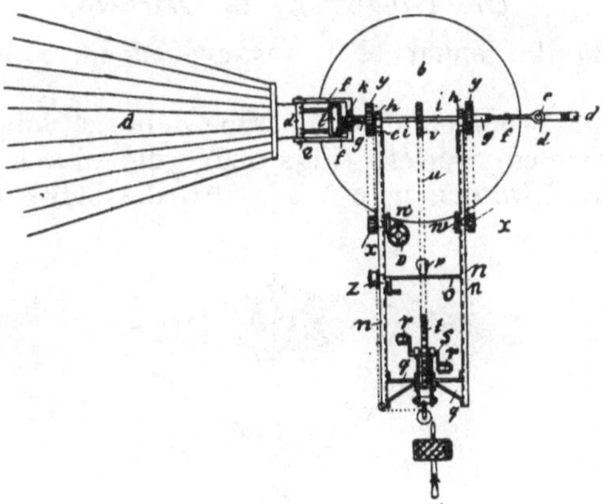

Fig. 319.

Zwei nach unten führende Stangen n tragen auf einer mittleren Querverbindung o einen federnden Sitz p und auf einer unteren Verbindung q zwei Trittkurbeln r, auf deren gemeinschaftlicher Drehachse s ein durch eine Gelenkkette u mit dem auf i sitzenden Rade v verbundenes Kettenrad t angeordnet ist. Ebenfalls an den Stangen n sind durch Handräder w zu drehende Kettenräder x gelagert, welche durch Ketten mit den auf den Hohlwellen g befindlichen Rädern y in Verbindung stehen. Die an einer der Stangen n mittels Kurbel zu betätigende, mit Sperrad versehene Rolle z reguliert die Lage eines unterhalb des ganzen Gebildes an der Querverbindung q aufgehängten Ankers. Mittels einer an der unteren Fläche des Gasbehälters b drehbar gelagerten, durch Handrad D vom Sitz p aus zu bewegenden Welle B und eines entsprechenden Uebertragungsmechanismus kann das auf dem hinteren freien Ende des Gestells c in der Längsachse der Behälter a und b drehbar angeordnete, in Form den Flügeln ähnliche Steuer A mit seiner Fläche in jede innerhalb seiner Drehachse mögliche Richtung eingestellt werden.

Patentanspruch:

Flügelanordnung für Luftschiffe, dadurch gekennzeichnet, daß die Flügelträger (f) mittels Hülsen (g) auf den Enden einer horizontalen Triebwelle (i) drehbar angeordnet sind, welche letztere die Schwingbewegung der Flügel durch die mit ihren Zapfen in die Kurbelschleifen (l) der Flügelenden eingreifenden Kurbeln (k) veranlaßt, während die Flügelträger mittels eines Kettengetriebes (x y) während des Schwingens der Flügel in jedem beliebigen Winkel gegen die Flugbahn zur Unterstützung der Steuerbarkeit des Luftschiffes eingestellt werden können.

102. Eine eigenartige Konstruktion stellt das Flugzeug nach der

Patentschrift Nr. 77 897
Dr. Ozegowsky in Ostrowo,

angemeldet am 19. Januar 1894, ausgegeben am 5. November 1894, dar.

Durch die Scheiden des in Trapezoidform doppelt zusammengelegten gasdichten Stoffes (Fig. 320), die durch entsprechende Nähte entstehen, werden in e f, a c, d b die Stäbe A B, C D, E F

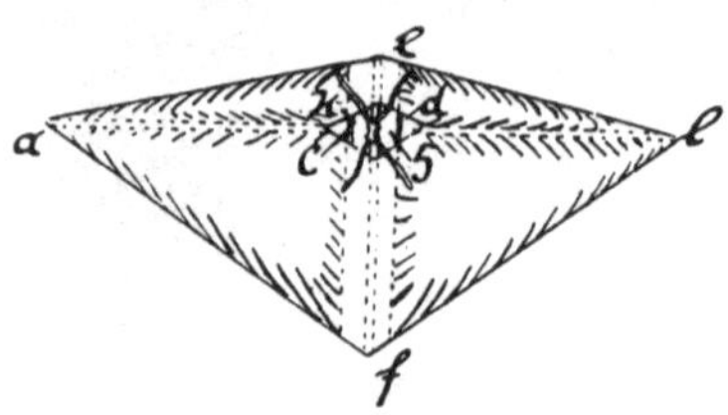

Fig. 320.

(Fig. 321) gesteckt, und zwar so, daß die Seitenstäbe durch Arme mit dem Längsstab A B senkrecht zu demselben beweglich verbunden sind. Die Stelle, wo der Mensch sich auf den sattelförmigen Sitz S setzt, der an der Stange befestigt ist, ist zwischen dem Viereck, das durch die Verbindung der Arme der Seitenstangen entsteht, aus dem doppelt zusammengelegten gasdichten Stoff ausgeschnitten. Die Arme der Seitenstäbe (Flügelstäbe) sind durch zu dem Längsstab parallel verlaufende Stäbe verbunden, an denen sich Rollen H befinden; diese dienen als Handhaben. Unterhalb des Sitzes, nach hinten zu, befindet sich ein nach unten zu verlaufender Stab an der Längsstange, welcher mit zwei Oesen versehen ist. Die Oesen (Fig. 322) werden durch Schnüre mit der Vorder- und Hinterspitze verbunden. Die durch die Nähte entstandenen Hüllen aus dem doppelt zusammengelegten Stoff werden durch einen entsprechend

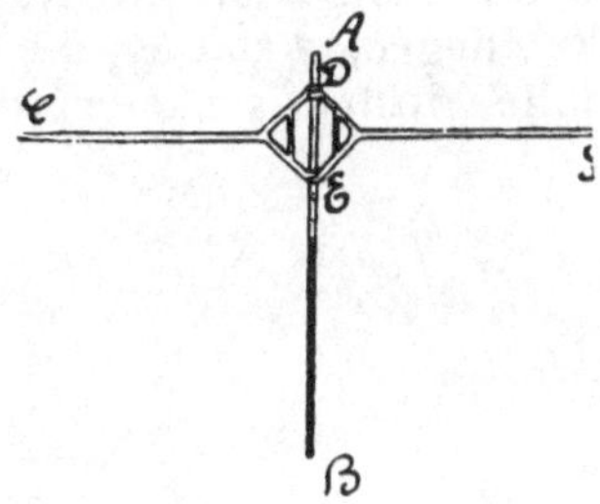

Fig. 321.

breiten Streifen e f (Fig. 320) zusammengehalten, und somit entstehen zwei Seitenhüllen (Flügel), die wiederum in je eine Vorderhülle und Hinterhülle durch die Scheiden und die darin sich befindenden Flügelstäbe geteilt werden. Sämtliche Hüllen werden mit Gas gefüllt. Somit entstehen zwei Flügel, die an einer Stange befestigt sind und ohne Belastung in der Luft schweben. An der Vorderspitze (Fig. 322) ist eine Schnur angebracht, mit welcher der Mensch das Fahrzeug hält oder anbindet. Auch am Sattel befinden sich Bänder, mit denen man sich über die Schultern an das Fahrzeug bindet. Hat sich der Mensch auf den Sattel gesetzt und mit den Bändern an dem Fahrzeug befestigt, so braucht er sich nur, während er zugleich mit den Flügeln arbeitet, von der Erde abzustoßen.

Nachdem er sich auf diese Weise in die Luft geworfen hat und fortwährend mit den Flügeln arbeitet, legt er die Füße nach hinten in die Oesen und gibt durch Drehen mit Händen und Füßen die beliebige Stellung, von welcher die Richtung des Fluges abhängt.

Dreht er das Fahrzeug mit seiner Fläche schräg zur horizontalen Linie mit der Vorderspitze nach oben, so kann durch den Flügelschlag die Bewegung nicht in horizontaler Linie stattfinden, weil die Fläche einen größeren Luftwiderstand zu überwinden hat, sondern das Luftfahrzeug weicht nach dorthin aus, wo es den geringen Luftwiderstand zu überwinden hat. Nun ist aber die Last in der vorderen Hälfte des Luftfahrzeuges angebracht und diese hat das Bestreben, zu fallen. Der Mensch wirft sich mit seiner Last in die Luft, die Flügelbewegungen unterhalten die Wirkung des Wurfes; die Flügel hemmen aber zugleich die Wirkung der Schwerkraft, also des Fallens. Da sich die Last im vorderen Teile des Luftfahrzeuges befindet, so würde der Mensch, nachdem er sich in die Luft geworfen hat, ohne die Flügel zu bewegen, dieselben aber gespreizt haltend, die Erde nicht in senkrechter, sondern in schräger Richtung erreichen. Durch den Flügelschlag unterhält er aber die erste Wirkung des Wurfes und treibt sie weiter. Weil sich aber die Last in dem Vorderteile befindet, so erhält die sich hinter derselben befindliche Fläche das Gleichgewicht, wie z. B. die Federn beim Pfeil, der Schwanz beim Vogel und die Anordnung der Flughäute bei Handflügern, überhaupt die Anordnung der Flügel bei jedem geflügelten Wesen.

Hat der Mensch die horizontale Richtung genommen, so kann er sofort in die Höhe fliegen, wenn er die Vorderspitze des Luftfahrzeuges in die Höhe richtet, senkt er dieselbe, so erfolgt der

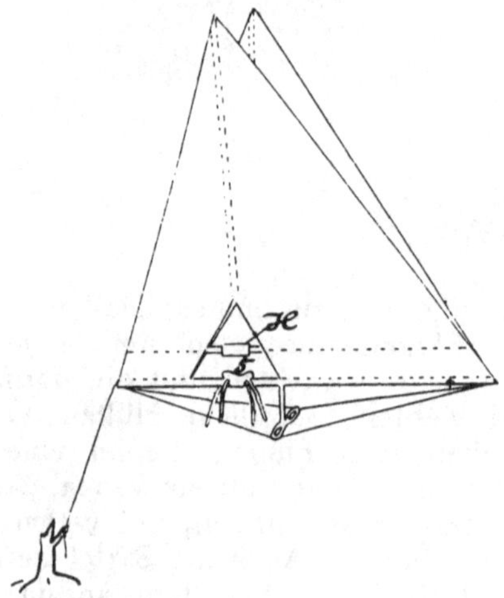

Fig. 322.

Flug nach unten, und die Linie, die er dabei beschreibt, hängt ganz von der Stellung des Luftfahrzeuges ab. Je weniger er die Flügel bewegt, je weniger er sie spreizt, desto kürzer ist die Fluglinie, desto mehr kommt die Schwerkraft zur Wirkung.

Durch das Anbringen der Last im Vorderteile des Flügelluftfahrzeuges wird auch der Flug gegen den Wind ermöglicht. Will der Mensch gegen den Wind fliegen, so muß er lavieren. Hält er nun das Fahrzeug mit gehobener Spitze dem Wind entgegen, so hat die Last das Bestreben, zu fallen, der Wind aber treibt das Fahrzeug in die Höhe, weil es mit seinen Vorderkanten, deren Flächen im Verhältnis zur ganzen Fläche des Fahrzeuges nur sehr klein sind, den Luftwiderstand leichter überwinden kann.

Will der Fliegende die Erde erreichen, ohne sich vom Wind fortreißen zu lassen, so muß er den Wind mit den Vorderkanten schneiden, die Flügel ruhig und je nachdem nach unten oder oben geklappt halten und die Schwerkraft wirken lassen. Die Last fällt zur Erde, das Gleichgewicht wird von der hinter derselben sich befindlichen Fläche gehalten, die Richtung gibt der Mensch durch Drehen des Fahrzeuges mit Händen und Füßen.

Patentanspruch:

Flügelfahrzeug, dadurch gekennzeichnet, daß die Flügel zugleich als Gasbehälter ausgebildet sind und durch Stäbe, die mit einem durchgehenden Längsstabe gelenkig verbunden sind, in Bewegung gesetzt werden, wobei die Flügel jede beliebige, dem Zwecke entsprechende Gestalt haben können.

103. Die Flugmaschine nach der

Patentschrift Nr. 78 033
Hermann Israel in Dresden,

angemeldet am 14. November 1893, ausgegeben am 1. Dezember 1894, die durch einen mit mehreren Flügelpaaren versehenen Räderwagen gekennzeichnet ist, besteht aus drei Hauptteilen: dem Wagen A

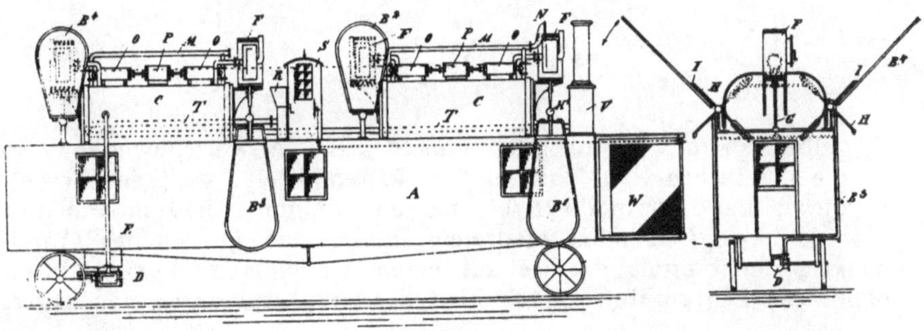

Fig. 323. Fig. 324.

(Fig. 323, 324, 325), den Flügelpaaren B^1 B^2 B^3 B^4 zum Heben und Fortbewegen in der Luft und der maschinellen Einrichtung zum Bewegen der Flügel und Fortbewegen des Schiffes auf dem Erdboden beim Anfliegen. Auf dem Verdeck des Wagens a liegen die Hohlzylinder C, welche mit komprimierter Luft gefüllt sind. Dieses Luftquantum dient zunächst zum Betriebe einer unter dem Wagen A befindlichen Maschine D. Die Maschine D treibt die hintere Kurbelachse des Wagens an. Hierdurch wird der Wagen auf der Erde so lange fortbewegt, bis er eine gewisse Geschwindigkeit erreicht hat, um dann durch den eigentlichen Flugapparat in die Lüfte gehoben zu werden.

Der Flugapparat (Fig. 326 bis 333) besteht aus einzelnen am Wagen angebrachten Flügeln B^1 B^2 B^3 B^4, die durch die Motoren F ihre auf- und abwärtsgehende schwingende Bewegung erhalten. Die Flügel B liegen auf beiden Seiten des Wagens einander gegenüber, und zwar befindet sich das eine Paar in seiner höchsten Stellung, das darauf folgende in der tiefsten und das nächste wieder in seiner höchsten Stellung. Die Flügelstangen H sind in dem Kugellager H^1 (Fig. 330 und 331) nach allen Richtungen drehbar angeordnet und durch die Stangen G^1 (mit Kugellagern an beiden Enden) mit dem Querhaupt G^2 der Kolbenstange G verbunden, so daß infolge dieser gelenkigen Verbindung die Stange H jede Bewegung ausführen kann, wie es die eigenartige Bewegung der Flügel erfordert.

Fig. 326 veranschaulicht die Stellung der Flügelquerachse L L^1 (Fig. 325) zur Wagenmittelachse in den verschiedenen Phasen der

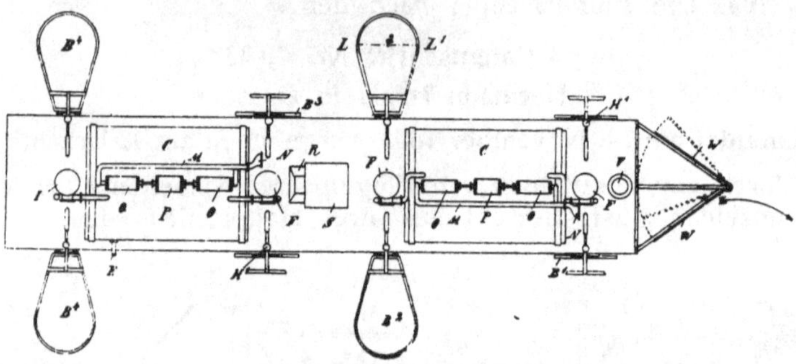

Fig. 325.

Flügelbewegung. Beginnt der Flügel seine Abwärtsbewegung, so ist die Querachse L L^1 parallel der Wagenmittelachse (Längsachse). In dieser Lage verbleibt L L^1, bis der Flügel sich zum Punkt 3 abwärts bewegt hat; bis zu diesem Punkte bewegt sich der Mittelpunkt a der Flügelquerachse auf einem Kreisbogen, dessen Mittelpunkt das Lagermittel von H^1 und dessen Ebene durch das Lager-

Fig. 326.

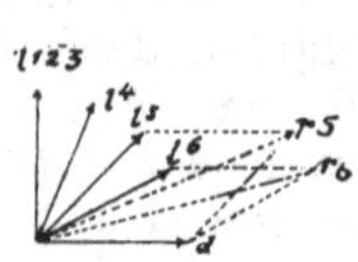

Fig. 327.

mittel geht und senkrecht zur Wagenmittelachse ist. Bewegt sich der Flügel dann weiter abwärts, so findet eine Drehung der Achse L L^1 und zugleich eine Bewegung des Flügels nach hinten statt. Die Bewegung des Flügels auf seinem ganzen Wege nach abwärts zerfällt also in drei Teile:

1. die Bewegung vom Punkte 1 bis 3, wobei L L^1 parallel der Wagenmittelachse bleibt;

2. die Bewegung vom Punkte 3 bis zur tiefsten Stelle abwärts und zugleich nach hinten, und

3. die Drehung des Flügels bzw. der Flügelstange H während der unter 2 näher bezeichneten Abwärtsbewegung.

Eine Ausführung, die diese drei Bewegungen ermöglicht, ist in den Fig. 330 bis 333 dargestellt. An der Flügelstange H ist nahe am Lager H^1 ein Querhaupt fest angebracht, welches zwei Gleitstücke H^2 und H^3 trägt; diesen entsprechen die Gleitbahnen H^4 und H^5 im Lagerbock H^1. Befindet sich der Flügel in seiner höchsten Lage, so befindet sich Gleitstück H^3 in seiner Bahn H^5 und gleitet in derselben abwärts, bis der Flügel zum Punkte 3 gelangt ist, wo der Mittelpunkt a seiner Querachse die zur Wagenmittelachse senkrechte

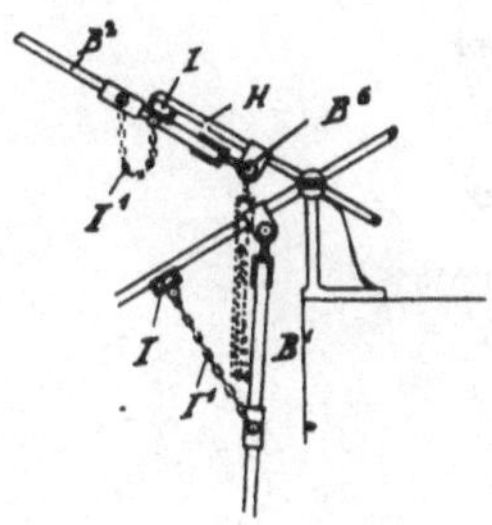

Fig. 328.

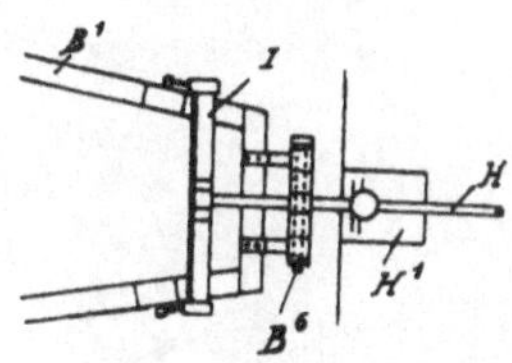

Fig. 329.

durch das Lagermittel gehende Ebene verläßt. An dieser Stelle tritt H^3 aus H^5 heraus und H^2 in H^4 hinein. Die Gleitbahn H^1 liegt auf einer Kugeloberfläche, deren Mittelpunkt das Lagermittel H^1 ist. H^4 ist also durchaus gleichmäßig gestaltet, so daß Gleitstück H^2 in dieser Bahn H^4 gleiten kann, wenn man ihm dieselbe Form wie der Gleitbahn erteilt. Da nun H^2 und H^3 fest mit der Flügelstange H verbunden sind, so muß der Flügel sich der Form der Gleitbahnen entsprechend abwärts bewegen und die drei vorher erwähnten Be-

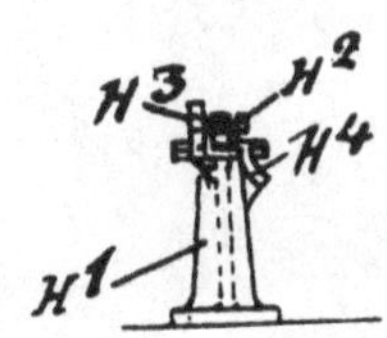

Fig. 330.

wegungen durchmachen. Die Drehung des Flügels (Bewegung 3) findet, wie aus Fig. 333 hervorgeht, dadurch statt, daß die Flügelstange H infolge ihrer starren Verbindung mit H^2 ihre Lage zu H^2 nicht ändert und daher der Bewegung von H^2 folgen, d. h. sich bei schräger Lage von H^2 zusammen mit dem Flügel drehen muß.

Die Flügel B sind durch Scharniere B^6 (Fig. 328 und 329) mit der Flügelstange H verbunden, so daß sie sich unabhängig von der Lage der Flügelstange H in die vertikale einstellen können. Diese Lage behalten sie bei, solange sich die Kolbenstange G abwärts bewegt, also die Flügelstange in ihre höchste Lage zurückkehrt. Findet dann eine Abwärtsbewegung der Flügelstange statt, so verläßt dieselbe ihre vertikale Lage und legt sich gegen den Querriegel J, welcher an der Flügelstange H befestigt ist. Der Flügel wird aus seiner vertikalen Lage durch die Zentrifugalkraft infolge der um das Lagermittel schwingenden Bewegung des Flügels

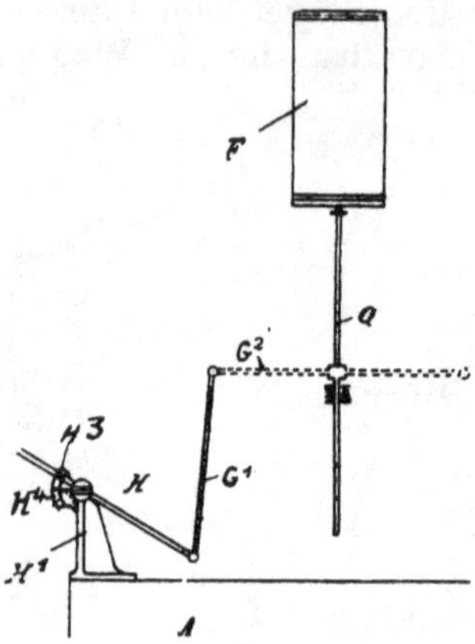

Fig. 331.

bei Hochgang gebracht und dann durch den Luftwiderstand beim Niedergehen ganz umgelegt, so daß er sich gegen den Querriegel J legt. Man kann, um das Eintreten der Flügel in ihre Arbeitslage noch zuverlässiger zu veranlassen, Flügel B und Querhaupt J durch Ketten J^1 verbinden, deren Länge so bemessen ist, daß sich der Flügel nicht genau in die Vertikale einstellen kann, sondern zu der-

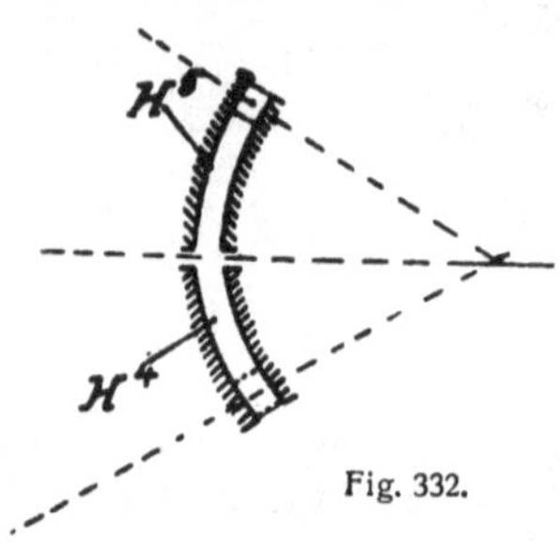

Fig. 332.

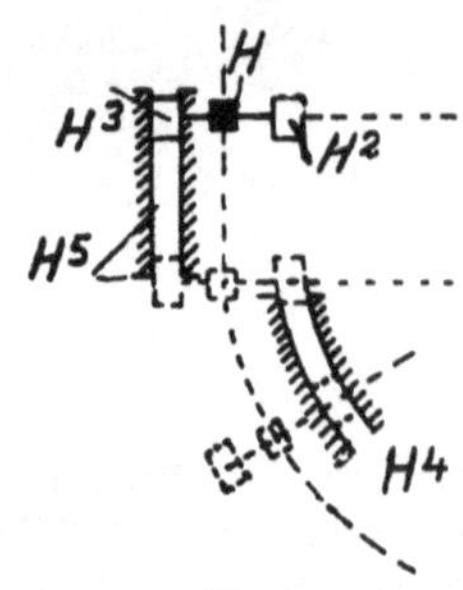

Fig. 333.

selben, wie aus Fig. 328 ersichtlich, eine schräge Lage einnimmt. Dann ist bei der Aufwärtsbewegung immer eine Komponente vorhanden, welche ein Umlegen des Flügels in seine Arbeitslage veranlaßt. Der Flügel bleibt während seines ganzen Niederganges in dieser Arbeitslage, und erst, wenn die Flügelstange sich wieder aufwärts bewegt, löst sich der Flügel vom Querhaupt J und stellt sich wieder vertikal ein.

Wird der Wagen A durch den Motor D horizontal auf der Erde fortbewegt — die Bewegungsgröße wird durch d (Fig. 327) bezeichnet —, so werden sich als Resultanten von d mit den der jeweiligen Flügelstellung 1, 2, 3, 4, 5, 6 entsprechenden Auftriebskräften 1^1 1^2 1^3 1^4 1^5 1^6 Kräfte r^5 r^6 ergeben, welche die gesamte Vorrichtung vom Erdboden in schräger Richtung in die Lüfte heben. Erleichtert wird dieses schräge Anfliegen noch dadurch, daß das Flügelpaar B^1 zu Anfang schneller als das Flügelpaar B^2, dieses letztere wieder schneller als B^3 und B^3 schneller als B^4 arbeitet. Die Geschwindigkeit der Flügel nimmt also vom Vorderteil der Vorrichtung nach dem Ende derselben beim Anfliegen stetig ab, und so erhebt sich der Wagen A mit allen seinen Teilen schräg in die Lüfte. Hat sich die Vorrichtung vom Erdboden abgehoben, so wird die Tätigkeit des Motors D eingestellt.

Die Motoren F für die Flügel werden ebenfalls durch die in den Zylindern C enthaltene komprimierte Luft betrieben.

Um die Luft in C zu ersetzen, ist jeder Behälter C mit einer Rohrleitung M versehen, welche in Trichter N ausmündet. Durch diese Trichter strömt während des Fluges der Vorrichtung atmosphärische Luft ein, welche zunächst zu den Kompressionspumpen O und von denselben zusammengepreßt in die Zylinder C gelangt. Zum Betriebe der Luftpumpen O dienen die Motoren P, welche gleichfalls von der in C enthaltenen komprimierten Luft gespeist werden. Um die Spannung der in den Zylindern C enthaltenen Betriebsluft zu erhöhen, ist auf dem Verdeck des Wagens eine selbsttätige Schüttfeuerung R vorgesehen, welche vom Führerstande S aus geregelt werden kann. Die Heizgase werden in Rohren T durch die Zylinder C zum Schornstein V geleitet und erwärmen die in C enthaltene Betriebsluft, wodurch deren Spannung erhöht wird.

Die Steuerung der Flugmaschine findet durch ein Luftsteuer W statt, welches sich am Vorderteile der Vorrichtung befindet und aus zwei unter einem spitzen Winkel fest miteinander verbundenen Steuerplatten besteht (Fig. 323 und 325). Eine Drehung dieses Steuers erfolgt vom Führerstande S aus.

Patentansprüche:

1. Flugmaschine, gekennzeichnet durch einen mit mehreren Flügelpaaren versehenen Räderwagen (A), welcher beim Anfliegen durch einen Motor (D) in horizontaler Richtung in Bewegung gesetzt wird, während die einzelnen Flügelpaare mit verschiedener Geschwindigkeit derart bewegt werden, daß dadurch der Apparat in schräger Richtung in die Lüfte gehoben wird.

2. Bei dem unter 1 beanspruchten Flugapparate die Verbindung der Flügel (B) mit den Flügelstangen (H) durch Scharniere zu dem Zwecke, ein selbsttätiges Einstellen der Flügel in die Vertikale bei ihrer Aufwärtsbewegung zu ermöglichen, so daß der Luftwiderstand bei Aufwärtsbewegung der Flügel auf ein Minimum reduziert wird.

104. Bei Flugmaschinen, welche mit senkrecht schwingenden Flügeln versehen sind, kann man durch Aenderung der Schwingungsanzahl der Flügel bzw. der Umdrehungszahl des Motors nach Belieben steigen oder fallen. Das zu diesem Zweck in der

Patentschrift Nr. 80 205
Hermann Israel in Dresden,

angemeldet am 11. Juni 1894, ausgegeben am 15. März 1895,

angewendete Mittel besteht darin, die Lage des Flügeldrehpunktes zum Angriffspunkte der Kraft derart zu verändern, daß der Hebel-

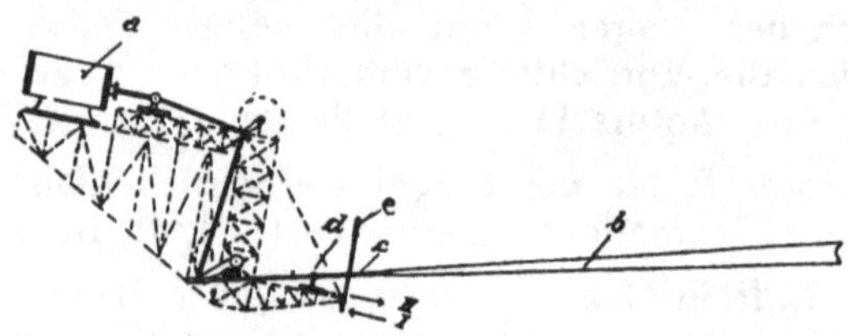

Fig. 334.

arm der Kraft ein größerer oder kleinerer und der Flügelausschlag ein kleinerer oder größerer wird. Wächst der Flügelausschlag, so wächst damit die Fähigkeit der Flugvorrichtung, zu steigen, bei Verkleinerung des Ausschlages dagegen zu fallen.

In Fig. 334 ist a der Motor, welcher den Flügel b um das Lager d vertikal auf- und niederschwingen läßt, c ist die Flügelstange. Das Lager d kann mittels Stellstange e oder einer anderen geeigneten Vorrichtung in der Richtung der Pfeile I und II verschoben werden,

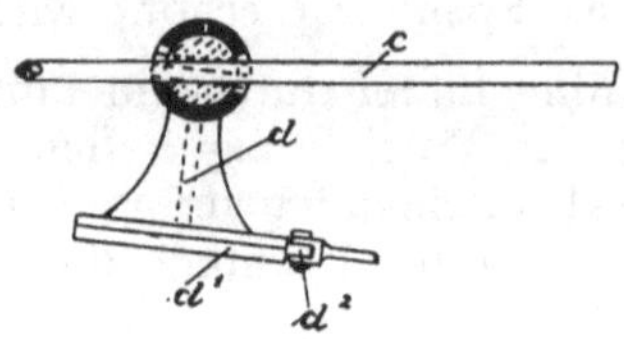

Fig. 335.

Fig. 336.

schoben werden, so daß bei gleicher Umdrehungszahl der Maschine der Flügelhieb größer oder kleiner wird. Fig. 335 und 336 zeigen eine Ausführungsform des Kugellagers d, bei welchem die Kugel mit einer Aussparung versehen ist, in welcher die Flügelstange c derart ihre Führung findet, daß ein Verschieben des Lagers leicht erfolgen kann, ohne daß der Flügel selbst seine Lage ändert. d^1 ist der als Gleitstück ausgebildete Fuß des Lagers d und d^2 ein Knaggen zur Befestigung der Verbindungsstange zwischen Handhebel e und Lager d.

Patentanspruch:

Flugvorrichtung mit senkrecht schwingenden Flügeln, bei welcher das Lager (d) für die für sich nicht verschiebbaren Flügelstangen (c) gegenüber diesen verschiebbar ist, um den Flügelausschlag und somit das Steigen und Fallen der Flugvorrichtung regeln zu können.

105. Bei dem Schwingenflieger nach der

Patentschrift Nr. 84 544
Otto Schmidt in Königsberg,

angemeldet am 22. Februar 1895, ausgegeben am 27. Dezember 1895,

sind die Flügel in Bauart und Wirkung genau denjenigen eines Vogels nachgebildet, d. h. sie gliedern sich in einen tragenden Teil, wie beim Vogel, welche eine fest geschlossene, leicht gewölbte Fläche darstellt, und einen bewegenden Teil. Letzterer

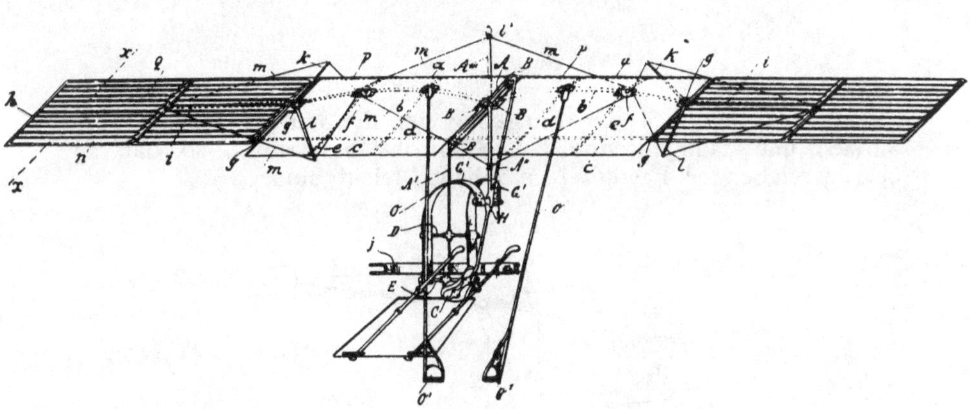

Fig. 337.

bewegt sich ungleich energischer und schneller als der erste gegen die Luft, wobei er der Luft einzelne schiefe Flächen darbietet und dadurch eine schnellere Vorwärtsbewegung erzielt.

Zwischen den beiden Flügeln (Fig. 337) befindet sich ein senkrecht hängender, in Fig. 338 in Seitenansicht besonders dargestellter Rahmen A, an welchem die beiden Flügel mittels Scharnieren B auf- und abschwingbar befestigt sind. Die hintere Stange A' dieses Rahmens bildet für den Fliegenden die Rückenstütze und trägt einen Sattel C, um hierauf in die vordere Stange A'' des Rahmens A überzugehen. Die vordere Stange A'' bildet die Bruststütze für den Fliegenden. Außerdem ist in dem Rahmen A noch eine senkrechte Stange A''' befestigt, deren oberes Ende den Rahmen um ein bestimmtes Stück überragt. An der Rückenstütze A' ist in Höhe des Schulterblattes eine wagerechte Stange D so lang wie die Schulterbreite befestigt. Eine zweite solche wagerechte Stange E befindet sich an der Rückenstütze A' in der Gegend der Hüften. Beide Stangen D und E müssen sehr fest mit der Rückenstütze verbunden sein. Von der unteren Stange

E führen nach der oberen D zwei breite Riemen G', die über die Schulter des Fliegenden hinweg nach dem Vereinigungspunkt H der Brust- und Mittelstütze gehen, wo sie befestigt sind. An die Rückenstütze ist endlich noch ein breiter Ledergürtel J an-

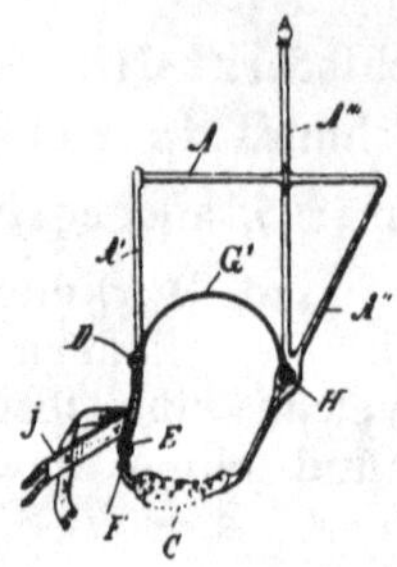

Fig. 338.

genäht, welchen sich der Fliegende um die Hüften schnallt. Die Stützen und Stangen sind aus Stahlrohr hergestellt, so daß sie bei ausreichender Festigkeit möglichst leicht sind.

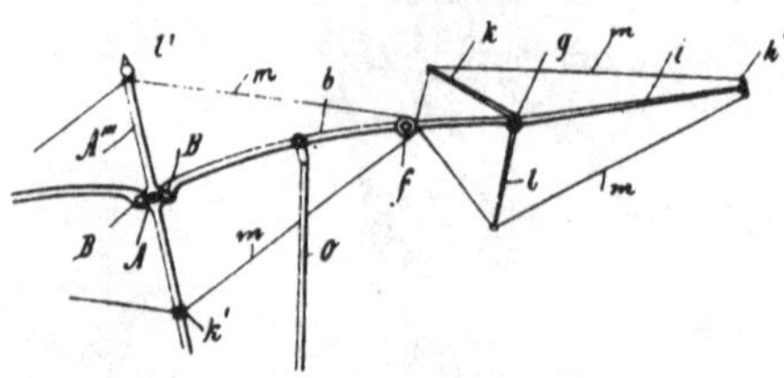

Fig. 339.

Die beiden tragenden Flügel P, die der Schulter- und Armschwinge des Vogels entsprechen, bestehen in der Längsrichtung aus drei Rippen a b c (Fig. 339 und 340). Die vordere und

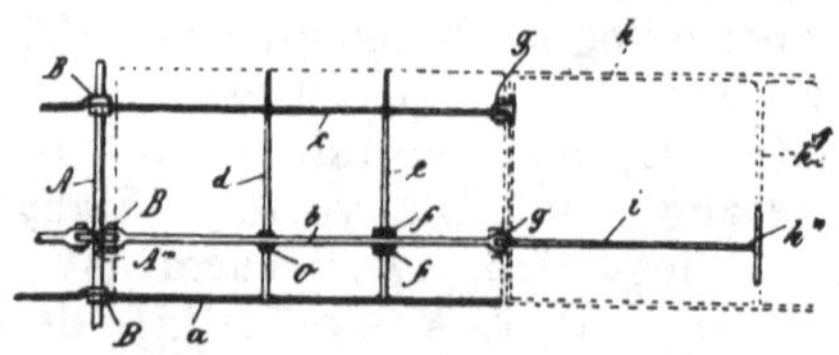

Fig. 340.

hintere Rippe können schwächer sein als die mittlere. Sie sind beide zum Unterschiede von der geschwungenen Mittelrippe b (Fig. 337) gerade. Die drei Rippen sind durch Querrippen d und e miteinander verbunden, so daß der ganze Flügel an der mittelsten

Rippe bewegt werden kann. Die Querrippen sind entsprechend dem durch die Form der Mittellängsrippe b bedingten gewölbeartigen Längsschnitt des Flügels (Fig. 339) leicht gebogen. Die Rippe e trägt rechts und links von der Flügelmittelrippe b je eine Rolle f. Das ganze eben beschriebene Flügelgerippe ist mit Aluminiumblech überzogen, so zwar, daß sich die Rollen f in entsprechenden Einschnitten frei drehen können. Der tragende Flügel bildet also eine sowohl von vorn nach hinten, als auch von rechts nach links nach der Mittelrippe sich vertiefende Fläche. An dem tragenden Flügel P ist mittels der Scharniere g (Fig. 337, 338

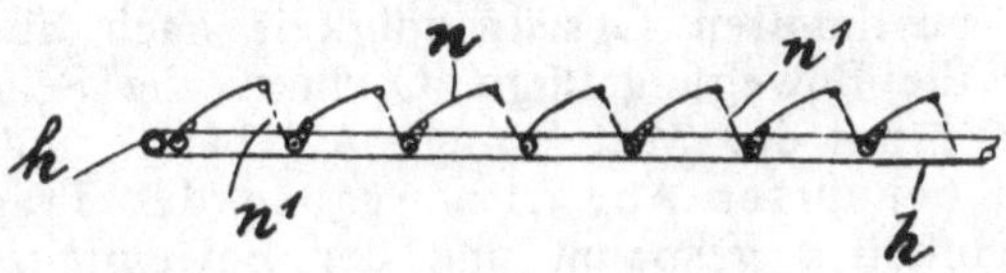

Fig. 341.

und 339) der bewegende Flügel Q angelenkt, der der Handschwinge des Vogels entspricht. Er besteht aus einem Rahmen von Stahlröhren h, durch den eine Hauptrippe i führt, die sich an die Hauptrippe b des tragenden Flügels P anschließt. Die Rippe ist mit ihrem Ende an dem Mittelsteg h' des Rahmens befestigt und mit zwei Hebeln k und l fest verbunden, von denen der eine k oberhalb, der andere l unterhalb des Flügels hervorragt. Jeder dieser beiden Hebel ist durch ein über die Rollen f laufendes Stahlseil m mit der Stange A''' verbunden, und zwar

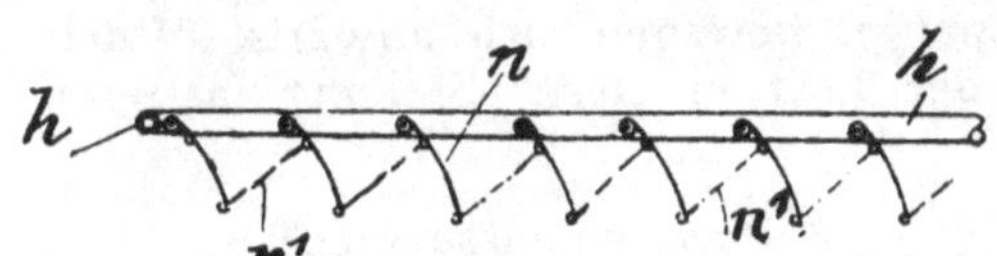

Fig. 342.

der Hebel l mit dem oberen Ende der Stange bei l', und k mit dem unteren Ende der Stange bei k'. In dem Rahmen sind ferner jalousieartige Klappen n angeordnet, deren Anordnung und gewölbte Form aus den Fig. 341 und 342, die in vergrößertem Maßstabe einen Schnitt durch den Flügel in Richtung x-x der Fig. 337 zeigen, ersichtlich ist. Die Klappen, die die Schwungfedern des Vogelflügels ersetzen, müssen so schmal sein, daß jede sich bequem aus der Stellung der Fig. 341 an der nächstfolgenden Klappe vorbei nach unten und in die Stellung der Fig. 342 bewegen kann. Jede dieser Klappen n ist durch drei dünne Seidenschnüre n' an den beiden Enden und in der Mitte an der nächstfolgenden Klappe von unten her so befestigt, daß sie sich nach oben etwa um 0,04 m öffnen kann. Die Schnüre n sind um die Drehachse jeder Klappe herumgeführt und sodann an der nächsten

Klappe befestigt, so also, daß sich die Schnüre um die Achsen abwechselnd auf- und abwickeln und der Zwischenraum zwischen den Klappen bei gesenkten Klappen größer ist als bei gehobenen. Die Bewegung der Flügel wird durch zwei Zugstangen O bewirkt, welche an der mittleren Rippe b des tragenden Flügels bzw. an der Querrippe d angreifen und bis zu den Füßen des Fliegenden hinabreichen.

Die Vorrichtung wirkt in folgender Weise: Angenommen, man streckt die Beine abwärts, so wird infolge des Widerstandes der beiden Schulterriemen G' ein Heben des Körpers unmöglich und die beiden Tragflügel P werden unter Vermittelung der Zugstangen O mit einer bestimmten Geschwindigkeit nach abwärts bewegt. Da nun aber die Bewegungsflügel Q durch die Seile m mit ihren Hebeln k und l mit der Mittelstange A''' bei l' und k' verbunden sind, so wird bei dieser Abwärtsbewegung des Tragflügels P das Seil m des Hebels l gespannt und der Bewegungsflügel Q wird unter Vermittlung des Hebels l viel schneller nach abwärts geschlagen wie der Tragflügel P, wie dies beim Vogel ebenfalls stattfindet. Umgekehrt wird beim Heben des Tragflügels P der Bewegungsflügel Q durch den Hebel k und das bei k befestigte Seil m auch viel schneller gehoben. Bei dieser scharfen Abwärtsbewegung der Flügel gegen die Luft wirken die Flügelklappen mit ihrer leicht gewölbten, schräg nach oben gerichteten Fläche als schnell fördernde Bewegungsmittel. Durch die Vorwärtsbewegung aber kommen die Tragflügel P erst zur Tragewirkung, wie dies z. B. bei einer Scheibe der Fall ist, die man mit der ausreichenden Kraft und Geschwindigkeit durch die Luft wirft. Zieht man die Beine nach oben, so werden die Flügel gehoben und die Klappen n bewegen sich abwärts, öffnen sich ganz und bieten somit der Luft in dieser Stellung fast gar keinen Widerstand.

Patentansprüche:

1. Ein Flugapparat, bei welchem die Bewegungsflügel der aus zwei Teilen, einem Tragflügel (P) und einem Bewegungsflügel (Q), bestehenden Flügel mit Hebeln (k und l) versehen sind, welche durch Seile (m) derart mit festen Punkten (k' l') des Rahmens (A) des Apparates in Verbindung stehen, daß die Bewegung der Trageflügel (P) unter Vermittelung der Seile (m) und der Hebel (k bzw. l) eine beschleunigte Bewegung der Bewegungsflügel (Q) bewirkt.

2. Ein Flugapparat nach Anspruch 1, bei welchem die Bewegungsflügel jalousieartige Klappen (n) haben, welche durch um die Drehachsen der Klappen laufende Schnüre (n') miteinander verbunden sind, derart, daß sich die Schnüre beim Senken des Flügels um die Drehachsen aufwickeln, beim Heben der Flügel dagegen abwickeln, zum Zweck, im ersteren Falle die zwischen den Klappen entstehenden Zwischenräume zu vergrößern, im zweiten Falle sie dagegen zu verkleinern.

106. Eine äußerst einfache Lösung des Flugproblems stellt der Apparat nach der

Patentschrift Nr. 84 567

Nicholas Hermann Borgfeldt in Brooklyn,

angemeldet am 4. Dezember 1894, ausgegeben am 24. Dezember 1895, dar. Eine die Person tragende Fläche steht mit an schwingenden Wellen gelagerten, an einer Mittelwelle angelenkten Flügeln derart in Verbindung, daß diese durch Hebung und Senkung über von der Trägerfläche ausgehende Stangen geschobene und mit den Flügeln verbundene Röhren von der fliegenden Person in schwingende Bewegung versetzt werden können. Die Schwingen oder

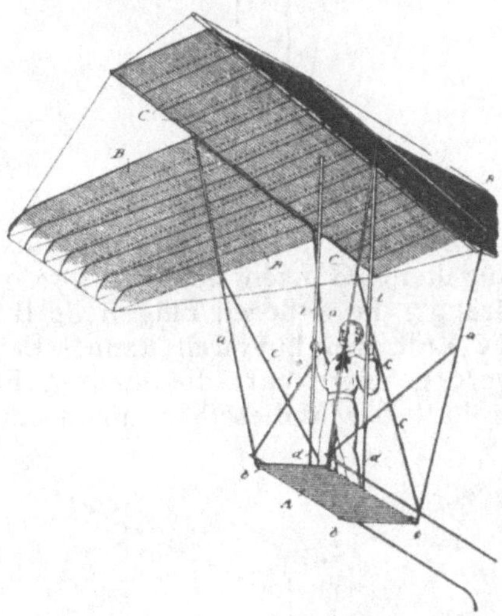

Fig. 343.

Flügel vermögen bei beliebiger Windrichtung zu arbeiten, gleichgültig, ob der Wind von oben oder von unten gegen den Antriebsmechanismus wirkt.

A ist die als Träger für den Luftschiffer dienende Plattform, mit welcher Hängestangen a a bei b drehbar verbunden sind (Fig. 343). Ueber Führungsstangen d d sind Röhren l l als Verbindungsmittel für die Betätigung der zu jeder Seite an schwingenden Wellen D D befestigten und aus äußeren und inneren Abteilungen B B bzw. C C bestehenden Flügel gesteckt. Mit den schwingenden Wellen sind die an der Plattform A angelenkten Hängestangen a a drehbar verbunden, so daß also die Plattform von den schwingenden Wellen getragen wird. Die Flügelstangen erstrecken sich von einer Mittelwelle E aus und sind mit den schwingenden Wellen D fest verbunden.

Die Wirkungsweise des Apparates ist folgende: Vorausgesetzt, der Apparat ruht mit seiner Plattform A auf dem Erdboden oder auf einer anderen Fläche, und zwar mit der in

Fig. 343 gezeigten Flügelstellung der Windrichtung entgegengestellt, so werden durch Auf- und Abwärtsbewegung der Röhren l l durch die auf der Plattform stehende Person die Flügel innerhalb der in den Fig. 343 und 345 angegebenen äußeren Stellungen um die Wellen D D als Achsen entsprechend auf- und abwärtsbewegt. Die Teile B und C eines jeden Flügels stehen in einem solchen Verhältnis zueinander, daß sie ungefähr gleiche Wirkung ausüben,

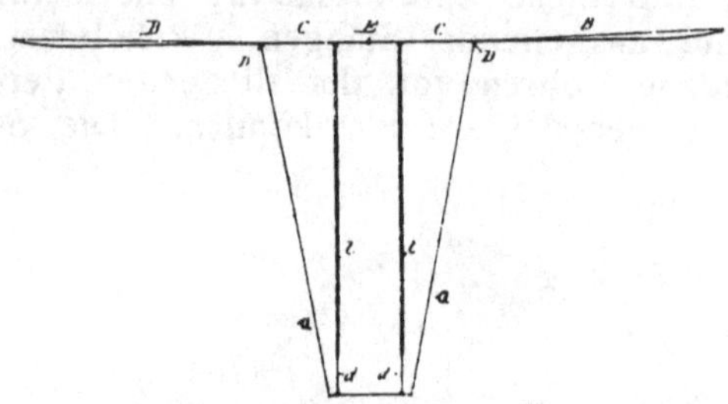

Fig. 344.

und infolgedessen werden beim Nachabwärtsdrücken der Röhren l l die inneren Flügelteile C nach abwärts gezogen und dadurch die Luft zurückgedrängt, die äußeren Flügelteile B dagegen emporgehoben, wobei die Luft frei hindurch kann. Beim Emporziehen der Röhren l l werden umgekehrt die inneren Flügelteile C gehoben, so daß die Luft durch dieselben hindurchtreten kann, die

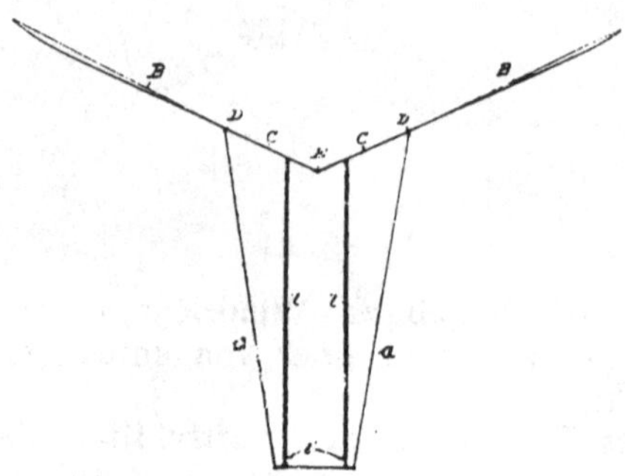

Fig. 345.

äußeren Teile B dagegen unter Verdrängung der Luft gesenkt. Folgt die Auf- und Abwärtsbewegung der Röhren l l schnell genug aufeinander, so entsprechen die dadurch bewirkten Schläge gegen die Luft genau dem Flügelschlag der Vögel, und der Apparat wird sich mit mehr oder minder großer Schnelligkeit in die Luft erheben, wobei die Aufsteigrichtung der Resultante des durch die dynamische Kraft des Windes und der durch den Flügelschlag erzeugten Kraft als Komponente gebildeten Kräftepaares entsprechen wird.

Sobald der Apparat die gewünschte Höhe erreicht hat, brauchen die Flügel nicht mehr so kräftig bewegt zu werden, wie beim Emporbewegen desselben. Eine schnelle Bewegung der Röhren bei kurzer Schwingungsweite, unterstützt durch die Windstärke, genügt vielmehr, um die Weiterbewegung durch die Luft zu bewirken. Dabei ist natürlich möglichst jede Windströmung auszunutzen. Beim langsamen Herablassen dagegen ist darauf zu achten, daß möglichst wenig Luftbewegung herrscht. Zur Abwärtsbewegung des Apparates werden die Flügel in der in Fig. 344 angegebenen Stellung festgehalten; die Fallrichtung bildet demnach die Resultante des durch die dynamische Kraft des Windes und das Gewicht der Person und des Apparates gebildeten Kräftepaares.

Während der Vorwärtsbewegung des Apparates durch die Luft können durch Schwingung der Stange a um ihre Drehlager b geringe Richtungsveränderungen von der fliegenden Person bewirkt werden, indem dadurch die Flügel auf der einen Seite des Schwerpunktes mit größerer Kraft als auf der anderen wirken, und der Apparat die Neigung erhält, sich zu drehen. Durch Verschiebung des Schwerpunktes nach vorwärts, z. B. durch Nachvorwärtstreten auf der Plattform A, kann der Apparat zum Fallen gebracht werden, indem sich der Vorderteil der Trägerfläche sowie die Flügel nach abwärts neigen. Durch Verlegung des Schwerpunktes nach hinten und Rückwärtsneigung der Trägerfläche und Flügel wird dagegen der Apparat zum Steigen gebracht werden können. Nach vollendetem Richtungswechsel nimmt dann die fliegende Person ihre Normalstellung wieder ein, worauf der Apparat sich in gerader Linie weiterbewegt.

Um die Auf- und Abwärtsbewegung der Röhren l l auch durch die Füße bewirken zu können, sind an den unteren Röhrenenden Tritte l^1 (Fig. 345) vorgesehen, und zwar verstellbar, so daß sie im Nichtbedarfsfalle außer Stellung gebracht werden können.

Patentanspruch:

Ein Flugapparat, dadurch gekennzeichnet, daß die über ihre Drehachsen (d) nach innen verlängerten Flügel durch ein Mittelgelenk (E E) miteinander verbunden sind und an den Drehachsen (D) mittels schwingend gelagerter Stangen (a) eine Plattform (A) tragen, von welcher aus die Flügel durch Auf- und Abschieben von Röhren (l) bewegt werden, die einerseits an den inneren Flügelverlängerungen angreifen, anderseits auf an der Plattform befestigten Stangen (d) geführt werden.

107. Um parallel zu sich selbst schlagende Flügel handelt es sich bei der

Patentschrift Nr. 84 949
Otto Rentzsch in Nürnberg,
angemeldet am 22. März 1895, ausgegeben am 11. Januar 1896.

Die Schlagbewegungen sowie die Einstellungen der Flügel schräg nach oben oder unten (zur Beschleunigung oder Hemmung der Fluggeschwindigkeit) werden durch ein Parallelhebelwerk mit scherenartiger Beweglichkeit hervorgerufen.

Die durch Pedalantrieb in Umdrehung versetzte Welle c überträgt die Kraft mittels der an ihren Enden befindlichen Kurbeln d auf Zugstangen e, von denen eine jede ein gitterartig zusammengesetztes Hebelwerk in Bewegung setzt (Fig. 346). Das Hebelwerk selbst ist in seinem Mittelpunkte um die Welle drehbar. In den Punkten h (Fig. 347) sind die Hebel so miteinander verbunden, daß die scherenartige Beweglichkeit nicht gehindert wird. Die Endpunkte der beiden langen Hebel i laufen mittels Gleitstiftes in Nuten der Führungsschienen k, an welchen die eigentlichen Tragflächen I und II mittels der Verbindungsstücke l befestigt sind.

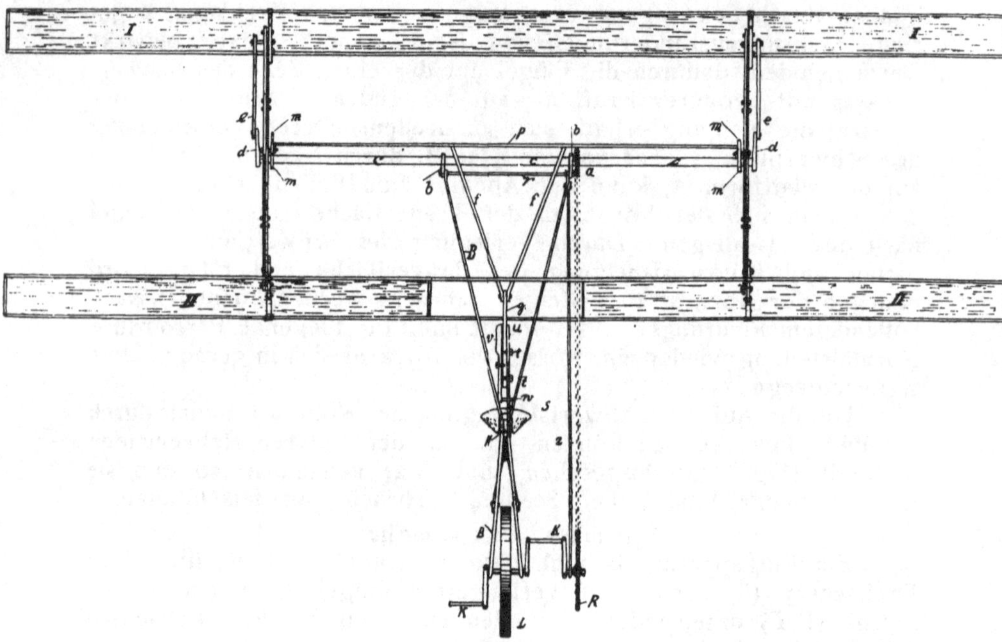

Fig. 346.

Ein jedes der beiden Hebelwerke besitzt außerdem eine Führungsschiene m. Das eine Ende derselben ist an der Welle drehbar befestigt, das andere Ende besitzt eine Nut, in welcher der Punkt des Hebelwerkes mittels Gleitstiftes gleiten kann.

Die beiden Führungsschienen m (Fig. 346) tragen das bei o (Fig. 347) befestigte Metallrohr p, welches durch die Verbindungsstücke f (Fig. 346) mit der eigentlichen Richtungsschiene g verbunden ist. Diese ist nach Maßgabe der beiden Gleitstifte t in dem zum Teil gezahnten Führungslineal u (Fig. 347) in vertikaler Richtung verschiebbar und trägt außerdem den Klemmhebel v, welcher mit dem Stift w in die Zähne des Führungslineals eingreifen kann und durch eine Feder in dieser Lage gehalten wird. Wird durch Druck auf den Handgriff des Klemmhebels v der

Stift w ausgerückt, so kann die Richtungsschiene g nach oben oder unten verschoben werden. Dadurch wird auch die Lage der beiden Führungsschienen m geändert, und da diese durch den Punkt n (Fig. 347) auf das Hebelwerk einwirken, so werden mit den Hebelwerken zugleich die flügelähnlichen Trageflächen gedreht, und zwar ist eine Drehung von 40° nach oben zur Hemmung der Fluggeschwindigkeit (Fig. 348) und eine Drehung um 30° nach unten zur Beschleunigung der Fluggeschwindigkeit (Fig. 349) für die weitgehendsten Fälle genügend.

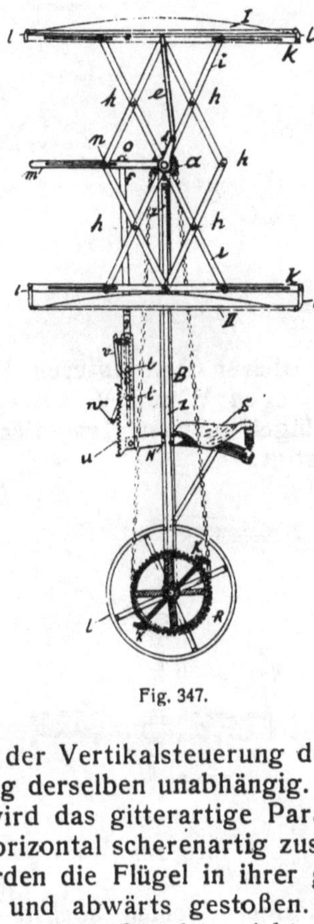

Fig. 347.

Von dieser Art der Vertikalsteuerung der Flügel ist die eigentliche Schlagbewegung derselben unabhängig. Durch die Umdrehungen der Kurbel d wird das gitterartige Parallelhebelwerk abwechselnd vertikal und horizontal scherenartig zusammengezogen. Durch diese Bewegung werden die Flügel in ihrer ganzen Ausdehnung abwechselnd aufwärts und abwärts gestoßen. So hat z. B. in Fig. 347 Flügel II seinen tiefsten Stand erreicht und damit seine Hebewirkung beendet, während gleichzeitig Flügel I seinen höchsten Stand erreicht hat und im Begriff steht, den Flügelstoß zu beginnen. Nach einer halben Kurbeldrehung ist das Verhältnis umgekehrt (Fig. 350). Es hat dann Flügel I seinen tiefsten Stand erreicht und Flügel II seinen höchsten.

Wie ersichtlich, hat die in den Fig. 347 und 350 gezeichnete Hebelanordnung immer senkrecht zur Welle c geführte Flügelstöße zur Folge. Sollen die Flügelschläge jedoch eine schräg nach vorn gehende Richtung erhalten, so ist eine Hebelanordnung nach Fig. 351 geboten. Nach dieser Anordnung ist der horizontale Steg A in der Mitte um die Welle drehbar befestigt. An seinen Enden trägt er die vertikal angeordneten, ebenfalls beweglich befestigten

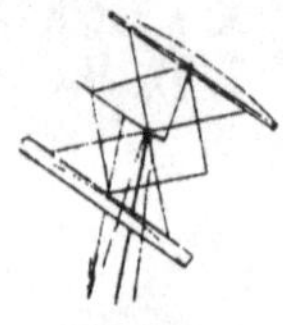

Fig. 348.

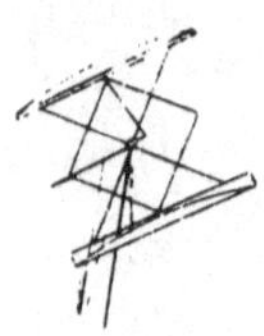

Fig. 349.

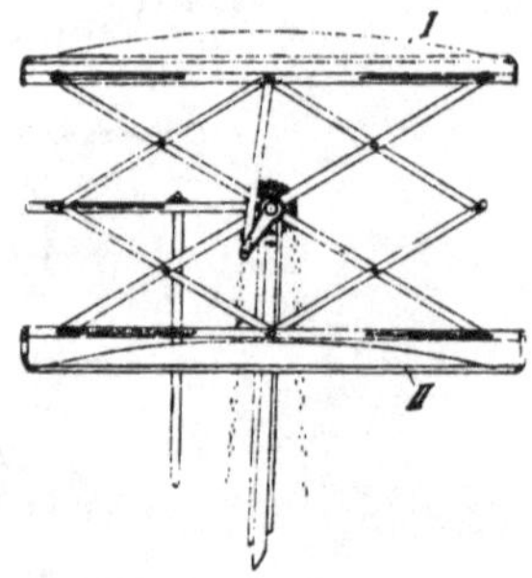

Fig. 350.

Stege E und F. Die oberen und unteren Enden derselben sind mit den horizontalen Stegen V und W beweglich verbunden, und an diese werden die flügelähnlichen Trageflächen mittels der Verbindungsstücke 1 befestigt.

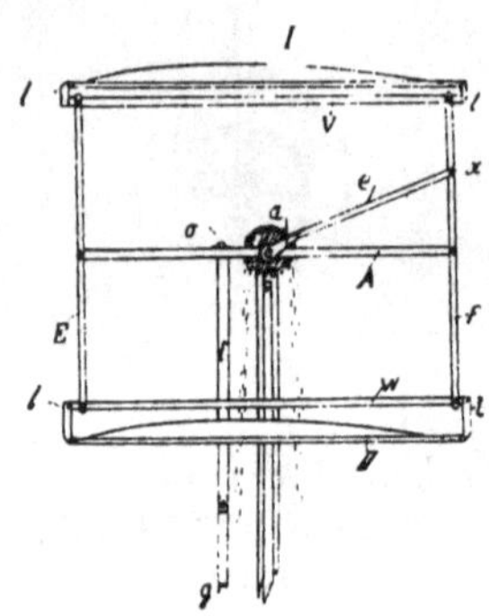

Fig. 351.

In Fig. 351 hat Flügel I seinen höchsten Stand erreicht und holt zum Flügelschlage aus, welcher schräg nach vorwärts erfolgt, wobei der Flügel die Stellung in Fig. 352 erlangt. Währenddessen hat Flügel II (Fig. 352) seinen höchsten Stand erreicht, wodurch der Flügel dann die in Fig. 351 angegebene Stellung erlangt.

Patentanspruch:

Parallel und gegenläufig bewegte Flügel für Luftfahrzeuge, dadurch gekennzeichnet, daß die Flügel paarweise von einer mitten zwischen ihnen am Gestell des Luftfahrzeuges gelagerten Welle (c) aus mittels Gelenk-Parallelführungen (h i k, Fig. 347, A E F V W, Fig. 351) angetrieben werden, welche um die Welle c so angeordnet sind, daß sie zur Aenderung der Richtung des Flügelschlages unter fortwährender Innehaltung der Parallelität und

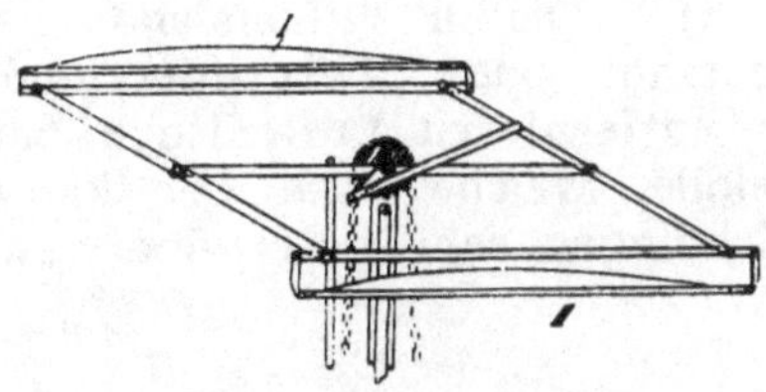

Fig. 352.

Gegenbewegung der Flügel durch Drehung um jene Welle nach Belieben geneigt werden können.

108. Die

Patentschrift Nr. 86041
Dr. Emil Jacob in Kreuznach,

angemeldet am 22. April 1895, ausgegeben am 25. März 1896, betrifft eine Flugmaschine, deren Flügel ihre Geschwindigkeit in vorherbestimmter Weise zu verändern gestatten.

Der bisher bekannte Luftwiderstand, der zur Unterscheidung „Schiebewiderstand" genannt wird, ist eine Funktion der relativen Geschwindigkeit der Flugwerkzeuge (Flügel) und der Luft, nämlich

$$W = F \frac{\gamma}{g} v^2.$$

Dieser aus dem direkten Stoße der Luftmoleküle gegen die Flugfläche berechnete, dem Quadrate der Geschwindigkeit proportionale Druck (Widerstand) kann aber die Schwebefähigkeit der Flugtiere nicht erklären, da der nach obiger Formel berechnete Druck lange nicht so groß ist als das Gewicht der Flugtiere. Nach den vom Erfinder angestellten Messungen und Berechnungen beträgt er durchschnittlich nur ungefähr $^1/_{30}$ davon. Auch würden die Tiere beim Aufschlage der Flügel einen schädlichen, nach unten gehenden Druck erleiden. Ein anderer als der aus der Geschwindigkeit abgeleitete Widerstand ist aber bei der Berechnung von Flugmaschinen nie herangezogen worden.

Der Erfinder hat durch Experimente gefunden, daß der Tragwiderstand der Luft noch einen anderen Grund hat als die Flügelgeschwindigkeit, nämlich das Gesetz des Wachstums dieser Geschwindigkeit, d. h. das Gesetz der Beschleunigung.

Wenn der Weg S eines Flügelelementes als eine Funktion der Zeit t betrachtet wird, nämlich S = f (t), so stellt der erste

Differentialquotient $\frac{dS}{dt}$ die Geschwindigkeit v dieses Flügelteilchens vor. Der Erfinder fand, daß der Widerstand zum allergrößten Teil nicht hiervon, sondern von $\frac{d^2S}{dt^2}$, nämlich der Beschleunigung C abhängt, vom 2. Differentialquotienten der Bewegungsgleichung S = f (t). Diesen Widerstand nennt der Erfinder „elastischen Widerstand" oder „Fernwiderstand", da er auf der Trägheit auch der entfernteren Luftteilchen beruht.

Die Luftmoleküle, welche nach der kinetischen Gastheorie sich nach allen Richtungen sehr geschwind bewegen (schwingen),

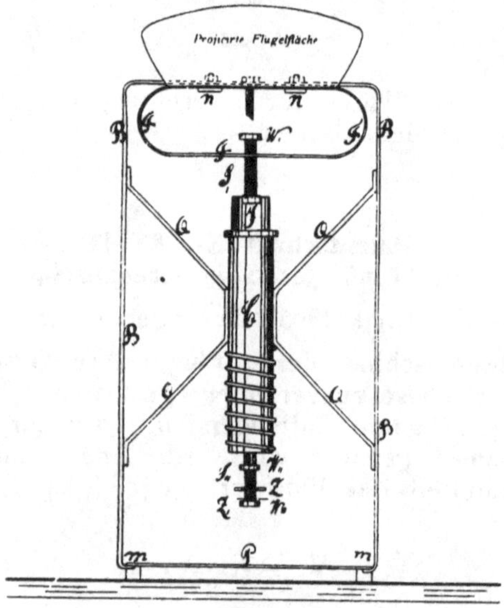

Fig. 353.

erhalten durch die Einwirkung eines sich mit Beschleunigung bewegenden Flügels in bestimmten Richtungen eine Aenderung dieser Schwingungsgeschwindigkeit, welche sich elastisch durch den Raum fortpflanzt und auf den Flügel reagierend den „elastischen Widerstand" erzeugt.

Der die Flugmöglichkeit bedingende Luftwiderstand hängt also hiernach nicht von der Geschwindigkeit als solcher, sondern von dem Beschleunigungsgesetz C = f (t) ab, und es wird erst durch diese Erkenntnis die Erbauung von tragenden Flugmaschinen möglich.

Um z. B. den Insektenflug (Schwirrflug einer Fliege) durch eine Flugmaschine nachzuahmen, würde diese Maschine den Flügeln eine positive Beschleunigung nach unten und eine negative (abnehmende) Beschleunigung nach oben erteilen, so daß fast am tiefsten Punkte der Flügelbahn die positive Maximalgeschwindigkeit möglichst plötzlich in eine negative (aufwärts gehende) Maximalgeschwindigkeit übergeht.

Dieses Bewegungsgesetz ist ähnlich dem eines zum Boden fallenden und zum Ausgangspunkt zurückspringenden Gummiballes, welcher auch seine größte positive und negative Geschwindigkeit am tiefsten Punkte der Bahn besitzt. Der Erfindungsgegenstand betrifft daher Flugmaschinen, deren Tragkraft nicht wie bei den bisherigen Maschinen auf der Geschwindigkeit, Stellung und Form der Flugorgane beruht, sondern auf der Beschleunigung bzw. passenden Beschleunigungsänderung, d. h. dem Beschleunigungsgesetze, welches oben angegeben ist.

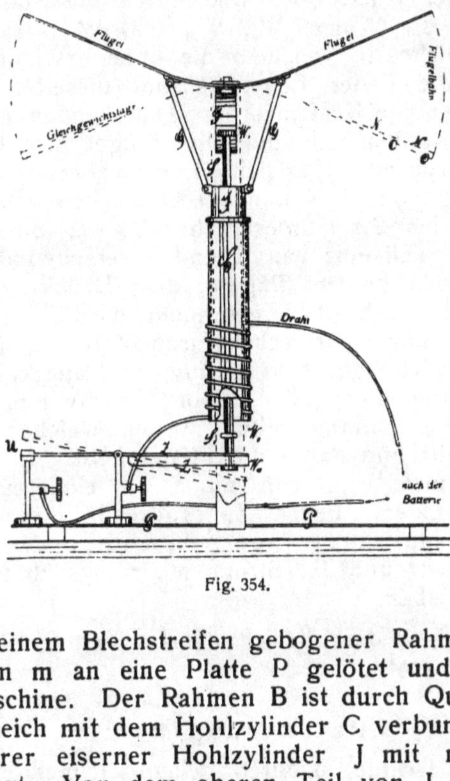

Fig. 354.

Ein aus einem Blechstreifen gebogener Rahmen B B B (Fig. 353) ist bei m m an eine Platte P gelötet und bildet das Gehäuse der Maschine. Der Rahmen B ist durch Querstücke Q versteift und zugleich mit dem Hohlzylinder C verbunden, in welchem sich ein anderer eiserner Hohlzylinder J mit möglichst wenig Reibung bewegt. Von dem oberen Teil von J gehen zwei Gelenkarme G G aus (Fig. 354), welche an ihrem oberen Ende ebenfalls durch Gelenke mit den Flügeln der Maschine verbunden sind dergestalt, das ein Auf- und Abgehen des Zylinders eine gleichzeitige Bewegung der beiden Flügel bewirkt.

Die Flügel bestehen zusammen aus einem Stück elastischen Stahlbleches, ebenso wie auch die Feder F, welche mit den Flügeln und dem Rahmen B bei n n durch zwei Schrauben verbunden ist. Die Stärke der Flügel und das Gewicht des daran hängenden Zylinders J ist so bemessen, daß sich in der Ruhe die Flügel in die Normallage (Gleichgewichtslage) N N einstellen. Werden dieselben gehoben, so schnellen sie nach dieser Lage hin.

Als Triebkraft der Maschine dient elektrischer Strom, welcher zunächst von außerhalb mittels Drähten zuzuleiten ist und in Windungen um die untere Hälfte des Eisenzylinders C geführt wird. Derselbe bewirkt die Anziehung (das Heruntergehen) von J und damit der Flügel und wirkt also im gleichen Sinne wie das Gewicht von J und die Elastizität der aufgehobenen Flügel, so daß dieselben von ihrer höchsten Stellung mit Beschleunigung nach der Normallage N sich bewegen. In dieser Stellung aber tritt eine plötzliche Aenderung ein.

Der Zylinder J hat oben und unten die Stangenfortsätze S, und S,,, welche die Wulste W,, W,, und W,,, tragen. W, stößt in dem Augenblicke, in welchem die oben erwähnte Stellung erreicht ist, auf die Feder F und spannt dieselbe an (Fig. 354), wodurch die lebendige Kraft des abwärtsgehenden Zylinders sich in potentielle Energie umsetzt und die Flügel ihre Geschwindigkeit fast plötzlich verlieren. Zugleich, d. h. während die Flügel noch den kleinen Weg von N N nach O O machen werden, stößt der Wulst W,, auf den Stromunterbrecher Z, der Strom wird unterbrochen, der Magnetismus von C und J verschwindet, so daß der Zylinder J mit den beiden Flügeln, dem Drucke der gespannten Feder F folgend, nach oben geschnellt wird. Dieser Druck der Feder F dauert aber nur sehr kurze Zeit an, bis die Deformation von F, welche nur sehr gering war, ausgeglichen ist, aber lange genug, um dem Zylinder J eine Geschwindigkeit zu geben, welche ihn in die Anfangsstellung — in welcher er gezeichnet ist — zurücktreibt und dabei die Flügel hebt. In dieser Stellung hat aber der Wulst W,,,, von unten an eine mit dem Unterbrecher Z verbundene Feder Z, drückend, diesen Unterbrecher wieder in seine horizontale Lage gebracht, so daß bei U wieder Stromschluß eintritt und der Strom neuerdings zu wirken beginnt, wie oben beschrieben.

Dieses Spiel wiederholt sich wie bei den Stromunterbrechern der Induktionsapparate.

Patentanspruch:

Eine Flugmaschine, dadurch gekennzeichnet, daß die Flügel bzw. Flugorgane, durch deren Bewegung die Tragkraft entstehen soll, durch die Konstruktion der Maschine gezwungen sind, ihre Geschwindigkeit in der Weise zu ändern, daß der mit der Geschwindigkeit Null beginnende Niederschlag der Flugorgane bis zum tiefsten Punkte ihrer Bahn beschleunigt wird, dann aber im Augenblick der Bewegungsumkehr möglichst plötzlich in das Maximum der aufgehenden Bewegung übergeführt wird, während die weitere Aufwärtsbewegung mit einer allmählichen Verzögerung bis zur Geschwindigkeit Null im höchsten Punkt ausgeführt wird.

109. Die

Patentschrift Nr. 93 184
Hermann Israel in Dresden,

angemeldet am 10. Juni 1896, ausgegeben am 11. August 1897, bezweckt, Flugmaschinen mit senkrecht schwingenden Flügeln, die durch Kettenantrieb bewegt werden, Lenkbarkeit zu verleihen. Zu diesem Zwecke sind die Flügel drehbar auf der Antriebswelle

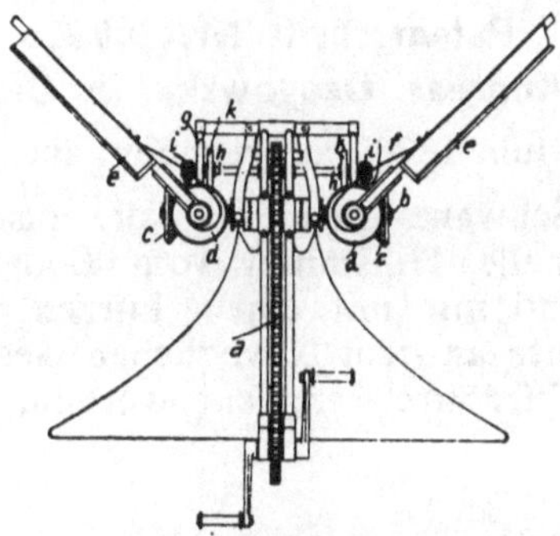

Fig. 355.

angeordnet und können durch Drehen eines Handrades unabhängig voneinander in beliebig schiefer Lage zur Welle eingestellt werden.

a bezeichnet den Kettenantrieb, b die rotierende Antriebswelle, auf welcher zu beiden Seiten Kegelräder c sitzen, die in Kegelräder d eingreifen, so daß die Flügel e bewegt werden (Fig. 355 und 356). Durch die Anordnung des Kegelräderpaares c d ist es möglich, die Flügel in eine mehr oder weniger schiefe Lage

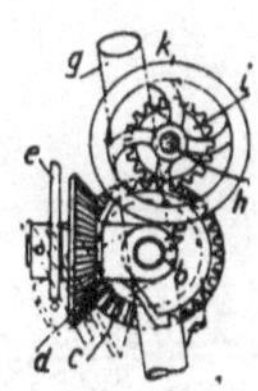

Fig. 356.

zur Welle b zu bringen, wodurch die Lenkbarkeit der Flugmaschine ermöglicht wird. Zu diesem Zwecke ist das Lager e^1 eines jeden Flügels um die Welle b frei beweglich und besitzt ein Zahnsegment f, in welches ein auf einer in dem oberen Rahmengestell g der Flugmaschine gelagerten Achse h sitzendes Zahnrad i eingreift, so daß bei Drehung der Achse h mittels eines Handrades k (Fig. 355 und 356) das Zahnrad i und durch dieses das Zahnrad f verdreht wird, wodurch dem Flügel eine beliebige Stellung gegeben werden kann (Fig. 356 punktiert angedeutet).

Patentanspruch:

Eine Flugmaschine mit senkrecht schwingenden Flügeln, dadurch gekennzeichnet, daß durch Handräder (k), Zahnräder (i) und durch diese infolge Eingriffes in Zahnsegmente (f) des frei um die Antriebswelle (b) beweglichen Flügellagers (e^1) die Flügel unabhängig voneinander verstellt werden können.

110. Bei dem Schlagflieger nach

Patentschrift Nr. 100 276
Dr. Andreas Ozegowsky in Ostrowo,

angemeldet am 6. Juli 1896, ausgegeben am 17. November 1898,

haben Flügel und Schwanz Gasfüllung, die ausreicht, das Luftschiff auch ohne maschinelle Hilfsmittel vom Boden zu erheben. Die Gashüllen selbst sind nur mit einem kurzen Stück ihrer Vorderkante und Unterkante an dem beweglichen Gestell der Vorrichtung befestigt. Es soll hierdurch erreicht werden, daß beim Auf- und

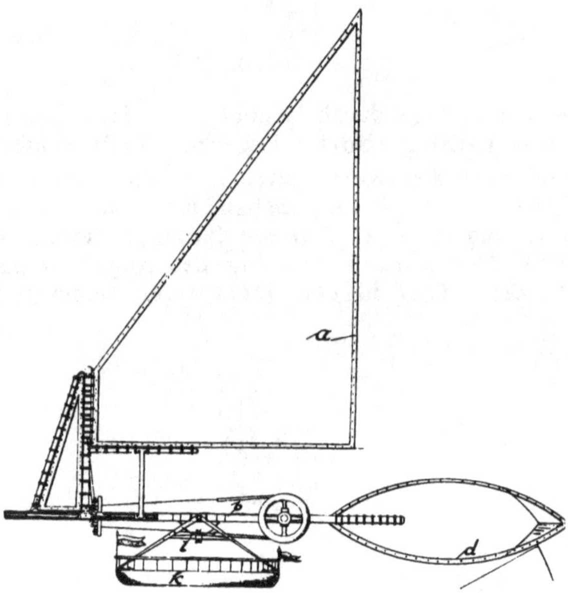

Fig. 357.

Niederbewegen der Flügel, welches durch einen beliebigen Motor bzw. von Hand bewerkstelligt werden kann, der hintere Teil der Flügel nach oben ausweicht, so daß eine windschiefe Ebene entsteht und die niedergehende Kraft der Flügel in zwei Komponenten zerlegt wird, deren eine den Auftrieb des Luftschiffes verstärkt, während die andere zur Vorwärtsbewegung der Vorrichtung nutzbar gemacht werden soll.

An dem in der Längsrichtung über die Gondel laufenden Balken b, Fig. 357, 358, an welchem auch das Gestell für die Flügel a sowie der Motor angebracht sind, befindet sich in vertikaler Richtung beweglich das Gestell, an welchem die Gondel k befestigt ist.

Die Verstellbarkeit der Vorrichtung gegen die Gondel wird in folgender Weise ermöglicht:

Die Mittelachse b trägt einen Gelenkbolzen l sowie eine bogenförmig gestaltete Querverbindung m, welche beide durch einen

Fig. 358.

verstellbaren und mit Klemmschrauben n versehenen Klemmkopf o in verschiedener Lage festgestellt werden können. Diese Vorrichtung sichert eine feste Verbindung der Gondel mit der Vorrichtung, so daß durch verschiedene Stellung des Flügelpaares jeder Flug nach oben oder unten ermöglicht wird und die Gondel stets in ihrer Lotlage bleibt.

Patentanspruch:

Luftschiff mit aus Gasbehältern bestehenden Flügeln und Schwanz, dadurch gekennzeichnet, daß die Flügel (a) und der Schwanz (d) zur Gondel (k) dadurch verstellbar sind, daß die letztere durch zwei rechtwinklig sich kreuzende Segmente (l m) und an der Kreuzungsstelle durch einen zur gegenseitigen Feststellung der Segmente dienenden Klemmkopf (o) mit dem die Flügel und den Schwanz tragenden Gestell verbunden ist, zum Zweck, ein leichtes Verstellen der Flügel in bezug auf die Gondel zu ermöglichen.

111. Der Apparat nach der

Patentschrift Nr. 103 105

Dr. Konstantin Danilewsky in Charkow (Rußland),

angemeldet am 21. Oktober 1897, ausgegeben am 18. Mai 1899,

stellt wieder eine Kombination eines Ballons mit Schlagflügeln dar. Der mit Wasserstoff- oder Leuchtgas gefüllte Ballon endigt vorn in einem Keil und ist mit einem Futteral v (Fig. 359) bedeckt, welches unten mit einer Führung für eine Aufhängestange c d versehen ist. An zwei Punkten f g der Aufhängestange sind die beiden Enden einer kräftigen gekrümmten Stange befestigt, die einen Bogen von großem Radius unterhalb der Aufhängestange bildet. Auf dieser gekrümmten Stange läuft eine Rolle e mit einem Haken, an welchem mittels zweier Seile k k_1 (Fig. 359) der ganze übrige, den Luftschiffer in einem Sattel möglichst nahe dem Ballon tragende Apparat aufgehängt ist. Das

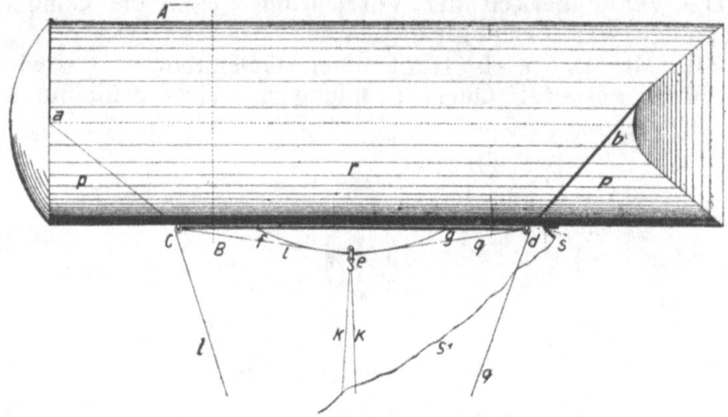

Fig. 359.

eine der beiden Seile k_1 ist am Sattel M (Fig. 361 und 364) befestigt, über welchem das Seil in zwei Stränge geteilt ist, deren Zwischenraum mit einem Seidengeflecht ausgefüllt ist, um eine Rückenauflage für den Luftschiffer zu bilden. Das andere Seil k ist mit einer

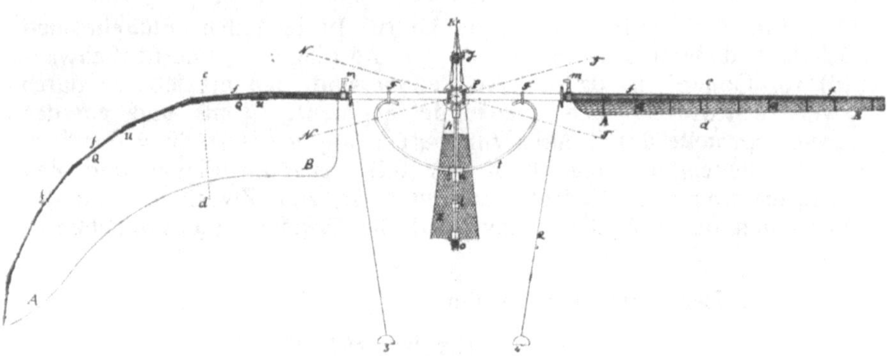

Fig. 360.

Rolle J (Fig. 360, 364) verbunden und kann mittels einer Kurbel auf- oder abgewickelt werden. Die Rolle J sitzt am oberen Ende des Sattelgestells.

Bei P (Fig. 360, 361 und 364) sind am Gestell zwei Hebel F drehbar befestigt, welche hinten derart gekrümmt sind, daß sie dem Luftschiffer gestatten, nach hinten auf dem Sattel zu sitzen, seine Knie gegen die Hebel F zu stützen und diese so zu betätigen. Die Hebel sind an ihren Enden mit Stangen ausgerüstet, welche in die rohrförmigen Enden der Hauptrippen der beiden Flügel A B (Fig. 360 und 361) eintreten. Die Hauptrippe E in der Mitte jedes Flügels besteht aus Bambus- oder Pfefferrohr und zwar nicht aus einem einzigen Stück, sondern aus einer Anzahl Gelenkstücke x x, welche durch federnde Scharniere, die die Flügel nur in einer Richtung zusammenzulegen gestatten, nämlich während der aufsteigenden Bewegung der Flügel, verbunden sind. Jedes Scharnier ist mit einer einfachen Feder u u versehen, welche das

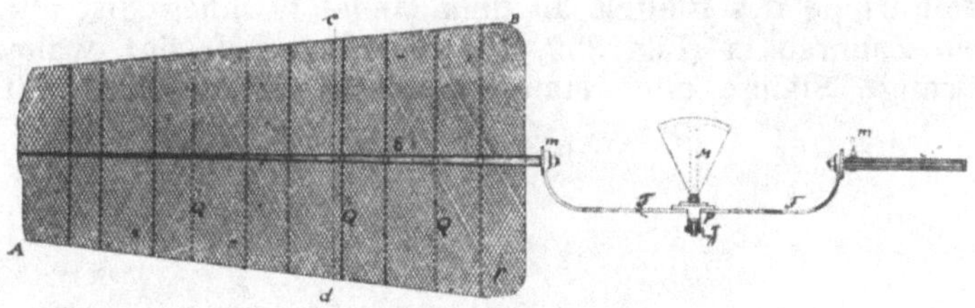

Fig. 361.

Bestreben hat, die Flügelrippe gerade zu richten. Auf der Hauptrippe des Flügels, und zwar in dessen ganzer Länge sind Stangen oder Querrippen Q Q (Fig. 361) aus Binsen oder anderem biegsamen Material in wechselseitigen Abständen befestigt. Unter den sämtlichen Rippen ist ein Seidengewebe ausgespannt, während der Flügel oberhalb der Rippen von einem Seidennetz r (Fig. 361) bedeckt ist.

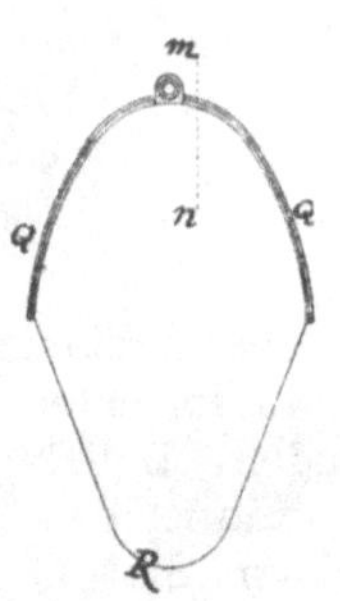

Fig. 362.

Fig. 363.

Während der aufsteigenden Bewegung des Flügels legt sich dessen Stange oder Hauptrippe, wie am linken Flügel (Fig. 360) ersichtlich, zusammen; gleichzeitig beugt der Widerstand der Luft die Querrippen (Fig. 362). Wenn im Gegensatz hierzu der Flügel einer Bewegung von oben nach unten unterworfen wird, so nehmen die Hauptrippe und gleichzeitig die Querrippen die gerade Haltung ein (Fig. 360 rechts und Fig. 363). Um dem ausgebreiteten Flügel eine gewisse konkave Höhlung zu erhalten, sind die freien Enden der Querrippen unter sich durch Kautschukbänder oder einfache Bindfäden R (Fig. 362) verbunden, welche die Flügel an der

Durchbiegung in der umgekehrten Richtung hindern. Die beiden Flügel lehnen sich, nicht weit von deren Zapfen entfernt, auf die beiden Enden einer Feder t (Fig. 360), welche nach einem Kreisbogen gekrümmt und in einer Dille n (Fig. 360 und 364) befestigt ist. Letztere kann auf der Stange des Gestelles gleiten und daselbst in beliebiger Höhe durch eine Stellschraube festgelegt werden. Die Spannung der Feder soll genügen, um die beiden Flügel ohne weitere Kraftäußerung wieder zu heben.

An der Stelle, wo das Ende der rohrartigen Stange oder der Haupttrippe des Flügels an dem Hebel F anliegt, ist auf letzterem ein Zahnrad m (Fig. 360, 361 und 364) befestigt, während die rohrförmige Stange oder Haupttrippe mit einem Ring mit dreh-

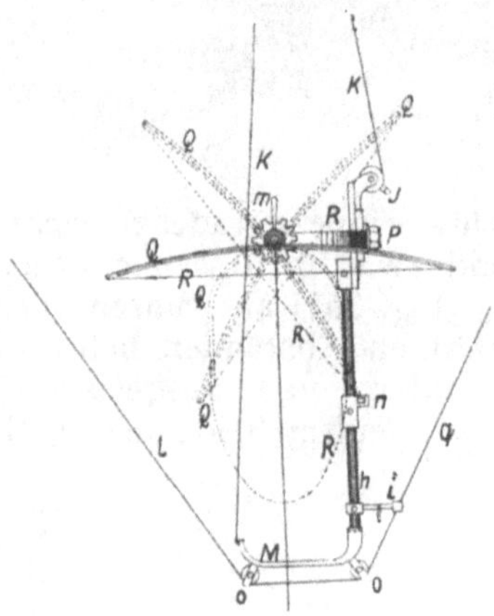

Fig. 364.

barer Sperrklinke versehen ist. Mit Hilfe dieser Einrichtung kann man den Flügel um seine Achse drehen und in jeder Lage (Q R, Q R, Fig. 364 punktiert), d. h. in jedem beliebigen Winkel festlegen, indem man die Klinke in die Zähne des Rades legt. Jeder Hebel F ist an seinem Ende mit einem Seil 1, 2 versehen, welche in Steigbügeln 3, 4 für die Beine des Luftschiffers endigen (Fig. 360). Innerhalb der Bewegung N T der Flügel (Fig. 360) können diese in beliebiger Lage mittels Zapfens festgelegt werden, der durch eins der in der Scheibe des Zapfens P vorgesehenen Löcher hindurchtritt.

Am Halter der Rolle e, welche zur Aufhängung des Flugapparates mit dem Luftschiffer dient, ist ein Seil q befestigt; dasselbe führt über eine an der Aufhängestange befestigte Rolle d, von hier nach dem Sattel herunter und ist unter diesem um die Rollen o o (Fig. 364) geschlungen. Hinter dem Sattel steigt das Seil zu der am hinteren Ende des Aufhängestabes befestigten Rolle empor und kehrt von hier aus zur Rolle e zurück, woselbst es an der gegenüberliegenden Seite befestigt ist. Bei i wird das Seil q von einer auf dem Gestell befestigten Zange gehalten. Wenn bei der Stampf- oder Galoppbewegung das vordere Ende des Ballons gehoben wird, verschiebt sich der Schwerpunkt nach vorn, indem das Seil q bei i unbeweglich ist; eine ähnliche Bewegung würde stattfinden, wenn das hintere Ende des Ballons hochzugehen streben würde, der Schwerpunkt wird alsdann nach hinten verlegt. Diese Anordnung gestattet anderseits, die Achse des Ballons in einer gegen die Horizontale geneigten Lage und in einem beliebigen Winkel für den Aufstieg und Abstieg festzulegen. Zu diesem Zweck zieht der Luftschiffer an dem Seil q und verschiebt somit den Schwerpunkt, welcher den Ballon in einem gewünschten Winkel neigt. Der Ballon wird in dieser neuen Lage dadurch gesichert, daß das Seil q mit Hilfe der Zange i festgelegt wird.

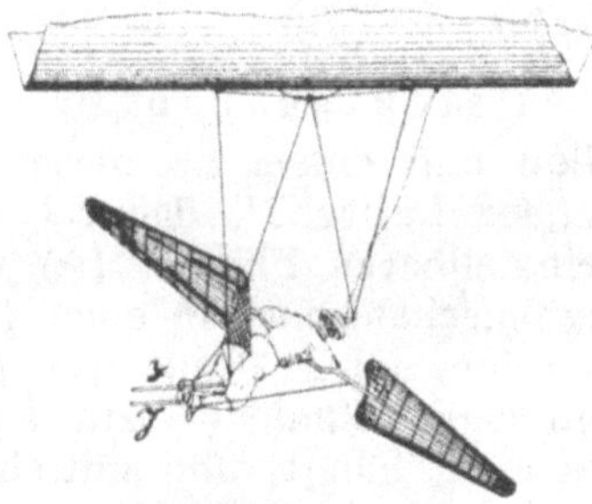

Fig. 365.

Vor dem Aufstieg muß der Luftschiffer mit seinem Apparat ausbalanziert werden und zu diesem Zweck die Tragfähigkeit des Ballons etwas geringer als das Gewicht des Apparates und seiner Ladung sein. Es bleibt somit ein Uebergewicht zu heben, ein überschüssiger Ballast. Die Größe dieses zusätzlichen Gewichtes soll so sein, daß es durch die Muskelkraft des Luftschiffers leicht gehoben werden kann. Während der Ruhepausen des Luftschiffers besitzt der Apparat keine Aufstiegskraft; er wird durch das überschüssige Gewicht auf die Erde herabgelassen. Beim Beginn seines Aufstieges muß der Luftschiffer eine gewisse Strecke auf dem Boden, hierbei sich auf Stelzen y (Fig. 365) stützend, zurücklegen; hat er beim Arbeiten mit Händen und Füßen eine gewisse lebendige Kraft entwickelt, so hebt er sich mittels einiger Flügelschläge in die Luft. Sobald der Luftschiffer sich erhoben hat, arbeitet er nur noch mit den Füßen. Unter Verlangsamung der Flügelbewegung kann der Luftschiffer sein Fahrzeug auf einer gewünschten Höhe in dynamischem Gleichgewichtszustande halten, bei weiterer Verlangsamung oder gänzlichem Aufhören der Flügelbewegung wird er auf die Erde herabkommen. Der Abstieg oder Fall des Ballons kann in senkrechter oder in gegen die Horizontale geneigter Richtung bewirkt werden. In letzterem Falle neigt man die Flügel mit Hilfe der Sperrvorrichtungen m in einem gewissen Winkel und legt sie in dieser Lage mittels der Sperrklinken fest; gleichzeitig neigt man die Achse des Ballons in einem gewissen Winkel. Will der Luftschiffer sich vorwärts bewegen, so dreht er an der Kurbel J und verlängert dadurch das Aufhängeseil k; er neigt somit das ganze Gestell, seinen Körper und die Flügel in einem beliebigen Winkel zwischen 0° und 90° gegen die Horizontale. Hat der Luftschiffer eine gewisse Haltung erreicht und will er sich vorwärts bewegen, so neigt er das Gestell und seinen Körper im Winkel von 90° oder horizontal (Fig. 365). Bei einer Neigung im Winkel von 45° macht der Luftschiffer eine Vorwärts- und gleichzeitig eine Aufwärtsbewegung. Der Luftschiffer kann schließlich, indem er bald mit dem einen, bald mit dem anderen Flügel arbeitet und die Flügel in verschiedene Winkelstellungen zu ihren Achsen bringt, verschiedene Bewegungen in der Luft ausführen, die Flugrichtung ändern und sich in einem gewünschten Punkt auf die Erde herablassen.

Patentanspruch:

Aus einem Ballon und einem an diesem hängenden Flügelmechanismus bestehendes Luftschiff, dadurch gekennzeichnet, daß der mit drehbaren einstellbaren Flügeln (A) versehene, den Luftschiffer tragende Flügelmechanismus an einer gebogenen Aufhängestange (f g) mittels eines über Rolle (e) geführten Seiles (k), dessen eines Ende mit einer Winde (J) zur Lagenveränderung des Luftschiffers verbunden ist, hängt, und mittels eines durch Zange (i) am Gestell festklemmbaren Seiles (q), welches über Rollen (c d) der Aufhängestange und über Rollen (o o) des Gestelles geführt und am Bügel der Rolle (e) befestigt ist, in verschiedenen Neigungen des Ballons festlegbar ist.

112. Bei dem Flieger nach der

Patentschrift Nr. 120 712
Firmin Bousson in Paris,

angemeldet am 6. Januar 1900, ausgegeben am 3. Juni 1901,

haben die einzelnen als Schlagflügel ausgebildeten Flügel eine verhältnismäßig kleine Druck- oder Tragfläche erhalten, wodurch die Nachteile vermieden werden sollen, die mit den bis jetzt angewendeten großen Trageflächen der bekannten Flugapparate verbunden sind.

Die Flugmaschine besteht aus einem auf Laufräder b gestellten Gerüst oder Rahmenwerk a, an bzw. in welchem seitliche Schlagflügel c, Treibschrauben d, ein Motor e und ein Sitz f für den Luftschiffer angeordnet sind (Fig. 366 und 367). Zu beiden Seiten des Gerüstes a sind in vertikalen Reihen die Schlagflügel c angeordnet: die einzelnen Flügel sind zueinander derart versetzt, daß sie beim Fluge stets auf neue Luft, d. h. auf Luft, welche durch die vorhergehenden Flügel noch nicht gestört ist, einwirken.

Aus Fig. 367 ist ersichtlich, daß die untersten Schlagflügel am längsten sind und nach oben hin in der Längenausdehnung abnehmen, wodurch eine größere Sicherheit bezüglich des Gleichgewichts der Flugvorrichtung erzielt werden soll. Die Flugmaschine tritt dadurch in Tätigkeit, daß allen Schlagflügeln c gleichzeitig eine hin- und herschwingende Bewegung von gleichem Winkel-

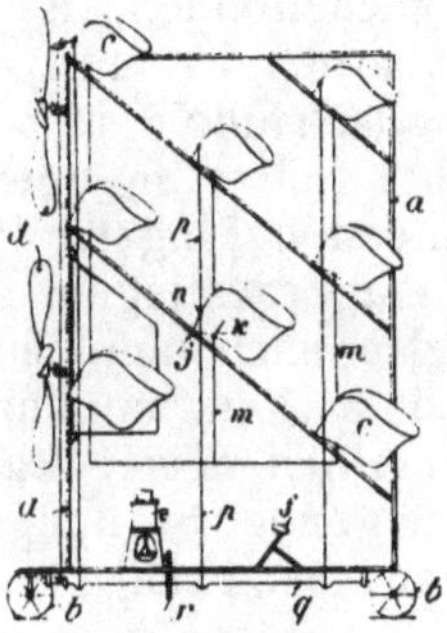

Fig. 366.

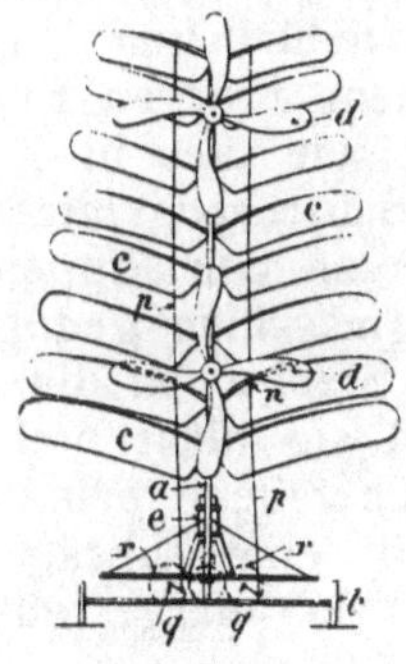

Fig. 367.

ausschlag erteilt wird, wobei die Richtung der Schwingachse der einzelnen Flügel nach Wunsch geändert werden kann, je nachdem die Flugmaschine aufsteigen, sich horizontal fortbewegen oder niedergehen soll. Zu diesem Zweck ist das Gerippe eines jeden Schlagflügels c (Fig. 368 und 369) mittels Universalgelenk j an dem Flugmaschinengerüst a befestigt, während ein zweites Universalgelenk

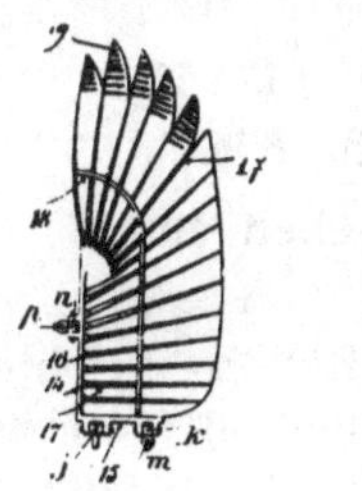

Fig. 368.

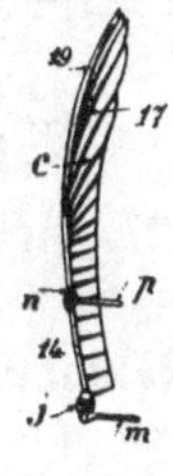

Fig. 369.

k das Flügelgerippe an eine in ihrer Höhenlage verstellbare Stange m anschließt. Die Treibstange p, die dem Schlagflügel die auf- und niederschwingende Bewegung erteilt, ist ebenfalls durch ein Universalgelenk n mit dem Schlagflügel verbunden. Die Treibstangen p werden durch Kurbelwellen q betätigt, die im Flugmaschinengerüst a gelagert sind und durch den auf die Zahnräder r wirkenden Motor e angetrieben werden.

Nach Fig. 368 und 369 bestehen die einzelnen Schlagflügel c aus einem Winkelstück 14, 15 mit seitlichen Rippen 16, 17, die wie Kiele eines natürlichen Vogelflügels geformt und angeordnet sind. Diese Rippen sind in ihrem unteren Teile starr, nach ihren äußeren Enden zu aber elastisch, was durch Wegschneiden und Zuspitzen der betreffenden Rippenrohre erreicht werden kann. Ein Versteifungsbügel 18 (Fig. 368) verbindet die einzelnen Rippen untereinander. Ueber das so gebildete Flügelgerippe ist ein leichtes Gewebe aus Seide oder dergleichen gespannt und in zweckmäßiger Weise daran befestigt. Um die Schwungfedern des natürlichen Vogelflügels nachzubilden, ist der Seidenbezug an dem äußeren Ende der Schlagflügel c entsprechend ausgeschnitten, wie dies in Fig. 368 veranschaulicht ist. Die dadurch gebildeten Seidenzeugspitzen finden ihre Stütze an oder auf kleinen elastischen, von den Rippen 17 ausgehenden Fingern 19 (Fig. 368). Ist die Flugmaschine genügend hoch emporgestiegen, so stellt man mittels der Stangen m die Schlagflügel c nach und nach horizontal ein, so daß sie nicht mehr anhebend wirken, sondern die Flugmaschine schwebend erhalten. In derselben Weise kann man den Schlagflügeln eine schräg abwärts zeigende Stellung geben, die der in Fig. 369 dargestellten entgegengesetzt ist.

Patentanspruch:

Flugapparat mit mechanisch betätigten, in senkrechten Reihen übereinander angeordneten Schlagflügeln, dadurch gekennzeichnet, daß die kleinen nach oben hin schmaler werdenden Schlagflügel versetzt angeordnet und durch drei Universalgelenke mit dem Gestell des Apparates, einer Stell- und einer Treibstange derart verbunden sind, daß sie mit Hilfe der letzteren bewegt werden können.

113. Mit Ballons ist der Apparat nach der

Patentschrift Nr. 135 262
E. Schneider in Kiel,

angemeldet am 27. Juni 1900, ausgegeben am 11. November 1902, ausgerüstet.

An dem Rahmen a sind zwei Ballons b befestigt, zwischen denen der Rahmen mit einer Querverbindung versehen ist (Fig. 370 und 371). Von dieser Querverbindung ragen zwei Stangen d nach außen, an denen die Flügel c angebracht sind, welche mittels der Arme e und f gespannt gehalten werden. Die Arme e und f sind um die Stangen d drehbar, so daß die Flügel sich nach oben oder nach unten um die Stangen d drehen können, wobei die Endstellungen der Flügel durch Schlitzführungen g bestimmt werden, in denen die Arme e geführt sind. Die Arme f sind durch eine über Rollen geführte Schnur h in der Weise miteinander verbunden, daß sie in ihren Bewegungen abhängig voneinander sind, derart, daß, wenn der eine Flügel sich senkt, der andere sich heben muß und umgekehrt. An dem mittleren Teil i der Querverbindung hängt ein für den Antrieb des Tragkörpers bzw. der an diesem angebrachten

Flügel bestimmter parallelogrammartiger Rahmen, der aus den senkrechten, drehbar miteinander verbundenen Armen k (Fig. 372 und 373) und dem Fußbrett l besteht. Auf dieses Fußbrett stellt sich der Luftschiffer, um unter Benutzung von an den senkrechten Armen k angebrachten Handgriffen durch abwechselndes Treten nach der einen oder anderen Seite den Tragkörper mit den Flügeln

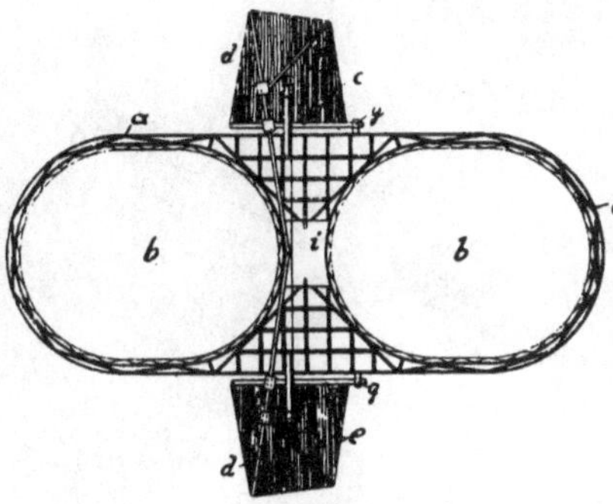

Fig. 370.

in eine hin- und herschwingende Bewegung um die Längsachse der Flugvorrichtung zu versetzen, während der Rahmen k l beständig seine senkrechte Stellung beibehält. Bei Umdrehung der Bewegung wechseln die Flügel c ihre Stellung, wobei der nach unten sinkende Flügel mittels der Verbindungsschnur h das Hochgehen des anderen Flügels unterstützt.

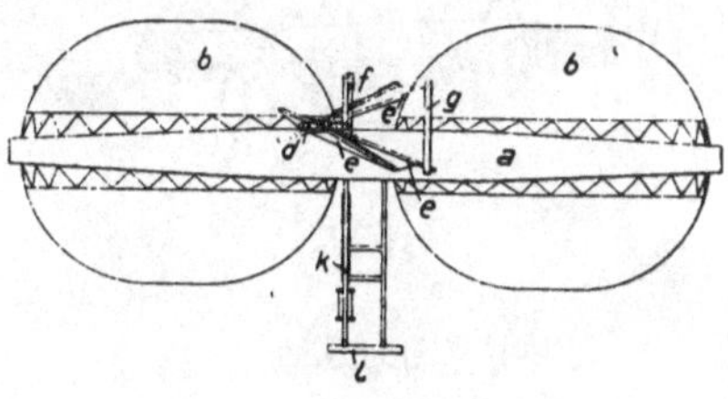

Fig. 371.

Anstatt den Tragkörper mit den Flügeln c durch Menschenkraft in Bewegung zu setzen, kann man hierfür auch eine mit zwei Zylindern versehene Maschine verwenden, deren Zylinder abwechselnd oder gleichzeitig in entgegengesetztem Sinn in Tätigkeit treten, um den Tragkörper nach der einen oder der anderen Richtung zu drehen. Zum Betriebe der Maschine wird Benzin, Druckluft oder Elektrizität verwendet. Es können auch zwei oder mehr derart angetriebene Flügelpaare an einem einzigen Luftschiff gleichzeitig angebracht werden.

Eine solche Flugvorrichtung kann auch ohne die Ballons r verwendet werden, wenn sie mit einer Vorrichtung versehen ist, welche gestattet, ihr eine gewisse Neigung zu geben, und wenn ihr mittels einer geeigneten Rutschbahn oder dgl. eine bestimmte Anfangsgeschwindigkeit gegeben werden kann.

Patentansprüche:

1. Luftschiff mit Schlagflügeln, gekennzeichnet durch die schwingende Bewegung des Schiffskörpers um seine Längsachse, zum Zweck,

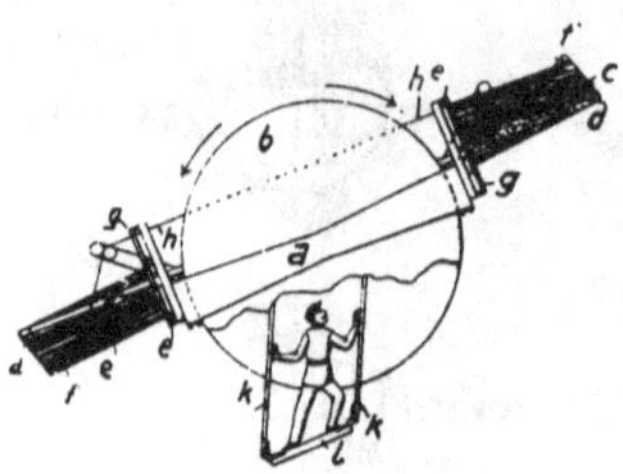

Fig. 372.

die durch eigenartig gestaltete Schlagflügel erzeugte Vorwärtsbewegung zu erleichtern bzw. die Stetigkeit der Vorwärtsbewegung zu erhöhen.

2. Luftschiff nach Anspruch 1 mit Schlagflügeln in Segelform, dadurch gekennzeichnet, daß die Hauptschwingachsen (d) mit dem Schiffskörper fest verbunden sind, während die die Achse (d) mit einer Hülse umfassende Achse (e) um die erstere drehbar und mit

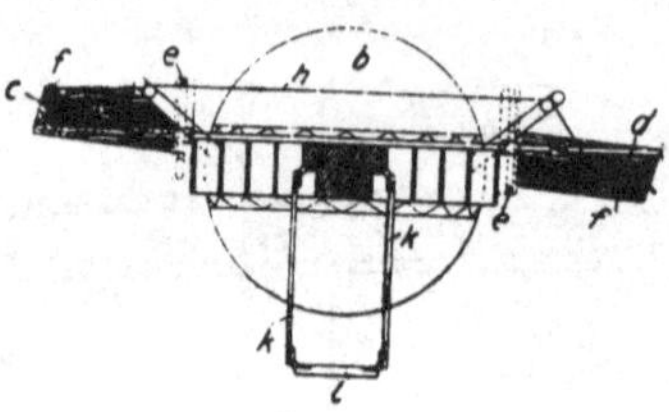

Fig. 373.

dem Hinterende in einem Führungsschlitten (g) verschieblich ist und die um Achse (d) begrenzt drehbaren, durch eine Schnur oder dgl. sich in ihrer Stellung gegenseitig beeinflussenden Spreizen (f) den Segelstoff in Spannung halten, zu dem Zweck, dem hinter der Drehachse (d) liegenden Teil der Flügelfläche während der Auf- und Niederschwingung oder Drehung eine für die Vorwärtsbewegung geeignete Schrägstellung zu gestatten.

3. Luftschiff mit Schlagflügeln nach Anspruch 2, dadurch gekennzeichnet, daß die hin- und herschwingende Bewegung des Schiffskörpers und der mit ihm fest verbundenen Flügel durch einen parallelogrammartigen Rahmen bewirkt wird.

114. Eine eigenartige Ausbildung der Schlagflügel weist der Apparat nach der

Patentschrift Nr. 138 493
Joseph Uhl in Berlin,

angemeldet am 30. September 1901, ausgegeben am 10. Februar 1903, auf. Zwei übereinander liegende Flügelflächen verschieben sich derart zwangläufig gegeneinander, daß der Flügel beim Flügelhub mit einer kleineren Fläche auf die Luft drückt als beim Flügelniedergang. Die

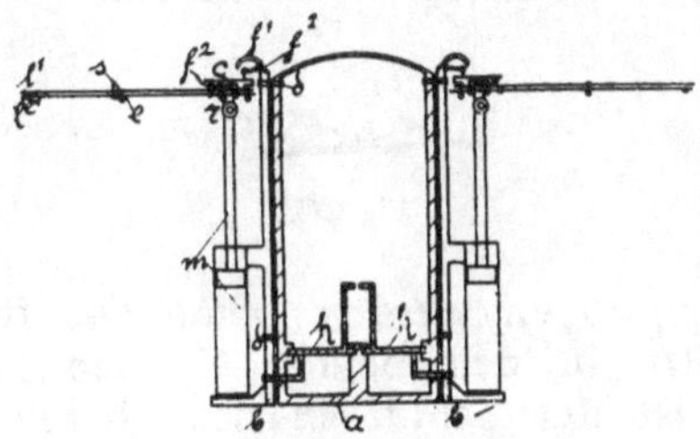

Fig. 374.

Flügel sind an verstellbaren Rahmen derart befestigt, daß sie sowohl beide zusammen als auch einzeln gegen die von ihnen gewöhnlich eingenommene wagerechte Lage geneigt werden können.

Die Flügelfläche wird in bekannter Weise durch eine auf dem Rahmen b befindliche Antriebsvorrichtung m auf- und abbewegt (Fig. 374, 375 und 377), indem z. B. an die Kolbenstange der Antriebs-

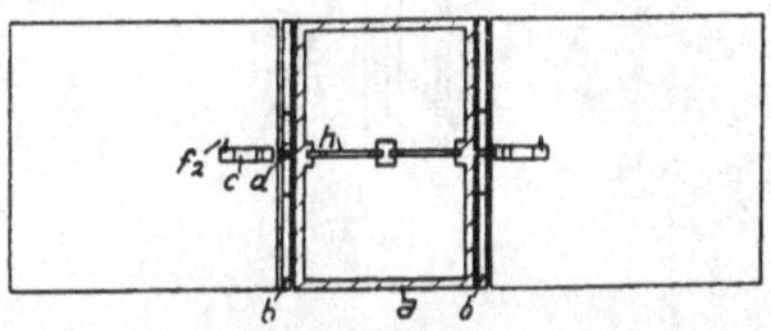

Fig. 375.

maschine ein Gleitstück r angelenkt ist, welches sich in den Schlitzen der Flügelflächen verschiebt. An der Hauptfläche l des Flügels ist eine Nebenfläche l^1 verschiebbar angeordnet. Dieselbe wird durch die Rollen e an der Hauptfläche l gehalten und geführt. Diese Rollen sind an der Fläche l^1 mittels Stifte befestigt, welche durch die Führungsschlitze der Hauptfläche hindurchgehen (Fig. 376). An ihrem oberen Ende sind diese Sprungflächen mittels federnder Glieder f an dem Rahmen b befestigt und tragen dort an der Oberseite einen klinkenartigen Teil c, in welchen das entsprechend gestaltete Gleitstück r eingreift. Wenn nun die Kolbenstange anfängt, sich abwärts zu bewegen, so hält Teil c sich am Gleitstück r fest. Das Gleitstück r nimmt seinen Weg in dem Schlitz der Hauptfläche des Flügels l und zieht hierbei, da es mit der Klinke c im Eingriff steht, die Nebenfläche l^1 mit und entsprechend dem zurückgelegten Kolbenweg mehr oder weniger über die Hauptfläche heraus. Hat der Flügel seine tiefste Stellung erreicht, so gibt das Gleitstück r die Klinke c und damit die Fläche l^1 frei, und die Federn f ziehen dieselbe rasch in ihre Anfangsstellung zurück. Das Auslösen der Klinke wird bei der auf der Zeichnung dargestellten Ausführung dadurch erreicht, daß die Klinke mittels ihrer vorderen schrägen Fläche auf eine Nase bzw. einen Stift s (Fig. 377), welcher auf der Hauptfläche l befestigt ist, aufläuft. Dieser Stift s ist höher als das als Mitnehmer wirkende Gleitstück r, so daß die Klinke über diesen Teil r durch

Fig. 376.

die Federn hinweggezogen werden kann. Die für das Gleitstück r notwendigen Schlitze in den beiden Flächen haben verschiedene Länge, und zwar ist der Schlitz in der oberen Fläche l^1 um die Dicke des Stiftes s länger. Der Kolben schiebt bei seiner Aufwärtsbewegung das Gleitstück r in den Schlitzen hoch, wobei sich der Flügel aufwärts bewegt. Die Klinke c erhält durch die Feder f^2 eine bestimmte federnde Lage und gibt dem Drucke des Gleitstückes r

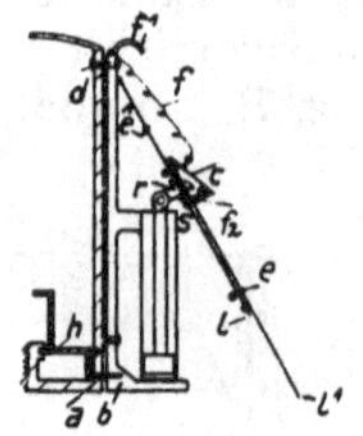

Fig. 377.

nach, so daß dieses seine frühere Stellung unter der Klinke wieder einnehmen kann. Die Feder f^1 hat den Zweck, den Sprungflügel bei Ueberschreitung der wagerechten Flügellage festzuhalten und gegen eine schädliche Ausschiebung nach oben zu sichern.

Wenn das Verstellen der Rahmen auf beiden Seiten gleichmäßig geschieht, so wird die senkrechte Flugebene stets dieselbe bleiben, nur die Richtung in dieser Ebene wird verändert, indem das Fahrzeug je nach der größeren oder geringeren Neigung der Flügel mehr vorwärts oder mehr aufwärts fliegen wird. Ist dagegen die Verstellung der Rahmen auf beiden Seiten eine verschiedene, so wird das Fahrzeug aus der senkrechten Flugebene heraustreten und sich nach der Seite wenden, auf welcher die Flügelfläche die geringere Neigung hat. Man würde also die Flugmaschine auf diese Weise beliebig lenken können.

Patentansprüche:

1. Schlagflügelanordnung für Flugmaschinen, dadurch gekennzeichnet, daß die Flügel aus zwei übereinander angeordneten Flächen bestehen, von denen sich die eine über bzw. unter der anderen derart verschiebt, daß die Flügelfläche beim Niederschlag größer als beim Aufschlag ist.

2. Vorrichtung nach Anspruch 1, dadurch gekennzeichnet, daß die Flügel an zwei zu beiden Seiten des Fahrzeuges drehbar befestigten Rahmen angelenkt sind, welche sich sowohl beide zusammen als auch einzeln verstellen lassen, um so je nach der verschiedenen Neigung der Flügelfläche die Flugrichtung nach allen Seiten verändern zu können.

115. Auf die besondere Ausbildung des Schlagflügelantriebes ist bei der

Patentschrift Nr. 145 866
Hermann Hartig in Kändler b. Limbach i. S.,

angemeldet am 11. August 1902, ausgegeben am 28. Januar 1904, das Hauptaugenmerk gerichtet. Die Erfindung bezieht sich auf eine Vorrichtung zur Veränderung der Schwingungsweite der Flügel zu dem Zweck, den Ballon nach einer beliebigen Richtung zu steuern.

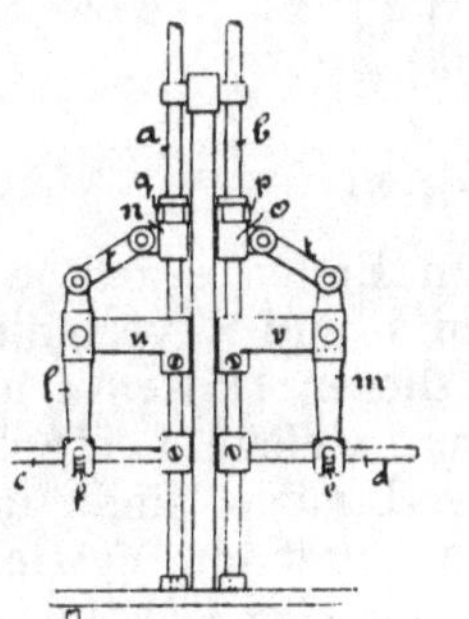

Fig. 378.

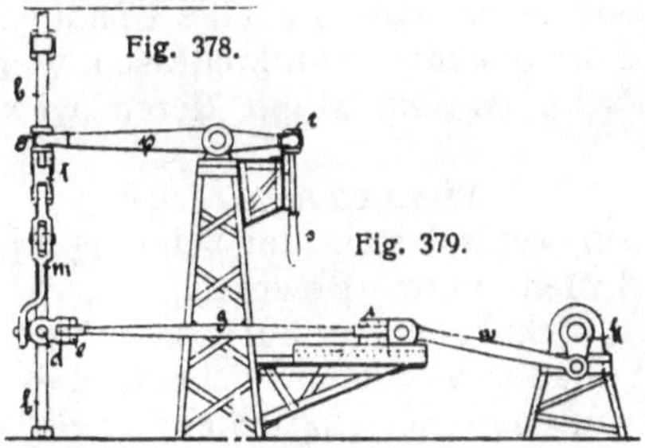

Fig. 379.

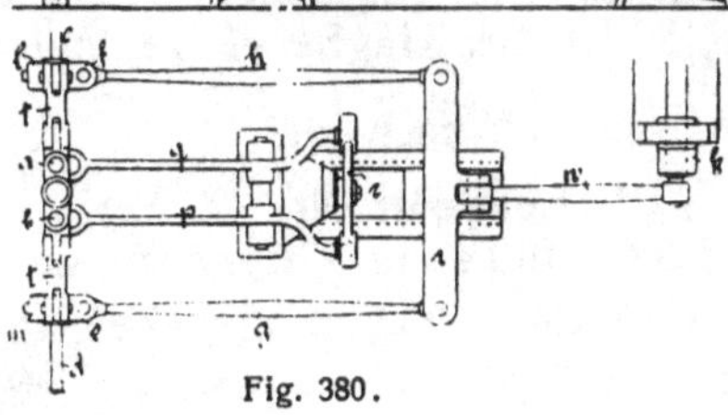

Fig. 380.

Zwei Wellen a und b (Fig. 378 bis 380) stehen mit je einem Schwinghebel c und d in Verbindung, die wieder durch Gelenke e und f mit den Zugstangen g und h verbunden sind. Letztere greifen an dem gemeinschaftlichen und geführten Querstück i an. Durch eine Kurbel k und eine Schubstange w erhält das Querstück i seinen Antrieb und dadurch wieder die Wellen a und b mit den Flügeln eine schwingende Bewegung. Die Kurbelwelle kann durch Motor- oder Menschenkraft in Umdrehung gesetzt werden. Die Flügel erhalten hierdurch eine gleich große schwingende Bewegung; um jedoch einem der Flügel eine größere, dem anderen eine kleinere Schwingung zu erteilen und somit eine Abweichung in der Flugrichtung zu erreichen, sind die Gelenke e und f an den Schwinghebeln (Armen) c und d der Wellen a und b verschiebbar angeordnet. Zur Verschiebung dienen die zweiarmigen Hebel l und m, die sich um Zapfen der mit den Wellen a und b verbundenen Arme u und v drehen. Die unteren Enden dieser Hebel l und m stehen mit den

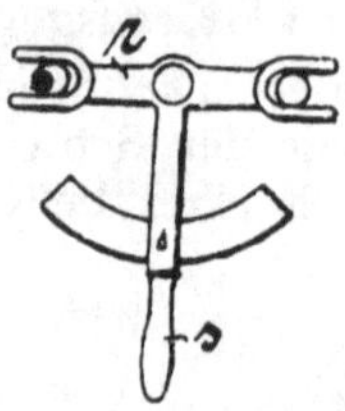

Fig. 381.

Gelenken e und f und die oberen Enden durch je ein Verbindungsstück t mit den auf den Wellen a und b verschiebbaren Hülsen n und o im Zusammenhange. An diesen Hülsen n und o greift je ein doppelarmiger Hebel p und q an, welche beide Hebel vorn durch einen Querhebel r (Fig. 381) verbunden sind, dessen Griff s ein Schwingen des Querhebels r und damit ein Verstellen der Hülsen n und o bewirken, und zwar wird die eine gehoben, wenn die andere gesenkt wird, und umgekehrt. Infolgedessen werden auch die Gelenke e und f verschoben und somit deren wirksame Hebellängen geändert.

Patentanspruch:

Vorrichtung zur Veränderung der Schwingungsweite von Schlagflügeln bei Luftschiffen, deren Bewegung durch ein Kurbelgetriebe erfolgt, das mittels Schubstangen auf am Flügel sitzende Schwinghebel (c d) wirkt, dadurch gekennzeichnet, daß der Angriffspunkt der Schubstangen auf den Schwinghebeln (c d) verlegt und so die wirksame Hebellänge der Schwinghebel verändert werden kann.

116. Bei dem Apparat nach der

Patentschrift Nr. 147 626
Theodor Müller in Offenbach a. M.,

angemeldet am 5. November 1902, ausgegeben am 5. Februar 1904, sind vier verschiedene Flügelpaare angeordnet, welche sämtlich von einer einzigen Tretvorrichtung aus bewegt, zum Teil aber auch ausgelöst werden können. Wenn sich auch diese Flügel in ihren Wirkungen gegenseitig unterstützen, so dient doch ein jedes Paar

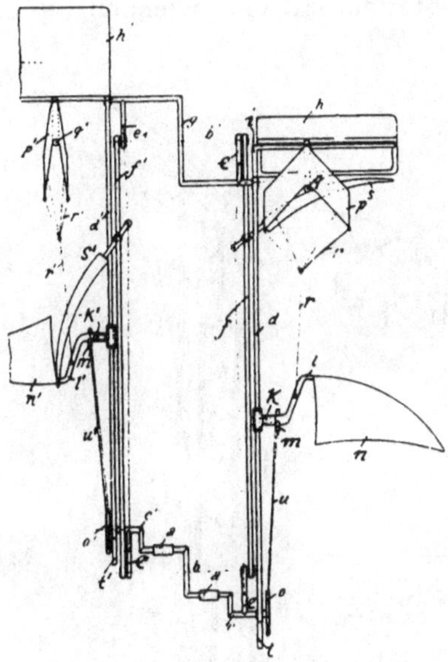

Fig. 382.

einem besonderen Zweck und ist damit die Gewähr geboten, daß sämtliche Flügel die ihnen zugedachten Wirkungen auch wirklich erfüllen.

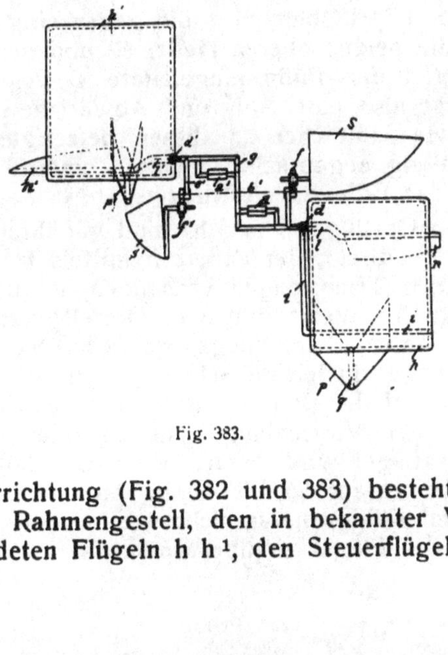

Fig. 383.

Die Flugvorrichtung (Fig. 382 und 383) besteht aus der Tretvorrichtung, dem Rahmengestell, den in bekannter Weise als Gasbehälter ausgebildeten Flügeln h h 1, den Steuerflügeln n n 1, Klapp-

oder Schlagflügeln p p^1 und Ausgleichflügeln s s^1. Die Tretvorrichtung wird gebildet von zwei um eine Achse b schwingenden Fußtritten a a^1, die mittels Kniestücken c gelenkig mit den Triebstangen d d^1 verbunden sind. Zwei untere Hebel e, an den Kniestücken c c^1 fest, greifen mittels Gelenken an die gekröpften Ver-

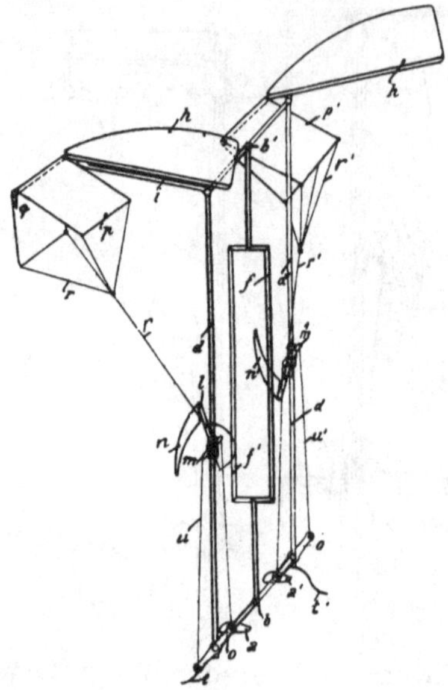

Fig. 384.

bindungsstangen f f^1. Oben wird die gegenseitige Verbindung hergestellt durch die beiden oberen Hebel e^1 und den Rahmen g. Eine durch das Treten der Füße eingeleitete Bewegung der Fußtritte (Pedale) bewirkt also eine Auf- und Abwärtsbewegung der beiden Triebstangen wie sämtlicher an diesen befestigten Flügeln. Unter der Tretvorrichtung angebrachte Federn t und t^1 erleichtern durch Abstoßen von der Erde das Auffliegen.

Die beiden Gasflügel h und h^1 sind mit ihrem steifen Rahmenwerk, der eine h^1 direkt, der andere h mittels Hebel i nur an einer Seite fest mit den Triebstangen verbunden, im übrigen nur mittels Seilen in geeigneter Weise mit dem Gestell verstrebt, bilden also gleichsam feste Arme. Beim Fliegen geraten diese Flügel infolge der übrigen Bewegungen in leichte Schwingungen, die, wie beim Vogelfluge, stoßweise auf die Befestigungspunkte auswirken und die Vorwärtsbewegung der Vorrichtung einleiten oder unterstützen. Die Füllung der Gasflügel wird derart bemessen, daß der dadurch erreichte Auftrieb bis auf 25 bis 30 kg an das Gesamtgewicht der Vorrichtung samt Führer heranreicht und nur dieses Gewicht durch die Bewegung der Flügel zu überwinden ist.

In Höhe der erhobenen Hände sind an den Triebstangen und um diese mittels Gelenken drehbar die Zapfen k und k [1] befestigt. Um diese Zapfen sind Hebel l und l [1] im Halbkreise drehbar. An diesen Hebeln sind zu dem schon erwähnten Zweck der Vorwärtsbewegung die Steuerflügel n und n [1] ebenfalls nur an einer Seite befestigt. Zwei Steuerhebel o und o [1] greifen von der Tretvorrichtung aus, mittels Seilen u u[1] und Hebeln m m[1], auf diese Steuerflügel n n [1]. Die Seile u u [1] sind so eingerichtet, daß dieselben vom Führer beliebig verlängert oder verkürzt werden können. Im verkürzten angezogenen Zustande wird die Bewegung der Steuerhebel o und o[1] auf die Steuerflügel übertragen. Werden dagegen die Seile verlängert und damit gelöst, so wird die Einwirkung der Hebel o o[1] auf die Steuerflügel aufgehoben und die Bewegung derselben vollständig in die Willkür des Führers gestellt. Diese Bewegung kann also beliebig vergrößert, vermindert oder ganz eingestellt werden.

An den vorderen Rahmen der Gasflügel sind unter diesen die Klapp- oder Schlagflügel p p [1] angeordnet. Dieselben bestehen aus je zwei Einzelflügeln, die, radial um eine Achse q q [1] schwingend, je nach ihrer Stellung einen spitzen oder stumpfen Winkel zueinander

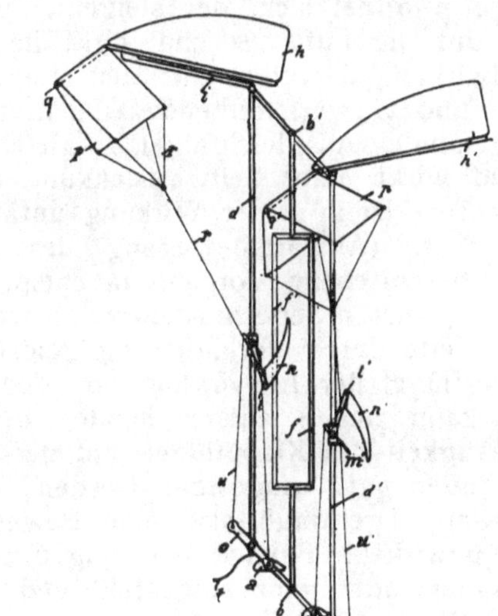

Fig. 385.

bilden. Die Klappflügel stehen an ihren äußeren Enden mittels Seilen r r[1] mit den Hebeln l l[1] derart in Verbindung, daß die Flügel, beim Niedergang der Triebstange d sich öffnend, gleichsam Luft fassen, dagegen beim Aufgang sich wieder schließen und die Luft auspressen. Hierbei entsteht ein Auftrieb, und das Fahrzeug erhält einen vorwärts gerichteten Stoß. Dasselbe ist beim nächsten Kurbeltritt mit dem anderen Klappflügel der Fall. Bei Verlängerung (Lösung) der Seile u u^1 ist die Bewegung der Hebel l l^1 mit den Steuerflügeln n n^1 in die Willkür des Führers gestellt. Da aber auch die Betätigung der Klappflügel von den Hebeln l l^1 ausgeht, so steht es damit auch in dem Belieben des Führers, den einen oder anderen Klappflügel ganz außer Tätigkeit zu setzen, und so, nötigenfalls unter entsprechender Einstellung der Steuerflügel, nach jeder beliebigen Seite hinzusteuern. Fig. 384 zeigt die Klappflügel in Verbindung mit den Hebeln l l^1 der Steuerflügel, links mit aufwärts gerichtetem Steuer- und geöffnetem Klappflügel, rechts mit abwärts gerichtetem Steuer- und dementsprechend geschlossenem Klappflügel. In Fig. 385 ist derselbe Vorgang bei veränderter Kurbelstellung in umgekehrter Weise (Klappflügel links geschlossen, rechts geöffnet) dargestellt.

Die Wirkungsweise der Vorrichtung ist folgende: Wird der rechte Fußtritt (Pedal) abwärts getreten, der linke demgemäß aufwärts bewegt, so machen zunächst alle Flügel rechts eine Abwärts-, alle Flügel links eine Aufwärtsbewegung. Unter Annahme vollständig zwangläufiger Bewegung (die Seile u u^1 angezogen) machen dann die Steuerhebel l l^1 eine halbkreisförmige Bewegung um die Zapfen k k^1, und zwar l^1 (Fig. 382) aufwärts und l (Fig. 382) abwärts. Der sinkende Klappflügel p öffnet sich, der steigende p^1 schließt sich, übt eine Pressung auf die Luft aus und wirkt im Verein mit der beschriebenen Stoßwirkung der Gas- und Steuerflügel, infolge deren Schwingungen, auf- und vorwärtstreibend. Gleichzeitig entfaltet der rechte, abwärts gehende Ausgleichflügel s gleichfalls eine auftreibende Kraft und wirkt einer Seitwärtslenkung der Vorrichtung entgegen; der Flügel s^1 ist in seiner Wirkung untätig und gesenkt. Bei wechselndem Tritt (Abwärtsbewegung des linken Pedales) wechselt der ganze beschriebene Vorgang in entsprechender Weise. Will man nach einer gewissen Seite hinsteuern, so werden die Seile u oder u^1 auf dieser Seite durch Verlängerung gelöst und damit der entsprechende Steuerflügel der Einwirkung von den Fußtritten entzogen. Hierdurch kann neben entsprechender Einstellung dieses Steuerflügels die Tätigkeit des Klappflügels auf derselben Seite willkürlich vermindert oder ganz eingestellt werden; der andere sich noch bewegende Klappflügel muß also eine Bewegung gegen die ruhende Seite hin bewirken. Beim Niedersteigen wird einfach die Trettätigkeit vermindert oder ganz eingestellt und nötigenfalls alle Flügel in schräge Stellung gebracht.

Patentansprüche:

1. Flugvorrichtung, gekennzeichnet durch die Anordnung von vier verschiedenen Flügelpaaren, von denen je zwei Ausgleichflügel (s s^1) an den Verbindungsstangen (f f^1), je zwei Steuerflügel (n n^1) und zwei in bekannter Weise als Gasbehälter ausgebildete, an ihrem vorderen Ende zwei Klappflügel (p p^1) tragende Flügel (h h^1) an den Triebstangen (d d^1) befestigt sind, und durch eine einzige Tretvorrichtung (a b c) in der Weise bewegt werden, daß alle Flügel

Auf- und Abwärtsbewegungen machen, während die Steuer-, Klapp- und Ausgleichflügel gleichzeitig noch teilweise auslösbare Schlagbewegungen ausführen.

2. Vorrichtung nach Anspruch 1, gekennzeichnet durch die steife Befestigung der Steuer- (n n ¹) und Gasflügel (h h ¹) nur an je einer Seite, derart, daß diese Flügel feste Arme bilden, deren Schwingungen beim Fliegen Stoßwirkungen auf die Befestigungspunkte ausüben und so eine Auf- und Vorwärtsbewegung der Flugvorrichtung bewirken.

3. Vorrichtung nach Anspruch 1 und 2, gekennzeichnet durch die Befestigung der Steuerflügel (n n ¹) an den Triebstangen (d d ¹) mittels Gelenkzapfen (k k ¹), so daß dieselben zum Zweck der Steuerung willkürlich radial um die Triebstangen bewegt werden können, unabhängig von den in Anspruch 1 erwähnten Schlag- sowie Auf- und Abwärtsbewegungen.

4. Vorrichtung nach Anspruch 1, 2 und 3, gekennzeichnet durch die Anordnung der Ausgleichflügel (s s ¹) in der Art, daß bei treibender Tätigkeit des Klappflügels der einen Seite der Ausgleichflügel der anderen Seite sich aufstellt und einer Seitwärtsbewegung der Flugvorrichtung entgegenwirkt, zum Zweck, einen geraden Flug zu erzielen.

117. Auf eine neue Steuervorrichtung bei einem Luftballon bezieht sich die

Patentschrift Nr. 151 564

Antoine Charles Mary in Neuilly a. d. Seine,

angemeldet am 21. August 1902, ausgegeben am 19. Mai 1904.

Die aufsteigende Kraft des Wasserstoffgases hält dem Gewicht des Ballons das Gleichgewicht. Der Auf- und Abstieg wird durch entsprechende Neigung und Bewegung von Flügeln bewirkt.

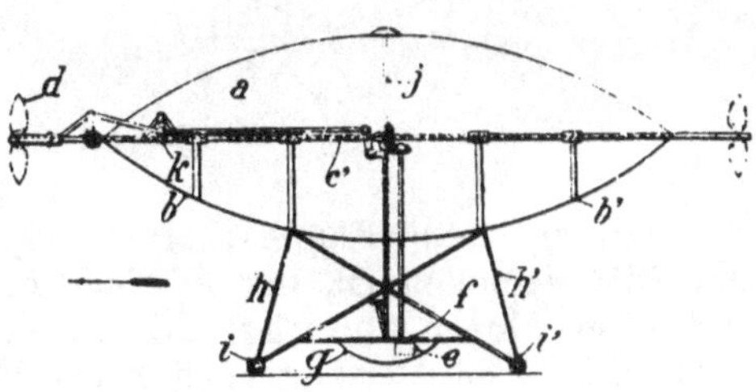

Fig. 386.

Der Ballon a besitzt eine flache Form, sein Horizontalschnitt durch die Mitte ist rechtwinklig (Fig. 386 und 387). Die Starrheit des Teiles unter dieser Ebene wird durch zwei kreuzweise zueinander liegende Bogen b b ¹ aus Bambus oder Metall erhalten. Die Enden dieser Bogen sind durch Taue oder starre Zugstangen c c ¹ miteinander verbunden. Die Bewegung bewirken vier Flügel s an den vier Ecken des Rechtecks. Die an derselben Seite liegenden Flügel oder Schrauben d werden durch dieselbe Welle k betrieben. Jede dieser beiden Wellen wird unabhängig von einem Motor e oder e^1 bewegt. Diese Motoren sind unter der Gondel f angeordnet und in einer spindelförmigen Hülle g aus Glimmer eingeschlossen.

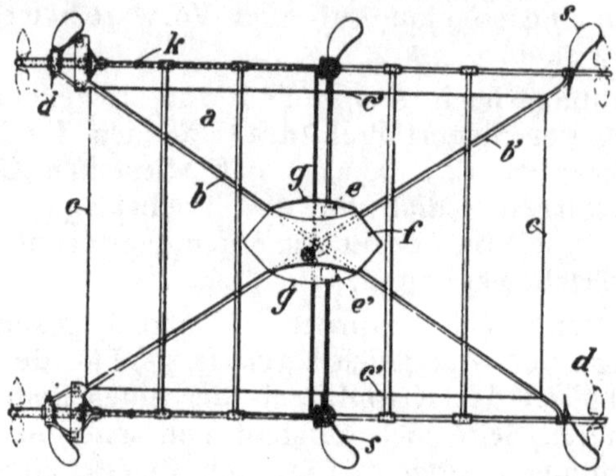

Fig. 387.

Die Gondel f wird an einer starren Stange j aus Bambus aufgehängt, die den Ballon im Mittelpunkt senkrecht durchdringt und einen Körper mit dem Gerippe bildet. Es können auch sechs Flügel als Antriebsvorrichtung verwendet werden, von denen sich vier an den vier Ecken und die beiden anderen nach Bedarf in der Mitte befinden (Fig. 387).

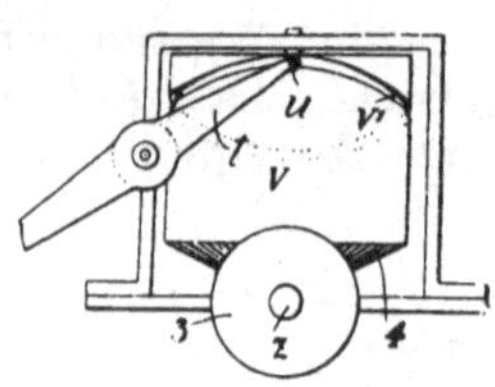

Fig. 388.

Der Flügel sitzt an dem Flügelschaft t (Fig. 388), dessen Ende u mit einem Stift versehen ist, der in einer Führung v^1 eines Zylinders v gleitet. Der Motor überträgt die Bewegung durch Getriebe auf die Welle k, deren Verlängerung z ein Rad 3 trägt, das in ein am Boden des Zylinders befestigtes Zahnrad 4 eingreift. Die Welle k ist mit ihrer Verlängerung z durch ein Kreuzgelenk verbunden (Fig. 389 bis 391). Die Neigung der vorderen Flügel wird durch Bewegung eines Hebelzuges $x\ x^1\ x^2$ bewirkt. Diese Hebelanordnung $x\ x^1\ x^2$ kann auch durch ein Zahnrädchen 1 ersetzt werden, das mit einer Zahnstange 2 in Eingriff steht, die einen Teil des den Flügel tragenden Rahmens (Fig. 391) bildet.

Da die aufsteigende Kraft des in der Ballonhülle enthaltenen Wasserstoffgases dem Gewicht des Ballons das Gleichgewicht hält, so genügt es, wenn den Flügeln oder Schrauben für den Aufstieg vorher eine Neigung von 10° bis 15° über der Wagerechten gegeben wird. Sobald die Flügel oder Schrauben die gewünschte Neigung haben, werden die Motoren in Bewegung gesetzt und darauf eingerückt. Um den Aufstieg zu beschleunigen, genügt es, den Neigungswinkel der vorderen Flügel zu vergrößern. Der Abstieg ge-

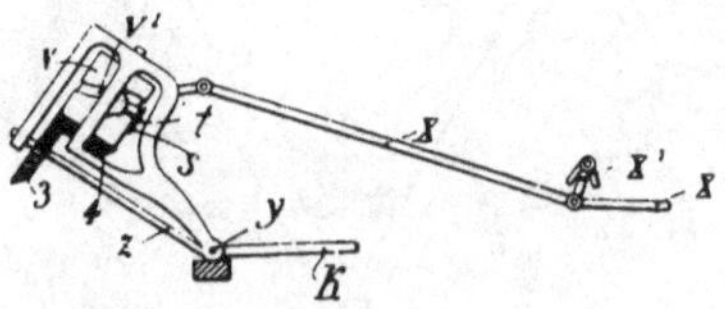

Fig. 389.

schieht entsprechend auf entgegengesetzte Art. Man vermeidet so die Notwendigkeit, Ballast zu verwenden oder Gas ausströmen zu lassen.

Patentansprüche:

1. Steuervorrichtung für lenkbare Luftballons mit Flügeln für den Auf- und Abstieg und die Fortbewegung, dadurch gekennzeichnet, daß der den Schlagflügel (s) tragende, um einen festen Punkt schwingende Flügelschaft (t) mit einem Ende (u) in der Führung (v^1) eines Zylinders (v) gleitet, der zusammen mit dem

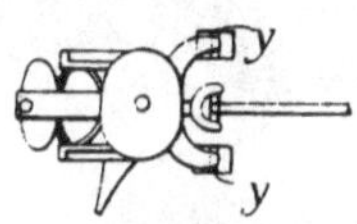

Fig. 390.

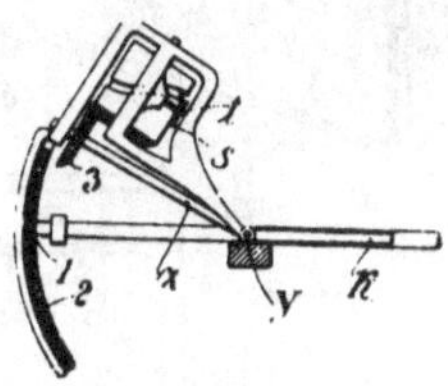

Fig. 391.

Flügelschaft (t) um einen festen Punkt (y) geneigt werden kann und vom Motor aus über ein Kreuzgelenk in Umdrehung versetzt wird.

2. Ausführung der Vorrichtung nach Anspruch 1, dadurch gekennzeichnet, daß die Flügel mittels eines vom Luftschiffer gedrehten Zahnrades (i) und eines am Gestell für den Zylinder (v) sitzenden Zahnstangensegmentes (2) oder eines Hebelzuges (x x^1 x^2) geneigt werden können.

118. Bei dem Apparat nach der

Patentschrift Nr. 157 399
George Mc Mullen in Perth (Austr.),

angemeldet am 25. Januar 1904, ausgegeben am 19. Dezember 1904, führen die Flügelflächen eine schwingende und drehende Bewegung um einen festen Punkt und um sich selbst aus.

Die Flugvorrichtung nach den Fig. 392 bis 394 ist auf einem Wagen oder Rahmen a angebracht, der auch den Antriebsmotor a^1 trägt. Die Bewegung des letzteren wird mittels Rollen und Riemens a^2

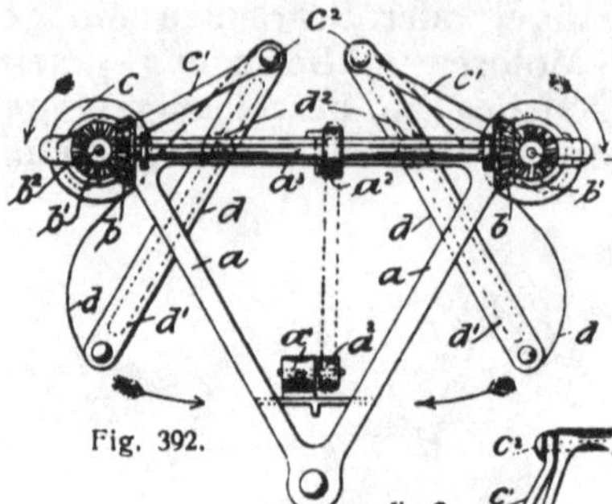

Fig. 392.

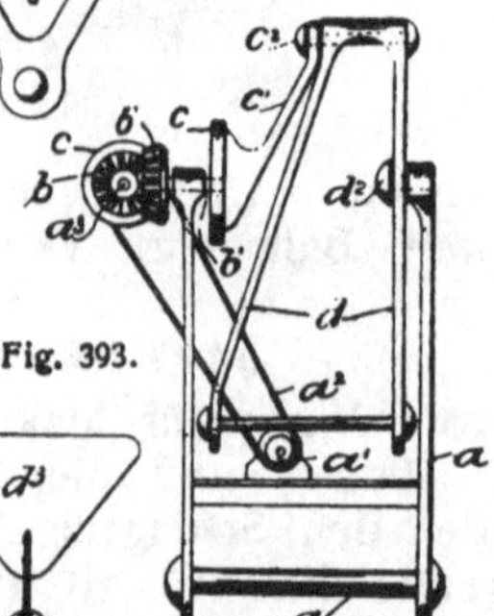

Fig. 393.

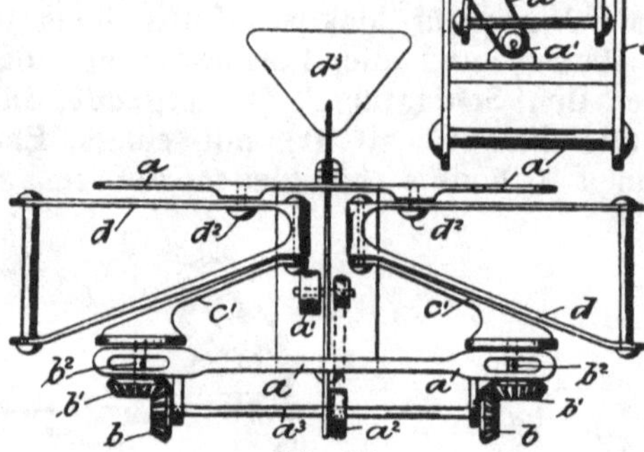

Fig. 394.

auf die in dem Rahmen a gelagerte Hauptwelle a^3 übertragen. Diese trägt an jedem Ende ein Kegelrad b, das in ein auf einem rechtwinklig zur Hauptwelle liegenden Zapfen b^2 aufgekeiltes Kegelrad b^1

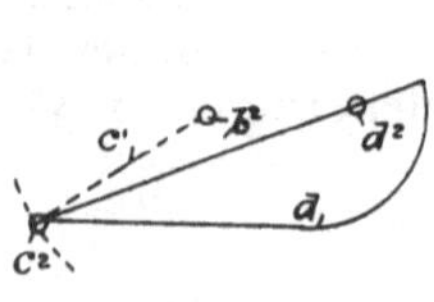

Fig. 395.

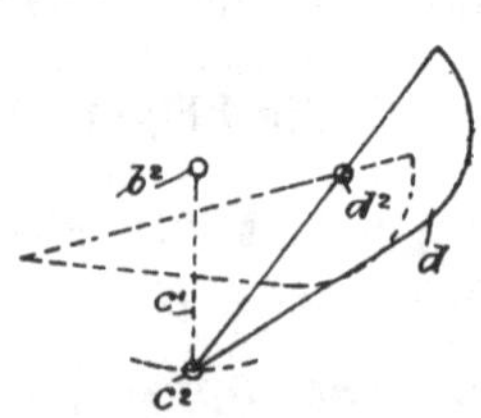

Fig. 396.

eingreift. Auf dem Zapfen b^2 ist eine Scheibe c aufgekeilt. Auf dieser sitzen Kurbelarme c^1. Die Arme c^1 sind an ihrem anderen Ende c^2 mit dem Antriebs- oder schmalen Ende des Flügels der Flugmaschine verbunden. Der Flügel d kann von irgendeiner für die Aufhängung und Bewegung geeigneten Form sein. Er kann bauchförmig oder von einer Aero-Involuten-Form sein oder kann die Form oder Umrisse eines Vogelflügels aufweisen.

Einer der Seitenrahmen d des Flügels ist mit einem Längsschlitz oder einer Oeffnung d^1 versehen, damit sich der Flügel um den an dem Hauptrahmen der Vorrichtung sitzenden festen Zapfen d^2

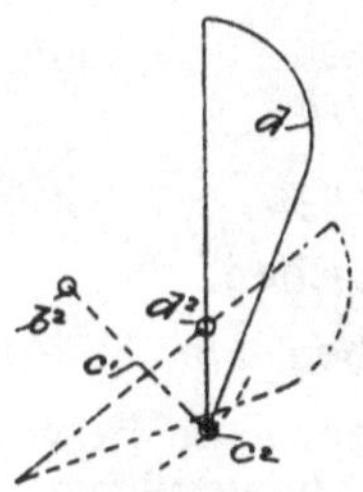

Fig. 397.

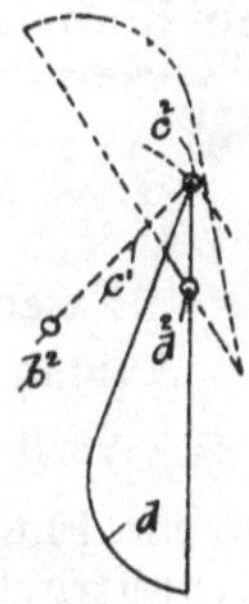

Fig. 398.

drehen und sich an diesem entlang bewegen kann. Zum Steuern ist das Ruder d^3 vorgesehen.

Die Wirkungsweise ist folgende: Wird die Hauptwelle a^3 in Bewegung gesetzt, so tritt auch ein Ingangsetzen der Getriebe b und b^1 und eine Bewegung der Zapfen b^2 sowie der Kurbelarme c^1 ein. Die Flügel d drehen sich daher um ihren festen Zapfen d^2 und gleiten auf demselben, so daß die Flügel während ihrer Drehung

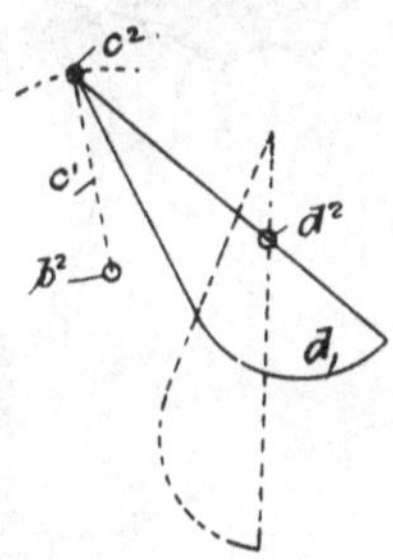

Fig. 399.

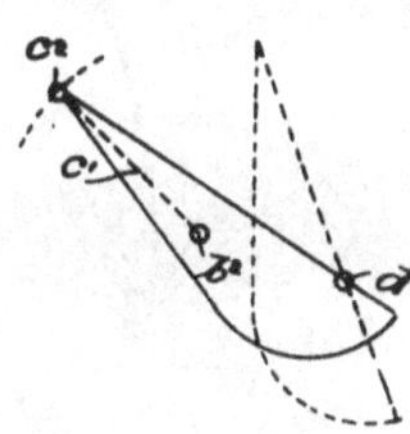

Fig. 400.

einen Ausschlag von wechselnder Länge und Geschwindigkeit erleiden. Die Flügel erhalten ihren größten Ausschlag zwischen den in den Fig. 395 bis 400 dargestellten Stellungen.

Patentansprüche:

1. Schlagflügelanordnung für Flugmaschinen, dadurch gekennzeichnet, daß jede Flügelfläche mit ihrer einen Langseite lose auf einem festen Zapfen gelagert und mit einem Schlitz derart ver-

sehen ist, daß sie sich um sich selbst und um den festen Zapfen drehen und auf diesem entlanggleiten kann, wodurch sie während ihrer Drehung einen Ausschlag und eine Geschwindigkeit in stets wechselnder Größe erhält.

2. Schlagflügelanordnung für Flugmaschinen nach Anspruch 1, dadurch gekennzeichnet, daß die Flügelflächen durch einen Motor (a^1) unter Zwischenschaltung von Kegelrädergetrieben (b b^1) und durch diese angetriebene Kurbelarme (c^1) in eine drehende und schwingende Bewegung versetzt werden.

119. Die

Patentschrift Nr. 173 926
Adolph Brandl in München,

angemeldet am 27. April 1905, ausgegeben am 7. August 1906, bezieht sich auf solche Flugapparate, bei denen die Bewegung der in der Nähe des Schultergelenkes allseitig beweglichen Flügel bei Beugestellung der Arme erfolgt. Die Erfindung besteht in der besonderen Ausbildung des für den Oberarm bestimmten Gelenkes,

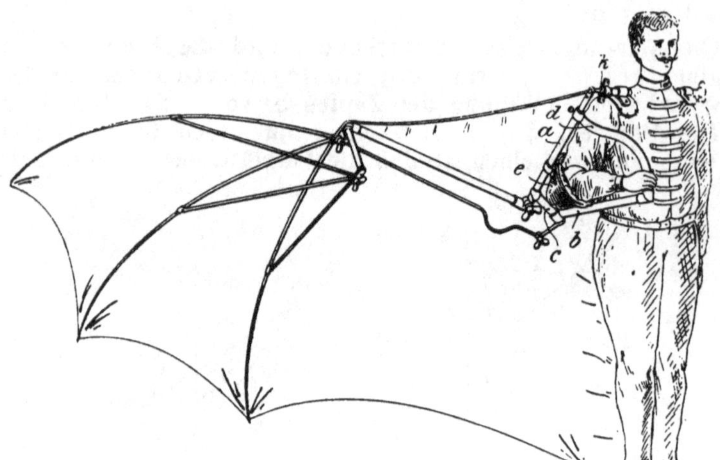

Fig. 401.

das dadurch zugleich zur Aufnahme des Unterarmes ausgestaltet ist und den Vorteil mit sich bringt, daß es nicht nur eine feste und dabei doch jederzeit leicht lösbare Verbindung von Flügel und Arm ermöglicht, sondern zugleich die größtmögliche Bewegungsfreiheit bewahrt.

Zu diesem Zweck besteht dieses Gelenk aus einem Rahmen (Fig. 401), der sich in der Hauptsache aus zwei, in ihrer Länge dem Ober- und Unterarm entsprechenden Röhren a und b, die beide mit ihren dem Ellenbogen zunächst liegenden Enden durch ein kurzes Verbindungsstück c miteinander vereinigt sind und einem zum Teil kreisbogenförmigen, als Stütze für die Hand bestimmten Rohr d zusammensetzt. Eine als Widerlager für den Ellenbogen bestimmte, zweckmäßig gepolsterte Schüssel e ist derart innerhalb des Rahmens angeordnet, daß sie dem Ellenbogen einen sicheren Stützpunkt gibt und dabei dem Arm selbst die denkbar größte Freiheit in der Bewegung gestattet. Auf diese Weise können alle Binden und Bandagen, Verschnürungen oder Befestigungsriemen, die ja stets nicht nur die Bewegungsfreiheit einengen, sondern überdies noch unbequem sind und gegebenenfalls sogar Schmerzen verursachen, für den Arm vollkommen in Wegfall kommen.

Der ganze Halt wird dadurch herbeigeführt, daß die Hand an dem der Schüssel e entgegengesetzten bogenförmigen Rahmenteil d ihren Stützpunkt findet. Auf diese Weise ist außer der sicheren Verbindung auch zugleich noch ein rasches Vereinigen oder Trennen des Armes mit dem Flügel ermöglicht, ohne hierzu einer fremden Hilfe zu bedürfen. Durch die gebogene Form der Handstütze d wird der weitere Vorteil erreicht, daß der den Flugapparat Benützende einerseits die Beugestellung des Unterarmes zu dem Oberarm innerhalb gewisser Grenzen nach Belieben ändern kann, um so eine frühzeitige Ermüdung bzw. ein Lahmwerden des Armes zu vermeiden und anderseits kann er damit zugleich den zur Wirkung kommenden Hebelarm nach Belieben verändern, denn je näher die Hand nach dem Kugelgelenk k des Flügels kommt, desto kürzer wird der Hebelarm, und umgekehrt, je weiter sie sich davon entfernt, desto größer wird er werden.

Patentanspruch:

Flugapparat mit bei Beugestellung der Arme bewegten Flügeln, dadurch gekennzeichnet, daß das für den Oberarm bestimmte Gelenk der Flügel je aus einem Rahmen (a, b, c, d) besteht, bei welchem der der Hand als Stützpunkt dienende Rahmenteil (d) bogenförmig gestaltet und eine als Widerlager für den Ellenbogen bestimmte, zweckmäßig gepolsterte Schüssel (e) vorgesehen ist, zu dem Zwecke, eine feste, jedoch jederzeit leicht lösbare Verbindung der Flügel und Arme zu erreichen.

120. Der Schlagflieger nach der

Patentschrift Nr. 185 172
Gustav Fritz in Bopfingen,

angemeldet am 8. November 1905, ausgegeben am 29. April 1907,

hat zwei gleiche fächerförmige Flügel, die durch eine Querstange b verbunden sind und gemeinsam durch einen Drehpunkt d sowohl in senkrechter wie in wagerechter Richtung bewegt werden können (Fig. 402). Dadurch wird erreicht, daß während des Flügelschlages durch seitliche Drehung der Flügel gesteuert werden kann. Der auf

Rädern gelagerte Bock B stellt ein Dreieck dar, wodurch eine leichte und doch feste Konstruktion erreicht wird. Durch die Verbindungsstange b werden die Flächen gleichzeitig bewegt, wodurch sich die größte Einfachheit ergibt und größte Sicherheit des Seitengleichgewichts gewährleistet wird. Um sich fortzubewegen, stellt man sich

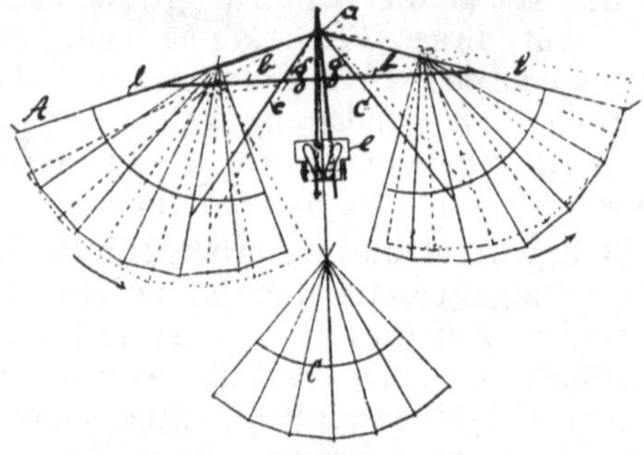

Fig. 402.

auf das Trittbrett e, ergreift mit beiden Händen die Stangen g bei c c und führt eine Auf- und Abwärtsbewegung mit denselben aus (Fig. 403).

Will man von der Richtung nach links abweichen, so dreht man die Fläche etwas nach rechts, und will man nach rechts abweichen, so dreht man die Fläche umgekehrt. Bis jetzt bleibt der Apparat auf dem Boden; soll er sich in die Lüfte erheben, so verlegt man das Schwergewicht unter fortwährendem Flügelschlag durch Zurückstellen eines Fußes etwas nach rückwärts. Um zur Erde

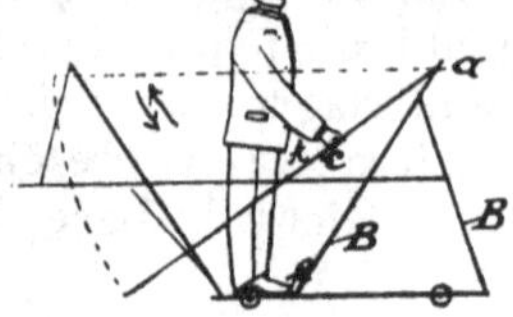

Fig. 403.

zurückzukehren, setzt man den Fuß etwas vorwärts. Bei wagerechtem Flug oder wenn man auf dem Boden bleiben soll, bleiben die Füße auf dem Trittbrett.

Der Abstieg kann auch senkrecht geschehen, indem die Flugfläche A wagerecht gehalten wird; es dient dann der Apparat, unterstützt durch den Schwanz, als Fallschirm.

Patentansprüche:

1. Schlagflieger mit zwei gleichgestalteten fächerartigen Flügeln, dadurch gekennzeichnet, daß die Flächen (A) durch eine Querstange

(b) verbunden sind und nur an einem Punkt (a) an dem Bock (B) derart beweglich gelagert sind, daß die Flächen (A) auf- und niederbewegt und zugleich seitwärts zum Zweck der Steuerung um den Punkt (a) gedreht werden können.

2. Eine Ausführungsform des unter 1 gekennzeichneten Flugapparates, dadurch gekennzeichnet, daß der fächerförmige Flügel sich nur nach einer Seite ausbreitet und nicht bis zum Drehpunkt (a) heranreicht, wobei die starre Verbindung mit dem Drehpunkt (a) durch die vordersten Stäbe (1), die Stützstäbe (g) und die Querstange (b) hergestellt wird.

121. Gegenstand der

Patentschrift Nr. 202 876
Else Bode in Hude b. Oldenburg,

angemeldet am 7. Juni 1906, ausgegeben am 10. Oktober 1908, ist ein Flugapparat mit Flügeln, welche die Luft von oben nach unten und gleichzeitig nach hinten verdrängen sollen. Die Erfindung besteht darin, daß die Kurbelstangen an den Flügeln derart

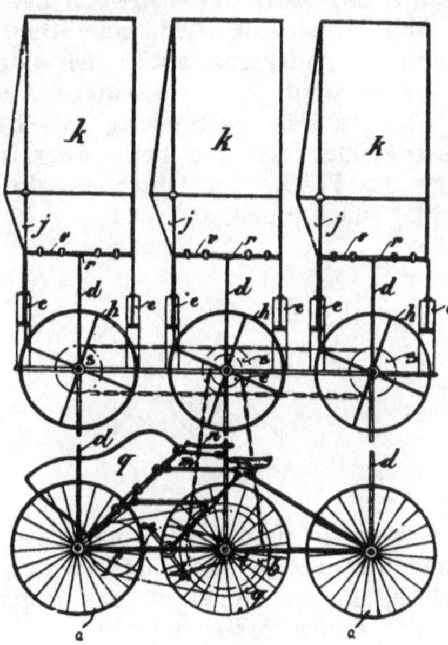

Fig. 404.

befestigt sind, daß beim Abwärtsschlagen die vordere Kante der Flügel sich tiefer senkt und beim Aufwärtsschlagen sich höher hebt als die hintere Kante der Flügel.

Der Apparat (Fig. 404) ruht auf Rädern a; ein Motor f bewirkt mittels Ketten und Kettenräder die Bewegung der Räder g, a und b.

Die im Gelenk r bewegliche Flügelstange v ruht auf dem Gerüst d, und zwar derart, daß sie nach allen Richtungen hin frei beweglich bleibt. Dies kann z. B. durch Kugelgelenke r bewirkt werden. Die Kurbelstangen j greifen nun an dem vorderen Teile des Flügelrahmens an, so daß bei dem Auf- und Abwärtsbewegen die Flügel die obengenannte eigenartige Bewegung ausführen. Um die Be-

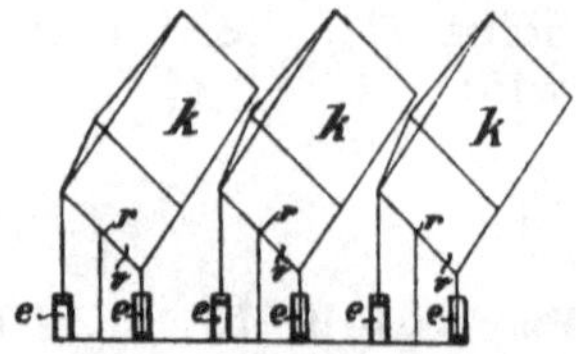

Fig. 405.

wegung der Flügel sicherer zu gestalten, werden die Flügelstangen v in besonderen Führungen gehalten (Fig. 405 und 406), die als Kolbenführungen ausgebildet sind, wobei jedes Ende der Stangen v für sich mit einer Führung versehen ist. Die Führungsstangen sind an den Kolben beweglich angesetzt und haben in den Verschlußdeckeln der Zylinder so viel Spielraum, daß eine Behinderung der Bewegungen nicht eintritt, anderseits aber auch noch eine genügend sichere Führung erzielt wird. Die besondere Anordnung des Angriffspunktes der Stangen j in Verbindung mit der im Gelenk beweglichen Flügelstange bewirkt, daß beim Flügelschlag nach unten infolge der Stellung der Fläche der Druck auf die Luft kräftiger ist als beim Flügelschlag nach oben.

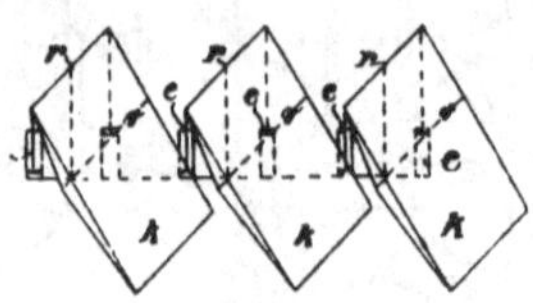

Fig. 406.

An der Antriebsvorrichtung sind noch zwei Lenkstangen angeordnet, von denen die eine, n, zum Steuern des Wagens auf dem Erdboden, die andere, m, zur Steuerung des Apparates in der Luft dient; letztere ist mit einem Steuerruder q in Verbindung.

Patentanspruch:

Flügelflieger, bei welchem die Flügel eine vortreibende Wirkung haben und die Bewegung der Flügel mittels Kurbel und Kurbelstange bewirkt wird, dadurch gekennzeichnet, daß die Kurbelstange am vorderen Ende des Flügels angreift und der Flügel an seiner inneren Kante an einem Kugellager befestigt ist, während die inneren

Ecken des Flügels durch Führungen (e) an einem seitlichen Ausweichen verhindert werden, so daß beim Abwärtsschlage die vordere Kante sich tiefer senkt und beim Aufwärtsschlage sich höher hebt wie die hintere Kante.

122. Um eine eigenartige Drehungsvorrichtung für die Schlagflügel handelt es sich bei der

Patentschrift Nr. 203 534
Dr. Friedrich Kopsch in Dt.-Wilmersdorf.

Angemeldet am 10. Februar 1908, ausgegeben am 29. Oktober 1908.

Die Vorrichtung besteht für jeden einzelnen Flügel aus drei Teilen: 1. aus einem Cardanschen Gelenk, 2. einer Vorrichtung zum

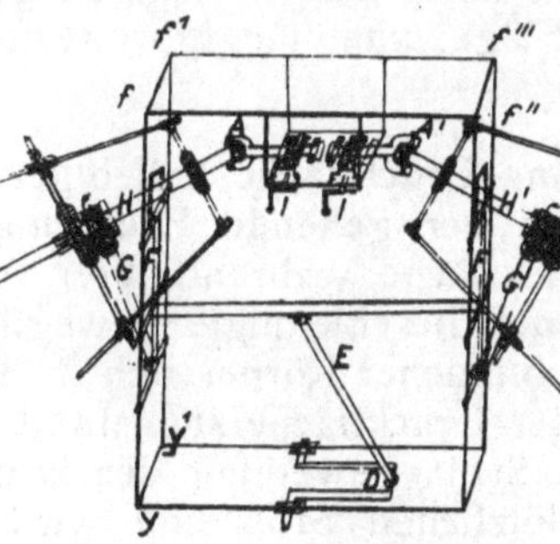

Fig. 407.

Drehen des Cardanschen Gelenkes und 3. einem um die Längsachse des Flügels drehbaren Ring, an welchem die Kraft, die den Flügel auf und ab bewegt, angreift.

Der nicht gezeichnete Motor bewegt mittels der Kurbelwelle D und der Pleuelstange E die Schlitten F, F', welche an den vier Längs-

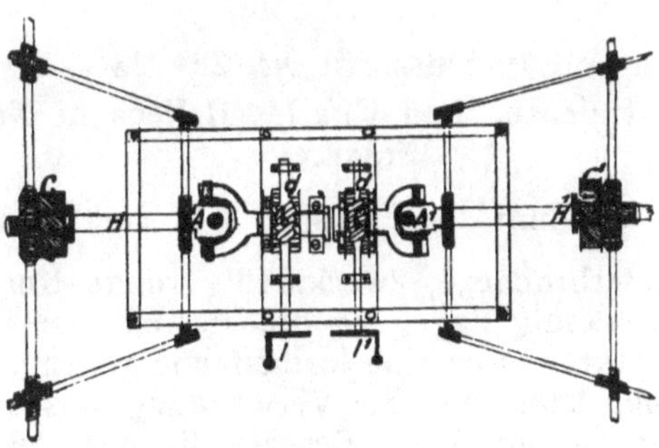

Fig. 408.

pfosten des Gestelles x, x', x'', x''', y, y', y'', y''' hin und her gleiten. Die an den Schlitten F, F' befestigten Pleuelstangen G, G' übertragen mittels der Ringe C, C' die Bewegung auf die Achsen H, H' der Flügel (Fig. 407 und 408). Die Ringe C und C' sind um die

Achsen H, H' der Flügel drehbar. Die Achsen selbst sind mittels der Cardangelenke A, A' am Gestell befestigt und können jede für sich durch je ein Schneckengetriebe b, b', welches durch die Kurbel J, J' bewegt wird, vermittels des Schneckenrades a, a' um ihre Längsachse gedreht werden.

Patentansprüche:

1. Vorrichtung zur Drehung der Schwingachse von Schlagflügeln, dadurch gekennzeichnet, daß die Schwingachse drehbar im Lager (C) angeordnet ist, welches durch den Motor auf und ab bewegt wird, und daß die Schwingachse, unterbrochen durch ein Cardangelenk, vermittels eines Schneckengetriebes (a, b) gedreht werden kann.

2. Vorrichtung nach Anspruch 1, dadurch gekennzeichnet, daß die Schwingachsen der Flügel unabhängig voneinander drehbar sind.

123. Werden auf eine Druckfläche beliebiger Form in schneller Aufeinanderfolge hin und her gehende Bewegungen in der Weise übertragen, daß die Druckfläche während ihrer Auf- oder Abwärtsbewegung eine sehr schnell beschleunigte Bewegung macht, so wird ein mit dieser Fläche verbundener Körper sich im Raum fortbewegen. Die unter der Wirkung der Druckfläche stehende Luft erhält während der stark beschleunigten Schlagbewegung der Druckfläche gewissermaßen einen starken plötzlichen Stoß und wird dabei zusammengepreßt, so daß eine der Größe der Beschleunigung entsprechende Gegenwirkung auf die Druckfläche hervorgerufen wird, die sich in der Fortbewegung des mit der Druckfläche verbundenen Körpers äußert.

Während man bereits vorgeschlagen hat, die erforderliche schnell beschleunigte Schlagbewegung der Druckfläche mittels eines Kurbelgetriebes zu erteilen, wird diese Bewegung bei der Vorrichtung nach der

Patentschrift Nr. 204 238

Hugo Lentz in Halensee und Charles Bellens in Neuilly-sur-Seine, Frankreich,

angemeldet am 18. Juni 1906, ausgegeben am 13. November 1908,

durch eine ununterbrochene, zweckmäßig runde Kurvenbahn erzielt, welche auf eine ständig dagegengedrückte, mit der Druckfläche verbundene Rolle wirkt. Durch eine fortlaufende gleichmäßige Bewegung dieser Kurvenbahn kann man bei Verwendung verschiedener Kurvenbahnen beliebig veränderliche Beschleunigungen und Bewegungszeiten der Druckfläche erzielen.

Die Druckfläche, mit welcher der fortzubewegende Körper verbunden ist, trägt eine nach unten gerichtete Stange g (Fig. 409), an deren Ende eine Rolle h sitzt. Diese Rolle liegt ständig gegen eine durch eine geeignete Vorrichtung hin und her bewegte Schubkurvenstange o an, deren Kurvenbahnen k' so ausgebildet sind, daß die Beschleunigungen und Zeiten für die Auf- und Abwärtsbewegungen der Druckfläche verschieden sind. Die Aufwärtsbewegungen der Druckfläche werden durch Befahren der Kurven 1, 2 bzw. 3, 4 bzw. 5, 6 bzw. 7, 8 bewirkt, welche kurze Abszissen besitzen und daher große Beschleunigungen ergeben, während die Abwärtsbewegungen der Druckfläche durch Befahren der Kurven 2, 3 bzw. 4, 5 bzw. 6, 7 erfolgen, welche lange Abszissen aufweisen und demnach geringe Beschleunigungen hervorrufen. Wird diese Stange in

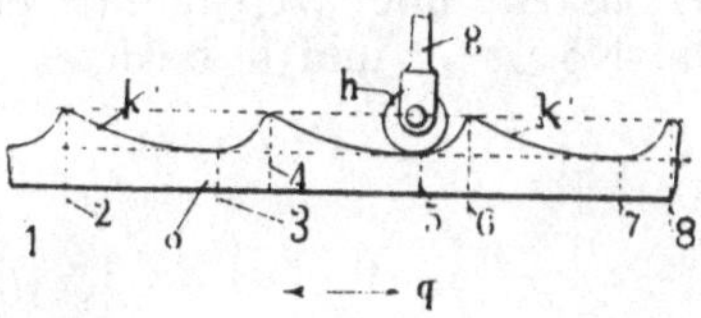

Fig. 409.

geradliniger, gleichförmiger Bewegung in der Richtung des Pfeiles q verschoben, so stehen die Zeiten der Auf- und Niederbewegung im stetigen Verhältnis

1 : 2	3 : 4	5 : 6
2 : 3	4 : 5	6 : 7

und die Beschleunigungen sind bei beiden Wegen verschieden.

Die Kurvenbahn zur Erzeugung der beschleunigten Schlagbewegung der Druckfläche a kann auch kreisrund ausgebildet sein,

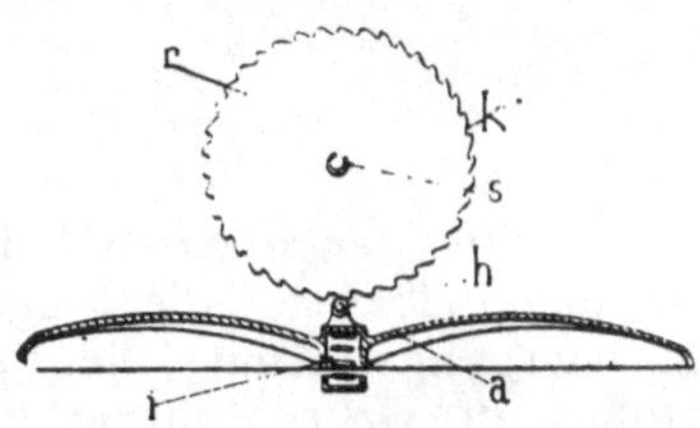

Fig. 410.

indem die einzelnen zur Auf- und Abwärtsbewegung der Druckfläche dienenden Kurvenbahnen k'' bzw. k''' fortlaufend auf einer kreisrunden Scheibe r vorgesehen sind (Fig. 410).

Patentanspruch:

Vorrichtung zum Bewegen von Körpern in Luft durch beschleunigte Schlagbewegungen von Flächen, gekennzeichnet durch eine ununterbrochene, zweckmäßig runde Kurvenbahn, welche auf eine ständig dagegengedrückte, mit der Druckfläche verbundene Rolle wirkt, zum Zwecke, durch eine fortlaufende gleichmäßige Bewegung der Kurvenbahn beliebig veränderliche Beschleunigungen und Bewegungszeiten zu erzielen.

124. Der Schlagflieger, der in der

Patentschrift Nr. 204 726
Paul Volmer in Berlin,

angemeldet am 23. November 1905, ausgegeben am 3. Dezember 1908, beschrieben ist, zeichnet sich durch die besondere Ausbildung des Motors aus.

Letzterer besteht aus zwei scheibenartigen Körpern c und d (Fig. 411 und 412), welche so geformt sind, daß sie in ihrer Mitte eine Kammer h frei lassen, und welche mit einem Gerippe besetzt sind (a und b). Die Körper c und d besitzen ferner Zugstangen g,

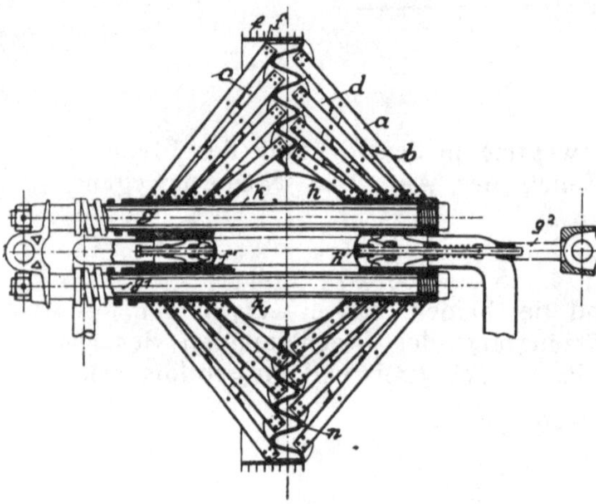

Fig. 411.

Fig. 412.

g_1, g_2 und g_3, welche die entgegengesetzten Motorteile durchdringen und so die Bewegung unmittelbar auf die Flügel übertragen, indem der Motor in seiner Bewegungsrichtung die Flügel verbindet. Die Scheiben c und d stoßen in einer wellenartigen Fläche n aufeinander. Der Motor besitzt ferner ein Einlaßventil f_1 und Auslaßventil h_1. Die Zugstangen sind zwecks besserer Abkühlung noch je mit einem Rohr **k**, k_1 umgeben, durch welches Luft oder Wasser geleitet werden kann, und sind am äußeren Ende durch ein Joch verbunden. Durch den Hilfsmotor mit Gebläse r, s wird ein geeignetes Gasgemisch durch das Einlaßventil f_1 in die Kammer h eingeführt und entzündet. Die Druckgase wirken zunächst auf die innere Kammer h des Motors; sobald die Scheiben c und d sich voneinander entfernen, pflanzt sich der Druck weiter fort, bis er auf die ganze Fläche der Scheiben wirkt. Der auf die Maschinenteile ausgeübte Druck trifft somit nicht plötzlich in seiner ganzen Größe auf. Der Druck auf die Körper c und d wird durch die Zugstangen und die Stangen o auf die Flügel übertragen (s. Fig. 413 und 414), da die Zugstangen unmittelbar mit den Flügeln verbunden sind und so ein Niederschlagen der Flügel bewirken. Nach dem Ende dieser Bewegung werden die Motorteile durch die gespannte Feder p wieder zusammengezogen.

Patentansprüche:

1. Flugmaschine mit Schlagflügeln, welche von einer gemeinsamen Kraftquelle mit beschleunigter Bewegung nach abwärts ge-

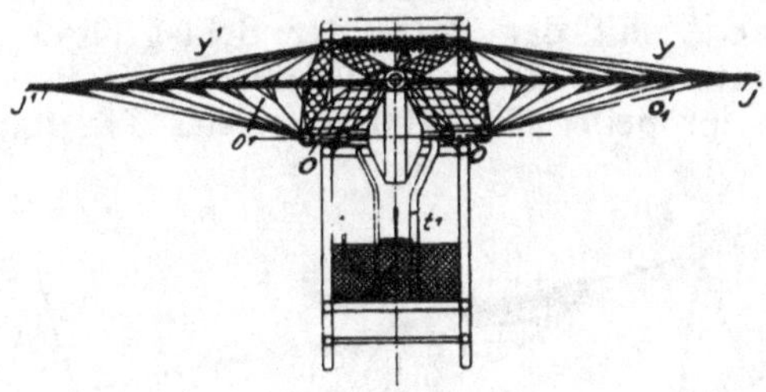

Fig. 413.

trieben werden, dadurch gekennzeichnet, daß die Kraft durch Entzündung von Explosionsgasen zwischen zwei scheibenartigen, in der Mitte eine Kammer bildenden Körpern von wellenförmigem Querschnitt erzeugt wird, so daß der Druck zunächst nur auf die Kammerwandungen wirkt und sich bei der hierdurch eintretenden Entfernung der Körper voneinander auf ihre ganze Fläche fortpflanzt.

2. Flugmaschine nach Anspruch 1, dadurch gekennzeichnet, daß die Bewegungen der beiden Hauptteile des Motors durch Zugstangen, welche die entgegengesetzten Motorteile durchdringen, auf die Flügel übertragen werden.

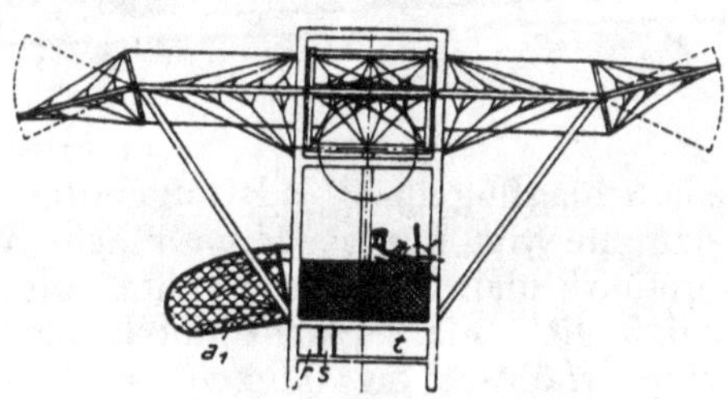

Fig. 414.

3. Flugmaschine nach Anspruch 1, dadurch gekennzeichnet, daß die äußeren Wandungen der scheibenartigen Körper mit einem Gerippe besetzt sind, welches sowohl zur Abkühlung als auch zur Versteifung und zur Uebertragung der Kraft dient.

4. Flugmaschine nach Anspruch 1 und 2, dadurch gekennzeichnet, daß der Motor derart angeordnet ist, daß die Zugstangen gewissermaßen die gerade Verbindungslinie zwischen den den Antrieb aufnehmenden Flügelteilen bilden und so die Kraft mittels kurzer Lenkstangen (o) auf die Flügel übertragen können.

125. Bei dem Flugzeug nach der

Patentschrift Nr. 206 691
Franz Wondra in Schenectady, V. St. A.,

angemeldet am 9. November 1905, ausgegeben am 11. Februar 1909, ist das Schlagflügelpaar B (Fig. 415 bis 417) zwischen den geneigten Tragflächen A, A^1 in Abständen derart angeordnet, daß die Vorderkante der Fläche A mit der Mitte der Schlagflügel B, B und der rückwärtigen Kante der Fläche A^1 annähernd in einer Horizontalen liegt. Der Doppelpropeller C, C^1 ist unter der Tragfläche A und der

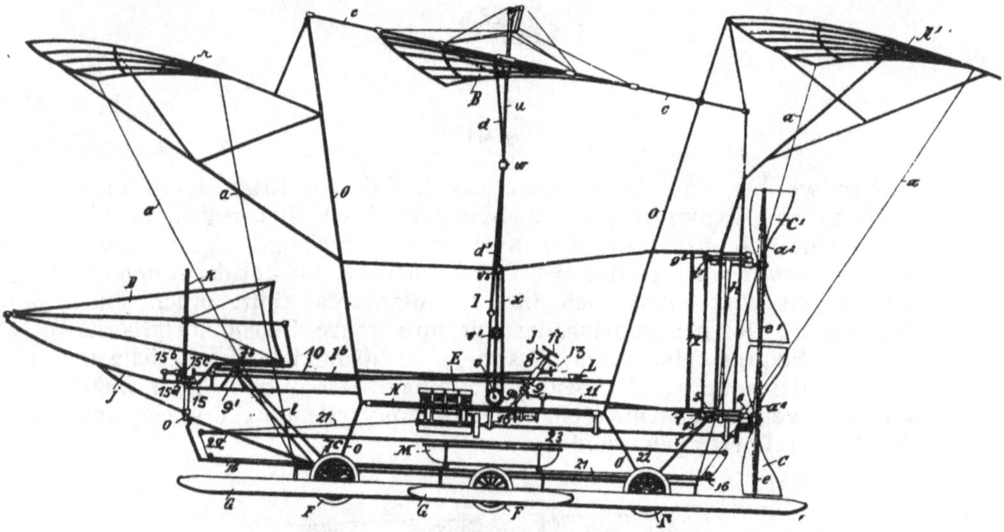

Fig. 415.

Motor E unter dem Schlagflügelpaar B,B angeordnet. Dadurch soll erreicht werden, daß die von der vorderen Fläche verdrängte Luft unter die Flügel geführt und von diesen unter die hintere Fläche gedrängt wird, so daß die hintere Fläche durch den auf sie treffenden Gegenwind eine erhöhte Tragfähigkeit erhält.

Die Flügel B,B sind um die auf den Traggerüsten gelagerte Achse c drehbar und mit schwach gewölbten Flügelfeldern b versehen. Bei der Aufwärtsbewegung der Flügel werden die Flügelfelder durch vorhandenen Gegendruck geöffnet und in angehobener Lage der Flügel selbsttätig geschlossen, so daß die Flügel mit vollen Flächen abwärts schwingen. Die Flügel B,B sind durch ein besonderes Gestänge mit dem Flügelschlagmechanismus I verbunden, der mit der Motorwelle 23 derart gekuppelt ist, daß die Schwingbewegung der Flügel jederzeit unterbrochen werden kann. Hierdurch ist es möglich, beim Uebergang vom Fliegen zum Schweben die Flügel als Tragflächen zu benutzen.

Patentansprüche:

1. Flugmaschine mit Schlagflügeln und Tragflächen, dadurch gekennzeichnet, daß zwischen zwei geneigten Tragflächen (A, A¹) ein ebenfalls geneigtes Schlagflügelpaar derart angeordnet ist, daß die Vorderkante der vorderen Tragfläche (A) mit der Mitte der Schlagflügel (B,B) und der rückwärtigen Kante der hinteren Tragfläche (A¹) annähernd in einer Horizontalen liegt.

2. Flugmaschine nach Anspruch 1, dadurch gekennzeichnet, daß unter der hinteren Tragfläche (A¹) ein steuerbares und übereinandergestelltes Propellerpaar (C, C¹) und unter der vorderen Tragfläche (A) ein Lenkflügel (D) angeordnet ist.

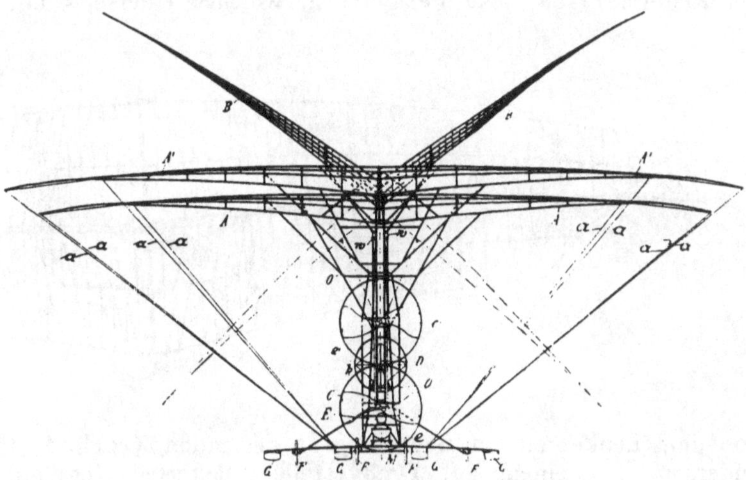

Fig. 416.

3. Flugmaschine nach Anspruch 1, dadurch gekennzeichnet, daß die Antriebsvorrichtung für die Schlagflügel aus zwei vertikal umlaufenden Ketten (x,x), in die ein die Schubstangen (d,d) tragender Mitnehmer (y) eingreift, und zwei auf dem Traggerüst (u) verschiebbaren Kreuzköpfen (w,w) besteht, welche durch die Schubstangen (d¹, d¹) mit dem Flügelrahmen gelenkig verbunden sind.

4. Flugmaschine nach Anspruch 1 bis 3, dadurch gekennzeichnet, daß in die Antriebsvorrichtung der Flügel ein Schneckengetriebe eingebaut ist, durch welches die Flügel im Moment der Abstellung der Antriebsvorrichtung selbsttätig festgestellt werden, zu dem Zwecke, die Flügel nach Bedarf in jeder Lage als feste Tragflächen benutzen zu können.

5. Antriebsvorrichtung für senkrecht übereinander gestellte Propeller bei Flugmaschinen nach Anspruch 1 und 2, dadurch gekennzeichnet, daß die über der unmittelbar angetriebenen Propellerwelle liegende zweite Propellerwelle einerseits durch einen Riemen (h), anderseits dadurch in Drehung versetzt wird, daß die Propellerreifen

(e, e^1) durch einen elastischen Friktionskranz miteinander gekuppelt sind.

6. Steuerungsvorrichtung für vertikal übereinandergestellte Propeller nach Anspruch 5, dadurch gekennzeichnet, daß die das Zahnsegment (i^1) des oberen Propellers antreibende Schnecke mit der entsprechenden Schnecke des unteren Propellers verbunden ist.

7. Vorrichtung zum Umlegen des Lenkflügels bei Flugmaschinen nach Anspruch 1, dadurch gekennzeichnet, daß der auf dem Drehgestell (j) schwingbar gelagerte Lenkflügel von einem mit dem Lenkflügelrahmen in Verbindung stehenden Zahnkranz (k) umgeben ist, welcher bei jeder Steuerstellung des Lenkflügels dadurch verdreht werden kann, daß auf der Schwingachse des Drehgestelles ein Kegelrad (15a) lose gelagert ist, welches einerseits mit einem

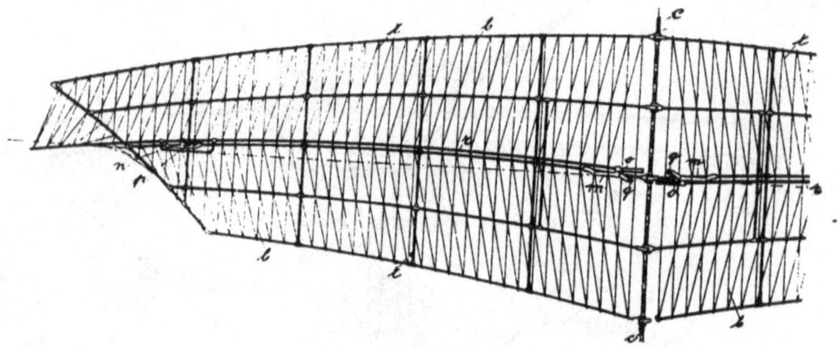

Fig. 417.

von dem Lenker aus in Bewegung zu setzenden Kegelrad (15) und anderseits mit einem auf Drehgestelle gelagerten Kegelrad (15b) in Eingriff steht, auf dessen Welle ein mit dem Zahnkranz (k) zusammen arbeitender Triebling (15c) aufgekeilt ist.

8. Vorrichtung zum raschen Einstellen der Horizontal- und Vertikalsteuerungen von Flugmaschinen nach Anspruch 1, dadurch gekennzeichnet, daß sowohl die Welle des Steuerrades (8), als auch die Welle des Steuerrades (17) durch beliebige Uebertragungsmechanismen mit Friktionsscheiben (35 bzw. 28) verbunden sind, welch letztere durch von der Motorwelle aus angetriebene Einrückscheiben (40 bzw. 29) in Drehung versetzt werden.

126. Die in der

Patentschrift Nr. 209 176

Martin Möller in Blankenmoor, Holst.,

angemeldet am 19. September 1906, ausgegeben am 23. April 1909,

beschriebene Erfindung bezieht sich auf Flugmaschinen mit senkrecht bewegten Flügeln, deren Klappen beim Aufwärtsbewegen zwangläufig geöffnet, beim Abwärtsbewegen zwangläufig geschlossen werden, und betrifft eine Einrichtung bei solchen Flugmaschinen, mittels deren das Oeffnen der Klappen nach Belieben geregelt werden kann, um den Flug der Maschine zu beeinflussen.

Das Gestell a der Flugmaschine (Fig. 418 und 419) ist aus Röhren zusammengesetzt, die Preßluft aufspeichern können. In dem

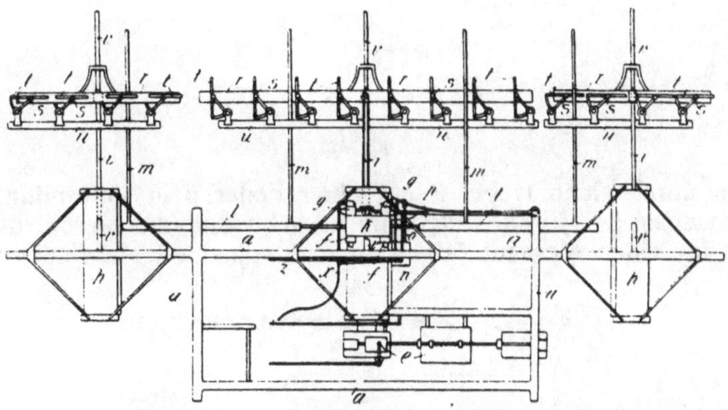

Fig. 418.

Gestell a ist eine Pumpe e untergebracht, die Preßluft zur Bewegung der Flügel und zum Oeffnen und Schließen der Flügelklappen erzeugt. Die Bewegung der Flügel erfolgt durch Kolbenstangen i, die an

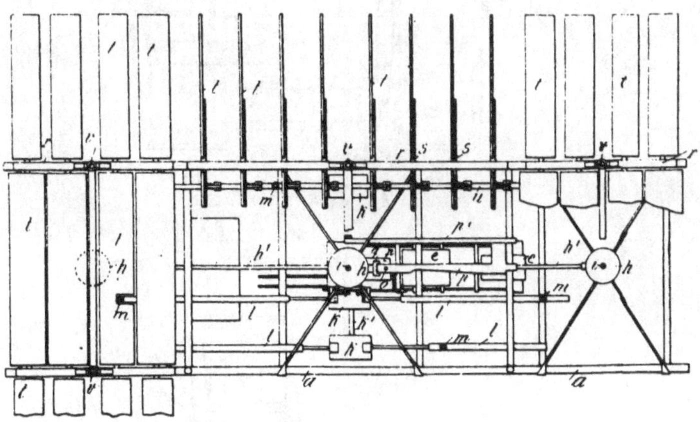

Fig. 419.

Kolben befestigt sind, welche sich in senkrechten Zylindern h auf und ab bewegen können. Zum Oeffnen und Schließen der Flügelklappen dienen Stangen m, die an Kolbenstangen l befestigt sind, deren Kolben l[1] sich in horizontalen Zylindern k hin und her bewegen können.

Jeder Zylinder k ist an jedem Ende mit einem Einlaßventil f und einem Auslaßventil g versehen (Fig. 421 bis 423). Die Ventile g

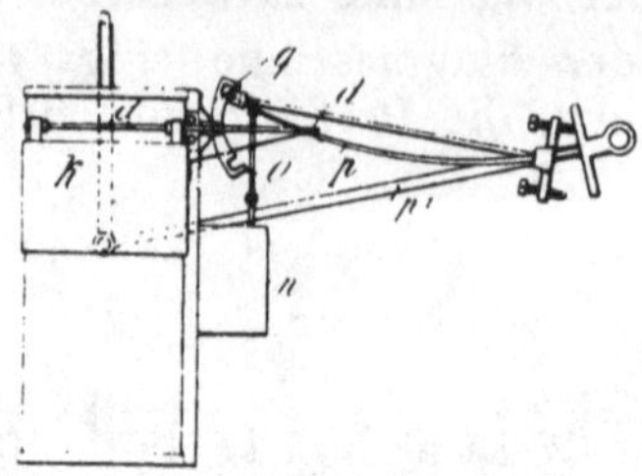

Fig. 420.

stehen durch einen Hebel d mit einer Feder p in Verbindung (Fig. 420), welche bei jedem Flügelhub ausschwingt und hierbei die Ventile g für einen Moment öffnet, so daß von der im Zylinder befind-

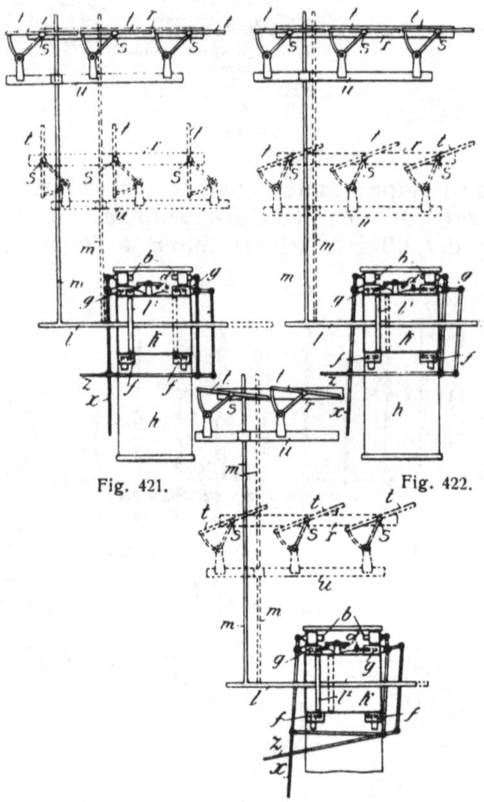

Fig. 421. Fig. 422.

Fig. 423.

lichen abgenutzten Preßluft ein Teil entweicht und ein Rest Gegenluft im Zylinder zurückbleibt, um den vorstoßenden Kolben l^1 an der Stelle im Zylinder zum Stillstand zu bringen, wo durch die Bewegung des Kolbens die Gegenluft so weit zusammengepreßt ist, daß ein weiteres Vordringen des Kolbens verhindert wird.

Um das Entweichen der Preßluft aus den Ventilen regulieren und dadurch die Endstellungen der Kolben d verändern zu können, sind Steuerhebel x und z angeordnet, mittels deren man besondere Lenkventile c, die auf die Ventile g aufgesetzt sind, betätigen kann. Diese Lenkventile c werden durch Spiralfedern w (Fig. 424) auf ihren Sitz gedrückt, und die Federn w können durch Keile b, die durch die Hebel x verschoben werden können, mehr oder weniger gespannt werden, so daß z. B. bei Entlastung der Ventile c ein größerer Teil abgenutzter Preßluft entweichen und ein kleinerer Rest Gegenluft im Zylinder zurückbleiben wird, infolgedessen der Kolben l^1 einen größeren Hub ausführen und die Wege der Stangen m

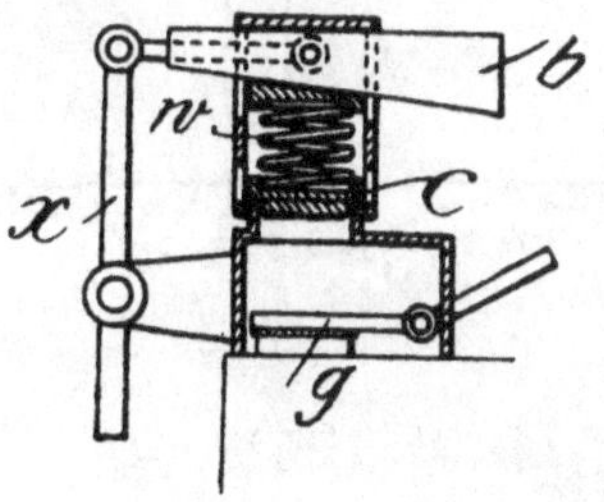

Fig. 424.

vergrößern kann. Werden dagegen die Ventile c durch Anziehen der Keile b weiter belastet, so werden die Wege der Stangen m verkürzt. Mittels eines zweiten Hebels z kann das hintere Ventil c unabhängig von dem vorderen Ventil c eingestellt werden, so daß infolge der hierdurch bewirkten ungleichen Belastung der Ventile eine Verschiebung des Kolbenhubes herbeigeführt wird.

Der Zylinder k für die beiden Endflügel ist mit dem Zylinder k für die eine Hälfte des Mittelflügels durch ein Rohr k^1 verbunden (Fig. 419), so daß die zugehörigen Flügel gleichmäßig arbeiten. Der Zylinder k für die zweite Hälfte des Mittelflügels ist unabhängig angeordnet und wird durch besondere Hebel x,z gesteuert, so daß diese Flügelhälfte unabhängig arbeitet.

Patentanspruch:

Flugmaschine mit senkrecht bewegten Flügeln, deren Klappen beim Aufwärtsbewegen zwangläufig geöffnet, beim Abwärtsbewegen zwangläufig geschlossen werden, dadurch gekennzeichnet, daß die Wege der das Oeffnen und Schließen der Klappen (t) bewirkenden, durch die Kolben (l^1) der Preßluftzylinder (k) bewegten Stangen (m) durch Ventilsteuerhebel (x,z) verlängert, verkürzt oder verschoben werden können, so daß die Stangen (m) verschieden große Bewegungen ausführen und die Flügelklappen (t) beim Auf- und Niederschlag der Flügel mehr oder weniger schließen.

127. Einen Flügelflieger, bei welchem die Flügel durch Spannen von Federn zum Schlagen gebracht werden, betrifft die

Patentschrift Nr. 211 461
Ferdinand Lanz in Bischofsberg b. Neumarkt, Steierm.

Angemeldet am 15. Februar 1908, ausgegeben am 30. Juni 1909.

Bei dem durch Explosion im Zylinder 5 bewirkten Vortrieb prallt der Kolben 1 mit der Stoßplatte 3 gegen das Gewicht 4, wo-

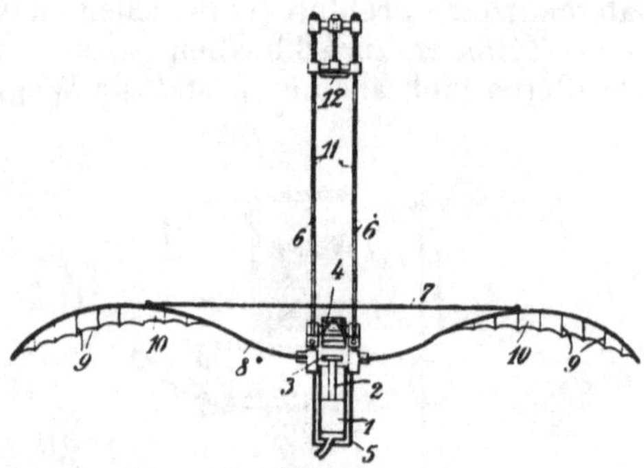

Fig. 425.

durch dieses nach vorn geschleudert wird (Fig. 425 und 426). Hierbei wird die von dem Gewichte mitgenommene Sehne 7 gespannt (Fig. 426). Um jedoch ein durch das Schleudergewicht unbehindertes Zurückschnellen der Arme zu ermöglichen, wird die Sehne nach

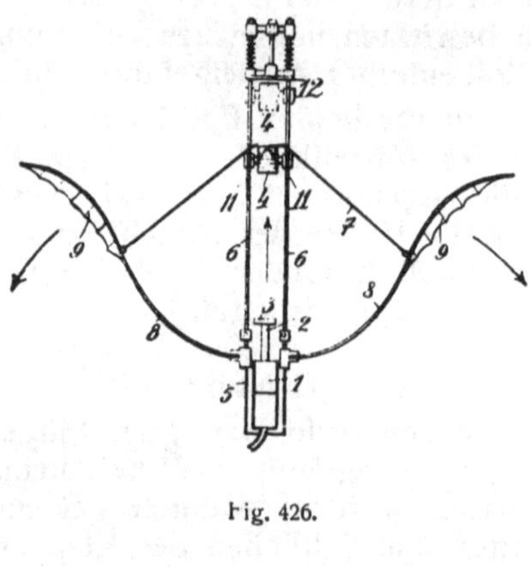

Fig. 426.

erfolgter Spannung der Arme vom Schleudergewicht gelöst. Zu diesem Zwecke sind an den beiden Führungsstangen 6 Anläufe 11 (Fig. 427 und 428) vorgesehen, welche die Sehne in ihrer äußersten Endstellung von dem Gewichte abstreifen, so daß die Arme mit ihrer vollen Kraft zurückschnellen können. Durch das rasche und kräftige

Zurückschnellen der Arme wird durch die hierbei ausgebreiteten Flügel eine kräftige Druckwirkung auf die Luft erzielt, wodurch der Apparat in der entgegengesetzten Richtung vorgetrieben wird. Das von der Sehne befreite Schleudergewicht, dessen beide Führungshülsen mit Schlitzen für den Durchgang der Anläufe versehen sind, wird vermöge seiner lebendigen Kraft noch weiter nach vorn gegen eine am Ende der Führung angeordnete federnde Platte 12 geschleudert, durch deren Rückstoß das Gewicht sodann in seine Anfangsstellung zurückgeschleudert wird. Hierbei drückt sich das Gewicht mit einer Abschrägung 13 an der bereits in ihre Normalstellung zurückgekehrten Sehne vorbei, so daß dieselbe wieder auf die Vorderseite des Schleudergewichtes zu liegen kommt.

Da sich durch den Gang des Motors die Impulse auf das Gewicht ununterbrochen wiederholen, so wird somit eine ständige Fortbewegung des mit dieser Antriebsvorrichtung ausgerüsteten Luftfahrzeuges herbeigeführt.

Um eine möglichst stoßfreie Fortbewegung des Luftfahrzeuges zu erzielen, empfiehlt es sich, zwei oder mehrere Antriebsvorrichtungen in bekannter Art derart zu kuppeln, daß sie abwechselnd zur Wirkung gelangen.

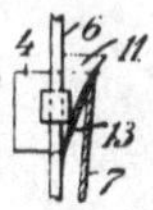

Fig. 427.

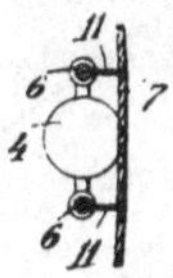

Fig. 428.

Patentansprüche:

1. Antriebsvorrichtung für Luftfahrzeuge mit Schlagflügeln, dadurch gekennzeichnet, daß die Flügel (9) an den Enden von bogenartig geformten Federn (8) angebracht sind, die mittels der sie verbindenden Sehne (7) durch motorische Kraft gespannt werden.

2. Antriebsvorrichtung nach Anspruch 1, dadurch gekennzeichnet, daß die Federn (8) vom Motor (5) aus unter Vermittlung eines auf die Sehne (7) einwirkenden Schleudergewichtes (4) gespannt werden.

3. Antriebsvorrichtung nach Anspruch 1 und 2, dadurch gekennzeichnet, daß nach erfolgter Spannung des Bogens (8) die Sehne (7) von dem Schleudergewicht (4) gelöst wird, worauf das Gewicht gegen eine federnde Platte (12) weitergeschleudert wird, durch deren Rückstoß es in seine Anfangsstellung gelangt.

4. Antriebsvorrichtung nach Anspruch 1 bis 3, dadurch gekennzeichnet, daß die Lösung der Sehne von dem Schleudergewicht durch an der Führung (6) des Schleudergewichtes vorgesehene Anläufe (11) erfolgt, die die Sehne nach erfolgter Spannung des Bogens über das Schleudergewicht hinwegschieben, während beim Rück-

gange des Schleudergewichtes die Sehne durch eine Schrägfläche (13) des Schleudergewichtes wieder auf die Vorderseite desselben gebracht wird.

128. Eine eigenartige Kombination eines Schlagfliegers mit einer Hubschraube und einem Fallschirm stellt das Flugzeug nach der

Patentschrift Nr. 211 607
Bruno v. Livonius in Stuttgart,
angemeldet am 13. März 1908, ausgegeben am 9. Juli 1909,

dar, dessen konstruktive Einzelheiten aus Fig. 429 ohne weiteres hervorgehen.

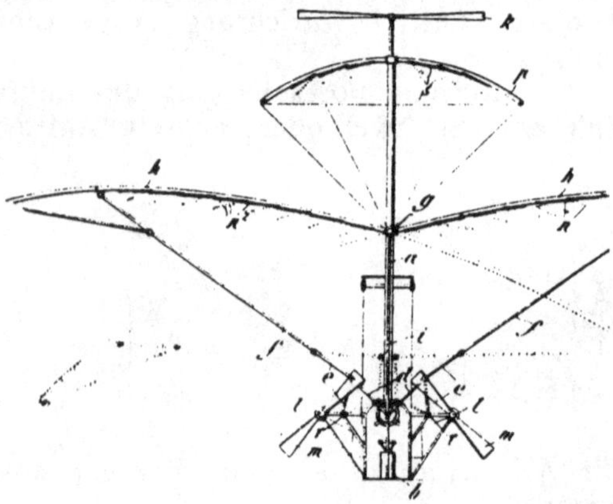

Fig. 429.

Patentanspruch:

Flugapparat mit Luftschrauben und beweglichen Flügeln, dadurch gekennzeichnet, daß zwischen der den Auftrieb bewirkenden Luftschraube (k) und den mit Klappen versehenen Flügeln (h) ein mit nach innen sich öffnenden Klappen (s) versehener Fallschirm (p) angeordnet ist.

129. Bei dem Schlagflieger nach der

Patentschrift Nr. 214 863
Robert Strehlau in Berlin-Westend,
angemeldet am 1. Juni 1907, ausgegeben am 20. Oktober 1909,

ist jede Fläche an zwei Kurbeln befestigt.

Zwischen zwei Kurbeln c (Fig. 430 und 431), die sich entgegengesetzt bewegen, ist je eine mit leichtem Stoff überspannte Fläche d befestigt, und zwar ist diese an einem Ende im Punkte e drehbar, am anderen Ende im Punkte f dreh- und verschiebbar. Je zwei

Kurbeln c sind so zwangläufig geführt, daß sie in ihrer senkrechten Stellung um 180° versetzt sind. Drehen sich die zwangläufig miteinander verbundenen Kurbeln c in der Pfeilrichtung, so werden die Flächen d in Schwingungen versetzt und rufen in jedem Mo-

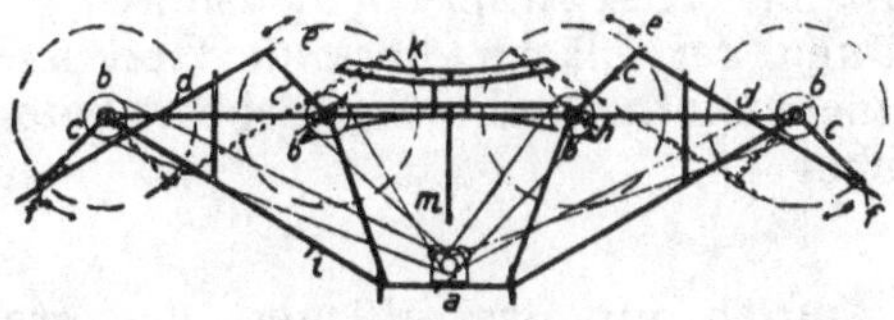

Fig. 430.

ment, mit Ausnahme in der Nähe der Horizontalstellung, einen Auftrieb hervor.

Da die Entfernung e—f von Kurbel zu Kurbel in ihrer jeweiligen Stellung verschieden ist, ist das Rahmengestell der Schwingfläche in den Punkten f verschiebbar angeordnet, wodurch der Längen-

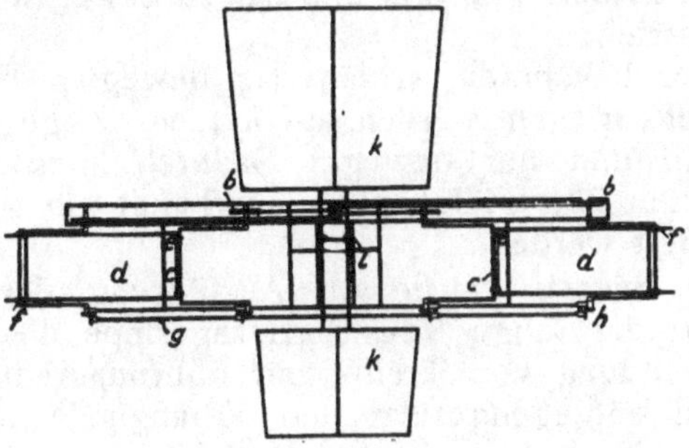

Fig. 431.

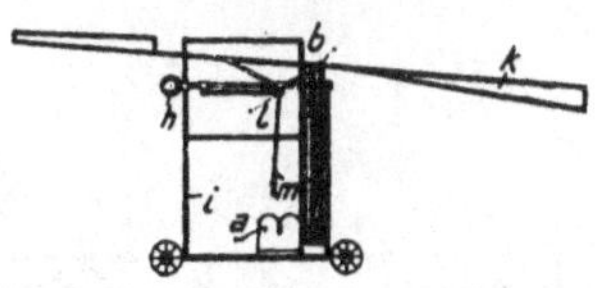

Fig. 432.

ausgleich ermöglicht wird. Man könnte auch diesen Ausgleich dadurch erreichen, daß man zwei übereinander verschiebbare Flächen anbringt oder Federn oder sonstige elastische Zwischenglieder anordnet. Die zwangläufige Bewegung der Kurbeln c wird durch die Welle g und durch die Kegelräderpaare h bewirkt. An dem Rahmengestell i (Fig. 432) sind in dem Punkte l drehbar gelagerte Tragflächen k angebracht.

Patentansprüche:

1. Flugmaschine mit schwingenden Flächen, dadurch gekennzeichnet, daß jede Schwingfläche (d) an zwei in entgegengesetzter Richtung mit gleicher Geschwindigkeit umlaufenden Kurbeln (c) befestigt ist.

2. Flugmaschine nach Anspruch 1, dadurch gekennzeichnet, daß das zur Versteifung der Fläche dienende Gestänge zwecks Längenänderung an einem Kurbelpaar verschiebbar befestigt oder in sich selbst verschiebbar ist.

130. Ein Antrieb für Schlagflieger, der große Geschwindigkeit bei geringer Kraftaufwendung ermöglicht, ist in der

Patentschrift Nr. 215 602
Vincent Wisniewski in Berlin,

angemeldet am 9. Dezember 1907, ausgegeben am 30. Oktober 1909, dargestellt.

Die Erfindung besteht darin, wagerecht laufende, jalousieartige Treibflächen geradlinig schlagartig, schneller als die größten Windgeschwindigkeiten betragen, hin und her zu bewegen bei fortwährend wirkendem Vortrieb.

Die bisher bekannten, schlagartig bewegten Flächen sind um eine Achse drehbar oder werden auf kurzem Wege mit großer Umwechselung hin und her bewegt. Dadurch können weder Windgeschwindigkeiten übertroffen noch überhaupt ein genügender Luftwiderstand erzielt werden.

Die neue Bauart, welche die Ausführung der Erfindung erfordert, benutzt das lange Konstruktionsgerippe des Luftfahrzeuges, um unter Anwendung von Treib- und Führungsrädern Treibflächen an Zugorganen entgegengesetzt und abhängig voneinander zu bewegen und hierdurch fortwährend Vortrieb zu erzeugen. Die Umfangsgeschwindigkeit des Antriebsrades ist gleich der Geschwindigkeit

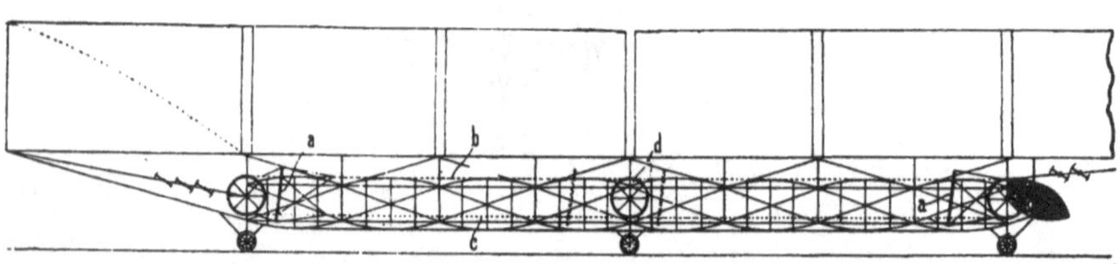

Fig. 433.

der Treibflächen. Durch entsprechende Wahl der Länge der Zugorgane und der Durchmesser des Antriebsrades wird ermöglicht, daß der Wechsel der Bewegungsrichtung, welcher durch beliebige Umkehrgetriebe bewirkt werden kann, in angemessenen Zwischenräumen erfolgt.

Die unmittelbare Befestigung der Treibflächen an den Zugorganen (Stahlkabeln, Bändern o. dgl.) kann seitlich oder in der Mitte an einem oder mehreren Angriffspunkten stattfinden.

Im vorliegenden Fall sind die Kabel gleichzeitig die Träger der Treibflächen; jedoch können je nach den Anforderungen besondere Führungs- oder Tragkabel angeordnet werden. Auch sind die oberen und unteren Teile der Zugorgane wechselseitig als Führungs- und Angriffspunkte an den Flächen genommen; man kann natürlich auch nur durch die oberen oder nur durch die unteren Teile den Angriff bewirken.

Die Treibflächen sind jalousieartig mit Klappen gedacht oder überhaupt derartig, daß sie bei der auf Vorwärtsgang des Fahrzeuges zielenden Bewegung einen großen, beim Rückgang einen kleinen Widerstand bieten.

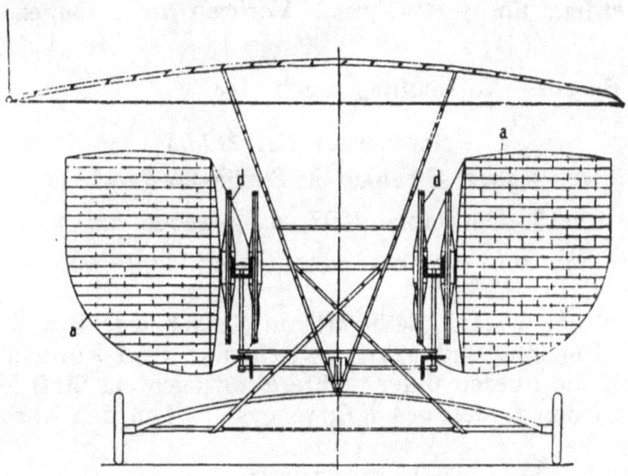

Fig. 434.

Die Unterseite des Ballons ist als Gleitfläche ausgebildet. In den Fig. 433 und 434 ist je ein oberer und unterer Teil des Zugorgans als gleich oder entgegengesetzt laufend angenommen. So läuft beispielsweise das Kabel oder Zugorgan b über die Rolle d und c über e. Die Rollen d und e aber werden abwechselnd in entgegengesetzten Richtungen bewegt, so daß c und b sich abwechselnd nach vorwärts oder rückwärts bewegen müssen. Die Rollen e und d werden nun gleichzeitig dazu benutzt, um ein zweites Treibflächenpaar entgegengesetzt anzutreiben. Der Antrieb der Rollen d und e durch Umkehrgetriebe geschieht auf beliebige Weise von einem Motor. Das Treibflächengestell, welches hier seitlich gefaßt ist, kann natürlich auch beliebig geformt und in der Mitte gefaßt werden. Falls beide oberen Teile der Zugorgane mit dem Flügel verbunden würden, wären entgegengesetzt die beiden unteren Teile zusammenwirkend. In diesem Falle würden die Rollen d und e gleichlaufen. Die Lenkbarkeit wird durch bekannte horizontale und vertikale Steuer hervorgebracht.

Patentansprüche:

1. Antriebsvorrichtung für Luftschiffe, Flugmaschinen u. dgl. mit jalousieartigen, in der Fahrtrichtung hin und her bewegten Treibflächen, dadurch gekennzeichnet, daß die Treibflächen an über Antriebs- und Führungsräder laufenden Zugorganen befestigt sind, um bei der geradlinigen Hin- und Herbewegung größere Geschwindigkeiten als die größten Windgeschwindigkeiten zu erreichen.

2. Antriebsvorrichtung nach Anspruch 1, dadurch gekennzeichnet, daß jede Treibfläche durch zwei oder mehrere parallel nebeneinander laufende Zugorgane seitlich oder in der Mitte unmittelbar gefaßt und gezogen wird, um sie gegen Drehung zu sichern.

3. Antriebsvorrichtung nach Anspruch 1, dadurch gekennzeichnet, daß die Treibflächen abhängig voneinander entgegengesetzt bewegt werden, um fortwährend Vortrieb zu erzeugen.

131. Bei der Vorrichtung nach der

Patentschrift Nr. 217 533
Robert Strehlau in Berlin-Westend,

angemeldet am 5. Dezember 1907, ausgegeben am 4. Januar 1910,

handelt es sich um die besondere Ausbildung von verstellbaren Flügelflächen.

Vom Motor a wird die Kraft auf Seilscheiben b und Kurbeln c übertragen (Fig. 435 und 436). Zwischen je zwei Kurbeln c ist eine Fläche oder sind übereinander mehrere mit leichtem Stoff überspannte Flächen d an den Enden des Rahmengestells f in den Kurbelzapfen e

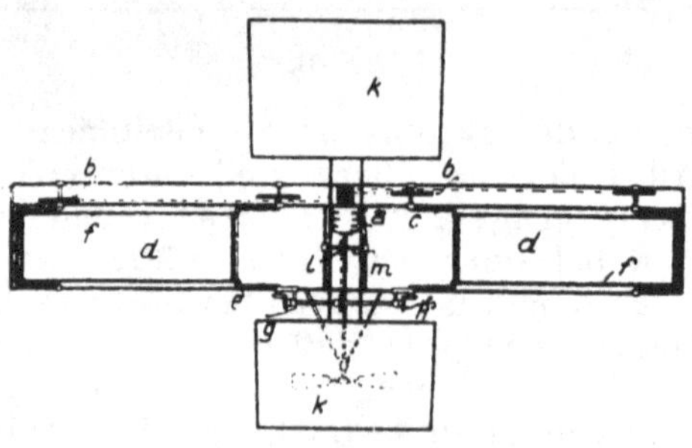

Fig. 435.

aufgehängt, welche bei Drehung der Kurbeln auf und ab bewegt werden. Um eine gleichmäßige Bewegung der paarweise nebeneinander angeordneten Flächen d zu erreichen, sind die Kurbeln c durch die Wellen g und Kegelräder h zwangläufig gekuppelt.

Zur Vorwärtsbewegung des Fahrzeuges werden die bewegten Flächen bei ihrer Abwärtsbewegung durch das mit der Kurbel l oder dergl. verbundene Gestänge n so geneigt, daß außer dem Auftrieb noch eine Kraftkomponente in der Fahrtrichtung wirkt, welche das Fahrzeug vorwärts zu treiben sucht. Bewegen sich die Flächen d z. B. abwärts, so wird das ganze Antriebssystem, welches in der Achse m im Gestänge drehbar gelagert ist, durch die Kurbel l und die Kurbelstange n, die wiederum mit der Tragfläche oder dem mit

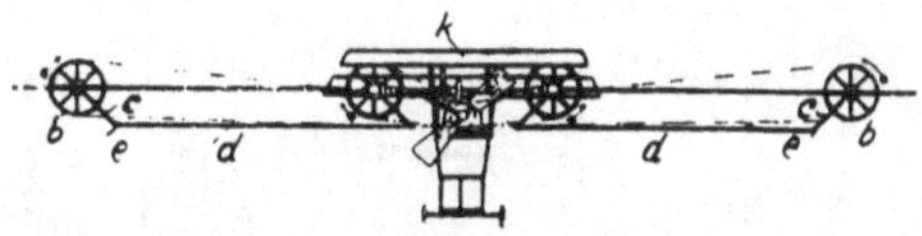

Fig. 436.

letzterer verbundenen Gestänge k im Punkte s drehbar in Verbindung steht, in der Fahrtrichtung geneigt (Fig. 437 und 438), so daß die Luft bei Abwärtsbewegung der Flächen nicht allein senkrecht nach unten, sondern auch entgegengesetzt der Fahrtrichtung gedrückt

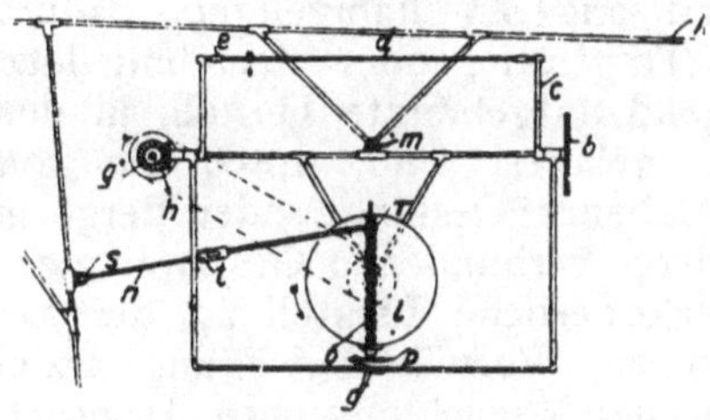

Fig. 437.

wird und hierdurch das Fahrzeug vorwärts treibt. Bei Aufwärtsbewegung der Flächen wird dagegen das Antriebsystem zwangläufig durch die Kurbel gegen die Fahrtrichtung geneigt, so daß der Luftstrom infolge der Vorwärtsbewegung stets die unteren Seiten der

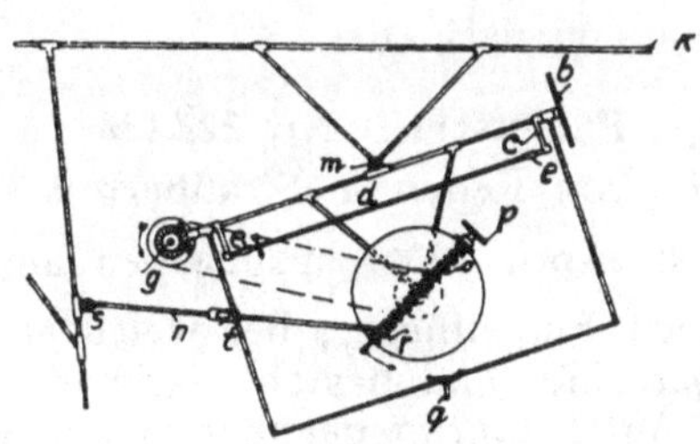

Fig. 438.

Flächen d trifft und bei entsprechender Neigung ein Abtrieb nicht erfolgt. Je nach der Fahrgeschwindigkeit kann man die Kurbellänge auch während der Fahrt ändern. Der Kurbelzapfen r wird nämlich durch Umdrehung der Schraubenspindel o verschoben, deren Schaltvorrichtung p mit der Klinke q durch entsprechendes Einstellen der letzteren so in Eingriff gebracht werden kann, daß eine Rechts- oder Linksdrehung der Schraubenspindel erfolgt. Die günstigste jeweilige Länge der Kurbelstange n kann durch das Spannschloß t eingestellt werden.

Fig. 439 stellt schematisch die jeweilige Stellung der bewegten Flächen während einer Kurbelumdrehung dar.

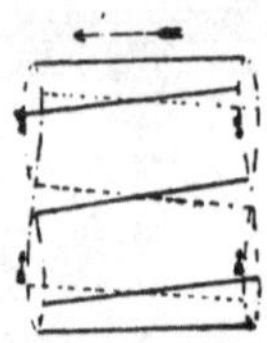

Fig. 439.

Patentansprüche:

1. Vorrichtung zur Erzielung eines Auf- und Vortriebes an Flugmaschinen und anderen Fahrzeugen, dadurch gekennzeichnet, daß das an der Tragfläche oder dem mit letzterer verbundenen Gestänge schwingend aufgehängte Gestell, in dem die Kurbeln der bewegten Flächen gelagert sind, durch ein von der Bewegungsvorrichtung angetriebenes Gestänge oder dergl. mit der Tragfläche oder dem mit letzterer verbundenen Gestänge zwangläufig verbunden ist, so daß die erforderliche Einstellung der beweglichen Flächen zum Auftrieb und zur Vorwärtsbewegung erzielt wird.

2. Ausführung der Vorrichtung nach Anspruch 1, gekennzeichnet durch mehrere übereinander angeordnete Flächen.

3. Ausführung der Vorrichtung nach Anspruch 1, dadurch gekennzeichnet, daß der Grad der Ausschwingung der bewegten Flächen durch Verstellung des Kurbelzapfens auf der Kurbelscheibe während der Fahrt beliebig geändert werden kann.

132. Die Erfindung nach der

Patentschrift Nr. 222 136

Dr. U. von Reden in Straßburg i. Els.,

angemeldet am 30. April 1906, ausgegeben am 18. Mai 1910,

bezieht sich auf einen Flügelflieger, bei welchem die Flügelflächen willkürlich verstellbar sind, und besteht darin, daß die Flügelenden durch die drehbare Mittelrippe gegenüber den inneren Flächenteilen windschief verdreht werden können. Diese Einrichtung ergibt einen Vorteil beim Flügelschlag, wobei der innere Teil der Flügel als Tragfläche wirkt. Die Abwärtsbewegung der Flügel wird durch Treten auf eine Trittstange, die Aufwärtsbewegung durch den auf die Flügel von unten wirkenden Luftdruck bewirkt.

Die Mittelrippe des Schwanzes s ist mit dem übrigen Gestell durch die horizontale Achse c drehbar verbunden; die Achse c hat eine solche Lage, daß sie senkrecht zu der Ebene des Papiers dargestellt werden muß.

Das Lager y der Achse c (Fig. 440) ist an einer Stange q befestigt, die von dem Gestell i getragen wird, in dem eine Stange t auf- und abwärts bewegt wird.

Die Stange t dient als Trittstange für den Luftfahrer und ist in Gelenken an den Stangen n aufgehängt, die mit den Stangen h durch Gelenke verbunden sind, welche ihrerseits in den Achsen x an dem Gestell i drehbar befestigt sind.

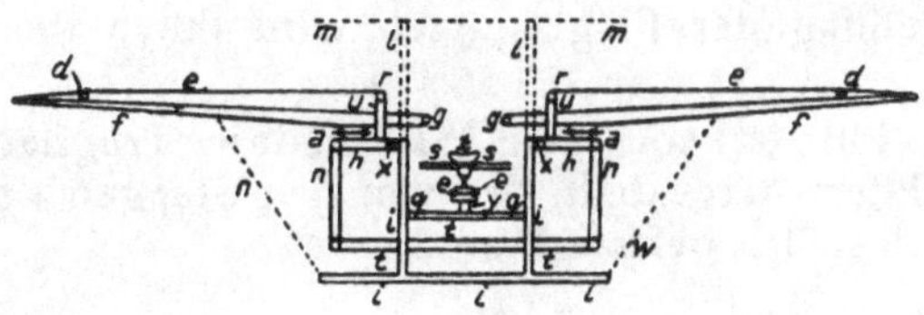

Fig. 440.

Die Mittelrippen f der Flügel, welche Handgriffe g tragen, sind durch diese Handgriffe um ihre Längsachse, d. h. um die Achsen a drehbar, die an den Stangen h befestigt sind.

Die Stangen h besitzen Träger u, an dem die Stangen r befestigt sind.

Die Flügelflächen werden gebildet durch einen Stoffüberzug e, der zwischen den Stangen r und d aufgespannt ist.

Die Querleiste d ist mit der Mittelrippe f fest verbunden.

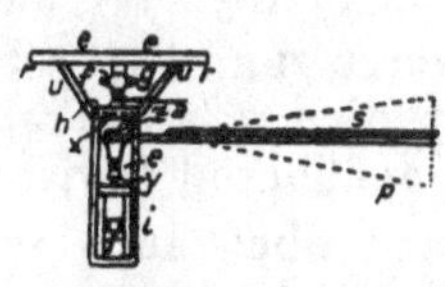

Fig. 441.

Wenn nun die Mittelrippe f gedreht wird, so dreht sich auch die Querleiste d, nicht aber die Stange r, so daß dann die Flügelfläche in eine windschiefe Lage gebracht wird.

Beim Fluge sollen die Federn w dem Luftdruck, der auf die Flügel von unten wirkt, annähernd etwa das Gleichgewicht halten. Die windschief eingestellte Flügelspitze soll einen Antrieb nach vorn hervorrufen, wenn der Flügel abwärts bewegt wird.

Die Aufwärtsbewegung der Flügelspitzen soll dadurch ermöglicht werden, daß man die Flügelspitzen windschief, aber so wie die Fläche eines Drachens einstellt, daß der Wind unter dieselbe faßt, wobei, damit sich die Flügelspitzen schneller heben als die mittleren Teile der Flügelflächen, bei der windschiefen Stellung erstere steiler gegen den Wind gestellt sind als letztere. Während der Aufwärtsbewegung der Flügelspitzen müssen dieselben also eine andere Lage haben als während der Abwärtsbewegung, und zwar während der Aufwärtsbewegung die Stellung einer Drachenfläche, während der Abwärtsbewegung die Stellung eines Luftschraubenflügels, der sich im Zustande der Abwärtsbewegung befindet. Während der Aufwärtsbewegung der Flügelspitzen müssen also die vorderen Teile derselben höher als die hinteren liegen, während der Abwärtsbewegung im allgemeinen umgekehrt, die vorderen niedriger als die hinteren (oder in gleicher Höhe), wobei aber nur eine Aufwärtsbewegung des Luftfahrers erzielt werden kann, nicht gleichzeitig eine Vorwärtsbewegung.

Diese Stellung der Flügelspitzen wird durch die Handgriffe g geregelt.

In Fig. 440 ist noch ein als weitere Tragfläche dienender Schirm m punktiert dargestellt, der von den Stangen l gehalten wird, die an dem Gestell i befestigt sind.

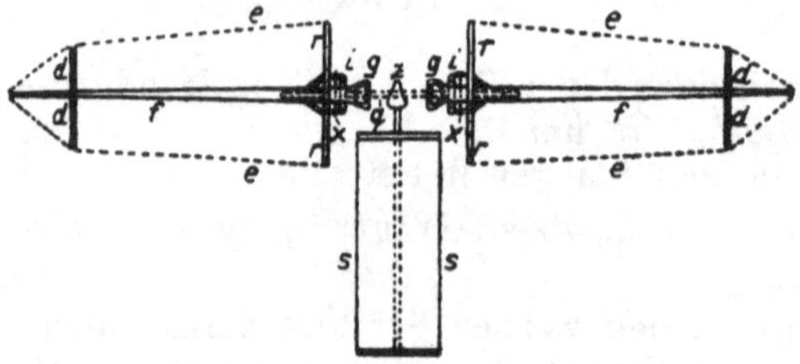

Fig. 442.

Der Schirm m ist in Fig. 441 und 442 fortgelassen.

Die dem Luftfahrer zunächst gelegenen Teile der Flügelflächen sowie der Schirm m dienen als Tragfläche und würden bei horizontalem Fluge eine annähernd horizontale Lage einnehmen müssen.

Dieselben müssen aber auch durch Drehen des ganzen Gestelles i um die Lager c durch Vor- oder Zurückschieben der Trittstange t verstellbar sein, je nachdem eine sofortige Auf- und Abwärtsbewegung während des Fluges erzielt werden soll.

In Fig. 441 ist noch eine vertikale, an dem Schwanz s angebrachte Fläche p punktiert dargestellt, die den Zweck hat, die Innehaltung der Richtung der Vorwärtsbewegung zu erleichtern.

Patentansprüche:

1. Flugmaschine mit Schlagflügeln, deren Enden um die Längsachsen verdrehbar sind, dadurch gekennzeichnet, daß die Flügelenden (d) durch die drehbar gelagerte Mittelrippe (f) verstellt werden können, während die inneren Teile der Flügel sowie die Tragfläche (m) durch Drehen des ganzen Gestelles um die Lager (c) vermittels Vor- und Zurückschiebens der Trittstange (t) zum Sitz des Fahrers beliebig eingestellt werden können.

2. Flugmaschine nach Anspruch 1, dadurch gekennzeichnet, daß die Flügel mit dem Gestell durch Federn (w) verbunden sind, welche die Flügel nach unten zu ziehen suchen.

133. Eine Verbesserung des Flugapparates nach der Patentschrift Nr. 222 136 bringt die

Patentschrift Nr. 222 137

Dr. U. von Reden in Straßburg i. E.

Angemeldet am 20. Januar 1908, ausgegeben am 18. Mai 1910.

Ihr Kennzeichen besteht darin, daß zwischen Stangen, die mit den Flügeln verbunden sind, Federn gespannt sind, und zwar so,

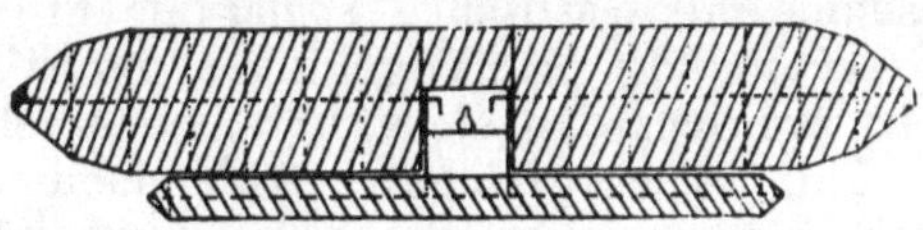

Fig. 443.

daß durch Treten auf die Federn die Flügel nach unten geschlagen werden.

Die Erfindung ist in den Fig. 443 bis 445 dargestellt. Die Federn w (z. B. aus starken Gummibändern bestehend) sind zwischen

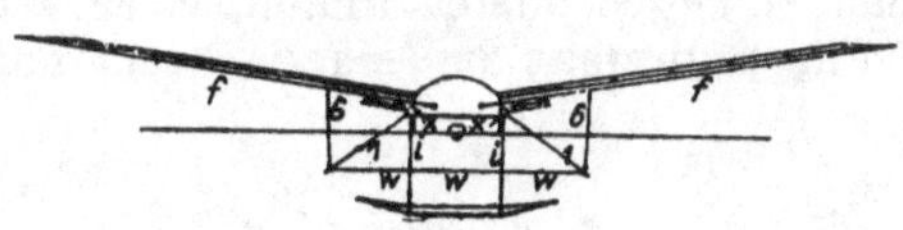

Fig. 444.

den beiden um die Achsen x drehbaren Stangen i ausgespannt, die in der tiefsten Stellung (Fig. 445) an das Gestell i anstoßen, also nicht weiter zusammengezogen werden können.

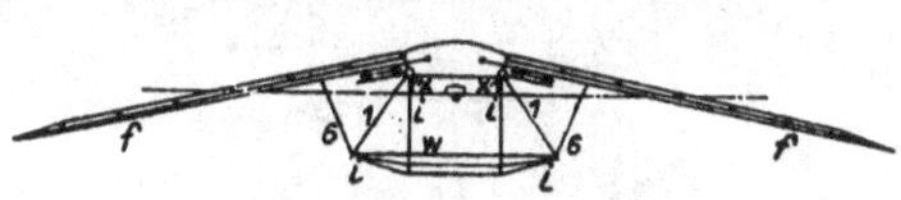

Fig. 445.

Die Kraft dieser Federn w wird durch die Stangen oder Seile 6 auf die Flügelstangen f übertragen. Die Federn w können gleichzeitig zur Uebertragung der Kraft der Beinmuskeln des Fliegenden dienen, wenn derselbe seine Füße auf die Mitte derselben drückt.

Da nunmehr eine besondere Trittstange unnötig wird, so entsteht hierdurch eine Vereinfachung und Gewichtsverminderung des Flugapparates.

Patentanspruch:

Flügelflieger mit um die Längsachse drehbaren Flügelenden nach Patent 222136, dadurch gekennzeichnet, daß zwischen den Endpunkten der um die Flügeldrehpunkte (x) drehbaren, mit den Flügeln verbundenen und in der untersten Flügelstellung an das Gestell (i) anstoßenden Stangen (l) Federn (w) gespannt sind, die gleichzeitig als Trittbrett für die Füße dienen.

134. Gegenstand der Erfindung nach der

Patentschrift Nr. 222265
Albert Clemens Just in Forst, Lausitz,

angemeldet am 18. September 1908, ausgegeben am 21. Mai 1910,

ist eine Flugmaschine mit elastischen Schlagflügeln, die in bekannter Weise zwecks Nachahmung des Vogelfluges derart in schwingende Bewegung gesetzt werden, daß sie sich beim Anheben durchbiegen und somit der Luft eine geringere Widerstandsfläche darbieten, während sie sich beim Senken ausbreiten und mit ihrer ganzen Fläche auf die darunter befindliche Luft drücken. Die Flügel werden zu diesem Zweck durch eine Kurbelwelle und Schubstangen angetrieben. Gemäß der Erfindung greifen die Schubstangen an zu den Flügeltragstangen verschiebbaren Gelenkstangen an, derart, daß jede Schubstange gleichzeitig auf zwei Flügel einwirkt.

In dem gezeichneten Ausführungsbeispiel ist die Flugmaschine mit zwei übereinander angeordneten Flügelpaaren a und b (Fig. 446) versehen. Jeder Flügel besteht aus einer Anzahl mit Segeltuch oder

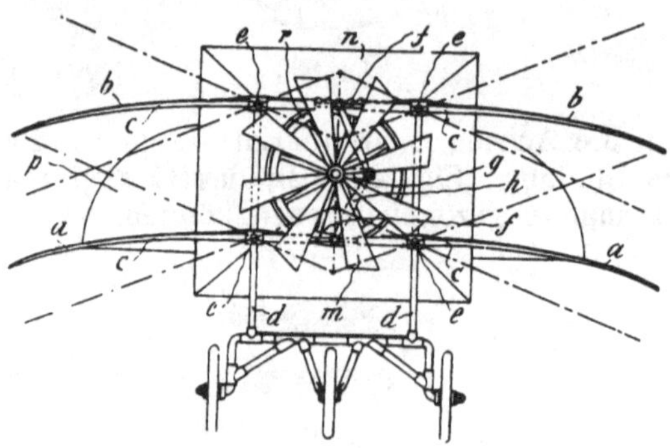

Fig. 446.

sonstigem Stoff überspannten elastischen Stangen c, die an dem Gestell d der Flugmaschine, die an ihrem unteren Teile den nicht gezeichneten Motor aufnimmt, bei e drehbar gelagert sind. Das obere Flügelpaar ist hierbei, um der Luft nicht ein zu leichtes Entweichen zu ermöglichen, vollständig bespannt, indem das Tuch, z. B. wie gezeichnet, über den mittleren Teil der Flugmaschine hinweggreift oder ein bespanntes Dach über dem mittleren Teil vorgesehen ist. Beim unteren Flügelpaar muß indessen Raum für den Durchtritt der Schubstangen usw. frei bleiben. In den Stangen c, die ganz oder nur an ihrem inneren Ende hohl sind, gleiten die Stangen f, von denen je zwei gegenüberliegende gelenkig miteinander verbunden sind. An jedem Gelenk greift eine der von der Kurbelwelle g angetriebenen Schubstangen h an.

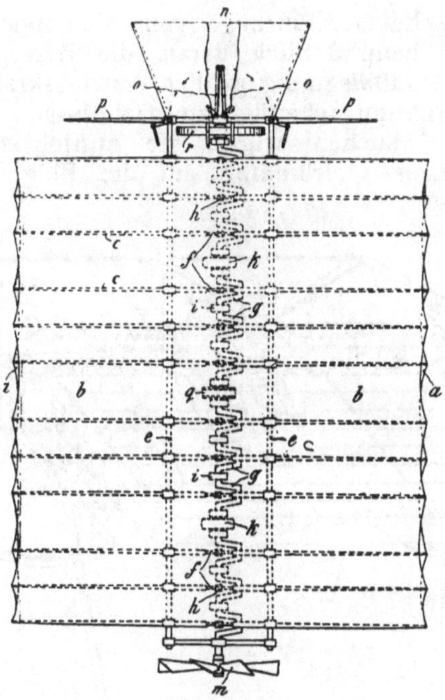

Fig. 447.

Die sich in Lagern i drehende Kurbelwelle g (Fig. 447) trägt am vorderen Ende ein Flügelrad m, das die Luft nach hinten drückt und so zum Fortbewegen der Flugmaschine dient. Gleichzeitig bewirkt das Flügelrad m, daß die Flügel immer genügend Luft und somit beim Niedergehen den zum Erheben der Flugmaschine notwendigen Luftwiderstand vorfinden. Auf der Kurbelwelle sitzen noch die beiden Antriebsscheiben k, die Bremsscheibe q und am hinteren Ende das Schwungrad r.

Patentanspruch:

Flugmaschine mit elastischen, durch eine Kurbelwelle und Schubstangen angetriebenen Schlagflügeln, dadurch gekennzeichnet, daß die Schubstangen an zu den Flügeltragstangen verschiebbaren Gelenkstangen angreifen.

135. Ein Verfahren und Einrichtungen zum Antriebe der Flügel von Flügelfliegern betrifft die

Patentschrift Nr. 227 080
Heinrich Kohut in Mährisch-Ostrau, Oesterr.

Angemeldet am 6. März 1909, ausgegeben am 17. Oktober 1910.

Die praktische Ausführung von Flugapparaten dieser Art scheiterte bisher hauptsächlich daran, die Bewegungsrichtung der Flügel bei der verhältnismäßig großen Antriebskraft leicht und ohne die ganze Konstruktion schädlich zu beeinflussen, umzukehren. Bei den bisherigen Versuchen wurde die Antriebskraft während des ganzen Flügelweges gleichmäßig auf die Flügel übertragen. Es

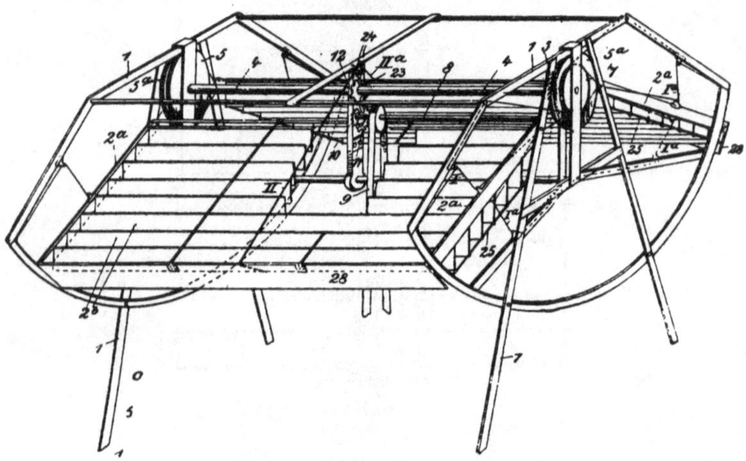

Fig. 448.

mußte also die Antriebskraft bei Umkehr der Bewegungsrichtung der Flügel von ihrem Höchstwert bis auf Null sinken. Hierin lagen hauptsächlich die zu überwindenden Schwierigkeiten, die gemäß dem Verfahren nach vorliegender Erfindung behoben werden sollen.

Gemäß vorliegender Erfindung wird nämlich der Angriffspunkt der die Flügel bewegenden Kraft sowohl während der Abwärtsbewegung als auch während der Aufwärtsbewegung derselben derart allmählich verlegt, daß das Kraftmoment beim Beginn der jeweiligen Bewegung seinen Höchstwert besitzt und am Ende des jeweiligen Flügelweges bis zu einem Mindestwert herabgesunken ist. Hierdurch ist das Umkehren der Flügelbewegung ohne schädliche Beeinflussung der Gesamtkonstruktion ermöglicht, da die antreibende Kraft am Ende des Flügelweges wesentlich geringer ist als die nunmehr auftretende, den Flügel nach der anderen Richtung bewegende Maximalkraft. Es wird daher durch diese Anordnung eine leichte Konstruktion des ganzen Apparates ermöglicht.

Um das Verlegen des Angriffspunktes der die Flügel treibenden Kraft in einfacher Weise zu ermöglichen, wird gemäß vorliegender Erfindung beispielsweise das Bewegen der Flügel in beiden Richtungen mittels Seilen bewirkt, welche an auf den Flügeln verschiebbar angeordneten Rollenhaltern angreifen und welche sich, entsprechend der Bewegungsrichtung der Flügel, auf eine nach verschiedenen Richtungen umlaufende Scheibe aufwickeln oder von derselben ab-

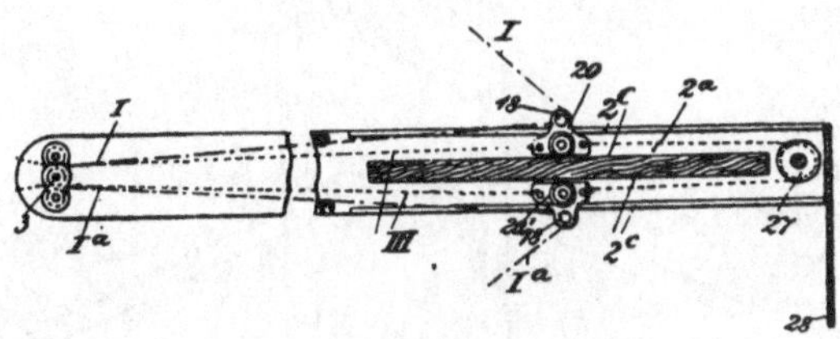

Fig. 449.

wickeln. Durch entsprechendes Verschieben der Rollenhalter während der Flügelbewegung wird die Angriffsstelle der Triebseile derart verlegt, daß das Triebseil bei Beginn der Flügelbewegung am äußersten Ende des Flügels angreift und bei der Bewegungsumkehr in der Nähe des Drehpunktes des Flügels an diesen angreift.

An dem Gestell 1 sind die beiden Flügel 2 auf den Achsen 3 drehbar gelagert. Wie aus Fig. 448 und 449 ersichtlich, besteht jeder der Flügel aus den beiden Seitenwangen 2a, zwischen denen die Klappen 2b drehbar befestigt sind.

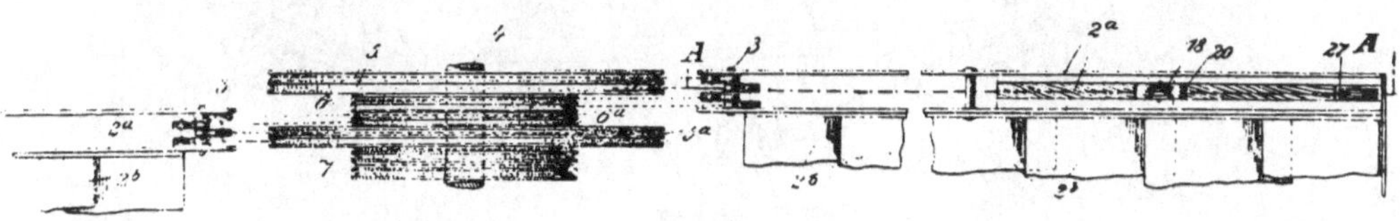

Fig. 450.

In dem Gestell 1 ist ferner die Welle 4 angeordnet, auf welcher eine Anzahl Seilscheiben 5, 5a, 6, 6a, 7 starr befestigt sind (Fig. 450). Diese Seilscheiben werden auf folgende Weise in eine hin- und herschwingende Bewegung versetzt. In dem Gestell 1 ist unterhalb der Achse 4 eine zweite Achse 8 drehbar gelagert. Letztere wird durch Riemen 9 (Fig. 448) von einem Motor in gleichmäßige Umdrehung versetzt. Auf der Welle 8 sind zwei Zahnsektoren 10, 11 starr befestigt. Der Zahnsektor 11 kommt bei seiner Drehung mit einem auf der Welle 4 befestigten Zahnrad 12 in Eingriff und dreht dieses und damit die Welle 4 in der einen Richtung. Der um 180° zum Sektor 11 versetzte Zahnsektor 10 dagegen kommt bei der Drehung der Welle 8 mit einem im Gestell 1 auf einer besonderen Welle gelagerten Zahnrad 13 in Eingriff, welches mit einem auf der Welle 4 befestigten Zahnrad 14 in Eingriff steht. Die Welle 4 wird hierdurch in einer zur vorherigen Drehrichtung entgegengesetzten Richtung gedreht. Da die beiden Sektoren 10 und 11, wie bereits erwähnt, um 180° zueinander versetzt sind, treiben dieselben stets abwechselnd

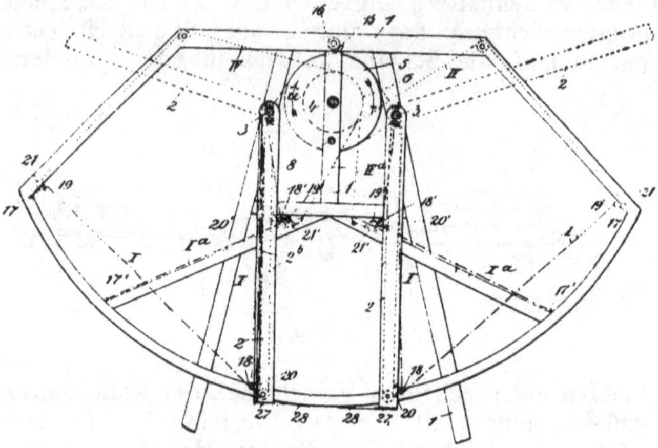

Fig. 451.

die Welle 4 an, die somit mit den Seilscheiben 5 bis 7 hin und her schwingt. Die Größen der Zahnbogen der Segmente sowie die Uebersetzungsverhältnisse sind derart bemessen, daß die Seilscheiben stets in jeder Richtung eine volle Umdrehung ausführen.

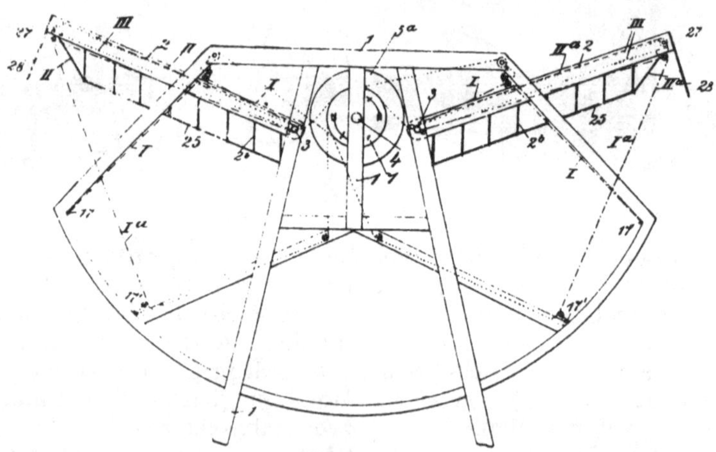

Fig. 452.

Um das plötzliche und schnelle Wechseln der Drehrichtung der Seilscheiben ohne schädliche Beeinflussung des Getriebes zu ermöglichen, erstreckt sich jeder der beiden Zahnbogen nicht ganz über 180°, so daß die Welle 8 nicht während der vollen 360° mit der Welle 4 gekuppelt ist, d. h. daß also beim Außereingriffkommen des einen Segments das andere nicht unmittelbar zum Eingriff gelangt. Die Seilscheiben 5 bis 7 werden also den letzten Teil ihres Weges bis zur vollen Umdrehung lediglich durch das Beharrungsvermögen ausführen. Sobald die Seilscheiben sich um 360° gedreht haben, trifft eine an denselben befestigte Nase 15 (Fig. 451) gegen einen elastischen Anschlag 16, wodurch einerseits die Drehung der Scheiben begrenzt wird und anderseits die letzteren durch das Auftreffen auf den Anschlag 16 in entgegengesetzter Richtung zurückbewegt werden, derart, daß dieselben eine dem nunmehr zum Eingriff kommenden Zahnsegment entsprechende Drehrichtung besitzen, wodurch das betreffende Zahnsegment vollkommen stoßfrei mit dem entsprechenden Zahnrad in Eingriff kommt. Die erzielte hin und

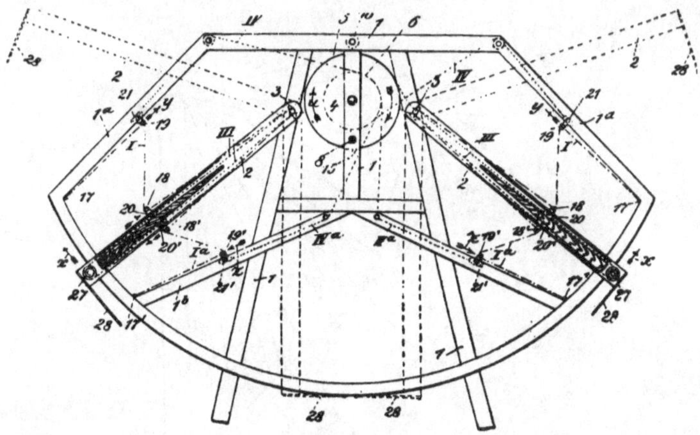

Fig. 453.

her schwingende Bewegung der Seilscheiben 5 bis 7 wird nun auf folgende Weise zum Antriebe der Flügel benutzt.

Auf der Seilscheibe 5 ist das eine Ende des Seiles I befestigt, dessen anderes Ende am Gestell 1 bei 17 befestigt ist (Fig. 451). Dieses Seil I ist über eine Rolle 18 und über eine zweite Rolle 19 geführt. Die erstere ist in einem in der Flügelwange 2a innerhalb der Führungen 2c verschiebbaren Rollenkloben 20 befestigt, während die letztere in einem in dem Gestellteil 1a in gleicher Weise verschiebbaren Rollenkloben 21 gelagert ist. Dreht sich nun die Seilscheibe 5 in Richtung des Pfeiles u (Fig. 451), so wird das Seil I, welches natürlich entsprechend auf der Scheibe 5 befestigt sein muß, auf die letztere aufgewickelt. Der Flügel 2, der sich gemäß Fig. 453 in seiner Mittelstellung befindet, wird sich hierdurch in Richtung des Pfeiles x weiter aufwärts bewegen, bis er in die punktiert angedeutete Höchstlage angelangt ist. An die Unterseite des Flügels greift eine zweite Schnur Ia an, welche in gleicher Weise über eine in einem verschiebbaren Kloben 20^1 gelagerte Rolle 18^1 und eine Rolle 19^1, die in einem in dem Gestellteil 1b verschiebbaren Kloben 21^1 gelagert ist, geführt ist. Dieses Seil Ia ist derart an der Seilscheibe 5 befestigt, daß es sich bei der beschriebenen Aufwärtsbewegung des Flügels 2 von der Seilscheibe abwickelt, so daß sich der Flügel frei aufwärts bewegen kann. Das Ende des Seiles Ia ist ebenfalls bei 17^1 am Gestell 1 befestigt. Ist der Flügel in seiner höchsten Stellung angelangt, so beginnt die Abwärtsbewegung. Die Seilscheiben drehen sich nunmehr in entgegengesetzter Richtung (Fig. 452). Hierdurch wird das Seil Ia auf die Seilscheibe 5 aufgewickelt, wodurch der Flügel abwärts geschnellt wird. Das Seil I wickelt sich hierbei von der Seilscheibe 5 ab, so daß die Bewegung des Flügels nicht beeinträchtigt wird. In der gleichen Weise wird natürlich auch der zweite Flügel in Bewegung gesetzt, für den die Seilscheibe 5a (Fig. 450) vorgesehen ist.

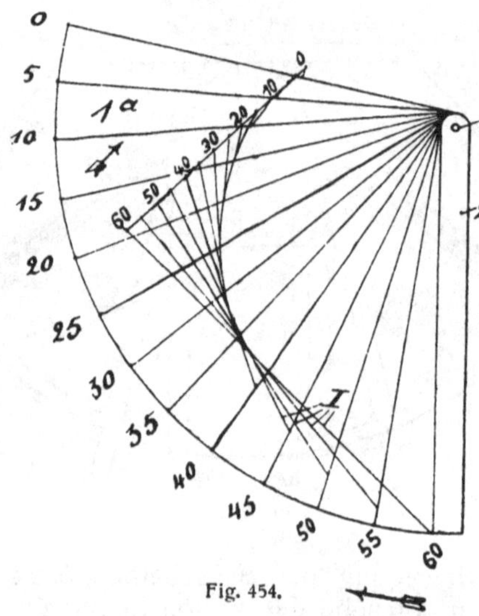

Fig. 454.

Wie bereits erwähnt, wird die Flügelfläche durch drehbare Klappen 2b gebildet, die zwischen den Wangen der Flügel 2a angeordnet sind. Diese Klappen 2b hängen während der Aufwärtsbewegung der Flügel senkrecht herab, so daß die letzteren einen verhältnismäßig geringen Widerstand bei der Aufwärtsbewegung bieten. Bei der Abwärtsbewegung der Flügel dagegen werden diese Klappen 2b derart eingestellt, daß die volle Flügelfläche zur Wirkung kommt und ein wirkungsvoller Antrieb des Apparates erzielt wird. Dieses Umstellen der Klappen 2b wird auf folgende Weise bewirkt. Auf einer im Gestell 1 gelagerten Achse 22 ist ein doppelarmiger Hebel 23 drehbar gelagert. Mit dem längeren Ende desselben sind die Schnüre II und IIa verbunden, die über die Leitrollen 24 geführt sind und deren anderes Ende je an der äußersten Klappe der Flügel befestigt ist (Fig. 448 und 452). Da die Klappen 2b sämtlich an jeder Seite durch eine Stange 25 gelenkig miteinander verbunden sind (Fig. 448 und 452), so werden natürlich beim Anziehen der Seile II und IIa die Klappen aus der in Fig. 448 und 452 ersichtlichen Offenstellung in die Schlußstellung (Fig. 449), bei der dieselben vollkommen dicht aufeinander liegen, gedreht.

Um nun bei der durch die Triebseile I und Ia bewirkten Auf- und Abwärtsbewegung der Flügel die Angriffspunkte der Seile auf die Flügel zu verlegen, sind die Rollenkloben 20 und 20[1], an die die Seile angreifen, wie bereits erwähnt, verschiebbar gelagert. Diese Rollenhalter sind nämlich durch ein Seil III, welches über eine im Flügel gelagerte Rolle 27 (Fig. 449 und 453) geführt ist, miteinander verbunden. Die beiden Enden dieses Seiles III sind derart auf der kleineren Seilscheibe 6 befestigt, daß sich beim Drehen das eine Ende des Seiles auf dieselbe auf- und das andere von derselben abwickelt. Die innerhalb der Führungen 2c verschiebbaren Rollenhalter 20 und 20[1] werden sich somit je nach der Drehrichtung der Seilscheibe nach entgegengesetzten Richtungen verschieben, und zwar ist die Anordnung derart getroffen, daß sich bei der Aufwärtsbewegung der Flügel der Rollenhalter 20 nach innen auf die Achse des Flügels zu bewegt, während sich der Rollenhalter 20[1] nach außen bewegt (Fig. 453). Hierdurch wird erreicht, daß das Moment der durch Seil I angreifenden Kraft bei Erreichung der höchsten Flügelstellung bis auf einen Mindestbetrag gesunken ist, während der Angriffspunkt des Seiles Ia derart verlegt wird, daß das Moment der bei der Abwärtsbewegung des Flügels in diesem Seil auftretenden Kraft seinen Höchstwert besitzt. Aus der diagrammatischen Darstellung in Fig. 454 ist das Verlegen des Angriffspunktes des Seiles I beim Aufwärtsbewegen eines Flügels bis in seine Anfangslage deutlich ersichtlich. In der untersten Stellung bei Punkt 60 greift das Seil I am äußersten Flügelende an, wobei sich gleichzeitig die Leitrolle für das Seil auf der Führung 1a ebenfalls bei Punkt 60 befindet. Beim Vergleich der einzelnen Flügelstellungen mit den auf der Führung befindlichen Zahlen ist die Größe der Verschiebung des Angriffspunktes auf dem Flügel ohne weiteres verständlich. In gleicher Weise findet auch während der Abwärtsbewegung der Flügel eine Verlegung der Angriffspunkte statt. Für den zweiten Flügel gilt natürlich bezüglich der Verlegung der Angriffspunkte das eben Gesagte. Zur Betätigung der Rollenhalter des zweiten Flügels ist die Seilscheibe 6a vorgesehen.

Am äußeren Rande eines jeden Flügels ist eine weit nach abwärts reichende Leiste 28 befestigt, welche bei der Abwärtsbewegung des Flügels ein seitliches Abströmen der gewissermaßen unter dem Flügel komprimierten Luft verhindern und damit die Auftriebswirkung erhöhen soll.

Wesentlich ist, die Angriffspunkte der die Flügel bewegenden Kraft derart zu verlegen, daß das Moment der letzteren bei Beginn der jeweiligen Flügelbewegung seinen Höchstwert besitzt und am Ende des jeweiligen Flügelweges bis zu einem Mindestwert, gegebenenfalls bis auf Null, herabgesunken ist.

Patentansprüche:

1. Verfahren zum Antriebe der Flügel von Flügelfliegern, dadurch gekennzeichnet, daß der Angriffspunkt der die Flügel bewegenden Kraft sowohl während der Abwärtsbewegung als auch während der Aufwärtsbewegung derselben derart allmählich verlegt wird, daß das Kraftmoment beim Beginn der jeweiligen Bewegung seinen Höchstwert besitzt und am Ende des jeweiligen Flügelweges bis zu einem Mindestwert herabgesunken ist.

2. Einrichtung zur Ausübung des Verfahrens nach Anspruch 1, dadurch gekennzeichnet, daß das Bewegen der Flügel in beiden Richtungen mittels Seilen bewirkt wird, welche an auf den Flügeln verschiebbar angeordneten Rollenhaltern angreifen, und welche sich entsprechend der Bewegungsrichtung der Flügel auf nach jeder Umdrehung die Drehrichtung wechselnde Scheiben aufwickeln oder sich von denselben abwickeln.

3. Einrichtung nach Anspruch 2, dadurch gekennzeichnet, daß das Verschieben der Rollenhalter entsprechend der Bewegungsrichtung der Flügel mittels Seilen bewirkt wird, die auf nach jeder Umdrehung die Drehrichtung wechselnde Scheiben aufgewickelt oder von diesen abgewickelt werden.

4. Einrichtung nach Anspruch 2 und 3, gekennzeichnet durch ein Wendegetriebe, vermittels dessen die Seilscheiben nach abwechselnden Richtungen gedreht werden, und welches aus zwei dauernd in der gleichen Richtung umlaufenden Zahnsektoren besteht, die abwechselnd auf ein mit der Scheibenachse verbundenes Rädergetriebe einwirken.

5. Einrichtung nach Anspruch 4, dadurch gekennzeichnet, daß die Zahnsektoren derart angeordnet sind, daß bei der Umkehr der Bewegungsrichtung der Scheiben keiner derselben mit dem Rädergetriebe in Eingriff steht, und daß ferner die Seilscheiben am Ende ihrer jeweiligen Bewegungsrichtung durch einen elastischen Anschlag gehemmt und um einen geringen Betrag in der entgegengesetzten Richtung zurückgedreht werden, wodurch wieder einer der Zahnsektoren vollkommen stoßfrei zum Eingriff kommt.

136. Die

Patentschrift Nr. 228 529

Erhard Brunsmann in Schulzendorff, Kr. Teltow,

angemeldet am 13. September 1909, ausgegeben am 14. November 1910,

beschreibt einen Antrieb für Ruderflugapparate mit mehreren abwechselnd niederschlagenden, durch Kurbelwelle und Zugorgane bewegten Schlagflügeln.

Die Erfindung ist in den Fig. 455 und 456 dargestellt. a ist die Kurbelwelle, b ist der Kurbelzapfen, c_1, c_2, c_3 sind die Flügel, d sind die verschiedenen Zugkabel, e sind die Führungsrollen am unteren Ende des Gestelles, f und g sind Ablenkungsrollen, h sind verschiedene Führungsrollen, i sind nach aufwärts gerichtete und mit den Flügeln c fest verbundene Streben, an deren Enden die Zug-

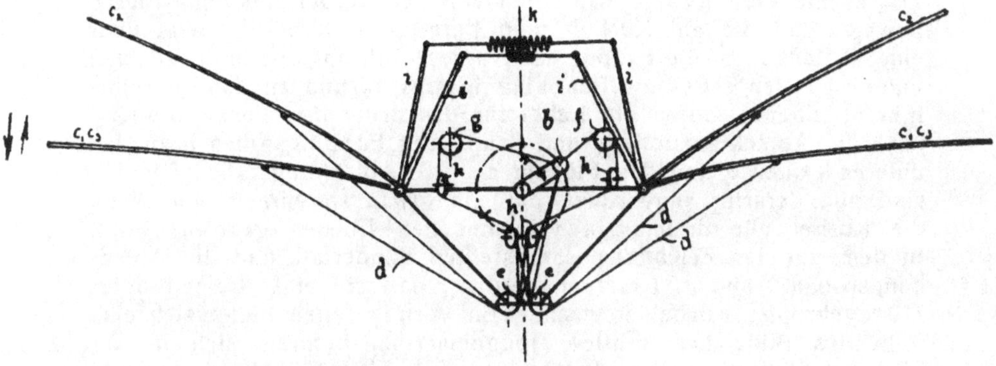

Fig. 455.

federn k angreifen, l ist der Motor, und m ist das Gestell des Flugapparates.

Es wurde angenommen, daß der Apparat drei Flügelpaare besitzt; trotzdem hat die Kurbelwelle nur eine einzige Kröpfung, von welcher sämtliche drei Flügelpaare aus bewegt werden, und zwar

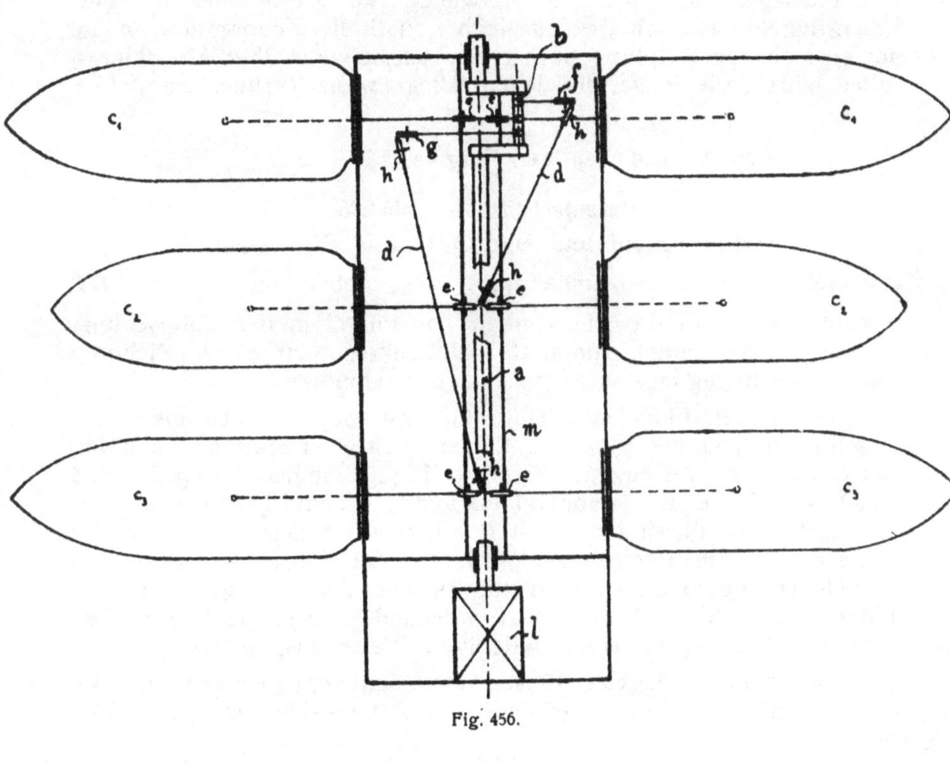

Fig. 456.

geschieht dies in folgender Weise: Das der Kurbelkröpfung zunächst liegende erste Flügelpaar c_1 wird direkt durch die Zugseile d bewegt, welche vom Kurbelzapfen b direkt zu den unteren Rollen e laufen. Das zweite Flügelpaar c_2 wird nun von der Kurbelkröpfung dadurch bewegt, daß die am Kurbelzapfen befestigten Kabel d zuerst über eine Ablenkungsrolle f und dann über Führungsrollen h zu den unteren Rollen e des zweiten Flügelpaares c_2 und zu diesem selbst führen. Ebenso laufen die Kabel für das dritte Flügelpaar c_3 zuerst über die Ablenkungsrolle g und dann über Führungsrollen h zu den unteren Rollen e und den Flügeln c_3. Die Ablenkungsrollen f und g sind nun derartig angeordnet, daß sie genau so wirken, wie wenn die Kurbelwelle dreimal in verschiedenen Ebenen gekröpft wäre. In dem auf der Zeichnung dargestellten Sonderfall sind die Ablenkungsrollen f und g derart angeordnet, daß sie eine dreimal unter 120^0 gekröpfte Kurbel ersetzen. Von vorn gesehen bietet sich also folgendes Bild: Das mittlere Flügelpaar c_2 befindet sich in der höchsten Stellung, während das erste und dritte Flügelpaar einander decken, jedoch mit dem Unterschied, daß das dritte Flügelpaar bei der angenommenen Drehrichtung der Kurbel niederschlägt, während das erste Flügelpaar im Aufschlag begriffen ist.

Patentanspruch:

Antrieb für Ruderflugapparate mit mehreren abwechselnd niederschlagenden, durch Kurbelwelle und Zugorgane bewegten Schlagflügeln, dadurch gekennzeichnet, daß die Zugorgane von der nur eine einzige Kröpfung besitzenden Kurbelwelle über Ablenkungsrollen laufen, die in verschiedenen Winkeln zur Kurbelachse stehen.

137. Das Kennzeichen der Flugmaschine nach

Patentschrift Nr. 236 835

Guido Antoni und Ugo Antoni in Pisa, Italien,

angemeldet am 16. November 1907, ausgegeben am 12. Juli 1911,

besteht darin, daß die Biegsamkeit der Flügel in der Flugrichtung von vorn nach hinten zunimmt und senkrecht zu dieser Richtung von der Schwingungsachse nach außen abnimmt.

Die beiden Flügel a, a (Fig. 457 und 458) bestehen aus einem Gewebe, in dem die Rippen b liegen, welche sich nach außen hin von c nach d^2 verjüngen. Zwei kräftige Stangen f, c, g, h, und i, k, h sind bei c und k abgebogen und bei c und g abgesteift. Sie sind verbunden durch ein Blech f, i, l, welches den Teil f, i, h des Flügels vollkommen starr macht, während der Teil i, h, m sozusagen den Uebergang zwischen dem starren und dem nachgiebigen Teil bildet. Der Teil i, d^1, m besitzt vollständige Nachgiebigkeit. Das Gerippe ist in irgend einer beliebigen Weise ausgebildet.

Die beiden Flügel a führen ihre Schwingbewegung um die Zapfen f und i von oben nach unten und umgekehrt aus. Ihre Ausbildung ist eine derartige, daß die Biegsamkeit an den verschiedenen Stellen mit wachsender Entfernung von der Schwingungsachse und mit dem Luftwiderstand abnimmt. Zu diesem Zwecke sind die Rippen b in der Nähe von f, i ganz dünn, während sie um so dicker sind, je weiter sie von der Schwingungsachse entfernt sind. Infolgedessen

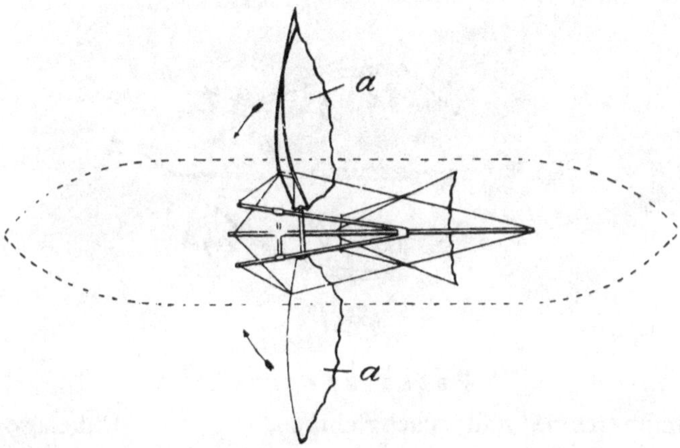

Fig. 457.

ist die Flügelebene bei c ganz starr und wird von hier nach d^2 allmählich nachgiebiger. In ähnlicher Weise sind die Flügel bei d^0 und d^1 sehr biegsam und werden zwischen d^1 und d^3 allmählich starrer.

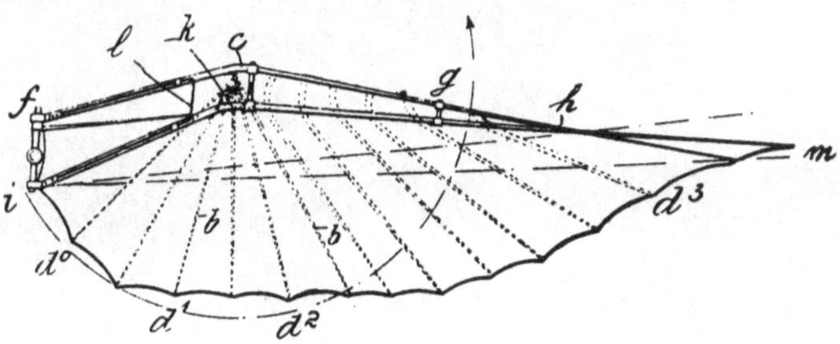

Fig. 458.

Die Wirkungsweise der Flügel ist folgende:

Der Querschnitt I eines Flügels ist in der Ruhelage vollkommen eben. Wirkt eine Kraft 2 auf den starren Teil des Flügels, um ihn um die Achse 3 nach aufwärts zu drehen, so wird infolge der Einwirkung der Kraft 2, der Elastizität des Flügels und des Luftwiderstandes 4, den der Flügel bei der Aufwärtsbewegung erfährt, der Flügel durchgebogen, wie Fig. 459 zeigt. Die Kraft 4 zerlegt sich in zwei Komponenten 5, 6, die in die zugehörigen Pfeilrichtungen fallen. In gleicher Weise wird, wenn eine Kraft 2^a auf den starren Teil des Flügels wirkt, um ihn um die Achse 3 nach abwärts zu drehen, eine Kraft 4^a hervorgerufen, welche sich in die Komponenten 5^a, 6^a zerlegt. Offenbar werden sich bei diesen Schwingungen um die Achse 3 die Komponenten 5, 5^a gegenseitig aufheben, während die beiden Komponenten 6, 6^a sich addieren, so daß eine Vorwärtsbewegung eintritt.

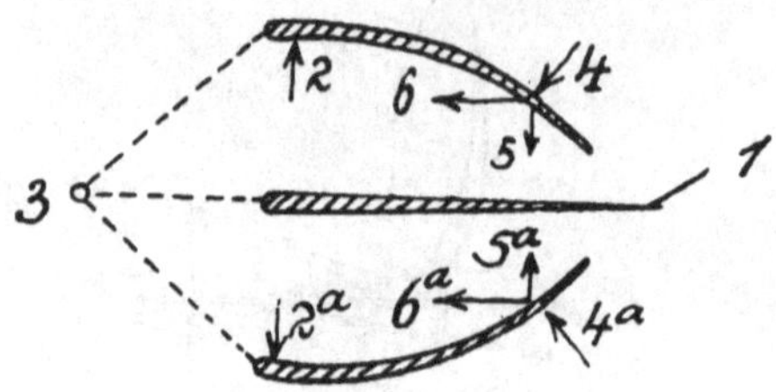

Fig. 459.

Patentanspruch:

Flugmaschine mit nachgiebigen, in der Ruhelage ebenen Flügeln, die auf der ganzen Länge ihrer Vorderkante mit einem Versteifungsglied versehen sind, welches sich mit der Entfernung von der Schwingungsachse verjüngt, dadurch gekennzeichnet, daß die Biegsamkeit in der Flugrichtung von vorn nach hinten zunimmt (von c nach d^2) und senkrecht zu dieser Richtung von der Schwingungsachse nach außen (von d^1 nach d^2 und d^3) abnimmt.

V. Flieger mit Wendeflügeln.

Flugzeuge dieser Art besitzen im Gegensatz zu den mit auf- und niederschlagenden Flügeln ausgerüsteten Apparaten um eine Drehachse umlaufende Flügel, werden also in der Luft ähnlich wie ein mit Schaufelantrieb versehenes Wasserfahrzeug fortbewegt. In der nachfolgenden Uebersicht sind mannigfache Ausführungsformen des Schaufelantriebes für Flugzeuge zusammengestellt.

138. Bei dem Flugzeug nach der

Patentschrift Nr. 85 688
Henry Shepley Booth in Manchester,

angemeldet am 2. Mai 1895, ausgegeben am 25. Februar 1896,

trägt der Rumpf A Arme B, die sich nach beiden Seiten erstrecken (Fig. 460 und 461). Zweckmäßigerweise reichen diese Arme durch den Rumpf A hindurch, sind mit dem Rahmen a an beiden Seiten fest verbunden und werden außerdem noch durch Drahtseile oder Ketten b versteift, die am oberen und unteren Rand des Rahmens befestigt werden. Die Arme B tragen an jeder Seite des Rumpfes je eine Welle D, an denen die Flügel C befestigt sind und die durch Motoren E E', die im Innern des Rumpfes angebracht sind, in gleichmäßige Umdrehung versetzt werden. Der Antrieb ist so gewählt, daß die eine Welle Rechts-, die andere Linksdrehung vollführt.

Jeder der Flügel besteht aus einem Rahmen G, der an der Welle D befestigt ist und mit demselben rotiert, und einer Anzahl von Blättern H, deren Längsachsen im rechten Winkel zur Längsachse des Rumpfes A und der Wellen D liegen. Die Blätter H bestehen aus einem auf der Welle h' befestigten Rahmen h, der mit Leinen, Seide oder einem anderen geeigneten Stoff überzogen ist. Die Wellen h' sind in Lagern d' und g' gelagert, die auf der Welle D bzw. dem Rahmen G angebracht sind, und können unabhängig von der Drehung der Welle d um 90^{0} gedreht werden. Die Rahmen h sind auf ihren Wellen h' exzentrisch angebracht, so daß das Blatt auf der einen Seite der Welle eine größere Fläche besitzt als auf der anderen und stets bestrebt ist, die Stellung einzunehmen, welche dem Winddruck den geringsten Widerstand bietet.

Die Neigung eines jeden Blattes H zu dem Rahmen G und der Welle D kann geändert werden, um der Luft mehr oder minder Widerstand zu bieten. Um diese Verstellung der Blätter H zu ermöglichen, ist parallel zur Welle D eine Stange J angeordnet, die hin und her bewegt werden kann. Diese Stange J ist durch Glieder j mit den Blättern H verbunden. Am Ende der Stange J ist ein Stift J' angebracht, der im Bereich einer Hubscheibe K liegt und von derselben hin und her geschoben wird. Die Hubscheibe K ist auf

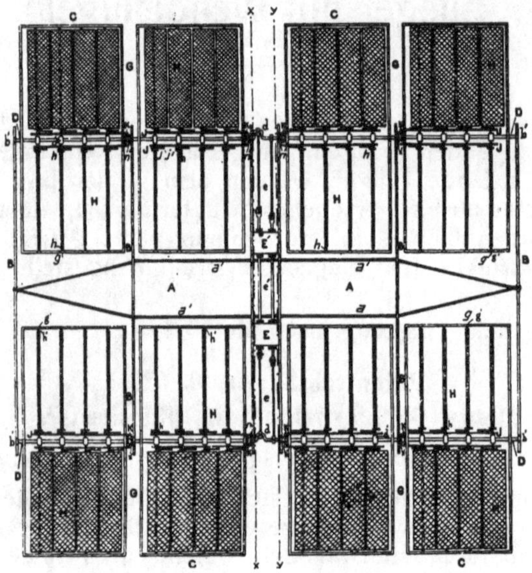

Fig. 460.

einer Hülse M befestigt, die mit dem Lager b' der Welle D fest verbunden ist. Wenn die Welle D sich dreht, nehmen die Flügel C an dieser Drehung teil, und der Stift J' wird über die Fläche k der Hubscheibe K hinweggeführt. Diese Hubscheibe ist so angeordnet, daß bei jeder Abwärtsbewegung der Blätter die Stange J in ihrer Längsrichtung verschoben wird, während beim Aufwärtsgang der Flügel der Stift J' von der Hubscheibe nicht mehr beeinflußt wird, so daß die Blätter H ihre senkrechte Stellung einnehmen können, oder den Winkel, in welchem sie beim Durchschneiden der Luft den geringsten Widerstand finden. Die Drehung der Blätter H durch die Stange J könnte anstatt durch Glieder auch durch Zahnstange und Zahnräder bewirkt werden.

Die Stellung der Hubscheibe K auf der Welle d kann verändert werden, so daß man den Blättern H jede beliebige Neigung geben kann (Fig. 462 bis 464), von der vertikalen Stellung (Fig.

462) zu der unterhalb der Horizontalen geneigten Lage (Fig. 464). Fig. 463 zeigt den Flügel H in horizontaler Stellung. Diese Verstellung kann während des Ganges der Maschine ausgeführt werden, je nachdem die Maschine emporgehoben, vorwärts bewegt

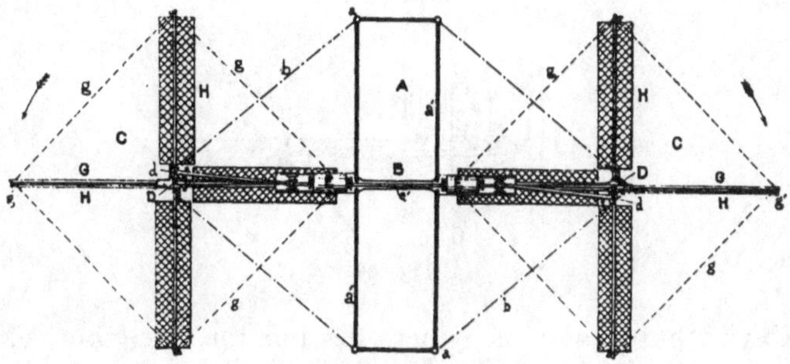

Fig. 461.

oder in ihrem Fluge gehemmt werden soll. Die Hubscheibe K ist so angeordnet, daß sie auf die Blätter H nur bei deren Niedergang einwirkt, während diese beim Aufwärtsgange unbetätigt bleiben. Wenn die Blätter ihre Abwärtsbewegung beginnen, läuft der Stift J'

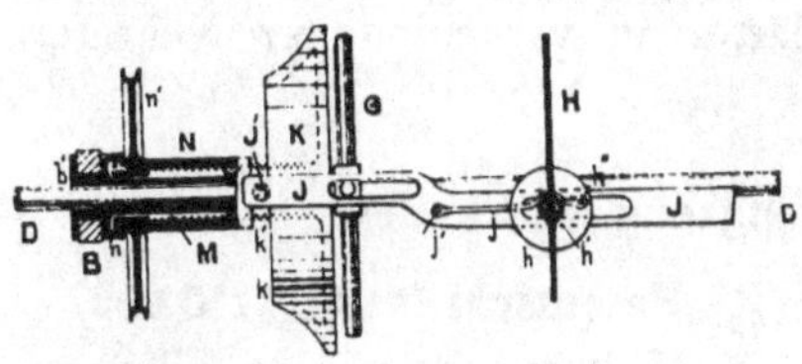

Fig. 462.

auf die schräge Fläche der Hubscheibe K auf, so daß die Stange J in ihrer Längsrichtung verschoben wird und die Blätter in irgendeine gewünschte Neigung zwischen der in Fig. 462 und der in Fig. 464 dargestellten Stellung gebracht werden, je nachdem die Stellung

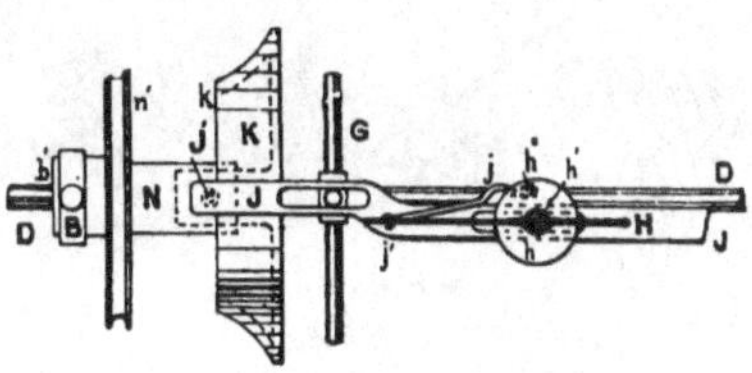

Fig. 463.

der Hubscheibe K ist. Wenn die Blätter H ihre Abwärtsbewegung nahezu vollendet haben, verläßt der Stift J' die Erhöhung k der Hubscheibe K, so daß die Blätter H freigegeben werden und sich beim Aufwärtsgange vertikal oder in einem Winkel einstellen können, in welchem sie den geringsten Widerstand finden.

Patentansprüche:

1. Eine Flugmaschine mit zu beiden Seiten des Fahrzeuges angeordneten Flügeln mit um Querachsen schwingende Blätter tragenden Wellen, dadurch gekennzeichnet, daß die Blätter parallel angeordnet, exzentrisch auf ihren Achsen befestigt sind und bei

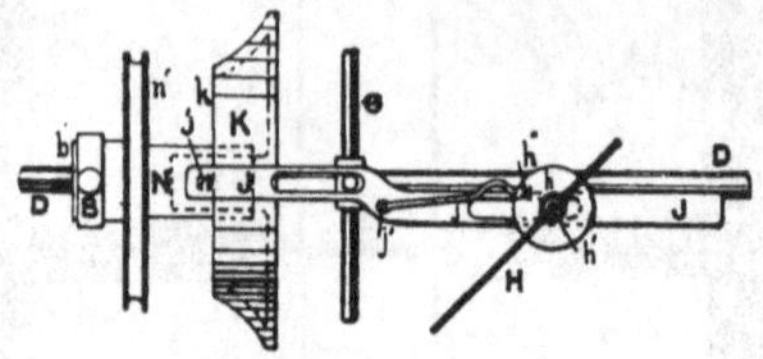

Fig. 464.

ihrer Abwärtsbewegung in einer bestimmten Neigung eingestellt werden, so daß sie einen Druck auf die Luft ausüben, während sie bei ihrer Aufwärtsbewegung von dem Einstellmechanismus freigegeben werden, so daß sie eine Stellung einnehmen können, die beim Durchschneiden der Luft den geringsten Widerstand bietet.

2. Eine Flugmaschine der zu 1 gekennzeichneten Art, bei welcher die Drehachsen der Blätter mittels einer Schubstange (J) von einer Hubscheibe (K) betätigt werden, die derart verstellt werden kann, daß die Blätter in verschiedener Neigung eingestellt werden können.

139. Das Flugzeug nach der

Patentschrift Nr. 110 660
Edward Zarski in Lille,

angemeldet am 31. Mai 1898, ausgegeben am 25. Mai 1900, verwendet noch einen Gasballon.

Auf jeder Seite des Luftschiffes (Fig. 465 bis 468) ist ein Flügelrad i angebracht mit sechs Flügeln c, die einmal um die

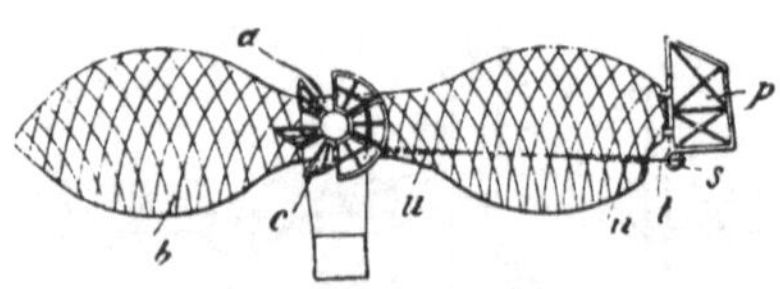

Fig. 465.

Welle d im Kreise herumgeführt werden und außerdem eine Drehung um ihre eigene Achse ausführen. In ein Zahnrad f greifen sechs Planetenräder g ein, deren Wellen h in dem Rad i der Flügel drehbar gelagert sind. Der Durchmesser der Planetenräder ist gleich der Hälfte des Durchmessers des Zahnrades f, so daß sie sich bei einer Umdrehung des Flügelrades zweimal um sich selbst drehen.

Auf jeder Welle h ist eine Kurvennutscheibe k (Fig. 468) befestigt, welche auf einem Sechstel ihres Umfanges mit zwei Schrauben-

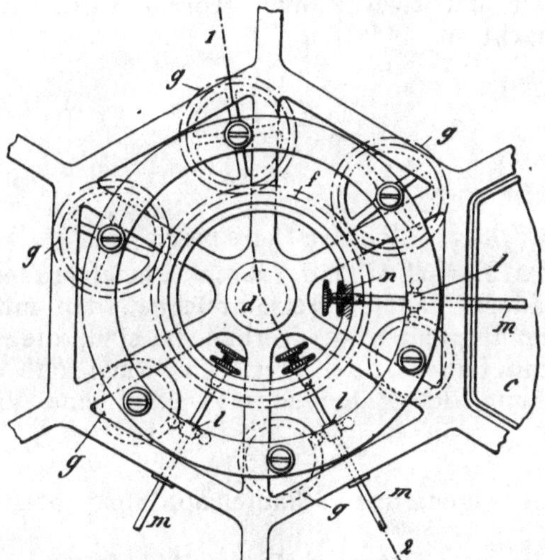

Fig. 466

gängen versehen ist. In jede Kurvennutscheibe k greift ein Zahnrad l ein, dessen Zähne aus drehbaren Rollen bestehen. Jedes Zahn-

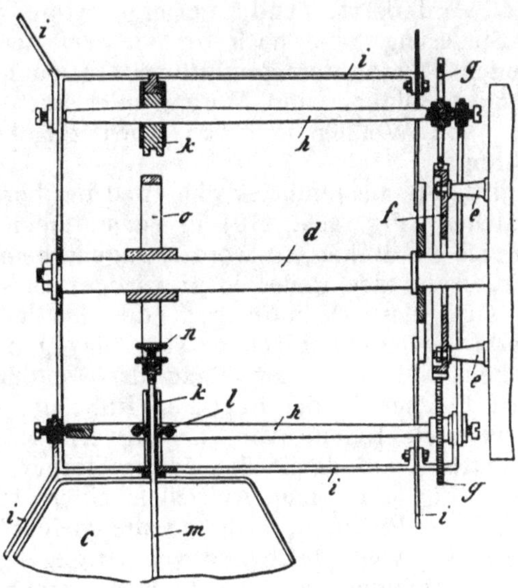

Fig. 467.

rad trägt acht Rollen und ist auf der Welle m eines der Flügel c befestigt. Während fünf Sechstel der Umdrehung der Kurvennutscheibe k dreht sich das Zahnrad l nicht, weil ein Zahn in der in der Drehungsebene der Scheibe liegenden Nut liegt, während das Rad auf dem letzten Sechstel der Umdrehung durch die beiden Schraubengänge um zwei Zähne gedreht wird, also eine Viertelumdrehung macht.

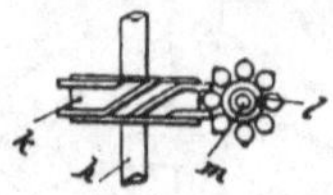

Fig. 468.

Patentanspruch:

Lenkbares Luftschiff mit durch Planetenräder angetriebenen Wendeflügelrädern, dadurch gekennzeichnet, daß mit den Planetenrädern Kurvennutscheiben (k) verbunden sind, die auf Rollenzahnräder der Wendeflügel in der Weise einwirken, daß den Flügeln bei jeder Umdrehung des Flügelrades zweimal eine Viertelumdrehung erteilt wird.

140. Eine eigenartige Schaufelanordnung besitzt der Apparat nach der

Patentschrift Nr. 112506
Paul Nipkow in Berlin.

Angemeldet am 13. September 1897, ausgegeben am 15. August 1900.

Die Schaufeln sind nämlich unsymmetrisch ausgeführt; charakteristisch ist ferner die elastische Angliederung der Schaufelflächen an deren steife Vorderkante und die eigenartige Steuerung der letzteren. Die Steuerung kann nach irgendeinem der für derartige Zwecke geeigneten Muster durchgeführt sein, etwa nach dem Vorbilde von Buchanan, Oldham und Morgan oder auch nach dem bei den Segelrädern von Wellner und von Koch zur Anwendung gebrachten Verfahren.

Beginnt ein derart ausgeführtes Flügelrad bei horizontaler Ruhestellung der Flächen (Fig. 469, 470) in einem mehr oder weniger trägen Medium sich zu drehen, so werden augenscheinlich die jedesmal an der Vorderseite des Rades in abwärtiger Bewegung befindlichen Flächen sich elastisch aufbiegen, die an der rückwärtigen Radseite aufwärts bewegten Flächen sich dagegen niederbiegen, während die oben und unten am Rade das Medium nur scharfkantig treffenden Flächen in der neutralen Ruhelage verharren, wie in Fig. 471 angedeutet. Bei diesem Vorgang erfährt, wie leicht ersichtlich, die Radachse und damit der Apparatkörper von seiten der Flächen s_2 und s_4 (Fig. 471) einen Antrieb in einer der Ruhestellung der Flächen parallelen Richtung, während die gleichzeitig auftretenden vertikalen Drucke, weil gleich und von entgegengesetzter Richtung, von dem Drehmoment abgesehen, sich aufheben.

Eine derartige Aufhebung der bei s_2 (Fig. 471) auftretenden, vertikal nach oben gerichteten Druckkomponente kann naturgemäß nur eintreten, wenn — wie bei dieser ersten Ausführungsform des

Flügelrades vorausgesetzt — der bei der Aufbiegung und bei der Niederbiegung der Flächen zu überwindende elastische Widerstand genau gleich groß ist und die einzelnen Flächen in ihrer Ausführung tunlichst miteinander übereinstimmen.

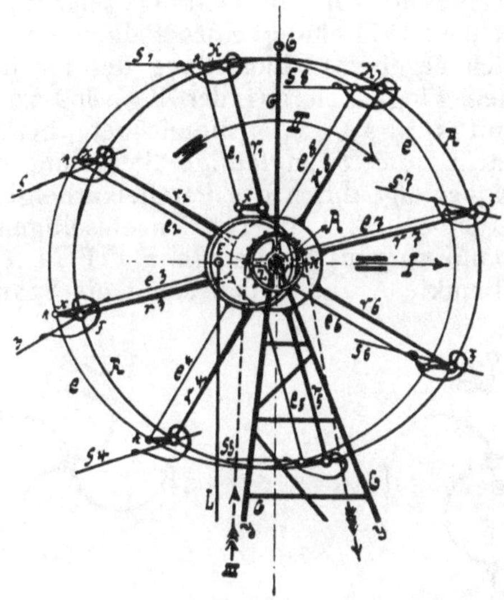

Fig. 469.

Aus der beschriebenen Ausführungsform ergibt sich eine zweite, wenn der Widerstand gegen die Niederbiegung der Flächen, der bei der Form I ebenso groß ist wie der Aufbiegungswiderstand, kleiner als der Aufbiegungswiderstand genommen wird oder ganz verschwindet oder aber einen negativen Wert erhält; im ersteren

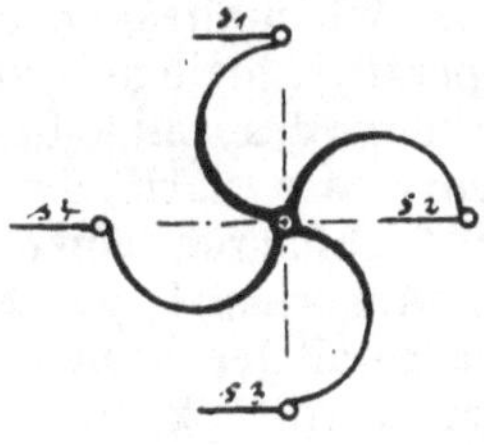

Fig. 470.

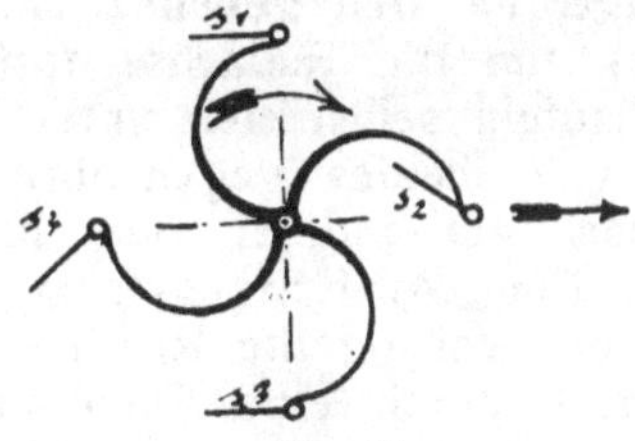

Fig. 471.

Falle werden die Flächen bei ruhendem Rade die aus Fig. 470 ersichtliche Lage beibehalten, im anderen Falle wird die Ruhelage der Flächen unbestimmt sein; im letzteren werden die Flächen sich etwa einstellen, wie aus Fig. 472 ersichtlich. An der rückwärtigen Radseite dagegen folgen die Flächen, wie leicht ersichtlich, nach Art der Wetterfahnen der Linie des jedesmal kleinsten Widerstandes und stellen sich demgemäß größtenteils tangential zum Radumfang

(Fig. 473). Da hiernach die aufsteigenden Flächen der rückwärtigen Radseite Arbeit nicht verbrauchen, so kommt denselben auch keinerlei Reaktion auf die Radachse und den Schiffskörper zu, während die der Aufbiegung der vorderen Flächen entsprechende Doppelwirkung als horizontaler Bewegungsantrieb und vertikale Tragkraft oder Hebung voll zur Geltung gelangt.

Die bei schneller Drehung eines Flügelrades der zweiten Ausführungsform sich ergebende Einstellung der Flächen unter der Annahme des freien Fluges ist aus der Fig. 469 zu entnehmen. Die Flächen sind mit $s_1\ s_2\ s_3\ \ldots\ s_8$ bezeichnet; bei y ist der Körper angehängt gedacht; die zwangläufige Steuerung der Flächenträger $w_1\ w_2\ w_3\ \ldots\ w_8$ erfolgt durch das Parallelkurbelgetriebe A $r_1\ r_2\ \ldots\ r_8$ K K K . . . $e_1\ e_2\ e_3\ \ldots\ e_8$ E; für den einseitigen elastischen Aufbiegungswiderstand sorgen die Federn F F F . . .; die gegenseitige Lage der Mittelpunkte A und E und damit die Spannung der Federn

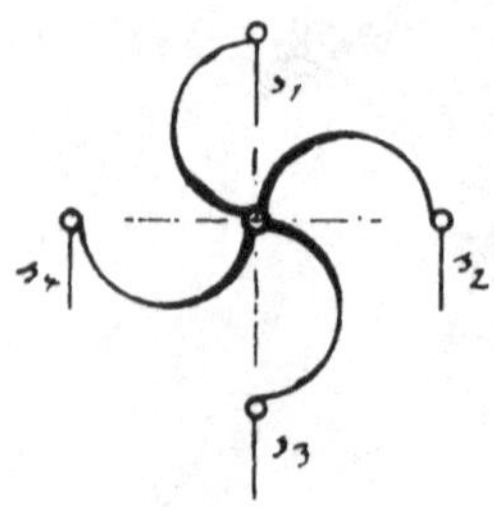

Fig. 472.

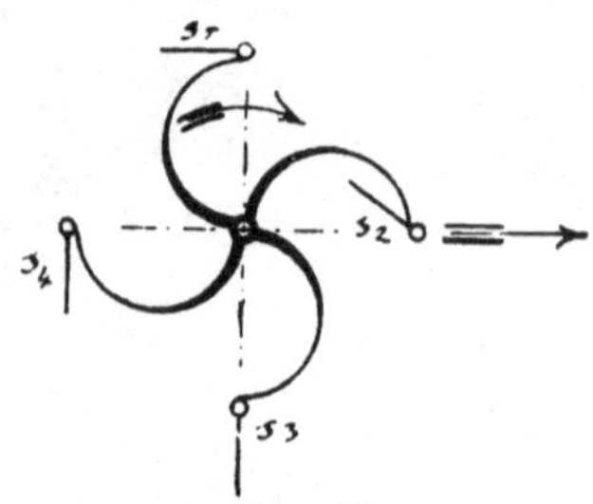

Fig. 473.

F F F . . . kann vom Schiffskörper aus mittels des Gestänges L nach Bedarf verändert werden. Der Antrieb des Rades A r r . . . erfolgt gleichfalls vom Schiffskörper aus mittels Gelenkkette und Zahnrad Z.

Patentansprüche:

1. Ein Rad mit beweglichen Schaufeln für Luft- und Wasserfahrzeuge, dadurch gekennzeichnet, daß die Schaufelträger bei der Drehung um die Radachse fortwährend parallel bleiben, während die Schaufeln selbst sich unter der Einwirkung des Luft- bzw. des Wasserwiderstandes gegen ihre Träger entweder nach der einen oder nach der anderen oder nach beiden Richtungen einstellen.

2. Eine Ausführungsform des durch Anspruch 1 geschützten Rades, bei welcher die Richtung sämtlicher paralleler Schaufelträger des Rades durch eine Steuerung geändert werden kann.

141. Eine Vervollkommnung des Flugzeuges nach der Patentschrift Nr. 112 506 ist in der

Patentschrift Nr. 116 287
Paul Nipkow in Berlin,

angemeldet am 1. Dezember 1898, ausgegeben am 8. Januar 1901, beschrieben. Der Unterschied gegenüber dem Patent Nr. 112 506 besteht in den Kugelgelenken, welche in die Schaufelträger zwischen

Schaufelfläche und Kurbellager eingeschaltet sind. Dieses Kugelgelenk (Fig. 474) gestattet eine auseinandergehende Anordnung der Flächenträger, so daß der maschinelle Teil der Gesamtanordnung sehr wenig umfangreich wird, während gleichwohl die Länge der Flügel und somit der von denselben getroffene Raum beliebig groß genommen werden kann. An die Flächenträger sind die Flächen elastisch angegliedert.

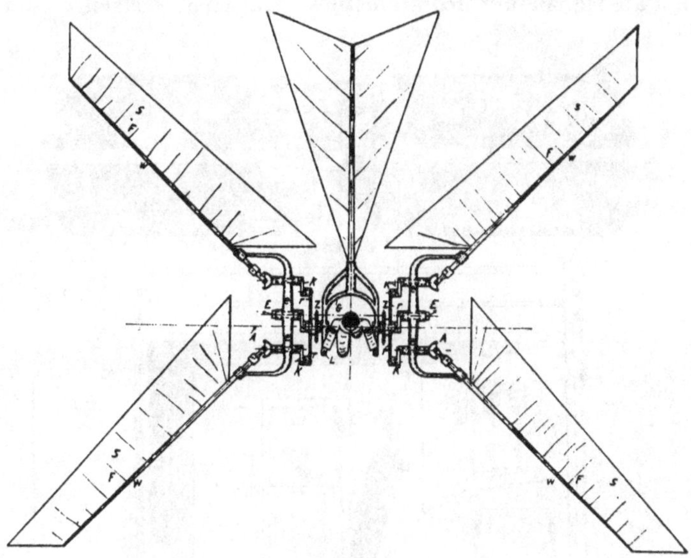

Fig. 474.

Patentanspruch:

Eine Ausführungsform des durch das Hauptpatent Nr. 112 506 geschützten Rades mit beweglichen Schaufeln für Luft- und Wasserfahrzeuge, bei welchen die Schaufelträger auseinandergehend angeordnet sind und bei der Drehung um die Radachse einen Kegelmantel beschreiben, ohne sich dabei um ihre eigene Achse zu drehen, so daß die Parallelität der Schaufeln nur bedingungsweise stattfindet.

142. Bei der Erfindung nach der

Patentschrift Nr. 125 202

Josef Graßl in Augsburg,

angemeldet am 15. März 1900, ausgegeben am 22. November 1901,

ist davon ausgegangen, daß Wendeflügel, welche sich bei ihrer Reaktion abwechselnd aufrichten und umlegen, einzeln wirkend den Nachteil besitzen, daß infolge der stoßweise auftretenden seitlichen Drehmomente die Flugvorrichtung aus ihrer Bahn abgelenkt und starken Schwankungen ausgesetzt wird. Dieser Uebelstand wird beseitigt, wenn zwei Wendeflügelpaare übereinander mit entgegengesetzter Drehrichtung angeordnet werden.

Die Flügelpaare e und e^1 (Fig. 475, 476) sind fest mit den Achsen c bzw. d verbunden, behalten also ihre schräge Lage und wirken bei ihrer Umdrehung als Propeller, indem sie ausschließlich das Heben und Senken des Apparates bewirken. Gleichfalls an den Achsen c und d sind zwei weitere Flügelpaare f und f^1 derart befestigt, daß sie an der Rotationsbewegung der Achsen c und d teil-

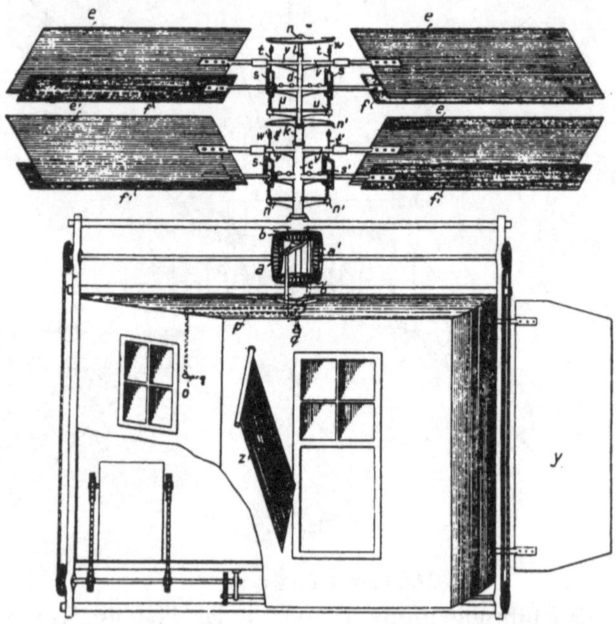

Fig. 475.

nehmen und außerdem noch eine schwingende Bewegung um ihre eigene Längsachse ausführen können, zu welchem Zwecke die Zapfen h bzw. h^1 drehbar in den Büchsen i und i^1 gelagert sind.

Durch Ingangsetzung des Motors, dessen Bewegung durch Zahnräder a a^1 und b b^1 auf die Wellen c, d übertragen wird, werden die Flügelpaare e e^1 in Umdrehung versetzt, welche, als Schraubenflächen wirkend, das Luftschiff emporheben. Diese Stellung veranschaulicht Fig. 475. Hat der Apparat die erforderliche Höhe erreicht, so wird der Griff q abwärts gezogen und damit die Stangen k und l mit den Scheiben n bzw. n^1 in eine tiefere Lage gebracht, wie Fig. 476 zeigt. In dieser Lage werden die an den oberen Teilen der Führungsstangen t^1 angebrachten Rollen w die halbkreisförmigen Scheiben n bzw. n^1 berühren und von diesen nach unten gedrückt werden. Der Rahmen s wird hierbei aus der in Fig. 477 dargestellten Stellung in die Stellung nach Fig. 478 gebracht und behält dieselbe während einer halben Umdrehung bei, d. h. solange als die Rolle w von der Scheibe n niedergehalten wird, worauf der Rahmen s unter Wirkung der Feder x wieder in seine frühere Stellung zurückgebracht wird. Durch Abwärtsbewegung des Rahmens s wird aber dem Flügel f eine Drehung um seine Längsachse erteilt, indem

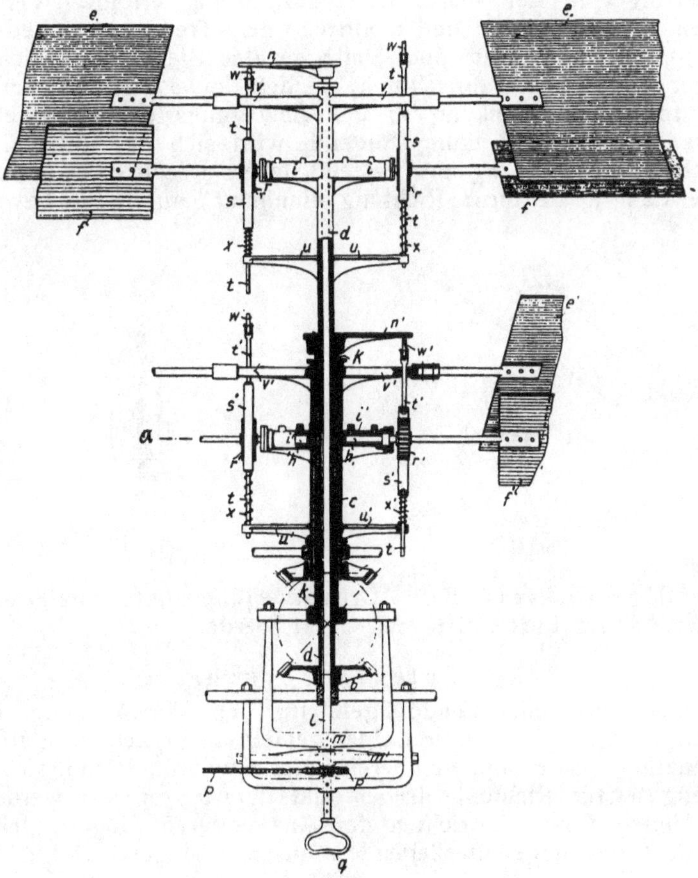

Fig. 476.

sich der Zapfen h vermittels des durch die Zahnstange des Rahmens s bewegten Zahnrades r in der Büchse i dreht. Die Flügel f, welche beim Aufsteigen des Apparates eine gleichmäßig schräge Lage, entsprechend den Flügeln e, einnehmen, erhalten jetzt, nachdem der Griff q nach unten gezogen wurde, eine derartige Bewegung, daß sie während einer halben Umdrehung, in der Lage I—I (Fig. 478), die Luft mit ihrer schmalen Seite durchschneiden, bei der anderen halben Umdrehung, in der Lage II—II, mit ihrer ganzen Breite gegen die Luft wirken, so daß die Vorrichtung dadurch nach vorwärts getrieben wird. Diese Bewegung wird bei den oberen und den gegenüberliegenden unteren Flügeln in der Weise ausgeführt, daß sich die einen in dem Augenblick aufrichten und mit ihrer Breitseite gegen die Luft wirken, da die beiden anderen sich umlegen und mit ihrer Stirnfläche die Luft durchschneiden. Infolge der symmetrischen Anordnung wird jedes dem Luftschiff schädliche Drehmoment vermieden, solange das Aufrichten und Umlegen der Steuerflügel in der Achse der Fahrrichtung erfolgt. Werden dagegen die Stangen k und l mittels der Treibkette p gedreht, so erfolgt das Aufrichten und Umlegen der Steuerflügel nicht mehr in der Achse der Fahrrichtung, sondern etwas früher oder später, wodurch eine Ablenkung in der Bewegungsrichtung erzielt wird. Dieser Richtungsablenkung folgend, wird sich das Luftschiff unter gleichzeitiger Wirkung des festen Steuers y einstellen, derart, daß seine Längsachse diese Richtung einnimmt; durch die beweglichen

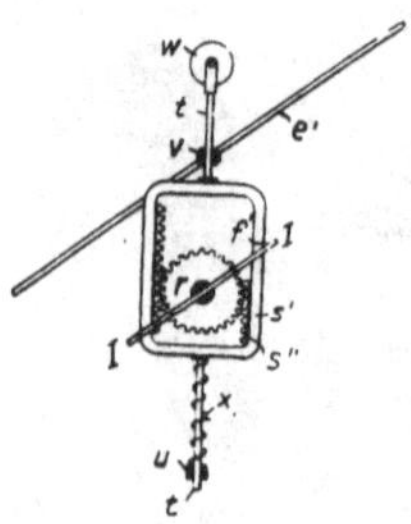

Fig. 477.

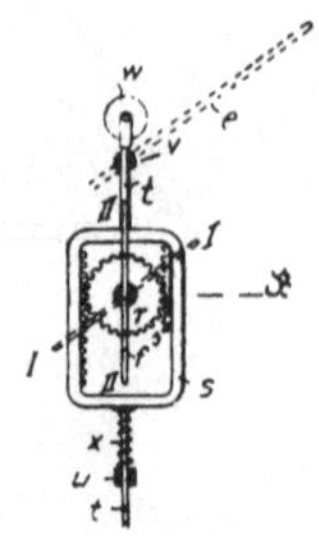

Fig. 478.

Seitenflügel z kann diese Drehbewegung unterstützt, also die Steuerung des Luftschiffes erleichtert werden.

Patentanspruch:

Luftschiff mit Wendeflügeln für den Vorwärtsgang, dadurch gekennzeichnet, daß die von einer gemeinsamen Achse angetriebenen Wendeflügelpaare doppelt übereinander angeordnet sind, sich in entgegengesetzter Richtung drehen und derart gesteuert werden, daß das Umlegen und Aufrichten des einen oberen Flügels gleichzeitig mit dem des gegenüberliegenden unteren Flügels erfolgt.

143. Die Wendeflügelanordnung nach der

Patentschrift Nr. 137 242

Charles Groombridge und William Alfred South in London,

angemeldet am 13. August 1900, ausgegeben am 3. Januar 1903,

bezweckt, eine größere Fortbewegungsarbeit für eine gegebene motorische Kraft, als mit den bisher bekannten Antriebsvorrichtungen erreicht wurde, zu leisten, welche die Luft nur in Bewegung setzten und sie von den Flügeln abprallen ließen. Die Flügel sind derart angeordnet, daß sie von der Luft abprallen und dadurch die wirksame Fortbewegung der Flugmaschine unterstützen. Die Antriebsvorrichtung ist so eingerichtet, daß die abwechselnde Einstellung ihrer Flügel in die wirksamen und in die schwebenden Stellungen selbsttätig durch den Druck der Luft auf die Flügel und nicht wie bisher durch besondere mechanische Vorrichtungen erfolgt.

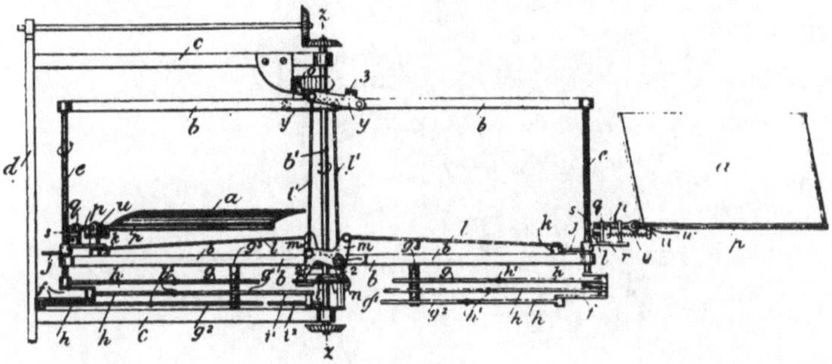

Fig. 479.

Der um eine senkrechte Achse am Ende eines drehbaren Rahmens drehbar angeordnete Flügel a schwingt nach außen und bewegt sich bei der Arbeitsleistung während annähernd einer halben Umdrehung in einem größeren Abstande von der Drehachse b^1, dreht dann nach innen oder hinten und geht in einem kleineren Abstande von dieser Drehachse während des übrigen Teiles der Umdrehung, also während der unwirksamen Schwebebewegung, weiter. Der Flügel ist ferner derart angeordnet, daß er während der Arbeitsleistung senkrecht steht, jedoch nach Vollendung derselben bei seiner Drehung nach rückwärts in umgekehrter Richtung schwingt und durch den Druck der Luft auf ihn in annähernd wagerechte oder Schwebelage gebracht wird; hierauf hebt er sich allmählich, und

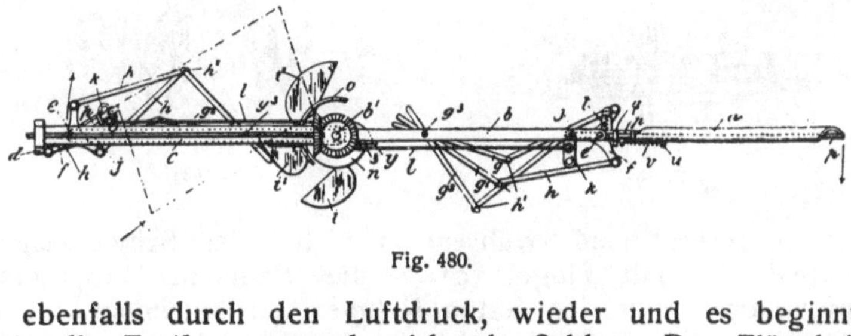

Fig. 480.

zwar ebenfalls durch den Luftdruck, wieder und es beginnt der nächste die Fortbewegung bewirkende Schlag. Der Flügel ist an einem Schaft befestigt, welcher mit Vorrichtungen versehen ist, um ihn allmählich ohne Kraftverlust und plötzlichen Stoß in Wirksamkeit treten zu lassen (Fig. 479 bis 483).

Patentansprüche:

1. Wendeflügelanordnung für Flugmaschinen, Luftschiffe und dergl., dadurch gekennzeichnet, daß die Flügel sich selbsttätig durch

den Luftdruck in die senkrechte oder Antriebsstellung und in die wagerechte oder Schwebestellung einstellen und um die äußere, als Drehachse für den kreisenden Rahmen (b) dienende Seite (b^1) des mit dem Motor fest verbundenen Rahmens (c) während der Arbeitsdauer in einem größeren, während der Schwebedauer in einem kleineren Abstande von der Drehachse (b^1) schwingen.

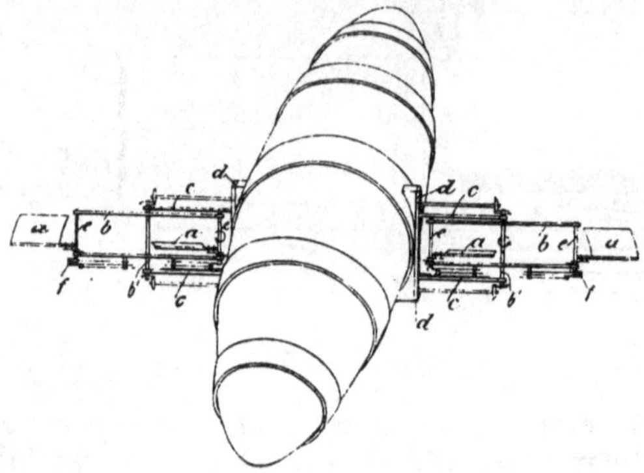

Fig. 481.

2. Wendeflügel nach Anspruch 1, gekennzeichnet durch die Anordnung des Flügels (a) an einem dreigliedrigen Flügelarm, bestehend aus einem am Motor angebrachten festen Rahmen (c), einem um dessen vordere Verbindungsstange (b^1) kreisenden zweiten Rahmen (b) und aus einem den Flügel (a) tragenden, um eine der beiden Verbindungsstangen (e) des Drehrahmens (b) kreisenden Flügelschaft (p), welche drei Teile bei der senkrechten Lage des

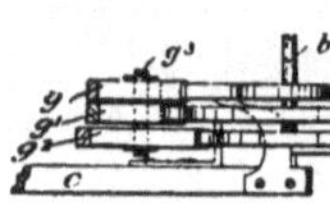

Fig. 482.

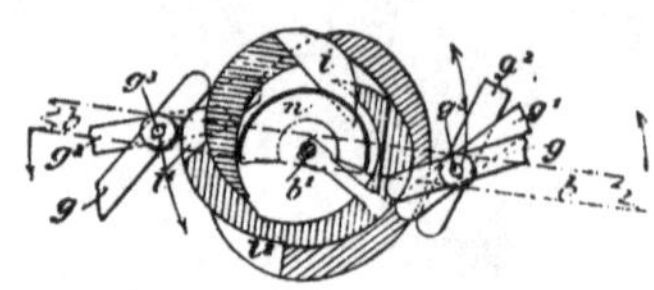

Fig. 483.

Flügels ausgereckt sind, während sich bei der Schwebelage der Flügelschaft (p) mit Flügel (a) in den Rahmenteil (b) und mit diesem zusammen in den festen Rahmen (c) hineinlegt.

3. Wendeflügelanordnung nach Anspruch 1 und 2, gekennzeichnet durch eine Vorrichtung zum Feststellen des Flügelschaftes (p) und somit des Flügels (a) in der Verlängerung des Drehrahmens (b), bestehend aus einem auf der Drehachse (e) des Flügelschaftes (p) angeordneten Arme (j), welcher während der senkrechten Flügellage von einem beweglichen Anschlage (k) durch Vermittelung einer Anzahl miteinander in Verbindung stehender Stangen und Hebel (l m l^1 y) bei der Bewegung des Drehrahmens (b) fest-

gehalten, während der Schwebelage der Flügel dagegen freigegeben wird.

4. Wendeflügelanordnung nach Anspruch 1 und 2, gekennzeichnet durch eine Vorrichtung zum Drehen der Flügelachse (e) mit dem Flügelschaft (p) und dem daran sitzendene Flügel (a) während der Schwebebewegung, bestehend aus einer auf der Flügelachse (e) fest angeordneten, dreifach gekröpften Kurbel (f), die bei der Bewegung des Drehrahmens (b) unter Vermittelung von Gelenkstangen (g h) und Gleitscheiben (i) in Umdrehung versetzt wird.

5. Wendeflügelanordnung nach Anspruch 1 und 2, dadurch gekennzeichnet, daß der Flügelschaft (p) aus zwei gelenkig miteinander verbundenen Teilen besteht, welche durch eine Feder (v) gestreckt gehalten werden, um ein federndes Nachgeben des Flügels (a) in der senkrechten Lage zu ermöglichen, während eine zweite Feder (t) der Drehung der Stange (p) entgegenwirkt, zur stoßfreien Ueberführung des Flügels aus der senkrechten Lage in die wagerechte Stellung.

144. Die Flugmaschine nach der

Patentschrift Nr. 155 359
Hugo Hückel in Neutitschein (Mähren),

angemeldet am 10. Juli 1903, ausgegeben am 27. Oktober 1904,

arbeitet mit zwei gleichen, symmetrisch zueinander angeordneten Wendeflügeln, die mit gleicher Geschwindigkeit, aber in entgegengesetzter Richtung so umlaufen, daß sie bei der Bewegung in der einen Richtung der Flüssigkeit oder dem Gase die volle Fläche bieten, während sie bei der Rückkehr annähernd tangential zum Bewegungskreis gerichtet sind, um der Flüssigkeit oder dem Gase möglichst wenig Widerstand zu bieten. Bei manchen bekannten

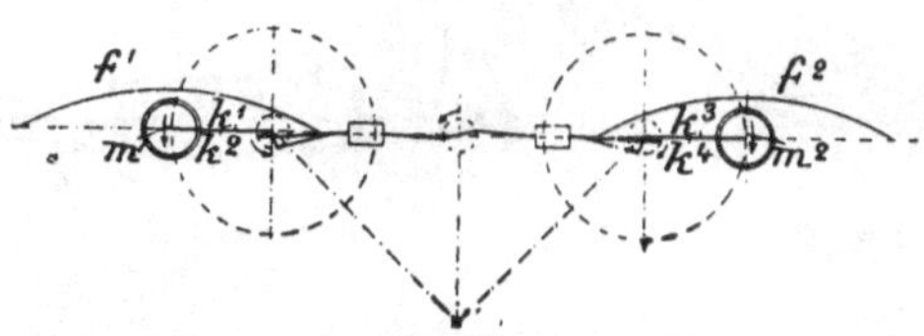

Fig. 484.

Maschinen dieser Art erfolgt die Einstellung der Wendeflügel in der bezeichneten Weise entweder plötzlich und ruckweise oder so, daß die Flügel nicht auf der ganzen wirksamen Hälfte ihrer Kreisbewegung nahezu rechtwinklig zu der Richtung der Flüssigkeit oder des Gases stehen, sondern sich während der Bewegung auf dieser Hälfte erst allmählich annähernd und schließlich in der Mitte genau quer zur Richtung der Flüssigkeit oder des Gases einstellen.

Demgegenüber bezweckt die Erfindung, die Einstellung der Wendeflügel ununterbrochen und stoßfrei in der Weise zu bewirken, daß während der ganzen wirksamen Hälfte der Kreisbewegung die Wendeflügel annähernd quer zur Bewegungsrichtung der Flüssigkeit oder des Gases liegen, während sie auf der ganzen anderen Hälfte der Kreisbewegung annähernd tangential zu dem Bewegungskreis gerichtet bleiben und somit den geringsten Widerstand bieten, besonders wenn die Anordnung als Flugvorrichtung Anwendung findet. Dieser Zweck wird dadurch erreicht, daß die

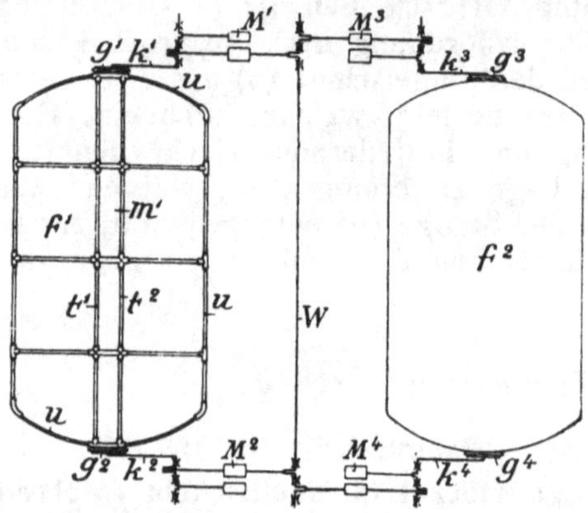

Fig. 485.

Wendeflügel durch ein Planetengetriebe stetig gesteuert werden, das keine feststehenden Teile enthält, sondern bei dem das mittlere Antriebsrad durch eine Kurbel oder dergl. herumgeführt wird, während der äußere Teil des Planetengetriebes durch einen Lenker gesteuert wird, der sich außerhalb des Planetengetriebes führt.

Die Gesamtanordnung der Vorrichtung ist aus den Fig. 484 bis 487 ersichtlich. Zu beiden Seiten der Mitte der Vorrichtung

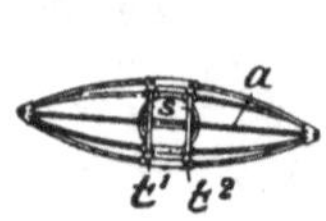

Fig. 486.

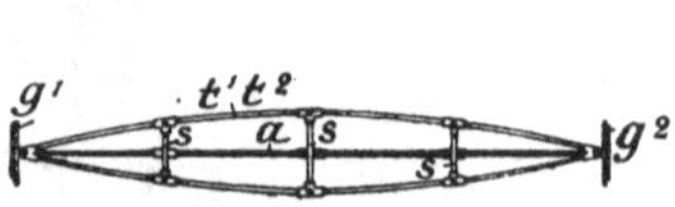

Fig. 487.

sind Flügel f^1 und f^2 (Fig. 484 und 485) angeordnet, deren Mittellinie eine Bewegung in den Kreisen m^1 und m^2 erhält, und zwar mittels der Kurbeln k^1, k^2, k^3 und k^4. Jeder Flügel besteht aus einem linsenförmigen Gerüst, das in Fig. 485 in der Ansicht von oben, in Fig. 486 in einem Querschnitt und in Fig. 487 in einem Längsschnitt zu sehen ist. Innerhalb dieses Gerüstes ist ein nachgiebiges Segel a (Fig. 486 und 487) ausgespannt, jedoch nur am Umfang u des Flügelgerüstes befestigt. An den Stellen, wo sich die Streben s der Flügel befinden, sind in der Segelfläche entsprechende Löcher vorgesehen. Im Zustand der Ruhe hat das Segel die Gestalt einer Ebene, weil der Umfang des Gerippes in einer Ebene liegt. Werden jedoch die

Flügel bewegt oder trifft ein Flüssigkeits- oder Luftstrom auf die Flügel, so wölbt sich das Segel immer mehr und mehr, bis es mit der einen Seite sich schließlich an die eine Hälfte des Gerippes anlehnt. Die Umlaufbewegung um M wird den Flügeln durch die Kurbeln k mittels des in den Fig. 488 und 489 dargestellten Planetengetriebes erteilt. Die beiden Hauptträger t^1 und t^2 des Gerüstes (Fig. 485, 486 und 487) tragen an jedem Ende einen Kugel-

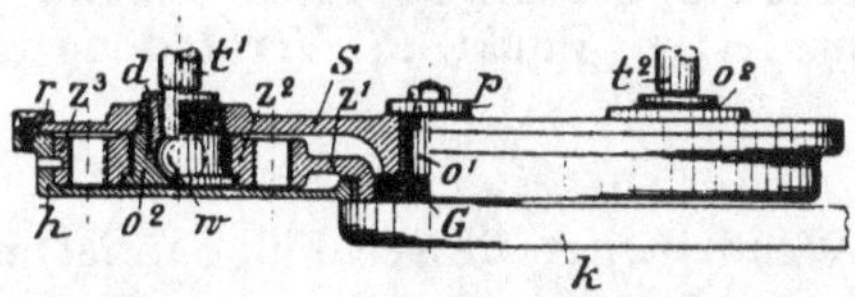

Fig. 488.

zapfen w (Fig. 488). Die beiden Kugelzapfen w an jedem Ende eines Gerippes sind innerhalb eines der Planetengetriebe angeordnet. Die letzteren sind in Fig. 485 mit g^1, g^2, g^3 und g^4 bezeichnet.

Das Planetengetriebe ist gleichachsig auf dem Zapfen o^1 der Kurbel k angebracht, der mit der Kurbel und dem Gewinde G aus einem Stück besteht. Auf dem Gewinde G ist das Stirnrad z^1 (Fig. 488 und 489) fest aufgeschraubt, und zwar so, daß bei der Be-

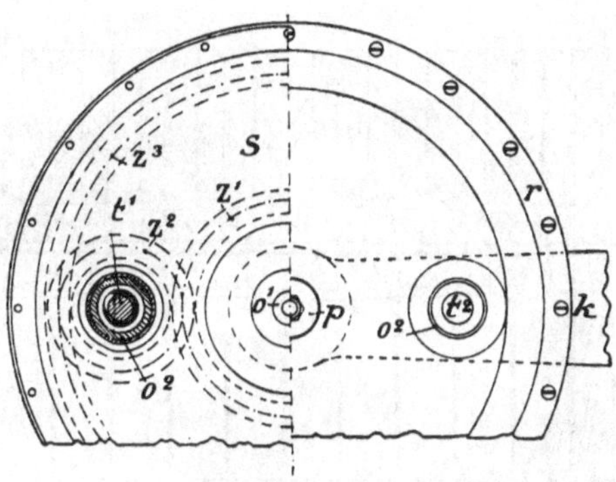

Fig. 489.

wegung des Getriebes der auftretende Zahndruck das Rad nur noch fester auf das Gewinde aufzuschrauben bestrebt ist. Um den Zapfen o^1 ist die durch eine Platte p in ihrer Lage gehaltene Scheibe S drehbar, in welche die Zapfen o^2 eingeschraubt sind, die innen in Verbindung mit Buchsen d Lager für die Kugelzapfen w bilden. Um die Zapfen o^2 sind die Stirnräder z^2 drehbar, die in einen Zahnkranz z^3 und in das mittlere Zahnrad z^1 eingreifen. Der Zahnkranz z^3 ist in dem Umfang des Gehäuses h angebracht, das auf der Zahnradnabe z^1 gelagert und um diese drehbar ist. Um dem Zahnkranz z^3 eine bessere Führung zu geben und gleichzeitig das ganze Gehäuse öldicht einzukapseln, ist der Ring r (Fig. 488) aufgeschraubt. Mit dem Gehäuse h ist ein Lenker starr verbunden, der dazu dient, die durch das Planetengetriebe hervorgerufene Bewegung des Flügels zu steuern.

Patentanspruch:

Als Treibvorrichtung, Motor- oder Flüssigkeits-Fördervorrichtung verwendbare Wendeflügelvorrichtung mit Planetengetriebe, dadurch gekennzeichnet, daß das Planetengetriebe auf der von einem Punkt der Flügelfläche beschriebenen Kreisbahn umläuft und von einem mit einem festen Punkt in Verbindung stehenden Lenker gesteuert wird.

145. Einen Wendeflieger, dessen Flügelräder mit einem Gehäuse überdeckt sind, behandelt die

Patentschrift Nr. 210 376
Hermann Wasem in Rödelheim und Karl Bieber in Nieder-Eschbach b. Frankfurt a. M.

Angemeldet am 19. Februar 1908, ausgegeben am 1. Juni 1909.

Dieses Flugzeug besteht aus dem Traggestell 1 mit den Hauptwellen 3 (Fig. 490, 491). Diese Wellen sind durch Rohre 4, in welchen sich die Lager 5 der Flügelwellen 6 befinden, versteift.

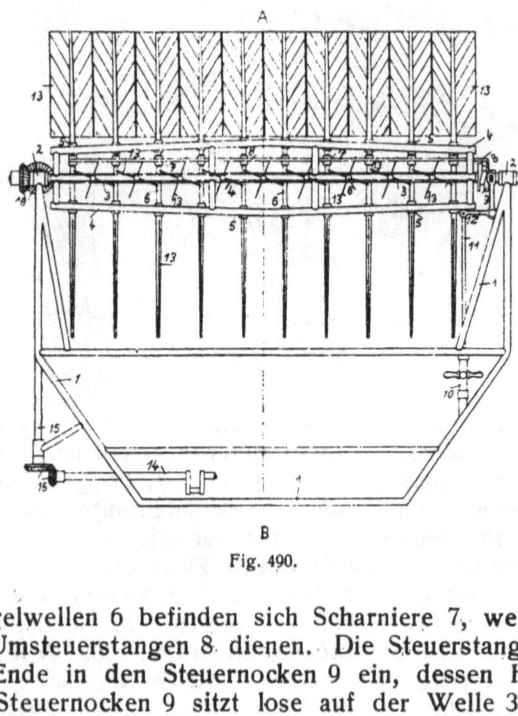

Fig. 490.

An den Flügelwellen 6 befinden sich Scharniere 7, welche zur Aufnahme der Umsteuerstangen 8 dienen. Die Steuerstange 8 greift an dem einen Ende in den Steuernocken 9 ein, dessen Hub begrenzt ist. Dieser Steuernocken 9 sitzt lose auf der Welle 3 und ist nur vor- oder rückwärts zu verschieben. Diese Verschiebung wird durch die Spindel 10 bewirkt, zu welcher die Stange 11 durch Gewinde verstellt werden kann. Durch Vermittelung des Winkelhebels 12 erfolgt die Uebertragung auf den Nocken 9. An den Flügelwellen 6 sind die Flügelblätter 13 winkelrecht gegenüber fest angeordnet.

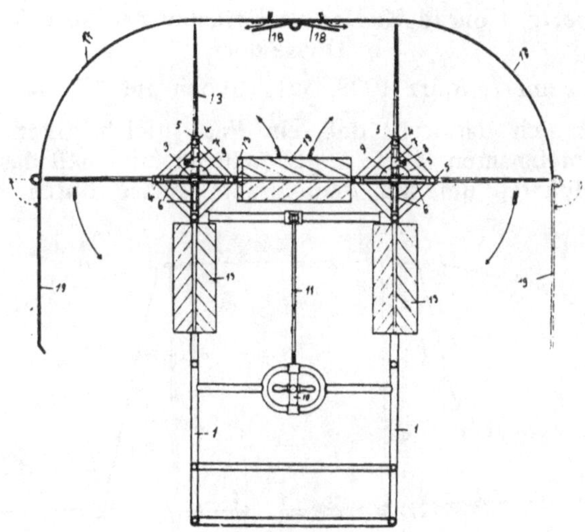

Fig. 491.

Der Antrieb der Hauptwellen 3 erfolgt durch die Motorwelle 14, welche unterhalb der Hauptwelle in dem gondelartig ausgebildeten Rahmen 1 angebracht ist, und die Uebertragungswelle 15 und die Winkelräder 16. Oberhalb der Maschine befindet sich die Ueberdeckung 17, welche an den Seiten abgerundet ist, zu dem Zweck, die nach den Seiten ausweichende Luft der abwärtsgehenden Flügelblätter zu hemmen und beim Abstieg fallschirmähnlich zu wirken. In der Mitte der Längsrichtung der Ueberdachung befinden sich Klappen 18 scharnierartig angeordnet, welche den Zweck haben, die Luft beim Aufstieg durchzulassen; beim Abstieg hingegen schließen sich dieselben, wie punktiert angedeutet ist. An den seitlichen Enden der Ueberdachung befinden sich scharnierartig angeordnet Gleitflächen 19, welche beim Abstieg der Maschine nach oben in der Pfeilrichtung aufklappen und so Tragflächen bilden.

Patentanspruch:

Flugmaschine mit zwei um wagerechte, in der Fahrtrichtung liegende Achsen drehbaren Wendeflügelrädern, deren Flügel um wagerechte, senkrecht zu den Radachsen liegende Wellen drehbar sind, dadurch gekennzeichnet, daß die Wendeflügelräder durch ein Gehäuse überdeckt sind, an dem oben und an den Seiten Klappen mittels Scharniere derart befestigt sind, daß beim Aufsteigen der Flugmaschine die oberen Klappen geöffnet sind und die seitlichen herunterhängen, während beim Fallen der Flugmaschine die oberen Klappen sich schließen und die seitlichen sich wagerecht stellen.

146. Die Erfindung nach der

Patentschrift Nr. 227 005
August Helpertz, Conrad Kadlec und Gustav Schlößer in Holthausen b. Düsseldorf,

angemeldet am 7. März 1908, ausgegeben am 12. Oktober 1910,

kennzeichnet sich dadurch, daß ein Paar gleichartiger Flügelräder auf einer gemeinsamen Welle angebracht ist, und daß das Schwingen jedes Flügelpaares um die gemeinsame Achse durch eine in der

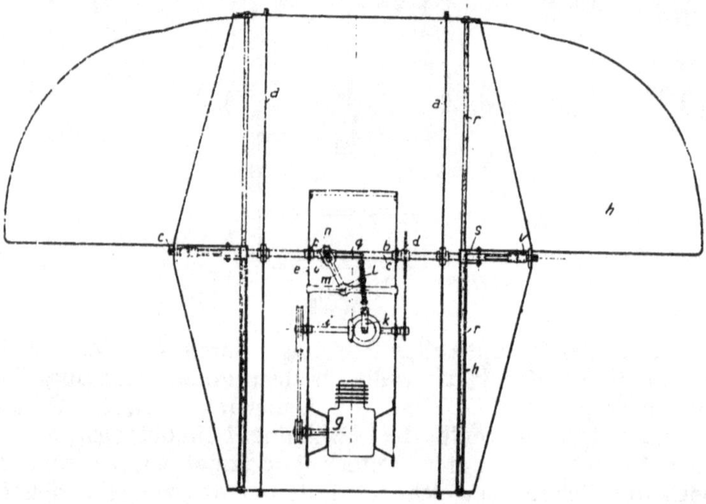

Fig. 492.

hohlen Welle der Flügelräder gelagerte Stange bewirkt wird, die mittels eines durch einen Schlitz greifenden Stiftes mit einer auf der hohlen Welle verschiebbaren Hülse verbunden ist, deren hin und her gehende Bewegung durch Hebel- und Kurbelgetriebe von der Antriebsmaschine abgeleitet wird. Diese Anordnung hat den Vorteil, daß infolge der Lagerung der Stange in der Flügelradwelle besondere Führungen für diese Stangen sich erübrigen, und daß der beim Anschlag bzw. am Ende des Hubs der Flügel auftretende Stoß von der Welle in Richtung ihrer Längsachse aufgenommen wird, so daß Erschütterungen der auf der Flügelradwelle sitzenden Gondel nach Möglichkeit vermieden werden.

Die Hohlachse b trägt ein Gerippe a, das aus durch Streben versteiften, als Schwungrad dienenden Kränzen oder nur aus gegenseitig verstrebten Schienen, Rohren oder dergl. bestehen kann (Fig. 492 und 493). Auf der Achse b ist bei d ein Gerippe e drehbar angeordnet, das den Antriebsmotor g und den Steuersitz trägt, durch dessen Verschiebung der Apparat in der Höhenrichtung gesteuert werden kann, da die Neigung der auf der Achse b in radialer Richtung angeordneten Flügel h durch Verlegung des Gondelschwerpunktes verändert werden kann. Durch Drehung der Achse b, die von der vom Motor angetriebenen Zwischenwelle i aus erfolgt, werden die Flügel kreisend bewegt. Die auf Rahmen gespannten, sich

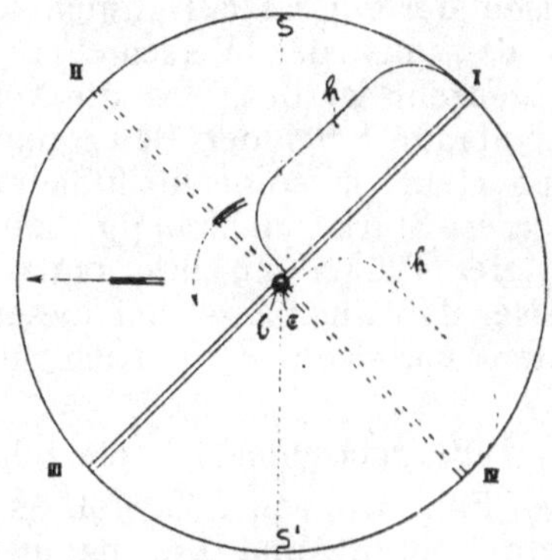

Fig. 493.

ausbauchenden, aus Tuch bestehenden Flügel sind an Stangen r befestigt, die an dem Gerippe a drehbar gelagert sind. Das Drehen der Flügel um diese radiale Achse erfolgt von der Zwischenwelle i aus, die durch ein Kegelradgetriebe eine Kurbel k, Exzenter oder dergl. antreibt. Mit dieser ist eine Stange l gelenkig verbunden, die

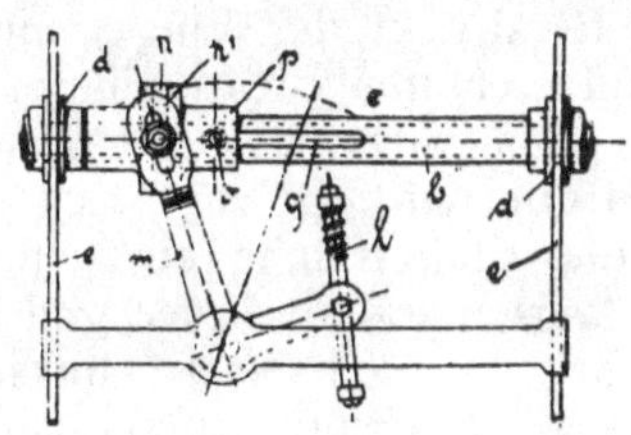

Fig. 494.

einen Winkelhebel m beeinflußt. Die Stange ist in einem an dem Hebel drehbaren Bund verschiebbar und mit zweckmäßig verstellbaren Anschlägen versehen. Zwischen diesen Anschlägen und dem Bund sind Federn angeordnet. Der Winkelhebel m ist mit einem Ring n gelenkig verbunden, der auf einer Muffe p zwischen Flanschen n^1 drehbar ist. In der Achse b ist eine Stange c verschiebbar, die mit der Muffe p durch einen Keil o verbunden ist. Dieser ist durch einen Schlitz q der Achse b hindurchgeführt, so daß er eine Verschiebung der Muffe p nicht hindert. Der Keil o kann auch statt, wie gezeigt, einseitig, in der Mitte bzw. unter dem Ring n in die

Muffe p eingreifen. Beim Drehen der Kurbel k bewirkt diese, sobald sie mit dem einen oder anderen Anschlag gegen den Winkelhebel m trifft, eine Drehung desselben, der hierbei die Stange c verschiebt (Fig. 494). Da der Winkelhebel nicht unmittelbar mit der Muffe verbunden ist, sondern an dem auf diesen drehbaren Ring angreift, so kann der Hebel ein Drehen nicht hindern. Mit der Stange c sind noch weiter mittels durch Schlitze der Achse b hindurchgeführten Stiften oder Keilen Muffen v verbunden, die durch Gelenkarme w mit an den Drehachsen der Flügel befestigten Kurbelarmen in Verbindung stehen, so daß bei der Verschiebung der Stange c die Flügel hin und her gedreht werden. Da die von der Kurbel k aus auf und ab bewegte Stange l bei der Bewegung in der einen oder anderen Richtung den Hebel m sofort nicht mitnimmt, sondern sich erst um ein bestimmtes Stück unabhängig von ihr verschiebt, so erfolgt die Drehung der Flügel um ihre radiale Achse periodisch, und zwar in der Weise, daß die Flügel bei dieser Drehung ebenfalls von oben nach unten und von vorn nach hinten auf die Luft drücken.

Die Wirkung der Flugmaschine ist wie folgt:

Bewegt sich der Flügel h von I nach II (s. Fig. 493), so wird er um seine Achse r gedreht und die parallel zur Flugrichtung stehende Flügelfläche in eine Lage senkrecht zu dieser bewegt. Da die Flügelfläche anfangs schräg nach oben rechts steht, so übt der Flügel bei dem ersten Teil dieser Drehung, d. h. so lange, bis die Flügelachse eine senkrechte Stellung einnimmt, einen Druck nach unten und gleichzeitig aber auch einen Druck von vorn nach hinten aus, er wirkt also gleichzeitig hebend und treibend. Im letzten Teil der Bewegung (S bis II) und Drehung um seine Achse drückt der Flügel hauptsächlich von vorn nach hinten. Bei der Bewegung von II nach III drückt der Flügel mit seiner vollen Fläche auf die Luft. Während sich nun dieser Flügel von I nach II bewegt und die Flügelfläche aus ihrer der Flugrichtung parallelen Lage winklig zu dieser gedreht wird, bewegt sich der zweite Flügel von III nach IV, wobei die Flügelfläche aus einer Lage senkrecht zur Flugrichtung in eine Lage parallel dieser gedreht wird. Die Flügelachse steht anfangs schräg nach unten links, und der Flügel übt infolgedessen bei dieser Drehung zuerst einen Druck von oben nach unten und gleichzeitig nach hinten auf die Luft aus. Im letzten Teil der Bewegung (S^1 nach IV) und Drehung um seine Achse wirkt der Flügel dann hauptsächlich wieder von vorn nach hinten, also fortbewegend. Bewegt sich der Flügel von IV nach I, so durchschneidet er, da die Flügelfläche parallel der Flugrichtung ist, widerstandslos die Luft. Beide Flügel haben also bei ihrer Bewegung von I nach II bzw. III nach IV die gleiche Wirkung, und sie haben bei ihrer Rotation stets die gleiche Winkelstellung. Dadurch, daß die Flügel nicht nur infolge ihrer Drehung mit der Hauptachse, sondern auch bei ihrer Drehung um ihre Achse treibend und hebend auf die Luft drücken, wird abwechselnd eine peitschende und schlagartige Wirkung analog dem Vogelflug ausgeübt.

Patentanspruch:

Flugmaschine mit Wendeflügelrädern, deren Flügel senkrecht zueinander an gemeinsamen Achsen einseitig angeordnet sind, dadurch gekennzeichnet, daß das Schwingen der Flügel um ihre Achse bei den paarweise angeordneten Flügelrädern gleichzeitig durch eine in der gemeinsamen hohlen Welle der Flügelräder gelagerte Stange bewirkt wird, die mittels eines durch einen Schlitz greifenden Stiftes mit einer auf der hohlen Achse verschiebbaren Hülse verbunden ist, deren hin und her gehende Bewegung durch Hebel- und Kurbelgetriebe von der Antriebsmaschine abgeleitet wird.

147. Von den bekannten Wendefliegern unterscheidet sich der in der

Patentschrift Nr. 228 241
Carl Hahlweg in Stettin,

angemeldet am 3. Oktober 1908, ausgegeben am 7. November 1910, beschriebene dadurch, daß nahezu seine gesamte Flügelbewegung — sowohl um die Längs- als auch um die Querachsen — nutzbar

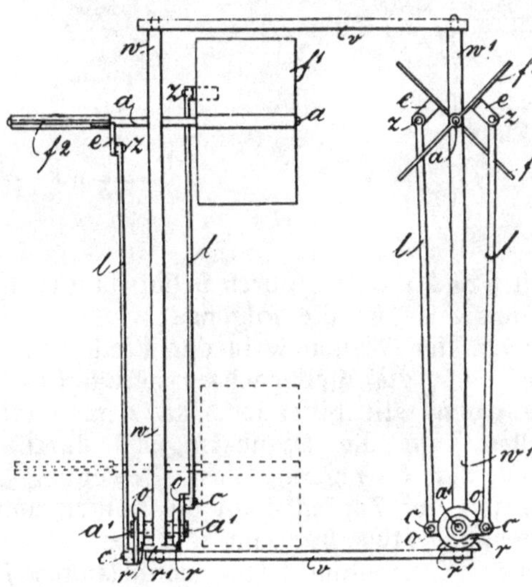

Fig. 495.

ist, wogegen bei den bekannten Wendeflügelrädern der Teil der Flügelbewegung während der Verstellung unwirksam bleibt.

Erreicht wird dies einmal dadurch, daß die Stellbewegung der Flügel nicht in einer gleichmäßigen Drehung um die Querachsen, sondern in einer Schwingbewegung besteht, wodurch es ermöglicht wird, daß die achsialen Druckkomponenten der während der Verstellung auftretenden Kräfte im gleichen Sinne gerichtet sind. Ferner wird durch Verwendung eines Kurbel- und Schubstangengetriebes diese Schwingbewegung nicht ruckweise, wie bei bekannten Ausführungen, sondern allmählich und gleichmäßig ausgeführt. Diese Stellbewegung wird in bekannter Weise von einem Kegelräderpaar abgeleitet.

Die zwei parallel gelagerten Antriebswellen w, w^1 (Fig. 495 und 496) tragen je zwei lange Arme a und zwei kurze Arme a^1. Auf jedem der langen Arme steckt drehbar ein Flügel f und auf jedem kurzen Arm a^1 ein konisches Zahnrad r, mit seiner Buchse drehbar.

Auf den beiden Wellen w steckt ferner je ein Zahnrad r^1 lose, welches mit zweien der Räder r in Eingriff steht und ein Winkelgetriebe von gleicher Umdrehungsgeschwindigkeit bildet, da alle Räder gleiche Zähnezahl haben. Die vier Räder r tragen je einen Arm o mit einem Exzenterzapfen c und die vier Flügel f je einen Zapfen z, welcher an einem winkelförmigen Arm e angebogen ist.

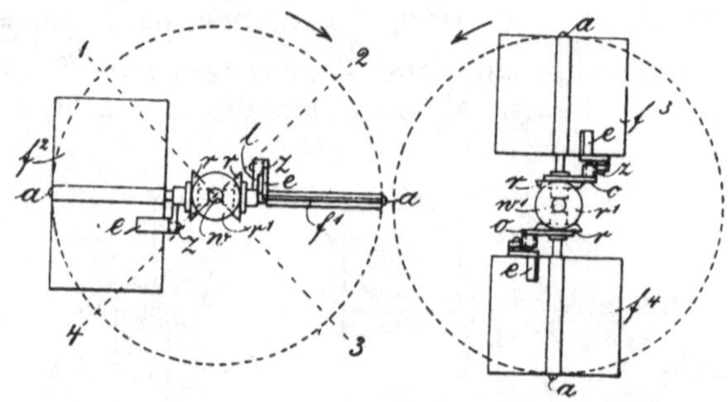

Fig. 496.

Die Zapfen c und z stehen durch Schubstangen l in Verbindung.

Die Wirkungsweise ist die folgende:

Durch Drehen der Wellen w in der Pfeilrichtung von Fig. 496 werden die Flügel um die Wellenachsen herum bewegt, wobei sich die Räder r auf den stillstehenden, an dem Gestell befestigten Rädern r^1 abrollen und die Schubstangen l durch die Exzenterzapfen c hin und her bewegen. Diese Bewegung übertragen die Schubstangen mittels der Zapfen z auf die Flügel, und diese schwingen um ihre Achse a etwa 90° hin und her.

In der einen Endstellung der Schubstangen l schlagen die Flügel der Antriebswelle w abwärts und hauptsächlich flach, dagegen in der anderen Endstellung aufwärts und hauptsächlich hochkantig gegen die Luft, wodurch in bekannter Weise der Auftrieb bewirkt wird. Die Antriebswelle w^1 ist um 90° gegen die Welle w umgestellt gezeichnet, um die Schubstangen und die Flügel in ihrer Mittelstellung zu zeigen. In der Mittelstellung stehen die Flügel f^3, f^4 um 45° gegen die Flugrichtung schraubenförmig geneigt und wirken vorwärtstreibend.

Die Uebergangsstellungen der Flügel aus der Mittelstellung zur Endstellung und aus dieser zur Mittelstellung sind sämtlich schraubenförmig geneigt, wodurch die Flügel während ihres ganzen Kreislaufs, mit Ausnahme der genauen Endstellungen, fortwährend — je nach dem Grade ihrer Schrägstellung — eine Kraft in Richtung der Antriebsachse entwickeln und vorwärtstreibend wirken, unbeschadet der beim Abwärtsschlagen der Flügel überwiegenden Auftriebskraft.

In dieser Ausführungsform wird das Patentfähige der vorliegenden Erfindung erblickt.

Patentanspruch:

Wendeflügelrad für Flugmaschinen mit gleichzeitigem Auf- und Vortrieb, dessen Flügel eine schwingende Verstellbewegung ausführen, dadurch gekennzeichnet, daß die Schwingbewegung der Flügel vermittels eines von einem Kegelräderpaar bewegten Kurbel- und Schubstangengetriebes in gleichmäßiger Weise erfolgt, derart, daß zufolge der Schrägstellung der Flügel während der allmählichen Wendebewegung eine in Richtung der Radachse wirkende Kraft auftritt.

148. Die Erfindung nach der

Patentschrift Nr. 231 537
Carl Kropp in Deuben, Bez. Dresden,

angemeldet am 6. Mai 1908, ausgegeben am 23. Februar 1911, bezieht sich auf eine Flugmaschine mit Wendeflügelrädern. Das Neue besteht darin, daß durch den entsprechend schräg gestellten

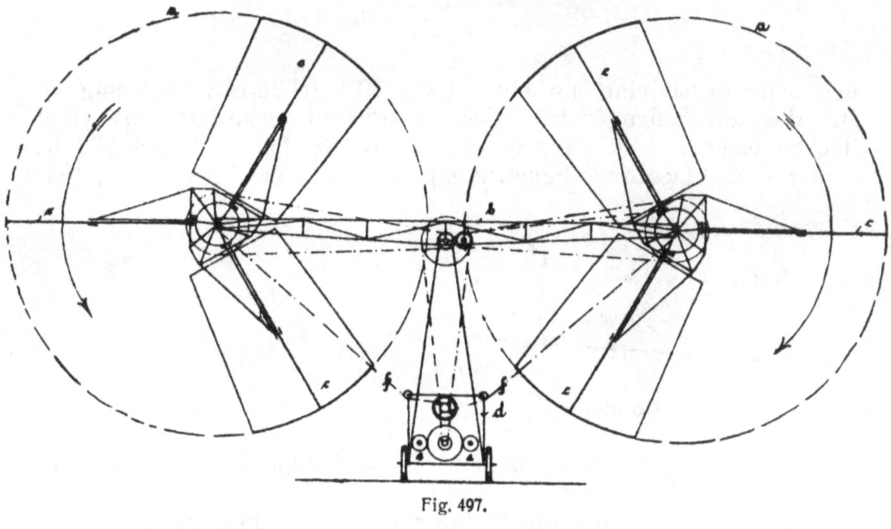

Fig. 497.

Flügel beim Aufgang gleichfalls ein Auftrieb durch Drachenwirkung erzeugt wird unter Ausnutzung des Vortriebs.

Die Flügelräder a sind an dem Balken b gelagert (Fig. 497, 498), die Flügel c sind um ihre Längsachse drehbar und werden so gesteuert, daß sie beim Niederschlagen mit der vollen Fläche arbeiten, beim Hochgehen jedoch sich der jeweiligen zusammengesetzten Bewegungsrichtung anpassen, so daß beim senkrecht nach oben Fahren der geringste Luftwiderstand entsteht (s. Fig. 500). Beim Vorwärtsfahren dagegen arbeiten die Flügel der hochgehen-

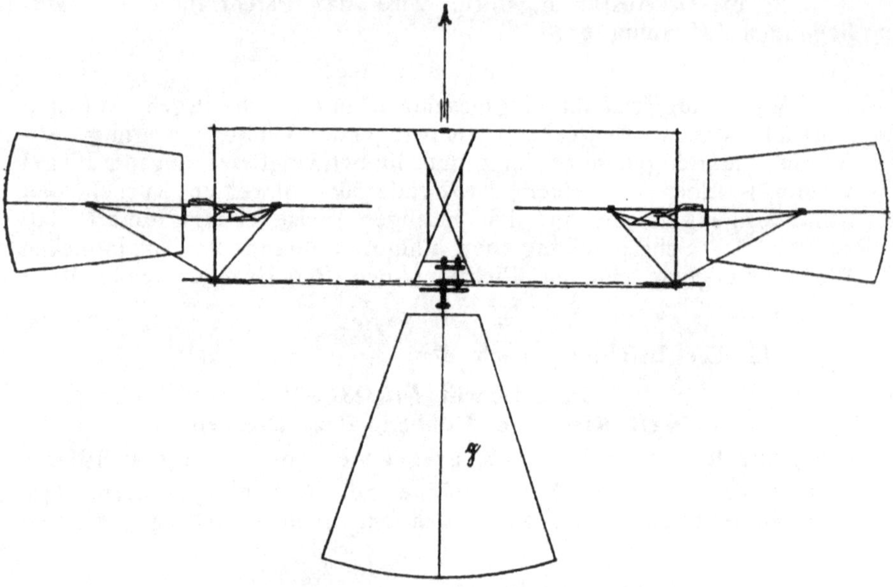

Fig. 498.

den Seite durch eine um etwa 8 bis 10° größere Verdrehung, als sie die zusammengesetzte Geschwindigkeit erfordert, als Gleitflächen eines Drachenfliegers (Fig. 499). In Fig. 499 und 500 bedeutet v_1 die Geschwindigkeitskomponente in der Flugrichtung beim

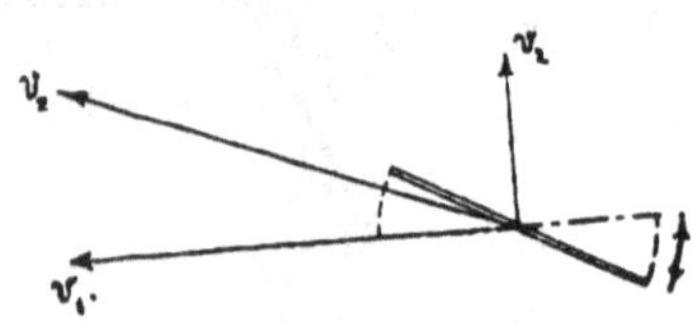

Fig. 499.

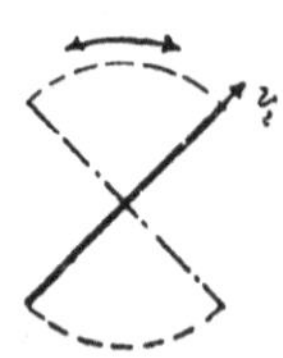

Fig. 500.

Vorwärtsfahren, v_2 dagegen die Geschwindigkeitskomponente des Flügels beim Hochgehen.

Die Gondel d, die die Motoren e und den Führersitz trägt, ist in der Mitte des Balkens b drehbar aufgehängt und wird durch die Seile f versteift. Diese Seile laufen über eine Rolle und können mit Hilfe eines Handrades oder einer automatischen Vorrichtung gegenseitig verlängert oder verkürzt werden; dadurch wird der

Schwerpunkt der Flugmaschine in der senkrechten Ebene zur Flugrichtung verstellt.

Die Vorwärtsbewegung des ganzen Apparates kann erfolgen durch besondere Propeller, die an der Achse der Schlagräder mit befestigt werden.

Zur Steuerung dient das Ruder g, das in einem Kreuzgelenk gelagert ist und so sowohl als Höhen- als auch als Seitensteuer dient.

Patentanspruch:

Flugmaschine mit Wendeflügelrädern, dadurch gekennzeichnet, daß die Flügel bei ihrem Hochgang in einer derartigen Schräglage eingestellt werden, daß sie als Drachenflächen wirken.

149. Die

Patentschrift Nr. 235 760
Otto Koch in Mainz,

angemeldet am 30. Januar 1909, ausgegeben am 20. Juni 1911,

beschreibt ein Wendeflügelrad mit beim Aufgang tangential und beim Niedergang horizontal gestellten Schlagflächen, bei dem die Wendeflächen für die ganze Dauer der Abwärtsbewegung fortlaufend um den gleichen Winkel, um den die Antriebsachse jeweils gedreht wird, zurückgedreht werden, während sie im Verlauf der Aufwärtsbewegung gegenüber dem Rad festgehalten werden. Damit wird nicht nur der größtmögliche Wirkungsgrad eines solchen Flügelrades

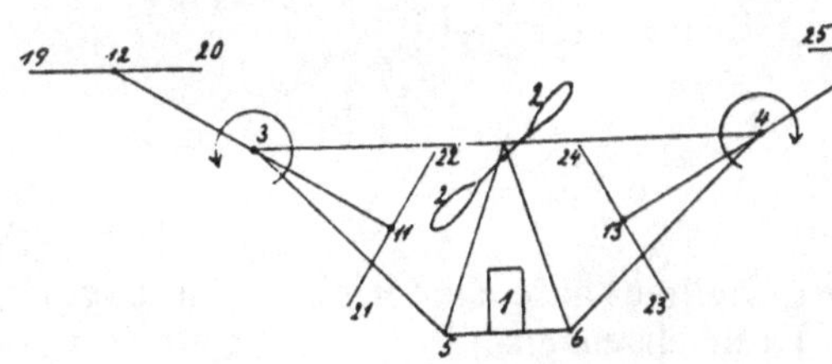

Fig. 501.

erzielt, sondern auch erreicht, daß jede Schlagfläche im höchsten und tiefsten Punkte des Umlaufkreises genau horizontal steht, so daß in diesen Punkten die Stellungen der Schlagflächen für den Auf- und Niedergang ohne besondere Wendebewegung ineinander übergehen.

Ist ein Flügelrad mit zwei Wendeflächen ausgerüstet, so werden beide beim Versagen des Motors selbsttätig in diese horizontale Lage übergehen und als Gleitflächen wirken.

In den Fig. 501 bis 506 ist eine mit den neuen Flügelrädern ausgerüstete Flugmaschine in einer Ausführungsform schematisch dargestellt.

Um die Achsen 3 und 4 in Fig. 501 oder 3, 7 und 4, 8 in Fig. 502 drehen sich in der Pfeilrichtung in Verbindung mit diesen

Achsen die Wendeschlagflächen 19, 20; 21, 22; 23, 24 und 25, 26 in Fig. 501 oder 19, 20, 28, 27; 21, 22, 29, 30; 23, 24, 31, 32 und 25, 26, 34, 33 in Fig. 502. Den Rahmen bildet das Gestell 3, 5, 6, 4, 3 in Fig. 501 oder 3, 4, 8, 7 in Fig. 502. Die Fläche 3, 52, 4 dient als Gleitfläche.

Der Antrieb der Drehachsen für die Schlagflächen und den Propeller erfolgt durch Motor I mittels Ketten- oder Zahnräderübertragung. Die jeweilige Einstellung der Wendeschlagflächen in

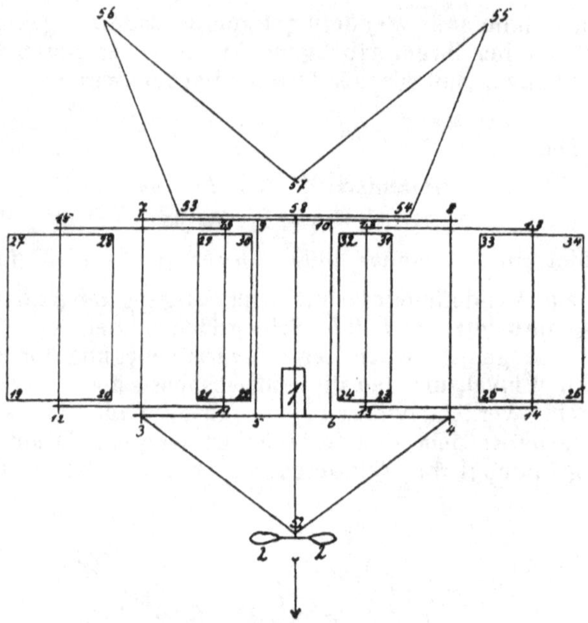

Fig. 502.

die in Fig. 503 dargestellten aufeinanderfolgenden Lagen geschieht selbsttätig von den Drehachsen aus.

In Fig. 506, in der die Drehachse 3, 7, die Wendeachse für die Schlagfläche 12, 15 und die Wendeschlagfläche 19, 20, 28, 27 dargestellt sind, ist das Kegelrad 35 lose auf die Drehachse 3, 7 aufgesetzt. In dieses Rad greift ein Kegelrad 36, das durch eine Welle 39 mit Kegelrad 37 fest verbunden ist. Dieses greift wieder in ein Kegelrad 38, das durch die Wendeachse 12, 15 mit der Wendeschlagfläche 19, 20, 28, 27 starr verbunden ist.

Hat Kegelrad 35 die gleiche Zähnezahl wie Rad 38 und Rad 36 dieselbe Zähnezahl wie Rad 37, so tritt, wenn Kegelrad 35 am Drehen gehindert wird, bei der Umdrehung der Achse 3, 7 eine volle rückläufige Drehung des Kegelrades 38 und somit auch der Schlagfläche 19, 20, 28, 27 ein. Diese rückläufige Bewegung entspricht genau der Drehung der Drehachse 3, 7. Wenn also bei Beginn der Drehung die Schlagfläche sich in ihrer höchsten Stellung und in horizontaler Lage befindet, so wird diese Lage beibehalten, so lange man das Kegelrad 35 festhält. Dies ist erforderlich, bis die Wendeschlagfläche den tiefsten Punkt erreicht hat, von da ab wird das Kegelrad mit der Drehachse 3, 7 mitgedreht, so daß es durch die

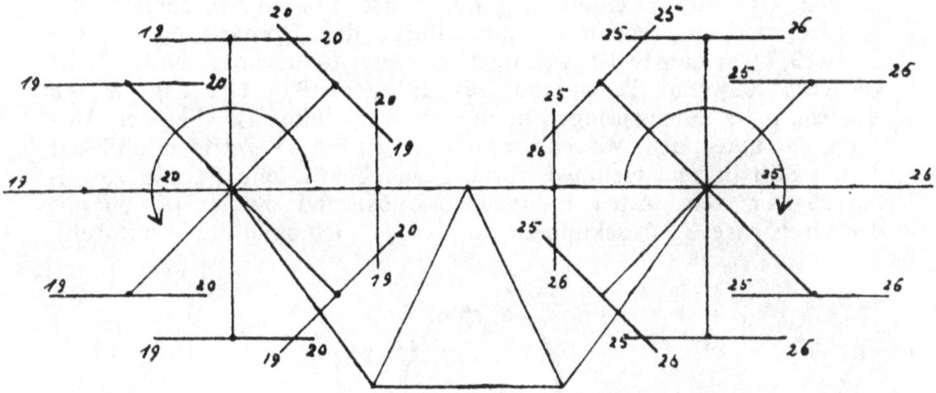

Fig. 503.

Zahnradübertragung die Wendeschlagfläche in tangentialer Lage festhält, bis wieder der höchste Punkt erreicht ist.

Das Kegelrad 35 muß also bei einer jedesmaligen vollen Umdrehung der Drehachse 3, 7 um je 180° abwechselnd einmal festge-

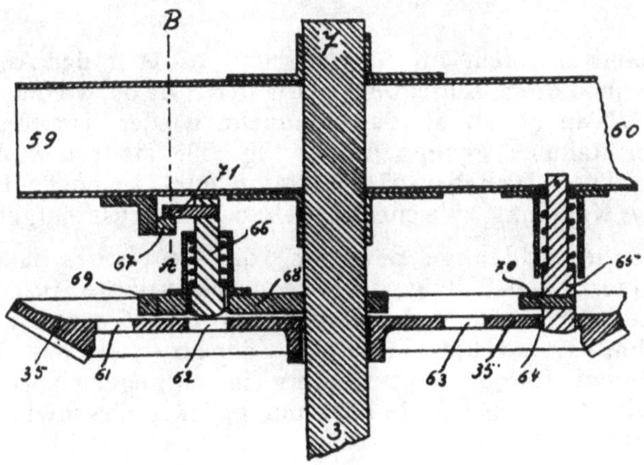

Fig. 504.

halten und einmal mitgedreht werden. Dies geschieht nach Fig. 504 und 505 durch zwei Stifte 65 und 66, die in Ausschnitte 61, 62, 63 und 64 des Kegelrades 35 durch Federdruck abwechselnd einspringen bzw. durch die Ausheber 67 und 69 ausgelöst werden und dadurch abwechselnd einmal Kegelrad 35 mit dem festen Rahmenrohr 59,

60 und einmal durch den Dreharm 68 mit der Drehachse 3, 7 kuppeln. In Fig. 504 ist der Stift 65 durch seine Feder in den Ausschnitt 64 eingeklinkt und hindert hierdurch die Drehung des Kegelrades 35. Gleichzeitig mit dem Eintritt des Stiftes 65 in das Kegelrad wurde der Stift 66 durch den Ausheber 67 aus dem Ausschnitt 62 herausgehoben. Tritt nun eine Drehung der Achse 3, 7 ein, so schnellt der Stift 66, der mit seinem Gehäuse durch den Dreharm 68 mit der Achse 3, 7 verbunden ist, von dem Ausheber 67 herunter und schleift auf dem Kegelrad 35 entlang, bis er nach 180° Drehung in den Ausschnitt 63 hineinspringt. In diesem Augenblick ist aber der Ausheber 69 unter den Mitnehmer 70 des Stiftes 65 getreten und hat diesen Stift in sein Gehäuse zurückgeschoben. Somit ist nun Kegelrad 35 von dem festen Rahmen losgelöst und durch Stift 66 mit der Drehachse 3, 7 gekuppelt, so daß es sich mit dieser mitdreht.

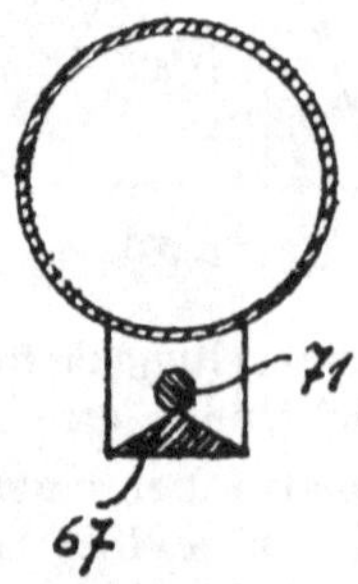

Fig. 505.

Stift 65 schleift nunmehr auf dem Kegelrad, bis er in den Ausschnitt 61 einspringt; in diesem Augenblick wird der Stift 66 wieder durch den Ausheber 67 ausgelöst, so daß nunmehr wieder das Kegelrad mit dem festen Rahmen gekuppelt ist. Fig. 505 stellt den Augenblick dar, in dem der Ausheber 67 den Mitnehmer 71 hochgehoben und dadurch die Kupplung zwischen Kegelrad und Achse aufgehoben hat.

Die volle rückläufige Bewegung des Kegelrades 38 und damit auch die Horizontalstellung der Wendeschlagfläche 19, 20, 28, 27 beim Herabschlagen kann auch dadurch erzielt werden, daß das lose Kegelrad 35 nur die Hälfte der Zähnezahl wie das Rad 38 erhält und nicht festgehalten, sondern in entgegengesetztem Sinne zur Drehung der Achse 3, 7, aber mit gleicher Geschwindigkeit um 180° gedreht wird.

Von bekannten Antriebsvorrichtungen für Wendeschlagflächen mit einer Uebersetzung von 1:2 weicht diese Anordnung dadurch ab, daß das kleinere Rad so weit in entgegengesetztem Sinne gedreht wird, daß eine rückläufige Drehung des größeren Rades und der Wendeschlagflächen um den Drehwinkel der Antriebsachse erzielt wird. Das Kegelrad 35 muß bei dieser Anordnung abwechselnd um 180° entgegen der Drehrichtung der Achse 3, 7 und um 180° mit dieser Achse gedreht werden mittels eines hin und her geschwungenen Zahnradsegmentes.

Die anderen Schlagflächen erhalten ihre Steuerung in gleicher Weise (s. Fig. 506 unten). Statt der Uebertragung der Bewegung durch Kegelräder und Wellen kann auch Kettenübertragung gewählt werden.

Die Vorwärtsbewegung der Flugmaschine, deren Richtung in Fig. 502 durch einen Pfeil angedeutet ist, erfolgt z. B. mittels eines Propellers 2, 2 (Fig. 501 und 502).

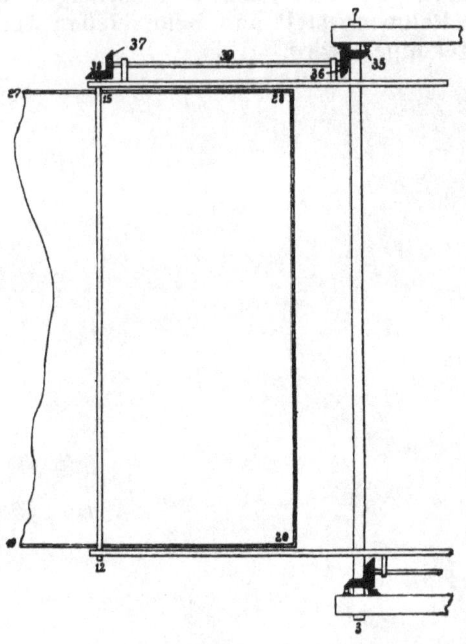

Fig. 506.

Im Falle des Versagens des Motors dienen die Wendeschlagflächen, sofern nur zwei Flächen an einem Rad vorhanden sind, als Gleitflächen. Die Wendeschlagflächen stellen sich dabei selbsttätig horizontal, indem der von unten ausgeübte Luftdruck die äußeren Wendeschlagflächen nach oben drückt, bis sie den höchsten Punkt erreichen und hierdurch die inneren Schlagflächen nach unten bis zum tiefsten Punkt bewegen und somit auch diese in horizontale Lage bringen.

Zweckmäßig läßt sich auch die Flugmaschine auf der Gondel eines Lenkballons anordnen und bewirkt dann durch Vor- oder Rückwärtsgang ein Heben oder Senken des Lenkballons. Auch kann sie ihm durch entsprechende Neigung der Drehachsen gegen den Erdboden einen Vorwärtstrieb geben.

Patentansprüche:

1. Wendeflügelrad mit beim Aufgang tangential und beim Niedergang horizontal gestellten Schlagflächen, dadurch gekennzeichnet, daß diese Stellungen vom höchsten bis zum tiefsten Punkt eingehalten werden, so daß in diesen Punkten die Stellungen der Schlagflächen für den Auf- und Niedergang ohne besondere Wendebewegung ineinander übergehen.

2. Ausführungsform eines Flügelrades nach Anspruch 1, dadurch gekennzeichnet, daß auf der Antriebsachse (3, 7 bzw. 4, 8) ein mit der Schlagfläche durch Getriebe verbundenes Rad (35) lose drehbar vorgesehen ist, das beim Herabschlagen der Schlagfläche mit dem festen Rahmengestell und beim Heben der Fläche mit der Antriebsachse gekuppelt wird.

VI. Reaktionsflieger.

Zu dieser Gruppe von Flugzeugen gehören diejenigen, bei denen ein unter Druck stehendes gasförmiges Treibmittel zum Austritt gebracht und der dabei auftretende Reaktionsstoß unter Zuhilfenahme von Flügeln, Turbinenrädern oder dergl. zum Antrieb des Flugzeuges ausgenutzt wird.

150. Um ein solches Flugzeug handelt es sich in der

Patentschrift Nr. 68 783
E. Lavarenne in Paris.

Angemeldet am 29. Februar 1892, ausgegeben am 3. Juni 1893.

Von dem das Treibmittel enthaltenden, durch die Maschine F gespeisten Behälter C (Fig. 507) gehen drei Rohrstutzen H, H' und H'' aus, deren jeder mit einem Hahnverschluß I versehen ist, der mittels Handhebels oder Handrades J gedreht wird. An die drei Rohrstutzen H, H' und H'' schließt sich je ein nach außen hin allmählich erweitertes Rohr K, K' und K'' luftdicht an. Die Wandstärke dieser Rohre nimmt nach außen hin ab. Das hintere Rohr K' und das untere Rohr K'' sind länger als das vordere Rohr K. Die Länge und die zunehmende Erweiterung sind so bemessen, daß für die Expansion des Dampfes oder der Gase, welche aus den Ventilen I ausströmen, Raum gegeben ist. In den Rohren K' und K'' ist eine Welle M mit Flügeln L gelagert. Am äußeren Ende der Welle M, welche die das Ausströmen des Treibmittels verlangsamenden Flügel L trägt, kann außerhalb des Rohres K' und K'' noch ein Flügelkreuz N befestigt sein, welches dazu dient, den ganzen Rückdruck nutzbar zu machen, den die an der Ausströmung verhinderte Luft-, Dampf- oder Gasmenge auf die inneren Flügel ausübt. Dieser äußere, in einigem Abstand vom Rohr befindliche Flügel N hat die der Gesamtrückdruckwirkung auf die inneren Flügel entsprechende Größe; der Abstand ist so bemessen, daß ein Ansaugen der Außenluft nicht stattfindet und die Außenluft einen Stützpunkt findet, der dem auf die Innenflügel wirkenden Rückdruck entgegengesetzt wirkt. Es wird hierdurch beabsichtigt, das „Gleichgewicht der Druckwirkungen“ herbeizuführen. Der Flügel N unter dem Boden der Gondel A wird von einem an den Buffern B befestigten durchbrochenen Rahmen m geschützt. Entlang dem Rohr K an der Vorderwand des Behälters C sind zwei Knierohre U angeordnet, welche je mit einem Hahnverschluß X versehen sind, der mittels Handhebels Y und Z gedreht wird; die äußeren Enden der Rohre U sind bei V rechtwinklig nach außen gebogen und trichterförmig erweitert; durch diese Rohre U wird eine Drehung des Fahrzeuges nach rechts oder links vermittelt. Eine Vorrichtung O, P, R und S zeigt an, ob die Fahrt in auf- und absteigender Richtung oder in wagerechter Ebene vor sich geht. Diese Vor-

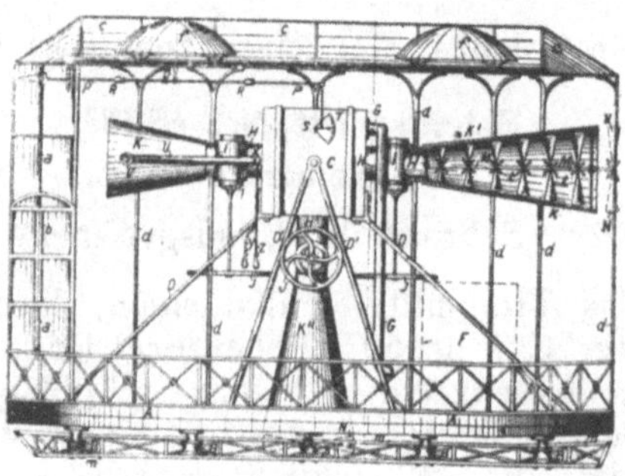

Fig. 507.

richtung ist am Vorderteil des Luftschiffes in geeigneter Höhe angebracht und besteht aus einer an einem Träger Q drehbar angeordneten Stange P mit Gegengewicht R. Das äußere, aus einem Einschnitt des Luftschiffes vorstehende Ende der Stange P hat eine keilförmige Spitze O, welche dem Winde ausgesetzt ist. Das andere, innere Ende der Stange ist mit einem Zeiger S verbunden, der sich entlang einer Skala T bewegt.

Zur Ersparnis an Triebkraft kann das Luftschiff mit Segeln und Tragflächen ausgerüstet werden, welche am Dach oder seitlich am Schiff angeordnet werden und bei günstigem Winde entsprechend gestellt werden. Bei kleineren Luftschiffen wird man einen Ballon in Verbindung bringen, bei größeren wird die Maschinenkraft stark genug sein müssen, um durch die Bewegung der Flügel in den Rohren K'' und K' einesteils die steigende und fallende, andernteils die Vor- oder Rückwärtsbewegung herbeizuführen.

Patentanspruch:

Eine die Reaktion eines aus einem Rohrsystem austretenden Treibmittels (Druckluft, Dampf, Gas) ausnützende Antriebsvorrichtung für Luftschiffe, dadurch gekennzeichnet, daß im Innern des nach hinten und des nach unten gerichteten Rohres (K' bzw. K'') je eine mit Schraubenflügeln (L) besetzte Welle (M) zur Regelung der Ausströmung des Treibmittels angeordnet ist.

151. Der Flugapparat nach der

Patentschrift Nr. 69520

August Klumpp in München und Conrad Haußner in Ingolstadt,

angemeldet am 17. Dezember 1891, ausgegeben am 3. Juli 1893,

besteht aus einer Luftturbine (Leitrad A und Laufrad B) und einer Pumpe, in den Fig. 508 und 509 als ein gewöhnlicher Schrauben-

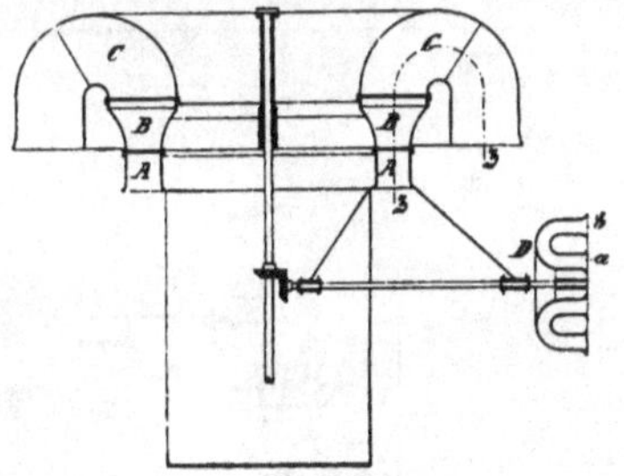

Fig. 508.

ventilator C ausgeführt. Um die Wirkungsweise des neuen Apparates zu veranschaulichen, sei vorerst anstatt Luft das Medium Wasser angenommen und die Pumpe als gewöhnliche Kolbenpumpe gedacht, wie aus der Fig. 510 ersichtlich. Der Apparat befinde sich unter einer angenommenen Wassersäule von der Höhe h. Wird durch irgendeinen Kraftmotor die Pumpe C in Bewegung gesetzt und hier-

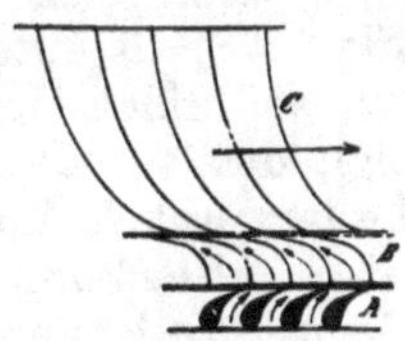

Fig. 509.

bei pro Sekunde Q cbm Wasser aus dem Behälter E gepumpt, so ist offenbar vom Betriebsmotor die Arbeit $\frac{1}{V_1} \cdot Q \cdot h$ zu leisten, wenn V_1 den Wirkungsgrad der Pumpe bezeichnet. Ist letzterer beispielsweise $= 0{,}8$, so ist die Arbeit $\frac{1}{0{,}8} \cdot Q\,h = 1{,}25\,Q\,h$ vom Betriebsmotor zu leisten. Durch das Laufrad strömt nun Wasser nach, und das pro Sekunde zufließende Wasser, welches mit der Geschwindigkeit $v = \sqrt{2gh}$ einströmt, habe im Leitrad einen solchen Querschnitt zu passieren, daß pro Sekunde ebenfalls eine Wassermenge von Q cbm zufließen kann. Beim Durchfließen durch das Laufrad gibt es an dieses die Arbeit ab und wird die Arbeit von da aus durch die Welle, welche mit dem Betriebsmotor gekuppelt ist, an letzteren abgegeben. Da in dem einströmenden Wasser eine sekundliche Arbeit $= Q \cdot h$ enthalten ist, so gibt die Turbine an den Kraftmotor $V_2 \cdot Q \cdot h$ ab, wenn V_2 den Nutzeffekt der Turbine bezeichnet. Ist derselbe = 0,8, so wird die Arbeit 0,8 Q h an den Betriebsmotor abgegeben. Nachdem zum Betriebe der Pumpe die Arbeit $\frac{1}{V_1} \cdot Q\,h$ abgegeben werden muß und durch die Turbine die Arbeit $V_2 \cdot Q\,h$ zurück-

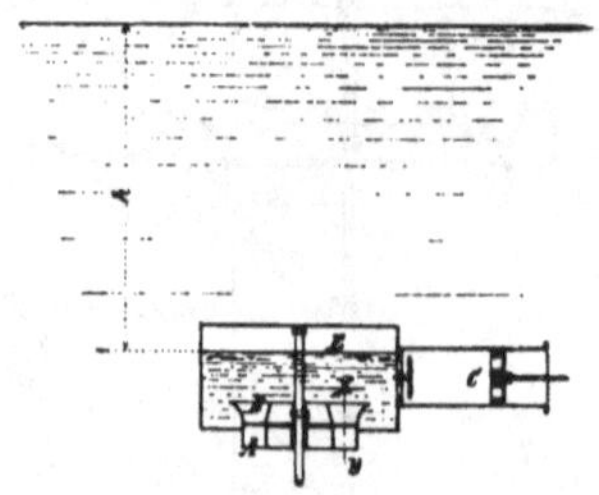

Fig. 510.

gewonnen wird, so muß der Betriebsmotor zu dieser Arbeitsumsetzung eine Arbeit $L = \left(\frac{1}{V_1} - V_2\right) \cdot Q\,h$ leisten oder bei den angegebenen Nutzeffekten = (1,25 — 0,8) Q h = 0,45 Q h. Diese Arbeitsumsetzung dient dazu, einen vertikalen Druck zu erzeugen, und letzterer entsteht dadurch, daß das Wasser beim Durchgang durch das Leitrad der Turbine abgelenkt wird.

Ein ähnlicher Vorgang spielt sich in der Luft ab. Angenommen es werde dort (Fig. 508) die Pumpe durch den Betriebsmotor in Bewegung gesetzt, so bildet sich zwischen B und C luftverdünnter Raum und infolge des auf die Turbine wirkenden Luftdruckes wird durch den Leitapparat A Luft nachströmen. Dieselbe erfährt nun hier eine gewisse Ablenkung, ohne an Arbeit zu verlieren und übt dadurch einen Druck nach oben aus. Im Laufrad wird die in der Luft enthaltene Arbeit abgenommen, wobei durch die Ablenkung auch wieder ein gewisser Druck nach oben erzeugt wird. Mit einer geringen Geschwindigkeit in C ankommend, wird sie mit dieser Geschwindigkeit durch den Schraubenventilator aus dem Apparat gepumpt.

Zur Fortbewegung dient der Apparat D. Derselbe ist derart eingerichtet, daß bei einer Rotation die Schraubenflächen b die Luft, die bei a einströmt, hinauspumpen. Durch die Ablenkung von 180° wird wieder Druck erzeugt.

Patentansprüche:

1. Verfahren, um einen Körper in der Luft schwebend zu erhalten, darin bestehend, daß mittels einer durch eine Kraftmaschine angetriebenen Pumpe, welch letztere beiden an dem Körper selbst angebracht sind, eine Luftmenge in bestimmter Richtung in Bewegung gesetzt, durch Ablenken dieser Luftmenge aus ihrer ursprünglichen Richtung Druck erzeugt und hierauf die der abgelenkten Luft noch innewohnende Arbeit der Kraftmaschine wieder zugeführt wird.

2. Zur Ausführung des unter 1 gekennzeichneten Verfahrens eine Vorrichtung, bestehend aus einer Luftturbine (A und B), an deren Laufrad eine Pumpe (C) derart angeschlossen ist, daß bei einer durch den Betriebsmotor hervorgerufenen Bewegung der letzteren Luft durch den Leitapparat (A) der Turbine (B) zuströmt, hier abgelenkt wird und einen Druck nach oben ausübt, wonach im Laufrad (B) die in der Luft enthaltene Arbeit abgenommen und dem Betriebsmotor zugeführt wird.

152. Einen Reaktionsflieger betrifft ferner die

Patentschrift Nr. 72902
Firma Hüttner, Walter & Co. in Hamburg.

Angemeldet am 22. Dezember 1892, ausgegeben am 15. Januar 1894.

Das Luftschiff (Fig. 511) hat die Form einer Zigarre, mit deren Achse die des Hohlzylinders b und der Schraube c zusammenfallend gedacht ist. Die Welle d der letzteren ist gegebenenfalls unter Benutzung von Stopfbüchsen e und f gasdicht durch das hintere Schott a und das Mittelschott g hindurchgeführt, welches letztere als Hinterwand des ungefähr in der Mitte des Luftschiffes gelegenen

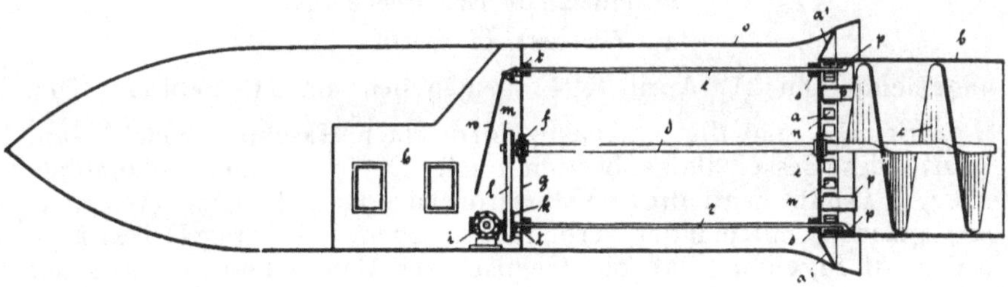

Fig. 511.

Mannschafts- und Motorraumes h dient. Der Motor i versetzt die Welle d in einem solchen Sinne in Drehung, daß die Luft am hinteren Ende in den Hohlzylinder b gesaugt wird. Den Austritt derselben quer zur Achse des Propellers ermöglichen Durchbrechungen n im vorderen Teil des Hohlzylinders b. Die mit großer Geschwindigkeit ausströmende Luft wird teils durch den nach hinten gebogenen Rand a^1 vom Schott a, teils durch die hintere kegelförmige Verlängerung des Mantels o nach rückwärts abgelenkt und bewirkt durch Reaktion die Fortbewegung des Fahrzeuges in der Richtung seiner Achse. Da durch Schieber p eine beliebige Anzahl der Durchbrechungen n des Hohlzylinders b verschlossen werden können, so ist man dadurch in den Stand gesetzt, die Ausströmung der Luft an verschiedenen Seiten des Luftschiffes zu unterbrechen und erlangt auf diese Weise eine Ablenkung des Luftschiffes aus seiner durch die herrschende Windrichtung vorgeschriebenen Bahn. Diese Ablenkung kann willkürlich nach unten und oben, nach rechts und links oder in zweien dieser Richtungen gleichzeitig stattfinden.

Patentansprüche:

1. Ein Luftschiff, bei welchem die am hinteren Ende des (mit Hilfe eines leichten Gases in der Schwebe erhaltenen) Fahrzeuges mittels einer in einem Hohlzylinder angeordneten Schraube angesaugte Luft durch in der Oberfläche dieses Zylinders angebrachte, mittels Schieber p nach Auswahl zu verschließende Durchbrechungen n hindurchgedrückt und durch einen nach hinten gebogenen, fest mit dem Zylinder verbundenen Rand a^1 schräg nach hinten abgelenkt wird.

2. Eine Ausführungsform des im Anspruch 1 gekennzeichneten Luftschiffes, bei welcher an Stelle einer in der Achsenrichtung des Fahrzeuges angebrachten Schraube deren mehrere konzentrisch zur Längsachse gruppiert werden, so daß durch zweiteilige Unterbrechung des Betriebes der einen oder anderen Schraube oder durch Umkehrung der Drehungsrichtung derselben die Leitung des Luftschiffes herbeigeführt wird.

153. Eigenartige Lösungen der bei Reaktionsfliegern auftretenden Aufgaben enthält die

Patentschrift Nr. 79 446

F. Gaebert in Berlin.

Angemeldet am 11. April 1894, ausgegeben am 11. Februar 1895.

Fig. 512 zeigt die einfachste Form einer Maschine, welche zum Ersatze des Fesselballons bestimmt ist. Der von einer Lokomobile erzeugte Dampf wird durch Gelenkröhren oder Schläuche zwei starr oder gelenkig miteinander verbundenen Ebenen — Tragflächen a — in der Art zugeführt, daß das Gemisch aus Dampf und mitgerissener Luft gegen die Flächen stößt. Heißt die auf jede Fläche wirkende Kraft k, so ist nach dem Gesetz des Parallelogramms der Kräfte die — abgesehen von einer geringen Reaktionswirkung — verlorene Kraft 1 und die wirksame Kraft 2. Letztere zerlegt sich nun ihrerseits wieder in die Kraft 3, welche die Tragflächen voneinander zu entfernen oder bei umgekehrter Anordnung einander zu nähern sucht, und in die Kraft 4 — die eigentliche Hubkraft.

Fig. 513 zeigt eine Fesselflugmaschine, bei welcher die oberen Tragflächen nach Fig. 512 durch zylindrisch gekrümmte Tragflächen a ersetzt sind. Die Kräfte sind in der gleichen Art wie in Fig. 512 bezeichnet. Hier ist aber die Kraft 1 nicht verloren, weil sie in jedem Elemente ihres Weges bis zur Unterkante der Tragfläche gezwungen wird, ihre Richtung zu ändern. Außer der ersten, in der Nähe der Oberkante der Tragfläche gebildeten Hubkraft 4 bilden sich also in jedem Elemente neue Hubkräfte 4; außerdem wirkt

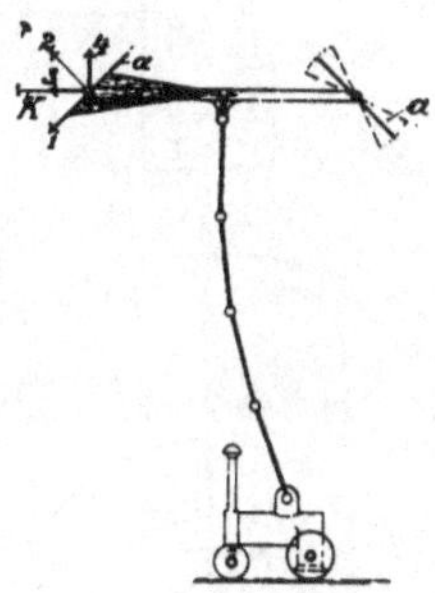

Fig. 512.

beim Verlassen der Tragfläche der nunmehr frei werdende Gegendruck der Kraft k in der Flächenwandung selbst ebenfalls im Sinne der Kräfte 4.

Fig. 514 zeigt eine Fesselflugmaschine, deren Tragfläche a man sich durch Rotation des Schnittes Fig. 513 um die Symmetrieachse erzeugt denken kann. Würde hier der Strahl in der gleichen Weise an die Fläche treten wie nach Fig. 513, also radial, so wäre in bezug auf die Qualität der Arbeit nichts gebessert. Läßt man aber den nahezu wagerechten Strahl tangential an die Tragfläche a

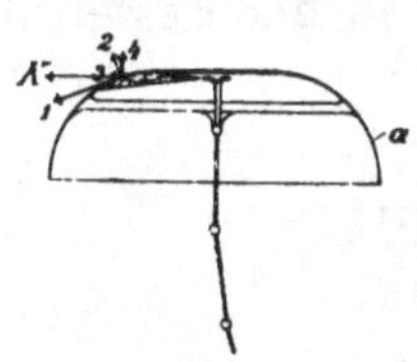

Fig. 513.

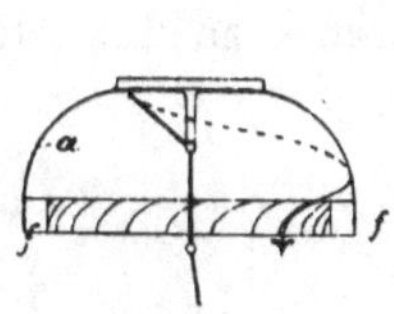

Fig. 514.

herantreten, so verläuft derselbe schraubenförmig, legt also einen sehr langen Weg innerhalb der Tragfläche zurück, und wenn man dafür sorgt, daß durch Leitschaufeln f am Rande der Strahlaustritt parallel zur Achse erfolgt, so gewinnt man auch noch die volle Reaktionswirkung. Ein langer Weg des Luftstrahles längs der Tragfläche ist aber deshalb erwünscht, weil so die Möglichkeit geboten ist, dem Strahl, welcher mit einer für die vorliegenden Zwecke viel zu großen Geschwindigkeit die Düse verläßt, einen größeren Betrag seines Arbeitsvermögens abzunehmen. Würde die Fig. 514 nicht durch Rotation des Schnittes Fig. 513, sondern durch Rotation des Schnittes Fig. 512 um die Symmetrieachse entstanden sein, so wäre eine zur

Tragfläche tangentiale Düsenrichtung um so notwendiger, je ungünstiger der Strahl nach Fig. 512 bereits gegenüber dem nach Fig. 513 arbeitet.

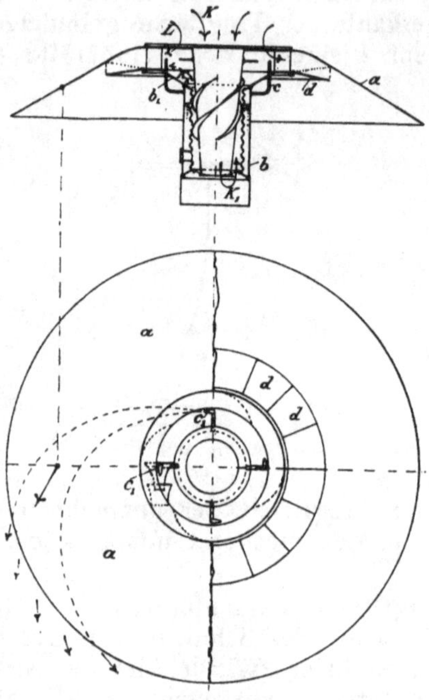

Fig. 515.

Fig. 515 zeigt im Grundriß und Aufriß eine Maschine für freien Flug. a ist die Tragfläche, b ist der Kessel. Der Dampf tritt durch die Röhren c an den Mundstücken c_1 aus und reißt direkt oder

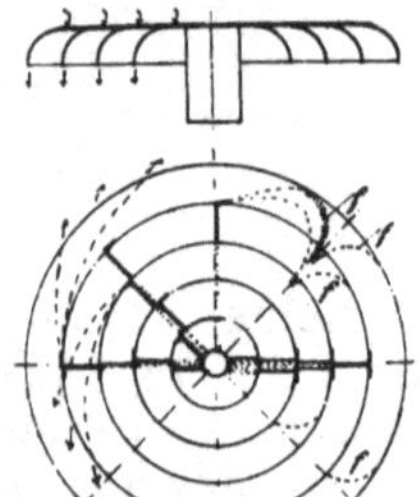

Fig. 516.

durch Strahldüsen geleitet sowohl die frische äußere Luft L als die Verbrennungsluft K K_1 K_2 mit sich. Das Gemisch aus Luft, Dampf und Verbrennungsgasen tritt nun unter die Tragfläche a und gibt Arbeitsvermögen an die Tragfläche ab. Die Anzahl der Düsen c_1

wird so bemessen, daß sich die Streuungs-Sphäroide vereinigen. Der Spalt zwischen der Tragfläche a und der Kegelfläche b_1 ist mit einer Anzahl Klappen d versehen, welche zusammen wie ein Rück-

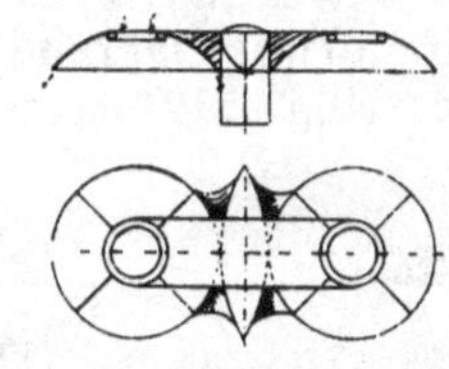

Fig. 517.

schlagventil dann wirken, wenn die Maschine zu sinken anfängt. Dieselbe verhält sich also dann wie ein Fallschirm.

Maschinen nach Fig. 512 sind aber noch nicht genügend flugfähig, weil das Drehmoment der von den Düsen geförderten Luftmasse ohne Gegenmoment bleibt. Diesem Umstande ist in den Fig. 516 und 517 Rechnung getragen. Fig. 516 zeigt statt einer

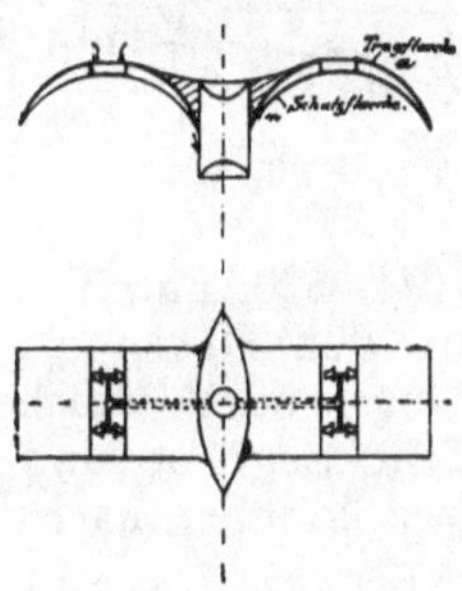

Fig. 518.

einzigen Leitfläche deren mehrere, welche abwechselnd positive und negative Drehmomente erhalten. Die Flächen können auch wie bei Turbinen durch Leitschaufeln f unterbrochen sein, so daß der austretende Strahl die günstigste Reaktionswirkung erzielt. Fig. 517 zeigt eine Verdoppelung der Tragflächen nach Fig. 515, wovon die eine rechtsläufige, die andere linksläufige Düsen besitzt. Die Gondel

Fig. 519.

mit Kessel ist in der Mitte zwischen den beiden Tragflächen angeordnet.

Fig. 518 hat einseitig (zylindrisch) gekrümmte Flächen. Die Reaktionswirkung tritt hier nicht in geschlossenen Linien, sondern wie bei Fig. 512 und 513 rechts und links der Gondel in zur Fahrrichtung parallelen Geraden auf. Auf der rechten Seite der Fig. 518 ist außer der Tragfläche a noch eine Schutzfläche n ersichtlich. Letztere hat den Zweck, eine mechanische Hebung des Fahrzeuges während beliebiger Segelbewegungen desselben zu ermöglichen. Wenn z. B. das Luftschiff vorwärtsfahrend sich heben soll, so verfolgt der aus der Düse c_1 (Fig. 519) tretende Strahl mit dem an-

Fig. 520.

Fig. 521.

gesaugten Luftgemisch längs der Tragfläche a eine zur Fahrrichtung senkrechte Richtung. Die Luftmasse, über welche die Maschine hinfliegt, würde also durch Reibung die von den Düsen c_1 geförderte Luftmasse nach hinten drängen, d. h. die Hebungsarbeit stören. Deshalb ist die Tragfläche a durch eine Schutzfläche n gedeckt,

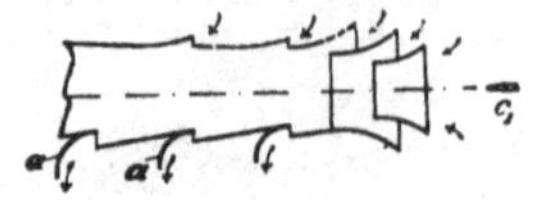

Fig. 522.

welche entweder, wie in Fig. 520, unmittelbar unter der Tragfläche liegt, so daß sich die von den Düsen c_1 geförderte Luft in einem geschlossenen Kanal bewegt, oder welche, wie in Fig. 521, unmittelbar vor der Tragfläche liegt, so daß diejenigen Luftschichten, welche eine Störung bringen könnten, nach unten ausweichen müssen.

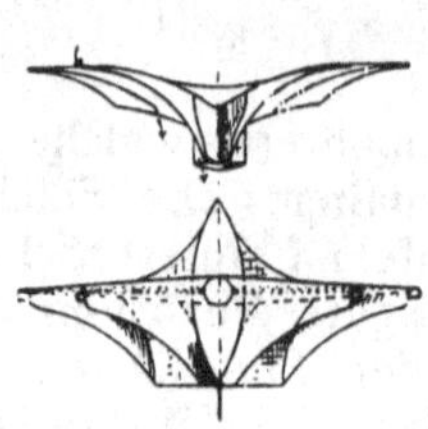

Fig. 523.

Wie aus den Fig. 518 bis 521 hervorgeht, bildet die Schutzfläche n gleichzeitig eine Hilfstragfläche. Die Tragfläche kann auch verdoppelt bzw. aufgelöst sein, wie in Fig. 522, so daß die obere Fläche nur Saugdüsen, die untere Fläche nur Druckdüsen aufnimmt. Die durch den Strahl von oben angesaugte Luftmasse wird hier, sobald sie den Kanalquerschnitt anzufüllen beginnt, von den einzelnen Tragflächen a der Druckdüsen abgeschält. Die Arbeitsstellen erscheinen somit wie in Fig. 516 vervielfacht. Ebenso wie die Tragflächen können auch die Schutzflächen stellbar eingerichtet sein.

Fig. 523 zeigt nur eine Symmetrieachse. Die Düsen c_1 liegen an den festen Flügelenden, so daß die Luft von außen und oben gegen die Gondel nach unten und hinten geleitet wird. Diese Maschine kann sich also in ruhiger Luft nicht lotrecht, sondern nur vorwärtsfahrend oder gegen den Wind heben.

Es soll nunmehr an der Hand der Fig. 524 bis 527 der Betrieb eines frei fliegenden Luftschiffes erörtert werden. Die Flügel bilden offene Kanäle mit vorgelegter Schutzfläche n. Der mittlere Teil der Flügel ist versteift, die vorderen und hinteren Teile sind federnd. Der Druckgurt l der Flügelkonstruktion ist als Esse für die Kesselfeuerung ausgebildet und endigt bei l_1 auf der Oberseite frei in die Atmosphäre, während er auf der Unterseite Saugdüsen besitzt, so

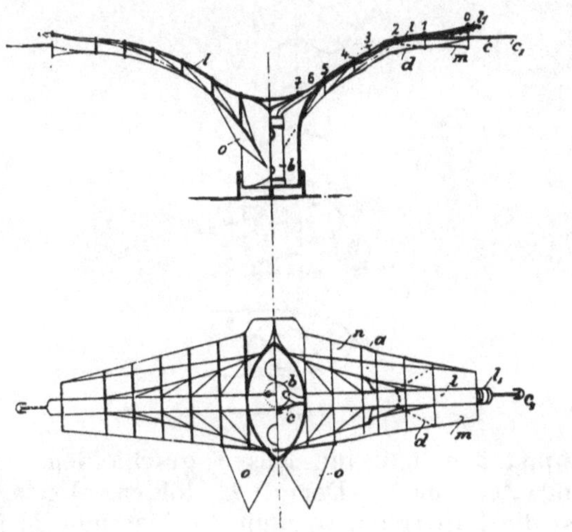

Fig. 524.

daß der aus c_1 austretende Strahl die Verbrennungsgase mit sich reißen und unter die Tragfläche führen kann. Die Düsen c_1 sind weit vor die Trichter m der Flügelenden gelegt, um dem Strahl auf seinem Wege durch die freie Luft ein größeres Arbeitsvermögen abzunehmen. Zwischen dem offenen Kanal der Flügeltragfläche und dem Trichter m ist eine Klappe d eingeschaltet, welche beim Steigen der Maschine unten liegt, beim Fallen der Maschine aber sich gegen den Druckgurt l legt, so daß die im offenen Flügelkanal nach oben steigende Luft nicht durch den Trichter entweichen kann, sondern längs der Klappe d wieder etwas nach unten geführt wird. Die Steuerruder O schließen sich an die Tragfläche an und ermöglichen in Verbindung mit der Lage des Schwerpunktes der Maschine vor der Flügelachse jede beliebige horizontale und Vertikalablenkung des Luftschiffes.

Für die Zwecke der Landung sind ein federndes Rad p am Bug und federnde Schleifbäume q am Heck der Gondel angeordnet. Der Kessel b der Maschine besitzt nicht die Größe, um den für ein gleichmäßiges Hochdrücken der Maschine erforderlichen Dampf zu liefern, sondern nur diejenige Größe, welche ausreicht, um mit einzelnen Dampfstößen sich zu heben und unter Verwendung der Schwerkraft eine Strecke weit horizontal, d. h. im flachen Bogen zu fliegen. Ehe das durch den ersten Stoß gegebene Arbeitsvermögen aufgebraucht ist, erfolgt dann der zweite Stoß usw. Zwischen

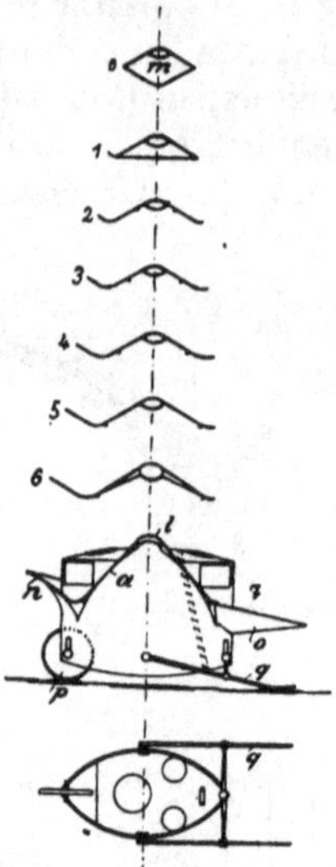

Fig. 525.

je zwei Dampfstößen sind die Düsen geschlossen, der Kessel hat also genügend Zeit, neuen Dampf zu bilden. Versagt einmal der Kessel und ist die Luft ruhig, so muß die Maschine in flachen Bogen zur Erde gesteuert werden. Bei Wind kann durch Aufkreuzen aus Schwerkraft und Winddruck stets eine zur Fortbewegung dienende Kraft gewonnen werden. Dies wird noch leichter möglich sein,

Fig. 526.

Fig. 527.

wenn Schutzflächen und Tragflächen stellbar eingerichtet sind, oder wenn besondere, eine Hubkraft liefernde Segel bei Wind gesetzt werden.

Da, wie erwähnt, der Kessel nur in Pausen Dampf abgeben soll, so wird ein Aufschäumen des Wassers — das sog. Spucken — entstehen. Dies wird für den Betrieb dadurch unschädlich gemacht, daß die Dampfröhren c durch die Esse geführt werden, somit als Ueberhitzer wirken. Die gleiche Lage erhalten etwaige zum Anheizen nötige Hilfsblasrohre.

Es ist nun denkbar, daß der beschriebene einfache Betrieb nach Fig. 526 Seekrankheit erzeugt. Für diesen Fall ist der Betrieb nach Fig. 527 zu gestalten, d. h. die Dampfstöße haben — etwa durch einen besonderen selbsttätigen Apparat veranlaßt — so rasch aufeinander zu folgen, daß die Abweichung der Bogen von der Geraden für das Gefühl verschwindet. Damit nun die Achse des Luftschiffes beim Fallen und Steigen die gleiche Neigung beibehalten kann, ist es nötig, daß eine Schraube und dergl. fortwährend einen horizontalen Impuls gibt. Die Schraube könnte z. B. durch eine nach Art der Hurdy-Gurdy-Räder gebildete Luftturbine von einem Strahlgebläse getrieben werden.

Es sei hier noch darauf hingewiesen, daß dieser Betrieb nach Fig. 527 nicht etwa mit dem Betrieb von Aeroplanen zu verwechseln ist. Es soll die Schwerkraft durch Luftstöße längs festen oder stellbaren Flügeln etwa senkrecht zur Fahrtrichtung ohne Motor aufgehoben werden, und der horizontale Motor soll nur dazu dienen, das Anpassen der Schiffsachse an die jeweilige Neigung der kleinen Bogen zu vermeiden, also im vertikalen Sinne zu steuern, während das Steuer selbst lediglich bei eigentlichen Aenderungen in der Fahrtrichtung benutzt wird. Der Winkel a, unter dem die Achse des Luftschiffes gegen den Horizont gestellt wird, kann also hier gleich Null werden.

Patentansprüche:

1. Das Verfahren, dadurch Lasten in die Luft zu heben bzw. zu fliegen, daß unter sich ganz oder nahezu entgegengesetzt gerichtete Ströme von Luft, Dampf, frischen oder Verbrennungsgasen annähernd senkrecht zur Hub- bzw. Fahrrichtung gegen Druck- oder Tragflächenpaare a derart geleitet werden, daß sie diesen Flächen eine Druckkomponente nach oben bzw. in der Fahrrichtung verleihen und beim Verlassen der Flächen außerdem noch durch Reaktion wirken.

2. Eine Abart des unter 1 genannten Verfahrens, bei welchem behufs Einschränkung des Kesselgewichtes Luft, Dampf, frische oder Verbrennungsgase einzeln oder zusammen mit Unterbrechungen (stoßweise) gegen die Tragflächen geleitet werden.

3. Zur Ausübung des unter 1 und 2 genannten Verfahrens eine Maschine, welche ohne beweglichen Flugapparat und ohne Ballon lediglich mit einer Luftpumpe (Strahlpumpe, Flügelgebläse und dergl.) versehen ist, um Luft oder Gase gegen die Druckflächen zu schleudern.

4. Eine Ausführungsform der unter 3 genannten Maschine, bei welcher die der Luft oder den Gasen angewiesenen Wege mit Rückschlagventilen ausgestattet sind, so daß gegen Druckschwankungen (Absturz) die Tragflächen als Fallschirm wirken.

5. Eine Ausführungsform der unter 3 und 4 genannten Maschine, bei welcher zur beliebigen Erzielung einer Hub-, Vorwärts- oder Rückwärtsbewegung ein Hilfsmotor angeordnet ist oder die Druckflächen gelenkig mit dem Kessel bzw. der Gondel verbunden sind.

154. Eine weitere Ausbildung erfährt die vorerwähnte Flugmaschine in der

Patentschrift Nr. 82 257
F. Gaebert in Berlin.

Angemeldet am 5. Juni 1894, ausgegeben am 27. Juli 1895.

Fig. 528 stellt eine Maschine dar, wobei Kohlensäure aus einem Behälter u in eine Heizschlange v tritt und allein oder zusammen mit dem durch einen Tropf- bzw. Einspritzapparat w gelieferten

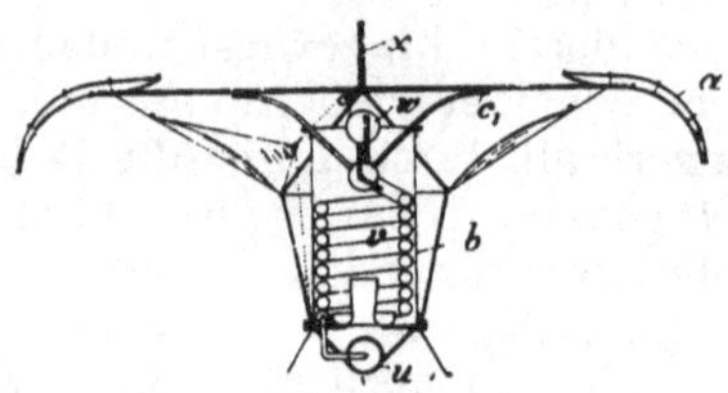

Fig. 528.

Wasserdampf den Betriebsdampf bildet. Außer den eigentlichen Trag- und Druckflächen a sind noch Segel- und Steuerflächen o und feste oder bewegliche Kiele x angeordnet. Für solche mit gemischten Dämpfen oder Explosionsgasen arbeitende Maschinen werden selbsttätige Stoßapparate, wie sie in der Beschreibung des Hauptpatentes bereits erwähnt sind, zur Notwendigkeit.

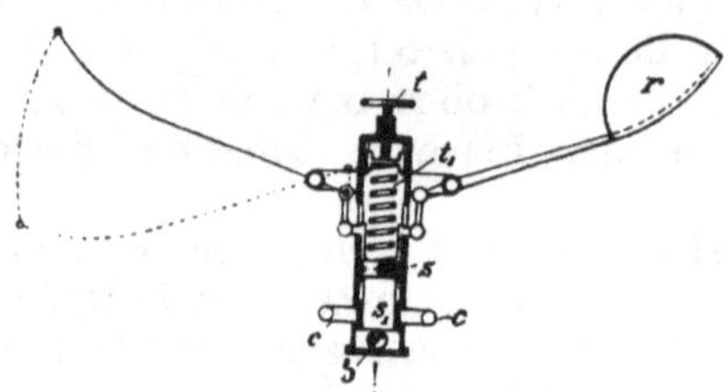

Fig. 529.

Fig. 529 zeigt einen Stoßapparat der gedachten Art. Die Röhren c, welche den Dampf oder die Gase zu den Düsen c_1 führen, sind durch einen Schieber s_1 abgesperrt, der von einem Kolben oder einer Membrane s einerseits durch den den Gasen innewohnenden Druck, anderseits durch eine mittels Schraube t oder dergl. regulierbare Feder t_1 gesteuert wird. Schwungkörper r pressen bei jedem Hub die Feder t_1 mehr zusammen, öffnen also die Dampfkanäle weiter, als dem Dampfdruck entspricht, und bewirken umgekehrt wieder raschen Schluß; es werden also Dampfstöße erzeugt.

Einen Stoßapparat für gewöhnliche, Wasserdampf bildende Kessel, die aber zeitweilig (für das Anfahren und Landen) mit

Kohlensäure arbeiten sollen, zeigt Fig. 530 und 531. Der Apparat bildet gleichzeitig einen Handregulator im Sinne des Regulators bei Lokomotiven und einen Stoßapparat im vorher erörterten Sinne. Mit dem das Schwunggewicht vertretenden Handhebel r sind die Kolben s verbunden, die durch Federn t_1 gegen den in der Rauchkammer befindlichen Teil b_1 des Kessels b angepreßt werden. Die Berührung erfolgt in Schneiden wie bei Sicherheitsventilen. Mit

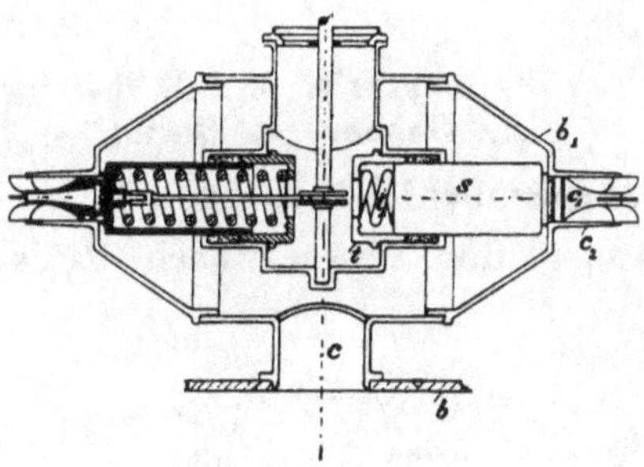

Fig. 530.

dem Kolben s steht eine Düse c_1 in fester Verbindung, die sich in einer Düse c_2 der Kesselwand dicht führt und also ihrerseits einen Schieber s_1 bildet.

Patentansprüche:

1. Eine Ausführungsform der durch Patent Nr. 79 446 geschützten Flugmaschine, bei welcher zur Ausübung des dort unter 2 beanspruchten Verfahrens eine Vorrichtung angeordnet ist, bestehend

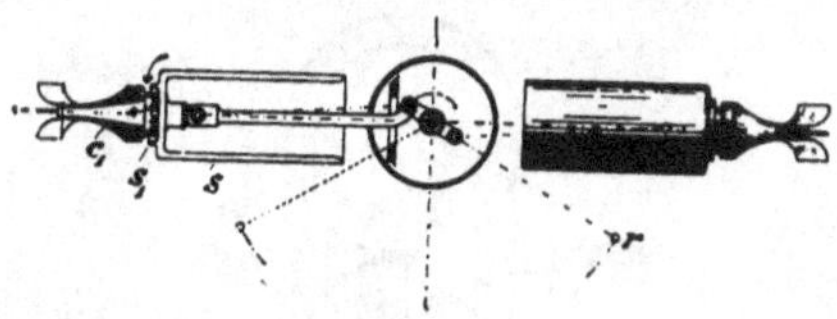

Fig. 531.

aus einem Kolben s (oder einer Membrane), welcher einerseits vom Kesseldampf, anderseits von einem äußeren federnden Organ so gesteuert wird, daß bei Ueberschreitung des Betriebsdampfdruckes ein Schieber oder Ventil (s) die Wege zu den Düsen (c_1) plötzlich öffnet, wodurch selbsttätig Dampfstöße erzeugt werden.

2. Eine Ausführungsform der unter 1 gekennzeichneten Stoßvorrichtung, bei welcher die für das rasche Oeffnen und Schließen der Dampfwege angeordneten Schwungkörper r zu Schwimmfüßen, Klappenrudern oder dergl. ausgebildet sind, so daß gleichzeitig mit oder unmittelbar nach jedem Dampfstoß auf die Druckflächen a ein der Fortbewegung oder Hebung dienender Flügelschlag auf die umgebende Luft erfolgt.

3. Eine Ausführungsform der unter 1 gekennzeichneten Stoßvorrichtung, bei welcher die Düse c_1 zu einem Abschlußorgan (Schieber, Ventil) ausgebildet ist, das beim gewöhnlichen Betriebe unter Verschluß einer Düse c_2 sich in dieser lediglich führt, bei plötzlicher Dampfentwicklung aber den Querschnitt der großen Düse für den Strahl zur Esse freigibt und so gleichzeitig als Sicherheitsventil wirkt.

155. Auch die

Patentschrift Nr. 82 904
F. Gaebert in Berlin,

angemeldet am 24. September 1894, ausgegeben am 19. September 1895, hat die Ausgestaltung des Systems nach Patent Nr. 79 446 zum Gegenstand.

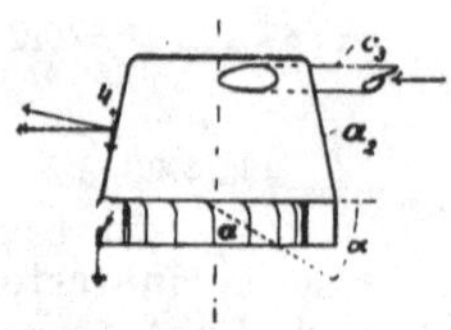

Fig. 532.

Sieht man für die aus dem Kessel der Flugmaschine austretenden Strahlen große Druckflächen vor, wie nach Fig. 515 bis 518 des Hauptpatentes Nr. 79 446, so muß die über der Maschine ruhende Luft, welche nur teilweise durch Ansaugen gefaßt wird, durch seit-

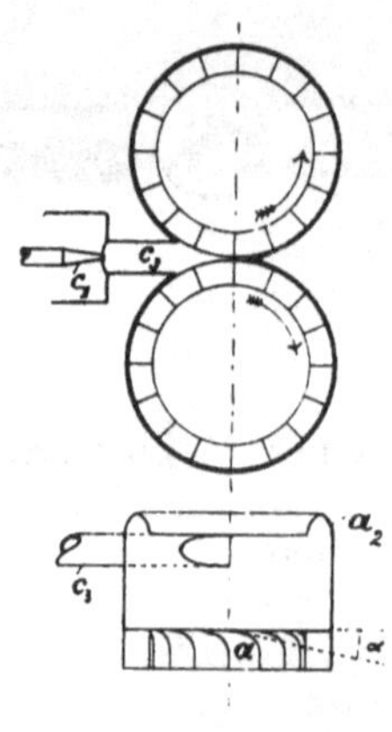

Fig. 533.

liches Wegdrücken entfernt werden. Solchen raschen Ortsveränderungen setzt aber die Luft großen Widerstand entgegen. Sieht man anderseits für die austretenden Strahlen kleine Druckflächen vor, wie nach Fig. 523 des Hauptpatentes, so ist die Ausnutzung der erzeugten Wärme eine ungenügende. Die vorliegende Konstruktion hat den Zweck, die Vorteile der Ausführung nach Fig. 515 bis 518 und der nach Fig. 523 des Hauptpatentes zu vereinigen.

In Fig. 532 ist eine Druckfläche a_2 dargestellt, welche der Druckfläche a der Fig. 514 des Hauptpatentes entspricht. Der Strahl

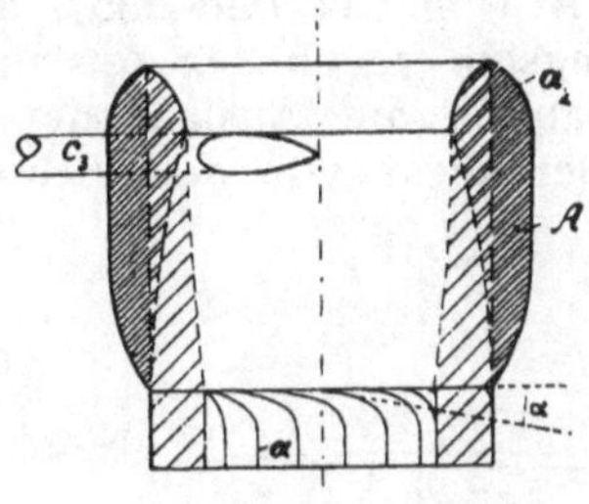

Fig. 534.

tritt, die Achse kreuzend, tangential ein, erzeugt in jedem Element seines Weges eine in der Richtung der Achse wirkende Kraft 4 und tritt schließlich, durch Leitschaufeln gezwungen, parallel zur Achse aus. Die Kräfte 4 werden nun immer kleiner, je spitzer der Kegel wird, den die Druckfläche bildet, und sie werden Null in dem Augenblick, in welchem der Kegel in den Zylinder übergeht

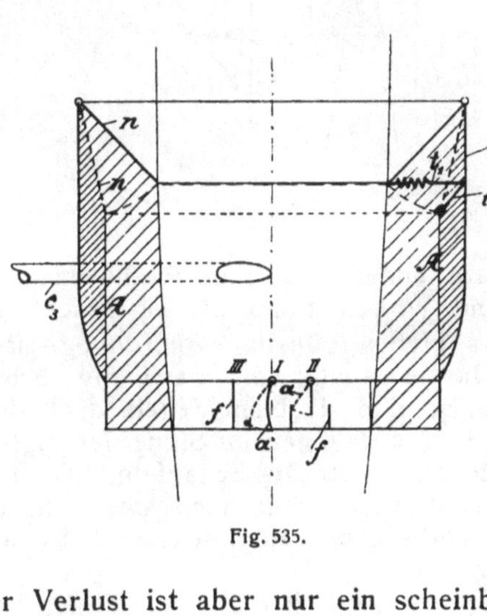

Fig. 535.

(Fig. 533). Der Verlust ist aber nur ein scheinbarer. Macht man die Druckfläche zylindrisch, so braucht der Strahl offenbar viel längere Zeit, um zur Auslaufstelle zu kommen, als wenn die Druckfläche die Form nach vorliegender Fig. 523 oder etwa nach Fig. 515 des Hauptpatentes hätte.

Durch den tangentialen Einlauf bildet das aus der Esse c_3 kommende Dampf- und Gasgemisch sofort eine rotierende Masse, welche die im Innern der Druckfläche a_2 befindliche Luft durch Reibung mitnimmt. Da diese frische Luft aber spezifisch schwerer ist als das rotierende Dampf- und Gasgemisch, so wird sie sich unter dem Einfluß der Fliehkraft nach außen gegen die zylindrische Wandung drängen, hierbei dem Dampf- und Gasgemisch Wärme abnehmen und dadurch selbst an Spannung gewinnen. Es bildet sich also ein Schwungring A (Fig. 534 und 535), der unter fortwährendem Neuersatz sich langsam gegen den Auslauf hin verschiebt. Gibt man nun den Leitschaufeln am Auslauf der Trommel die Gestalt der Fig. 534, so schälen diese von dem Schwungring fortwährend

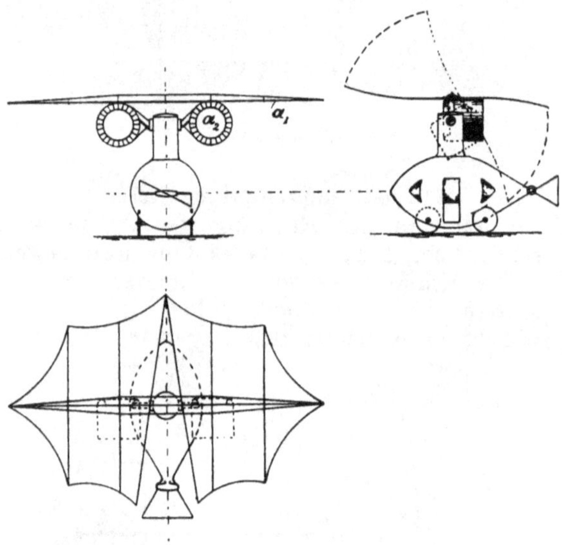

Fig. 536.

einzelne Streifen ab, ändern bis zum Parallelismus mit der Achse deren Richtung und wirken somit als eigentliche Druckflächen a.

Diese für das Heben günstige Anordnung ist aber unzweckmäßig beim Segeln. Deshalb sind nach Fig. 535 die Schaufeln beweglich gemacht, so daß sie beim Segeln nach der Richtung des Luftzuges, beim Arbeiten dagegen im Sinne der Fig. 512 des Hauptpatentes sich einstellen. Statt die Schaufeln, wie bei I in Fig. 535 ganz beweglich herzustellen, kann man sie auch, wie bei II, aus einem beweglichen und einem festen, in einer Achsialebene liegenden Teil zusammensetzen.

Man kann endlich, wie bei III, nur feste, in Achsialebenen liegende Schaufeln verwenden; da aber letztere an sich einen achsialen Reaktionsdruck nicht gewähren können, sondern nur in Verbindung mit der Stauung, die die plötzlich abgelenkten Luftfäden im Schwungringe veranlassen, so kommt hier wesentlich der durch die Fliehkraft erzeugte Bodendruck auf den Schild n zur Geltung, und es wirkt somit der Schild n als Hauptdruckfläche, während die

Schaufeln lediglich im Sinne der Schaufeln f (Fig. 514) des Hauptpatentes wirken.

Um dem Schild n nicht eine für das Segeln ungünstige Breite geben zu müssen, ist auch dieser aus einem Ringe gebildet, der sich unter Spannung von Federn t_1 um so mehr zusammenfaltet, je dicker der Schwungring A wird. Beim Segeln kommt der Ring n selbsttätig in seine gespannte (punktierte) Lage, so daß nur ein schmaler Schwungring A, ohne eigentliche Arbeit zu verrichten, die Maschine in Arbeitsbereitschaft hält.

Im Schwungringe A befinden sich außer dem Dampf- und Gasgemisch noch mitgerissene Kohlenteile und mitgerissenes Wasser. Da diese als die schwersten Teile sich ebenfalls nach außen drängen, so wirkt die Druckfläche a_2 gleichzeitig auch als Funkenfänger und Ueberhitzer.

Fig. 536 zeigt im Grundriß, Aufriß und Seitenansicht eine Flugmaschine mit Trag- und Segelflächen nach Fig. 532 bis 535 in fester Verbindung mit einer Hilfstrag- und Segelfläche a_1 und in gelenkiger Verbindung mit der Gondel.

Patentansprüche:

1. Eine Ausführungsform der durch Patent Nr. 79 446 geschützten Flugmaschine, bei welcher die Druckflächen hohlkegel-, hohlzylinder- oder hohltonnenförmige Gefäße bilden, in welche die Dampfstrahlen mit den Verbrennungsgasen oder überhaupt die druckerzeugenden Strahlen tangential eintreten, während die Frischluft achsial eingesaugt und mit den druckerzeugenden Strahlen zusammen achsial ausgestoßen wird.

2. Eine Ausführungsform der unter 1 gekennzeichneten Maschine, bei welcher der Schild n, wie die Schaufeln f und a dem vorwiegenden Gebrauchszweck entsprechend fest oder selbsttätig einstellbar angeordnet sind.

156. Die in dem Patent Nr. 82 904 erwähnten tonnenförmigen Druckflächen führen bei den üblichen Dampfspannungen für das Segeln ungeeignete Größen. Die Tragflächen nach Fig. 518 und 523 der Patentschrift Nr. 79 446 lassen anderseits der angesaugten Luft nicht genügend Zeit, den Heizgasen und dem Dampf die noch verfügbare Wärme abzunehmen. Um diese Nachteile zu vermeiden, soll nach der

Patentschrift Nr. 86 738

F. Gaebert in Berlin,

angemeldet am 26. Februar 1895, ausgegeben am 2. Mai 1896,

zwischen dem Saugdüsen- und dem Druckdüsenapparat ein Windkessel eingeschaltet werden. Die Tragfläche selbst kann nach Fig. 537 als Windkessel ausgebildet sein. In diesem Falle ist die ganze Tragfläche mit dem Saugdüsen- und dem Druckdüsenapparat um den Kessel drehbar. Die Tragfläche kann auch, wie aus Fig. 538

ersichtlich, den Windkessel zwischen sich einschließen; dann braucht nur der Windkessel mit dem Druckdüsenapparat oder der Druckdüsenapparat allein gesteuert zu werden.

Das bei c_1 (Fig. 537) austretende Luft- und Gasgemisch saugt bei 1, 2, 3, 4, 5 frische Luft an, mischt sich im Windkessel B vollständig mit der letzteren und strömt nun auf der Linie 7, 8, 9 aus. Hierbei wird das Arbeitsvermögen der bewegten Luftmasse durch

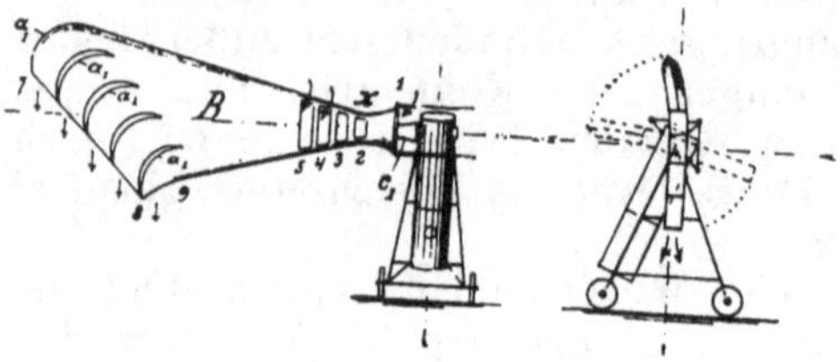

Fig. 537.

Druck auf die Schaufeln a_1 an die Maschine abgegeben. Die mondsichelartigen Spalten unmittelbar über den Schaufeln a_1 haben den Zweck, als weitere Lufteinlässe zu den längs der nächsthöheren Schaufel a_1 hinstreichenden Strahlen zu dienen. Die Saugkraft der Lufteinlässe 2, 3, 4, 5 hört nämlich bald auf, sei es, daß die Düsen flach, wie in Fig. 537, oder rund, wie in Fig. 538, sind, und es ist z. B. wahrscheinlich, daß bei einer Ausführung des Windkessels B

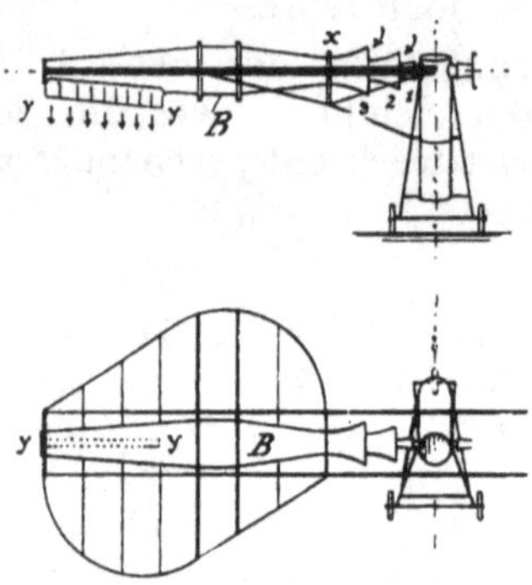

Fig. 538.

genau nach Fig. 537 bereits aus Düse 5 Luft ausströmen würde. Nach einigen Augenblicken der Luftbewegung im Windkessel B ist jedoch die Geschwindigkeit der einzelnen Luftfäden untereinander eine gleichmäßige geworden, und durch die Spalten über den Schaufeln a_1 wird wieder Luft zur nächsthöheren Schaufel a gesaugt. Wichtig für die Saug- und Druckverhältnisse des Windkessels B ist in allen Fällen die Einziehung x nach Art der Einziehung bei den Injektordüsen.

Für den Druckdüsenapparat ist es bei den eigentümlichen Elastizitätsverhältnissen der Luft von geringer Bedeutung, ob die Schaufeln sich der Richtung der Luftfäden anschmiegen (Fig. 537) oder nicht (Fig. 538 und 539), man kann sogar bei genügender Entfernung des Druckdüsenapparates vom Saugdüsenapparat den Windkessel vollständig stumpf abschließen und für den Austritt der Luft nur einen Spalt v y vorsehen. Liegt der Spalt senkrecht zur Fahrtrichtung (Fig. 539, 540), so fällt bei genügender Größe des Wind-

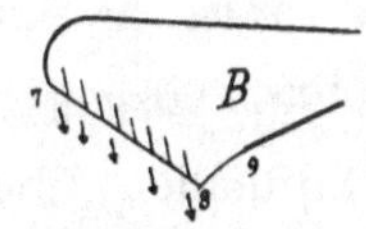

Fig. 539.

kessels die Richtung der austretenden Luftfäden nahezu in die Fahrtrichtung, und der Motor wird zum Reaktionsmotor, der sich von gewöhnlichen Reaktionsmotoren aber dadurch unterscheidet, daß er durch Umschaltung des Druckmittels (Luft statt Kesseldampf) einerseits die Gefahr der Kondensation beseitigt und anderseits durch Wärmeaufnahme von den Heizgasen unmittelbar an Arbeitsvermögen gewonnen hat.

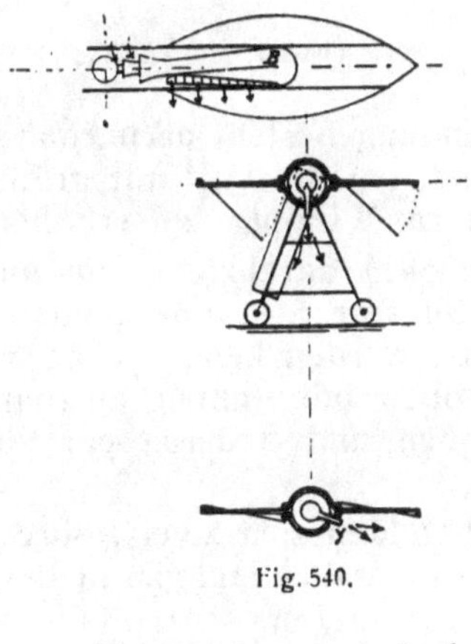

Fig. 540.

Patentansprüche:

1. Eine Ausführungsform der durch Patent Nr. 79 446 geschützten Maschine, bei welcher zum Zwecke der besseren Ausnutzung der Wärme der Heizgase bzw. des Dampfes die Druckfläche als Windkessel ausgebildet ist, in welchen die druckerzeugenden Strahlen ungefähr senkrecht zur Hub- oder Fahrtrichtung eintreten, um mit dem angesaugten Luft- und Gasgemisch nach unten oder hinten zu entweichen.

2. Eine Ausführungsform der durch Anspruch 1 geschützten Maschine, bei welcher der Windkessel sich blasebalgartig oder,

wenn in Schlauchform ausgeführt, quer zu seiner Längsrichtung zusammenfalten läßt, oder bei welcher außer dem Windkessel blasebalgartig oder quer zur Längsrichtung zusammenfaltbare Hohlräume bzw. Schläuche angeordnet sind, so daß die Tragflächen (Flügel) selbsttätig nur in der Fahrtstellung der Maschine sich ausbreiten.

157. Die

Patentschrift Nr. 134 182
Paul Wappler in Spandau,

angemeldet am 25. Februar 1901, ausgegeben am 20. September 1902,

bezieht sich auf lenkbare Luftballons, bei welchen die Luft durch Rohre an deren vorderem Ende angesaugt und an dem hinteren wieder ausgestoßen wird, doch hat diese Erfindung auch für ballonlose Flieger Bedeutung.

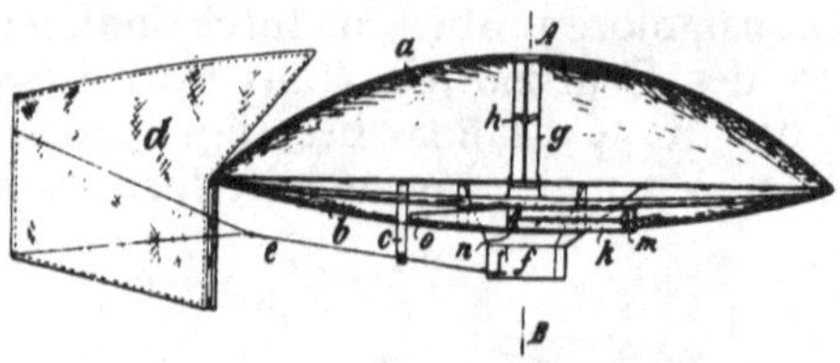

Fig. 541.

Das Wesen der Erfindung besteht darin, daß die Rohre an dem hinteren Ende verengt sind, um die Luft mit größerer Pressung auszustoßen und dadurch ihre Wirkung zu erhöhen.

Den Ballon a (Fig. 541) durchzieht von unten bis oben ein weites Rohr g, in welchem eine Schraube h von der Gondel aus in rasche Umdrehung versetzt werden kann. Je nach der Drehrichtung wird die Schraube von oben oder unten Luft ansaugen und nach der anderen Seite ausstoßen und dadurch ein Steigen oder Fallen des Ballons herbeiführen.

Ueber der Gondel befinden sich zwei Rohre k, welche mit der Längsachse des Luftballons parallel laufen. In den Rohren befinden sich gleichfalls Schrauben m und n, so daß die Luft von vorn angesaugt und durch das hintere verengte Ende o der Rohre mit größerer Gewalt ausgestoßen wird.

Patentanspruch:

Lenkbarer Luftballon von fallschirmartiger Gestalt, bei welchem die Vorwärtsbewegung dadurch erreicht wird, daß durch in Rohren untergebrachte Flügelschrauben die Luft vorn angesaugt und hinten ausgestoßen wird, dadurch gekennzeichnet, daß die in der Längsrichtung des Ballons verlaufenden Rohre hinten zugespitzt sind, um die Wirkung der ausgestoßenen Luft zu erhöhen.

158. Die Vorrichtung nach der

Patentschrift Nr. 160 742
Gustav Knäpper in Dortmund,

angemeldet am 29. Dezember 1903, ausgegeben am 26. Mai 1905, beruht darauf, daß durch Einblasen von Preßluft oder von unter hohem Druck stehenden Gasen in engere Räume auf einer Seite einer Scheibe ein Ueberdruck geschaffen wird, und kennzeichnet

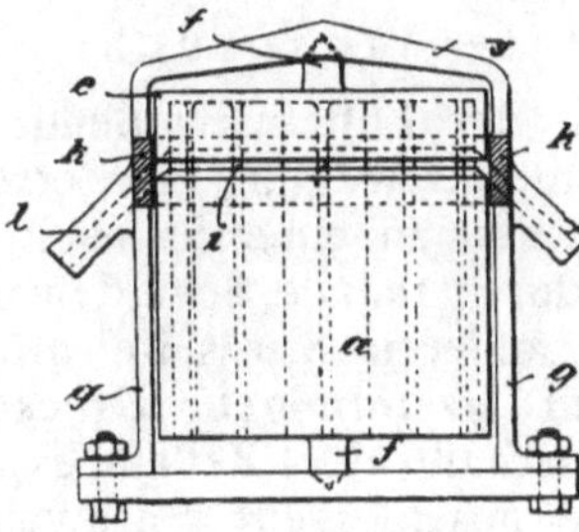

Fig. 542.

sich dadurch, daß hierbei die Expansion ausgenutzt wird, indem jede Teilfüllung während der hierzu nötigen Zeit in einer besonderen Zelle expandiert.

Die Vorrichtung, deren Verwendung sowohl als selbständiger Flugapparat wie auch als Ersatz für die Luftschrauben bei den jetzigen lenkbaren Luftschiffen gedacht ist, besteht aus einem zylindrischen Körper a (Fig. 542, 543), der durch radial stehende Querwände b in einzelne Zellen d geteilt ist, welche nach unten

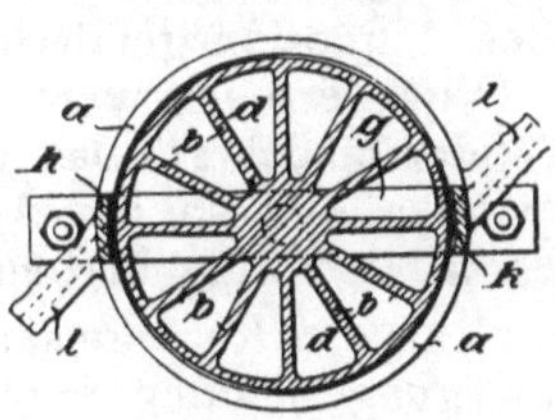

Fig. 543.

vollständig offen, jedoch mittels der oberen Wand e und der Seitenwand nach oben und den Seiten hin geschlossen sind. Am oberen Ende in der Nähe der Abschlußwand e ist auf dem ganzen Umfange des Zylinders a ein Schlitz i angeordnet, welcher durch möglichst genaue Anpassungen des vom Rahmen g getragenen Ringes k genau verdeckt wird, jedoch derart, daß die Rotation des Zylinders a in dem Rahmen g dadurch nicht gestört wird. An zwei gegenüberliegenden Stellen des Ringes k sind Einführungsdüsen l angeordnet, und zwar derart, daß gepreßte Luft durch diese Düsen l und den Schlitz i des Zylinders a in das Innere der Zellen d gelangen kann.

Läßt man stark gepreßte Luft in die Zellen d einströmen, so wird der Luftstrahl gegen die Zellenwandungen stoßen und sich in der Zelle ausbreiten. Die Energie des Luftstrahles geht zwar bei diesem Stoß verloren, jedoch keineswegs die Spannung der gepreßten Luft, da hierzu eine gewisse Zeit erforderlich ist. Da nun durch denselben Luftstrahl die Zellen in schnelle Umdrehung gebracht werden, so muß bei einer gewissen Umdrehungsgeschwindigkeit der Fall eintreten, daß die Ausdehnung der Luft noch nicht beendet ist, wenn in die betreffende Zelle von neuem gepreßte Luft einströmt.

Patentanspruch:

Vorrichtung, um in der Luft schwebenden Gegenständen eine lotrechte oder wagerechte Bewegung zu erteilen, gekennzeichnet durch einen am Umfang und an einer Stirnseite geschlossenen drehbaren Zylinder (a), der durch radiale Scheidewände (b) in Zellen (d) geteilt ist, die an der anderen Stirnseite offen sind und einzeln nacheinander mit einem gasförmigen Druckmittel derart gefüllt werden, daß dieses innerhalb der Zellen expandiert, so daß der Expansionsdruck auf die geschlossene Stirnwand (e) des Zylinders übertragen wird.

159. Gemäß der Erfindung nach der

Patentschrift Nr. 228 654
Christopher Antoonovich in St. Petersburg,

angemeldet am 20. Februar 1909, ausgegeben am 14. November 1910,

soll direkt unter (bzw. hinter) einer entsprechend ausgebildeten starren Tragfläche durch schnell folgende Entzündungen eines durch feine Kanäle austretenden Explosionsgemisches ein auf diese Fläche wirkender pulsierender Druck erzeugt werden, welcher geeignet ist, der Schwerkraft oder Widerstandskraft das Gleichgewicht zu halten oder dieselbe zu überwinden und so ein Aufsteigen und ein Fortbewegen des Apparates in der Luft herbeizuführen.

Es soll hier also nicht die Reaktionskraft eines durch Düsenapparate in der zur Bewegungsrichtung entgegengesetzten Richtung mit großer Geschwindigkeit in die Atmosphäre austretenden Preßgases als Vortriebkraft nutzbar gemacht werden, sondern bei der Verwirklichung des neuen Prinzips wird überhaupt kein Preßgas in einem geschlossenen Raum erzeugt. Das Explosionsgemisch erhält nur so viel Ueberdruck, daß es durch feine Kanäle unter die Tragfläche austritt und wird daselbst zur Explosion gebracht, und zwar in der Weise, daß kein ständiger, sondern ein sich intermittierend vollziehender Verbrennungsprozeß unterhalten wird. Der Apparat erhält also schnell aufeinanderfolgende Stöße bzw. Bewegungsimpulse, welche in ihrer Gesamtheit eine der Schwerkraft entgegenwirkende und dieselbe eventuell überwindende Spannung oder Druckluft erzeugen.

Je öfter pro Zeiteinheit diese Impulse statthaben, desto kleiner werden die Größenschwankungen dieser Auf- bzw. Vortriebkraft ausfallen. Bei unendlich großer Frequenz der Impulse würde diese Kraft konstant sein. Die Tragfläche ist mit dem Flugapparat unveränderlich oder aber nachgiebig in der Weise verbunden, daß nur eine geradlinige gegenseitige Verschiebung in gewissen Grenzen stattfinden kann.

An der starren Tragfläche T (Fig. 544) ist eine zweite starre Fläche S mittels vorzugsweise rohrförmiger Stangen P befestigt, auf der die nötigen Apparate aufgestellt sind. Diese bestehen in der Hauptsache in einer Einrichtung zur Herstellung des Explosions-

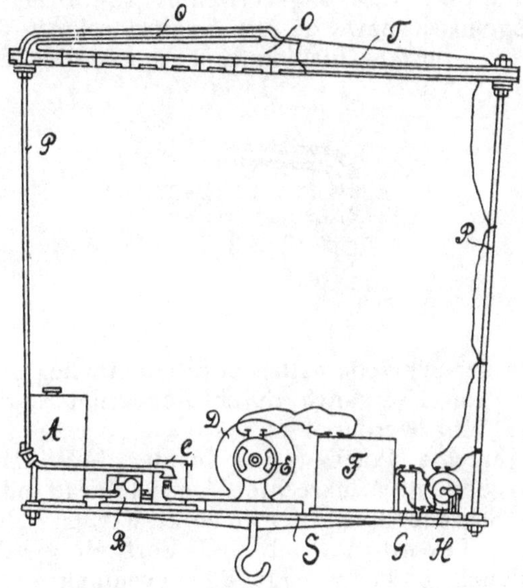

Fig. 544.

gemisches und einer Stromunterbrechungsvorrichtung, welche die Entzündungen des Explosionsgemisches direkt unterhalb der Tragfläche T bewirkt. Die erstgenannte Einrichtung besteht im vorliegenden Falle aus dem Behälter A für einen geeigneten Brennstoff, z. B. Benzin, und dem Vergaser C, durch welchen Luft hindurchgetrieben wird vermittels des Ventilators D mit elektrischem Antriebsmotor E, der von der Stromquelle F gespeist wird. Das Benzin gelangt in den Vergaser C nicht direkt aus dem Behälter A, sondern durch einen Zwischenbehälter B, in dem die Brennstoffstandhöhe vermittels einer Schwimmvorrichtung konstant gehalten wird. Der Brennstoff wird in den Vergaser C eingeführt und mit der hindurchziehenden Luft in enge Berührung gebracht. Das sich hierbei bildende Explosionsgemisch gelangt durch ein oder mehrere Rohre P und Q in den Hohlraum O der Tragfläche und fließt aus diesem durch viele über diese Fläche verteilte und nach unten offene Röhrchen R

(Fig. 545) in ununterbrochenen feinen Strahlen in die Atmosphäre, um nach Austritt durch schnell aufeinanderfolgende Explosionen verbrannt zu werden. Zur Herbeiführung der Explosionen dient bei der gezeichneten Ausführungsform eine Stromquelle G, in derem Stromkreis ein Unterbrecher H liegt, wobei eine Leitung an die Tragfläche T und die andere an eine von dieser isolierten und auf deren unterer Seite angeordneten Platte M (Fig. 545) angeschlossen ist. L und N sind Isolationsplatten. Bei Stromschluß werden sich zwischen M und den Röhrchen R Funken bilden und das ausgetretene Explosionsgemisch entzünden.

Durch ein Ventil an der Brennstoffzuleitung und durch ein Luftventil am Vergaser, das zum Ansaugen von atmosphärischer Luft dient, kann das Mischungsverhältnis von Brennstoff und Luft im Explosionsgemisch bzw. dessen Explosionskraft derart geändert werden, daß bei konstant bleibender Frequenz der Explosionen ein

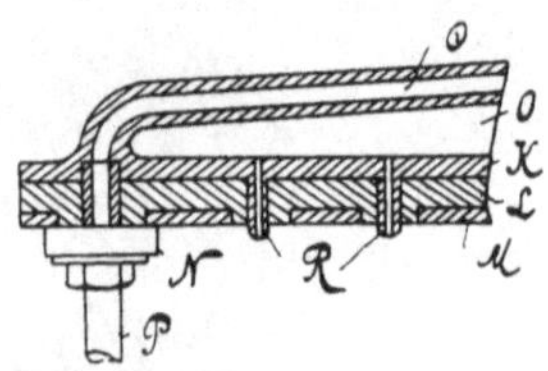

Fig. 545.

Auftrieb, ein In-der-Schwebe-halten oder ein Abstieg stattfindet. Dasselbe Resultat kann aber auch durch Aenderung der Frequenz der Explosionen erreicht werden.

Das wagerechte Fortbewegen in der Luft kann durch eine gleichartig ausgebildete senkrechte Vortriebfläche oder aber durch die bekannten Schraubenpropeller bewirkt werden. Bei geneigt eingestellter Fläche T wird Auftrieb und Vortrieb gleichzeitig erzielt. Durch Explosionen unter geneigt und eventuell veränderlich eingestellten Flächen kann der Apparat auch gesteuert werden, und diese Steuerungsweise kann gegebenenfalls neben den bekannten Steuervorrichtungen Anwendung finden.

Um bei schnellem Vortreiben des Apparates dem Abblasen des Explosionsgemisches durch die Luft Rechnung zu tragen, kann die Tragfläche T in der Richtung nach hinten (allgemein in der Richtung, in welcher das Explosionsgemisch abgeblasen wird) eine Verlängerung erhalten, welche an Stelle der Gasaustrittsröhrchen R volle Stifte für die Funkenbildung besitzt, so daß dort aufgefangenes Explosionsgemisch noch zur Entzündung gebracht wird. Das Abblasen des in feinen Strahlen austretenden Explosionsgemisches kann auch durch geeignet einstellbare Schutzflächen an der Vorderkante der Tragfläche beseitigt oder abgeschwächt werden.

Die möglichst rasch aufeinanderfolgenden Explosionen müssen möglichst schnell ihren Abschluß erreichen, damit nicht ein stetiger Verbrennungsprozeß sich entwickele und Explosion von Explosion zeitlich immer möglichst scharf abgetrennt bleibe. Dies ist Grundbedingung für die praktische Ausführbarkeit des Apparates. Das Gemisch muß im Falle eines flüssigen Brennstoffes (z. B. Benzin) ein Dampfgasgemisch sein, da auch die feinsten Tröpfchen (Nebel) eine Verlangsamung der Explosion nach sich ziehen und folglich die der Tragfläche mitzuteilenden Impulse abschwächen würden. Um dies zu erreichen, wird zweckmäßig ein Vergaser mit Vorwärmung des Benzins o. dgl. in Anwendung gebracht oder aber das fertige Gemisch vor Austritt in die Atmosphäre erwärmt. Zu diesem Zweck kann in der Kammer O eine geeignete Temperatur aufrechterhalten werden.

Da die Röhrchen R mit den feinen Kanälen nur dann die Verbreitung der Explosion in die Kammer O verhindern, wenn ihre Temperatur unterhalb einer gewissen Grenze liegt, und da bei zu starker Erhitzung der Austrittsenden dieser Röhrchen ein ununterbrochener Verbrennungsprozeß eintreten würde, so muß für deren Kühlung und eventuell auch für die Kühlung der Platte M gesorgt werden. Dies kann durch Luft- oder Wasserzirkulation erreicht werden. Um den mit Explosionsgemisch angefüllten großen Hohlraum O, der unter gewissen Umständen gefährlich werden könnte, entbehrlich zu machen, kann jedes Röhrchen R für sich, oder mehrere solcher entsprechend gruppierter Röhrchen für sich, direkt an das Speiserohr P angeschlossen sein. Die Tragfläche wird in diesem Falle durch die Isolationsplatte L und die untere Metallplatte M gebildet. In diesem Falle, d. h. wenn kein großer Sammelraum O vorhanden ist, kann das Explosionsgemisch auch ruckweise durch die Röhrchen R in die Atmosphäre ausgeblasen werden, wobei dann natürlich die Frequenz der Gasstöße und der Funkenbildungen zeitlich genau koordiniert sein müssen, was durch verschiedene bekannte Mittel erreicht werden kann.

Patentansprüche:

1. Vorrichtung zum Aufsteigen und Fortbewegen in der Luft durch Rückstoß explodierender Gasgemische, dadurch gekennzeichnet, daß das fertige Gemisch durch feine Poren einer starren Tragfläche austritt und vor dieser zur Explosion gebracht wird.

2. Ausführungsform des Apparates nach Anspruch 1, dadurch gekennzeichnet, daß die starre Tragfläche (T) eine isolierte Metallplatte (M) besitzt, durch welche die von den feinen Gasaustrittsröhrchen (R) durchsetzten ringförmigen Vorsprünge der Isolationsplatte (L) hervortreten, wobei die Explosionen des Gasgemisches durch zwischen R und M erzeugte elektrische Funken herbeigeführt werden.

VII. Verschiedene Systeme.

In dieser Gruppe finden wir Luftfahrzeuge der mannigfachsten Art vereinigt, die für den Bau von Flugzeugen Interesse beanspruchen.

160. Beginnen wir mit einem Kuriosum, einem mit Ballon ausgerüsteten Luftschiff, das wirkliche Vögel, z. B. Adler, Geier, Kondore usw. als Vorspann benutzt. Auf diese abenteuerliche Merkwürdigkeit bezieht sich die

Patentschrift Nr. 38 085
Ch. R. Ed. Wulff in Paris.

Angemeldet am 6. Mai 1886, ausgegeben am 28. Dezember 1886.

Der Ballon a (Fig. 546, 547) ist von beliebiger Größe und beliebiger Form und befindet sich in vollkommen stabilem Gleichgewicht. Im oberen Teil des Ballons ist eine Plattform d angebracht, auf welcher der Steuermann steht, der das Lenken des Luftschiffes nach Befehlen des in der Gondel b sitzenden Luftschiffers ausführt. Von der Gondel zur Plattform führt ein Sprachrohr oder ein beliebiger anderer Signalapparat. Die Plattform d, welche kreisrund ist, befindet sich mit ihrem Mittelpunkt in der Vertikalebene, welche durch den Schwerpunkt des ganzen Systems geht. Die Plattform trägt in beliebiger Höhe und konzentrisch zum Mastbaum f eine kreisrunde Schiene g, auf welcher vier Rollen h laufen, die an den Enden der Arme k k^1 eines Kreuzstückes lose drehbar angebracht sind. Das Zentrum i des Kreuzstückes ist mit einer Hülse j versehen, welche den Mastbaum f frei umgibt und mit Handgriffen oder einem Handrad m ausgerüstet ist. Außer den Rollen h tragen die Enden der Arme des Kreuzstückes k k^1 noch Säulen n, welche genügend hoch sind, um an ihren oberen Enden mittels Scharniers die Körbe oder Geschirre p (Fig. 548) für die Vögel aufzunehmen. Die Körbe p sind um Bolzen l drehbar mit den Säulen n verbunden und mit Riemen oder Bändern p^1 versehen, welche um den Körper des Vogels gelegt werden, jedoch so, daß dieser die volle Freiheit für die Bewegung der Flügel behält.

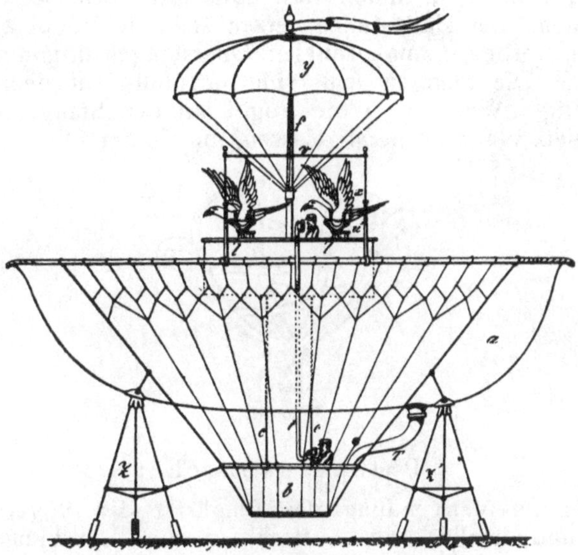

Fig. 546.

Es ist ersichtlich, daß, wenn das Luftschiff sich horizontal durch die Luft bewegt und der Steuermann auf der Plattform d das

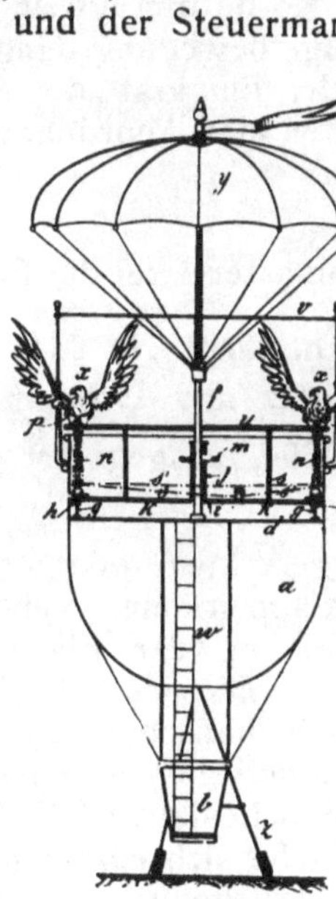

Fig. 547.

Handrad m dreht, auch das Kreuzstück k k^1 mit den Vögeln x in gleicher Weise gedreht werden, welche letzteren, da sie immer geradeaus fliegen, dem ganzen Luftschiff die gewünschte Richtung geben. Anderseits kann man durch Drehen der Rollen r r^1 den Flug der Vögel x und mit ihnen das Luftschiff nach oben oder nach unten richten. Bei Haltestellen setzen sich die Vögel auf die dicht hinter den Körben p angeordneten Querstangen u und u^1, um sich auszuruhen. Die Stangen u u^1 sind ebenfalls auf dem Kreuzstück k k^1 befestigt. Wenn dann die Vögel auf den Stangen u u^1 sitzen, wird ein Netz v auf sie herabgelassen, um sie am Fliegen zu hindern.

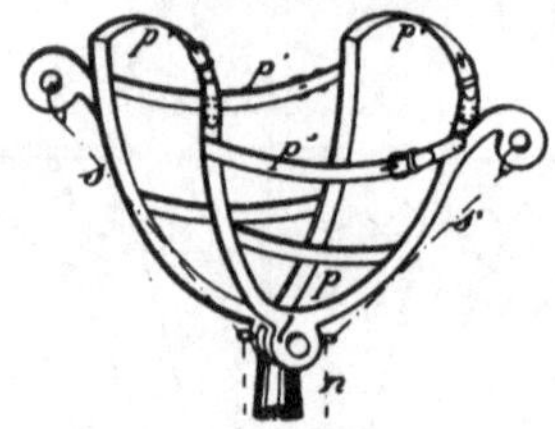

Fig. 548.

Patentansprüche:

1. Behufs Verwendung der Flugkraft der Vögel zum Fortbewegen und Lenken von Luftschiffen die Anordnung einer auf einer Plattform ruhenden kreisförmigen Schiene g und eines auf derselben rollenden Kreuzstückes k k^1, welche auf Säulen um horizontale Bolzen b drehbare Körbe p trägt, in welche die Vögel ohne Beeinträchtigung ihrer Flügelbewegung eingeschnallt werden.

2. Bei Verwendung der Flugkraft der Vögel zum Fortbewegen und Lenken von Luftschiffen die Anordnung des Netzes v, um die Vögel in Ruhe zu halten.

161. Nach dieser Phantasterei sei die Flugvorrichtung nach der

Patentschrift Nr. 83 896

R. de Palacios in Steglitz und Wilhelm Goetjes in Berlin,

angemeldet am 27. Juni 1894, ausgegeben am 5. November 1895, erläutert.

Sie besteht aus wagerechten oder annähernd wagerechten Flächen, welche mit Luftklappen oder Ventilen versehen sind, die sich bei der Aufwärtsbewegung der Flächen öffnen und bei der Abwärtsbewegung schließen. Die eine Ausführungsform zeigt Fig. 549 und 550. In dieser schematischen Darstellung sind A und B die beiden mit Luftklappen versehenen Flächen. Ein Zylinder C ist in seiner Mitte durch eine Scheidewand D in zwei Räume geteilt; in jedem dieser Räume befindet sich ein Kolben E E'; an den beiden Kolbenstangen F F' sind die beiden Flächen A und B befestigt. Fig. 549 zeigt die Stellung, in welcher die beiden Kolben an den äußeren Zylinderenden sich befinden. Der Schwerpunkt des Luftschiffes, dessen Auftrieb der Zylinder C bewirken soll, ist bei a liegend gedacht. Das Triebmittel für die beiden Kolben wird durch eine geeignete Steuerung so verteilt, daß es stets genau gleichzeitig über oder unter jeden der beiden Kolben eintritt. Bei der äußeren Kolbenstellung wird das Triebmittel (z. B. Dampf, Gas, Explosionsgemisch) gleichzeitig über dem oberen Kolben E und unter dem unteren Kolben E' eingelassen; es hat das Bestreben, den oberen Kolben herab-, den unteren heraufzutreiben. Der untere Kolben wird auch widerstandslos hinaufbewegt, weil das an seiner Kolbenstange F' befestigte Rad B die Luft nach unten durchläßt. Der obere Kolben E kann aber nicht gleichzeitig durch die auf ihn

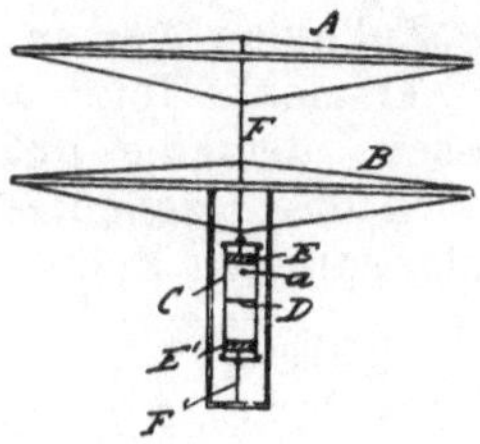

Fig. 549.

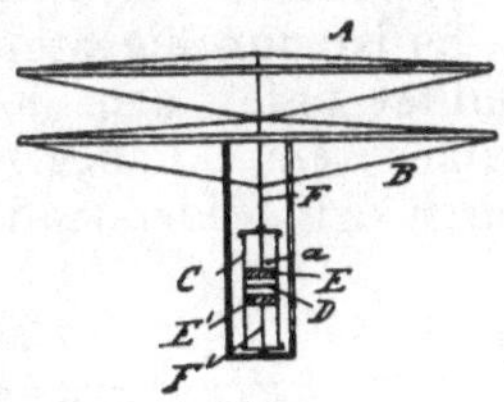

Fig. 550.

wirkende gleiche Kraft hinabgetrieben werden, weil das Rad A sofort mit geschlossener Fläche auf die darunter befindliche Luftschicht drückt und stehen bleibt. Das Triebmittel wird folglich die ganze Flugvorrichtung emporheben; der Zylinder C gleitet dabei an seinem eigenen Kolben E entlang, letzterer nimmt die in Fig. 550 gezeigte Stellung ein, während der untere Kolben E' ebenfalls die innere Stellung einnimmt, in die er durch das Triebmittel gehoben war.

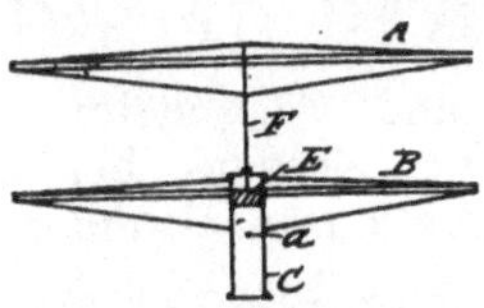

Fig. 551.

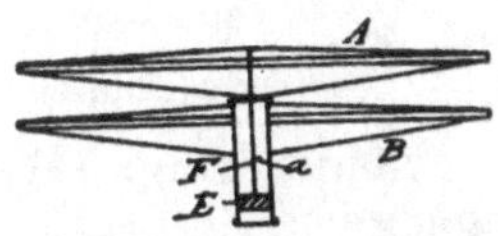

Fig. 552.

Der Zylinder C und der Schwerpunkt a sind gegenüber der Fig. 549 um die Länge eines Kolbenhubes erhöht, das Schiff also gestiegen. Jetzt wird das Triebmittel gleichzeitig unter den oberen und über den unteren Kolben eingelassen. Der obere Kolben E, dessen Rad A bei der Aufwärtsbewegung keinen Widerstand bietet, wird gehoben, der untere Kolben jedoch kann nicht gleichzeitig herabgehen, weil sein Rad B sich dem Niedergang mit dem Widerstand seiner ganzen Fläche widersetzt. Folglich stützt sich das Triebmittel nun auf den Kolben E' und wirkt gegen die Scheidewand des Zylinders C, wodurch der letztere und mit ihm die ganze Maschine gehoben wird. Die Teile nehmen nun wieder die in Fig. 549 gezeigte Stellung ein, aber der Zylinder und Schwerpunkt a sind abermals gegenüber der vorgehenden Lage um einen Kolbenhub erhöht, das Schiff um ebensoviel gestiegen. Durch das rasch aufeinanderfolgende Spiel der Kolben hebt sich das Schiff jedesmal um die Länge eines Kolbenhubes.

Die andere Ausführungsform ist in Fig. 551 und 552 dargestellt. Hier ist der Zylinder C nicht geteilt und hat nur einen Kolben, an dessen Stange das Rad A befestigt ist, während das andere Rad B hier am Zylinder C selbst festsitzt. Befindet sich der Kolben am oberen Zylinderende (Fig. 551) und wird das Triebmittel über demselben eingelassen, so leistet das Rad A dem Niedergang des Kolbens durch seine geschlossene Fläche Widerstand. Das Triebmittel stützt sich auf den Kolben und hebt, gegen den oberen Zylinderdeckel wirkend, den Zylinder und die ganze Maschine empor; das Rad B bietet bei dieser Aufwärtsbewegung des Zylinders keinen Widerstand. Es ist nun die Stellung der Fig. 552 erreicht. Jetzt wird das Triebmittel unter dem Kolben E eingelassen; derselbe geht ohne Widerstand seines Rades A hinauf, indem sich das Triebmittel gegen den durch den Widerstand des Rades B festgehaltenen Zylinderboden

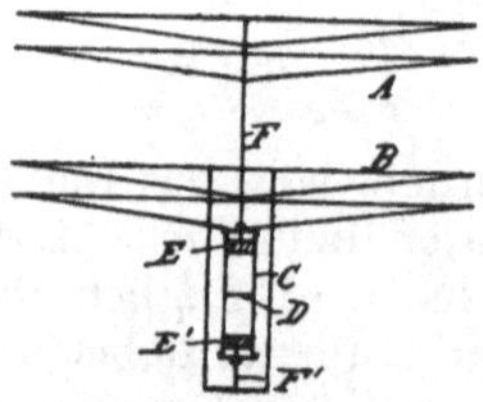

Fig. 553.

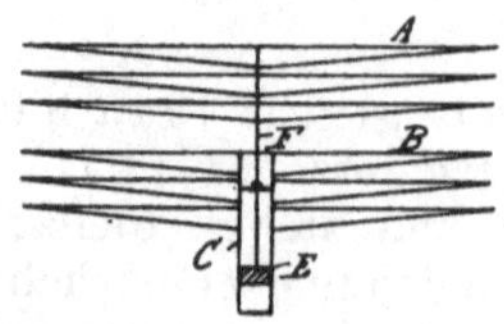

Fig. 554.

stützt. Der Zylinder C bleibt in seiner Stellung stehen, der Kolben nimmt wieder die in Fig. 551 gezeigte Stellung ein und das Spiel beginnt von neuem.

Bei dem Doppelzylinder (Fig. 549 und 550) steigt also die Maschine bei jedem Hin- und Rückgang des Kolbens, bei dem einfachen Zylinder (Fig. 551 und 552) dagegen nur nach einem vollen Kolbengange.

Die Tragkraft der Flächen A und B entspricht naturgemäß ihrer Ausdehnung. Um zur Hebung großer Lasten nicht allzu große Flächen anwenden zu müssen, kann man zwei oder mehr Flächen übereinander anordnen (Fig. 553 und 554). Die Flächen wirken dann wie ein Rad von entsprechend größerem Durchmesser.

Patentanspruch:

An Luftschiffen mit zwei oder mehreren, mit Klappen oder Ventilen versehenen, gegenüber angeordneten Flächen oder Flächengruppen die Einrichtung, daß entweder:

a) jede der beiden Flächen oder Flächengruppen (A B) mit je einer Kolbenstange eines in der Mitte geteilten Zylinders (c) derart verbunden ist, daß sich beide Flächen unabhängig voneinander bewegen, oder

b) die eine der beiden Flächen oder Flächengruppen eines Paares mit dem Kolben eines einfachen Zylinders (C), die andere Fläche oder Flächengruppe mit dem Zylinder selbst fest verbunden, beide jedoch in ihren Bewegungen voneinander unabhängig sind, oder

c) zwei oder mehrere am Kolben je eines Zylinders befestigte Flächen (A) gegenüber je einem zu ihnen symmetrisch angeordneten feststehenden Stützrade (B) angeordnet, oder

d) zwei oder mehrere feststehende Stützräder (B) gegenüber einer zu ihnen symmetrisch angeordneten, am Kolben eines Zylinders befestigten, abwechselnd als Trieb- und Stützfläche wirkenden Fläche (A) angeordnet sind.

162. Durch die Vorrichtung nach der

Patentschrift Nr. 84 719

Armin Kersten in Köln,

angemeldet am 23. Januar 1895, ausgegeben am 4. Januar 1896, soll gezeigt werden, daß der Wind gewöhnlich nicht mit konstanter, sondern mit variabler Geschwindigkeit sich bewegt und die Richtung innerhalb gewisser Grenzen wechselt, und zwar in dem Maße, daß hierdurch (durch ein hieraus entstehendes Arbeitsvermögen) ein mit einer entsprechenden Tragfläche versehener Körper zu einem freien Aufsteigen gebracht werden kann (Zeitschr. des Vereins deutscher Ingenieure, Jahrgang 1894, Nr. 36, S. 1073).

Mit einer ebenen Tragfläche oder Plattform E (Fig. 555 und 556) ist ein Auge a, welches als Führung für eine Stange b dient, fest verbunden. Diese Stange b hängt mittels des Punktes oder der

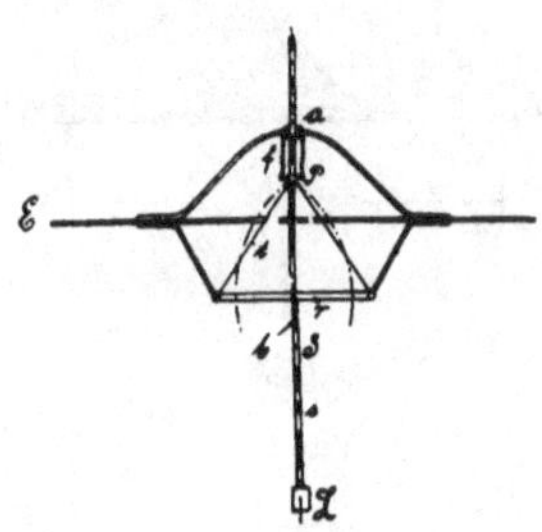

Fig. 555.

Traverse P und der Feder f an der Führung a. Von dem Punkt P aus (oder von einem tiefer liegenden) ist eine Verbindung mit dem Ring r durch das trichterförmige (konische) Zugorgan (Gewebe oder dergl.) hergestellt. Der Ring r ist mit der Platte E fest verbunden. Der Schwerpunkt S des Ganzen liegt möglichst tief unter E. Die Feder f ist so konstruiert, daß, solange an ihr nur das Gewicht G der Stange b mit der Last L wirkt, ihre Spannung gerade noch ausreicht, um das trichterförmige Gewebe t straff zu halten.

Wenn die Vorrichtung in ruhender Luft von einem erhöhten Standpunkt aus fallen gelassen würde, so würde sie wie ein Fallschirm wirken und nach einiger Zeit gleichmäßig sinken, genau so, als wenn die Vorrichtung aus einem Stück bestände oder die einzelnen Teile fest miteinander verbunden wären. Wenn dagegen ein plötzlich auftretender oder an Stärke zunehmender Wind etwa von rechts nach links auf die Vorrichtung wirkt, so würde die Reibung der

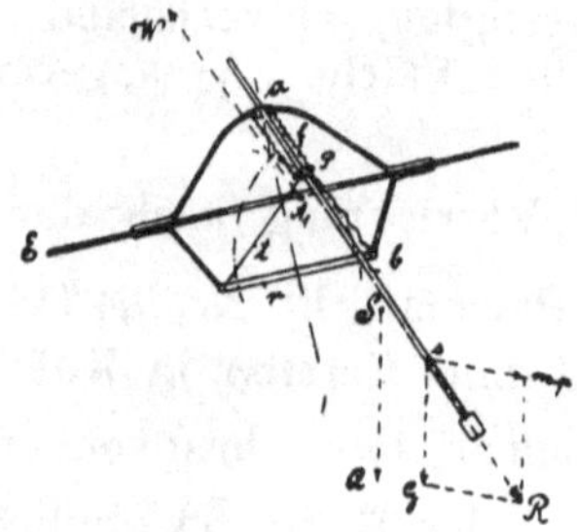

Fig. 556.

Luft längs der Plattform, also außerhalb des Schwerpunktes S angreifend, ein links drehendes Moment erzeugen, wodurch die Vorrichtung in eine schräge Lage gebracht wird. Bei stärkerem Windwechsel würde eine bedeutende Drehung oder auch ein Umkippen der Vorrichtung eintreten, wenn dieselbe ein fest verbundenes

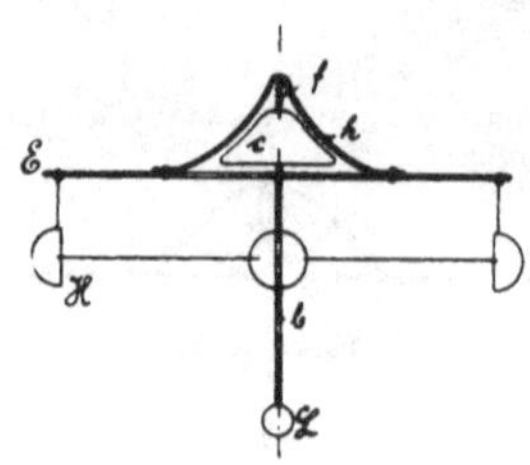

Fig. 557.

Ganzes darstellte. Die Vorrichtung ist nun so eingerichtet, daß bei Verstärkung des Windes ein die Tragfläche mehr horizontal einstellendes Moment hinzutritt, gebildet aus der Reibung der Luft an der Plattform mal dem Abstand des Auges a von der Tragfläche E.

Durch die beschleunigte Bewegung, welche die Plattform durch den Wind erhält, wird die Stange b eine schräge Lage einzunehmen suchen, und kann diese Lage bei einer bestimmten Beschleunigung p gefunden werden, indem man sich das ganze System im Gleichgewicht und auf die Stange im Schwerpunkt s derselben den Trägheitswiderstand m p der Stange einwirkend vorstellt. Die in P aufgehängte Stange würde sich dann in der Richtung der Resultierenden R aus Gewicht G der Stange und Trägheitswiderstand m p einzustellen suchen. Da nun auf die Feder f eine vergrößerte Kraft R jetzt einwirkt (in der Richtung der Stange), so wird die Feder sich verlängern; der Trichter t gestattet, daß der Punkt P sich relativ zu der Plattform innerhalb eines globoidförmigen Raumes bewegen kann, dessen Erzeugende durch die strichpunktierten Kreise in den Fig. 555 und 556 angegeben sind. Es wird nun anderseits die Plattform sich so weit wie möglich rechts herumzudrehen suchen vermöge ihrer exzentrischen Verbindung mit der Stange. Es kann nämlich der Punkt a als Drehpunkt der Plattform E angesehen werden, woraus sich ergibt, daß die Reibung der Luft an der Plattform eine Rechtsdrehung der letzteren herbeiführt. Die Reibung der Luft mit dem

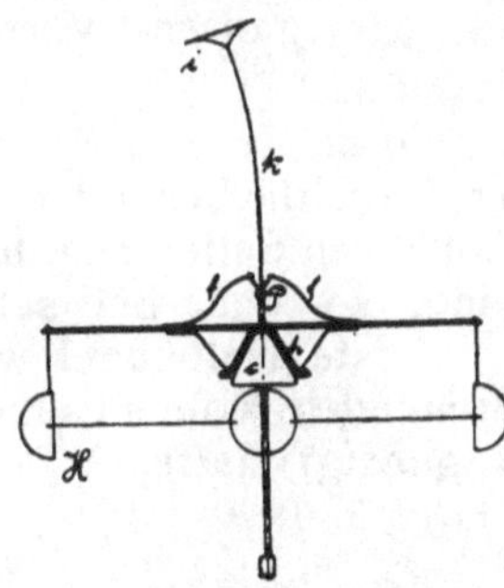

Fig. 558.

Normaldruck zusammen geben eine Resultierende W, welche, damit Relativdrehung der Plattform gegenüber der Stange eintritt, links vom Punkt a vorbeigehen muß, was durch einen entsprechend großen Abstand des Punktes a von der Plattform erreicht wird. In demselben Sinne wirkt ein in geeigneter Weise angebrachter Widerstand, wie beispielsweise die in den Fig. 557 und 558 angebrachten hohlen Halbkugeln.

Patentansprüche:

1. Eine Flugvorrichtung zum Aufsteigen in die Luft unter dem Einfluß horizontaler Luftströmungen von wechselnder Richtung bzw. Stärke, gekennzeichnet durch eine Tragfläche von regulärer Gestalt, welche an der Flugvorrichtung so angebracht ist, daß sie bei ruhender Luft oder gleichmäßigem Wind horizontal und mit ihrem Mittelquart senkrecht über dem Schwerpunkt der ganzen Vorrichtung steht, dagegen bei Abänderung der Luftströmung sich unter Neigung der ganzen Vorrichtung schräg stellt und so dem Wind eine Angriffsfläche bietet, wobei das vollständige Umkippen der Flugvorrichtung durch besondere Einrichtungen verhindert werden soll.

2. Eine Ausführungsform der durch Anspruch 1 geschützten Vorrichtung, bei welcher zur Verhütung des Umkippens der Flugvorrichtung die Last mittels einer Stange (b) an einem über der

Tragfläche liegenden, mit derselben fest verbundenen Punkt (a) pendelnd aufgehängt ist.

3. Eine Ausführungsform der durch Anspruch 1 und 2 geschützten Vorrichtung, bei welcher die Last an der Tragfläche in der Richtung der Stange b federnd aufgehängt ist, so daß bei Aenderung der Luftströmung infolge des Trägheitswiderstandes der Last die Federkraft überwunden und die Entfernung der Last vom Aufhängepunkt a vorübergehend vergrößert wird.

4. Eine Ausführungsform der durch Anspruch 1 geschützten Vorrichtung, bei welcher die Last fest mit der Tragfläche verbunden ist, über der Tragfläche aber zur Verhütung des Umkippens der Flugvorrichtung eine flache Kugelhaube (oder ein Kegelmantel) K angebracht ist, deren Innenraum mit Gas (Wasserstoff, atmosphärische Luft) ausgefüllt ist, so daß der Angriffspunkt des Auftriebes außerhalb des Schwerpunktes der ganzen Vorrichtung (etwa in dem Punkt A) angreift.

5. Eine Ausführungsform der durch Anspruch 1 geschützten Vorrichtung, bei welcher Kugelflächen oder Kegelflächen am Rande der Tragfläche, mit der konkaven Seite nach der Mitte der Vorrichtung gerichtet, angebracht sind, so daß bei schräger Einstellung der Tragfläche der auf die unterste Halbkugel wirkende Winddruck ein um so größeres zurückdrehendes Moment erzeugt, je mehr die ganze Vorrichtung sich schon geneigt hatte.

163. Bei dem nach Art eines Schlagfliegers gebauten Flugzeug nach der

Patentschrift Nr. 87 067
Georg Steinicke in Berlin,

angemeldet am 11. Dezember 1894, ausgegeben am 9. Juni 1896,

sind um eine Mittelachse mehrere kreisförmige Flugschirme übereinander angeordnet, welche eine auf- und abschwingende Bewegung gleichzeitig ausführen. Die Flugschirme sind aus einzelnen Flügeln zusammengesetzt und geschieht die Vorwärtsbewegung des Fahrzeuges durch eine Kniehebelvorrichtung in der Weise, daß den seitlich vor dem Fahrzeuge liegenden Flügeln außer der auf und ab schwingenden noch eine nach rückwärts schlagende Bewegung erteilt wird.

In der Mitte der Tragflächen a b c (Fig. 559), welche einen kreisförmigen Umfang haben, befindet sich ein Stahlrohr e, auf welchem drei übereinanderliegende Ringe e^1 e^2 e^3, welche durch Stahlrohre f fest miteinander verbunden sind, auf- und niedergleiten können. An die Ringe e^1 e^2 e^3 setzen sich die Stangen h^3, welche die Flügel halten, gelenkig an. Die Stangen h^3 sind in Gelenken e^4 (Fig. 559 und 560) an einem Ring r, welcher an dem Gestell des Luftschiffes befestigt ist, beweglich angeordnet.

Ein einzelner Flügel (Fig. 559 bis 562) wird aus einer Anzahl Klappen gebildet, welche dachziegelförmig (Fig. 562) übereinander greifen. Die einzelnen Klappen bestehen aus einem Rahmen aus Federstahl, deren innerer Raum mit gewölbtem, beim Heruntergehen der Flügel sich aufblähendem Seidenstoff (Fig. 560 und Fig. 562) ausgefüllt ist, zu dem Zweck, die Luft besser im Flügel zu fangen. Damit die von den einzelnen Flügeln gefaßte Luft nicht nach außen hin ausweichen kann, sind dieselben mit

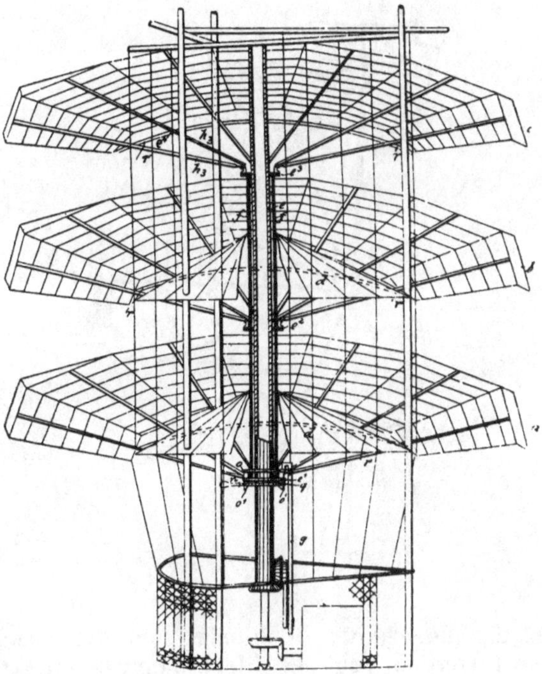

Fig. 559.

einer feststehenden Klappe k versehen, an welcher die Luft sich fängt und welche den Ersatz für die Wölbung eines wirklichen Vogelflügels bilden soll.

An der Pleuelstange g befindet sich eine Scheibe o, welche mehrere Zapfen o^1 besitzt, welche mit je einem Einschnitt o^2 versehen sind.

Fig. 560.

sehen sind. Die Ringscheibe o ist auf dem Rohr e und auf den Stangen f auf und ab beweglich und kann mit den Zapfen o^1 durch Löcher o^3 o^4 der Scheiben e^1 und q hindurchgreifen. Die Scheibe q ist unter der Scheibe e durch einen Griff p in seitlicher Richtung hin und her beweglich und besitzt Vorsprünge o^5.

Sind die Flugschirme ausgeschaltet und der Motor in Bewegung, so gleitet die an der Pleuelstange g befestigte Scheibe o auf dem Rohre e hin und her. Bewegt man nun, wenn die Scheibe o sich in tiefster Stellung und die Ausschnitte o^2 in Höhe der Ringscheibe q befinden, die letztere vermöge des Hebels p in Richtung des Pfeiles (Fig. 563, 564) herum, so schieben sich die Vorsprünge o^5 der

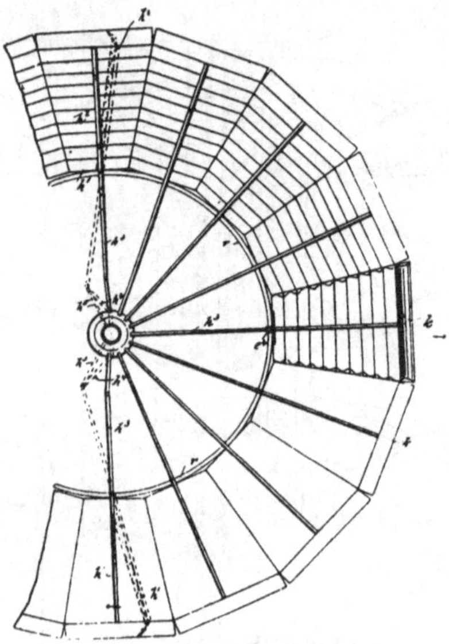

Fig. 561.

Scheibe q in die Einschnitte o^2 hinein, und die Scheiben e^1 e^2 e^3 nebst Stangen f werden von der Pleuelstange g mitgenommen.

Nunmehr bewegen sich sämtliche Flügel gleichzeitig auf und ab, wobei die Drehung der Flügelstangen um den festen Punkt am Ringe r erfolgt.

Um dem Luftschiff nach vorn Bewegungsfähigkeit zu verleihen, sind die Flügel h^1 h^2 (Fig. 561) zu beiden Seiten der Vorrichtung anders angeordnet als die gewöhnlichen Hebeflügel.

Fig. 562.

Patentansprüche:

1. Ein Luftschiff, dadurch gekennzeichnet, daß die Aufwärtsbewegung in der Weise erfolgt, daß mehrere übereinander angeordnete Tragflächen, welche aus einzelnen im Kreise liegenden, um einen festen Ring r beweglichen Flügeln bestehen und mit ihren nach innen verlängerten Stangen (h^3) an durch Stangen (f) miteín-

ander verbundenen Ringen (e^1 e^2 e^3) angreifen, durch einen Motor gleichzeitig auf und ab bewegt werden, und bei welchem die Vorwärtsbewegung durch zwei seitlich befindliche Flügel (h^1 h^2) erfolgt, deren geknickte Achsen (h^3) (Fig. 560 und 561) einerseits vermöge eines cardanischen Gelenkes an dem Ring r nach allen Richtungen frei beweglich, anderseits drehbar gelagert sind und im Knie von einer Schubstange (h^5) angegriffen werden, die von einem mit den Ringen (e^1 e^2 e^3) bewegten Ring (h^8) auf und nieder bewegt wird,

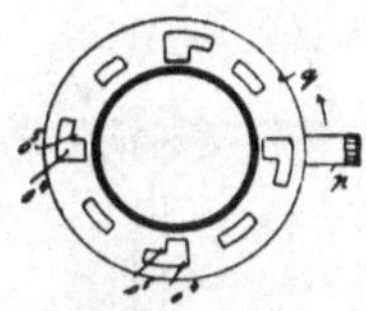

Fig. 563.

so daß den Flügeln (h^1 h^2) beim Bewegen der Tragflächen eine drehende und nach hinten schlagende Bewegung erteilt wird.

2. An der durch Anspruch 1 gekennzeichneten Vorrichtung die Anordnung einer Aus- und Einschaltvorrichtung zwischen Tragfläche und Motor, gekennzeichnet durch eine auf Rohr (e) gleitende, an der Pleuelstange (g) befestigte Ringscheibe (o) mit Zapfen (o^1), welche mit ihren Einschnitten (o^2) durch Löcher (o^3 o^4) der Scheiben

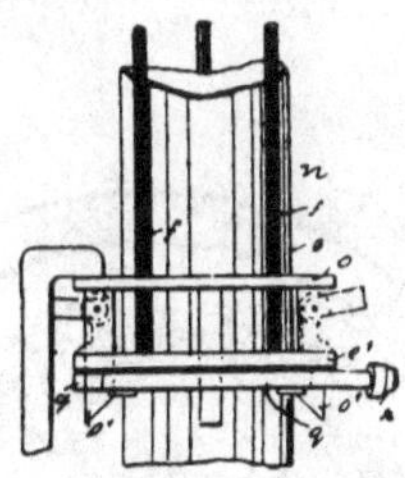

Fig. 564.

(e^1) und (q) hindurchgreifen, wobei durch Drehung der Scheibe (q) mittels des Hebels (p) die Vorsprünge (o^5) in die Einschnitte (o^2) eingreifen, wodurch die Pleuelstange (g) mit den Ringen (e^1 e^2 e^3) gekuppelt wird.

164. Den Druck eines Treibmittels nutzt das Flugzeug nach der

Patentschrift Nr. 93 692
Armin Beckmann in Charlottenburg,

angemeldet am 30. Januar 1896, ausgegeben am 1. Oktober 1897, aus. Wenn man die beiden Blechlinsen M M (Fig. 565) mit Hilfe einer Luftpumpe luftleer macht, so drückt die äußere Luft mit ca. 1 kg pro 1 qcm auf die Wände des Gefäßes. Verschafft man der

Luft durch eine vorher luftdicht, etwa durch Ventile U U, verschlossene Oeffnung plötzlich Zutritt in das Innere des Gefäßes, so dringt sie mit Heftigkeit hinein. Legt man der eindringenden Luft einen Gegenstand, z. B. ein Stück Blech, hier das kreis-

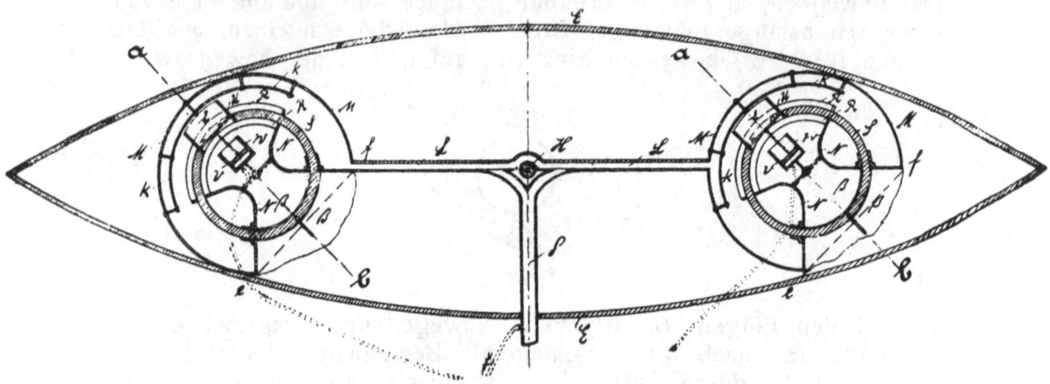

Fig. 565.

bogenförmige Blech x x, im Innern des Gefäßes nahe der Lufteinströmungsöffnung hindernd in den Weg, so erleidet dieses Blech einen Druck, der im Augenblick des Eindringens der Luft ebenfalls

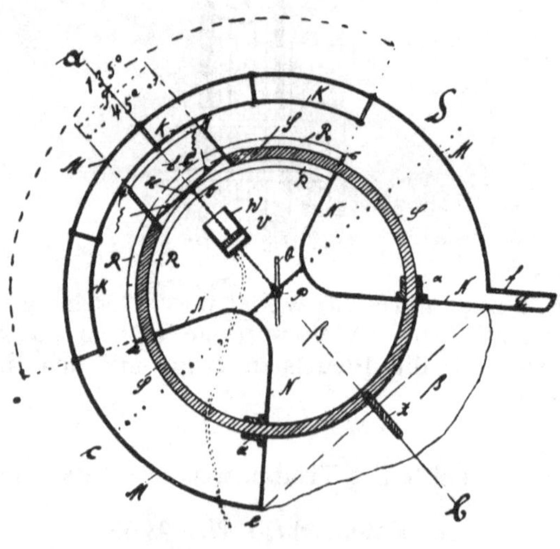

Fig. 566.

etwa 1 kg pro 1 qcm beträgt, dann abnimmt und aufhört, sobald das Gefäß vollständig mit Luft angefüllt ist. Wird das Blech nur lose an der Wand des Gefäßes befestigt, so wird es durch den Luftdruck in das Innere des Gefäßes hineingeschleudert. Ist es dagegen so befestigt, daß es dem Druck Widerstand leistet, so wird das Gefäß mit allem, was daran befestigt ist (hier die Stangen E E mit der daran hängenden Gondel) je nach der Lage der Lufteinströmungsöffnung in beliebiger Richtung fortgetrieben, vorausgesetzt, daß das Ganze gleiches spezifisches Gewicht mit der Luft hat, was durch die Verbindung eines mit leichterem Gase angefüllten Ballons mit dem Gefäß erreicht wird (Fig. 565 bis 568).

Patentansprüche:

1. Ein lenkbares Luftschiff, dadurch gekennzeichnet, daß Luft, die in einen ununterbrochen luftleer gemachten Raum M N eindringt, einen Druck auf ein im Luftstrom befindliches Blech x x ausübt,

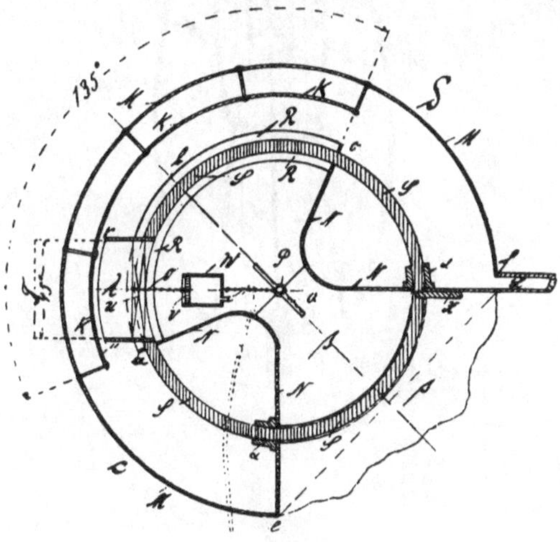

Fig. 567.

welcher Druck durch einen Antriebsregulator in Verbindung mit einem luftdicht schließenden Einströmungsventil U und einem an dieses angeketteten, in einem Regulierzylinder W beweglichen Regulierkolben V beliebig geregelt werden kann, und zwar so, daß bei geöffneten Hähnen n und p durch plötzliches fortwährendes Heben und Senken des Regulierstabes w der Druck stoßweise oder durch allmähliches Hineinströmenlassen der Luft unter den Regulierkolben V mittels der Hähne n und p ununterbrochen erfolgt.

2. Eine Steuerung des lenkbaren Luftschiffes nach Anspruch 1 in vertikaler Ebene, dadurch bewirkt, daß mittels zweier in ihren Führungen R R drehbarer Stellringe S S, in denen die Einströmungsbehälter λ λ angebracht sind, der Druck der in die luftverdünnten Linsen M M gegen die kreisförmig gebogenen Blechstreifen x x strömenden Luft auf diese Blechstreifen in beliebigen Winkeln zwischen 0° und 90° über der Horizontalen nach vorn gerichtet werden kann.

3. Eine Steuerung des Luftschiffes nach Anspruch 1 in horizontaler Ebene, dadurch bewirkt, daß mittels der Bleche β β an der vorderen und an der hinteren Linse je zwei getrennte Luftzuströmungsräume, ein linker r und ein rechter s, geschaffen werden,

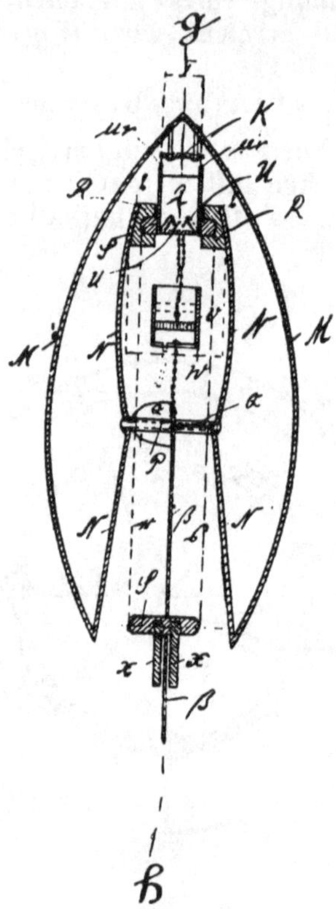

Fig. 568.

durch deren kreuzweise mittels der luftdicht schließenden Ventile Q Q zu erreichenden Abschließung von der einseitig nachströmenden Luft ein kreuzweiser Druck auf die Bleche β β erfolgt.

165. Die

Patentschrift Nr. 100 398

Paul Molnar, F. W. Rogler und Hans Hörbiger in Budapest,

angemeldet am 13. Mai 1896, ausgegeben am 18. November 1898,

hat eine Flugmaschine zum Gegenstande, bei welcher der Rumpf und die großen, zur Quer- und Längsachse desselben angenähert parallelen Tragsegel ein starres Ganzes bilden. Die Fortbewegung dieser Maschine in der Luft soll in folgender Weise stattfinden:

Die Maschine habe einen Bewegungsimpuls erhalten, vermöge dessen sie sich schief nach aufwärts und vorwärts bewegt. Nimmt man noch der Einfachheit wegen für einen Augenblick an, daß der Angriffspunkt des auf die Maschine ausgeübten Luftwiderstandes unverrückbar in der Längsachse der Maschine und etwas hinter dem in derselben Achse liegenden Schwerpunkt der Maschine als Ganzes liegt, so ergibt sich sofort, daß die Maschine sich so be-

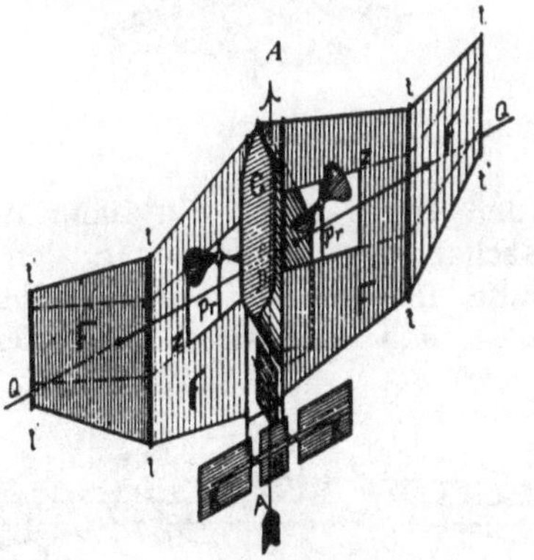

Fig. 569.

wegen wird, daß ihre Längsachse stets die Tangente zur Flugbahn des Schwerpunktes bilden wird, und demnach auch die Tragsegel der Tangente der Schwerpunktsflugbahn sich stets genau anschmiegen. Diese Flugbahn besteht naturgemäß aus einem aufsteigenden und einem absteigenden Ast; im ersteren ist die Längsachse der Maschine schief nach vorn und aufwärts, im letzteren

Fig. 570.

Fig. 571.

schief nach vorn und abwärts gerichtet. Läßt man nun an einer Stelle des absteigenden Astes der Flugbahn auf die Maschine eine außerhalb ihres Schwerpunktes angreifende Kraft wirken, welche die Längsachse der Maschine wieder schief nach aufwärts dreht, so übt der Luftwiderstand auf die Unterseite der Tragsegel einen nach aufwärts gerichteten Druck aus, der eine Ablenkung des Schwerpunktes aus seiner Flugbahn nach oben anstrebt und so lange fortwirkt, bis die Längsachse der Maschine wieder mit der Tangente der Schwerpunktsflugbahn zusammenfällt, d. h. bis letztere wieder nach vorn und aufwärts gerichtet ist; ist dies erreicht, so befindet sich die Maschine wieder in dem vorstehend angenommenen Anfangszustand, und ihr Schwerpunkt befindet sich wieder im aufsteigenden Ast einer Flugbahn.

Durch Wiederholung der beschriebenen Vorgänge wird daher die Maschine veranlaßt, sich so zu bewegen, daß ihr Schwerpunkt eine Reihe von Flugbahnen durchläuft, indem er immer an einer

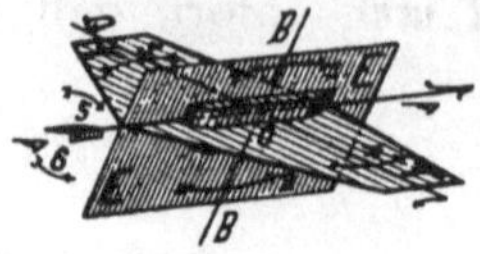

Fig. 572.

Stelle des absteigenden Astes einer Flugbahn durch entsprechende Drehung der Längsachse der Maschine in den aufsteigenden Ast der nächsten Flugbahn übergeleitet wird. Selbstverständlich muß, wenn diese Bewegung sich auf lange Dauer erstrecken soll, eine

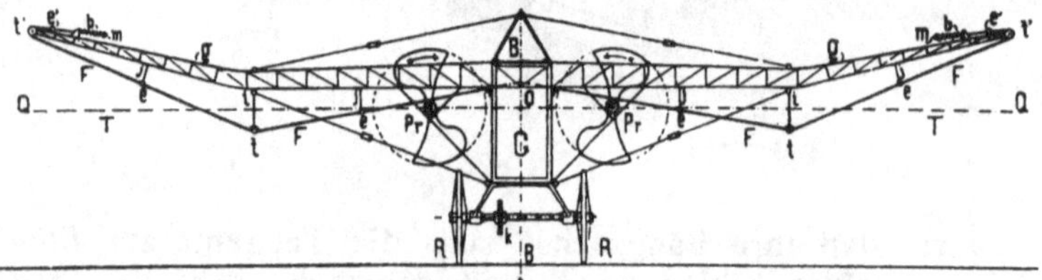

Fig. 573.

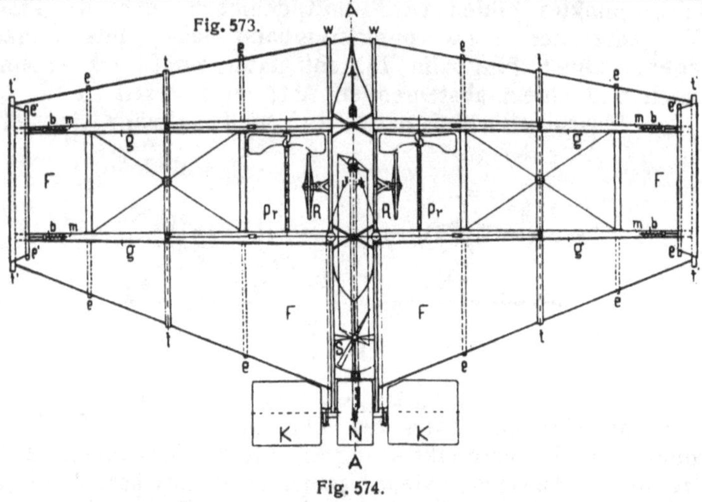

Fig. 574.

auf der Maschine befindliche Kraftquelle die lebendige Kraft der Maschine auf konstanter Höhe erhalten.

Die vorstehend angegebene Drehung der Längsachse der Maschine kann in beliebiger Weise hervorgebracht werden, beispielsweise durch entsprechende Drehung einer für gewöhnlich zur Längs- und Querachse der Maschine parallelen Hilfssegelfläche — des sogenannten Kippruders — um eine zur Querachse der Maschine parallele Achse.

Die vorstehend gemachte Voraussetzung, daß der Angriffspunkt des Luftwiderstandes der ganzen Maschine unverrückbar festliege, trifft in der Praxis nicht zu. Dieser Angriffspunkt verschiebt sich um so weiter nach vorn, je kleiner der Neigungswinkel zwischen Längsachse und Flugbahntangente ist. Er wird daher bei Beginn der vorstehend erwähnten zeitweisen Drehung der Längsachse am weitesten nach vorn zu liegen kommen und bei fortgesetzter Drehung allmählich nach hinten rücken. Diesen Umstand benutzt man bei der vorliegenden Erfindung zur Erleichterung und Regelung der Drehbewegung der Längsachse. Man legt nämlich den Schwerpunkt der Maschine als Ganzes in die Längsachse, aber an eine Stelle, welche hinter jener Stelle liegt, die der Angriffspunkt des Luftwiderstandes bei sehr kleiner Neigung zwischen Längsachse und Flugbahntangente einnimmt, aber vor jener Stelle, die dieser Angriffspunkt bei einem größten für zulässig erachteten Wert der ge-

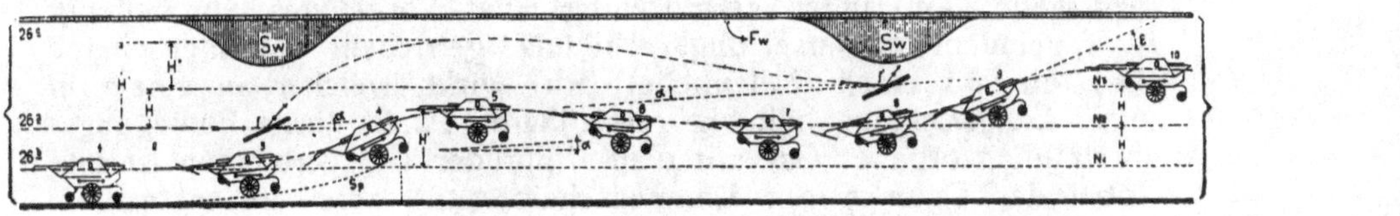

Fig. 575.

nannten Neigung einnimmt. Diese Einrichtung hat zur Folge, daß, sobald die Drehung der Längsachse der Maschine durch das Kippruder oder in anderer Weise eingeleitet ist, der Luftwiderstand, welchen die Maschine samt den Tragsegeln als Ganzes erfährt, nach oben gerichtet ist und vor dem Schwerpunkte angreift und somit das Bestreben hat, die Drehung der Längsachse in der beabsichtigten Richtung fortzusetzen. Mit wachsender Neigung zwischen Längsachse und Flugbahntangente rückt aber der Angriffspunkt des Luftwiderstandes weiter nach rückwärts, wodurch sich das Drehmoment dieses Luftwiderstandes alsbald verringert, und ist dieser Angriffspunkt einmal über den Schwerpunkt hinaus nach rückwärts gelangt, so wechselt dieses Drehmoment sein Vorzeichen, d. h. der Luftwiderstand wirkt dann einer weiteren Drehung der Längsachse mit rasch wachsender Kraft entgegen, so daß die Neigung zwischen Längsachse und Flugbahntangente einen bestimmten regelbaren Wert nicht übersteigen kann und ein Umschlagen der Maschine vollständig verhindert ist (Fig. 569 bis 575).

Patentansprüche:

1. Verfahren zum Fortbewegen von Flugmaschinen mit Tragsegeln und einer Vorrichtung zum Vorwärtstreiben in der Längsrichtung längs einer Art Wellenlinie, dadurch gekennzeichnet, daß das ununterbrochen in der Längsrichtung vorwärts bewegte Schiff

in willkürlich zu bestimmenden Punkten des absteigenden Astes jeder Welle selbsttätig um seine Querachse rückwärts gekippt wird, um durch die hierdurch hervorgerufene Aenderung des Luftwiderstandes und die infolgedessen veranlaßte Ablenkung des Massenschwerpunktes aus seiner Bahn den Uebergang der Maschine aus dem absteigenden Ast der Welle in den aufsteigenden Ast einer neuen Welle zu bewirken.

2. Eine Flugmaschine zur Ausführung des Verfahrens nach Patentanspruch 1, gekennzeichnet durch eine Vorrichtung zum selbsttätigen Rückwärtskippen der Maschine, bei welcher ein an der Maschine um eine zur Symmetrieebene derselben senkrechte Achse drehbar angeordnetes Kippruder (K) an der dem Massenschwerpunkte zugekehrten Seite rasch nach abwärts gedreht wird, um, sobald die Längsachse der Maschine die neue gewünschte Richtung angenommen hat, in die zur Längs- und Querachse parallele Lage zurückzukehren.

3. Zur selbsttätigen Bewegung des Kippruders bei der durch Patentanspruch 2 gekennzeichneten Einrichtung eine von einer Antriebswelle (Aw) unter Vermittelung eines Vorgeleges von beliebig zu regelndem Uebersetzungsverhältnis getriebene Daumenscheibe (Ds), die auf einen Rollenhebel (Rh) wirkt, welcher an einem in seiner Längsrichtung beliebig verstellbaren Punkt durch Bewegungsübertragungsorgane (Gs) mit dem Kippruder (K) verbunden ist und wobei der Daumen der Daumenscheibe aus zwei nebeneinander liegenden, gegeneinander verstellbaren Teilen besteht, so daß die Bewegung des Kippruders zwar selbsttätig erfolgt, aber die Dauer und der Ausschlag jeder Kippbewegung, sowie der Zeitraum zwischen zwei aufeinanderfolgenden Kippbewegungen je nach Erfordernis willkürlich geregelt werden kann.

4. Eine Flugmaschine zur Ausführung des durch Patentanspruch 1 geschützten Verfahrens, gekennzeichnet durch die Anordnung von zwei Laufrädern (R) auf einer Achse (S) an der Unterseite der Maschine, welche das Rückwärtskippen derselben am Ende des Anlaufes am Boden zulassen, und eines Leitrades (r') am hinteren Ende der Maschine, welches emporgeklappt wird, um das Kippen behufs Ueberganges in den aufsteigenden Ast der ersten Welle zu ermöglichen.

5. Eine Flugmaschine zur Ausführung des durch Patentanspruch 1 geschützten Verfahrens, gekennzeichnet durch zur Symmetrieebene der Maschine symmetrisch angeordnete Tragsegel (F F'), welche aus Teilen bestehen, die sich in zur Längsachse der Maschine parallelen Schnittlinien (t t) schneiden, wobei die der Symmetrieebene zunächst gelegenen Teile nach außen und abwärts, die von derselben am weitesten entfernten nach außen und aufwärts geneigt sind, wodurch das Rollen der Maschine und das Flattern der Segel beim Kippen vermindert wird.

6. Eine Flugmaschine zur Ausführung des durch Patentanspruch 1 geschützten Verfahrens, gekennzeichnet durch die Anordnung der Massen derselben in der Weise, daß der Massenschwer-

punkt der ganzen Maschine in die mit der Resultierenden des Formwiderstandes und der Triebkraft zusammenfallende Symmetrielinie (A A) der Schwerebene (T T) des Tragsegels, und zwar so weit vor dem Flächenschwerpunkte desselben zu liegen kommt, daß der Druckmittelpunkt bei der für zulässig erachteten größten Neigung der Längsachse gegen die Flugbahntangente sich bereits hinter dem Schwerpunkte befindet, bei kleinen Werten dieser Neigung jedoch vor demselben, so daß einerseits die Werte des natürlichen Kippmomentes der Tragsegel verringert werden und anderseits dieses Kippmoment noch vor Erreichung der größten für zulässig erachteten Neigung zwischen Längsachse und Flugbahntangente sein Vorzeichen wechselt, wodurch das Tragsegelkippmoment anfänglich die Wirkung des Kippruders unterstützt, weiterhin aber dieser Wirkung entgegenwirkt, um ein Ueberschlagen der Maschine zu verhindern.

7. Eine Flugmaschine zur Ausführung des durch Patentanspruch 1 geschützten Verfahrens, gekennzeichnet durch die Anordnung der als ein oder mehrere Schraubenpaare ausgeführten Treibvorrichtung in Aussparungen (Z Z) der Tragsegel (F F) in unmittelbarer Nähe der Querachse der Maschine, wodurch einerseits das natürliche Kippmoment der Tragsegel in engere Grenzen eingeschlossen wird und anderseits das auf die Querachse der Maschine bezogene Trägheitsmoment der letzteren, welches der Kippwirkung des Kippruders entgegenwirkt, gleichfalls verringert wird, um das beabsichtigte Kippen möglichst rasch bewerkstelligen zu können.

8. Bei der durch Patentanspruch 5 gekennzeichneten Tragsegeleinrichtung die Anordnung der Segelträger (g) über der Tragsegelfläche (F), wodurch die Verlegung des Massenschwerpunktes in die Schwerebene der Tragsegel ohne Anwendung besonderen Ballastes behufs erhöhter Kippbarkeit der Maschine erleichtert wird.

9. Bei der durch Patentanspruch 5 gekennzeichneten Tragsegeleinrichtung die Anordnung von zur Längsachse der Maschine parallelen Versteifungsleisten (e) an der Unterseite der Tragsegelfläche (F), die durch Zugorgane gegen die Segelträger hin gespannt und von T-förmigem Querschnitt sein können, wodurch das durch Kippen sonst notwendig hervorgerufene Flattern der Segelfläche verringert wird bzw. das Ausweichen der unter dem Tragsegel befindlichen Luft nach der Seite erschwert wird.

10. Bei der durch Patentanspruch 5 gekennzeichneten Tragsegelanordnung eine Einrichtung zur Spannung der Segel in der Querrichtung, darin bestehend, daß die Segel über Stangen (tt) gelegt sind, die durch an der Unterseite der Segelträger an letzteren eingelenkte Stangen (i) getragen werden, und der äußere Rand der Segel durch Federn (b) gespannt wird, die an den Segelträgern befestigt sind, um das beim Kippen auftretende Flattern der Segel zu verhüten.

166. Die Flugvorrichtung nach der

Patentschrift Nr. 121 279
Ernst Trimpler in Bernburg,

angemeldet am 28. September 1899, ausgegeben am 27. Juni 1901, soll entweder in Verbindung mit Luftballons zu benutzen sein, oder von Anhöhen aus in fallender Richtung in Betrieb gesetzt werden.

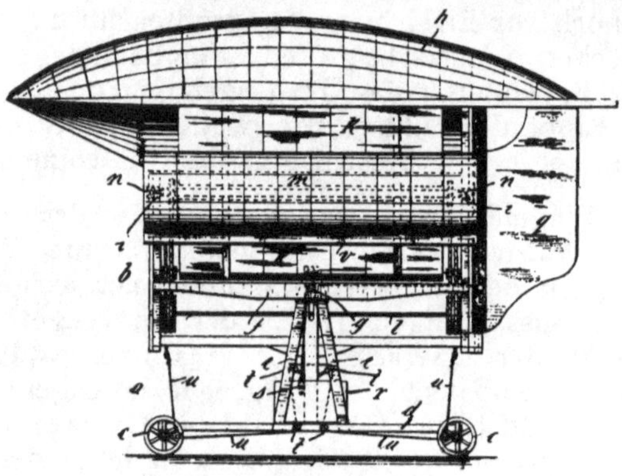

Fig. 576.

In der Verlängerung der Drehachse der Flügel k sind an den Armen i noch zwei Bogenstücke m mittels Streben n beweglich angebracht, die durch an den Armen i befindliche Stifte o in hori-

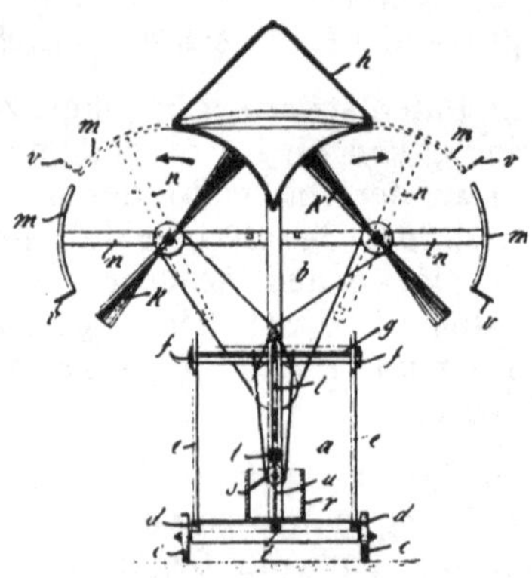

Fig. 577.

zontaler Lage gehalten werden (Fig. 576, 577). Die Bogenstücke m und der Dachkörper h sind so angebracht, daß die äußeren Enden der Flügel dicht an deren Wandungen vorbeigehen, damit möglichst viel Luft von den Flügeln erfaßt wird und nur ein ganz geringer Teil zwischen beiden entweichen kann. Die Bogenstücke dienen außerdem als Fallschirm, indem man beim Abstieg durch Hochklappen derselben bis an den Dachkörper der Luft einen größeren Widerstand entgegensetzt.

Der Auf- und Abstieg der Maschine wird durch Verlegung ihres Schwerpunktes geregelt. Zur Verlegung ihres im Korbe oder Kasten r befindlichen Schwerpunktes ist der eigentliche Flugkörper oder Ballon schwingbar in dem Gestell a gelagert und mit demselben durch ein über Rollen t nach dem Korbe oder Kasten r geführtes Seil n verbunden.

Beim Abstieg wird die Umdrehungsgeschwindigkeit der Flügel verlangsamt bzw. ganz aufgehoben und die Bogenstücke nach oben bis an den Rand des Dachkörpers geklappt, wie in Fig. 577 punktiert angedeutet ist, wodurch der Luft ein größerer Widerstand entgegengesetzt wird und der Abstieg leicht vonstatten gehen kann. Die an den Bogenstücken m unten angesetzten Leisten v dienen dazu, ein selbsttätiges Aufklappen der Bogenstücke beim Niederfallen der Maschine zu bewirken.

Patentanspruch:

Flugvorrichtung, bestehend aus einem an der kielartigen Unterseite durch zwei konkav gekrümmte Flächen begrenzten Körper mit konzentrisch zu diesen geschweiften Flächen angeordneten Schraubenflügeln in Verbindung mit konzentrisch zu den Flügeln angeordneten gekrümmten Flächenstücken, die bei normalem Fluge radkastenartig wirken und ein seitliches Ausweichen der Luft im niedergehenden Teil der Flügeldrehung erschweren, während sie beim Abstieg hochklappen und fallschirmartig wirken.

167. Ein eigenartiges Flugzeug ist in der

Patentschrift Nr. 121 280
Dr. Andreas Ozegowsky in Ostrowo,

angemeldet am 6. Februar 1900, ausgegeben am 18. Juni 1901, beschrieben.

In den Gabeln a b c und d e f (Fig. 578, 579) der von der Welle g h auslaufenden Arme g a und g d, die etwas elastisch nachgiebig sind, sind die zylinderförmigen, an einem Ende spitzen Ballons m und n mit ihren spitzen Enden a und d mittels Schnüren befestigt. Die Ballons liegen in der Ruhelage zur Welle g h parallel und ragen von den Gabeln ihrer Längsrichtung nach parallel zur Welle frei in die Luft. Die Welle mit den an ihr befestigten Ballons wird durch eine Antriebvorrichtung h in Drehung versetzt. Bei i ist der Sitz; nach hinten erstreckt sich vom Sitz eine gabelförmige Stange k l, an welcher ein dritter, den beiden ersten gleicher Ballon befestigt ist.

Die Größe der Ballons bzw. die Menge des Gases richtet sich nach der Größe der Last, die durch das Gas so hoch gehoben werden soll, daß die Ballons bequem im Kreise gedreht werden können.

Sitzt der Mensch in i und versetzt die Ballons mittels der Antriebvorrichtung in Drehung, so beschreiben die Ballons einen Kreis. Da die Luft den Ballons einen Widerstand bietet, so nehmen diese eine zur Welle schräge Lage an, weil die Arme, wie oben gesagt,

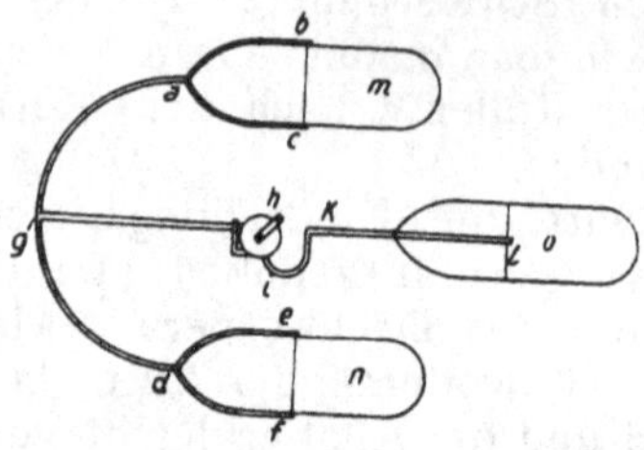

Fig. 578.

elastisch nachgiebig sind. Die Ballons bilden jetzt eine Art Schraube, und das Gefährt bewegt sich, während die Ballons gedreht werden, durch die Luft.

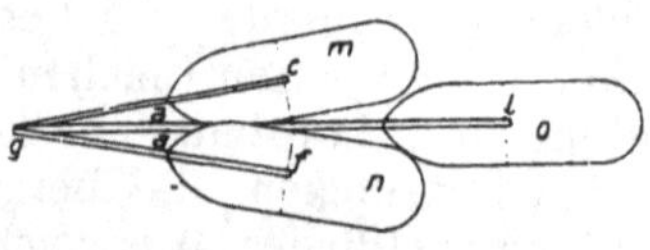

Fig. 579.

Patentanspruch:

Luftfahrzeug, dadurch gekennzeichnet, daß zwei an den Enden eines an einer Welle (g h) sitzenden elastischen Bügels (a d) mit ihren vorderen Enden befestigte, in der Ruhelage parallel der Achse liegende Ballons (m n) in eine drehende Bewegung versetzt werden, wodurch sich die Ballons schräg stellen und dadurch eine Schraubenwirkung erzeugen.

168. In der

Patentschrift Nr. 139 493
Georg Wellner in Brünn,

angemeldet am 7. Juli 1902, ausgegeben am 21. März 1903,

handelt es sich um einen Ringflieger, im wesentlichen bestehend aus einem wagerecht liegenden Flugrade, auf dessen ringförmigem Gerüste zwischen den schiefgestellten Flügelflächen mehrere Motoren mit Luftschrauben angebracht sind, durch deren Betrieb infolge Rückstoßes an der Luft das Flugrad in Umlauf gesetzt und dadurch eine Hebekraft erzeugt wird. An der stehenden Achse des Flugrades befindet sich ferner, lose drehbar, aber sich nicht mitdrehend, ein Gestell zur Aufnahme der Insassen nebst einem besonderen Motor mit einer Treibschraube und Steuerruder, zum

Zwecke der seitlichen Fortbewegung des Luftschiffes nach irgend einer gewünschten Richtung.

Der wesentliche Unterschied der Ringflieger gegenüber den gewöhnlichen einfachen Luftschrauben (Tragschrauben, Windrädern)

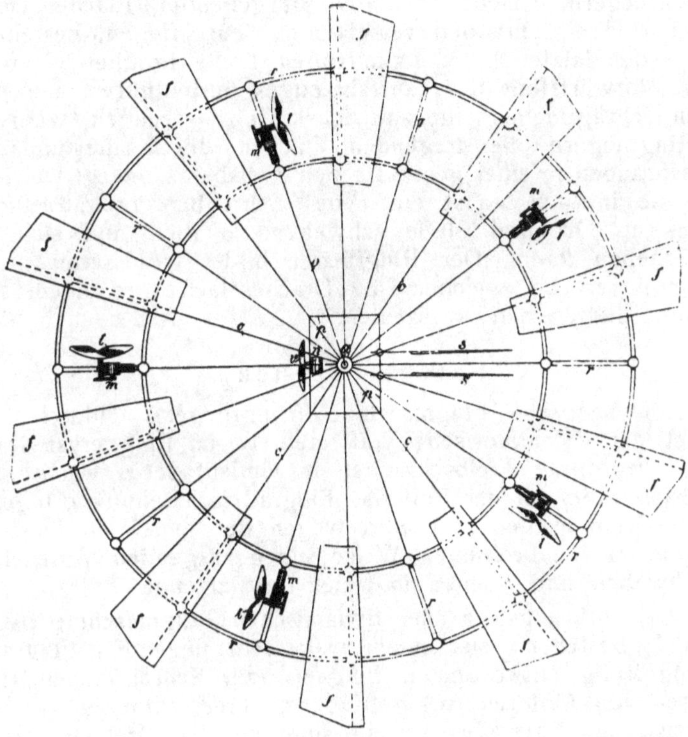

Fig. 580.

besteht darin, daß die Drehung des Flugrades nicht unmittelbar durch eine an der Achse wirkende Betriebskraft verursacht wird, sondern mittelbar durch den Umlauf von mehreren auf dem Gerüste des Rades im Kreise verteilten Luftschrauben (Treibschrauben) t, welche von Motoren in Umlauf gesetzt werden (Fig. 580, 581). Der Ringflieger ist eine Verbundschraube, indem die kleineren Schrauben (die Luftschrauben t) die große Luftschraube (das

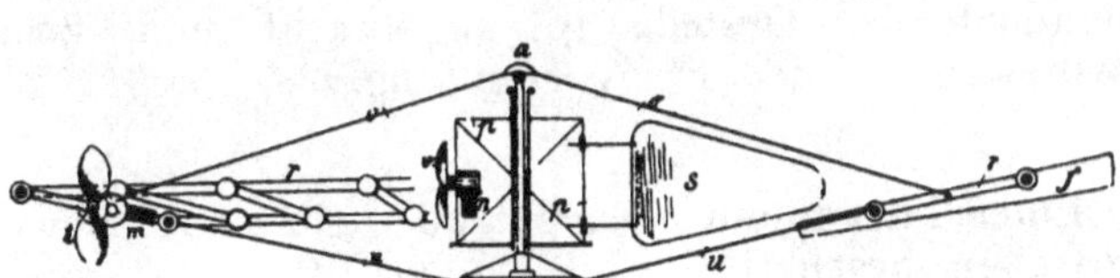

Fig. 581.

ringförmige Flügelrad r mit den Flächen f) in Bewegung setzen. Die Schrauben t machen die Drehbewegung des Flugrades mit und besitzen außerdem ihre eigene Umlaufsbewegung, so daß ihre Flügel eine aus zwei Drehbewegungen zusammengesetzte Bahn beschreiben. Der wesentliche Unterschied der Ringflieger gegenüber den Drachenfliegern, welche ebenfalls mit geneigten Flächen, mit Motoren und Treibschrauben versehen zu sein pflegen, besteht darin, daß bei den letzteren die umlaufenden Treibschrauben einen geradlinigen Vorwärtsflug des Luftfahrzeuges herbeiführen, um dadurch an den Schrägflächen eine Auftriebskraft zu erzeugen, während bei den Ringfliegern die tragenden Flächen durch die umlaufenden Treibschrauben in einer geschlossenen Kreisbahn bewegt werden, wodurch sie in sich selbst ein neues Schraubenflügelrad darstellen, welches an Ort und Stelle schwebend bleiben und sich in die Luft erheben kann. Der Ringflieger bildet gewissermaßen einen Drachenflieger, bei welchem die Drachenflächen in einem stetigen Kreislaufe hintereinander arbeiten.

Patentansprüche:

1. Dynamische Flugmaschine (Ringflieger), dadurch gekennzeichnet, daß die motorische Kraft mehrere am Ringgerüst des Flugrades angeordnete Treibschrauben in Umlauf setzt, welche infolge ihres Rückstoßes an der Luft das Flugrad in Drehung bringen, wobei die Drehung des Flugrades wegen der geneigten Lage seiner Flügelflächen in bekannter Weise einen tragenden Auftrieb, also ein Schweben und Fliegen in freier Luft erzeugt.

2. Ausführungsform der dynamischen Flugmaschine nach Anspruch 1, bestehend aus einem wagerecht liegenden Flugrade (r) mit ringförmig angeordneten Flügeln oder Schrägflächen (f) und mehreren von Motoren (m) getriebenen Treibschrauben (t), welche im Kreise des Flugrades verteilt sind, an der Drehung desselben teilnehmen, zugleich aber diese Drehung veranlassen.

3. Dynamische Flugmaschine nach Anspruch 1 und 2, gekennzeichnet durch die Anordnung eines besonderen Motors (n) mit Treibschraube (v) und Steuerrudern (s), welche Teile in einem an der Achse des Flugrades lose drehbaren, aber mit dem Flugrade nicht mitumlaufenden Gestelle (p) angebracht sind, zwecks seitlicher Fortbewegung der Flugvorrichtung.

169. Einen Flieger mit rollender oder gleitender Beweglichkeit der Tragflächen beschreibt

Patentschrift Nr. 139 724
Adolf Felle in München,

angemeldet am 12. September 1901, ausgelegt am 4. April 1903.

Die theoretische Wirkungsweise der Tragflächen in bezug auf die Erzeugung von hebendem Luftdruck ist in Fig. 582 schematisch dargestellt. Quer zu dem aus zwei gegenseitig miteinander verbundenen Trägern 1 gebildeten Luftschiffkörper sind in geeigneten Abständen Kragträger 2 befestigt, deren Auskragungen die Stütze für die symmetrisch zum Luftschiffkörper angeordneten, auf Rollschlitten oder in Gleitstücken ruhenden Tragflächen 3 bilden. Die Tragflächen 3 können entlang den Auskragungen der Träger 2 aus- und einwärts bewegt werden. Sind sie hierbei in ihrer Bewegungsrichtung nach aufwärts geneigt und schließen mit dieser einen Winkel größer als 0°, kleiner als 45° ein, so wird durch ihre Bewegung hebender Luftdruck erzeugt. Ist die Geschwindigkeit der Bewegung

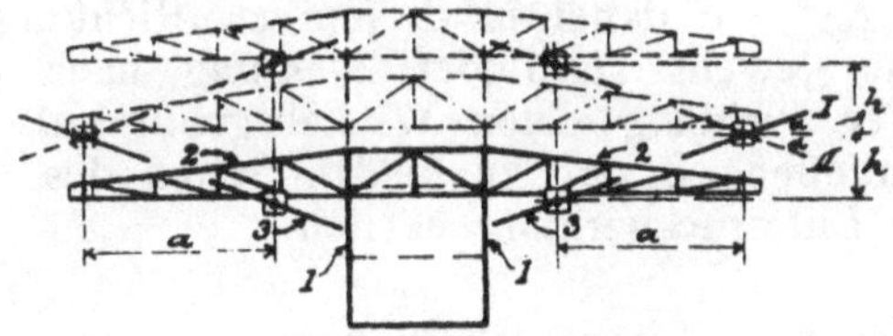

Fig. 582.

der symmetrisch zur Längsachse des Luftschiffes geneigten und bewegten Tragflächen so groß, daß der hebende Luftdruck das Gewicht des Luftschiffes samt dem auf das Luftschiff nach abwärts wirkenden Luftdruck übersteigt, so wird, so oft die Tragflächen um die Strecke a (Fig. 582) verschoben werden, das Luftschiff hierbei um $h = a \,.\, tg\, \alpha$ gehoben. Damit sowohl bei Einwärts- wie Auswärtsbewegung der Tragflächen 3 hebender Luftdruck erzeugt wird,

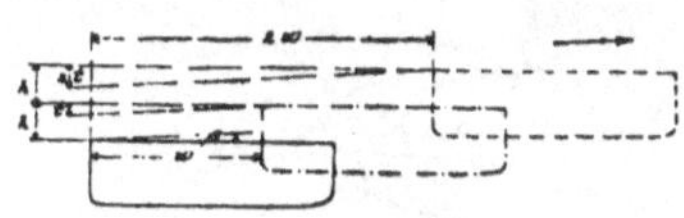

Fig. 583.

müssen sie bei der Bewegungsumkehr jeweilig um den $\sphericalangle\, 2\alpha$ aus Lage I in Lage II oder umgekehrt gedreht werden.

Die Art, wie die Bewegung des Luftschiffes in horizontalem Sinne hervorgebracht wird, zeigt Fig. 583. Um die Horizontalbewegung ohne Zuhilfenahme eines Propellers herbeizuführen, wird die Belastung des Luftschiffes so verteilt, daß es beim Freischweben eine unter $\sphericalangle\, \beta$ in der Bewegungsrichtung nach abwärts geneigte Lage einnimmt, so daß die nach der Fahrtrichtung auftretende Horizontalkomponente des durch die Tragflächen erzeugten hebenden Luftdruckes die Bewegung des Schiffes in horizontalem Sinne herbeiführt. Legt hierbei das Schiff in derselben Zeit, in welcher es eine Hebung um h erleidet, die Strecke w zurück, so wird es in dieser Zeit gleichzeitig um $w \,.\, tg\, \beta = t$ nach abwärts gleiten. Der Flug des Luftschiffes wird also ein aufsteigender, ein horizontaler oder ein absteigender sein, je nachdem $t \lesseqgtr h$ ist. Da die Größe w eine Funktion von β ist, so hängt es also von der Wahl des Winkels β ab, ob aufsteigender, horizontaler oder absteigender Flug eintritt.

Patentanspruch:

Luftschiff mit Tragflächen, die an den Kragträgern symmetrisch zur Längsachse des Luftschiffes beweglich an dessen beiden Längsseiten angeordnet sind, gekennzeichnet durch rollende oder gleitende Beweglichkeit dieser Tragflächen derart, daß sie längs der Auskragungen der Kragträger parallel zur Längsachse des Luftschiffes vom Luftschiffkörper gemeinschaftlich weg und gegen ihn bewegt werden, und daß sie dabei in derjenigen Richtung, nach welcher die Bewegung jeweils stattfindet, Neigung nach aufwärts haben und mit dieser Richtung einen Winkel größer als 0^0 und kleiner als 45^0 einschließen, so daß zu beiden Seiten des Luftschiffkörpers eine hebende Luftdruckwirkung entsteht.

170. Bei dem Flieger nach der

Patentschrift Nr. 139 854
Johann Götz in Rohr O.-A. Stuttgart,

angemeldet am 17. März 1902, ausgegeben am 14. April 1903,

wird der Auftrieb durch eine Luftschraube a und ein Paar seitliche Flügel b (Fig. 584) erzielt, welche längliche rechteckige Form besitzen und an ihren Längsseiten am Maschinengestell drehbar gelagert sind, so daß keine allzu große Spannweite nötig ist. Zur

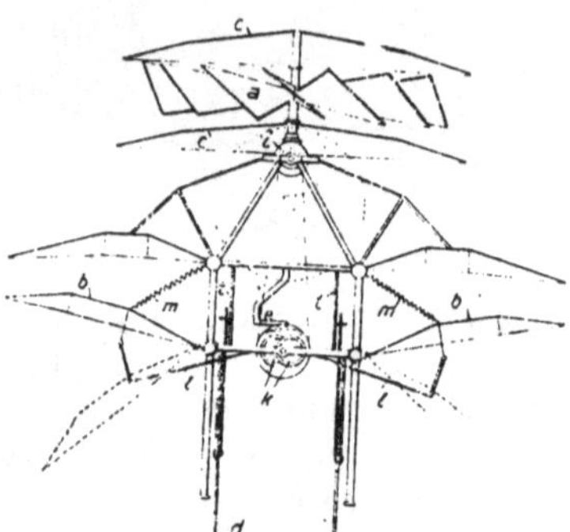

Fig. 584.

Unterstützung der Tragfähigkeit dienen Schirme c, von denen hier zwei oberhalb und unterhalb der Luftschraube a und je einer über jedem Flügel b angeordnet sind, wodurch der eingangs erwähnte Vorteil besserer Gleichgewichtslage erzielt werden soll.

Der Antrieb der Schrauben und Flügel wird gemeinsam von dem Standrahmen d des Luftschiffers aus mit Hilfe der Handkurbel e bewerkstelligt. Diese treibt (Fig. 585) mittels der Kegelräder f die Welle g, von der aus durch das Kettengetriebe n die Welle h gedreht wird, welche durch das Kegelgetriebe i die Schraube a bewegt und durch den Exzenter k und Exzenterstange 1 die von Federn m nach aufwärts gezogenen Flügeln b schwingt. Um der

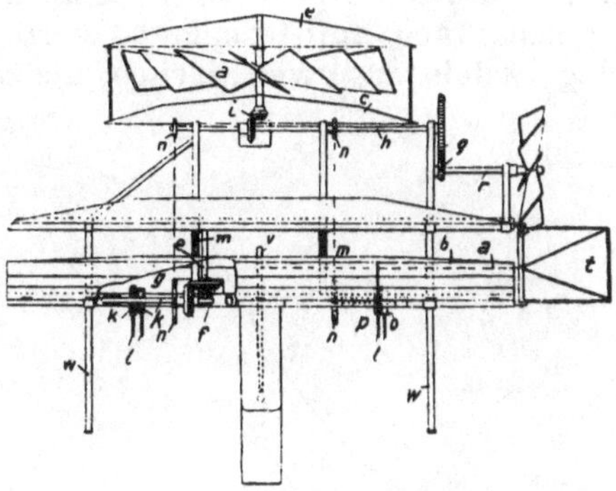

Fig. 585.

Welle h und auch den Flügeln b eine bessere Führung zu geben, steht die Welle g noch mit einem zweiten Kettentrieb n und die Flügel b noch mit je einem Exzentergetriebe o mit einer Hilfswelle p in Verbindung.

Von der Welle h wird auch unter Benutzung des Zahnradgetriebes q und der Welle r die zur Horizontalfortbewegung der Maschine dienende hintere Treibschraube s angetrieben.

Die Lenkarbeit wird durch zwei rechts und links unterhalb der Treibschraube s gelagerte Steuersegel t t bewirkt, welche durch Schnurzüge u mit Steuerhebeln v verbunden sind.

Patentansprüche:

1. Flugvorrichtung mit Tragschirmen, bei welcher der Auftrieb und die Fortbewegung durch Flügel und Luftschrauben erfolgt, dadurch gekennzeichnet, daß die Tragschirme einzeln über den Flügeln für sich und über den zur Fortbewegung in senkrechter Richtung dienenden Schrauben für sich angeordnet sind.

2. Ausführung nach Anspruch 1, dadurch gekennzeichnet, daß jeder einzelne Tragschirm nur je einen Flügel und nur je eine derartig wirkende Schraube überspannt.

3. Ausführung nach Anspruch 1, dadurch gekennzeichnet, daß jeder einzelne Tragschirm mehrere übereinander liegende Flügel bzw. mehrere übereinander liegende derartig wirkende Schrauben überspannt.

171. Bei der Flugvorrichtung nach der

Patentschrift Nr. 155 681
A. Kersten in Cöln a. Rh.,

angemeldet am 26. Oktober 1903, ausgegeben am 15. Oktober 1904,

soll das Freischweben eines Körpers ohne Benutzung eines Ballons mit Hilfe der ungleichartigen Luftströmungen herbeigeführt werden. Die Flugvorrichtung besteht aus zwei Flächen, die miteinander durch

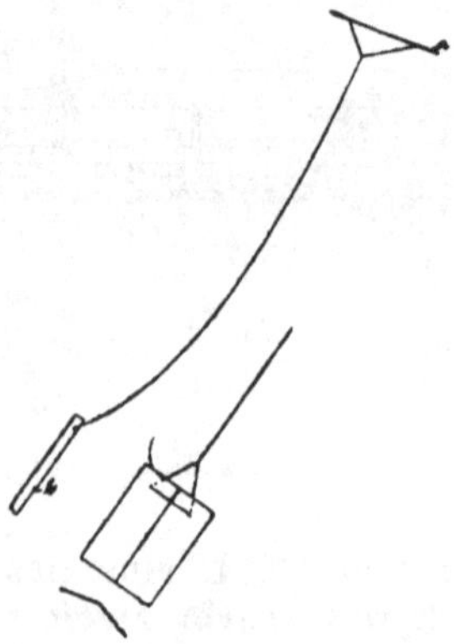

Fig. 586.

eine Schnur, Seil verbunden sind. Der obere, in einer höheren Luftschicht sich bewegende Teil a hat die Form eines Drachens; der in der unteren Luftschicht sich bewegende Teil b stellt eine glatte Fläche dar, an der das Seil des Drachens schräg nach oben zieht (Fig. 586).

Patentanspruch:

Flugvorrichtung, die durch die Ungleichartigkeit der Luftströmungen in verschiedenen Höhen zum Aufsteigen oder Freischweben gebracht werden soll, gekennzeichnet durch zwei mittels eines Zugseiles miteinander verbundene, in verschiedenen Höhen sich bewegende Flächen, deren obere die Form eines Drachens besitzt und sich wie ein solcher mit hebender Wirkung gegen den Wind einstellt, während die untere Fläche hauptsächlich eine in wagerechter Richtung hemmende Wirkung äußern soll, durch die der obere Teil erst den nötigen Widerstand gegen die ihn umgebende Luftschicht und somit einen zum Schweben notwendigen, schräg nach oben gerichteten Winddruck erhält, dessen nach oben gerichtete Seitenkraft im wesentlichen das Gewicht der ganzen Vorrichtung trägt.

172. In der Patentschrift 155 681 ist nichts Näheres über die Lage der unteren Fläche der Flugvorrichtung ausgesagt. Eine schräge Lage derselben etwa in der Richtung des unteren Seilendes würde in einer Hinsicht, nämlich für die Erzeugung einer senkrechten Hubkraft, auch an diesem Teil günstig sein. Weniger vorteilhaft dürfte diese Lage für die Standfähigkeit der ganzen Vorrichtung sein. Um in Schichten von möglichst verschiedener Windgeschwindigkeit (bzw. Windrichtung) zu kommen, muß die obere Fläche starkes Hubvermögen, also fortwährend das Bestreben besitzen, nach oben zu steigen, während die untere Fläche das Bestreben haben muß, nach unten zu tauchen. Zu diesem Zwecke ist gemäß der

Patentschrift Nr. 158 906
A. Kersten in Cöln a. Rh.,
angemeldet am 26. Januar 1904, ausgegeben am 4. März 1905,

die untere Fläche drehbar mit dem Seil, welches im Schwerpunkt der geometrischen Fläche angreift, verbunden und das untere Ende der Fläche etwas beschwert, so daß sich die Fläche in jeder Lage des Seiles senkrecht einstellen muß (Fig. 587). Ein Fallen der oberen Fläche wird hierbei ein sofortiges Fallen auch der unteren Fläche herbeiführen. Um dieses Fallen noch zu beschleunigen, kann man am unteren Seilende oder in der Nähe desselben noch eine oder mehrere Flächen fest (d. h. nicht drehbar) mit dem Seile verbinden, und zwar so, daß bei einer steilen Lage des Seiles die betreffenden Flächen f etwa wagerecht liegen, bei stärkerem Durchhängen des

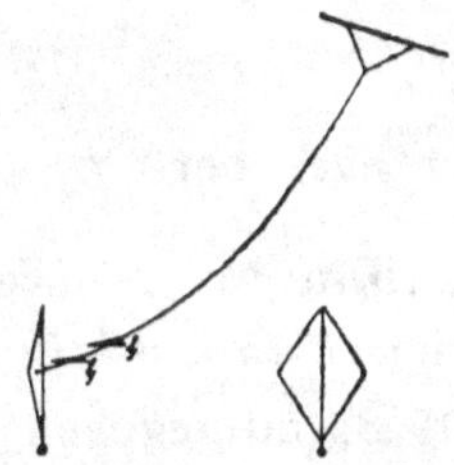

Fig. 587.

Seiles dagegen (bzw. beim Sinken der oberen Fläche) auf diese Zusatzflächen ein Winddruck nach unten ausgeübt wird.

Die senkrechte, zur Hemmung dienende Hauptfläche kann nun auch durch eine drehbare Treibschraube ersetzt werden, die, solange sie festgestellt wird, genau so wirkt wie jene senkrechte Fläche. Durch entsprechende Drehung der Schraube würde eine Bewegung der ganzen Vorrichtung gegen den Wind zu erzielen sein, wobei gegenüber einem gewöhnlichen Drachenflieger, dessen Schraube in der Nähe der Drachenfläche angebracht ist, der Vorteil erreicht wird, daß die Umdrehungszahl der Treibschraube viel geringer ausfallen kann — gleiche Zugkraft vorausgesetzt — als bei dem Drachenflieger. Daher würde auch die

Leistung des Motors, mithin auch sein Gewicht geringer sein dürfen als bei dem Drachenflieger. Bei der in dieser Weise vervollkommneten Vorrichtung ist also die Möglichkeit gegeben, sowohl ohne Anwendung von Maschinenkraft mit der Windrichtung oder aber mit verhältnismäßig geringem Kraftaufwand (Maschinenleistung) gegen den Wind zu fahren. Durch geeignete Schrägstellung der Schraubenachse läßt sich jede beliebige Fahrtrichtung ermöglichen.

Patentansprüche:

1. Flugvorrichtung nach Patent 155681, gekennzeichnet durch den Ersatz der unteren Fläche durch eine Treibschraube mit ungefähr wagerecht liegender Achse, die entweder festgehalten oder gedreht werden kann, je nachdem man mit dem Winde oder gegen den Wind fahren will.

2. Flugvorrichtung nach Anspruch 1, dadurch gekennzeichnet, daß beim Schweben in der Windrichtung als Ersatz der Treibschraube oder der einfachen unteren Fläche nach Patent 155681 eine mit dem Zugseil drehbar, und zwar um eine wagerechte, durch den Schwerpunkt der Fläche gehende Achse verbundene und an ihrem unteren Ende beschwerte Fläche verwendet wird, die bei beliebiger Stellung des Oberdrachens eine senkrechte oder nahezu senkrechte Lage einnimmt und sowohl dem Winde (der Luft) stets genügende Angriffsfläche bietet, als auch ein leichtes Sinken in senkrechter Richtung gestattet, das durch Anordnung von nahezu wagerechten Zusatzflächen am unteren Seilende noch unterstützt werden kann.

173. Bei dem Flieger nach der

Patentschrift Nr. 214866
Wallace Atherton Mc. Curd in Bellbrook,

angemeldet am 7. April 1908, ausgegeben am 18. Oktober 1909,

finden eine Anzahl von Tragflächen Verwendung, die in wagerechter Richtung an dem Rahmen der Flugmaschine hin und her bewegt werden, wobei ihre Neigung selbsttätig umgestellt wird, wenn die Bewegung umgekehrt wird. Wie in Fig. 588 gezeigt, wird die zur Bewegung der Tragflächen o benötigte Kraft von einem Motor l auf eine Welle m übertragen, die mittels Kurbelbetrieb m^1 und eine Lenkerstange n ein ausschwingbares Rahmengestell o beeinflußt; letzteres überträgt seine Hin- und Herbewegungen auf eine Scheibe p, an welcher die Zugorgane h angreifen.

Die Wirkungsweise ist derart, daß die Scheibe p mittels der Zugorgane h zuerst die Tragflächen unter dem gewünschten Winkel einstellt und dann deren Längsverschiebung hervorruft; der Neigungswinkel jeder Tragfläche und ihre Bewegungsrichtung wird also immer gleichzeitig geändert.

Patentanspruch:

Flugmaschine, gekennzeichnet durch eine Anzahl von Tragflächen, welche gleichzeitig entweder paarweise in entgegengesetzten

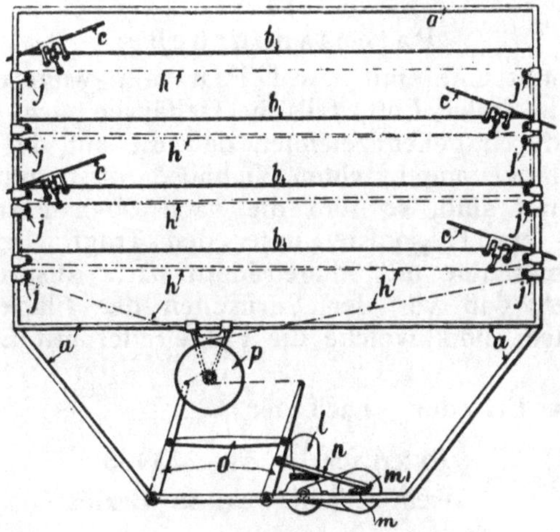

Fig. 588.

Richtungen oder in der gleichen Richtung in dem Rahmen der Flugmaschine sich hin und her bewegen, wobei ihre Neigung selbsttätig umgestellt wird, wenn ihre Bewegungsrichtung sich ändert.

174. Bei der Flugmaschine nach der

Patentschrift Nr. 220 044
Carl Hanschke in Berlin,

angemeldet am 3. Februar 1909, ausgegeben am 15. März 1910, sind die Flügelräder a (Fig. 589) paarweise auf wagerecht gelagerten Wellen in Verbindung mit Gehäusen b und Tragflächen

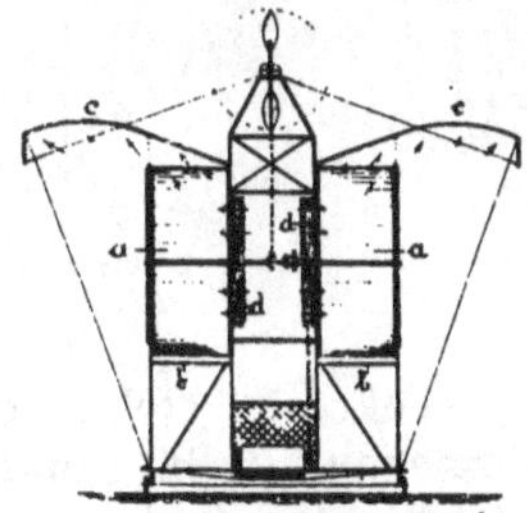

Fig. 589.

c derart angeordnet, daß die außerhalb der Gehäuse nach unten bewegten Flügel sich in bekannter Weise auf die freie Luft stützen und dadurch eine Hubwirkung erzeugen, während durch eine neuartige Anordnung die auf der Seite der aufsteigenden Flügel in den Gehäusen mitgeführte Luft durch obere Oeffnungen in den Gehäusen austritt und gegen die Tragflächen geschleudert wird, unter denen sie ein Tragpolster bildet.

Patentansprüche:

1. Flugmaschine mit zwei Paar auf wagerecht gelagerten Wellen teils in freier Luft, teils in Gehäusen sich drehenden Flügelrädern, dadurch gekennzeichnet, daß die auf der Seite der aufsteigenden Flügel angebrachten Gehäuse oben unter den Tragflächen geöffnet sind, so daß die nach oben geschleuderte Luft austreten und ein Tragpolster unter den Tragflächen bilden kann.

2. Flugmaschine mit Flügelrädern nach Anspruch 1, dadurch gekennzeichnet, daß vor den Stirnseiten der Flügelräder Ventilatoren angebracht sind, welche die Flügelräder mit Luft füllen.

175. Die Erfindung nach der

Patentschrift Nr. 223 135
Vincent Wisniewski in Berlin,

angemeldet am 7. Juli 1908, ausgegeben am 17. Juni 1910,

betrifft eine Vorrichtung an horizontal vor- und rückwärts bewegten Treibflächen für Luftschiffe und Flugmaschinen, wodurch die Anschläge der Einzelelemente vor- und rückwärts verstellt werden können, um dadurch Vortrieb oder Rücktrieb und gleichzeitig Auftrieb oder Abtrieb zu erzeugen.

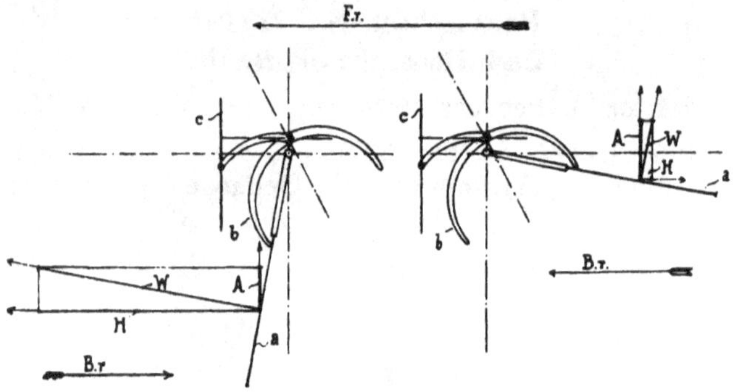

Fig. 590. Fig. 591.

Horizontal laufende, senkrecht stehende, jalousieartige Treibflächen üben bei geschlossenen, d. h. senkrecht gegen einen Anschlag drückenden Einzelelementen und bei einer der Fahrtrichtung entgegengesetzten Bewegung einen Druck auf die Luft aus, welcher den Ballon oder die Flugmaschine vorwärts treibt. Bei der Rückbewegung der Treibfläche zu ihrem Ausgangspunkt, also in der

Fahrtrichtung, werden nicht mit Anschlägen versehene Einzelelemente durch den Luftdruck in annähernd horizontaler Lage selbsttätig gehalten, es wird hierbei keine Arbeit geleistet. In dieser bekannten Art wird nun Vortrieb erzeugt. Durch die vorliegende Erfindung wird es jedoch ermöglicht, außer Vortrieb auch Rücktrieb sowie Auftrieb und Abtrieb zu erzeugen.

Die Vorrichtung besteht aus gleichschenkligen, bogenförmigen Bügeln, welche sich um die gleichen Drehachsen wie die Einzelelemente oder um darüber liegende bewegen und durch Verstellen von einer gemeinsamen Zugstange aus einen begrenzten Ausschlag der Einzelelemente sowohl vorwärts als auch rückwärts zulassen.

a ist das jalousieartige Element, b die Vorrichtung zur Begrenzung seines Schwingungsbereiches, c die gemeinsame Zugstange, durch welche das Schwingungsbereich aller Jalousien einer Fläche gleichzeitig verändert werden kann.

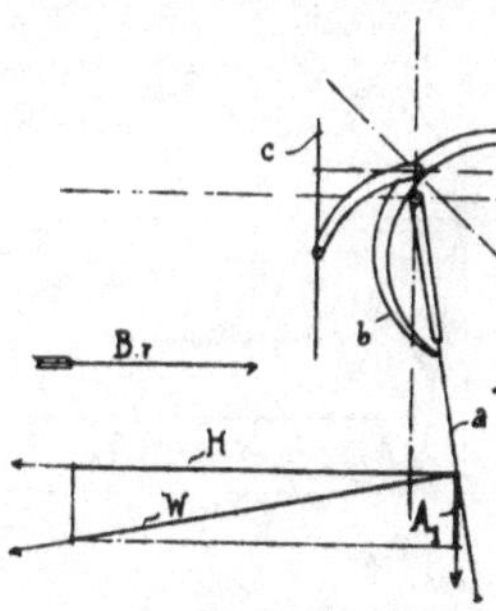

Fig. 592.

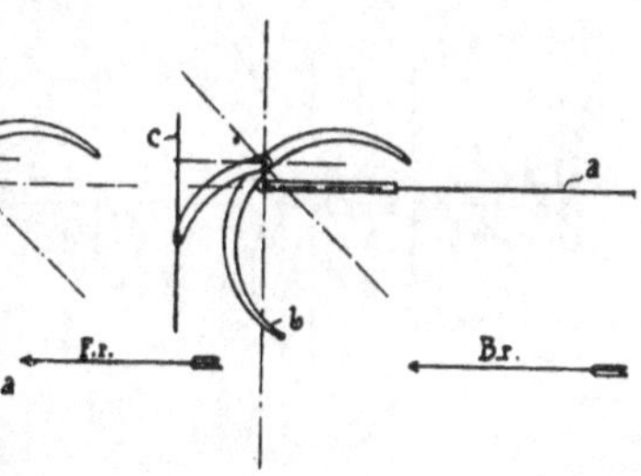

Fig. 593.

Insbesondere zeigen die Fig. 590 und 591 die Stellung von a und b für den Fall der Vorwärtsfahrt mit gleichzeitiger Erzeugung von Auftrieb, und zwar zeigt Fig. 590 die Arbeitsbewegung der Fläche, welche naturgemäß der Fahrtrichtung entgegengesetzt ist, während Fig. 591 die Stellung von a und b für den Rückgang der Fläche darstellt. Wegen der Lage der Vorrichtung b stellt sich das Element a aber nicht senkrecht zur Bewegungsrichtung, sondern die untere Kante bleibt im Sinne der Bewegungsrichtung der Fläche etwas zurück. Für den Vorwärtsgang ist der durch die Bewegung der Fläche erzeugte Luftwiderstand w nicht horizontal, sondern etwas schief nach aufwärts und in der Fahrtrichtung gerichtet. Er läßt sich in eine horizontale Komponente H, welche zur Fortbewegung des Luftschiffes ausgenutzt wird, und in eine vertikale Komponente A zerlegen. Diese vertikale Komponente erzeugt aber Auftrieb.

Bei dem Rückgang der Fläche (Fig. 591) stellt sich das Element a nicht horizontal, sondern stößt gegen die in ihrer Lage gebliebene Vorrichtung b, so daß die untere Kante entgegen der jetzigen Bewegungsrichtung der Fläche als auch entgegen der Fahrtrichtung zurückbleibt. Der Luftwiderstand W wird daher schief nach rückwärts und aufwärts gerichtet sein. Wenn man denselben wieder in eine horizontale und vertikale Komponente zerlegt, so erhält man die horizontale Kraft H, welche der Bewegungsrichtung des Luftschiffes zwar entgegenwirkt, aber gegenüber der Größe von H in der Arbeitsbewegung sehr klein ist. Die Kraft A ist wieder nach aufwärts gerichtet und erzeugt daher wieder Auftrieb.

Die Fig. 592 und 593 zeigen die Stellung von a und b für den Fall der Vorwärtsfahrt mit gleichzeitiger Erzeugung von Abtrieb. Zu diesem Zweck wird die Vorrichtung b um einen kleinen Winkel entgegen der Uhrzeigerrichtung gedreht. Wie aus Fig. 593 ersichtlich ist, eilt in diesem Falle bei der Arbeitsbewegung die untere Kante von a im Sinne der Bewegungsrichtung der Fläche etwas vor, so daß also, wenn man den Luftwiderstand in eine horizontale und vertikale Komponente zerlegt, diese letztere nunmehr nicht nach aufwärts, sondern nach abwärts gerichtet ist und daher

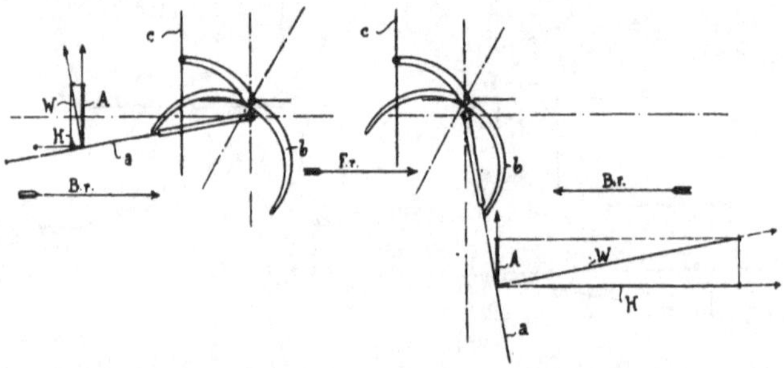

Fig. 594. Fig. 595.

Abtrieb erzeugt. Da in der Zeichnung der Fall angenommen ist, daß das sehr leichte Element a sich automatisch bewegt, so wird es bei dem Leergang (Fig. 593) eine nahezu horizontale Stellung einnehmen und daher weder Auftrieb noch Abtrieb erzeugen. Wird jedoch das Element a zwangläufig gesteuert, so kann man auch bei dem Leergang Abtrieb erzeugen, und zwar dadurch, daß man das Element a zwingt, sich an die Vorrichtung b anzulegen.

Fig. 594 und 595 zeigen die Stellung von a und b für den Fall der Rückwärtsfahrt mit gleichzeitiger Erzeugung von Auftrieb, und zwar Fig. 595 wieder die Arbeitsbewegung und Fig. 594 den Rückgang. Wie aus der Zeichnung ersichtlich ist, wird zu diesem Zweck die Vorrichtung b im Sinne des Uhrzeigers gegen die Stellung in Fig. 590 gedreht. Die sinngemäße Zerlegung des Luftwiderstandes W ergibt wieder für die Arbeitsbewegung und für den Leergang eine nach aufwärts gerichtete vertikale Komponente A, welche Auftrieb erzeugt.

Würde man die Vorrichtung b wieder etwas im Sinne der Uhrzeigerrichtung weiterdrehen, so bekäme man in gleicher Weise wie früher bei der Vorwärtsfahrt, jetzt bei der Rückwärtsfahrt den auf der Zeichnung nicht mehr dargestellten Fall des Abtriebes. Auch in diesem Falle gilt das bei der Besprechung der Fig. 593 Gesagte, daß bei zwangläufig gesteuerten Elementen a nicht nur bei der Arbeitsbewegung, sondern auch bei dem Leergang Abtrieb erzielt werden kann.

Patentanspruch:

Horizontal vor- und rückwärts bewegte, senkrecht stehende Treibflächen an Luftschiffen und Flugmaschinen, dadurch gekennzeichnet, daß dieselben mit verstellbaren Anschlägen für die Einzelelemente versehen sind, bestehend aus bogenförmigen, drehbar gelagerten Bügeln, gegen deren Enden die Einzelelemente sich anlegen.

176. Gegenstand der Erfindung nach der

Patentschrift Nr. 226 765
Alfred Wunderlich in Brüssel,

angemeldet am 27. Dezember 1907, ausgegeben am 11. Oktober 1910,

ist ein Motor-Flugapparat, bestehend aus einem Gehäuse, welches in nebeneinander liegende Längskammern eingeteilt ist, die abwechselnd oben offen, unten geschlossen und oben geschlossen, unten offen sind und durch seitliche Oeffnungen miteinander in Verbindung stehen, wobei innerhalb der Druckkammern auf wagerechten Wellen angeordnete, die Verbindungsöffnungen ausfüllende Ventilatoren o. dgl. die oberhalb des Gehäuses und in unmittelbarer Nähe desselben befindlichen Luftschichten durch die Verbindungsöffnungen hindurch aus den oben offenen Kammern in die unten offenen Druckkammern absaugen und in letzteren auf die unterhalb des Gehäuses befindlichen Luftschichten herabdrücken.

Die nebeneinander liegenden Saugkammern 1 (Fig. 596 und 597) und Druckkammern 2 sind durch seitliche Oeffnungen 3 mit-

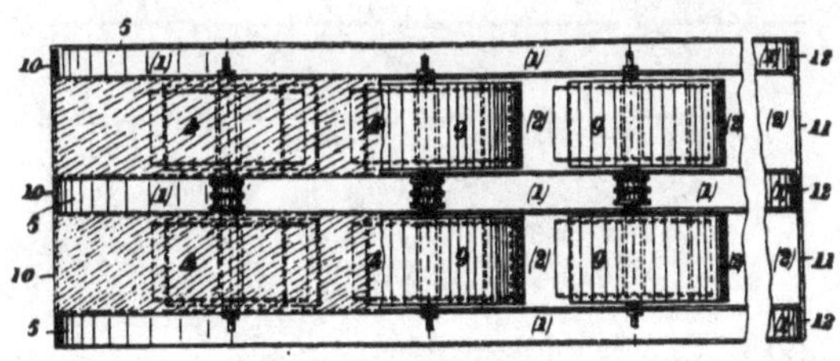

Fig. 596.

einander verbunden, durch welche die Luft aus den Kammern 1 abgesaugt und in die Kammern 2 gedrückt wird, wo die Luftschichten dann auf die unterhalb der Flächen 4, 5 befindlichen Luftschichten herabgedrückt werden.

Das Absaugen und Herunterdrücken oder Verdichten der Luftschichten wird durch Flügelräder 6 bewirkt, die die Verbindungsöffnungen 3 ausfüllen und von Wellen 7 mittels Antriebsscheiben 8 oder direkt von einem Motor in rasche Umdrehung versetzt werden.

Die Ausbildung dieser Flügelräder, welche als Saug- und Druckflügelräder dienen, kann eine beliebige sein; in Fig. 598 sind drei verschiedene beispielsweise Ausführungsformen gezeichnet.

Zur Steuerung der in den Kammern 2 verdichteten Luftschichten sind halbkreisförmige, um die Wellen 7 verstellbare Zylinderflächen 9 — in der Folge Schaltmäntel genannt — angeordnet.

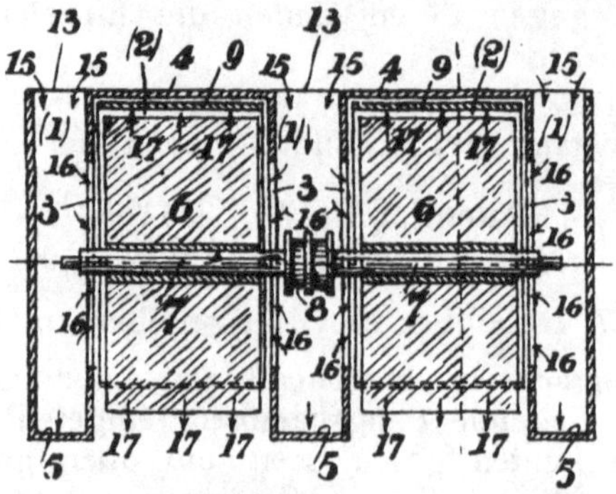

Fig. 597.

Fig. 598 zeigt diese Schaltmäntel 9 nach hinten gestellt.

Wie aus Fig. 598 ersichtlich, ist die vordere Stirnwand 10 des Gehäuses ganz geschlossen, während die hinteren und unteren Wandungen des Gehäuses je teilweise offen und teilweise geschlossen sind.

Die Kammern I sind an der Rückseite durch die Wandungen 12 geschlossen, dagegen an der oberen Seite 13 offen (siehe Fig.

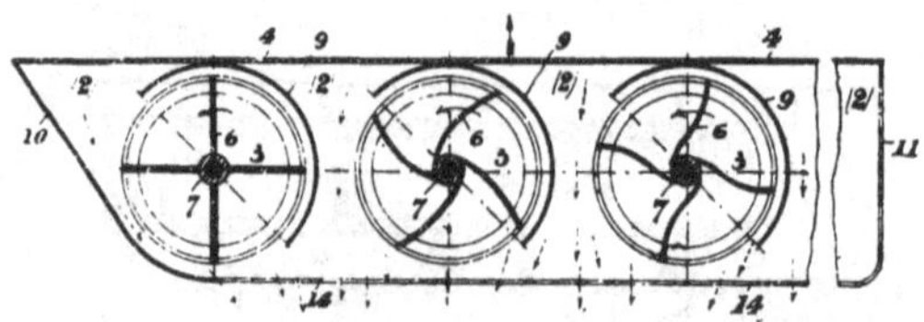

Fig. 598.

597). Die Druckkammern 2 sind an der unteren Seite 14 und an der hinteren Seite II ganz offen.

Die Arbeitsweise des Motorflugschiffes ist folgende:

Werden die Flügelräder 6 in sehr rasche Umdrehung versetzt, wobei die Hälfte derselben nach links, die andere Hälfte nach rechts dreht, so wirken die durch die Flügel 6 entwickelten Zentrifugalkräfte in der Weise auf die umgebenden Luftschichten, daß atmosphärische Luft im Sinne der Pfeile 15 über den Wänden 4 durch die Oeffnungen 13 in die Kammern I eingesaugt, daselbst durch die Oeffnungen 3 im Sinne der Pfeile 16 hindurchgesaugt und in die Kammern 2 eingeführt wird, wo die angesaugte Luft verdichtet wird.

Bei Einstellung der Schaltmäntel 9 nach hinten (Fig. 598) heben sich die Reaktionswirkungen auf die vorderen geneigten Flächen 10 und die Innenflächen der Schaltmäntel 9 gegenseitig auf, so daß nur noch eine Reaktionswirkung von unten nach oben auf die Innenflächen 4 der Decken der Kammern 2 zur Wirkung kommt. Wenn demnach die Schaltmäntel in bezug auf die Ausdehnung und Anordnung der Flächen 10 geeignet eingestellt werden, so ergibt sich ein senkrechtes Aufsteigen des Motorflugschiffes.

Patentanspruch:

Flugmaschine mit auf wagerechten Wellen zwischen besonderen Saug- und Druckkammern angeordneten Flügelrädern, dadurch gekennzeichnet, daß das Gehäuse der Flugmaschine in nebeneinander liegende Längskammern eingeteilt ist, die abwechselnd oben offen, unten geschlossen und oben geschlossen, unten offen sind und durch seitliche Oeffnungen miteinander in Verbindung stehen, wobei innerhalb der oben geschlossenen Druckkammern die die Verbindungsöffnungen ausfüllenden Flügelräder o. dgl. angeordnet sind.

VIII. Flügel, Propeller und Antriebe.

In diesem Kapitel soll die Patentschriften-Literatur über Flügel, Propeller und Antriebe für Flugmaschinen aufgeführt werden, soweit dies in den übrigen Abteilungen dieses Buches nicht bereits geschehen ist. Es wird hierdurch den Interessenten noch manche bemerkenswerte Konstruktion und mancher Erfindungsgedanke zugänglich gemacht, die im Laufe der künftigen Entwicklung vielleicht wieder Bedeutung gewinnen werden.

177. Es sei zunächst das Lufttriebrad, eine mit beweglichen und stellbaren Flügelapparaten versehene Schiffsschraube gemäß

Patentschrift Nr. 8392,

Georg Baumgarten in Forsthaus Grüna bei Chemnitz,

angemeldet am 17. November 1877, ausgegeben am 31. Januar 1880, beschrieben.

Die gewöhnliche Schiffsschraube hat der Erfinder in folgender Weise verändert:

An der Welle W, Fig. 599, befindet sich die Scheibe S. An dieser sind sechs stählerne Stäbe s_1 bis s_6 befestigt, welche mit ihren Enden den stählernen Reifen r halten. Dieser ist außerdem durch die Spannstangen h_1 bis h_6 mit der Strebe H, welche an der Scheibe S befestigt ist, verbunden. Jeder Stab s ist von einem röhrenförmigen Stab umschlossen, mit welchem ein den Zeugstoff o tragender Rahmen fest verbunden ist. Der röhrenförmige Stab samt Rahmen läßt sich gegen den eingeschlossenen Stab um ca. 30° nach rechts und links bewegen, und zwar mittels der Zugstange t, welche mit dem einen Ende mit der die Welle W umschließenden Hülse c verbunden ist. Durch die Vor- und Rückwärtsstellung der letzteren auf der Welle W mittels des Stabes d kann man die Lage der Triebflächen zur Rotationsebene beliebig ändern.

Zur Fortbewegung eines Flügelluftschiffes in horizontaler Richtung hat der Erfinder folgende Apparate konstruiert.

Zwei stählerne, vom Mittelpunkt c nach den Enden zu parabolisch sich verjüngende Armpaare S_1, S_2 und S_3, S_4 bilden zusammen mit den bogenförmigen Stäben s_1, s_2, s_3, s_4 einen S-förmigen Doppelrahmen, Fig. 600, 601. Mittels der Zapfen z_1, z_2 ist derselbe drehbar gelagert. An den inneren Seiten der Arme sind Schienen angebracht, in welchen die Wagen w w laufen. Diese Wagen sind

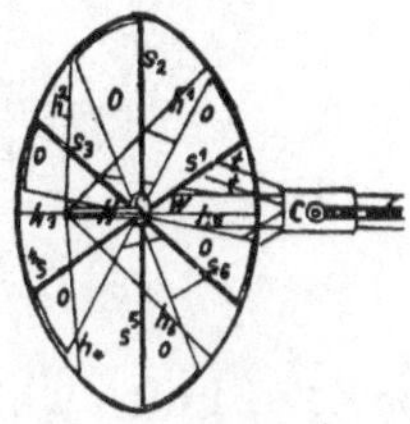

Fig. 599.

durch die Gelenkstäbe p_1 bzw. p_2 verbunden. Zwischen diesen Stäben, welche den Biegungen der Geleise leicht folgen können, ist der Zeugstoff o eingespannt. Stehen die Flügel in der Richtung a b und ist der nach a zu liegende Rahmen durch den Zeugstoff o gedeckt, so wird, wenn der ganze Rahmen einen Halbkreis in der

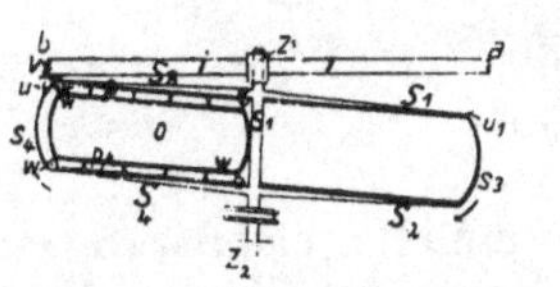

Fig. 600.

Fig. 601.

Richtung des Pfeiles, Fig. 602, beschreibt, durch den Druck der Fläche o auf die Luft der Aerostat nach a zu fortbewegt werden. Um die Fortbewegung durch die weitere Drehung des Rahmens nicht wieder zu neutralisieren, läßt man den Wagen w auf der (durch die etwas geneigte Achsenstellung erzeugten) schiefen Bahn

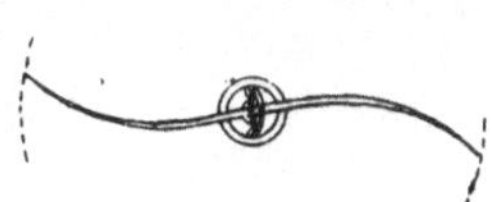

Fig. 602.

herab — und somit auf die andere Seite des Rahmens rollen. Der an dem Balken i befindliche federnde Stift v wird von den an dem Rahmen vorhandenen Stiften u_1, u_2 während der Rotation gestreift, um den zum Wechsel nötigen Stillstand zu gewinnen.

Ein anderer Apparat ist in Fig. 603, 604 dargestellt. Jeder Flügel der Triebwelle besteht aus zwei vom Zentrum nach den Enden zu parabolisch sich verjüngenden und nach vorn (bezüglich der Rotationsrichtung) konkav gebogenen Armen S_1, S_2 bzw. S_3, S_4, die den Zeugstoff o tragen. Der eine Flügel ist gegen den gegenüberstehenden an der Flügelachse, welche sich in dem verstärkten Teil r der Welle w auf- und abkippend bewegen kann, um 90⁰ gedreht. Durch Streifung der Stifte v_1, v_2 an dem Leitstück k werden die Flügel, jedesmal nach einer halben Umdrehung, um 90⁰ gedreht. In der einen Richtung durchschneiden daher die Flü-

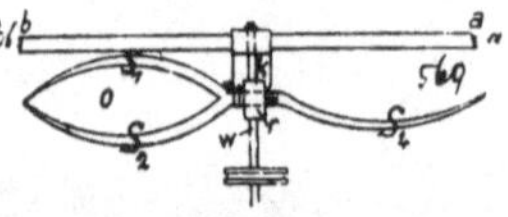

Fig. 603.

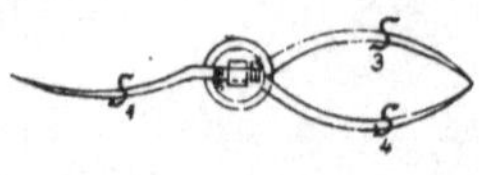

Fig. 604.

gel mit ihren Schmalseiten die Luft, während sie in der anderen die Luft mit ihren Breitseiten zurückdrängen, wodurch der Aerostat fortgetrieben wird.

Um die Rotationsbahn besser auszunutzen, empfiehlt der Erfinder, diese soeben beschriebenen Wendeflügelapparate dreiflügelig zu konstruieren.

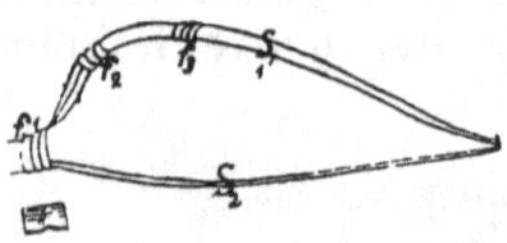

Fig. 605.

Gibt man den Achsen der Wendeflügelapparate eine zur Achse a b des Aerostaten geneigte Stellung, so dienen diese Wellen zugleich zur Fortbewegung des Luftschiffes in schräger Richtung, und gibt man den Achsen eine zu a b parallele Lage, so dienen sie zur ausschließlichen Fortbewegung in horizontaler Richtung.

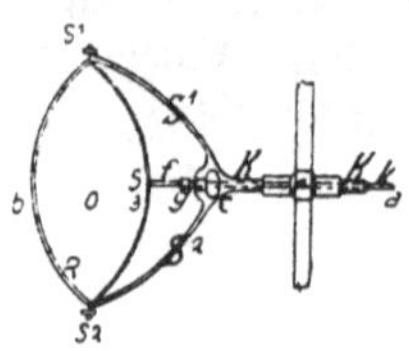

Fig. 606.

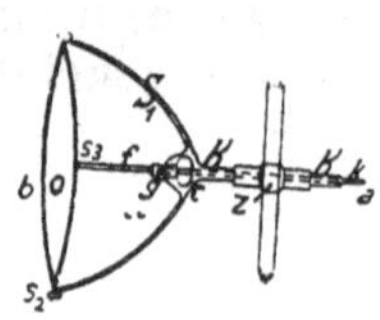

Fig. 607.

Fig. 605 zeigt den einem Vogelflügel möglichst ähnlich konstruierten Flügel. Der obere Arm S_1 ist stärker als der untere S_2; jener besteht aus stählernen Bügeln s_1, s_2, welche an der Basis die Schraubenfeder f_1 und nach oben zu die Federn f_2 und f_3 bilden. Jeder Flügel ist etwas windschief und nach der Rotationsrichtung zu gekrümmt. Um die Richtung der Flügel in jeden beliebigen Punkt während der Rotation ändern zu können, ist der Leithalbkreis k an seiner unteren Fläche wellenförmig geformt.

Um einen das Luftschiff seitlich treffenden Wind leichter überwinden zu können, hat der Erfinder folgende Apparate konstruiert: Ein stählerner Reifen R, Fig. 606, enthält den Zeugstoff o. Hat der Reifen eine solche Stellung, daß er während des durch die Kolbenstange K vermittelten Ganges nach b zu mit seiner ganzen Fläche auf die Luft drücken kann, Fig. 607, so wird dem Aerostaten eine dieser Richtung entgegengesetzte Bewegung erteilt werden. Hat der Reifen den entferntesten Punkt erreicht, so geht der Führungskolben k samt der Führung f so weit zurück, daß der Reifen in gleiche Ebene mit der Bewegungsrichtung fällt, Fig. 606. Die Kolben K und k gehen hierauf gleichmäßig so weit zurück, bis das

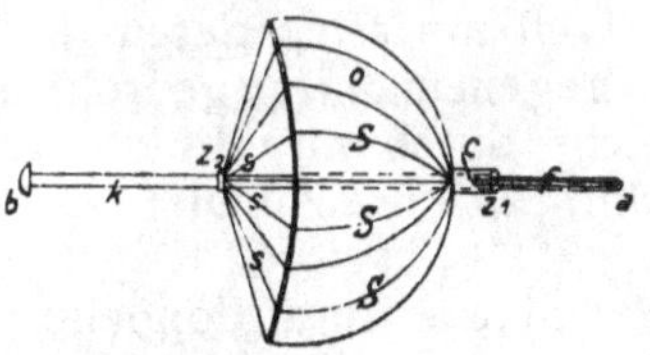

Fig. 608.

Universalgelenk g bei c angekommen ist. Durch diesen Bewegungsvorgang wird das Luftschiff nach a zu fortgetrieben.

Die Fig. 608 und 609 zeigen einen Schirmapparat. An der Leitstange k befindet sich eine stählerne Hülse z_1. Von dieser gehen, wie bei einem Regenschirm, die Speichen S aus; diese sind an den äußeren Enden durch eine stählerne, aus zusammenschiebbaren Gliedern bestehende Kette verbunden, damit der eingespannte Zeugstoff o nach allen Seiten einen festen Halt gewinne. Die Speichen s,

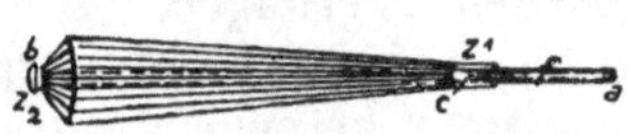

Fig. 609.

welche einerseits mit der Hülse z_2 und anderseits mit den Speichen S mittels Scharniere verbunden sind, dienen dazu, die Spannung des Schirmes nur bis zu einer bestimmten Grenze zu gestatten. Mittels der Stange f läßt sich die Hülse z_1 hin und her bewegen, so daß beim Hingang nach b durch den Widerstand der Luft der Schirm sich aufspannt, beim Beginn der Bewegung nach a zu dagegen sich zusammenklappt. Die Speichen s schieben sich dabei ineinander ähnlich wie bei einer Angelrute. Ein diesen Apparat tragender Aerostat wird daher, wenn derselbe funktioniert, eine nach a zu gehende Bewegung erhalten.

Durch die verschiedene Stellung dieser Apparate zur Hauptachse a b des Flügelluftschiffes kann dieses, wenn die Apparate funktionieren, sowohl in horizontaler als auch in vertikaler Richtung vorwärts getrieben werden. Zur Kompensierung eines das Luftschiff seitlich treffenden Windes bringt man die zuletzt beschriebenen Apparate in der Mitte zu beiden Seiten des Gestelles an.

Patentansprüche:

1. Eine mit beweglichen und stellbaren Triebflächen versehene Schiffsschraube, vom Erfinder Lufttriebrad genannt.

2. Flügelapparate, welche vermöge beweglicher Segelrahmen bei ihren Rotationen eine in horizontaler Richtung wirkende Triebkraft erzeugen und zur Fortbewegung des Aerostaten in horizontaler Richtung dienen.

3. Wendeflügelapparate, d. h. solche aus zwei einander gegenüberstehenden bzw. drei um die Wellenachse gleichmäßig verteilten Flügeln bestehende Treibapparate, deren einzelne Flügel an der Flügelachse um 90° gegeneinander gedreht sind bzw. sich wenden können, und welche durch ihre Rotation (je nach der Achsenstellung) das Luftschiff in horizontaler oder vertikaler Richtung forttreiben.

4. Wendeflügel, einfache und doppelte, welche den Flügeln eines Vogels ähnlich konstruiert sind, wie diese bei ihren Rotationen von oben nach vorn und unten schlagen und durch einen stellbaren Leitkranz die zur Erzielung des größten Krafteffekts nötigen Stellungen während der Rotation einnehmen können.

5. Apparate mit geradlinig hin und her gehender Bewegung, im wesentlichen bestehend aus einem mit Zeug bespannten Reifen, dessen Ebene beim Vorgange senkrecht zur Bewegungsrichtung ist, beim Rückgange mit dieser zusammenfällt.

6. Regenschirmartige Fortbewegungsapparate, welche bei ihren Bewegungen im aufgespannten Zustand durch den Druck, welchen sie auf die Luft ausüben, eine dieser Richtung entgegengesetzte Bewegung auf den Aerostaten übertragen.

7. Die eventuelle Benutzung der beim Flügelluftschiff beschriebenen Fortbewegungsapparate bei einem Wasser- oder submarinen Schiff.

178. Derselbe Erfinder behandelt einen Fortbewegungs-Apparat für Luftschiffe in der

Patentschrift Nr. 11 471,

angemeldet am 30. März 1880, ausgegeben am 8. November 1880, im Anschluß an die vorher besprochene Patentschrift.

Die Hauptwelle a, Fig. 610, 611, welche entweder mit der Hand oder durch Maschinenkraft in Bewegung gesetzt wird, trägt an ihren äußeren Enden, sternförmig angeordnet, die Flügelwellen b.

Die Flügelwellen tragen zwischen den Kurbeln c die Rollen d, welche durch die Federn f oder auch durch ein zweites Exzenter gegen die Leitkurve e gedrückt werden.

Die Leitkurve e ist auf einem Rohr g befestigt, welches gleichzeitig die Lager für die Welle a enthält und an seinem anderen Ende die Steuervorrichtung h, i trägt.

Die Leitkurve bewirkt, daß, wenn das Rohr g an der Drehung verhindert wird, ein Teil der Flügel mit der Breitseite gegen die Luft oder das Wasser drückt, während die gegenüberstehenden Flügel oder Schaufeln flach zurückgehen.

Je nachdem man die Leitkurve vermittels der Steuervorrichtung stellt, kann man auf und nieder, vor und zurück, sowie in allen schrägen Richtungen das Schiff vorwärts treiben, weil mit der

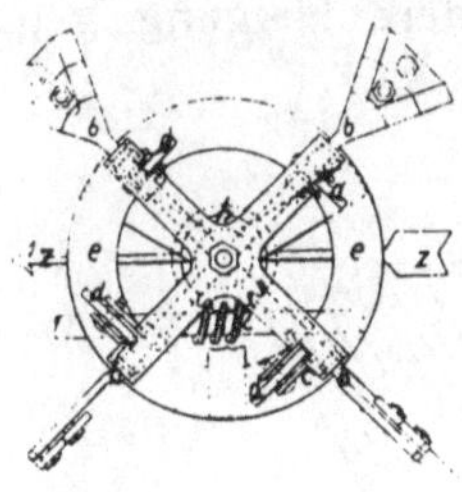

Fig. 610.

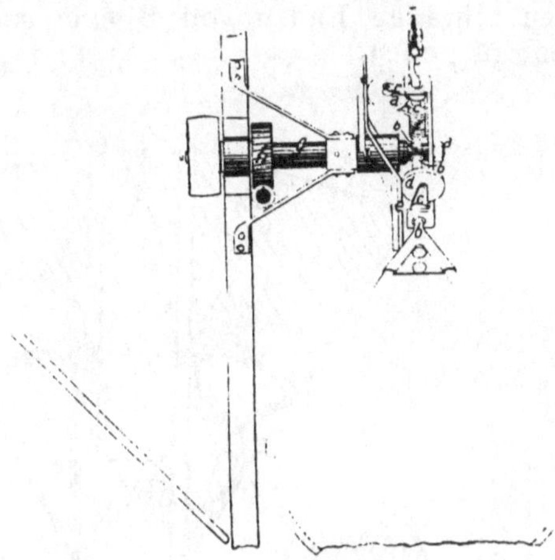

Fig. 611.

Leitkurve auch die Lage der bereitstehenden, treibenden Flügel sich ändert. Der Pfeil z, welcher sich mit der Leitkurve dreht, zeigt an, in welcher Richtung der Apparat treibt.

Patentanspruch:

An dem durch P. R. Nr. 8392 geschützten Wendeflügelapparat die Drehbarkeit der Leitkurve.

179. Die

Patentschrift Nr. 15 085
Wirth & Co. in Frankfurt a. M.,

angemeldet am 22. Februar 1881, ausgegeben am 2. November 1881,

betrifft ein Verfahren und eine Vorrichtung zur Fortbewegung von Apparaten in Luft und Wasser, bei welcher Flächen durch konvergierende Räder ausgebreitet und zusammengelegt werden zwecks einseitiger Ausnützung des Luft- und Wasserwiderstandes.

Ein Gestell A, Fig. 612, hängt mit den Stricken a a an einem Ballon und hat unten einen durch die Netze c c gebildeten Korb und vier Puffer b b.

In der Mitte dieses Gestells ist nun eine Welle B gelagert: dieselbe ist in der Mitte horizontal, hingegen an den Enden in einer Ebene gleichmäßig in einer Richtung gebogen.

In der Mitte trägt B eine Kettenrolle C, deren Kette über eine zweite, in der Nähe des Bodens gelagerte Kettenrolle D läuft; neben dieser ist ein Sperrädchen E, in welches eine mit dem Fuß zu handhabende Klinke e eingreift, angebracht; auf der anderen Seite hat D senkrecht abstehende Sprossen e^1, vermittels welcher man mit dem Fuß die Rolle D drehen kann. Zweck dieser ganzen Einrichtung ist, die Welle B feststehend zu halten und je nach der beabsichtigten Flugrichtung den in der Zeichnung nach unten gerichteten schrägen Enden von B eine andere Neigung gegen den Horizont zu geben.

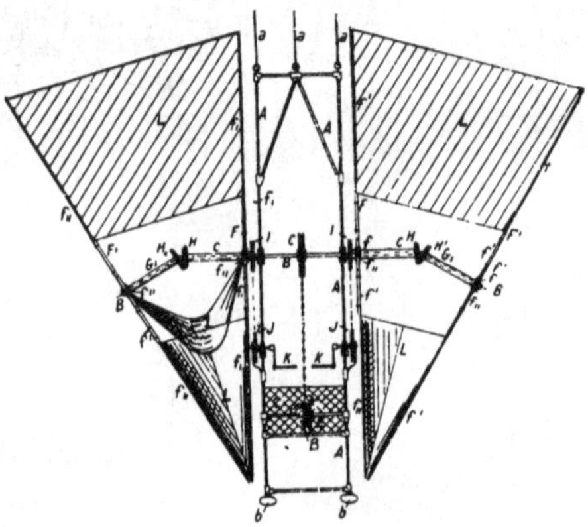

Fig. 612.

Um dies zu bewerkstelligen, hebt man mit dem einen Fuß die Klinke e aus, indem man auf den Schwanz derselben tritt, und bringt dann, indem man mit dem andern Fuß vermittels der Sprossen e^1 die Kettenrolle D dreht, die Enden von B in die gewünschte Stellung, worauf man die Klinke wieder einfallen läßt.

Die Welle B ist also im allgemeinen unbeweglich, und um sie rotieren an jedem Ende zwei Räder F und F^1, deren Ebenen, da sie senkrecht auf den betreffenden Teilen von B stehen, beispielsweise wie in Fig. 612 nach unten konvergieren.

Die Räder eines jeden Paares müssen frei um die Welle B laufen und sich mit gleich großer Geschwindigkeit drehen, so daß je zwei einander gegenüberstehende Radspeichen immer ganz gleichzeitig die durch B gehende Ebene passieren. Jedes Rad ist daher mit einer Hülse G und G' versehen, welche ein Kegelzahnrad H, H' trägt, mit welchem es in das gegenüberstehende, ganz genau gleich große Kegelrad an der Biegungsstelle der Welle B eingreift.

Die Räder F, F^1 Fig. 613 werden folgendermaßen in Bewegung gesetzt:

Die horizontale Hülse G^1 trägt gegen innen die Seilscheibe I, welche durch ein gekreuztes Seil (oder Riemen) mit der Scheibe J verbunden ist; letztere trägt eine Kurbel K, welche der im Korb sitzende Luftschiffer bewegt.

Die Räder F, F^1 bestehen aus einer Nabe f und je zwei Scheiben f^1, zwischen denen eine Anzahl Stäbe oder Speichen f" befestigt sind.

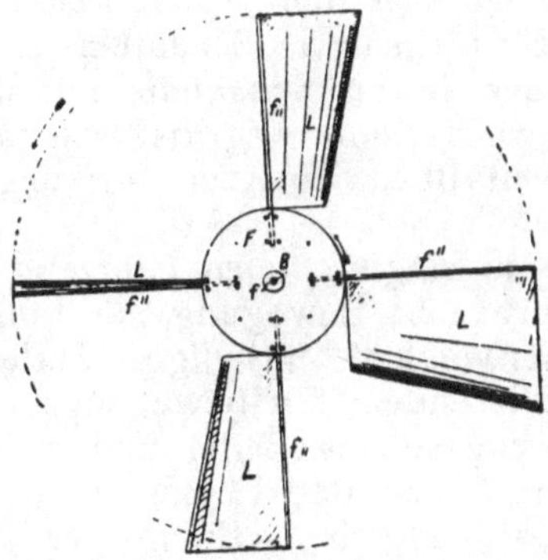

Fig. 613.

Zwischen den Speichen f", Fig. 612 bis 614, sind die Schaufeln L angebracht; dieselben sind, wenn die Speichen einander nahestehen, zusammengefaltet, während sie sich ausbreiten, wenn die Speichen an der divergierenden Seite stehen.

Die Schaufeln L können verschiedenartig gebaut sein.

Zwischen je zwei Rahmen sind nun Bänder (Stricke) m n derart an denselben befestigt, daß sie, wenn die Speichen f" divergieren, angespannt sind und bewirken, daß sich auch die beiden Rahmen L annähernd in eine Ebene stellen, während sie, so lange die Speichen f" diesen größten Abstand nicht haben, den Rahmen ge-

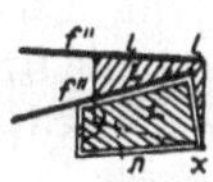

Fig. 614.

statten, dem Luftdruck zu folgen und successive in die Rotationsrichtung der Speichen überzugehen, an welchen sie befestigt sind.

Um zu bewirken, daß der Uebergang von der Zusammenlegung der Schaufeln bis zu ihrer Ausbreitung mehr allmählich vor sich gehe, kann man die Schaufeln in der vorbeschriebenen Art auch so aneinander befestigen, daß die an der Peripherie nebeneinander befindlichen Ecken x der beiden Hälften bei entsprechender Verkürzung des Bandes sich nicht voneinander entfernen können und nur ein successives Aufklappen gegen die innere Seite möglich ist.

Da beim Uebergang von einer Stellung zur anderen die Luft bzw. das Wasser an den schräg rotierenden Flächen leicht abgleiten soll, so ist es in diesem Falle nötig, die Tafeln ganz unbiegsam und aus möglichst glattem Material herzustellen, welches für den Gebrauch im Wasser massiv sein muß.

Aus Fig. 613 geht hervor, wie die Schaufeln, wenn die Räder F, F' sich mit gleicher Geschwindigkeit um die Welle B drehen, sich successive zusammen und auseinander falten; sie sind regelmäßig auf der einen Rotationsseite mehr oder weniger voll ausgebreitet. In stetigem Uebergang von der Konvergenz zur Divergenz, von Zusammenlegung der biegsamen Schaufeln zu ihrer Ausbreitung, von Längsstellung der festen Schaufeln zur Querstellung werden der Luft beständig wechselnde Angriffsflächenausdehnungen entgegengetrieben, mit weit überwiegender Wirkung auf Seite der Divergenz.

Setzt bei einem so eingerichteten Fahrzeug der Luftschiffer mit jeder Hand eine Kurbel in Bewegung, so findet links und rechts gleichmäßig ein überwiegend einseitiges Zurückdrängen der Luft statt mit daraus resultierendem Fortbewegungsbestreben des Apparates nach der entgegengesetzten Seite, und zwar in der Richtung, die annähernd senkrecht zu der Ebene steht, in welcher die gebogene Welle B liegt. Durch Drehung der letzteren mittels der Sprossen e^1 an der Kettenrolle D, Fig. 612, bestimmt der Fahrende den Winkel für die Fortbewegung. Die seitliche Richtung verändert er, wenn er die eine Kurbel schneller dreht als die andere.

Patentansprüche:

1. Die Methode der Fortbewegung in der Luft und im Wasser vermittels abwechselnder Ausbreitung und Zusammenlegung von Flächen durch konvergierende Räder, behufs einseitiger Ausnutzung des Luft- und Wasserwiderstandes.

2. Der Apparat zur Fortbewegung in der Luft, bestehend aus den um eine gebogene Welle B rotierenden Rädern F, F', deren Ebenen konvergieren, zwischen welchen Rädern sich Schaufeln L' befinden, welche sich bei gleichmäßiger Umdrehung der Räder F, F' successive zusammenfalten und ausbreiten.

3. Die Vorrichtung, um die Räder F und F' mit genau gleich großer Geschwindigkeit um die gebogene Welle B zu bewegen, bestehend in den Hülsen G, G' und den Kegelrädern H, H'.

4. Die Vorrichtungen, die im allgemeinen unbewegliche Welle B je nach der Bewegungsrichtung des Fahrzeuges zu verstellen, bestehend in den Kettenrollen C und D, über welche eine Kette läuft, in Verbindung mit dem Sperrad E' mit Klinke und den Sprossen e^1.

5. Die Schaufeln L aus biegsamem Material, welche sich ganz zusammenfalten können und anderseits stramm angespannt oder segelartig geschwellt sind.

6. Die aus zwei Hälften (Tafeln oder Rahmen) bestehenden Schaufeln, welche durch die zwischen ihnen befestigten Stricke oder Bänder m n bei der Divergenz der Räder F, F' in eine Ebene ge-

bracht werden, während sie im übrigen Verlauf der Rotation hinter den Speichen f'', um die sie sich vermittels Scharniere usw. drehen können, lose herfliegen, bei engerer Verkoppelung aber (siehe Fig. 614) die Luft schräg durchschneiden.

7. Die außerhalb der Speichen f'' angeordneten Schaufeln L'.

8. Die eventuelle Benutzung der beim Apparat zur Fortbewegung in der Luft beschriebenen Fortbewegungsmittel bei einem Wasser- oder submarinen Schiff.

180. In der

Patentschrift Nr. 17 263,
L. Mondorf in Wiesbaden,

angemeldet am 11. April 1881, ausgegeben am 13. März 1882,

wird ein vom Erfinder „Segelschraube“ genannter Fortbewegungsapparat dargestellt.

Die Fig. 615 veranschaulicht den Apparat. Auf einer Welle a sind zwei Sterne b und b' angebracht, welche den Stäben d und d' als Lagerung dienen. Diese Stäbe d und d' sind drehbar mit den Sternen b, b' verbunden, ähnlich wie die Stäbe eines Regenschirmes mit der Krone desselben.

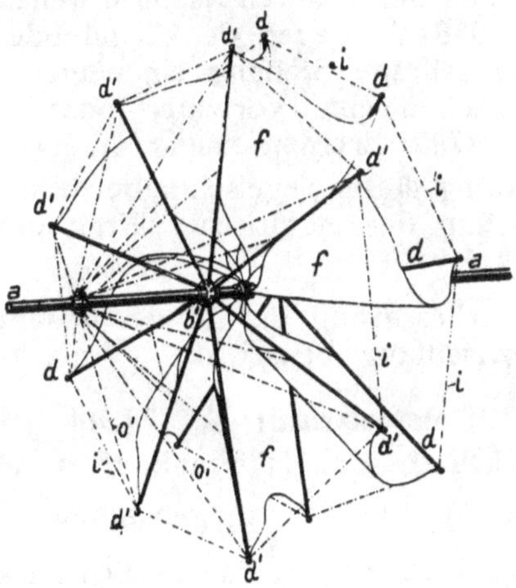

Fig. 615.

Die Stäbe d, d' können somit zusammengeklappt werden, bei Benutzung des Apparates jedoch werden sie radial gestellt, wie Fig. 615 zeigt, und durch Schnüre i i i in dieser Stellung gehalten.

Auf diese Weise entstehen zwei aus den Stäben d, d' gebildete Sterne, welche durch Schnüre o o o und o' o' o' in ihren Lagen gegen die Welle a festgehalten werden, während zwischen je zwei Stäben d und d' der beiden Sterne Segel f gespannt werden, Fig. 616.

Die beiden von den Stäben d, d' gebildeten Sterne werden beim Gebrauch der Segelschraube so auf der Welle a befestigt, daß die Segel f die in der Fig. 615 dargestellte schiefe Stellung annehmen.

Es können an einem Luftschiff mehrere derartige Apparate angebracht sein, auch können dieselben so angeordnet werden,

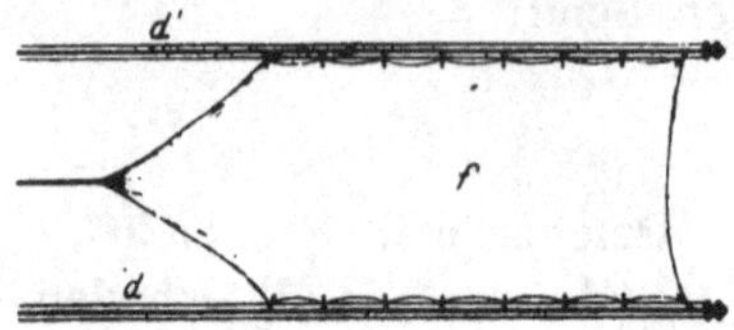

Fig. 616.

daß die Welle a vertikal steht, so daß man die Auf- oder Abwärtsbewegung des Luftballons durch Drehen der Schraube beeinflussen kann.

Patentansprüche:

1. Ein Fortbewegungsapparat für Luftschiffe, genannt „Segelschraube", bestehend aus zwei sternförmigen, hintereinander auf einer Welle befestigten Gestellen, welche zusammenklappbar sein können, und zwischen deren durch Schnüre gehaltenen Stäben Segel so gespannt sind, daß sie gegen den Wind oder gegen die Welle der Schraube eine schräge Stellung einnehmen, derart, daß durch Drehung der Schrauben eine Vorwärts- oder Rückwärtsbewegung des Luftschiffes bewirkt werden kann.

2. Die Benutzung dieser Segelschraube zu motorischen Zwecken, d. h. zur Ausnutzung der motorischen Kraft des Windes.

181. Eine Verbesserung der in der Patentschrift Nr. 15085 beschriebenen Vorrichtung bringt die

Patentschrift Nr. 20214

Wirth & Co. in Frankfurt a. M.,

angemeldet am 8. Mai 1882, ausgegeben am 20. November 1882.

Nach angestellten Versuchen hat es sich herausgestellt, daß der Nutzeffekt derselben bedeutend erhöht werden kann, wenn man den Raum, in dem das konvergierende Rad gedreht wird, in demjenigen Viertel, welches der vollen Entfaltung der Schaufel L vorangeht, durch ein innen ganz glattes Radsegment R umschließt (Fig. 617). Durch dasselbe wird die Luft bei der Umdrehung des Rades innerhalb desselben an dem radialen und seitlichen Ausweichen verhindert und hierdurch die Wirkung in der beabsichtigten Richtung verstärkt. Das Radkastensegment ist nämlich so gebaut, daß die Seitenwandungen desselben in der Richtung der Umdrehung des Rades auseinander laufen, und zwar in demselben Maße, in dem die Radspeichen sich voneinander entfernen bzw. die Schaufeln sich entfalten. Die Radspeichen bestreichen sozusagen die Innenwandungen des Radkastens, und ist deshalb das Entweichen der Luft auf das möglichst geringste Maß reduziert. Der Radkasten R kann auf der gebogenen Welle B angebracht werden, indem er noch durch Führungen, die denselben mit dem Gestell verbinden, größeren Halt erhält.

Ein seitliches und teilweise radiales Ausweichen der Luft läßt sich, wenn auch nicht in dem Maße, wie oben beschrieben, dadurch verhindern, daß die seitlichen Zwischenräume zwischen den Radspeichen mit leichtem, luftdichtem Stoff überzogen werden. Es wäre dann nur noch durch eine besondere Vorkehrung das radiale Entweichen

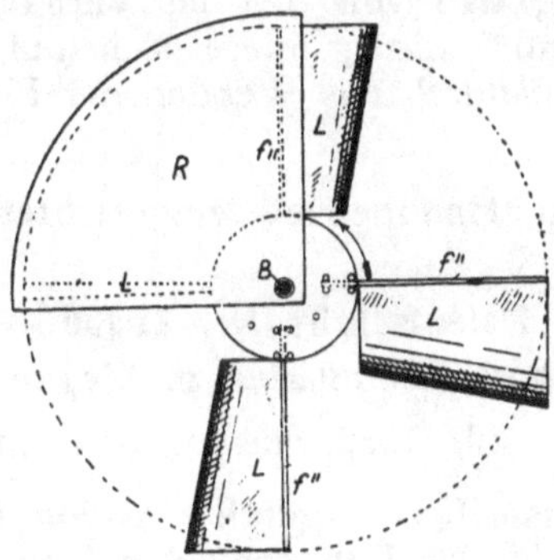

Fig. 617.

der Luft zu verhindern. Dieses kann aber nie vollständig gelingen, da immerhin an der Peripherie des Kastens zwei Spalten bleiben, aus welchen die Luft entweichen kann.

Patentanspruch:

An den durch Patent Nr. 15 085 geschützten Apparaten zum Fortbewegen in Luft und Wasser das Anbringen des Radkastensegments R, welches einen größeren oder kleineren Teil des zum Fortbewegen des Fahrzeuges dienenden Flügel- oder Schaufelrades umschließt und sowohl ein seitliches als radiales Ausweichen der Luft verhindert.

182. Das Wenden der Flügel geschieht bei der Vorrichtung nach der

Patentschrift Nr. 20 348

Georg Baumgarten in Siegmar bei Chemnitz,

angemeldet am 18. Februar 1882, ausgegeben am 8. Dezember 1882,

durch Wälzen des Winkelrades f auf einem halb so großen Winkelrade g, wodurch ebenfalls erzielt wird, daß die Flügel, wenn sie treiben sollen, senkrecht oder nahezu senkrecht stehen, wenn sie zurückgehen, aber wagerecht oder nahezu wagerecht liegen (Fig. 618).

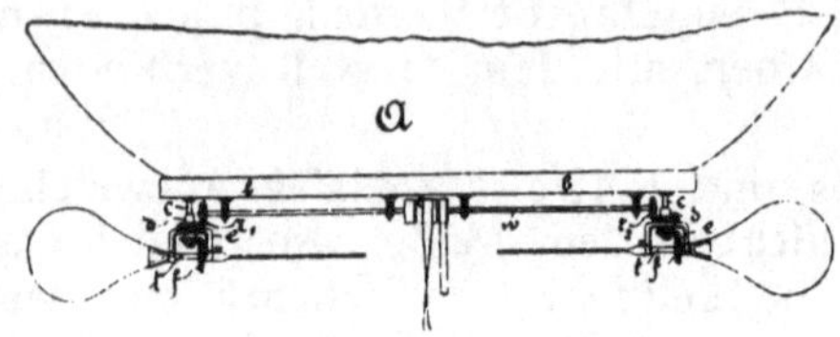

Fig. 618.

Patentanspruch:

Die Einrichtung, daß von den im Verhältnis von 1 : 2 übersetzten Rädern g und f das größere sich auf dem feststehenden kleineren wälzt, um dadurch das Wenden der Flügel zu verursachen.

183. Einen für Handbetrieb eingerichteten Fortbewegungsapparat betrifft die

Patentschrift Nr. 21 730

Ernst Georg August Baumgarten in Siegmar bei Chemnitz,

angemeldet am 1. Juli 1882, ausgegeben am 17. April 1883.

Der mit Wasserstoffgas angefüllte Ballon dient nur dazu, den ganzen Apparat frei in der Luft schwebend zu erhalten, so daß es dem Fliegenden möglich wird, seine ganze Körperkraft zur Fortbewegung des Apparates nach oben und nach unten, nach rechts und nach links und geradeaus zu verwenden.

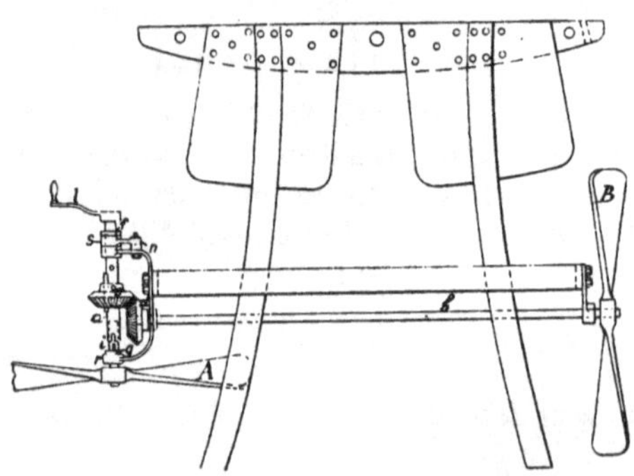

Fig. 619.

Der Apparat (Fig. 619) ist zum Handbetrieb eingerichtet und besteht aus der Windschraube A auf der Welle a und der Windschraube B auf der Welle b; beide Wellen werden mittels der konischen Räder c, d von der Handkurbel l aus betrieben, und zwar abwechselnd zur Vertikal- und zur Horizontalbewegung. Bei ersterer wird nur die Schraube A benutzt. Das konische Rad c, welches durch den Einstecker p gehalten wird, ist dann von dem Rad d, welches auf der Welle b sitzt, ausgerückt, so daß die Windschraube B stillsteht, während A im Gange ist. Die Welle a besteht aus zwei Teilen; das untere Ende von a umfaßt lose den Zapfen i des unteren Wellenteiles, auf dem die Windschraube A festgekeilt ist, i dreht sich hierbei mit dem Bunde g auf dem Auge r des Lagerstückes C. An letzterem ist oben noch die Falle n drehbar befestigt.

Patentanspruch:

Die Aus- und Einrückung der Wellen a und b, der Räder c und d sowie der Windschrauben A und B durch Verschieben der Welle a nach oben oder unten mittels der Falle n in Verbindung mit dem Einsteckstift p, dem Mitnehmer h und dem losen Zapfen i, wodurch a mit i und b in und außer Eingriff gesetzt werden kann, wie gezeichnet und beschrieben.

184. Die in der

Patentschrift Nr. 59 039

A. Zorn in Berlin,

angemeldet am 14. November 1890, ausgegeben am 28. September 1891, dargestellte Erfindung betrifft die Konstruktion einer Schraube, deren Flügel sich selbsttätig bei Drehung der Schraubenachse so einstellen, daß eine Fortbewegung des Luftschiffes erfolgen muß.

Durch die Winkelstellung von Zapfen, um die sich Flügel einstellen können, zur eigentlichen Hauptachse wird ein je nach dem Widerstand veränderlicher Propellerwinkel nutzbar gemacht, der beim gewöhnlichen Propeller mit feststehenden Flügeln durch die Stellung der Flügelebenen zur Achse ein für allemal bestimmt wird.

Wie aus Fig. 620 bis 622 ersichtlich, ragen an dem vorderen Ende der Schraubenachse A zwei schräg zu derselben liegende Ansätze a a hervor, die als Zapfen ausgebildet sind, um welche sich Flügelarme b b samt ihren Flügeln B B drehen können. Diese Flügelarme können entweder im rechten oder in einem schiefen Winkel am Zapfen angebracht sein.

Während die Flügelarme b b (Fig. 621) symmetrisch links und rechts von der Schraubenachse angebracht sind, liegt die Traverse C unter 45° zu den ersteren und hält durch schräg liegende Zugfedern c c, die bei d d an die Flügelarme b b anschließen, letztere samt den Flügeln B B in ihrer Ruhelage I fest.

In Fig. 621 gibt die punktierte Stellung (Arbeitslage) die äußerste Stellung des Armes b mit seinem Flügel B an, wobei der Arm sich um den Zapfen a gedreht hat, bis das Auge bei f' einen Anschlag an der Schraubenachse gefunden hat. Die Feder c ist dabei in die gestreckte Lage gekommen. Die Einstellung der Flügel B B unter Ueberwindung des Federzuges c wird bei Umdrehung der Propellerachse durch den betreffenden Motor von selbst erfolgen, indem der Luftwiderstand, an der Fläche der Flügel angreifend, dieselben bei der Vorwärtsdrehung so weit zurückdrängen wird, wie es der Federzug zuläßt, wobei letzterer so stark sein muß, daß ein fester Anschlag f' an A, gegen welchen sich das Auge c des Flügels schließlich legt, tunlichst vermieden wird. Während dieses Vorganges wird dann die vorwärts ziehende Arbeitswirkung der Flügel B B eintreten.

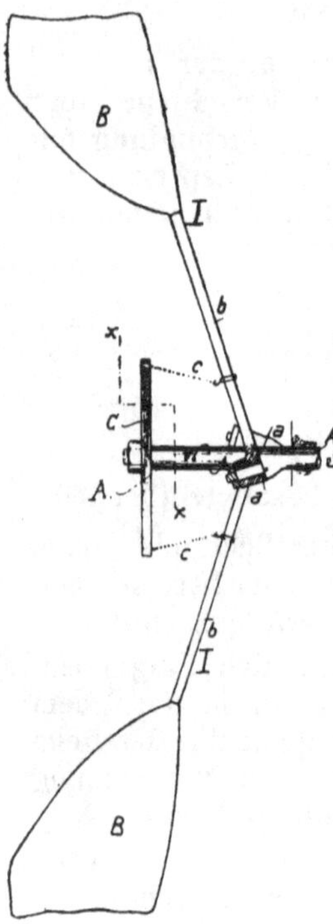

Fig. 620.

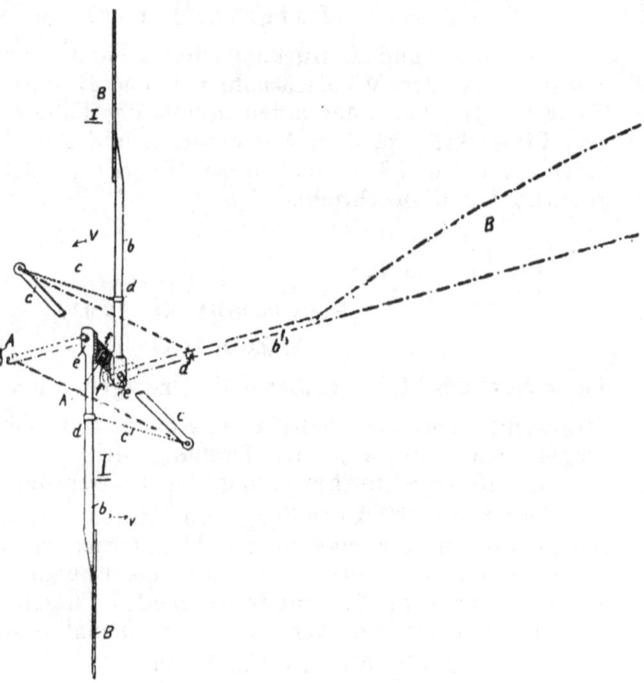

Fig. 621.

Bei dieser Drehung nun aus Lage I in die punktierte Lage wird sich aber, je nachdem der Schränkungswinkel der Zapfen a a mit der Achse gewählt ist, der Propellerwinkel mehr oder weniger verändern. Dieser Vorgang ist im Grundriß (Fig. 622) ersichtlich gemacht.

Bei einem bestimmten Winkel des Zapfens zur Hauptachse wird bei Inbetriebsetzung der Schraubenachse die vorher parallel zu derselben liegende Flügelebene ihre Lage zur Achse vollständig verändern. Denkt man sich zunächst den in Wirklichkeit die gebräuchliche länglich-ovale Form habenden Flügel B als Kreis B', so wird letzterer (entsprechend der Vorderansicht, Fig. 621) im Grundriß (Fig. 622) als der Hauptachse A parrallele einfache Linie erscheinen.

Erfolgt aber eine Drehung um den unter dem Winkel a gegen die Schraubenachse geneigten Zapfen a etwa um 90°, so wird diese Kreisfläche von Stellung Ia aus die Stellung IIa geneigt zur Grundrißebene einnehmen. Man denke sich durch Achse A und den Punkt p der Kreisfläche B[1] eine Ebene E gelegt und sehe in Pfeilrichtung p', so wird man leicht erkennen, daß nunmehr eine Winkelstellung a der Flügelebene gegen die Grundrißebene und somit auch gegen die Mittelachse A eingetreten ist. Der symmetrisch gegen die Hauptachse A auf der anderen Seite angebrachte Arm mit Flügel (Fig. 620) wird sich ebenso einstellen, so daß nun beide Flügel B B mit der Hauptachse in diesem Falle einen Propeller bilden.

Dies ist jedoch nur ein Fall. Denn je nachdem man einen in größerem oder kleinerem Winkel zur Hauptachse liegenden Zapfen verwendet, der entweder mit derselben nahezu oder ganz in der-

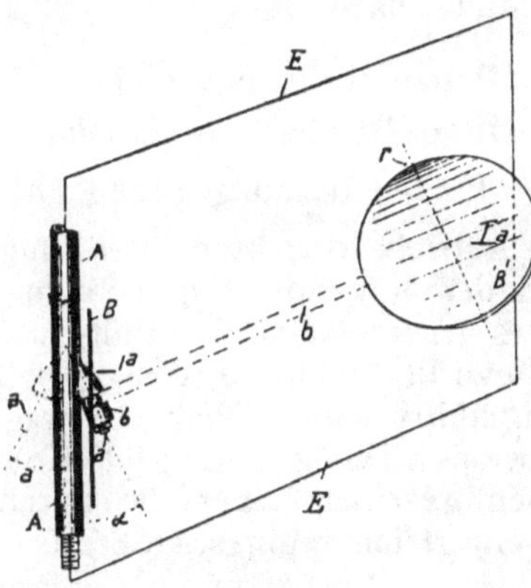

Fig. 622.

selben Ebene liegt oder mehr nach oben oder unten verschoben ist, und je nachdem man ferner die Größe des durch den Federzug zu regulierenden Ausschlags der Flügel wählt, kann man erreichen, daß die Flügelebene unter einem bestimmten Ausschwenkungswinkel erstens auch in der Arbeitslage ungefähr in derselben Winkellage zur Hauptachse bleibt, wie in der Ruhelage, oder zweitens im Arbeitszustand eine parallele Lage oder beliebige geringe Winkelstellung zur Hauptachse annimmt.

Durch welche Lage der Flügelebene zur Hauptachse nun der größte Nutzeffekt zu erzielen ist, wird die Praxis lehren.

Patentansprüche:

1. Propellerschraube, gekennzeichnet durch die Verwendung von beweglichen, vollständig oder mit geringer Abweichung parallel der Fortbewegungsrichtung stehenden Flügeln, welche um schräg zur Hauptachse liegende Zapfen oder Wellen drehbar sind und bei der Rotation der Hauptachse federnd ausschwingen und dadurch die Fortbewegung herbeiführen.

2. Bei unter 1 geschütztem Propeller die Anwendung von ausschwenkenden Flügeln, welche:

a) in der Ruhelage entweder parallel der Hauptachse sind oder eine geringe Winkelstellung zu derselben zeigen (welch letztere entweder propellerartig [$+x^0$] oder entgegengesetzt [$-x^0$] gedacht wird) und

b) in der Arbeitslage je nach der Größe der Arbeit unter einem durch einen Federzug bestimmten Winkel ausschwenkend, entweder in dieselbe Flächenstellung zur Hauptachse wie bei der Ruhelage treten, oder in eine zur Hauptachse parallele Lage oder in die Propellerwinkelstellung oder in eine der letzteren entgegengesetzte Winkellage zur Hauptachse einrücken.

185. Die Erfindung nach der

Patentschrift Nr. 63774
Hugo Baudisch in Berlin,

angemeldet am 23. Juni 1891, ausgegeben am 13. August 1892,

bezieht sich auf eine Antriebsvorrichtung der Flügel von Luftschiffen. Durch stetig aufeinander folgende Explosionen eines Pulvermotors wird ein regelmäßiges Ausschlagen der Flügel, ähnlich dem Flügelschlag der Vögel, bewirkt, während das Zurückführen der Flügel durch Federn herbeigeführt wird. Die Uebertragung der Bewegung des durch die Explosionswirkung betätigten Kolbens auf die Flügel bzw. die Flügelrippen geschieht ebenfalls durch Vermittelung von Spiralfedern, welche ein gleichmäßiges, stoßfreies Arbeiten der Flügel bewirken.

Wie aus Fig. 623 ersichtlich, besteht der Apparat zunächst aus dem Zylinder A mit Kolben B, dessen Stange c am unteren Ende einen Kopf D trägt, an welchem symmetrisch zu beiden Seiten die Spiralfedern E E' für die Flügelstangen F F' angehängt sind. Letztere sind am Zylinder A bei f und f' drehbar angeordnet und werden durch zwei Federnpaare G und G' gehalten, die an einer Traverse a hängen, welche sich auf dem Zylinderboden abstützt.

Oben schließt an den Zylinder A ein nach unten sich abkrümmendes Rohr R, auf welchem nahe dem Ende ein den Zündstoff enthaltendes Gefäß H befestigt ist.

Die abwechselnde Verbindung zwischen diesem Gefäß H und dem Rohr R (Fig. 624), welches die Zündgase hinter den Kolben B leitet, wird durch einen Schieber d und ein Ventil e vermittelt, deren Antrieb ebenso wie der der Zündnadel von der einen Flügelstange F' aus erfolgt. (Fig. 624 bis 626.)

Der Apparat arbeitet auf folgende Weise:

Um der Maschine den ersten Impuls zu geben bzw. die erste Explosion erzeugen zu können, ist es erforderlich, die Zündnadel aus dem Zündrohr R heraus zu bewegen, und zwar geschieht dies dadurch, daß man den gewissermaßen als Steuerhebel tätigen Winkelhebel g g' aus seiner Ruhelage Fig. 623 und 624 nach links schwingt, wie Fig. 625 zeigt, während alle übrigen Organe noch in der Lage Fig. 623 beharren.

Der Schieber d hat bei der Bewegung eine Ladung Pulver der Vorratskammer H entnommen und infolge gleichzeitig angehobenem Ventil e dasselbe in die Zündkammer entleeren können. Nachdem

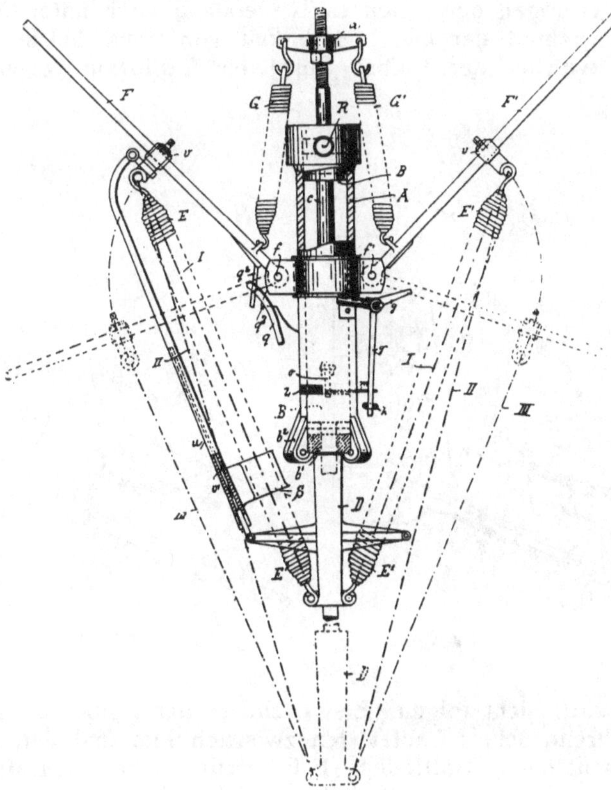

Fig. 623.

nun die Zündnadel genügend erhitzt ist, läßt man den Steuermechanismus los, der infolge Federwirkung zurückschnellt und mittels der Nadel N die Explosion bewirkt.

Die durch das gekrümmte Rohr R hinter den Kolben tretenden Explosionsgase schleudern nun den Kolben nach unten, wobei zunächst die einerseits mit dem Kolbenstangenkopf D und anderseits mit den Flügelstangen F F' verbundenen Spiralfedern E E' ausgezogen bzw. angespannt werden, wie Fig. 623 Stellung II angibt. Am Ende seiner Bewegung hat sich der Kolben durch Zurückschieben und Wiedereinfallen vor der Klinke o o' festgeklinkt, und es können nunmehr die Explosionsgase durch Oeffnung z entweichen. Die Spiralfedern E E', welche inzwischen Stellung III eingenommen, bewirken nunmehr den Nachzug der Flügel F F', wodurch die verlangte Vorwärtsbewegung des Luftschiffes erfolgt.

Der Grund, warum die an dem Kolben s mittels Federn E E' angehängten Flügel erst nachfolgen, nachdem der Kolben sich festgeklemmt hat, ist in der Trägheit der Massen zu finden.

Die starren Flügelrippen mit den Flügelflächen werden in ihrem Beharrungsvermögen durch den Luftwiderstand noch unterstützt und können naturgemäß der Geschwindigkeit von etwa 400 m pro Sekunde, mit welcher der Kolben bei jeder Explosion vorwärts ge-

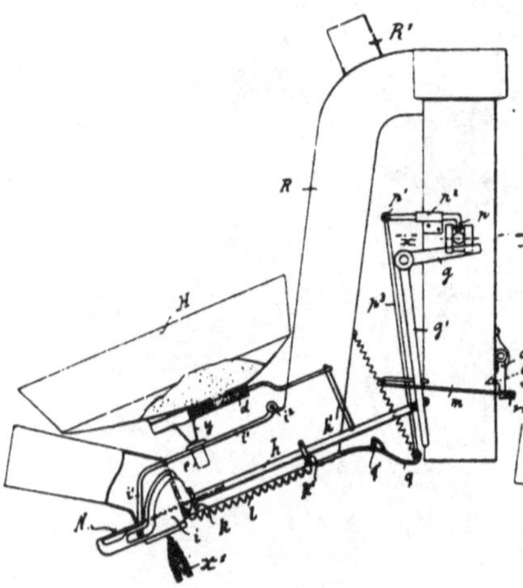

Fig. 624.

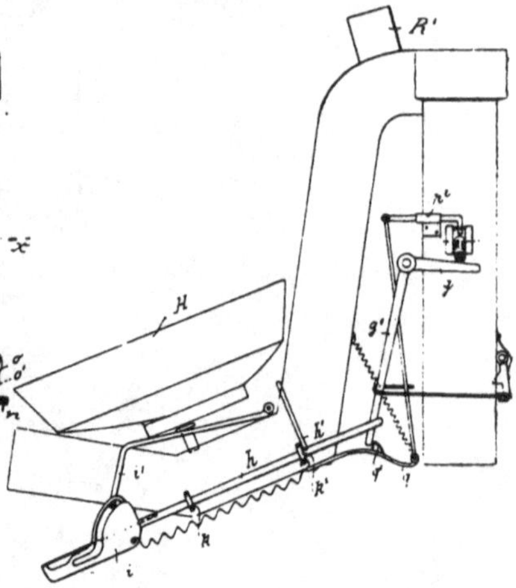

Fig. 625.

schleudert wird, nicht folgen. Erst nachdem der Kolben festgeklinkt ist und während seines Laufes den zwischen ihm und den Flügeln zwischengeschalteten Kraftfedern E E' stetig mehr Zugkraft durch Ausziehen der Windungen erteilt hat, erfolgt elastisches Nachziehen durch schließliche Ueberwindung der Trägheit der Flügelkörper samt entgegenstehendem Luftwiderstand, wobei sich die Federn E E' wieder auf die alte Länge kürzen. Gleichzeitig spannen sich hierbei die an der Traverse hängenden Federn G G' an, die später den Rückzug der Flügel bewirken. Bei diesem Nachzug der Flügel ist aber, wie es bereits oben beschrieben wurde, die Zündnadel wieder aus dem Zündrohr herausgetreten und erwärmt sich aufs neue, der Schieber hat eine frische Ladung Pulver über das geöffnete Ventil in die Zündkammer geschüttet, und das Ventil J ist bei Erreichung der Endlage durch den linksseitigen Flügel F geöffnet worden, um die durch Oeffnung z in den Zylinder eingetretene Luft nach Passieren der Oeffnung oben herausdrängen zu können.

Gleichzeitig hat aber auch der rechte Flügelarm bei Erreichung seiner unteren Endstellung durch Vermittelung des Hebels g g', der Zugstange m und des Hebels n die Klinke o o' hinter dem Kolben vorgezogen und diesen dadurch ausgelöst, so daß er unter Einwirkung der Zugfedern G G' wieder nach oben geht und sich nun das oben beschriebene Spiel des Apparates immer von neuem wiederholt.

Der Körper bzw. der Zylinder A der Antriebsvorrichtung wird fest mit dem vorwärts zu bewegenden Luftballon bzw. dessen Gondel verbunden. Die an den Flügelrippen E E' festgelegten und als Ruderflächen geformten Flügelflächen liegen quer zur Winkelausschlagebene und bewirken also, ähnlich dem Flügelschlag der Vögel in der Luft, die Vorwärtsbewegung des angeschlossenen Ballons.

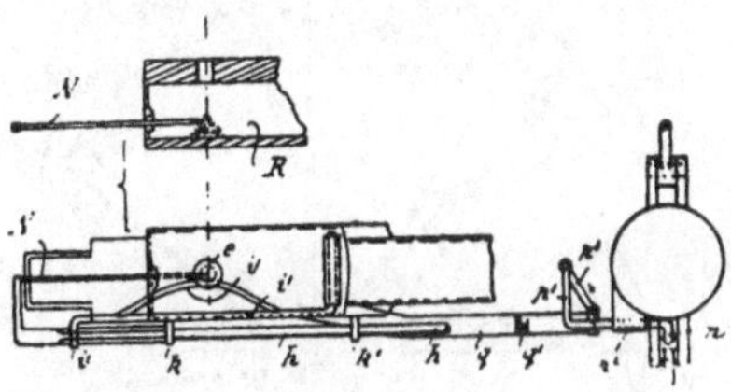

Fig. 626.

Patentansprüche:

1. Antriebsvorrichtung der Flügel für Luftschiffe u. dgl., gekennzeichnet durch Verwendung eines Zylinders mit beweglichem Kolben, welcher, durch Explosion vorwärts geschnellt, sich selbsttätig festklinkt und dabei Federn E E' anspannt, welche hiernach die scharnierartig am Zylinder angeschlossenen und unter Federzug G G' stehenden Flügelrippen nachziehen, wobei letztere während ihres Winkelausschlages den Zündmechanismus in die Arbeitslage bringen, sowie bei Beendigung desselben den festgehaltenen Kolben ausschalten, so daß derselbe mit den vorwärts bewegten Organen durch die Federn G G' in seine Anfangslage zurückkehrt und hier von neuem vorwärts geschleudert wird.

2. Eine Antriebsvorrichtung der unter 1 gekennzeichneten Art, bei welcher eine Zündvorrichtung zur Verwendung kommt, bestehend aus dem Füllungsschieber d, dem Ventil e und der Zündnadel N, welche Teile von den Flügelrippen aus derart gesteuert werden, daß der Füllungsschieber d aus einem Vorratsgefäß stets gleiche Mengen Explosionsstoff entnimmt und dieselben durch das sich öffnende Ventil e dem Zündrohr zuführt, in welches dann der Einfall der erhitzten Zündnadel N erfolgt.

186. Das Segelrad für Flugmaschinen, welches den Gegenstand der

Patentschrift Nr. 71 903
Georg Wellner in Brünn,

angemeldet am 22. April 1893, ausgegeben am 13. November 1893,

bildet, besteht aus einer Achse mit Armen und rings herum daran angeordneten Tragflächen, welche während des Umlaufes durch ein festes Exzenter mit Exzenterring und Gelenkstangen um kleine Winkel hin und her gedreht werden.

Die Rotation des Segelrades bei horizontaler Lage der Achse bezweckt die Erzeugung von Hebekraft für das Emporsteigen und

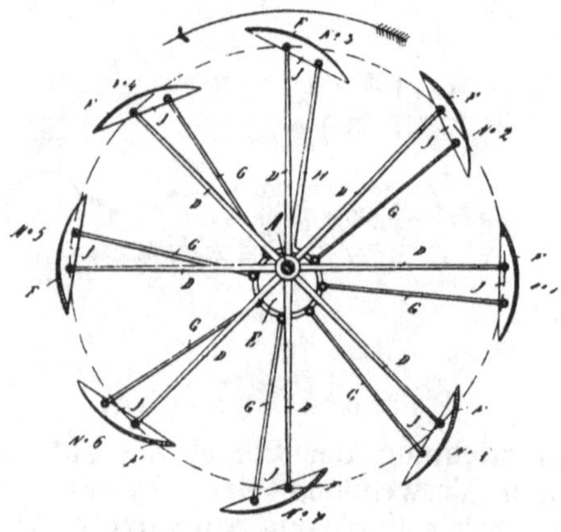

Fig. 627.

Schwebendbleiben in freier Luft, unter Umständen überdies auch die Schaffung einer horizontal treibenden Kraft zum Behuf des Vorwärtsfluges in achsialer Richtung.

A ist die Drehachse, welche in den Ständern C und in den damit fest verbundenen Büchsen B' ihre Lagerung findet und die achtteiligen Armkreuze D trägt. Auf den Büchsen B festgemacht oder mit denselben aus einem Stück hergestellt sind die Exzenterscheiben E, deren Exzenterringe je eine Exzenterstange H und je sieben in Bolzen drehbare Gelenkstangen G besitzen; die Tragflächen F, acht an der Zahl, sind trommelartig rings um die Achse angeordnet und haben Versteifungsrippen J mit je zwei Bolzen, durch welche sie einerseits mit den Enden der Armkreuze D, anderseits mit den Exzenter- und Gelenkstangen H und G drehbar verbunden sind (Fig. 627 und 628). Infolge dieser beweglichen Verbindung mit dem Exzenter stellt sich beim Umlauf des Rades (s. die Pfeilrichtung in Fig. 627) die Vorderkante der Tragflächen in der obersten Stellung (Nr. 3) jedesmal nach auswärts, in der untersten Stellung (Nr. 7) jedesmal nach einwärts, und in den Zwischenstellungen findet ein allmählicher Uebergang statt, so daß in den horizontalen Stellungen rechts (Nr. 1) und links (Nr. 5) die Tragflächen mit dem punktierten mittleren Umlaufskreise beinahe zusammenfallen.

Durch den Wechsel in ihrer Stellung sind die Tragflächen F imstande, die Luft unter sich zu verdichten und dadurch eine Hebekraft zu liefern, und zwar sowohl in den Stellungen der oberen als auch der unteren Hälfte des Umlaufkreises. Ferner können die Rippen J der Tragflächen sowie auch die Radarme D G H, wenn man ihnen eine schraubenförmige Verdrehung gibt, bei der Rotation des Rades in achsialem Sinne in der Luft vorwärtstreibend wirken, in ähnlicher Weise, wie es die Dampfschiffpropeller im Wasser tun. Wenn die Rippen und Arme keinerlei Verdrehung besitzen, dann leistet das Segelrad nur eine hebende, aber keine vortreibende Kraft.

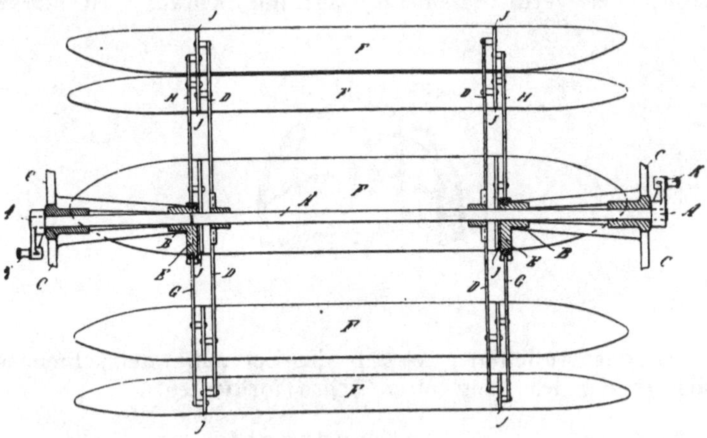

Fig. 628.

Patentanspruch:

Ein Segelrad für Flugmaschinen zur Erzeugung von Hebekraft und Vorwärtstrieb in freier Luft, dadurch gekennzeichnet, daß die von geraden oder schraubenförmig verdrehten Rippen (J) getragenen Tragflächen (F) trommelmantelförmig angeordnet sind und mittels eines festen Exzenters (C) und Gelenkstangen (G) so verstellt werden, daß bei jedem Umlauf die vordere Kante der Tragflächen in den oberen Lagen außerhalb, in den unteren Lagen innerhalb des mittleren Umlaufkreises zu stehen kommt.

187. Eine eigenartige Luftschraube beschreibt die

Patentschrift Nr. 73799
Richard Czygan in Hermeskeil,

angemeldet am 17. April 1893, ausgegeben am 16. März 1894.

a ist die Maschinenwelle, auf welcher der Ansatz b angebracht ist, in dessen Auskerbung die Rippe c mittels der Mutter d hineingedrückt wird. Die Rippe c besteht aus einem starken Metallstreifen, dessen beide Enden aufeinander gelegt und mit der Mitte vernietet sind, so daß die Achse a durch drei übereinander liegende Löcher der Rippe hindurchgeht. Die beiden Schlingen, welche die Rippe bildet, sind zweimal rechtwinklig gebogen.

An die Rippe c sind von der inneren Seite exzentrisch angenietet zwei vergrößerte Halbkalotten oder Kugelzweiecke aus Blech F und F', welche durch die aufgenieteten Blechstreifen e g g_1 h h_1 und h_2 versteift sind (Fig. 629).

Bei Drehung der Welle nach rechts nimmt die Auskerbung des Ansatzes b die Rippe c mit und dreht die ganze Luftschraube. Die beiden Schlingen der Rippe c fangen alsdann die Außenluft und drücken dieselbe in das Innere der Schraube, wo die Luft sich verdichtet und nach der offenen Seite der Schraube zu entweicht. Der Druck der verdichteten Luft auf die Schraube ist stärker als

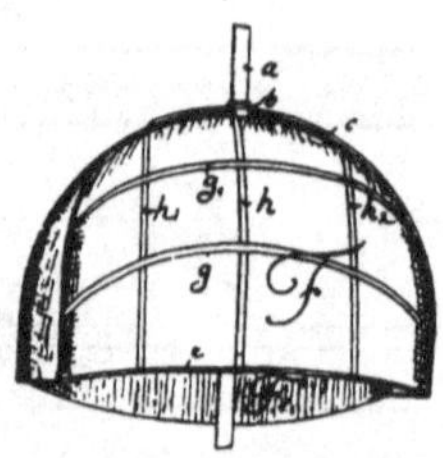

Fig. 629.

der Druck der Außenluft, so daß die Schraube demselben weicht und sich in der Richtung ihrer Achse fortbewegt.

Patentanspruch:

Propeller für Luftschiffe, bestehend aus den zwei Hälften einer halben Hohlkugel, welche, durch Zylindermantelstücke vergrößert, an einer zur offenen Seite der Halbkugel senkrechten Achse befestigt und derartig gegeneinander verschoben sind, daß sichelförmige Oeffnungen entstehen, durch welche bei entsprechender Drehung des Propellers die Luft eintritt, um in der Richtung der Achse des Propellers zu entweichen.

188. Die Fortbewegungsvorrichtung, die in der

Patentschrift Nr. 76 287
Ernst Meyer in Hamburg,

angemeldet am 22. Dezember 1893, ausgegeben am 16. Juli 1894, beschrieben ist, besteht aus zwei Flügeltrommeln a a', welche, unabhängig voneinander, je um eine quer zur Längsrichtung des Luftschiffes gelagerte Achse b bzw. b' mittels eines Kurbelmechanismus c c' oder mittels einer anderen geeigneten Antriebsvorrichtung gedreht werden können (Fig. 630).

Die Flügel I, II, III, IV . . . jeder Trommel bestehen aus einzelnen Fächern i, welche durchbrochen sind oder ein Geflecht tragen, auf dem eine aus Stoff hergestellte, an der einen Kante des Faches befestigte Klappe i' aufruhen kann (s. Fig. 631 unten).

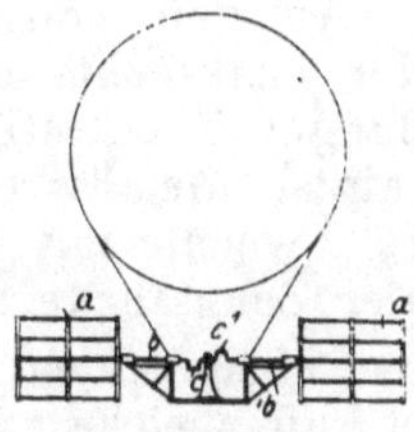

Fig. 630.

In dieser Lage durchschneidet dieselbe, wenn die Trommel in Richtung des beigesetzten Pfeiles gedreht wird, die Luft wie die Schaufeln eines Rades im Wasser, während die Klappen der oberen Flügel heruntergefallen sind bzw. die Durchbrechung der Flügel freigegeben haben, so daß hier kein Luftwiderstand zu überwinden ist. Infolgedessen wird sich das Luftschiff dann fortbewegen.

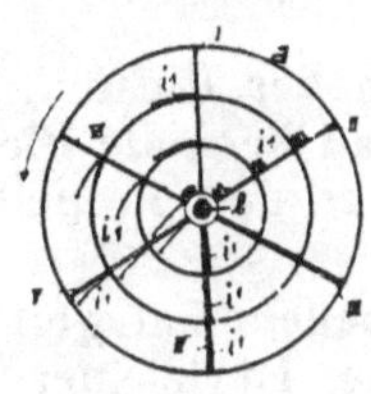

Fig. 631.

Patentanspruch:

Schaufelradvorrichtung zum Vorwärtsbewegen und Steuern von Luftschiffen, bestehend aus zwei Trommeln (a a'), welche, unabhängig voneinander, je um eine quer zur Längsrichtung des Luftschiffes gelagerte Welle (b b') drehbar sind, und deren durchbrochene Flügel (I, II, III . . .) in der Arbeitslage von sich selbsttätig in die richtige Lage einstellenden Stoffklappen (i') überdeckt werden.

189. Eine Verbesserung des Drehpropellers nach der vorerwähnten Patentschrift Nr. 73 799 ist in der

Patentschrift Nr. 77 895
Richard Czygan in Hermeskeil,

angemeldet am 4. Januar 1894, ausgegeben am 5. November 1894, dargestellt.

An dem Ende der Propellerachse A ist ein gerades oder gestürztes Rad befestigt, dessen Speichen B der Reihe nach im Halbkreis herum gleichmäßig kürzer werden, so daß der eine Halbkreis dem anderen gleich gebaut und jede Speiche so lang ist wie die ihr gegenüberliegende. Die Enden der Speichen sind durch zwei halbkreisförmige Metallstreifen C verbunden, an welchen ein flaches oder gewölbtes Blech oder Segel D befestigt ist, welches oben das ganze Rad bedeckt. (Fig. 632.) An den Spitzen der beiden längsten Speichen sind schräg (oder senkrecht) nach unten gehend zwei doppelt gewinkelte Metallbügel E befestigt, an denen parallel zu den oberen, halbkreisförmigen Metallstreifen ebenfalls halbkreisförmige Metallstreifen sitzen, welche mit den über ihnen liegenden Streifen C durch Blech- oder Zeugstücke F verbunden sind.

Wird die Propellerachse entsprechend gedreht, so schöpfen die Oeffnungen der Metallbügel Luft, welche nach der Achse zu gedrängt wird. Durch fortgesetzte Drehung wird daher von allen Seiten Luft nach der Achse hin gedrängt, die Luft an derselben verdichtet

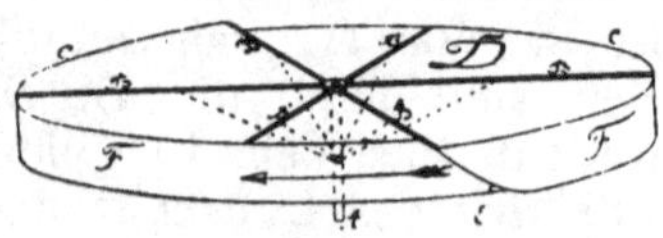

Fig. 632.

und schließlich genötigt, in der Richtung der Achse zu entweichen, wobei auf die über dem Rad liegende Blech- oder Segeldecke D ein Gegendruck erfolgt, welcher den Propeller in der Richtung seiner Achse fortbewegt.

Diese Form des Propellers hat geringere Reibung in der Luft als die früher beschriebene, ist leichter an Gewicht, weil weniger Material erforderlich ist, und bietet für eine seitliche Bewegung (wie sie beim Drehpropeller-Luftschiff eintritt) ein bedeutend geringeres Profil.

Patentanspruch:

An dem durch das Patent Nr. 73 799 geschützten Drehpropeller für Luftschiffe der Ersatz der halben Hohlkugel durch ein beliebiges schüsselartiges Gebilde mit seitlichen Oeffnungen von beliebiger Anzahl.

190. Das in der

Patentschrift Nr. 80 847

Carl Oetling in Leipzig,

angemeldet am 16. April 1894, ausgelegt am 26. April 1895,

beschriebene Flugrad ist gekennzeichnet durch äußere und innere Hubflächen, die durch rückläufige Drehung einen kontinuierlichen Vogelflügelschlag ohne Aufschlag nachahmen und in passender Weise miteinander in Verbindung stehen. Die Verbindung kann derart sein, daß entweder die inneren Hubflächen die äußeren oder die äußeren Hubflächen die inneren in Bewegung setzen.

Die Hubflächen, welche die Luft nach rückwärts abwärts werfen, können auch mit einer Einstellvorrichtung versehen sein, um die Geschwindigkeit des Flugrades erhöhen oder vermindern zu können.

In den Fig. 633—641 sind mehrere Ausführungsformen eines solchen Flugrades dargestellt, und zwar zeigt Fig. 633 den Längsschnitt einer Ausführungsform, Fig. 634 die Vorderansicht von der einen Seite, teilweise im Schnitt, Fig. 635 dieselbe Ansicht, jedoch in anderer Stellung der Teile, und Fig. 636 die Ansicht des Flugrades von der anderen Seite; Fig. 637 und 638 zeigen eine Einstellvor-

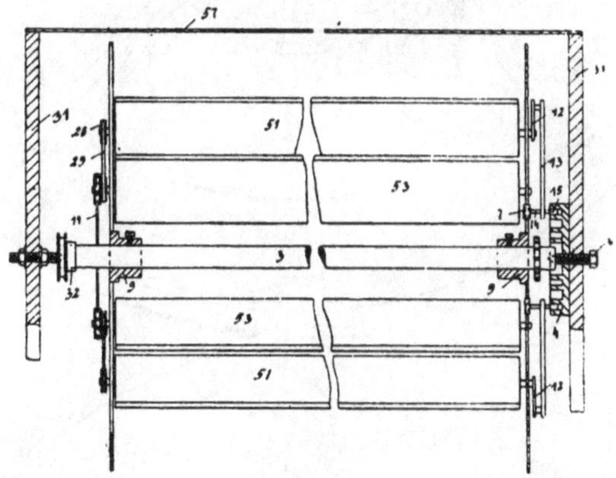

Fig. 633.

richtung für ein Flugrad mit drei großen Hubflächen im Längs- bzw. Querschnitt und die Fig. 639 bis 641 Einzelheiten hiervon in größerem Maßstabe.

Das Flugrad, dessen Achse längs der Flugrichtung steht, besitzt eine beliebige Zahl von Hubflächen, welche durch eigenartige Bewegung die Luft nach abwärts drücken.

Wie die Fig. 633 bis 636 zeigen, sitzt an dem Radlager 31 der Achse 3, die von einem passenden Motor in Drehung versetzt wird, eine beliebig geformte Exzenterscheibe 4, die mit einer äußeren und einer inneren Führungsbahn 5 bzw. 6 versehen ist. In den Bahnen 5, 6 werden die Blöcke 7 geführt, die auf Stangen 8 gleiten, die einerseits an einer Nabe 9 angenietet, anderseits an einem gemeinsamen Reifen 10 befestigt sind. Jede Stange 8 trägt zwei Hubflächen 51, 53, die zweckmäßig aus Stahlrahmen bestehen, die mit Segeltuch oder Seide lose überspannt sind, so daß sich dieses um $^1/_{12}$ der Breite in der Bewegung wölben kann. Die Anzahl der Hubflächen ist übrigens eine beliebige; es könnten im ganzen auch nur drei vorgesehen sein. Die äußere dieser Hubflächen 51 ist auf einer Seite mit einer Kurbel 12 fest verbunden, die am freien

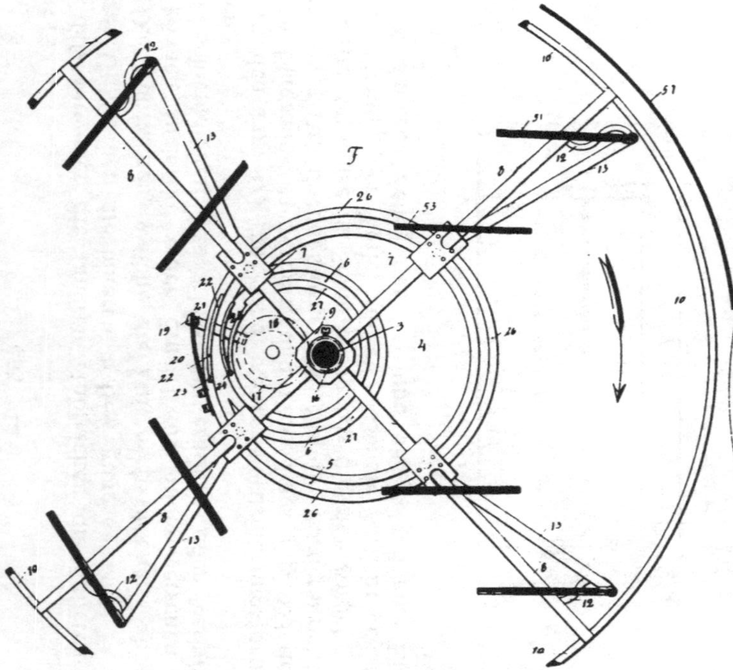

Fig. 634.

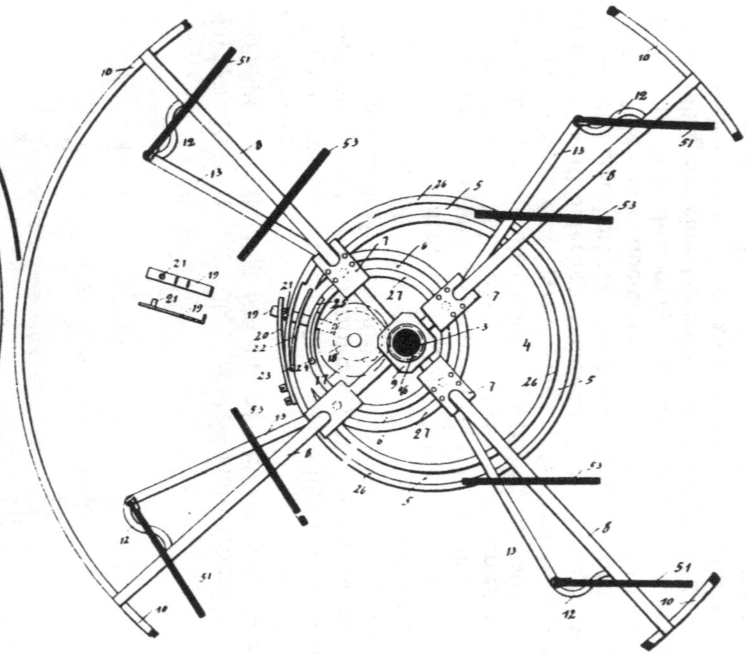

Fig. 635.

Ende durch eine Lenkstange 13 mit dem Führungsblock 7 in Verbindung steht. Lenkstange 13 trägt am anderen Ende einen Zapfen 14 mit einer Rolle 15, Fig. 633, die in den Führungsbahnen 5 bzw. 6 gleitet, wodurch bei Drehung des Reifens 10 die Tragflächen 51, 53 in die richtige Lage eingestellt werden. Die Verstellung der Führungsblöcke in die äußere bzw. innere Bahn erfolgt selbsttätig.

Das ganze Rad ist von einem Blechmantel 57 umgeben, der zur Hälfte unten offen ist und oben eine Klappe 57', Fig. 636, als Einströmungsdüse trägt.

Dieser Mantel hat den Zweck, die komprimierte Luft zusammenzuhalten und in Gemeinschaft mit den senkrecht aufsteigenden Flächen das seitliche Entweichen der Luft zu verhindern, so daß diese nur nach unten entweichen kann. Gleichzeitig aber ermög-

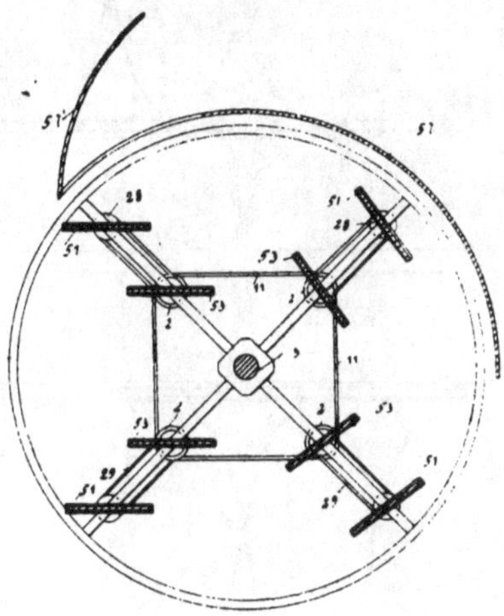

Fig. 636.

licht der Mantel das Fortsaugen der Luft an der Oberfläche desselben, wodurch ein doppelter Vorteil entsteht und das Ganze zur Turbine wird.

Um die Geschwindigkeit des Flugrades zu erhöhen oder zu vermindern, ist eine Einstellvorrichtung vorgesehen, welche derart auf die Hubflächen einwirkt, daß der Widerstand des Windes gebrochen wird.

In den Fig. 637 und 638 ist eine solche Einstellvorrichtung dargestellt, und zwar zeigt das Ausführungsbeispiel der Einfachheit halber ein Flugrad mit nur drei äußeren Hubflächen 51, die aus einer beliebigen Anzahl von Flügeln 104 gebildet werden.

Die Bewegungsvorrichtung dieser Flügel ist in den Fig. 639 bis 641 in größerem Maßstabe dargestellt.

Damit die Flügel 104 der Hubflächen, welche aus einem mit Seide lose bespannten und in dem Stahlrahmen 51' gelagerten Drahtbogen bestehen, nur einen gewissen schrägen Winkel einnehmen, ist an jedem Ende des Drahtbogens ein hakenförmiger Hebel 103 angebracht, dessen Haken in einem keilförmigen Schlitz 105 der Schieberstange 101 geführt ist. Infolge des Widerstandes der Luft sind die Hebel 103 bestrebt, den höchsten Punkt im Schlitz 105 einzunehmen, wodurch die Flügel 104 eine schräge Lage erhalten (Fig. 641).

Um nun die Geschwindigkeit des Flugrades, welche durch die schräge Lage der Flügel 104 bedingt ist, regeln bzw. in die Lage Fig. 640 zurückbringen zu können, steht das Verbindungsstück 100

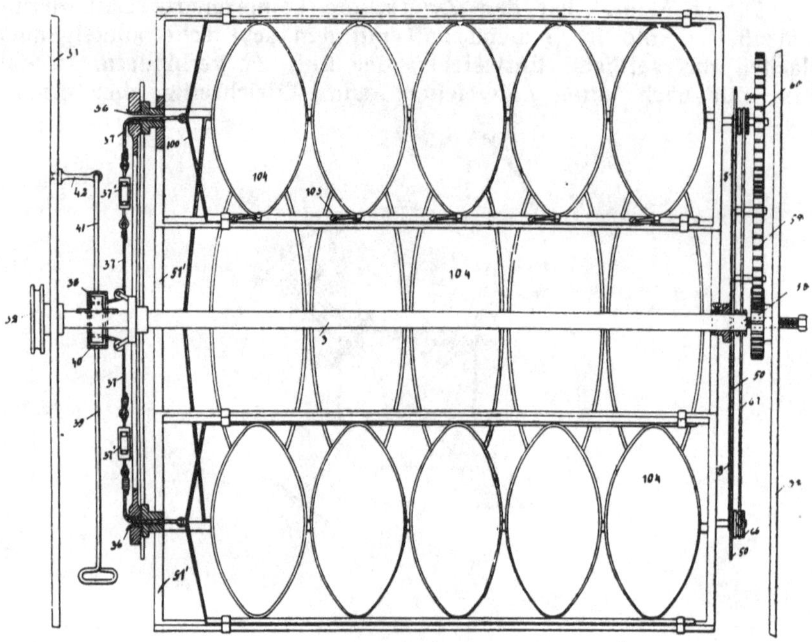

Fig. 637.

der Schieberstange 101 mit einer Schnur 37 in Verbindung, die in passender Weise über Rollen zur Welle 3 des Rades führt.

Das andere Ende der Schnur ist an einer Scheibe 38 befestigt, die in Längsrichtung der Achse 3 verschiebbar, aber durch Nuth und Feder gegen Drehung gesichert ist.

Wird die Schnur 37 angezogen, so bewegt sich der Schieber 101 nach links und der Flügel 104 wird mittels des in der Nuth 105 geführten Hebels 103 in die Stellung Fig. 640 oder auch nur um einen gewissen Winkel gedreht. Auf diese Weise wird der Widerstand der Luft gebrochen, und die Geschwindigkeit des Flugrades vermindert. Nach Loslassen kommen dann die Flügel wieder in die Stellung Fig. 641 zurück.

Das Einstellen der Flügel wird durch einen Hebel 39 vom Passagierraum aus bewirkt.

Patentansprüche:

1. Ein Flugrad, dadurch gekennzeichnet, daß die Hubflächen (51, 53) durch doppelte Exzenterbewegung derart eingestellt werden, daß sich die Flächen bei zwei Radumdrehungen nur einmal um ihre eigene Achse gegen die Bewegung des Rades drehen, wodurch die Luft nach unten gepreßt und das Flugrad gehoben wird (Fig. 633—636).

2. Eine Ausführungsform des unter 1 gekennzeichneten Flugrades, bei welchem die Drehung der Hubflächen durch Doppelkur-

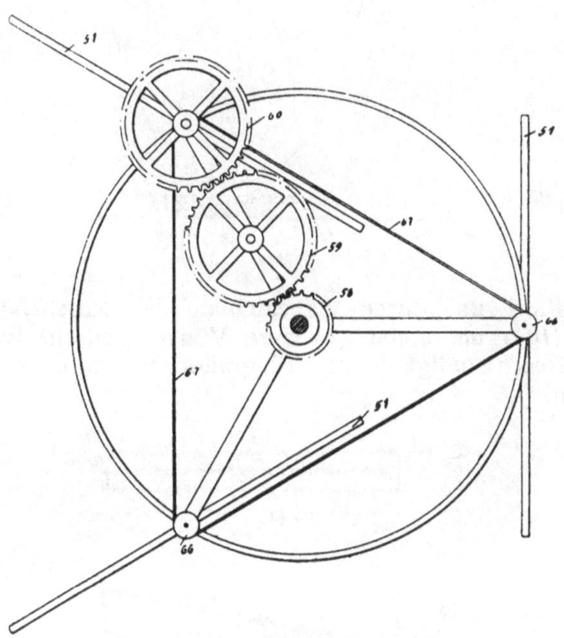

Fig. 638.

beln (54) erfolgt, derart, daß je nach dem Antrieb der Welle (3) eine Vor- und Rückwärtsbewegung des Rades möglich ist.

3. Eine Ausführungsform des unter 1 gekennzeichneten Flugrades, bei welcher die Bewegung der inneren Flächen (53) mittels Zahnradbewegung und Kettenübertragung erfolgt, während die äußeren Flächen (51) von den inneren mittels Kettenübertragung eingestellt werden.

4. Bei Flugrädern der unter 1 bis 3 gekennzeichneten Art ein oder mehrere konzentrische Kreise von inneren Hubflächen (53) zur Ueberleitung und Komprimierung der von den obenstehenden Flächen (51) teilweise verdichteten Luft.

5. Bei Flugrädern der unter 1 bis 4 gekennzeichneten Art eine Vorrichtung zur schrägen Einstellung und Regulierung der Flügel der Hubflächen, dadurch gekennzeichnet, daß die im Stahl-

rahmen (51') gelagerten Flügel (104) an den Enden mit einem Hebel (103) versehen sind, der in einem Keilschlitz (105) der mit einer Zugvorrichtung in Verbindung stehenden Schieberstange (100)

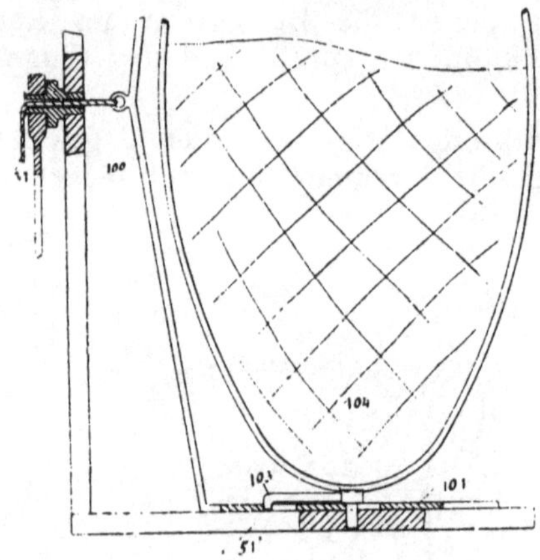

Fig. 639.

sich derart führt, daß durch Verschiebung der Schieberstange (100) die Flügel (104) um einen gewissen Winkel gedreht werden, wodurch die Geschwindigkeit des Flugrades erhöht oder vermindert werden kann.

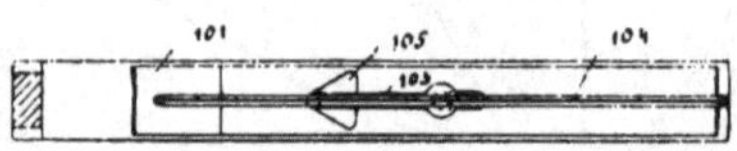
Fig. 640.

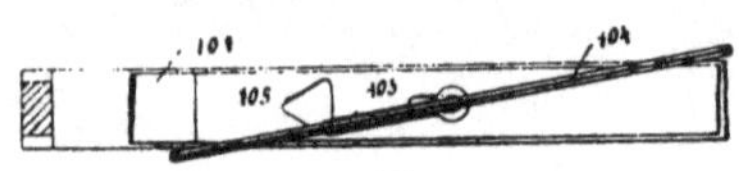
Fig. 641.

6. Bei Flugrädern der gekennzeichneten Art die Anordnung eines das ganze Rad der Länge nach umgebenden Mantels, der nach unten offen ist und oben eine Einströmungsdüse (57') besitzt, so daß die komprimierte Luft zusammengehalten und in Gemeinschaft mit den Hubflächen das seitliche Entweichen der Luft verhindert wird.

191. Gegenstand der in der

Patentschrift Nr. 81 303

Dr. Ludwig Martin in Klausenburg (Ungarn),

angemeldet am 30. März 1894, ausgegeben am 4. Juni 1895,

beschriebenen Erfindung bildet eine Vorrichtung, welche in Verbindung mit einer Anzahl von Vorrichtungen der gleichen Bauart zum Heben und Fördern eines Luftschiffes oder dergl. dient. Als grundlegend sind hierbei die bei der Beobachtung und Berechnung des Vogelfluges gemachten Erfahrungen zu bezeichnen, welche sich dahin zusammenfassen lassen, daß, nachdem lediglich die während des Flügelniederganges hervorgerufene Reaktionstätigkeit der Luft hebend wirkt, es darauf ankommt, daß eine möglichst große Anzahl wirksamer Flügelniederschläge einander folgen, ohne jedoch während des Flügelanhubes eine negative Reaktionstätigkeit aufkommen zu lassen.

Das Schweberad nach Fig. 642 ist auf diesen Voraussetzungen aufgebaut und gestattet, daß, unter der Voraussetzung, daß die

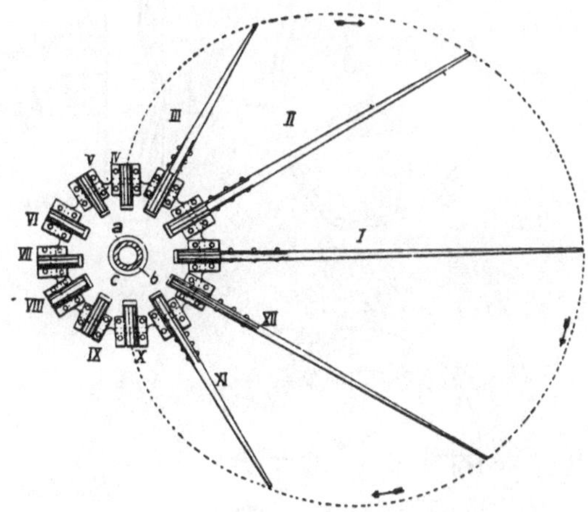

Fig. 642.

Dauerarbeit des Menschen $^1/_{10}$ HP beträgt, der Mensch unter alleiniger Ausnutzung seiner ihm angeborenen Kraft zu fliegen imstande ist.

Das Schweberad besteht aus drei Hauptbestandteilen, nämlich dem Radkörper, den in den Radkranz eingehängten Schaufeln und der Schaufelführung.

Auf der von einer beliebigen Kraft zu bewegenden Radwelle a ist die Nabe b des Rades aufgekeilt, welche mit der Scheibe c aus einem Stück besteht; diese Scheibe c wird von einem Radkranz umgeben, in welchem die Schaufeln 1 bis 12 dergestalt vermittels Zapfenlagerung d oder dergl. eingehängt sind, daß sie an der Umdrehung der Welle a teilnehmen, gleichzeitig sich aber senkrecht zu derselben stellen können.

Die Schaufeln sind in Fig. 645, 646 in derjenigen wirksamen Arbeitsstellung gezeichnet, die ihnen von einer stirnseitig von dem Rad befindlichen Schaufelführung angewiesen wird. Diese Schaufelführung, welche die Schaufeln, so lange sie aktiv wirken (d. h. eine hebend wirkende Reaktionstätigkeit der Luft während ihres Niederganges hervorrufen), senkrecht zur Achse a hält, alsdann zur

Vermeidung negativer Reaktionsarbeit der Luft an die Welle a anlegt und sie zu erneuter Arbeit wieder aufstellt, ist in Fig. 643 und 644 dargestellt.

Patentanspruch:

Ein Schaufelrad für Flugmaschinen oder dergl., dadurch gekennzeichnet, daß jede Schaufel nach beendetem Niedergange um eine die Radachse a kreuzende, zur Schaufelfläche im Winkel stehende Achse d gegen die Radachse angelegt und vor Beginn

Fig. 643. Fig. 644.

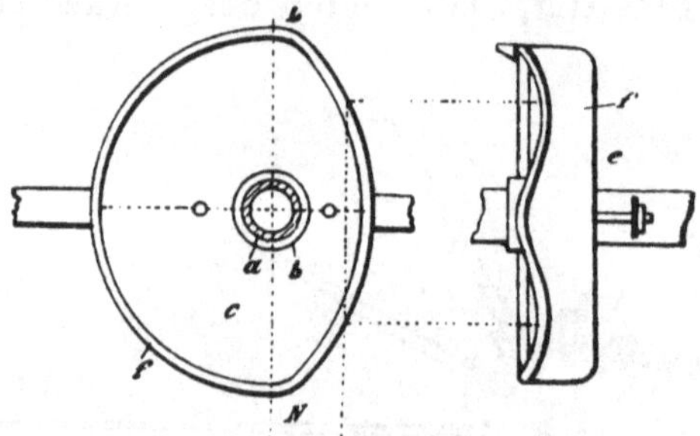

Fig. 645.

Fig. 646.

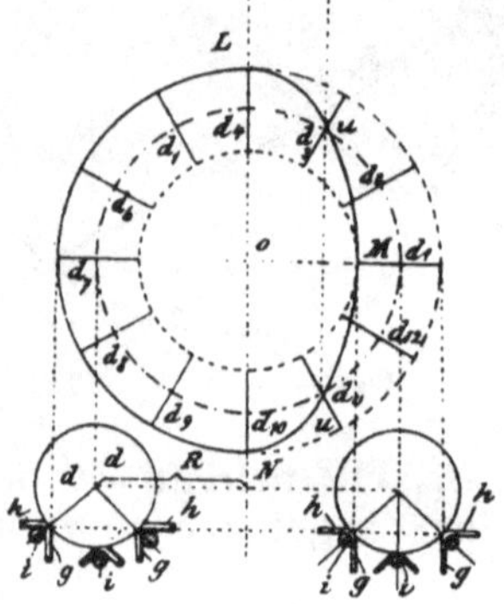

des nächsten Niederganges wieder aufgerichtet wird, wobei der Druckmittelpunkt der Schaufelfläche abwechselnd der Radachse genähert und von ihr entfernt wird.

192. Eine Verbesserung des in der Patentschrift Nr. 71 903 beschriebenen Segelrades bringt die

Patentschrift Nr. 82 230
Friedrich Kühner in Stuttgart,

angemeldet am 19. Mai 1894, ausgegeben am 10. August 1895.

Dieses Segelrad besteht aus einer langen Achse, an deren beiden äußeren Enden zwei achtarmige Räder angebracht sind; um die Enden dieser Radspeichen sind ringsum, die beiden Räder verbindend, Flügelflächen angebracht, die sich beim Umlaufe um eine hiernach näher beschriebene Scheibe, ähnlich wie die Flügel der Vögel beim Fluge, an beweglichen Gelenkstangen hin und her bewegen und hierdurch das Aufsteigen der Luftschiffe bewirken sollen.

Den Vorwärtstrieb an dieser Achse sollen zwischen den beiden Rädern angebrachte Luftschraubenflügel bewerkstelligen, in welchen zugleich durch ihre Regulierbarkeit auch die Lenkbarkeit des Schiffes liegt.

Die Achse A des Segelrades (Fig. 647 bis 649) besitzt an den beiden äußeren Enden acht Radspeichen B und ruht auf dem Gestell C in der Büchse der Scheibe D. Die Scheibe D ist mit dem Gestell

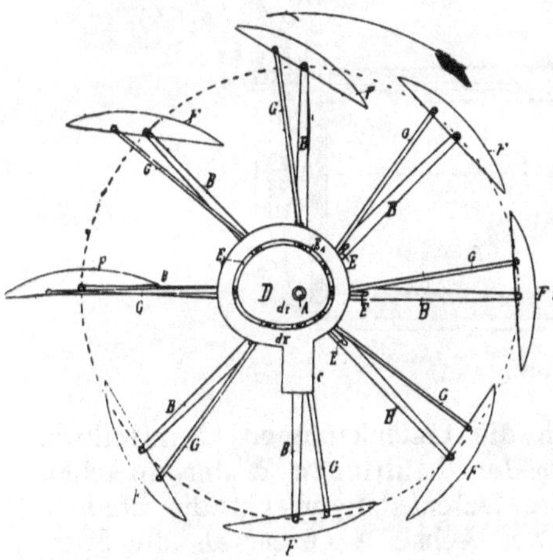

Fig. 647.

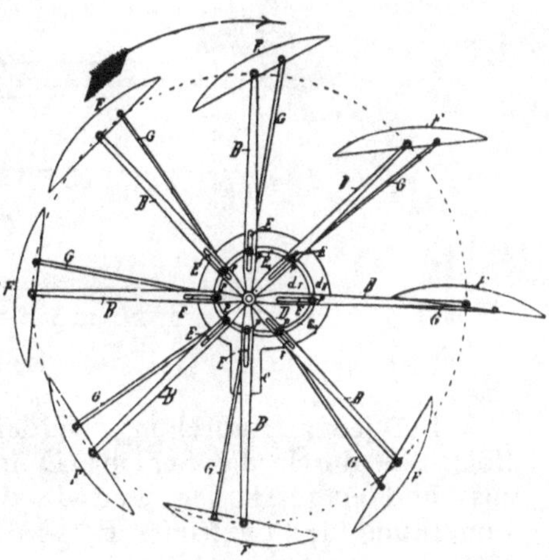

Fig. 648.

C fest verbunden und unbeweglich, und zwar in ihrem inneren Teil, der Scheibe d_I, durch ihre Büchse und in ihrem äußeren Teil, dem Scheibenring d_{II}, durch einen Gestellarm, auf welchem der Ring ruht.

Die Scheibe ist in der oberen Hälfte als Halbkreis, in der unteren Hälfte als Ellipse konstruiert, so daß die halbe kleine Ellipsenachse höchstens $^1/_3$ der Länge der großen Ellipsenachse beträgt. Zwischen dem Scheibenring d_{II} und der inneren Scheibe d_I ist eine freie Laufrinne E.

Je eine gleich weite Laufrinne E haben die Speichen B. Die Achse A durchdringt die Scheibe D auf ihrer großen Durchmesserlinie zwischen dem Halbkreismittelpunkt und dem Brennpunkt der Ellipsen und läuft frei in derselben.

Außerhalb dieser Scheibe D sitzt auf der Achse A ein weiteres achtspeichiges Hilfsrad H, welches die gleich großen Laufrinnen E wie die Speichen B in ihren Armen hat; dieses Hilfsrad hat durch ein Zahnrad und das Stirnrad Q gleichen Gang und Stellung mit den Hauptspeichen B und läuft um die Büchse der Scheibe D, welche mit dem Gestell C fest verbunden ist.

Durch die Laufrinnen E der Hauptspeichen B und der Hilfsradspeichen H äußererseits und durch die Laufrinne E_1 der Scheibe D innererseits laufen gut gedrehte Bolzen P, auf welchen die Gelenkstangen G ruhen; diese bewegen sich beim Umlaufe zwischen der Scheibe D und den Hauptspeichen B.

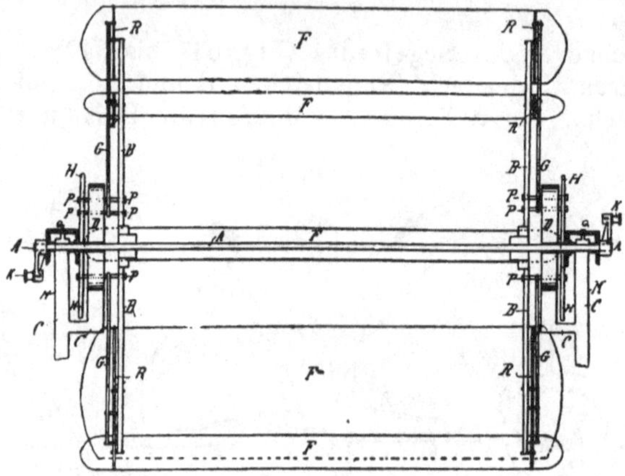

Fig. 649.

Bei jeder Umdrehung werden die Gelenkstangen G mit ihren Bolzen P durch die Scheibe D in den Laufrinnen E der Speichen aus- und eingeschoben, und da die Gelenkstangen um die kleinste Entfernung der Laufrinne E_1 von der Achse A kürzer als die Speichen B gehalten sind, so werden hierdurch die Flügel F mit ihren Rippen R, welche an den Enden der Speichen B einerseits und an den Enden der Gelenkstangen G andererseits beweglich befestigt sind, so gedreht, daß die Flügel F in der äußeren horizontalen Lage der Speichen wagerecht und an der entgegengesetzten inneren Speiche senkrecht stehen. Diese Vertikalstellung geht in der oberen Umlaufshälfte allmählich in die horizontale über, während in der Rotationsfortsetzung der unteren Hälfte der Flügel alsdann rasch einwärts schlägt bis zur Innenseite F, F, wo die Flügelstellung mit der Umlaufskreisrichtung zusammengeht.

Durch diesen Uebergang des vertikalen Aufstieges in allmählich wagerechten Niederdruck und unter dem raschen Einwärtsschlagen der Flügel wird die größte Hebekraft des Segelrades erreicht, da fast von sämtlichen Flügeln ein fortwährendes Luftverdichten und Heben stattfindet.

Patentanspruch:

Eine Ausführungsform des durch Patent Nr. 71 903 geschützten Segelrades für Flugmaschinen, dadurch gekennzeichnet, daß die Verstellung der Tragflächen durch Lenkstangen (G) bewirkt wird, welche einerseits an den Tragflächen gelenkig befestigt sind, anderseits mit Gelenkbolzen (P) in radialen Schlitzen (E) der die Tragflächen haltenden Speichen und in einem im oberen Teil kreisförmigen, im unteren Teil elliptischen Schlitz (E) einer feststehenden Scheibe (D) geführt werden, so daß die niedergehenden Tragflächen sich stets annähernd radial, die aufgehenden sich annähernd tangential einstellen.

193. Die

Patentschrift Nr. 82 279
Carl Oetling in Leipzig,

angemeldet am 24. Dezember 1894, ausgegeben am 29. Juli 1895, betrifft eine Vervollkommnung des durch Patent Nr. 80 847 geschützten Flugrades, die sich insbesondere auf den Einstellmechanismus der Hubflächen oder Schaufeln bzw. den Gebrauch von nur einer gegliederten Schaufel und den Ersatz der übrigen durch eine Luftschraube bezieht.

Die Fig. 650 zeigt ein solches Flugrad im Querschnitt.

Aehnlich ist hier im Radlagergestänge h die Achse a' gelagert, deren Riemenscheibe i von dem im Maschinenraum aufge-

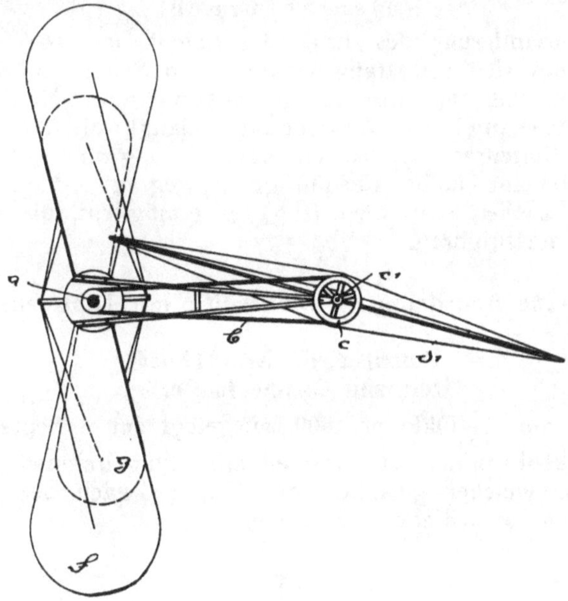

Fig. 650.

stellten Motor Antrieb erhält. Auf der Achse a' sitzt ein Kettenrad a, das durch eine Kette ohne Ende b mit dem doppelt so großen Kettenrad c in Verbindung steht. Letzteres sitzt auf dem Achszapfen c', der in den auf Achse a' angeordneten Radspeichen e gelagert ist. Dadurch, daß Kettenrad c doppelt so groß wie Kettenrad b ist, erhält das erstere bei der Umdrehung des Rades eine halbe rückläufige Drehung. Der Achszapfen c' trägt den Rahmen d, in welchen die Hubflächen d' drehbar gelagert sind, so daß sie schräg eingestellt werden können.

Dies geschieht in ähnlicher Weise wie bei den Fig. 637 bis 641 des Hauptpatentes durch eine Zugvorrichtung k, k', die vom Steuermann betätigt wird.

Die Hubflächen stellen sich vermöge des Luftwiderstandes selbsttätig schräg ein und bewirken dadurch die Vorwärtsbewegung des Rades in Pfeilrichtung.

Dadurch, daß nur eine aus mehreren Hubflächen d' bestehende Schaufel angeordnet ist, werden die nachteiligen senkrechten Luftströmungen verhindert. Die trotzdem noch entstehenden werden durch eine Schraube f fortgeführt, die auf der Achse a' angebracht ist. Neben der Schraube f befindet sich noch eine zweite g, die doppelt so große Steigung hat wie die Schraube f. Diese zweite Schraube vergrößert die erzeugten horizontalen Ströme bedeutend und bewirkt gleichzeitig durch die doppelte Steigung und kurzen Flügel eine Verminderung der nur peripherischen Wirkung derselben, so daß vor der Schraube eine mehr wandartige Verschiebung der Luft eintritt.

Patentanspruch:

Eine Abänderung des durch das Patent Nr. 80 847 geschützten Flugrades mit sich selbsttätig einstellenden Schaufeln, dadurch gekennzeichnet, daß nur eine einzige aus mehreren Hubflächen (d') bestehende Schaufel zur Verwendung gelangt, die durch ein konzentrisches Kettenrad (a), das ein doppelt so großes (c) der Schaufel betätigt, eine halbe rückläufige Bewegung erhält, wobei die Anordnung zweier Schrauben (f g) es ermöglicht, die nachteiligen Luftströme fortzuführen.

194. Eine Anordnung für Luftschiffe mit Jalousieklappenflügel bringt die

Patentschrift Nr. 112 855
Hermann Campe in Berlin,

angemeldet am 25. Oktober 1899, ausgelegt am 1. September 1900.

Das Neue bildet ein verstellbarer Flügelrahmen mit einem Stellrahmen, welcher gestattet, die Klappen nach der einen oder anderen Seite aufschlagen zu lassen.

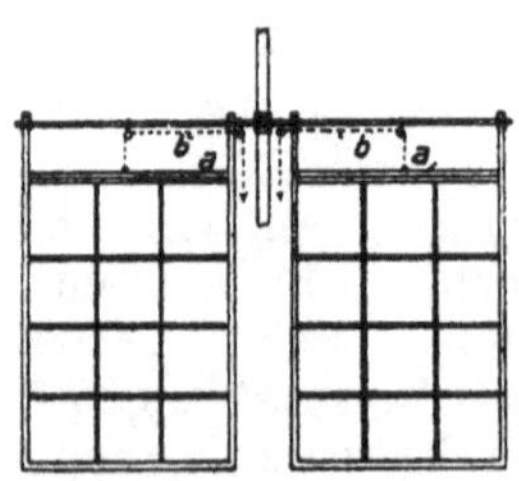

Fig. 651.

In den beiden in Fig. 651 bis 653 dargestellten Klappenflügeln befindet sich je ein Stellrahmen a, a, welcher in dem Flügelrahmen vertikal verschiebbar ist. Dieser Stellrahmen kann durch eine Schnur b, b von der Gondel aus hochgezogen werden (Fig. 653), so daß die Klappen entweder nur nach links oder nur nach rechts auf-

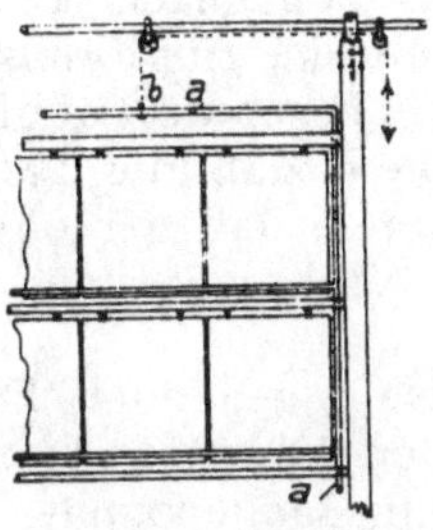

Fig. 652.

Fig. 653.

schlagen; oder derselbe kann heruntergelassen werden, um die Klappen von der einen Seite auf die andere zu bringen, je nachdem das Luftschiff vor- oder rückwärts, rechts oder links sich bewegen soll. Fig. 654 veranschaulicht diesen Vorgang näher, indem die Klappen nach links aufschlagen.

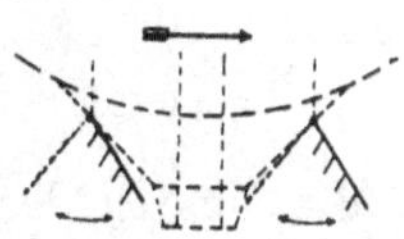

Fig. 654.

Patentanspruch:

Ein Luftschiff mit Jalousieklappenflügeln, dadurch gekennzeichnet, daß in einem Rahmen mit Jalousieklappen (a, a) versehene, bewegliche Rahmen derart verstellbar angeordnet sind, daß die Klappen nach der einen oder anderen Seite aufschlagen können.

195. Der Gegenstand der in der

Patentschrift Nr. 118 139

R. Rommelsbacher in Stuttgart,

angemeldet am 31. August 1899, ausgegeben am 25. Februar 1901,

dargestellten Erfindung ist ein Luftschraubenrad, welches infolge seiner eigenartig geformten Flügel und einer die letzteren außen und innen begrenzenden ringförmigen Wand einen großen achsialen Druck erzeugt und deswegen z. B. für Bewegung von Luftschiffen usw. geeignet erscheint. Die zwischen die ringförmigen Wände eingebauten Flügel sind zu diesem Zweck derart geformt, daß der Winkel, den die beiden Dachflächen miteinander bilden, an der hinteren Seite der Flügel, also an der Luftaustrittsstelle, bedeutend geringer (etwa die Hälfte) ist als an der Vorderseite, an der Lufteintrittsstelle. Dadurch wird bei Rotation des Luftrades die an der Vorderseite einströmende Luft gezwungen, sich außerordentlich stark an der Hinterseite der Flügel, an der Austrittsstelle zu komprimieren, wodurch ein kräftiger Druck in achsialer Richtung erzeugt wird. Ein Ausweichen der Luft kann nach keiner Richtung hin erfolgen, denn nach außen schließt die ringförmige Wand die Flügel ab und bildet gleichzeitig den Träger der möglichst leicht hergestellten Flügel, und die Möglichkeit, daß die Luft nach oben entweichen kann, ist dadurch genommen, daß der obere Teil des nachfolgenden Flügels den unteren des vorhergehenden, in achsialer Richtung gedacht, etwas überdeckt.

Die zentrisch um eine Achse f liegenden Flügel a (Fig. 655) haben eine in der Mitte nach oben gewölbte Querschnittsform und sind beispielsweise hier dachförmig angenommen und haben, wie aus Fig. 656 ersichtlich, in tangentialer Richtung ihrer Bewegung

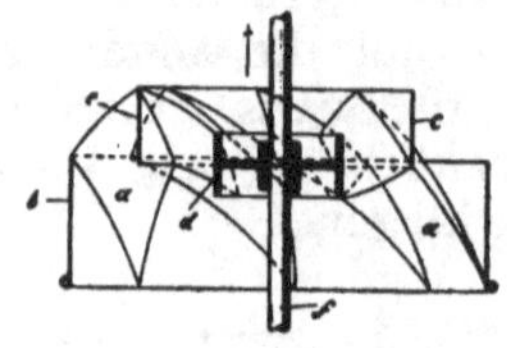

Fig. 655.

Gefäll; der Winkel, den die beiden Dachflächen miteinander bilden, ist an der hinteren Seite — dem Luftaustritt a^2 — etwa um die Hälfte geringer als an der Vorderseite — dem Lufteintritt a^1 — (vergl. Fig. 657). Die äußeren Dachflächen der Flügel a sind an einer sich nach unten verjüngenden ringförmigen Wand b befestigt, während die inneren Dachflächen mit einer sich nach unten erwei-

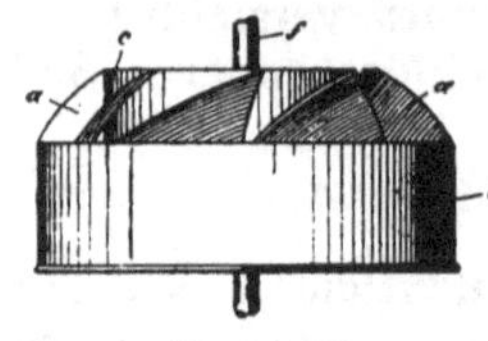

Fig. 656.

ternden Wand d verbunden sind. Der von den ringförmigen, sich nach unten verjüngenden bzw. erweiternden Wänden b bzw. d gebildete gesamte Austrittsquerschnitt mit Bezug auf den Eintrittsquerschnitt ist durch diese Form schon bedeutend reduziert, wird aber durch die tangential abfallende Bewegungsrichtung der Flügel noch wesentlich verkleinert. Infolge des Zwangsweges, den die Luft bei Rotation des Flügelrades in der Pfeilrichtung nach Fig. 658 geführt wird, wird die Luft infolge der Winkeländerung der Flügel stark zusammengepreßt und hierdurch ein kräftiger achsialer Druck in Richtung des Pfeiles nach Fig. 655 erzeugt. Nach Fig. 655 ist zur Stützung der Flügel a ein niederer rohrartiger Ring c vorgesehen, so daß die Flügel außen und innen unterstützt sind und deshalb aus äußerst dünnem Blech oder dergl. hergestellt werden können.

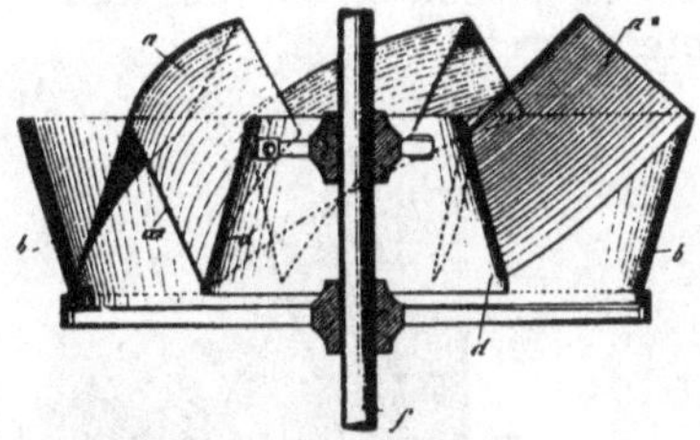

Fig. 657.

Patentanspruch:

Ein Luftschraubenrad mit zentrisch um eine Achse liegenden, in tangentialer Richtung abfallenden, außen durch eine Röhre gehaltenen dachförmigen Flügeln, dadurch gekennzeichnet, daß der Winkel, den die beiden ebenen oder gewölbten Flügelflächen mit-

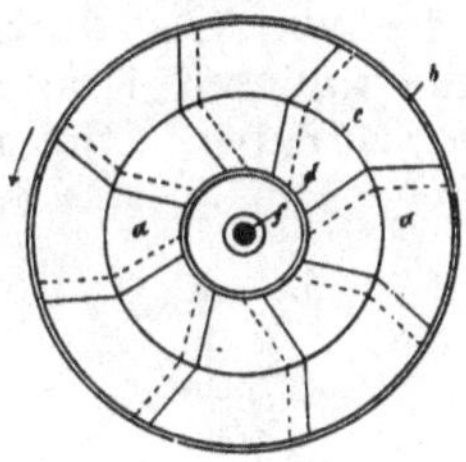

Fig. 658.

einander bilden, nach hinten kleiner wird (ungefähr halb so groß wie der vordere), wodurch die bei der Drehung des Rades zwischen den Flügeln durchgepreßte Luft nach unten zu strömen gezwungen wird und infolge der Verengung des Raumes zwischen den Flügeln stark zusammengepreßt wird.

196. Die Nachteile der bekannten Luftschrauben (großes Gewicht und häufige Reparaturen) werden bei der Luftschraube nach der

Patentschrift Nr. 129 704
August Riedinger in Augsburg,

angemeldet am 23. Februar 1901, ausgegeben am 10. April 1902,

dadurch vermieden, daß die versteifende Wirkung der starren Teile durch die Fliehkraftwirkung von Schwunggewichten ersetzt wird, welche an der äußeren Hälfte der aus Stoff gefertigten Schraubenflügel befestigt sind und während des Ganges durch ihren Zug die Schraube in der entsprechenden Form und Spannung erhalten.

Zur Erklärung der Wirkungsweise möge Folgendes dienen: Fig. 659 stelle einen Zylinder dar, auf welchem eine Schraubenlinie m — n gezogen ist; in dieser Schraubenlinie seien an mehreren gleich weit voneinander abstehenden Punkten dünne Fäden befestigt, die an ihren Enden Gewichte tragen.

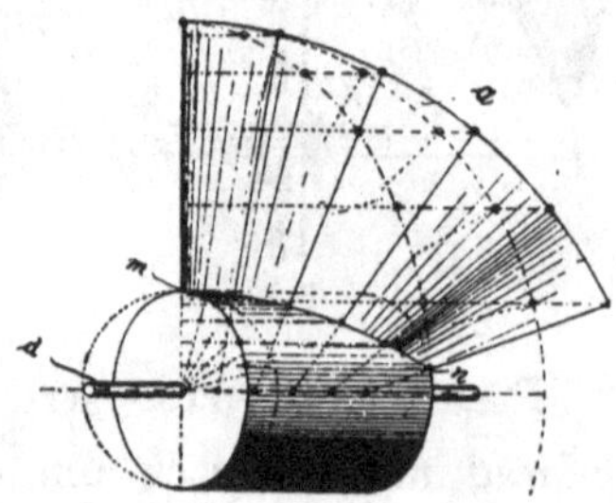

Fig. 659.

Denken wir uns die Fäden so dicht aneinander liegend, daß sie eine geschlossene (mathematische) Fläche bilden, so entsteht eine Schraubenfläche a, die wir uns durch ein Gewebe gebildet denken können. Durch die äußeren Kräfte, nämlich Gewicht und Luftwiderstand, wird diese Schraubenfläche aus ihrer Lage und Form

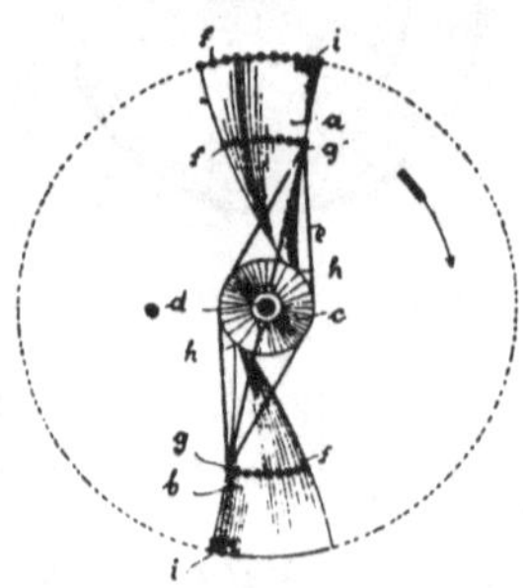

Fig. 660.

etwas verschoben, jedoch bleiben die Merkmale der Schraubenfläche im wesentlichen bestehen. Es ist aber erforderlich, daß die vom Luftwiderstand stärker belasteten Flächenteile auch stärker mit Schwunggewichten belastet werden. Eine dem Druck entsprechende, mathematisch genaue Verteilung der Gewichte ist jedoch nicht nötig.

Da nun eine schräg zur Luft bewegte Fläche in der Nähe ihrer Vorderkante einen stärkeren Luftwiderstand erleidet als an der rückwärtigen Hälfte, was auch bei der Luftschraube a zutrifft, so muß die Vorderkante auch vorwiegend mit Schwunggewichten, wie bei i (Fig. 660) ersichtlich, belastet sein. Weil ferner sowohl die Zentrifugalkraft als auch der Luftwiderstand sich im Verhältnis zum Quadrate der Bewegungsgeschwindigkeit ändern, so ist das Gleichgewicht zwischen Luftwiderstand und Fliehkraft, welche für die Herstellung der Schraubenfläche notwendig ist, unabhängig von der Umdrehungsgeschwindigkeit.

Wie aus Fig. 660 und 661 ersichtlich, besteht die Schraube aus einem von der Achse d abstehenden Gestell c und in gewisser Entfernung von der Drehungsachse d bei h an diesem Gestell befestigten Schraubenflügeln a und b. Die Schraubenflügel können entweder ganz frei schwingen oder mit einzelnen Punkten noch besonders gegen den Zentralkörper gehalten werden.

Die Schwunggewichte f an der äußeren Kante und in der Nähe der Mitte (Fig. 661) haben zur Vermeidung von Luftwiderständen zweckmäßig die Form von Ketten, die nach einer Schraubenlinie verlaufen. Die erhöhte Spannung der Vorderkante ist durch be-

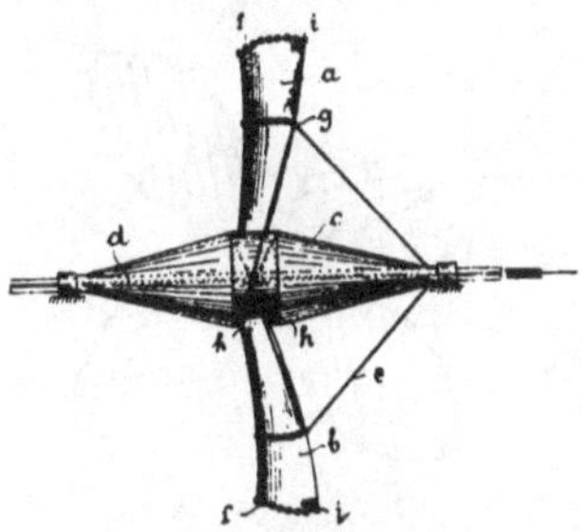

Fig. 661.

sondere Zusatzgewichte geregelt. Um die Schraube a b in ihrer Lage zur Achse festzulegen, ist ein Punkt g der Vorderkante durch Zugorgane nach vorwärts oder rückwärts gegen die Achse und tangential gegen den Zylinder gehalten durch Verspannungen, die so kurz genommen sind, daß sie beim Gange nicht schlaff werden.

Patentansprüche:

1. Luftschraube, dadurch gekennzeichnet, daß die aus losem, zweckmäßig rauhem Stoff gefertigten, mit Schwunggewichten (f) versehenen und an einem außerhalb der Achse liegenden Punkt (h) befestigten Flügelflächen (a und b) bei erfolgter Drehung durch die Fliehkraft der Gewichte gespannt werden und sich in Gestalt einer Schraubenfläche einstellen.

2. Eine Ausführung nach Anspruch 1, dadurch gekennzeichnet, daß das aus leichten Verspannungsrippen gefertigte Gestell zwei oder mehrere Flügelflächen trägt, welche mit ihrem inneren Rande den Zentralkörper annähernd in einer Schraubenlinie berühren und an ihrem äußeren Rande und gegen die Mitte zu Schwunggewichte tragen, deren Verteilung die Vorderkante der Flügel überwiegend kräftig gespannt hält, während durch Zugorgane (e), welche nach

vor- oder rückwärts sowie tangential an dem Drehungskörper (c) angeordnet sein können, die Schraubenstellung der Flügelflächen gesichert wird.

197. Die Schraube bzw. das Steuer nach der

Patentschrift Nr. 131 930
Frederik Buchanan in Closewoods (England),

angemeldet am 28. Oktober 1899, ausgegeben am 25. Juni 1902, ist auf der Oberfläche mit Rippen ausgerüstet oder wellenförmig ausgebildet. Durch diese Ausführung, welche an sich schon bekannt ist, wird die Wirkung des betr. Gliedes bedeutend erhöht; jedoch haben die bis jetzt bekannten Ausführungsformen noch verschiedene Uebelstände.

Wenn die wellenförmige Oberfläche durch Pressen oder Stanzen hergestellt werden soll, so stellt sich dies ziemlich teuer, weil be-

Fig. 662.

sondere Maschinen dazu nötig sind, und wenn man anderseits besondere Rippen oder wellenförmige Erhebungen an den Flügeln anbringt, so werden dieselben dadurch zu schwer.

Diese Nachteile sollen nun gemäß vorliegender Erfindung dadurch vermieden werden, daß die wellenförmige Oberfläche durch Aufsetzen bzw. Aufnähen von Seilstücken hergestellt wird, welche in bestimmter Entfernung parallel nebeneinander herlaufen. Das Befestigen der letzteren auf den Flügeln läßt sich in einfachster Weise bewerkstelligen, und es wird anderseits das Gewicht durch diese Seilstücke nur unbedeutend vermehrt.

In der Fig. 662 ist eine mit solchen Seilstücken ausgerüstete Schraube in Vorderansicht dargestellt, woraus zu ersehen ist, daß die auf die Flügel a aufgenähten Seilstücke b in einem Winkel, und zwar zweckmäßig unter einem solchen von 30°, zur Mittellinie der Flügel angeordnet sind.

Patentanspruch:

Schrauben- und Steuerflächen für Luftschiffe bzw. Schiffe aller Art mit Rippen zur Erhöhung der Wirkung, dadurch gekennzeichnet, daß diese Rippen aus parallel in bestimmter Entfernung nebeneinander herlaufenden, auf den Schrauben- und Steuerflächen festgenähten Seilstücken bestehen.

198. Das Wesen der Erfindung nach der

Patentschrift Nr. 133 698
Stanislaus Victor Saloni in Rymanow (Galizien),

angemeldet am 18. Februar 1901, ausgegeben am 22. September 1902, besteht darin, daß die Flügel der von einer Kraftmaschine angetriebenen Schrauben eine windrosenartige Anordnung besitzen und auf einer hohlen, konischen Welle in dicht hintereinander liegenden

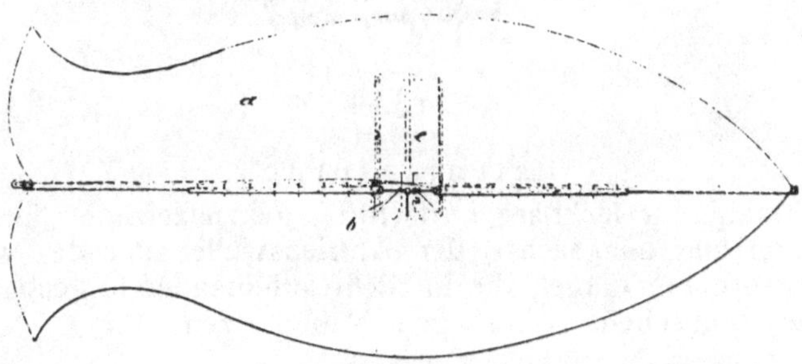

Fig. 663.

Kreisen befestigt sind. Die einzelnen Flügel sind völlig flach und stehen im Winkel zur Längsachse der Propellerwelle.

In der Mitte des Ballonkörpers a (Fig. 663), etwas unterhalb der Längsachse, liegt die Gondel b. Diese besteht aus dem am Gerippe des Ballons befestigten Boden c und aus den Seitenwänden d.

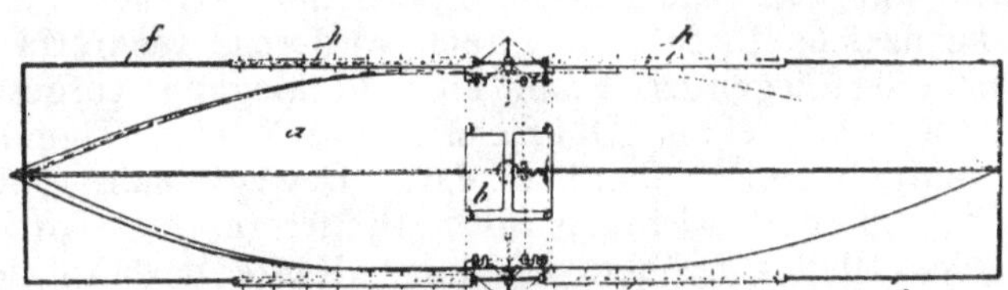

Fig. 664.

Ueber der Mitte derselben ist ein mit Oeffnungen oder Fenstern versehener Raum e vorgesehen, welcher den Insassen den Ausblick gestattet.

Auf den einen Teil des Ballongerippes bildenden Rundstangen f drehen sich die von der Kraftmaschine g angetriebenen Schrauben h (Fig. 664, 665). Die Schrauben h bestehen aus einer hohlen, leichten Welle bzw. einem Rohr i, welches in geeigneter Weise auf der Achse f drehbar gelagert ist und windrosenartig angeordnete, in dicht aufeinander folgenden Kreisen stehende Flügel h trägt (Fig. 665). Die Flügel haben eine beliebige, z. B. Birnenform. Dieselben sind völlig flach und stehen im Winkel zur Längsachse der Welle bzw. des Rohres i. Infolge ihrer raschen Drehung und ihrer schrägen

Stellung durchschneiden die Flügel leicht die Luft und führen die Vorwärtsbewegung des Luftschiffes herbei.

Die Antriebsvorrichtung ist derartig eingerichtet, und die Schraubenflügel sind so eingestellt, daß sich die linken Flügelwellen in der einen Richtung und die rechten in der entgegengesetzten Richtung drehen müssen, um die Vorwärtsbewegung des Aerostaten zu veranlassen.

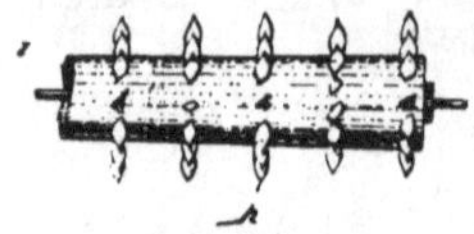

Fig. 665.

Patentanspruch:

Schraube für lenkbare Luftschiffe, gekennzeichnet durch flache, im Winkel zur Längsachse der Antriebswelle sitzende, windrosenartig angeordnete Flügel, die in dicht aufeinander folgenden Kreisen auf einer konischen, rohrartigen Nabe sitzen.

199. Gegenstand der

Patentschrift Nr. 134 220
Emil Lehmann in Berlin,

angemeldet am 25. Oktober 1900, ausgegeben am 23. September 1902, ist eine eigenartig gestaltete Flügelfläche für Luftfahrzeuge beliebiger Art, welche auf dem Clement-Desormesschen Versuch fußend sich dadurch kennzeichnet, daß an ihrem vorderen, senkrecht zur Bewegungsrichtung liegenden Rand eine Aufbiegung vorgesehen ist.

Fig. 666 stellt einen Querschnitt durch eine Flügelfläche a mit dem aufgebogenen Rand b dar. Bewegt man eine solche Flügelfläche in der Richtung des Pfeiles e, so wird die in Richtung des Pfeiles f über die obere Kante der Aufbiegung b

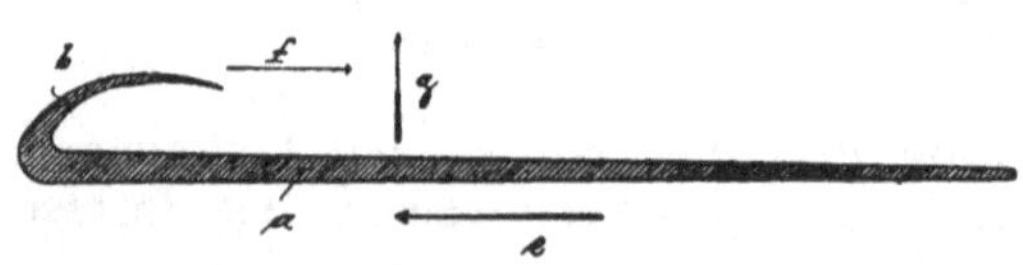

Fig. 666.

hinwegstreichende Luft die darunter bzw. hinter der Ausbiegung b befindliche Luftschicht absaugen bzw. mit sich reißen und so einen luftverdünnten Raum erzeugen. Es herrscht jetzt auf beiden Seiten der Flügelfläche verschiedener Druck, und diese Druckdifferenz kann zur Bewegung des Flügels senkrecht zu der ersterwähnten Bewegung, also im Sinne des Pfeiles g nutzbar gemacht werden.

Die Fig. 667 zeigt die Anwendung einer solchen Flügelfläche, und zwar bei einer Luftschraube, welche in ähnlicher Weise wie eine Schiffsschraube wirkt. Der Flügel a dreht sich im Sinne des Pfeiles g um eine durch die strichpunktierte Linie d—d angedeutete Achse. Er ist mit einer Aufbiegung e ausgerüstet, außerdem aber noch als Schraubenflügel gestaltet. Es wird nun, wenn der Flügel sich im Sinne des Pfeiles g dreht, wie bei allen Schraubenflügeln eine Bewegung in der Längsrichtung der Achse d hervorgerufen, und diese Bewegung wird durch die eingangs beschriebene Absaugung der Luft hinter der Aufbiegung unterstützt.

Patentanspruch:

Flügelfläche für Luftfahrzeuge, gekennzeichnet durch eine an ihrem vorderen, senkrecht zur Bewegungsrichtung liegenden Rand angeordnete Aufbiegung (b), welche bei Bewegung der Fläche in

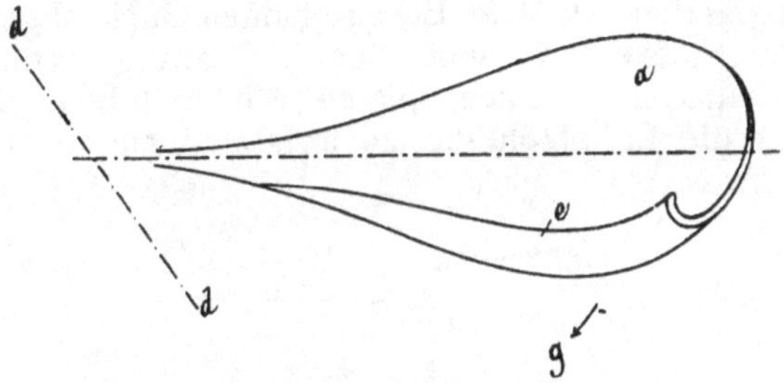

Fig. 667.

Richtung von (e) die über die obere Kante der Aufbiegung hinwegstreichenden Luftstrahlen zwingt, die darunter bzw. hinter der Aufbiegung befindliche Luft zum Teil abzusaugen und so die Bildung eines luftverdünnten Raumes unterstützt, welcher zu einer Bewegung des Flügels senkrecht zur Flügelfläche nutzbar gemacht werden kann.

200. Die

Patentschrift Nr. 139 180
Emil Lehmann in Berlin,

angemeldet am 30. August 1901, ausgegeben am 4. März 1903,

betrifft eine Verbesserung der im Hauptpatent Nr. 134 220 gekennzeichneten Flügelfläche.

Es ist gefunden worden, daß nicht nur frei aufgebogene, vordere, schräge Flächen ein Vakuum auf der Oberseite des Flügels herbeiführen, wenn der Flügel mit seiner Vorderkante von der Luftströmung getroffen wird (sei es durch Wind, sei es durch eigene Bewegung), sondern es hat sich auch gezeigt, daß diese Aufbiegung nach hinten, selbstverständlich unter allmählicher Hinneigung zu der äußersten Flügelkante, fortgeführt werden kann, und daß trotzdem die Bildung des Vakuums stattfindet.

Es wird also jeder Körper von beispielsweise im Querschnitt unregelmäßig dreieckiger Gestalt (Fig. 668), dessen kürzeste Seite vorn liegt, beim Auftreffen eines Luftstromes auf der Vorderkante

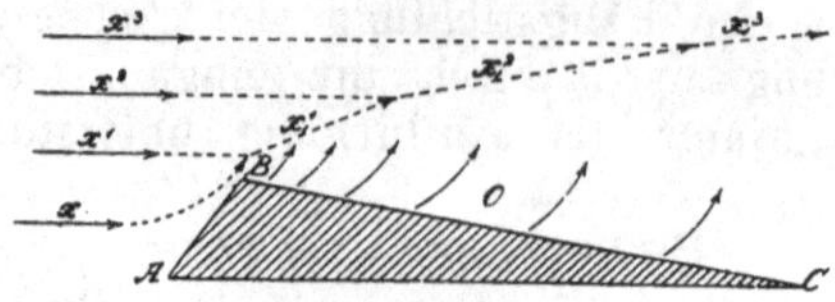

Fig. 668.

des Dreiecks A B C an der Seite B C eine Anhebung erfahren, wenn X die Richtung der Luftströmung und wenn der Luftstrom parallel oder nahezu parallel ist. Die Ecken können auch abgestumpft sein, wenn nur die Fläche B C, vom Punkte B aus gerechnet, zur Richtung des Luftstromes X einen spitzen Winkel bildet, also gewissermaßen gegen die Luftströmung zu abfallend angeordnet ist. (Fig.

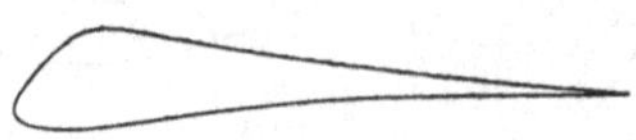

Fig. 669.

669.) Die Erklärung für die Wirkungsweise ist wohl folgende: An der schrägen Fläche A B wird, wie bei dem Hauptpatent, der Luftstrom nach oben abgelenkt auf die Oberseite des Flügels, auf welcher das Vakuum erzeugt werden soll, um ein Heben des Flügels bzw. ein Heben des ganzen Systems herbeizuführen. Die abgelenkten Luftstrahlen X, abgelenkt durch die schräg zum Luftstrom gerichtete

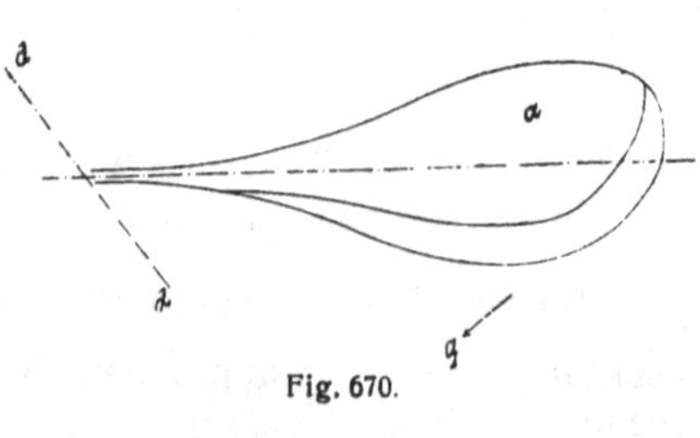

Fig. 670.

Fläche A B, die natürlich nicht gerade zu sein braucht, sondern auch gewölbt oder eingezogen ausgeführt werden kann, vereinigen sich mit den auf der Oberseite O über der Flügelseite A B streichenden Luftstrahlen X' X'' X''' und nehmen nach dem Parallelogramm der Kräfte die Richtungen X'_1 X'_2 X'_3 an. Diese Luftstrahlen sind natürlich in hohem Maße geeignet, oberhalb der Fläche B C, gleichgültig wie dieselbe gestaltet ist, wenn sie nur im allgemeinen eine zur Richtung der Luftstrahlen X abfallende Richtung besitzt, ein Vakuum zu erzeugen. Es bedarf also nicht des beim Gegenstand des Hauptpatentes hinter der Aufbiegung vorhandenen leeren Raumes, sondern derselbe kann ausgefüllt werden bzw. durch eine entsprechend schräge Fläche B C abgegrenzt sein. Es ist dies auch für die Herstellung eines widerstandsfähigen Flügels von Bedeutung, denn man kann nun die Flügel als Körper von gleicher oder nahezu gleicher Widerstandsfähigkeit ausbilden, ohne Verluste in der Wirkung befürchten zu müssen. Außerdem wird auch die Wirkung insofern gegenüber dem Hauptpatent verbessert, als die von der anderen Seite des Flügels in das erzeugte Vakuum nachströmende Luft infolge der Abdeckung des leeren Raumes nicht so schnell die hintere Flügelkante umströmen kann, so daß das Vakuum besser zur Wirkung kommt.

In Fig. 670 ist ein derartig gestalteter Flügel dargestellt, der sich in Richtung von g um die Achse d—d dreht.

Patentanspruch:

Flügelfläche für Luftfahrzeuge nach Patent Nr. 134 220, dadurch gekennzeichnet, daß der Flügelquerschnitt im wesentlichen ein ungleichmäßiges Dreieck bildet mit geraden oder gewölbten oder eingezogenen Begrenzungsflächen, dessen kürzere Vorderkante der Bewegungsrichtung zugekehrt ist.

201. Auch die

Patentschrift Nr. 142 728
Dr. Oskar Martienssen in Berlin,

angemeldet am 14. April 1902, ausgegeben am 27. Juli 1903,

behandelt eine schraubenartig wirkende Antriebsvorrichtung zum Tragen oder Fortbewegen eines Körpers in der Luft.

Es ist bekannt, daß an einer schräg in der Luft bewegten Fläche der zur Bewegungsrichtung senkrechte Druck (Auftrieb) pro Einheit derjenigen Leistung, die zur Bewegung der Fläche aufgewendet wird, um so mehr zunimmt, je geringer der Steigungswinkel der Fläche gegen die Bewegungsrichtung ist. Dasselbe gilt auch für eine Schraubenfläche, die keine fortschreitende, sondern eine Drehbewegung um ihre Drehachse ausführt. Indessen muß mit der Abnahme des Steigungswinkels der Schraubenfläche zur Erreichung eines gewünschten Auftriebes bzw. Vortriebes entweder eine entsprechende Vergrößerung der Fläche oder der Umdrehungsgeschwindigkeit stattfinden. Hierdurch wird aber eine wesentliche Zunahme des Luftwiderstandes bedingt, den die alsdann notwendig werdenden Versteifungsrippen oder Drähte verursachen. Diese letzteren sind in größerer Anzahl nicht zu vermeiden bei Treibschrauben mit mehreren Flugflächen, um dieselben erstens in der schrägen Stellung gegen die Drehrichtung zu halten, und zweitens um zu verhindern, daß die Flächen nicht aus der zur Drehachse senkrechten Lage abgedrängt werden und dadurch an Wirkung einbüßen.

Dieser mit Abnahme des Steigungswinkels zunehmende Luftwiderstand bedingt erhebliche Arbeitsverluste und macht die Verwendung kleiner Steigungswinkel geradezu unmöglich.

Die Versteifung der Flächen behufs Schrägstellung zur Drehrichtung kann nun dadurch fast ganz vermieden werden, daß die Treibschraube aus nur einer Fläche besteht, deren Befestigung auf der Drehachse eine Linie bildet, die in einer zur Drehachse senkrechten Ebene liegt.

Auf der Drehachse A (Fig. 671) ist mittels der Nabe F die Kreisfläche B befestigt, welche in Richtung eines Radius aufgeschnitten und aufgebogen ist, wodurch eine schraubenartig wirkende Vorrichtung entsteht. Die beiden freien Radialkanten D und E sind

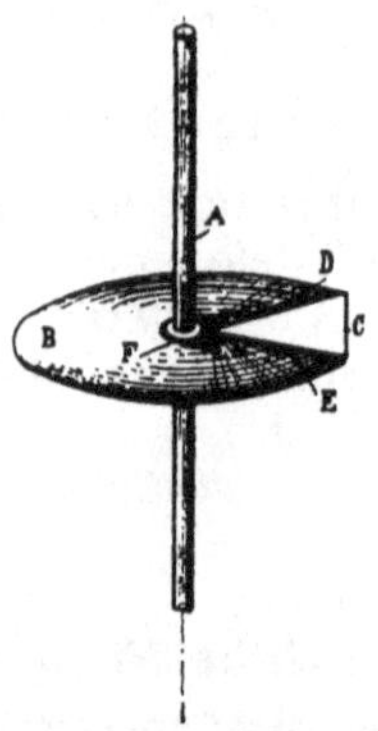

Fig. 671.

durch eine einzige, am Ende derselben befestigte Spreize C auseinander gehalten, so daß eine schraubenartige Fläche mit der Vorderkante D und der Hinterkante E entsteht, die eine weitere Versteifung zur Erhaltung dieser Schraubenform nicht benötigt. Die Spreize C kann, um den Luftwiderstand so klein als möglich zu machen, in der Bewegungsrichtung messerscharf ausgebildet werden.

Um zu verhindern, daß die Fläche bei Zug oder Druck in Richtung der Drehachse gegen diese hin umklappt, kann unter Vermeidung aller Verbindungsdrähte usw. die Fliehkraft benutzt werden, welche die schraubenartige Fläche bei der Umdrehung erzeugt, wie es auch z. B. bereits für Luftschrauben aus Zeug oder dgl. vorgeschlagen worden ist. Während bei Verwendung von nachgiebigem Stoff die Fläche beim Stillstand vollkommen schlaff herabhängt, wird dieselbe sich bei rascher Drehung sofort senkrecht zur Drehachse einstellen und auch diese Lage angenähert beibehalten, selbst bei einem an der Drehachse wirkenden Zug oder Druck, wenn nur in jedem Punkt die Masse zur Erzielung der nötigen Fliehkraft groß genug gewählt ist.

Patentanspruch:

Schraubenartig wirkende Antriebsvorrichtung, dadurch gekennzeichnet, daß die Befestigung einer radial eingeschnittenen Kreisfläche (B) auf dem Umfange der durch ihren Mittelpunkt gehenden Drehachse (A) eine Linie bildet, die in einer zur Drehachse senkrechten Ebene liegt, während die zur Bildung von schraubenartigen Flächen in entgegengesetzter Richtung abgebogenen radialen Schnittkanten (D und E) in ihrer Schräglage durch eine Spreize (C) gesichert werden.

202. Einen Flügel für Flugmaschinen mit gelenkigen Hauptträgern behandelt die

Patentschrift Nr. 143 820
J. Hofmann in Berlin,

angemeldet am 31. Mai 1902, ausgegeben am 11. September 1903.

Für den Betrieb von Drachen (Aeroplanen) oder sonstigen mit Tragflächen, Fallschirmen oder dergl. versehenen Flugvorrichtungen ist es wichtig, diese Flächen nur im Augenblicke des Gebrauchs

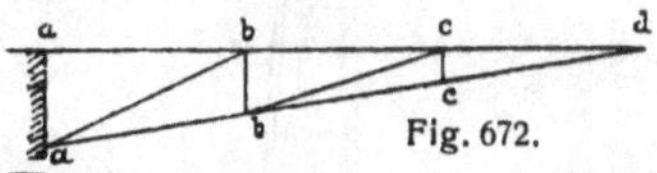

Fig. 672.

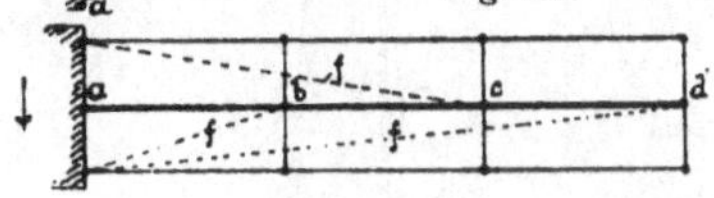

Fig. 673.

zu öffnen, bei Nichtgebrauch aber geschlossen zu halten, wie dies alle Flugtiere in mehr oder weniger vollkommener Weise mit ihren Flügeln ausführen.

Der Flügelträger der Vögel und Fledermäuse zeigt eine Dreiteilung (ähnlich dem menschlichen Arme: Oberarm, Unterarm und Hand). An alle drei Teile sind die Flugflächen angeheftet, die

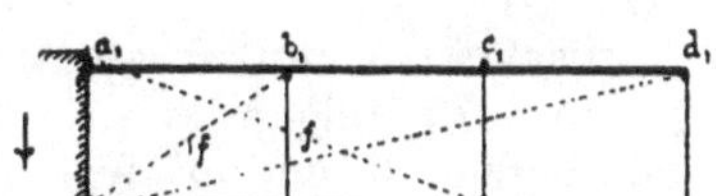

Fig. 674.

wie bei den Fledermäusen durch Fältelung der Haut, bei den Vögeln durch Kreuzung der Federn sich der jeweiligen Lage des Trägers anschmiegen. Die vorliegende Erfindung hat nun den Zweck, die Tragflächen der Drachen usw. nach dem gleichen Grundgedanken zu gliedern, der bei der Gliederung der Flügel von Vögeln und Fledermäusen obwaltet.

Nach Fig. 672, 673 enthält ein Flügel nur einen, nach Fig. 674 zwei Hauptträger. Die Felder der Hauptträger sind nach den Achsen a b c d bzw. a' b' c' d' mit den Querträgern gelenkig verbunden, so daß sich die Flügel parallelogrammartig durch Taue f an den Rumpf anlegen oder von ihm abstrecken lassen.

Die Taue f kann man aber entbehren und gleichzeitig den Flügel in allen Teilen von einer einzigen Kraftquelle aus bewegen, wenn man in den Knotenpunkten der Träger Planetengetriebe oder

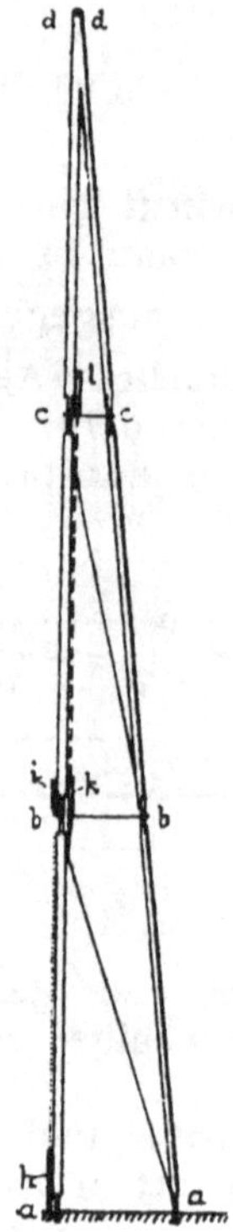

Fig. 675.

Hebel mit Lenkern, Seilscheiben mit Drahtzügen und dergl. anordnet, wie dies Fig. 675, 676 zeigen.

Hier sind die Seilscheiben h und h' fest mit dem Rumpf, die Scheiben k und k' fest mit den Gurtungen a b bzw. a' b', die Scheiben i und i' fest mit den Gurtungen b c bzw. b' c' und die Scheiben l und l' fest mit den Gurtungen c d bzw. c' d' verbunden.

In Fig. 677 entspricht die Schwerlinie S S der vollständig gestreckten Flügellage, die Schwerlinie S' S' dem noch nicht ganz entfalteten Flügel und die Schwerlinie S'' S'' dem über die gestreckte Lage nach vorn etwas gefalteten Flügel. In dieser Art verlegen tatsächlich diejenigen Vögel ihren Schwerpunkt, deren Bau eine ergiebige Regelung durch Verstellung des Kopfes oder der Beine nicht zuläßt (Vergl. z. B. Möven im Gegensatz zu Störchen). Da aber hierbei die Grenze der Knickfestigkeit schnell erreicht wird, so soll hier noch eine weitergehende Regelung möglich gemacht werden, indem man die Festpunkte n bzw. n' des Systems verschiebbar oder die Scheiben h bzw. h' zum Rumpf verstellbar macht. Dann tritt eine Fältelung nur für das wirkliche Zusammenlegen des Flügels ein, während für die verschiedenen Schwerpunkteinstellungen die Träger a b c d gestreckt bleiben.

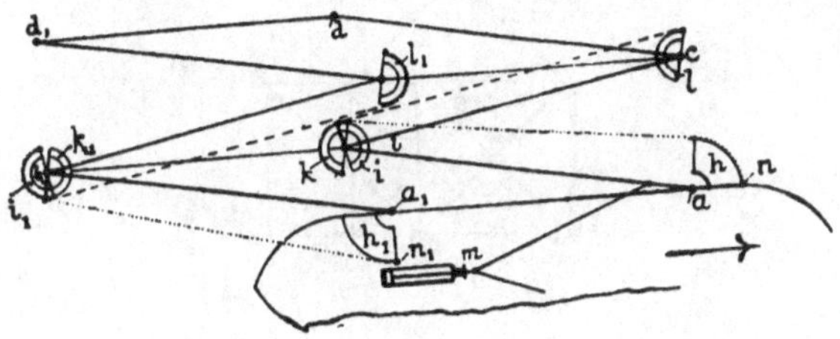

Fig. 676.

Bei den erörterten Bewegungen des Flügels tritt aber noch eine weitere Schwierigkeit auf, nämlich das Verhalten des Bezugs oder der Besegelung.

Wird der Flügel a b c, a' b' c' (Fig. 678) aus der Strecklage I in die Lage II übergeführt, so muß ein die Rechtecke füllendes, d. h. an den Trägern befestigtes Segel reißen. Um dies zu vermeiden, kann man nach Fig. 678 die Segel als Dreiecksegel a' a b, a' b' b, b b' c', b c c' usw. einsetzen, wobei der die Spannung erzeugende

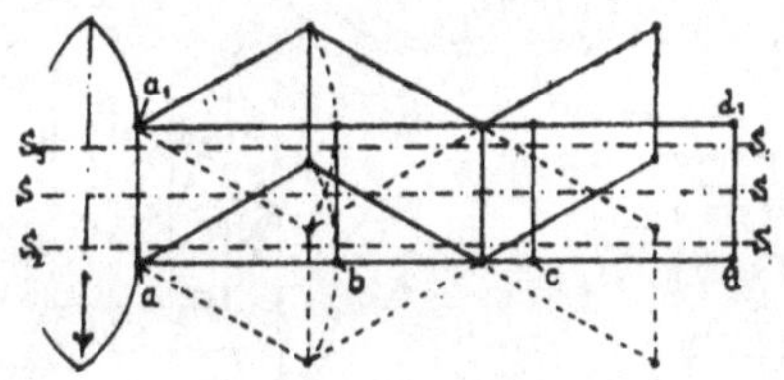

Fig. 677.

Rollenzug o eigens bedient werden muß, oder nach Fig. 679 die Dreiecksegel wie Sprietsegel mit diagonalen Stäben p ausstatten, so daß der Rollenzug o von selbst in seine Spannstellung gelangt.

Oder man kann nach Fig. 680 die Fläche zwischen Haupt- und Querträgern durch Stäbe, Drähte, Bänder usw. q und r mit den Gelenken s weiter unterteilen und an diese in bekannter Art sich öffnende und schließende Klappen anbringen. Diese Klappen würden beim Zusammenfalten der Träger sich in die Lagen q' r' schieben; man kann sie aber durch einfache Steuerungsglieder (Zugbänder) so handhaben, daß sie nur in den Spannstellungen des Flügels wagerecht liegen und beim Zusammenfalten des Flügels der Schwerkraft überlassen werden, so daß sie von den Bändern r flach herabhängen.

Patentansprüche:

1. Flügel für Flugmaschinen, gekennzeichnet durch einen oder mehrere Hauptträger, welche derart gelenkig sind, daß die einzelnen Felder des Trägers aneinandergelegt oder in eine Ebene ausgestreckt werden können.

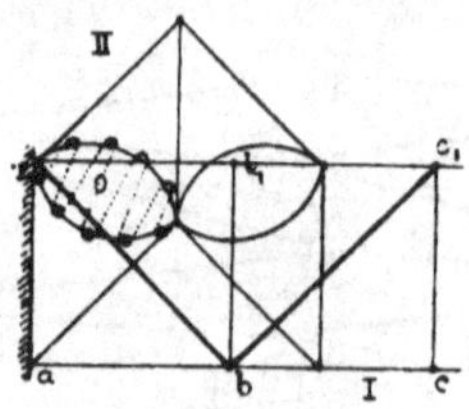

Fig. 678.

2. Flügel nach Anspruch 1, dadurch gekennzeichnet, daß die Felder der Träger mit Hebeln, Seilscheiben, Zahnkränzen und dergl. versehen sind, so daß durch Lenker, Drähte, Zahnstangen und dergl. zwischen ihnen bei der Bewegung eines einzigen Feldes alle übrigen Felder abwechselnd mit Rechts- oder Linksdrehung folgen, wobei der Festpunkt der Getriebe seinerseits verschiebbar gemacht sein kann.

3. Flügel nach Anspruch 1 und 2, gekennzeichnet durch Quer- und Längsträger, welche Parallelogramme bilden, die der Bewe-

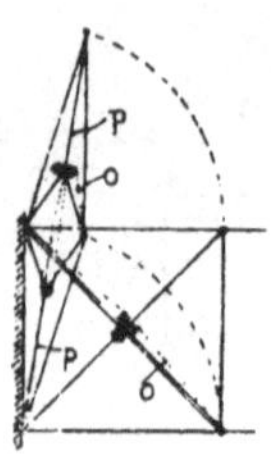

Fig. 679.

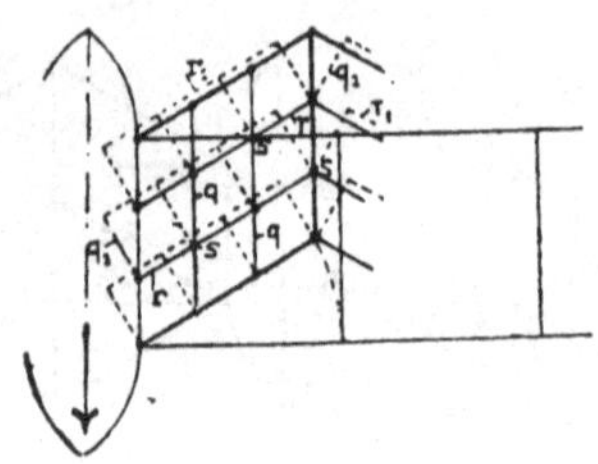

Fig. 680.

gung der Felder der Hauptträger folgen, wobei die Besegelung entweder in Klappen an weiteren Parellelogrammnetzen zwischen den Quer- und Längsträgern angebracht oder nach je einer Diagonale aufgeschnitten ist, so daß beim Zusammenlegen der Flügel Spalten in der Tragfläche entstehen, die sich beim Aufspannen selbsttätig mit oder ohne Hilfe besonderer Teile schließen.

4. Flügel nach Anspruch 1 bis 3, dadurch gekennzeichnet, daß bahnartige oder nachgiebige Glieder (Schläuche) die Verbindung zwischen den Innenräumen des Flügelgerippes bei seinen verschiedenen Stellungen unter Abschluß nach außen offen halten.

203. Gegenstand der in der

Patentschrift Nr. 146 739
H. Gutzeit in Stargard,

angemeldet am 10. Juni 1901, ausgegeben am 14. Januar 1904, beschriebenen Erfindung ist eine Vorrichtung zum Bewegen von Luftschiffen mittels eigentümlich bewegter Flügel.

Das in Fig. 681 und 682 dargestellte Luftschiff gehört zu der bekannten Gattung von Luftschiffen (sog. Aeroplanen), bei denen die Vorwärtsbewegung dazu benutzt wird, das Luftschiff mittels einer Drachenfläche aufwärts zu treiben bzw. schwebend zu erhalten. Das Luftschiff besteht aus einem Gestell mit Trag-

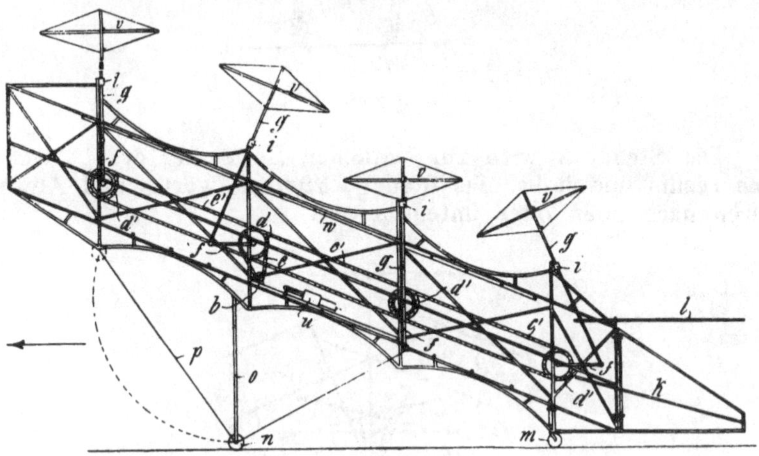

Fig. 681.

decke w, vier Flügeln v, zwei Motoren u, vier Rädern zum Bewegen der Maschine auf der Erde und Steuervorrichtung. Gestell, Tragdecke, Flügel und Steuer sollen mit Leinwand bekleidet werden.

Die Kraft der Motoren wird durch Gestänge auf die Kurbelwelle a übertragen, deren Kurbeln in einem Winkel von 90 Grad zueinanderstehen, damit die toten Punkte aufgehoben werden.

Auf der Welle a befinden sich zwei Kettenräder b, von denen die Kraft durch Ketten c auf die Kettenräder d und weiter durch die Ketten c' auf die Kettenräder d' übertragen wird. Die Kettenräder d und d' befinden sich auf den Kurbelwellen e; diese übertragen nun die Kraft durch die Kurbeln f auf die Flügelstangen g. Die Kurbeln stehen in einem Winkel von 90 Grad zueinander.

Jeder Flügel ist nur ein viertel Weg dem vorhergehenden zurück, so daß die Gesamtwirkung der Flügel eine gleichmäßige ist; die Wellen e besitzen außerdem eine Tretkurbel h zum Bewegen der Flügel durch einen Menschen. Die Flügelstangen g bewegen sich in den Buchsen i auf und ab. Letztere sind paarweise verbunden und um ihre wagerechten Achsen drehbar.

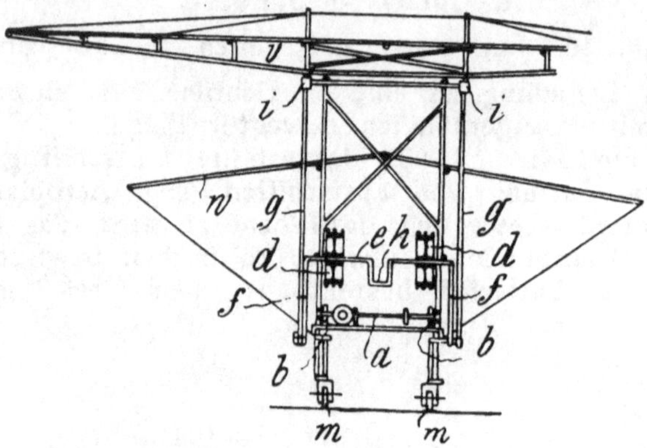

Fig. 682.

Das Steuer k wird zur seitlichen Bewegung des Luftschiffes nach rechts und links, das Steuer l zum Aufwärts- und Abwärtsfahren nach oben oder unten bewegt.

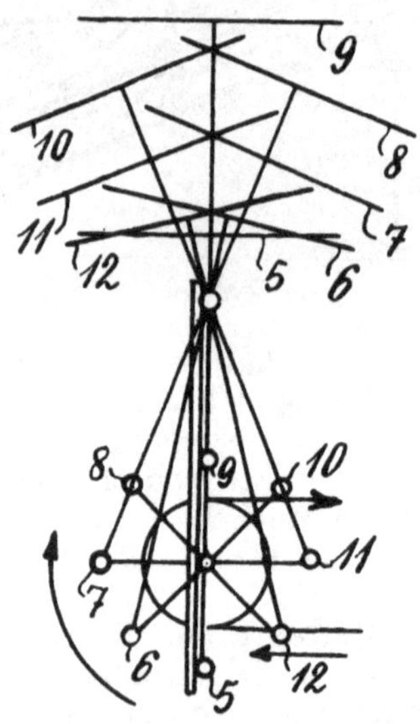

Fig. 683.

Die Räder m sind an den aufrecht stehenden geknickten Haltern befestigt. Die Halter drehen sich bei seitlicher Bewegung um ihre senkrechte Achse. Die Räder n sind an einem pendelartigen Gestell o befestigt. Zum Auffahren steht das Gestell wie gezeichnet; sobald das Luftschiff schwebt, werden Gestell und

Räder mittels der Leine p unter die Maschine in die punktierte Stellung gezogen und bleiben daselbst bis zum Landen.

Sowohl das Aufsteigen wie das Landen wird am zweckmäßigsten gegen den Wind geschehen.

Die Wirkung des Flügels besteht darin, daß er sowohl bei der aufgehenden als auch bei der niedergehenden Bewegung das Luftschiff senkrecht zu einer durch die Kurbelwellenachse und den festen Punkt i gelegten Ebene fortzubewegen bestrebt ist, und zwar in der Richtung, in welcher der Kurbelzapfen sich in der von dem festen Punkt i am weitesten entfernten Stellung bewegt.

Fig. 683 zeigt einen Flügel in acht verschiedenen Stellungen, und zwar so, daß die Fortbewegung in wagerechter Richtung erfolgt. Steht der Flügel in der Stellung 5, so übt er auf die Fortbewegung des Luftschiffes keine Wirkung aus. In den Stellungen 6—8 ist der Flügel in der Aufwärtsbewegung.

Der Luftwiderstand wirkt schiebend in der Richtung der Stange und übt dabei auf die Flügel einen Druck in der Richtung seiner wagerechten Seitenkraft aus, der für die gewünschte Vorwärtsbewegung nützlich ist.

In Stellung 9 ist der Flügel wieder auf die Fortbewegung unwirksam. Von da ab (Stellung 10—12) bewegt sich der Flügel nach unten. Dabei entsteht wiederum eine nach vorwärts gerichtete wagerechte Seitenkraft des Kraftwiderstandes, die auf Vorwärtsbewegung des Luftschiffes wirkt.

Patentansprüche:

1. Vorrichtung zum Bewegen von Luftschiffen, dadurch gekennzeichnet, daß eine Flügelfläche rechtwinklig an einer geraden Stange angebracht ist, deren anderes Ende von einer umlaufenden Kurbel f angetrieben wird, während der zwischen Kurbelzapfen und Flügelflächen liegende Stangenteil fortwährend durch einen festen Punkt i hindurchgeht, so daß die Flügelfläche auf Fortbewegung senkrecht zu einer durch die Kurbelwellenachse und den festen Punkt i gelegten Ebene wirkt, und zwar in der Richtung, in welcher der Kurbelzapfen sich in der von dem festen Punkt i am weitesten entfernten Stellung bewegt.

2. Vorrichtung zum Fortbewegen von Luftschiffen nach Anspruch 1, gekennzeichnet durch die Anbringung mehrerer solcher Flügelflächen mit zugehörigen Stangen und Kurbeln.

204. Die Antriebsvorrichtung nach der

Patentschrift Nr. 158 208

Dr. Jörg Lanz in Rodaun (Nieder-Oesterr.),

angemeldet am 9. Mai 1903, ausgegeben am 18. Februar 1905,

ist stets am Vorderteil des fortzubewegenden Fahrzeuges angebracht. Sie besteht aus zwei um ein und dieselbe Achse in entgegengesetzter

Richtung in einem Abstand von wenig mehr als Flügelbreite umlaufenden Wendeflügelrädern, die ihrerseits wieder an der Innenseite zweier Vollscheiben oder scheibenförmigen Hohlkörper ange-

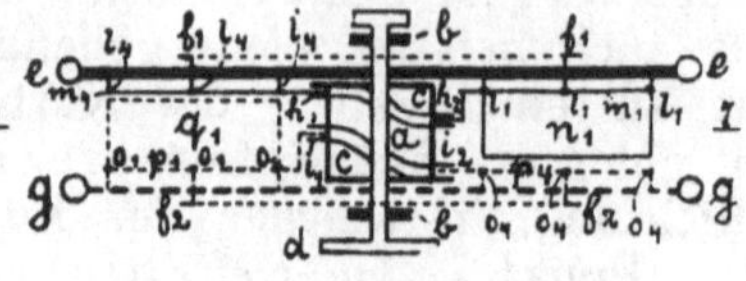

Fig. 684.

bracht sind, so daß auf der einen Seite das die Vorrichtung umgebende Mittel geteilt und auseinandergerissen, auf der anderen Seite zusammengepreßt und so infolge der Wirkung der Scheiben eine

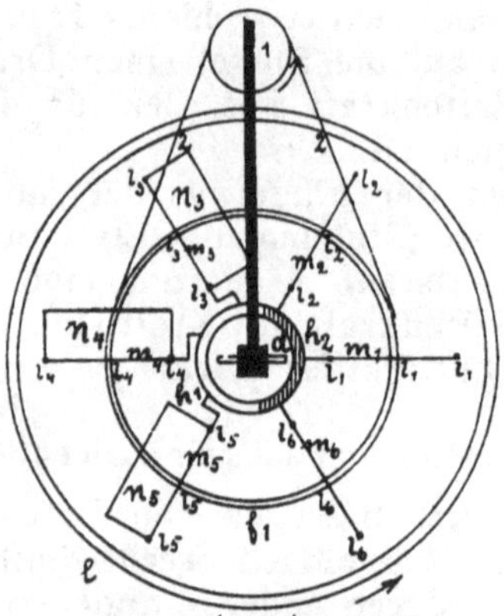

Fig. 685.

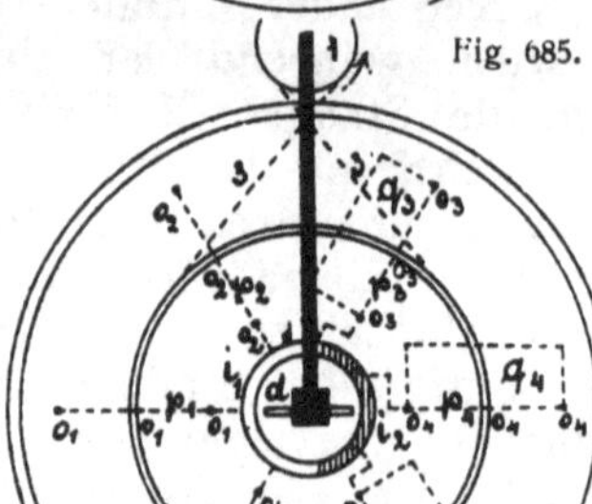

Fig. 686.

kräftige Zugwirkung in wagerechter Richtung erreicht wird. Die Steuerung nach rechts oder links erfolgt nicht durch irgend ein Flächensteuer, sondern durch einfache Drehung der Achse, um die die Scheiben-Wendeflügelräder angeordnet sind.

Die Erfindung weist die folgenden, Zugkraft und Steuerfähigkeit erhöhenden besonderen Eigentümlichkeiten auf: 1. Verbindung von zwei Wendeflügelrädern mit zwei sich mitdrehenden flachen Schwebekörpern; 2. Anordnung zweier derartiger Scheiben-Wendeflügelräder um eine gemeinsame drehbare Steuerachse; 3. Anordnung dieser zwei Scheiben-Wendeflügelräder in der Entfernung von nur wenig mehr als Flügelbreite.

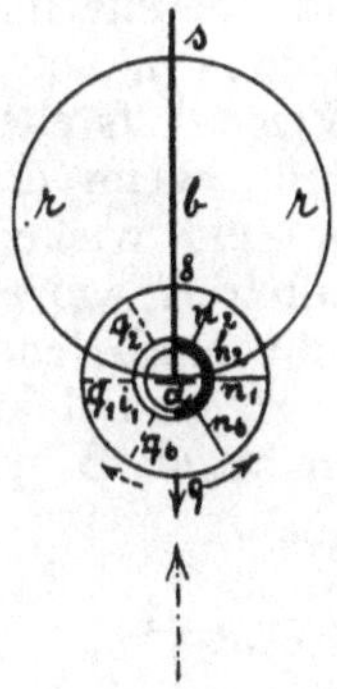

Fig. 687.

Die Achse a in Fig. 684 kann mittels des Lenkhebels d in dem Rahmen b gedreht werden. Mit a ist der Zylinder c fest verbunden, auf dessen Umfang zwei gekrümmte, überall gleichen Abstand habende Rinnen h' h'', i' i'' aus Holz oder Blech fest angebracht sind. Von dem Zylinder abgerollt würden diese gekrümmten Rinnen in ihrer Linienführung einem Wellengang einer Sinuslinie mit verflachtem Wellenberg h', i' und Wellental h'', i'' gleichen.

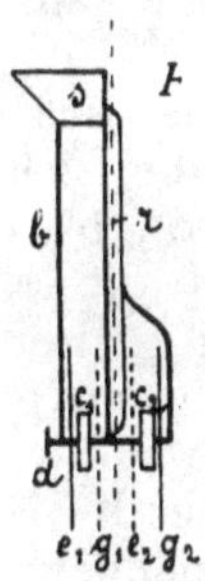

Fig. 688.

Wenn der Lenkhebel d von dem Steuermann festgehalten wird, werden die Teile a, c, h' — h'', i' — i'' in Ruhe bleiben. Um die festgehaltene Achse a laufen die ebenen Kreisscheiben e und g (aus Zeug, dünnen Brettern, Blech . . .) in entgegengesetztem Sinne um, und zwar in der Entfernung von nur wenig mehr als Flügelbreite voneinander (das Rahmenwerk ist in der Zeichnung immer mit Tuch ausgefüllt, die Achse und Steuerungszylinder stark ausgezogen, und die untere Scheibe samt Schaufeln punktiert, was zum besseren Verständnis in allen Figuren beibehalten wird).

In den an Scheibe e fest angebrachten Lagern l^1, l^2, l^3, l^4, l^5, l^6 (Fig. 684 und 685) können sich die Stangen m^1, m^2, m^3, m^4, m^5, m^6, deren kurbelartig gebogene Enden in der Steuerungsrinne h^1 — h^2 gleiten, drehen und die mit ihnen (mit den Stangen) fest verbundenen sechs Flügelflächen n^1, n^2, n^3, n^4, n^5, n^6 aus Zeug, Holz, Blech in bekannter Weise aufstellen oder umlegen. Die Flügel n^1, n^2 . . . sind aufgestellt, wenn die Kurbelenden von m^1, m^2 in dem Wellental h^2 gleiten, und wirken in dieser Lage fortbewegend, und zwar in jedem Halbkreis, wo e entgegengesetzt der Fahrtrichtung umläuft. Kommen die Kurbelenden auf den Wellenberg h', so werden die Flügel umgelegt, sind daher unwirksam und gestatten den Flügeln der unteren Scheibe (z. B. q' in Fig. 684) freien Durchgang.

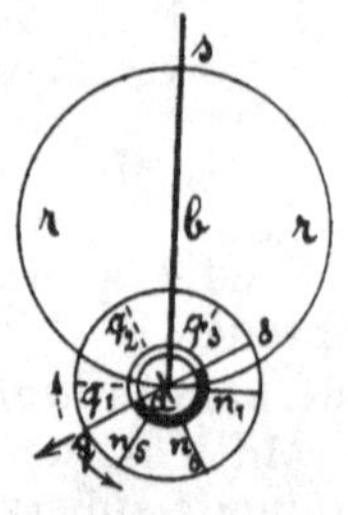

Fig. 689.

Die Flügel sind in jenem Halbkreis unwirksam, wo e mit der Fahrtrichtung, in diesem Falle aus der Zeichnungsebene heraus (Fig. 684) umläuft.

Entgegengesetzt verhält es sich mit Scheibe g und ihren Flügeln q^1, q^2, q^3, q^4, q^5, q^6, die sich mit den Stangen p^1, p^2, p^3, p^4, p^5, p^6 in den Lagern o^1, o^2, o^3, o^4, o^5, o^6 drehen können. Die Flügel sind aufgestellt, wenn die Kurbelenden der Stangen über den Wellenberg des Schlitzes i' gleiten (linke Kreishälfte in Fig. 685), während sie unwirksam sind, wenn g mit der Fahrtrichtung umläuft (rechte Kreishälfte in Fig. 686). Zur größeren Klarheit sind in den Fig. 685 und 686 die Wellentäler h^2, i^2 schraffiert. Auch die Stellung des Steuerhebels d ist eingezeichnet. Die Pfeile bedeuten die Drehrichtung der Scheiben.

Fig. 687 bis 689 zeigen die Gesamtwirkung der Flügel sowohl in bezug aufeinander als auch in bezug auf das ganze System, dem die Maschine vorgespannt ist.

Fig. 687 gibt die Maschine in derselben Stellung wie in Fig. 684, nur in kleinerem Maßstabe. Durch diesen Schnitt werden nur die aufgestellten wirksamen Flügel getroffen. Scheibe e wirkt mit ihren Flügeln n^6, n^1, n^2 auf dem rechten Halbkreis (Drehrichtung schwach ausgezogener Pfeil Fig. 687), Scheibe g mit ihren Flügeln q^6, q^1, q^2 auf dem linken Halbkreis (Drehrichtung punktierter Pfeil). In ihrer Gesamtwirkung betrachtet, reißen q^6 und n^6 Luft oder Wasser vorn auseinander — sie saugen (Armbewegung des Schwimmers), q^1, n^1 wirken drückend mit voller Wirkung nach rückwärts, q^2, n^2 pressen rückwärts Luft oder Wasser zusammen — (Fußtempo); das Tragmittel wird vorn verdünnt, rückwärts verdichtet. Da auch die von den Flügeln weggeschleuderte Luft wegen der Scheiben e, g nicht nach oben und unten, sondern nur in wagerechter Richtung entweichen kann, erfolgt eine kräftige Bewegung in der wagerechten, und zwar in der Richtung des stark ausgezogenen Pfeiles, d. h. in der Richtung der Mittelkraft der wirksamen Schaufelhalbkreise (Fig. 687, Linie 8—9), welche bei der in Fig. 687 angegebenen Stellung von d mit der Richtung von b zusammenfällt.

Das Fahrzeug selbst stellt sich in bekannter Weise infolge der Wirkung des Windsegels s gegen den Wind ein, dessen Richtung durch den strichpunktierten Pfeil angedeutet ist. Fig. 688 zeigt das äußere Aussehen des ganzen Fahrzeuges in der Seitenansicht; e^1, g^1 arbeiten in der Luft, e^2, g^2 im Wasser.

Bisher wurde vorausgesetzt, daß a vom Steuermann unbewegt geblieben. Dreht nun der Steuermann durch den Handhebel d die Achse a und den damit verbundenen Steuerungszylinder samt den Rinnen h^1—h^2, i^1—i^2 um einen beliebigen Winkel (z. B. 60^0), so werden auch selbstverständlich die wirksamen Halbkreise der Flügel gedreht (Fig. 689), und der wagerechte Schnitt durch die wirksamen aufgestellten Flügel, wenn e und g während der Drehung von a in Ruhe geblieben sind, wird das Bild von Fig. 689 gewähren. Es sind nun von der unteren Scheibe q^1, q^2, q^3, von der oberen Scheibe n^5, n^6, n^1 wirksam.

Die Gesamtwirkung der Flügel wird eine Bewegung in der Richtung 8—9 ergeben, also um 60^0 von der bisherigen Fahrtrichtung abweichen (stark ausgezogener Pfeil), wobei das Fahrzeug in den Wind (strichpunktierter Pfeil) eingestellt bleibt.

Die Fahrrichtung der nach diesen Grundsätzen gebauten Schwimmaschinen wird durch diese Art der Steuerung schärfer, Wendungen können genauer und schneller ausgeführt werden.

Patentanspruch:

Antriebsvorrichtung für Fahrzeuge, bestehend aus zwei übereinander liegenden, sich um eine gemeinsame Achse in entgegengesetzter Richtung drehenden Wendeflügelrädern, gekennzeichnet durch zwei in einem Abstand von wenig mehr als Flügelbreite um die Achse a entgegengesetzt umlaufende volle Scheiben (e, g) oder scheibenförmige, hohle Schwebekörper, an deren Innenseite die mittels eines auf der gemeinsamen Achse (a) befestigten, mit Führungsrinnen (h^1—h^2, i^1—i^2) versehenen Steuerungszylinders (c) zwangläufig verstellbaren Flügel oder Schaufeln (n, q) angeordnet sind, welche die Luft oder das Wasser auf der einen Seite wegsaugen und auf der anderen Seite zusammendrücken, wodurch eine Fortbewegung des Fahrzeuges bewirkt wird, während zwecks Steuerung desselben in bekannter Weise durch Drehung der Achse (a) und des damit verbundenen Steuerungszylinders (c) die Saug- und Druckrichtung der Antriebsvorrichtung verändert wird.

205. Die in der

Patentschrift Nr. 167 923
August Buntebarth in Goch (Rheinld.),

angemeldet am 24. Mai 1904, ausgegeben am 20. Februar 1906,

dargestellte Erfindung ermöglicht, die Luft gleichmäßig mit dauernd gespannten Schaufelflächen, welche sich von einer geringsten allmählich bis zu einer gegebenen größten Fläche vergrößern, einseitig zu verdrängen.

In dem Rahmengestell A (Fig. 690 und 691) ist die Achse B in der Mitte drehbar gelagert und wird durch den Stellhebel D, welcher mit der Achse B fest verbunden ist, durch die Feststellvorrichtung P an dem Rahmengestell festgestellt. Der Stellhebel D reicht über das Rahmengestell A hinaus, und man kann daher mit demselben die Achse B und demgemäß das ganze Schaufelrad so verstellen, daß die Hauptwirkung nach jeder gewünschten Richtung erfolgen kann. Auf der Achse B ist an den äußeren Enden innerhalb des Rahmengestells A der Schaufelhalterrahmen C drehbar gelagert, auf dessen Naben die Kettenräder i vorgesehen sind, welche zum Antrieb des inneren Schaufelhalterrahmens G durch die Ketten M und die Kettenräder H dienen. Der innere Schaufelhalterrahmen G trägt in seinen Armen die walzenartigen Schaufelhalter F, welche mit ihren Achsen L darin drehbar gelagert sind.

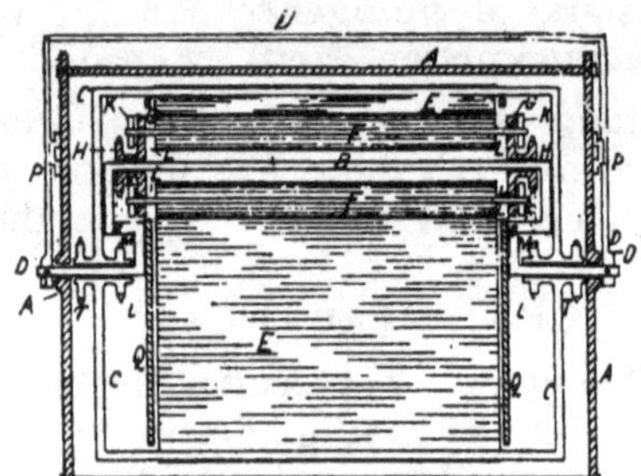

Fig. 690.

Die Schaufeln E, aus Segeltuch, Leder oder ähnlichem Stoff, sind an den äußeren Schaufelhalterrahmen C und den inneren Schaufelhaltern F befestigt, und zwar in solcher Länge, daß sie, wenn die Entfernung der betreffenden Endpunkte ihren Höchstwert erreicht hat, vollständig gestreckt sind, wobei die Spiralfedern ihre größte Spannung erhalten. Diese läßt wieder nach, sobald sich die Endpunkte C und F nähern, wobei sich die Schaufeln E auf den

Walzen F aufrollen. Die Seitenkanten der Schaufeln E gleiten hierbei an den feststehenden Seitenwänden Q dicht entlang, um ein seitliches Ausströmen der Luft möglichst zu verhindern.

Die Wirkungsweise der rotierenden Luftschaufel ist folgende: Wird dieselbe durch die Antriebskettenräder T in der angegebenen Pfeilrichtung (Fig. 691) in Bewegung gesetzt, so dreht sich auch

Fig. 691.

die innere Walzenachse (Schaufelhalterrahmen) G durch die Kettenübertragung i M H mit der gleichen Winkelgeschwindigkeit. Die Schaufeln E, welche mit ihren Endpunkten C und F die Bewegung ebenfalls mitmachen, breiten sich hier bei den wechselnden Entfernungen ihrer Endpunkte entsprechend aus und ziehen sich durch die Spiralfedern K ebenso wieder zusammen, wobei sie die Luft, auf welche sie drücken, in Bewegung setzen. Da sie auf der einen Seite entsprechend ihrer Größe auf größere Luftmengen treffen als auf der anderen, so wird nach einer Richtung hin ein resultierender Druck auftreten, der dem jeweiligen Bedürfnis entsprechend nutzbar gemacht werden kann.

Patentanspruch:

Einseitig wirkendes Luftschaufelrad mit umlaufenden Segeln, deren eines Ende an um die Hauptwelle sich drehenden Rahmen (G) befestigt ist, während das andere Ende durch Federkraft auf umlaufende Walzen (F) aufgewickelt wird, dadurch gekennzeichnet, daß diese Walzen um eine seitlich der Hauptwelle parallel zu dieser gelagerte Achse (B) zwangsläufig mit der gleichen Geschwindigkeit wie die Rahmen (G) gedreht werden, zum Zweck, durch allmähliches Vergrößern bzw. Verkleinern der Segelflächen eine kräftigere und gleichmäßigere Wirkung zu erzielen.

206. Die den Gegenstand der Erfindung nach der

Patentschrift Nr. 173595
Hermann Hoernes in Linz a. D.,

angemeldet am 16. Dezember 1904, ausgegeben am 25. Juli 1906,

bildende Antriebsvorrichtung für Luft- und Wasserfahrzeuge sowie andere Transportmittel bezweckt, zur Erhöhung des Nutzeffektes den an der Nabe befindlichen Flächenelementen einer rotierenden Fläche oder Schraube eine erhöhte Umfangsgeschwindigkeit und daraus resultierende erhöhte Vortriebs- bzw. Auftriebskraft zu erteilen.

In einem Lager A, welches dem zu bewegenden Fahrzeug angehört, wird eine hohle Welle I durch einen Antrieb B, Zahnrad, Seilscheibe, Exzenter usw. oder durch eine andere Uebertragung in Umdrehung versetzt. Dadurch bewegt sich auch der mit der hohlen Welle I fest verbundene Arm C oder der Doppelarm oder das System von Armen. Am anderen Ende dieses Armes ist ein Lager D angebracht, in welchem eine bewegliche Achse II gelagert ist. Dreht sich die Achse I, so macht die Achse II diese Drehbewegung an und für sich mit. In der hohlen Welle I steckt eine zweite

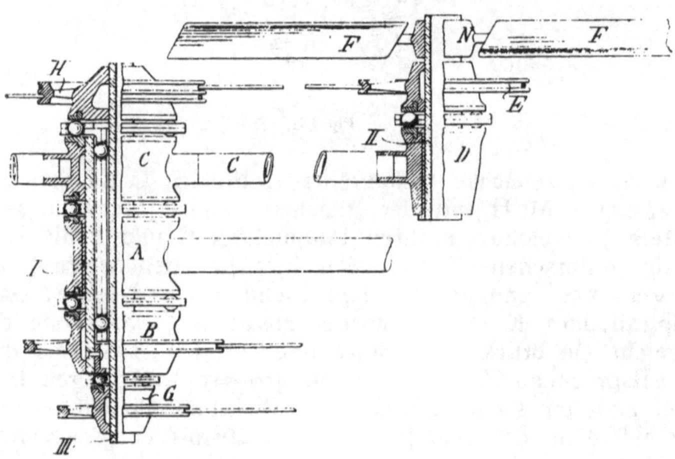

Fig. 692.

Welle oder Achse III, welche wie die Welle I, aber evtl. auch unabhängig von ihr, durch eine eigene Transmission (Motor) G in Drehung versetzt werden kann. Diese Drehung wird durch eine weitere ähnlich gestaltete Transmission H auf die Achse II übertragen. Zu diesem Zwecke ist auf der Achse II eine Seilscheibe, Zahnrad, Exzenter E usw. oder ein Motor befestigt. (Fig. 692.)

Außerdem hat die Achse II an einer oder an mehreren Naben N eine Fläche oder ein System ebener oder gewölbter oder windschief, evtl. auch schraubenförmig gestalteter Flächen F angesetzt, welche auf diese Weise in eine von der Umdrehung der Achse I unabhängige Drehung versetzt werden können.

Patentanspruch:

Antriebsvorrichtung für Luft- und Wasserfahrzeuge sowie für andere Transportmittel, dadurch gekennzeichnet, daß eine oder mehrere Schrauben (F), deren Lager (D) um eine am Fahrzeug gelagerte Welle (I) umlaufen, durch Transmissionen (H, E) von einer konachsial zu dieser Welle gelagerten Welle (III) eine Drehbewegung erhalten, so daß jede Schraubenfläche eine Planetenbewegung ausführt.

207. Die

Patentschrift Nr. 173 718
Hans Lützenburger in Freiburg in Baden,

angemeldet am 12. Oktober 1905, ausgegeben am 26. Juli 1906,

bietet eine Neuerung bei Flügelrädern mit drehbaren Schaufeln, mittels deren ein Heben und Fortbewegen von Luft- und Wasserfahrzeugen ermöglicht wird.

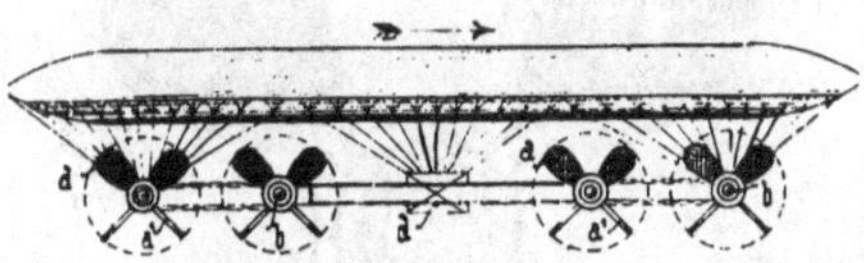

Fig. 693.

Es sollen beispielsweise die Flügel a_1 auf der unteren Hälfte des Umlaufs arbeiten (Fig. 693), während die Flügel a auf der oberen Hälfte die Luft oder das Wasser möglichst scharf durchschneiden und hierbei möglichst wenig Betriebskraft erfordern sollen. Auf der quer durch oder unter dem Schiffskörper gelegenen Achse b ist ein Kettenrad befestigt, das durch einen Motor d seinen

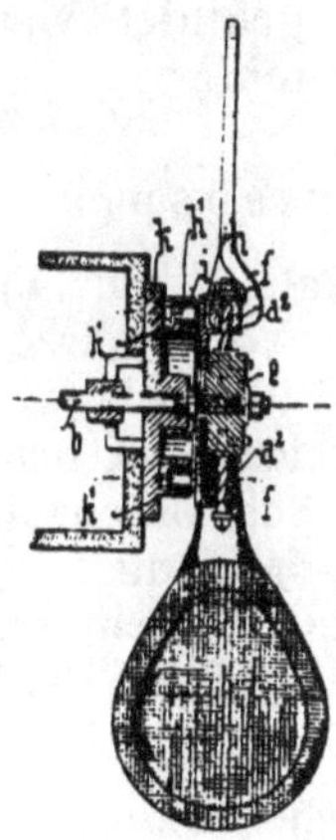

Fig. 694.

Antrieb erhält. Die Vorrichtung zum Verdrehen der Flügel in einer bestimmten Lage derselben besteht darin, daß an der Nabe e des Flügelrades, und zwar in der Achsrichtung der Flügel, Gewindezapfen f befestigt sind, deren Gewinde eine sehr große Steigung besitzen (Fig. 694, 695). Hierdurch ist die Möglichkeit gegeben, daß durch einen radial gerichteten Zug auf die Mutter dieses Gewindes dieser Mutter eine Drehung erteilt werden kann. Im vorliegenden Fall ist der Fuß a_2 der Flügel a a_1 zu einer Mutter ausgebildet, welche an ihren Außenflächen von einem Bügel h erfaßt wird, der seinerseits in einer radial gerichteten Geradführung g aus- und eingezogen werden kann. Zum Aus- und Einziehen dieses Bügels h, welcher seine ihm erteilte Bewegung sodann der Mutter oder dem Flügel des Flügelrades mitteilt, besitzt derselbe in seinem Rücken einen Zapfen h_1, auf welchem eine Rolle i frei drehbar ist. Diese

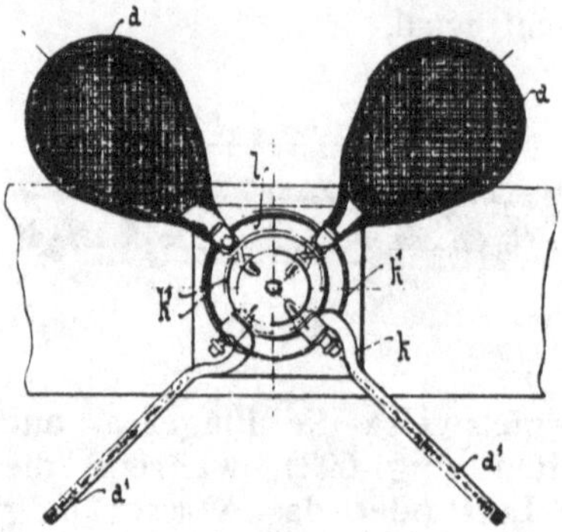

Fig. 695.

Rolle läuft auf ihrer kreisförmigen Bewegung um die Achse b in einer exzentrischen Spurrinne l, welche von den am Gestell k angebrachten Randflächen k_1 gebildet wird, und wird durch diese Spurrinne ein- oder ausgezogen.

Patentansprüche:

1. Flügelrad mit radialen, um ihre Längsachse drehbaren Schaufeln zur Fortbewegung von Fahrzeugen in Luft und Wasser, dadurch gekennzeichnet, daß die Flügel (a a_1) an ihrem Fuß Gewindemuttern (a_2) tragen, welche auf fest mit der Radnabe (e) verbundenen, radial gerichteten Schraubenspindeln mit steilem Gewinde laufen und derart zwangläufig radial verschoben und damit auch gedreht werden, daß die Flügel nach jeder halben Umdrehung abwechselnd um ihre Längsachse um 90° geschwenkt und wieder zurückgedreht werden.

2. Ausführungsform nach Anspruch 1, dadurch gekennzeichnet, daß zum Erzielen der radialen Verschiebung die Muttern von Bügeln umfaßt werden, die in radialen Schlitzen der Radnabe gelagert sind und mittels Zapfen (k_1) und Rollen (i), die in einer exzentrisch am festen Gestell sitzenden Führungsrinne laufen, verschoben werden können.

208. Eine Verbesserung der Schraubenpropeller nach der Patentschrift Nr. 141 656 bringt die

Patentschrift Nr. 175 477
J. Hofmann in Berlin.

Angemeldet am 5. Juni 1905, ausgegeben am 29. September 1906.

Die Erfindung besteht darin, daß die Schaufeln a derart auf den Trägern d befestigt sind, daß der äußere Rand jeder Schaufel

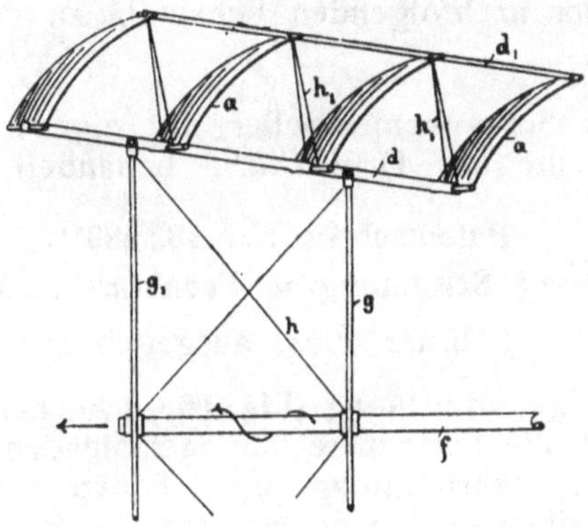

Fig. 696.

annähernd über der inneren Grundlinie der folgenden Schaufel liegt (Fig. 696, 697).

Die Vorteile, die die Befestigungsweise der Schaufeln a auf besonderen Trägern d bietet, kommen nämlich um so mehr zur

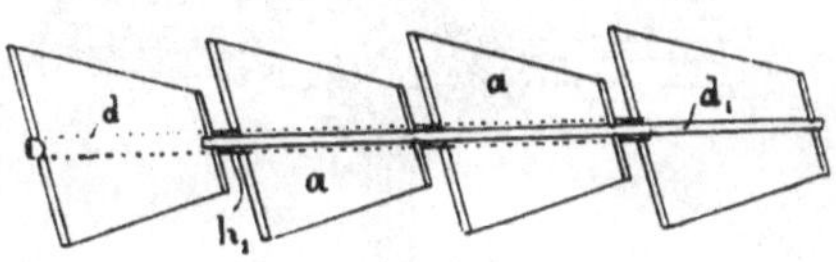

Fig. 697.

Geltung, je mehr die Schaufeln a von der radialen Richtung abweichend nach hinten geneigt werden. Die Abweichung hat den Zweck, die zwischen den Schaufeln lediglich durch Reibung von Luft an Luft mitgerissenen Luftteilchen nicht wie bei einem Quirl auszuschleudern, sondern sie in ihrer radialen Bahn nach hinten abzulenken, so daß eine der Ablenkung der Luftmassen nach hinten entsprechende Kraft die Schaufeln vorwärts drückt.

Um den bei der Schaufelbefestigung gemäß der Erfindung auftretenden großen Fliehkräften zu begegnen, welche die Schaufeln zu biegen bzw. radial zu stellen suchen, müssen die Träger d durch die Schaufeln a hindurchgehen oder durch Stäbe d_1 und Zugstangen h_1 (Fig. 696) fachwerkartig mit den Schaufeln verbunden werden.

Patentanspruch:

Schraubenpropeller nach Patent 141 656, gekennzeichnet durch eine derartige Befestigung der Schaufeln (a) auf den Trägern (d), daß der äußere Rand jeder Schaufel annähernd über der inneren Grundlinie der benachbarten Schaufel liegt, zum Zweck, eine der Fliehkraft entsprechende, rein radial gerichtete Bewegung des Druckmittels zwischen den äußeren Enden der vorangehenden und der inneren Enden der nachfolgenden Schaufeln zu verhindern.

209. Einen Schraubenpropeller mit eigenartiger Anordnung der Flächenelemente der Druckfläche behandelt die

Patentschrift Nr. 182 680

Georg Schindling in Frankfurt a. M.

Angemeldet am 27. Februar 1903, ausgegeben am 26. März 1907.

Die eigenartige Anordnung (Fig. 698, 699) der Flächenelemente besteht darin, daß die Fußpunkte der nacheilenden Flächenelemente, z. B. a^2 in der Fahrtrichtung des Fahrzeuges (Pfeil h) vor denen der voraneilenden Flächenelemente, z. B. a, liegen. Infolge

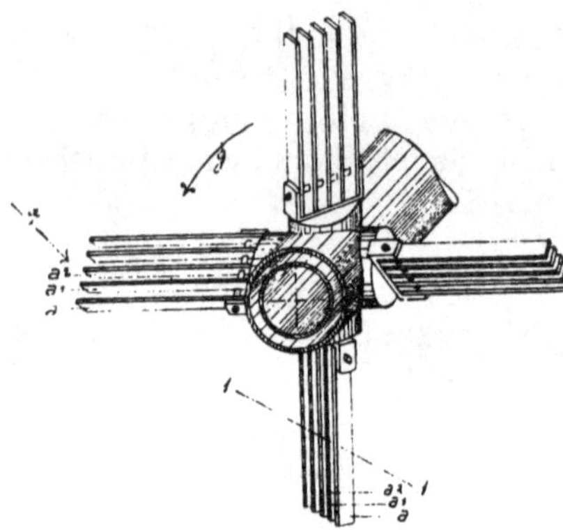

Fig. 698.

dieser Anordnung treffen die nacheilenden Flächenelemente stets auf neue Luft- oder Wassermassen und arbeiten deshalb stets dem normalen Druck des Mediums entgegen, während durch die Teilung der Druckfläche des einzelnen Flügels ein schnelleres Zu- und Abfließen der Wassermassen bewirkt und demgemäß die Vakuum- und Wirbelbildungen im Druckmittel vermindert werden.

Ein derartig gebauter Propeller arbeitet ruhiger und gleichmäßiger als die seitherigen, und es kann die Umdrehungsgeschwindigkeit bei diesem Propeller erheblich gesteigert werden, ohne daß der Wirkungsgrad abnimmt.

Der vorliegende Propeller dürfte sich deshalb ganz besonders für Turbinenantrieb eignen.

Fig. 699.

Patentanspruch:

Schraubenpropeller, bei welchem die Fußpunkte der nacheilenden Flächenelemente (z. B. a^2, Fig. 699) in der Fahrtrichtung des Fahrzeuges (Pfeil h) vor denen der voraneilenden Flächenelemente (z. B. a) liegen.

210. Die in der

Patentschrift Nr. 184 020
Heinrich Wortmann in St. Johann-Saarbrücken,

angemeldet am 31. Mai 1905, ausgegeben am 25. April 1907, dargestellte Erfindung besteht darin, daß jeder Flügel an einem an der Achse radial befestigten Arme zusammenklappbar angebracht ist und mit seinen äußeren Enden zwischen konvergenten Führungen gleitet, deren Winkel von der Ebene der Radarme halbiert wird.

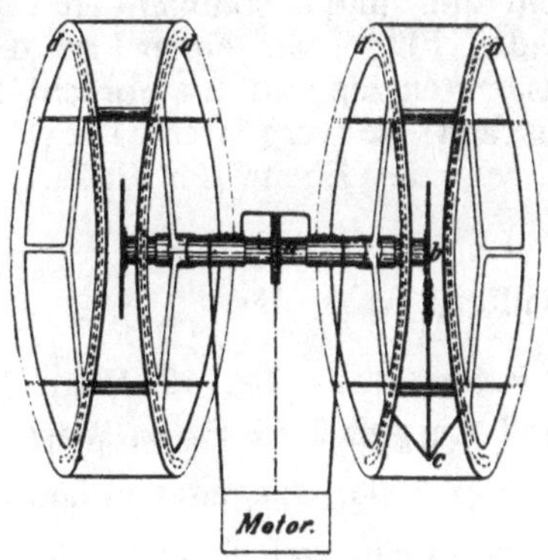

Fig. 700.

Auf quer zu dem Luftfahrzeug angeordneten Achsen a (Fig. 700 und 701) befinden sich auf beiden Seiten an Scheiben b radial angebrachte Arme c (Speichen), welche an ihren äußeren Enden mit zwei mit leichtem, dichtem Stoff bis zur Achse überspannten beweglichen Seitenteilen versehen sind. Die Enden dieser Seitenteile gleiten zwischen kreisförmigen, mit dem Fahrzeuge verstellbar verbundenen Führungsringen d, welche da, wo bei einer Umdrehung des Flügels Gegenkraft erzeugt würde, sich einander nähern und auf der entgegengesetzten Seite auseinandergehen. Bei den Umdrehungen breitet sich an den auseinandergehenden Stellen der Führungsringe der Flügel von selbst dachförmig aus, wodurch sich die auf die Luft wirkende Fläche entsprechend vergrößert, wogegen die Flügel an der entgegengesetzten Seite durch die Führungen zusammengedrückt werden, so daß der Luftdruck auf die Flügel hierdurch aufgehoben wird.

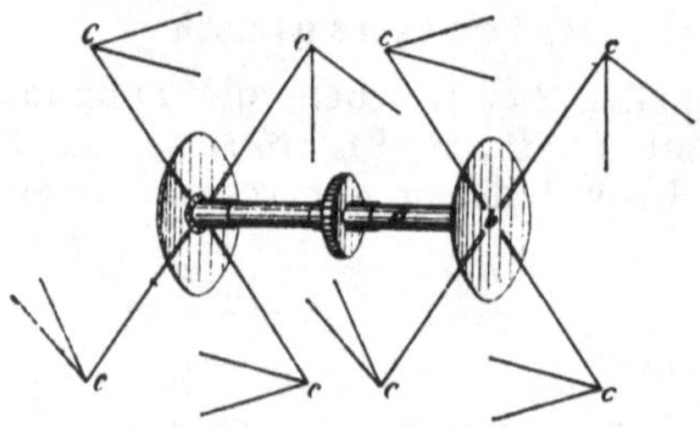

Fig. 701.

Die Vorrichtung kann durch Drehungen zu der Achse beim Aufstieg, zur Aufwärtsbewegung und zur Fahrt auf Vorwärtskraft nach Belieben verstellt werden.

Patentanspruch:

Flügelrad zum Antrieb von Luftfahrzeugen mit parallel zur Radachse abwechselnd auf- und zuklappenden Flügeln, dadurch gekennzeichnet, daß jeder Flügel an einem an der Radachse radial befestigten Arme zusammenklappbar angebracht ist und mit seinen äußeren Enden zwischen konvergenten kreisförmigen Führungen gleitet, deren Winkel von der Ebene der Radarme halbiert wird.

211. Die Erfindung nach der

Patentschrift Nr. 194121
Emil Berghaus in Essen-West,

angemeldet am 2. Juni 1906, ausgegeben am 14. Januar 1908,

bezieht sich auf Luftschrauben, welche aus einem Gerippe bestehen, an dem die Schraubenflächen angebracht sind, und besteht darin, daß die Flächen aus Zelluloid hergestellt sind.

Zelluloid ist bei großer Leichtigkeit sehr elastisch, so daß den Schraubenflächen auch durch fortwährenden Wind- oder Luftdruck keine bleibende Vertiefung oder Beule beigebracht werden kann und sie ihre Form behalten.

Zur Anfertigung einer solchen Schraube nimmt man zwei sich kreuzende Rohre I (Fig. 702 und 703), die in der Mitte die Schraubenwelle 2 kreuzen und an ihr auf geeignete Art befestigt sind. Ungefähr zwei Drittel der Länge dieser Arme von der Schraubenwelle entfernt, auf der breitesten Fläche des Flügels, ist das Querrohr 3 befestigt. Das so gebildete Gestell wird nun mit dünnen Zelluloidplatten 4 belegt.

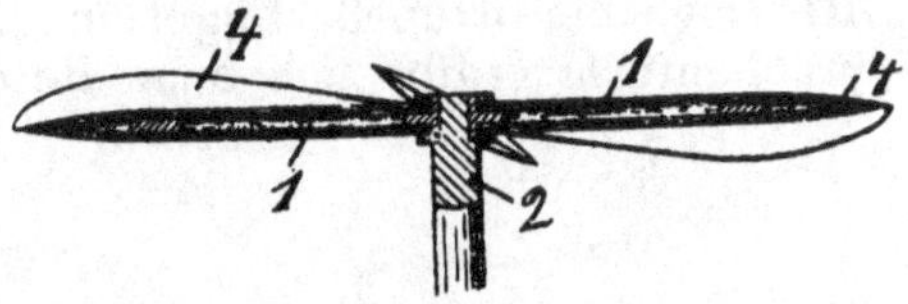

Fig. 702.

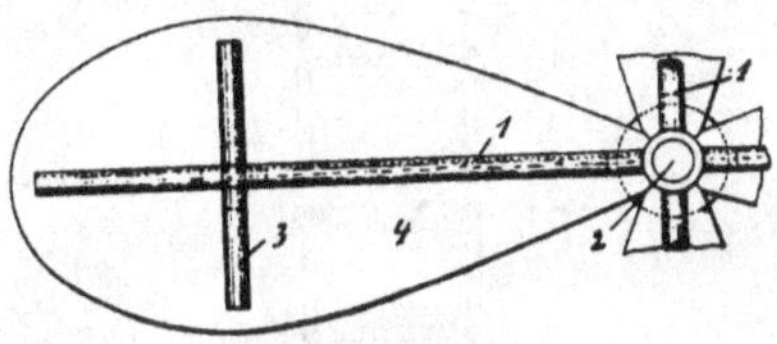
Fig. 703.

Patentanspruch:

Luftschraube mit einem an der Schraubenwelle befestigten Rohrgerippe, dadurch gekennzeichnet, daß die Schraubenflächen aus an diesem Rohrgerippe befestigten Zelluloidplatten bestehen.

212. Eine unstarre Luftschraube mit Schwunggewichten betrifft die

Patentschrift Nr. 194 165

Motorluftschiff-Studiengesellschaft m. b. H. in Berlin-Reinickendorf-West.

Angemeldet am 18. April 1907, ausgegeben am 14. Januar 1908.

An Luftpropellern mit unstarren Schraubenflügeln, deren Form und Spannung durch die Zentrifugalkraft von Schwunggewichten aufrechterhalten wird, bringt die Anordnung größerer Gewichte an den Enden den Nachteil eines unruhigen Ganges, weil die Gewichte nicht an der gleichen Stelle wirken wie der Luftwiderstand. Auch gefährden größere Gewichte namentlich beim Anlaufen oder Abstellen der Schraube die unmittelbare Umgebung.

Ferner sind dabei zur Beseitigung von Längsfalten an den Flügeln besondere Querleisten erforderlich.

Nach der Erfindung werden nun die Schwunggewichte, bestehend aus schweren Seilen oder Ketten a a, am vorderen Rand der Schraube eingelegt, und gleichzeitig werden die Querleisten b b als Schwunggewichte ausgebildet.

Das so hergestellte Gerippe ist in bekannter Weise mit einem widerstandsfähigen Stoff überzogen.

Die Figur 704 zeigt die Propellerflügel in eine Ebene ausgebreitet. Die Schraubenform ergibt sich beim Betriebe durch den Luftwiderstand.

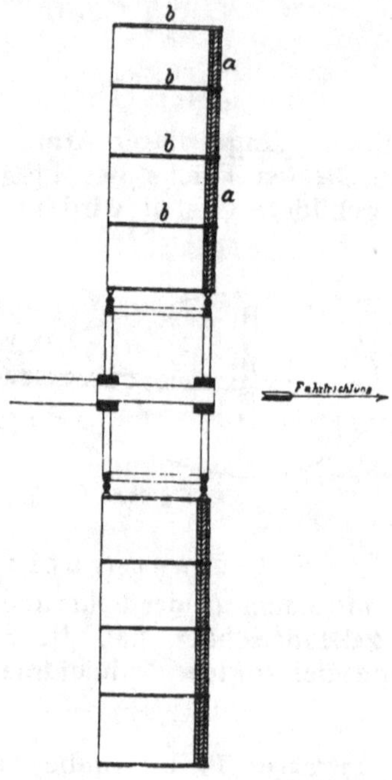

Fig. 704.

Patentanspruch:

Unstarre Luftschraube mit Schwunggewichten, dadurch gekennzeichnet, daß als Schwunggewichte schwere, am vorderen Rand liegende Seile oder Ketten (a) und Querleisten (b), welche gleichzeitig die Bildung von Längsfalten am Flügel verhindern, angewendet sind.

213. Die Erfindung nach der

Patentschrift Nr. 194 738

Aktiebolaget Aviatorer in Gotenburg (Schweden),

angemeldet am 19. Januar 1907, ausgegeben am 28. Januar 1908, betrifft einen Flügel für Flugmaschinen und besteht in der Vereinigung folgender an sich bekannter Teile: eines Fachwerkes aus einander kreuzenden Rohren, eines an der Unterseite dieses Fachwerkes befestigten Netzes aus Draht, Klappen aus Gewebe oder ähnlichem Stoff, welche beweglich an den Drähten befestigt sind und durch Stäbe versteift werden, und Schnüre, welche die Bewegung der Klappen begrenzen. Durch diese Vereinigung wird erreicht, daß bei genügender Festigkeit des Flügels ein gleichmäßiges Oeffnen und Schließen gewährleistet wird.

Das Gerippe des Flügels (Fig. 705) besteht aus einem Fachwerk, das aus leichten, aber festen Stangen, z. B. Bambus- oder

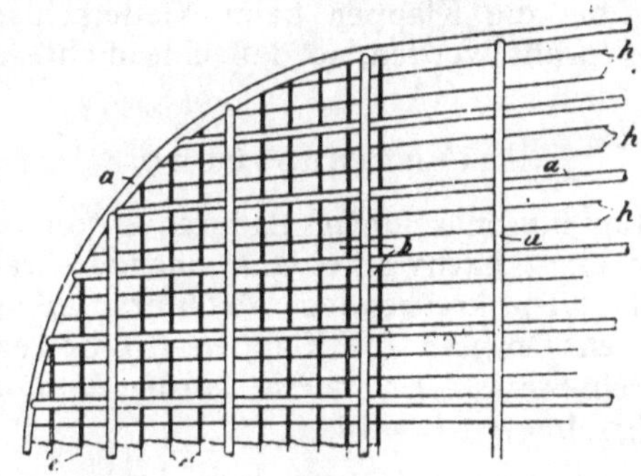

Fig. 705.

Stahlrohren a a, gebaut ist. Die von diesen Stangen gebildeten Fächer sind ziemlich groß, beispielsweise 30 bis 50 cm lang und breit. Dieses Fachwerk hat besonders für Flügel, denen eine um eine Achse schwingende Bewegung zu erteilen ist, zweckmäßig die Form einer gebogenen oder geraden Fläche (s. Fig. 705). An der einen Seite des Fachwerkes — bei der gebogenen Form des Flügels der konkaven — ist die eigentliche Flügelfläche befestigt. Diese besteht aus einem System gerader Klappen b, b aus imprägniertem oder nicht imprägniertem Baumwollenzeug oder anderem geeigneten

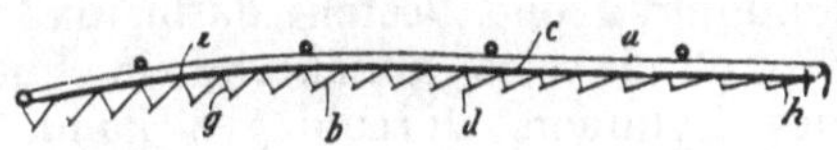

Fig. 706.

Material; die Klappen sind in der aus Fig. 706 ersichtlichen Lage angebracht, und zwar nur mit einer Kante c befestigt, während die andere Kante d innerhalb eines gewissen Winkels von der Flügelfläche frei schwingen kann. Sämtliche Klappen haben längs der an der Flügelfläche befestigten Kanten c, c Säume oder dgl., durch welche Metalldrähte e, e oder dgl. hindurchgeführt sind, welche um die den Außenrand des Flügels bildenden Rohre gewickelt oder durch Stifte oder in anderer Weise an den Rohren befestigt sind. Die Klappen haben bei gebogener Flügelform zweckmäßig einen von der Schwingungsachse aus gegen die Flügelspitze derart zunehmenden Ausschlagwinkel, daß dieser Winkel den Abständen der Klappen von der Schwingungsachse proportional ist, damit die Klappen sich gleichzeitig schließen, wenn der Flügel sich nach unten bewegt. Senkrecht zum erwähnten Drahtsystem liegt ein zweites System Metalldrähte h, h, welches dazu dient, der Bandfläche eine Stütze zu leisten. Die Drähte h, h sind wie die Drähte e, e mit ihren Enden an den Endrohren des Fachwerkes a, a befestigt und nebenbei durch die Säume sämtlicher Klappen dicht am Drahtsystem e, e hindurchgeführt. Die beiden einander kreuzenden Drahtsysteme e, e und h, h bilden demnach ein aus kleineren (beispielsweise 9 × 6 cm großen) Fächern oder Maschen bestehendes Netz, welches die eine Seite des Fachwerkes deckt, wobei die Klappen beim Niederschlagen des Flügels gegen das Netz gepreßt werden, so daß eine dichte und feste Fläche gebildet wird.

Patentansprüche:

1. Flügel für Flugmaschinen, dadurch gekennzeichnet, daß an der unteren Seite eines Fachwerkes aus einander kreuzenden Rohren ein Netz aus einander kreuzenden Metalldrähten (e, h) befestigt ist und daß an den **Drähten** (e) Klappen (b) beweglich angebracht sind, welche durch Stäbe (i) versteift werden und deren Bewegung durch Schnüre (g) begrenzt wird.

2. Flügel nach Anspruch 1, dadurch gekennzeichnet, daß die Längen der zur Begrenzung des Ausschlages der Klappen dienenden Schnüre (g) gegen das freie Ende des Flügels zunehmen, zum Zweck, ein gleichzeitiges Oeffnen und Schließen der verschiedenen Klappen zu bewirken.

214. Die

Patentschrift Nr. 196 255
Dr. Erich v. Bernd in Wien,

angemeldet am 23. Februar 1907, ausgegeben am 9. März 1908,

betrifft ein Wendeflügelrad und besteht darin, daß jede Flügelfläche so hergestellt ist, daß sie sich annähernd in Form eines Mantelflächenstückes eines Zylinders durchbiegen kann, dessen Achse in der Bewegungsrichtung des ganzen Flugapparates liegt.

Zu diesem Zwecke bestehen die hintere und vordere oder gegebenenfalls nur die hintere Begrenzung der Flügelfläche aus einer elastisch biegsamen Endleiste, die nur an ihren Enden mittels Drähten befestigt ist, während sich ihre in Gleitstücken geführte Mitte nach beiden Seiten begrenzt durchbiegen kann, so daß die Flügelfläche in durchgebogenem Zustande nur zwei oder höchstens drei in einer Ebene liegende Begrenzungslinien aufweist.

Dadurch wird erreicht, daß das seitliche Ausweichen der Luft vermindert, mithin der Antrieb vergrößert wird, während gleichzeitig die Luft nach rückwärts abströmen kann und so einen Vortrieb liefert.

Das Wendeflügelrad besitzt Tragrahmen a (in der Zeichnung ist nur einer davon dargestellt), auf denen Achsen b gelagert sind, die Kettenräder c tragen. Je ein zweiarmiger Hebel d, der auf der Achse b sitzt, kann mittels eines Kettenrades e und einer Kette f von einem Motor in Umdrehung versetzt werden. Die Enden der Hebel d tragen Achsstummel, auf denen je ein Kettenrad g befestigt und durch eine Kette h angetrieben wird.

Der Erfindung gemäß trägt jedes Rad g einen Bügel i für eine durch denselben gesteckte Gleitbahn k, auf welcher die durch-

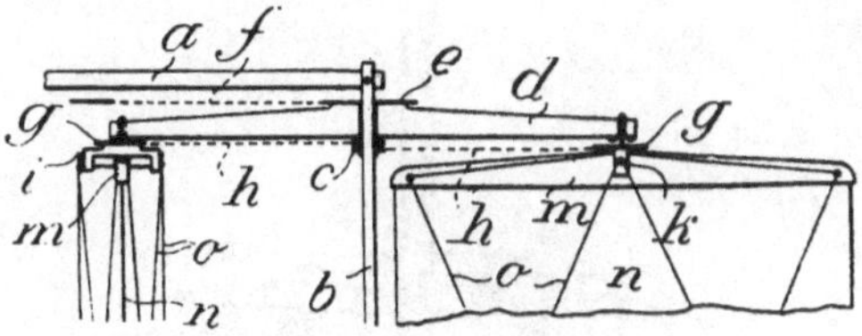

Fig. 707.

bohrte elastische Endleiste m der Flügelfläche n gleiten kann. Je zwei Leisten m tragen eine Flügelfläche, und ihre Enden sind durch Verstrebungen (Fäden oder Drähte) o mit den Enden der beiden der Flügelfläche zugehörigen Bügel i verbunden (Fig. 707 und 708).

Bei Bewegung der Flügelflächen n kann zufolge dieser Anordnung der entgegenwirkende Luftdruck die Mitte der Flügelflächen und ihre Endleisten m konkav in Form eines Mantelflächenstückes eines Zylinders durchbiegen, dessen Achse in der Bewegungsrichtung des Wendeflügelrades liegt (Fig. 708), soweit dies die Gleit-

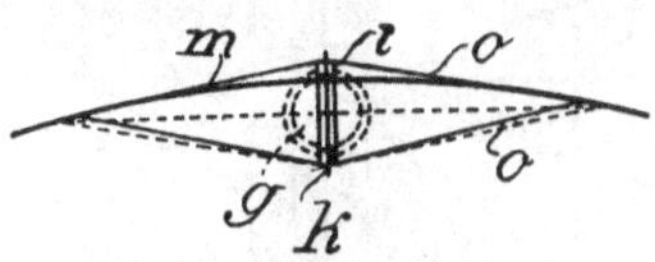

Fig. 708.

stücke k zulassen. In der Längsrichtung werden die Leisten m mittels Verstrebungen so auseinandergehalten, daß sich die Flügelfläche n in dieser Richtung nur wenig durchbiegen kann.

Patentanspruch:

Wendeflügelrad, dadurch gekennzeichnet, daß die hintere und gegebenenfalls auch die vordere Begrenzung der Flügelfläche aus einer elastisch biegsamen Endleiste (m) besteht, die nur an ihren Enden mittels Drähten (o) befestigt ist, während sich ihre auf Gleitbahnen (k) geführte Mitte nach beiden Seiten begrenzt durchbiegen kann, so daß die Flügelfläche in durchgebogenem Zustande nur zwei oder höchstens drei in einer Ebene liegende Begrenzungslinien aufweist.

215. Das Segelrad zum Heben der

Patentschrift Nr. 200 807
Max Kruse in Charlottenburg,

angemeldet am 12. Februar 1907, ausgegeben am 30. Juli 1908,

weist insofern eine Neuerung auf, als die in bekannter Weise mit Ventilen versehenen Segel an einem sich drehenden Rahmen frei aufgehängt werden. Dadurch wird erreicht, daß die Segel sich beim

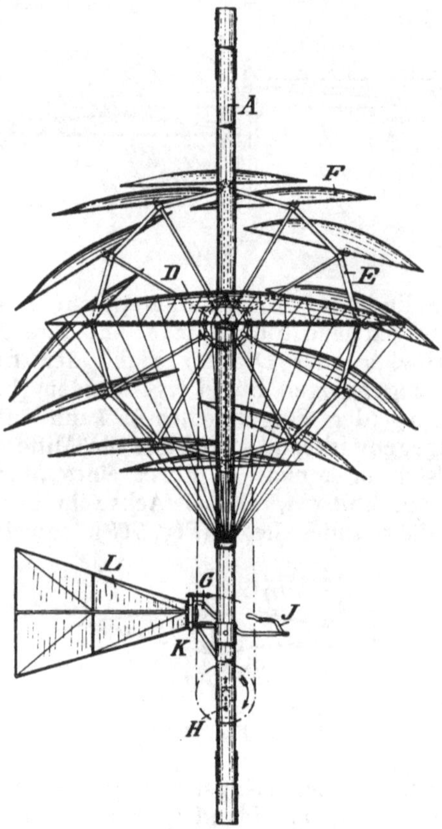

Fig. 709.

Aufwärtsgehen senkrecht, beim Abwärtsgehen wagerecht stellen, ohne daß besondere Lenker dazu vorhanden zu sein brauchen.

Die Drehung des Rades (Fig. 709) kann durch einen Motor oder durch den im Sitze G befindlichen Menschen bewirkt werden, indem er die Kurbel H tritt und diese Drehung vermittels Zahnräder und Kette auf das Rad E überträgt. Das Rad E trägt Segel, welche sich nach oben ausbauchen können. Diese Segel sind so befestigt, wie die Fig. 709 zeigt. Beim Abwärtsgange wirkt die Schwere des Segels dem von unten kommenden Luftdruck entgegen, wodurch das Segel annähernd wagerecht bleibt; beim Aufwärtsgange wirken Schwerkraft und Luftwiderstand in gleichem Sinne und stellen das Segel möglichst senkrecht, wodurch ein nur geringer Luftwiderstand entsteht. Bei großer Geschwindigkeit werden sich die aufwärts gehenden Segel wesentlich steiler stellen, als in der Fig. 709 dargestellt. Das Gestell A trägt zwei große, mit ihm fest verbundene Tragflächen D, D. Durch Anziehen und Abstoßen der Handhabe J können diese Tragflächen D, D' schräg gestellt werden. Die Steuerung wird durch ein in K drehbares Steuer L bewirkt. Es können, wenn durch ein Rad der Zug zu sehr von der Senkrechten abweicht, zwei sich in entgegengesetzter Richtung drehende Räder verwendet werden.

Patentanspruch:

Segelrad zum Heben, dadurch gekennzeichnet, daß sich ausbauchende, in bekannter Weise mit Ventilen versehene Segel an dem Rahmen (E) frei drehbar aufgehängt sind.

216. Die Erfindung nach der

Patentschrift Nr. 203 633
Francesco Fronz in Görz,

angemeldet am 25. Januar 1908, ausgegeben am 28. Oktober 1908, bezieht sich auf ein Schaufelrad, insbesondere für Luftfahrzeuge, mit ungleichmäßig schnell umlaufenden Schaufeln und besteht in der Anordnung der die Schaufeln tragenden Achse derart exzentrisch

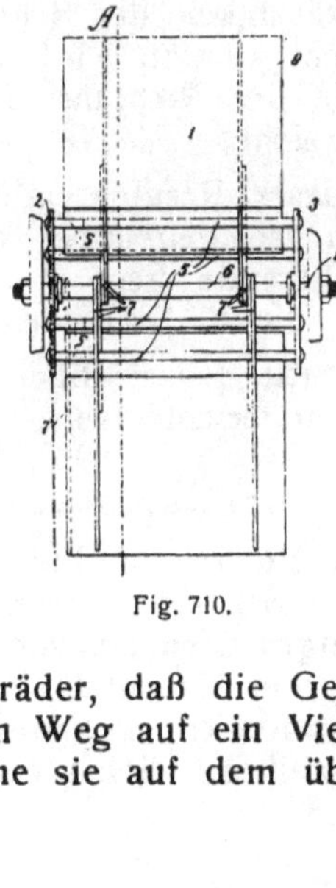

Fig. 710.

zur Welle der Antriebsräder, daß die Geschwindigkeit der Schaufeln auf dem wirksamen Weg auf ein Vielfaches der Geschwindigkeit erhöht wird, welche sie auf dem übrigen Teil des Umlaufes haben.

Das Schaufelrad 1 (Fig. 710 und 711) besteht aus zwei Scheiben 2 und 3, welche drehbar auf einer Achse 4 sitzen und von welchen die eine (2) mittels Schnur-, Riemen- oder Kettenantrieb bewegt wird. Die beiden Scheiben werden gleichzeitig in Bewegung ge-

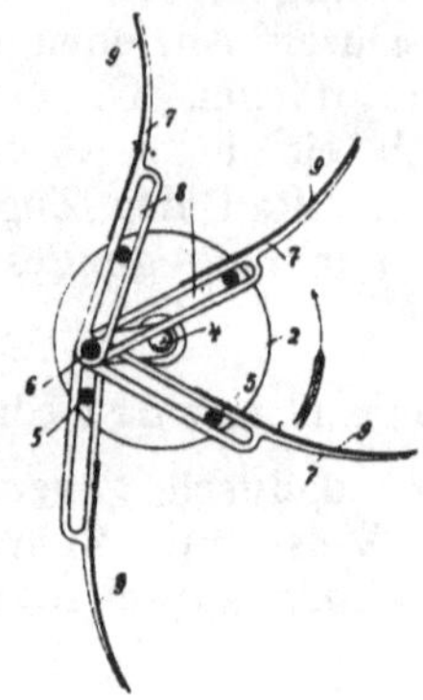

Fig. 711.

setzt, da sie mittels Distanzbolzen oder Stangen 5 miteinander verbunden sind.

Durch diese Anordnung der Schaufelachse gegenüber der Scheibenachse wird erreicht, daß die nach abwärts bewegte Schaufel jeweilig einen vielfach größeren Winkelweg zurücklegt als in der gleichen Zeit die übrigen Schaufeln, welche sich nach aufwärts bewegen. Demnach ist auch die (Winkel-)Geschwindigkeit dieser Schaufel eine vielfach größere als die der anderen Schaufeln.

Da nun für die Wirksamkeit der Schaufeln das Quadrat ihrer Geschwindigkeit in Betracht kommt, wird durch die Erfindung eine Wirkung der Schaufeln in der Richtung des jeweiligen Auftriebes oder der Lenkrichtung erreicht.

Für die Richtung dieser Resultierenden ist ausschließlich die Anordnung der Schaufelachse gegenüber der Scheibenachse maßgebend; denn die Resultierende liegt stets nahezu senkrecht zur Verbindungsebene, welche durch die beiden Achsen hindurchgeht.

Um diese Richtung nach Bedarf abändern zu können, kann die Schaufelachse verstellbar eingerichtet sein.

Patentansprüche:

1. Schaufelrad, insbesondere für Luftfahrzeuge, mit ungleichmäßig schnell umlaufenden Schaufeln, dadurch gekennzeichnet, daß die Achse der drehbar aufgesetzten Schaufeln exzentrisch zur Drehachse des die Bewegung der Schaufeln erzeugenden, mit gleichmäßiger Geschwindigkeit umlaufenden Rades angeordnet ist, zu dem Zwecke, die Geschwindigkeit der Schaufeln während eines Teiles ihres Umlaufes zu erhöhen.

2. Schaufelrad nach Anspruch 1, dadurch gekennzeichnet, daß die Drehachse (4) der beiden Antriebsräder (2) gekröpft ist und daß diese Kröpfung (6) die Drehachse für die Schaufeln (9) bildet.

3. Schaufelrad nach Anspruch 1, dadurch gekennzeichnet, daß die Scheiben (2) Bolzen (5) oder Zapfen (5') tragen, welche durch an den Schaufelarmen (7) vorgesehene Längsschlitze hindurchgehen und hierdurch die drehende Bewegung der Scheiben (2) auf die Schaufeln übertragen.

217. Ein Schraubenflügel, dessen Blatt und Schaft aus einem einzigen Stück hergestellt sind, ist in der

Patentschrift Nr. 203 787
Rudolf Chillingworth in Nürnberg,

angemeldet am 2. März 1908, ausgegeben am 29. Oktober 1908, dargestellt.

Wie aus den Fig. 712 und 713 ersichtlich, ist der Schaft c kegelförmig gestaltet und verläuft allmählich unter Bildung einer Rippe b in dem Schaufelblatt a. Die Herstellung des Schraubenflügels erfolgt dadurch, daß in eine in der gewünschten Form zugeschnittene Blechplatte eine im Querschnitt halbkreisförmige, nach außen hin sich

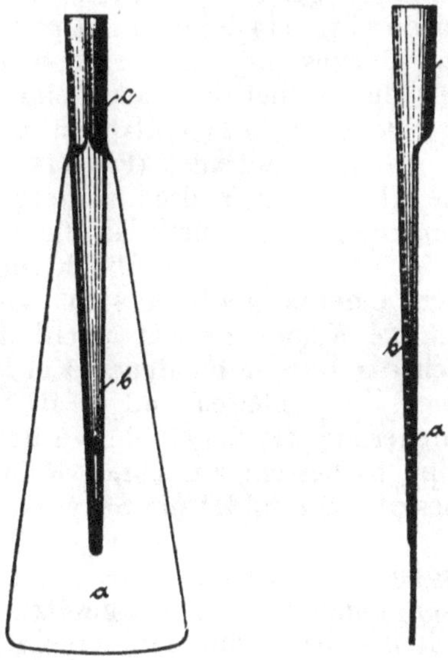

Fig. 712. Fig. 713.

verjüngende Vertiefung eingepreßt wird, so daß die Rippe b entsteht. Der zur Bildung des Schaftes bestimmte halbkreisförmige, eingepreßte Teil der Blechplatte wird darauf um einen kegelförmigen Dorn herumgelegt, wodurch der Schaft geschlossen wird. Diese

Gestaltung des Schaftes bietet den Vorteil, daß die Schraubenflügel aus der den Schaft aufnehmenden und ihm entsprechend ausgebildeten Nabenhülse der Antriebswelle infolge der Fliehkraft nicht hinausfliegen können.

Patentansprüche:

1. Schraubenflügel für Flugmaschinen, dadurch gekennzeichnet, daß der mit dem Flügelblatt (a) aus einer einzigen Blechplatte hergestellte, zur Befestigung der Flügel an der Schraubenwelle dienende Schaft (c) unter Vermittelung einer in das Flügelblatt eingepreßten konischen Hohlrippe (b) allmählich in letzteres übergeht.

2. Schraubenflügel nach Anspruch 1, dadurch gekennzeichnet, daß beide Enden des Schaftes (c) in je ein Flügelblatt (a) übergehen, so daß ein Doppelflügel gebildet wird.

218. Gegenstand der

Patentschrift Nr. 206 327
Carl Mallachow in Posen,

angemeldet am 28. August 1906, ausgegeben am 30. Januar 1909, bildet ein neues Mittel zur zwangläufigen Steuerung von Jalousieklappenflügeln. Die Verbindung der in einem gemeinsamen Rahmen liegenden Klappen untereinander ist derartig, daß ein gegenseitiges Stören zweier gegenüberliegender Flügelteile unter allen Umständen vermieden wird. In der Fig. 714 ist eine beispielsweise Ausführungsform der Erfindung dargestellt. Sie zeigt schematisch in Seitenansicht die Wirkung der Steuerung durch eine Kurvenscheibe und Steuerstangen, an welche die Flügelklappen angelenkt sind.

In dem Rahmen f des Segelrades (Fig. 714), der um die Achse a drehbar ist, sind die Klappen h', h drehbar gelagert und miteinander durch die Steuerstangen c, z, c, welche an die Klappenansätze b angelenkt sind, derartig verbunden, daß die Klappen der einen Seite geschlossen, die der anderen geöffnet sind. Die der Achse a zunächst liegende kleinere Klappe ist aus Metall und hat den Zweck, auf der mit der Achse a fest verbundenen Kurvenscheibe S bei der Drehung des Rahmens zu schleifen und so in Verbindung mit den Steuerstangen die Steuerung des Segelrades zu bewirken. Die äußere, beliebig lange Klappe h' besteht aus einem Rahmen mit dazwischen gespanntem Gewebestoff. Sie bildet die Segelfläche, den eigentlichen Flügel.

Die Steuerstangen c', c stehen in jeder Lage parallel zum Flügelrahmen f, auf dessen einander entgegengesetzten Seiten sie, durch das Mittelstück z miteinander verbunden, angeordnet sind. Demnach steht das Mittelstück z zum Flügelrahmen immer vertikal. Die Stange c ist kürzer als die Stange c'. Während das Mittelstück z mit der kürzeren Stange c fest verbunden ist, ist es mit der längeren Stange c' gelenkig verbunden.

Ein weiterer Teil der Flugmaschine ist die Kurvenscheibe S, welche zwei sich gegenüberliegende, allmählich ineinander übergehende Kreisbögen von verschiedenen Durchmessern R und r mit gemeinsamem Mittelpunkt darstellt.

In der Stellung I liegen die Klappen in einer Ebene mit dem Flügelrahmen f, d. h. sie sind geschlossen und schlagen bei der Drehung des Rahmens in der Pfeilrichtung mit ihrer ganzen Fläche auf die Luft, dadurch eine Hebewirkung ausübend. Ein Oeffnen der Klappen kann nur dadurch erfolgen, daß die Steuerstangen c', z, c ihre Lage verändern zur Ebene des Flügelrahmens. In Stellung I ist dies unmöglich, da die Metallklappe h der gegenüberliegenden Flügelhälfte fest auf der Kurvenscheibe aufliegt.

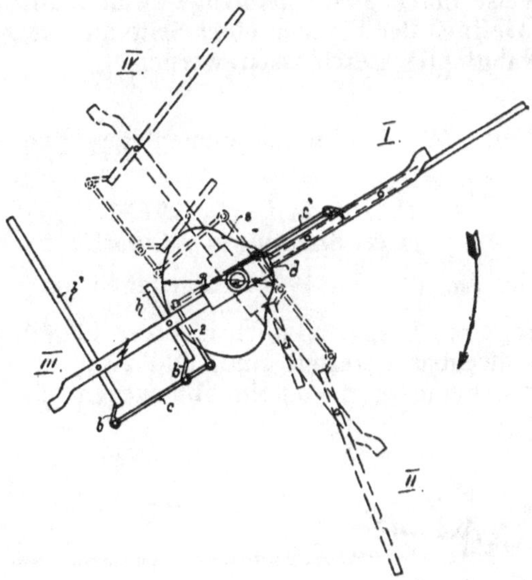

Fig. 714.

Betrachtet man den Berührungspunkt d auf seinem Wege, so findet man, daß er sich in Stellung I bis kurz vor Stellung II auf einem Kreisbogen mit dem Radius r um den Mittelpunkt der Achse dreht. Zu gleicher Zeit aber bewegt sich der Berührungspunkt zwischen der gegenüberliegenden Metallklappe und der Scheibe auch auf einem Kreise mit dem Radius R um denselben Mittelpunkt. Daraus folgt, daß die Stellung der Klappen nicht geändert werden kann, d. h. sie bleiben bis kurz vor Stellung II geschlossen. Von hier ab aber kommt Bewegung in die Steuerstange; denn nun setzt sich an die Kreiskurve eine neue, und zwar eine Verbindungskurve zwischen beiden Kreisen. Genau dasselbe geschieht in Stellung IV, nur daß beide neuen Kurven in ihrer Wirkungsweise entgegengesetzt sind. Durch die Bewegung lehnt sich die Klappe (Stellung II) allmählich immer mehr an die Scheibe an, bis kurz vor Stellung III der Kreis mit dem Radius R erreicht ist. Hier haben denn auch die Klappen eine Drehung von 90° um ihre Achse ausgeübt. Dabei wurde aber gleichzeitig zwangläufig die Steuerstange c' fortgeschoben, und da diese mit der gegenüberliegenden Stange c zwangläufig verbunden ist, so bleibt letzterer nichts anderes übrig, als der Bewegung zu folgen und mithin die an ihr angelenkten Klappen zu schließen. Bis kurz nach Stellung IV bleiben die Klappen in ihrer offenen Lage; von hier bis kurz vor Stellung I tritt allmähliches Schließen der Klappen ein.

Patentanspruch:

Segelrad mit paarweise gegenüberliegenden Segeln, deren Flächen von einer Kurvenscheibe gesteuert werden, dadurch gekennzeichnet, daß die Flächen an Stangen (c' c) angelenkt sind, welche paarweise durch eine Querstange zwangläufig verbunden sind, so daß beim Oeffnen der Flächen einer Seite die der gegenüberliegenden Seite zwangläufig geschlossen werden.

219. Neue Mittel zum Zusammenlegen und Ausbreiten der Flügel bringt die

Patentschrift Nr. 207 507
Josef Starhon in Rixdorf.

Angemeldet am 18. Mai 1907, ausgegeben am 4. März 1909.

Jedes Segelrad besitzt nämlich mehrere Flügel, welche auf derselben Achse drehbar befestigt sind, und zwar derart, daß sie sich an diese Achse heran- und von ihr abbewegen können. Durch eine

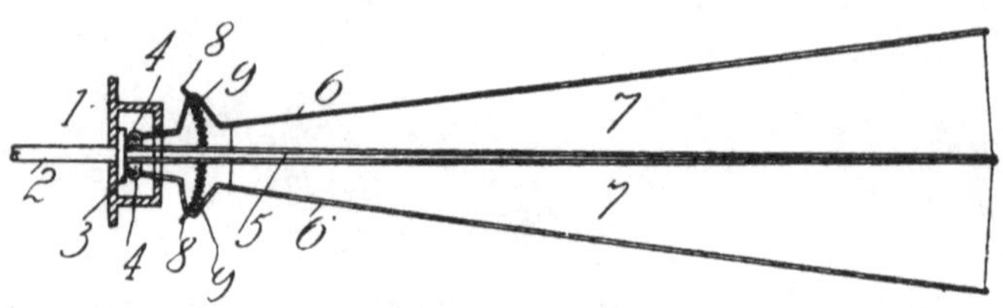

Fig. 715.

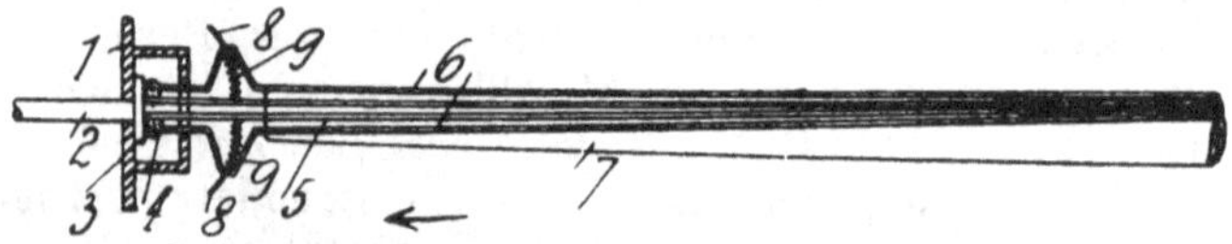

Fig. 716.

exzentrisch ausgeschnittene Führung werden die Einzelflügel an die Achse heran- und von ihr abbewegt. Die zwischen der Achse und den Flügeln liegende Tuch-, Seide- oder dgl. Lage wird dabei ausgespannt und zusammengelegt. Je nach der Bestimmung des Segelrades zur Aufwärts- oder Vorwärtsbewegung wird die Führung so angeordnet, daß sie die Flügel beim Niedergang oder beim Rückwärtsgang öffnet, während die Flügel in allen anderen Bewegungsrichtungen geschlossen bleiben.

In der Luftschiffwand I (Fig. 715, 716) lagert die Achse 2; auf derselben ist befestigt die Scheibe 3 mit den Scharnieren 4, in welchen die Stangen 6 ausschwingbar sind. Die Welle 2 setzt sich fort in den dünnen Stangen 5, und zwischen diesen und den Stangen 6

Fig. 717.

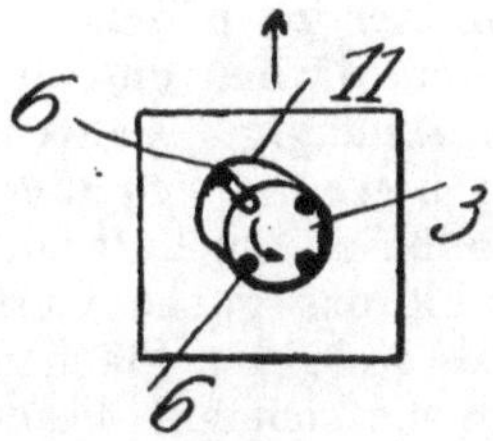

Fig. 718.

sind Lagen Stoff, Seide oder dgl. 7 gespannt. Die Stangen 6 werden durch die auf den Zapfen 8 liegenden Federn 9 oder dgl. beständig nach außen gedrückt. Ihre Zurückführung an die festen Stangen 5 erfolgt durch Exzenteröffnungen, welche in dem an die Luftschiffwand I sich anschließenden Gehäuse vorgesehen sind. Je nach der Stellung dieser exzentrischen Oeffnungen werden die Stofflagen 7 bei der Vorwärts- und Aufwärtsbewegung gespannt. Die Vorwärtslage ist in Fig. 717, die Aufwärtslage in Fig. 718 dargestellt, so daß der ersteren die Exzenteröffnung 10, der letzteren die Oeffnung 11 entspricht.

Patentanspruch:

Segelrad, bei welchem das Ausbreiten und Zusammenlegen der Segel durch Exzenter geschieht, dadurch gekennzeichnet, daß die Segelstangen (6) durch Federn (9) gegen exzentrische Oeffnungen (10, 11) gedrückt werden, so daß beim Rotieren der Segel um ihre Mittelachse (5) die Stangen (6) an die Mittelachse heranbewegt und davon weggedrückt werden und die Segelflächen (7) sich dadurch zusammenlegen und ausbreiten.

220. Die Neuerung für Luftschrauben, welche die

Patentschrift Nr. 207 740
Wassily Rebikoff in St. Petersburg,

angemeldet am 17. März 1906, ausgegeben am 15. März 1909,

bringt, besteht darin, daß die Abwärtsbewegung schneller als die Aufwärtsbewegung erfolgt. Hierdurch wird erreicht, daß die Luftschraube einen starken und sicheren Widerstand in der Luft findet und auf die mit ihr verbundene Flugmaschine eine nach aufwärts gerichtete Kraft ausübt.

Gemäß der vorliegenden Erfindung erteilt man rotierenden Flächen, welche eine leichte Steigung besitzen, eine vibrierende

Bewegung, so daß man die Kombination zweier Bewegungen, einer vibrierenden und einer rotierenden, erhält.

Die Flächen bilden eine Schraube mit mehreren mehr oder weniger breiten Flügeln, deren Anzahl von der Amplitude der vibrierenden Bewegung und von der Fluggeschwindigkeit der Flächen während des Vibrierens abhängt; die Größe der Flügel ist dagegen von der Senkgeschwindigkeit der Flächen während des Vibrierens, von der Größe der zu hebenden Last und von der Beanspruchung des Materials der Flächen und des zur Versteifung derselben dienenden Gestänges abhängig. Während der ersten Periode der vibrierenden Bewegung bewegen sich die rotierenden Schraubenflächen rasch nach unten, stoßen an die Luft an, in der sie eine Gegenstütze finden, und heben somit das ganze Gerüst; während der zweiten Periode wird die Achse frei; die Flächen schrauben sich in die Luftmasse ein, und indem sie sich auf dieselben stützen, heben sie sich selbst, ihre Achse und die mit der letzteren verbundenen Teile des Bewegungsmechanismus. Nimmt dann der untere Teil der Achse die höchste Lage in bezug auf die anderen Teile der Maschine ein, so werden die Flächen von neuem rasch nach unten bewegt, sie werden hierbei die Luft zusammenpressen, auf der zusammengepreßten Luft ein Widerlager finden und so fort. Hierbei muß die Geschwindigkeit der Aufwärtsbewegung der Flächen kleiner als die der Abwärtsbewegung sein.

Patentanspruch:

Luftschraube, welche außer der rotierenden Bewegung noch eine auf- und abwärts gehende Bewegung in Richtung der Schraubenachse ausführt, dadurch gekennzeichnet, daß die Abwärtsbewegung schneller als die Aufwärtsbewegung vor sich geht.

221. Die

Patentschrift Nr. 208 215
Adolf genannt Arthur Hein in Düsseldorf,

angemeldet am 5. August 1907, ausgegeben am 19. März 1909,

betrifft eine Schraube für Flugmaschinen, Luftschiffe u. dgl., welche sich gegenüber anderen Luftschrauben dadurch unterscheidet, daß je

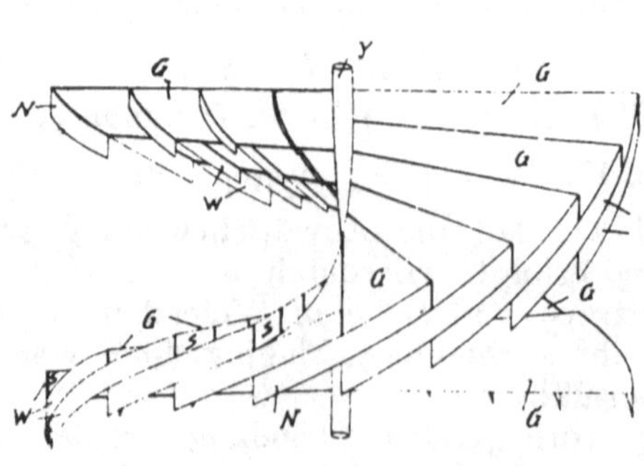

Fig. 719.

zwei aufeinanderfolgende Schraubenflächen durch winklig abstehende, konzentrisch um die Achse angeordnete Querrippen miteinander verbunden sind, so daß kastenförmige Luftdurchlässe gebildet werden, zum Zwecke, das Entweichen der Luft nach den Seiten zu verhindern.

Die von der Achse Y (Fig. 719 bis 721) ausgehenden Schraubengänge werden gebildet durch Flächen G, von denen zwei aufeinander-

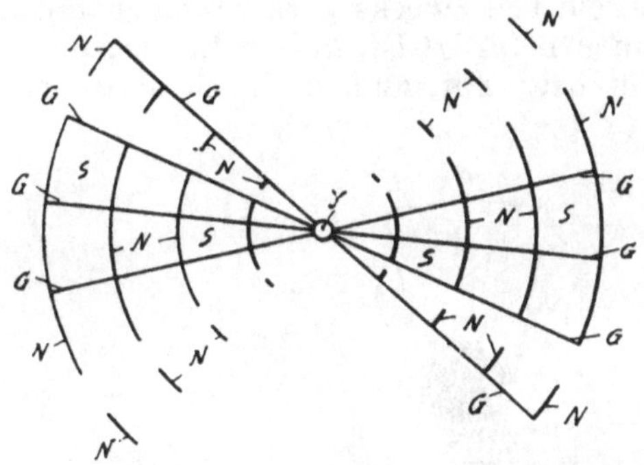

Fig. 720.

folgende sich teilweise überdecken. Je zwei sich so überdeckende Flächen G sind durch winklig abstehende, konzentrisch um die Achse angeordnete Querrippen N miteinander verbunden, die außerhalb der Ueberdeckung der nächsten überliegenden Flügelfläche frei nach unten hängen, so daß kastenförmige Luftdurchlässe S gebildet werden.

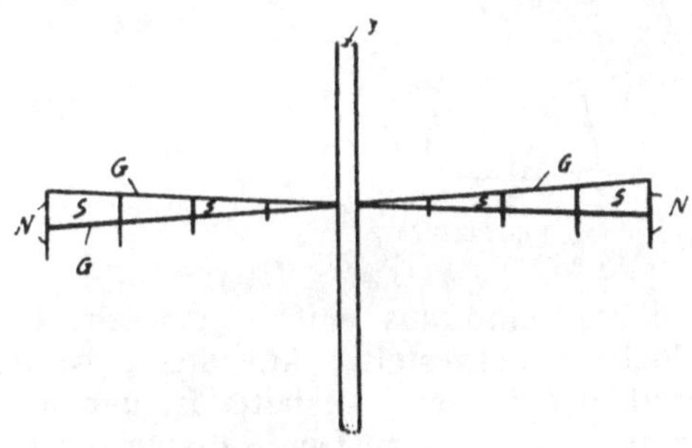

Fig. 721.

Patentanspruch:

Schraube für Flugmaschinen, Luftschiffe u. dgl., dadurch gekennzeichnet, daß je zwei sich überdeckende Schraubenflächen (G) durch konzentrisch um die Achse angeordnete Querrippen (N) verbunden sind, die außerhalb der Ueberdeckung der nächsten tieferliegenden Schraubenfläche frei nach unten hängen.

222. Eine Verbesserung an Schraubenflügeln aus Blech ist in der

Patentschrift Nr. 208 219
Rudolf Chillingworth in Nürnberg,

angemeldet am 15. Juni 1908, ausgegeben am 22. März 1909, dargestellt.

Der Flügel wird aus einer ebenen Blechscheibe hergestellt, auf deren mittlerem Teil zwecks Versteifung ein mit scharfen Rändern versehener Rahmen befestigt ist, dessen Innenraum mit leichtem Holz o. dgl. ausgefüllt bzw. mit dünnem Blech abgedeckt ist.

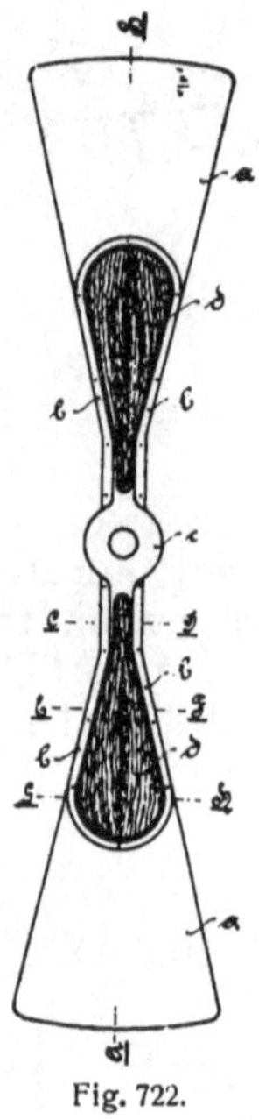

Fig. 722.

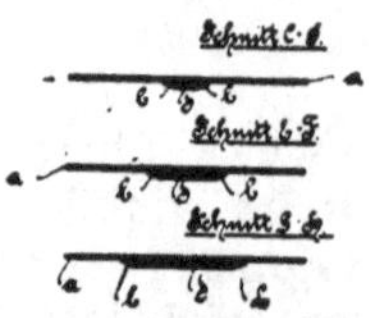

Fig. 723.

Die Flügelblätter sind aus einer entsprechend zugeschnittenen ebenen Blechscheibe a hergestellt. Auf dieser ist der Versteifungsrahmen b befestigt, der 8-förmig gestaltet ist und in seinem mittleren Teil zur Nabe c sich verbreitert. Der Rahmen b ist an den Rändern zugeschärft, wie aus den Querschnitten (Fig. 722, 723) zu erkennen ist, so daß er die Luft leicht durchschneidet. Der innere Raum des Verstärkungsrahmens b ist mit Holz d oder einer anderen leichten Masse ausgefüllt, so daß eine glatte Fläche entsteht, an der die Luft ohne wesentlichen Reibungswiderstand entlangstreichen kann. Es findet also nicht wie bei den bekannten Flügeln infolge der an der Nabe beginnenden, die Reibungsarbeit erhöhenden Rippen ein Arbeitsverlust statt. Vielmehr ist die ganze Flügelfläche einschließlich des der Nabe zunächst liegenden Teiles für den Antrieb des Luftfahrzeuges **wirksam.**

Patentanspruch:

Schraubenflügel für Flugmaschinen, dadurch gekennzeichnet, daß derselbe aus einer ebenen Blechscheibe (a) hergestellt wird, auf deren mittlerem Teil ein nach den Flügelenden an Dicke abnehmender und mit zugeschärften Rändern versehener Rahmen (b) befestigt ist, dessen Innenraum mit Holz (d) o. dgl. ausgefüllt oder mit dünnem Blech abgedeckt ist, so daß die ganze Flügelfläche einschließlich des der Nabe zunächst liegenden Teiles für den Antrieb des Luftfahrzeuges wirksam ist.

223. Die Erfindung nach der

Patentschrift Nr. 208 428
Martin Neubert in Radebeul bei Dresden und Bruno Marquardt in Gr.-Lichterfelde-Ost,

angemeldet am 28. September 1907, ausgegeben am 27. März 1909, besteht darin, daß die fortschreitende Bewegung durch sog. Nürnberger Scheren erfolgt, durch die eine einfache, ein weites Ausstrecken der Flächen bewirkende Anordnung ermöglicht wird. Gemäß

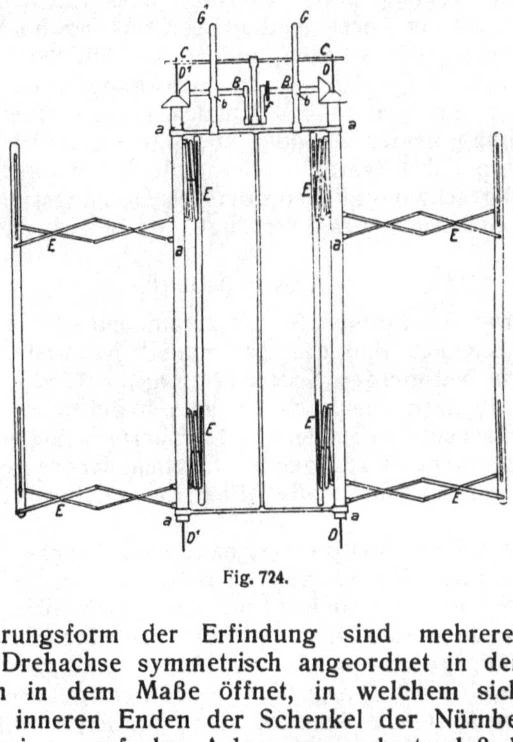

Fig. 724.

einer Ausführungsform der Erfindung sind mehrere Nürnberger Scheren zur Drehachse symmetrisch angeordnet in der Weise, daß die eine sich in dem Maße öffnet, in welchem sich die andere schließt. Die inneren Enden der Schenkel der Nürnberger Scheren werden hierbei so auf der Achse angeordnet, daß beide an der Drehung teilnehmen, wobei das eine jedoch auf der Achse fest und das andere auf ihr verschiebbar ist, während von den äußeren Enden der Schenkel das eine fest ist und das andere geradlinig geführt wird. Der Antrieb erfolgt vorteilhaft in der Weise, daß das innere, achsial geführte Ende der Nürnberger Schere an einer in der hohlen Antriebsachse geführten Stange befestigt ist, deren Bewegung von der Drehbewegung abgeleitet wird.

Der Apparat besteht aus zwei Zylindern a (Fig. 724), die bei a in Kugellagern drehbar in ein Aluminiumgestell eingelagert sind. Die Triebwelle B, die gleichfalls in Kugellagern b ruht, greift mit den an ihren Enden befindlichen Kammrädern in die gleich großen Kammräder der beiden Zylinder a ein, so daß bei einer Umdrehung der Welle B auch die Zylinder a je eine Umdrehung machen. Da die Triebwelle B durch eine Kurbel auch mit der Schiene C verbunden ist, die durch Führung in den Schienen G und G' in einer Ebene vor- und rückwärts bewegt wird, an deren Enden die beiden Stangen D und D' drehbar gelagert sind, so werden diese bei Drehung der Triebwelle B gleichmäßig in den Zylindern a hin und her bewegt, und zwar derart, daß bei halber Drehung der Welle B und somit gleichzeitig halber Drehung der Zylinder a die Stangen D und D' aus diesen heraus-, bei der anderen halben Drehung wieder in diese hineinbewegt werden.

Zur Fortbewegung und Steuerung eines Luftschiffes soll derselbe Apparat, der in vorstehender Beschreibung horizontal liegend gedacht ist, verwendet werden, indem man die beiden Zylinder a senkrecht, und zwar in ihrer Bewegung unabhängig voneinander an je einer Seite des Luftschiffes anordnet. Bei gleichmäßiger Drehung beider Zylinder in entgegengesetztem Sinne wird eine geradlinige Fahrt erzielt, während durch entsprechende Aenderung der Drehgeschwindigkeiten oder des Drehungssinnes der beiden Zylinder die Steuerung des Luftfahrzeuges bewirkt werden kann.

Patentansprüche:

1. Segelrad für Luftschiffe mit zusammenlegbaren Flächen, dadurch gekennzeichnet, daß das Zusammenlegen und Ausbreiten der Flächen durch Nürnberger Scheren erfolgt.

2. Segelrad nach Anspruch 1, dadurch gekennzeichnet, daß die mit der Drehachse verbundenen Nürnberger Scheren zur Ausbreitung zweier gegenüberliegender Flächen derart angeordnet sind, daß sich die eine in dem Maße öffnet, in welchem sich die andere schließt.

3. Segelrad nach Anspruch 1, dadurch gekennzeichnet, daß von den inneren Enden der Schenkel der Nürnberger Schere der eine auf der Achse fest, der andere auf ihr verschiebbar ist, während von den äußeren Enden der Schenkel der eine fest ist und der andere geradlinig geführt wird.

4. Segelrad nach Anspruch 3, dadurch gekennzeichnet, daß der innere verschiebbare Schenkel der Nürnberger Schere an einer in der hohlen Antriebsachse geführten Stange befestigt ist, dessen Bewegung von der Drehbewegung abgeleitet wird.

224. Die Neuheit der in der

Patentschrift Nr. 210 633
Guido Wünsch und Hans Lewald in Chemnitz,

angemeldet am 25. Oktober 1907, ausgegeben am 8. Juni 1909,

beschriebenen Erfindung besteht darin, daß der die Propellerschrauben antreibende Motor um seine Längsachse drehbar gelagert ist, so daß die auftretenden Drehmomente nicht auf das Gestell wirken, welches nur die von den Propellerschrauben verursachte

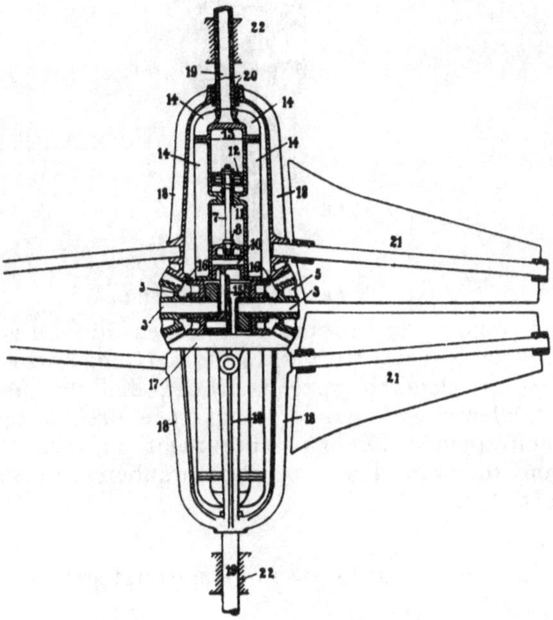

Fig. 725.

Zugkraft aufzunehmen hat. Auf diese Weise bleibt der Gang der Propellerschraube und auch das ganze Gestell frei von Erschütterungen.

Die Einrichtung (Fig. 725, 726) ist wie folgt zusammengesetzt: In die eine Hälfte des Kurbelgehäuses 1 wird die eine mit Ausgleichsgewicht versehene Kurbel 2 mit Welle 3 eingesetzt, sodann das Lager 4 eingeschraubt und gesichert, worauf man die Welle mit Stellring versieht und das Kegelrad 5 aufzieht. Dasselbe geschieht auf der zweiten Hälfte des Kurbelgehäuses.

An dem einen nach innen gelegenen Kolben 6 wird die Verbindungsstange 7 der beiden Kolben befestigt, wobei der Kolben mittels Mutter und Gegenmutter gegen einen Bund 8 gepreßt wird. Darauf bringt man die Pleuelstange 9 drehbar mittels Bolzen 10 im

Kolben an. Nun wird für die Kolbenstange, die durch den inneren Ring der Stopfbüchse 11 an der Scheidewand des Doppelzylinders geführt ist, die Stopfmasse eingebracht und die Stopfbüchse verschraubt, sodann der aus zwei Teilen bestehende Kolben 12 der äußeren Zylinderhälfte eingebracht und zwischen zwei etwas eingelassenen Muttern eingezwängt und gesichert, worauf der Zylinderdeckel 13 geschlossen wird.

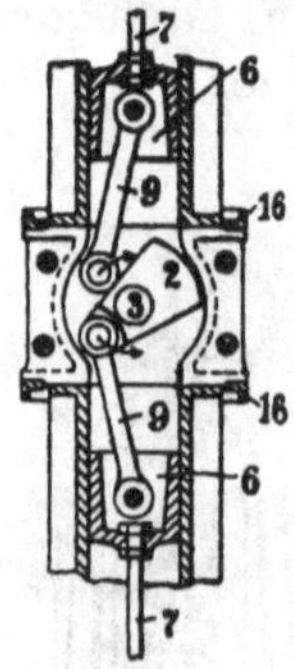

Fig. 726.

Patentanspruch:

In die Achse von Propellerschrauben für Luftschiffe, Motorboote, Ventilatoren usw. mit entgegengesetztem Kurbel-Drehsinn eingebauter Motor, dadurch gekennzeichnet, daß der Motor um seine in der Propellerachse liegende Längsachse drehbar gelagert ist, so daß die auftretenden Drehmomente nicht auf das Gestell wirken, welches nur die von den Propellerschrauben verursachte Zugkraft aufzunehmen hat.

225. Einen eigenartig zusammengesetzten Schraubenflügel betrifft die

Patentschrift Nr. 210 933

P. F. Degn in Bremen.

Angemeldet am 24. Juni 1908, ausgegeben am 14. Juni 1909.

Wie aus Fig. 727 ersichtlich, besteht der Flügel aus mehreren Blechstreifen a, welche mit ihrem inneren Ende an einem Träger b vermittels der Bolzen c drehbar befestigt sind. In den erforderlichen Abständen sind die Blechstreifen miteinander etwa durch Blechstreifen d und Bolzen e gelenkig verbunden. Je zwei benachbarte Blechstreifen greifen mit ihren Rändern übereinander.

Die Blechstreifen können sich um ein gewisses Maß um die Bolzen c drehen, so daß der Flügel sich im Betrieb in die Richtung der Resultierenden der Zentrifugalkraft, des Stirnwiderstandes und der in der Flügelebene liegenden Komponente des Luftwiderstandes gegen die untere Fläche einstellt. Die gelenkige Verbindung durch d und e gestattet die hierbei auftretende relative Längsverschiebung zwischen je zwei benachbarten Blechstreifen.

Bei dem vorliegenden Flügel ist eine besondere Versteifung nicht nötig, da die Blechstreifen genügende Steifigkeit besitzen. Da der Blechflügel gemäß der Erfindung bei gleicher Festigkeit viel dünner ist als die bekannten Segeltuchflügel, so ist der Stirnwiderstand bedeutend geringer.

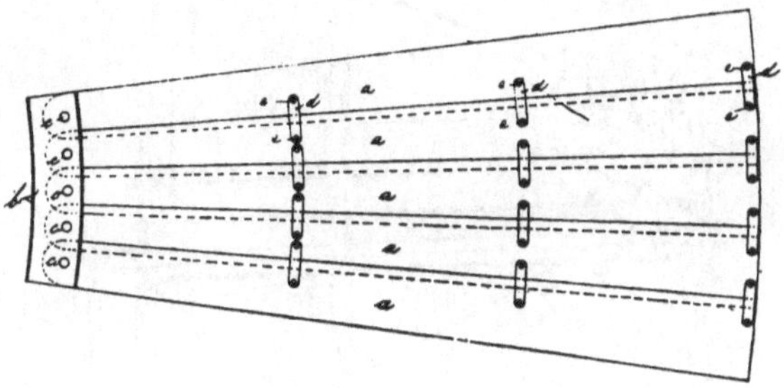

Fig. 727.

Patentanspruch:

Flügel für Luftschrauben, dadurch gekennzeichnet, daß die Flügel aus mehreren dünnen Blechstreifen bestehen, von denen jeder mit dem inneren Ende an einem Träger drehbar befestigt ist, und von denen je zwei benachbarte miteinander derart verbunden sind, daß sie sich in der Längsrichtung zueinander verschieben können.

226. Die Erfindung nach der

Patentschrift Nr. 214 861
Jean Maréchal in Paris,

angemeldet am 30. Oktober 1907, ausgegeben am 18. Oktober 1909,

betrifft eine Flügelanordnung für Flugmaschinen, bei welcher der Flügel erheblich weiter ausgebreitet wird als bei den bekannten ähnlichen Einrichtungen. Das Flügelgerippe besteht aus einer drehbaren Welle, an der zwei Spreizstangen symmetrisch angelenkt sind, deren eines Ende in einer beispielsweisen elliptischen Leitrille geführt wird, so daß bei der Drehung die abwärts bewegte Flügelhälfte auseinander, die aufwärts bewegte Flügelhälfte zusammengefaltet wird. An diesen symmetrisch angeordneten Spreizstangen werden der Erfindung gemäß wieder Spreizstangen angelenkt, welche an ihrem einen Ende Zahnsegmente tragen. Diese Zahnsegmente greifen in an der Welle befestigte Zahnsegmente ein, so daß bei der Spreizung der ersten, inneren Spreizstangen den zweiten, äußeren Spreizstangen eine weitere Bewegung erteilt wird, so daß die Bewegungen zu addieren sind, um die ganze Flügelausbreitung zu erhalten.

Im Rahmen der Vorrichtung ist die Welle i (Fig. 728, 729) gelagert, welche an einem Ende den durch die Handkurbel i' angedeuteten Antrieb, am anderen Ende das Kettenrad j trägt. Durch dieses werden die beiden Wellen a der Flügel mittels Gallscher

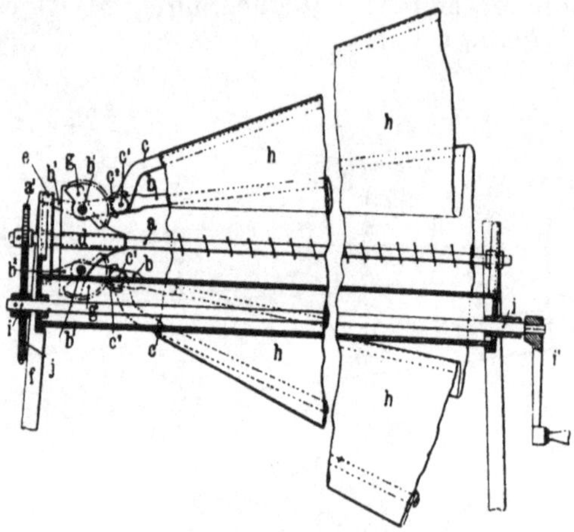

Fig. 728.

Kette angetrieben. Die Kette läuft über das Rad a' der einen Flügelwelle (links in Fig. 729), von dort über das Rad i nach dem Rade l. Letzteres ist als Führungsrolle am Rahmen gelagert. Das

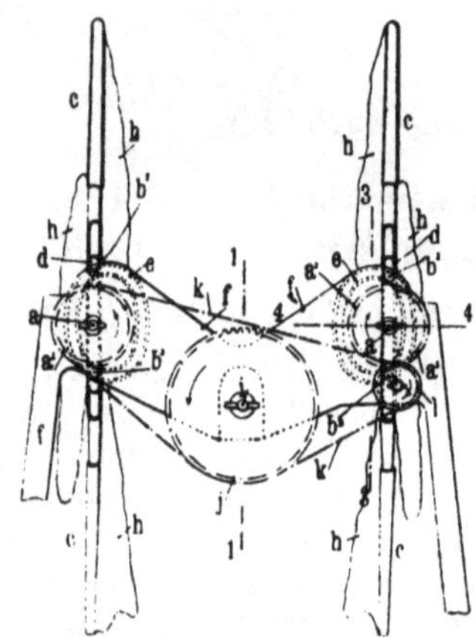

Fig. 729.

rechts liegende Rad a' greift seitlich über dem Rade l in die Kette und wird somit entgegengesetzt dem anderen Flügelantriebsrad a' angetrieben. Auf die Welle a ist der Teil d aufgekeilt. An diesem wird mittels des Bolzens b' die Spreizstange b angebracht. Das eine Ende b'' der Spreizstangen greift in die elliptische Führungsnut e ein. An die inneren Spreizstangen b sind mittels der Bolzen c' die äußeren Spreizstangen c angelenkt. Das an den Spreizstangen c befestigte Zahnsegment c" greift in ein Zahnsegment g ein, das am Teil d befestigt ist. An den Spreizstangen b, c ist irgend ein für Luft möglichst undurchlässiger Stoff befestigt. Dreht sich die Welle a des in Fig. 729 rechts liegenden Flügels im Sinne des Uhrzeigers, so werden die inneren Spreizstangen b infolge der exzentrischen Lage der Führungsnut bei der Abwärtsbewegung von a abgespreizt, bei der Aufwärtsbewegung an a angelegt. Bei dieser Bewegung der Spreizstangen b rollen die Zahnsegmente c" auf den Zahnsegmenten g, so daß auch die äußeren Spreizstangen c abgespreizt oder gegen b und a bewegt werden.

Patentanspruch:

Flügel für Flugmaschinen, der um eine Welle drehbar ist und zwischen Spreizstangen entfaltet und zusammengefaltet wird, dadurch gekennzeichnet, daß an den symmetrisch angeordneten, am einen Ende in Leitrinnen geführten inneren Spreizstangen (b) äußere Spreizstangen (c) angelenkt und mit Zahnsegmenten (c") versehen sind, durch welche die äußeren Spreizstangen bei der Drehung des Flügels und der damit verbundenen Spreizung der inneren Spreizstangen infolge Eingriffs mit an der Welle befestigten Zahnsegmenten (g) von den inneren Spreizstangen wiederum abgespreizt oder diesen genähert werden.

227. Das Kennzeichen des in der

Patentschrift Nr. 214 864
Conrad Steiner in Wiesbaden,

angemeldet am 5. Juni 1906, ausgegeben am 26. Oktober 1909,

dargestellten Flügelrades mit Haube besteht darin, daß das Flügelrad von der Haube derart überdeckt ist, daß bei horizontal liegend gedachter Achse die bei der Drehung des Flügelrades erzeugten vorteilhaften senkrechten und wagerechten Seitenkräfte für die Bewegung eines Luftfahrzeuges zur Wirkung kommen, während die schädlichen Kraftwirkungen des Rades durch die Haube aufgefangen werden.

Zu diesem Zweck beginnt die Haube vorn, sowohl auf dem Umfange wie auch seitlich, bei einem Zentriwinkel von etwa 30° über der wagerechten Mittellinie, wogegen die hintere obere Begrenzung der Haube von etwa 30° von der Senkrechten ab nach rückwärts tangential fortgeführt ist, während die seitlichen Begrenzungen auf dem hinteren Teile bis unter die wagerechte Mittellinie geführt werden. Damit das zur Aufnahme großer Kräfte bestimmte Flügelrad bei Luftfahrzeugen Verwendung finden kann, muß ihm eine leichte Bauart von großer Festigkeit gegeben werden.

Das Flügelrad besteht in seinen hauptsächlichsten Teilen aus zwei von der Achse ausgehenden, radial stehenden, gekrümmten

Flügeltafeln, welche gegeneinander einen Winkel von 180° bilden und ihre hohle Fläche der Drehrichtung zukehren (Fig. 730, 731).

Unter einem spitzen Winkel mit den Flügeltafeln treten zwei Reihen Radarme, sogenannte Auslegerarme, aus der Achse hervor. Von den freien Enden dieser Auslegerarme gehen Zugdrähte strahlenförmig nach der hohlen Flügelfläche, an welcher die anderen Enden der Drähte befestigt sind, so daß die Flügeltafeln mittels

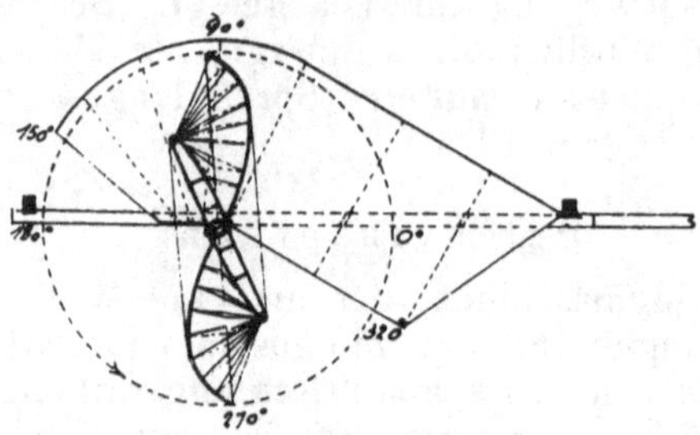

Fig. 730.

dieser Zugdrähte an den Auslegerarmen befestigt sind und von diesen bei der Drehung des Rades nachgezogen werden.

Die Befestigung dieser Auslegerarme (Fig. 732) an der Achse soll daher in der Weise erfolgen, daß die Gurtungen a, c um die Radachse b herumgelegt und mit den Rippen e der Flügeltafeln durch

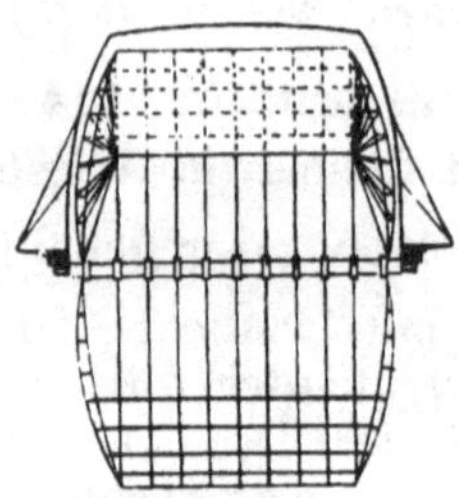

Fig. 731.

einen durchgehenden Schraubenbolzen f und zwei Schrauben g auf der Achse befestigt werden.

Patentansprüche:

1. Flügelrad mit Haube, dadurch gekennzeichnet, daß die Umfangsfläche und die Seitenflächen der Haube vorn bei einem Zentriwinkel von etwa 30° über der wagerechten Mittellinie beginnen, die Umfangsfläche sodann bis zu einem Zentriwinkel von etwa 30° hinter der Senkrechten konzentrisch zum Flügelrad und weiterhin tangential bis zur wagerechten Mittellinie fortgeführt ist, während die seitlichen Begrenzungen auf dem hinteren Teil bis unter die wagerechte Mittellinie geführt sind.

2. Flügelrad nach Anspruch 1, dadurch gekennzeichnet, daß die Flügeltafeln an strahlenförmig von den äußeren Enden der Radarme ausgehenden Zugdrähten befestigt sind.

3. Flügelrad nach Anspruch 1 und 2, dadurch gekennzeichnet, daß die Gurtungen (a, c) der Flügelarme um die Achse herumgelegt

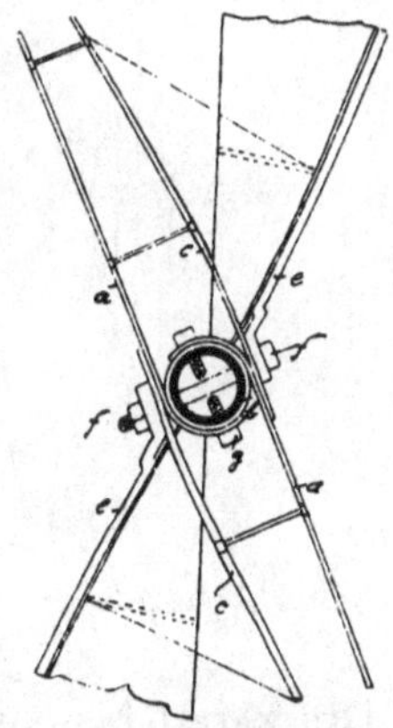

Fig. 732.

sind und mit den Rippen (e) der Flügel durch einen durchgehenden Schraubenbolzen (f) und zwei Schrauben (g) auf der Achse befestigt sind.

228. Gemäß der Erfindung nach der

Patentschrift Nr. 215 960
Francois Hennebique in Paris,

angemeldet am 2. Oktober 1907, ausgegeben am 4. November 1909, ist die zum Antrieb dienende Luftschraube mit einer hohlen Nabe ausgestattet, welche mittels eines Kugelgelenkes oder dergl. mit der Antriebswelle des Luftschiffes verbunden ist und mittels eines auf ihr drehbar gelagerten Ringes ein Gewicht trägt, durch welches die Luftschraube in der gewünschten Lage gehalten wird, so daß dieselbe unabhängig von der Neigung, die das Luftschiff und die Antriebswelle annehmen, ihre Lage beibehält.

Die Luftschraube A von geeigneter Konstruktion ist mit einer Hohlnabe B fest verbunden (Fig. 733, 734). Die Nabe B endet an ihrer vorderen Seite in eine Spitze c und an der hinteren Seite in eine trichterförmige Oeffnung d. In diese trichterförmige Oeffnung der Nabe B ragt nun die Triebwelle E hinein. Die Verbindung zwischen der Welle E und der Nabe B der Luftschraube A wird vorzugsweise in der vertikalen Mittelebene y—y der Schraube A hergestellt, wobei diese Verbindung unter Vermittlung eines Cardanschen, eines Kugel- oder irgend eines anderen geeigneten Gelenkes F hergestellt wird, und zwar derart, daß die Triebwelle, trotzdem sie beständig ihre Bewegung auf die Nabe B und folglich auch auf die Schraube A überträgt, nichtsdestoweniger mit Bezug auf die Hauptvertikallage der Schraube A eine mehr oder weniger geneigte Stellung annehmen kann.

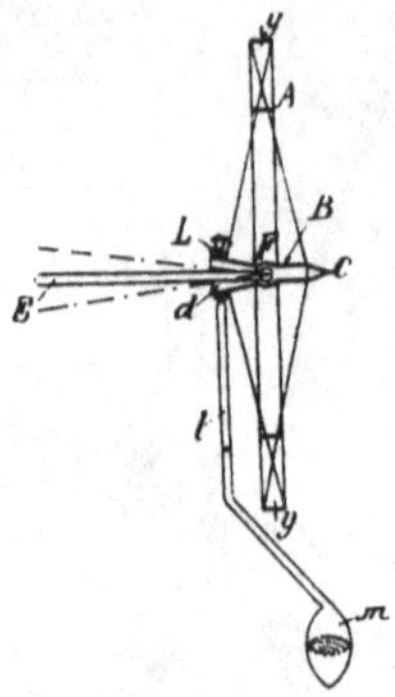

Fig. 733.

Um die Zug- oder Druckkraft bis zu einer gewissen Grenze von dem den Motor tragenden Apparat, ebenso wie von der von diesem Motor getriebenen Hauptwelle unabhängig zu machen, genügt es, wenn die Luftschraube A des Luftschiffes mit einer Vorrichtung versehen wird, welche die Luftschraube eine für sie günstigste Lage annehmen und beibehalten läßt, auch dann, wenn die Triebwelle eine geneigte Lage annimmt. Da man bestrebt ist, daß die Zug- oder Druckkraft der Schraube eine stabile horizontale Lage

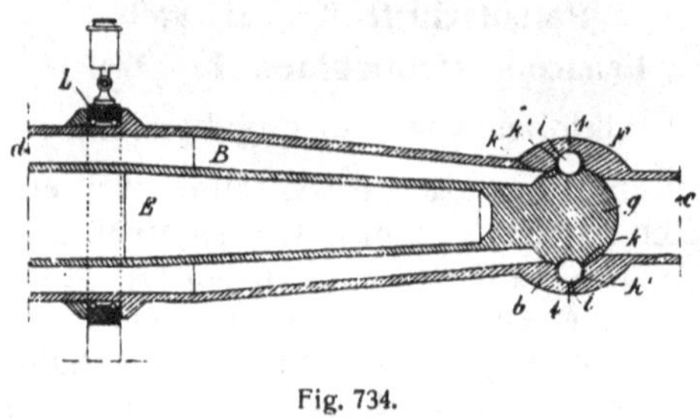

Fig. 734.

behält, so muß die eben erwähnte Vorrichtung derart auf die Luftschraube A wirken, daß die Mittelebene y—y der letzteren eine vertikale Lage annimmt und beibehält.

Eine solche Vorrichtung besteht z. B. aus einem Ring L (Fig. 733, 734), welcher lose auf der Nabe B angeordnet ist und an welchem durch Vermittlung einer Stange l ein Gewicht m von linsenförmigem Querschnitt angehängt ist. Zwischen dem Ring L und der Nabe B können, wenn erwünscht, auch Kugeln angeordnet werden, um die Reibung zwischen beiden zu vermindern.

Es ist ohne weiteres klar, daß von der Lage des Ringes L auch die Lage und die Form der Stange l und des Gegengewichts m abhängen. Die ganze aus den letztgenannten drei Teilen bestehende Vorrichtung muß auf die Nabe B so wirken, daß die Schraube A, welche mit der Nabe B fest verbunden ist, in einer vertikalen Stellung gehalten wird, unabhängig von der Richtung, welche die Triebwelle E annehmen mag.

Ein mit der oben beschriebenen Vorrichtung ausgerüstetes Luftschiff ist stets der Wirkung zweier Kräfte unterworfen, deren Richtung immer konstant bleibt, und von denen die eine, eine vertikale, die Schwerkraft, und die andere, eine horizontale, die Zug- oder Druckkraft der Schraube ist. Diese Beständigkeit der Kräfterichtungen gestattet es, die Reaktionsebenen, welche zur Unterstützung des Luftschiffes dienen, sowie andere Vorrichtungen anzuordnen, die eine genügende Stabilität in der Kraftrichtung des Luftschiffes sichern, um letzteres auch für den Fall, daß eine plötzliche äußere Kraft das Luftschiff aus dem Gleichgewicht bringt, in normaler Richtung zu führen.

Patentansprüche:

1. Antriebsvorrichtung für Luftschiffe und dergl., dadurch gekennzeichnet, daß die zum Antrieb dienende Luftschraube (A) eine hohle Nabe (B) besitzt, welche mittels eines Kugelgelenks (F) oder dergl. mit der Antriebswelle (E) des Luftschiffes verbunden ist und mittels eines auf ihr drehbar gelagerten Ringes (L) ein Gewicht (M) trägt, durch welches die Luftschraube in der gewünschten Lage gehalten wird, so daß die Luftschraube, unabhängig von der Neigung, die das Luftschiff und die Antriebswelle annehmen, ihre Lage beibehält.

2. Antriebsvorrichtung nach Anspruch 1, dadurch gekennzeichnet, daß die Verbindung zwischen der Nabe der Luftschraube und der Antriebswelle des Luftschiffes unter Zwischenschaltung von Kugeln (i) erfolgt, die teils in die Nabe (B), teils in die Antriebswelle (E) eingreifen und genügend Spielraum haben, um der Antriebswelle (E) eine Neigung gegen die Mittelebene der Luftschraube (A) zu gestatten.

229. Die

Patentschrift Nr. 222 659
Theodor Zeise in Altona,

angemeldet am 23. Oktober 1908, ausgegeben am 2. Juni 1910,

bezieht sich auf Propeller, bei denen der Luftdruck die Einstellung des Flügels um seine Achse, und zwar entsprechend der Stärke dieses Druckes, bewirkt.

Es soll dadurch erreicht werden, daß bei jeder Geschwindigkeit des Fahrzeuges — auch bei seinem Stillstand — die Steigung der Propellerflügel so eingestellt ist, daß die Leistung des mit seiner normalen Tourenzahl laufenden Motors möglichst konstant bleibt. Dies wird dadurch erreicht, daß die Drehachsen der Flügel näher an der Eintrittsseite angeordnet und die um diese Achsen drehbar in der Nabe befestigten Propellerflügel von einer in dieser eingeschlossenen Spiralfeder im Ruhezustand in einer Lage gehalten werden, die einer etwas größeren Geschwindigkeit des Fahrzeuges als seiner Höchstgeschwindigkeit entspricht. Durch das

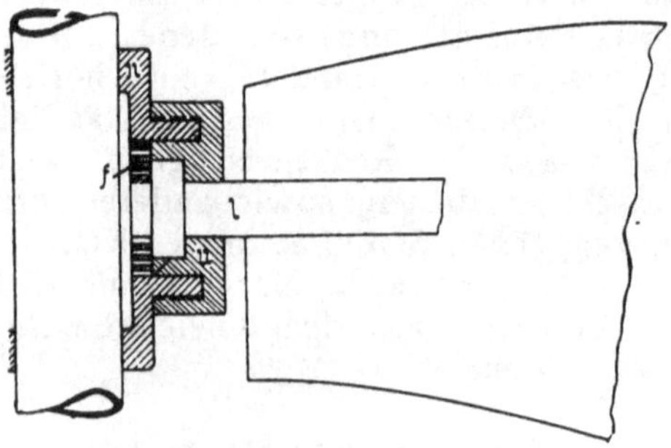

Fig. 735.

Arbeiten des Propellers findet eine Drehung des Flügels um seine Längsachse infolge des an der Austrittsseite stärker wirkenden Propellerdruckes statt und damit eine Spannung der Spiralfeder, die proportional der Verdrehung ist. Der Flügel wird also so lange verdreht werden, bis Propellerdruck und Federzug im Gleichgewicht sind.

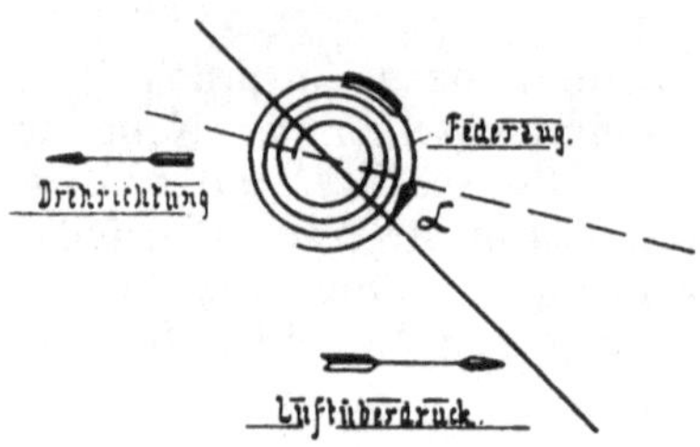

Fig. 736.

Der Propellerdruck und die vom Motor zu leistende Arbeit bleibt dadurch unbeeinflußt von dem Bewegungszustand der umgebenden Luft, und der Gang des Fahrzeuges wird gleichmäßig.

Der Flügelarm l (Fig. 735) ist mittels Ueberwurfmutter u in der Nabe n so gelagert, daß er bei der Drehung der Propellerachse gegen jegliche Art von Bewegung außer der drehenden gesichert ist. Das Drehmoment, welches dem einseitigen Winddruck entgegenwirkt, wird durch eine in die Nabe montierte Spiralfeder f erzeugt. Diese mit dem Flügelarm fest verbundene Feder kann für veränderliche Steigung der Flügel in der Nabe n befestigt werden.

Die Maximal- und Minimalstellung bei der Drehung der Flügel werden zweckmäßig durch Nocken oder dergl. begrenzt. Fig. 736 veranschaulicht die Wirkungsweise der Einrichtung.

Patentanspruch:

Luftschraube mit dem Luftdruck entsprechend sich selbsttätig einstellenden Flügeln, dadurch gekennzeichnet, daß die einseitig zur Flügelfläche angeordnete Flügeldrehachse (l) in der Luftschraubennabe (n) mit einer Spiralfeder (f) so verbunden ist, daß letztere mit der bei wachsendem Luftdruck abnehmenden Flügelneigung angespannt wird.

230. Der Schraubenpropeller nach der

Patentschrift Nr. 224 053

Dr. Ing. Hans Reißner in Aachen,

angemeldet am 12. August 1909, ausgegeben am 8. Juli 1910,

soll einerseits eine freie Einstellung des Propellers in die Achse des größten Hauptträgheitsmomentes ermöglichen und dadurch unzulässige Beanspruchungen der Welle verhindern, andererseits den durch die Kreiselwirkung im Raume ruhenden Propellerstrom und Propellerschub als stabilisierende Kraft ausnutzen.

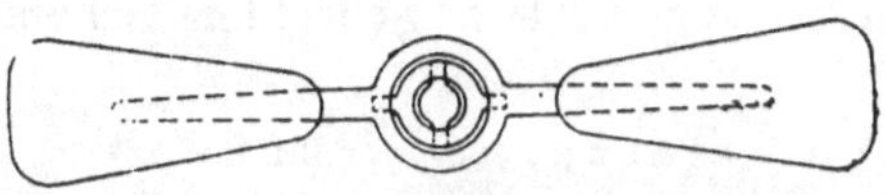

Fig. 737.

Sitzt der Propeller z. B. freiliegend auf dem Flansch der Motorwelle, so soll er nicht wie bisher fest mit diesem verschraubt, sondern durch irgendeine Vorrichtung gekuppelt werden, die eine Drehung der Propellerdrehebene zuläßt, z. B. durch ein Universalgelenk nach Fig. 737.

Daß ein um einen festen Punkt rotierender Körper sich mit der Achse seines größten Trägheitsmomentes in die Achse des Dreh-

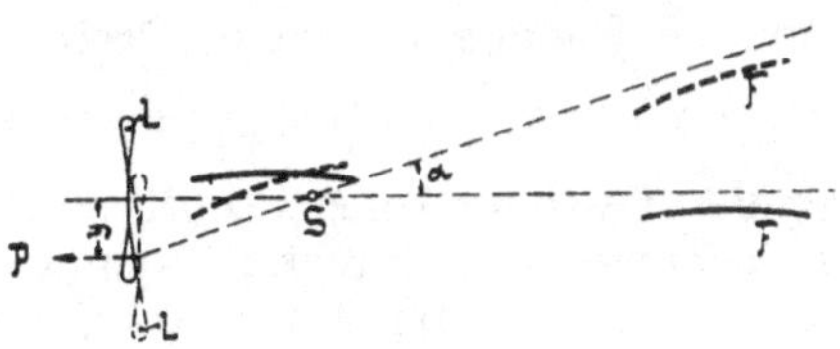

Fig. 738.

momentes einstellt, ist bei näherer Betrachtung einleuchtend. Diese Einstellung wird, wie Versuche zeigen, im allgemeinen nicht gestört, wenn der Körper ein Schraubenpropeller ist, auf den außer dem Drehmoment auch die von der Winkelstellung der Achse abhängigen Luftwiderstände wirken.

Versuche haben ferner gezeigt, daß bei Winkeländerungen der Motorwelle die Propellerebene zunächst erhalten bleibt und langsam und aperiodisch in die neue Lage senkrecht zur gedrehten Motorwelle übergeht. Diese Eigenschaft kann für die Erzeugung eines stabilisierenden Drehmomentes eines Flugapparates in verschiedener Weise benutzt werden, beispielsweise unmittelbar, wenn der Propeller vor dem Schwerpunkt angreift, oder mittelbar durch die Luftstromwirkung des im oder hinter dem Schwerpunkt befindlichen Propellers auf die Schwanzflächen.

In Fig. 738 und 739 bedeutet L die Luftschraube, F die Schwanzfläche, S den Schwerpunkt, P den Propellerschub, y den Hebelarm von P um S nach einer Drehung des Systems um den Winkel a.

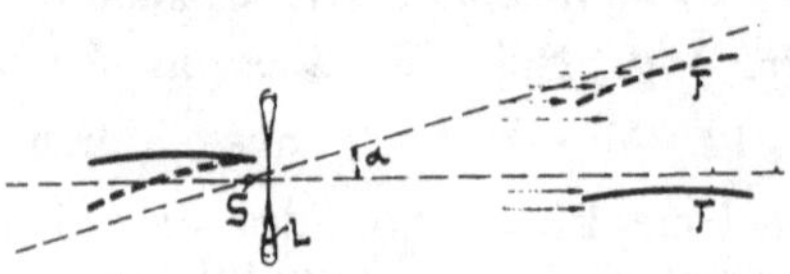

Fig. 739.

Fig. 738 zeigt, wie der sich parallel bleibende Propellerschub P ein zurückdrehendes Moment P y um den Schwerpunkt S erzeugt, Fig. 739, wie der sich parallel bleibende Luftstrom des Propellers auf die mit dem ganzen System gedrehten Schwanzflächen F zurückdrehend wirkt.

Patentanspruch:

Schraubenpropeller, dadurch gekennzeichnet, daß er freiliegend, in der Ruhe im indifferenten Gleichgewicht, gelenkig auf der Antriebswelle sitzt, so daß er sich bei der Rotation selbsttätig in die zur Antriebswelle senkrechte Ebene einstellt.

231. Eine Luftschraube, deren Fläche einen ellipsenartigen Grundriß hat, findet sich in der

Patentschrift Nr. 224 476
Antoine Padoue Filippi in Paris,

angemeldet am 21. September 1907, ausgegeben am 21. Juli 1910.

Zur Erhöhung der Leistung solcher Luftschrauben werden nun die beiden im Umdrehungssinne hinteren, symmetrisch zur Achse liegenden Kanten der Fläche in der einen Achsrichtung stark abgebogen, während die entsprechenden Vorderkanten der Fläche eine schwache Biegung nach der entgegengesetzten Richtung haben.

Die Schraube (Fig. 740, 741) hat im Grundriß eine elliptische Gestalt und ist symmetrisch um die senkrechte Achse 2 angeordnet, die bei 3 durch den Schnittpunkt der beiden Achsen der

Ellipse senkrecht hindurchgeht. Die in dem durch die Pfeile 4 bezeichneten Umdrehungssinne hinten liegenden Kanten 5, 5' sind je ungefähr ein Viertel der Länge der elliptischen Kurve in der einen Achsenrichtung gekrümmt, wodurch die unter dem Propeller liegende Luftschicht gegen die Achse gedrückt und gleichzeitig die sich oberhalb des Propellers drehende Luftschicht von der Mitte nach der Kante bewegt wird.

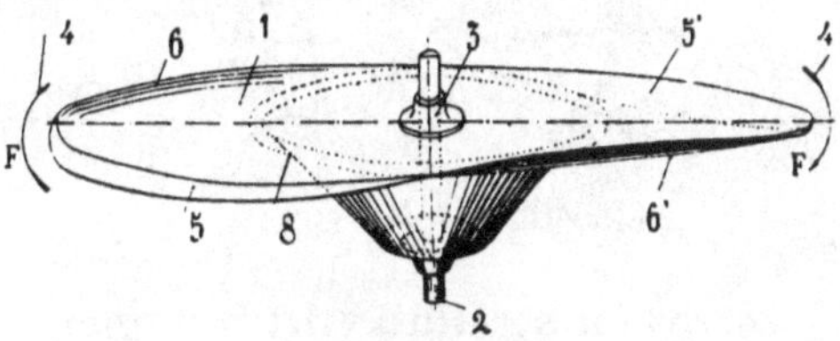

Fig. 740.

Die entsprechenden vorderen Ränder 6, 6' sind in der entgegengesetzten Richtung nur wenig geschweift und liegen ebenfalls symmetrisch zur Achse. Sie haben die Wirkung, der Luft eine größere Angriffsfläche zu bieten und die Stärke der unteren Kompressionsschicht zu erhöhen.

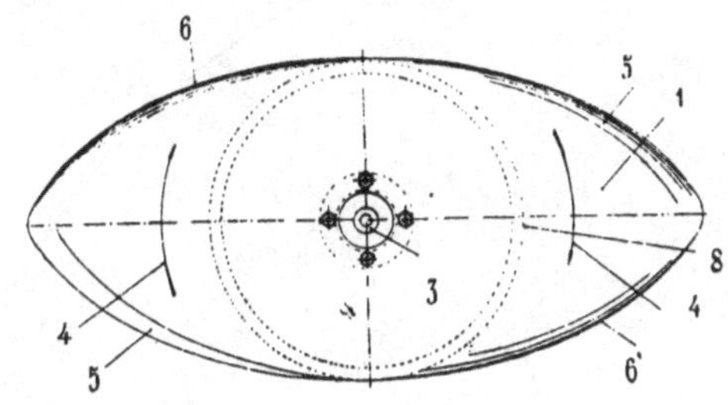

Fig. 741.

Patentanspruch:

Luftschraube aus einer Fläche mit ellipsenartigem Grundriß, dadurch gekennzeichnet, daß die beiden im Umdrehungssinne hinteren, symmetrisch zur Achse liegenden Kanten der Fläche in der einen Achsrichtung stark abgebogen sind, während die entsprechenden vorderen Kanten der Flächen eine schwache Abbiegung nach der entgegengesetzten Richtung haben.

232. Das charakteristische Merkmal des Propellers nach der

Patentschrift Nr. 226 852

Bertram George Cooper in Surbiton (England),

angemeldet am 5. Februar 1909, ausgegeben am 11. Oktober 1910, besteht darin, daß eine Propellerschaufel in bezug auf ihren Tragkörper eine Bahn von 8-förmiger Gestalt beschreibt, und zwar derart, daß während zweier nach vorwärts gerichteter Teile der Bewegung ihre wirksame Oberfläche mehr oder weniger genau senkrecht zu ihrer Bewegungsrichtung steht und der Uebergang zwischen diesen Bewegungsteilen durch schräg gerichtete Rückwärtsbewegungen längs der sich kreuzenden Zweige der 8-förmigen Bahn

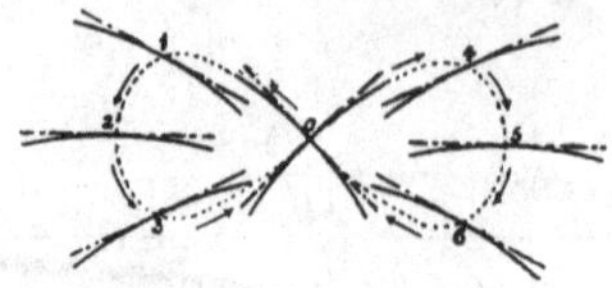

Fig 742.

gebildet wird. Während dieser Rückwärtsbewegung ist die Schaufel so gegen die Bewegungsrichtung geneigt, daß eine Reaktionskraft auf die Schaufel ausgeübt wird, die auf dieselbe Schaufelfläche mit einer Komponente in derselben Richtung wirkt wie die volle Reaktionskraft bei der Vorwärtsbewegung der Schaufel in zur Bewegungsrichtung senkrechter Lage.

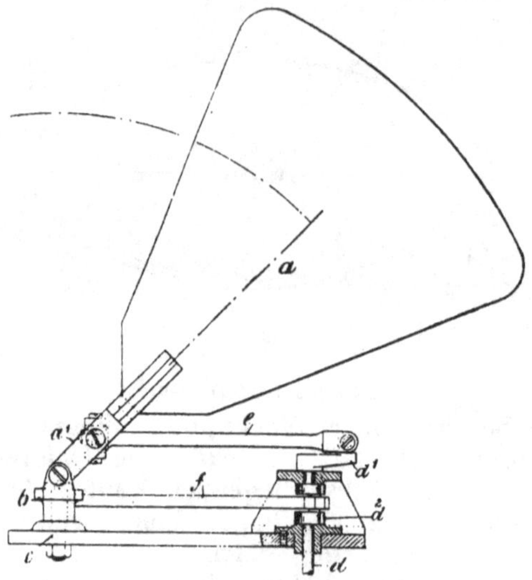

Fig. 743.

Fig. 742 stellt ein Diagramm dar, das in Horizontalprojektion das Beispiel einer Bahn 8-förmiger Gestalt zeigt, wie sie von dem Mittelpunkt der wirksamen Oberfläche einer entsprechend der Erfindung angetriebenen Propellerschaufel beschrieben wird.

Die wichtigsten Stellen der punktiert gezeichneten, 8-förmig gestalteten Bahn sind mit 0 bis 6 bezeichnet. An diesen Stellen sind die zugehörigen Lagen der Querschnittsmittellinie einer ebenen Schaufel in strichpunktierten Linien und der Querschnittsmittellinie einer gekrümmten Schaufel in voll ausgezogenen Linien eingezeichnet. Die Schaufel bewegt sich bei Vorwärtsgang in Richtung der eingezeichneten Pfeile.

Wie die Figur 742 zeigt, nimmt die Flügeloberfläche auf der Bahnstrecke zwischen den Punkten 1 und 3 und ebenso zwischen den Punkten 4 und 6 eine solche Lage ein, daß sie ihre Breitseite fast vollständig der Bewegungsrichtung zukehrt, so daß auf das umgebende Fluidum ein unmittelbarer Druck fast genau in Richtung der zu erzeugenden Fortbewegung ausgeübt wird, wodurch pro Flächeneinheit der Schaufelfläche ein Maximum an Triebkraft hervorgerufen wird. Da ferner die eine Bahnstrecke des Volldruckes, Punkt 4 bis Punkt 6, in einer beträchtlichen seitlichen Entfernung von der anderen gleichartigen Bahnstrecke, Punkt 1 bis 3, liegt, so werden die infolge der einen dieser Volldruckwirkungen hervorge-

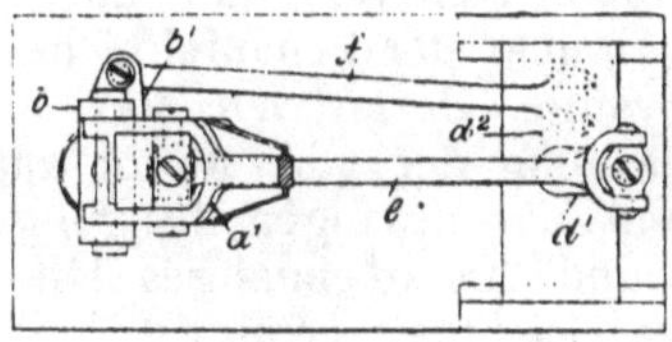

Fig. 744.

rufenen Wasser- oder Luftbewegungen keine bemerkenswerten Störungen des auf der anderen Seite der Bahn liegenden Wasser- oder Luftkomplexes hervorrufen, der bald darauf von der nächstfolgenden Volldruckwirkung erfaßt wird. Darin, daß hiernach stets ein verhältnismäßig großes Luftvolumen im Bereich der Schaufel vorhanden ist, liegt ein weiterer Grund, warum pro Einheit der Schaufelfläche ein Maximum an Triebkraft erzeugt wird.

Während der Bewegung durch die sich kreuzenden Zweige der Bahn von 3 bis 4 und 6 bis 1 wird die wirksame Schaufeloberfläche mit Bezug auf die Bewegungsrichtung so eingestellt, daß der schräg auf die Schaufeloberfläche auftreffende Luftstrom eine Reaktionskraft auf den Flügel ausübt, die eine Komponente gleicher Richtung besitzt wie die bei Volldruck auftretende Reaktionskraft. Die Schaufel erzeugt also während des ganzen Umlaufs Triebkraft.

Was das Verhältnis zwischen der erzeugten Triebkraft und der zu ihrer Erzeugung verbrauchten Kraft betrifft, so ergibt sich aus den oben dargelegten Gründen, daß der in Bewegung gesetzte Luftstrom im Verhältnis zur Größe der wirksamen Schaufeloberfläche einen beträchtlichen Querschnitt besitzt, und daß es infolgedessen, wie es für einen guten Wirkungsgrad der Arbeitsleistung die Hauptbedingung ist, möglich wird, aus dem Strom eine genügend große Antriebskraft herauszuholen, ohne daß er selbst einen unmäßig großen Betrag an kinetischer Energie aufnimmt.

Bei dem in Fig. 743 und 744 dargestellten Antriebsmechanismus ist eine Schaufel a an einem gabelförmigen Schaft a' befestigt oder bildet mit diesem ein Stück. Der Schaft a' ist in einer Gabel b derart gelagert, daß er um eine horizontale Achse schwingen kann, die ihrerseits Winkelbewegungen in einer horizontalen Ebene ausführen kann, da die Gabel b um einen vertikalen Zapfen c drehbar ist. Die Schaufelbewegung wird durch die vom Motor angetriebene Welle d bewirkt, die zwei annähernd um 90° gegeneinander versetzte Kurbeln d" und d' besitzt. Die Kurbel d' ruft vermittels der sowohl an der Kurbel d' als auch an dem Schaft a' mittels Universalgelenks befestigten Pleuelstange e periodische Schwingungen der Schaufel um den horizontalen Zapfen der Gabel b hervor. Die Kurbel d" bewirkt mittels der Pleuelstange f, die mit ihrem einen Ende an dem Zapfen der Kurbel d" und mit ihrem anderen Ende an dem eine größere Länge als der Radius der Kurbel d" besitzenden Hebelarm b' drehbar befestigt ist, eine periodische Schwingbewegung der Gabel b um den vertikalen Zapfen c.

Es ergibt sich ohne weiteres, daß durch den beschriebenen Mechanismus der Mittelpunkt der Schaufelfläche derart geführt wird, daß er eine Bahn 8-förmiger Gestalt wie oben angegeben beschreibt, indem bei jeder Umdrehung der vom Motor angetriebenen Welle d ein einmaliges Hin- und Herschwingen des Flügels in Längsrichtung der 8-förmigen Bahn und ein zweimaliges Hin- und Herschwingen in hierzu rechtwinkliger Richtung erfolgt.

Patentansprüche:

1. Propellerantrieb, dadurch gekennzeichnet, daß die Schaufel auf einem Teil ihrer Bahn mit annähernd senkrecht zur Bewegungsrichtung stehender wirksamer Oberfläche auf das umgebende Medium Volldruck ausübt und alsdann durch schräg gerichtete Rückwärtsbewegung in eine seitlich entfernte Lage gebracht wird, von der aus sie wiederum Volldruck in gleicher Richtung wie vorher ausübt, worauf sie in schräger Rückwärtsbewegung wieder zur Anfangslage zurückgeführt wird.

2. Propellerantrieb nach Anspruch 1, dadurch gekennzeichnet, daß die Schaufeloberfläche während der schräg gerichteten Rückwärtsbewegungen infolge ihrer Gestalt und Lage einen solchen Druck auf das umgebende Medium ausübt, daß eine Komponente dieses Druckes vorhanden ist, welche die gleiche Richtüng wie der Volldruck bei Vorwärtsbewegung hat.

3. Propellerantrieb nach Anspruch 1 und 2, dadurch gekennzeichnet, daß der Mittelpunkt der wirksamen Schaufelfläche in bezug auf den Tragkörper der Schaufel eine Bahn von 8-förmiger Gestalt beschreibt, in deren voneinander entfernt liegenden Teilen der direkte Volldruck in Richtung der Bewegung ausgeübt wird, während die Rückwärtsbewegungen der Schaufeln längs der sich kreuzenden Zweige der 8-förmigen Bahn erfolgen.

4. Vorrichtung zum Antrieb einer Propellerschaufel in einer Bahn nach Anspruch 1 bis 3, dadurch gekennzeichnet, daß der die

Schaufel haltende Tragarm um einen Zapfen schwingt, der seinerseits um einen zweiten, zu dem ersten senkrecht stehenden Zapfen schwingt, so daß durch die gleichzeitige Schwingbewegung des Schaufeltragarmes und des diesen Arm tragenden Zapfens die Schaufel derart geführt wird, daß sie, während sie in der einen Richtung einmal hin und her schwingt, in hierzu senkrechter Richtung zweimal hin und her schwingt.

5. Antriebsvorrichtung nach Anspruch 4 mit einer vom Motor aus angetriebenen Welle, die zwei annähernd um 90° gegeneinander versetzte Kurbeln besitzt, dadurch gekennzeichnet, daß die eine Kurbel die Schwingbewegungen des Tragarmlagers und die andere Kurbel vermittels einer mit Universalgelenken versehenen, an dem drehbar gelagerten Schaufeltragarm angelenkten Pleuelstange die Schwingbewegungen des letzteren um seinen Lagerzapfen hervorruft.

6. Antriebsvorrichtung nach Anspruch 1, dadurch gekennzeichnet, daß beide Schaufelenden von gemeinsamer Antriebswelle aus durch je ein Getriebe nach Anspruch 4 bewegt werden, wobei durch eine besondere Vorrichtung der Mittelpunkt der Schaufellängsachse stets in der Mittelebene zwischen den beiden Antriebsmechanismen geführt wird.

7. Antriebsvorrichtung nach Anspruch 6, dadurch gekennzeichnet, daß an jedem Ende der Schaufel (a) eine oder mehrere Führungsstangen (h) angebracht sind, längs deren sich die freien Enden der Antriebsstangen (a^2) vermittels Querhäuptern (g) längs der Schaufelmittelachse verschieben können, wobei die gleichmäßige Verschiebung der beiden Querhäupter durch ein um die Schaufel herumlaufendes, an den Querhäuptern geeignet befestigtes biegsames Band (j) o. dgl. gesichert ist.

233. Der Gegenstand der Erfindung nach der

Patentschrift Nr. 227 004
Hermann Ruthenberg in Grunewald,

angemeldet am 8. April 1908, ausgegeben am 13. Oktober 1910,

betrifft Luftschrauben, die mit ringartigen Kränzen versehen sind und besteht darin, daß die zweckmäßig aus Mannesmannrohr hergestellten ringartigen Kränze durch rahmenartige Gestelle aus ebensolchem Rohr gehalten werden, die in der Nabe befestigt sind, welche symmetrisch zu den beiden Kränzen auf der Welle aufgekeilt ist. Gegen achsiale Verschiebung wird dieses Gestell durch Spanndrähte gesichert, welche zweckmäßig von den Kränzen nach den Enden der Nabe gehen. Durch diese Bauart erhält man eine zugleich leichte und feste Luftschraube.

Die Luftschraube besitzt zwei **kreisförmige Ringe a, b (Fig. 745)** aus Mannesmannrohr oder entsprechende polygonale Rahmen, welche durch eine Anzahl von in gleichem Abstand parallel liegenden Streben c aus Mannesmannrohr miteinander verbunden werden. Die

Ringe a, b sind im übrigen durch Streben d, e aus Mannesmannrohr mit der Nabe f verbunden und stehen anderseits durch Streben g miteinander in Verbindung. Auf diese Weise sind vier polygonale Flügelrahmen gebildet, zwischen denen die **Flügel ausgespannt** oder z. B. dadurch gebildet werden, daß man die Rahmen als Träger eines engmaschigen Gewebes h benutzt, welches mit einer erhärtenden Masse i oder einem anderen geeigneten Stoffe belegt wird.

Um eine stärker saugende Kraft zu erzielen, wird um die Streben c herum ein der Breite derselben entsprechender, aus wasserdichtem Stoff oder wie die Flügel aus Gewebe h und erhärtender Masse i gebildeter Kranz k herumgelegt, so daß dadurch eine von den Ringen a, b begrenzte, vollständig geschlossene ringförmige

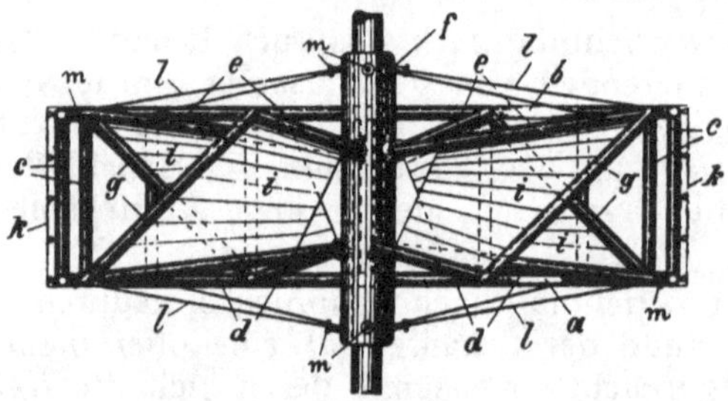

Fig. 745.

Fläche gebildet wird, welche verhindert, daß die von den Schraubenflügeln bewegte Luft anders als in der Richtung der Achse des Propellers **abfließen kann.**

Patentansprüche:

1. Luftschraube, dadurch gekennzeichnet, daß die an sich bekannten ringartigen Kränze (a, b) durch rahmenartige, in der Nabe (f) befestigte Gestelle aus Mannesmannrohr gehalten und durch Spanndrähte (l), die von den Kränzen nach den Enden der Nabe gehen, gegen achsiale Verschiebung gesichert werden.

2. Ausführungsform der Luftschraube nach Anspruch 1, dadurch gekennzeichnet, daß zur Bildung der Flügelflächen an den rahmenartigen Gestellen Gewebe (h) befestigt sind, die als Träger eines aus erhärtender Masse gebildeten Ueberzuges dienen.

234. Die

Patentschrift Nr. 227 769

Albert Hirth in Cannstatt,

angemeldet am 2. November 1908, ausgegeben am 28. Oktober 1910,

betrifft eine Luftschraube, durch welche es nicht nur möglich ist, den einmal schwebenden Flieger vorwärts zu bewegen, sondern ihn auch senkrecht oder annähernd senkrecht zu heben und zu senken. Dabei muß die Drehachse der Luftschraube allmählich von der senkrechten Lage in die wagerechte und umgekehrt übergeführt werden. Um nun die Luftschraube den verschiedenen Geschwindigkeiten beim Anheben und beim Vorbewegen des Fliegers anzupassen und dabei die Größe

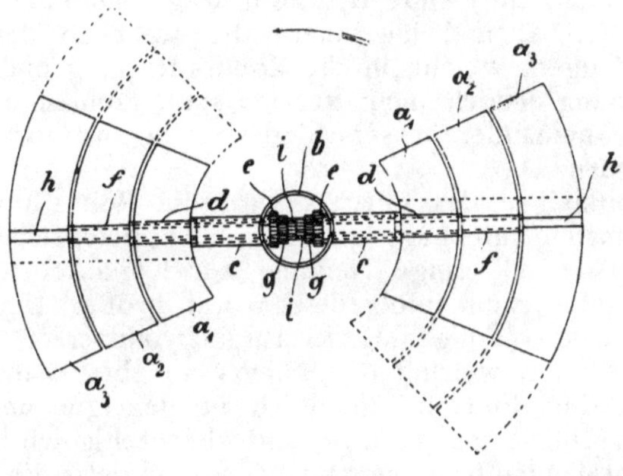

Fig. 746.

des ausgeübten Druckes entsprechend zu ändern, sind die Flügel der Luftschraube in ihrer Neigung zur Umlaufebene verstellbar eingerichtet, und zwar mit Rücksicht auf die verschiedene Umfangsgeschwindigkeit der Punkte der Schraubenflügel in solcher Weise, daß der Schraubenflügel an verschiedenen Punkten verschieden ein-

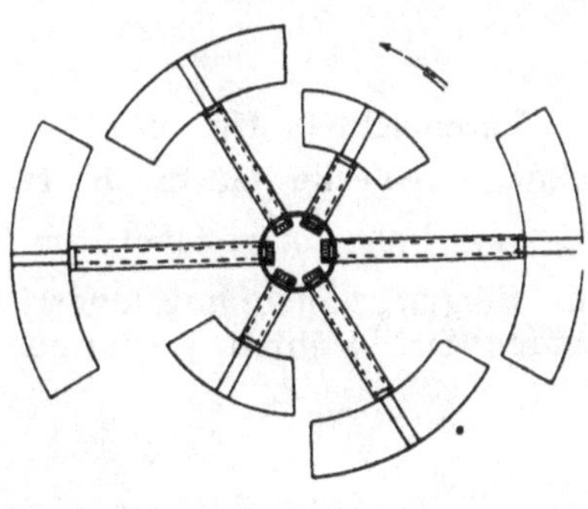

Fig. 747.

gestellt werden kann. Zu diesem Zweck wird der Schraubenflügel in annähernd oder ganz konzentrisch liegende Teile abgeteilt, deren Neigung für sich einstellbar ist.

Die Luftschraube nach Fig. 746, 747 besteht aus zwei Flügeln, von denen jeder in drei Teile a_1, a_2, a_3 geteilt ist. Beide Flügel sind auf einem Schaft befestigt, welcher zweckmäßig die Form einer Röhre b hat, die beiderseits mit Rohransätzen c zur Aufnahme der

Flügel versehen ist. Der innerste Teil a_1 jedes Flügels sitzt auf einem Rohrstück d, welches durch den Rohransatz c hindurchtritt und im Innern der Röhre b ein Zahnrad e trägt. Durch die Röhre d tritt eine zweite Röhre f hindurch, welche außen den mittleren Flügelteil a_2 und im Innern der Röhre b das Zahnrad g trägt. Eine durch die Röhre f hindurchtretende Stange h trägt schließlich außen den dritten Flügelteil a_3 und im Innern der Röhre b das Zahnrad i. Durch Zahnstangen, welche in die Zahnräder e, g und i eingreifen, in der Zeichnung jedoch nicht gezeigt sind, können die Flügelteile unabhängig voneinander in verschiedene Neigung zur Umlaufebene gebracht werden.

Beim Aufsteigen des Fliegers wird die Röhre b in senkrechte oder scharf ansteigende Lage gebracht, und gleichzeitig werden die Flügelteile auf eine geringe Neigung zur Umlaufebene eingestellt. Die Luftschraube kann infolgedessen mit großer Umdrehungszahl umlaufen ohne übermäßigen Kraftverbrauch und erzeugt dabei einen starken Ueberdruck, welcher den Flieger anhebt. Während des Anhebens wird die Röhre b allmählich in geneigte und schließlich nahezu wagerechte Lage gebracht, und gleichzeitig wird die Neigung der Flügel zur Umlaufbahn vergrößert, so daß jetzt die Luftschraube zur Förderung einer größeren Luftmenge bei geringerem Druck umgestellt ist, entsprechend der rascheren Vorwärtsbewegung in wagerechter Richtung.

Patentanspruch:

Luftschraube, dadurch gekennzeichnet, daß ihre Flügel in konzentrisch liegende Teile geteilt sind, deren Neigung für sich einstellbar ist.

235. In der

Patentschrift Nr. 229177

Siemens-Schuckert-Werke G. m. b. H. in Berlin,

angemeldet am 24. Juni 1908, ausgegeben am 3. Dezember 1910, wird ein Flügel für Flugmaschinen mit Querrippen aus mehreren übereinander liegenden Stahldrähten beschrieben.

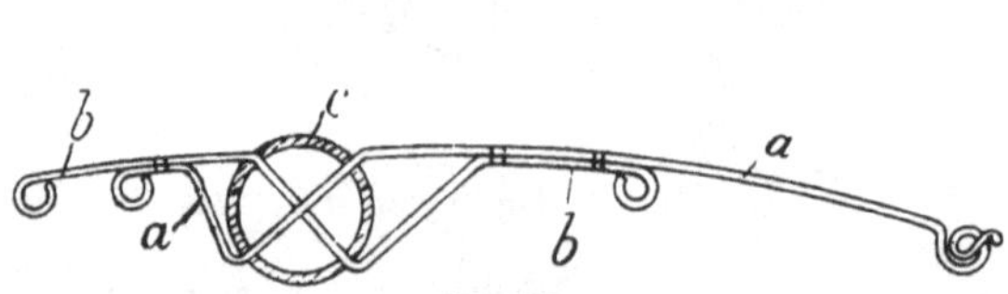

Fig. 748.

Der in Fig. 748 im Querschnitt dargestellte Flügel ist ein Ausführungsbeispiel der Erfindung. Die Querrippe besteht hier aus den beiden Stahldrähten a und b. Diese sind durch die Längsrippe c derart hindurchgesteckt, daß sie sich in deren Innern kreuzen. An beiden Seiten der Längsrippen sind die herausragenden

Enden der Drähte zusammengeführt und miteinander fest verbunden.

Durch diese Befestigung wird ein großes Widerstandsmoment der Querrippen an der Befestigungsstelle erreicht.

Die Ausführungsform nach Fig. 749 unterscheidet sich von der vorigen durch die Verbindung der Querrippe mit der Längs-

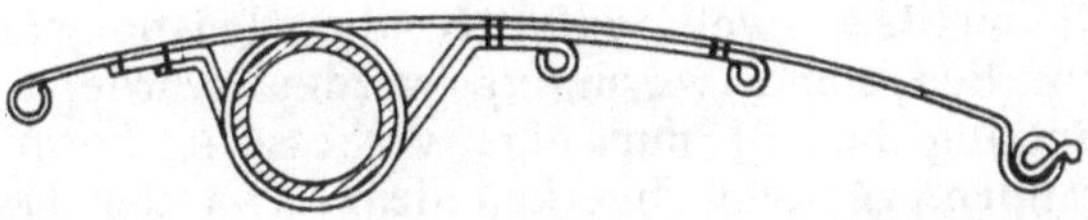

Fig. 749.

rippe. Die Stahldrähte sind hier um die Längsrippe mit einer Windung herumgewickelt, wobei ein Teil im entgegengesetzten Sinne herumgewickelt ist wie der andere, und die Drähte dann so an der Längsrippe befestigt sind, daß sie sich nicht drehen oder verschieben können. Wie aus der Zeichnung ersichtlich, haben auch hierbei die Querrippen an der Befestigungsstelle ein großes Widerstandsmoment.

Es ist zweckmäßig, die Querrippen an einem oder beiden Enden als Federn auszubilden, durch welche der Flügelstoff gespannt werden kann. Bei den abgebildeten Ausführungen sind die Querrippen an einem Ende zu Spiralfedern aufgewickelt.

Der Flügel ist als Schlagflügel und als Schraubenflügel verwendbar.

Patentansprüche:

1. Flügel für Flugmaschinen mit Querrippen aus mehreren übereinander liegenden Stahldrähten, dadurch gekennzeichnet, daß die Stahldrähte jeder Querrippe an der Befestigungsstelle an der Längsrippe in einer zu dieser senkrechten Ebene auseinandergespreizt sind.
2. Ausführungsform nach Anspruch 1, dadurch gekennzeichnet, daß die Drähte der Querrippen durch Längsrippen hindurchgesteckt sind und sich im Innern der Längsrippen kreuzen.
3. Ausführungsform nach Anspruch 1, dadurch gekennzeichnet, daß die Drähte der Querrippen um Längsrippen herumgewickelt sind, wobei ein Teil der Drähte jeder Querrippe in entgegengesetztem Sinn wie der andere Teil herumgewickelt ist.
4. Ausführungsform nach Anspruch 1, gekennzeichnet durch Federn an den Enden der Querrippen zum Spannen des Flügelstoffes.

236. Eine Luftschraube aus Holz ist in der

Patentschrift Nr. 229 375
Lucien Chauvière in Paris,

angemeldet am 3. März 1909, ausgegeben am 14. Dezember 1910, dargestellt. Es ist bekannt, daß bei allen Propellerschrauben das Druckzentrum sich in bezug auf die Trägheitsachse des Flügels auf dem vorderen Teile dieses Flügels befindet. Hieraus ergibt sich das Bestreben der Flügel, sich um ihre Achse zu drehen, ein Bestreben, welches leicht dazu führen kann, daß sich die Ganghöhe der Schraube ändert, was wiederum den Bruch der Flügel verursacht. Bei den Metallschrauben hilft man diesem Uebelstand ab, indem man dem Flügel im Schnitt eine solche Form gibt, daß die Trägheitsachse durch das Druckzentrum geht; dieser Ausweg kann aber bei Holzschrauben nicht gewählt werden, weil dadurch die Leistungsfähigkeit der Schraube ganz bedeutend verringert werden würde.

Die Erfindung betrifft nun eine verbesserte Form der Flügel von Holzschrauben, zu dem Zwecke, nicht etwa die Trägheitsachse nach dem Druckzentrum hin zu verschieben, sondern vielmehr das

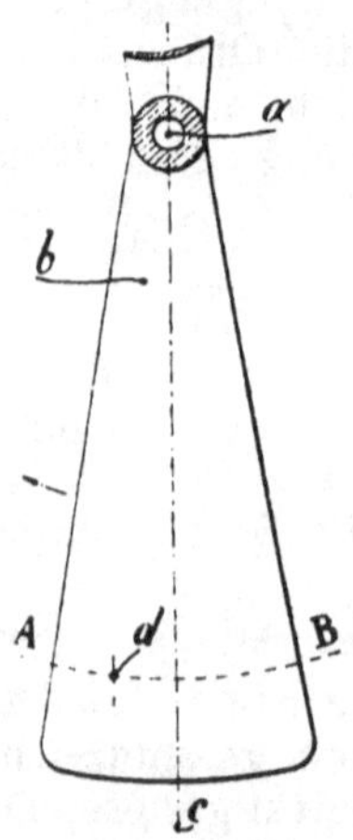

Fig. 750.

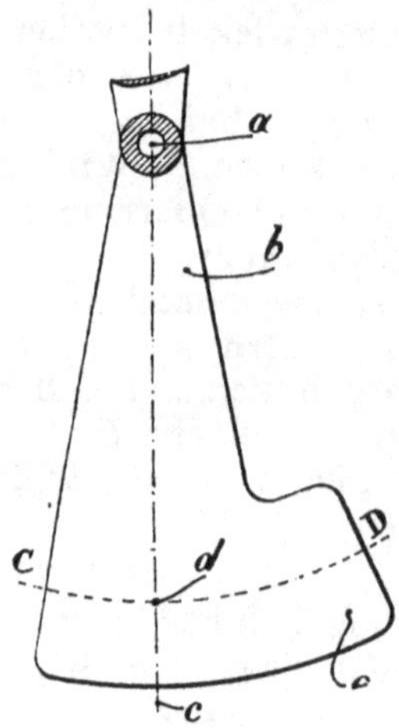

Fig. 751.

Druckzentrum in die Trägheitsachse zu verlegen. Dieser Zweck wird dadurch erreicht, daß man jeden Flügel hinter der Achse und an seinem Ende mit einem Ausgleichungsansatz versieht.

a ist die Schraubenwelle und b ist einer der Schraubenflügel; die Trägheitsachse dieses Flügels liegt auf der Linie a—c, und das Druckzentrum befindet sich in dem Schnitt nach Linie A—B im Punkte d (Fig. 750, 751).

Bei den Metallschrauben macht man nun den Flügel im vorderen Teile dicker, d. h. in der Bewegungsrichtung, die durch den Pfeil angezeigt ist, um so die Achse a—c nach dem Punkt d zu verlegen, wodurch die Drehungsbeanspruchung um diese Achse aufgehoben wird, die sich sonst infolge der Kräfte bemerkbar macht, welche auf den Flügel im Punkte d einwirken.

Nach der Erfindung erreicht man dieses Resultat, indem man am hinteren Ende eines jeden Flügels b einen Ausgleichungsansatz e vorsieht, der dazu dient, das Druckzentrum d in die Trägheitsachse a—c zu verlegen. Da das Ende des Flügels die größte Wirkung ausübt, einmal, weil es sich mit der größten Geschwindigkeit bewegt, und dann, weil es am breitesten ist, so ist es möglich, auf diese Weise das Druckzentrum zu verlegen, ohne die Trägheitsachse wesentlich zu beeinflussen, so daß es leicht ist, die Abmessungen des Ausgleichungsansatzes e so zu berechnen, daß das Druckzentrum d auf die Achse a—c verlegt wird.

Patentanspruch:

Luftschraube aus Holz, dadurch gekennzeichnet, daß jeder Schraubenflügel an seinem Ende mit einem in bezug auf die Drehrichtung nach hinten vorstehenden Ansatz versehen ist, zum Zwecke, den Druckmittelpunkt in die Trägheitsachse zu verlegen.

237. Die Erfindung nach

Patentschrift Nr. 230 273
Emil Räuber, in St. André lez Lille,

angemeldet am 29. November 1909, ausgegeben am 18. Januar 1911 betrifft eine verbesserte Bauart der beweglichen Flügel für Schwingenflieger und des Antriebes für diese Flügel und ist dadurch gekennzeichnet, daß die beiden Querstäbe, welche den Flügel am vorderen und hinteren Ende halten, untereinander nur durch die Tragfläche selbst und durch ihre Drehachse verbunden sind,

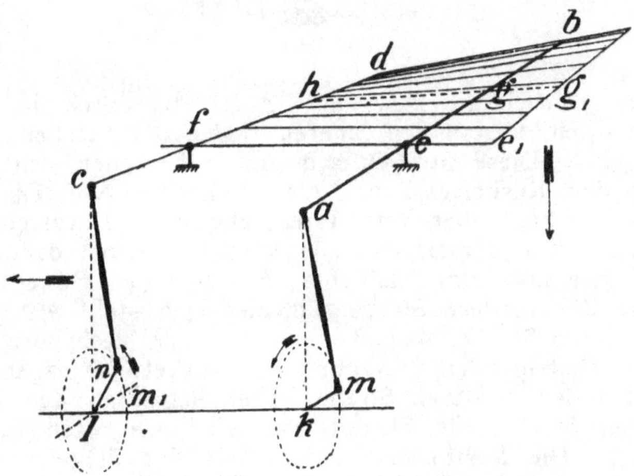

Fig. 752.

so daß sie also unabhängig voneinander um diese Achse schwingen können. Jeder der Tragstäbe steht unter der Wirkung einer besonderen Kurbel; die beiden Kurbeln sind auf der Triebwelle um einen bestimmten Winkel gegeneinander versetzt angeordnet, und zwar derart, daß die vordere Kurbel der hinteren voraneilt, so daß der Flügel bei Ausführung der Schlagbewegung um seine Achse schwingt und sich verwindet.

Die Flügelfläche e_1, b_1, d, f ist an den beiden Stäben a b und c d befestigt, von denen der eine c d den vorderen Rand des Flügels bildet, während der andere a b den Flügel an seinem hinteren Ende derart trägt, daß ungefähr ein Viertel der gesamten Flügellänge hinter diesem Stabe liegt. Der Flügel kann um die Achse e f schwingen, welche auf dem Gerüst in beliebiger Weise gelagert ist. (Fig. 752.) Die Flügelfläche ist aus festem, aber nachgiebigem Gewebe hergestellt, welches luftundurchlässig ist. Längsstützen von geeigneter Form, z. B. h g_1, tragen die Flügelfläche derart, daß diese die in Fig. 753 gezeigte gebogene Form annimmt. Diese Längsstützen sind auf den Streben a b, c d festgemacht.

Der Antrieb des Flügels zur Erzielung der Schlagbewegung unter gleichzeitiger Verdrehung oder Verwindung der Flügelteile erfolgt auf die nachbeschriebene Weise:

Die Triebwelle k l, welche in der Fahrrichtung liegt und parallel mit der Drehachse e f des Flügels ist, treibt die beiden

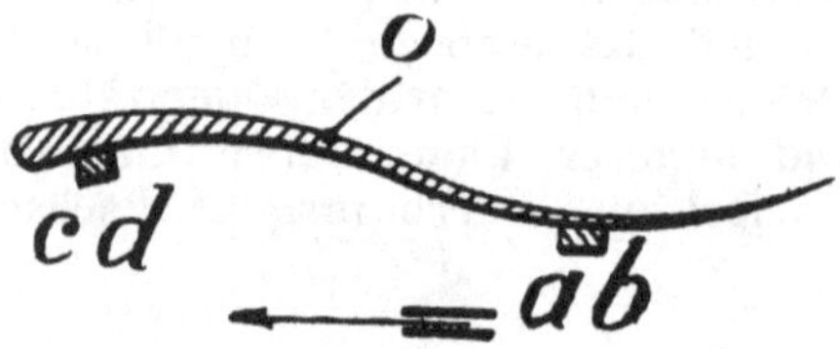

Fig. 753.

gleichlangen Kurbelarme k m und l n an, die durch die Kurbelstangen m a und n c an den inneren Enden der Streben a b, c d angelenkt sind. Diese Streben a b und c d drehen sich bei der Bewegung der Kurbelarme um die Drehachse e f. Die beiden Kurbelarme stehen aber zur Triebwelle k l in verschiedenem Winkel, und zwar derart, daß die vordere Kurbel der hinteren voraneilt. Hieraus folgt, daß bei aufsteigender Bewegung der Kurbelarme die vordere Strebe f d niedriger steht als der Teil e b der hinteren Strebe, so daß der Flügel also nach vorn geneigt ist. Bei der absteigenden Bewegung der Kurbelarme dagegen wird der Teil f d der vorderen Strebe höher liegen als der Teil e b der hinteren Strebe, die Flügelfläche wird also nach rückwärts geneigt sein. Die Fortbewegungsfähigkeit des Flügels wird dadurch erhöht, daß man dem Flügel im Profil die aus der Fig. 753 ersichtliche Form o gibt, die äußerst elastisch ist.

Unter besonderen Umständen könnten die Kurbelarme verschieden lang sein. Der Versetzungswinkel dieser Kurbelarme verändert sich entsprechend der Anzahl der Flügelschläge und der Fortbewegungsgeschwindigkeit. Die Verstellbarkeit und Regelung der Kurbelarme kann mit Hilfe einer beliebigen bekannten Vorrichtung erfolgen; ferner kann einer der Kurbelarme fest, der andere dagegen regelbar angeordnet sein.

Der Antrieb der Streben der beiden zusammengehörigen Flügel kann mittels der gleichen Kurbelstange erfolgen, um einen möglichst gleichmäßigen Antrieb zu sichern, wobei dann zum Verwinden der Flügel in verschiedenen Winkeln zwecks Steuerung des Fliegers eine besondere Einrichtung vorgesehen sein kann.

Patentanspruch:

Vorrichtung zum Verwinden von Schlagflügeln bei jedem Flügelschlag zur Erzielung eines ständigen Vortriebs, dadurch gekennzeichnet, daß jede der beiden senkrecht zur Flugrichtung liegenden, die Flügelfläche stützenden Streben (a b und c d) durch einen besonderen Kurbelantrieb bewegt wird, wobei die vordere Kurbel gegen die hintere um einen bestimmten Winkel derart versetzt ist, daß sie in der Bewegungsrichtung voraneilt.

238. Die

Patentschrift Nr. 230 581
Lucien Chauvière in Paris,

angemeldet am 3. März 1909, ausgegeben am 1. Februar 1911, betrifft eine Luftschraube aus Holz, deren Ganghöhe verändert werden kann und die dadurch gekennzeichnet ist, daß sie ohne jede Gelenkverbindung und in einem Stück ausgeführt ist.

Die Veränderung der Ganghöhe erfolgt, indem man den mittleren Teil der Schraube in dem in Fig. 754 in Strichlinien angezeigten Umfange derart ausschneidet, daß um die Nabe herum

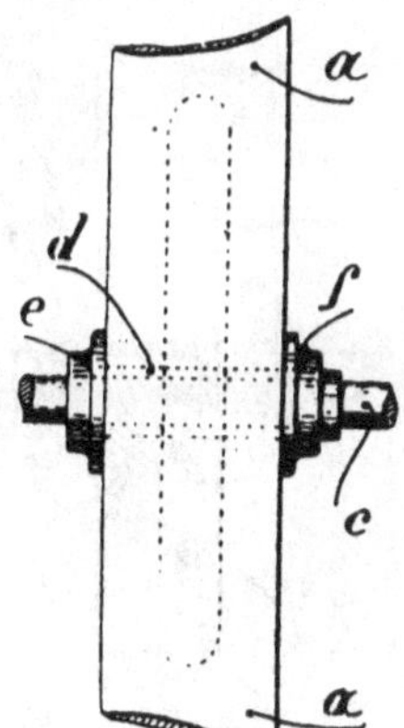

Fig. 754.

der Flügel in der Mitte hohl ist, die Nabe also nur von den beiden Endflächen gebildet wird. Die Veränderung der Ganghöhe wird nun dadurch erreicht, daß man unter Benutzung der Elastizität des Holzes den Abstand zwischen den beiden mittleren, die Nabe bildenden Teile der Schraube verändert.

Die Fig. 755 bis 757 zeigen eine derartig ausgeführte Schraube. Der Ausschnitt g hat im Grundriß die in der Fig. 755 und in der Seitenansicht die in der Fig. 756 dargestellte Form. Der mittlere Teil der Schraube besteht also aus den beiden Armen b^1 und b^2.

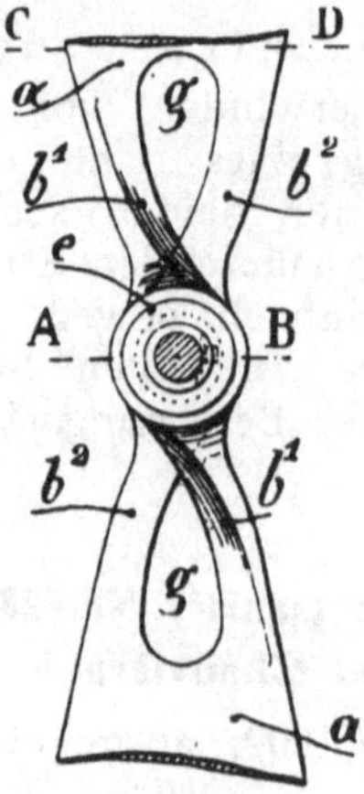

Fig. 755.

Wenn der Abstand zwischen diesen beiden Armen die normale Länge h (Fig. 757) hat, so nimmt der Flügel a im Schnitt C—D die Stellung i—k ein. Wenn man die Entfernung zwischen den Armen b^1, b^2 auf die Länge m verkürzt, so wird der Flügel die Stellung n—o

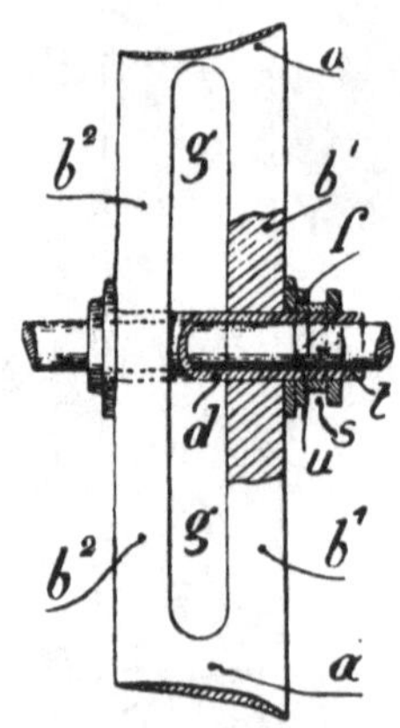

Fig. 756.

einnehmen, die Schraube also geringere Ganghöhe haben. Wenn man dagegen den Abstand zwischen den beiden Armen bis zur Länge p vergrößert, so wird der Flügel a die Stellung q—r einnehmen, die Schraube also größere Ganghöhe haben. Der Abstand zwischen den beiden Armen kann infolge der Elastizität des Holzes leicht verändert werden, und die sich daraus ergebende Regelung der Ganghöhe zwischen n—o und q—r ist für die Anforderungen der Praxis vollkommen ausreichend.

Fig. 756 zeigt eine geeignete Einrichtung zur Regelung des Abstandes zwischen den Armen b^1 und b^2, die darin besteht, daß man den losen Gegenflansch f der Buchse d mit einer äußeren Ringnut s versieht, in die eine in geeigneter Weise auf dem Rahmengestell der Schraube befestigte Gabel eingreift, mittels deren man den Gegenflansch auf der Welle c verschieben kann. Diese Gabel kann mit einer geeigneten Sperrvorrichtung versehen sein, welche den Gegendruck des Armes b^1 ausgleicht.

Da sich nun aber infolge des Verziehens des Materials der Schraube der Arm b^1, sobald er sich wagerecht zur Welle c verschiebt, auch etwas um diese Welle drehen wird und muß, ist es

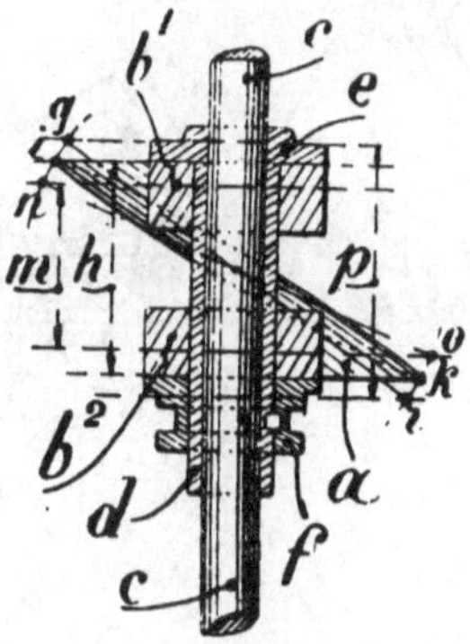

Fig. 757.

nötig, daß sich auch der mit diesem Arm b^1 zwangläufig verbundene Gegenflansch f etwas um die Welle c drehen kann, weshalb man den Vorstecker t, der die Drehbewegung der Welle auf die Buchse d überträgt, in einem schrägen Schlitz u gelagert hat, so daß sich also der Schraubenteil b^1 in bezug auf die Welle drehen kann.

Patentanspruch:

Holzpropeller für Luftfahrzeuge mit einem Ausschnitt im mittleren Teil der Schraube, dadurch gekennzeichnet, daß der Ausschnitt auch die Nabe in zwei Teile zerlegt, durch deren verstellbaren Abstand die Ganghöhe der Schraube geregelt wird.

239. Die Erfindung nach

Patentschrift Nr. 232 736,
Adolf Havel in Nancy, Frankreich,

angemeldet am 11. Januar 1910, ausgegeben am 20. März 1911, betrifft eine Anordnung von zwei oder mehreren Motoren in einer Flugmaschine, wobei beim Auffliegen derselben auch der zweite

Motor mit dem ersten bereits betriebenen gekuppelt und in Betrieb gesetzt werden kann, so daß also die Flugkraft beim Auffliegen verdoppelt wird. Die neue Anordnung eignet sich insbesondere zum selbsttätigen Inbetriebsetzen des zweiten Motors beispielsweise beim Versagen des ersten, so daß eine ungewollte Landung der Flugmaschine hierdurch leicht vermieden wird.

Auf der Kurbelwelle K^1 sitzt das Zahnrad 1, das an der linken Seite als Klauenkupplung 1^a ausgebildet ist. (Fig. 758 und 759.) Dieses Kupplungszahnrad 1 sitzt ganz lose auf der Kurbelwelle K^1 und kann durch den mittels zweier Rollen 2^a in dasselbe eingreifenden gabelförmigen Kupplungshebel 2, der mittels der Ver-

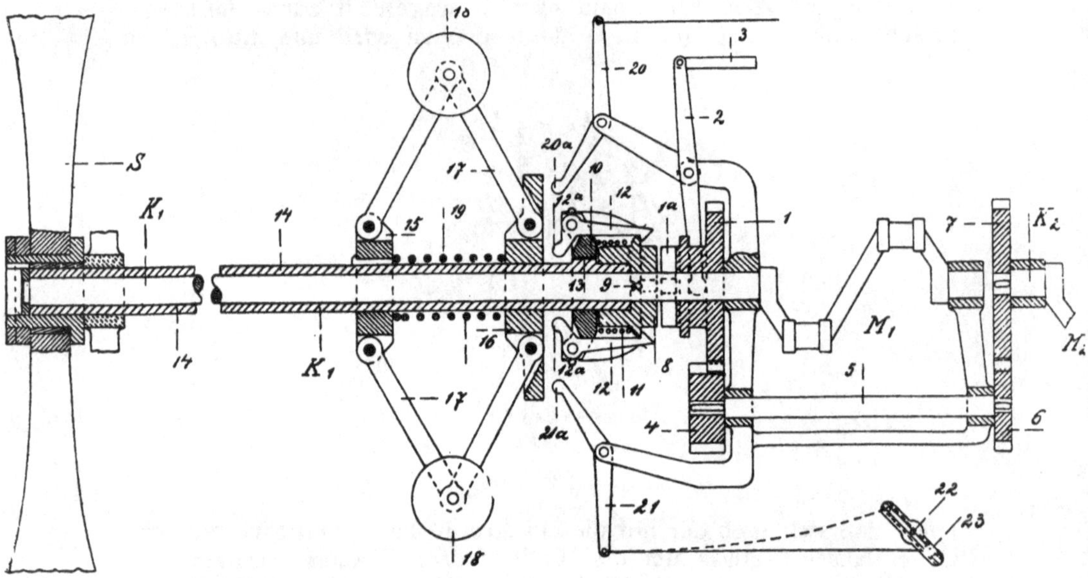

Fig. 758.

bindungsstange 3 vom Führersitz aus bewegt wird, nach links verschoben werden. Das Kupplungszahnrad 1 greift in das Zahnrad 4 ein, dessen Zähne so breit gehalten sind, daß bei einer Seitwärtsverschiebung des ersteren beide nicht außer Eingriff kommen. Das Zahnrad 4 sitzt fest auf der Hilfswelle 5, an deren anderem Ende ein zweites Zahnrad 6 festgekeilt ist, welches im Eingriff mit dem auf der Kurbelwelle K^2 des Motors M^2 festgekeilten Zahnrade 7 steht.

Auf der Kurbelwelle K^1 ist ferner noch die dreifache Kupplung 8 angeordnet, die bei dem in der Zeichnung dargestellten Beispiel nach rechts verschoben werden kann. Mit ihren auf der rechten Seite gelegenen Kupplungszähnen kann sie mit dem Kupplungszahnrad 1^a und durch die Zwischenglieder 1, 4, 6 und 7 mit dem Motor M^2 gekuppelt werden, mit ihren inneren Kupplungsvertiefungen ist sie durch die auf der Kurbelwelle K^1 sitzenden

Keile 9 in der Linksstellung mit der Kurbelwelle K^1 verbunden, während sie mit der als dritte Kupplung ausgebildeten linken Seite mit dem Klinkenträger 10 in verschiebbarer, aber unlösbarer Verbindung steht. Zwischen der dreifachen Kupplung 8 und dem Klinkenträger 10 ist eine Spiralfeder 11 angeordnet, die den Zweck hat, die dreifache Kupplung 8 nach rechts zu drücken, sobald letztere von den unter Federdruck stehenden Klinken 12 freigegeben wird. Tritt dieser Fall ein, dann wird die dreifache Kupplung 8 von der Kurbelwelle K^1 durch Verlassen der Keile 9 entkuppelt, dagegen mit dem Kupplungszahnrad 1^a und mittels der erwähnten Zwischenglieder mit dem Motor M^2 gekuppelt. Die linksseitigen Kupplungszähne 9^a der Kupplung 8 sowie die Kupplungszähne des Klinkenträgers 10 sind doppelt so lang, als der Weg ist, den die Seitwärtsbewegung der dreifachen Kupplung macht. Sie kommen deshalb nie außer Eingriff.

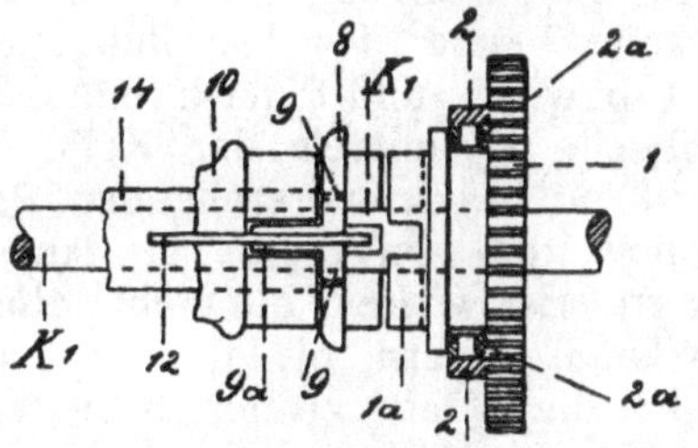

Fig. 759.

Da der Klinkenträger 10 mittels des Keiles 13 fest mit der Hülse 14 verbunden ist, so wird er von derselben mitgenommen, desgleichen die auf der Hülse 14 befestigte Schraube S. Auf der Hülse 14 ist ferner ein Zentrifugalregulator angeordnet, und zwar besteht dieser aus der auf der Hülse 14 festgekeilten Scharnierscheibe 15 und der losen und verschiebbaren Scharnierscheibe 16, die miteinander durch vier Gelenkstangen 17 und zwei Schwunggewichte 18 gelenkig verbunden sind. Zwischen den beiden Scharnierscheiben 15 und 16 befindet sich eine Regulierfeder 19. Die Schwunggewichte 18 können bei Motoren von weniger als sechs Zylindern das Schwungrad ersetzen.

Außer dem gabelförmigen Kupplungshebel 2, der mittels zweier Rollen 2^a das Kupplungszahnrad 1 umfaßt und es verschiebt, sind am Motor M^1 noch zwei andere Hebel gelagert. Der Hebel 20 hat die Zündung des Motors M^1 zu unterbrechen, sobald letzterer versagt. Der Hebel 21 dagegen dient dazu, die Zündung des Motors M^2 herzustellen. Diese Funktionen werden ausgeführt, indem die Scharnierscheibe 16 beim Versagen des Motors M^1 infolge Aufhörens der Fliehkraft der Schwunggewichte 18 sowie durch die Feder 19 nach rechts gedrückt wird, hier an die Hebelenden 20^a und 21^a anstößt und dieselben nach rechts verschiebt.

Die Wirkungsweise der eben beschriebenen Anordnung besteht in folgendem:

Die Fig. 758 zeigt eine Kupplungsstellung, wie sie vorliegt, wenn die Schraube S, vom Motor M^1 angetrieben, sich bereits im Umlauf befindet. Soll aber die Schraube S erst in Gang gesetzt werden, so dreht man an derselben ein wenig und schaltet die Zündung beider Motoren ein. In diesem Augenblick ist die Stellung der Kupplungen folgende: Durch das letzte Stehenbleiben der Motoren wurde die Scharnierscheibe 16 nach rechts gedrückt und stieß dabei an die Hebelenden 12^a der beiden Klinken 12 an, wodurch sich das hakenförmige Ende derselben in die Höhe hob und die dreifache Kupplung 8 freiließ. Dadurch kam letztere mit dem Kupplungszahnrad 1^a in Eingriff, kuppelte sich dabei jedoch durch Verlassen der Keile 9 mit der Kurbelwelle K^1 aus; es würde also nur der Motor M^2 die Schraube S antreiben.

Um nun den Motor M^1 als treibende Kraft mitwirken zu lassen, beispielsweise beim Auffliegen der Flugmaschine, rückt man mittels der Zugstange 3 und des Kupplungshebels 2 die beiden gekuppelten Teile 1 bzw. 1^a und 8 nach links, d. h. man kuppelt sie mit der Kurbelwelle K^1 mittels der Keile 9. Dabei wird die dreifache Kupplung 8 mit ihrem vorstehenden Randwulst unter die Klinken 12 geschoben und von diesen so lange festgehalten, bis der Motor 1 versagt. Es wirken nunmehr alle beiden Motoren.

Dies kann so lange dauern, bis die Flugmaschine aufgeflogen ist, also nicht mehr die Kraft zweier Motoren erforderlich ist. Man rückt dann den Motor M^2 aus, indem man das Kupplungszahnrad 1^a mittels des Kupplungshebels 2 und der Zugstange 3 nach rechts verschiebt, also von der dreifachen Kupplung 8 loskuppelt. Nachdem dann noch die Zündung des Motors M^2 von Hand abgestellt worden ist, bleibt der Motor M^2 stehen. Das Kupplungszahnrad 1 bzw. 1^a sitzt lose auf der Kurbelwelle K^1, ähnlich wie die Losscheibe eines Vorgeleges.

Bei regelmäßigem Gang des Motors M^1 (Fig. 758) haben die Schwunggewichte 18 durch die infolge der Drehung auftretende Fliehkraft das Bestreben, von der Achse wegzufliegen. Wenn diese Schwunggewichte von der Achse sich entfernen, wird durch die angeordneten Gelenkstangen 17 die Scharnierscheibe 16 nach links verschoben und die Regulierfeder 19 etwas zusammengedrückt.

Tritt nun der Fall ein, daß der Motor M^1 aus irgendeinem Grunde stehen bleibt, die Kurbelwelle K^1 also sich langsamer zu drehen beginnt, so nimmt natürlich die Fliehkraft der Schwunggewichte 18 ab. Die Scharnierscheibe 16 wird von der Feder 19 nach rechts gedrückt, wodurch sie an die Hebelenden 20^a und 21^a stößt und mittels des Hebels 20 die Zündung des Motors M^1 abstellt, während sie mittels des Hebels 21 die Zündung des Motors M^2 einschaltet. Die Scharnierscheibe 16 stößt außerdem noch an die beiden Klinkenenden 12^a an, wodurch sich das hakenförmige Ende der Klinken hebt und die dreifache Kupplung 8 freiläßt, die, von der Feder 11 gedrückt, sich nach rechts verschiebt, von der Kurbelwelle K^1 durch Verlassen der Keile 9 sich entkuppelt und mit den rechten Kupplungszähnen in die Kupplungslücken des Kupplungszahnrades 1^a sich einschiebt.

Da die Kupplungszähne des Klinkenträgers 10 noch einmal so lang sind, als der Weg der dreifachen Kupplung 8 ausmacht, so bleiben der Klinkenträger 10 und die Kupplung 8 trotz der seitlichen Bewegung der letzteren in Verbindung bzw. in Eingriff. Die Schraube S wird nunmehr von dem Motor M^2 angetrieben, indem sich die Bewegung seiner Kurbelwelle K^2 durch die Zahnräder 7 und 6 auf die Hilfswelle 5 überträgt, diese dann das Zahnrad 4 und das Kupplungszahnrad 1 antreibt, welche letztere mittels der dreifachen Kupplung 8 und des auf der Hülse 14 festgekeilten Klinkenträgers 10 die die Schraube S tragende Hülse 14 in Drehung versetzt. Die Hülse 14 dreht sich dann nicht mehr, wie beim Arbeiten des Motors M^1, mit der Kurbelwelle K^1, sondern um dieselbe. Da, wie bereits erwähnt, die Schraube S auf der Hülse 14 festgekeilt ist, so bleibt dieselbe also trotz Versagens des Motors M^1 in Bewegung, wodurch ein ungewolltes Landen verhindert wird.

Ist die Flugmaschine mit den beiden Motoren im Betriebe aufgeflogen, so stellt man zuerst den Motor M^2 durch Ausschalten ab, so daß also der Motor M^1 allein die Flugmaschine treibt. Will man nun landen, so muß naturgemäß auch der Motor M^1 abgestellt werden. Würde nun die Zündung des Motors M^1 abgestellt werden, so würde durch das Nachlassen der Fliehkraft der Schwunggewichte die Scheibe 16 nach rechts verschoben werden, wodurch sie durch Anstoßen an den die Zündung des Motors M^2 einschaltenden Hebel 21 den Motor M^2 in Betrieb setzen würde. Um dies zu verhindern, ist folgende Einrichtung getroffen. An der Achse des Kontakterstellers ist ein längliches, an der Stirnseite mit einer T-Nut versehenes Stück 22 angebracht. In dieser T-Nut ist ein mittels Draht mit dem Hebel 21 verbundenes Gleitstück 23 angeordnet, welches in der Nut von Hand aus verstellt werden kann.

Die in der Fig. 758 gezeichnete Stellung des T-Nutstückes 22 entspricht der Stellung, in der sich der Motor M^1 in Gang befindet und die Zündung des Motors M^2 abgestellt ist. Will man nun auch den Motor M^1 zum Stehen bringen, so stellt man die Zündung des Motors M^1 ab, und damit durch das Stehenbleiben desselben die Zündung des zweiten Motors M^2 nicht durch die Scheibe 16 eingeschaltet wird, verschiebt man das im T-Nutstück gleitende Gleitstück 23 nach oben, wodurch der zum Hebel 21 führende Draht entspannt wird (in der Figur strichpunktiert). Es kann deshalb beim Bewegen des Hebels 21 durch die Scheibe 16 dem T-Nutstück keine Schwingung erteilt werden, die Zündung des Motors M^2 wird also nicht eingeschaltet. Beim Anlaufenlassen beider Motoren hat man dann nur deren Zündungen einzuschalten und das Gleitstück 23 nach unten zu schieben. Wenn man der Mithilfe des Motors M^2 nicht mehr bedarf, kuppelt man denselben aus und stellt dessen

Zündung ab, die dann bereit ist, automatisch eingestellt zu werden, sobald der Motor M^1 versagt.

Patentansprüche:

1. Vorrichtung zur selbsttätigen Einschaltung des Hilfsmotors bei Kraftanlagen mit Haupt- und Hilfsmotor, dadurch gekennzeichnet, daß die infolge Stehenbleibens des Betriebsmotors eintretende Verringerung der Fliehkraft eines Zentrifugalregulators dazu benutzt wird, durch Auslösung von Klinken (12) eine unter achsialem Federdruck stehende Kupplung (8) freizugeben, die sich dann von der Kurbelwelle (K^1) des stehenbleibenden Motors (M^1) loskuppelt und mit dem zweiten Motor (M^2) durch Zwischenglieder (1^a, 1, 4, 5, 6, 7) sich kuppelt, während sie mit der die Schraube (S) antreibenden Hülse (14) gleichfalls gekuppelt bleibt.

2. Ausführungsform der Vorrichtung nach Anspruch 1, dadurch gekennzeichnet, daß ein Hebel (20) zum Ausschalten der Zündung des stehenbleibenden Motors und ein Hebel (21) zum Einschalten der Zündung des Hilfsmotors angeordnet ist, welche beide durch die infolge Nachlassens der Fliehkraft des Zentrifugalregulators auf der Hülse (14) sich achsial verschiebende Scheibe (16) bewegt werden.

3. Ausführungsform der Vorrichtung nach Anspruch 1, dadurch gekennzeichnet, daß zwischen der verschiebbaren Scheibe (16) und der dreifachen Kupplung (8) ein Klinkenträger (10) angeordnet ist, dessen Klinken (12) infolge Anstoßens der Scheibe (16) an die Klinkenenden (12^a) bewegt werden, wodurch die dreifache Kupplung (8) freigegeben wird, die nunmehr unter dem Einfluß der Spiralfeder (11) sich seitlich verschiebt und dadurch von der ersten treibenden Welle (K^1) infolge Verlassens der Keile (9) entkuppelt wird, während sie mit dem zweiten Motor (M^2), der dann die Schraube (S) antreibt, gekuppelt wird.

4. Ausführungsform der Vorrichtung nach Anspruch 1, dadurch gekennzeichnet, daß mittels Hebel (2, 3) die Zahnradkupplung (1^a) mit der dreifachen Kupplung (8) gekuppelt wird, wodurch auch der zweite Motor (M^2) zur Einwirkung auf die Schraube (S) gebracht wird.

5. Ausführungsform der Vorrichtung nach Anspruch 1, gekennzeichnet durch Anordnung von Schwunggewichten (18), die entweder dem einen oder dem anderen Motor oder auch beiden Motoren zusammen als Schwungrad dienen können.

6. Ausführungsform der Vorrichtung nach Anspruch 1, dadurch gekennzeichnet, daß zwecks Uebertragung der Arbeit des zweiten Motors auf die Schraube eine Hilfswelle (5) erst in Betrieb gesetzt wird, nachdem der erste Motor versagt hat, oder nachdem durch Verschiebung der Hebel (3, 2) die Zahnradkupplung (1^a) mit der dreifachen Kupplung (8) gekuppelt worden ist.

7. Ausführungsform der Vorrichtung nach Anspruch 2, dadurch gekennzeichnet, daß, um eine Abstellung beider Motoren

zu ermöglichen, zwecks Verhinderung der Einwirkung der Scheibe (16) auf den Hebel (21) bei Abstellung der Zündung des Betriebsmotors der Hebel (21) mit dem Kontakthersteller verbunden ist, an dessen Achse ein mit einer Nut versehenes Stück (22) angebracht ist, wobei in der Nut ein mittels Draht mit dem Hebel (21) verbundenes verschiebbares Gleitstück (23) angeordnet ist, welches im Nutstück (22) nach oben verschoben wird, so daß der von dem Hebel (21) betätigte Draht schlaff und somit unwirksam wird.

240. Die

Patentschrift Nr. 232 859
Johann Burkard in Hamburg,

angemeldet am 13. Januar 1908, ausgegeben am 24. März 1911, beschreibt eine Schraube für Flugapparate, bei der die Flügel der Schraube in zweifacher Weise derart verstellt werden können, daß einerseits die Lage des unteren Flügelkreuzes zu der des

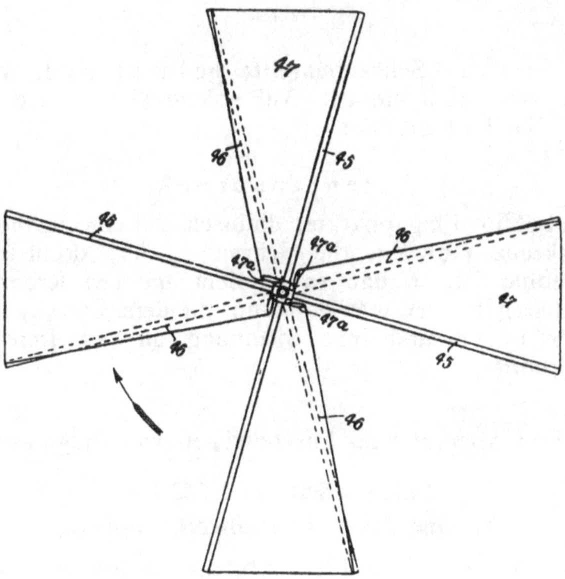

Fig. 760.

oberen Kreuzes und anderseits die nach dem Innern der Flügel zunehmende Wölbung derselben verändert werden kann.

Die Schraube (Fig. 760 und 761) besteht aus zwei Flügelkreuzen 45, 46, von denen ersteres 45 auf der Schraubenwelle 39 festsitzt, während letzteres 46 um diese Welle 39 drehbar und auf ihr verschiebbar ist und mittels einer Stellschraube 11 festgestellt werden kann. Zwischen den beiden Kreuzen 45 und

46 sind die aus Segelleinen, Aluminiumblech o. dgl. hergestellten Flügel 47 angeordnet, die bei der zueinander versetzten, aus Fig. 760 ersichtlichen Stellung der beiden Kreuze 45 und 46 an ihren äußeren Enden straff gespannt sind, an ihren inneren Enden aber eine mehr oder weniger starke Krümmung 47ª erhalten. Dadurch wird erreicht, daß die Luft bei der Drehung der Schraube von den

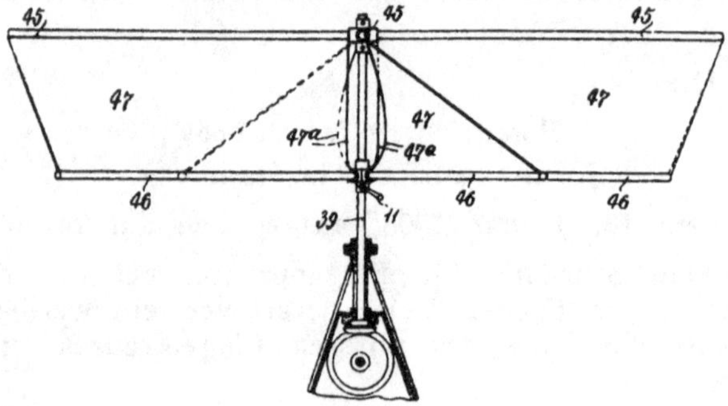

Fig. 761.

Flügeln 47 nach der Schraubenmitte gedrückt wird, woselbst sie ihren Weg nach unten nimmt. Auf solche Weise wird eine Saugwirkung in der Luft erzeugt.

Patentanspruch:

Schraube für Flugapparate, dadurch gekennzeichnet, daß das eine Flügelkreuz (46) um die Schraubenachse drehbar und auf ihr verschiebbar ist, so daß es zu dem anderen Kreuz (45) verstellt und ihm genähert werden kann, zu dem Zweck, die Schrägstellung der Flügel und ihre Spannung an der Innenseite verändern zu können.

241. Der Apparat zum Fortbewegen von Flugmaschinen nach

Patentschrift Nr. 232 976

Antoine Muttl in Hanwell, England,

angemeldet am 17. März 1909, ausgegeben am 29. März 1911,

gehört zur Art derjenigen, bei welchem oszillierende Flügel vorgesehen sind, die bezüglich der Flugrichtung während des Arbeitshubes nach unten geneigt werden und beim Rückhube eine Neigung nach aufwärts erfahren.

Die Einrichtung ist in den Fig. 762 bis 764 dargestellt. A ist der Hauptkörper des Apparates und B ist einer der Flügel. Eine Scheibe C oder ein Arm, eine Kurbel oder ein Rad wird auf jeder Seite der Antriebswelle D angeordnet, die durch ein Schneckengetriebe E oder auf andere Weise von einem Motor oder einer anderen geeigneten Kraftquelle aus in Drehung versetzt wird. An jeder Scheibe C ist das eine Ende eines Armes F unter Vermittlung eines Universalgelenkes f befestigt. Dieser Arm F ist an einem geeigneten Punkte zwischen den beiden Enden unter Vermittlung einer Hülse F^1 gleitbar auf der horizontalen Stange G angeordnet. Das andere Ende des Armes F sitzt dagegen fest an dem festen Gliede H, welches als der feste Vorderteil oder die Hauptrippe des Flügels bezeichnet werden kann. Das Ende dieser Hauptrippe H ist mit einem geschlitzten, segmentförmigen Arm h versehen, der in jeder beliebigen Stellung an einer Hülse h^1 festgeklemmt werden kann, die an einem Ende der horizontalen Stange G oder in der Nähe derselben angeordnet ist, wie dies Fig. 764 zeigt. Die horizontale Stange G wird durch einen rechtwinkligen oder anderen Rahmen I getragen, der am Hauptteil A des Apparates in der Weise befestigt ist, daß er um eine senkrechte oder annähernd

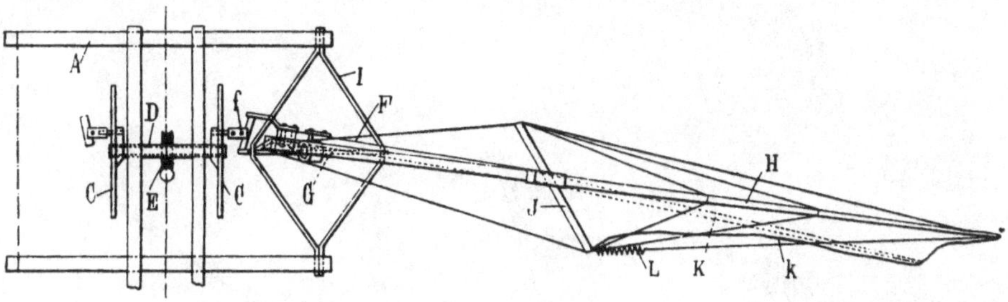

Fig. 762.

senkrechte Achse Schwingungen ausführen kann. Die Teile des Rahmenwerkes, die den Rahmen I tragen, können, wenn gewünscht, so ausgebildet sein, daß sie eine Einstellung und damit eine Neigung ermöglichen, um die Neigung der Flügel verändern zu können. J ist ein Querstück und K eine nachgiebige oder biegsame Hilfsrippe, die an dem Schwingarm F befestigt ist. Diese beiden Glieder zusammen mit der Hauptrippe H und dem Schwingarm F bilden das Rahmenwerk, auf welchem die aus dünnem Blech, gefirnißtem Stoff oder ähnlichem Material bestehende Flügeldecke befestigt wird.

Wenn die Welle D, von der rechten Seite aus beurteilt, entgegen dem Uhrzeiger gedreht wird, so erhält das Universalgelenk f und ebenso das entsprechende Ende des Schwingarmes F eine Kreisbewegung. Der Schwingarm ist auf der horizontalen Stange G in solcher Weise angeordnet, daß diese Kreisbewegung auch eine Winkelbewegung der Stange um die senkrechte Achse ihres Tragrahmens I veranlaßt. Diese Winkelbewegung der Stange G veranlaßt eine Bewegung der Hauptrippe H, so daß während des Arbeitshubes der Schwingarm F die Abwärtsneigung des Flügels veranlaßt, während die erwähnte Hauptrippe H gleichzeitig die Bewegung nach hinten bewirkt, da sie nach hinten gezogen und gedreht wird aus einer Stellung, in welcher sie annähernd im rechten Winkel zur Bewegungsrichtung der Maschine liegt und schließlich in eine Stellung gelangt, die annähernd parallel zur Bewegungsrichtung der Maschine ist. Es ist zu bemerken, daß während der ersten Hälfte des Arbeitshubes der Vorderteil B[1] des Flügels niedergedrückt und während der zweiten Hälfte wieder gehoben wird, daß aber der Flügel als Ganzes während des ganzen Arbeitshubes nach vorn abwärts geneigt bleibt und seine horizontale Lage erst bei Beendigung des Arbeitshubes erlangt. Ebenso wird während der ersten Hälfte des Rückhubes der Vorderteil B[1] der Flügel gehoben und während der zweiten Hälfte nieder-

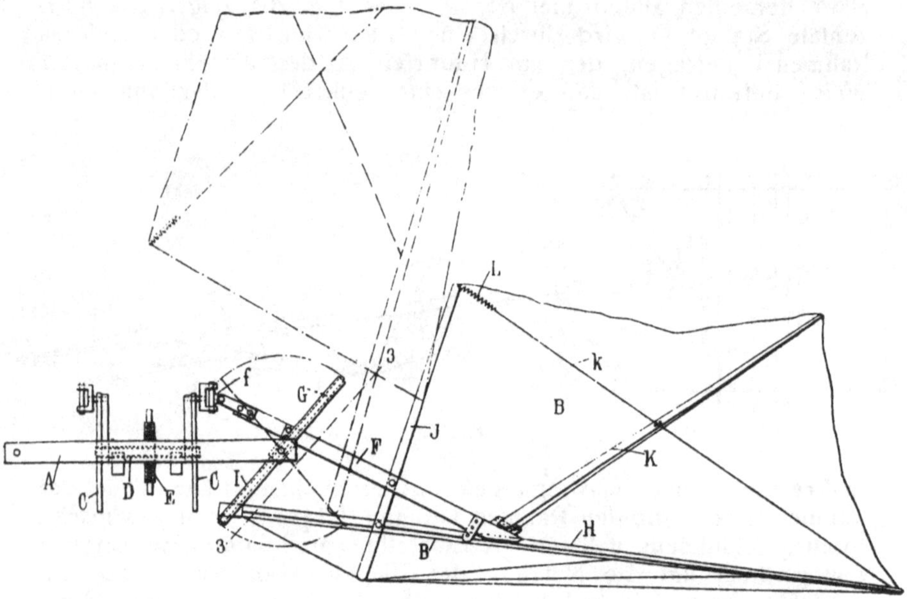

Fig. 763.

gedrückt. Der Flügel als Ganzes bleibt jedoch während des ganzen Rückhubes nach vorn aufwärts geneigt und gelangt erst bei Beendigung des Rückhubes in seine horizontale Stellung zurück. Während des Arbeitshubes sind die nachgiebigen Teile der Flügel unter dem Einfluß des auf die untere Seite wirkenden Luft- oder Wasserdrucks bestrebt, die Neigung der Flügel nach vorn abwärts zu verstärken, wodurch die tatsächliche Wirkung hinsichtlich der Vorwärtsbewegung der Maschine vergrößert wird. Während des Rückhubes werden dagegen die nachgiebigen Teile, wie schon erwähnt, schlapp und haben nun die Neigung, die Maschine zu heben und zu unterstützen.

Die horizontale Stange G schwingt um eine senkrechte Achse, während der Schwingarm F, auf dessen eines Ende die Kreisbewegung übertragen wird, auf der horizontalen Stange hin und her gleitet. Um Einstellungen zu ermöglichen, kann der

Schwingarm F teleskopartig oder in anderer Weise bezüglich seiner Länge verstellbar ausgestaltet sein. Ebenso kann der Teil des Universalgelenks, der an der drehbaren Scheibe oder an dem Rade C befestigt ist, einstellbar sein. Jede solche Einstellung kann entweder von Hand aus oder automatisch erfolgen unter Benutzung der Drehbewegung dieser Scheibe. Die horizontale Stange G wird zweckmäßig so angeordnet, daß sie in den äußersten Stellungen ihrer oszillierenden Bewegung zu der Ebene der drehbaren Scheibe in einer gewissen Neigung steht. Auch der Winkel zwischen dem Schwingarm F und der horizontalen Stange G ist zweckmäßig mehr als ein rechter Winkel.

Die Hilfsrippe K kann aus nachgiebigem, biegsamem Material bestehen, z. B. aus Bambus. Dieselbe wird mit dem einen Ende gelenkig an dem Schwingarm F oder an der Hauptrippe H befestigt

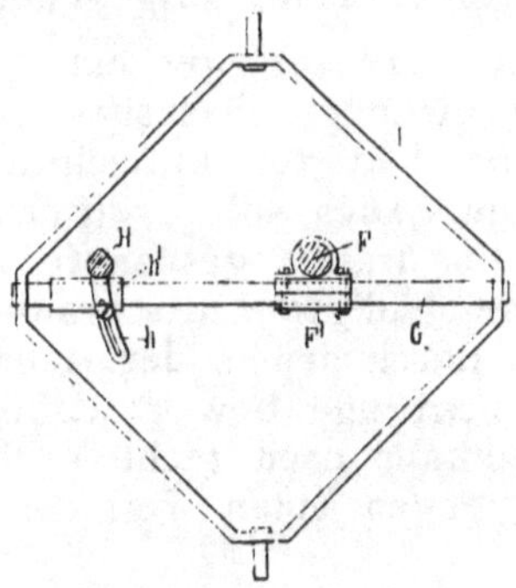

Fig. 764.

und in ihrer Stellung durch einen oder mehrere Stahldrähte k gesichert, welche an geeigneten Punkten der Rippe K befestigt sind und einerseits nach dem äußeren Ende der Hauptrippe H, anderseits nach dem Querstück J führen. Die Verbindung mit dem Querstück J kann durch eine Spiralfeder L erfolgen, so daß die Drähte k der Nachgiebigkeit der Rippe K unter dem Einfluß des auf den entsprechenden Teil des Flügels einwirkenden Drahtes keinen Widerstand entgegensetzen.

Patentansprüche:

1. Apparat zur Fortbewegung von Fahrzeugen in Luft oder Wasser unter Vermittlung oszillierender Flügel, welche beim Arbeitshube nach vorn abwärts, beim Rückhube nach vorn aufwärts geneigt werden, dadurch gekennzeichnet, daß ein Ende der Hauptrippe (H) jedes Flügels (B) am Ende oder nahezu am Ende einer Horizontalstrebe (G) befestigt ist, die von einem um eine vertikale oder nahezu vertikale Achse drehbaren Rahmen (J) getragen wird, wobei ein Arm (F), der an einem Zwischenpunkte seiner Länge mit der Strebe (G) auf der einen Seite der vorgenannten Vertikal-

achse gleitbar und drehbar verbunden ist, mit einem Ende an die Hauptrippe (H) und mit dem anderen Ende durch ein Universalgelenk (f) an ein drehbares Glied exzentrisch angeschlossen ist, so daß durch die hierdurch erzielte Bewegung der Flügel der Flugmaschine sowohl Auftrieb wie Vortrieb erteilt wird.

2. Apparat nach Anspruch 1, dadurch gekennzeichnet, daß die Hauptrippe (H) in verschiedenen Abständen von der Achse der Horizontalstrebe (G) eingestellt werden kann, zum Zweck, die anfängliche Neigung des Flügels (B) zu regulieren.

242. Die Erfindung nach

Patentschrift Nr. 233 099
Georg Killat in Friedenau,

angemeldet am 6. Oktober 1908, ausgegeben am 29. März 1911,

verfolgt den Zweck, bei dem Versagen einer Luftschraube an Flugzeugen mit mehreren nicht gleichachsig liegenden Luftschrauben das Abstellen der unbeschädigten Luftschraube in kürzester Zeit selbsttätig zu bewirken. Dies soll dadurch geschehen, daß eine von dem Zug der Luftschraube gespannte Feder beim Versagen der letzteren die unbeschädigte Luftschraube abstellt. Die Luftschraubenwelle a wird durch den in der Achsenrichtung wirkenden Zug nach rechts gedrückt und bewegt dabei den sich nicht mitdrehenden Ring b ebenfalls nach rechts. Dieser Ring spannt die Feder c, welche sich gegen einen Teil des Fahrzeuges d stützt

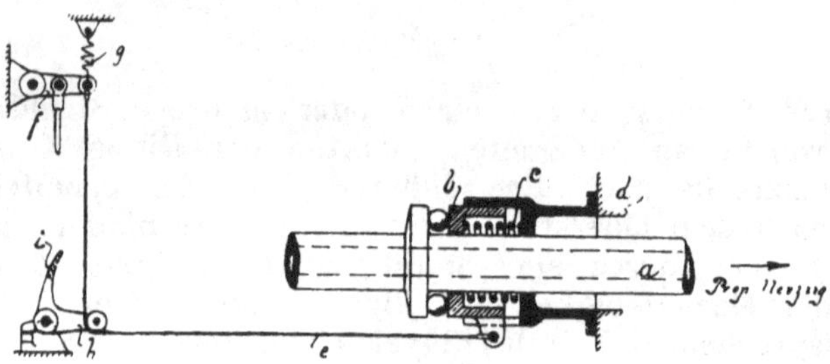

Fig. 765.

und die Zugkraft auf das letztere überträgt. Die Bewegung des Ringes b wird durch ein beliebiges Zwischenglied, hier ein Seil e, auf die Absperrvorrichtung f übertragen, welche dadurch die andere Luftschraube freigibt.

Sobald die Luftschraube auf der Welle a versagt, drückt die Feder c den Ring b und das Zwischenglied e zurück. Dadurch tritt die Abstellvorrichtung f durch die Feder g in Tätigkeit, und die andere Luftschraube wird außer Betrieb gesetzt.

Bei dieser Anordnung könnte die eine Luftschraube sich jedoch nur bewegen, wenn die andere schon läuft und eine genügende Zugkraft entwickelt, um den Druck der Feder c zu überwinden. Denn nur dann erlaubt die Absperrvorrichtung eine Bewegung. Um ein beliebiges Anlassen der Luftschrauben zu ermöglichen, ist das Seil e über eine Rolle geführt, welche an einem Hebel h befestigt ist, wie Fig. 765 zeigt. Ist die Feder c nicht durch den Zug zusammengedrückt, so kann durch einen Druck auf den Hebel h (bei i) das Seil e gespannt und die Absperrvorrichtung außer Tätigkeit gesetzt werden. Statt durch den eingeschalteten Hebel h kann natürlich die Vorrichtung f auch unmittelbar bewegt werden.

Als Absperrvorrichtung können beliebige Mittel benutzt werden, z. B. Ventile in der Brennstoff- bzw. Luftzuleitung oder Ausschalter in der Zündleitung; ferner kann die Vorrichtung auf eine Kupplung oder auf eine Bremse der anderen Schraubenwelle einwirken.

Patentanspruch:

Einrichtung zur Erhaltung der Stabilität von Flugzeugen mit mehreren nicht gleichachsig liegenden Luftschrauben, dadurch gekennzeichnet, daß je eine durch den Zug der Luftschrauben gespannte Feder beim Versagen einer Luftschraube eine unter Umständen auch von Hand zu bedienende Vorrichtung in Tätigkeit setzt, welche die symmetrisch liegende Luftschraube abstellt, indem letztere z. B. ausgekuppelt oder gebremst wird, oder indem der Motor etwa durch Schalter in der Zündleitung abgestellt wird, so daß die gesamte Antriebskraft zwar kleiner wird oder aufhört, aber ihre Lage zum Flugzeuge nicht ändert.

243. Die Erfindung nach

Patentschrift Nr. 235 252

Leopold Cserháti in Salgótarján, Ungarn,

angemeldet am 16. September 1909, ausgegeben am 1. Juli 1911,

zeichnet sich dadurch aus, daß einmal die angetriebenen Schlagflügel während der Abwärtsbewegung eine größere Spannweite erreichen und eine größere Bogenlaufbahn beschreiben als während der Aufwärtsbewegung, daß ferner die Laufbahnebenen der einzelnen Flügel während der Schlagbewegungen verstellbar sind, und daß die Kraftübertragungselemente alle rotierende Bewegungen haben.

Der die Erfindung darstellende Antrieb für Schlagflügel ist auf einer Welle a montiert. (Fig. 766 und 767.)

Der Flügelarm l, gelagert und geführt durch die gegenläufigen Kurbelzapfen b, c, beschreibt bei einer ganzen Umdrehung in Pfeilrichtung der Zahnräder d, e zwei verschiedene Bogenbahnen, und zwar ist bei der Abwärtsbewegung die Spannweite um den Umlaufsdurchmesser des Antriebszapfens c oder b größer als bei der Aufwärtsbewegung der Flügel. Die ineinander eingreifenden

Zahnräder d, e sind an einer gemeinsamen Hülse h gelagert. Das innere Zahnrad e ist als Stirn- und Kegelrad ausgebildet und wird durch das auf der Welle a drehbar gelagerte, mit dem vom Motor angetriebenen Kettenrad f aus einem Stück bestehende Kegelrad g angetrieben.

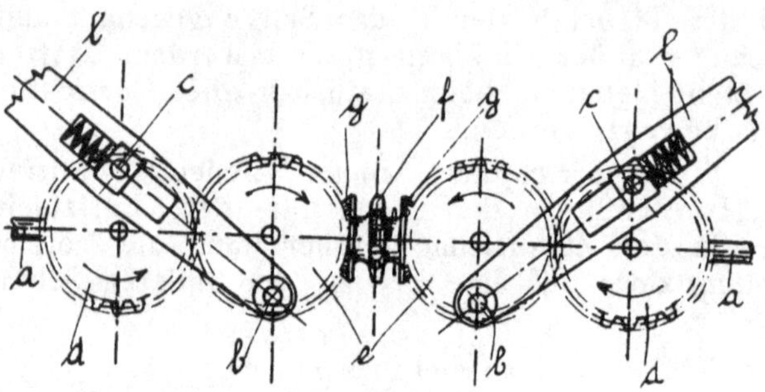

Fig. 766.

Die auf der Welle a drehbar angeordnete Hülse h kann während der Flügelbewegung verstellt werden.

Die Hülse h (Fig. 767) liegt drehbar auf der Achse a und ist auch während der Flügelbewegungen verstellbar. Die Kraftübertragung geschieht durch das Kettenrad f, welches mit dem Kegelrad g ein Stück bildet, und ist auch drehbar auf der gemeinsamen Achse a montiert.

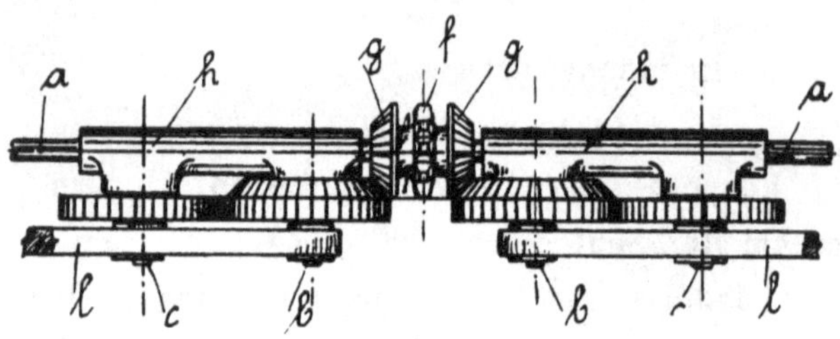

Fig. 767.

Patentansprüche:

1. Antrieb für Schlagflügel, dadurch gekennzeichnet, daß der Flügelarm (l) an einem Kurbelzapfen (b) gelagert ist, während ein weiterer gegenläufiger Kurbelzapfen (c) in einem Schlitz des Flügelarmes geführt ist.

2. Antrieb für Schlagflügel nach Anspruch 1, dadurch gekennzeichnet, daß die Kurbelzapfen an Zahnrädern (d und e) befestigt sind, die miteinander in Eingriff stehen, wobei die Zahnräder an einer Hülse (h) gelagert sind, und das als Stirn- und Kegelrad ausgebildete Zahnrad (e) mit einem auf der Achse (a) drehbar

angebrachten, vom Motor aus angetriebenen Kegelrad (g) in Eingriff steht.

3. Antrieb für Schlagflügel nach Anspruch 1 und 2, dadurch gekennzeichnet, daß die Hülse (h) auf der Achse (a) drehbar ist.

244. Die

Patentschrift Nr. 235 750
Albert Groß in Bad Ems,

angemeldet am 5. August 1909, ausgegeben am 20. Juni 1911,

betrifft eine Schraube, deren eine geeignete Bespannung tragender Rahmenbügel der Flügel an zwei getrennten Muffen- bzw. Kuppelteilen der Schraubennabe befestigt ist, von denen der eine durch eine zum Zwecke der Umsteuerung verstellbare Kuppelung mit der Antriebswelle verbunden ist, während der andere lose auf der Welle sitzt.

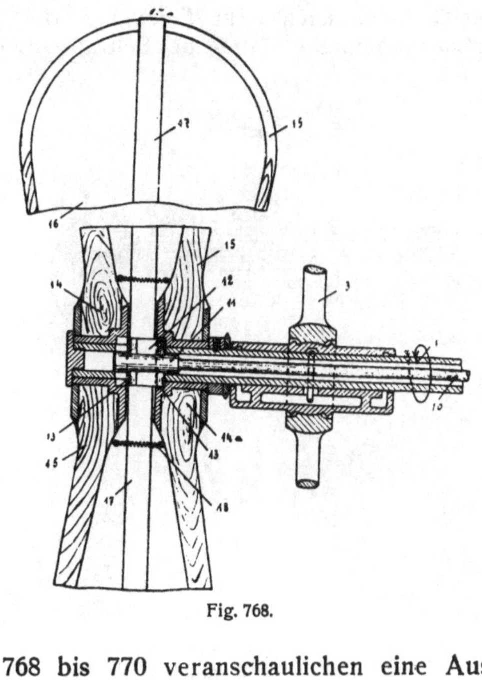

Fig. 768.

Die Fig. 768 bis 770 veranschaulichen eine Ausführungsform der Schraube.

Die Schraubenwelle 1 wird gehalten von den Lagern 2 und 3, die durch Streben im Gerüst festgelegt sind. Von der Kurbel 4 wird mittels Kette oder Seil 5 und der Zahnräder 6 und 7, welch letzteres in eine Verzahnung 8 eingreift, die Steuerung der Schraube bewirkt. Die in dem Drucklager 9 ruhende Steuerstange 10, die in der hohlen Schraubenwelle liegt und die Verzahnung 8 hat, hält an ihrem anderen Ende 11 Kuppelkeile 12, welche beim Bewegen der Kurbel 4 und damit der Stange 10 mit den Aussparungen 13 der Schraubennabe 14 oder 14[a] in und außer Eingriff gebracht werden können. Die Schraube selbst besteht aus den Naben 14 und 14[a], welche durch die Bügel 15 und einen Bezug 16 aus Segeltuch o. dgl. Stoff zu einem Körper vereint sind. 17 ist ein

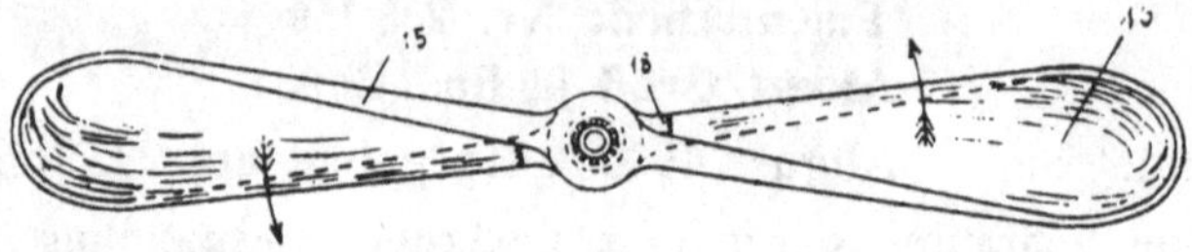

Fig. 769.

Versteifungskörper und 18 sind Federn, die eine Begrenzung elastischer Art des Steigungswinkels der Schraube bilden sollen. Die Schraubenwelle 1 wird in bekannter Weise von einem Motor in Umlauf gesetzt.

Beim Betrieb oder nach dem Einrücken der Kuppelkeile 12 in 13 wird die Schraubennabe 14 mit der Schraubenwelle 1 in Umlauf

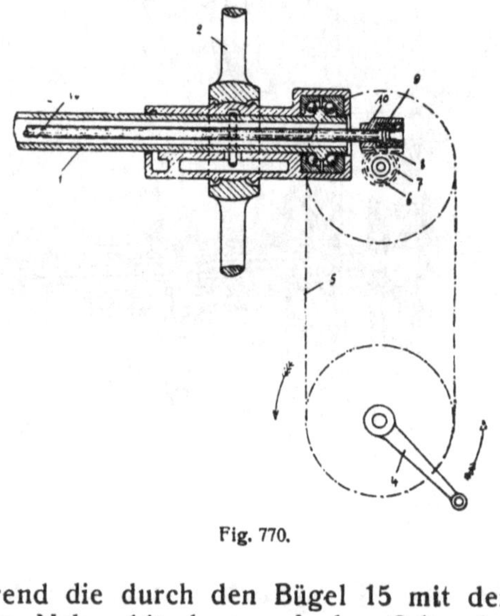

Fig. 770.

gebracht, während die durch den Bügel 15 mit der Nabe 14 verbundene zweite Nabe 14[a] lose auf der Schraubenwelle sitzend folgt; es eilt also der eine Arm des Bügels 15, und zwar der, der an der Kurbelstange 14 sitzt, dem anderen Arm vor, wodurch der Steigungswinkel der Schraube gebildet wird. Soll die Schraube während des Betriebes umgesteuert werden, so werden durch Drehen der Kurbel 4 die Kuppelkeile 12 mit dem anderen Nabenteil in Eingriff gebracht.

Patentanspruch:

Schraube für Luftfahrzeuge mit elastischen, in der Achsenebene angeordneten und unter dem Luftdruck in Schraubenform ausbiegbaren Flügeln, dadurch gekennzeichnet, daß der eine geeignete Bespannung tragende Rahmenbügel der Flügel an zwei getrennten Muffenteilen befestigt ist, von denen der eine durch eine zum Zwecke der Umsteuerung verstellbare Kuppelung mit der Antriebswelle verbunden ist, während der andere lose auf der Welle sitzt.

245. Die

Patentschrift Nr. 236 190
Carl Kropp in Deuben, Bezirk Dresden,
angemeldet am 21. Juni 1909, ausgegeben am 30. Juni 1911,

bezieht sich auf eine Flugmaschine mit Wendeflügelrädern, deren Flächen beim Niedergang oder auch beim Hochgang derartig schräg zur Rotationsebene eingestellt werden, daß beim Niedergang ein Vortrieb erzielt wird, zugleich mit dem Auftrieb und beim Aufgang gleichfalls ein Auftrieb durch Drachenwirkung unter Ausnutzung des Vortriebs.

Die Einstellvorrichtung ist so ausgebildet, daß sie eine schraubenförmige Verdrehung der Flügel gestattet und auch eine Schräglage der niedergehenden Flügel ermöglicht. Hierdurch können die Flügel in der Niedergangsperiode als Vortriebsorgane und als Hubmittel dienen, in der Hochgangsperiode jedoch unter Wirkung der zusammengesetzten Bewegungen aus Hochgang der Flügel (Drehgeschwindigkeit) und Vorwärtsbewegung als Gleitflächen wirken.

Da nun die innere Kante der Flügel sehr nahe an der Drehachse der Schlagräder liegt, besitzt sie eine wesentlich geringere Umfangsgeschwindigkeit als die äußere Kante und somit eine ganz andere Neigung der zusammengesetzten Geschwindigkeit. Aus diesem Grunde ist eine schraubenförmige Verwindung derselben notwendig.

In Fig. 771 und 772 ist die Steuerscheibe der Einstellvorrichtung, in Fig. 773 und 774 die Vorrichtung zur schraubenförmigen Verwindung der Flügel dargestellt. Die Steuerung der Flügel geschieht unter Vermittlung einer Zugstange 1, die mittels Hebels oder Zahnrades unmittelbar an der Flügelachse 2 angreift, durch eine geteilte, verstellbare Steuerscheibe 12, deren eine Hälfte die Flügel in der Hochgangsperiode und deren andere Hälfte die Flügel in der Niedergangsperiode steuert. Die Verstellbarkeit der Steuerscheibe ist dadurch erreicht, daß sie auf Gewindebolzen 13 gelagert ist, die in Gruppen, zu je einer Hälfte gehörig, durch Zugorgane (Ketten oder Seile) 14 gedreht werden können.

Die Verbindungsstücke 15 der beiden Steuerscheibenhälften sind drehbar angekuppelt und durch Einschaltung eines Ausdehnungsstückes 16 in der Länge veränderlich. Diese verstellbare Steuerscheibe gestattet also, den Flügeln sowohl in der Hochgangs-

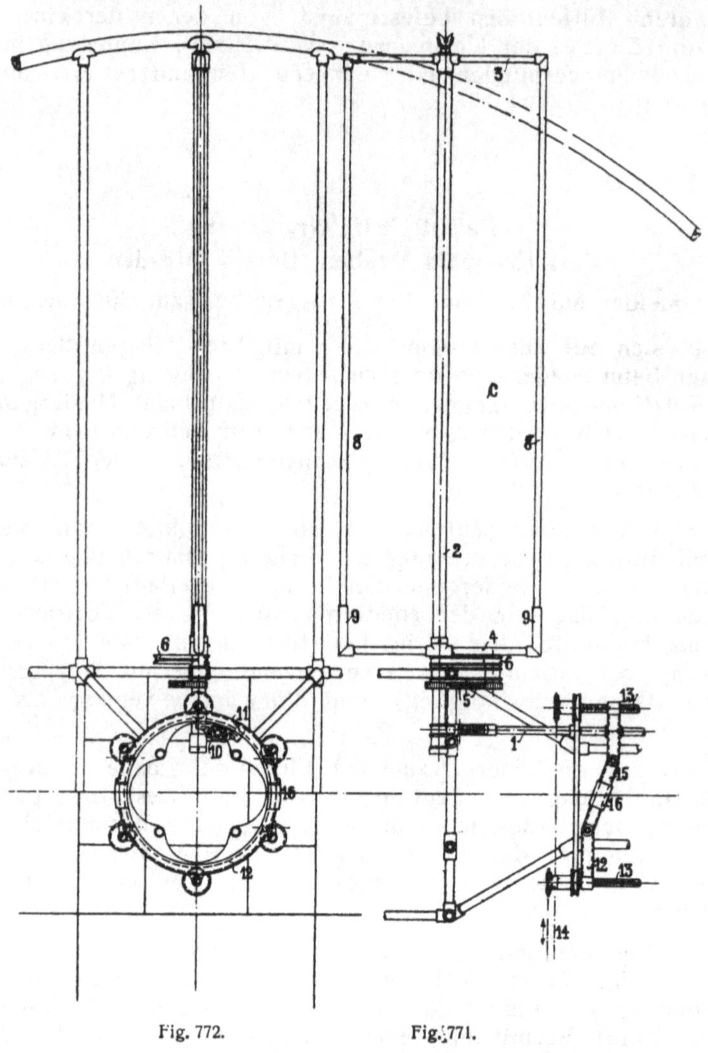

Fig. 772. Fig. 771.

als auch Niedergangsperiode, aber unabhängig voneinander, jede beliebige Neigung zwischen 0 und 90 Grad zu erteilen.

An der Flügelachse 2 ist die äußere Querstange 3 des Flügels starr befestigt, während die innere Querstange 4 auf der Flügelachse drehbar gelagert ist. Eine Uebersetzung durch Zahnsegmente 5 und Räder ungleicher Winkelgeschwindigkeit 6, welch letztere nicht verzahnt sind, sondern ihre Umfangskraft durch Stahlband oder Kette 7 übertragen (Fig. 775), erteilt bei Drehung der Flügelachse der inneren Querstange eine Drehbewegung von der Gesetzmäßigkeit, daß die zwischen den Verbindungsstangen 8 der inneren und äußeren Querstangen eingespannte Flügelfläche nach einer Schraubenfläche verwunden wird. Die Verbindungs-

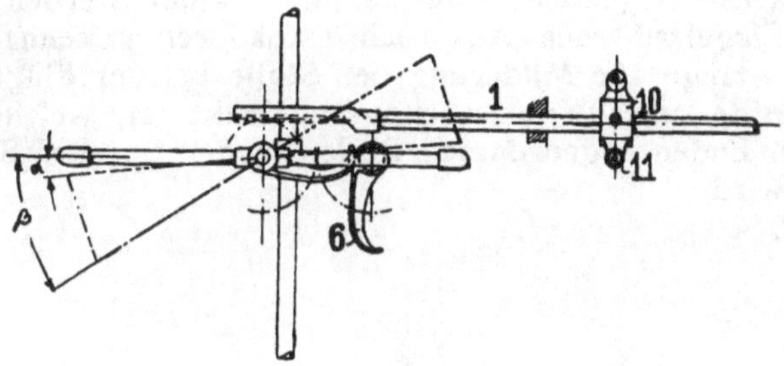

Fig. 773.

stangen 8 sind an den Querstangen drehbar angekuppelt und besitzen eine Ausdehnungsmuffe 9. Jede andere Verbiegung wird durch die Elastizität der Verbindungsstangen aufgenommen. In Fig. 773 ist schematisch (strichpunktiert) eine Stellung des Flügels angegeben. Der Verdrehung der äußeren Querstange um den Winkel a entspricht hier die Verdrehung der inneren Querstange um den Winkel b.

Da die Verstellbarkeit der Steuerscheibe die Anwendung allmählicher Uebergänge nicht ohne weiteres zuläßt, geschieht der

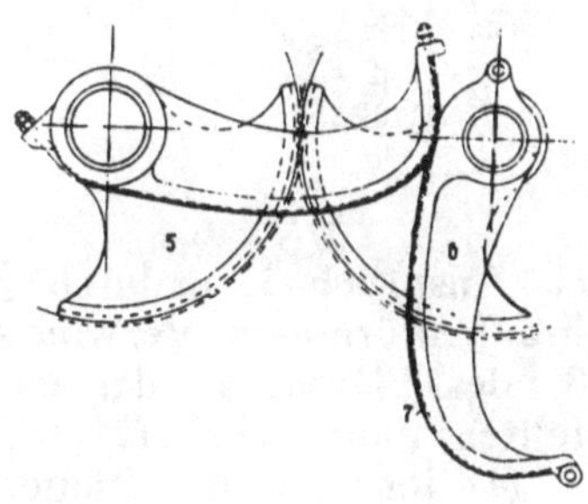

Fig. 774.

Antrieb der Schubstange I nicht direkt durch die Führungsscheibe, sondern erst durch Vermittlung eines an die Schubstange drehbar angekuppelten gleicharmigen Kreuzstückes 10, das seinerseits mit Rollen II in der Nut der Steuerscheibe geführt wird. Dadurch werden sowohl Beschleunigungen als auch Verzögerungen der Schubstange und somit Stöße bei der Verstellung der Flügel gemildert.

Patentansprüche:

1. Wendeflügelrad mit Flügeln, die bei ihrem Hochgang in einer derartigen Schräglage eingestellt werden, daß sie als Drachenflächen dienen, und mit verstellbarer Steuerscheibe für das Stellzeug der Flügel, dadurch gekennzeichnet, daß die Steuerscheibe aus zwei durch Ausgleichstücke verbundenen Teilen besteht, welche unabhängig voneinander durch Schrauben in Richtung der parallel zur Radachse liegenden Schubstange verstellt werden können.

2. Flügelrad nach Anspruch 1, dadurch gekennzeichnet, daß die Schubstange zur Milderung der Stöße bei der Flügelverstellung in der Mitte eines Kreuzstückes angelenkt ist, welches mit zwei an seinen Enden angeordneten Rollen in der Nut der Steuerscheibe geführt wird.

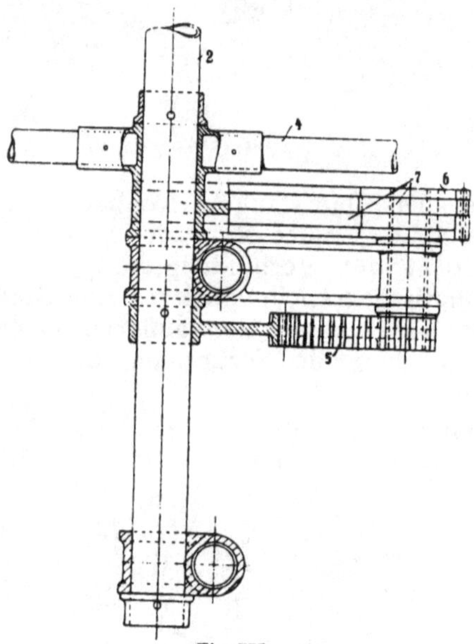

Fig. 775.

3. Flügelrad nach Anspruch 1, dadurch gekennzeichnet, daß zum Zweck einer schraubenförmigen Verwindung des Flügels die äußere Querstange (3) des Flügels an der unmittelbar durch die Schubstange (I) verstellten Flügelachse (2) befestigt ist, während die innere Querstange (4) lose auf der Flügelachse (2) sitzt und durch ein aus Zahnrädern und Rädern ungleicher Winkelgeschwindigkeit bestehendes Uebersetzungsgetriebe verstellt wird.

246. Die

Patentschrift Nr. 236 694
Borrmann & Kaerting in Berlin,

angemeldet am 14. Februar 1910, ausgegeben am 10. Juli 1911,

beschreibt ein neues Herstellungsverfahren für Holzpropeller von Luftfahrzeugen. Es besteht darin, daß die zum größten Teil durchgehenden, in der Richtung der Flügel verlaufenden Holzstäbe in Lagen parallel zur Drehachse der Schraube miteinander verleimt werden. Dieses Verleimungsverfahren ermöglicht bei Schrauben, deren Flügel gegen die Achse geneigt sind, die Verwendung durchgehender Teile mit fortlaufender Faserung und hat noch den weiteren Vorteil, daß die Anzahl der Leimfugen gerade an den gefährdeten Stellen, welche keinen unmittelbaren Zusammenhang mit der Nabe haben, erheblich größer wird. Hierdurch wird noch eine größere Festigkeit und Sicherheit gegen Verziehen erlangt,

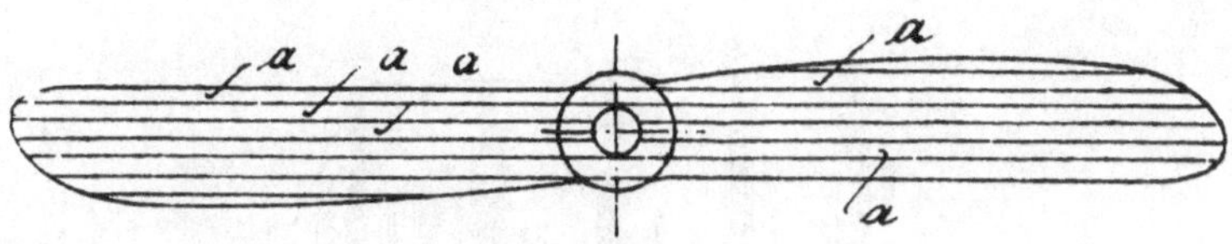

Fig. 776.

weil man auf diese Weise in der Lage ist, eine größere Anzahl von Holzteilen mit verschieden verlaufenden Fasern miteinander zu verbinden.

Die Schraube (Fig. 776 und 777) ist aus flachen Holzstäben a zusammengesetzt, die in Richtung der Flügel parallel zu der Drehachse verlaufen. Die Holzstäbe werden nach einer Schablone hergestellt, die die Form des Flügels hat, und fest miteinander verleimt. Um dem Flügel eine größere Festigkeit und Steifigkeit zu geben, wird derselbe in bekannter Weise mit einem Furnier überzogen,

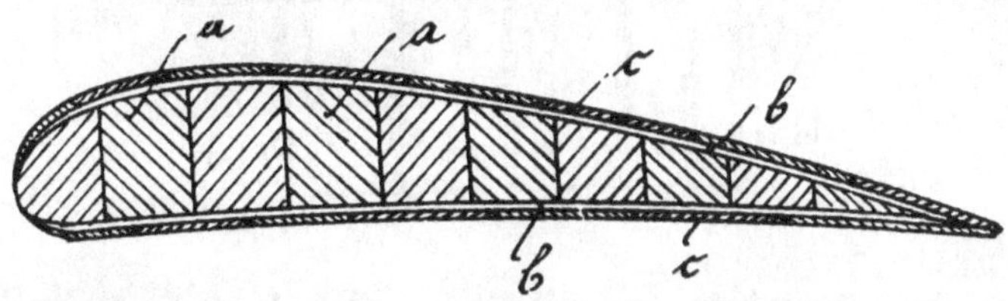

Fig. 777.

und zwar wird auf beiden Seiten ein Querfurnier b und darüber ein Längsfurnier c aufgelegt, wodurch auch gleichzeitig die Widerstandsfähigkeit gegen Witterungseinflüsse vergrößert wird.

Patentanspruch:

Holzpropeller für Luftfahrzeuge, dessen gegenüberliegende Flügel aus einzelnen, miteinander verleimten Holzstäben bestehen, dadurch gekennzeichnet, daß die Holzstäbe in Lagen parallel zur Drehachse der Schraube miteinander verleimt und durch ein Quer- und ein Längsfurnier auf beiden Seiten des Schraubenflügels miteinander verbunden sind.

247. In der

Patentschrift Nr. 236 695
Wwe. George Hoedt geb. Wilhelmina Bom und Bernardus Somers in Breda, Niederlande,

angemeldet am 27. Juli 1909, ausgegeben am 8. Juli 1911, ist eine Luftschraube beschrieben, deren Flügel um ihre Längsachse beweglich sind und zur Erzielung einer Ruderwirkung mittels eines verstellbaren Steuerungsteiles während des Umlaufs unter verschie-

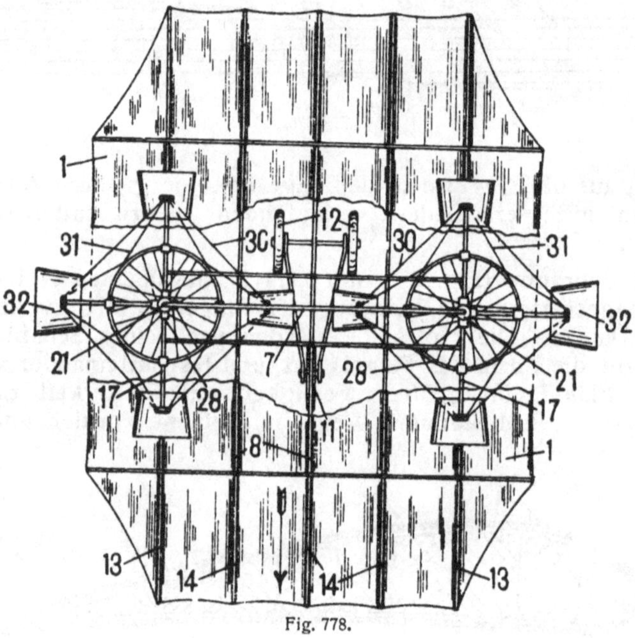

Fig. 778.

denen Neigungswinkeln eingestellt werden können, so daß auch mit Hilfe der Flügel außer einer fortschaffenden Bewegung das Steigen, Sinken und Lenken der Flugmaschine bewirkt wird.

In den Fig. 778 bis 784 ist die Luftschraube und deren Lage in der Flugmaschine dargestellt.

In der Querrichtung und in der Mitte der Tragfläche 1, deren Fachwerk durch Röhren gebildet wird, ist eine dreieckige Brücke 2 angeordnet, in der ein Motor 3 bzw. der Führersitz 4 untergebracht ist. Eine über der Tragfläche liegende horizontale Welle 5 wird vom Motor angetrieben und überträgt diese Bewegung in geeigneter Weise auf zwei vertikale Wellen 6, deren obere Enden durch eine Stange 7 verbunden sind, die ihrerseits wieder in der Mitte durch eine vertikale Stange mit der Brücke in Verbindung steht. Die horizontalen Verstärkungstangen 8 sind durch Vertikalstangen 9 mit dem Rahmen der Tragfläche verbunden (Fig. 780). Die unter der Tragfläche hervorragenden Enden 10 dieser Stangen 9 sind umgebogen und bilden die bekannten Stützen bei der Fortbewegung der Maschine auf dem Boden, wozu auch die Laufräder 11 und 12 vorgesehen sind.

An den senkrecht angeordneten Antriebswellen 6 befindet sich in halber Höhe eine flache, hohle Nabe 15 (Fig. 781), die zur Aufnahme der auf Kugeln gelagerten Flügelachsen 17 mit vier

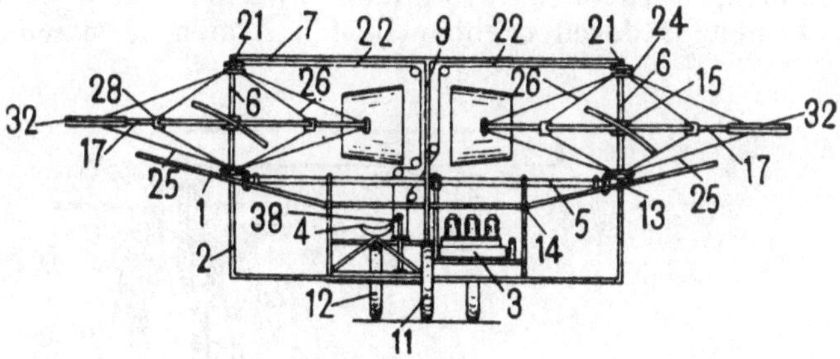

Fig. 779.

Armen 16 versehen ist. Innerhalb der Hohlwelle 6 und oberhalb der Nabe liegt eine in Kugellagern drehbare Spindel 18, deren unteres Ende einen schräg gestellten Zapfen 19 trägt; derselbe ist mit einem Führungsstück 20, das gleichfalls in Kugellagern in der Hohlwelle 6 bzw. in dem Boden der Nabe 15 drehbar ist, starr verbunden.

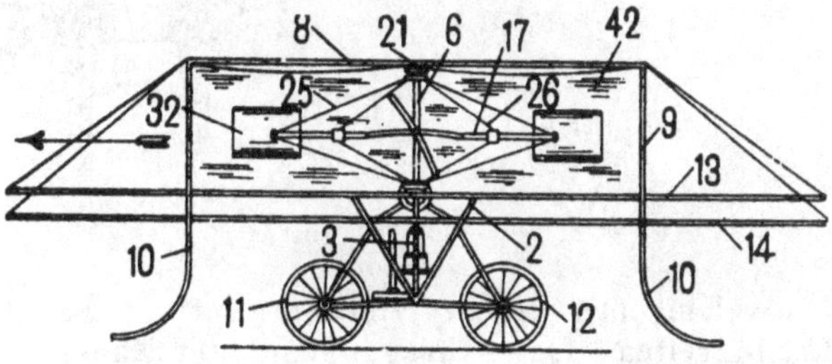

Fig. 780.

Die Welle 18, deren oberes Ende mit der Stange 7 zusammenhängt, trägt einen Flansch 21, an dessen Umfang die Steuerseile 22 befestigt sind, durch welche der Stand der Innenwelle und mithin die Lage des schräg gestellten Zapfens 19 in der Nabe verändert werden kann.

In der Nabe 15 ist des weiteren ein auf dem schrägen Zapfen 19 der in der Welle 6 verstellbaren Spindel 18 drehbar gelagertes Kreuzstück angeordnet, in dessen Armen 33 drehbare Vierkantstifte 37 sitzen, welche in Schlitze 35, die in den an den Flügelachsen 17 befestigten Kurbeln 34 vorgesehen sind, eingreifen. Da die Hohlwelle 6 durch die Nabe hindurchgeführt ist, ragen die Arme 33 des Kreuzstückes durch Oeffnungen in der Seitenwand dieser Welle in den Hohlraum der Nabe.

Infolge dieser Anordnung wird beim Umdrehen des Flügelrades das Kreuzstück sich um den stillstehenden Zapfen 19 drehen, so daß also die Arme 33 außer einer Drehbewegung um die Welle 6 auch eine pendelnde Bewegung ausführen, die eine Verstellung der Flügelachsen und der damit verbundenen Flügel verursacht. Damit die Enden der Kurbel 34 dieser pendelnden Bewegung leicht folgen können, wird die Verbindung zwischen den Kurbeln 34 und den Armen 33 durch drehbar in den Armen 33 sitzende Stifte

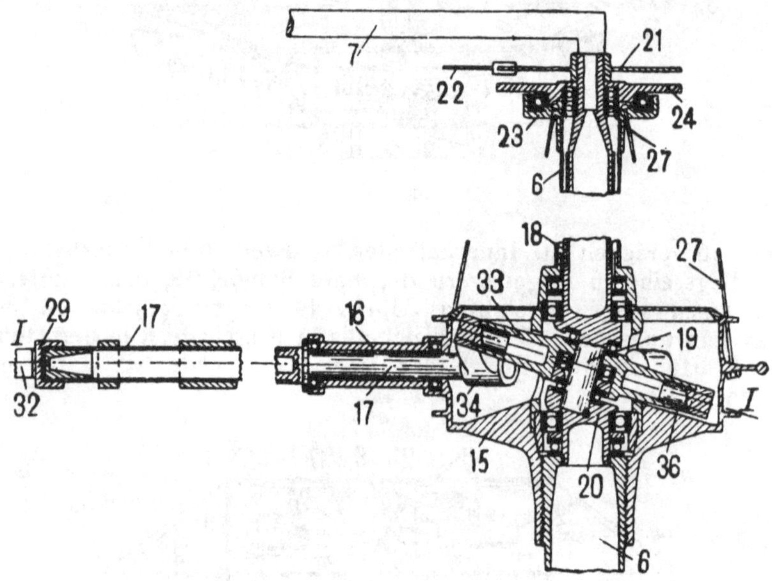

Fig. 781.

hergestellt, welche mit einem Vierkantkopf in Schlitze 35 der Kurbeln 34 eingreifen. Der schräge Stand des Zapfens 19 ist dermaßen gewählt, daß der größte Ausschlagswinkel der Flügel um die Horizontale 60 Grad beträgt. Während einer Umdrehung des Flügelrades wird mithin der Neigungswinkel der Flügel mit der Horizontalen im ersten Umdrehungsviertel von 0 bis 30 Grad, im zweiten von 30 bis 60 Grad steigen und dann wieder abfallen in dem Maße, daß dieser Winkel am Ende des vierten Umdrehungsviertels, wenn die Flügel wieder in die Anfangslage zurückgekehrt sind, wiederum 0 Grad beträgt.

Der normale Stand des schrägen Zapfens 19 ist nun so gewählt, daß bei gewöhnlicher Flugbewegung die Flügel in der der Mitte der Flugmaschine sich am nächsten befindenden Stellung senkrecht über der Brücke (Fig. 778 und 779) einen Neigungswinkel von 60 Grad haben, so daß dieselben in dieser Stellung die größte fortschaffende Wirkung ausüben und im Außenstande die Flügel horizontal stehen.

Dieser Stand des schrägen Zapfens entspricht dem Mittelstand des Hebels 38, wie in Fig. 784 dargestellt. Um zu verhindern, daß die beiden in entgegengesetzter Richtung sich drehenden Flügel die Luft nicht zweckentsprechend fortschaffen können, ist in der Längsrichtung der Flugmaschine, zwischen den Stangen 9, ein Segel 42 gespannt.

Um der Flugmaschine eine sinkende oder steigende Bewegung zu geben, wird durch Vor- bzw. Rückschwenken des Hebels 38 die

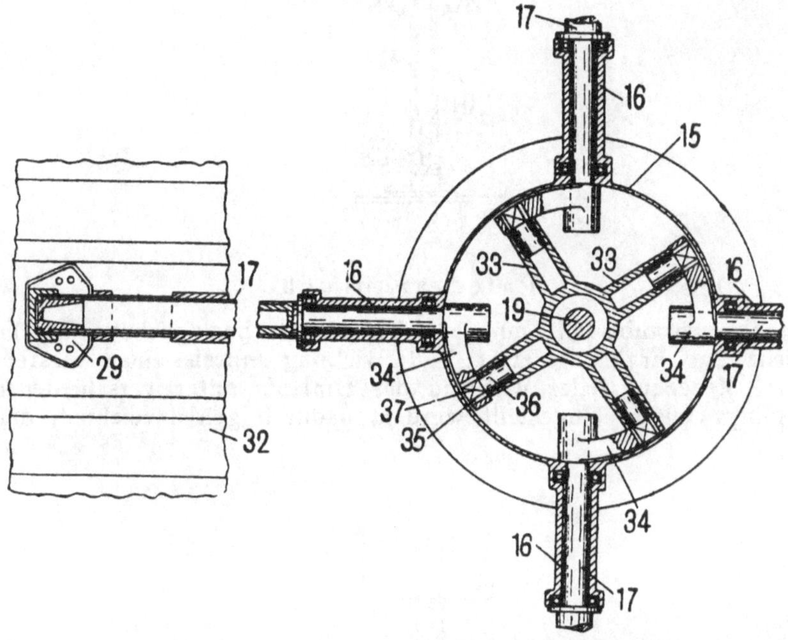

Fig. 782.

Innenwelle 18 gedreht und dadurch der Stand des schrägen Zapfens geändert. Die Folge hiervon ist, daß der Augenblick, in dem die Flügel einen Neigungswinkel von 60 Grad erreichen, in bezug auf den normalen Stand früher oder später eintritt, wodurch von den Flügeln neben einer fortschaffenden Wirkung auf die Luft auch ein Luftdruck auf die Tragfläche vor bzw. hinter der Brücke ausgeübt wird. Das Vorderende der Tragfläche wird dadurch heruntergedrückt bzw. gehoben. Damit die Flügel eine lenkende Wirkung ausüben, muß der Stand des schrägen Zapfens 19 der beiden Luftschrauben in entgegengesetztem Sinne geändert werden. Dies wird dadurch erreicht, daß man den Griff 40 im Hebelarm 38 umdreht, wodurch das Steuerseil des einen Flügelrades in demselben Maße angezogen, wie das des andern nachgelassen wird. Während hierdurch der Flügelstand von 60 Grad für das eine Flügelrad in bezug auf den normalen Stand früher eintritt, wird dieser Stand für die andere Luftschraube später eintreten, wodurch der Maschine eine drehende Bewegung gegeben wird, die ein Lenken nach rechts oder links zur Folge hat.

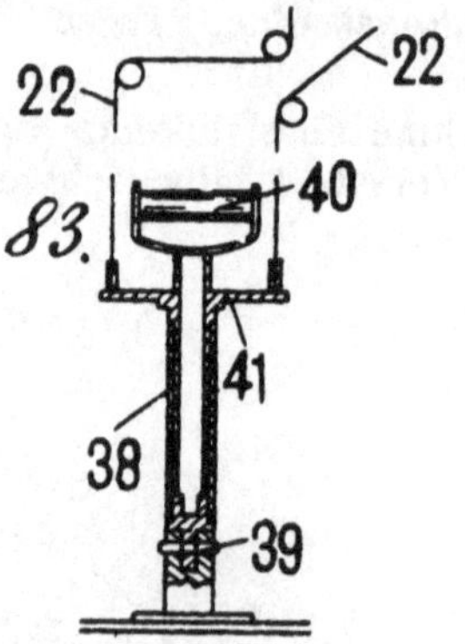

Fig. 783.

Patentanspruch:

Luftschraube mit um ihre Längsachse beweglichen Flügeln, welche zur Erzielung einer Ruderwirkung mittels eines verstellbaren Steuerungsteiles während des Umlaufs unter verschiedenen Neigungswinkeln eingestellt werden, dadurch gekennzeichnet, daß

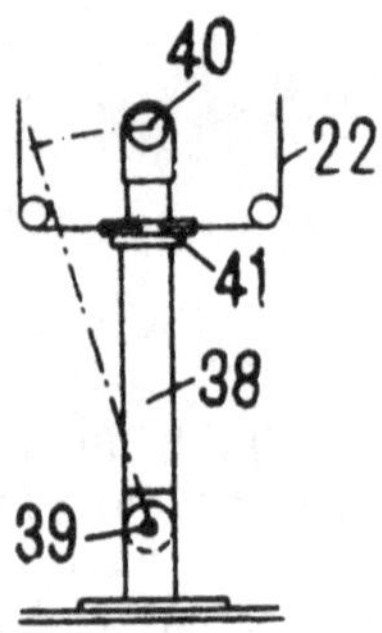

Fig. 784.

in einer an der senkrechten Antriebswelle (6) angeordneten hohlen Nabe (15), die am Umfang zur Aufnahme der Flügelachsen (17) mit Armen (16) versehen ist, ein auf einem schrägen Zapfen (19) der in der Welle (6) verstellbaren Spindel (18) drehbar gelagertes Kreuzstück angeordnet ist, in dessen Armen (33) drehbare Vierkantstifte (37) sitzen, welche in Schlitze (35) der an den Flügelachsen (17) befestigten Kurbeln (34) eingreifen.

248. Eine Luftschraube mit durch Schwunggewichte beeinflußten Flügelflächen zeigt die

Patentschrift Nr. 236 749
Hugo Drotschmann in Zürich,

angemeldet am 23. August 1909, ausgegeben am 11. Juli 1911.

Die Flügelteile sind hierbei an der einen radialen Kante starr mit der Welle verbunden, während an der anderen radialen Kante Schwunggewichte angreifen, so daß diese Kanten durch die Zentrifugalwirkung abgehoben und die Flügelflächen verschränkt werden.

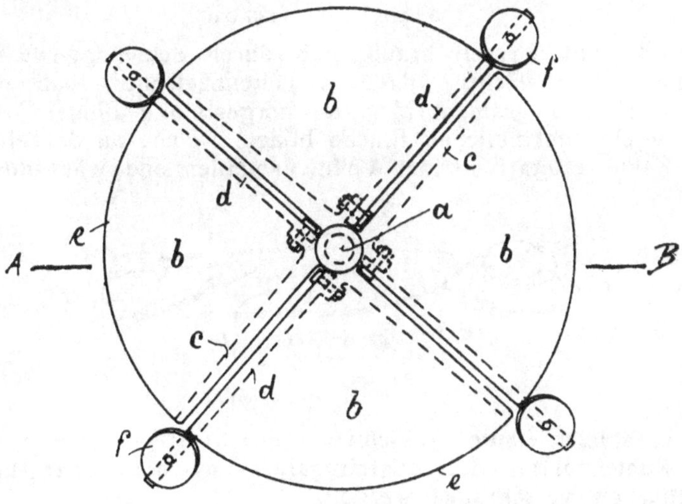

Fig. 785.

In den Fig. 785 bis 787 ist eine beispielsweise Ausführungsform dargestellt.

Die Achse a ist die Antriebswelle einer Luft- und Wasserschraube; b sind die Flügelteile, welche aus starrem, aber biegsamem Material hergestellt sind. In Fig. 785 sind beispielsweise vier solcher Flügelteile b, die zusammen im Ruhezustande eine kegelmantelähnliche Fläche ergeben. Die Umgrenzungslinien der Flügelteile b sind die radialen Kanten c und d und die Umfangslinie e. Die radiale Kante c ist mit der Achse a fest verbunden, die Kante d ist jedoch beweglich gelagert und kann mit dem äußeren Ende in der Richtung zur Achse a ausschlagen. Die radiale Kante d ist ferner mit Schwunggewichten f etwa in der aus der Zeichnung ersichtlichen Art versehen, deren Größe sich nach dem gewünschten

Maß der Verschränkung richtet. Wächst nun die Umdrehungsgeschwindigkeit der Achse a, so werden die Schwungmassen unter dem Einfluß der Zentrifugalwirkung sich senkrecht zur Rotationsachse einzustellen suchen, und die beweglichen radialen Kanten d mit den daran befestigten Flügelflächen b werden abgebogen (siehe Fig. 787). Man kann übrigens die Spitze der kegelmantelähnlichen Flächen statt nach oben auch nach unten ausbilden.

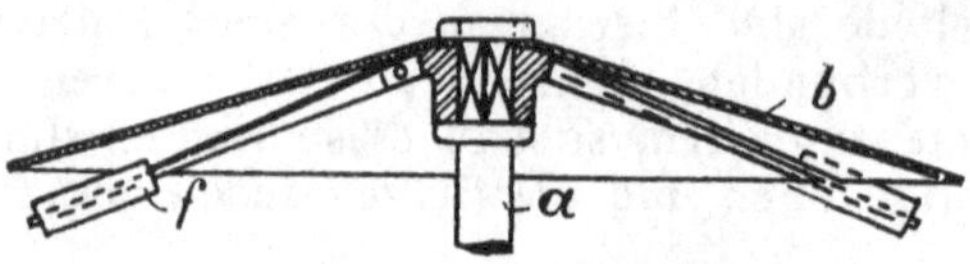

Fig. 786.

Patentanspruch:

Luft- und Wasserschraube mit durch Schwunggewichte beeinflußten Flügelflächen, dadurch gekennzeichnet, daß die aus starrem, aber biegsamem Material hergestellten Flügel Teile (b) einer kegelmantelähnlichen Fläche bilden, welche an der einen radialen Kante (c) starr mit der Welle verbunden sind, während an der

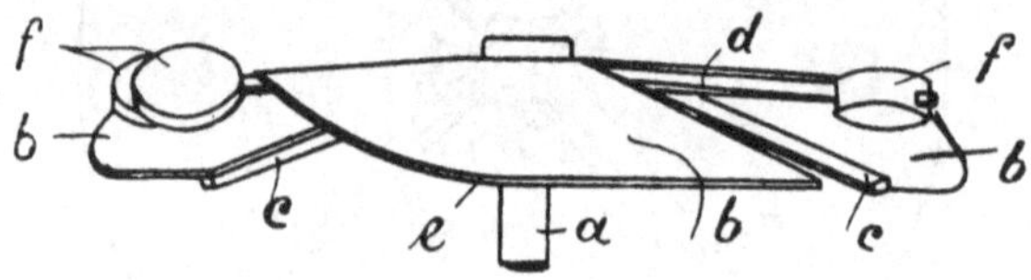

Fig. 787.

anderen radialen Kante (d) Schwunggewichte (f) angreifen, so daß diese Kanten unter der Zentrifugalwirkung abgebogen und die Flügelflächen verschränkt werden.

249. Nach der

Patentschrift Nr. 236 836
Hugo Drotschmann in Zürich,

angemeldet am 14. Dezember 1909, ausgegeben am 14. Juli 1911,

soll bei einem Stillstand der Schrauben eines Schraubenfliegers die Flügelfläche derselben selbsttätig vergrößert werden, um einen jähen Absturz infolge zu geringen Tragvermögens zu verhüten.

An den kreissektorförmigen Schraubenflügeln a der Tragschraube sind Hilfsflächen c und e beispielsweise von je gleicher Breite als a angeordnet. (Fig. 788 bis 790.) Der Schraubenflügel a ist von starrer Form und dem jeweilig gewünschten Auftrieb entsprechend mehr oder weniger gewölbt. Die Hilfsflächen c und e sind von Stoff oder anderem biegsamen Material hergestellt und einerseits an einer Längsseite der Fläche a, anderseits an einer Strebe f befestigt, die nach der Höhenrichtung nicht nachgeben kann, in der Drehrichtung der Schraube jedoch beweglich ist. Beim Stillstand der Schraube a wird die Strebe f von der Schraube a durch eine Feder oder andere Vorrichtung so weit abgezogen, bis die Stoffflächen c und e gespannt sind. Bei der Rotation der

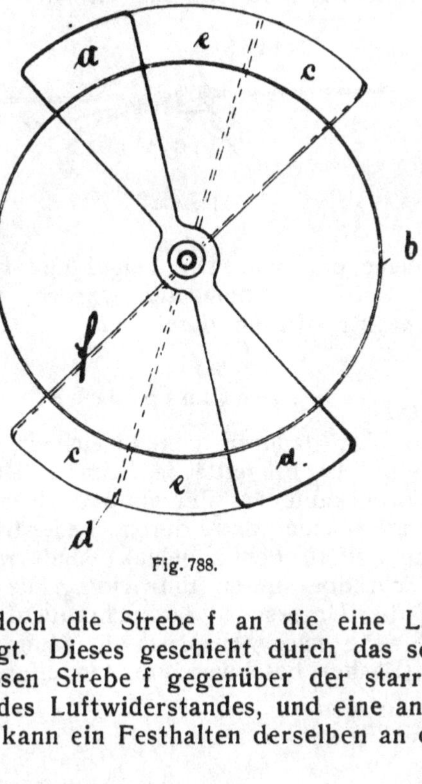

Fig. 788.

Schraube wird jedoch die Strebe f an die eine Längskante der Schraube a angelegt. Dieses geschieht durch das selbsttätige Zurückbleiben der losen Strebe f gegenüber der starren Schraube a unter Einwirkung des Luftwiderstandes, und eine an f angebrachte Klemmvorrichtung kann ein Festhalten derselben an der Schraube a

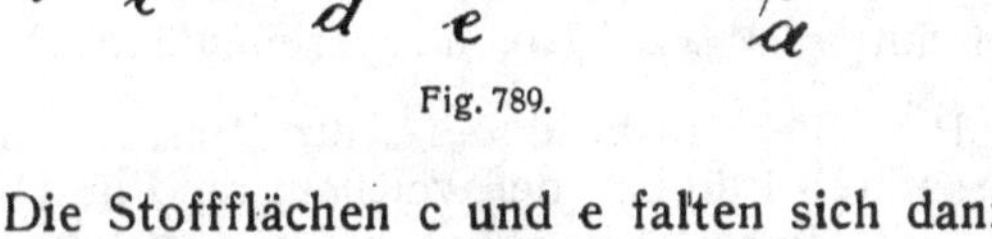

Fig. 789.

unterstützen. Die Stoffflächen c und e falten sich dann fächerartig, und der Luftdruck legt diese schmiegsamen Flächen an den Flügel a an, so daß a und c und e ein Ganzes bilden von der Form der Schraube a. Zwischen den Flächen c und e sind auch radiale Versteifungen d eingelegt, die bei einem bestimmten Gewicht und einer gewissen Umlaufgeschwindigkeit die gefaltete Hilfsfläche von der Unterseite des Flügels abzuziehen suchen, wodurch die nunmehr keilförmige Querschnittsform des kombinierten Schraubenflügels einen größeren Steigungswinkel erhält und der untere Teil der Hilfsflächen elastisch auf den Luftstrom drückt. Ein Ring b dient zur Führung und Versteifung der Tragflächen und Streben.

Hört die Rotation der Schraube bei einem Stillstand der Antriebsmotoren auf, so werden die Flächen c und e durch die vorher beschriebene Federwirkung von der Klemm- oder Feststellvorrichtung ausgelöst und in ihre Ursprungslage der Fig. 788 und 789 auseinandergebreitet, so daß sie mit den Flügeln a eine er-

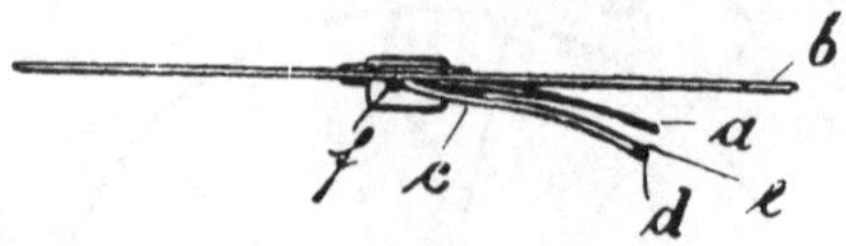

Fig. 790.

weiterte Tragfläche ergeben. Die Flügel und Hilfsflächen können nach Zahl und Größe so bemessen werden, daß sie zusammen eine geschlossene Kreisfläche darstellen.

Patentansprüche:

1. Luftschraube, dadurch gekennzeichnet, daß zum Zwecke der Vergrößerung der Flügelfläche beim Stillstand der Schraube zwischen der Vorderkante des Flügels und einer am Fußpunkt der Vorderkante angelenkten und durch Federdruck abgespreizten Strebe biegsame Hilfsflächen angelenkt sind, welche sich bei der Rotation der Schraube unter Einwirkung des Luftwiderstandes fächerartig an die Unterseite der Schraubenflügel anschmiegen.

2. Luftschraube nach Anspruch 1, dadurch gekennzeichnet, daß in den Hilfsflächen beschwerende Versteifungen eingelegt sind.

250. Die

Patentschrift Nr. 236 961

Fritz H. Grawert in Berlin-Tempelhof,

angemeldet am 5. März 1910, ausgegeben am 15. Juli 1911,

betrifft einen Propeller, insbesondere für Wasser- und Luftschiffe, mit seitlich versetzten Flügeln, bei welchem die Flügel so angeordnet sind, daß sie mit ihrer Druckseite glatt und ohne Lücken und Kanten in die Nabe übergehen. Dies geschieht dadurch, daß die Druckseite der Flügel tangential an eine Nabe von konischer Gestalt anschließt, während die Hinterfläche im wesentlichen radial gegen die Nabe stößt.

In den Fig. 790a und 790b ist ein derartiger Propeller dargestellt.

Patentanspruch:

Propeller, insbesondere für Wasser- und Luftschiffe, mit seitlich versetzten Flügeln, dadurch gekennzeichnet, daß die Hinter-

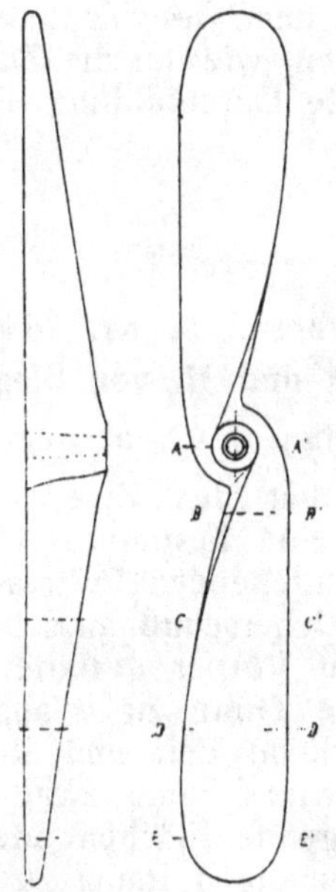

Fig. 790 a. Fig. 790 b.

fläche des Flügels im wesentlichen radial auf die Nabe stößt, während die Vorderfläche sich tangential an die Nabe anschließt, welche hierdurch eine nach vorn zu konische Gestalt erhält.

IX. Absprung- und Landungs-Vorrichtungen.

In diesem Abschnitt sollen Vorrichtungen zum Abstoßen von Flugmaschinen vom Aufstiegorte besprochen werden, soweit sie in der deutschen Patentschriften-Literatur veröffentlicht worden sind. Dies rechtfertigt sich aus dem Gesichtspunkte, daß ein umfangreicher Betrieb von Flugmaschinen, wie ihn die Zukunft wohl sicher bringen wird, ohne eine geeignete Durchbildung dieser Abstoßvorrichtungen wohl nicht denkbar ist.

251. Das in der

Patentschrift Nr. 76 037
August Riedinger und H. von Siegsfeld in Augsburg,

angemeldet am 10. Juni 1893, ausgegeben am 6. Juli 1894,

beschriebene Verfahren hat den Zweck, denjenigen Flugkörpern, welche zum Schweben eine bestimmte Mindestgeschwindigkeit im Verhältnis zu den sie umgebenden Luftmassen haben müssen, diese sowohl als noch einen Ueberschuß an lebendiger Kraft zu erteilen, welche dem betreffenden Körper gestattet, nach dem Abflug vom Boden eine ausreichende Höhe zu erlangen, um einmal für den Steuermann die erforderliche Zeit und Ruhe zum Handhaben der Steuervorrichtung zu gewinnen und zweitens den aerodynamischen Treibmitteln, als schwingende Flächen oder umlaufende Schrauben, den zur Bewegung notwendigen Raum zu verschaffen.

Weiterhin soll dieses Verfahren es ermöglichen, von jedem sonst geeigneten Platze aus die Abfahrt auszuführen, ohne irgend besondere Hilfsmittel, als Schienenbahnen usw., an der Abfahrtsstelle zu bedürfen.

Dieser Zweck kann technisch nur durch den Einfluß bedeutender, auf verhältnismäßig große Strecken wirkender Kräfte erreicht werden.

Nimmt man z. B. an, daß die Mindestgeschwindigkeit einer abzulassenden Flugmaschine 15 m in der Sekunde betragen und dieselbe sich außerdem etwa 5 m über dem Boden erhalten soll, so ist bei einem Gewichte der Maschine von z. B. 1000 kg eine Arbeitsgröße von etwa 16 000 mkg bei der Ablassung zu leisten. Diese Arbeit wird zweckmäßig in einem einzigen Zylinder von genügender Länge entwickelt.

Die einfachste Ausführung einer diesem Abflugsverfahren dienenden Abstoßungsvorrichtung zeigt Fig. 791. Mit dem die Trag-

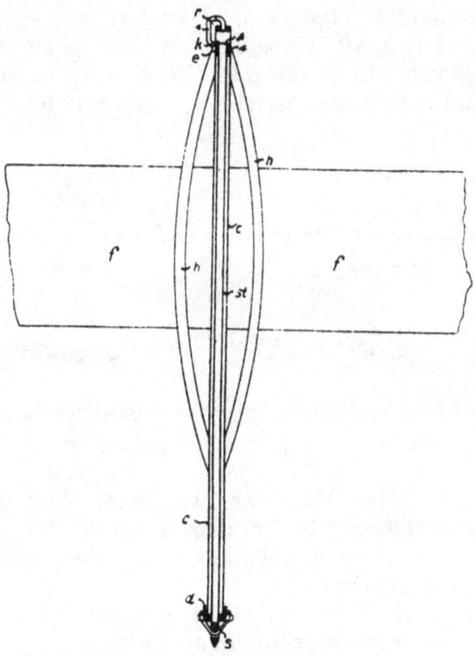

Fig. 791.

flächen der Flugmaschine haltenden Hauptgestell h ist der Zylinder c verbunden. In diesem ist der Kolben k und die Kolbenstange st beweglich; letztere ist durch eine Seilschlinge s mit dem Zylinder verbunden.

Teile des Hauptgestelles selbst sind als Behälter für die zum Betrieb der Abstoßungsvorrichtung verwendete Druckluft eingerichtet.

Durch Lösen der Seilschlinge s wird der Kolben freigegeben und schiebt den Apparat vorwärts.

Diese Vorrichtung ist zweckmäßig derart mit der Flugmaschine verbunden, daß der lange Zylinder in die Richtung der Zylinderachse des Flugkörpers fällt und den Kolben noch etwas nach rückwärts herausragen läßt, so daß man dessen Ende gegen einen geeigneten Stützpunkt legen kann (Fig. 792).

Zur Ausführung des Abflugverfahrens ist der Kolben zunächst durch die Seilschlinge s (Fig. 791) mit dem Zylinder verbunden, so daß die gespannten Gase denselben nicht bewegen können. Die Flugmaschine selbst ruht dabei außer mit dem Kolbenende noch mittels zweier Stützen s (Fig. 792) auf dem Boden, welche nach dem Abflug eine weniger Luftwiderstand verursachende Stellung einnehmen. Nachdem die Abstoßvorrichtung mit gespannten Gasen gefüllt ist, löst man die oben erwähnte Seilschlinge. Nunmehr kann sich der Kolben im Zylinder bewegen; da derselbe aber mit dem äußeren Ende gegen den gewählten Stützpunkt am Boden liegt, so schieben die sich ausdehnenden Gase den Zylinder in geeigneter Richtung und entsprechender Kraft vorwärts, so daß nach Beendigung des Hubes die Flugvorrichtung die zum Weiterfliegen erforderliche Geschwindigkeit und Bewegungsrichtung erlangt hat.

Fig. 792.

Fig. 793.

Fig. 794.

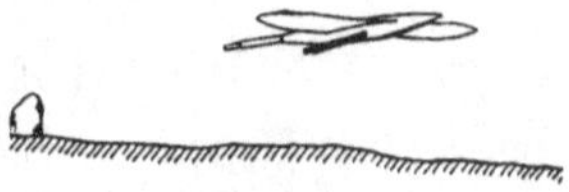

Fig. 795.

Fig. 793 stellt die Maschine in einem Augenblicke dar, in welchem der Hauptkörper unter dem Einfluß der Abstoßung sich bereits vom Boden erhoben hat; nur das untere Ende des Kolbens liegt noch in seinem Stützpunkt an.

Fig. 794 zeigt die Maschine völlig vom Boden getrennt, Fig. 795 denselben Zustand mit eingezogenem Kolben.

Patentansprüche:

1. Verfahren, um das Aufsteigen von Flugmaschinen unabhängig von der Beschaffenheit des Aufstiegortes zu ermöglichen, darin bestehend, daß gespannte Gase auf Kolben, welche zwischen Flugmaschine einerseits und einem oder mehreren festen Punkten des Erdbodens bzw. einer anderen trägen Masse andererseits eingeschaltet sind, einwirken und zunächst die relative Bewegung des Flugkörpers in bezug auf den Erdboden oder die als Stützpunkt für die wirkenden Kräfte dienende Masse bedingen und damit zugleich je nach der Größe und Dauer der wirkenden Kräfte die gewünschte, für den freien Flug erforderliche relative Bewegung der Flugmaschine in bezug auf die dieselbe umgebenden Luftmassen verursachen.

2. Zur Ausführung des unter 1 gekennzeichneten Verfahrens eine Vorrichtung, bestehend aus einem oder mehreren Zylindern mit darin beweglichen Kolben, von denen der Zylinder mit der

Flugmaschine verbunden ist, während der Kolben sich gegen einen Stützpunkt am Erdboden legt, oder umgekehrt.

3. Eine Ausführungsform der unter 2 gekennzeichneten Vorrichtung, bestehend aus einem Zylinder und einem in demselben beweglichen Kolben mit hohler Kolbenstange, welche letztere ganz oder teilweise als Behälter für die gespannten Gase oder Dämpfe dient.

4. Eine Ausführungsform der unter 2 bzw. 3 gekennzeichneten Vorrichtung, welche bezweckt, den Kolbenhub zu begrenzen bzw. den Kolben in seine Anfangsstellung zurückzuführen, darin bestehend, daß ein zylindrischer Raum von ringförmigem Querschnitt durch den Zylinder, Kolben, Kolbenstange und Stopfbüchse umgrenzt und abgeschlossen wird, welcher, einmal als hydraulische und pneumatische Bremse dienend, für den Kolben eine stoßfreie Hubbegrenzung darstellt und zweitens zum Zurückführen des Kolbens in seine frühere Stellung benutzt werden kann.

252. Ein mit Schwimmkörpern versehenes Luftschiff ist in der

Patentschrift Nr. 83 959
Oscar Roeper in Hamburg,

angemeldet am 9. Mai 1894, ausgegeben am 5. November 1895, beschrieben.

Das in Fig. 796 dargestellte Luftschiff besitzt ein gewölbtes, ausgesteiftes Tragsegel a, unter welchem, mit ihm unveränderlich durch eine Tragkonstruktion verbunden, die Gondel b hängt. An seinem vorderen Ende trägt das Schiff zwei nebeneinander liegende, sich entgegengesetzt drehende Propeller c, welche durch einen in der Gondel befindlichen Explosionsmotor betrieben werden.

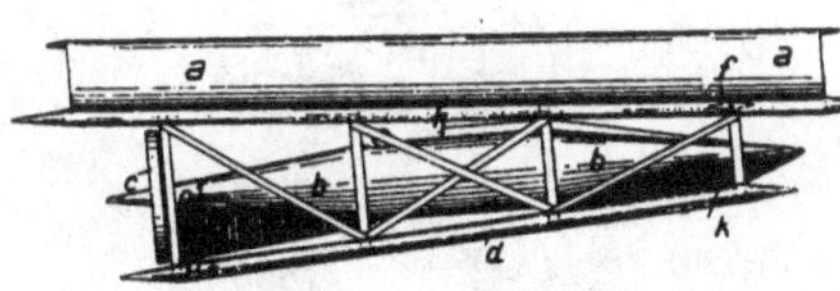

Fig. 796.

Die unteren Rohre d der Tragkonstruktion sind luftdichte Schwimmrohre und so groß bemessen, daß sie das Schiff auf dem Wasser tragen können, und ferner so geformt, daß das Schiff auf einer Wasserfläche die erforderliche Aufstiegsgeschwindigkeit erlangen und sich auch auf das Wasser niederlassen kann.

Zur Drehung des Schiffes um dessen Schwerpunkt in horizontaler Richtung dient das Steuersegel e mit der Achse e^1 e^2. Zur Drehung des Schiffes in der Vertikalebene dient das Steig- und Fallsteuer f. Jedes dieser beiden Steuer wird von dem in der Gondel befindlichen Führer durch einen Steuerhebel gelenkt. k ist ein festes Kielsegel, welches zum Ausgleich der Wirkungen seitlicher Windstöße dient. h ist der Windfang für die zur Kühlung des Motors erforderliche Luft.

Patentanspruch:

Ein Luftschiff mit Tragsegel, gekennzeichnet durch die feste Verbindung des letzteren mit Schwimmrohren, welche es dem Luftschiff ermöglichen, auf einer Wasserfläche die erforderliche Aufstiegsgeschwindigkeit zu erreichen.

253. Durch die Erfindung nach der

Patentschrift Nr. 86 289
Gaebert in Berlin,

angemeldet am 5. März 1895, ausgegeben am 9. April 1896,

soll eine Flugmaschine in den Stand gesetzt werden, eine kurze lotrechte oder schräge Hubbewegung — dem Absprung der Vögel vergleichbar — auszuführen.

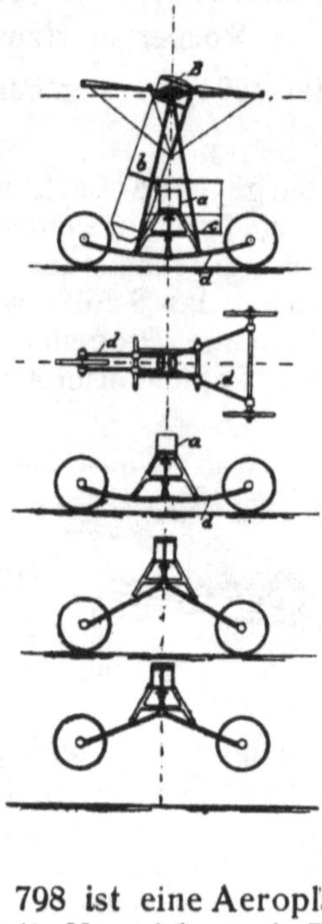

Fig. 797. Fig. 798. Fig. 799. Fig. 800. Fig. 801.

In den Fig. 797 und 798 ist eine Aeroplane-Druckfläche B abgebildet. Die Maschine mit Kessel b und Führerstand c ruht auf federnden Hebeln d, welche letztere mit ihren inneren Endpunkten an die Kolbenstange eines Dampfzylinders a angehängt sind. Wird vom Kessel aus Dampf gegeben, so gelangt der Kolben in a zunächst in die in Fig. 799 dargestellte Lage, d. h. die Kraft des Dampfes äußert sich bei der immerhin beträchtlichen Masse der Maschine zunächst nur in einer Aufspeicherung von Deformationsarbeit. Letztere wird in dem Augenblicke wieder verbraucht, in welchem der Dampfkolben in seine höchste Lage kommt (Fig. 800). In diesem Augenblicke hat gleichzeitig der Schwerpunkt der ganzen Maschine seine größte Geschwindigkeit erlangt, und die Maschine springt vom Boden ab (Fig. 801).

Hält man im Zylinder a die gleiche Spannung beim Landen, so hat man ein sicheres Maß, um wieviel man die Maschine ohne Gefahr frei fallen lassen darf. Die für den Absprung nötige Zylinderfüllung wird nach kurzer Zeit kondensiert, und da der Kolben durch das Uebergewicht der Räder an den Hebeln oder durch Federn in seiner oberen Lage gehalten wird, so tritt Luft durch das Ventil a_2 ein, während sich das Kondensationswasser am Ablaßhahn von a_1 sammelt. Man hat also beim Landen einen ergiebigen Luftbuffer zur Verfügung.

Patentanspruch:

Eine Absprungsvorrichtung für Flugmaschinen, bestehend aus von der Maschine mitgeführten, rasch auslösbaren Motoren (Dampf-, Gas-, Luft-, Federmotoren u. dgl.), welche direkt oder durch Vermittelung von am Boden bleibenden oder ebenfalls von der Maschine mitgeführten Hebeln, Rädern, Schwungbrettern usw. auf eine feste Unterlage bzw. ein festes Widerlager drückend, in lotrechter, schräger oder wagerechter Richtung der Flugmaschine eine solche Beschleunigung erteilen, daß sie die Unterlage verläßt oder eine so geringe Reaktion äußert, daß sie mit ihren gewöhnlichen Betriebsmitteln weiterfliegen kann.

254. Die

Patentschrift Nr. 100 399

F. Gaebert in Berlin,

angemeldet am 21. Dezember 1897, ausgegeben am 8. Dezember 1898,

betrifft ein Verfahren, nach welchem der Aeroplan in den Stand gesetzt wird, eine kurze lotrechte oder schräge Tauch- oder Hubbewegung — dem Absprung der Vögel vom hochgelegenen Nest oder zum Erdboden vergleichbar — auszuführen.

In den Fig. 802 und 803 ist beispielsweise ein Aeroplan dargestellt, welcher seine Vorwärtsbewegung durch Dampf- oder Luftstrahlen empfängt.

Vorliegendem Verfahren gemäß sollen die Aeroplane mit solchen Organen ausgestattet werden, daß es dem Rumpf der Maschine stets möglich ist, durch eine Fall- oder Sprungbewegung die unmittelbar unter den Tragflächen ruhende Luft beim Abflug ebenso zu verdichten, wie dies durch die Geschwindigkeit der Maschine beim freien Flug erreicht werden muß.

Zu diesem Zwecke ruht die Maschine auf einem als Gelenkparallelogramm ausgebildeten Fahrgestell. Läßt man den Propeller der Maschine angehen oder, wie gezeichnet, den im Dampfkessel b entwickelten Dampf aus den Düsen c gegen die Druckflächen a treten, so werden zunächst die etwas rechts von der Totpunktlage gehaltenen Stützen d sich nach links drehen. Nach Ueberschreitung der Totpunktlage der Stützen d be-

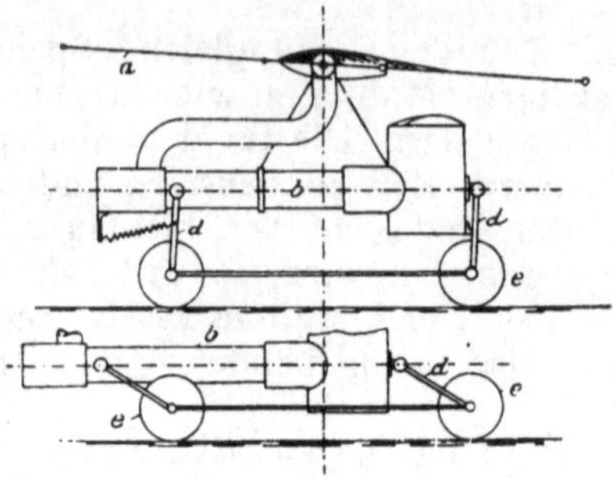

Fig. 802.

Fig. 803.

ginnt die Maschine zu fallen (Fig. 803). Die Räder e werden um so mehr entlastet, je größer der Druck der ruhenden Luft auf die Unterseite der Tragfläche wird, und bei entsprechender Wahl der Abmessungen wird man es erreichen können, daß der Druck der Räder e auf den Boden schließlich so gering wird, daß die Maschine mit ihrem für den freien Flug bemessenen Propeller die Reibungswiderstände der Räder überwindet und abfliegt. Der Schwerpunkt der Maschine beschreibt hierbei etwa den in Fig. 804 unter I dargestellten Weg.

Soll die Maschine abfliegen, so wird Dampf in den Zylinder g unter dem Kolben eingelassen. Die Maschine wird unter Ver-

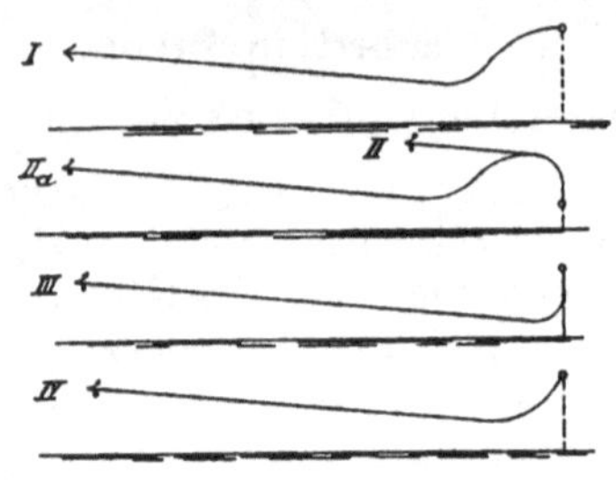

Fig. 804.

größerung ihres Druckes auf den Erdboden je nach der Anordnung ihrer Federn zunächst soviel Deformationsarbeit aufspeichern als möglich, dann beginnt sie sich zu heben, und während ihre Steiggeschwindigkeit zunimmt, wird der Druck der Räder e auf den Erdboden immer geringer.

Bemißt man nun den Kolbenweg usw. so, daß die Maschine die größte lotrecht aufwärts gerichtete Geschwindigkeit ungefähr dann erreicht, wenn die Reaktion der festen Unterlage auf die Räder e gleich Null geworden ist, so muß die Maschine vom Boden abspringen. Je nach der Sprunghöhe und dem Zeitpunkt, in welchem man den eigentlichen Propeller der Maschine einrückt, wird also der Schwerpunkt der Maschine einen Weg beschreiben, der zwischen den Wegen II und IIa der Fig. 804 liegt.

Patentansprüche:

1. Das Verfahren, beim Abflug von Aeroplanen die Luft unter den Tragflächen dadurch zu verdichten, daß man der Maschine mittels einer kurzen lotrechten oder schrägen Hub- oder Fallbewegung die Gelegenheit gibt, ihre Last von der festen Unterlage auf die unter der Tragfläche ruhende Luftschicht zu übertragen.

2. Zur Ausführung des durch Anspruch 1 geschützten Verfahrens eine Flugmaschine, deren den Boden (die feste Unterlage) berührende Teile gelenkig oder längs Führungen verschiebbar so mit dem eigentlichen Rumpf verbunden sind, daß durch die Arbeit des Flugpropellers allein oder durch besondere Motoren (Gas-, Dampf-, Luft-, Federmotoren usw.) oder durch beides eine Verschiebung der einzelnen Gestellteile ermöglicht wird, welche die feste Unterlage entlastet, so daß die Maschine mit ihren gewöhnlichen Betriebsmitteln weiterfliegen kann.

255. Eine mit Preßluft arbeitende Anfahrvorrichtung ist in der

Patentschrift Nr. 108 214
A. Jäger in Werder bei Dabergotz,

angemeldet am 17. Juni 1898, ausgegeben am 20. Januar 1900,

dargestellt.

Eine Flugmaschine, die sich nach dem Prinzip des Vogelfluges durch Heben und Senken vorwärtsbewegt und zweckentsprechend sich nur durch Motorkraft hebt, wird beim Senken die Motorkraft ganz oder zum Teil erübrigen und zweckentsprechend in Gestalt von Preßluft aufstapeln, um dieselbe beim Heben mit zu verwenden und so desto kräftiger sich wieder zu heben und eine möglichst gleichmäßige Vorwärtsbewegung zu erzielen.

Das läßt sich dadurch erreichen, daß der Motor mit einer Luftpumpe, mittels welcher Luft in einen besonderen Behälter oder in die Gestellrohre gepreßt wird, gekuppelt wird. In diesem Luftbehälter wird die Luft beim Fallen hineingepumpt und komprimiert. Beim Aufsteigen der Flugmaschine hingegen läßt man durch eine einfache Hahnumstellung die Druckluft auf den Kolben der Luftpumpe als treibendes Mittel einwirken, wodurch diese als Motor zur Vergrößerung der Arbeitsleistung dient. Die Luftpumpe, die mit dem Motor oder Antriebswelle verbunden ist, schöpft Luft durch das Ansaugrohr H (Fig. 805) und durch das Luftzuführungsrohr A des Hahnes P und preßt die komprimierte Luft durch das Luftabführungsrohr B in das Luftrohr C. Beim Aufstieg wird durch eine Drehung des mit entsprechenden Bohrungen versehenen Hahnes P das bisherige Luftabführungsrohr B der Luftpumpe, durch welches die komprimierte Luft in das mit dem Röhrensystem in Verbindung stehende Luftrohr C gepreßt wurde, zum Luftzuführungsrohr A, das unten in den Hahn mündet. Es strömt nun die komprimierte Luft des Rohres C in das Luftzuführungsrohr A und von dort in das frühere Ansaugrohr H und wirkt antreibend auf die Luftpumpe und durch diese auf den mit ihr verbundenen Motor und die Antriebswelle. Das Luftabführungsrohr B steht nach der Drehung des Hahnes P nicht mehr mit dem Luftrohr C, sondern mit der freien Luft in Verbindung. Die aus der Luftpumpe kommende Luft

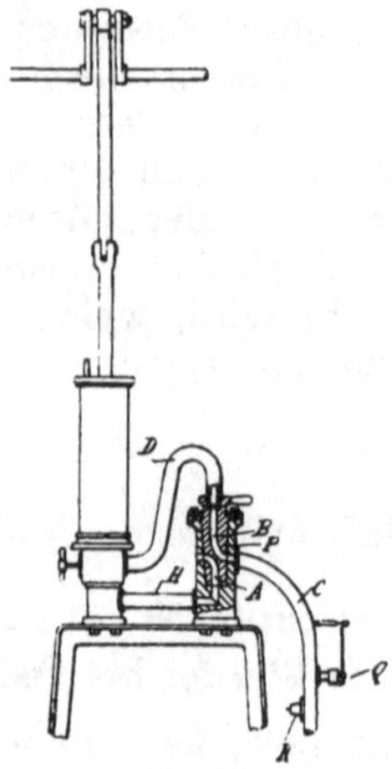

Fig. 805.

kann also frei abstreichen. Ist die komprimierte Luft verbraucht oder hat die Flugmaschine die gewünschte Höhe erreicht, so wird der Hahn P in die erste Stellung (Fig. 805) zurückgedreht, so daß die Luftpumpe wieder in das Luftrohr C und damit in die Röhren Luft hineinpreßt. Der hierbei steigende Kraftverbrauch der Luftpumpe wirkt wie eine allmählich angezogene Bremse. Die Flugmaschine fällt und die in der komprimierten Luft aufgestapelte Antriebskraft wird durch abermaliges Drehen des Hahnes P als Antriebskraft verwendet, worauf die Maschine wieder steigt oder schließlich beim Landen am Aufstoßen verhindert wird.

Patentanspruch:

Anfahrvorrichtung für Flugmaschinen, dadurch gekennzeichnet, daß mit der Betriebsmaschine ein nach Art der bekannten kraftsammelnden Fahrzeugbremsen wirkender Luftzylinder verbunden ist, der beim Landen als Luftverdichter benutzt, Preßluft erzeugt und beim darauffolgenden Auffahren einen die erzeugte Preßluft nutzbar machenden Hilfsmotor bildet.

256. Das in der

Patentschrift Nr. 111 609
J. W. Schlie in Hamburg,

angemeldet am 27. Dezember 1898, ausgegeben am 11. Juli 1900, beschriebene Verfahren, Flugmaschinen von der Erde aufsteigen zu lassen, geht dahin, die Kraftmaschinen erst für sich durch Leerlauf die größtmögliche Menge an lebendiger Kraft aufspeichern und diese dann durch Kupplung auf die Flugvorrichtung übertragen zu lassen. Die größtmögliche Menge an lebendiger Kraft kann die Maschine aber nur dann aufspeichern, wenn an derselben möglichst alle gewichtigen Teile beweglich zu den weniger schweren an dem gewissermaßen als Fundament dienenden Rahmen der Maschine befestigten Teilen gemacht werden. Dabei hat sich die Form der beweglichen Teile möglichst der eines Kreises (Schwungrades)

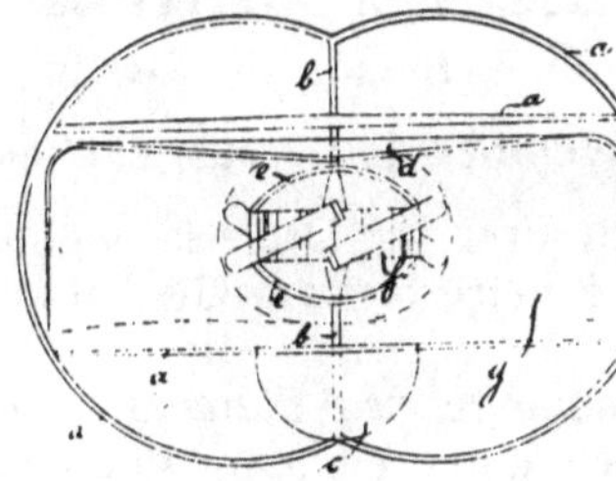

Fig. 806.

zu nähern. Es wird z. B. eine Dampfturbine so gebaut, daß das Gehäuse mit den darin festsitzenden Schaufeln sich um die als Dampfzuleitungsrohr eingerichtete Achse dreht. Das Gehäuse wird in diesem Falle als Schwungrad dienen und die Achse einen Teil des Rahmens bilden.

Wird nun die Kraftmaschine angetrieben und, sobald sie ihre höchste lebendige Kraft erreicht hat, mit dem Flügelsysteme gekuppelt, so wird die kreisende Bewegung der Kraftmaschine eine Auf- bzw. Vorwärtsbewegung der Flugmaschine bewirken.

Eine nach vorstehenden Gesichtspunkten gebaute Maschine zeigt Fig. 806 von vorn. Auf der fest mit dem Rahmen a verbundenen Achse b ist der kreuzförmige Elektromagnet h befestigt, um welchen auf derselben Achse der ringförmige Elektromagnet f an dem Rahmen e und die mit diesem verkuppelbaren Segelstangen d mit den Segeln g drehbar befestigt sind. Die äußeren Teile des ringförmigen Magneten haben die Form einer Schraubenwindung, um bei der Aufwärtsbewegung der Luft weniger Widerstand zu leisten.

Hat die durch den elektrischen Strom angetriebene Kraftmaschine eine hinreichende Menge lebendiger Kraft aufgenommen, so wird sie durch eine Kupplung mit der Segelstange d verbunden und dadurch die Kraft auf das Flügelsystem übertragen. Sobald die lebendige Kraft zur Drehung der Segel nicht mehr ausreicht, wird die Kraftmaschine losgekuppelt, damit sie im Leerlaufe die nötige Kraftmenge aufspeichern kann, worauf die Kupplung wieder erfolgt.

Patentansprüche:

1. Ein Verfahren, Flugmaschinen von der Erde aufsteigen zu lassen, dadurch gekennzeichnet, daß durch Leerlauf der Kraftmaschine lebendige Kraft in derselben angesammelt und diese dann auf die Flugvorrichtung übertragen wird.

2. Zur Ausführung des unter 1 gekennzeichneten Verfahrens eine Flugmaschine, deren Kraftmaschine zum Teil als Schwungrad gebaut und mit dem Flügelsysteme zu verkuppeln ist.

257. Die Anflugvorrichtung nach der

Patentschrift Nr. 149 586
Emil Lehmann in Berlin,

angemeldet am 23. November 1901, ausgegeben am 25. März 1904,

kennzeichnet sich durch drei im Dreieck angeordnete ausschiebbare Stützen, von denen die hintere fest am Gestell angeordnet und schräg nach hinten gerichtet ist, während die beiden vorderen gelenkig angeordnet sind und, solange das Fahrzeug von den Stützen getragen wird, senkrecht nach unten stehen. Wenn man nun durch irgend eine Kraft die hintere Stütze ausschiebt, so wird sich das Fahrzeug mit seinem hinteren Ende anheben, wobei es sich um die Fußpunkte der vorderen Stützen dreht. Es führt hierbei also ein Kippen nach vorn aus, und wenn diese Bewegung mit verhältnismäßig großer

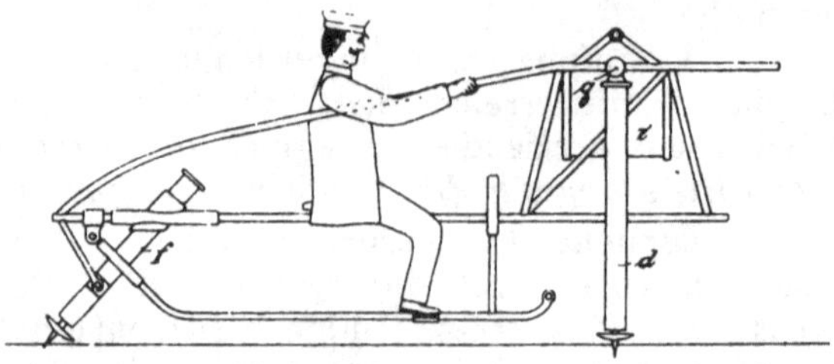

Fig. 807.

Geschwindigkeit erfolgt, so wird sich über den weitausgespannten Flügeln des Luftschiffes infolge der Bewegung der letzteren nach unten ein Vakuum bilden, derart, daß das Fahrzeug ins Schweben kommt. Wenn man nun die vorderen Stützen, die sich beim Kippen der Flugmaschine schräg gestellt haben, ebenfalls durch irgend eine Kraft ausschiebt, so wird das bereits zum Schweben gekommene Fahrzeug schräg nach oben in die Luft hineingestoßen.

Auf die Bauart des Fahrzeuges an sich kommt es natürlich im einzelnen nicht an, und es ist nur wesentlich, daß das Fahrzeug mit weitausladenden Flügeln a a ausgerüstet ist. Letztere werden mit Hilfe der Zugschnüre b b vom Fahrer dadurch in Bewegung gesetzt, daß derselbe mit dem Fuß, ähnlich wie beim Zweirade, den schwingenden Balken e in vertikale Schwingungen versetzt.

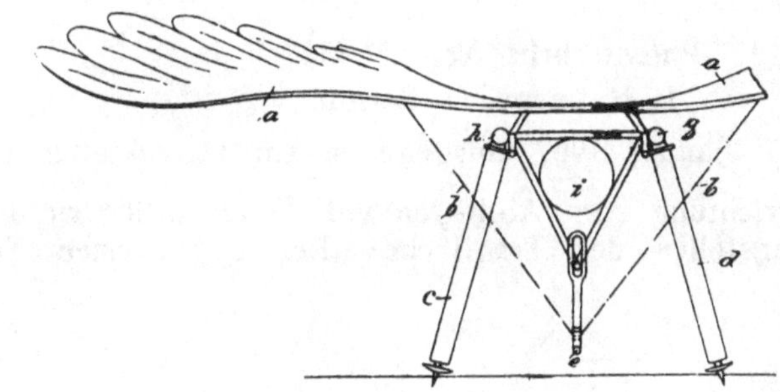

Fig. 808.

Die Anflugvorrichtung besteht nun aus den drei in Form von Zylindern und Kolben ausgebildeten ausschiebbaren Stützen c d f, von denen die hintere, f, wie aus der Zeichnung ohne weiteres zu ersehen, schräg nach hinten gerichtet und fest am Gestell angeordnet ist. Die beiden vorderen, c und d, sind bei h und g gelenkig am Gestell angebracht und stehen, solange die Flugmaschine auf den Stützen ruht, annähernd senkrecht nach unten (Fig. 807, 808). Das Ausschieben der Stützen geschieht bei dem vorliegenden Ausführungsbeispiel dadurch, daß von einem Druckluftbehälter i aus Druckluft in die einzelnen Zylinder hineingelassen wird. Zuerst schiebt man zweckmäßig die hintere Stütze f aus und wenn sich infolgedessen das Fahrzeug um einen gewissen Winkel angehoben hat bzw. um einen gewissen Winkel nach vorn gesenkt ist, dann bringt man die Stützen c und d zum Ausschieben.

Patentansprüche:

1. Anflugvorrichtung für Flugmaschinen mit einer am hinteren Ende angebrachten, ausschiebbaren Stütze und vorderen drehbaren Stützen, dadurch gekennzeichnet, daß erstere schräg zu der Flügelfläche nach unten steht, derart, daß das Fahrzeug sich bei Ausstoßen der hinteren Stütze um die Fußpunkte der vorderen Stützen dreht bzw. eine Kippbewegung ausführt.

2. Ausführungsform der Anflugvorrichtung nach Anspruch 1, dadurch gekennzeichnet, daß die vorderen Stützen ebenfalls als Abstoßvorrichtungen ausgebildet sind und nach Erreichung einer bestimmten Schrägstellung, während der durch Ausstoßen der hinteren Stütze veranlaßten Kippbewegung des Fahrzeuges in Tätigkeit gesetzt werden, derart, daß das bereits in Bewegung gekommene Fahrzeug einen neuen Antrieb nach vorwärts bekommt.

3. Ausführungsform der Anflugvorrichtung nach Anspruch 1 und 2, dadurch gekennzeichnet, daß die Oeffnung der Zuleitung für das die Ausstoßvorrichtungen der vorderen Stützen betätigende Druckmittel automatisch bei einer bestimmten Schrägstellung der vorderen Stützen erfolgt.

258. Die Erfindung nach der

Patentschrift Nr. 191 433
J. Hofmann in Berlin,

angemeldet am 7. Januar 1907, ausgegeben am 11. Oktober 1907,

betrifft eine Vorrichtung zum Abfliegen von Drachenfliegern durch plötzliches Schrägstellen der Tragfläche. Bei gegliederten Trag-

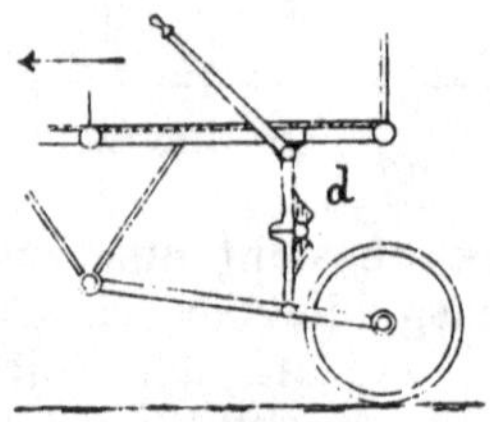

Fig. 809.

flächen ist die Bewegung der Tragflächen allein schwierig auszuführen. Die Erfindung besteht nun in einem neuen Mittel zur Schrägstellung der Fläche, dessen Anwendung sich bei allen Tragflächen, auch gegliederten, ermöglichen läßt.

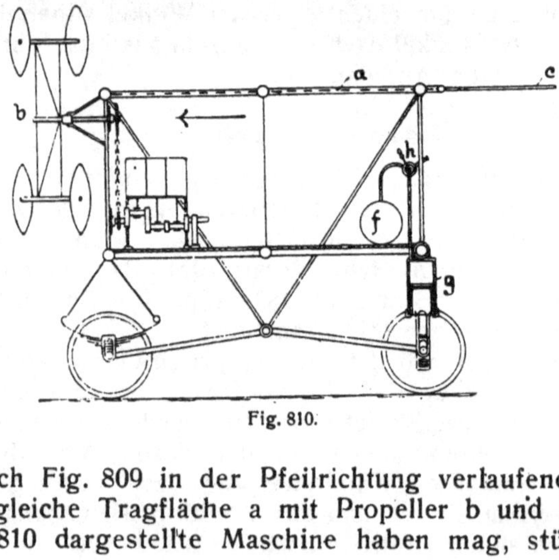

Fig. 810.

Die nach Fig. 809 in der Pfeilrichtung verlaufende Maschine, welche die gleiche Tragfläche a mit Propeller b und Steuer c wie die in Fig. 810 dargestellte Maschine haben mag, stützt ihr hinteres Ende auf einen Kniehebel d, durch dessen Umlegung die Tragfläche und das ganze Obergestell mit ihr um die Vorderachse gedreht wird (Fig. 811). Durch die Drehung allein würde allerdings die Luft unter dem hinteren Teil der Tragfläche verdichtet werden; da aber die Maschine, wie vorausgesetzt, in scharfem Vorwärtslaufe sich befindet, so tritt mit der Drehung der Tragfläche auch sofort eine gleichmäßige Luftpressung unter ihr auf, die den Flug einleitet.

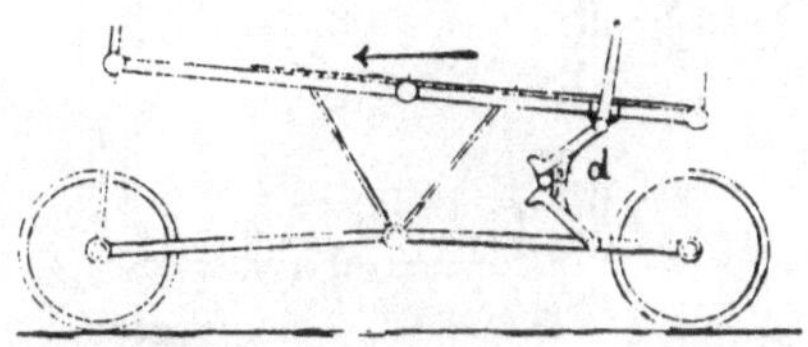

Fig. 811.

Die gleiche Drehung der Tragfläche, die nach vorstehendem durch Senken des Hinterteiles der Maschine erreicht wird, läßt sich natürlich auch durch Heben des Vorderteiles oder durch beides erreichen. Nur werden durch letztere Einrichtungen die nötigen Anlaufwege länger.

Patentanspruch:

Vorrichtung zum Abflug von Drachenfliegern durch Schrägstellen der Tragfläche, dadurch gekennzeichnet, daß die zwischen dem Obergestell und dem Radgestell angeordneten Stützen derart eingerichtet sind, daß durch ihre Verlängerung, Verkürzung oder dergl. plötzlich ein Heben des vorderen oder Senken des hinteren Obergestells oder beides zugleich ausgeführt werden kann.

259. Eine Flugmaschine mit Fahrrad, dessen Vorderrad als Steuersegel ausgebildet ist, wird in der

Patentschrift Nr. 197 062

Emil Rahmelow in Düsseldorf,

angemeldet am 15. November 1906, ausgegeben am 4. April 1908, dargestellt.

Das Gestell des Zweirades trägt die Ständer a und b, mit welchem die Flügel c (Fig. 812, 813) durch die Schenkel d und durch Gelenke verbunden sind. Die Bewegung der Flügel erfolgt von dem als Schwungrad dienenden Hinterrade aus, an dessen nach beiden Seiten verlängerter Achse Kurbeln h angebracht sind. An diese sind mittels Zapfen i die Pleuelstangen k angelenkt, welche mit den Flügeln gelenkig verbunden sind.

Das Vorderrad ist nun als Steuersegel ausgebildet und zu diesem Zwecke mit luftdichtem Stoffe p bespannt. Durch eine an der geraden Lenkstange angebrachte, in eine Nut r einer am Fahrrad

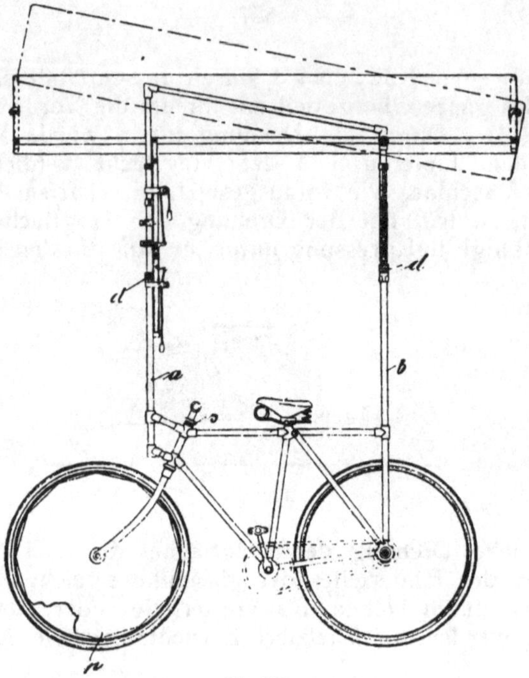

Fig. 812.

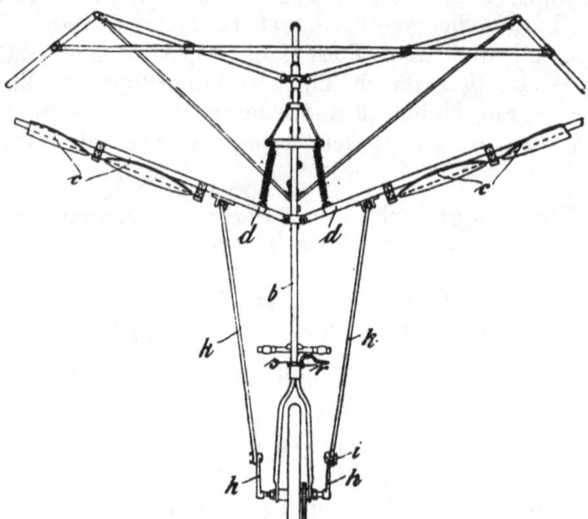

Fig. 813.

angebrachten Scheibe s eingreifende federnde Klinke (Fig. 813) kann das Vorderrad während der Fahrt in der Luft festgestellt werden.

Um sich mit dem Fahrzeug in die Luft zu erheben, wird es mit möglichst großer Geschwindigkeit vorwärts bewegt, und bei hinreichender Geschwindigkeit wird es, durch den unter der schräggestellten Schwebefläche entstehenden Luftdruck unterstützt, durch die Flügelbewegung sich vom Erdboden erheben. Sowohl bei der Fahrt auf dem Erdboden als auch bei der Fortbewegung in der Luft soll das Vorderrad zur Steuerung dienen.

Patentanspruch:

Flugmaschine mit Fahrrad, dadurch gekennzeichnet, daß das Vorderrad des Fahrrades als Steuersegel ausgebildet ist.

260. Gegenstand der

Patentschrift Nr. 208 218
Josef Deixler in Haag, Niederl.,

angemeldet am 30. Mai 1908, ausgegeben am 22. März 1909, ist eine Absprungvorrichtung mit federnder Kippstütze.

Bei der vorliegenden Erfindung stehen die Tragflächen mit den kippbaren Laufräderstützen in starrer Verbindung. Hierdurch

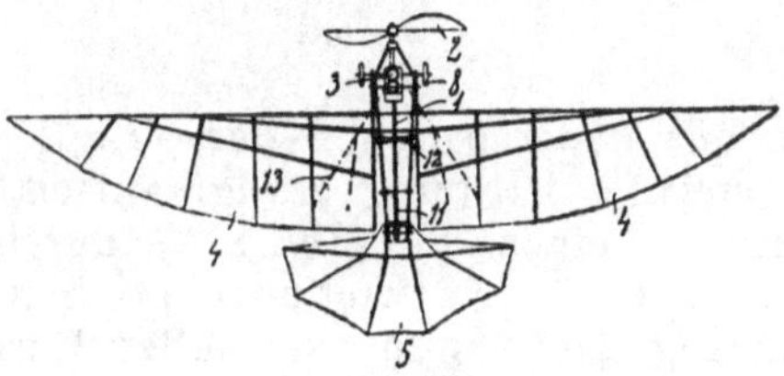

Fig. 814.

wird erreicht, daß beim Umkippen der Stützen die Tragflächen eine Schlagwirkung ausführen, wodurch die Luft unterhalb der Tragflächen stärker verdichtet wird und das Fahrzeug leichter aufstei-

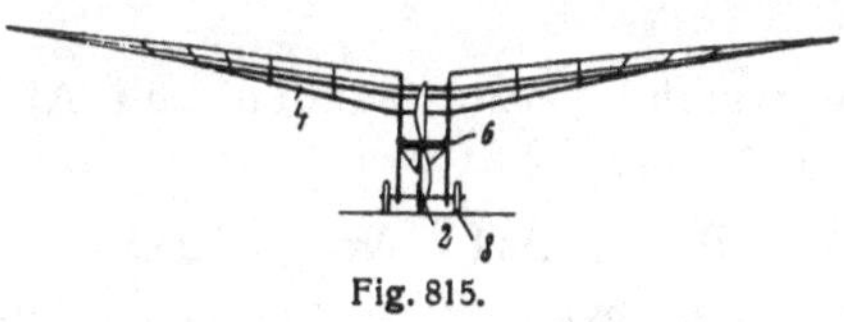

Fig. 815.

gen kann. Am Fahrzeugrahmen 1 (Fig. 814—816) sind ein paar Tragflügel 4 und eine Schwanzfläche 5 um wagerechte Achsen 6 und 7 drehbar befestigt. Die Tragstangen dieser leicht gewölbten Flächen, die durch einzelne mit reffbarem Stoff bespannte Rohre oder Rippen versteift werden, tragen die beiden vorderen Laufräder 8, 8 und das hintere Laufrad 9 und werden durch am Maschinengestell befestigte Zugfedern 10, 11, 12 nach abwärts gezogen.

Um den Aufflug herbeizuführen, werden die vorderen Tragflügel 4 durch eine geeignete Zugvorrichtung soweit in die Höhe gezogen, daß die vorderen Laufräder lotrecht unter die Drehachse 6 oder weiter rückwärts zu stehen kommen. Nach Ausschalten der Zugvorrichtung wird infolge der Kraft der Federn 10 und 12 ein starker Flügelschlag nach abwärts erfolgen, die Laufräder rollen nach vorwärts, und es erfolgt ein Ansteigen des Fahrzeugkörpers. Gleichzeitig tritt der Propeller 2 in Wirkung, so daß ein Fortbewegen der Flugmaschine erfolgt. Dabei nehmen die Tragflächen die in Fig. 816 punktiert gezeichnete Stellung ein.

Bei schneller Fortbewegung der Maschine bzw. durch starken Gegenwind werden die Segelflächen selbsttätig eine Drehbewegung nach aufwärts vollführen und sich in fast wagerechter Lage einstellen, wodurch die Zugfedern gespannt werden. Die Höhensteuerung wird

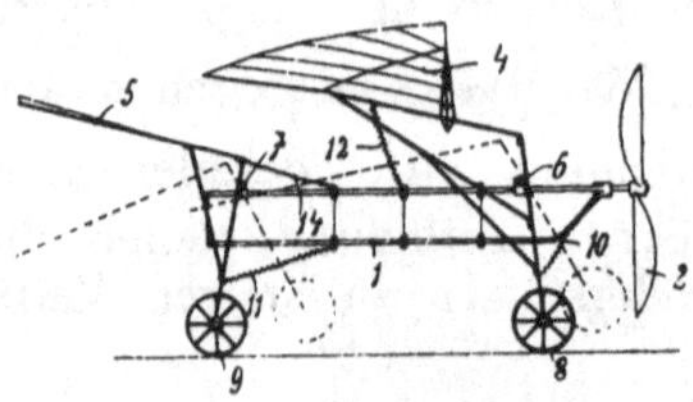

Fig. 816.

durch Aenderung der Federspannung der Tragflügel bewirkt. Die Steuerung in wagerechter Richtung erfolgt mittels an den vorderen Flügeln 4 befestigter Leinen 13 (Fig. 814) durch Lagenänderung der Flügel gegeneinander. Die Zugfeder 14 hält die rückwärtige Tragfläche im Gleichgewicht, wenn sie außer Wirkung ist.

Patentanspruch:

Flugmaschine mit unter Federwirkung stehenden, zum Absprung dienenden Kippstützen, gekennzeichnet durch an den Stützen starr befestigte Tragflächen (4, 5), welche beim Umkippen der Stützen einen Niederschlag ausführen.

261. Die Vorrichtung zum Landen und Abfliegen von Luftfahrzeugen nach der

Patentschrift Nr. 227 242

Heinrich Strieffler in Landau, Pfalz,

angemeldet am 7. September 1908, ausgegeben am 17. Oktober 1910,

ist dadurch gekennzeichnet, daß zwischen zwei entsprechend hohen und genügend weit voneinander entfernten, an geeigneten Orten befindlichen Punkten ein oder mehrere aus Draht oder anderem Material bestehende Seile über dem Boden freischwebend gespannt werden, an welchen das Luftfahrzeug landet oder abfliegt. Das Landen erfolgt entweder dadurch, daß sich beim Ueberfliegen des Landeseils vom Luftfahrzeug herabgelassene Anker während der Fahrt in das Landeseil einhängen, oder aber dadurch, daß am Luftfahrzeug fest oder drehbar gelagerte Rollen beim Ueber-, Unter- oder seitlichen Anfliegen des Luftfahrzeuges in das Landeseil eingehängt oder aufgesetzt werden.

Das Abfliegen des Luftfahrzeuges erfolgt dadurch, daß sich dessen Roll- oder Kupplungsvorrichtungen vom Landeseil abheben oder auslösen, wenn das Luftfahrzeug, mittels der ersteren auf dem Landeseil gleitend, eine entsprechende Geschwindigkeit erreicht hat.

Wie aus Fig. 817 ersichtlich, ist zwischen zwei Punkten I, I ein Seil 2 in geeigneter Höhe über dem Boden freischwebend gespannt. Die Befestigungsständer I, I können, wenn sie nur zum Landen für starre Motorluftschiffe bestimmt sind, möglichst niedrig gehalten werden. Auf dem Landeseil 2 landet der Motorballon 3 dadurch, daß von ihm ein geeignet ausgebildeter Anker oder eine

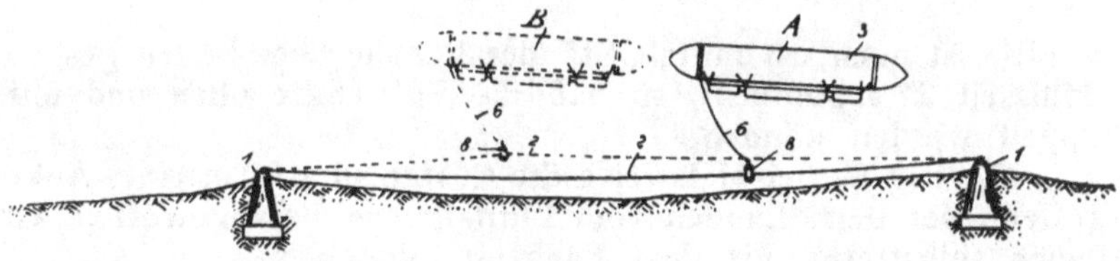

Fig. 817.

andere Kupplungsvorrichtung 8 zweckdienlich an einem Seil 6 herabgelassen wird, die das Luftfahrzeug über das gespannte Seil schleift und welche dabei am Landeseil 2 anhakt, wodurch das Luftfahrzeug verankert wird (Stellung A).

Uebt das Luftfahrzeug 3 einen nach oben gerichteten Zug auf das Landeseil aus (Stellung B), so spannt es das letztere, das hierdurch die gestrichelt angegebene Stellung einnimmt.

Gleichzeitig gleitet die mit Rollen versehene Kupplungsvorrichtung 8 auf dem Seil 2 entlang, so daß auch jede Stoßwirkung in der Längsrichtung des Fangseiles während des Landens des Luftfahrzeuges vermieden ist.

Ist das Landeseil ein über Leitrollen geführtes endloses Seil, so braucht die Kupplungsvorrichtung keine Rolle zu besitzen, da das Seil in seiner Längsrichtung dann dem Zug nachgibt.

Für Flugmaschinen, z. B. Drachenflieger, oder dergl. und für unstarre Motorballons müssen die Punkte I, I, zwischen welchen das Seil 2 gespannt ist, als über den Boden entsprechend hochragende Ständer ausgeführt werden (Fig. 818), damit diese Luftfahrzeuge das Landeseil 2 unterfliegen oder seitlich anfliegen und an diesem sich mit geeigneten Vorrichtungen festkuppeln können und die unstarren Ballons nach der Kupplung in geeigneter Höhe festgehalten werden können.

Um ein Abfliegen unterhalb des Landungsseiles in der Seilrichtung zu ermöglichen, kann das eine oder beide Enden des Landungsseiles 2 an quer zur Seilrichtung angeordneten Seilbrücken 9 befestigt sein, so daß das Luftfahrzeug zwischen den Ständern 9', 9' beim Landen oder Abfliegen hindurchfahren kann. Für unstarre

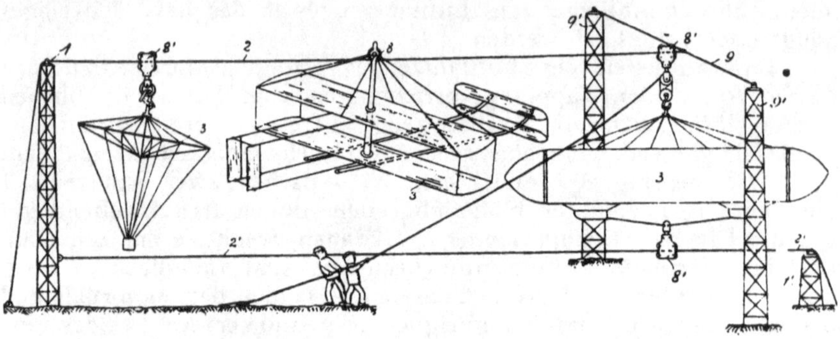

Fig. 818.

Luftschiffe ist noch ein mittels Ständer l' nahe dem Boden gespanntes Hilfsseil 2' angebracht, so daß die Luftschiffe oben und unten gekuppelt werden können.

In Fig. 819 ist beispielsweise die Ausführungsform eines Ankers dargestellt, der beim Landen vom Luftfahrzeug herabgeworfen wird, und sich selbsttätig mit dem Fangseil kuppelt.

Der Anker, der mit einem Seil 6 versehen ist, an welchem er nach dem Auswerfen herabhängt, besteht aus dem Schaft 23, dessen unteres Ende zu einem oder mehreren schräg nach oben stehenden Haken 24 ausgebildet ist. Das untere Schaftende ist derart aus-

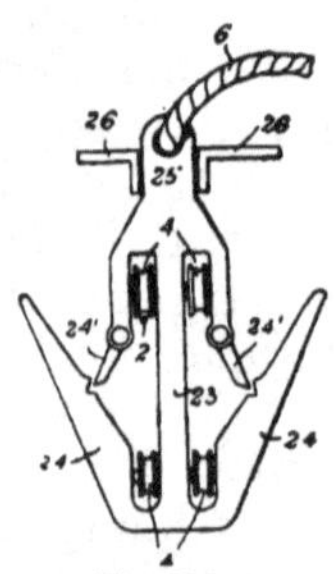

Fig. 819.

gebildet, daß es Rollen 4 aufnehmen kann, die dem Ankerinnern zu freiliegen. In ähnlicher Weise sind am oberen Schaftende ebenfalls Rollen 4 gelagert. Federnde Bügel 24', ähnlich wie bei Karabinerhaken, verhindern ein ungewolltes Aushängen des Ankers.

Ueberfliegt nun das Luftfahrzeug das Landeseil, so schleift es den Anker dabei über dasselbe hinweg, wobei sich derselbe mit einem der Fangschnäbel am Landeseil einhakt.

Für Flugmaschinen können außer einfachen Ankerhaken ganz besonders ausgebildete Ankervorrichtungen verwendet werden, beispielsweise ein über die Tragfläche der Flugmaschine befestigter Anker, dessen federnder Bügel 18, 18' (Fig. 820) so ausgebildet ist, daß sich der Anker bei entsprechender Einstellung der Anschlagstifte 19 und 21 entweder nur einhängen oder nur aushängen oder weder ein- noch aushängen kann.

Die Wirkungsweise des Ankers ist folgende:

Beim Landen fährt die Flugmaschine (Fig. 818) mit dem über der Tragfläche angebrachten Anker etwa in Seilhöhe. Durch Betätigung des die Anschlagstifte 19,21 bewegenden Schaltwerks wird der Anschlagstift 21 zurückgezogen, so daß sich der Sperrbügel 18 nach dem Schaft 17 zu bewegen kann. Fliegt die Flugmaschine mit dem Anker gegen das Landeseil, so legt sich dieses gegen den Bügel 18, drückt denselben gegen den Schaft 17 und fängt sich in der Rolle 4. Ist dies geschehen, so schnellt der Bügel 18 durch die Feder 20

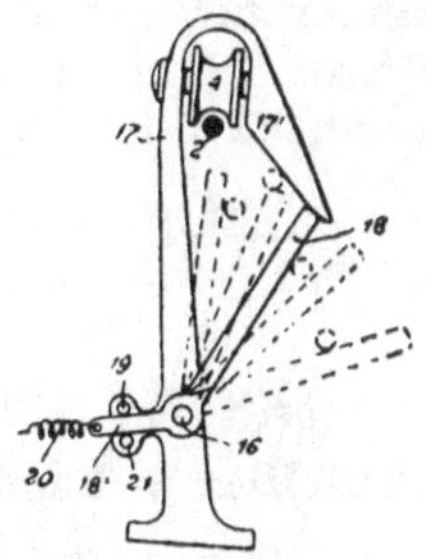

Fig. 820.

wieder in seine Ruhelage und verhindert ein nochmaliges Abkommen der Flugmaschine von dem Landeseil. Der Stift 21 wird automatisch wieder in seine Lage hineingeschoben und die gelandete Flugmaschine gleitet auf der Rolle 4 weiter, bis sie nach Abstellen des Motors ihre lebendige Kraft verloren hat.

Beim Abfliegen wird der Stift 19 durch das Schaltwerk zurückgezogen, so daß sich der Sperrbügel 18 vom Schaft 17 nach außen fortbewegen und die geschlossene Oese öffnen kann.

Da die Flugmaschine beim Abfliegen seitlich gesteuert wird, also seitlich vom Seil abfliegt, so legt sich das Landeseil 2 gegen die Innenseite der Sperrbügel, drückt diese nach auswärts, so daß der Haken geöffnet wird und das Landeseil aus diesem heraustreten kann. Da der Sperrbügel durch den Federzug in seine Ruhelage zurückschnellt, kann sich die Ankervorrichtung nicht mehr von neuem in dem Seil fangen, wenn nicht Stift 21 vorher zurückgezogen wird.

Patentansprüche:

1. Vorrichtung zum Landen und Abfliegen von Luftfahrzeugen, dadurch gekennzeichnet, daß zwischen zwei oder mehreren Punkten Seile gespannt sind, an welchen das Luftfahrzeug landet und von welchen es abfliegt.

2. Vorrichtung nach Anspruch 1, dadurch gekennzeichnet, daß das Landeseil (2) an einem oder an beiden Enden an quer zu seiner Spannrichtung angeordneten Seilbrücken (9', 9, 9') befestigt ist, so daß die Luftfahrzeuge in der Seilrichtung abfliegen können.

3. Luftfahrzeuganker für die Vorrichtung nach Anspruch 1 und 2, dadurch gekennzeichnet, daß der Anker (23) als einfacher oder mehrfacher Karabinerhaken (24, 24') ausgebildet ist, in welchen Seilrollen (4) so gelagert sind, daß das Seil (2) beim Landen und Abfliegen auf einer dieser Rollen gleiten kann.

4. Luftfahrzeuganker nach Anspruch 3, dadurch gekennzeichnet, daß der Sperrbügel (18, 18') des Ankers durch entsprechende Einstellung der Anschlagstelle (19) bzw. (21) entweder am Landeseil sich nur einhängen oder nur abhängen, oder aber daß sich der Anker weder ein- noch bhängen läßt.

5. Laufrolle für die Vorrichtung nach Anspruch 1 und 2, dadurch gekennzeichnet, daß eine in einem geeigneten Bügel gelagerte Laufrolle (4) mit zwei Fangarmen (10, 10') versehen ist, welche beliebig unabhängig voneinander bewegt werden können, wobei unter der Laufrolle (4) eine Hilfsrolle (11) derart gelagert ist, daß sie an die Laufrolle (4) herangebracht oder von dieser entfernt werden können.

262. Die

Patentschrift Nr. 227 243
Heinrich Strieffler in Landau, Pfalz,

angemeldet am 26. November 1908, ausgegeben am 17. Oktober 1910,

bringt eine Verbesserung der in der Patentschrift Nr. 227 242 dargestellten Vorrichtung.

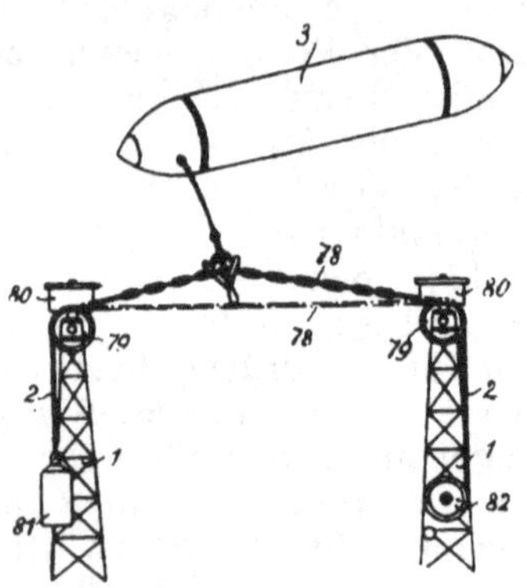

Fig. 821.

Es hat sich gezeigt, daß es vorteilhaft ist, das Landedrahtseil, damit es wenig Eigenschwingung besitzt, an der Stelle, wo der Anker faßt, durch eine Kette zu ersetzen und das ganze Seil durch Gewichtsbelastung oder durch eine mit Bremsvorrichtung versehene Winde aus seinen Stützpunkten ausziehbar zu lagern.

Wie aus Fig. 821 und 822 ersichtlich ist, wird das zwischen den Stützen I—I gespannte Drahtseil 2 auf derjenigen Strecke, auf wel-

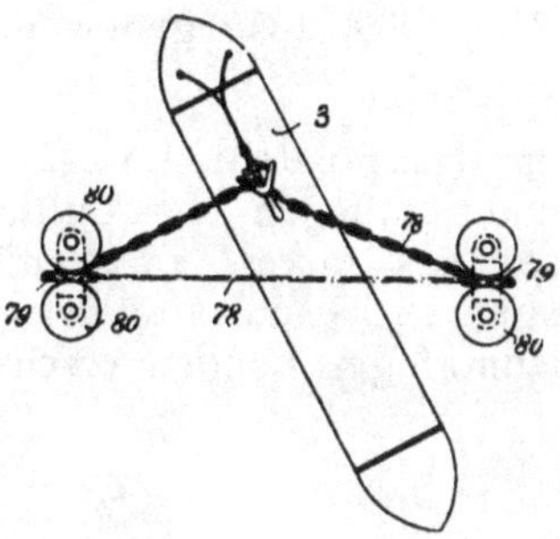

Fig. 822.

cher der Anker des Luftfahrzeuges voraussichtlich beim Landen faßt, durch eine Kette 78 ersetzt. Das Seil ist dabei so über an den Stützen I—I angebrachte Rollen geführt, daß es über senkrechte Rollen 79 läuft, welche zwischen horizontalen Rollen 80 angeordnet sind, so daß das Seil 2 beim Herausziehen in jeder Richtung geführt ist.

Der Vorgang beim Landen des Luftfahrzeuges ist bei dieser Vorrichtung folgender:

Das Luftfahrzeug, an dem ein oder mehrere Anker an Seilen herabhängen, fliegt über die Kette 78 des Fangseiles 2, wobei ein Anker die Kette 78 erfaßt und das Fangseil 2 aus seinen Stützpunkten herauszieht. Die Kette 78 bzw. das Fangseil 2 wird hierbei, wie aus der Zeichnung ersichtlich, einen Sack bilden. Der Widerstand, den das Luftschiff durch das Herausziehen des Seiles 2 findet, kann durch an der Winde angebrachte Bremsvorrichtungen entsprechend reguliert werden. Der Seilaufzug kann auch ohne Erhöhung der Türme durch Einschaltung von Flaschenzügen verlängert werden.

Patentansprüche:

1. Vorrichtung zum Landen und Abfliegen von Luftfahrzeugen nach Patent 227 242, dadurch gekennzeichnet, daß ein oder beide Enden des Landeseiles aus ihren Stützpunkten ausziehbar gelagert sind.

2. Vorrichtung nach Anspruch 1, dadurch gekennzeichnet, daß das Landeseil an jener Stelle, wo es vom Anker des landenden Luftfahrzeuges voraussichtlich erfaßt wird, durch eine Kette (78) ersetzt wird.

263. Eine weitere Verbesserung der in der Patentschrift 227 242 dargestellten Vorrichtung zum Abfliegen und Landen von Luftfahrzeugen ist in der

Patentschrift Nr. 227 244
Heinrich Strieffler in Landau, Pfalz,

angemeldet am 24. Mai 1909, ausgegeben am 17. Oktober 1910, dargestellt.

Bei den nach dem Hauptpatent 227 242 angegebenen Vorrichtungen zum Landen und Abfliegen von Luftfahrzeugen hat es sich gezeigt, daß das Fassen des Ankers am Leitdrahtseil bei sehr ungünstigen Luftströmungen ruck- und stoßweise erfolgt, so daß hierdurch ein sanftes gleichmäßiges Landen erschwert wird.

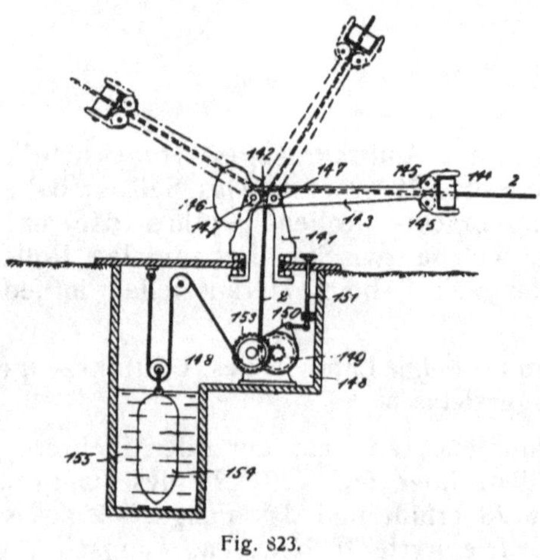

Fig. 823.

Ferner kann, wenn das Luftschiff das Leitdrahtseil in die Höhe zieht, der Fall eintreten, daß das Leitdrahtseil aus den senkrechten Führungsrollen ausspringt, wodurch ebenfalls Stöße und Schwankungen während des Landens entstehen.

Mit vorliegender Erfindung wird bezweckt, die Landung unter allen Umständen möglichst stoßfrei zu gestalten.

Zu diesem Zwecke wird das Landeseil einerseits an seinen Enden durch geeignete Mittel so befestigt, daß es sich ohne Widerstand in jede gewünschte Lage einstellen kann, und andererseits wird das Leitdrahtseil mit einer geeigneten Bremsvorrichtung verbunden, welche derart auf das Leitdrahtseil einwirkt, daß dieses durch das landende Luftfahrzeug nicht mehr ruckweise vor- oder rückwärts geschnellt werden kann.

In Fig. 823 ist mit 2 das Landedrahtseil bezeichnet, gegen welches das Luftfahrzeug anfährt und mit welchem sich letzteres in bekannter Weise durch Auswerfen eines Ankers oder dergl. kuppelt.

An den beiden Enden des Seiles 2 sind nun die Vorrichtungen angebracht, welche ein stoßfreies Landen ermöglichen.

Jede der Vorrichtungen besteht aus einem um eine vertikale Achse 141 und um eine horizontale Achse 142 drehbaren gabelförmigen Arm 143, der vorn um 90° gegeneinander versetzte Rollen 144, 145 trägt und am rückwärtigen Ende mit Gegengewicht 146 versehen ist.

Die Wirkungsweise der Vorrichtung ist folgende:

Erfaßt der Anker oder die entsprechende Kupplungsvorrichtung des Luftschiffes das Leitdrahtseil 2, so kann dieses mittels des Führungsgelenkarmes 143 nach oben zu und nach der Seite im Kreise herum nach jeder beliebigen Richtung geschwenkt werden, wie dies beispielsweise in der Zeichnung durch die gestrichelten Stellungen angegeben ist.

Das Leitdrahtseil 2 wird immer zwischen den Rollen 144, 145 und 147 sicher geführt bleiben und sich nur, je nachdem der Arm

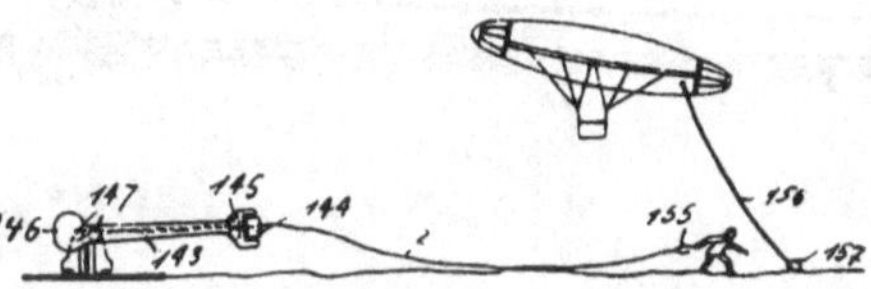

Fig. 824.

nach oben links oder rechts überschlägt, entweder über die linke oder rechte Führungsrolle 147 legen.

Dadurch, daß das Seil 2 in jeder Richtung federnd ausweichen kann, werden die stärksten Stöße unschädlich gemacht.

Wenn nun das Luftfahrzeug durch Einstellen des Armes und durch Hohersteigen das Leitdrahtseil 2 schnell und stark spannt, so daß dieses einen Sack bildet, so betätigt es zugleich die Seilwinde 149 und entnimmt dieser einerseits genügend Seil, andererseits wird hierdurch aber auch das Zahnradgetriebe 152, 153 in Umdrehung versetzt, welches seinerseits das Gewicht 154 hebt.

Beim Ausziehen des Seiles 2 ist also das Gewicht 154 durch die lebendige Kraft des Luftschiffes zu heben, dem Ausziehen des Seiles 2 wird also durch das Gewicht 154 ein Widerstand entgegengesetzt, der ein starkes Stoßen des Seiles 2 verhindert und welcher Widerstand durch Betätigung der Bremse beliebig verstärkt werden kann.

Ist das Gewicht 154 im Ruhezustand in einen mit Flüssigkeit gefüllten Schacht eingetaucht, wobei die Flüssigkeit das Gewicht gerade bedeckt, so wird der Auftrieb beim Hochziehen des Gewichts immer geringer, so daß die Schwere des zu hebenden Gewichtes um so viel größer wird, als das Gewicht weniger tief in die Flüssigkeit eintaucht.

Dadurch wird ein stetig sich verstärkender Bremswiderstand dem Luftfahrzeug entgegengesetzt, so daß dieses beim Landen das Seil nicht ruckartig spannen und hochschnellen kann.

Gelangt nun das gelandete und vorläufig befestigte Luftschiff durch den Winddruck in eine Rückwärtsbewegung, so tritt die Rückwärtsbremse der Seilwinde in Tätigkeit, welche je nach Wunsch den Gewichtszug am Seil 2 abbremst, damit das Luftschiff nicht von neuem durch den Zug des Gewichtes in eine starke Rückwärtsbewegung gerät.

Beim Lockern des Seiles oder beim Abfliegen wird das Seil durch das Gewicht 154 eingezogen und auf die Seilwinde aufgerollt.

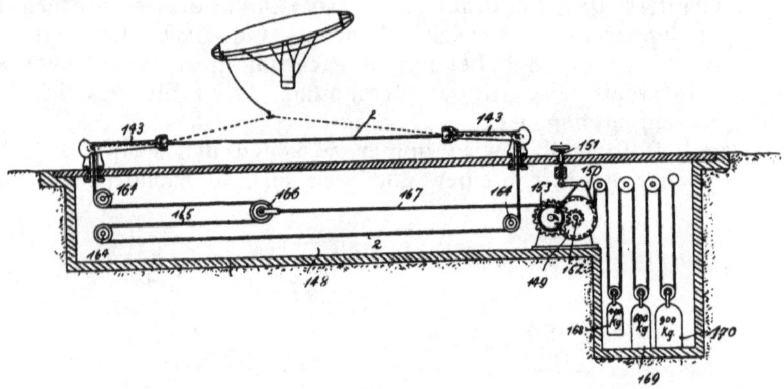

Fig. 825.

In Fig. 824 ist demgegenüber eine Anordnung wiedergegeben, bei welcher das Leitdrahtseil 2 nur an einem Ende mit dem mit den Rollen 144, 145, 147 versehenen drehbaren Führungsarm 143 versehen ist. Um mit einem derartigen Landeseil zu landen, ist dessen

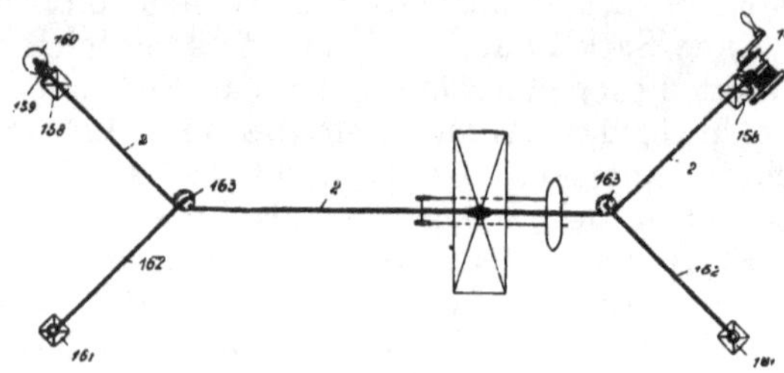

Fig. 826.

freies Ende mit einer Kupplungsvorrichtung 155 (Karabinerhaken o. dgl.) versehen, welche durch Hilfsmannschaften mit einem vom Luftfahrzeug herabhängenden Seil 156 bzw. mit dessen Kuppelglied 157 verbunden wird.

Fig. 825 zeigt schematisch eine Ausführungsform, bei welcher ein endloses Seil als Landeseil benutzt wird. Zu diesem Zweck ist ein unterirdischer länglicher Schacht 148, in welchen das Leitdrahtseil 2 bis auf seinen oberen Längsschenkel über Rollen 164 gleitend eingeführt ist, angeordnet.

Die Wirkungsweise dieser Vorrichtung ist folgende:

Wird am Leitdrahtseil 2 durch das landende Luftschiff oder durch andere Umstände ein Zug ausgeübt und das Seil ausgezogen, so wird mittels des vom Seilsack 165 ausgehenden Seiles 167 die Seilwinde bewegt, welche ihrerseits ein Gewicht nach dem anderen abhebt. Zuerst wird hierbei das leichteste, dann das nächstfolgende schwerere Gewicht usw. aufgehoben. Dadurch wird ein sich immer mehr verstärkender Widerstand dem Ausziehen des Seiles entgegengesetzt.

Vor dem Abfliegen oder nach dem Landen von Flugmaschinen (Drachenflieger) wird die Seilwinde des pufferartig nachgebenden Leitdrahtseiles dazu benutzt, um die Flugmaschine nach dem Landen in ihrem Lauf zu bremsen und dann auf den Boden herabzulassen,

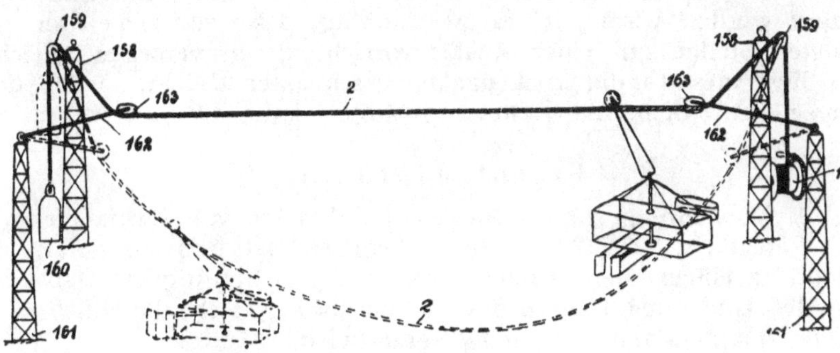

Fig. 827.

sowie das Leitdrahtseil zum Zwecke des Abfliegens wieder hochzuziehen.

Eine derartige Vorrichtung ist in den Fig. 826 und 827 dargestellt.

Das Landeleitdrahtseil 2 ist hierbei an Masten 158 und an diesen über Rollen 159 geführt. Das eine Ende des Leitseiles ist durch ein Gewicht 160 belastet, während das andere Ende zu einer Seilwinde 149 geführt ist, die mit einer Rücklaufbremse geeigneter Art verbunden ist.

Landet die Flugmaschine, so zieht sie das Seil etwas nach unten, wobei das Gewicht 160 hochgehoben wird, so daß dem Zug der Flugmaschine eine Bremswirkung entgegengesetzt wird, die durch Nachlassen von Seil von der Seilwinde noch verstärkt werden kann.

Hat die Flugmaschine das Leitdrahtseil 2 erfaßt und ist sie zum Stillstand gekommen, so wird das Seil 2 durch Nachlassen mittels der Seilwinde auf den Boden herabgelassen, wobei es die in Fig. 827 gestrichelte Stellung einnimmt.

Hierbei befindet sich die Flugmaschine am Boden und kann von Hilfsmannschaften in die Halle geführt oder anderweitig bedient werden.

Die in den Fig. 826 und 827 angegebene Ausführungsform läßt sich insbesondere zum Landen von Flugmaschinen mittels der in der Patentschrift Nr. 227 242 angegebenen Karabinerhaken verwenden. Wenn nämlich das Leitdrahtseil mittels der Winde so weit nachgelassen wird, daß es einen starken Durchhang besitzt, so bildet sich an den beiden Enden des Seiles ein offener Winkel (wie in Fig. 827 gestrichelt angegeben), in welchen die landende Flugmaschine hineinfährt. Dadurch wird ein sicheres Erfassen des Leitdrahtseiles durch den karabinerartig wirkenden Anker sehr erleichtert.

Soll die in den Fig. 826 und 827 angegebene Ausführungsform auch zum Abfliegen der Flugmaschine benutzt werden, so muß das Leitdrahtseil mittels der Winde straff gespannt werden.

Da es beim Anfliegen durch irgendwelche Umstände vorkommen könnte, daß die Laufrolle des Karabinerhakenankers nicht vom Leitdrahtseil abgehoben wird, wodurch ein Abfliegen verhindert werden würde, ist es zweckmäßig, das Leitdrahtseil an geeigneten Stellen mit einer Auslösevorrichtung zu versehen, welche den Bügel des Karabinerhakenankers nach unten drückt, so daß das Fangseil aus dem Anker herausgelangen kann.

Patentansprüche:

1. Vorrichtung zum Abfliegen und Landen von Luftfahrzeugen nach Patent Nr. 227 242, dadurch gekennzeichnet, daß das Leitdrahtseil (2) an einem oder an beiden Enden derart befestigt ist, daß dem Zug des landenden Luftschiffes ein elastischer, sich allmählich steigernder Widerstand entgegengesetzt wird.

2. Vorrichtung nach Anspruch 1, gekennzeichnet durch um eine horizontale und eine senkrechte Achse schwingende, an einem oder beiden Enden des Leitdrahtseiles angeordnete Arme (143), welche mit Führungsrollen (144, 145) versehen sind, in denen das Leitdrahtseil (2) in allen Lagen geführt ist.

3. Vorrichtung nach Anspruch 1 und 2, dadurch gekennzeichnet, daß innerhalb des Lagers (141) des schwingenden Armes zwei Führungsrollen (147) angeordnet sind, über welche das Leitdrahtseil (2) nach abwärts geführt ist.

4. Vorrichtung nach Anspruch 1 bis 3, dadurch gekennzeichnet, daß ein oder beide Enden des Leitdrahtseiles (2) zu einer Seilwinde (149) geführt sind, welche mit einer geeigneten Bremse (150) versehen ist.

5. Vorrichtung nach Anspruch 1 bis 4, dadurch gekennzeichnet, daß die Seilwinde mit einer Gewichtsbelastung (154) in Eingriff steht, welche dem landenden Luftschiff einen elastischen Widerstand entgegensetzt.

6. Vorrichtung nach Anspruch 1 bis 5, dadurch gekennzeichnet, daß das Gewicht (154) in einen mit Wasser gefüllten Schacht eintaucht, so daß es beim Hochziehen dem landenden Luftschiff einen zunehmenden Widerstand entgegensetzt.

7. Vorrichtung nach Anspruch 1 bis 6, dadurch gekennzeichnet, daß der untere Teil eines endlosen Fangseiles (2) in einen Schacht

eingeführt ist und in diesem einen Seilsack oder Schlinge bildet, die mit einer Seilwinde in Verbindung steht, welche durch Zahnrad o. dgl. Uebersetzung eine Seilwinde mit Gewichtsbelastung beeinflußt, die dem landenden Luftschiff einen elastischen, zweckmäßig stärker werdenden Widerstand entgegensetzt.

8. Vorrichtung nach Anspruch 1, dadurch gekennzeichnet, daß das Leitdrahtseil (2) derart an Masten (158) befestigt ist, daß es nach dem Landen des Flugdrachens mittels Seilwinde zur Erde gelassen werden kann.

9. Vorrichtung nach Anspruch 1 und 8, dadurch gekennzeichnet, daß das Leitdrahtseil durch Seile, Ketten (162) o. dgl., welche Rollen usw. tragen, gespannt, in der Mitte zwischen vier Masten freischwebend gehalten wird.

10. Vorrichtung nach Anspruch 1, 8 und 9, dadurch gekennzeichnet, daß an den Enden des Fangseiles eine Auslösevorrichtung für den Fanganker vorgesehen ist, welche dessen Bügel dann auslöst, wenn dieser nicht vorher vom Leitdrahtseil loskommt.

11. Vorrichtung nach Anspruch 1, 8 und 10, dadurch gekennzeichnet, daß die Auslösevorrichtung aus einer schrägen Anlauffläche (171) besteht, welche den Bügel (18) des Fangankers nach außen drückt.

264. Mit Hilfe der Erfindung nach

Patentschrift Nr. 232 159

Louis Blériot in Neuilly, Frankr.,

angemeldet am 2. Oktober 1908, ausgegeben am 10. März 1911,

ist es möglich, an jedem beliebigen Orte ohne Anlauf aufzusteigen, und zwar geschieht dies in der Weise, daß an der Rückseite der

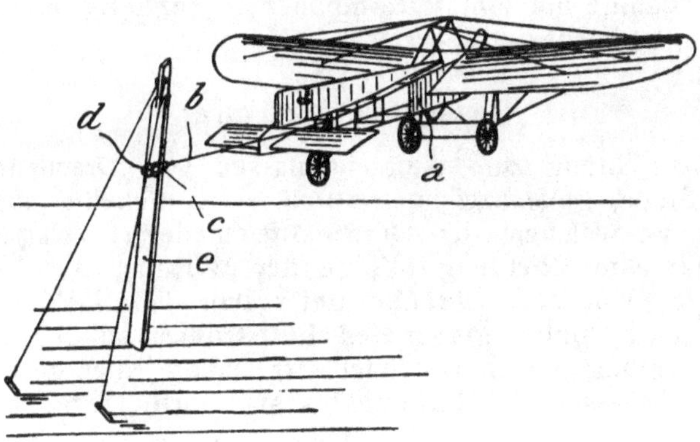

Fig. 828.

Flugmaschine eine Fessel befestigt wird, mittels welcher sie beim Ingangsetzen der Schrauben an einem ganz oder nahezu vertikalen Pfahl aufsteigen kann.

Der Drachenflieger wird vorübergehend mit einem festen Punkt vereinigt, derart, daß eine Bewegung nur in vertikaler oder angenähert vertikaler Richtung von unten nach oben möglich ist. Bei dieser Anordnung wird natürlich die horizontale Komponente der auf den Drachenflieger während der Tätigkeit der Schrauben einwirkenden Kraft ganz oder zum größten Teil unwirksam, und im wesentlichen kommt nur die nach oben wirkende Komponente zur Geltung. Der Apparat hebt sich dann senkrecht über der Abflugsstelle und wird nach Erreichung der für den Flug gewünschten Höhe frei. In Fig. 828 ist die Erfindung dargestellt.

Die Flugmaschine a ist durch ein Tau b mit einer Fessel c verbunden; die Fessel c weist eine oder mehrere Rollen d auf, die hinter den durch eine Schiene o. dgl. gebildeten Pfahl e greifen, auf letzterem beim Aufsteigen der Flugmaschine laufen und diese führen können. Der Pfahl e ist fest in die Erde gerammt und zweckmäßig durch geeignete Streben versteift. Bei dieser Einrichtung macht sich, wie ohne weiteres ersichtlich, der Flugapparat von selbst frei, sobald er die gewünschte Höhe erreicht hat, die sich natürlich aus der gewählten Länge des Pfahles e bzw. dessen Laufränder bestimmt. Es ist hierbei ohne Schwierigkeit möglich, den Pfahl e an jeder beliebigen Stelle durch Streben zu versteifen. Man braucht dabei die Verbindung der Versteifung mit dem Pfahl nur so zu wählen, daß sie das freie Vorbeigleiten der Rollen d nicht hindern.

Die Erfindung beschränkt sich nicht auf die beschriebene Ausführungsform, sondern sie schließt auch alle Abänderungen derselben ein, insbesondere die, bei welcher die horizontale Komponente der Reaktion der Schraubenwirkung durch an der Vorderseite des Apparates angebrachte Rollen oder Räder unwirksam gemacht wird, indem der Apparat an einem vor ihm befindlichen Pfahl oder einer Wand aufzusteigen gezwungen wird. Wesentlich ist nur, daß die erwähnte horizontale Komponente ganz oder im wesentlichen unwirksam gemacht wird.

Patentansprüche:

1. Vorrichtung zum Aufsteigenlassen von Drachenfliegern an Ort und Stelle, gekennzeichnet durch einen beliebig ausgebildeten Festpunkt, an welchem der Drachenflieger derart gelagert ist, daß er in senkrechter Richtung infolge der Wirkung der Vertikalkomponente des von der Schraube unter den Tragflächen erzeugten, von vorn nach hinten gerichteten Luftstromes aufsteigen, in horizontaler Richtung jedoch erst nach Erreichung einer gewissen Höhe und nach Verlassen des Festpunktes sich fortbewegen kann.

2. Vorrichtung nach Anspruch 1, dadurch gekennzeichnet, daß der Gleitflieger an seiner Hinterseite durch eine Fessel mit einem ganz oder nahezu vertikalen Pfahl verbunden wird, an welchem er nach Ingangsetzen der Schrauben aufwärtsgleiten kann.

265. Die

Patentschrift Nr. 234 008

Rheinische Metallwaren- und Maschinenfabrik in Düsseldorf-Derendorf,

angemeldet am 1. September 1909, ausgegeben am 29. April 1911,

beschreibt eine Startvorrichtung für Flugmaschinen, die durch die Explosionskraft eines festen, flüssigen oder gasförmigen Stoffes angetrieben wird.

Die Eigenart der neuen Startvorrichtung besteht nun darin, daß der Stoff, der beispielsweise aus Pulver bestehen kann, in einem kleinen Verbrennungsraum verbrannt wird, der durch eine enge Oeffnung mit einem größeren Expansionsraum in Verbindung steht.

Bei dem in Fig. 829 gezeichneten Beispiel ist ein Explosionsgefäß a vorgesehen, welches zwei Hohlräume besitzt, einen größeren b

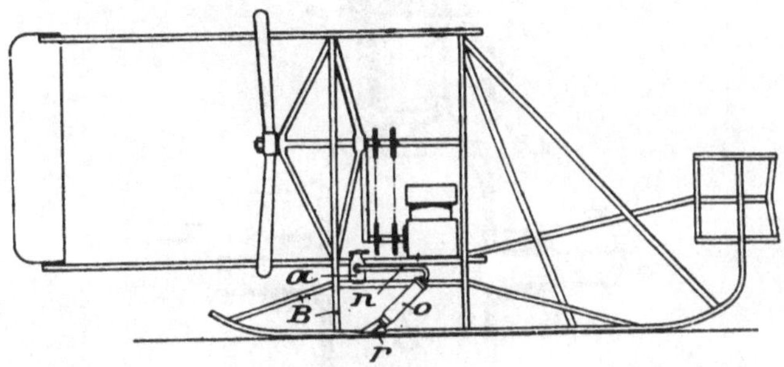

Fig. 829.

und einen kleineren c (Fig. 830). Beide sind durch einen engen Kanal d miteinander verbunden. Der kleinere Raum c ist nach oben offen und kann durch eine bajonettförmig eingesetzte Schraube e verschlossen werden. Er dient zur Aufnahme einer mit Pulver gefüllten Hülse f, die wie eine Geschützkartuschhülse gebildet und wie diese am geschlossenen Ende auch mit einem vorspringenden Rand versehen ist. Dieser Rand kann in eine unterschnittene U-förmige Leiste am unteren Ende der Verschlußschraube e von der Seite her eingeschoben werden, so daß dann die Pulverhülse f und die Schraube e in achsialer Richtung unverschiebbar miteinander verbunden sind.

Man setzt das Verschlußstück e zusammen mit der Hülse f derart in die Oeffnung des Gefäßes a ein, daß segmentförmige, als Gewinde ausgebildete Vorsprünge derselben in entsprechende Einschnitte der Oeffnung fassen, und bringt dann durch Drehen des Handgriffes i die Gewindegänge der Schraube e und der Oeffnung des Gefäßes a in Eingriff. Wenn der Verschluß geschlossen ist, steht ein Ansatz k an der Schraube e über einem entsprechenden Ansatz m des Gefäßes a, derart, daß zwei in den beiden Ansätzen isoliert gelagerte Federstifte in Kontakt kommen. Der Stift in der

Schraube e steht mit einer Leitung in Verbindung, die isoliert durch die Mitte der Schraube e hindurchgeht und mit dem inneren isolierten Teil einer elektrischen Zündschraube in Kontakt steht. Der Federstift in der Ausladung des Gefäßes steht mit einem Pol einer Stromquelle in Verbindung, deren anderer Pol unter Zwischenschaltung eines Schalters an das Gefäß a kurzgeschlossen ist. Schließt man den Schalter, so geht der Strom durch die Zündschraube und entzündet diese und die Ladung der Hülse f. Durch die vorbeschriebene Einrichtung ist es vermieden, daß die Hülsenladung entzündet werden könnte, bevor der Verschluß e geschlossen ist.

Bei der Entzündung der Hülsenladung entsteht in dem kleinen Verbrennungsraum c ein genügend großer Druck, um die vollständige Verbrennung des Pulvers herbeizuführen. Die Verbrennungsgase ex-

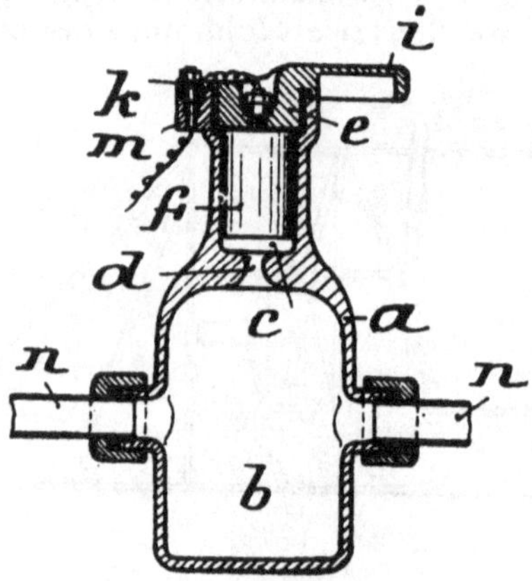

Fig. 830.

pandieren allmählich durch den Kanal d in den Expansionsraum b hinein. Von dort aus gelangen sie durch Rohrleitungen n in die Arbeitszylinder o, die in beliebiger Anzahl an dem Gestell, z. B. an den Kufen des Flugapparates, angeordnet sein können. In jedem Arbeitszylinder o ist ein Kolben p verschiebbar angeordnet, dessen hohle Kolbenstange q nach oben hin offen ist. Durch die Ausbildung der Kolbenstange mit einer Höhlung wird außer der dadurch erreichten Leichtigkeit auch der Zweck verfolgt und erfüllt, daß der Expansionsraum für die Gase ohne Vermehrung oder Vergrößerung der Teile vergrößert wird. Die Größe des Expansionsraumes ist insofern von Wichtigkeit, als dadurch ein mehr oder weniger sanftes Anheben bedingt wird. Die Kolbenstange q ist an ihrem freien Ende mit einem Schuh r ausgerüstet, der eine genügend große Auflagefläche besitzt und gegen die Kolbenstange kräftig versteift ist. Um ein Gleiten des Schuhes auf dem Erdboden auszuschließen, ist er auf seiner unteren Fläche mit vorspringenden Leisten t ausgestattet. Im Innern des Zylinders o ist eine Feder s eingebaut, die ständig bestrebt ist, die Kolbenstange q ganz in den Zylinder hineinzuziehen, wie Fig. 831 zeigt. Die Kolbenstange q ist mit längs verlaufenden Nuten u versehen, mittels deren sie sich in dem Boden des Zylinders o führt, so daß sie sich nicht drehen kann.

Wenn die Pulvergase durch das Rohr n in den Zylinder o gelangen, expandieren sie in den Hohlraum der Kolbenstange q

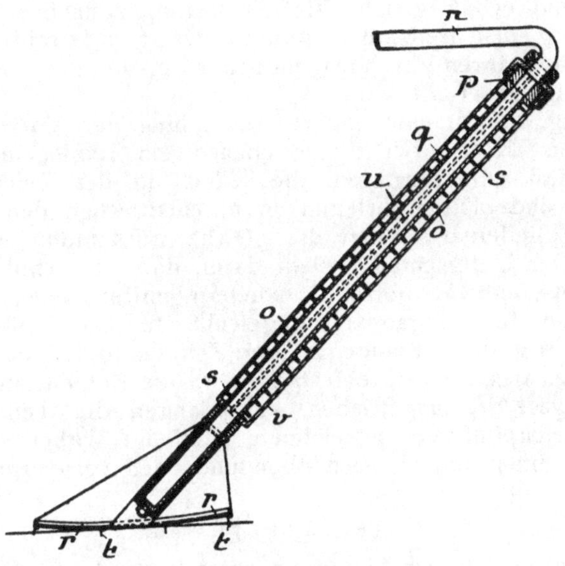

Fig. 831.

hinein und bewegen diese zunächst aus dem Zylinder o heraus, bis der Schuh r, der, wie Fig. 829 zeigt, etwas gegen die Kufen des Flugapparates zurückliegt, also vom Boden absteht, gegen den Boden stößt. Der Schuh r ist gegen die Unterkanten der Kufen zurückgesetzt, damit sie beim Landen des Flugapparates, wenn die

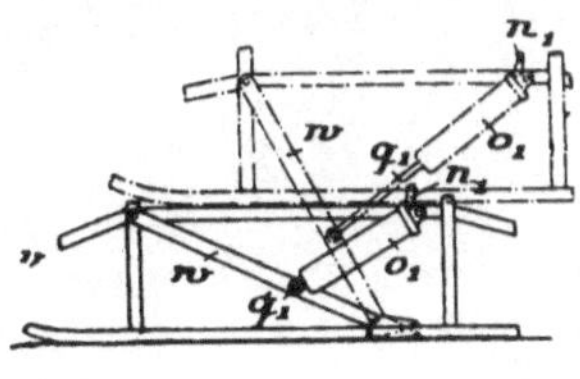

Fig. 832.

Kufen über den Boden hingleiten, nicht hinderlich sind und nicht verletzt werden können. Dann muß sich der Zylinder o gegen die Kolbenstange q zurückbewegen und überträgt die treibende Kraft auf den Flugapparat, an dessen Gestell er in geeigneter Weise befestigt ist. Sobald der Kolben p bei dieser Bewegung die Bohrung v passiert hat, können die Gase ins Freie austreten, und die Kolbenstange q mit dem Schuh r wird dann unter dem Druck der Feder s wieder in die Ruhelage (s. Fig. 829 und 831) zurückgeführt. Gemäß Fig. 829 ist der Zylinder o unter 45^0 gegen die Horizontale geneigt. Die Kraftwirkung wird demnach auch in dieser Richtung auftreten und eine Komponente in vertikaler und horizontaler Richtung ergeben. Der Flugapparat wird beim Verbrennen des Pulvers hochgehoben und erhält gleichzeitig einen Impuls nach vorn, der die Kraftwirkung des treibenden Motors derart unterstützt, daß dem Flugapparat, während er hochgehoben wird, die zum Fliegen nötige Geschwindigkeit erteilt wird.

In Fig. 832 ist eine andere Ausbildung der Vorrichtung veranschaulicht. Es ist bei dieser ebenso ein Explosions- und Expansionsgefäß vorauszusetzen, die jedoch in der Zeichnung nicht dargestellt sind. Die Rohrleitungen n_1 entsprechen den früheren n, und der Zylinder o_1 besitzt die gleiche Einrichtung wie der Zylinder o. Der Unterschied besteht darin, daß der Schuh r_1 nicht an der Kolbenstange q_1 befestigt, sondern mittels einer besonderen Stange w an den Flugapparat angelenkt ist. Die Kolbenstange q_1 erfaßt gelenkig diese Stange w; der Zylinder o_1 ist oszillierend an dem Rahmen des Fliegers befestigt. Wird die Kolbenstange q_1 durch die Pulvergase herausgetrieben, so gelangen die Teile in die in Fig. 832 strichpunktiert gezeichnete Stellung, wobei der Apparat gleichzeitig einen Impuls nach oben und nach vorn erhält.

Patentansprüche:

1. Startvorrichtung für Flugapparate, die durch die Explosion eines festen, flüssigen oder gasförmigen Stoffes angetrieben wird, dadurch gekennzeichnet, daß der explosive Stoff in einem kleinen Verbrennungsraum verbrannt wird, der durch eine enge Oeffnung mit einem größeren Expansionsraum in Verbindung steht.

2. Startvorrichtung nach Anspruch 1, dadurch gekennzeichnet, daß der Expansionsraum für die Explosionsgase zum Teil durch die Höhlung der zu diesem Zwecke hohl ausgebildeten Kolbenstange des Treibzylinders gebildet wird.

X. Verschiedenes.

In diesem Schlußkapitel werden noch einige Patentschriften aufgeführt, die für die Interessenten der Flugtechnik von Wichtigkeit sind und in keinem der früheren Kapitel untergebracht werden konnten.

266. Die

Patentschrift Nr. 84 532
Otto Schmidt in Königsberg,

angemeldet am 22. Februar 1895, ausgegeben am 16. Dezember 1895,

betrifft einen Steuerapparat für Flugmaschinen, welcher gleichzeitig zum Regeln der Flugrichtung in der Vertikalebene, als auch in der Horizontalebene dient.

Der Apparat (Fig. 833) besteht aus einer Platte a aus möglichst leichtem und ebenso geschmeidigem und biegsamem Material, z. B. aus Aluminium. An dieser Platte sind zwei Handhebel b angeordnet, welche mittels der Gelenke c an dem Traggestell A der Maschine, in welchem der Fliegende auf dem Sattel B sitzt, in der Vertikalebene schwingend aufgehängt sind. Die Befestigung der Hebel b an der Platte a geschieht einerseits durch die Schlaufen a', anderseits durch die Universalgelenke b' in der Weise, daß sich die Hebel b um die Universalgelenke b' drehen, aber nicht verschieben, in den Schlaufen a' dagegen nur verschieben können.

Der Apparat wirkt in folgender Weise:

Angenommen, die Flugmaschine bewege sich in der Richtung des Pfeiles I (Fig. 833), so wird dieselbe ihre Bahn unverändert beibehalten, so lange der Fliegende die Griffe b'' der Hebel b so weit herabdrückt, daß die Hebel und somit auch die Platte a' genau in der Ebene der Flugbahn I liegen.

Zieht dagegen der Fliegende die Griffe b'' an und stellt dadurch die Platte a zur Flugbahn I schräg abwärts, so wird der Steuerapparat, wie ohne weiteres verständlich, ein Steigen des Flugapparates bewirken.

Das Steuern nach rechts oder links wird durch windschiefes Verdrehen der Platte erreicht, indem man einen Hebel anzieht, den anderen dagegen in seiner früheren Lage beläßt. Dadurch wird nun die eine Ecke der Platte a nach abwärts und vorwärts gebogen, so daß die Platte eine windschiefe Gestalt erhält, bei welcher der eben erwähnte, nach abwärts und vorwärts gebogene Teil eine Ablenkung des Flugapparates nach links bewirken muß.

Patentanspruch:

Steuerapparat für Flugmaschinen, bestehend aus einer elastischen Platte (a), die mittels zweier Handhebel (b) am Traggestell

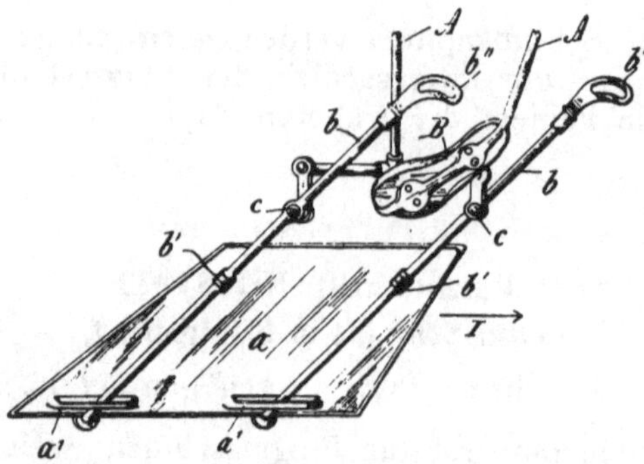

Fig. 833.

(A) des Flugapparates derart angebracht ist, daß sie durch gleichmäßige Verstellung beider Handhebel in ebener Form aufwärts und abwärts bewegt, dagegen durch ungleichmäßige Bewegung der Hebel windschief verdreht wird, so daß mit ihr die Flugrichtung der Maschine in der Vertikal- und Horizontalebene geregelt werden kann.

267. Gegenstand der Erfindung nach der

Patentschrift Nr. 85 326
Hugo Schüßler in Köpenick,

angemeldet am 25. Januar 1894, ausgegeben am 27. Februar 1896,

ist eine Stellvorrichtung an Flugapparaten mit gewölbtem Segel, welche darin besteht, daß in einem unterhalb des Segels liegenden Gestell eine nach allen Seiten drehbar gelagerte Lenkstange angeordnet ist, welche von dem im Gestell sitzenden Luftschiffer mit den Händen erfaßt wird und nach jeder Richtung gegen die Senkrechte geneigt werden kann, um dem Segel die für die jeweilige Flugrichtung erforderliche Stellung zu geben.

Mit dem gewölbten Segel A (Fig. 834) fest verbunden ist die an ihrem unteren Ende mit einem Handgriff versehene Lenkstange B. Mit dem Tragring E des Gestells C ist die Lenkstange durch ein Universalgelenk verbunden, indem die Zapfen B^1 der Lenkstange drehbar in dem Ring F und dessen Zapfen F^1 wiederum drehbar in dem Tragring E gelagert sind. Mittels der Lenkstange B kann daher der in dem Sitz D des Gestells C sitzende Luftschiffer dem Segel zu dem Gestell jede beliebige Neigung geben. Im oberen Teil des Gestells ist ein Ring G angeordnet, welcher verhindert, daß das Segel mehr als 15° von der Senkrechten abgelenkt wird.

Um den Flugapparat bei Windstille oder mäßigem Winde die erforderliche Geschwindigkeit zu verleihen, sind an dem Gestell die Ruder H in den Kugelgelenken J drehbar befestigt. Diese Ruder sind an ihrem kürzeren Hebelarm mit Trittflächen K versehen.

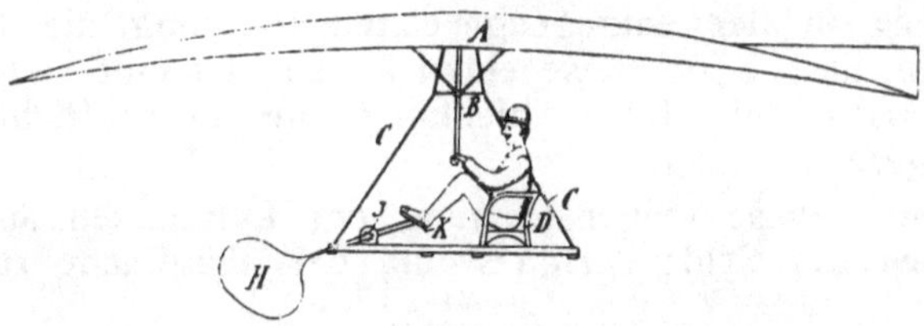

Fig. 834.

Um dem Flugapparat eine möglichst stetige Richtung zu geben und um Abtreibungen vom Kurse zu vermeiden, ist auf dem hinteren Teil des Segels ein Kiel L angebracht, welcher in derselben Weise wirkt wie der Kiel eines Bootes.

Da es unmöglich ist, mittels des vorliegenden Flugapparates bei Windstille in die Höhe zu fliegen, so ist dazu eine besondere Einrichtung, eine Flugstation notwendig. Die Flugstation besteht aus einer mindestens 12 m hohen, kreisförmigen Erhöhung, welche aus beliebigem Material angefertigt sein kann und deren Abhänge etwa 25° Neigung haben. Auf der Anhöhe befindet sich eine Ebene, von welcher aus kleine Schienenstränge strahlenförmig hinablaufen. Soll ein Aufflug vorgenommen werden, so wird der Flugapparat auf einen kleinen Wagen gestellt und auf demjenigen Schienenstrange, welcher gegen den Wind fährt, abgelassen. Der Wagen wird die notwendige Geschwindigkeit (etwa 8,5 m bei Windstille) bald erreichen, besonders da das Flugsegel nicht den Lauf hemmt, sondern bei richtiger Stellung mit großer Kraft vorwärts zieht. In dem Augenblick, wo der Apparat vom Wagen sich abhebt, setzt der Luftschiffer mit kräftigen Ruderschlägen ein.

Patentanspruch:

An Flugapparaten mit gewölbtem Segel eine Stellvorrichtung, gekennzeichnet durch eine das Segel tragende, in einem unterhalb des Segels liegenden Gestell nach allen Seiten drehbar gelagerte

Lenkstange (B), welche von dem im Gestell sitzenden Luftschiffer beständig mit den Händen erfaßt wird und nach jeder Richtung gegen die Senkrechte geneigt werden kann, um dem Segel die für die jeweilige Flugrichtung erforderliche Stellung zu geben.

268. Ein für Luftfahrzeuge bestimmtes, mit eigenartig geformten Wirkungsflächen versehenes Schleuderrad ist in der

Patentschrift Nr. 90 695
Ch. Steinau in Braunschweig,

angemeldet am 10. Oktober 1894, ausgegeben am 19. Februar 1897, dargestellt.

Luftströmungen erreichen den höchstmöglichen Grad der Verdichtung, wenn die Flächen so gestellt und geformt sind, daß die Luftströmung in der entgegengesetzten Richtung die Fläche verlassen kann, als sie auf diese einwirkt, so daß eine stetige Gegenströmung stattfindet. Jede Ablenkung von dieser Richtung ergibt eine geringere Wirkung.

Um nun diese Gegenströmung der Luftmassen auf die Wirkungsflächen des Schleuderrades und der Tragfläche zu erzeugen,

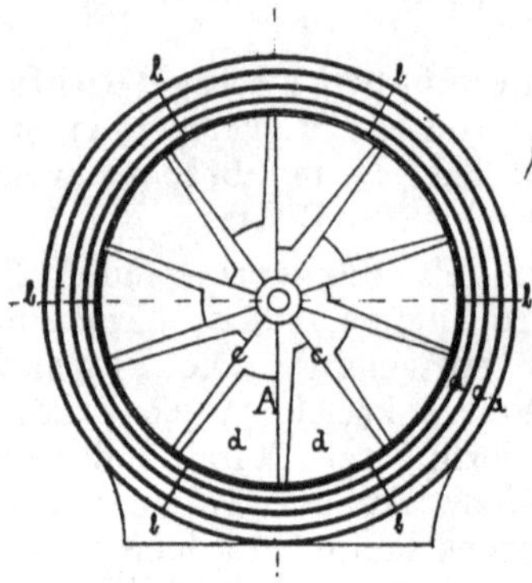

Fig. 835.

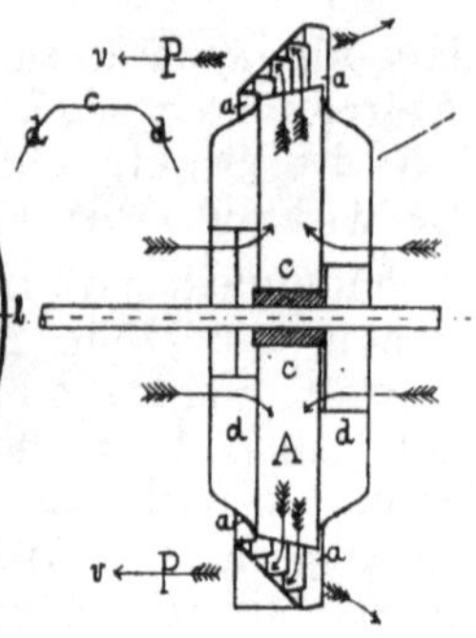

Fig. 836.

werden diese Flächen mit Rippen versehen, welche wie nachstehend erläutert geformt und gestellt sind.

Das Schleuderrad soll wie die Schraube als Horizontal-Fortbeweger und zur Lenkbarmachung von Luft-Fahrzeugen dienen.

Die in dem Schleuderrade zur Wirkung kommenden Luftströmungen werden vermittels motorischer Kraft durch Schleuderung von Luftmassen erzeugt, deren höchstmögliche Verdichtung die Konstruktion bezweckt.

Das Schleuderrad besteht aus zwei Teilen, dem Gehäuse und dem Flügelrade A.

Das Gehäuse hat die Form eines abgestumpften Kegels (Fig. 835 und 836); im Innern der feststehenden Kegelmantelfläche, welche auch in fester Verbindung mit dem Luftschiffe steht, sind parallel konzentrische, wie gezeichnet, oder spiralförmig konzentrische, oder, wie bei Turbinen, schaufelartig zum Kegelmantel stehende Rippen a a und radiale Rippen b b angebracht. Die Schleuderung der Luftmassen wird innerhalb des Gehäuses vermittels eines Flügelrades A bewirkt, welches durch den Motor des Luftschiffes in Drehung

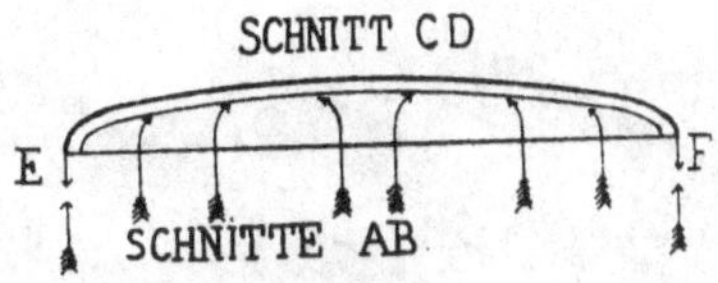

Fig. 837.

gesetzt wird. Die geraden oder gekrümmten Flügelflächen c des Flügelrades werden seitlich durch gekrümmte Flächen d begrenzt, um zu verhindern, daß die geschleuderten Luftmassen sich von den Flügelflächen fächerartig zerstreuen und dadurch teilweise unwirksam werden; gleichzeitig schöpfen diese gekrümmten Begrenzungsflächen den angesaugten Luftstrom.

Gegen die schräge, feststehende Mantelfläche wirken die geschleuderten Luftmassen und üben hierdurch einen Seitendruck P aus in der Richtung v der Achse. Dieser Druck P ist die Wirkung des Schleuderrades. Die Richtung v ist die Bewegungsrichtung des Fahrzeuges.

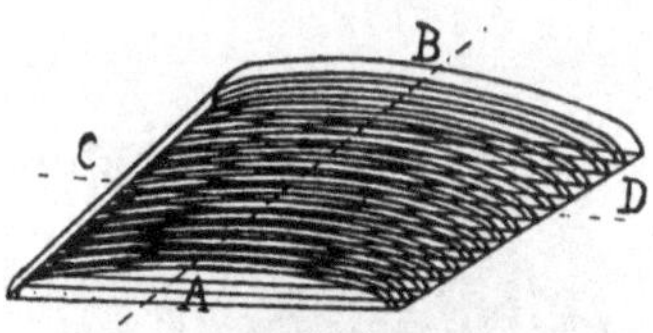

Fig. 838.

Die Rippen a a stehen in annähernd normaler Richtung zur geschleuderten Luftmasse und sind etwas gekrümmt, d. h. mit Leitkurven versehen. Infolge dieser mit Leitkurven versehenen Rippen wird die geschleuderte Luftmasse zum größten Teil gegen den Kegelmantel und von diesem zurück auf die vom Flügelrade geschleuderte Luftmasse geleitet, wodurch ein höchstmöglicher Druck gegen den Kegelmantel stetig aufrecht erhalten wird. In der Zeichnung ist durch Pfeile die Wirkung der geschleuderten Luftmassen angedeutet.

Zum Tragen der Luftschiffe eignet sich außer dem Ballon auch die Tragfläche, wenn das Luftschiff, an welchem die Tragfläche angebracht ist, durch den Druck P eines Schleuderrades eine angemessene Bewegungsgeschwindigkeit v in horizontaler oder in fallender oder steigender, annähernd horizontaler Richtung erhält (Fig. 836). Die Luftströmung, welche dann auf die Tragfläche einwirkt und deren Tragfähigkeit ermöglicht, wird durch die relative Windbewegung (c + v) erzeugt. c ist die Geschwindigkeit des Windes. Die Tragfläche hat in der Schnittrichtung C—D die Form einer flachen Ellipsenkrümmung (Fig. 837). Die Enden E F dieser Krümmung laufen in symmetrisch paralleler Richtung aus. Die untere

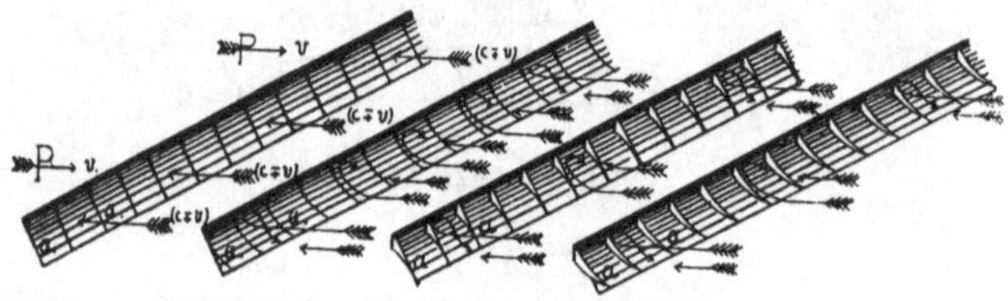

Fig. 839. Fig. 840. Fig. 841. Fig. 842.

Seite der Tragfläche ist mit parallelen Rippen a a besetzt (Fig. 838), welche, wie in den Schnitten Fig. 839 bis 842 dargestellt, verschiedenartig gestaltet sein können.

Die Luftströmung stößt auf die Rippen, wird durch diese unterhalb der Tragfläche geleitet und weicht dann, teils in entgegengesetzter Richtung, in welcher sie auf die Fläche einwirkt, teils durch die symmetrisch parallel verlaufende Ellipsenkrümmung der Fläche und der parallelen Rippen geleitet, in einer nahezu entgegengesetzten Richtung aus, wodurch eine stetige Gegenströmung erzielt und durch diese eine höchstmögliche Pressung der Luft

Fig. 843.

unterhalb der Fläche erreicht und zur Wirkung gebracht wird. In den Fig. 839 bis 842 sind diese Gegenströmungen und die Kraftwirkung der Fläche und des Windes durch Pfeile angedeutet.

Fig. 843 zeigt ein lenkbares Luftfahrzeug mit dem Schleuderrad und der Tragfläche.

Patentansprüche:

1. Luftstoßflächen für Luftfahrzeuge, gekennzeichnet durch hervorstehende Rippen, welche einen schräg auf die Flächen treffenden Luftstrom abfangen und verdichten sollen, wobei die Fläche entweder in gewölbter Form ausgebildet ist, gegen welche die

natürliche Luftströmung in schräger Richtung stößt, oder die Fläche behufs Fortbewegung des Fahrzeuges kegelförmig ausgebildet ist und der Luftstrom durch geschleuderte Luftmassen mittels eines innerhalb der Fläche rotierenden Schleuderrades erzeugt wird.

2. Die Anordnung der unter 1 gekennzeichneten kegelförmigen Flächen bei Vorrichtungen zum Fortbewegen von Körpern im Wasser.

269. Eine Vorrichtung zur Erprobung von Flugapparaten und zur Erlernung des Fliegens bringt die

Patentschrift Nr. 107 493

Theodor Fritsch in Gautzsch bei Leipzig,

angemeldet am 23. Juli 1898, ausgegeben am 28. Dezember 1899.

Auf dem hohen Gerüst G ist ein weit ausragender leichter Träger T so gelagert, daß er um die senkrechte Welle A bequem drehbar ist. (Fig. 844.) An den äußeren Enden des Trägers sind Seilrollen B angeordnet, über welche ein zu beiden Seiten frei nie-

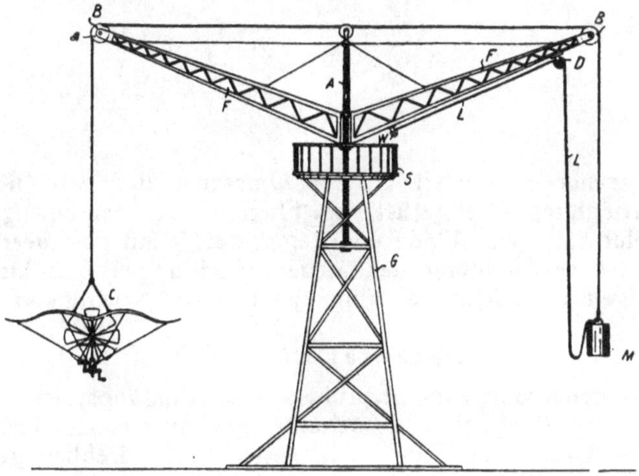

Fig. 844.

derhängendes Seil läuft. An dem einen Seilende wird der Flugapparat C aufgehängt, während das andere Ende ein entsprechendes Gegengewicht M trägt.

Auf dem Gerüst ist unter dem Träger T eine Galerie S angeordnet, von wo aus der Träger in Drehung versetzt werden kann.

Für den Aufstieg selbst bietet die beschriebene Vorrichtung ein äußerst zweckmäßiges Hilfsmittel, da man den Flugapparat mittels des drehbaren Trägers so lange mit steigender Geschwindigkeit in der Kreisbahn vorwärts treiben kann, bis die erforderliche Steigkraft vorhanden ist. Es genügt dann ein Druck mit der Hand, um den Haken auszulösen und so den Apparat vom tragenden Seil in den freien Flug übergehen zu lassen.

Diese Vorrichtung dient jedoch sehr viel weitergehenden Zwecken.

Zunächst ist der mittels Seiles an einem drehbaren Träger frei schwebend aufgehängte Flugapparat an keine eng bestimmte Flugbahn gebunden; er kann sich vielmehr beliebig aus der Kreisbahn herausbewegen, d. h. sich mehr oder minder von dem tragenden Mittelständer entfernen. Beispielsweise kann der Flugapparat die in Fig. 845 im Grundriß dargestellte Flugbahn a b c d e f g beschreiben, womit zugleich noch ein beliebiger Auf- und Niederstieg verbunden sein kann.

Ein ebenso schwieriges Problem wie der Aufstieg mittels eines Drachenfliegers aus der Ebene ist auch das Landen mit demselben. Auch hierzu bietet die beschriebene Vorrichtung die nötigen Mittel.

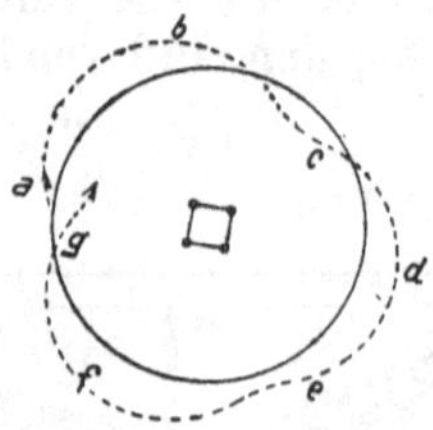

Fig. 845.

Von fernerem Vorteil ist der Umstand, daß mit diesem im Freien errichteten Drehgerüst die Flugapparate bei bewegter Luft abwechselnd mit dem Winde und gegen den Wind gesteuert werden, was für die Beobachtung der Steuervorrichtungen und hinsichtlich des sonstigen Verhaltens des Flugapparates von Wichtigkeit ist.

Patentansprüche:

1. Vorrichtung zum Erproben von Flugapparaten und zur Erlernung des Fliegens (Fliegschule), gekennzeichnet durch einen auf hohem Gestell um eine senkrechte Welle drehbar gelagerten Träger, der von einer Galerie aus durch Menschen- oder Maschinenkraft in Bewegung gesetzt wird, an dessen freien Enden die Flugapparate an einem Tragseil frei schwebend und durch Gegengewichte ausgeglichen, aufgehängt und mit beliebig steigender Geschwindigkeit in einer weiten Kreisbahn vorwärts bewegt werden, wobei jedoch zugleich der senkrechten und wagerechten Steuerbarkeit der Flugapparate ein weiter Spielraum gewährt ist.

2. An der unter 1 gekennzeichneten Vorrichtung die Anbringung einer Handwinde, die mittels einer Hilfsleine auf das Gegengewicht oder unmittelbar auf das Tragseil einwirkt, so daß eine von der Galerie aus die Flugübung beaufsichtigende Person durch Verlängern oder Verkürzen des Tragseiles dem Fliegenden eine möglichst

freie Bewegung gestatten und doch in jedem Zeitpunkte sofort die erforderliche Unterstützung leisten kann.

3. Bei der unter 1 und 2 gekennzeichneten Vorrichtung die Aufhängung des Flugapparates an einem auslösbaren Haken zu dem Zwecke, die Vorrichtung zur Erlangung der für den freien Aufflug erforderlichen Anfangsgeschwindigkeit zu benutzen, indem der schwebend aufgehängte Apparat mittels des drehbaren Trägers in allmählich gesteigerte Geschwindigkeit versetzt wird, wobei er sich unter Wirkung des Gegengewichtes in aufsteigender Spirale bewegt, bis die Auslösung erfolgt.

270. Gegenstand der Erfindung nach der

Patentschrift Nr. 121 650
Heinrich Suter in Kappel (Schweiz),

angemeldet am 23. Januar 1899, ausgegeben am 6. Juli 1901,

ist eine Steuerungsvorrichtung an Luftfahrzeugen, bei der das Steuer beliebig nach allen Richtungen um eine senkrechte Achse gedreht werden kann.

Diese Einrichtung ist dadurch gekennzeichnet, daß an Stelle zweier Steuerscheiben, welche in ihrer Wirkung einem Balance-

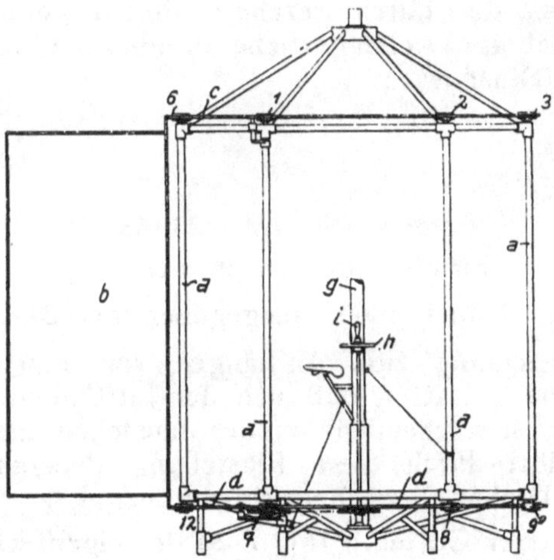

Fig. 846.

ruder bei Schiffen ähnlich sind, nur eine einzige als Steuer dienende Steuerfahne angeordnet ist, wodurch der bekannten Einrichtung gegenüber eine wirksamere Steuerung bedingt wird.

Die Säulen a des Tragrahmens tragen an ihren oberen und unteren Enden gezahnte Rollen 1 bis 12, in denen das Steuer b tragende, mit Innenzahnung versehene, den Tragrahmen umfangende Reifen c d laufen.

Die Rollen 1 und 7 (Fig. 846, 847) sitzen auf einer gemeinschaftlichen Achse und letztere kann durch das Kettengetriebe e und Kurbel f gedreht werden.

Patentanspruch:

Steuerungsvorrichtung an Luftschiffen, bei der das Steuer nach allen Richtungen um eine senkrechte Achse gedreht werden kann,

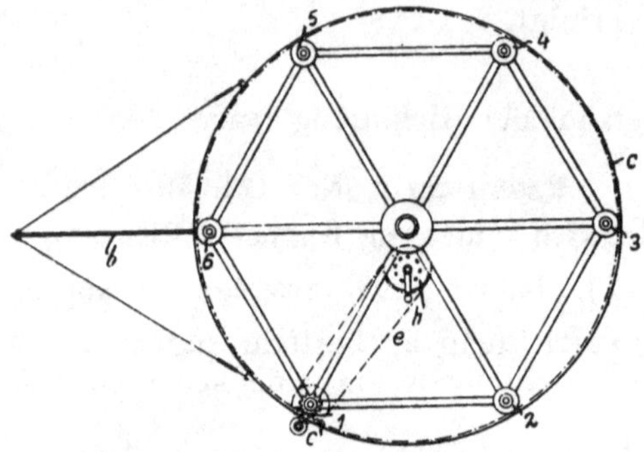

Fig. 847.

dadurch gekennzeichnet, daß dasselbe mit einem mit Innenzahnung versehenen Reifen, der durch gezahnte Rollen geführt wird und mittels Handkurbel und Kettengetriebe drehbar ist, fest verbunden und beliebig einstellbar ist.

271. Die

Patentschrift Nr. 123 165
Firmin Bousson in Paris,

angemeldet am 6. Januar 1900, ausgegeben am 24. August 1901, betrifft eine Vorrichtung zum Aufhängen von Flugmaschinen an Luftballons, welche gestattet, daß sich der Luftballon entsprechend der Richtung des herrschenden Windes einstellen kann, ohne die Flugmaschine selbst durch diese Einstellung (Neigung, Hin- und Herschwingung, Drehung) zu beeinflussen.

Das Gerüst oder Gestell a (Fig. 848) der eigentlichen, mit seitlichen Schlagflügeln c und Propeller d ausgerüsteten Flugmaschine ist an seinem oberen Ende mit einem festen Bügel v versehen. An den freien Enden dieses Bügels v ist mit Hilfe einer Achse 2 ein ähnlicher Bügel w angelenkt. Dieser Bügel w ist bei l drehbar am Ballon g aufgehängt. Der Bügel w kann also frei hin- und herschwingen und den Bewegungen, d. h. den Neigungen des Ballons folgen, während die Verbindung bei l ermöglicht, daß sich der Ballon frei um seine Längsachse drehen kann, ohne das Flugmaschinengerüst mitzudrehen.

Patentanspruch:

Vorrichtung zur freibeweglichen Aufhängung von Flugmaschinen an Luftballons, dadurch gekennzeichnet, daß an dem Luftballon ein Bügel (w) aufgehängt ist, welcher mit einem an der Flug-

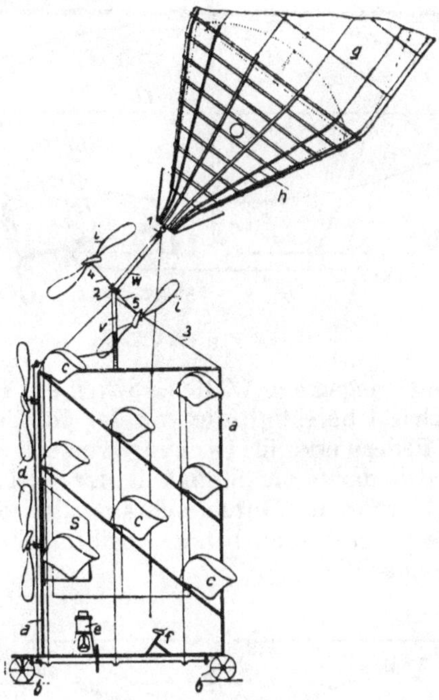

Fig. 848.

maschine befestigten Bügel (v) mittels einer Achse (2) gelenkig verbunden ist, auf welcher letzteren eine mit den Wellen (4, 5) der Schrauben (i) ausgerüstete Hohlwelle (7) drehbar angeordnet ist, zu dem Zweck, die Widerstandswirkung der die Stabilität der Flugmaschine unterstützenden Schrauben durch entsprechende Einstellung nach Bedarf regeln zu können.

272. Die

Patentschrift Nr. 124 968

Anton von Oertzen in Charlottenburg,

angemeldet am 29. September 1900, ausgegeben am 19. November 1901,

betrifft eine Vorrichtung zur Erhaltung der Gleichgewichtslage an Luftfahrzeugen.

Erreicht wird dieser Zweck durch eine über dem Luftfahrzeug angeordnete drehbare Scheibe, welche infolge der Drehung das Bestreben zeigt, in ihrer Drehungsebene zu verharren und hierdurch eine stetige Wirkung auf die Lage des Luftfahrzeuges ausübt.

In der Ausführung nach Fig. 849 hat das Luftfahrzeug eine Gashülle a. Die Gondel b trägt einen Motor c zur Bewegung des Propellers d. Des letzteren Welle w ist verstellbar, so daß sie zwecks Lenkung nach allen Richtungen zeigend verstellt werden kann, etwa

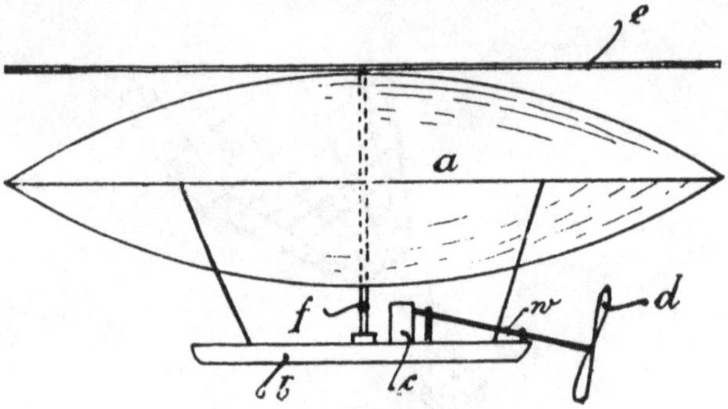

Fig. 849.

unter Zuhilfenahme biegsamer Wellen. Scheibe e ist über der Ballonhülle a an der Achse f befestigt, die von der Gondel b aus irgendwie, z. B. durch ein Federwerk, in Drehung versetzt werden kann. Die Scheibe e dient also dazu, die Stetigkeit der Gleichgewichtslage des Luftfahrzeuges zu erhöhen. Durch Schrägstellen der Welle des Propellers d wird die Scheibe e auch noch in ihrer Wirkung als Drachenfläche nutzbar gemacht.

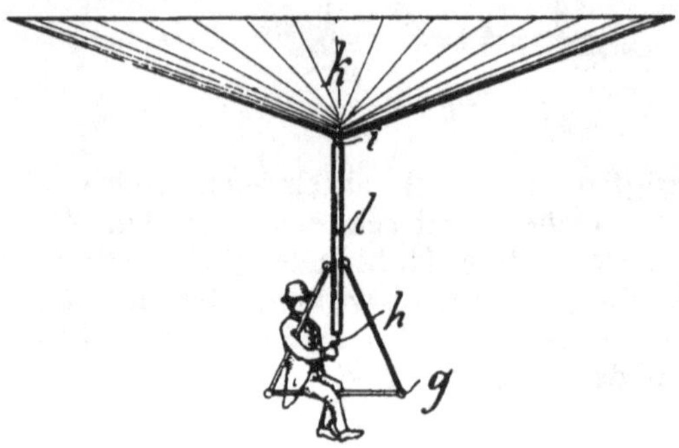

Fig. 850.

An die Stelle der Scheibe e kann auch ein Ring treten, der in der Aequatorgegend um die Ballonhülle angeordnet ist.

Fig. 850 zeigt die Anwendung der Vorrichtung bei dynamischen Flugmaschinen.

Patentanspruch:

Vorrichtung zur Erhaltung der Gleichgewichtslage von Luftschiffen, gekennzeichnet durch eine mit dem Luftfahrzeuge verbundene, rotierende ebene Scheibe oder Ringscheibe.

273. Eine Vorrichtung zum Steuern von Luftschiffen mittels Treibschrauben betrifft die

Patentschrift Nr. 138 685
Franz Meyer in Görlitz,

angemeldet am 5. April 1902, ausgegeben am 11. Februar 1903.

Die die Fortbewegung erzeugende Luftschraube wird mit ihrer Welle, deren vorderes Ende den Anker einer Dynamomaschine bildet, am hinteren Teil der Luftschiffgondel derart verstellt, daß die Endstellungen mit der Mittelstellung konstruktiv näher festzulegende Winkel bilden. Die Einwirkung der seitlich ausgeschwungenen Treibschraube auf die Spitze der Luftschiffgondel ist dann eine solche, daß diese Spitze sich in einer von der geraden Richtung abweichenden Kurve fortbewegen muß.

Die von einem Akkumulator erregte Dynamomaschine a (Fig. 851) ist bei der zeichnerischen Darstellung mit Zapfen b und c

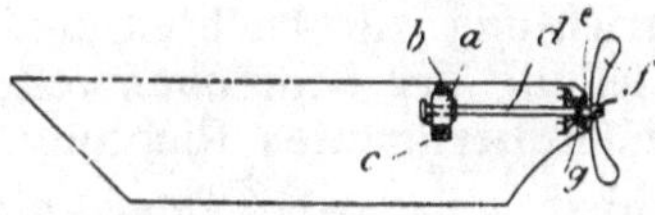

Fig. 851.

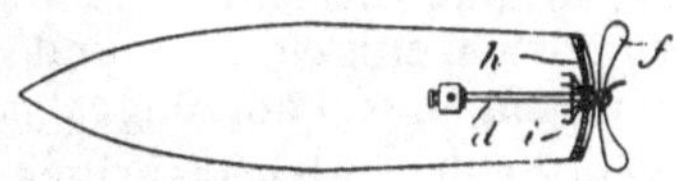

Fig. 852.

drehbar gelagert. Der Anker dieser Dynamomaschine wird von dem vorderen Teile der Welle d gebildet, welche in einem Schlitz e das hintere Ende der Gondel in einem gesicherten Halslager durchdringt und außen die Luftschraube f trägt. Außerdem sitzt auf der Welle d ein Zahnrad g, welches mit der Zahnstange h, die dem Schlitz e angepaßt ist, in Eingriff steht. Zur Betätigung des Zahnrades g, durch welches das Ausschwingen der Schraubenachse erfolgt, dient das Hand- oder Haspelrad i. Zur Aufnahme der Schubbewegung der Schraubenachse kann ein Drucklager an der Zahnstange h vorgesehen sein, oder es kann diese auch nach der Dynamomaschine verlegt werden, wie auf der Zeichnung dargestellt ist. Wesentlich ist, daß die Lagerung der Dynamomaschine innerhalb der hinteren Gondelhälfte erfolgt, und zwar nimmt der Radius der Abweichungskurve mit der Verlegung der Dynamomaschine nach rückwärts hin ab (Fig. 852).

Patentanspruch:

Vorrichtung zum Steuern von Luftschiffen mittels Treibschrauben, dadurch gekennzeichnet, daß Welle und Motor den seitlichen Ausschwingungen der Treibschraube derart folgen, daß die Längsachse der letzteren wohl eine Veränderung erfährt, die fest angebrachten Lager für die senkrechte Führung des Motors jedoch dieselben bleiben.

274. Die

Patentschrift Nr. 140 705
Josef Seiberl in Bremen,

angemeldet am 17. März 1902, ausgegeben am 8. Mai 1903,

betrifft Steuervorrichtungen für durch Schrauben bewegte Luftfahrzeuge, bei welchen die Schraubenwelle um einen senkrechten Querzapfen drehbar und in beliebigem Winkel zur Schiffslängsachse ein-

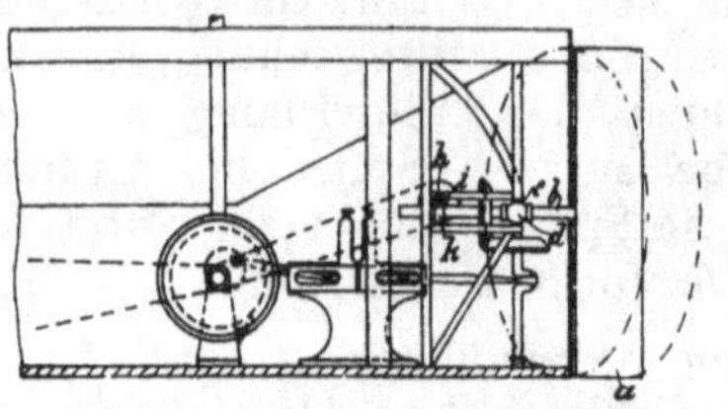

Fig. 853.

stellbar ist und besteht in einer Vorrichtung zur leichten und bequemen gleichzeitigen Ein- und Feststellung der Schraubenwelle bei der Steuerung des Fahrzeuges nach einer bestimmten Richtung.

Die beiden gleichachsigen, drehbar gelagerten Querzapfen c (Fig. 853, 854) der Welle b der Schraube a sitzen an einer auf der Welle b lose drehbaren, achsial aber unverschiebbaren Hülse d, die beispielsweise gleichzeitig als Lager für die Welle b dienen kann.

Gesichert wird die Lage der Welle b durch ein oder mehrere in wagerechter Ebene verstellbare Lager. Je nach der Einstellung der letzteren ändert sich in bekannter Weise die Lage der Welle b

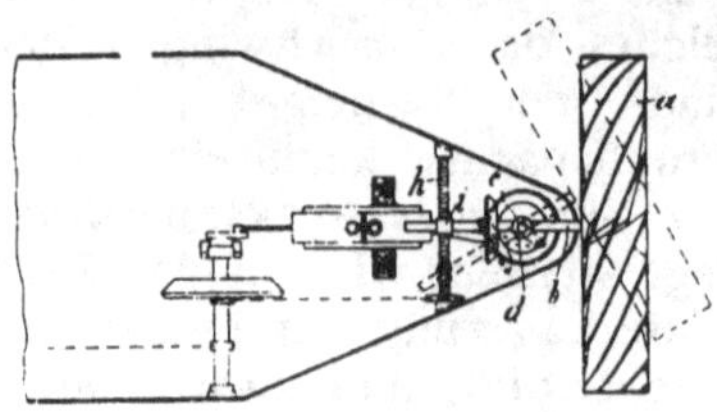

Fig. 854.

zur Längsachse des Schiffes, und die Treibschraube wirkt, außer vorwärts bewegend, im einen oder anderen Sinne in wagerechter Ebene drehend auf das Fahrzeug ein, hierdurch den Richtungswechsel der Fahrt veranlassend.

Die Einstellung der Schraubenwelle in horizontaler Ebene erfolgt nach vorliegender Erfindung durch eine Schraubenspindel h, welche, achsial unverschiebbar, quer zur Welle b im Fahrzeuge gelagert ist und auf welcher eine Mutter i beweglich ist, die mit einer Gleithülse k auf der Welle b gelenkig verbunden ist.

Patentanspruch:

Steuervorrichtung für durch Schrauben bewegte Luftfahrzeuge mit um eine senkrechte Querachse drehbar gelagerter Schraubenwelle, dadurch gekennzeichnet, daß die Ein- und Feststellung dieser Schraubenwelle (b) durch eine quer zu ihr und achsial unverschiebbar gelagerte Schraubenspindel (h) erfolgt, auf welcher eine mit einer Gleithülse (k) für die Welle (b) gelenkig verbundene Mutter (i) beweglich ist.

275. Eine Vorrichtung zur Aufrechterhaltung der wagerechten Lage bei Luftschiffen ist in der

Patentschrift Nr. 145 726
Thomas Moy in London,

angemeldet am 14. Juni 1902, ausgegeben am 30. Dezember 1903, dargestellt.

Nach der Erfindung ist am Bug, vorteilhaft jedoch am Heck des Fahrzeuges oder bei Luftschiffen mit Ballon auf der Plattform des an dem Ballon aufgehängten Korbes ein Ruder vorgesehen, welches aus einer einzigen Fläche oder auch aus mehreren gegabelten, unter einem geeigneten Winkel zusammenarbeitenden Flächen oder endlich aus einer biegsamen Fläche oder Flächen besteht, welche in einer gekrümmten Form gehoben oder gesenkt werden können. Dieses Horizontalruder kann von Zylindern aus in seiner Lage ein-

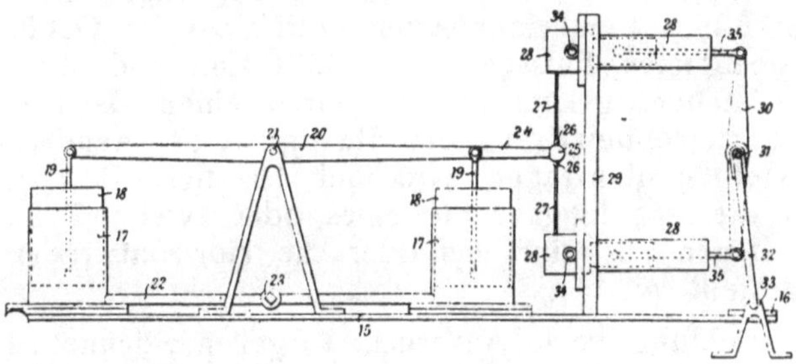

Fig. 855.

gestellt werden, bei denen der Zulaß des Triebmittels durch eine Vorrichtung geregelt bzw. überwacht wird, auf welche Aenderungen in der horizontalen Lage des Fahrzeuges in weiter unten angegebener Weise übertragen werden.

Das eine Ende der Bodenplatte 15 (Fig. 855, 856), auf welche die Vorrichtung aufgestellt ist, ist in Lagern 16 drehbar angeordnet. Das andere Ende ist derart unterstützt, daß man die Bodenplatte in einer beliebigen Neigung zum Fahrzeugboden einstellen kann. Auf der Bodenplatte sind zwei Zylinder 17 vorgesehen, in denen Kolben 18 auf und ab beweglich angeordnet sind. Die Kolbenstange

19 der Kolben greift derart an einen bei 21 aufgehängten Balancier 20, daß sich derselbe für gewöhnlich in der Gleichgewichtslage befindet.

Die Zylinder 17 sind mit irgendeiner geeigneten Flüssigkeit, Quecksilber o. dgl., gefüllt, welche sich in den Zylindern infolge der Verbindung 22 entsprechend der Lage der Vorrichtung einstellt und dadurch die Kolben 18 hebt oder senkt, um durch Balancier 20 die Ventilstangen 27 zu betätigen. Anstatt der Kolben 18 könnten die

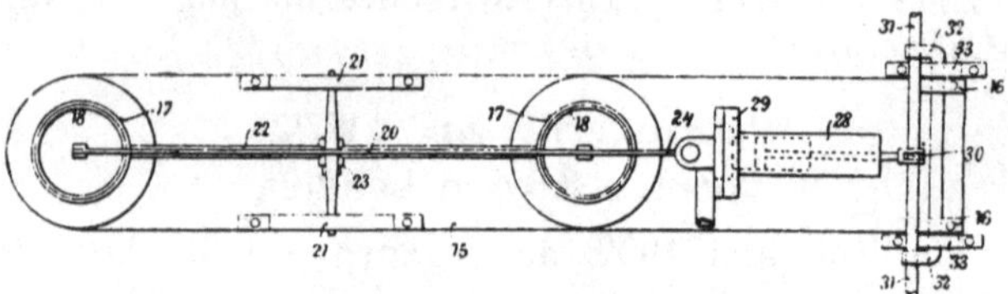

Fig. 856.

Zylinder auch mit einer biegsamen Wand, einer Federplatte (Diaphragma) o. dgl. abgeschlossen sein, gegen welche dann die Flüssigkeit fließen würde.

Die Vorrichtung kann auch in ein Gehäuse 41 eingeschlossen sein.

Patentansprüche:

1. Vorrichtung zur Aufrechterhaltung der wagerechten Lage bei Luftschiffen und Unterseefahrzeugen mittels zweier Gefäße, welche mit einer geeigneten Flüssigkeit angefüllt sind und miteinander in Verbindung stehen, gekennzeichnet durch einen Balancier o. dgl. auf den die Einstellbewegung der Flüssigkeit bei Aenderung in der Lage der Gefäße übertragen wird und der diese Bewegung selbst wieder auf die Regelungsventile eines oder zweier Zylinder überträgt, von denen aus eine das oder die Horizontalruder tragende Welle eingestellt wird.

2. Vorrichtung nach Anspruch 1, gekennzeichnet durch ihre Anordnung auf einer Bodenplatte, welche in ihrer Winkellage gegen das Fahrzeug eingestellt werden kann.

3. Vorrichtung nach Anspruch 1, gekennzeichnet durch zwei auf der Welle angeordnete gegabelte Rahmen, an deren gespreizten Enden Spannstangen befestigt sind, mittels welcher biegsame Flächen gespannt werden, während Federn o. dgl. die Rahmen und Flächen in ihre Gleichgewichtslage zurückbringen.

276. Ein Verfahren, Flugmaschinen durch Verstellen der Tragflächen in der Gleichgewichtslage zu erhalten und ohne Steuer lenkbar zu machen, beschreibt die

Patentschrift Nr. 155 358
Fritz Robitzsch in Mörchingen,

angemeldet am 26. November 1902, ausgegeben am 2. November 1904.

Nach der Erfindung wird das Verstellen der Tragflächen zur Verlegung des Luftdruckangriffspunktes benutzt, während die Schwerkraft des Flügelkörpers selbst als Gegengewicht gegen die auf Kippen wirkende, wechselnde Winddruckkraft dient. Das Verstellen der Tragflächen geschieht hierbei unter Beibehaltung ihres

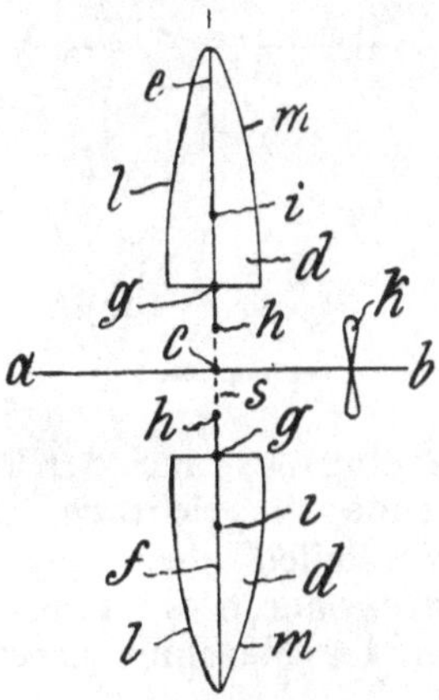

Fig. 857.

Neigungswinkels zur Längsachse der Flugmaschine durch gleichzeitiges und gleichmäßiges Bewegen nach hinten oder vorn, und zwar durch ein Verschieben der ganzen Tragflächen oder durch ein Drehen derselben in wagerechter bzw. nahezu wagerechter Ebene um einen Drehpunkt nach der Flugmaschine.

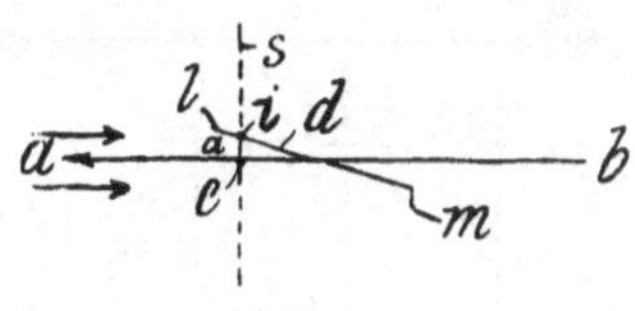

Fig. 858.

Hierdurch wird die Verbindungslinie der Luftdruckmittelpunkte der Tragflächen aus der durch den Schwerpunkt der Flugmaschine quer zur Längsachse gedachten senkrechten Ebene nach hinten oder vorn gerückt, der Schwerpunkt wird dadurch einmal vor, das andere Mal hinter jene Verbindungslinie zu liegen kommen und je nachdem dem Kippbestreben entgegenwirken.

Das Steuern der Flugmaschine in senkrechter Ebene wird entweder durch Wechsel in der Umdrehungsgeschwindigkeit der

Treibschraube oder durch das eben erwähnte Verschieben oder Verdrehen der Tragflächen unter Beibehaltung ihres Neigungswinkels zur Flugrichtung erzielt, wobei das Heraustreten des Schwerpunktes der Maschine aus der Verbindungslinie der Druckmittelpunkte in-

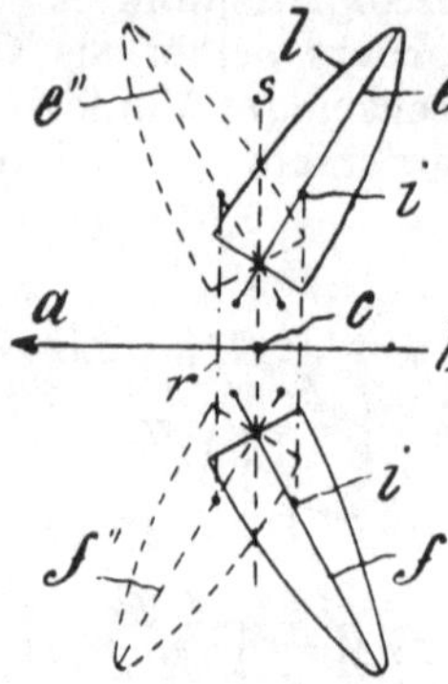

Fig. 859.

folge des Kippmoments eine Neigung der Maschinenachse und damit auf- oder absteigende Flugrichtung ergibt, oder schließlich durch gleichmäßiges Verstellen des Neigungswinkels der Tragflächen zur wagerechten, wodurch die Tragfähigkeit geändert, d. h., ein Heben oder Senken der Maschine erreicht wird, während das

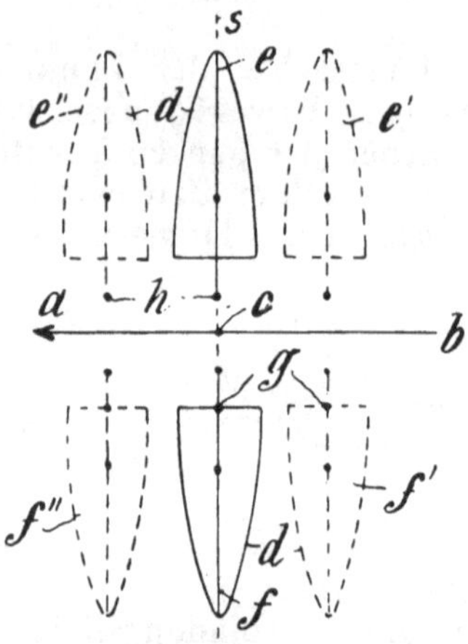

Fig. 860.

Steuern in wagerechter Ebene durch entgegengesetztes Verstellen der Tragflächen oder durch Verdrehen eines Teiles der einen Tragfläche um seine Längsachse erfolgt.

In den Fig. 857 bis 864 ist die Erfindung schematisch dargestellt, und zwar zeigt Fig. 857 die Flugmaschine von oben gesehen, Fig. 858 im senkrechten Schnitt durch die Mitte bzw. in der Seitenansicht, Fig. 859 in Oberansicht mit nach hinten bzw. vorn verdrehten Tragflächen, Fig. 860 in Oberansicht mit nach hinten oder vorn verstellten Tragflächen, Fig. 861 in Oberansicht mit einer nach vorn und einer nach hinten verdrehten Tragfläche, Fig. 862 bis 864 veranschaulichen die Art der Verdrehung eines Teiles der Tragflächen um seine Längsachse.

a, b ist die Längsachse der Flugmaschine, c der Schwerpunkt des Rumpfes derselben. Bei c liegt die Hauptgewichtsmasse, während alle übrigen Teile leicht gebaut sind, d sind die Tragflächen, e, f deren Längsachsen und g die Drehpunkte der Tragflächen mit Angriffspunkten bei h. Die Tragflächen sind im Punkte g sowohl in senkrechter, wie in wagerechter Ebene drehbar. i sind die Luftdruckmittelpunkte des gegen die unteren Tragflächen wir-

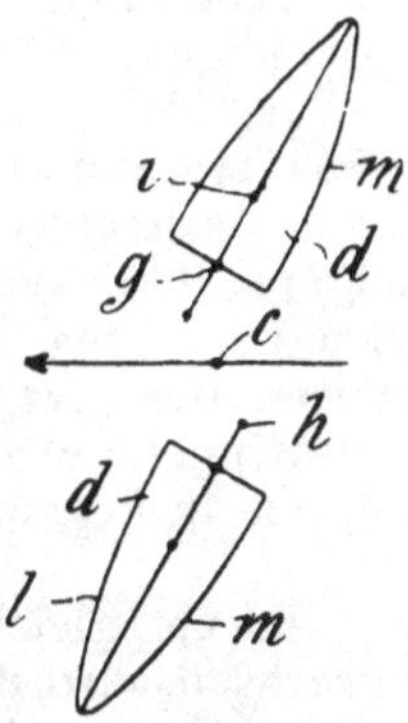

Fig. 861.

kenden Winddruckes. Bei Flügelfliegern ergibt sich die Lage der Druckmittelpunkte i aus dem von vorn wirkenden Winddruck und von unten in senkrechter Richtung wirkenden Druck der Luftschicht. k ist die die Vorwärtsbewegung in der Richtung b, a verursachende Treibschraube. Wie die Fig. 858 zeigt, sind die Tragflächen d zur Flugrichtung b a geneigt, und zwar mit der Vorderkante l nach oben, denn das Fliegen eines Drachenfliegers ist bekanntlich nur dann möglich, wenn er Windströmung entgegen hat. Diese kann dadurch entstehen, daß die Vorrichtung in Ruhe ist und der Wind gegen sie weht, oder daß die Vorrichtung bei Windstille vorwärts bewegt wird. Soll sie mit dem Winde fliegen, so muß dies schneller geschehen als der Wind weht, um Gegenwind zu haben, sonst würde die Vorrichtung niedersinken.

Erfahrungsgemäß übt der Wind auf den vorderen Teil l der Tragflächen einen stärkeren Druck aus, als auf den nach der Hinterkante m zu gelegenen. Der bei dem gezeichneten Neigungswinkel der Tragflächen bei i liegende Druckmittelpunkt rückt um so mehr nach der Vorderkante l der Tragfläche, je kleiner der Neigungswinkel a derselben zur Flugrichtung wird. Die Vorderkante 1 der Tragflächen wird infolge des auf i wirkenden Winddruckes auf Ueberkanten nach hinten beansprucht, die Maschine also eine nach hinten geneigte Lage erhalten. Würde die Stellung der Tragflächen nun eine solche sein, daß die Druckmittelpunkte i und der Schwerpunkt des Luftschiffes c in derselben senkrechten Ebene liegen, so würde der Winddruck, sobald er eine gewisse Stärke erreicht, die ganze Maschine nach hinten überwerfen.

Dem wird nun dadurch vorgebeugt, daß die Längsachsen e, f der Tragflächen d und damit letztere selbst durch Drehen um g mit Angriffspunkt bei h in die Lage e', f' verstellt werden, wie in Fig. 859 in ausgezogenen Linien dargestellt. Bei dieser Stellung der Tragflächen sind ihre Druckmittelpunkte i aus der quer zur Längsachse gedachten senkrechten Ebene s durch den Schwerpunkt c nach hinten gerückt, letzterer liegt also jetzt vor der Verbindungslinie r der Punkte i und wirkt dem Kippbestreben des Kippmoments, das Luftschiff nach hinten zu neigen, entgegen. Dasselbe, nur umgekehrt, trifft ein bei Verstellung der Tragflächen nach vorn in die Lage e", ff", wie in Fig. 859 mit punktierten Linien dargestellt. Hier wird also dem etwaigen Bestreben des Kippmomentes, das Luftschiff nach vorn zu neigen, durch Verlegen der Verbindungslinie r der Druckmittelpunkte i vor den Schwerpunkt c entgegengewirkt. Statt des Verdrehens der Tragflächen kann man auch eine in wagerechter Ebene stattfindende Verstellung derselben nach hinten oder vorn vornehmen, wie in Fig. 860 gezeigt, was denselben Erfolg zeitigt.

In besserer Weise als durch gleichmäßiges Verdrehen der Tragflächen d um ihre Längsachsen wird das Steuern in senkrechter Ebene einmal dadurch erreicht, daß man der Treibschraube größere bzw. geringere Umdrehungsgeschwindigkeit gibt. Erreicht die Verlangsamung der Umdrehungen eine gewisse Grenze, so vermindert sich die Tragfähigkeit der Tragflächen bzw. ihre Hubwirkung und die Maschine sinkt. Umgekehrt wird eine Erhöhung der Umdrehungszahl der Treibschraube ein Steigen der Maschine zur Folge haben. Mit anderen Worten, zum Abwärtsfahren wird die Vorwärtsgeschwindigkeit verringert, zum Aufwärtsfahren dagegen vergrößert. Am zweckmäßigsten wird indessen das Steuern in senkrechter Ebene dadurch erzielt, daß man das vorher beschriebene Mittel zum Ausgleichen der Kippbestrebungen in umgekehrtem Sinne anwendet, d. h. absichtlich Kippen nach vorn oder hinten hervorruft, indem man die Verbindungslinie r der Druckmittelpunkte i der Tragflächen durch das geschilderte Verstellen oder Verdrehen der letzteren einmal hinter, das andere Mal vor den Schwerpunkt c der Maschine verlegt. Letztere erhält hierdurch das Bestreben, nach vorn oder nach hinten zu kippen, mit anderen Worten, die vorn gehobene oder gesenkte Längsachse der Maschine ergibt eine aufsteigende oder absteigende Flugrichtung. Dieses absichtlich hervorgerufene Kippbestreben wird beim Steuern in senkrechter Ebene zweckmäßig durch in größerem Maße bewirktes

Verstellen oder Verdrehen der Tragflächen nach hinten oder vorn, d. h. etwas weiteres Abrücken der Verbindungslinie r der Druckmittelpunkte i vom Schwerpunkt c verstärkt, damit ein größeres Uebergewicht nach vorn oder hinten erreicht wird.

Eine Steuerung in wagerechter Ebene könnte dadurch erzielt werden, daß die eine Tragfläche, wie in Fig. 861 gezeigt, um g nach vorn, die andere nach hinten gedreht wird.

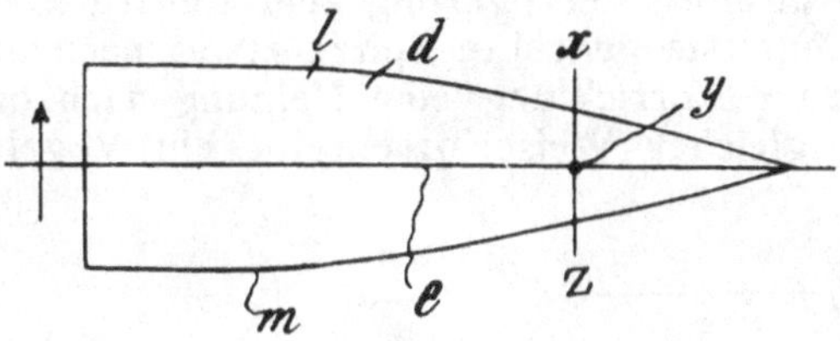

Fig. 862.

Einfacher erfolgt die Steuerung in wagerechter Ebene durch das bekannte Verdrehen der Tragflächen um ihre Längsachse. Am besten ist diese Steuerung aber dadurch zu erreichen, daß nur eine der Tragflächen in einen Teil, z. B. mit der Hinterkante m oder auch nur an der Spitze, um ihre Längsachse e bzw. f gedreht wird. Hierdurch wird auf einer Seite der Flugmaschine die dem Winddruck ausgesetzte Fläche eine Verzögerung in der Vorwärtsbewegung erleiden, die eine Drehung der Flugmaschine um diese Flügelspitze zur Folge hat.

Diese Verzögerung entsteht in folgender Weise: Angenommen, beide Tragflächen stehen gleich, also die vordere Kante bei beiden

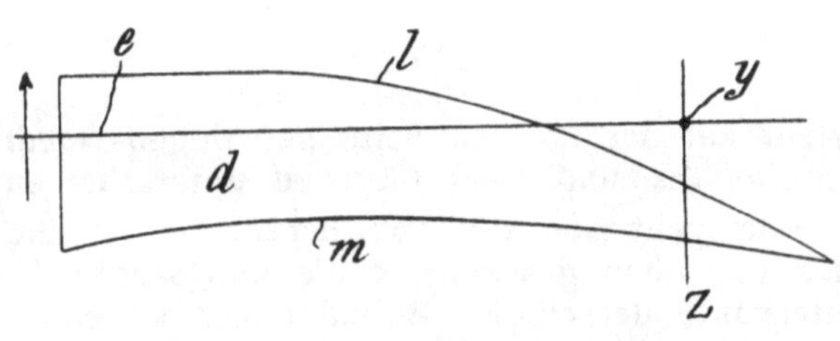

Fig. 863.

etwas höher als die hintere, so drückt der Wind auf beiden Flächen gleich, und beide Flächen haben nach dem Drachenprinzip mit Hilfe der Treibschraube das gleiche Streben nach vorn und oben. Dreht man nun einen Teil der einen Tragfläche, also die äußere Spitze derselben, derartig um ihre Längsachse, daß die hintere Kante der Tragfläche höher steht als die vordere, so stößt der Wind auf die Spitze dieser Tragfläche um so stärker, je höher die hintere Kante gegen die vordere steht. Es entsteht also an der Spitze der einen Tragfläche ein Wirkungsunterschied gegen die übrigen Teile beider Tragflächen. Der Wind drückt an der Spitze der gedrehten Tragfläche auf die obere Seite der Fläche, während er an allen übrigen Teilen auf die unteren Seiten der Tragflächen drückt. Würde der Teil der Tragfläche, welche mit ihrer hinteren Kante nach oben gedreht ist, in der Mitte beider Tragflächen, also symmetrisch liegen, so würde kein Wirkungsunterschied eintreten. Da aber der in obiger Weise gedrehte Teil der Tragflächen an einem äußersten Ende liegt, so entsteht eine unsymmetrische Wirkung, welche nicht aufgehoben wird, sondern in einer Verzögerung zum Ausdruck kommt. Nebenbei wird die äußerste gedrehte Spitze etwas nach unten gedrückt, so daß die ganze Vorrichtung eine Neigung nach dieser Seite hin bekommt. In gleicher Weise beschreibt ein Vogel einen Bogen,

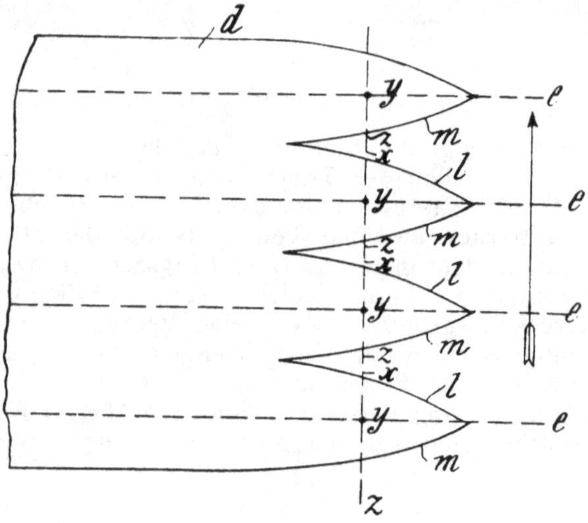

Fig. 864.

d. h. er steht auf der inneren Seite des Bogens niedriger als auf der Außenseite. Es sind zwei Fälle zu unterscheiden:

Der erste geht aus Fig. 862 hervor; d ist die Tragfläche (schematisch von oben gesehen), e die Längsachse, l die Vorder-, m die Hinterkante derselben. Befindet sich an einer Stelle, quer zur Längsachse ein doppelarmiger Hebel x, z, welcher seinen Drehpunkt in y hat, und ist dieser Hebel seiner Länge nach mit der Tragfläche verbunden, so tritt beim Drehen dieses Hebels um y für die Tragfläche die gedachte Wirkung ein. Wird die Drehung nämlich so bewirkt, daß z höher steht als x, so macht die Spitze der Tragfläche die Drehung in gleichem Sinne mit, indem die hintere Kante m höher zu stehen kommt als die vordere l. Die Spitze der Tragfläche steht mithin windschief zu dem übrigen Teil der Tragfläche. Der äußere Teil der Tragfläche würde also, falls letztere aus elastischem Material besteht, schraubenartig gedreht sein, wodurch ein schiefer Uebergang der Flächenlage der Spitze in diejenige des übrigen Teils der Tragfläche vermieden wird, da ein sanfter Uebergang zwischen Spitzenflächenstellung und der Stellung des übrigen Teiles der Tragfläche sehr erwünscht ist.

Der zweite Fall ist aus Fig. 863 ersichtlich. Hier ist für die Tragfläche eine andere Form gewählt, und es wird unter Umständen auch ein Verdrehen der äußeren Spitze um die Längsachse der Tragfläche möglich sein, ohne daß dadurch die vordere Kante der Tragfläche gesenkt wird.

Befindet sich wiederum im Punkt y der hier einarmige Hebel y, z, welcher mit der Tragfläche verbunden ist, und wird derselbe mit Drehpunkt in y bei z gehoben, so wird hierdurch die ganze Spitze der Tragfläche bei y gehoben, die Vorderkante der Tragfläche sinkt nicht tiefer, sondern verbleibt, wenn auch wegen der Verdrehung nicht genau, so doch annähernd in ihrer bisherigen Lage bzw. steigt an der Spitze höher. Beide Formen der Tragfläche können Anwendung finden.

Schließlich sei erwähnt, daß die Spitze der Tragflächen, wie in Fig. 864 schematisch angedeutet, auch mehrfach geteilt sein kann, wobei dann jeder Teil, wie oben erwähnt, gedreht werden kann.

Eine ähnliche unsymmetrische Wirkung wird bei der anderen Art der Steuerung in wagerechter Ebene, d. h. beim entgegengesetzten Verstellen beider Tragflächen mit ev. gleichzeitiger Verdrehung und Niederdrückung eines Teils der Tragflächen entstehen.

Patentansprüche:

1. Verfahren, Flugmaschinen durch Verstellen der Tragflächen in der Gleichgewichtslage zu erhalten und ohne Steuer lenkbar zu machen, dadurch gekennzeichnet, daß man die Verbindungslinie r der Luftdruckmittelpunkte i der Tragflächen d in wagerechter oder nahezu wagerechter Ebene aus der durch den Schwerpunkt c der Flugmaschine quer zu deren Längsachse gelegt gedachten senkrechten Ebene s nach derjenigen Richtung rückt, nach der sich die Maschine infolge der Kippmomente neigt, so daß der Schwerpunkt, um dem Kippen entgegenzuwirken, vor oder hinter jene Verbindungslinie r zu liegen kommt.

2. Verfahren nach Anspruch 1, dadurch gekennzeichnet, daß behufs Steuerung in senkrechter Ebene zunächst eine Neigung der Maschinenachse nach hinten oder vorn mittels des Verrückens der Verbindungslinie r der Luftdruckmittelpunkte i hervorgerufen wird.

3. Verfahren nach Anspruch 1 und 2, dadurch gekennzeichnet, daß durch entgegengesetztes gleichmäßiges Verstellen der Tragflächen in wagerechter oder nahezu wagerechter Ebene oder durch Drehen eines Teils der Tragflächen um ihre Längsachse e, f ein Druckunterschied und infolge der hierdurch bedingten einseitigen Verzögerung in der Vorwärtsbewegung ein Steuern der Flugmaschine in wagerechter Ebene erreicht werden soll.

277. Die Erfindung nach der

Patentschrift Nr. 175 478
J. Hofmann in Berlin,

angemeldet am 2. Januar 1906, ausgegeben am 29. September 1906, bietet eine Neuerung an Flugmaschinen, bei denen die Hilfsmaschinen durch die mittels einer Luftpumpe in einem Behälter aufgespeicherte Preßluft betrieben werden; sie besteht darin, daß die Preßluftpumpe

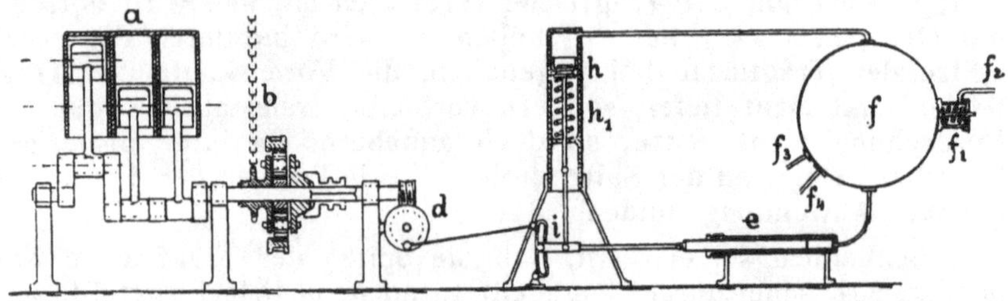

Fig. 865.

derart von der Motorwelle und dem im Preßluftbehälter herrschenden, durch die Hilfsmaschinen bedingten Druck abhängig gemacht wird, daß die Motorwelle die Hubzahl, der Behälterdruck die Hubgröße des Luftpumpenkolbens bestimmt, zum Zwecke, trotz ungleichen Kraftbedarfes eine möglichst gleichmäßige Motordrehung zu erhalten. Die durch ein Sicherheitsventil aus dem Preßluftbehälter ausströmende Luft wird entweder zur Feueranfachung (bei Dampfmotoren) oder zur Kühlung (bei Explosionsmotoren) verwendet.

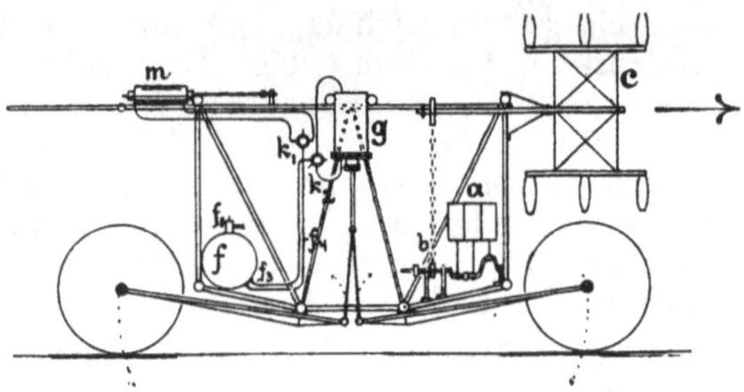

Fig. 866.

Die Dreizylindermaschine a (Fig. 865, 866) treibt durch Vorgelege b den Propeller c und durch Vorgelege d die Luftpumpe e. Diese hält den Sammler f fortwährend auf dem durch das Sicherheitsventil f_1 gewährleisteten Höchstdruck und schaltet sich selbst nach Bedarf durch Kolben h mit Gegenfeder h_1 und Kulissenwerk i ein und aus.

Die fortwährend aus dem Sicherheitsventil abströmende Luft geht durch Rohr f_2 zur Hauptbetriebsmaschine, wo sie entweder zur Anfachung des Feuers oder zur Kühlung dient, je nachdem, ob eine Dampfmaschine oder eine Explosionsmaschine verwendet wird. Durch die Röhren f_3 und f_4 wird die aufgespeicherte Preßluft zur Arbeitsleistung entnommen. Zur Verteilung der Energie sind zwei Hähne k_1 und k_2 vorgesehen. Durch entsprechende Bedienung derselben kann die Preßluft entweder in den Zylinder g mit Kolben geleitet werden, durch dessen Bewegung ein Bewegen der bekannten Absprungbeine erfolgt, oder aber die Preßluft wird in den Zylinder m geleitet, welcher das bekannte Vergrößern oder Verkleinern der Tragfläche von Flügeln oder Segeln bewirkt.

Patentansprüche:

1. Flugmaschine mit Luftbehälter für die Hilfsmaschine sowie mit Preßluftpumpe, gekennzeichnet durch eine derartige Abhängigkeit der letzteren von der Motorwelle und dem durch die Hilfsmaschinen bedingten Behälterdruck, daß die Motorwelle die Hubzahl, der Behälterdruck die Hubgröße des Luftpumpenkolbens bestimmt, zum Zweck, trotz ungleichen Kraftbedarfs eine möglichst gleichmäßige Motordrehung zu erhalten.

2. Eine Flugmaschine nach Anspruch 1, gekennzeichnet durch eine derartige Rückwirkung des Luftbehälters auf die Hauptbetriebsmaschine, daß die über das Sicherheitsventil des Behälters abströmende Luft zur Feueranfachung oder zur Kühlung der Hauptmaschine dient.

278. Eine mit einem Luftpropeller verbundene Explosionskraftmaschine behandelt die

Patentschrift Nr. 186 497

William Harper jr. in New-Bloomfield,

angemeldet am 27. Juli 1906, ausgegeben am 31. Mai 1907.

Die Erfindung besteht darin, daß Propellerflügel und die Zylinder der Kraftmaschine ein gemeinsames Lager besitzen und sich um feststehende Kurbeln der Explosionskraftmaschine drehen.

Die Maschine besteht aus vier Zylindern A^1, A^2, A^3, A^4 (Fig. 867 bis 869), die in gleichen Abständen voneinander um das Kurbelgehäuse B angeordnet sind und Kühlrippen a besitzen. Die Zylinder A^1 und A^4 stehen im rechten Winkel zueinander, und ihre Achsen liegen in derselben Ebene, während die Zylinder A^2 und A^3 gleichfalls in einer Ebene etwas weiter zurück liegen, so daß sie mit einer Doppelkurbel in Verbindung gesetzt werden können, die aus drei Scheiben C, C^1, C^2 mit Kurbelzapfen c, c^1, die einander gegenüberliegen, besteht.

Das Gas wird der Maschine durch eine Universalgelenkkupplung E (Fig. 869) zugeführt und gelangt durch die Leitungen F nach den Ventilgehäusen G, durch welche es in die Zylinder eintritt.

Die zum Betätigen der Ventile dienenden Profilscheiben sind zweckmäßig so angeordnet, und dasselbe gilt von den Kontaktstücken L, daß die Antriebsperioden zweier gegenüberliegender Zylinder zusammenfallen. Die Antriebsperioden des einen Paares der Zylinder wechseln mit denen der beiden anderen Zylinder ab, und

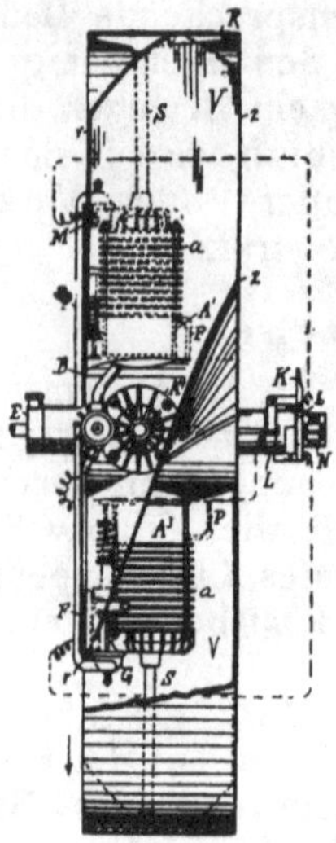

Fig. 867.

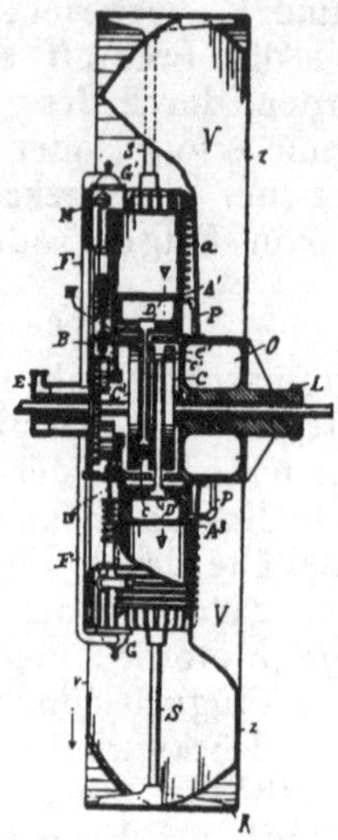

Fig. 868.

zwar erfolgen sie abwechselnd in Zwischenräumen von einer Dreivierteldrehung und einer Fünfvierteldrehung.

Es sind vier Propellerflügel V vorhanden, die an je einem Zylinder sitzen und den Raum zwischen dem Kurbelgehäuse und

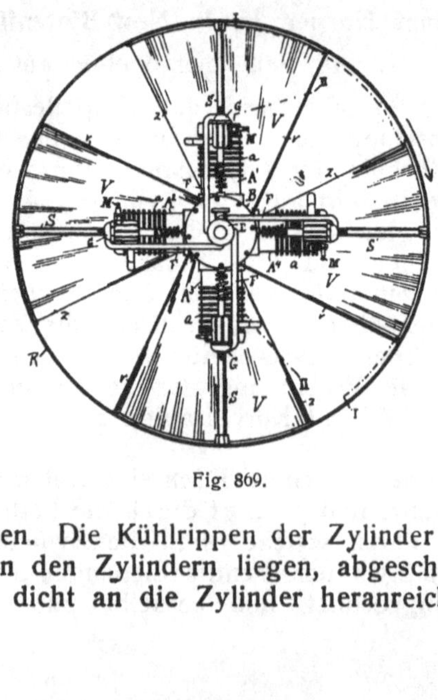

Fig. 869.

der Felge ausfüllen. Die Kühlrippen der Zylinder sind an der Seite, wo die Flügel an den Zylindern liegen, abgeschnitten, so daß die Flügel möglichst dicht an die Zylinder heranreichen. Die Zylinder liegen an der Vorderseite der Flügel, und diese sind zweckmäßig nach der Druckseite zu leicht konkav. Die nach vorn gerichteten Ränder v der Flügel stehen in einem etwas kleineren Winkel als die nach hinten liegenden Ränder z.

Patentansprüche:

1. Mit einem Luftpropeller verbundene Explosionskraftmaschine, dadurch gekennzeichnet, daß die Kurbelwelle feststeht und die Zylinder, an welchen die Propellerflügel befestigt sind, um diese Kurbelwelle umlaufen.

2. Ausführungsform der Vorrichtung nach Anspruch 1, dadurch gekennzeichnet, daß die äußeren Enden der Propellerflügel an einer Felge befestigt sind, die durch Speichen mit den Zylinderenden in Verbindung steht.

3. Ausführungsform der Vorrichtung nach Anspruch 1, dadurch gekennzeichnet, daß die Propellerflügel konkave Druckflächen besitzen und hinter den Zylindern angeordnet sind.

279. Die Erfindung nach der

Patentschrift Nr. 188 947

Jacob Christian Hansen-Ellehammer in Kopenhagen,

angemeldet am 7. Dezember 1905, ausgegeben am 5. August 1907,

betrifft eine Vorrichtung zum Erhalten der Gleichgewichtslage von Luftschiffen, wobei ein wagerechtes Steuer mittels eines mit ihm verbundenen Pendels verstellt wird, wodurch die einmal gegebene Lage zur Horizontalen selbsttätig beibehalten werden soll. Die Erfindung besteht darin, daß die Gondel des Luftschiffes, die außerdem Raum für den Aufenthalt der Passagiere, den zum Vorwärtstreiben dienenden Motor und andere für die Luftfahrt erforderliche Gegenstände enthält, ganz oder teilweise als schwerer Teil des Pendels, d. h. als Pendelkörper, angeordnet ist. Letzterer muß nun, um eine genügende Wirkung auf das Steuer ausüben zu können, ein nicht geringes Gewicht haben, wenn man daher die Gondel nebst Inhalt als Pendelkörper benutzt, vermeidet man eine Belastung des Luftschiffes durch ein besonderes Pendelgewicht.

a bezeichnet beispielsweise die Tragfläche eines Drachenfliegers (Fig. 870), welche Fläche ganz beliebiger Art und Form sein kann. Unter dem Vorderende der Fläche a ist ein in einer Schnur oder in einer um eine Achse b drehbaren Stange c pendelartig aufgehängtes Gewicht d angebracht, das ohne Rücksicht auf die Stellung des Luftschiffes stets das Bestreben haben wird, die Schnur oder die Stange c in der senkrechten Lage zu halten. Unter dem Hinterende der Fläche a ist an einem passenden Gestell f ein um eine Achse g drehbares horizontales Steuer h angebracht, das mit einem kurzen Arm k o. dgl. versehen ist; dieser Arm ist nach oben gerichtet, wenn das Steuer h eine wagerechte Lage einnimmt.

Der Arm k ist mittels einer Zugstange m mit der Stange oder Schnur c verbunden.

Wenn das Luftschiff mittels eines Propellers oder in anderer Weise vorwärts getrieben wird, so wird der Luftwiderstand in der

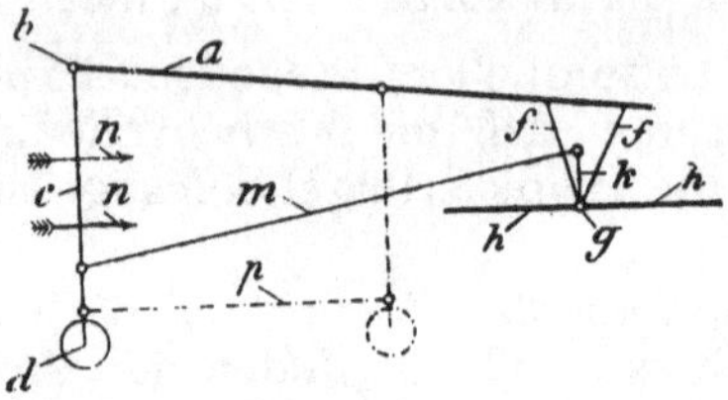

Fig. 870.

durch die Pfeile n angegebenen Richtung wirken, und wenn die Fläche a eine ein wenig nach hinten abfallende Neigung hat, wie dies bei den in Fig. 870 und 871 dargestellten Lagen der Fall ist,

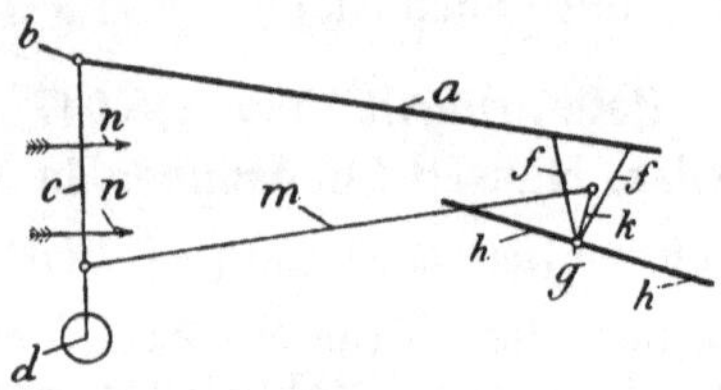

Fig. 871.

so wird der Luftwiderstand, welcher ähnlich wie der Wind wirkt, das Bestreben haben, ein Heben des ganzen Systems zu bewirken.

Wenn das Luftschiff während seiner Vorwärtsbewegung aus irgendeinem Grund eine andere Lage zur Horizontalebene einnimmt,

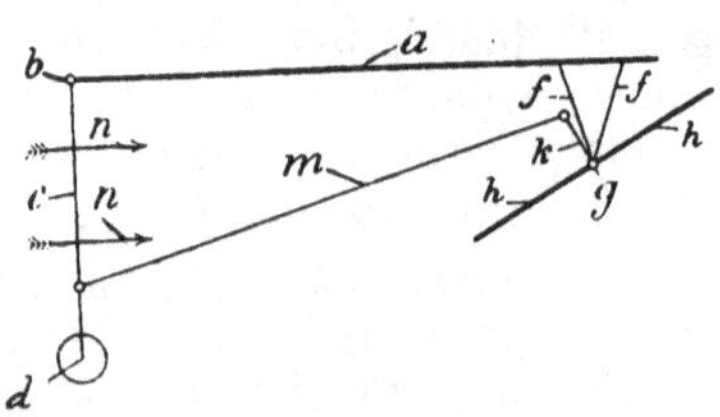

Fig. 872.

so wird die Steuerebene h selbsttätig bewirken, daß das Luftschiff sofort in seine ursprüngliche Lage zurückgeführt wird, d. h. in diejenige Lage, in welcher die Fläche a die ursprüngliche im Verhältnis zur Horizontalebene ein wenig schräge Richtung wieder einnimmt, wie in Fig. 870 dargestellt. Dies geschieht in folgender Weise:

Wird das Vorderende des Luftschiffes derart in die Höhe gehoben, daß die Fläche a in die in Fig. 871 dargestellte Lage gebracht wird, in welcher seine Neigung zur Horizontalebene größer ist als erwünscht, so wird das Pendel c, d, das stets das Bestreben hat, die senkrechte Lage einzunehmen, durch die Zugstange m und den Arm k die Steuerebene h in die in Fig. 871 dargestellte Lage drehen, und der Luftwiderstand, der in der Richtung der Pfeile n wirkt, wird dann auf die Unterfläche der schräg gestellten Ebene h wirken und somit ein Heben des Hinterendes des Luftschiffes bewirken, d. h. dies letztere wird in die ursprüngliche Lage zurückkehren.

Wird das Vorderende des Luftschiffes über die ursprüngliche Stellung hinaus gesenkt, so daß die Fläche a in die in Fig. 872 dargestellte Lage übergeht, so wird die Steuerebene h mittels des Pendels c, d, der Zugstange m und des Armes k in die in Fig. 872 dargestellte Lage gedreht werden, in welcher der Luftwiderstand auf die Oberseite der schräg gestellten Ebene h wirken wird und somit ein Senken des Hinterendes des Luftschiffes bewirken muß; d. h. letzteres wird in die ursprüngliche Lage zurückkehren.

Es ist zu ersehen, daß die Umdrehungsrichtung des Pendels der Umdrehungsrichtung der Steuerebene h entgegengesetzt ist, wenn die Steuerebene hinter dem Schwerpunkt des ganzen Systems angeordnet ist. Liegt dagegen die Steuerebene h vor dem genannten Schwerpunkt, so muß deren Umdrehungsrichtung dieselbe sein wie die relative Umdrehungsrichtung des Pendels.

Patentanspruch:

Vorrichtung zum Erhalten der Gleichgewichtslage von Luftschiffen durch Einstellen eines wagerechten Steuers mittels eines Pendels, dadurch gekennzeichnet, daß der Pendelkörper ganz oder teilweise von dem Gewicht, welches das Luftschiff in die Höhe heben soll, d. h. dem Gewicht der Gondel mit den darin vorhandenen Personen, Motor u. dgl. gebildet wird.

280. Eine Höhen- und Seitensteuerung für Luftfahrzeuge ist in der

Patentschrift Nr. 209 262
Walter Rudies in Pankow,

angemeldet am 20. Februar 1908, ausgegeben am 23. April 1909, dargestellt.

Die Erfindung ermöglicht, die Höhen- und Seitensteuerung eines Luftfahrzeuges durch einen einzigen Handgriff zu bewirken. Auf einer Welle a (Fig. 873) ist ein Kegelrad b befestigt, welches in zwei Kegelräder c und d eingreift. Letztere stehen in Verbindung mit je einer Steuerungsfläche e und f. Auf der Hülse h befindet sich ein Steuerungshebel i. Mit dem anderen Ende der Hülse ist eine Zahnstange k drehbar verbunden, die im übrigen durch Vierkant o. dgl. am Drehen verhindert ist. Die Zahnstange greift ihrerseits in ein Zahnrad m ein, dessen Achse n als Drehachse zweier Flächen o und p dient. Sobald der Handgriff i im Sinne des Pfeiles l gedreht wird, wird auch die Vierkantwelle a und das Kegelrad b in demselben Sinne gedreht werden. Dadurch werden den beiden Kegelrädern c und d entgegengesetzte Drehungen erteilt. Demzufolge erhalten auch die beiden Flächen e und f entgegengesetzte Drehungen. Wenn diese Flächen vor der Drehung des Handgriffes in der Mittellage wagerecht und gleichgerichtet sind, so werden sie nach der Drehung entgegengesetzt geneigt stehen; dadurch wird auf das Luftfahrzeug auf der einen Seite eine hebende, auf der anderen Seite eine senkrechte Kraft einwirken; das Fahrzeug wird sich schräg stellen und eine Kurve beschreiben. Durch die drehende Bewegung des Handgriffes i wird die Zahnstange k, welche in l durch Vierkant o. dgl. am Drehen verhindert ist, in Ruhe bleiben, weshalb auch die Flächen o und p keine Bewegung machen. Falls jedoch der Handgriff i keine drehende, sondern eine achsiale Bewegung im Sinne des Pfeiles 2 oder 3 macht, wird die Welle a und damit das Kegel-

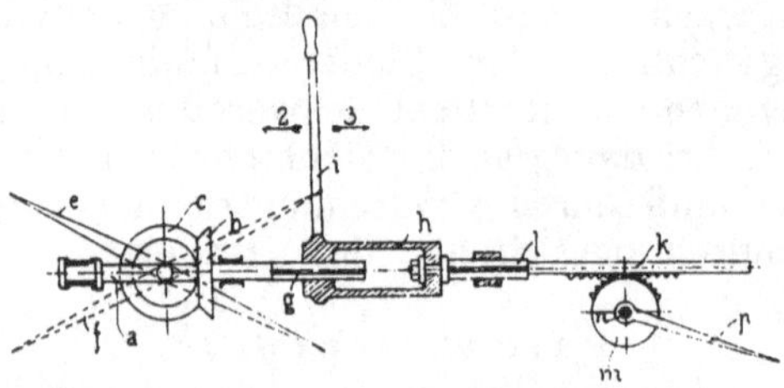

Fig. 873.

rad b nebst den damit in Eingriff befindlichen Getrieben in Ruhe bleiben, während die Zahnstange k eine achsiale Bewegung im gleichen Sinne wie Pfeil 2 oder 3 antreten wird. Dadurch wird das Zahnrad m und die Welle n mit den auf ihr befindlichen Flächen o und p in drehende Bewegung gebracht. Durch diese Bewegung wird die Höhensteuerung des Fahrzeuges bewirkt.

Sobald dem Handgriff i nicht nur eine drehende Bewegung im Sinne des Pfeiles l, sondern auch eine Längsbewegung im Sinne der Pfeile 2 oder 3 erteilt wird, werden sowohl die Flächen e und f als auch die Flächen o und p Bewegungen machen, womit gleichzeitig die Seitensteuerung und die Höhensteuerung des Luftfahrzeuges erzielt wird.

Patentanspruch:

Höhen- und Seitensteuerung für Luftfahrzeuge, welche durch Drehen und Verschieben eines Handgriffes in Tätigkeit gesetzt wird, dadurch gekennzeichnet, daß die drehende Bewegung durch ein Kegelrad (b) auf zwei andere mit diesem in Eingriff stehende Kegelräder (c, d) übertragen wird, so daß letztere die Drehung unmittelbar oder durch beliebige weitere Transmissionen den Seitensteuern (e, f) mitteilen, während durch Verschieben des Handgriffes eine Zahnstange bewegt wird, welche durch Umdrehung eines Zahnrades unmittelbar oder durch beliebige weitere Transmissionen die Bewegung des Höhensteuers (o, p) herbeiführt.

281. Die

Patentschrift Nr. 214 862
Cyrus L. Buckwalter in Loudonville, V. St. A.,
angemeldet am 2. Juli 1907, ausgegeben am 18. Oktober 1909,

betrifft eine mit Höhen- und Seitensteuerung ausgerüstete Flugmaschine und besteht darin, daß das Seitensteuer aus zwei nach unten hängenden, unabhängig voneinander um dieselbe Längsachse

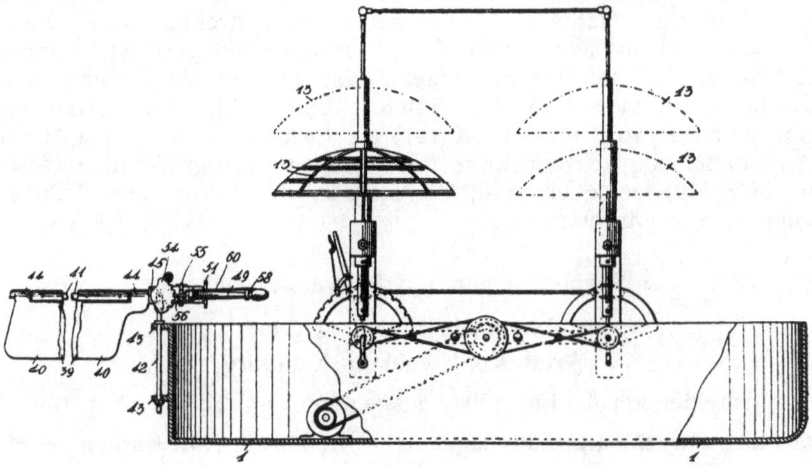

Fig. 874.

im Winkel gegeneinander und außerdem gemeinsam um dieselbe Querachse in der Höhenrichtung schräg einstellbaren Flächen besteht, die gegen Drehung um die Längs- oder Querachse gesperrt werden können.

Die leicht gebaute Gondel 1 (Fig. 874) oder der Korb der Maschine hat bei dem dargestellten Beispiel die Form eines Bootes und ist mit senkrecht auf und nieder beweglichen Hubflächen 13 ausgerüstet, deren Mittelachsen schräg zur Längsachse der Gondel einstellbar sind, und die infolgedessen zugleich als Höhensteuer dienen, wie dies an sich bekannt ist.

Die Seitensteuerung übernimmt eine am hinteren Ende der Maschine angebrachte Steuervorrichtung mit zwei von der Welle 41 herabhängenden Flächen 39 und 40. Diese Welle ist um die an der Gondel bei 43 geführte Stange 42 in wagerechter Richtung drehbar, kann aber auch eine schwingende Bewegung in der Höhenrichtung um die Zapfen 47 ausführen. Die eine Fläche 39 ist starr mit der Achse 41 verbunden, während die andere, 40, beispielsweise mittels der Hülsen oder Scharniere 44 lose auf der Achse sitzt. Das vordere Scharnier ist drehbar in einem Lager 45 angeordnet, das seinerseits drehbar mittels der wagerechten Zapfen 47 in einer Gabel 46 am oberen Ende des Pfostens 42 angeordnet ist.

Patentansprüche:

1. Steuer für Luftfahrzeuge, dadurch gekennzeichnet, daß zwei nach unten hängende Steuerflächen zwecks gegenseitiger Winkeleinstellung unabhängig voneinander um dieselbe Längsachse und zwecks Schrägeinstellung in der Höhenrichtung um dieselbe Querachse drehbar sind, wobei durch Sperrvorrichtungen die Einstellung der Steuerflächen um die Längs- und die Querachse gesichert wird.

2. Steuer nach Anspruch 1, dadurch gekennzeichnet, daß die eine der Steuerflächen (39) fest mit einer Achse (41) verbunden ist, die in einer Gabel (46) eines senkrechten, drehbar angeordneten Pfostens (42) in senkrechter Ebene drehbar gelagert ist, während die andere Fläche (40) mit einer Hülse (44) in Verbindung steht, welche die Achse (41) der ersten Fläche (39) konzentrisch umgibt, wobei sowohl jene Achse (41) als auch die Hülse (44) an ihrem der Gondel zugekehrten Ende mit je einem handgriffartigen Hebelarm (48, 49) versehen sind, die sich zu der Form einer Fahrradlenkstange ergänzen.

282. Die Steuerung für Luftfahrzeuge nach der

Patentschrift Nr. 215 158
Josef Kontzwald in Hamburg,

angemeldet am 4. Juli 1908, ausgegeben am 22. Oktober 1909,

hat den Zweck, Luftfahrzeuge beim Befahren von Kurven in die dafür nötige Schräglage zu bringen.

Die Lagensteuer a, b und das Seitensteuer c sind durch die Kegelräder d, e, f derart drehbar miteinander gekuppelt, daß sich

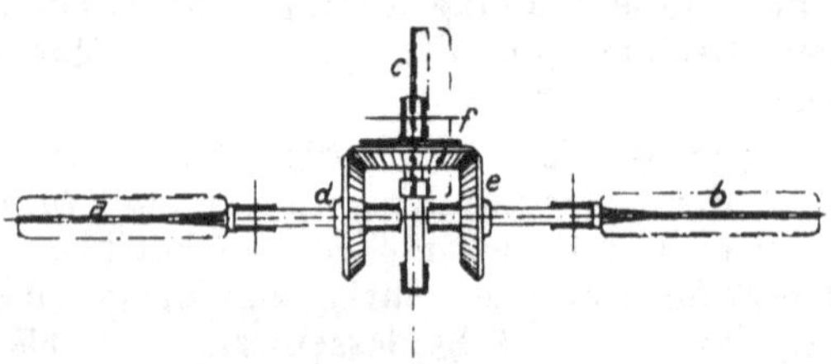

Fig. 875.

während des Steuerns beim Durchfahren von Kurven beispielsweise in Richtung des Pfeiles k alle drei Steuer stets gleichzeitig verdrehen.

Wird beispielsweise das Steuerrad g, welches durch ein endloses Seil, ein Gestänge oder dergleichen mit dem Kegelrad f zwangläufig verbunden ist, in Richtung des eingezeichneten Pfeiles verdreht, so verdrehen sich gleichzeitig alle drei Steuer in die strichpunktierte Lage, und zwar so, daß sich das Steuer a mit der Vorderkante h, i hebt, während sich Steuer b mit der Vorderkante h^1, i^1 senkt.

Hierdurch wird die Seite a des Fahrzeuges der vom Führer eingestellten Kurve entsprechend gehoben und die Seite b entsprechend niedergedrückt.

Die Erfindung ist in den Fig. 875 und 876 dargestellt.

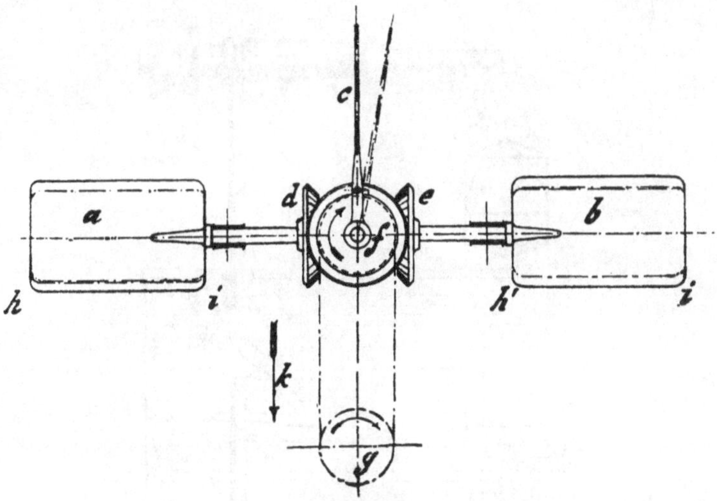

Fig. 876.

Patentanspruch:

Steuerung für Luftfahrzeuge, bei welcher durch einen Hebel gleichzeitig Lagen- und Seitensteuer verstellt werden, dadurch gekennzeichnet, daß mit der Achse eines Kegelrades (f) das Seitensteuer und mit den Achsen zweier mit dem ersten Kegelrad in Eingriff stehenden Kegelräder (e, d) die Lagensteuer zwangläufig verbunden sind.

283. Eine Vorrichtung zum Auswerfen von Explosivgeschossen aus den Gondeln von Luftschiffen behandelt die

Patentschrift Nr. 216 374
Heinrich Rosenberg in Gelsenkirchen,

angemeldet am 13. November 1908, ausgegeben am 12. November 1909.

Die Vorrichtung (Fig. 877) wird wie folgt betätigt:

Soll ein Geschoß ausgeworfen werden, so wird der Ausleger mittels der Kurbel 7 in die Gondel 3 hineinbewegt. Nun wird, nachdem durch Ziehen am Handgriff 18 der Hebel 15 gehoben und dadurch der Finger 14 ausgerückt ist, der Schieber 11 unter Einwirkung der gespannten Feder 12 in den Ring zurückgezogen. Darauf wird das Geschoß 19 gehoben und in den Ring 10 eingehängt, indem man den Schieber 11 wieder in die gezeichnete Stellung bringt und den Finger 14 einrückt.

Nun wird der Ausleger wieder mittels der Handkurbel und des Kegelgetriebes nach außen gedreht und visiert, damit das Geschoß auch die beabsichtigte Wirkung am bestimmten Orte hat.

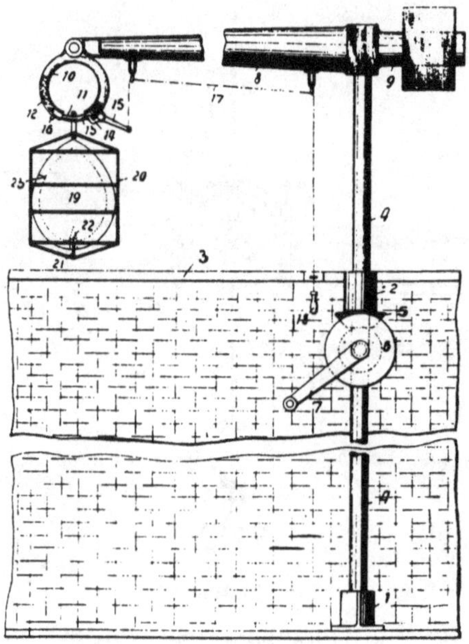

Fig. 877.

Sobald die Visierung erfolgt ist, zieht man am Handgriff, worauf der Schieber durch die gespannte Feder 12 zurückgezogen wird und das Geschoß im gegebenen Augenblicke freigegeben wird und in die Tiefe fällt und beim Aufprall explodiert.

Patentanspruch:

Vorrichtung zum Auswerfen von Explosivgeschossen aus den Gondeln von Luftschiffen, dadurch gekennzeichnet, daß an einem mittels Kurbel (7) und Kegelgetriebe (5, 6) schwenkbaren Ausleger (8, 9), welcher auf dem Arme (9) ein Gegengewicht trägt, ein Ring (10) befestigt ist, welcher mit dem federbelasteten, mittels der Auslösevorrichtung (14, 15, 17, 18) auszulösenden Schieber (11) das auszuwerfende Explosivgeschoß (19) trägt.

284. Die

Patentschrift Nr. 219 601
Adolphe Clément in Levallois-Perret (Seine),

angemeldet am 29. Dezember 1908, ausgegeben am 7. März 1910, behandelt eine elastische Aufhängung der Motore von Flugmaschinen.

In einem lenkbaren Luftschiff können die durch den Gang des Motors hervorgerufenen Erschütterungen verhältnismäßig stark sein, da die Masse der Gondeln sehr gering ist. Man muß daher bei einem Luftschiff oder einer Flugmaschine nicht das Gewicht

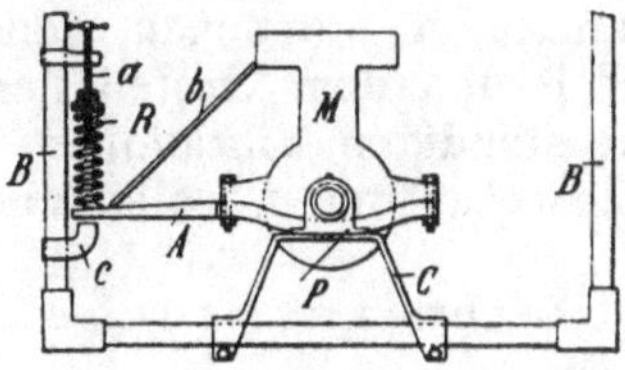

Fig. 878.

der Gondeln vermehren, im Gegenteil, man muß suchen, dieselben so leicht wie möglich zu machen, aber Vorkehrungen treffen, damit die Vibrationen des Motors sich nicht den Gondeln mitteilen.

Diese Erschütterungen selbst äußern sich auf zweierlei Art, und zwar sind zu unterscheiden die zufolge der Versagung der Zündung in einem Explosionsmotor auftretenden Stöße bzw. heftigen

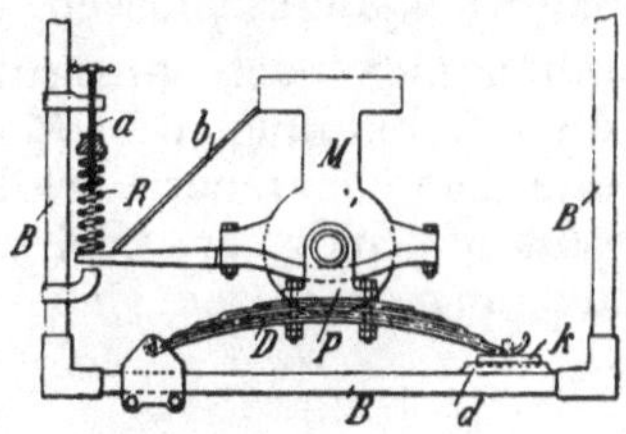

Fig. 879.

Schwankungen und außerdem die durch eine unvollkommene Gleichgewichtslage des Motors erzeugten Vibrationen, die übrigens während des ganzen Ganges des letzteren auftreten.

Die neue Aufhängevorrichtung hat nun den Zweck, diese Stöße zu mildern bzw. möglichst vollkommen aufzuheben, indem sie die Stöße und Vibrationen mit Hilfe von besonders angeordneten Federn oder dergl. aufnimmt bzw. dämpft.

Dieselbe ist berechnet für einen Motor mit sechs oder acht Zylindern, dessen Gleichgewichtslage eine fast vollkommene ist und der demzufolge fast gar keine Erschütterungen hervorruft. Um nun die auftretenden Stöße zu mildern, wird die Achse des Motors M (Fig. 878) von zwei Lagern P gehalten, die ihrerseits auf je einem Bock C ruhen. Ein fest an den Motor angeschlossener Arm A steht mit dem Gestell B der Gondel mittels einer Feder R in Verbindung, deren Spannung mit Hilfe einer Schraubenspindel a und eines darauf sitzenden Handrades oder einer Kurbel entsprechend geregelt werden kann. Diese Feder R wird nun unter der Einwirkung des Drehmomentes des Motors zusammengedrückt. Die feste Stange b stützt den Motor noch einmal gegen den Arm A ab, der seinerseits auf einem Anschlag oder Vorsprung c der Gondel ruht, solange der Motor sich außer Tätigkeit befindet.

Besitzt der Motor eine geringere Anzahl von Zylindern, beispielsweise nur vier, und ist demzufolge die Gleichgewichtslage eine weniger vollkommene, so kann man, gemäß Fig. 879 zwischen den Stützen der Lager P und dem Gestell der Gondel B Federn D einschalten, welche die ständigen Vibrationen, die während des normalen Ganges des Motors auftreten, vollkommen aufnehmen.

Patentansprüche:

1. Elastische Aufhängung der Motore in den Gondeln an Luftschiffen und Flugmaschinen, dadurch gekennzeichnet, daß die Verbindung zwischen Motor und Gondel einerseits mittels zweier die Motorachse tragender Lager, anderseits mittels eines an den Motor fest angeschlossenen Armes erfolgt, dessen freies Ende unter der Einwirkung einer Gegenfeder von regelbarer Spannung steht.

2. Elastische Aufhängung nach Anspruch 1, dadurch gekennzeichnet, daß die Stützen für den Motor auf Lamellenblattfedern ruhen, die mit dem einen Ende fest und mit dem anderen Ende gleitbar an das Gondelgestell angeschlossen sind.

3. Elastische Aufhängung nach Anspruch 1 und 2, dadurch gekennzeichnet, daß die Verbindung des Motors mit der Gondel jederseits durch doppelte Lamellenfedern erfolgt, die einerseits fest an den Motor, anderseits gelenkig an Gleitstücken der aufrechten Seitenstützen der Gondel angeschlossen sind.

285. Der Gegenstand der

Patentschrift Nr. 219 636
James Means in Boston, V. St. A.,

angemeldet am 21. Mai 1909, ausgegeben am 7. März 1910,

ist eine Einrichtung, mit welcher die Abgabe von Signalzeichen von Flugmaschinen aus bewirkt werden kann.

A ist ein Explosionsmotor oder eine andere Kraftmaschine, wie solche bei Flugmaschinen oder dergl. zur Anwendung kommen (Fig. 880). Das Auspuffrohr dieses Motors ist mit B bezeichnet. Mit diesem Auspuffrohr B ist unter Zwischenschaltung eines Ventils F ein Rohr verbunden, welches zu einem Behälter C führt, der irgendeinen geeigneten Farbstoff D enthält, z. B. Kohleteilchen, die mit einer Flüssigkeit gemischt sind und welche, wenn sie in die Auspuffgase gelangen, diesen eine dunklere oder eine andere Färbung geben können, so daß man dadurch imstande ist, Signalzeichen zu geben, wie z. B. Zeichen des Morse-Telegraphensystems oder solche eines anderen Systems. Um die Zeichengebung zu bewirken, kann ein automatisch bewegter scheibenförmiger Geberapparat I benutzt werden, der an seinem Umfange mit längeren oder kürzeren Kontaktplättchen J versehen ist, welche dazu dienen, den Stromkreis einer elektrischen Batterie N, der um einen Elektromagneten O läuft, mit Hilfe der Schleifbürsten K und L zu öffnen oder zu schließen. Die Schleifbürste K berührt die Kontaktplättchen J und die Schleifbürste L den Kontaktring M der Achse der Scheibe I.

Eine mit einem solchen Apparat ausgerüstete Flugmaschine kann eine Anzahl solcher Geberscheiben I oder Bänder I[1] tragen,

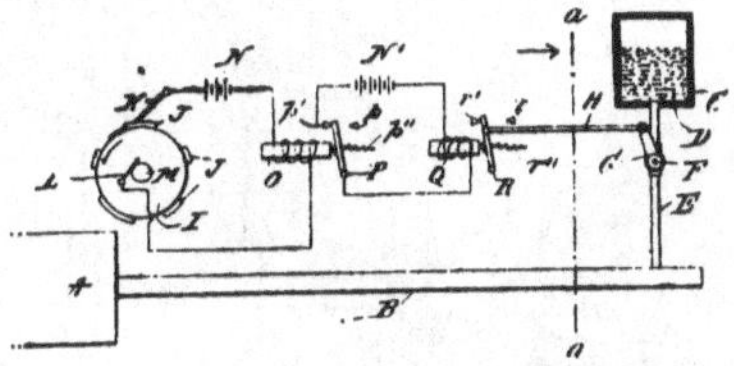

Fig. 880.

die so eingerichtet sind, daß sie bei Betätigung eine gewünschte Botschaft absenden, wobei diese Scheiben gegen andere Scheiben ausgewechselt werden können. Die Scheiben können mit Uhrwerken bekannter Art verbunden werden, wie sie auch bei der automatischen Drahttelegraphie verwendet werden. Anstatt der beschriebenen elektrischen Einrichtungen, mit denen man lange oder kurze Signalzeichen geben kann, kann man auch andere Apparate oder Einrichtungen benutzen, die in geeigneter Weise die Signalgebung bewirken.

Patentansprüche:

1. Einrichtung zur Abgabe von Signalzeichen von Flugmaschinen oder dergl., dadurch gekennzeichnet, daß mit Hilfe eines automatischen oder von Hand bedienten Gebers ein Ventil am Auslaßrohr eines mit Farbenmaterial gefüllten Behälters geöffnet und geschlossen wird, wodurch dieses Material in das Auspuffrohr des Motors der Flugmaschine eingeführt wird, zum Zweck, den Auspuffgasen eine bestimmte Farbe in Zwischenräumen zuzuführen, die mit den Punkten und Strichen eines Telegraphenalphabets übereinstimmen, wodurch Signalzeichen gebildet werden.

2. Eine Einrichtung nach Anspruch 1, dadurch gekennzeichnet, daß der Behälter mit einem Feuerwerksmaterial gefüllt ist, zum

Zweck, die Auspuffgase eines Motors bei Nachtzeiten in Zwischenräumen erhellen zu können, um dergestalt Signalzeichen hervorzubringen, die mit den Punkten und Strichen eines Telegraphenalphabets übereinstimmen.

286. Die Erfindung nach der

Patentschrift Nr. 220 345
Hermann Mauk in Stuttgart,

angemeldet am 8. August 1908, ausgegeben am 22. März 1910, bezieht sich auf eine Vorrichtung zum Landen von Luftfahrzeugen bzw. deren Gondeln durch aufblasbare Hohlkörper. Sie besteht darin, daß quer durch die Gondeln oder Luftschiffe eine, nach Bedarf auch zwei Achsen gelagert sind, welche an ihren Enden je einen Hohl-

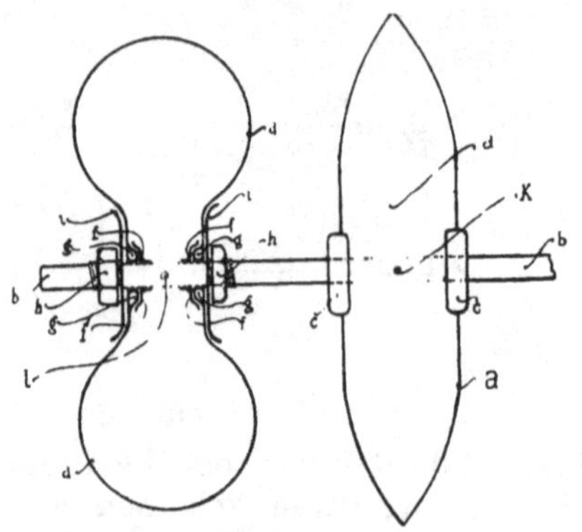

Fig. 881

körper, am zweckmäßigsten aus Gummi oder ähnlich dehnbarem Material, tragen, welcher, wenn aufgeblasen, die Form eines Rades oder einer Kugel annimmt. Direkt umgeben sind diese dehnbaren Hohlkörper von Leinwand, Leder oder ähnlich festerem Stoff, um sie vor Zerplatzen zu schützen.

In unaufgeblasenem Zustande können die Hohlkörper um ihre Achse gerollt sein.

Die Fig. 881 veranschaulicht in a die Gondel oder das Schiff, welches Personen und Maschinen aufnimmt, b die durch die Gondel gehende Achse, welche bei c und c' gelagert ist.

In Fig. 881 stellt d den Hohlkörper in Form eines Rades im Querschnitt dar.

Die Montage der Hohlkörper auf der Achse ist aus der Zeichnung ersichtlich. f sind auf der Achse festgelötete Nabenringe, gegen welche die weichen Wulste g der Hohlkörper d mittels der Muttern h und der dazu erforderlichen Zwischenlagscheiben i angepreßt werden und die Hohlkörper dadurch luftdicht geschlossen sind.

Das Aufblasen der Hohlkörper ist in der Zeichnung so gedacht, daß die Achse hohl und luftdicht ist; dieselbe hat in der Mitte bei k innerhalb der Gondel ein Ventil, durch welches die Luft möglichst mittels der Maschinen eingepumpt wird. In die Hohlkörper selbst tritt sie durch die Löcher l.

Soll das Fahrzeug auf fester Erde landen, so wird die Pumpe angesetzt, die Hohlkörper entsprechend vollgepumpt und der Schlauch vom Ventil entfernt.

Die Gondeln können sich alsdann beim Abstieg halb gleitend, halb rollend auf ihren Hohlkörpern zur Erde setzen.

Patentanspruch:

Aufblasbare Hohlkörper zum Landen von Luftfahrzeugen auf fester Erde wie auch zu Wasser, dadurch gekennzeichnet, daß Hohlkörper als Räder oder Kugeln ausgebildet sind und ihre Form erst durch das Aufblasen erhalten, so daß sie während des Schwebens nur wenig Luftwiderstand ergeben, kurz vor der Landung aber die Räderform erhalten können.

287. Eine Steuervorrichtung für Drachenflieger behandelt die

Patentschrift Nr. 222 493
Josef Hofmann in Genf,

angemeldet am 15. März 1909, ausgegeben am 1. Juni 1910.

Der Drachenflieger (Fig. 882) besitzt in Schultergelenken a, a_1 drehbare Flügelträger, welche gleichzeitig auf Biegung und Verdrehung beansprucht sind.

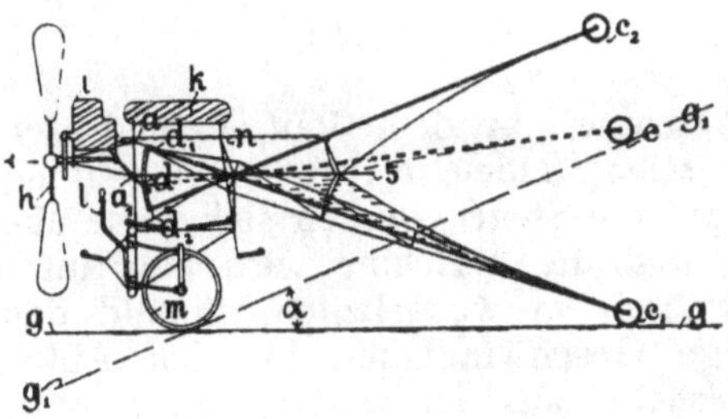

Fig 882.

Als Steuerruder dienen zwei ungefähr wagerecht liegende Platten b, b_1, c, die um Achsen b, b, drehbar sind, so daß damit der Flugmaschine alle Bewegungen im Raum gegeben werden können.

Das innerste Segel der zweiten Reihe kann nun lediglich mit dem Flügelquerträger 1 zusammenhängen, so daß der Steuerhebel d, b, f, c unabhängig davon bleibt; oder es kann, wie gezeichnet, bei f mit dem Steuerhebel verbunden werden, wobei dann, wenn der Zwickel zwischen dem Steuerhebel und dem hinteren Endpunkt des Flügelquerträgers 2 auch durch ein Segel ausgefüllt wird, jedes Steuer sich aus dem eben bleibenden Teil b, b_1, c und dem windschief werdenden Teil 2, b, f, c zusammensetzt.

Fig. 882, 883 zeigen den Drachenflieger in Anlaufstellung für den Abflug auf der wagerechten Bahn g, g mit um eine wagerechte Achse drehbarem Propeller h, Motor i, Benzingefäß k, wagerechter Tragfläche 5, a_1, Schutzdach n und auf den Boden gelegtem Steuer d_1, c_1.

Wenn nun der hinter dem Handhebel 1 des möbelrollenartig wirkenden Rades m sitzende Führer den Propeller angehen läßt,

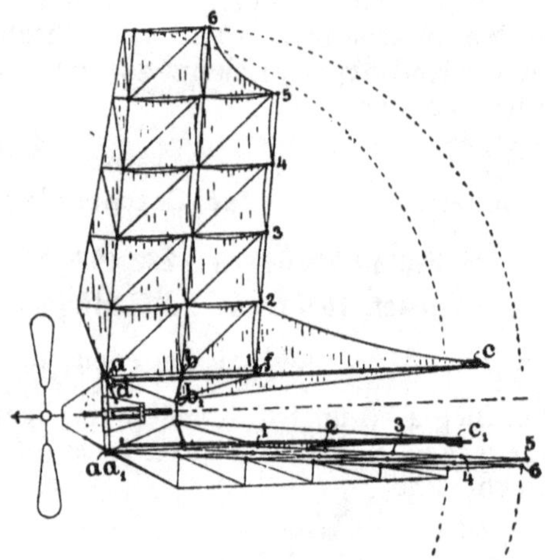

Fig. 883.

so wird die Maschine auf dem Rad m und den Rädchen oder Schleifen oder freien Enden c_1 zu laufen anfangen. Durch den Druck der Luft auf die Steuer werden sich diese aber sehr bald vom Boden abheben, und die Maschine wird nun auf dem Rade (oder Karren oder Zweirad) m weiterlaufen. Sobald dann der Drachenflieger die nötige Geschwindigkeit für den Abflug hat, legt der Führer die Ruderhebel aus der Stellung d_1, c_1 plötzlich in die Stellung d, c, wodurch die ganze Maschine sofort um den Winkel a nach hinten überkippt und in eine Stellung zum Boden kommt, wie wenn g_1, g_1 die wagerechte Bahn wäre. Sie fliegt somit ab und geht, wenn die punktierte Lage d, c der Steuerruder wagerecht wird, in den horizontalen Geradeausflug über.

Unmittelbar vor der Landung werden, um die Tragflächen zur höchsten Bremswirkung vorn aufzurichten, die Steuerhebel in die Stellung d_2, c_2 gebracht.

Patentanspruch:

Steuervorrichtung für Drachenflieger, deren Abflug dadurch eingeleitet wird, daß durch Umlegen von Stützhebeln der Flugapparat nach hinten gekippt und hierdurch die ungefähr wagerechte Tragfläche schräg aufwärts gestellt wird, dadurch gekennzeichnet, daß diese Stützhebel nicht nur als Organe für den Lauf, sondern auch für den Flug ausgebildet sind, indem sie zwischen sich oder zwischen jedem Hebel und der benachbarten Tragfläche oder auf beide Arten zugleich Segelflächen aufnehmen, welche, durch die Hebel bewegt, die Steuerung des Fliegers bewirken.

288. Die

Patentschrift Nr. 223 864
Wilhelm Hünn in Selb (Oberfr.),

angemeldet am 1. Dezember 1908, ausgegeben am 4. Juli 1910,

hat einen Motor zum Gegenstand, dessen Gewicht während des Betriebes zum größten Teil von der Luft getragen werden soll und der deshalb besonders für Flugmaschinen und Flugschiffe bestimmt ist.

Die Erfindung besteht nun darin, daß die Kühlrippen a der Zylinder b durch Verbreiterung zu jalousieartigen Tragflächen ausgebildet sind (Fig. 884 bis 886).

Bei der gezeichneten Ausführungsform handelt es sich um einen 8-Zylinder-Motor. Je vier Zylinder sind einander gegenüber

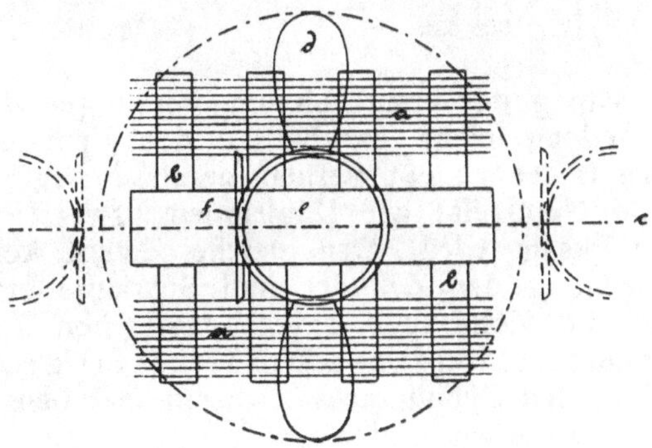

Fig. 884.

angeordnet, so daß je 2 Zylinder von oben und unten zugleich oder — bei Versetzung der Kurbelzapfen — fast zugleich wirken können, wodurch eine nachteilige einseitige Beanspruchung der Kurbelachsenlager vermieden wird.

Der Motor ist um seine Achse c drehbar gelagert und wird auf dieser in eine mehr oder weniger geneigte Lage gebracht, so daß bei der Vorwärtsbewegung des Fahrzeuges die Luft nicht widerstandslos zwischen den Kühlrippen oder Tragflächen hindurchstreichen kann, sondern auf letztere in einem mehr oder weniger spitzen Winkel treffen muß. Dadurch wird sowohl die Kühlwirkung erhöht als auch — infolge der Reaktionswirkung der nach unten gedrängten Luft — der Motor selbst in einem gewissen Grade gehoben bzw. durch die Luft getragen.

Zur Erhöhung dieser Wirkung ist vor dem Motor noch eine zwei- oder mehrflüglige Schraube d angeordnet, die einerseits schon bei Beginn des Fluges oder bei einem steilen Aufwärtsflug, also während geringerer Bewegung des Fahrzeuges, für genügende Kühlung des gerade in diesen Momenten stark beanspruchten Motors sorgt und ferner durch den von ihr erzeugten Luftstrom die nötige Kraft zum Hub der Tragflächen verstärken soll, anderseits aber auch als Zugschraube für das Fahrzeug selbst wirkt.

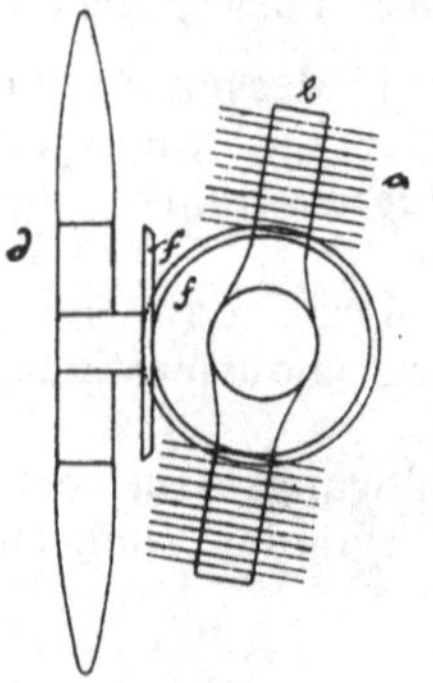

Fig. 885.

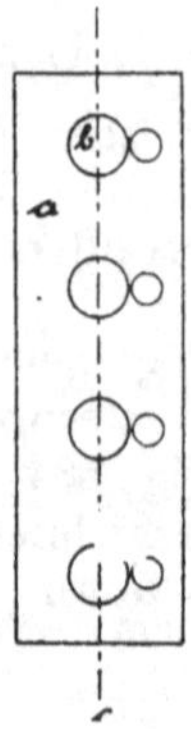

Fig. 886.

Zur Erreichung der erstgenannten Wirkungen dieser Schraube soll letztere jedoch nicht parallel zu den Zylinderachsen angeordnet, sondern steiler gestellt werden, damit ihr Luftstrom in einem Winkel auf die Unterseite der Kühlrippen bzw. Tragflächen trifft und so erst wirksam wird. Der gleiche Zweck könnte auch bei paralleler Anordnung der Zylinder und Schraube erreicht werden, nämlich wenn die Kühlrippen bzw. Tragflächen schräg auf den Zylindern angeordnet würden, so daß die Senkrechten zu ihren Ebenen nicht mit den Zylinderachsen zusammenfallen, sondern einen spitzen Winkel zu diesen bilden.

Infolge der Drehbarkeit des Motors um seine Achse c kann der Neigungswinkel des Motors bzw. der seiner Tragflächen mit Hilfe eines Schnecken- oder Schraubengetriebes verändert und so der Motor mit der daran befestigten Schraube auch als Höhensteuer benutzt werden.

Die Drehung des Motors müßte zu diesem Zweck allerdings nicht notwendig um die Kurbelachse, sondern könnte eventuell auch um eine andere, oben oder unten oder seitlich gelagerte Achse erfolgen.

In Fig. 884 sind zu beiden Seiten des Motors noch die Getriebe für die eigentlichen Zug- oder Treibschrauben bzw. Zug- und Treibschrauben des Fahrzeuges angedeutet.

Fig. 886 läßt erkennen, daß bei der gewählten Anordnung der von den Zylindern und den dahinter liegenden Ventilorganen beanspruchte Raum verhältnismäßig gering ist und ohne übermäßige Ausdehnung der Kühlrippen eine erhebliche Fläche für den Tragzweck gewonnen wird. Aus der größeren Anzahl der Tragflächen ergibt sich eine Gesamttragfläche, die hinreicht, das Gewicht des Motors, das durch die Verbreiterung der Kühlrippen bei Verwendung leichten Metalls von geringerer Stärke nur wenig erhöht wird, bei entsprechendem Luftwiderstand ganz oder doch zum größten Teile schwebend zu erhalten. Dadurch sind sehr wesentliche Bedingungen geschaffen einerseits für die Flugfähigkeit mancher Fahrzeuge überhaupt, anderseits für die praktische Möglichkeit, den Motor zugunsten seiner Zuverlässigkeit, jedoch ohne Beeinträchtigung der Flugfähigkeit eines Fahrzeuges, bedeutend kräftiger zu bauen.

Patentansprüche:

1. Motor für Luftfahrzeuge, dadurch gekennzeichnet, daß die Kühlrippen zu Tragflächen ausgebildet sind.

2. Ausführungsform nach Anspruch 1, dadurch gekennzeichnet, daß die Kühl- bzw. Tragflächen schräg auf den Zylindern angeordnet sind, so daß die auf die Flächenebenen gerichteten Senkrechten nicht mit den Zylinderachsen zusammenfallen bzw. parallel laufen, sondern einen spitzen Winkel zu letzteren bilden.

3. Ausführungsform nach Anspruch 1 und 2, gekennzeichnet durch die Drehbarkeit des Motors um eine quer zur Flugrichtung liegende wagerechte Achse.

289. Die Erfindung nach der

Patentschrift Nr. 225 788
Louis Blériot in Neuilly (Seine),

angemeldet am 22. März 1909, ausgegeben am 20. September 1910,

bezieht sich auf Flüssigkeitskühler für die Motoren von Luftschiffen oder Flugmaschinen, insbesondere Drachenfliegern und ähnlichen Apparaten, bei denen die Trag- oder Steuerflächen zur Kühlung nutzbar gemacht sind, und auf die besondere Bauart der Kühlelemente.

Das Ausführungsbeispiel der Fig. 887 und 888 zeigt eine Anzahl runder, napfartiger Kammern a, welche in der aus der Zeichnung ersichtlichen Form oder in anderer geeigneter Gestaltung ausgeführt sein können. Dieselben werden z. B. mittels Niete b und mit oder ohne Verwendung von Dichtungsmaterialien auf einer biegsamen Fläche c befestigt, welche zweckmäßigerweise aus dünnem Aluminiumblech hergestellt sein kann. Die napfartigen Kammern a stehen untereinander durch Rohrkrümmer d und biegsame Zwischenstücke d^1 in Verbindung. Diese Art des Zusammenbaues der napfartigen Kammern a und der Fläche c erzeugt ein außerordentlich biegsames Element, welches zur Bespannung der ganzen bisher üblichen Flächen (Tragflächen, Steuerflächen, Flügel usw.) oder

Fig. 887.

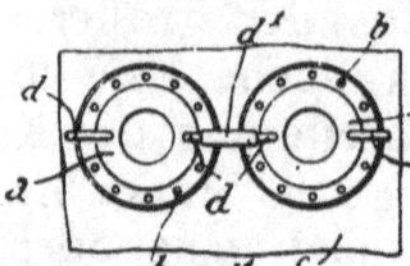

Fig. 888.

eines Teiles derselben an Stelle von Papier oder Gewebe benutzt werden kann.

Das Ausführungsbeispiel der Fig. 889 und 890 entspricht im wesentlichen demjenigen der Fig. 887; nur sind die runden Kammern a ersetzt durch langgestreckte Kammern a^1, welche paarweise

Fig. 889.

Fig. 890.

derart gruppiert sind, daß sie einerseits in Verbindung mit einer Fläche c^1 von genügender Stärke als Tragfläche zu wirken vermögen und anderseits in Verbindung mit den Eintrittsröhren d^2, Verbindungsleitungen d^3, Austrittsleitungen d^4, vollständige Kühlelemente bilden.

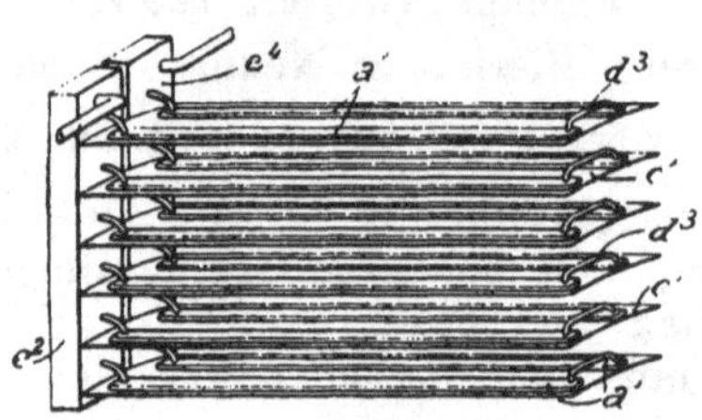

Fig. 891.

Die so hergestellten Elemente werden zweckmäßig in der aus Fig. 891 und 892 ersichtlichen Anordnung aneinandergereiht.

Patentanspruch:

Flüssigkeitskühler für die Motoren von Luftschiffen und Flugmaschinen jeder Art, dadurch gekennzeichnet, daß die Elemente des Kühlers aus einzelnen auf Tragflächen oder andere Flächen aufgebrachten flachen, napfartigen Behältern bestehen, welche zusammen mit der Fläche geschlossene Kammern bilden und untereinander in Verbindung stehen.

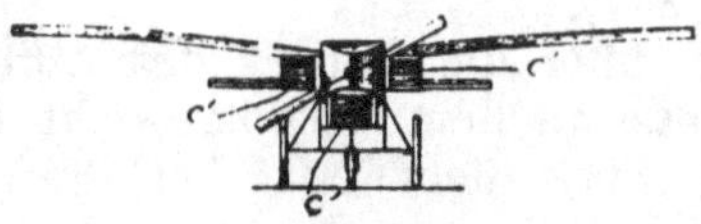

Fig. 892.

290. Eine Vorrichtung zur Uebung im Kunstflug und zur Erprobung von Flugapparaten betrifft die

Patentschrift Nr. 226 766
Dr. Richard Alexander-Katz in Berlin,

angemeldet am 7. Dezember 1908, ausgegeben am 7. Oktober 1910.

Die Erfindung besteht in der Verbindung eines Flugapparates mit der aus geraden Strecken und Kurven zusammengesetzten, in sich geschlossenen Schwebebahn durch eine Aufhängevorrichtung, an welcher der Flieger frei drehbar befestigt ist und mittels welcher er auf Rollen an der Bahn gleiten kann. Er hat die zur Betätigung seiner Lenkorgane und für den Einfluß des Windes erforderliche seitliche Bewegungsfreiheit und kann zwar fliegend sich erheben, aber nicht bis zur Erde fallen. Die Vorwärtsbewegung und die Hebung des eigenen Gewichts wird mit den Mitteln, auf denen der Flugapparat beruht, die Wendung und Kurvenbildung mit den Lenk-

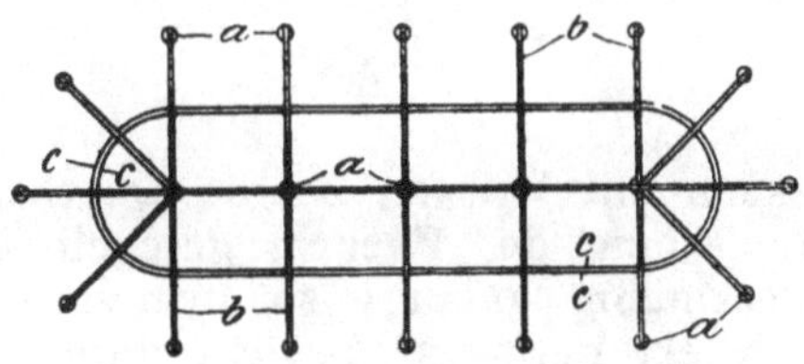

Fig. 893.

organen ausgeführt, ohne Rücksicht darauf, daß der Flugtechniker durch die Rolle an die Leitschiene oder das Leitseil, welche oder welches die Schwebebahn bildet, gefesselt ist. Dabei lernt er die Handhabung des Flugapparates und gewinnt die Herrschaft über denselben, kann auch die etwaigen Unvollkommenheiten desselben studieren. Durch die Einrichtung, daß das Gegengewicht allmählich verringert werden kann, erlangt er ferner eventuell allmählich die für den Kunstflug erforderliche Muskelausbildung.

Die Säulen a sind durch Träger oder Stahldrahttaue b verbunden, an welchen das Schwebebahngleis c dergestalt befestigt ist, daß sich die zur Aufhängung dienenden Rollen g frei auf demselben vor- und rückwärts bewegen können. Der erwähnte Querträger b trägt den T-förmigen Bolzen d, über dessen beide Arme die Stahldrahttaue c gespannt sind. Letztere bilden die Schwebebahn, auf welcher der Aufhängekörper e mittels der beiden Rollen g gleitet (Fig. 893, 894).

Das Seil h geht über die Rolle r des Aufhängekörpers e und ist mit dem einen Ende an dem Gegengewicht i befestigt.

Das Gegengewicht i dient zunächst dazu, das Aufhängeseil straff zu halten, insbesondere wenn der Flieger sich emporhebt. Bei der dargestellten Ausführungsform ist das Gegengewicht hohl

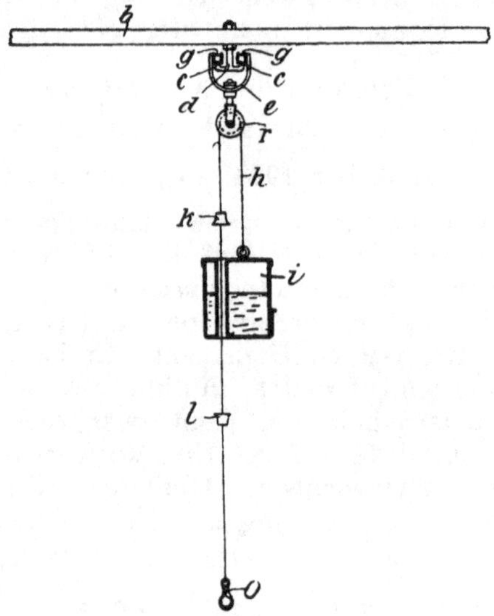

Fig. 894.

ausgebildet und kann mit Wasser, Schrot, Quecksilber usw. gefüllt und damit die Entlastung des Fliegers geregelt werden. Die Entlastung wird zweckmäßig anfangs so bemessen, daß der Flugtechniker nur noch ein geringes Gewicht durch die Hubkraft der Flugmaschine zu heben hat. Je nach dem Fortschritt der Uebung wird die Entlastung verringert. Die Anbringung von Weichen in der Bahn, welche dem Flugtechniker eine größere Bewegungsfreiheit und den Uebergang von einer Bahn in die andere gestattet, geschieht in der bei Schwebebahnen üblichen Weise.

Patentansprüche:

1. Vorrichtung zur Uebung im Kunstflug und zur Erprobung von Flugapparaten, dadurch gekennzeichnet, daß der an einer Aufhängevorrichtung frei drehbar befestigte Apparat auf einer aus Kurven und geraden Strecken zusammengesetzten, in sich geschlossenen Schwebebahn mittels Rollen gleiten kann.

2. Vorrichtung nach Anspruch 1, dadurch gekennzeichnet, daß der zwischen zwei Anschlägen befindliche Teil des Aufhängeseiles durch ein — eventuell in seiner Schwere veränderliches — Gegengewicht oder durch an demselben befindliche Führungen hindurchgeführt ist, so daß jenes als Hub- und Fallbegrenzung dient.

291. Die

Patentschrift Nr. 226 853
Louis Blériot in Neuilly (Frankreich),

angemeldet am 13. Januar 1909, ausgegeben am 11. Oktober 1910, betrifft eine Aufhängung für die Tragräder von Luftfahrzeugen.

Die Erfindung besteht darin, die Achsen der Tragräder mit am Fahrzeug starr angeordneten Tragstützen derart zu verbinden, daß die Verbindungsstreben der Räder mit ihren entsprechenden

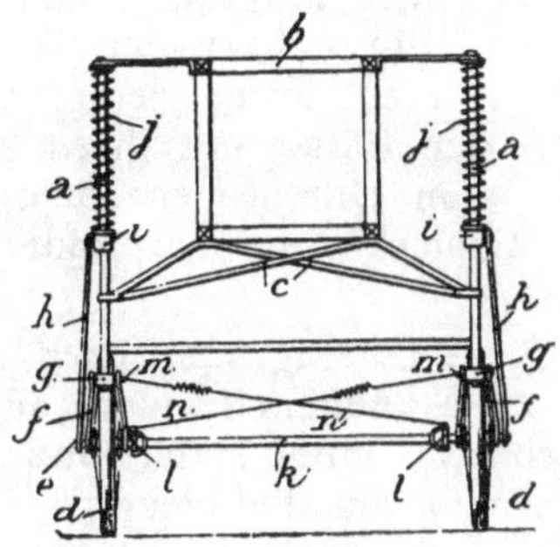

Fig. 895.

Tragstützen die Seiten von beim Durchfedern deformierbaren Dreiecken bilden, und daß diese Dreiecke mit den Rädern um die Achse der Tragstützen drehbar sind.

Die Erfindung vermeidet ferner die infolge der unbeabsichtigten Drehung der Tragräder um die Achse ihrer Tragstützen entstehende Störung des seitlichen Gleichgewichts des Luftfahrzeuges beim Fluge, indem zwei nebeneinander angeordnete Tragräder durch eine Stange gelenkig miteinander und je durch ein elastisches Zugorgan mit einem am Fahrzeuggestell festen Punkt verbunden sind, so daß die Räder sich beim Abheben des Luftfahrzeuges vom Erdboden selbsttätig in die Richtung der Achse des Fahrzeuges einstellen.

Die Fig. 895 zeigt die vor dem Schwerpunkt eines Drachenfliegers angeordneten Tragräder. Die Tragstützen a sind als röhrenförmige Stangen ausgebildet, welche mit dem Gestell b der Maschine durch Streben c starr verbunden sind. Die Achse e jedes der Räder d ist mit der Tragstütze a zunächst durch eine oder mehrere Stangen f verbunden, und zwar derart, daß letztere einerseits die Radachse e lagern und anderseits an einem Ring g gelenkig angreifen, der sich um die runde Tragstütze a frei drehen kann. Des weiteren ist die

Achse e durch eine oder mehrere weitere Streben h mit der Tragstütze a verbunden. Diese Streben h umgreifen einerseits ebenfalls die Achse e und sind anderseits an einem zweiten Ring i angelenkt, der sich nicht nur frei an der Tragstütze a drehen kann, sondern auch in senkrechter Richtung sich gegen dieselbe zu verschieben vermag; der Ring i steht unter Wirkung einer Druckfeder j, welche sich gegen einen festen Anschlag oder Ring der Tragstütze abstützt und auch durch eine Zugfeder oder dergl. ersetzt sein kann, welche dann entsprechend am unteren Teil der Tragstütze befestigt sein müßte.

Die Räder stellen sich beim Rollen auf der Erde, besonders auch bei einer Landung bei starkem Seitenwind, stets in die Richtung, in welcher das Fahrzeug fortbewegt wird, so daß ein Bruch der Räder und besonders auch der Tragflächen nicht zu befürchten ist.

Patentansprüche:

1. Aufhängung für die Tragräder von Luftfahrzeugen, dadurch gekennzeichnet, daß die Achsen der Tragräder mit am Fahrzeug starr angeordneten Tragstützen derart verbunden sind, daß die Verbindungsstreben der Räder mit ihren entsprechenden Tragstützen die Seiten von beim Durchfedern deformierbaren Dreiecken bilden, und daß diese Dreiecke mit den Rädern um die Achse der Tragstütze drehbar sind.

2. Aufhängung für die Tragräder nach Anspruch 1, dadurch gekennzeichnet, daß zwei nebeneinander angeordnete Tragräder durch eine Stange gelenkig miteinander und je durch ein elastisches Zugorgan mit einem am Fahrzeuggestell festen Punkt verbunden sind.

292. Eine Schmiervorrichtung für die Hauptwellen von Luftschiffen und Flugmaschinen betrifft die

Patentschrift Nr. 229 664

Ernst Wachter in Gottmadingen (Baden),

angemeldet am 11. März 1910, ausgegeben am 2. Januar 1911.

Die Erfindung besteht darin, daß das Oel, welches während des wagerechten Fluges dem Lager der Hauptwelle in der Mitte zugeführt wird, während des Aufwärts- und Abwärtsfluges immer zu dem gehobenen Teil des Lagers und der Welle geleitet wird, so daß es längs der Welle von oben nach unten fließen kann.

Wie aus den Fig. 896 bis 900 hervorgeht, ist 1 ein zur Aufnahme des Oeles bestimmter Behälter, welcher oben offen ist. In demselben ist ein Kolben 2 verschiebbar gelagert, an welchem bei 3 eine Zahnstange 4 angelenkt ist. Der Kolben 2 besitzt eine Bohrung 5, in welche ein Stutzen 6 eingeschraubt ist, der durch den abschraubbaren Deckel 7 verschlossen werden kann. In dem oberen Teil des Oelgefäßes 1 ist ein Träger 8 befestigt. In den

Seitenwandungen des Gefäßes 1 ist ferner die Welle 9 gelagert, welche durch den Träger hindurchreicht. Auf der Welle 9 ist der Trieb 10 befestigt, welcher mit der Zahnstange 4 kämmt. Die Zahnstange 4 wird durch eine an dem Träger befestigte Feder 11 in Eingriff mit dem Trieb 10 gehalten. Auf der Welle 9 sind ferner die beiden Zahnräder 12, 13 befestigt, von welchen 12 mit dem Rad 14 und 13 mit dem Rad 15 kämmt. Das Zahnrad 15 kämmt mit dem Rad 16. Die Räder 14, 15, 16 sind auf Zapfen 17 bzw.

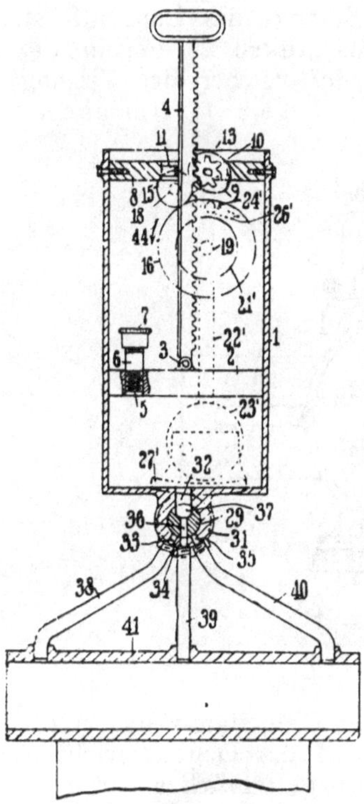

Fig. 896.

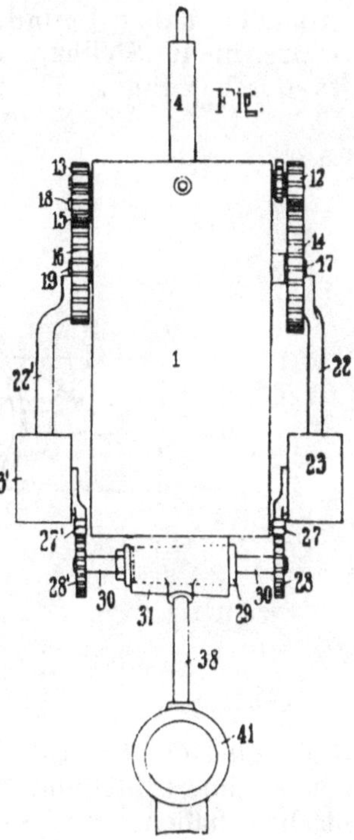

Fig. 897.

18, 19 gelagert, welche mit der Wandung des Behälters 1 starr verbunden sind. Auf der Nabe 20 des Rades 14 ist ein Sperrad 21 drehbar gelagert, welches durch einen Arm 22 mit einem Zahnkranz 27 in Verbindung steht. In die Zahnlücken des Sperrades 21 greift die Sperrklinke 24, welche bei 25 an dem Rad 14 angelenkt ist und durch eine Feder 26 in die Zahnlücke des Sperrades eingedrückt wird. An dem Ende des Armes 22 ist ein Gewicht 23 befestigt. Mit dem Gewicht 23 ist der Zahnkranz 27 starr verbunden. Letzterer kämmt mit dem Trieb 28, welcher auf der als Hahnküken 29 ausgebildeten Welle 30 befestigt ist. Das Gehäuse 31 des Hahnkükens steht durch Bohrung 32 mit dem Oelbehälter in Verbindung und besitzt außerdem die Bohrungen 33, 34, 35. Das

Hahnküken besitzt die Bohrung 36, welche bei 37 entsprechend erweitert ist. Von den Bohrungen 33 bis 35 gehen die drei Leitungen 38 bzw. 39, 40 zu dem Lager 41.

Der Erfindungsgegenstand besitzt folgende Wirkungsweise:

Bevor der Behälter 1 mit Oel gefüllt wird, wird die Zahnstange 4 entgegen der Feder 11 von dem Trieb 10 hinweggedrückt und dann nach oben gezogen. Sobald der Kolben 2 seine oberste Stellung erreicht hat, wird der Stutzen 6 durch Abschrauben des Deckels 7 geöffnet und der Behälter mit Oel gefüllt, worauf der Stutzen 6 wieder verschlossen wird. Solange das Luftschiff sich in horizontaler Fahrt befindet, wird das Küken 29 die in Fig. 896 gekennzeichnete Stellung einnehmen, in welcher der Zugang des Oeles durch Leitung 39 zur Mitte des Lagers 41 ermöglicht wird.

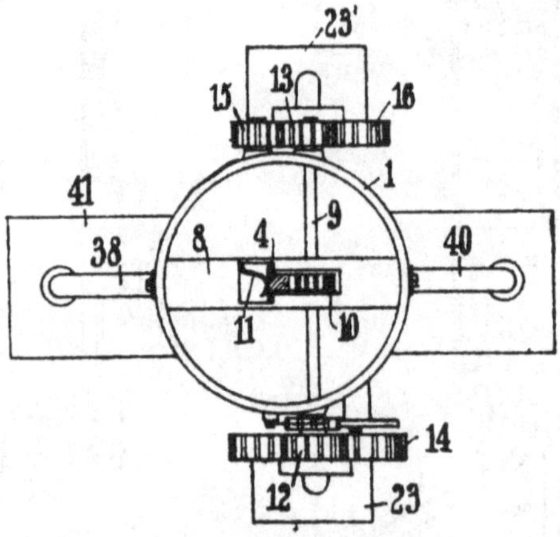

Fig. 898.

Wenn während der Aufwärtsfahrt der Oelbehälter die in Fig. 900 gekennzeichnete Stellung einnimmt, wird das Gegengewicht 23 das Bestreben haben, in die senkrechte Lage zurückzukehren, bis es gegen den Anschlag 43 stößt. Hierbei wird das Sperrad 21 in dem Sinne des Uhrzeigers gedreht und die Drehung desselben auf das Rad 14 übertragen. Letzteres überträgt seine Drehbewegung an das Rad 12, und wird dieses entgegengesetzt der Uhrzeigerbewegung gedreht und hierbei seine Drehbewegung an die Welle 9 und den Trieb 10 weitergegeben. Die Zahnstange 4 mit dem Kolben 2 wird daher durch den Trieb 10 nach abwärts geschoben. Da bei dieser Stellung das Hahnküken eine derartige Lage besitzt, daß die Bohrung 37 desselben der Bohrung 35 gegenüberliegt, so wird durch den Kolben das Oel in die Leitung 40 gedrückt und gelangt aus dieser zu dem gehobenen Teil des Wellenlagers, um dann längs der Welle langsam nach abwärts zu fließen.

Wenn das Luftschiff in die horizontale Lage zurückgelangt und dann nach abwärts fährt, wird der Arm 22 mit dem Gegengewicht 23 in die vertikale Lage zurückschwingen, ohne das Zahnrad 14 zu betätigen, weil in diesem Falle die Zähne des Zahnrades 21 unter der federnden Sperrklinke 24 hinweggleiten können. Dagegen wird durch den Arm 22', welcher bei der Abwärtsfahrt aus der vertikalen Lage herausgehoben wird und infolge seines Gewichtes 23' in die vertikale Lage ebenfalls zurückzukehren strebt, das Zahnrad 16 gedreht, weil das auf der Nabe desselben drehbar gelagerte, mit dem Arm 22' verbundene Sperrrad 21' gegen die an das Rad 16 angelenkte Sperrklinke 24' wirkt

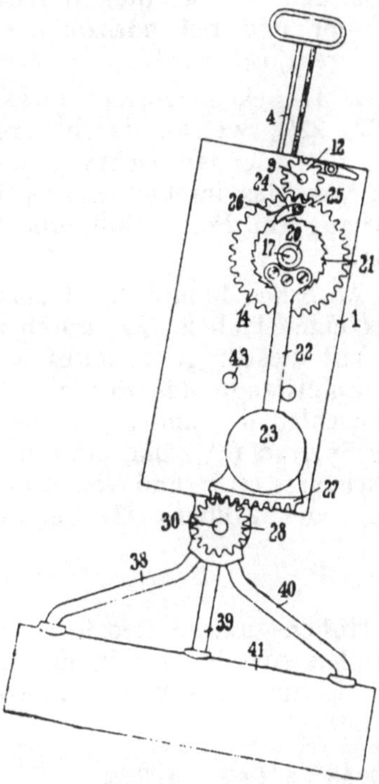

Fig. 899.

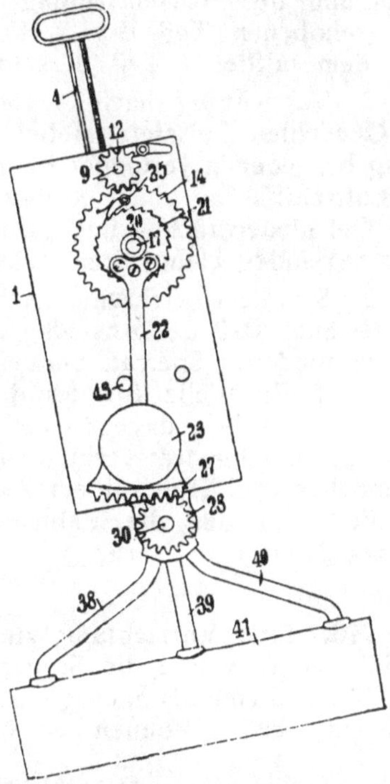

Fig. 900.

und hierdurch das Rad 16' entgegengesetzt dem Pfeil 44 (Fig. 896) dreht. Die Folge davon ist, daß das Rad 15 im Sinne des Uhrzeigers und das Rad 13 entgegengesetzt der Uhrzeigerbewegung gedreht wird, wodurch auch das Rad 10 eine Drehbewegung entgegengesetzt der Uhrzeigerbewegung erhält und demnach die Zahnstange 4 mit dem Kolben 2 wieder nach unten bewegt wird. Durch die Drehbewegung der Gewichte 23, 23' und der mit diesen verbundenen Zahnkränze 27, 27' wird das Hahnküken 29 in diejenige Lage gedreht, in welcher die Bohrung 37 die Verbindung der Leitung 38 mit dem Oelbehälter herstellt. Infolgedessen wird das Oel durch Leitung 38 zum gehobenen Teil des Lagers 41 gelangen (Fig. 899), um von hier entgegengesetzt der Richtung wie vorher längs der Welle herabzufließen.

Es ist naheliegend, daß man mit ein und demselben Apparat nicht nur eine, sondern auch eine größere Zahl von Schmierstellen mit Oel versorgen kann.

Patentansprüche:

1. Schmiervorrichtung für die Hauptwellen von Luftschiffen und Flugmaschinen, dadurch gekennzeichnet, daß das in einem Oelbehälter untergebrachte Oel durch einen mittels Gewichtshebel betätigten Kolben bei jeder in vertikaler Ebene stattfindenden Aenderung der Achsenrichtung aus dem Oelbehälter heraus nach dem gehobenen Teil der Wellenlager und bei horizontaler Fahrt nach dem mittleren Teil derselben gedrückt wird.

2. Vorrichtung nach Anspruch 1, gekennzeichnet durch zwei mit Gewichten belastete Hebel (22, 22'), welche durch ihren Anschlag bei jeder in vertikaler Ebene stattfindenden Richtungsänderung der Luftschiffachse einen Kolben gegen das im Oelbehälter befindliche Oel niederdrücken und gleichzeitig ein den Zufluß zum Wellenlager regelndes Hahnküken betätigen.

3. Schmiervorrichtung nach Anspruch 1 und 2, dadurch gekennzeichnet, daß der Anschlag des einen Hebels (22) durch ein mit ihm verbundenes Sperrad und ein mit diesem gekuppeltes Rad (14) direkt auf die Welle (9) des die Zahnstange des Kolbens (2) betätigenden Triebes, dagegen der Anschlag des anderen Hebels (22') durch ein mit ihm fest verbundenes Sperrad (21') und ein mit diesem gekuppeltes Rad (16) auf ein Zwischenrad (15) und von diesem auf die Welle (9) des die Zahnstange des Kolbens (2) betätigenden Triebes übertragen wird.

293. Eine Vorrichtung zur Höhen- und Seitensteuerung für Luftfahrzeuge, wobei die Steuerwellen sowohl einzeln für Kurven- und Höhenfahrten als auch gleichzeitig für Schraubenlinienbewegung gesteuert werden können, ist in der

Patentschrift Nr. 231 577
Werner von Schütz in Charlottenburg,

angemeldet am 15. Oktober 1909, ausgegeben am 27. Februar 1911, beschrieben.

Die Welle 1 steuert das Seitensteuer 2 und steht senkrecht zur Steuerwelle 3 des Höhensteuers 4. Auf den Wellen sind die mit Pfeilzähnen besetzten Zahnräder 5 und 6 aufgekeilt, von denen 5 mit einem Zahnbogen 7 der inneren Kugel 8 und 6 mit dem Zahnbogen 9 der äußeren Kugelschale 10 in Eingriff ist (Fig. 901). Die Zahnbögen befinden sich je auf der Zone des größten Durchmessers der Kugeln.

Die äußere Kugelschale, die in beliebiger Weise aus zwei Hälften zusammengesetzt ist und in den Lagerschalen 20, 21, 22 drehbar ruht (Fig. 904), besitzt einen Schlitz 11 zur Führung des im Mittelpunkt der inneren Kugel 8 drehbar gelagerten Hebels 12, und zwar ist der Schlitz senkrecht zur Ebene der mit dem gezahnten Bogen versehenen Kugelzone gelegt. Sie ist ferner noch nach der Ebene a—b abgeschnitten, um den Eingriff des Zahnrades 5 in den Zahnbogen 7 zu ermöglichen (Fig. 906). Die innere Kugel, die

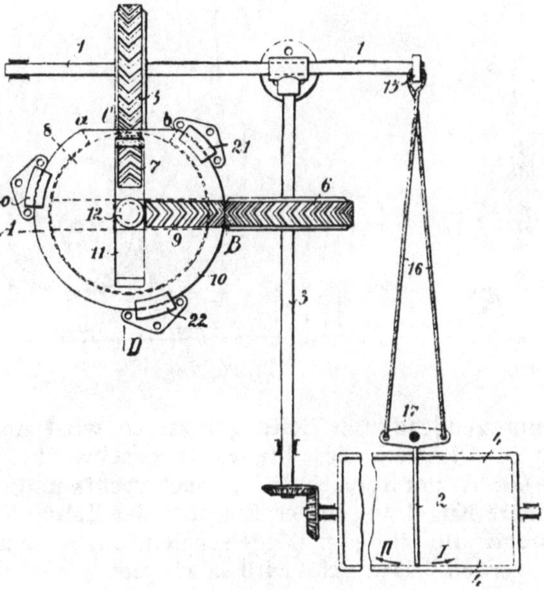

Fig. 901.

zum Zweck der Einbringung des Zapfens 24 des Hebels 12 ebenfalls zweckmäßig zweiteilig ist, ist ebenfalls mit einem zur Führung des Hebels bestimmten Ausschnitt 13 versehen (Fig. 905), der ebenfalls senkrecht zur Ebene der mit dem Zahnbogen 7 ver-

Fig. 902.

sehenen Kugelzone steht. Die beiden Einschnitte 13 und 11 stehen so über Kreuz (Fig. 901), daß die Bewegung der inneren Kugel mittels des Hebels 12 in Richtung des Ausschnittes der äußeren Kugel und die Bewegung der äußeren Kugel in Richtung des Ausschnittes der inneren Kugel möglich ist, so daß also je nach der Drehrichtung des Hebels 12 die eine oder die andere Welle gedreht werden kann. Legt man beispielsweise den Hebel 12 in die Richtung gemäß Fig. 907, so wird die innere Kugel und somit durch das Zahnrad 5 die Steuerwelle 1 und durch den Hebel 15 (Fig. 901 und 902), Seilzug 16, Hebel 17 das Seitensteuer 2 in Richtung des Pfeiles I gedreht. Wird der Hebel 12

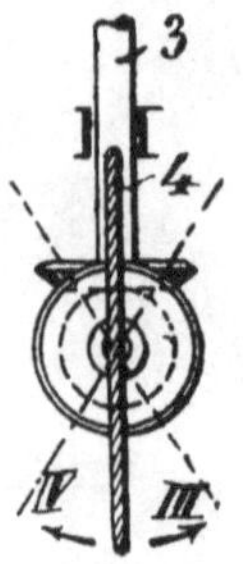

Fig. 903.

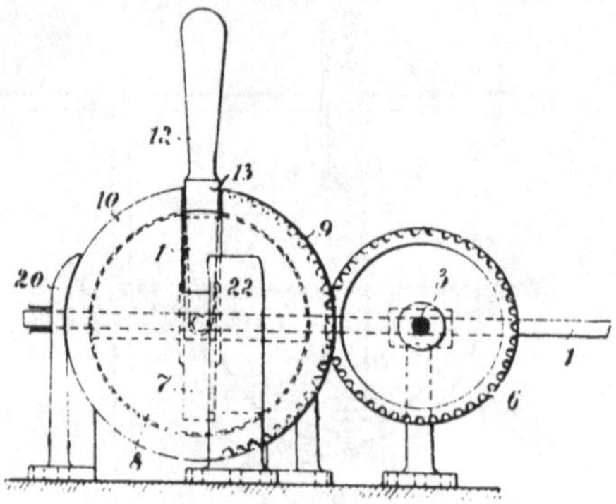

Fig. 904.

nach der entgegengesetzten Seite gelegt, so wird umgekehrt das Seitensteuer in Richtung des Pfeiles II geschwenkt.

In Fig. 908 ist der Steuerhebel 12 nach rechts umgelegt worden, wobei die innere Kugel wegen des Eingriffs der Zähne 5 und 7 stehen bleibt, während die äußeren Kugelschalen durch den Hebel mitgenommen werden. Dadurch wird auch das Zahnrad 6 und die

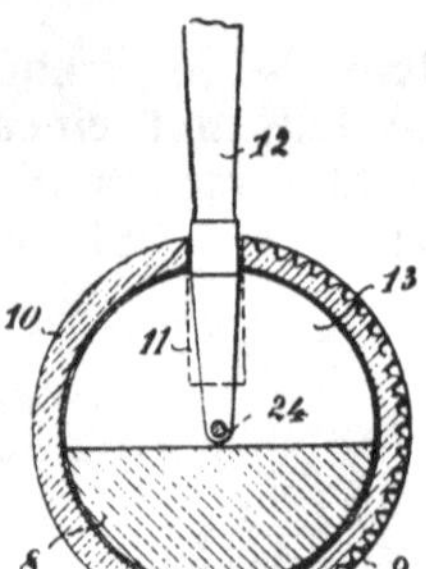

Fig. 905.

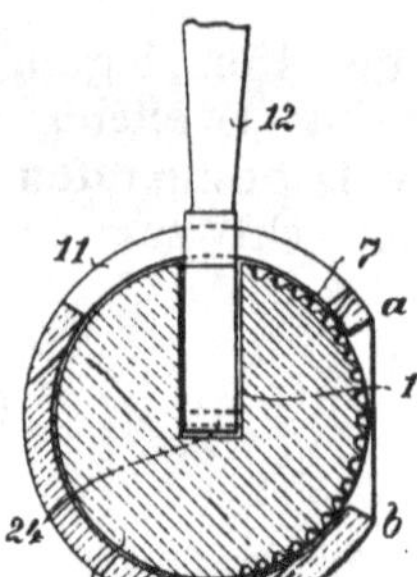

Fig. 906.

Welle 3 in Drehung versetzt, so daß das Höhensteuer in Richtung des Pfeiles III z. B. für Aufwärtsfahrt gedreht wird (Fig. 903). Bringt man den Hebel 12 in die der Lage in Fig. 908 entgegengesetzte Stellung, so wird durch das Vorgelege 9, 6 das Höhensteuer in Richtung des Pfeiles IV, d. h. für Abwärtsfahrt gedreht.

Diese Vorrichtung läßt sich auch für die Erzielung schraubenförmiger Flugbahnen verwenden, weil die beiden Vorgelege stets miteinander in Eingriff bleiben. Wenn man beispielsweise den Hebel 12 in die in Fig. 909 gezeichnete Lage bringt, so werden beide Steuerwellen in dem angedeuteten Drehsinne gedreht, so daß das Seitensteuer in Pfeilrichtung II und das Höhensteuer in Pfeilrichtung IV gedreht wird. Diese Stellung der Steuer würde also einer nach links unten gerichteten schraubenförmigen Flugbahn entsprechen. Durch die Verlegung des Hebels 12 in die verschiedenen Zwischenstellungen kann man also jede beliebige Bahn im Raume beschreiben.

Die zweite Ausführungsform unterscheidet sich von der vorhergehenden dadurch, daß die Kugeln selbst in Wegfall kommen und nur diejenigen Teile der Zonen verwendet werden, die zum Antrieb

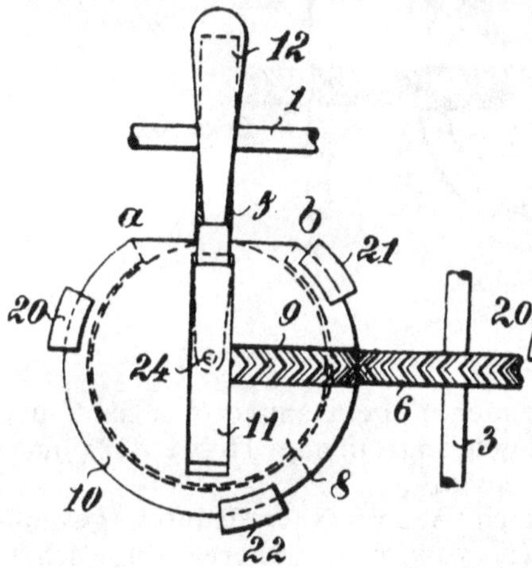

Fig. 907.

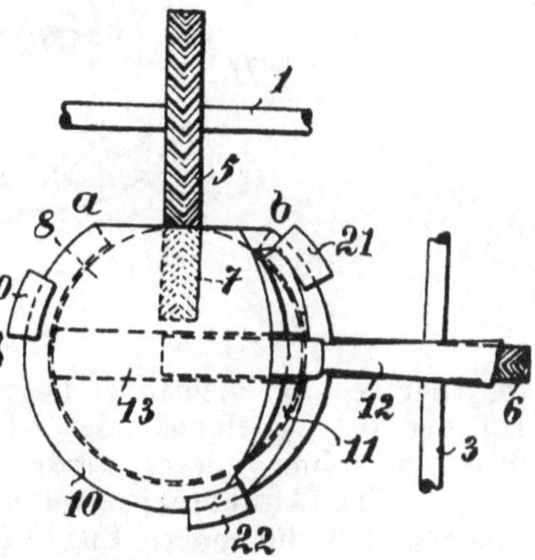

Fig. 908.

bestimmt sind. Die Zähne liegen also auf kreisförmig gebildeten Zahnbögen 25, 26 und greifen direkt unter Vermittelung von Zahnstangen 27, 28 auf die Steuerstangen 29, 30 ein, die jetzt nicht mehr gedreht, sondern verschoben werden (s. Fig. 912). Die Zahnkränze sind mit einer in geeigneter Weise gelagerten Kugel 31 fest verbunden, an welche auch der Steuerhebel 12 angreift. Diese Verschiebung läßt sich ebenfalls durch doppelarmige Hebel und Seiltriebe auf die Steuer des Fahrzeuges übertragen.

Die Wirkungsweise ist leicht ersichtlich. Bei der Drehung des Hebels 12 in Pfeilrichtung gemäß Fig. 910 greift der Zahnbogen 25 in die Steuerstange 29 des Seitensteuers ein, während der Zahnbogen 26 sich zwischen den Zähnen der Zahnstange der Steuerstange leer bewegt. Der umgekehrte Fall tritt ein, wenn man Hebel 12 nach Fig. 911 in Pfeilrichtung bewegt.

Eine kombinierte Bewegung ist ebenfalls möglich dadurch, daß man den Hebel nach Fig. 912 in die verschiedenen Zwischenlagen gemäß Fig. 909 umlegt.

Patentansprüche:

1. Höhen- und Seitensteuerung für Luft- und Unterwasserfahrzeuge unter Verwendung eines einzigen Steuerhebels, dadurch gekennzeichnet, daß das Gestänge der Höhen- und Seitensteuer durch Zahnkränze bewegt wird, die auf den Zonen der größten

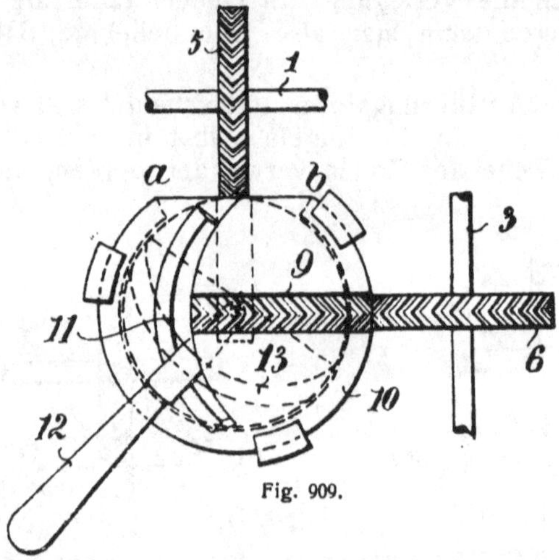

Fig. 909.

Durchmesser von ineinander liegenden Kugeln angeordnet sind, und daß der im Mittelpunkt der Kugel angreifende Hebel (12) nach allen Seiten hin gedreht werden kann.

2. Eine Ausführungsform nach Anspruch 1, dadurch gekennzeichnet, daß die innere Kugel (8) von einer äußeren Kugelschale (10) umgeben ist und ebenso wie diese einen Ausschnitt (13 bzw.

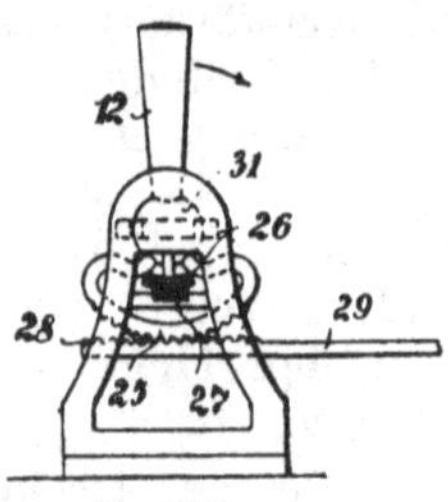

Fig. 910.

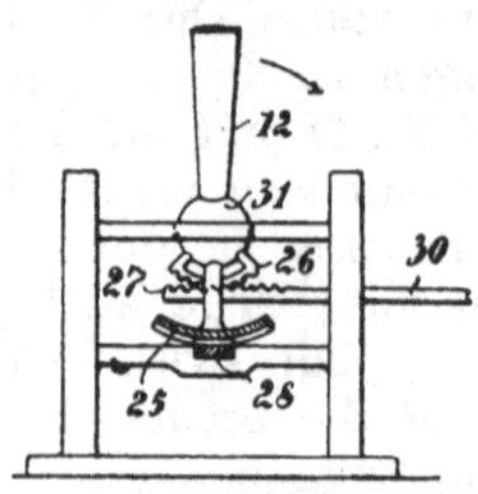

Fig. 911.

11) besitzt, der sich mit letzterem so kreuzt, daß der Ausschnitt der äußeren Kugelschale in Richtung der mit einem Zahnkranz (7) versehenen Zone der inneren Kugel und der Ausschnitt der inneren Kugel in Richtung der mit Zähnen (9) versehenen Zone der äußeren Kugel liegt, so daß bei Drehung des Hebels (12) in Richtung des Ausschnittes der äußeren Kugel die innere Kugel gedreht und bei Drehung in Richtung des Ausschnittes der inneren Kugel die äußere

Kugel gedreht wird, während bei der Drehung des Hebels in Zwischenlagen beide Kugeln gedreht werden, zum Zweck, die Steuerwellen sowohl einzeln als auch gleichzeitig drehen zu können.

3. Eine Ausführungsform nach Anspruch 1, dadurch gekennzeichnet, daß zur Uebertragung der Bewegung auf das Gestänge der Höhen- und Seitensteuer nur Teile der mit einem Kugelgelenk (31) verbundenen Zonen verwendet werden, die gezahnt sind und die in Steuerstangen (29, 30) zum Zweck ihrer Verschiebung ein-

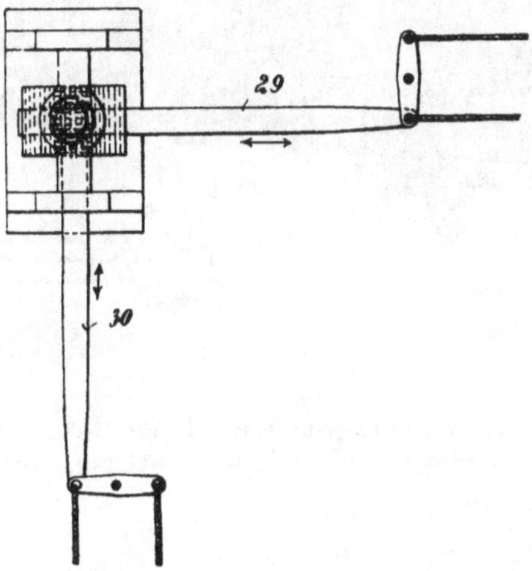

Fig. 912.

greifen, so daß der mit dem Kugelgelenk verbundene Steuerhebel (12) nach jeder Richtung gedreht werden kann und dabei die Steuerstangen sowohl einzeln als auch gleichzeitig verschoben werden können.

294. Die

Patentschrift Nr. 232 447

Max Mannesmann in Remscheid-Bliedinghausen,

angemeldet am 21. Oktober 1909, ausgegeben am 14. März 1911, beschreibt eine durchsichtige Schutzwand für Flugzeuge, Automobile und andere Fahrzeuge.

Fig. 913 zeigt eine mit der durchsichtigen Schutzwand versehene Flugmaschine. Die Schutzwand besteht aus einem breiten Band aus durchsichtigem Zelluloid o. dgl., welches an einer Seite auf einer Rolle aufgewickelt ist und von da zu einer zweiten Rolle geht. Wird die zweite Rolle gedreht, so rollt sich die Schutzwand von der ersten Rolle auf die zweite Rolle auf. Verunreinigungen durch Oel, Nebel usw. werden dadurch unschädlich, daß nach und nach frische Schutzwandflächen zur Wirkung kommen; der Schnee wird vor dem Aufwickeln auf die zweite Rolle durch einen Abstreifer abgestreift.

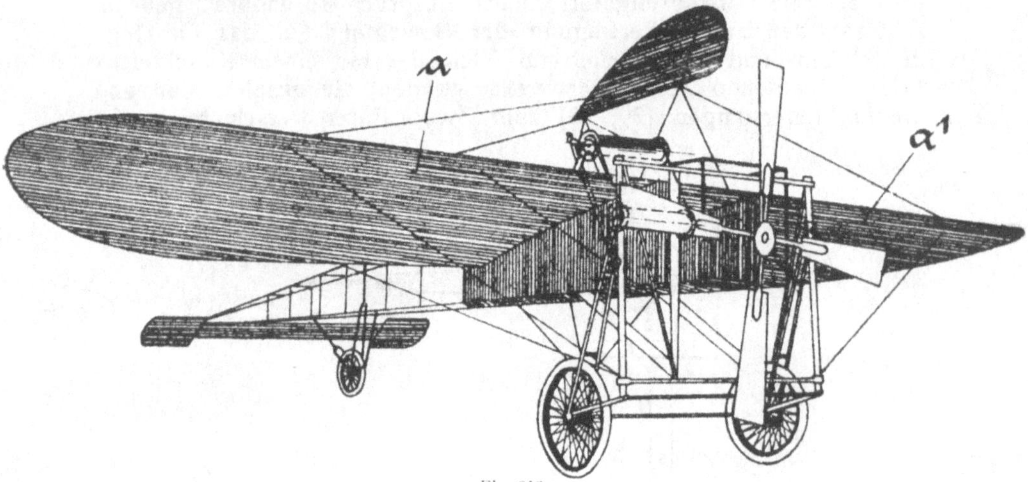

Fig. 913.

a und a' sind die Tragflächen. b ist die rollende Schutzwand. c ist die im Flugzeuggestell gelagerte Achse, auf welche sich die

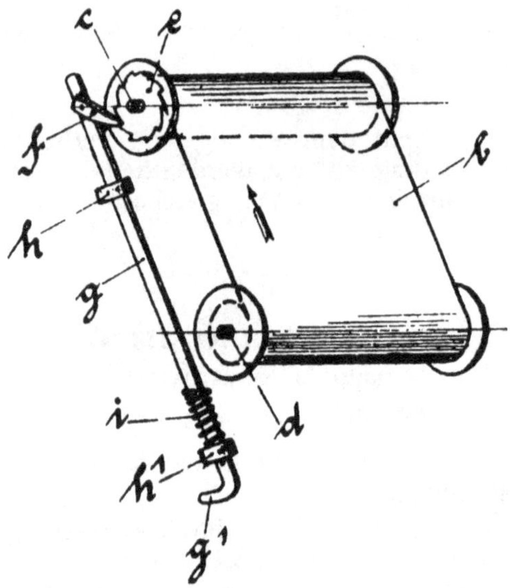

Fig. 914.

Schutzwand aufrollt, d die ebenfalls im Flugzeug gelagerte Achse, von welcher sie sich abrollt. e ist das Sperrrad, f die Sperrklinke. g ist eine Stange, welche mit dem Fuß bei g' nach unten gedrückt wird und sich in den Lagern h und h' im Flugkörper führt. Feder i bewegt die Stange g nach oben (Fig. 914).

Bei jedesmaligem Fußtritt auf den Haken g' wird das Sperrrad in Tätigkeit gesetzt und die Wand ein kleines Stück vorangeschoben. Ein Uhrwerk kann die Abrollung event. automatisch machen.

Patentanspruch:

Durchsichtige Schutzwand für Flugzeuge, Automobile und andere Fahrzeuge und für Schutzbrillen, dadurch gekennzeichnet, daß eine biegsame durchsichtige Schutzwand sich von einer Rolle ab- und auf eine zweite Rolle aufwickelt.

295. Die

Patentschrift Nr. 232 602

Robert Esnault-Pelterie in Billancourt-sur-Seine (Frankreich),

angemeldet am 18. November 1909, ausgegeben am 17. März 1911, beschreibt eine Vorrichtung zum Regeln des Betriebsmittelzutritts von Motoren für Flugmaschinen.

Auf einer in dem Gestell vorgesehenen Achse a sind zwei Fußhebel b, c drehbar gelagert, die von zwei Schraubenfedern b',

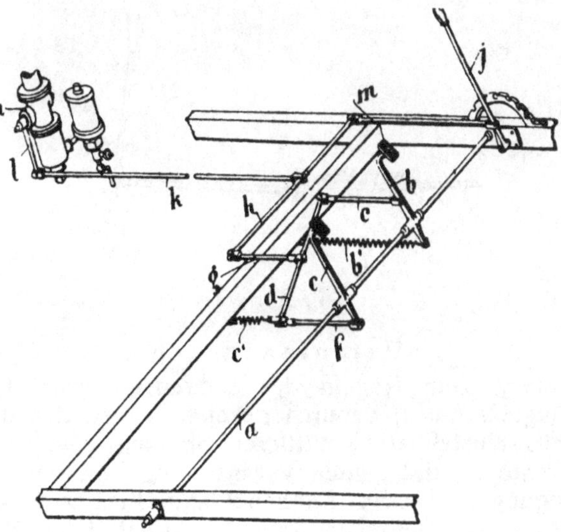

Fig. 915.

c' in bestimmter Stellung gehalten werden. Diese Hebel wirken durch Anordnung zweier Gestänge e und f oberhalb und unterhalb ihrer Schwingachse in entgegengesetztem Sinne auf einen Schwinghebel d ein, der unter Vermittelung der Gestänge g, h, k, l den Betriebsmitteleinlaß n in dem einen oder in dem anderen Sinne regelt.

Um nun auch die Mittelstellung des Betriebsmitteleinlasses noch verändern zu können, kann der bei der Verstellung sonst feste Schwingpunkt m des Hebels c durch eine Handhabe j verstellt werden (Fig. 915).

Bei der Ausführungsform nach Fig. 916 wirken die Fußhebel b und c unter Vermittelung von Gestängen x und v auf das das Ventil

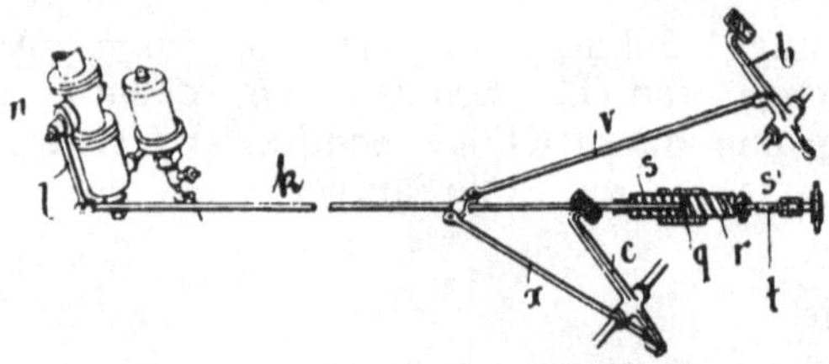

Fig. 916.

verstellende Gestänge k, l ein. Die mittlere Stellung wird hier unter Vermittelung des Kolbens q durch die Federn s, s' aufrechterhalten. Durch ein Verstellen des Federgehäuses r mittels einer Schraube t ist auch hier ein Verändern der Mittelstellung möglich. In Fig. 917 ist auch noch eine Ausführungsform zum Verstellen des Federgehäuses mittels eines Handhebels y dargestellt.

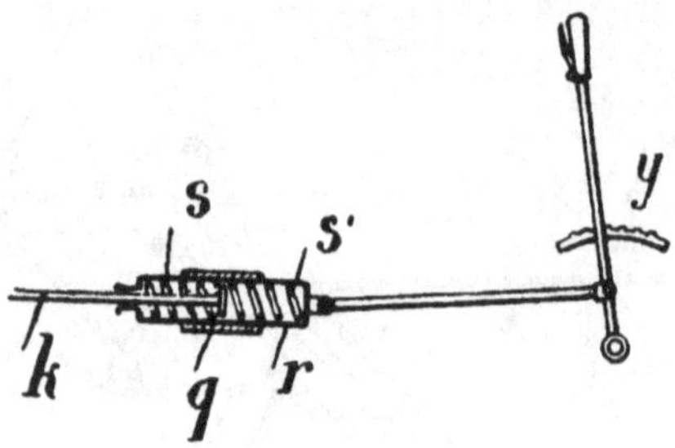

Fig. 917.

Patentanspruch:

Vorrichtung zum Regeln des Betriebsmittelzutritts von Motoren für Flugmaschinen, dadurch gekennzeichnet, daß das in einer, gegebenenfalls einstellbaren, mittleren Stellung gehaltene Betriebsmitteleinlaßventil o. dgl. unter Vermittelung von verschiedenseitig zum Schwingungspunkt der Fußhebel angreifender Gestänge beim Bewegen des einen Fußhebels weiter geöffnet, beim Bewegen des anderen aber mehr geschlossen wird.

296. Die

Patentschrift Nr. 233 876

Carl Michael Seilheimer in Frankfurt a. M.,

angemeldet am 23. August 1909, ausgegeben am 27. April 1911, macht uns mit einem neuen Baumaterial für Luftfahr- und Flugzeuge bekannt, und zwar ist es galvanisch (elektrolytisch) metallplattiertes Holz, welches den Gegenstand der Erfindung bildet. Es könnte zwar auch daran gedacht werden, Holz, das einfach mit Metall auf mechanischem Wege überzogen ist, für den genannten Zweck in Vorschlag zu bringen, jedoch hätte dieses Material den Nachteil, daß einmal das Metall nur lose auf dem Holz aufliegen, also nicht fest an allen Stellen mit demselben verbunden sein würde, und daß zum anderen das fertige Material durch die übliche mechanische Verbindung der beiden Rohstoffe, nämlich durch Verschraubungen, Vernietungen usw., an Festigkeit wesentlich einbüßen müßte. Bei galvanisch metallplattiertem Holze dagegen sind die Rohstoffe innig miteinander verbunden und haben durch keinerlei mechanische Eingriffe irgendwie gelitten. Die in Betracht kommenden Hölzer, es werden fast alle Holzarten gleich gut verwendungsfähig sein, sollen zweckmäßig zunächst durch mechanische Bearbeitung in die erforderlichen geeigneten Formen gebracht und dann auf galvanischem bzw. elektrolytischem Wege mit einer Metallschicht überzogen werden. Es ist nötig, für die galvanische Metallplattierung die Hölzer, weil Nichtleiter, für den elektrischen Strom leitend zu machen. Dies geschieht nach einem der bekannten Verfahren durch einen leichten Ueberzug mit einem leitenden Stoffe, wie Graphit oder Metallpulver, welche behufs des besseren Haftens mit Lacken, Firnissen, Wasserglas oder ähnlichen Bindemitteln vermischt aufgetragen werden.

Patentanspruch:

Baumaterial für Luftfahr- und Flugzeuge, bestehend aus galvanisch oder elektrolytisch metallplattiertem Holze.

297. In der

Patentschrift Nr. 235 829
Société Michelin & Cie. in Clermont-Ferrand (Frankreich),

angemeldet am 8. Juni 1910, ausgegeben am 22. Juni 1911,

wird ein neuer Stoff für die Tragflächen von Flugzeugen und ähnliche Zwecke in Vorschlag gebracht.

Nach der Erfindung werden Stoffe erhalten, die bei gleichem Widerstand und gleicher Undurchlässigkeit merklich leichter sind als die nur gummierten Stoffe, wenn auf den Stoff vulkanisierte oder nichtvulkanisierte Gummischichten abwechselnd mit Firnisschichten aufgebracht werden, und zwar unter Vermeidung unmittelbarer Berührung des Firnisses mit dem Stoff.

Nach dem Verfahren werden beispielsweise auf einen Baumwollstoff mit einer Festigkeit in der Richtung der Kette und des Schusses von 950 bis 1000 kg pro Meter und von einem Gewicht von 85 bis 90 g pro Quadratmeter ungefähr 35 g Gummi pro Quadratmeter aufgebracht, der mit einer Firnisschicht von demselben Gewicht (also 35 g pro Quadratmeter) überzogen wird. Wird ein derartiger Stoff gedoppelt, indem man eine unmittelbare Berührung des

Firnisses und des Stoffes verhindert, so erhält man einen Stoff mit einem Gewicht von 330 g pro Quadratmeter, dessen Undurchlässigkeit, mit der Wage des Oberst Rénard gemessen, nicht 4 ⁰ der Einteilung überschreitet, während bei einem gleichen Stoff, der nur mit Gummi überzogen ist und dasselbe Gewicht besitzt, die Gasundurchlässigkeit etwa 9 bis 10 ⁰ der Einteilung beträgt.

Selbst für Stoffe mit drei oder mehr Lagen führt die Vereinigung von Firnis- und Gummischichten zu einem Stoff, der im Verhältnis zu nur gummierten Stoffen von gleichem Gewicht gleiche Festigkeit, aber eine größere Undurchlässigkeit aufweist, wobei er aber nicht die wesentlichen Nachteile, jedoch die Vorteile der Firnisdichtung aufweist.

Wenn man, anstatt einen mit Gummi und Firnis überzogenen Stoff zu doppeln, ihn mit einem gleichen Gewebe abdeckt, das nur mit 30 bis 35 g pro Quadratmeter Gummi überzogen wird, so erhält man ein Gewicht, das nicht mehr als 280 g pro Quadratmeter beträgt, mit einer Undurchlässigkeit, die nicht 5 bis 6 ⁰ der Einteilung nach Rénard überschreitet, d. h. ein Gewebe von geringerem Gewicht, aber größerer Dichte, als dies durch die Verwendung von Gummi allein erzielt wird.

Der Gummi kann in vulkanisiertem oder nichtvulkanisiertem Zustand Verwendung finden. Man erzielt die gleichen Vorteile durch die Verwendung des Verfahrens, wenn die Ueberzüge auf anderen als Baumwollstoffen vorgesehen werden, wie z. B. Seide oder Ramie.

Patentanspruch:

Stoff für Ballons und Flugzeuge, dadurch gekennzeichnet, daß auf dem Stoff vulkanisierte oder nichtvulkanisierte Gummischichten abwechselnd mit Firnisschichten aufgebracht sind unter Vermeidung einer unmittelbaren Berührung des Firnisses mit dem Stoff.

298. In der

Patentschrift Nr. 235 985
Francois Hennebique in Paris,

angemeldet am 1. Februar 1908, ausgegeben am 24. Juni 1911,

sind die Höhen- und Gleichgewichtssteuer als hohle Schwimmkörper ausgebildet, welche auf dem Wasser als zusätzliche Tragkörper für

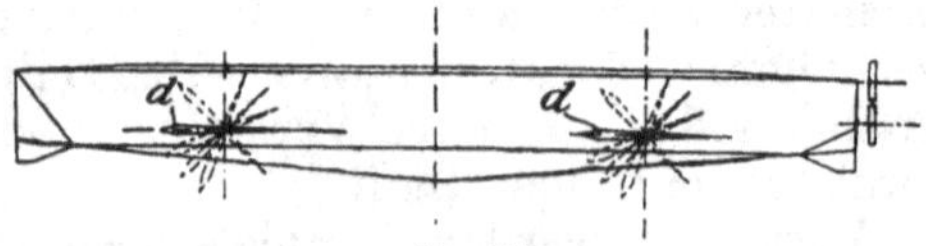

Fig. 918.

das Flugzeug wirken. Hierdurch wird ein Mittel gewonnen, um auch im Wasser die Stabilität der Vorrichtung aufrecht zu erhalten.

Symmetrisch zur Längsachse des Flugzeuges sind die von hohlen Schwimmkörpern gebildeten Steuer d drehbar angeordnet (Fig. 918 und 919).

Die punktierten Linien in Fig. 918 geben verschiedene Stellungen des Steuers an, welche man diesem gibt, um den Auftrieb der Vorrichtung sowohl in der Luft als auch im Wasser zu regeln.

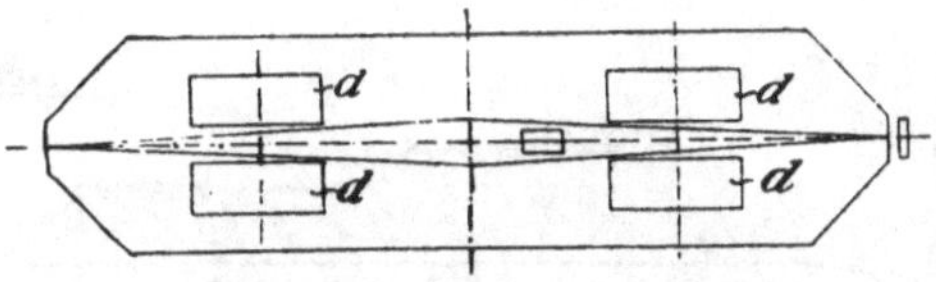

Fig. 919.

Patentanspruch:

Flugzeug mit seitlichen, symmetrisch angeordneten Höhen- und Gleichgewichtssteuern, dadurch gekennzeichnet, daß diese Steuer aus hohlen Schwimmkörpern bestehen, die auf dem Wasser dem Flugzeug als zusätzliche Tragkörper dienen und so auch hier die Stabilität aufrecht erhalten.

299. Die Einrichtung nach

Patentschrift Nr. 236 693

Motorluftschiff-Studiengesellschaft m. b. H. in Berlin-Reinickendorf-West,

angemeldet am 29. April 1909, ausgegeben am 8. Juli 1911,

bezweckt die selbsttätige Bewegung des Höhensteuers an Flugzeugen und hat die Aufgabe, das Flugzeug so zu führen, daß es in einer tunlichst wellenfreien Bahn mit gleichförmiger Geschwindigkeit fliegt.

Als Flugzeug ist ein Drachenflieger gewählt; doch ist die Regulierung auch bei anderen Systemen anwendbar. Das in diesem Falle rückwärts liegende Höhensteuer ist mit a bezeichnet, d ist die Haupttragfläche; doch ist die Regulierung ebenso leicht auf ein vorn liegendes Höhensteuer anwendbar.

Das Höhensteuer a ist in bekannter Weise so belastet, daß es ausschließlich Winddruck von unten erhält. Die Drehungsachse ist so gelegt, daß der hintere Rand des Höhensteuers durch den Luftdruck stets gehoben wird und die Leine f, die durch die Feder e gehalten wird, stets gespannt bleibt. Der Luftdruck auf das Steuer und die Spannung der Feder e setzen sich dann ins Gleichgewicht.

Die regelnde Luftmasse befindet sich in einem rings um die Leine f angeordneten Gefäß c, das an beiden Enden Austrittsöffnungen besitzt. Eine in das Gefäß eingesetzte bewegliche Membran b überträgt durch die Steuerleine f die Bewegungen der Luftmasse auf das Steuer. Bei Geschwindigkeitsänderungen drückt die Luftmasse nach vorn oder hinten und verstellt das Steuer.

Das Luftgefäß c ist in der Fahrrichtung möglichst lang gemacht, so daß die Trägheit einer viele Meter langen Luftsäule auf die

Membran wirkt. Hierdurch wird die Einrichtung außerdem empfindlich gegen die den Windstößen vorausgehenden Aenderungen des Luftdrucks, so daß die Gegenwirkung schon vor Eintritt des vollen Windstoßes einsetzt.

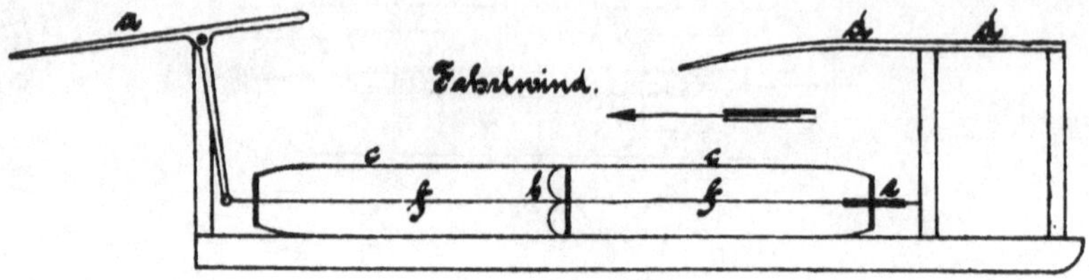

Fig. 920.

Wenn das Flugzeug, durch äußere Strömungen veranlaßt, eine wellenförmige Bahn beschreibt, wobei positive und negative Beschleunigungen wechseln, so übt die Luftmasse eine stark dämpfende Wirkung, welche die Eigentümlichkeit hat, sich schon zu einem

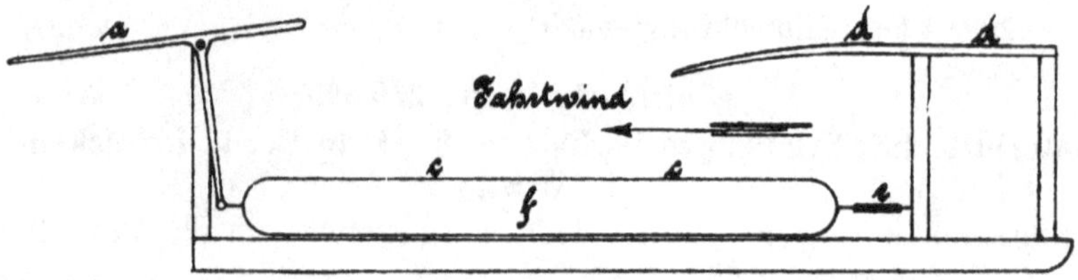

Fig. 921.

Zeitpunkt geltend zu machen, in dem die Geschwindigkeitsänderung gerade beginnt. Hierdurch steht mehr Zeit für die Einstellung des Steuers zur Verfügung, und es werden keine so starken Einwirkungen erforderlich.

Fig. 922.

Durch die bisher beschriebene Einrichtung wird aber zunächst nur die Bahnrichtung bestimmt, zur Regelung gehört noch eine Festlegung der Geschwindigkeit. Zu diesem Zweck wird in an sich bekannter Weise der Fahrtwind vor die Membran b geleitet, so daß ein mit der Windgeschwindigkeit steigender Druck auf diese entsteht. Diesem Druck muß die Feder e das Gleichgewicht halten.

Ist einmal dieses Gleichgewicht gestört, so wird durch die selbsttätige Verstellung des Steuers die Geschwindigkeit und damit der Druck auf die Membran verändert, so daß sich das Gleichgewicht alsbald herstellt. Durch Veränderung der Spannung der Feder e kann man die Geschwindigkeit des Flugzeuges einstellen (Fig. 920).

Um die Trägheitswirkungen der Luftsäule gegenüber dem Winddruck mehr hervortreten zu lassen, kann man die Intensität des letzteren durch entsprechend angebrachte Schirme, Fächer oder dergleichen beliebig abdämpfen.

An die Stelle der mit einem offenen Rohr verbundenen Membran kann auch ein geschlossenes Gefäß mit Luft oder einem anderen Gas treten, das sich als Ganzes bewegt.

In diesem Fall (Fig. 921) wird vorteilhaft Wasserstoff verwendet, wobei dann das Gewicht des Gefäßes durch den Auftrieb

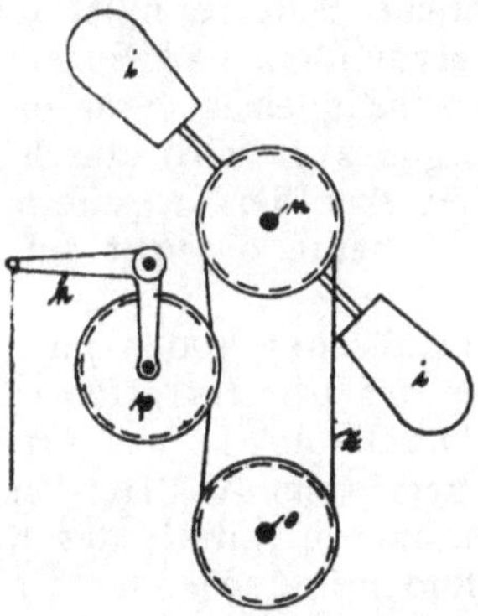

Fig. 923.

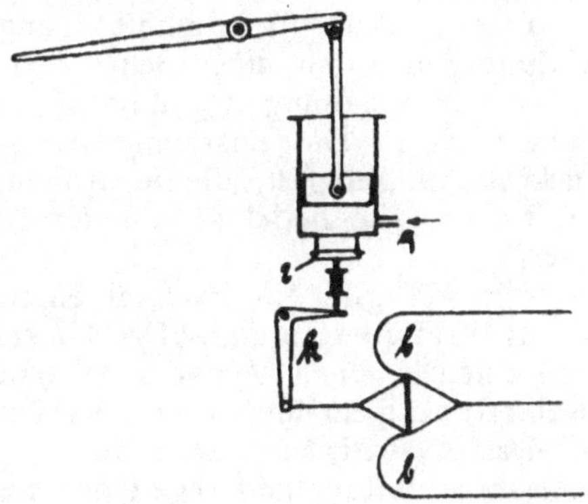

Fig. 924.

des Wasserstoffes teilweise ausgeglichen wird. Der Wasserstoff selbst und das entlastete Gewicht zusammen bilden dann die regelnde gewichtslose Masse. Indem man das bewegliche Gefäß dem Fahrtwinde aussetzt, erhält man die Kombination der Geschwindigkeits- und Beschleunigungsregulierung.

Die in den Fig. 920 und 921 dargestellte unmittelbare Verbindung des Höhensteuers mit dem Luftkörper leidet an dem Uebelstand, daß man den Luftkörpern die Größe kleiner Luftballons geben müßte, um genügend starke Wirkungen zu erzielen. Deshalb ist in an sich bekannter Weise die Einrichtung getroffen (Fig. 922), daß die Membran das Höhensteuer nicht unmittelbar beeinflußt, sondern eine Kupplung zwischen dem Steuer und einem Motor betätigt, derart, daß der Motor das Steuer mit einem Drehmoment umstellt, das dem Zug der mit der Membran verbundenen Leine f ungefähr proportional ist.

Die Verbindung zwischen Motor und Steuer kann beispielsweise aus einer Reibungskupplung bestehen, die im allgemeinen schleift und je nach der Größe des Anpressungsdruckes das Steuer mehr oder minder stark mitnimmt. Hierbei beeinflußt die Luftmasse den Anpressungsdruck.

In Fig. 922 ist eine solche Anordnung dargestellt, bei der eine vom Fahrtwind angetriebene Windmühle als Motor verwendet wird. Diese Einrichtung ist vom Betriebsmotor unabhängig.

Die Windmühle i treibt mittels der in einem Gehäuse h untergebrachten Reibungskupplung eine Welle, auf die sich die Steuerleine g aufwickelt. Die Bewegung der Reguliermembran b wird durch den Kniehebel k auf den Einrückhebel der Kupplung übertragen.

Fig. 922 zeigt ferner eine abweichende Ausführungsform des Luftgefäßes als Sack, der vom Fahrtwind aufgeblasen wird. Die Membran bildet hierbei den hinteren Abschluß des Sackes. Dadurch wird einer starren Ausführung des Gefäßes gegenüber wesentlich an Gewicht gespart.

Fig. 923 stellt eine Ausführungsform der Reibungskupplung dar. Eine von der Windmühle i angetriebene Scheibe n ist durch ein Zugorgan z mit einer Scheibe o so verbunden, daß Scheibe o je nach der Spannung des Zugorganes z mehr oder weniger mitgenommen wird. Die Spannung des Zugorganes z wird durch die Druckrolle p geregelt, die in Abhängigkeit von der Reguliermembran b vom Kniehebel k gesteuert wird. Scheibe o wirkt auf das Steuer.

Fig. 924 gibt ein Beispiel einer hydraulischen (oder pneumatischen) Kraftübertragung. Die Umstellung des Steuers erfolgt hier durch einen in einem Zylinder spielenden Druckkolben. Das Arbeitsmittel tritt bei q ein und durch das reichlich bemessene Austrittsventil r aus. Das Austrittsventil wird von der Membran b mittels des Kniehebels k beeinflußt und regelt den im Zylinder herrschenden Druck.

Patentansprüche:

1. Einrichtung zur selbsttätigen Bewegung des Höhensteuers an Flugzeugen, bei der das Höhensteuer durch eine unter Einwirkung des Windes stehende Wand betätigt wird, dadurch gekennzeichnet, daß diese Wand (bewegliche Membran) außerdem unter der Einwirkung einer in der Fahrtrichtung langgestreckten Luftsäule steht, wodurch bei zu hoher Geschwindigkeit und bei auftretenden Fahrtbeschleunigungen das Fahrzeug nach oben, bei zu geringer Geschwindigkeit und bei Fahrtverzögerung nach unten gesteuert wird.

2. Ausführungsform der Einrichtung nach Anspruch I, gekennzeichnet durch ein mit Luft oder einem anderen Gas gefülltes geschlossenes Gefäß, das dem Druck des Fahrtwindes ausgesetzt ist und die Einstellung des Höhensteuers bewirkt.

Verzeichnis der Patentinhaber und -nummern.

Nummernverzeichnis.

Nummer	Seite	Nummer	Seite	Nummer	Seite	Nummer	Seite
7 352	1	69 520	367	84 567	257	124 968	617
8 392	430	70 409	230	84 719	397	125 202	341
8 706	3	70 746	141	84 949	259	126 955	103
9 665	125	70 783	233	85 326	608	128 658	163
10 224	4	71 799	235	85 688	333	129 146	105
10 842	126	71 903	450	85 903	154	129 704	469
11 044	7	72 902	369	86 041	263	131 930	472
11 471	434	73 603	24	86 289	578	133 698	473
11 490	84	73 799	451	86 738	383	134 182	386
11 881	210	75 900	238	87 067	400	134 220	474
14 019	9	76 037	574	89 890	156	135 262	276
14 771	128	76 287	452	90 695	610	137 242	344
15 085	435	76 315	145	93 184	267	138 493	279
17 263	439	77 871	242	93 692	403	138 494	36
19 253	211	77 895	453	95 963	159	138 685	619
19 504	213	77 897	244	98 109	160	139 180	475
20 214	440	77 916	95	100 276	268	139 493	414
20 348	441	78 033	247	100 398	406	139 724	416
20 811	214	78 295	33	100 399	579	139 725	109
21 566	220	79 446	370	103 105	269	139 854	418
21 730	442	80 151	148	107 493	613	140 705	620
26 077	222	80 205	252	108 214	581	141 019	165
26 930	133	80 847	454	110 660	336	141 948	169
26 933	225	81 303	460	110 832	100	142 728	477
28 934	135	82 230	462	111 609	583	142 761	171
38 085	392	82 257	378	112 506	338	143 820	479
48 205	86	82 279	465	112 855	466	144 236	173
49 093	226	82 904	380	116 287	340	144 912	174
58 092	140	83 034	35	118 139	467	145 547	176
59 039	443	83 896	394	120 712	274	145 726	621
59 851	10	83 959	577	121 278	161	145 866	281
59 879	13	84 394	152	121 279	412	146 739	483
61 510	92	84 417	98	121 280	413	147 626	282
63 774	446	84 532	607	121 650	615	149 586	584
68 783	365	84 544	253	123 165	616	151 564	287

Nummer	Seite	Nummer	Seite	Nummer	Seite	Nummer	Seite
153 027	177	204 238	298	219 636	642	228 241	355
155 358	623	204 557	187	220 044	423	228 529	328
155 359	347	204 726	300	220 345	644	228 604	72
155 681	420	206 327	508	220 752	119	228 654	388
157 399	289	206 440	44	220 976	58	229 177	536
158 208	485	206 691	302	221 328	59	229 375	537
158 906	420	207 507	510	221 458	192	229 664	654
160 742	387	207 740	511	222 136	316	230 273	539
167 923	490	208 215	512	222 137	319	230 581	541
173 378	110	208 218	589	222 265	320	231 537	357
173 595	491	208 219	514	222 266	121	231 577	658
173 596	37	208 428	515	222 493	645	232 066	204
173 718	493	209 176	304	222 659	525	232 159	601
173 926	292	209 261	45	222 674	61	232 250	73
174 837	180	209 262	635	222 868	194	232 447	663
175 477	495	209 844	47	223 135	424	232 602	665
175 478	630	210 376	350	223 552	199	232 736	543
182 680	496	210 633	517	223 586	62	232 859	549
184 020	497	210 933	518	223 633	200	232 976	550
185 172	293	211 372	49	223 732	202	233 097	208
186 497	631	211 461	308	223 864	647	233 099	554
187 862	40	211 607	310	224 053	527	233 267	79
188 564	181	212 168	50	224 476	528	233 505	81
188 947	633	214 228	189	225 788	649	233 876	666
191 433	586	214 229	191	226 074	64	234 008	603
194 121	498	214 861	519	226 597	66	235 252	555
194 165	499	214 862	637	226 765	427	235 750	557
194 738	500	214 863	310	226 766	651	235 760	359
196 255	502	214 864	521	226 852	529	235 829	667
197 062	587	214 866	422	226 853	653	235 985	668
200 807	504	215 158	638	226 932	68	236 029	122
202 333	41	215 159	51	226 933	69	236 190	559
202 334	114	215 602	312	227 004	533	236 693	669
202 335	42	215 960	523	227 005	352	236 694	562
202 812	183	216 181	115	227 080	322	236 695	564
202 876	295	216 182	53	227 081	70	236 749	569
203 534	297	216 374	639	227 242	590	236 835	330
203 633	505	216 650	54	227 243	594	236 836	570
203 785	185	217 533	314	227 244	596	236 961	572
203 787	507	219 601	641	227 769	534		

Sachverzeichnis.

Die eingeklammerten Ziffern hinter den Patentnummern bezeichnen die Seitenzahlen.

Auftrieb durch Gasfüllung	7 352 (1)	—	10 224 (4)	
	14 019 (9)	—	59 851 (10)	
	11 490 (84)	—	48 205 (86)	
	9 665 (125)	—	14 771 (128)	
	26 930 (133)	—	28 934 (135)	
	58 092 (140)	—	70 746 (141)	
	84 394 (152)	—	121 278 (161)	
	141 948 (169)	—	20 811 (214)	
	26 077 (222)	—	26 933 (225)	
	49 093 (226)	—	70 409 (230)	
	75 900 (238)	—	77 871 (242)	
	77 897 (244)	—	100 276 (268)	
	103 105 (269)	—	135 262 (276)	
	147 626 (282)	—	151 564 (287)	
	215 602 (312)	—	110 660 (336)	
	68 783 (365)	—	77 902 (369)	
	134 182 (386)	—	38 085 (392)	
	84 719 (397)	—	93 692 (403)	
	121 279 (412)	—	121 280 (413)	
	15 085 (435)	—	17 263 (439)	
	21 730 (442)	—	76 287 (452)	
	133 698 (473)	—	123 165 (616)	
			124 968 (617)	
„ **durch Hubschraube**	59 851 (10)	—	78 295 (33)	
	173 596 (37)	—	206 440 (44)	
	227 081 (70)	—	9 665 (125)	
	26 930 (133)	—	28 934 (135)	
	70 746 (141)	—	76 315 (145)	
	80 151 (148)	—	84 394 (152)	
	89 890 (156)	—	95 963 (159)	
	98 109 (160)	—	121 278 (161)	
	128 658 (163)	—	141 019 (165)	
	142 761 (171)	—	144 236 (173)	
	144 912 (174)	—	145 547 (176)	
	153 027 (177)	—	174 837 (180)	
	188 564 (181)	—	202 812 (183)	
	203 785 (185)	—	204 557 (187)	
	214 228 (189)	—	221 458 (192)	
	222 868 (194)	—	223 633 (200)	
	223 732 (202)	—	232 066 (204)	
	233 097 (208)	—	21 566 (220)	
	211 607 (310)	—	125 202 (341)	
	68 783 (365)	—	134 182 (386)	
	139 493 (414)	—	139 854 (418)	
	17 263 (439)	—	21 730 (442)	
	142 728 (477)	—	173 595 (491)	
	207 740 (511)	—	227 769 (534)	
	236 695 (564)	—	236 836 (570)	
„ **durch Reaktionswirkung**	89 890 (156)	—	144 236 (173)	
	203 785 (185)	—	68 783 (365)	
	69 520 (367)	—	79 446 (370)	
	82 904 (380)	—	86 738 (383)	
	134 182 (386)	—	160 742 (387)	
	228 654 (388)	—	226 765 (427)	
			90 695 (610)	
„ **durch Schlagflügel**	14 019 (9)	—	59 879 (13)	
	227 081 (70)	—	77 916 (95)	
	84 417 (98)	—	126 955 (103)	
	216 181 (115)	—	11 881 (210)	
	19 253 (211)	—	19 504 (213)	
	20 811 (214)	—	21 566 (220)	

FSC
www.fsc.org
MIX
Papier | Fördert gute Waldnutzung
FSC® C083411

Zeitfracht Medien GmbH
Ferdinand-Jühlke-Straße 7
99095 Erfurt, Deutschland
produktsicherheit@kolibri360.de